2020 全国勘察设计注册工程师
执业资格考试用书

Zhuce Dianqi Gongchengshi（Gongpeidia
Zhuanye Kaoshi Linian Zhenti Xiangjie

注册电气工程师（供配电）执业资格考试
专业考试历年真题详解
（2006～2019）

蒋 徵/主 编

人民交通出版社股份有限公司
北 京

内 容 提 要

本书为注册电气工程师(供配电)执业资格考试专业考试历年真题、参考答案及解析,包含2006~2019年专业知识试题(上、下午卷)、案例分析试题(上、下午卷),共13年52套试卷。

本书配有数字资源,读者可刮开封面增值贴,扫描二维码,关注“注考大师”微信公众号兑换使用。

本书可供参加2020年注册电气工程师(供配电)执业资格考试专业考试的考生复习使用,也可供发输变电专业的考生参考练习。

图书在版编目(CIP)数据

2020注册电气工程师(供配电)执业资格考试专业考试历年真题详解. 2006－2019 / 蒋徵主编. — 北京 : 人民交通出版社股份有限公司, 2020.3

ISBN 978-7-114-16325-8

Ⅰ. ①2… Ⅱ. ①蒋… Ⅲ. ①供电系统—资格考试—题解②配电系统—资格考试—题解 Ⅳ. ①TM72-44

中国版本图书馆CIP数据核字(2020)第014001号

书　　名:**2020注册电气工程师(供配电)执业资格考试专业考试历年真题详解**(2006~2019)
著 作 者:蒋　徵
责任编辑:刘彩云　李　梦
责任印制:刘高彤
出版发行:人民交通出版社股份有限公司
地　　址:(100011)北京市朝阳区安定门外外馆斜街3号
网　　址:http://www.ccpress.com.cn
销售电话:(010)59757973
总 经 销:人民交通出版社股份有限公司发行部
经　　销:各地新华书店
印　　刷:北京市密东印刷有限公司
开　　本:787×1092　1/16
印　　张:65
字　　数:1291千
版　　次:2020年3月　第1版
印　　次:2020年3月　第1次印刷
书　　号:ISBN 978-7-114-16325-8
定　　价:188.00元

前　言

根据“关于贯彻执行《注册电气工程师执业资格制度暂行规定》和《注册电气工程师执业资格考试实施办法》的通知”，从2003年5月1日起，国家对从事电气专业工程设计活动的专业技术人员实行执业资格注册管理制度，纳入全国专业技术人员执业资格制度统一规划。

注册电气工程师，是指取得中华人民共和国注册电气工程师执业资格证书和中华人民共和国注册电气工程师执业资格注册证书，从事电气专业工程设计及相关业务的专业技术人员，适用于从事发电、输变电、供配电、建筑电气、电气传动、电力系统等工程设计及相关业务的专业技术人员。

截至2020年年初，注册电气工程师执业资格考试已经举办了14次(其中2015年停考一年)，除2005年的初次尝试，题型与难度无可比性外，2006～2019年这十余年间，出题思路和脉络逐渐清晰，难度也逐渐加大。本书开篇的“复习指导”，重点总结了部分亲历者的复习经验和教训，着重分析了大纲中规定的各种规范和手册的参考价值，希望抛砖引玉，为初涉此道的考友提供一定指引，节省大家初期入门时间。复习过程中，除大纲规定的手册和规范外，历年真题详解是非常珍贵的复习资料，但此前并无完整规范的出版物，网络上流传的各种版本均不完整，且质量鱼龙混杂，不够理想。本书的历年真题均为完整版，包括专业知识和案例分析两部分，并力争做到答案准确、解析清晰。其中，专业知识标明了引用规范的条目和出处，案例分析阐述了依据的公式及计算过程，个别有争议的题目还列举了不同的解题方式，便于考生了解往年考试的范围和出题脉络，把握解题思路、方法和步骤。

本书自2014年第一次出版以来，受到广大考生的欢迎，有很多考生反馈意见和建议，希望将专业知识答案进一步完善，最好列出规范条文内容，编委会认真考虑后，暂未采纳，原因主要有两点：首先，增加规范条文内容，本书将更臃肿，会增加考生不必要的经济负担；其次，也是更为重要的，在开卷考试临战现场，最终考查的还是考生对规范和手册公式、条文等内容快速定位的能力，快速翻查手册和规范的习惯应在平时复习中养成，考试时才会熟能生巧，水到渠成。

2020年新版修订后，本书除按最新规范更新答案外，2011年专业知识题目由于与2010年完全重复，编委会按真题出题思路，将2011年专业知识题目改编为仿真题，同时改编了一些完全依据旧规范条文的无价值题目，以适应最新的考试内容，提升本书的参考价值。

非常感谢近年来考生对书中错误与不足的反馈意见，我们请编者及专家综合分析后，或修正答案、或完善解析过程、或补充注解，争取用最清晰和准确的解析帮助考生解决各种困惑和疑问。注册电气考试,我们一直在路上。

由于此考试内容涉及面广、题目难度不一,编者水平有限,难免存在疏漏和不足,真诚地希望读者批评指正,提出宝贵意见,我们会根据最新一年的真题及反馈意见对本书内容进行修订和完善。

“为复习助力,给考试加分”,愿各位考生都能顺利通过考试。

编者

2020 年 2 月

复 习 指 导

——致即将开始复习备考历程的考友

首先介绍一下考试时间及分值。

注册电气工程师(供配电)执业资格考试专业考试一般在每年10月开考,考试分为2天,每天上、下午各3个小时。第一天为专业知识考试,总分为200分;第二天为案例分析考试,总分为100分。第一天专业知识上、下午各70道题(必答),其中单选题40题,每题1分;多选题30题,每题2分,上、下午分值合计为200分。第二天案例分析上午25道题(必答),下午40道题(选答25道题,多选无效),每题2分,上、下午分值合计为100分(合格标准:第一天120分,第二天60分)。

本考试为开卷考试,大纲要求掌握的知识、涉及的参考资料,其内容浩如烟海,考题一般是针对规范或手册中的某个公式或条文,因此本考试实际考查的是对电气相关规范和设计手册的应用能力,即考查对某个知识点的快速定位能力。因此,复习的首要任务是熟知大纲要求的各本手册、规范中的知识架构以及计算方法。

综合考试情况,2011年的专业知识约95%都是2010年的原题,2012年约70%的专业知识题目与以往试题重复,2013年重复题目的比例降至约50%。与之相反,案例分析题目年年更新,尤其是近几年,突破了之前的出题风格和脉络,考查的知识点也推陈出新,题目计算量加大,迷惑条件增多,考试中很难答满50道题。2014~2017年短路电流、电动机题目难度较大,架空线、接地等题目较为容易,另外2014~2019年考查规范也有所增加,总的来说难度适中。一般地,2020年考试仍会延续现有出题思路,建议大家把复习重点放在案例分析上。

如上所述,根据2014~2019年的趋势,案例分析题目的难度提高是不可避免的,命题组为了避免频繁考核相同知识点,往往会找一些比较偏的知识点,以求拉开档次。因此,建议大家复习时一定要脚踏实地,按照大纲要求内容步步深入,掌握完整的知识框架,才可融会贯通,尤其不可急功近利而仅研究真题。

在此,有几句逆耳忠言与大家共勉:不要以“太忙没时间看书”为借口而懈怠复习,因为每年通过考试的上千考友中,一定有比你更忙的人;不要以“侥幸过关”的心态进行复习,因为只有案例分析机读及格的试卷才会进入人工阅卷过程,其中解题过程、引用依据等不详者均会扣分,人工阅卷一般至56~58分即终止,这也是每年有很多人为2分之差而扼腕叹息的原因;不要“买书时信心满满、看书时三心二意”,大家基础考试通过后,容易信心爆棚,冲动购买大量专业考试复习资料,但是书到手后却不翻动,一直到10月开考,依然茫然无措。因此,如果决心参加本考试,而自己又不属于“最强大脑”中那种过目不忘、天资聪颖的人，建议端正态度，认真地准备复习。

时间是一种资源。对任何人来说，时间都是有限的，时间是比金钱还要宝贵的资源。你能算清楚你的时间是怎么用掉的吗？很多时候，一天下来，你都不知道自己是怎么过来的。如果你会因为购书多花了几十元而气恼不已，却从不为虚度一天而心痛，那么你就应该反思自己对待时间的态度了。

你可以把自己的时间明码标价的卖给你的客户和公司，却在不清不楚中虚度了光阴，"太忙的人"应该学会提高你单位时间的价值，避免去做那些浪费时间却回报甚微的事情，其实，通过本考试就是你提高自己单位时间价值最为直接和有效的手段！

言归正传，下面介绍如何准备考试。首先需要声明，下面的复习方法仅是一家之言，并不适合所有人，大家可根据自身条件进行取舍，本文仅为抛砖引玉，希望给大家准备复习计划时提供一些启发。

第一步：信息搜集（时间：1月份之前，即基础考试成绩出来之前，为"忐忑憧憬期"）

此阶段，多数时间比较迷茫，初来乍到，对考试的来龙去脉完全不了解，比如：如何报名、如何开证明、如何复习、如何购买资料等，到处询问也未必能找到适合自己的答案。

在这个阶段，建议充分利用各种论坛、群共享或其他网络资源，搜集网站上一些前辈们留下的复习经验，可以多找几个版本，汇总整理出适合自己的复习方法。本阶段不建议盲目购买资料，尽管个别考生肯定能通过基础考试，但由于此时大部分资料仍为旧版，尤其是考试规范和当年真题还未更新，因此不必着急购买。

另一个重要的事情是加入考试QQ群或参加网络培训班。我们知道，复习考试除了最开始的兴奋外，整个过程都是极其枯燥乏味的，个人孤掌难鸣，单靠精神意志难以支撑，而且解题的困惑也会伴随整个备考过程，因此，我们非常需要一些并肩奋战的考友，可以一起讨论、交流以及共勉。QQ群需精心挑选，找个较为活跃，或有几个经验丰富且愿意帮助别人的前辈，也可报名参加网络培训班（如智妍教育，QQ群号：436561558），培训班有自己的复习计划，可以带领大家一起执行。这些方法不但能为自己营造最佳的学习气氛，复习效率也会大大提高。

此阶段大约需要花1～3个月的时间，把论坛或其他网站上搜集的信息及资料尽可能地整合和消化，了解报名资格、复习方法、考试规则、考题题型、出题方向等信息。

第二步：资料准备（时间：1～3月份，通过基础考试，度过春节假期，为"信心爆棚期"）

经过初步了解，规划好复习方法后，可着手准备复习资料。

建议准备以下资料：

1. 注册电气工程师执业资格考试专业考试相关标准。本书包括专业知识约85%的分数，案例分析约20%的分数，为专业知识重点参考书，而与案例分析相关的规范主要集中在GB 50217、GB 50065、GB 50064、DL/T 5044、DL/T 5222等，考点涉及电缆选择、系统及设备过电压、接地电阻、直流操作电源和高压电气设备的选型等内容。

由于版权的问题,2012 年出版的汇编中,缺漏 40 多本 GB 系列规范,使得 2012 版的规范合集参考价值打了折扣,考生自行斟酌购买与否,也可只购买单行本。

2.《照明设计手册》(第二版)。本书包括专业知识约 2% ~3% 的分数,案例分析约 10% 的分数。考点主要针对各种照明类型和场所的计算,概念也较《建筑照明设计标准》(GB 50034—2013)更为全面。

3.《工业与民用配电设计手册》(第三版)。本书包括专业知识约 10% 的分数,案例分析约 30% 的分数,为案例分析重点参考书。考点主要集中在负荷计算、低压配电、短路电流、电能质量、继电保护、电击防护等内容,应重点掌握第 1 ~7 章及第 9 章的内容,并了解第 11、12 章和第 14、15 章的内容。

4.《钢铁企业电力设计手册》(上册)。本书包括专业知识约 2% 的分数,案例分析约 10% 的分数。考点主要集中在 35kV 及以上主接线形式及特点、电气节能、架空线力学计算等内容,重点是电气节能和架空线力学计算。

5.《钢铁企业电力设计手册》(下册)。本书包括专业知识约 5% 的分数,案例分析约 30% 的分数,为案例分析重点参考书,与《电气传动自动化技术手册》(第二版)的大部分内容重复。考点主要集中在电气传动,如交直流电机的选型、优缺点分析、交直流电机启动、调速、制动特点及相关计算内容。本书的低压部分内容无参考价值,建议低压系统部分题目查阅《工业与民用配电设计手册》(第三版)的相关内容。

6.《注册电气工程师执业资格考试专业复习指导书》。本书 2016 年进行了更新修订,按照大纲要求撰写,对应最新的相关规范,相对内容较为完整,把知识点串接起来,便于复习和查找,建议购买。但本书不能作为案例分析考试的答题依据,所以使用价值有限,考生自行斟酌购买与否。

7.《2020 注册电气工程师(供配电)执业资格考试专业考试历年真题详解(2006 ~2019)》。考试真题为必备资料,除了本书外还有几本真题解析书,不过里面收录的题目未按现行规范完整更新。真题中需要注意的是:2005 年为开考第一年,题目多为试探性,无代表性,参考价值不大,因此未编入本书。2006 年真题中案例分析题目难度大,个别题目引用的规范较偏,代表性也有限,但当年专业知识考题有一定的价值,2012 ~2016 年曾经考过部分原题。2007 年修订了考试大纲后,2007 ~2011 年真题,出题风格基本一致。2012 ~2019 年题目难度、计算量、考点分散程度均大幅度增加,也是近年来注册电气专业考试的一个新的风格,题目也最具代表性和参考价值。

8. 注册电气工程师供配电专业考试辅导班培训讲座视频。建议基础薄弱的考友购买,可以登录住建部电教中心网站了解详情。

其他可选资料包括:

(1)《注册电气工程师执业资格考试专业考试习题集》。复习过程需做大量的题目，以便熟悉相关规范和手册，遗憾的是本书为2012版，由于近年来更新的规范越来越多，本书大部分题目均已过时，参考价值有限。正式出版习题集暂无其他替代书籍，但网络上流传着一些群友自行编辑的习题集，考生可参考。

(2)《电气传动自动化技术手册》(第二版)。该书与《钢铁企业电力手册》(下册)的内容基本重复，均为电气传动内容，相比之下，后者有关直流电机启动、调速、制动部分内容没有前者全面，但交流传动部分内容还是后者比较细致，公式相对完整。仅就考试而言，直流电机考试内容较少，也较为简单，因此建议购买《钢铁企业电力设计手册》(下册)。但总体来说，可按个人对这两本书的熟悉程度选择其一即可。

(3)《电力工程电气设计手册》(电气一次部分)。该书内容与其他手册几乎完全重复，且针对发输变电系统的内容偏多，其作为发输变电专业考试的主要参考书列在考试资料目录中，但自2006年后根据本书出题的痕迹明显减少，因此不建议购买。

(4)《电力工程电气设计手册》(电气二次部分)。为发输变电专业考试的主要参考书，与供配电专业考试基本无关，不建议购买。

(5)《电气工程师手册》和《电机工程手册》。这两本书的内容与其他手册重复，且考试极少涉及，不建议购买。

(6)《电力工程高压送电线路设计手册》(第二版)。本书为发输变电专业考试的主要参考书，但针对供配电，未免过于深奥。也许是由于行业规范《交流电气装置的过电压保护和绝缘配合》(DL/T 620—1997)被国家标准《交流电气装置的过电压保护和绝缘配合设计规范》(GB 50064—2014)取代，但其中部分架空线雷击的计算公式却未被国家标准引用，才在清单中增加了本手册。建议重点复习内容为：架空线计算、导线基本参数计算、雷击架空线及防护等。

以上资料可根据个人需要购买。所有资料建议在3月份购买完毕，避免到5、6月复习中期时，书店可能出现资料或手册缺货的情况，影响复习准备。

第三步：正式复习(时间：4～8月份，精神承受苦难，为“上下求索期”，真正的复习过程非常枯燥，多数考友会在此过程中放弃)

此时，真正开始“路漫漫其修远兮”的复习过程。首先，建议观看住建部电教中心的讲座视频，有条件的可以做下笔记。住建部电教中心讲座视频是以《注册电气工程师执业资格考试专业考试复习指导书》(简称《指导书》)为教材的，按《指导书》的章节理解讲座的内容，把握复习的节奏，每章学习完成后把本书历年真题中的相关内容完成，需要注意的是，完成本书中的题目时，建议直接查阅规范汇编、单行本或考试手册的内容条文，因为考试真题基本上都是出自规范和手册原文，做题的过程也是熟悉规范和手册内容最好的方法，考试最终考查的是考生对规范或公式的快速定位能力，对规范和手册的熟知程度是考试成败的关键。可对重点部分标注不同颜色，以加深印象、强化记忆；也可跟随QQ群拟订的复习计划，与群友一起复习讨论。

按《指导书》的章节将专业知识和案例分析的真题全部完成，此过程一般耗时3～4个月。这个阶段最易烦躁，或伴有焦虑，很多考友在这个阶段容易偏离方向难以坚持，其实这些都属于正常反应，只是千万不可懈怠或放弃，考友应能适时的调整情绪，克服焦躁心理。QQ群与各种论坛是一个很好的释放空间，大家可以在里面找找知音与同道。

第四步：考试冲刺（时间：9～10月份，撑过了精神的苦难期，就要等到收获的季节，为"涅槃重生期"）

利用最后约8周的时间进行模拟测试。平均每周一套真题，完全按考试时间（上午8:00～11:00，下午14:00～17:00）进行模拟。周末两天模拟考试，周一至周五核对、讨论，将所有题目研究明白。

真正考试时的气氛与平时复习是完全不一样的。因为案例分析需要写出答题依据、公式及计算过程，时间常常不够用，心情紧张，易忙中出错，而且连考两天，休息时间有限，脑力使用达到极限，所以需要提前适应节奏，以免到时头晕目眩、手足无措。需要强调的是，对每道真题都务必理解与掌握，尽量分析了解出题人的用意、考查的知识点等要素。

此阶段复习结束，大局即定。

第五步：临战准备（时间：考前一周，每天安排适当的温习时间，保持一定的紧张度）

为便于快速查找相关条文和公式，建议在资料中认为重要的地方做上标签，标签数量一定要少而精，以方便使用与查找为宜，避免贴得密密麻麻。最后，有条件的考友可以对考场事先踩点，判断一下当日的交通状况，个别交通不便的考友建议提前预订酒店。

需要特别提示的是，每年考试报名结束后，考生均会收到大量售卖当年考题的诈骗短信，考试结束后还会收到协助内部改分的诈骗短信，2014年某则新闻中曝光一团伙利用此诈骗方式，在几个月内即敛财超过50万元，可见上当人数之巨大。因此，编者特别提醒广大考生，若阁下的智商不足以剖析如此简单之骗局，也就难以解答注册考试如此繁难之案例，若想仅凭侥幸不如干脆放弃，以免落人口实，贻笑大方，切记！切记！

最后，愿天道酬勤，祝大家都能顺利通过考试！

编者

2020年2月

目　　录

2006 年注册电气工程师(供配电)执业资格考试专业考试试题及答案

2006 年专业知识试题(上午卷) …… 2
2006 年专业知识试题答案(上午卷) …… 12
2006 年专业知识试题(下午卷) …… 18
2006 年专业知识试题答案(下午卷) …… 31
2006 年案例分析试题(上午卷) …… 38
2006 年案例分析试题答案(上午卷) …… 47
2006 年案例分析试题(下午卷) …… 52
2006 年案例分析试题答案(下午卷) …… 61

2007 年注册电气工程师(供配电)执业资格考试专业考试试题及答案

2007 年专业知识试题(上午卷) …… 66
2007 年专业知识试题答案(上午卷) …… 78
2007 年专业知识试题(下午卷) …… 86
2007 年专业知识试题答案(下午卷) …… 99
2007 年案例分析试题(上午卷) …… 106
2007 年案例分析试题答案(上午卷) …… 116
2007 年案例分析试题(下午卷) …… 120
2007 年案例分析试题答案(下午卷) …… 135

2008 年注册电气工程师(供配电)执业资格考试专业考试试题及答案

2008 年专业知识试题(上午卷) …… 142
2008 年专业知识试题答案(上午卷) …… 154
2008 年专业知识试题(下午卷) …… 161
2008 年专业知识试题答案(下午卷) …… 173
2008 年案例分析试题(上午卷) …… 180
2008 年案例分析试题答案(上午卷) …… 189
2008 年案例分析试题(下午卷) …… 193

2008 年案例分析试题答案(下午卷) …… 207

2009 年注册电气工程师(供配电)执业资格考试专业考试试题及答案

2009 年专业知识试题(上午卷) …… 214
2009 年专业知识试题答案(上午卷) …… 227
2009 年专业知识试题(下午卷) …… 234
2009 年专业知识试题答案(下午卷) …… 246
2009 年案例分析试题(上午卷) …… 253
2009 年案例分析试题答案(上午卷) …… 263
2009 年案例分析试题(下午卷) …… 267
2009 年案例分析试题答案(下午卷) …… 280

2010 年注册电气工程师(供配电)执业资格考试专业考试试题及答案

2010 年专业知识试题(上午卷) …… 288
2010 年专业知识试题答案(上午卷) …… 300
2010 年专业知识试题(下午卷) …… 307
2010 年专业知识试题答案(下午卷) …… 320
2010 年案例分析试题(上午卷) …… 326
2010 年案例分析试题答案(上午卷) …… 335
2010 年案例分析试题(下午卷) …… 340
2010 年案例分析试题答案(下午卷) …… 353

2011 年注册电气工程师(供配电)执业资格考试专业考试试题及答案

2011 年专业知识试题(上午卷) …… 360
2011 年专业知识试题答案(上午卷) …… 372
2011 年专业知识试题(下午卷) …… 378
2011 年专业知识试题答案(下午卷) …… 391
2011 年案例分析试题(上午卷) …… 397
2011 年案例分析试题答案(上午卷) …… 407
2011 年案例分析试题(下午卷) …… 413
2011 年案例分析试题答案(下午卷) …… 427

2012 年注册电气工程师(供配电)执业资格考试专业考试试题及答案

2012 年专业知识试题(上午卷) …… 436

2012 年专业知识试题答案(上午卷) …… 448
2012 年专业知识试题(下午卷) …… 456
2012 年专业知识试题答案(下午卷) …… 469
2012 年案例分析试题(上午卷) …… 476
2012 年案例分析试题答案(上午卷) …… 486
2012 年案例分析试题(下午卷) …… 492
2012 年案例分析试题答案(下午卷) …… 506

2013 年注册电气工程师(供配电)执业资格考试专业考试试题及答案

2013 年专业知识试题(上午卷) …… 516
2013 年专业知识试题答案(上午卷) …… 528
2013 年专业知识试题(下午卷) …… 536
2013 年专业知识试题答案(下午卷) …… 549
2013 年案例分析试题(上午卷) …… 556
2013 年案例分析试题答案(上午卷) …… 567
2013 年案例分析试题(下午卷) …… 575
2013 年案例分析试题答案(下午卷) …… 591

2014 年注册电气工程师(供配电)执业资格考试专业考试试题及答案

2014 年专业知识试题(上午卷) …… 602
2014 年专业知识试题答案(上午卷) …… 614
2014 年专业知识试题(下午卷) …… 621
2014 年专业知识试题答案(下午卷) …… 632
2014 年案例分析试题(上午卷) …… 639
2014 年案例分析试题答案(上午卷) …… 650
2014 年案例分析试题(下午卷) …… 657
2014 年案例分析试题答案(下午卷) …… 671

2016 年注册电气工程师(供配电)执业资格考试专业考试试题及答案

2016 年专业知识试题(上午卷) …… 682
2016 年专业知识试题答案(上午卷) …… 695
2016 年专业知识试题(下午卷) …… 702
2016 年专业知识试题答案(下午卷) …… 716

2016 年案例分析试题(上午卷) …… 723
2016 年案例分析试题答案(上午卷) …… 732
2016 年案例分析试题(下午卷) …… 740
2016 年案例分析试题答案(下午卷) …… 757

2017 年注册电气工程师(供配电)执业资格考试专业考试试题及答案

2017 年专业知识试题(上午卷) …… 768
2017 年专业知识试题答案(上午卷) …… 781
2017 年专业知识试题(下午卷) …… 788
2017 年专业知识试题答案(下午卷) …… 800
2017 年案例分析试题(上午卷) …… 806
2017 年案例分析试题答案(上午卷) …… 819
2017 年案例分析试题(下午卷) …… 829
2017 年案例分析试题答案(下午卷) …… 844

2018 年注册电气工程师(供配电)执业资格考试专业考试试题及答案

2018 年专业知识试题(上午卷) …… 854
2018 年专业知识试题答案(上午卷) …… 866
2018 年专业知识试题(下午卷) …… 872
2018 年专业知识试题答案(下午卷) …… 885
2018 年案例分析试题(上午卷) …… 891
2018 年案例分析试题答案(上午卷) …… 902
2018 年案例分析试题(下午卷) …… 908
2018 年案例分析试题答案(下午卷) …… 923

2019 年注册电气工程师(供配电)执业资格考试专业考试试题及答案

2019 年专业知识试题(上午卷) …… 934
2019 年专业知识试题答案(上午卷) …… 946
2019 年专业知识试题(下午卷) …… 952
2019 年专业知识试题答案(下午卷) …… 964
2019 年案例分析试题(上午卷) …… 970
2019 年案例分析试题答案(上午卷) …… 981
2019 年案例分析试题(下午卷) …… 988

2019 年案例分析试题答案(下午卷) …… 1006
附录一　考试大纲 …… 1015
附录二　规程规范及设计手册 …… 1018
附录三　注册电气工程师新旧专业名称对照表 …… 1022
附录四　考试报名条件 …… 1023

2006 年

注册电气工程师(供配电)执业资格考试

专业考试试题及答案

2006 年专业知识试题(上午卷)/2

2006 年专业知识试题答案(上午卷)/12

2006 年专业知识试题(下午卷)/18

2006 年专业知识试题答案(下午卷)/31

2006 年案例分析试题(上午卷)/38

2006 年案例分析试题答案(上午卷)/47

2006 年案例分析试题(下午卷)/52

2006 年案例分析试题答案(下午卷)/61

2006年专业知识试题(上午卷)

一、单项选择题(共40题,每题1分,每题的备选项中只有1个最符合题意)

1～10.旧大纲题目:略。

11.“间接电击保护”是针对下面哪一部分的防护措施? ( )

(A)电气装置的带电部分

(B)在故障情况下电气装置的外露可导电部分

(C)电气装置外(外部)可导电部分

(D)电气装置的接地导体

12.对于封闭的爆炸危险区域,规范要求每平方米地板面积至少1小时换气次数达到下列哪项数值,并使得可燃物质很快稀释到爆炸下限值的25%以下时,可定位通风良好场所? ( )

(A)5次　(B)6次

(C)7次　(D)8次

13.某栋25层普通住宅,建筑高度为73m,根据当地航空部门要求需设置航空障碍标志灯,该楼内消防设备用电按一级负荷供电,客梯、生活水泵电力及楼梯照明按二级负荷供电,除航空障碍标志灯外的其余用电设备按三级负荷供电。该楼的航空障碍标志灯应按下列哪一项要求供电? ( )

(A)一级负荷　(B)二级负荷

(C)三级负荷　(D)一级负荷中特别重要负荷

14.周期或短时工作制电动机的设备功率,当采用需要系数法计算负荷时,应将额定功率统一换算到下列哪一项负载持续率的有功功率? ( )

(A)$\tau=25\%$　(B)$\tau=50\%$

(C)$\tau=75\%$　(D)$\tau=100\%$

15.某配电回路中选用的保护电器符合《低压断路器》(JB 1284—1985)的标准,假设所选低压断路器瞬时或短延时过电流脱扣器的整定电流值为2kA,那么该回路的适中电流值不应小于下列哪个数值? ( )

(A)2.4kA　(B)2.6kA

(C)3.0kA　(D)4.0kA

16.并联电容器装置设计,应根据电网条件、无功补偿要求确定补偿容量。在支持单台电容器额定容量时,下列哪种因素是不需要考虑的? ( )

(A)电容器组设计容量
(B)电容器组每相电容串联、并联的台数
(C)宜在电容器产品额定容量系列的优先值中选取
(D)电容器组接线方式(星形、三角形)

17. 以下是10kV变电所布置的几条原则,其中哪一组是符合规定的? ( )

(A)变电所宜单层布置,当采用双层布置时,变压器应设在上层,配电室应布置在底层
(B)当采用双层布置时,设于二层的配电室设搬运设备的通道、平台或孔洞
(C)有人值班的变电所,由于10kV电压低,可不设单独的值班室
(D)有人值班的变电所如单层布置,低压配电室不可以兼作值班室

18. 油重为2500kg以上的屋外油浸变压器之间无防火墙时,变压器之间的最小防火净距,下列哪一组数据是正确的? ( )

(A)35kV及以下为5m,63kV为6m,110kV为8m
(B)35kV及以下为6m,63kV为8m,110kV为10m
(C)35kV及以下为5m,63kV为7m,110kV为9m
(D)35kV及以下为4m,63kV为5m,110kV为6m

19. 对于低压配电系统短路电流计算中,下列表述中哪一项是错误的? ( )

(A)当配电变压器的容量远小于系统容量时,短路电流可按无限大电源容量的网络进行计算
(B)计入短路电路各元件的有效电阻,但短路的电弧电阻、导线连接点、开关设备和电器的接触电阻可忽略不计
(C)当电路电阻较大,短路电流直流分量衰减较快,一般可以不考虑直流分量
(D)可不考虑变压器高压侧系统阻抗

20. 三相短路电流的峰值发生在短路后的哪一个时刻? ( )

(A)0.01s (B)0.02s
(C)0s (D)0.005s

21. 在选择高压电气设备时,对额定电压、额定电流、机械荷载、额定开断电流、热稳定、动稳定、绝缘水平,均应考虑的是下列哪种设备? ( )

(A)隔离开关 (B)熔断器
(C)断路器 (D)接地开关

22. 某10kV线路经常输送容量为850kV·A,该线路测量仪表用的电流互感器变比宜选用下列哪一个参数? ( )

(A)50/5　　(B)75/5

(C)100/5　　(D)150/5

23. 低压配电系统中，采用单芯导线保护中性线(PEN 线)干线，当截面为铜材时不应小于下列哪一项数值？（　）

(A)$2.5mm^2$　　(B)$4mm^2$

(C)$6.0mm^2$　　(D)$10mm^2$

24. 交流系统中，35kV 及以下电力电缆缆芯的相间额定电压，按规范规定不得低于使用回路的下列哪一项数值？（　）

(A)工作线电压　　(B)工作相电压

(C)133% 工作线电压　　(D)173% 工作线电压

25. 下列哪一项内容不符合在保护装置内设置的指示信号的要求？（　）

(A)在直流电压消失时不自动复归

(B)所有信号必须启动音响报警

(C)能分别显示各保护装置的动作情况

(D)对复杂保护装置，能分别显示各部分及各段的动作情况

26. 计算 35kV 线路电流保护时，计算人员按如下方法计算，请问其中哪一项计算是错误的？（　）

(A)主保护整定值按被保护区末端金属性三相短路计算

(B)校验主保护灵敏系数时用系统最大运行方式下本线路三相短路电流除以整定值

(C)后备保护整定值按相邻电力设备和线路末端金属性短路计算

(D)校验后备保护灵敏系数用系统最小运行方式下相邻电力设备和线路末端产生最小短路电流除以整定值

27. 一座桥形接线的 35kV 变电所，若不能从外部引入可靠的低压备用电源，考虑所用变压器的设置时，下列哪一项选择是正确的？（　）

(A)宜装设两台容量相同可互为备用的所用变压器

(B)只装设一台所用变压器

(C)应装设三台不同容量的所用变压器

(D)应装设两台不同容量的所用变压器

28. 有爆炸危险的露天钢质封闭气罐应接地，接地点不应少于 2 处，间距不宜大于 30m，每处接地点的冲击接地电阻不应大于下列哪项数值？（　）

(A)30Ω　　(B)20Ω

(C) 10Ω　　　　　　　　(D) 5Ω

29. 某第一类防雷建筑物,当地土壤电阻率为 300Ω·m,其防直击雷的接地装置围绕建筑物敷设成环形接地体,当该环形接地体所包围的面积为 $100m^2$ 时,请判断下列问题哪一个是正确的? (　　)

(A) 该环形接地体需要补加垂直接地体 4m
(B) 该环形接地体需要补加水平接地体 4m
(C) 该环形接地体不需要补加接地体
(D) 该环形接地体需要补加两根 2m 的垂直接地体

30. 对于采用低压 IT 系统供电要求的场所,其故障报警应采用哪种装置? (　　)

(A) 绝缘监视装置　　　　　　(B) 剩余电流保护器
(C) 电压表　　　　　　　　　(D) 过压脱扣器

31. 380V 电动机外壳采用可靠的接地后,请判断下面哪一种观点是正确的? (　　)

(A) 电动机发生漏电时,外壳的电位不会升高,因此人体与之接触不会受到电击
(B) 电动机发生漏电时,外壳的电位有升高,但由于可靠接地,电位升高很小,人体与之接触不会受到电击
(C) 电动机发生漏电时,即使设备已可靠接地,人体与之接触仍有电击的危险
(D) 因为电动机发生漏电时,即使设备已可靠接地,人体与之接触仍有电击的危险。因此该电动机配电回路必须使用漏电保护器进行保护

32. 正常环境下的屋内场所,采用护套绝缘电线直敷设布线时,下列哪一项表述与国家标准的要求一致? (　　)

(A) 其截面不应大于 $1.5mm^2$　　　　(B) 其截面不应大于 $2.5mm^2$
(C) 其截面不应大于 $4mm^2$　　　　(D) 其截面不应大于 $6mm^2$

33. 应急照明不能选用下列哪种光源? (　　)

(A) LED　　　　　　　　　(B) 场致发光光源
(C) 荧光灯　　　　　　　　(D) 高强度气体放电灯

34. 按现行国家标准规定,设计照度值与照度标准值比较,允许的偏差是多少? (　　)

(A) -5% ~ +5%　　　　　　(B) -7.5% ~ +7.5%
(C) -10% ~ +10%　　　　　(D) -15% ~ +15%

35. 下列有关异步电动机启动控制的描述,哪一项是错误的? (　　)

(A)直接启动时校验在电网形成的电压降不得超过规定值,还应校验其启动功率不得超过供电设备和电网的过载能力

(B)降压启动方式即启动时将电源电压降低加到电动机定子绕组上,待电动机接近同步转速后,再将电动机接至电源电压上运行

(C)晶闸管交流调压调速的主要优点是简单、便宜、使用维护方便,其缺点为功率损耗高、效率低、谐波大

(D)晶闸管交流调压调速,常用的接线方式为每相电源各串一组双向晶闸管,分别与电动机定子绕组连接,另外,电源中性线与电动机绕组的中心点连接

36. 关于电动机的交—交变频调速系统的描述,下列哪一项是错误的? ( )

(A)用晶闸管移相控制的交—交变频调速系统,适用于大功率(3000kW 以上)、低速(600r/min 以下)的调速系统

(B)交—交变频调速电动机可以是同步电动机或异步电动机

(C)当电源频率为 50Hz 时,交—交变频装置最大输出频率被限制为 $f \leq$ 16 ~ 20Hz

(D)当输出频率超过 16 ~ 20Hz 后,随输出频率增加,输出电流的谐波分量减少

37. 关于可编程控制器 PLC 的 I/O 接口模块,下列描述哪一项是错误的? ( )

(A)I/O 接口模块是 PLC 中 CPU 与现场输入、输出装置或其他外部设备之间的接口部件

(B)PLC 系统通过 I/O 模块与现场设备连接,每个模块都有与之对应的编程地址

(C)为满足不同需要,有数字量输入输出模块、模拟量输入输出模块、计数器等特殊功能模块

(D)I/O 接口模块必须与 CPU 放置在一起

38. 民用建筑内,设置在走道和大厅等公共场所的火灾应急广播扬声器的额定功率不应小于 3W,对于其数量的要求,下列表述中哪一项符合规范的规定? ( )

(A)从一个防火分区的任何部位到最近一个扬声器的距离不大于 20m

(B)从一个防火分区的任何部位到最近一个扬声器的距离不大于 25m

(C)从一个防火分区的任何部位到最近一个扬声器的距离不大于 30m

(D)从一个防火分区的任何部位到最近一个扬声器的距离不大于 15m

39. 建筑物高度超过 100m 的高层民用建筑,在各避难层应设置消防专用电话分机或电话插孔,下列哪一项表述与规范的要求一致? ( )

(A)应每隔 15m 设置一个消防专用电话分机或电话插孔

(B)应每隔 20m 设置一个消防专用电话分机或电话插孔

(C)应每隔 25m 设置一个消防专用电话分机或电话插孔

(D)应每隔 30m 设置一个消防专用电话分机或电话插孔

40. 有线电视系统中，对系统载噪比(C/N)的设计值要求，下列表述中哪一项是正确的？ ( )

(A)应不小于 38dB (B)应不小于 40dB
(C)应不小于 44dB (D)应不小于 47dB

二、多项选择题(共 30 题，每题 2 分。每题的备选项中有 2 个或 2 个以上符合题意。错选、少选、多选均不得分)

41 ~46. 旧大纲题目：略。

47. 在火灾和爆炸危险厂房中，低压配电系统可采用下列哪几种接地形式？ ( )

(A)TN-S (B)TN-C-S
(C)TT (D)IT

48. 提高车间电力负荷的功率因数，可以减少车间变压器的哪些损耗？ ( )

(A)有功损耗 (B)无功损耗
(C)铁损 (D)铜损

49. 下列电力负荷中哪几项属于一级负荷？ ( )

(A)建筑高度为 32m 的乙、丙类厂房的消防用电设备
(B)建筑高度为 60m 的综合楼的电动防火门、窗、卷帘等消防设备
(C)人民防空地下室二等人员隐蔽所、物资库的应急照明
(D)民用机场的机场宾馆及旅客过夜用房用电

50. 二级电力负荷的系统，采用以下哪几种供电方式是正确的？ ( )

(A)宜由两回路供电
(B)在负荷较小或地区供电条件困难时，可由一回 6kV 及以上专用架空线路供电
(C)当采用一回电缆线路时，应采用两根电缆组成的电缆线路供电，其每根电缆应能承受 100% 的二级负荷
(D)当采用一回电缆线路时，应采用两根电缆组成的电缆线路供电，其每根电缆应能承受 50% 的二级负荷

51. 变配电所中，当 6 ~10kV 母线采用单母线分段接线时，分段处宜装设断路器，属于下列哪几种情况时，可装设隔离开关或隔离触头？ ( )

(A)母线上短路电流较小 (B)不需要带负荷操作
(C)继电保护或自动装置无要求 (D)出线回路较少

52. 某大型民用建筑内需设置一座 10kV 变电所，下列哪几种形式比较适宜？ ( )

(A)室内变电所　　　　　　　　　　(B)预装式变电站
(C)半露天变电所　　　　　　　　　(D)户外箱式变电站

53. 当一级负荷用电由同一10kV配电所供给时,下列哪几种做法符合规范的要求?
( )

(A)母线分段处应设防火隔板或有门洞的隔墙
(B)供给一级负荷用电的两路电缆不应同沟敷设,当无法分开时,该电缆沟内的两路电缆宜采用耐火类电缆,且应分别敷设在电缆沟两侧的支架上
(C)供给一级负荷用电的两路电缆不应同沟敷设,当无法避免时,允许采用阻燃性电缆,分别敷设在电缆沟一侧不同层的支架上
(D)供给一级负荷用电的两路电缆应同沟敷设

54. 在电气工程设计中,短路电流的计算结果用于下列哪几项? ( )

(A)选择导体和电器
(B)继电保护的选择与整定
(C)确定供电系统的可靠性
(D)验算接地装置的接触电压和跨步电压

55. 保护35kV以下变压器的高压熔断器的选择,下列哪几项要求是正确的?
( )

(A)当熔体内通过电力变压器回路最大工作电流时不误熔断
(B)当熔体通过电力变压器回路的励磁涌流时不误熔断
(C)当高压熔断器的断流容量不满足被保护回路短路容量要求时,不可在被保护回路中装设限流电阻来限制短路电流
(D)高压熔断器还应按海拔高度进行校验

56. 验算10kV导体和电器用的短路电流,按下列哪几条原则计算是符合规范规定的?
( )

(A)除计算短路电流的衰减时间常数外,元件的电阻可忽略不计
(B)在电气连接的网络中可不计具有反馈作用的异步电动机的影响和电容补偿装置放电电流的影响
(C)在电气连接的网络中应计及具有反馈作用的异步电动机的影响和电容补偿装置放电电流的影响
(D)在电气连接的网络中应计及具有反馈作用的异步电动机的影响,电容补偿装置放电电流的影响可忽略不计

57. 对电线、电缆导体的截面选择,下列哪几项符合规范的要求? ( )

(A)按照敷设方式、环境温度及使用条件确定导体的截面,其额定载流量不应

小于预期负荷的最大计算电流

(B)绝缘导体敷设在跨距小于 2m 的绝缘子上的铜导体的最小允许截面为 $1.5mm^2$

(C)线路电压损失不应超过允许值

(D)生产用的移动式用电设备采用铜芯软线的线芯最小允许截面为 $0.75mm^2$

58. 某变电所 35kV 备用电源自动投入装置功能如下,请指出哪几个功能是不正确的? ( )

(A)手动断开工作回路断路器时,备用电源自动投入装置动作,投入备用电源断路器

(B)工作回路上的电压一旦消失,自动投入装置应立即动作

(C)在确定工作回路无电压而且工作回路确实断开后才投入备用电源断路器

(D)备用电源自动投入装置动作后,如投到故障上,再自动投入一次

59. 对于变压器引出线、套管及内部的短路故障,下列保护配置哪几项是正确的? ( )

(A)变电所有两台 2.5MV·A 变压器,装设纵联差动保护

(B)两台 6.3MV·A 并联运行变压器,装设纵联差动保护

(C)一台 6MV·A 重要变压器,装设纵联差动保护

(D)8MV·A 以下变压器装设电流速断保护和过电流保护

60. 下列关于 35kV 变电所所用电源的设计原则中,哪几项是正确的? ( )

(A)在两台及以上变压器的变电所中,宜装设两台容量相同可互为备用的所用变压器

(B)如能从变电所外引入一个可靠的低压备用所用电源,亦可装设一台所用变压器

(C)当 35kV 变电所只有一回电源进线及一台变压器时,可在电源进线断路器之后装设一台所用变压器

(D)所用变压器容量应根据全站计算负荷选择

61. 为了限制 3~66kV 不接地的中性点接地的电磁式电压互感器因过饱和可能产生的铁磁谐振过电压,可采取的措施有: ( )

(A)选用励磁特性饱和点较高的电磁式电压互感器

(B)增加同一系统中电压互感器中性点接地的数量

(C)在互感器的开口三角形绕组装设专门消除此类铁磁谐振的装置

(D)在 10kV 及以下的母线装设中性点接地的星形接线电容器组

62. 在变电所设计运行中应考虑直击雷、雷电反击和感应雷过电压对电气装置的危害,其中,直击雷过电压保护可采用避雷针或避雷线,下列设施应装设直击雷保护装置的有: ( )

(A)露天布置的 GIS 外壳
(B)有火灾危险的建构筑物
(C)有爆炸危险的建构筑物
(D)屋外配电装置,包括组合导线和母线廊道

63. 在电气设计中,以下做法符合规范要求的有: ( )

(A)根据实际情况在 TT 系统中使用四极开关
(B)根据实际情况在 TN-C 系统中使用四极开关
(C)根据实际情况利用大地作为电力网的中性线
(D)根据实际情况设置两个互相独立的接地装置

64. 关于静电保护的措施及要求,下列叙述哪些是正确的? ( )

(A)静电接地的接地电阻一般不应大于 100Ω
(B)对非金属静电导体不必作任何接地
(C)为消除非导体的静电,宜采用静电消除器
(D)在频繁移动的器件上使用的接地导体,宜使用 $6mm^2$ 以上的单股线

65. 某建筑群的综合布线区域内存在高于国家标准规定的干扰时,布线方式选择下列哪些措施符合国家标准规范要求? ( )

(A)宜采用非屏蔽缆线布线方式
(B)宜采用屏蔽缆线布线方式
(C)宜采用金属管线布线方式
(D)可采用光缆布线方式

66. 某设计院旧楼改造,为改善设计室照明环境,下列哪几种做法符合国家标准规范的要求? ( )

(A)增加灯具容量及数量,提高照度标准到 750lx
(B)加大采光窗面积,布置浅色家具、白色顶棚和墙面
(C)每个员工工作桌配备 20W 节能工作台灯
(D)限制灯具中垂线以上等于和大于 65°高度角的亮度

67. 关于电动机的启动方式的特点比较,下列描述中哪些是正确的? ( )

(A)电阻降压启动适用于低压电动机,启动电流较大,启动转矩较小,启动电阻消耗较大
(B)电抗器降压启动适用于低压电动机,启动电流较大,启动转矩较小
(C)延边三角形降压启动要求电动机具有 9 个出线头,启动电流较小,启动转矩较大
(D)星形—三角形降压启动要求电动机具有 6 个出线头,适用于低压电动机,启动电流较小,启动转矩较小

68. 关于可编程控制器 PLC 循环扫描周期的描述,下列哪几项是错误的? ( )

(A)扫描速度的快慢与控制对象的复杂程度和编程的技巧无关

(B)扫描速度的快慢与PLC所采用的处理器型号无关

(C)PLC系统的扫描周期包括系统自诊断、通信、输入采样、用户程序执行和输出刷新等用时的总和

(D)通信时间的长短、连接的外部设备的多少、用户程序的长短,都不影响PLC扫描时间的长短

69.下列有关电缆隧道的报警区域的设置符合规范要求的是哪几项? ( )

(A)电缆隧道的报警区域由一个封闭长度区间组成

(B)电缆隧道的报警区域由两个相连的封闭长度区间组成

(C)电缆隧道的报警区域由三个相连的封闭长度区间组成

(D)电缆隧道的报警区域由四个相连的封闭长度区间组成

70.综合布线系统设备间机架和机柜安装时宜符合的规定,下列哪些表述与规范的要求一致? ( )

(A)单排安装时,机柜前面的净空不应小于1000mm,后面的净空不应小于1000mm

(B)单排安装时,机柜前面的净空不应小于1000mm,后面的净空不应小于800mm

(C)单排安装时,机柜前面的净空不应小于800mm,后面的净空不应小于1000mm

(D)多排安装时,机柜列间距不应小于1200mm

2006年专业知识试题答案(上午卷)

1～10. 略

11. **答案**:B

依据:《低压配电设计规范》(GB 50054—2011)第5.2.1条及条文说明。当发生接地故障并在故障持续的时间内,与它有电气联系的电气设备的外露可导电部分对大地和装置可导电部分间存在电位差,此电位差可能使人身遭受电击。间接接触防护针对此种接地故障自动切断电源的防护措施。

注:也可参考《低压配电装置 第4-41部分:安全防护 电击防护》(GB 16895.21—2012)第413条。

12. **答案**:B

依据:《爆炸危险环境电力装置设计规范》(GB 50058—2014)第3.2.4-1条。

13. **答案**:A

依据:《民用建筑电气设计规范》(JGJ 16—2008)第10.3.5、第10.3.6条。

14. **答案**:A

依据:《工业与民用供配电设计手册》(第四版) P4～P5"单台用电设备的设备功率"注解小字部分。

短时或周期工作制电动机(如起重机用电动机等)的设备功率是指将额定功率换算成统一负载持续率下的有功功率。当采用需要系数法计算负荷时,应统一换算到负载持续率为25%下的有功功率;当采用利用系数法计算负荷时,应统一换算到负载持续率为100%下的有功功率。

注:原题考查注解小字部分,按第四版手册要求,应按式(1.2-1)进行计算,一律换算为负载持续率100%的有功功率。

15. **答案**:B

依据:《低压配电设计规范》(GB 50054—2011)第6.2.4条。

16. **答案**:D

依据:《并联电容器装置设计规范》(GB 50227—2017)第5.2.4条。

17. **答案**:B

依据:《20kV及以下变电所设计规范》(GB 50053—2013)第4.1.4条、第4.1.5条。

18. **答案**:A

依据:《3～110kV高压配电装置设计规范》(GB 50060—2008)第5.5.4条。

19. **答案**:D

依据:《工业与民用供配电设计手册》(第四版)P303 低压网络短路电流计算之计算条件。

20. **答案**:A

依据:《工业与民用供配电设计手册》(第四版)P299 最后一行。

21. **答案**:C

依据:《工业与民用供配电设计手册》(第四版)P311 表 5.1-1 。

注:虽缺少机械荷载一项,但根据其他特性已可以选出正确答案了,也可参考《导体和电器选择设计技术规定》(DL/T 5222—2005)第 9.2 条。

22. **答案**:B

依据:《电力装置电测量仪表装置设计规范》(GB/T 50063—2017)第 7.1.5 条。

额定电流(实际负荷电流):$I_n = 850/10 \times \sqrt{3} = 49.1\text{A}$,选 100A。

注:电流互感器一次额定电流采用 75A 时,实际运行电流可达到额定值的 65.4%,满足规范要求;电流互感器一次额定电流采用 100A 时,实际运行电流可达到额定值的 49.1%,不满足规范要求。

23. **答案**:D

依据:《建筑物电气装置　第 54 部分:电气设备的选择和安装—接地配置、保护导体和保护联结导体》(GB 16895.3—2017)第 543.4.1 条。

24. **答案**:A

依据:《电力工程电缆设计规范》(GB 50217—2018)第 3.2.1 条。

25. **答案**:B

依据:《民用建筑电气设计规范》(JGJ 16—2008)第 5.2.1.7 条。

26. **答案**:B

依据:《工业与民用供配电设计手册》(第四版)P177 相关内容。

最小短路电流,用于选择熔断器、设定保护定值或作为校验继电保护装置灵敏度和校验感应电动机启动的依据。

27. **答案**:A

依据:《35kV ~ 110kV 变电站设计规范》(GB 50059—2011)第 3.6.1 条。

28. **答案**:A

依据:《建筑物防雷设计规范》(GB 50057—2010)第 4.3.10 条。

29. **答案**:C

依据:《建筑物防雷设计规范》(GB 50057—2010)第4.2.4-6条及小注。

注:当土壤电阻率小于或等于500Ω·m时,对环形接地体所包围的面积的等效圆半径大于或等于5m的情况,环形接地体不需要补加接地体。

30. **答案**:A

依据:《低压配电设计规范》(GB 50054—2011)第5.2.20条。

31. **答案**:C

依据:无具体条文,但可参考《低压配电设计规范》(GB 50054—2011)的相关内容,因为外露可导电部分即使可靠接地,仍存在接触电位差,需要采取辅助等电位接地或局部等电位接地措施。

32. **答案**:D

依据:《低压配电设计规范》(GB 50054—2011)第7.2.1-1条。

33. **答案**:D

依据:《照明设计手册》(第三版)P459"应急照明光源、灯具及系统"。

注:也可参考《建筑照明设计标准》(GB 50034—2013)第3.2.3条。

34. **答案**:C

依据:《建筑照明设计标准》(GB 50034—2013)第4.1.7条。

35. **答案**:D

依据:《钢铁企业电力设计手册》(下册)P89~P90及P282。

注:也可参考《电气传动自动化技术手册》(第三版)P385相关内容。

36. **答案**:D

依据:《电气传动自动化技术手册》(第三版)P566~P569相关内容,P568倒数第4行。

注:也可参考《电气传动自动化技术手册》(第二版)P488~P492相关内容,P490倒数第5行。

37. **答案**:D

依据:《电气传动自动化技术手册》(第三版)P875最后一段。

注:也可参考《电气传动自动化技术手册》(第二版)P788倒数第5行。

38. **答案**:B

依据:《火灾自动报警系统设计规范》(GB 50116—2013)第6.6.1-1条。

39. **答案**:B

依据:《火灾自动报警系统设计规范》(GB 50116—2013)第6.7.4-3条。

40. **答案**:C

依据:《有线电视系统工程技术规范》(GB 50200—1994)第2.2.3.1条表2.2.2。

41~46.略

47. **答案**:ACD

依据:《工业与民用供配电设计手册》(第四版)P1392~P1395“系统接地型式的选用”。

48. **答案**:ABD

依据:《钢铁企业电力设计手册》(上册)P297“6.3 变配电设备的节电 (2)提供功率因数减少电能损耗 2)减少变压器的铜耗”,及式(6-36)和式(6-37)。

49. **答案**:BCD

依据:《建筑设计防火规范》(GB 50016—2014)第5.1.1条、第10.1.1条,《人民防空地下室设计规范》(GB 50038—2005)第7.2.4条 表7.2.4,《民用建筑电气设计规范》(JGJ 16—2008)附录A。

50. **答案**:ABD

依据:《供配电系统设计规范》(GB 50052—2009)第3.0.7条。

51. **答案**:BC

依据:《20kV及以下变电所设计规范》(GB 50053—2013)第3.2.5条。

52. **答案**:AB

依据:《20kV及以下变电所设计规范》(GB 50053—2013)第4.1.1-3条。

53. **答案**:AB

依据:《民用建筑电气设计规范》(JGJ 16—2008)第4.5.5条。

54. **答案**:ABD

依据:《钢铁企业电力设计手册》(上册)P177“短路电流计算的目的及一般规定”。

55. **答案**:ABD

依据:《导体和电器选择设计技术规定》(DL/T 5222—2005)第17.0.2条、第17.0.10条,选项C答案在《钢铁企业电力设计手册》(上册)P573最后一段。

56. **答案**:AC

依据:《电力工程电气设计手册》(电气一次部分)P119相关内容。

57. **答案**:ABC

依据:《民用建筑电气设计规范》(JGJ 16—2008)第7.4.2条和《工业与民用供配电设计手册》(第四版)P810表9.2-1。

58. **答案**:ABD

依据:《电力装置的继电保护和自动装置设计规范》(GB/T 50062—2008)第11.0.2条。

59. **答案**:BC

依据:《电力装置的继电保护和自动装置设计规范》(GB/T 50062—2008)第4.0.3条、第4.0.5条,过电流保护作为后备保护,是针对外部相间短路引起的,与题意不符。

60. **答案**:ABD

依据:《35kV~110kV变电站设计规范》(GB 50059—2011)第3.6.1条。

61. **答案**:ACD

依据:《交流电气装置的过电压保护和绝缘配合设计规范》(GB/T 50064—2014)第4.1.11-4条。

注:也可参考《交流电气装置的过电压保护和绝缘配合》(DL/T 620—1997)第4.1.5-d)条。

62. **答案**:CD

依据:《交流电气装置的过电压保护和绝缘配合设计规范》(GB/T 50064—2014)第5.4.1条、第5.4.3条。

注:也可参考《交流电气装置的过电压保护和绝缘配合》(DL/T 620—1997)第7.1.1条、第7.1.3条。

63. **答案**:AD

依据:《民用建筑电气设计规范》(JGJ 16—2008)第7.5.3-4条、第12.1.4条、第12.1.5条。

64. **答案**:AC

依据:《防止静电事故通用导则》(GB 12158—2006)第6.1.2条、第6.1.10条、第6.2.6条。

注:防静电接地内容,可参考《工业与民用供配电设计手册》(第四版)P1434~P1438的内容,但内容有限。

65. **答案**:BD

依据:《综合布线系统工程设计规范》(GB 50311—2016)第8.0.3-2条。

66. **答案**:BCD

依据:《建筑照明设计标准》(GB 50034—2013)第5.3.2条,选项A错误;第6.4条"天然光利用",选项B正确;《照明设计手册》(第三版)P213"2. 直接照明与局部照明组合",参考图8-8,选项C正确;P264第2行"有视频显示终端的工作场所照明应限制灯具中垂线以上不小于65°高度角的亮度",选项D正确。

注:电脑显示屏即为视频显示终端。

67. **答案**：ACD

依据：《钢铁企业电力设计手册》（下册）P90～P91 表 24-3。

68. **答案**：ABD

依据：《电气传动自动化技术手册》（第三版）P877"3. PLC 系统的扫描周期"。

注：也可参考《电气传动自动化技术手册》（第二版）P799"3. PLC 系统的扫描周期"。

69. **答案**：ABC

依据：《火灾自动报警系统设计规范》（GB 50116—2013）第 3.3.1-2 条。

70. **答案**：BD

依据：《综合布线系统工程设计规范》（GB 50311—2016）第 7.7.1-2 条。

2006年专业知识试题(下午卷)

一、单项选择题(共40题,每题1分,每题的备选项中只有1个最符合题意)

1. 下面哪种是属于防直接电击保护措施? ( )

(A)自动切断供电 (B)接地

(C)等电位联结 (D)将裸露导体包以适合的绝缘防护

2. 国家标准中规定,在建筑照明设计中对照明节能评价指标采用的单位是下列哪一项? ( )

(A)W/lx (B)W/lm

(C)W/m^2 (D)lm/m^2

3. 某建筑高度为36m的普通办公楼,地下室平时为III类普通汽车房,战时为防空地下室,属二级人员隐蔽所,下列楼内用电设备哪一项是一级负荷? ( )

(A)防空地下室战时应急照明 (B)自动扶梯

(C)消防电梯 (D)消防水泵

4. 在三相配电系统中,每相均接入一盏交流220V、1kW碘钨灯,同时在A相和B相间接入一个交流380V、2kW的全阻性负载,请计算等效三相负荷,下列哪一项数值是正确的? ( )

(A)5kW (B)6kW

(C)9kW (D)10kW

5. 在城市供电规划中,10kV开关站最大转供容量不宜超过下列哪个数值? ( )

(A)10000kV·A (B)15000kV·A

(C)20000kV·A (D)无具体要求

6. 10kV及以下变电所设计中,一般情况下,动力和照明宜共用变压器,下列关于设置专用变压器的表述中哪一项是正确的? ( )

(A)在TN系统的低压电网中,照明负荷应设专用变压器

(B)当单台变压器的容量小于1250kV·A,可设照明专用变压器

(C)当照明负荷较大或动力和照明采用共用变压器严重影响照明质量及灯泡的寿命时,可设照明专用变压器

(D)负荷随季节性变化不大时,宜设照明专用变压器

7. 低压并联电容器应采用自动投切，下列哪种参数不属于自动投切的控制量？（　　）

(A)无功功率　　(B)功率因数
(C)电压或时间　　(D)关合涌流

8. 下列哪一项为供配电系统中高次谐波的主要来源？（　　）

(A)工矿企业各种非线性用电设备
(B)60Hz 的用电设备
(C)运行在非饱和段的铁芯电抗器
(D)静补装置中的容性无功设备

9. 10kV 配电所高压电容器装置的开关设备及导体载流部分的长期允许电流不应小于电容器额定电流的多少倍？（　　）

(A)1.2　　(B)1.25
(C)1.3　　(D)1.35

10. 下列关于高压配电装置设计的要求中，哪一条不符合规范规定？（　　）

(A)63kV 配电装置中，每段母线上不宜装设接地刀闸或接地器
(B)63kV 配电装置中，断路器两侧隔离开关的断路器侧和线路隔离开关的线路侧，宜装设接地刀闸
(C)屋内配电装置间隔内的硬导体及接地线上，应留有接触面和连接端子
(D)屋内、外配电装置隔离开关与相应的断路器和接地刀闸之间应装设闭锁装置

11. 总油量超过 100kg 的 10kV 油浸式变压器安装在屋内，下面哪一种布置方案符合规范要求？（　　）

(A)为减少房屋面积，与 10kV 高压开关柜布置在同一房间内
(B)为方便运行维护，与其他 10kV 高压开关柜布置在同一房间内
(C)宜装设在单独的防爆间内，不设置消防设施
(D)宜装设在单独的防爆间内，设置消防设施

12. 已知一条 50km 长的 110kV 架空线路，其架空导线每公里电抗为 0.409Ω，若计算基准容量为 100MV·A，该线路电抗标幺值是多少？（　　）

(A)0.155　　(B)0.169
(C)0.204　　(D)0.003

13. 在设计远离发电厂的 110/10kV 变电所时，校验 10kV 断路器分断能力（断路器开断时间为 0.15s），应采用下列哪一项？（　　）

(A)三相短路电流第一周期全电流峰值
(B)三相短路电流第一周期全电流有效值
(C)三相短路电流周期分量最大瞬时值
(D)三相短路电流周期分量稳态值

14. 在远离发电厂的变电所10kV母线最大三相短路电流为7kA,请指出10kV开关柜中隔离开关的动稳定电流,选用下列哪一项最合理? ( )

(A)16kA (B)20kA
(C)31.5kA (D)40kA

15. 当电流互感器二次绕组的容量不满足要求时,可以采取下列哪种正确措施? ( )

(A)将两个二次绕组串联使用
(B)将两个二次绕组并联使用
(C)更换额定电流大的电流互感器,增大变流比
(D)降低准确级使用

16. 按低压电器的选择原则规定,下列哪种电器不能用作功能性开关电器? ( )

(A)负荷开关 (B)继电器
(C)半导体电器 (D)熔断器

17. 1kV及其以下电源中性点直接接地时,单相回路的电缆芯数选择,下列叙述中哪一项符合规范要求? ( )

(A)保护线与受电设备的外露可导电部分连接接地的情况,保护线与中性线合用同一导体时,应采用三芯电缆
(B)保护线与受电设备的外露可导电部分连接接地的情况,保护线与中性线各自独立时,应采用两芯电缆
(C)保护线与受电设备的外露可导电部分连接接地的情况,保护线与中性线各自独立时,应采用两芯电缆与另外的保护线导体组成,并分别穿管敷设
(D)受电设备的外露可导电部分保护接地与电源系统中性点接地各自独立的情况,应采用两芯电缆

18. 在10kV及以下电力电缆和控制电缆的敷设中,下列哪一项叙述符合规范的规定? ( )

(A)在隧道、沟、线槽、竖井、夹层等封闭式电缆通道中,不得含有可能影响环境温升持续超过10℃的供热管路
(B)直埋敷设于非冻土地区时,电缆外皮至地面深度不得小于0.5m
(C)敷设于保护管中,使用排管时,管路纵向排水坡度不宜小于0.2%

(D)电缆沟/隧道的纵向排水坡度不得大于0.5%

19. 工业企业厂房内(配电室外),交流工频500V以下无遮拦的裸导体至地面的距离不应小于下列哪一项数值? ( )

(A)2.5m (B)3.0m
(C)3.5m (D)4.0m

20. 当采用配有浮充电设备的蓄电池组作直流电源时,下列哪一项要求是正确的? ( )

(A)电流允许波动应控制在额定电流5%范围内
(B)有浮充电(高频开关)设备引起的纹波系数不应大于5%
(C)放电末期直流母线电压下限不应低于额定电压的85%
(D)充电后期直流母线电压上限不应高于额定电压的115%

21. 变压器的纵联差动保护应符合下列哪一项要求? ( )

(A)应能躲过外部短路产生的最大电流
(B)应能躲过励磁涌流
(C)应能躲过内部短路产生的不平衡电流
(D)应能躲过最大负荷电流

22. 对双绕组变压器的外部相间的短路保护,以下说法哪一项正确? ( )

(A)单侧电源的双绕组变压器的外部相间短路保护宜装于各侧
(B)单侧电源的双绕组变压器的外部相间短路保护电源侧保护可带三段时限
(C)双侧电源的双绕组变压器的外部相间短路保护应装于主电源侧
(D)三侧电源的双绕组变压器的外部相间短路保护应装于低压侧

23. 试选择220/380V三相系统中相对地之间的电涌保护器的最大连续工作电压U_C(当三相系统为TN系统时)? ( )

(A)253V (B)288V
(C)341V (D)437V

24. 应用于标称电压为10kV的中性点不接地系统中的变压器的相对地雷电冲击耐受电压和短时工频耐受电压分别是? ( )

(A)75kV,35kV (B)60kV,35kV
(C)75kV,28kV (D)60kV,28kV

25. 等电位联结作为一项电气安全措施,它的目的是用来降低: ( )

(A)故障接地电压 (B)跨步电压

(C)安全电压　　(D)接触电压

26. 综合分析低压配电系统的各种接地形式,对于有自设变电所的智能型建筑最适合的接地形式是下列哪一种? (　　)

(A)TN-S　　(B)TT
(C)IT　　(D)TN-C-S

27. 按照国家标准规范规定,布线竖井内的高压、低压和应急电源的电气线路,相互之间的距离应等于或大于多少? (　　)

(A)100mm　　(B)150mm
(C)200mm　　(D)300mm

28. 按照国家标准规范规定,每套住宅进户线截面不应小于多少? (　　)

(A)$4mm^2$　　(B)$6mm^2$
(C)$10mm^2$　　(D)$16mm^2$

29. 按照国家标准规范规定,在有电视转播要求的体育场馆,比赛时观众席前排的垂直照度不宜小于场地垂直照度的多少? (　　)

(A)0.25　　(B)0.3
(C)0.4　　(D)0.5

30. 请问下列哪款光源必须选配电子镇流器? (　　)

(A)T8,36W 直管荧光灯　　(B)400W 高压钠灯
(C)T5,28W 超细管荧光灯　　(D)250W 金属卤化物灯

31. 下列有关变频启动的描述,哪一项是错误的? (　　)

(A)可以实现平滑启动,对电网冲击小
(B)启动电流大,需考虑对被启动电机的加强设计
(C)变频启动装置的功率仅为被启动电动机功率的5% ~7%
(D)适用于大功率同步电动机的启动控制,可若干电动机共用一套启动装置,较为经济

32. 根据他励直流电动机的机械特性,由负载力矩引起的转速降落 Δn 符合下列哪一项关系? (　　)

(A)Δn 与电动机工作转速成正比　　(B)Δn 与母线电压平方成正比
(C)Δn 与电动机磁通成反比　　(D)Δn 与电动机磁通平方成反比

33. 仅供笼型异步电动机启动用的普通晶闸管软启动装置,按变流种类可归类为下

列哪一种？　　（　　）

(A)整流　　(B)交流调压

(C)交—直—交间接变频　　(D)交—交直接变频

34. 改变定子电压可以实现异步电动机的简易调速，当向下调节定子电压时，电动机的电磁转矩按下列哪一项关系变化？　　（　　）

(A)随定子电压值按一次方的关系下降

(B)随定子电压值按二次方的关系下降

(C)随定子电压值按三次方的关系下降

(D)随电网频率按二次方的关系下降

35. 可编程控制器PLC控制系统中的中枢是中央处理单元(CPU)，它包括微处理器和控制接口电路。下面列出的有关CPU主要功能的描述哪一条是错误的？　　（　　）

(A)以扫描方式读入所有输入装置的状态和数据，存入输入映像区中

(B)逐条解读用户程序，执行包括逻辑运算、算数运算、比较、变换、数据传输等任务

(C)随机将计算结果立即输出到外部设备

(D)扫描程序结束后，更新内部标志位，将结果送入输出映像区或寄存器；随后将映像区内的各输出状态和数据传送到相应的输出设备中

36. 消防控制室内设备的布置，下列哪一项表述与规范的要求一致？　　（　　）

(A)设备面盘前操作距离，单列布置时不应小于最小操作空间1.0m，双列布置时不应小于1.5m

(B)设备面盘前操作距离，单列布置时不应小于最小操作空间1.5m，双列布置时不应小于2.0m

(C)设备面盘前操作距离，单列布置时不应小于最小操作空间1.8m，双列布置时不应小于2.5m

(D)设备面盘前操作距离，单列布置时不应小于最小操作空间2.0m，双列布置时不应小于2.5m

37. 系统总线上应设置总线短路隔离器，每只总线短路隔离器保护的火灾探测器、手动火灾报警按钮和模块等消防设备的总数不应超过下列哪项？　　（　　）

(A)24点　　(B)32点

(C)36点　　(D)48点

38. 统一眩光值用于度量处于室内视觉环境中的照明装置发出的光对人眼引起不舒适感主观反应的心理参量，下列有关其应用条件的表述哪项不符合规定？　　（　　）

(A)统一眩光值不应用于采用间接照明和发光天棚的房间

(B)灯具应采用单对称配光

(C)观测位置应在纵向和横向两面墙的中点,视线应水平超前观测

(D)适用于坐姿观测者眼睛高度应取1.2m,站姿观测者眼睛的高度应取1.5m

39. 闭路电视监控系统中图像水平清晰度,对于黑白电视系统,其清晰度的要求,下列表述中哪一项是正确的? ( )

(A)不应低于400线　　(B)不应低于450线

(C)不应低于270线　　(D)不应低于550线

40. 某民用建筑中,综合布线缆线及管线在墙壁上敷设,敷设高度为10m,其与避雷引下线的交叉间距至少应为下列哪项数值? ( )

(A)300mm　　(B)400mm

(C)500mm　　(D)600mm

二、多项选择题(共30题,每题2分。每题的备选项中有2个或2个以上符合题意。错选、少选、多选均不得分)

41. 安全特低电压配电回路SELV的外露可导电部分应符合以下哪几项要求? ( )

(A)安全特低电压回路的外露可导电部分不允许与大地连接

(B)安全特低电压回路的外露可导电部分不允许与其他回路的外露可导电部分连接

(C)安全特低电压回路的外露可导电部分不允许与装置外可导电部分连接

(D)安全特低电压回路的外露可导电部分允许与其他回路的保护导体连接

42. 在TN-C系统中若部分回路必须装设漏电保护器(RCD)保护,则应将被保护部分的系统接地形式改为下列哪几种形式? ( )

(A)TN-S系统　　(B)TN-C-S系统

(C)局部TT系统　　(D)TT系统

43. 下列关于供电系统负荷分级的叙述,哪几项符合规范的规定? ( )

(A)火力发电厂与变电站设置的消防水泵、自动灭火系统、电动阀门应按二级负荷供电

(B)室外消防用水量为20L/s的露天堆场的消防用电设备应按三级负荷供电

(C)单机容量为25MW以上的发电厂,消防水泵应按二级负荷供电

(D)以石油、天然气及其产品为原料的石油化工厂,其消防水泵房用电设备的电源,应按一级负荷供电

44. 某建筑物为高度60m的普通办公楼,下列楼内用电设备哪些为一级负荷? ( )

(A)消防电梯 (B)自动电梯
(C)公共卫生间照明 (D)楼梯间应急照明

45. 在供配电系统设计中,计算电压偏差时,应计入采取某些措施后的调压效果,下列所采取的措施,哪些是应计入的? ( )

(A)自动或手动调整并联补偿电容器的投入量
(B)自动或手动调整异步电动机的容量
(C)改变供配电系统运行方式
(D)自动或手动调整并联电抗器的投入量

46. 与高压并联电容器装置配套的断路器选择,除应符合断路器有关标准外,尚应符合下列哪几条规定? ( )

(A)开断时不应重击穿
(B)每天投入超过三次的断路器,应具备频繁操作的性能
(C)关合时,接触弹跳时间不应大于2ms,并且不应有过长的预击穿
(D)总回路中的断路器,应具有切除所连接的全部电容器组和开断总回路电容电流的能力

47. 下列关于35kV高压配电装置中导体最高工作温度和最高允许温度的规定,哪几条符合规范的要求? ( )

(A)裸导体的正常最高工作温度不应大于+70℃,在计及日照影响时,钢芯铝线及管型导体不宜大于+80℃
(B)当裸导体接触面处有镀锡的可靠覆盖层时,其最高工作温度可提高到+85℃
(C)验算短路热稳定时,裸导体的最高允许温度,对硬铝及铝锰合金可取+200℃,硬铜可取+250℃
(D)验算短路热稳定时,短路前的导体温度采用额定负荷下的工作温度

48. 35kV屋外配电装置架构的荷载条件,应符合下列哪些要求? ( )

(A)确定架构设计应考虑断线
(B)架构宜根据实际受力条件(包括远景可能产生的不利情况),分别按终端或中间架构设计
(C)计算用气象条件应按当地气象资料
(D)架构设计应考虑安装、运行、检修、地震情况的四种荷载组合

49. 计算低压侧短路电流时,有时需要计算矩形母线的电阻,其电阻值与下列哪些项有关? ( )

(A)矩形母线的长度 (B)矩形母线的截面积

(C)矩形母线的几何均距　　(D)矩形母线的材料

50. 在变电站设计中,当变压器低压侧短路电流过大,设备难以选择时,可采取下列哪些措施? ( )

(A)变压器分列运行　　(B)提高高压侧的电压等级
(C)在变压器低压侧回路装设电抗器　　(D)采用低损耗变压器

51. 适用于风机、水泵作为调节压力和流量的电气传动系统有: ( )

(A)绕线电动机转子串电阻调速系统
(B)绕线电动机串级调速系统
(C)直流电动机的调速系统
(D)笼型电动机交流变频调速系统

52. 验算高压断路器开断短路电流的能力时,应按下列哪几项规定? ( )

(A)按设计规划容量计算短路电流
(B)按可能发生最大短路电流的所有可能接线方式
(C)应分别计及分闸瞬间的短路电流交流分量和直流分量
(D)应计及短路电流峰值

53. 在有关35kV及以下电力电缆终端和接头的叙述中,下列哪些项符合规范的规定? ( )

(A)电流终端的额定电压及其绝缘水平,不得低于所连接电缆额定电压及其要求的绝缘水平
(B)电缆接头的额定电压及其绝缘水平,不得低于所连接电缆额定电压及其要求的绝缘水平
(C)电缆绝缘接头的绝缘环两侧耐受电压,不得低于所接电缆外护层绝缘水平的2倍
(D)电缆与电器相连接具有整体式插接功能时,电缆终端的装置类型应采取不可分离式终端

54. 在外部火势作用一定时间内需维持通电的下列哪些场所或回路,明敷的电缆应实施耐火保护或选用具有耐火性的电缆? ( )

(A)公共建筑设施中的回路
(B)计算机监控、双重化继电保护、保安电源灯双回路合用同一通道未相互隔离时其中一个回路
(C)油罐区、钢铁厂中可能有融化金属溅落等易燃场所
(D)消防、报警、应急照明、断路器操作直流电源和发电机组紧急停机的保安电源等重要回路

55. 一台 10/0.4kV,0.63MV·A 星形—星形连接的配电变压器,低压侧中性点直接接地,下列哪几项保护可以作为低压侧单相接地短路保护? ( )

(A)高压侧装设三相式过电流保护
(B)低压侧中性线上装设零序电流保护
(C)低压侧装设三相过电流保护
(D)高压侧由三相电流互感器组成的零序回路上装设零序电流保护

56. 下列哪几项电测量仪表精确度选择不正确? ( )

(A)馈线电缆回路电流表综合准确度选为 2.0 级
(B)蓄电池回路电流表综合准确度选为 1.5 级
(C)发电机励磁回路仪表的综合误差为 2%
(D)电测量变送器二次仪表的准确度选为 1.5 级

57. 关于 35kV 变电所蓄电池的容量选择,以下哪些条款是正确的? ( )

(A)蓄电池的容量应满足全所事故停电 1h 放电容量
(B)事故放电容量取全所经常性直流负荷
(C)事故放电容量取全所事故照明的负荷
(D)蓄电池组的容量应满足事故放电末期最大冲击负荷容量

58. 为防止在开断高压感应电动机时,因断路器的截流、三相同时开断和高频重复重击穿等产生过电压,一般在工程中常用的办法有: ( )

(A)采用少油断路器
(B)在断路器与电动机之间装设旋转电机型金属氧化物避雷器
(C)在断路器与电动机之间装设 R-C 阻容吸收装置
(D)过电压较低,可不采用保护措施

59. 请判断下列问题中哪些是正确的? ( )

(A)粮、棉及易燃物大量集中的露天堆场,无论其大小都不是建筑物,不必考虑防直击雷措施
(B)粮、棉及易燃物大量集中的露天堆场,当其年计算雷击次数大于或等于0.06时,宜采取防直击雷措施
(C)粮、棉及易燃物大量集中的露天堆场,采取独立避雷针保护时,其保护范围的滚球半径 h_r 可取 60m
(D)粮、棉及易燃物大量集中的露天堆场,采取独立避雷针保护时,其保护范围的滚球半径 h_r 可取 100m

60. A 类变、配电电气装置中下列哪些项目中的金属部分均应接地? ( )

(A)电机、变压器和高压电器等的底座和外壳

(B)配电、控制、保护用的屏(柜、箱)及操作台等金属框架

(C)安装在配电屏、控制屏和配电装置上的电测量仪表,继电器和其他低压电器等的外壳

(D)装载配电线路杆塔上的开关设备、电容器等电气设备

61. 对 Y,yn0 接线组的 10/0.4kV 变压器,常利用在低压侧装设零序电流互感器(ZCT)的方法实现低压侧单相接地保护,为达到此目的,下列所示 ZCT 安装位置正确的是: ( )

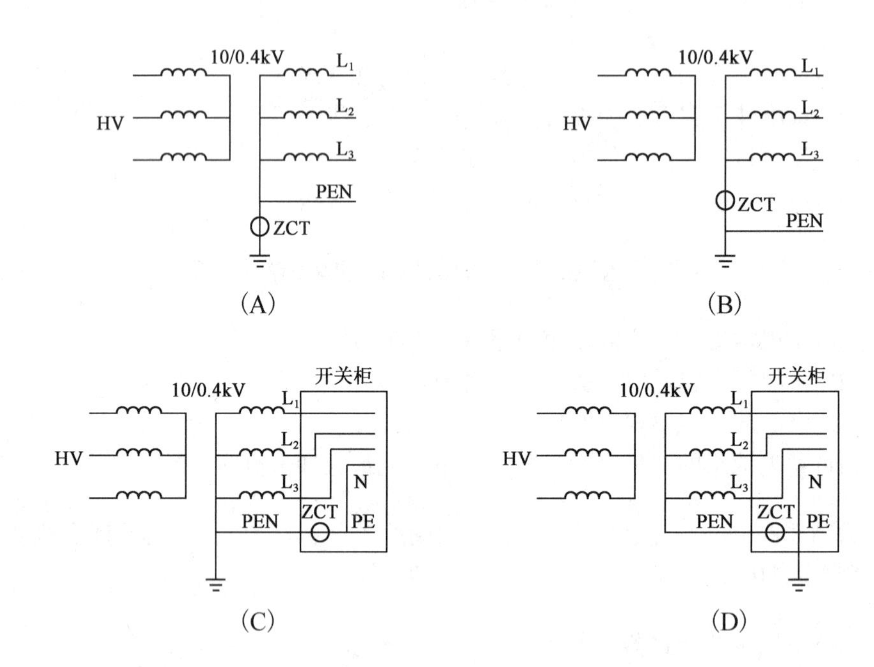

62. 在绝缘导线布线上,不同回路的线路不应穿于同一根管路内,但规范规定了一些特定情况可穿在同一管路内,某工程中的下列哪些项目表述符合国家标准规范要求? ( )

(A)消防排烟阀 DC2.4V 控制信号和现场手动联动启排风机的 AC220V 控制回路,穿在同一根管路内

(B)某台 AC380V、5.5kW 电机的电源回路和现场按钮 AC220V 控制回路穿在同一根管路内

(C)消火栓箱内手动起泵按钮 AC24V 控制回路和报警信号回路穿在同一根管路内

(D)同一盏大型吊灯的 2 个电源回路穿在同一根管路内

63.《建筑照明设计标准》(GB 50034—2004)中的下列条文中哪些是强制性条文? ( )

(A)6.1.1 (B)6.1.2,6.1.3,6.1.4

(C)6.1.5,6.1.6,6.1.7 (D)6.1.8,6.1.9

64. 下列哪几项照度标准值分级表述和国家标准规范要求一致？（　　）

(A)0.5、1、3、5、10(lx)　　(B)10、20、30、50、70、100(lx)
(C)100、200、300、500、700、1000(lx)　　(D)1500、2000、3000、5000(lx)

65. 下列有关交流电动机反接制动的描述，哪些是正确的？（　　）

(A)反接制动时，电动机转子电压很高，有很大制动电流，为限制反接电流，必须在转子中再串联反接电阻
(B)能量消耗不大，较经济
(C)制动转矩较大且基本稳定
(D)笼型电动机因转子不能接入外接电阻，为防止制动电流过大而烧毁电动机，只有小功率(10kW以下)电动机才能采用反接制动

66. 下列对电动机变频调速系统的描述中哪几项是错误的？（　　）

(A)交—交变频系统，直接将电网工频电源变换为频率、电压均可控制的电流，由于不经过中间直流环节，也称直流变频器
(B)交—直—交变频系统，按直流电源的性质，可分为电流型与电压型
(C)电压型交—直—交变频系统的储能元件为电感
(D)电流型交—直—交变频系统的储能元件为电容

67. 在设计整流变压器时，下列考虑的因素哪些是正确的？（　　）

(A)整流变压器短路机会较多，因此变压器绕组和结构应有较大的机械强度，在同等容量下，整流变压器体积将比一般电力变压器大些
(B)晶闸管装置发生过电压机会较多，因此变压器有较高的绝缘强度
(C)整流变压器的漏抗可限制短路电流，改变电网侧的电流波形，因此变压器的漏抗越大越好
(D)为了避免电压畸变和负载不平衡时中点漂移，整流变压器一次和二次绕组中的一个应接成三角形或附加短路绕组

68. 在闭路监视电视系统中，对于摄像机的安装位置及高度，下面叙述中哪些项是正确的？（　　）

(A)摄像机宜安装在距监视目标5m且不易受外界损伤的位置
(B)安装位置不应影响现场设备运行和人员正常活动
(C)室内宜距地面3～4.5m
(D)室外应距地面3.5～10m，并且不低于3.5m

69. 建筑与建筑群的综合布线系统基本配置设计中，用铜芯对绞电缆组网，在干线电缆的配置中，对计算机网络配置原则，下列表述中哪些是正确的？（　　）

(A)宜按24个信息插座配2对对绞线

(B)48 个信息插座配 2 对对绞线

(C)主接口为电接口,每个交换机 2 对对绞线

(D)主接口为电接口,每个交换机 4 对对绞线

70. 对于建筑与建筑群综合布线系统指标之一的多模光纤标称波长,下列数据哪几项是正确的? ( )

(A)1310nm (B)1300nm

(C)850nm (D)650nm

2006年专业知识试题答案(下午卷)

1. 答案:D

依据:《低压配电设计规范》(GB 50054—2011)第5.1条"直接接触防护措施"。

2. 答案:C

依据:《建筑照明设计标准》(GB 50034—2013)第6.1.2条、第2.0.53条。

3. 答案:A

依据:《人民防空地下室设计规范》(GB 50038—2005)第7.2.4条。

4. 答案:B

依据:《工业与民用供配电设计手册》(第四版)P14表1.4-6,卤钨灯的功率因数为1;P12式(1-28)和式(1-30)以及P13表1-14。

根据题意,相负荷(碘钨灯)为 $P_{U1}=1kW$,$P_{V1}=1kW$,$P_{W1}=1kW$;线间负荷转换为相间负荷:$P_{U2}=P_{UV}P_{(UV)U}+0=2\times0.5=1kW$,$P_{V2}=P_{UV}P_{(UV)V}+0=2\times0.5=1kW$,$P_{W2}=0kW$。

因此 $P_U=P_{U1}+P_{U2}=1+1=2kW$,$P_V=P_{V1}+P_{V2}=1+1=2kW$,$P_W=1+0=1kW$。

根据只有相间负荷,等效三相负荷取最大相负荷的3倍,因此 $P_d=3\times2=6kW$。

注:碘钨灯为卤钨灯的一种。

5. 答案:B

依据:《城市电力规划规范》(GB 50293—1999)第7.3.4条。

6. 答案:C

依据:《20kV及以下变电所设计规范》(GB 50053—2013)第3.3.4条。

7. 答案:D

依据:《并联电容器装置设计规范》(GB 50227—2017)第6.2.5条。

8. 答案:A

依据:《供配电系统设计规范》(GB 50052—2009)第5.0.13条。

注:也可参考《工业与民用供配电设计手册》(第四版)P494"谐波源"。常见的谐波源主要有:换流设备、电弧炉、铁芯设备、照明设备、某些生活日用电器等非线性电器设备。

9. 答案:D

依据:《20kV及以下变电所设计规范》(GB 50053—2013)第5.1.4条。

10. **答案**:A

依据:《3~110kV高压配电装置设计规范》(GB 50060—2008)第2.0.6条、第2.0.7条、第2.0.10条。

11. **答案**:D

依据:《3~110kV高压配电装置设计规范》(GB 50060—2008)第5.5.1条。

12. **答案**:A

依据:《工业与民用供配电设计手册》(第四版)P280~P281表4.6-2及表4.6-3。

线路电抗标幺值:$X_* = X\frac{S_j}{U_j^2} = 0.409 \times 50 \times \frac{100}{115^2} = 0.155$

13. **答案**:D

依据:《工业和民用供配电设计手册》(第四版)P178图4.1-2(a),远离发电厂的变电所可不考虑交流分量的衰减,分断时间0.15s为周期分量稳态值(0.01s为峰值)。

14. **答案**:B

依据:《工业与民用供配电设计手册》(第四版)P331"稳定校验所需用的短路电流"中的"(1)校验高压电器和导体的动稳定时,应计算短路电流峰值"。P300式(4.6-21)及"3)当短路点远离发电厂时",$i_p = 2.55I''_k = 2.55 \times 7 = 17.85$kA。

15. **答案**:A

依据:无具体条文,电流互感器的特性:两个相同的二次绕组串联时,其二次回路内的电流不变,负荷阻抗数值增加一倍,所以因继电保护或仪表的需要而扩大电流互感器容量时,可采用二次绕组串接连线。

16. **答案**:D

依据:《低压配电设计规范》(GB 50054—2011)第3.1.10条。

17. **答案**:D

依据:《电力工程电缆设计规范》(GB 50217—2018)第3.5.2条。

18. **答案**:C

依据:《电力工程电缆设计规范》(GB 50217—2018)第5.1.9条、第5.3.3条、第5.4.6条、第5.5.5条。

19. **答案**:C

依据:《低压配电设计规范》(GB 50054—2011)第7.4.1条。

20. **答案**:B

依据:《电力工程直流系统设计技术规程》(DL/T 5044—2014)第3.2.2条、第3.2.4条、第6.2.1-7条表6.2.1纹波系数。

21. **答案**:B

依据:《电力装置的继电保护和自动装置设计规范》(GB/T 50062—2008)第4.0.4-1条。

22. **答案**:C

依据:《电力装置的继电保护和自动装置设计规范》(GB/T 50062—2008)第4.0.6-1条。

23. **答案**:A

依据:《工业与民用供配电设计手册》(第四版)P1316表13.11-5。

注:也可参考《工业与民用配电设计手册》(第三版)P834表13-33。

24. **答案**:A

依据:《交流电气装置的过电压保护和绝缘配合设计规范》(GB/T 50064—2014)第6.4.6-1条。

注:也可参考《交流电气装置的过电压保护和绝缘配合》(DL/T 620—1997)第10.4.5-a)条表19及注2。

25. **答案**:D

依据:《工业与民用供配电设计手册》(第四版)P1402"等电位联结的作用和分类"第一段:建筑物的低压电气装置应采用等电位连接,以降低建筑物内间接接触电压和不同金属物体间的电位差。

26. **答案**:A

依据:无,需熟悉TN/TT/IT系统各自应用范围,TT系统一般用在长距离配电中,如路灯等;IT系统一般应用于轻易不允许停电的场所,如地下煤矿井道等;而TN系统应用最为广泛,普通建筑物均采用本系统。

27. **答案**:D

依据:《低压配电设计规范》(GB 50054—2011)第7.7.6条。

28. **答案**:C

依据:《住宅设计规范》(GB 50096—2011)第8.7.2-2条。

29. **答案**:A

依据:《建筑照明设计标准》(GB 50034—2013)第4.2.1-6条。

30. **答案**:C

依据:《照明设计手册》(第三版)P66"直管荧光灯应配电子镇流器或节能型电感镇流器,一般T8、T12可配节能型电感镇流器,T5均配置电子镇流器"。

31. **答案**:B

依据:《钢铁企业电力设计手册》(下册)P94的"24.1.1.7变频启动",《电气传动自动化技术手册》(第二版)P321。

32. **答案**:D

依据:《电气传动自动化技术手册》(第三版)P469 式(6-1)。

转速降落关系式:$\Delta n = \dfrac{R_0}{C_e C_T \Phi^2} T$

33. **答案**:B

依据:《电气传动自动化技术手册》(第三版)P394“软启动控制器工作原理”部分内容。

注:也可参考《电气传动自动化技术手册》(第二版)P316“软启动控制器工作原理”部分内容。

34. **答案**:B

依据:《钢铁企业电力设计手册》(下册)P280 第 25.2.3“改变定子电压调速”。

异步电动机的电磁转矩:$M = \dfrac{m_1}{\omega_0} \cdot \dfrac{u_1^2 \dfrac{r'_2}{s}}{\left(r_1 + \dfrac{r'_2}{s}\right)^2 + (x_1 + x'_2)^2}$

注:也可参考《电气传动自动化技术手册》(第三版)P564 式(7-18)。

35. **答案**:C

依据:《电气传动自动化技术手册》(第三版)P875 “中央处理单元”部分内容。

注:也可参考《电气传动自动化技术手册》(第二版)P797“中央处理单元”部分内容。

36. **答案**:B

依据:《火灾自动报警系统设计规范》(GB 50116—2013)第 3.4.8-1 条。

37. **答案**:B

依据:《火灾自动报警系统设计规范》(GB 50116—2013)第 3.1.6 条。

38. **答案**:B

依据:《建筑照明设计标准》(GB 50034—2013)附录 A 第 A.0.2 条。

39. **答案**:B

依据:《民用建筑电气设计规范》(JGJ 16—2008)第 14.3.3-1 条。

注:《视频安防监控系统工程设计规范》(GB 50395—2007)第 5.0.10-1 条规定为 400TVL。

40. **答案**:A

依据:《综合布线系统工程设计规范》(GB 50311—2007)第 8.0.2 条。

---

41. **答案**:ABC

依据:《低压配电设计规范》(GB 50054—2011)第 5.3.7 条。

注:也可参考《低压电气装置　第4-41部分:安全防护　电击防护》(GB 16895.21—2011)第414.4.4条。

42. **答案**:BC

依据:《系统接地的型式及安全技术要求》(GB 14050—2008)第5.2.3条。

注:也可参考《剩余电流动作保护装置安装和运行》(GB 13955—2005)第4.2.2.1条,但其中表述有所不同。超纲规范。

43. **答案**:BD

依据:《火力发电厂与变电站设计防火规范》(GB 50229—2019)第9.1.2条、第11.7.1条,《建筑设计防火规范》(GB 50016—2014)第10.1.2-2条、第10.1.3条,《石油化工企业设计防火规范》(GB 50160—2008)第9.1.1条。

注:A答案中设备按二级负荷供电的内容只针对变电所而非火力发电厂。

44. **答案**:AD

依据:《建筑设计防火规范》(GB 50016—2014)第5.1.1条、第10.1.1条。

注:关于负荷分级也可参考《民用建筑电气设计规范》(JGJ 16—2008)附录A中表A。

45. **答案**:ACD

依据:《供配电系统设计规范》(GB 50052—2009)第5.0.5条。

46. **答案**:ABC

依据:《并联电容器装置设计规范》(GB 50227—2017)第5.3.1条。

47. **答案**:ABD

依据:《3~110kV高压配电装置设计规范》(GB 50060—2008)第4.1.6条、第4.1.7条,《导体和电器选择设计技术规定》(DL/T 5222—2005)第7.1.4条。

48. **答案**:CD

依据:《3~110kV高压配电装置设计规范》(GB 50060—2008)第7.2.1条、第7.2.2条、第7.2.3条。

注:构架有独立构架与连续构架之分。

49. **答案**:ABD

依据:《工业与民用供配电设计手册》(第四版)P307~P308相关内容。

50. **答案**:AC

依据:《35kV~110kV变电站设计规范》(GB 50059—2011)第3.2.6条。

51. **答案**:BD

依据:《钢铁企业电力设计手册》(上册)P307相关内容。风机、水泵的调速方法有以下几种:①对于小容量的笼型电动机,当流量只需几级调节时,可选用变极调速电机;②对于要求连续无级变流量控制,当为笼型电动机时,可采用变频调速和液力耦合调速;③对于要求连续无级变流量控制,当为绕线型电动机时,可采用晶闸管串级调速。

52. **答案**:AC

依据:《3~110kV 高压配电装置设计规范》(GB 50060—2008)第4.1.3条,《工业与民用供配电设计手册》(第四版)P315~P316“高压交流断路器”内容。

注:《导体和电器选择设计技术规定》(DL/T 5222—2005)第5.0.4条的表述略有不同。另根据第9.2.2条及附录F:主保护动作时间+断路器分闸时间>0.01s(短路电流峰值出现时间),可以排除选项D。

53. **答案**:ABC

依据:《电力工程电缆设计规范》(GB 50217—2018)第4.1.3-1条、第4.1.7条、第4.1.1-3条。

54. **答案**:BCD

依据:《电力工程电缆设计规范》(GB 50217—2018)第7.0.7条。

55. **答案**:ABC

依据:《电力装置的继电保护和自动装置设计规范》(GB 50062—2008)第4.0.13条。

56. **答案**:CD

依据:《电力装置电测量仪表装置设计规范》(GB/T 50063—2017)第3.1.4条、第3.1.10条。

57. **答案**:AD

依据:《35kV~110kV 变电所设计规范》(GB 50059—2011)第3.7.4条。

58. **答案**:BC

依据:《交流电气装置的过电压保护和绝缘配合设计规范》(GB/T 50064—2014)第4.2.9条。

注:也可参考《交流电气装置的过电压保护和绝缘配合》(DL/T 620—1997)第4.2.7条。

59. **答案**:BD

依据:《建筑物防雷设计规范》(GB 50057—2010)第4.5.5条。

60. **答案**:ABD

依据:《交流电气装置的接地设计规范》(GB/T 50065—2011)第3.2.1~3.2.2条。

注:所谓“A类”的说法是《交流电气装置的接地》(DL/T 621—1997)中的描述,《交流电气装置的接地设计规范》(GB/T 50065—2011)中已取消此说法。

61. **答案**:BD

依据:无,可分析结果。

62. **答案**:BD

依据:《低压配电设计规范》(GB 50054—2011)第7.1.3条。

注:旧规范《低压配电设计规范》(GB 50054—1995)中"标称电压为50V以下的回路",新规中已取消该条。

63. **答案**:BC

依据:《建筑照明设计标准》(GB 50034—2013)P3中关于建设部发布该标准的公告。

64. **答案**:AD

依据:《建筑照明设计标准》(GB 50034—2013)第4.1.1条。

65. **答案**:ACD

依据:《钢铁企业电力设计手册》(下册)P96表24-7。

注:也可参考《电气传动自动化技术手册》(第3版)P406、P407相关内容。

66. **答案**:CD

依据:《钢铁企业电力设计手册》(下册)P310、P311。

67. **答案**:ABD

依据:《钢铁企业电力设计手册》(下册)P403。

68. **答案**:BD

依据:《民用建筑电气设计规范》(JGJ 16—2008)第14.3.3-3条、第14.3.3-9条,结合《视频安防监控系统工程设计规范》(GB 50395—2007)第6.0.1-9条。

69. **答案**:AD

依据:《综合布线系统工程设计规范》(GB 50311—2016)第5.3.5条。

70. **答案**:BC

依据:《综合布线系统工程设计规范》(GB 50311—2016)第3.4.3条。

2006年案例分析试题(上午卷)

[案例题是4选1的方式,各小题前后之间没有联系,共25道小题,每题分值为2分,上午卷50分,下午卷50分,试卷满分100分。案例题一定要有分析(步骤和过程)、计算(要列出相应的公式)、依据(主要是规程、规范、手册),如果是论述题要列出论点]

题1~5:某车间有机床、通风机、自动弧焊变压器和起重机等用电设备,其中通风机为二类负荷,其余负荷为三类负荷(见表)。

负荷计算系数表

设备名称	需要系数 K_X	利用系数 K_L	$\cos\varphi$	$\tan\varphi$
机床	0.15	0.12	0.5	1.73
通风机	0.8	0.55	0.8	0.75
自动弧焊变压器	0.5	0.3	0.5	1.73
起重机	0.15	0.2	0.5	1.73

请根据题中给定的条件进行计算,并回答下列问题。

1. 车间内有自动弧焊变压器10台,其铭牌容量及数量如下:额定电压为单相380V,其中200kV·A,4台;150kV·A,4台;100kV·A,2台。负载持续率均为60%。请计算本车间自动弧焊变压器单相380V的设备总有功功率应为下列哪一项数值? ( )

(A)619.8kW (B)800kW

(C)1240kW (D)1600kW

解答过程:

2. 若自动弧焊变压器的设备功率和接入电网的方案如下:

1)AB相负荷:2台200kW焊接变压器,1台150kW焊接变压器。

2)BC相负荷:1台200kW焊接变压器,2台150kW焊接变压器和1台100kW焊接变压器。

3)CA相负荷:1台200kW焊接变压器,1台150kW焊接变压器和1台100kW焊接变压器。

上述负荷均为折算到负载持续率100%时的设备有功功率,请用简化方法计算本车间的全部自动弧焊变压器的等效三相设备功率为下列哪一项数值? ( )

(A)1038kW (B)1600kW

(C)1713.5kW (D)1736.5kW

解答过程:

3. 车间内共有 5 台起重机:其中 160kW,2 台;100kW,2 台;80kW,1 台。负载持续率均为 25%。请采用利用系数法计算本车间起重机组的计算负荷的视在功率应为下列哪一项数值?(设起重机组的最大系数 K_m 为 2.42) ( )

(A)119.9kV·A (B)290.2kV·A

(C)580.3kV·A (D)1450.7kV·A

解答过程:

4. 车间装有机床电动机功率为 850kW,通风机功率为 720kW,自动弧焊变压器等效三相设备功率为 700kW,负载持续率均为 100%,起重机组的设备功率为 300kW(负载持续率已折算 100%)。请采用利用系数法确定该车间计算负荷的视在功率应为下列哪一项数值?(设车间计算负荷的最大系数 K_m 为 1.16) ( )

(A)890.9kV·A (B)1290.5kV·A

(C)1408.6kV·A (D)2981.2kV·A

解答过程:

5. 请分析说明下列对这个车间变电所变压器供电方案中,哪一个供电方案是正确的? ( )

(A)单回 10kV 架空线路 (B)单回 10kV 电缆线路

(C)由两根 10kV 电缆组成的单回线路 (D)单回 10kV 专用架空线路

解答过程:

题6～10：某县在城网改造中需将环城的18km 110kV架空导线换为单芯交联聚氯乙烯铝芯电缆，采用隧道内敷设。架空线输送容量为100MV·A，短路电流为31.5kA，短路电流持续时间为0.2s，单芯交联聚氯乙烯铝芯电缆在空气中一字形敷设时的载流量及电缆的其他参数见下表。

截面(mm^2)	240	300	400	500
载流量(A)	570	645	735	830

根据上述条件计算，回答下列问题。

6. 假设电缆的热稳定系数为86，按短路热稳定条件，计算本工程电缆允许的最小截面最接近下列哪一项数值？（　　）

(A)$173mm^2$　　(B)$164mm^2$　　(C)$156mm^2$　　(D)$141mm^2$

解答过程：

7. 已知高压电缆敷设时综合修正系数为0.9，按电缆允许载流量选择该工程电缆截面应为下列何值？（　　）

(A)$240mm^2$　　(B)$300mm^2$　　(C)$400mm^2$　　(D)$500mm^2$

解答过程：

8. 已知电缆护层的冲击耐压值为37.5kV，则电缆保护器通过最大电流时的最大残压应取下列哪一项数值？并说明理由。（　　）

(A)64kV　　(B)37.5kV　　(C)24kV　　(D)26.8kV

解答过程：

9. 经过计算，电缆敷设时需将电缆保护层分为若干单元，每个单元内两端护层三相互联接地，且每单元又用绝缘连接盒分为三段，每段交叉换位并经保护器接地。这样做的主要原因是什么？（　　）

(A)为降低电缆护层上的感应电压

(B)为使电缆三相的阻抗参数相同

(C)为使每相电缆护层内的感应电流相互抵消

(D)为使每相电缆产生的电压降相互抵消

解答过程：

10. 电缆终端的设计取决于所要求的工频和冲击耐受电压值、大气污染程度和电缆终端所处位置的海拔高度。假设本工程电缆终端安装处海拔高度为2000m，则电缆终端外绝缘雷电冲击试验电压最低应为下列何值？并说明原因。（　　）

(A)325kV　　(B)450kV　　(C)480kV　　(D)495kV

解答过程：

题11～15：某电力用户有若干10kV车间变电所，供电系统见下图，给定条件如下：

1)35kV线路电源侧短路容量无限大。

2)35/10kV变电所10kV母线短路容量104MV·A。

3)车间A、B和C变电所10kV母线短路容量分别为102MV·A、100MV·A、99MV·A。

4)车间B变电所3号变压器容量630kV·A、额定电压10/0.4kV(Y,yn0接线)，其低压侧母线单相接地稳态接地电流为5000A。

5)35/10kV变电站向车间A馈电线路所设的主保护动作时间和后备保护动作时间分别为0s和0.5s。

6)如果35/10kV变电站10kV出线保护装置为速动，短路电流持续时间为0.2s。

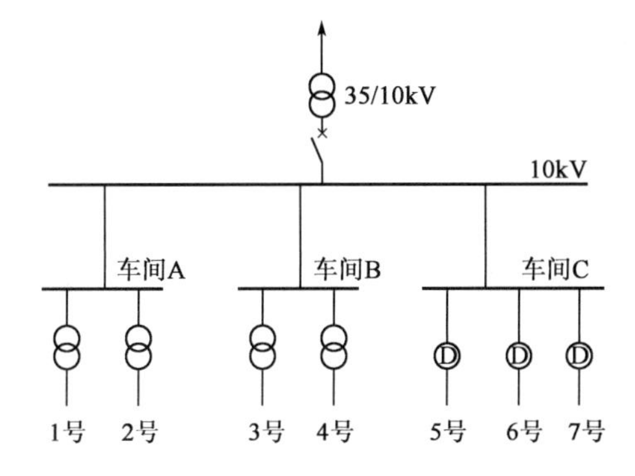

请回答下列问题。

11. 若利用车间 B 中 3 号变压器高压侧三相式保护作为低压侧单相接地保护，电流互感器变比为 50/5、过流继电器为 GL 型、过负荷系数取 1.4，计算变压器过流保护装置动作整定电流和灵敏系数应为下列哪组数值？（　　）

(A)8A,1.7　　(B)7A,1.9

(C)8A,2.2　　(D)7A,2.5

解答过程：

12. 车间 C 中 5 号笼型异步电动机额定电流 87A，启动电流倍数为 6.5。若采用定时限继电器作为速断保护，电流互感器变比为 100/5，接线系数取 1，可靠系数取 1.4。计算速断保护动作整定值和灵敏度应为下列哪组数值？（　　）

(A)47A,5　　(B)40A,6.2

(C)47A,5.3　　(D)40A,5.9

解答过程：

13. 若 5 号电动机为次要电动机、7 号电动机为需自启动的电动机。请分析说明两台电动机低电压保护动作时限依次为下列哪组数值？（　　）

(A)1s,4s　　(B)7s,0.5s

(C)0.5s,9s　　(D)4s,1s

解答过程：

14. 若向车间 C 供电的 10kV 线路及车间 C 的 10kV 系统发生单相接地故障，该线路被保护元件流出的电容电流为 2.5A，企业 10kV 系统总单相接地电流为 19.5A。在该供电线路电源端装设无时限单相接地保护装置，其整定值应最接近下列哪一项数值？

（　　）

(A)2.5A　　(B)5A

(C)19.5A　　(D)12A

解答过程：

15. 若至车间A的电源线路为10kV交联聚乙烯铝芯电缆，敷设在电缆沟中，线路计算负荷电流39A，车间A为两班生产车间，分析说明其电缆截面应选择下列哪一项数值？（ ）

(A) $35mm^2$　　(B) $25mm^2$

(C) $50mm^2$　　(D) $70mm^2$

解答过程：

题16～18：一个10kV变电所，用架空线向6km处供电。额定功率为1800kW，功率因数为0.85，采用LJ型裸铝绞线，线路的允许电压损失为10%，环境温度35℃，不计日照及海拔高度等影响，路径按经过居民区设计，LJ型裸铝绞线的载流量见下表。

LJ型裸铝绞线的载流量表

截面 (mm^2)	室外不同环境温度的载流量(A)	截面 (mm^2)	室外不同环境温度的载流量(A)
	35℃		35℃
25	119	50	189
35	150	70	233

请根据上述条件回答下列问题。

16. 计算按允许载流量选择最小允许导体截面积应为下列哪一项数值？请列出解答过程。（ ）

(A) $25mm^2$　　(B) $35mm^2$

(C) $50mm^2$　　(D) $70mm^2$

解答过程：

17. 输电线路经过居民区，计算按机械强度选择导体最小允许截面积应为下列哪一

项数值？请列出解答过程。（　　）

（A）$25mm^2$　　（B）$35mm^2$

（C）$50mm^2$　　（D）$70mm^2$

解答过程：

18. 按线路的允许电压损失为10%，计算选择导体最小允许截面积为下列哪一项数值？请列出解答过程。（　　）

（A）$25mm^2$　　（B）$35mm^2$

（C）$50mm^2$　　（D）$70mm^2$

解答过程：

题19～23：一台直流电机，$P_e = 1000kW$，$n = 600r/min$，最高弱磁转速1200r/min，电枢回路额定电压为$750V_{dc}$，效率0.92。采用三相桥式可控硅整流装置供电，电枢回路可逆，四象限运行。电机过载倍数为1.5倍，车间变电所的电压等级为10kV。拟在传动装置进线侧设一台整流变压器，需要进行变压器的参数设计，请回答下列问题。

19. 请分析说明下列整流变压器接线形式哪一种不可采用？（　　）

（A）D，d0　　（B）D，y11

（C）Y，y0　　（D）Y，d5

解答过程：

20. 计算确定整流变压器的二次侧额定电压最接近的下列哪一项数值？（　　）

（A）850V　　（B）600V

（C）700V　　（D）800V

解答过程：

21. 当电机在额定电流下运行时，计算变压器的二次绕组为 Y 接时其相电流有效值最接近下列哪一项数值？（ ）

(A)1182A (B)1088A
(C)1449A (D)1522A

解答过程：

22. 若整流变压器二次额定电压为 825V，整流装置最小移相角为 30°，当电网电压跌落 10% 时，计算整流装置的最大输出电压最接近下列哪一项数值？（ ）

(A)1505V (B)869V
(C)965V (D)1003V

解答过程：

23. 若整流变压器二次侧额定电压为 780V，计算电流定为 1100A，试计算确定整流变压的额定容量最接近下列哪一项数值？（ ）

(A)1250kV·A (B)1000kV·A
(C)1600kV·A (D)1050kV·A

解答过程：

题 24、25：请按照要求分析回答下列问题。

24. 找出下面的 10kV 变电所平面布置图（尺寸单位：mm）中，有几处不符合规范的要求？并请逐条说明正确的做法是什么。图中油浸变压器容量为 1250kV·A，低压柜为固定式配电屏（注：图中未标注的尺寸不用校验）。（ ）

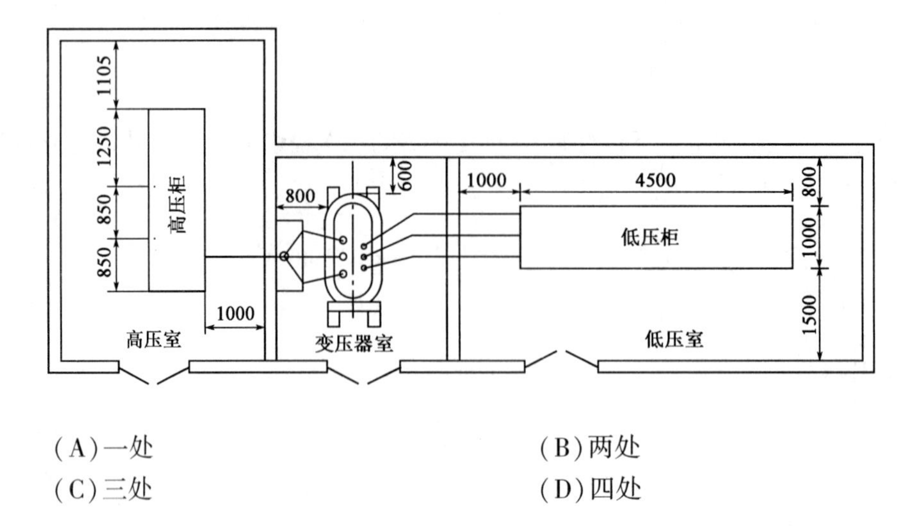

（A）一处　　　　　　　　　　　（B）两处

（C）三处　　　　　　　　　　　（D）四处

解答过程：

25. 下面是一个远离厂区的辅助生产房屋的照明配电箱系统图，电源来自地区公共电网。找出图中有几处不符合规范的要求？并逐条说明正确的做法。（　　）

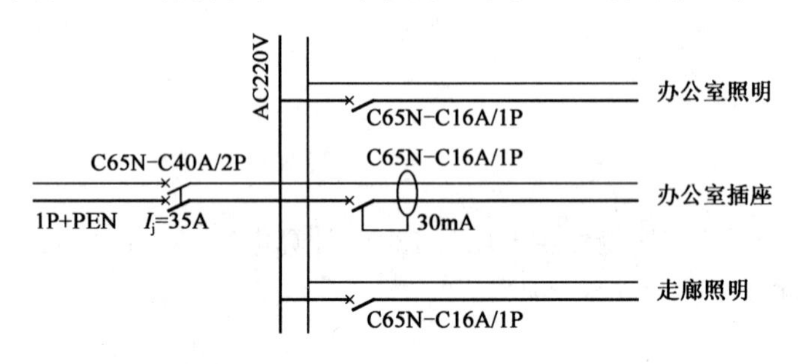

（A）一处　　　　　　　　　　　（B）两处

（C）三处　　　　　　　　　　　（D）四处

解答过程：

2006 年案例分析试题答案(上午卷)

题 1 ~5 答案:**ADBCD**

1.《工业与民用供配电设计手册》(第四版)P5 式(1.2-2)。

设备总功率:$P_e = S_r\sqrt{\varepsilon_r}\cos\varphi = (200\times4+150\times4+100\times2)\times\sqrt{0.6}\times0.5 = 619.7\text{kW}$

注:本题强调单相电焊机实际为迷惑信息,无论是单相还是三相均采用同一换算公式。

2.《工业与民用供配电设计手册》(第四版)P20 式(1.6-2)。

各线间负荷:$P_{AB} = 2\times200+1\times150 = 550\text{kW}$

$P_{BC} = 1\times200+2\times150+1\times100 = 600\text{kW}$

$P_{AC} = 1\times200+1\times150+1\times100 = 450\text{kW}$

因此 $P_{BC} > P_{AB} > P_{AC}$。

$P_d = 1.73P_{BC}+1.27P_{AB} = 1.73\times600+1.27\times550 = 1736.5\text{kW}$

注:单相负荷(包括线间和相间负荷)计算为每年考试重点,考生必须掌握。

3.《工业与民用供配电设计手册》(第四版)P5 式(1.2-1)、P15 式(1.5-1)、P18 式(1.5-6)。

起重机设备功率:$P_e = P_r\sqrt{\varepsilon_r} = (160\times2+100\times2+80)\times\sqrt{0.25} = 300\text{kW}$

起重机计算负荷:$P_c = K_m\sum P_{av} = 2.42\times0.2\times300 = 145.2\text{kW}$

计算视在功率:$S_c = \dfrac{P_c}{\cos\varphi} = \dfrac{145.2}{0.5} = 290.4$

4.《工业与民用供配电设计手册》(第四版)P15 式(1.5-1)、P18 式(1.5-6)。

设备计算有功功率:$P_c = K_m\sum P_{av} = 1.16(850\times0.12+720\times0.55+700\times0.3+300\times0.2) = 890.88\text{kW}$

设备计算无功功率:$Q_c = K_m\sum P_{av}\tan\phi = 1.16(850\times0.12\times1.73+720\times0.55\times0.75+700\times0.3\times1.73+300\times0.2\times1.73) = 1091\text{kvar}$

$S_c = \sqrt{P_c^2+Q_c^2} = \sqrt{890.88^2+1091^2} = 1408.57\text{kV}\cdot\text{A}$

5.《供配电系统设计规范》(GB 50052—2009)第 3.0.7 条:二级负荷可由一回 6kV 及以上专用的架空线路供电。

题 6 ~10 答案:**BBDAD**

6.《工业与民用供配电设计手册》(第四版)P382 式(5.6-9)。

$$S_{min} = \frac{\sqrt{Q_t}}{c}\times10^3 = \frac{I_k}{c}\sqrt{t}\times10^3 = \frac{31.5}{86}\times\sqrt{0.2}\times10^3 = 163.8\text{mm}^2$$

7.《工业与民用供配电设计手册》(第四版)P10 式(1.4-6)。

$$I_c = \frac{S_c}{\sqrt{3}U_r} = \frac{100}{\sqrt{3}\times 110} = 0.525\text{kA}$$

由于 $513 = 570\times 0.9 < 525 < 645\times 0.9 = 580.5$,因此选择 300mm^2。

8.《电力工程电缆设计规范》(GB 50217—2018)第 4.1.14 条"1. 可能最大冲击电流作用下护层电压限制器的残压,不得大于电缆护层的冲击耐压被 1.4 所除数值",即 $37.5 \div 1.4 = 26.8\text{kV}$。

9.《电力工程电缆设计规范》(GB 50217—2018)第 4.1.10 条、第 4.1.11 条及条文说明。

注:线路换位的作用是为了减少电力系统正常运行时不平衡电流和不平衡电压,本题存在一些争议,选项 C 也是有道理的。

10.《高压输变电设备的绝缘配合》(GB 311.1—1997)第 5.1.4 条表 3,查得 110kV 高压电缆雷电冲击耐受电压为 450kV。

由第 3.4 条公式可知:

额定耐受电压的海拔校正因数:$K_a = \dfrac{1}{1.1 - H\times 10^4} = \dfrac{1}{1.1\times 2000\times 10^4} = 1.1$

额定耐受电压:$U_M = 1.1\times 450 = 495\text{kV}$

注:此依据为旧规范,该规范已更新为《绝缘配合　第一部分:定义、原则和规则》(GB 311.1—2012)。其中海拔修正因子公式已调整,本题参考意义不大。

题 11 ~ 15 答案:**ADCDD**

11.《工业与民用供配电设计手册》(第四版)P520 表 7.2-3"过电流保护"。

高压侧额定电流:$I_{1rT} = \dfrac{S_n}{\sqrt{3}U_{1n}} = \dfrac{630}{\sqrt{3}\times 10} = 36.4\text{A}$

保护装置动作电流:$I_{opK} = K_{rel}K_{jx}\dfrac{K_{gh}I_{1rT}}{K_r n_{TA}} = 1.3\times 1\times\dfrac{1.4\times 36.4}{0.85\times 10} = 7.79 \approx 8.0\text{A}$

最小运行方式下,变压器低压侧母线单相接地短路,流过高压侧稳态电流:$I''_{12\min} = \dfrac{2}{3}\times\dfrac{5000}{10\div 0.4} = 133.33\text{A}$

保护装置灵敏度系数:$K_{ren} = \dfrac{I''_{12}}{I_{op}} = \dfrac{133.33}{7.79\times 10} = 1.71$

注:变压器变比与电流互感器变比不可混淆。

12.《工业与民用供配电设计手册》(第四版)P584 表 7.6-2"过电速断保护"。

保护装置动作电流:$I_{op\ K} = K_{rel}K_{jx}\dfrac{K_{st}I_{rM}}{n_{TA}} = 1.4\times 1\times\dfrac{6.5\times 87}{100/5} = 39.58\text{A}$

最小运行方式下,电动机接线端两相短路电流:$I''_{2\min} = 0.866\times\dfrac{99}{\sqrt{3}\times 10.5} = 4.71\text{ kA}$

保护装置灵敏度系数：$K_{ren}=\frac{I''_2}{I_{op}}=\frac{4710}{39.58\times20}=5.95$

13.《工业与民用供配电设计手册》(第四版)P328“五、低电压保护”：
①为了保证重要电动机自启动而需要断开的次要电动机，时限一般为0.5s。
②需要自启动的电动机，时限一般为9s。

14.《工业与民用供配电设计手册》(第四版)P584 表7.6-2“单项接地保护”。

$$I_{op}=\frac{I_C-I_{CM}}{1.3}=\frac{19.5-2.5}{1.3}=13.08A$$

$I_{op}\geqslant K_{rel}I_{CX}=(4\sim5)\times2.5=10\sim12.5A$
选项D同时满足两者要求。

15.《电力工程电缆设计规范》(GB 50217—2018) 第3.6.8-5条：电缆短路电流计算时间，应取保护动作时间与断路器开断时间之和。对电动机等直馈线，保护动作时间应取主保护时间；其他情况，宜取后备保护时间。

因此：$t=0.2+0.5=0.7s$

《工业与民用供配电设计手册》(第四版) P382 式(5.6-10)及表5.6-7。

稳态短路电流：$I_k=\frac{S_k}{\sqrt{3}U_j}=\frac{102}{\sqrt{3}\times10.5}=5.61kA$

$$S_{min}=\frac{\sqrt{Q_t}}{c}\times10^3=\frac{I_k}{c}\sqrt{t}\times10^3=\frac{5.61}{90}\times\sqrt{0.7}\times10^3=52mm^2<70mm^2$$

注：此题重点考查短路电流持续时间的选取。

题16~18答案：**BBC**

16.架空线载流量：$I=\frac{P_n}{\sqrt{3}U_n\cos\varphi}=\frac{1800}{\sqrt{3}\times10\times0.85}=122.3A<150A$

选$35mm^2$导线。

17.《工业与民用供配电设计手册》(第四版)P924 表10.3-18：通过居民区的架空铝绞线最小截面为$35mm^2$。

18.《工业与民用供配电设计手册》(第四版) P865 表9.4-3 式(3)、P871 表9.4-13。
LJ-35架空线单位电压损失(功率因数0.85)为1.189%/(MW·km)
LJ-50架空线单位电压损失(功率因数0.85)为0.891%/(MW·km)

单位电压损失：$\Delta u=\frac{10\%}{6\times1.8}=0.926\%>0.891\%$

选择LJ-50架空线(截面为$50mm^2$)满足要求。

注：电压损失计算公式有电流矩和负荷矩，应正确选择。

题19~23答案：**CDABC**

19.《钢铁企业电力设计手册》(下册)P400：由于三相中含有三次谐波电流，一般整流变压器的一次绕组或二次绕组应至少一侧采用三角形接法,使激磁电流中的三次谐波分量在三角形绕组中环流。

《钢铁企业电力设计手册》(下册)P403"整流变压器的主要特点"第4条:为了避免电压畸变和负载不平衡时中点漂移,整流变压器的一次与二次绕组中应有一个绕组接成三角形,或者附加一个短路绕组。

注:本题无更准确对应条文,在《注册电气工程师执业资格考试专业考试复习指导书》中有关三次谐波分量构成环路的条件描述得更为详细。

20.《钢铁企业电力设计手册》(下册)P402 或《电气传动自动化技术手册》(第二版)P425。

可逆系统:$\sqrt{3}U_2 = (1.0 \sim 1.1)U_{ed} = (1.0 \sim 1.1) \times 750 = 750 \sim 825\text{V}$,取800V。

21.《钢铁企业电力设计手册》(下册)P402 式(26-47)或《电气传动自动化技术手册》(第二版)P419 式(6-50)。

$$I_2 = K_2 I_{ed} = 0.816 \times \frac{1000 \times 10^3}{0.92 \times 750} = 1182\text{A}$$

注:应计入电机效率。

22.《电气传动自动化技术手册》(第二版)P424 式(6-44)。

变压器阀侧相电压:
$$U_{V\phi} = \frac{U_{MN} + nU_{df}}{K_{UV}\left(b\cos\alpha_{min} - K_X \frac{e}{100} \times \frac{I_{Tmax}}{I_{TN}}\right)}$$
$$= \frac{825 + 2 \times 1.5}{2.34 \times (0.9 \times 0.866 - 0.5 \times 0.1 \times 1.5)}$$
$$= \frac{828}{2.34 \times 0.7044} = 502.34\text{V}$$

整流装置最大输出电压:$U_2 = \sqrt{3} \times 502.34 = 870\text{V}$

注:题干要求最大输出电压,因此公式中的 e 值取10。

23.《电气传动自动化技术手册》(第二版)P426 式(6-55)。

变压器二次侧计算电压为线电压780V,计算电流为相电流 $U_{V\phi} = 780 \div \sqrt{3} = 450\text{V}$

则空载电压:$U_{do} = 2.34U_{V\phi} = 2.34 \times 450 = 1054\text{V}$

直流额定电流:$I_{dN} = \dfrac{I_{V\phi}}{K_{IV}} = \dfrac{1100}{0.816} = 1348\text{A}$

整流变压器容量:$S_T = K_{ST}U_{do}I_{dN} = 1.05 \times 1054 \times 1348 = 1492\text{kV·A}$

K_{ST}为等值计算系数,取自表6-6。

注:本题计算电流采用直流还是交流,有争议。

题24、25答案:**CC**

24.《20kV及以下变电所设计规范》(GB 50053—2013)第4.2.4条(变压器外廓与

后壁距离不符合要求)、第6.2.2条(配电室的门开启方向不符合要求)。

《低压配电设计规范》(GB 50054—2011)第4.3.2条(低压配电柜柜后通道不符合要求)。

注:第6.2.1条,高压配电室宜设不能开启的自然采窗,因其为"宜",图中设计不违反规范。

25.《低压配电设计规范》(GB 50054—2011)第3.1.4条、第3.1.11条、第3.1.12条。原题考查旧规范《低压配电设计规范》(GB 50054—1995)第2.2.12条(PEN线严禁接入开关设备)、第4.4.17条(PE或PEN线严禁穿过漏电电流动作保护器中电流互感器的磁回路)、第4.4.18条(漏电电流保护器所保护的线路应接地)。也可参考《民用建筑电气设计规范》(JGJ 16—2008)第7.7.10条中"7.当装设剩余电流动作保护电器时,应能将所保护的回路所有带电导体断开"。

注:审图类型的题目近年仅在2012年发输变电的案例分析考试中出现过,在供配电考试中较少出现,此类题目考查考生的规范应用能力和综合分析能力,难度较大,耗时较长,考试时碰到此类题目建议放到最后完成。

2006 年案例分析试题(下午卷)

专业案例题(共 25 题,每题 2 分)

题 1 ~5:某 110kV 户外变电所,设有两台主变压器,2 回电源进线(电源来自某 220kV 枢纽变电站的 110kV 出线),6 回负荷出线。负荷出线主保护为速断保护,整定时间为 T1;后备保护为过流保护,整定时间为 T2;断路器全分闸时间为 T3。

请回答下列问题。

1. 请分析说明本变电站主接线宜采用下列哪一种主接线方式? (　　)

(A)双母线　　(B)双母线分段

(C)单母线分段　　(D)单母线

解答过程:

2. 请分析说明下列出线间隔接线图中,断路器、隔离开关及接地开关的配置,哪种是正确的? (　　)

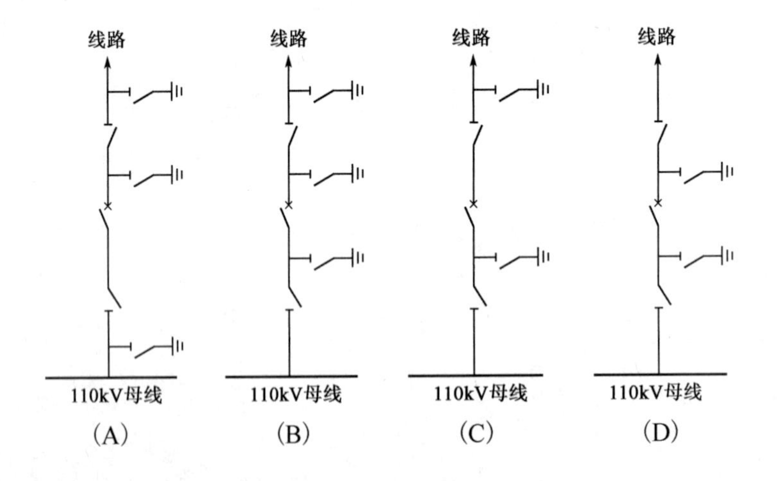

解答过程:

3. 请说明在负荷出线回路导体选择时，验算导体的短路热效应的计算时间应采用下列哪一项？（　　）

（A）T1 + T2 + T3　　（B）T1 + T2

（C）T2 + T3　　（D）T1 + T3

解答过程：

4. 请说明选择 110kV 断路器时，其最高工作电压的最低值不得低于下列哪一项数值？（　　）

（A）110kV　　（B）115kV

（C）126kV　　（D）145kV

解答过程：

5. 假设 110kV 主接线形式为双母线接线，试分析说明验算 110kV 导体和电器的动稳定、热稳定所用的短路电流应按以下哪种运行工况考虑？（　　）

（A）110kV 系统最大运行方式下两台主变并列运行

（B）110kV 系统最大运行方式下双母线并列运行

（C）110kV 双母线并列运行

（D）110kV 母线分列运行

解答过程：

题 6 ~ 10：某矿区内拟建设一座 35/10kV 变电所，两回 35kV 架空进线，设两台主变压器，型号为 S9-6300/35。采用屋内双层布置，主变压器室、10kV 配电室、电容器室、维修间、备件库等均布置在一层，35kV 配电室、控制室布置在二层。

请回答下列问题。

6. 试分析判断下列关于该变电所所址选择的表述中，哪一项不符合要求？正确的要求是什么？并说明若不能满足这项要求时应采取的措施。（　　）

(A)靠近负荷中心
(B)交通运输方便
(C)周围环境宜无明显污秽,如空气污秽时,所址宜设在污源影响最小处
(D)所址标高宜在百年一遇的高水位之上

解答过程:

7. 该35/10kV变电所一层10kV配电室内,布置有22台KYN1-10型手车式高压开关柜(小车长度为800mm),采取双列布置,请判断10kV配电室通道的最小宽度应为下列哪一项数值?说明其依据及主要考虑的因素是什么? ( )

(A)1700mm (B)2000mm (C)2500mm (D)3000mm

解答过程:

8. 在变电所装有10kV电容器柜作为无功补偿装置,电容器柜布置在一层的高压电容器室内。关于电容器装置的布置原则,下列表述中哪一项是正确的?并说明其理由。 ( )

(A)室内高压电容器装置宜设置在单独房间内,当采用非可燃介质的电容器组容量较小时,可设置在高压配电室内
(B)当电容器装置是成套电容器柜,双列布置时柜面之间的距离不应小于1.5m
(C)当高压电容器室的长度超过10m时,应设两个出口,高压电容器室的门应向里开
(D)装配式电容器组单列布置时,网门与墙面时间的距离不应小于1.0m

解答过程:

9. 请分析判断并说明下列关于变电所控制室布置的表述中,哪一项是正确的? ( )

(A)控制室应布置在远离高压配电室并靠近楼梯的位置
(B)控制室内控制屏(台)的排列布置,宜与配电装置的间隔排列次序相对应

(C)控制室的建筑,应按变电所的规划容量分期分批建成

(D)控制室可只设一个出口,且不宜直接通向高压配电室

解答过程:

10. 该变电所二层35kV配电室内布置有11台JYN1-A(F)型开关柜,采用单列布置,其中有4台柜为柜后架空进出线。请说明柜内部不同相的带电部分之间最小安全净距,下列哪一项数据是正确的? ( )

(A)125mm (B)150mm

(C)300mm (D)400mm

解答过程:

题11、12:一座110kV中心变电所,装有容量为31500kV·A主变压器两台,控制、信号等经常负荷为2000W,事故照明负荷为3000W,最大一台断路器合闸电流为54A。

请回答下列问题。

11. 选择一组220V铅酸蓄电池作为直流电源,若经常性负荷的事故放电容量为9.09A·h,事故照明负荷放电容量为13.64A·h,按满足事故全停电状态下长时间放电容量要求,选择蓄电池计算容量 C_c 是下列哪一项?(事故放电时间按1h,容量储备系数取1.25,容量换算系数取0.4) ( )

(A)28.4A·h (B)42.63A·h

(C)56.8A·h (D)71A·h

解答过程:

12. 若选择一组蓄电池容量为100A·h的220V铅酸蓄电池作为直流电源,计算事故放电末期放电率,选择下列哪一项数值是正确的? ( )

(A)0.09 (B)0.136 (C)0.23 (D)0.54

解答过程：

题 13～15：某变电所内设露天 6/0.4kV 变压器、室内 6kV 中压柜及 0.4kV 低压开关柜等设备，6kV 系统为中性点不接地系统，低压采用 TN-S 接地形式。已知条件：土壤电阻率 $\rho = 100\Omega \cdot m$，垂直接地体采用钢管，其直径 $d = 50mm$，长度 $L = 2.5m$，水平接地体采用扁钢，其尺寸为 40mm×4mm，见下图。

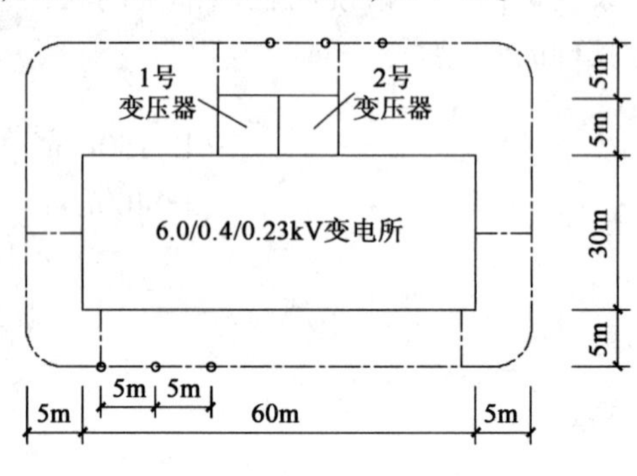

请回答下列问题。

13. 当变电所工作接地、保护接地、防雷接地采用一个共同接地装置时，接地装置的工频散流总电阻不应大于下列哪一项数值？并说明理由。（　　）

(A) 1Ω　　(B) 4Ω

(C) 10Ω　　(D) 15Ω

解答过程：

14. 请回答垂直接地体考虑其利用系数 0.75～0.85 时，接地极间距一般为下列哪一项数值？并说明原因。（　　）

(A) 2m　　(B) 4m

(C) 5m　　(D) 6m

解答过程：

15. 计算该变电所人工接地装置,包括水平和垂直接地体的复合接地装置的工频散流电阻值最接近下列哪一项数值? (　　)

(A)0.5Ω　　(B)1.5Ω

(C)4.0Ω　　(D)5.0Ω

解答过程:

题 16 ~ 19:某中学普通教室宽约 10m,长约 15m,高约 3.5m,顶棚、墙面四白落地,水泥地面,前面讲台和后面班级板报均有黑板。

请回答下列问题。

16. 请说明下列哪一项关于教室灯具的光源色温和显色指数的要求是最适宜的? (　　)

(A)4000K,80　　(B)6000K,70

(C)2700K,80　　(D)4000K,70

解答过程:

17. 请分析说明为使教室照度分布均匀,宜采用下列哪种规格的灯具? (　　)

(A)三管 36W 格栅灯　　(B)三管 40W 格栅灯

(C)三管普通支架荧光灯　　(D)单管配照型三基色荧光灯

解答过程:

18. 如果选用 T8 型 36W 荧光灯,已知 T8 型 36W 光源光通量为 3250lm,灯具维护系数为 0.8,计算利用系数为 0.58,每个灯管配置的镇流器功率 4W。在不考虑黑板专用照明的前提下,请计算应配置多少只光源才能满足平均照度及照明功率密度值的要求? (　　)

(A)30　　(B)32　　(C)34　　(D)50

解答过程:

19. 若教室采用在顶棚上均匀布置荧光灯的一般照明方式,灯具的长轴与黑板垂直,另外,为保证黑板的垂直照度高于教室平均照度及较好的均匀度,设置黑板照明专用灯具,请说明黑板照明应选择下列哪种配光特性的专用灯具? (　　)

(A)非对称光强分布　　(B)蝙蝠翼式光强分布

(C)对称光强分布　　(D)余弦光强分布

解答过程:

题 20~23:某城市有一甲级写字楼,总建筑面积约 7 万 m^2,地下 3 层,地上 24 层,三层设有一多功能厅,地下室为车库。请分析回答下列问题。

20. 该多功能厅长 33m,宽 15m,从地面到吊顶高度为 9m,吊顶平整。在该多功能厅设置感烟火灾探测器,需要设置多少个?请列出解答过程。(修正系数取 0.8) (　　)

(A)6 个　　(B)8 个　　(C)10 个　　(D)12 个

解答过程:

21. 该建筑地下三层设有 19 只 5W 扬声器,地下一、二层每层设置有 20 只 5W 扬声器,首层设有 20 只 3W 扬声器,二层 ~ 六层每层设有 15 只 3W 扬声器。请分析计算火灾应急广播备用扩音机的容量应为下列哪一项数值? (　　)

(A)200W　　(B)310W　　(C)440W　　(D)600W

解答过程:

22. 该建筑地下有两层停车库,车库长 99m,宽 58.8m,每跨的间距为 9m × 8.4m,主梁高0.7m,每跨中间有十字次梁,次梁高0.6m,无吊顶,楼板厚130mm,层高4.2m。在进行火灾自动报警系统设计时,请分析计算车库装设感温探测器的总数应为下列哪一项数值?（　）

(A)616只　　(B)462只　　(C)308只　　(D)154只

解答过程:

23.用于建筑中非疏散通道上设置的防火卷帘门与装设的火灾探测器有联动要求,请分析说明下列关于火灾探测器布置及与防火卷帘门联动要求中哪一项是正确的?（　）

(A)在防火卷帘门两侧装设火灾探测器组,当感烟探测器动作时,卷帘门下降到1.8m,感温探测器再动作时,卷帘门直接下降至楼板面

(B)装设火灾探测器,当火灾探测器动作后,卷帘门直接下降至楼板面

(C)在防火卷帘门两侧装设火灾探测器组,当感烟探测器动作时,卷帘门下降到1.5m,感温探测器再动作时,卷帘门直接下降至楼板面

(D)在防火卷帘门两侧装设火灾探测器组,当感温度探测器动作时,卷帘门下降到1.8m,感烟探测器再动作时,卷帘门直接下降至楼板面

解答过程:

题24、25:请依据下述条件,分析回答下列问题。

24.下面是一个第二类防雷建筑物的避雷网及引下线布置图,请找出图中有几处不符合规范的要求?并请逐条说明正确的做法。（　）

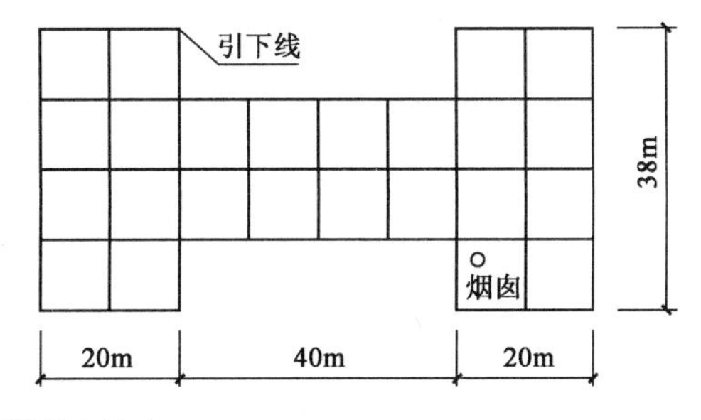

注:1.避雷网网格最大尺寸10m×10.5m。

2.引下线共12处,利用建筑物四周柱子的钢筋,平均间距为22.5m。

3.金属烟囱高出屋顶3m,不装接闪器,不排放爆炸危险气体、蒸汽或粉尘。

(A)一处　　　　　　　　　　　　　　　(B)两处

(C)三处　　　　　　　　　　　　　　　(D)四处

解答过程：

25. 下图是某企业的供电系统图，假定最大运行方式下 D 点三相短路电流 $I_{dmax}^{(3)}$ = 26.25kA，请通过计算判断企业变压器 35kV 侧保护继电器过流整定值和速断整定值最接近下列哪一组数字？（电流互感器变比 50/5。过流保护采用 DL 型继电器，接于相电流。低压回路有自启动电动机，过负荷系数取 2.5）　　（　　）

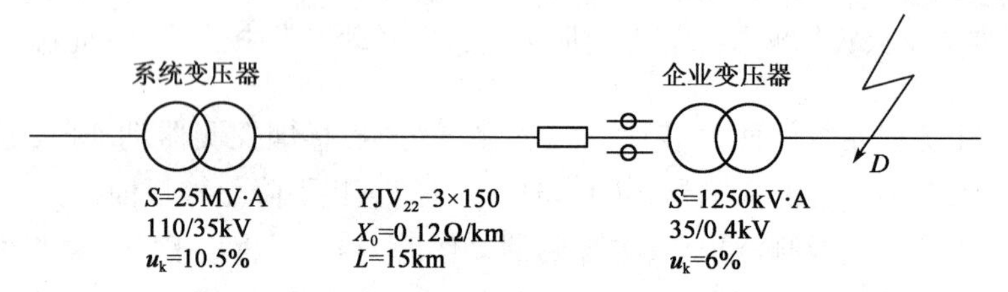

(A)过流整定值 7.88A，速断整定值 39A

(B)过流整定值 12.61A，速断整定值 62.35A

(C)过流整定值 7.28A，速断整定值 34.2A

(D)过流整定值 7.28A，速断整定值 39A

解答过程：

2006年案例分析试题答案(下午卷)

题1~5答案:**ABCCB**

1.《35kV~110kV变电站设计规范》(GB 50059—2011)第3.2.4条:110kV线路为6回及以上时,宜采用双母线接线。

2.《3~110kV高压配电装置设计规范》(GB 50060—2008)第2.0.6条。

3.《3~110kV高压配电装置设计规范》(GB 50060—2008)第4.1.4条。

注:速度保护及距离保护均有死区,纵联差动保护无死区,可查阅相关继电保护书籍。

4.《绝缘配合 第一部分:定义、原则和规则》(GB 311.1—2012)第6.10.2条及表2。110kV设备最高工作电压为126kV。

5.《工业与民用供配电设计手册》(第四版)P331"短路形式和短路点的选择":确定短路电流应按可能发生最大短路电流的正常接线方式的三相短路计算,当单相或两相短路电流大于三相短路电流时,应按照更严重的情况验算。

注:主变并列运行针对电源进线侧(即高压侧,本题为220kV母线侧)并列运行,双母线并联运行主要针对110kV馈线后的设备(如110/35kV变压器等)并联运行而言,按题意采用双母线并联运行应更为贴切。

题6~10答案:**DCABC**

6.《35kV~110kV变电站设计规范》(GB 50059—2011)第2.0.1条"8.所址标高宜在50年一遇高水位之上"。

7.《3~110kV高压配电装置设计规范》(GB 50060—2008)第5.4.4条表5.4.4及条文说明。

$D = 2 \times 800 + 900 = 2500\text{mm}$

此宽度要求主要考虑手车在通道内检修的需要。

8.《20kV及以下变电所设计规范》(GB 50053—2013)第5.3.1条~第5.3.3条、第6.2.2条。

9.《35kV~110kV变电站设计规范》(GB 50059—2011)第3.9.2条、第3.9.3条,《工业与民用供配电设计手册》(第四版)P111"控制室"。

10.《3~110kV高压配电装置设计规范》(GB 50060—2008)第5.1.3条室内配电装置部分内容。

注：近年的题目计算量均提高很多，此类纯概念性的题目已很少出现了。

题11、12答案：**DD**

11.《电力工程直流系统设计技术规程》(DL/T 5044—2014)第6.1.5条、附录C参考第C.2.3条。

满足事故全停电状态下的持续放电容量：

$$C_c = K_K \frac{C_{S.X}}{K_{CC}} = 1.25 \times \frac{9.09 + 13.64}{0.4} = 71.03\text{A} \cdot \text{h}$$

注：旧规范题目，依据《电力工程直流系统设计技术规程》(DL/T 5044—2004)附录B.2.1.2式(B.1)。有关蓄电池容量计算方法，2014版新规范修正较多，但内容较之旧规范更为简洁，旧规范题目供考生参考。

12.《电力工程直流系统设计技术规程》(DL/T 5044—2014)附录C第C.2.3条。

任意事故放电阶段末期，承受随机(5s)冲击放电电流时，10h放电率电流倍数

$$K_{m.x} = K_K \frac{I_{chm}}{I_{10}} = 1.0 \times \frac{54}{100} = 0.54$$

注：旧规范题目，依据《电力工程直流系统设计技术规程》(DL/T 5044—2004)附录B.2.1.3式(B.5)。有关蓄电池容量计算方法，2014版新规范修正较多，但内容较之旧规范更为简洁，旧规范题目供考生参考。

题13～15答案：**BBB**

13.行业标准《交流电气装置的接地》(DL/T 621—1997)第3.2条：使用一个总的接地装置，接地电阻应符合其中最小值的要求。或参见《交流电气装置的接地设计规范》(GB/T 50065—2011)第3.1.2条。下列条文在《交流电气装置的接地设计规范》(GB/T 50065—2011)中有修改和删节。

工作接地：《交流电气装置的接地》(DL/T 621—1997)第7.2.2条a)，最小电阻4Ω。

保护接地：《交流电气装置的接地》(DL/T 621—1997)第5.1.1条b)-1)，最小电阻4Ω。

防雷接地：《交流电气装置的接地》(DL/T 621—1997)第5.1.2条，最小电阻10Ω。

注：《工业与民用供配电设计手册》(第四版)P889接地电阻定义中，由于在工频下接地导体电阻远小于流散电阻，通常将散流电阻作为接地电阻。另《民用建筑电气设计规范》(JGT 16—2008)第12.4.2条，低压配电系统中，配电变压器中性点的接地电阻不宜超过4Ω。

14.《交流电气装置的接地设计规范》(GB/T 50065—2011)第5.1.8条，垂直接地极不应小于其长度的2倍，即2×2.5=5m。

考虑到题目中的利用系数为0.75～0.85，则接地体接地极间距约为4m。

注：此题不严谨，利用系数的理解上还有争议。

15.《交流电气装置的接地设计规范》(GB/T 50065—2011)附录A表A2中复合接地网的简易计算式。

$$R = \frac{\sqrt{\pi}}{4} \times \frac{\rho}{\sqrt{S}} + \frac{\rho}{L} = \frac{\sqrt{\pi}}{4} \times \frac{100}{\sqrt{45 \times 70}} + \frac{100}{2 \times (45 + 70)} = 0.790 + 0.435 = 1.225\Omega$$

题16~19答案:**ADAA**

16.《建筑照明设计标准》(GB 50034—2013)第4.4.1条及表4.4.1、第5.3.7条及表5.3.7。

17.《照明设计手册》(第三版)P190"光源和灯具选择"。教室照明推荐使用稀土三基色荧光粉的直管荧光灯,宜选用有一定保护角、效率不低于75%的开启式配照型灯具。

18.《建筑照明设计标准》(GB 50034—2013)第5.3.7条及表5.3.7、第6.3.7条及表6.3.7。由规范条文可知:教室的平均照度及照明功率密度值分别为300lx和8.0W/m^2(目标值)。《照明设计手册》(第二版)P211式(5-39)。

灯具数量:$E_{av} = \frac{N\phi Uk}{A} \Rightarrow N = \frac{E_{av}A}{\phi UK} = \frac{300 \times 150}{3250 \times 0.8 \times 0.58} = 29.8$,取30盏。

照明功率密度值:$LPD = \frac{30 \times (36+4)}{15 \times 10} = 8\text{W/m}^2$,满足要求。

注:教室照明功率密度目标值为8W/m^2。

19.《照明设计手册》(第二版)P191~P192。教室内如果仅设置一般照明灯具,黑板上的垂直照度很低,均匀度差,因此对黑板宜设置专用灯具照明,宜采用非对称光强分布特性的专用灯具。

题20~23答案:**BDAB**

20.《火灾自动报警系统设计规范》(GB 50116—2013)第6.2.2-4条及式(6.2.2)。

$N = \frac{S}{KA} = \frac{33 \times 15}{0.8 \times 80} = 7.73$个,取8个。

21.《火灾自动报警系统设计规范》(GB 50116—2013)第4.8.8条:当确认火灾后,应同时向全楼进行广播。则:

$P = 19 \times 5 + 2 \times 20 \times 5 + 20 \times 3 + 15 \times 3 \times 5 = 580\text{W}$,取600W。

注:原题考查旧规范条文,新规范相关规定已修改,此计算方法无具体依据,参考价值有限。

22.《火灾自动报警系统设计规范》(GB 50116—2013)第6.2.3-3条、第6.2.2-4条及式(6.2.2)。总面积$S = 99 \times 58.8 = 5821.2\text{m}^2$,主梁间面积$S = 9 \times 8.4 = 75.6\text{m}^2$,因此多功能厅共有$n = \frac{5821.2}{75.6} = 77$跨,每个跨又被十字次梁分割成4个间隔,每个间隔面积$S = \frac{75.6}{4} = 18.9\text{m}^2$,此面积内装设感温探测器的数量$N = \frac{S}{KA} = \frac{18.9}{0.8 \times 60} = 0.4$个,取1个,

因此感温探测器的总数为 $N=2\times77\times4=616$ 个。

注：此题表述不够严谨，主梁高0.7m，次梁高0.6m，如果去除板厚（一般为120～150mm），主梁与次梁均突出顶棚高度不到600mm，而规范要求是梁突出顶棚高度600mm时，被梁隔断的每个梁间区域至少设置一个探测器。此情况只能采用附录C的表格进行计算，较为复杂。

23.《火灾自动报警系统设计规范》（GB 50116—2013）第4.6.4条。第4.6.4-1条：联动控制方式，应由防火卷帘所在防火分区内任两只独立的火灾探测器的报警信号，作为防火卷帘下降的联动触发信号，并应联动控制防火卷帘直接下降至楼板面。

题24、25答案：**CD**

24.《建筑物防雷设计规范》（GB 50057—2010）中，第4.3.1条、第4.3.2条、第4.3.3条。

第4.3.1条：应在整个屋面组成不大于10m×10m的避雷网格，题干网格为10m×10.5m，不符合规范要求。

第4.3.2条：不排放爆炸危险气体、蒸汽或粉尘的金属烟囱应和屋面防雷装置相连，题干不符合规范要求。

第4.3.3条：防雷引下线应沿建筑物四周均匀布置，其间距不应大于18m，题干间距为22.5m，不符合规范要求。

25.《工业与民用供配电设计手册》（第四版）P520表7.2-3"过电流保护"。

变压器高压侧额定电流：$I_{1rT}=\dfrac{S_1}{\sqrt{3}U_1}=\dfrac{1250}{\sqrt{3}\times35}=20.62\text{A}$

过电流保护装置动作电流：$I_{opK}=K_{rel}K_{jx}\dfrac{K_{st}I_{rM}}{K_r n_{TA}}=1.2\times1\times\dfrac{2.5\times20.62}{0.85\times50/5}=7.28\text{A}$

最大运行方式下三相短路电流（折算到高压侧）：$I_{2k3max}=\dfrac{I_{2k}}{n_T}=\dfrac{26.25\times10^3}{35/0.4}=300\text{A}$

电流速断保护装置动作电流：$I_{opK}=K_{rel}K_{jx}\dfrac{I_{2k3max}}{n_{TA}}=1.3\times1\times\dfrac{300}{50/5}=39\text{A}$

2007 年

注册电气工程师(供配电)执业资格考试

专业考试试题及答案

2007 年专业知识试题(上午卷)/66

2007 年专业知识试题答案(上午卷)/78

2007 年专业知识试题(下午卷)/86

2007 年专业知识试题答案(下午卷)/99

2007 年案例分析试题(上午卷)/106

2007 年案例分析试题答案(上午卷)/116

2007 年案例分析试题(下午卷)/120

2007 年案例分析试题答案(下午卷)/135

2007年专业知识试题(上午卷)

一、单项选择题(共40题,每题1分,每题的备选项中只有1个最符合题意)

1. 电流路径为手到手或一手到脚和大接触表面积,对交流和直流的5%的人体初始电阻R_0的数值,均可取作下列哪项数值? ( )

(A)400Ω (B)500A
(C)800Ω (D)100Ω

2. 人体的"内电抗"是指下列人体哪个部分间阻抗? ( )

(A)在皮肤上的电极与皮下导电组织之间的阻抗
(B)是手和双脚之间的阻抗
(C)在接触电压出现瞬间的人体阻抗
(D)与人体两个部位相接触的二电极间的阻抗,不计皮肤阻抗

3. 下述哪一项电流值在电流通过人体的效应中被称为"反应阀"? ( )

(A)通过人体能引起任何感觉的最小电流值
(B)通过人体能引起肌肉不自觉收缩的最小电流值
(C)大于30mA的电流值
(D)能引起心室纤维颤抖的最小电流值

4. 在建筑物内实施总等电位联结时,下列各方案中哪一方案是正确的? ( )

(A)在进线总配电箱近旁安装接地母排,汇集诸联结线
(B)仅将需联结的各金属部分就近互相连通
(C)将需联结的金属管道结构在进入建筑物处联结到建筑物周围地下水平接地扁钢上
(D)利用进线总配电箱内PE母排汇集诸联结线

5. 下列哪种接地导体不可以用作低压配电装置的接地极? ( )

(A)埋于地下混凝土内的非预应力钢筋
(B)条件允许的埋地敷设的金属水管
(C)埋地敷设的输送可燃液体或气体的金属管道
(D)埋于基础周围的金属物,如护桩坡等

6. 某35kV架空配电线路,当系统基准容量取100MV·A,线路电抗值为0.43Ω时,该线路的电抗标幺值应为下列哪一项数值? ( )

(A)0.031　　(B)0.035
(C)0.073　　(D)0.082

7. 校验3～110kV高压配电装置中的导体和电器的动稳定、热稳定以及电器短路开断电流时，应按下列哪一项短路电流验算？（　　）

(A)按单相接地短路电流验算
(B)按两相接地短路电流验算
(C)按三相短路电流验算
(D)按三相短路电流验算，但当单相、两相接地短路较三相短路严重时，应按严重情况验算

8. 在考虑供电系统短路电流问题时，下列表述中哪一项是正确的？（　　）

(A)以100MV·A为基准容量的短路电路计算电抗不小于3时，按无限大电源容量的系统进行短路计算
(B)三相交流系统的远端短路的短路电流是由衰减的交流分量和衰减的直流分量组成的
(C)短路电流计算中的最大短路电流值，是校验继电保护装置灵敏系数的依据
(D)三相交流系统的近端短路时，短路稳态电流有效值小于短路电流的初始值

9. 已知一台35/10kV额定容量为5000kV·A变压器，其阻抗电压百分数$u_k\%$ = 7.5，当基准容量为100MV·A时，该变压器电抗标幺值应为下列哪一项数值？（忽略电阻值）（　　）

(A)0.67　　(B)0.169
(C)1.5　　(D)0.015

10. 当基准容量为100MV·A时，系统电抗标幺值为0.02；当基准容量为1000MV·A时，系统电抗标幺值应为下列哪一项数值？（　　）

(A)5　　(B)20
(C)0.002　　(D)0.2

11. 某企业的10kV供配电系统中含总长度为25km的10kV电缆线路和35km的10kV架空线路，请估算该系统线路产生的单相接地电容电流应为下列哪一项数值？（　　）

(A)21A　　(B)26A
(C)25A　　(D)1A

12. 一个供电系统由两个无限大电源系统S1、S2供电，其短路电流计算时的等值电抗如下图所示，计算d点短路电源S1支路的分布系数应为下列哪一项数值？（　　）

(A)0.67　　(B)0.5
(C)0.33　　(D)0.25

13. 某变电站10kV母线短路容量为250MV·A,如要将某一电缆出线短路容量限制在100MV·A以下,所选用限流电抗器的额定电流为750A,该电抗器的额定电抗百分数应不小于下列何值?（　　）

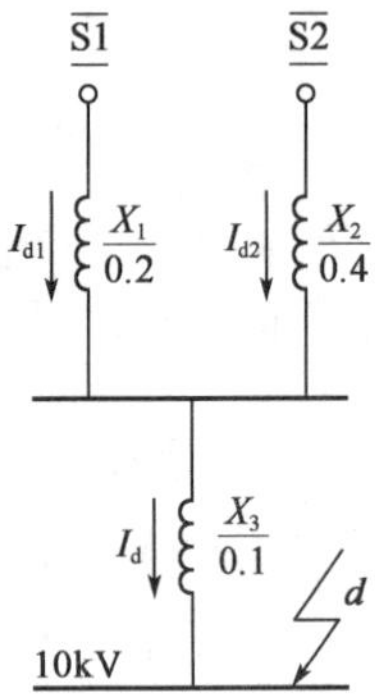

(A)6　　(B)5
(C)8　　(D)10

14. 某10kV线路经常输送容量为1343kV·A,该线路测量仪表用的电流互感器变比宜选用下列哪一项数值?（　　）

(A)50/5　　(B)75/5
(C)100/5　　(D)150/5

15. 某变电所有110±2×2.5%/10.5kV、25MV·A主变压器一台,校验该变压器10.5kV侧回路的计算工作电流应为下列何值?（　　）

(A)1375A　　(B)1443A
(C)1547A　　(D)1620A

16. 某变电所的10kV母线(不接地系统)装设无间隙氧化锌避雷器,此避雷器应选定下列哪组参数?(氧化锌避雷器的额定电压最大持续运行电压)（　　）

(A)13.2/12kV　　(B)14/13.2kV
(C)15/12kV　　(D)17/13.2kV

17. 10kV及以下电缆采用单根保护管埋地敷设,按规范规定其埋置深度距排水沟底不宜小于下列哪一项数值?（　　）

(A)0.3m　　(B)0.7m
(C)1.0m　　(D)1.5m

18. 爆炸性环境电缆和导线的选择,除需满足电缆配线与钢管配线的技术要求外,在选择绝缘导线和电缆截面时,导体允许截流量不应小于熔断器熔体额定电流的倍数,下列数值中哪项是正确的?（　　）

(A)1.00　　(B)1.25
(C)1.30　　(D)1.50

19. 低压控制电缆在桥架内敷设时,电缆总截面面积与桥架横断面面积之比,按规范规定不应大于下列哪一项数值?（　　）

(A)20%　　(B)30%
(C)40%　　(D)50%

20. 某六层中学教学楼，经计算预计雷击次数为0.07次/年，按建筑物的防雷分类属于下列哪类防雷建筑物？（　　）

(A)第一类防雷建筑物　　(B)第二类防雷建筑物
(C)第三类防雷建筑物　　(D)以上都不是

21. 当高度在15m及以上烟囱的防雷引下线采用圆钢明敷时，按规范规定其直径不应小于下列哪一项数值？（　　）

(A)8mm　　(B)10mm　　(C)12mm　　(D)16mm

22. 粮、棉及易燃物大量集中的露天堆场，宜采取防直击雷措施。当其年计算雷击次数大于或等于0.06时，宜采用独立避雷针或架空避雷线防直击雷，独立避雷针或架空避雷线保护范围的滚球半径h_x，可取下列哪一项数值？（　　）

(A)30m　　(B)45m
(C)60m　　(D)100m

23. 在建筑物防直击雷的电磁脉冲设计中，当无法获得设备的耐冲击电压时，220/380V的三相配电系统中，家用电器和手提工具的绝缘耐冲击过电压额定值，可按下列哪一项数值选定？（　　）

(A)6kV　　(B)4kV
(C)2.5kV　　(D)1.5kV

24. 某医院18层大楼，预计雷击次数为0.12次/年，利用建筑物的钢筋作为引下线，同时建筑物的大部分钢筋、钢结构等金属物与被利用的部分连成整体，为了防止雷电流流经引下线和接地装置时产生的高电位对附近金属物或电气线路的反击，金属物或引下线之间的距离要求，下列哪一项与规范要求一致？（　　）

(A)大于1m　　(B)大于3m
(C)大于5m　　(D)可不受限制

25. 某湖边一座30层的高层住宅，其外形尺寸长、宽、高分别为50m、23m、92m，所在地年平均雷暴日为47.7天，在建筑物年预计雷击次数计算中，与建筑物截收相同雷击次数的等效面积为下列哪一项数值？（　　）

(A)0.2547km²　　(B)0.0399km²
(C)0.0469km²　　(D)0.0543km²

26. 10kV中性点不接地系统，在开断空载高压感应电动机时产生的过电压一般不

超过下列哪一项数值？（　　）

(A)12kV　　(B)14.4kV
(C)24.5kV　　(D)17.3kV

27. 当避雷针的高度为35m，计算室外配电设备保护物高度为10m时单支避雷针的保护半径为下列哪一项数值？（　　）

(A)32.5m　　(B)23.2m
(C)30.2m　　(D)49m

28. 某民用居住建筑为16层，高45m，其消防控制室、消防水泵、消防电梯等应按下列哪级要求供电？（　　）

(A)一级负荷　　(B)二级负荷
(C)三级负荷　　(D)一级负荷中特别重要负荷

29. 下述对TN-C系统中PEN导体的规定哪一项不符合规范要求？（　　）

(A)PEN导体的绝缘耐压应能承受可能遭受的最高电压
(B)装置外部可导电部分可做PEN导体
(C)在建筑物的入口(电源入户点)处PEN导体应做重复接地
(D)PEN导体不能接进漏电保护器(剩余电流保护器)

30. 请用简易算法计算如图所示水平接地极为主边缘闭合的复合接地极(接地网)的接地电阻最接近下列哪一项数值？(土壤电阻率 $\rho = 1000\Omega\cdot m$)（　　）

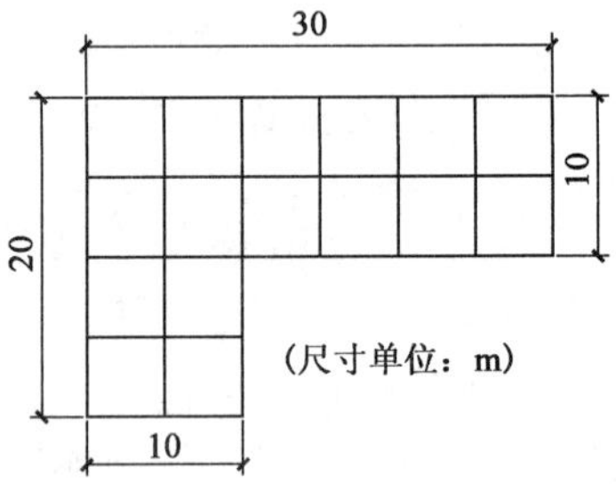

30
10
20
(尺寸单位：m)
10

(A)1Ω
(B)4Ω
(C)10Ω
(D)30Ω

31. 请计算如图所示架空线简易铁塔水平接地装置的工频接地电阻值最接近下面哪个数值，假定土壤电阻率 $\rho = 500\Omega\cdot m$，水平接地极采用50mm×5mm的扁钢，深埋 $h = 0.8m$。（　　）

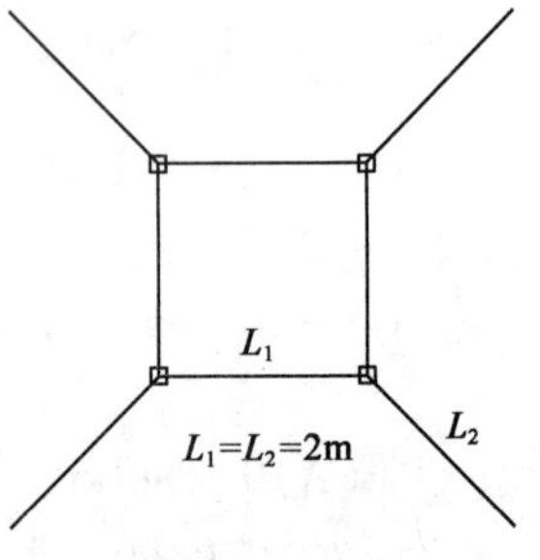

L_1
L_2
$L_1=L_2=2m$

(A)10Ω
(B)30Ω
(C)50Ω
(D)100Ω

32. 按国家标准规范规定，下列哪类灯具具有保护接地要求？（　　）

(A)0 类灯具 (B)I 类灯具
(C)II 类灯具 (D)III 类灯具

33. 按规范要求,下列哪一项室内电气设备的外露可导电部分可不接地? ( )

(A)变压器金属外壳
(B)配电柜的金属框架
(C)配电柜表面的电流、电压表
(D)电缆金属桥架

34. 根据规范要求,判断下述哪种物体可以做接地极? ( )

(A)建筑物钢筋混凝土基础桩
(B)室外埋地的燃油金属储罐
(C)室外埋地的天然气金属管道
(D)供暖系统的金属管道

35. 室内外一般环境污染场所灯具污染的维护系数取值与灯具擦拭周期的关系,下列哪一项表述与国家标准规范的要求一致? ( )

(A)与灯具擦拭周期有关,规定最少 1 次/年
(B)与灯具擦拭周期有关,规定最少 2 次/年
(C)与灯具擦拭周期有关,规定最少 3 次/年
(D)与灯具擦拭周期无关

36. 某办公室长 8m、宽 6m、高 3m,选择照度标准 500lx,设计 8 盏双管 2×36W 荧光灯,计算最大照度 512lx,最小照度 320lx,平均照度 445lx,问针对该设计下述哪一项描述不正确? ( )

(A)平均照度低于照度标准,不符合规范要求
(B)平均照度低于照度标准值偏差值,不符合规范要求
(C)照度均匀度值,不符合规定要求
(D)平均照度、偏差、均匀度符合规范要求

37. 博物馆建筑陈列室对光特别敏感的绘画展品表面应按下列哪一项照明标准值设计? ( )

(A)不小于 50lx (B)100lx
(C)150lx (D)300lx

38. 无彩电转播需求的羽毛球馆,下列哪一项指标符合比赛时的体育建筑照明质量标准? ( )

(A)GR 不应大于 30,Ra 不应小于 65

(B)GR 不应小于 30,Ra 不应大于 65
(C)UGR 不应大于 30,Ra 不应小于 80
(D)UGR 不应小于 30,Ra 不应大于 80

39. 直接气体放电光源灯具,平均亮度≥500kcd/m^2,其遮光角不应小于下列哪一项数值? (　　)

(A)10°　　(B)15°
(C)20°　　(D)30°

40. 额定电压 AC220V 的一般工作场所,下列哪一项照明灯具电源段电压波动在规范允许的范围内? (　　)

(A)195 ~ 240V　　(B)210 ~ 230V
(C)185 ~ 220V　　(D)230 ~ 240V

二、多项选择题(共 30 题,每题 2 分。每题的备选项中有 2 个或 2 个以上符合题意。错选、少选、多选均不得分)

41. 变电所高压接地故障引起低压设备绝缘承受的应力电压升高。低压电器装置绝缘允许承受的交流应力电压数值,下列各项中哪些是正确的? (　　)

(A)当切断故障时间 >5s 时,允许压力电压 U_0 +500V
(B)当切断故障时间 >5s 时,允许压力电压 U_0 +250V
(C)当切断故障时间≤5s 时,允许压力电压 U_0 +1500V
(D)当切断故障时间≤5s 时,允许压力电压 U_0 +1200V

42. 低压配电接地装置的总接地端子,应与下列哪些导体连接? (　　)

(A)保护连接导体　　(B)接地导体
(C)保护导体　　(D)中性线

43. 供配电系统短路电流计算中,在下列哪些情况下,可不考虑高压异步电动机对短路峰值的影响? (　　)

(A)在计算不对称短路电流时
(B)异步电动机与短路点之间已相隔一台变压器
(C)在计算异步电动机附近短路点的短路峰值电流时
(D)在计算异步电动机配电电缆出短路点的短路峰值电流时

44. 当 35/10kV 终端变电所需限制 10kV 侧短路电流时,一般情况下可采取下列哪些措施? (　　)

(A)变压器分列运行

(B)采用高电阻的变压器

(C)10kV 母线分段开关采用高分断能力的断路器

(D)在变压器回路装设电抗器

45. 远离发电机端的网络发生短路时,可认为下列哪些项相等?（　　）

(A)三相短路电流非周期分量初始值

(B)三相短路电流稳态值

(C)三相短路电流第一周期全电流有效值

(D)三相短路后 0.2s 的周期分量有效值

46. 在进行短路电流计算时,如满足下列哪些项可视为远端短路?（　　）

(A)短路电流中的非周期分量在短路过程中由初始值衰减到零

(B)短路电流中的周期分量在短路过程中基本不变

(C)以供电电源容量为基准的短路电流计算电抗标幺值不小于 3

(D)以供电电源容量为基准的短路电路计算电抗标幺值小于 2

47. 在电气工程设计中,采用下列哪些项进行高压导体和电气校验?（　　）

(A)三相短路电流非周期分量初始值

(B)三相短路电流持续时间 T 时的交流分量有效值

(C)三相短路电流全电流有效值

(D)三相短路超瞬态电流有效值

48. 在电气工程设计中,短路电流的计算结果的用途是下列哪些项?（　　）

(A)确定中性点的接地方式

(B)继电保护的选择与整定

(C)确定供配电系统无功功率的补偿方式

(D)验算导体和电器的动稳定、热稳定

49. 在电力系统中,下列哪些因素影响短路电流计算值?（　　）

(A)短路点距离电源的远近

(B)系统网的结构

(C)基准容量的取值大小

(D)计算短路电流时采用的方法

50. 对 3 ~ 20kV 电压互感器,当需要零序电压时,一般选用下列哪几种形式?

（　　）

(A)两个单相电压互感器 V-V 接线

(B)一个三相五柱式电压互感器

(C)一个三相三柱式电压互感器
(D)三个单相三线圈互感器,高压侧中性点接地

51. 选择35kV以下变压器的高压熔断器熔体时,下列哪些要求是正确的? (　　)

(A)当熔体内通过电力变压器回路最大工作电流时不熔断
(B)当熔体内通过电力变压器回路的励磁涌流时不熔断
(C)跌落式熔断器的断流容量仅需按短路电流上限校验
(D)高压熔断器还应按海拔高度进行校验

52. 选择低压接触器时,应考虑下列哪些要求? (　　)

(A)额定工作制　(B)使用类型
(C)正常负载和过载特性　(D)分断短路电流能力

53. 选择电流互感器时,应考虑下列哪些技术参数? (　　)

(A)短路动稳定性　(B)短路热稳定性
(C)二次回路电压　(D)一次回路电流

54. 对于35kV及以下电力电缆绝缘类型的选择,下列哪些项表述符合规范规定? (　　)

(A)高温场所不宜用聚氯乙烯绝缘电缆
(B)低温场所宜用聚氯乙烯绝缘电缆
(C)防火有低毒要求时,不宜用聚氯乙烯电缆
(D)100℃以上高温环境下不宜采用矿物绝缘电缆

55. 民用建筑消防用电设备的配电线路应满足火灾时连续供电的需要,下列哪些敷设方式是符合规范规定的? (　　)

(A)暗敷设时,应穿管并应敷设在不燃烧体结构内且保护层厚度不应小于30mm
(B)明敷设时,应穿有防火保护的金属管或有防火保护的封闭式金属线槽
(C)当采用阻燃或耐火电缆时,敷设在电缆井内可不采用防火保护措施
(D)当采用矿物绝缘类不燃烧性电缆时,可直接敷设

56. 低压配电设计中,下列哪些不同回路的线路可以穿于同一根管路内? (　　)

(A)标称电压为50V以下的回路
(B)同一照明灯具的几个回路
(C)同类照明的几个回路,但管内绝缘导线总数不超过8根
(D)同一流水作业线设备的电力回路和无防干扰要求的控制回路

57. 人民防空地下室电气设计中,下列哪些表述符合国家规范要求? ( )

(A)进、出防空地下室的动力、照明线路,应采用电缆或护套线

(B)电缆和电线应采用铜芯电缆和电线

(C)当防空地下室的电缆或导线数量较多,且又集中敷设时,可采用电缆桥架敷设的方式,电缆桥架可直接穿过临空墙、防护密闭隔墙、密闭隔墙

(D)电缆、护套线、弱电线路和备用预埋管临空墙、防护密闭隔墙、密闭隔墙,除平时有要求外,可不做密闭处理,临战时应采取防护密闭或密闭封墙,在30天转换时限内完成

58. 向屋顶有机房的电梯供电的电源线路和电梯专用线路的敷设,下列表述哪些是正确的? ( )

(A)向电梯供电的电源线路,可敷设在电梯井道内

(B)除电梯的专用线路外,其他线路不得沿电梯井道敷设

(C)在电梯井道内的明敷电缆应采用阻燃型

(D)在电梯井道内的明敷的穿线管、槽应是阻燃的

59. 下列哪些建筑物应划为第二类防雷建筑物? ( )

(A)工业企业内有爆炸危险的露天钢质封闭气罐

(B)预计雷击次数为0.05次/年的省级办公建筑物

(C)国际通信枢纽

(D)具有10区爆炸危险环境的建筑物

60. 建筑物防雷设计,下列哪些表述与国家规范一致? ( )

(A)当独立烟囱上的防雷引下线采用圆钢时,其直径不应小于10mm

(B)架空接闪线和接闪网宜采用截面不小于$50mm^2$的热镀锌钢绞线

(C)当建筑物利用金属屋面作为接闪器,金属板下面无易燃物品时,其厚度不应小于0.4mm

(D)当独立烟囱上采用热镀锌接闪环时,其圆钢直径不应小于12mm;扁钢截面不应小于$100mm^2$,其厚度不应小于4mm

61. 某一般性12层住宅楼,经计算预计雷击次数0.1次/年,为防直击雷沿屋角、屋脊、屋檐和檐角等易受雷击的部位敷设避雷网,并在整个屋面组成避雷网格,按规范规定避雷网格不应大于下列哪些项数值? ( )

(A)10m×10m (B)20m×20m

(C)12m×8m (D)24m×16m

62. 某中学教室属于第二类防雷建筑物,下列哪些屋顶上金属物宜作为防雷装置的接闪器? ( )

(A)高2.5m、直径80mm、壁厚4mm的钢管栏杆
(B)直径为50mm、壁厚2.0mm的镀锌钢管栏杆
(C)直径为16mm镀锌钢管爬梯
(D)安装在接收无线电视广播的共用天线杆上的接闪器

63. 10kV配电系统，系统接地电容电流为30A，采用经消弧线圈接地。该系统下列哪些条件满足规定？ ( )

(A)系统故障点的残余电流不大于5A
(B)消弧线圈容量250kV·A
(C)在正常运行情况下，中性点的长时间电压位移不超过1000V
(D)消弧线圈接于容量为500kV·A，接线为YN,d的双绕组中性点上

64. 下列哪些消防用电设备应按一级负荷供电？ ( )

(A)室外消防用水量超过30L/s的工厂、仓库
(B)建筑物高度超过50m的乙、丙类厂房和丙类库房
(C)一类高层建筑的防火门、窗、卷帘、阀门等
(D)室外消防用水量超过25L/s的办公楼

65. 某一10/0.4kV车间变电所、配电所变压器安装在车间外，高压侧为小电阻接地方式，低压侧为TN系统，为防止高压侧接地故障引起低压侧工作人员的电击事故，可采取下列哪些措施？ ( )

(A)高压保护接地和低压侧系统接地共用接地装置
(B)高压保护接地和低压侧系统接地分开独立设置
(C)高压系统接地和低压侧系统接地共用接地装置
(D)在车间内，实行总等电位联结

66. 为避免电子设备信号电路接地导体阻抗无穷大，形成接收或辐射干扰信号的天线，下述接地导体长度要求哪些正确？ ( )

(A)长度不能等于信号四分之一波长
(B)长度不能等于信号四分之一波长的偶数倍
(C)长度不能等于信号四分之一波长的奇数倍
(D)不受限制

67. 室外安装的建筑物立面照明投光灯需要由低压配电柜提供电源，为满足单相接地故障保护灵敏度的要求，配电柜内室外照明电源设置了剩余电流保护器，请问室外照明采用下列哪些接地方式符合规范要求？ ( )

(A)采用TN-S系统，PEN导体在室外投光灯处做重复接地且与灯具外露可导电部分连接

(B)采用 TN-C 系统,PE 导体在室外投光灯处做重复接地且与灯具外露可导电部分连接

(C)采用 TN-C-S 系统,PEN 导体在室外投光灯处做重复接地后分为 N 导体和 PE 导体,PE 导体与灯具外露可导电部分连接

(D)采用 TT 系统,灯具外露可导电部分可直接接地

68. 某市有彩电转播要求的足球场场地平均垂直照度 1870lx,满足摄像照明要求,下列主席台前排的垂直照度,哪些数值符合国家规范标准规定的要求? ( )

(A)200lx (B)300lx

(C)500lx (D)750lx

69. 某办公室照明配电设计中,额定工作电压为 AC220V,已知末端分支有功功率为 500W($\cos\varphi=0.92$),请判断下列保护开关整定值和分支线导线截面积哪组数据符合规范规定?(不考虑电压降和线路敷设方式的影响,导体允许载流量按下表选取) ( )

导线截面积(mm^2)	0.75	1.0	1.5	2.5
导线载流量(A)	8	11	16	27

(A)导体过负载保护开关整定值 3A,分支线导线截面积选择 $0.75mm^2$

(B)导体过负载保护开关整定值 6A,分支线导线截面积选择 $1.0mm^2$

(C)导体过负载保护开关整定值 10A,分支线导线截面积选择 $1.5mm^2$

(D)导体过负载保护开关整定值 16A,分支线导线截面积选择 $2.5mm^2$

70. 采用下列哪些措施可降低或消除气体放电灯的频闪效应? ( )

(A)灯具采用高频电子镇流器

(B)相邻灯具分别接在不同相序

(C)灯具设置电容补偿

(D)灯具设置自动稳压装置

2007 年专业知识试题答案(上午卷)

1. **答案**:B

依据:《电流对人和家畜的效应　第 1 部分:通用部分》(GB/T 13870.1—2008)第 4.6 条。

2. **答案**:D

依据:《电流对人和家畜的效应　第 1 部分:通用部分》(GB/T 13870.1—2008)第 3.1.3 条

3. **答案**:B

依据:《电流对人和家畜的效应　第 1 部分:通用部分》(GB/T 13870.1—2008)第3.2.2条。

4. **答案**:A

依据:《工业与民用供配电设计手册》(第四版)P1403 中"总等电位联结"内容。

5. **答案**:C

依据:《交流电气装置的接地设计规范》(GB/T 50065—2011)第 8.1.2-6 条。

6. **答案**:A

依据:《工业与民用供配电设计手册》(第四版)P280 ~ P281 表 4.6-2、表 4.6-3。

线路电抗标幺值:$X_{*} = X\dfrac{S_{j}}{U_{j}^{2}} = 0.43 \times \dfrac{100}{37^{2}} = 0.031$。

7. **答案**:D

依据:《3 ~ 110kV 高压配电装置设计规范》(GB 50060—2008)第 4.1.3 条。

8. **答案**:D

依据:《工业与民用供配电设计手册》(第四版)P178 ~ P179,无准确对应条文,但分析可知,选项 A 应为"以供电电源容量为基准",选项 B 应为"不含衰减的交流分量",选项 C 应为"最小短路电流值"。

9. **答案**:C

依据:《工业与民用供配电设计手册》(第四版)P281 表 4.6-3 第 6 项。

10. **答案**:D

依据:《工业与民用供配电设计手册》(第四版)P281 表 4.6-3。

变压器电抗标幺值:$X_{*} = X_{*1} \cdot \dfrac{S_{j}}{S} = 0.02 \times \dfrac{1000}{100} = 0.2$。

11. **答案**:B

依据:《工业与民用供配电设计手册》(第四版)P302 式(4.6-35)和式(4.6-38)。

电缆线路单相接地电容电流:$I_{c1} = 0.1 U_{r} l = 0.1 \times 10 \times 25 = 25\text{A}$

架空线路单相接地电容电流：$I_{c2}=\frac{U_r l}{350}=\frac{10\times25}{350}=0.7A$

总接地电容电流：$I_c=25+0.7=25.7A$

12. **答案**：A

依据：《钢铁企业电力设计手册》（上册）P188分布系数法。即为 $0.4\div(0.2+0.4)=0.67$。

注：也可参考《电力工程电气设计手册》（电气一次部分）P128"求分布系数示意图"。第 i 个电源的电流分布系数的定义，即等于短路点的输入阻抗与该电源对短路点的转移阻抗之比。

13. **答案**：D

依据：《工业与民用供配电设计手册》（第四版）P401 式（5.7-11）。

设：$S_j=100MVA$，$U_j=10.5kV$，则 $I_j=5.5kV$，电抗器的额定电抗百分比：

$$x_{rk}\%\geqslant\left(\frac{I_j}{I_{ky}}-X_{*S}\right)\frac{I_{rk}U_j}{U_{rk}I_j}\times100\%=\left(\frac{5.5}{5.5}-\frac{100}{250}\right)\times\frac{0.75\times10.5}{10\times5.5}\times100\%=8.6\%,$$

选10%。

14. **答案**：C

依据：《电力装置电测量仪表装置设计规范》（GB/T 50063—2017）第7.1.5条。

额定电流：$I_e=\frac{S}{\sqrt{3}U}=\frac{1343}{\sqrt{3}\times10}=77.5A$。

电流互感器一次额定电流为100A，负荷电流达到额定值77.5%，满足规范要求。

电流互感器一次额定电流为150A，负荷电流达到额定值51.7%，不满足规范要求。

15. **答案**：B

依据：《工业与民用供配电设计手册》（第四版）P315 表5.2-3。

变压器回路计算工作电流：$I_e=1.05\times\frac{S}{\sqrt{3}U}=1.05\times\frac{25\times10^3}{\sqrt{3}\times10.5}=1443A$

注：当提及"回路持续工作电流"和"计算工作电流"两个词时，建议参考此表作答。

16. **答案**：D

依据：《交流电气装置的过电压保护和绝缘配合设计规范》（GB/T 50064—2014）第4.4.3条。

注：也可参考《交流电气装置的过电压保护和绝缘配合》（DL/T 620—1997）第5.3.4-a条。最高电压 U_m 查《标准电压》（GB/T 156—2007）第4.3条。

17. **答案**：A

依据：《电力工程电缆设计规范》（GB 50217—2018）第5.4.5-2条。

18. **答案**:B

依据:《爆炸危险环境电力装置设计规范》(GB 50058—2014)第5.4.1-6条。

19. **答案**:D

依据:《低压配电设计规范》(GB 50054—2011)第7.2.15条。

注:也可参考《民用建筑电气设计规范》(JGJ 16—2008)第8.10.7条。

20. **答案**:B

依据:《建筑物防雷设计规范》(GB 50057—2010)第3.0.3条及条文说明,其中条文说明中明确:人员密集的公共建筑物,是指如集会、展览、博览、体育、商业、影剧院、医院、学校等。

21. **答案**:C

依据:《建筑物防雷设计规范》(GB 50057—2010)第5.3.3条。

注:因有关数据已更新,不建议以《民用建筑电气设计规范》(JGJ 16—2008)为依据。

22. **答案**:D

依据:《建筑物防雷设计规范》(GB 50057—2010)第4.5.5条。

23. **答案**:C

依据:《建筑物防雷设计规范》(GB 50057—2010)第6.4.4条表6.4.4。

24. **答案**:D

依据:《建筑物防雷设计规范》(GB 50057—2010)第4.3.8-1条。

25. **答案**:C

依据:《建筑物防雷设计规范》(GB 50057—2010)附录A式A.0.3-2。

$$A_e = [LW + 2(L+W)\sqrt{H(200-H)} + \pi H(200-H)] \times 10^{-6}$$
$$= (50\times23 + 2\times73\times99.68 + \pi\times92\times108)\times10^{-6} = 0.0469$$

26. **答案**:C

依据:《交流电气装置的过电压保护和绝缘配合设计规范》(GB/T 50064—2014)第4.2.9条及条文说明。

第3.2.2-2)条:操作过电压的基准电压(1.0p.u.)为:

$1.0\text{p.u.} = \sqrt{2}U_m \div \sqrt{3} = \sqrt{2}\times12\div\sqrt{3} = 9.8\text{kV}$

$2.5\text{p.u.} = 2.5\times9.8 = 24.5\text{kV}$

注:也可参考《交流电气装置的过电压保护和绝缘配合》(DL/T 620—1997)第4.2.7条,最高电压 U_m 可参考《标准电压》(GB/T 156—2007)第4.3条~第4.5条。

27. **答案**:C

依据:《交流电气装置的过电压保护和绝缘配合设计规范》(GB/T 50064—2014)第

5.2.1 条。

各算子：$h=35\text{m}, h_x=10\text{m}, P=\dfrac{5.5}{\sqrt{h}}=\dfrac{5.5}{\sqrt{35}}=0.93$

$h_x<0.5h, r_x=(1.5h-2h_x)P=(1.5\times35-2\times10)\times0.93=30.225\text{m}$

注：也可参考《交流电气装置的过电压保护和绝缘配合》(DL/T 620—1997) 第5.2.1 条式(6)。

28. **答案**：B

依据：《建筑设计防火规范》(GB 50016—2014)第5.1.1条、第10.1.2条。

29. **答案**：B

依据：《低压配电设计规范》(GB 50054—2011)第3.2.13条。

30. **答案**：D

依据：《交流电气装置的接地设计规范》(GB 50065—2011)附录A式(A.0.4-3)～式(A.0.4-4)。

接地电阻：$R\dfrac{\sqrt{\pi}}{4}\times\dfrac{\rho}{\sqrt{S}}+\dfrac{\rho}{L}=0.443\times\dfrac{1000}{\sqrt{100+300}}+\dfrac{1000}{210}=26.91\ \Omega$

注：也可参考《交流电气装置的接地》(DL/T 621—1997)附录A表A2。

31. **答案**：C

依据：《交流电气装置的接地设计规范》(GB 50065—2011)附录F表F.0.1。

$$R=\frac{\rho}{2\pi L}\left(\ln\frac{L^2}{hd}+A_t\right)=\frac{500}{2\pi\times16}\left(\ln\frac{16^2}{0.8\times0.025}+1.76\right)=55.8\ \Omega$$

注：也可参考《交流电气装置的接地》(DL/T 621—1997)附录D表D1。

32. **答案**：B

依据：《建筑照明设计标准》(GB 50034—2013)第7.2.9条。

33. **答案**：C

依据：《交流电气装置的接地设计规范》(GB/T 50065—2011)第3.2.2-2条。

注：也可参考《第4部分：安全防护第44章：过电压保护第446节：低压电气装置对高压接地系统接地故障的保护》(GB 16895.11—2001)第442.2条。

34. **答案**：A

依据：《交流电气装置的接地设计规范》(GB/T 50065—2011)第8.1.2-3条和第8.1.2-6条。

注：也可参考《建筑物电气装置　第5部分：电气设备的选择和安装　第54章：接地配置和保护导体》(GB 16895.3—2004)第542.2.3条、第542.2.6条。

35. **答案**:B

依据:《建筑照明设计标准》(GB 50034—2013)第4.1.6条表4.1.6。

36. **答案**:B

依据:《建筑照明设计标准》(GB 50034—2013)第4.1.7条。

37. **答案**:A

依据:《建筑照明设计标准》(GB 50034—2013)第5.3.8条及表5.3.8-3。

38. **答案**:A

依据:《建筑照明设计标准》(GB 50034—2013)第5.3.12条表5.3.12-1。

注:UGR——统一眩光值;GR——眩光值;Ra——显色指数。

39. **答案**:D

依据:《建筑照明设计标准》(GB 50034—2013)第4.3.1条及表4.3.1。

40. **答案**:B

依据:《供配电系统设计规范》(GB 50052—2009)第5.0.4-2条。

注:准确的范围应是209~231V。

---

41. **答案**:BD

依据:《建筑物电气装置　第4部分:安全防护　第44章:过电压保护　第446节:低压电气装置对高压接地系统接地故障的保护》(GB 16895.11—2001)表44A。

42. **答案**:ABC

依据:《交流电气装置的接地设计规范》(GB 50065—2011)第8.1.4条。

43. **答案**:AB

依据:《工业与民用供配电设计手册》(第四版)P300"异步电动机反馈电流计算"。高压异步电动机对短路电流的影响,只有在计算电动机附近短路点的短路峰值电流时才予以考虑。在下列情况下可不考虑高压异步电动机对短路峰值电流的影响:异步电动机与短路点的连接已相隔一个变压器;在计算不对称短路电流时。

44. **答案**:ABD

依据:《35kV~110kV变电站设计规范》(GB 50059—2011)第3.2.6条。

注:也可参考《工业及民用配电设计手册》(第三版)P134相关内容。

45. **答案**:BD

依据:依据:《工业与民用供配电设计手册》(第四版) P178~P179图4.1-2和P280、P300的内容,远端短路时 $I''_k = I_{0.2} = I_k$,即初始值、短路0.2s值和稳态值相等。

选项A:参考P178图4.1-2可知,非周期分量(直流分量)的初始值 I_{DC},应与三相短

路电流稳态值 IK'' 有如下关系：$I_{DC}=\sqrt{2}I''_k$

选项 C：全电流有效值 $I_p=I''_k\sqrt{1+2(K_p-1)^2}=1.51I''_k$（当短路点远离发电厂时，$K_p=1.8$）。

注：选项 C 参考《工业与民用配电设计手册》（第三版）P150 式(4-25)。

46. **答案**：BC

依据：《工业与民用供配电设计手册》（第四版）P178 第三段内容。

47. **答案**：BCD

依据：《工业与民用供配电设计手册》（第四版）P331"稳定校验所需用的短路电流"。

注：也可参考《钢铁企业电力设计手册》（上册）P177 相关内容。

48. **答案**：ABD

依据：《工业与民用供配电设计手册》（第四版）P177：最大短路电流值，用于选择电气设备的容量或额定值以校验电器设备的动稳定、热稳定及分断能力，整定继电保护装置。

《钢铁企业电力设计手册》（上册）P177 中"4.1 短路电流计算的目的及一般规定（5）接地装置的设计及确定中性点接地方式"。

注：也可参考《电力工程电气设计手册》（电气一次部分）P119 短路电流计算目的的内容。

49. **答案**：AB

依据：《工业与民用配电设计手册》（第三版）P124。短路过程中短路电流变化的情况决定于系统电源容量的大小和短路点离电源的远近。

50. **答案**：BD

依据：《导体和电器选择设计技术规定》（DL/T 5222—2005）第 16.0.4 条。

51. **答案**：ABD

依据：《导体和电器选择设计技术规定》（DL/T 5222—2005）第 17.0.10 条、第 17.0.13 条、第 17.0.2 条。

52. **答案**：ABC

依据：《工业与民用供配电设计手册》（第四版）P1026"接触器选择要点"。

注：也可参考《工业与民用配电设计手册》（第三版）P642～643 标题内容。

53. **答案**：ABD

依据：《导体和电器选择设计技术规定》（DL/T 5222—2005）第 15.0.1 条。

54. **答案**：AC

依据：《电力工程电缆设计规范》（GB 50217—2018）第 3.3.5 条、第 3.3.6 条、

第3.3.7条。

55. **答案**:ABD

依据:《建筑设计防火规范》(GB 50016—2014)第10.1.10条。

56. **答案**:CD

依据:《低压配电设计规范》(GB 50054—2011)第7.1.3条。

57. **答案**:ABD

依据:《人民防空地下室设计规范》(GB 50038—2005)第7.4.1条、第7.4.2条、第7.4.6条、第7.4.10条。

58. **答案**:BCD

依据:《通用用电设备配电设计规范》(GB 50055—2011)第3.3.6条。

59. **答案**:AC

依据:《建筑物防雷设计规范》(GB 50057—2010)第3.0.3条。

60. **答案**:BD

依据:《建筑物防雷设计规范》(GB 50057—2010)第5.3.3条、第5.2.5条、第5.2.7-2条、第5.2.4条。

61. **答案**:BD

依据:《建筑物防雷设计规范》(GB 50057—2010)第3.0.4-3条、第4.4.1条。

62. **答案**:AC

依据:《建筑物防雷设计规范》(GB 50057—2010)第5.2.8条、第5.2.10条。

63. **答案**:ABD

依据:《交流电气装置的过电压保护和绝缘配合设计规范》(GB/T 50064—2014)第3.1.3条,《导体和电器选择设计技术规定》(DL/T 5222—2005)第18.1.4条、第18.1.7条、第18.1.8-3条。

64. **答案**:BC

依据:《建筑设计防火规范》(GB 50016—2014)第5.1.1条、第10.1.1条。

65. **答案**:BD

依据:《建筑物电气装置第4部分:安全防护第44章:过电压保护第446节:低压电气装置对高压接地系统接地故障的保护》(GB 16895.11—2001)第442.4.2条及图44B。

66. **答案**:AC

依据:《工业与民用供配电设计手册》(第四版)P1430。

无论采用哪种接地系统,其接地线长度 $L=\lambda/4$ 及 $L=\lambda/4$ 的奇数倍的情况应避开。

67. **答案**:AD

依据:无直接对应条文,需理解各接地系统的原理后作答。可参考《低压配电设计规范》(GB 50054—2011)的相关内容。

68. **答案**:CD

依据:《建筑照明设计标准》(GB 50034—2013)第4.2.1-6条。

注:也可参考《照明设计手册》(第三版)P315倒数第6行:"主席台面的照度不宜低于200lx。靠近比赛区前12排观众席的垂直照度不宜小于场地垂直照度的25%"。

69. **答案**:CD

依据:《建筑照明设计标准》(GB 50034—2013)第7.2.11条。

注:此题不是考查线路电流计算,而仅是考查上述规范条文。

70. **答案**:AB

依据:《建筑照明设计标准》(GB 50034—2013)第7.2.8条。

2007年专业知识试题(下午卷)

一、单项选择题(共40题,每题1分,每题的备选项中只有1个最符合题意)

1. 在低压配电系统中,一般情况下,动力和照明宜共用变压器,在下列关于设置专用变压器的表述中哪一项是正确的? (　　)

(A)在TN系统的低压电网中,照明负荷应设专用变压器
(B)在单台变压器的容量小于1250kV·A时,可设照明负荷专用变压器
(C)当照明负荷较大或动力和照明采用共用变压器严重影响照明质量及灯泡的寿命时,可设照明专用变压器
(D)负荷随季节性变化不大时,宜设照明专用变压器

2. 高压配电系统采用放射式、树干式、环式或其他组合方式配电,其放射式配电的特点在下列表述中哪一项是正确的? (　　)

(A)投资少,事故影响范围大
(B)投资较高,事故影响范围较小
(C)切换操作方便,保护配置复杂
(D)运行比较灵活,切断操作不便

3. 关于中性点经高电阻接地系统的特点,下列表述中哪一项是正确的? (　　)

(A)当电网接有较多的高压电动机或较多的电缆线路时,中性点经电阻接地可减少单相接地发展为多重接地故障的可能性
(B)当发生单相接地时,允许带接地故障运行1~2h
(C)单相接地时故障电流小,过电压高
(D)继电保护复杂

4. 35kV变电所主接线一般有分段母线、单母线、外桥、内桥、线路变压器组几种形式,下列哪种情况宜采用内桥接线? (　　)

(A)变电站有两回电源线和两台变压器,供电线路较短或需经常切换变压器
(B)变电站有两回电源线和两台变压器,供电线路较长或不需经常切换变压器
(C)变电站有两回电源线和两台变压器,且35kV配电装置有一至二回路送转负荷的线路
(D)变电站有一回电源线和一台变压器,且35kV配电装置有一至二回路转送负荷的线路

5. 110kV配电装置当出线回路较多时,一般采用双母线接线,其双母线接线的优

点,下列表述中哪一项是正确的? ( )

(A)在母线故障或检修时,隔离开关作为倒换操作电器,不易误操作
(B)操作方便,适于户外布置
(C)一条母线检修时,不致使供电中断
(D)接线简单清晰,设备投资少,可靠性高

6. 在正常运行情况下,电动机端子处电压偏差允许值(以额定电压百分数表示)下列哪一项符合规定? ( )

(A) +10%, -10%
(B) +10%, -5%
(C) +5%, -10%
(D) +5%, -5%

7. 下列哪一项由两个电源供电外,尚应增设应急电源? ( )

(A)中断供电将在政治、经济上造成重大损失的用电负荷
(B)中断供电将影响有重大政治、经济意义的用电单位的正常工作
(C)中断供电将造成大型影剧院、大型商场等公共场所次序混乱
(D)中断供电将发生中毒、爆炸和火灾等情况的用电负荷

8. 20kV 及以下的变电所的电容器组件中,放电器件的放电容量不应小于与其并联的电容器组容量,其中高、低压电容器的放电器件应满足断开电源后电容器组两端的电压从 $\sqrt{2}$ 倍额定电压降至 50V 所需的时间分别不应大于下列哪项数值? ( )

(A)5s、1min
(B)5s、3min
(C)1min、5min
(D)1min、10min

9. 变压器、配电装置和裸导体的正上方不应布置灯具,当在裸导体上方布置灯具时,灯具与裸导体的水平净距不应小于下列哪项数值? ( )

(A)0.5m
(B)0.8m
(C)1.0m
(D)1.2m

10. 110kV 屋外配电装置的设计时,按下列哪一项确定最大风速? ( )

(A)离地 10m 高,30 年一遇 15min 平均最大风速
(B)离地 10m 高,20 年一遇 10min 平均最大风速
(C)离地 10m 高,30 年一遇 10min 平均最大风速
(D)离地 10m 高,30 年一遇 10min 平均风速

11. 容量为 2000kV·A 油浸变压器安装在变压器室内,请问变压器的外廓与变压器室后壁、侧壁最小净距是下列哪一项数值? ( )

(A)600mm
(B)800mm
(C)1000mm
(D)1200mm

12. 10kV 电容器装置的合闸涌流应按下列哪项选择？ (　　)

(A)宜取电容器额定电流的 5 倍
(B)宜取电容器额定电流的 10 倍
(C)宜取电容器额定电流的 15 倍
(D)宜取电容器额定电流的 20 倍

13. 电容器的短时限电流速断和过电流保护，是针对下列哪一项可能发生的故障设置的？ (　　)

(A)电容器内部故障
(B)单台电容器引出线短路
(C)电容器组和断路器之间连接线短路
(D)双星型的电容器组，双星型容量不平衡

14. 下列哪一种变压器可不装设纵联差动保护？ (　　)

(A)10MV·A 及以上的单独运行变压器
(B)6.3MV·A 及以上的并列运行变压器
(C)2MV·A 及以上的变压器，当电流速断保护灵敏度系数满足要求时
(D)3MV·A 及以上的变压器，当电流速断保护灵敏度系数不满足要求时

15. 继电保护、自动装置的二次回路的工作电压不应超过下列哪一项数值？ (　　)

(A)110V　　(B)220V
(C)380V　　(D)500V

16. 根据回路性质确定电缆芯线最小截面时，下列哪一项不符合规定？ (　　)

(A)电压互感器至自动装置屏的电缆芯线截面不应小于 1.5mm^2
(B)电流互感器二次回路电缆芯线截面不应小于 2.5mm^2
(C)操作回路电缆芯线截面不应小于 4mm^2
(D)弱电控制回路电缆芯线截面不应小于 0.5mm^2

17. 计算高压网络短路电流广泛采用的方法是什么？ (　　)

(A) 标幺值计算方法　　(B)有名值计算方法
(C)短路功率计算方法　　(D)用电压除以电抗计算

18. 采用蓄电池组的直流系统正常运行时，其母线电压应与蓄电池组的下列哪种运行方式电压相同？ (　　)

(A)初充电电压　　(B)均衡充电电压
(C)浮充电电压　　(D)放电电压

19. 标称电压为110V的直流母线电压应为下列哪一项数值？（　　）

(A)115.5V　(B)121V
(C)110V　(D)大于121V

20. 在变电所中控制负荷和动力负荷合并供电的220V直流系统，在事故放电情况下，蓄电池组出口端电压应满足下列哪一项要求？（　　）

(A)不低于187V　(B)不低于220V
(C)不低于192.5V　(D)不低于231V

21. 下列哪一项风机和水泵电气传动控制方案的观点是错误的？（　　）

(A)一般采用母线供电、电器控制，为满足生产要求，实现经济运行，可采用交流调速
(B)变频调速的优点是调速性能好，节能效果好，可使用笼型异步电动机；缺点是成本高
(C)串级调速的优点是变流设备容量小，较其他无级调速的方案经济；缺点是必须使用绕线型异步电动机，功率因数低，电机损耗大，最高转速降低
(D)对于100～200kW容量的风机水泵传动宜采用交—交直接变频装置

22. 某厂有一台变频传动异步电动机，额定功率75kW，额定电压380V，额定转速985r/min，额定频率50Hz，最高弱磁转速1800r/min，采用通用电压型变频装置供电，如果电机拖动恒转矩负载，当电机运行在25Hz时，变频器输出电压，最接近下列哪一项数值？（　　）

(A)380V　(B)190V
(C)400V　(D)220V

23. 在交流变频调速装置中，被普遍采用的交—交变频器，实际上就是将其直流输出电压按正弦波调制的可逆整流器。因此网侧电流会含有大量的谐波分量，下列关于谐波电流的描述，哪一项是不正确的？（　　）

(A)除基波外，网侧电流中还含有$k_m \pm 1$次整数次谐波电流，称为特征谐波
(B)在网侧电流中还存在着非整数次的旁频谐波，称为旁频谐波
(C)旁频谐波频率直接和交—交变频器的输出频率及输出项数有关
(D)旁频谐波频率直接和交—交变频器电源的系统阻抗有关

24. 根据现行国家标准，下列哪一项指标不属于电能质量指标？（　　）

(A)电压偏差和三相电压不平衡度限值
(B)电压波动和闪变限值
(C)谐波电压和谐波电流限值
(D)系统短路容量限值

25. 在环境噪声大于 60dB 的场所设置的火灾报警紧急广播扬声器，按规范要求在其播放范围内最远点的播放声压级应高于背景噪声多少分贝？（　　）

(A)3dB　　(B)5dB
(C)10dB　　(D)15dB

26. 火灾自动报警系统中，各避难层设置一个消防专用电话分机或电话塞孔，间隔应为下列哪一项数值？（　　）

(A)20m　　(B)25m
(C)30m　　(D)40m

27. 在有梁的顶棚上设置感烟探测器、感温探测器，当梁间净距为下列哪一项数值时可不计梁对探测器保护面积的影响？（　　）

(A)大于 1m　　(B)小于 1m
(C)大于 3m　　(D)大于 5m

28. 在进行火灾自动报警系统设计时，对于报警区域和探测区域划分说法不正确的是哪一项？（　　）

(A)报警区域既可按防火分区划分，也可以按楼层划分
(B)报警区域既可将一个防火分区划分为一个报警区，也可以两层数个防火分区划分为一个报警区
(C)探测区域应按独立房(套)间划分，一个探测区域的面积不宜超过 $500m^2$，从主要入口能看清其内部，且面积不超过 $1000m^2$ 的房间，也可划分为一个探测区域
(D)敞开或封闭楼梯间应单独划分探测区域

29. 当火灾自动报警系统的传输线路采用铜芯绝缘导线敷设于线槽内，应考虑绝缘等级还应满足机械强度的要求，下列哪一项选择是正确的？（　　）

(A)采用电压等级交流 50V、线芯的最小截面面积 $1.00mm^2$ 的铜芯绝缘导线
(B)采用电压等级交流 250V、线芯的最小截面面积 $0.75mm^2$ 的铜芯绝缘导线
(C)采用电压等级交流 380V、线芯的最小截面面积 $0.50mm^2$ 的铜芯绝缘导线
(D)采用电压等级交流 500V、线芯的最小截面面积 $0.50mm^2$ 的铜芯绝缘导线

30. 火灾报警控制器容量和每一总线回路分别所连接的火灾探测器、手动火灾报警按钮和模块等设备总数和地址总数，宜留有一定余量，下列哪项选择是正确的？（　　）

(A)任一台火灾报警控制器连接的设备总数和地址总数均不应超过 2400 点，每一总线回路连接的设备总数不宜超过 160 点，且应留有不少于额定容量 10% 的余量
(B)任一台火灾报警控制器连接的设备总数和地址总数均不应超过 3200 点，每

一总线回路连接的设备总数不宜超过200点,且应留有不少于额定容量20%的余量

(C)任一台火灾报警控制器连接的设备总数和地址总数均不应超过3200点,每一总线回路连接的设备总数不宜超过200点,且应留有不少于额定容量10%的余量

(D)任一台火灾报警控制器连接的设备总数和地址总数均不应超过2400点,每一总线回路连接的设备总数不宜超过160点,且应留有不少于额定容量20%的余量

31. 在民用闭路监视电视系统工程应根据监视目标的下列哪一项指标选择摄像机的灵敏度? ( )

(A)温度 (B)照度

(C)尺度 (D)色度

32. 在进行民用建筑共用天线电视系统设计时,对系统的交扰调制比、载噪比、载波互调比有一定的要求,下列哪一项要求是正确的? ( )

(A)交扰调制比≥40dB,载噪比≥47dB,载波互调比≥58dB

(B)交扰调制比≥45dB,载噪比≥58dB,载波互调比≥54dB

(C)交扰调制比≥52dB,载噪比≥45dB,载波互调比≥44dB

(D)交扰调制比≥47dB,载噪比≥44dB,载波互调比≥58dB

33. 综合布线系统的配线子系统当采用双绞线电缆时,其敷设长度不应小于下列哪一项数值? ( )

(A)70m (B)80m

(C)90m (D)100m

34. 按规范要求,综合布线建筑群子系统中多模光纤传输距离限制为下列哪一项数值? ( )

(A)100m (B)500m

(C)300m (D)2000m

35. 当综合布线无保密等要求,且区域内存在的电磁干扰场强小于下列哪一项数值时,可采用非屏蔽缆线和非屏蔽配线设备进行布控? ( )

(A)3V/m (B)4V/m

(C)5V/m (D)6V/m

36. 按规范规定,100m^3丙类液体储罐与10kV架空电力线的最近水平距离不应小于电杆(塔)高度的倍数应为下列哪一项数值? ( )

(A)1.0 倍　　(B)1.2 倍

(C)1.5 倍　　(D)2.0 倍

37. 35kV 架空线耐张段的长度不宜大于下列哪一项数值？（　　）

(A)5km　　(B)5.5km

(C)6km　　(D)8km

38. 在最大计算弧垂情况下，35kV 架空电力线路导线与建筑物之间的最小垂直距离应符合下列哪一项要求？（　　）

(A)2.5m　　(B)3m

(C)4m　　(D)5m

39. 10kV 架空电力线路在最大计算风偏条件下，边导线与城市多层建筑或规划建筑线间的最小水平距离应为下列哪一项数值？（　　）

(A)1.0m　　(B)1.5m

(C)2.5m　　(D)3.0m

40. 某 10kV 架空电力线路采用铝绞线，在下列跨越高速公路和一、二级公路时，跨距档(交叉档)的导线接头、导线最小截面、绝缘子固定方式、至路面的最小垂直距离的描述中，哪组符合规范要求？（　　）

(A)跨距档不得有接头，导线最小截面 35mm^2，交叉档绝缘子双固定，至路面的最小垂直距离 7m

(B)跨距档允许有一个接头，导线最小截面 25mm^2，交叉档绝缘子双固定，至路面的最小垂直距离 7m

(C)跨距档不得有接头，导线最小截面 35mm^2，交叉档绝缘子固定方式不限，至路面的最小垂直距离 7m

(D)跨距档不得有接头，导线最小截面 25mm^2，交叉档绝缘子双固定，至路面的最小垂直距离 6m

二、多项选择题（共 30 题，每题 2 分。每题的备选项中有 2 个或 2 个以上符合题意。错选、少选、多选均不得分）

41. 用电单位的供电电压等级与用户负荷的下列哪些因素有关？（　　）

(A)用电容量　　(B)供电距离

(C)用电单位的运行方式　　(D)用电设备特性

42. 下列哪些可作为应急电源？（　　）

(A)有自动投入装置的独立于正常电源的专用馈电线路

(B)与系统联网的燃气轮机发电机组
(C)UPS 电源
(D)干电池

43. 电力系统的电能质量主要指标包括下列哪几项？ ( )

(A)电压偏差和电压波动
(B)频率偏差
(C)系统容量
(D)电压谐波畸变率和谐波电流畸变率

44. 并联电容器装置应装设抑制操作过电压的避雷器，关于避雷器连接方式下列说法正确的是哪几项？ ( )

(A)采用三台避雷器星型连接后直接接地的接线方式
(B)应采用相对地方式
(C)采用三台避雷器星型连接后经第四台避雷器接地的接线方式
(D)接入位置应紧靠电容器组的电源侧

45. 当采用低压并联电容器作为无功补偿时，低压并联电容器装置回路，应具有下列哪些表计？ ( )

(A)电流表 (B)电压表
(C)功率因数表 (D)无功功率表

46. 为了提高功率因数，可采用多种方法，请判断下列哪几种方式可提高自然功率因数？ ( )

(A)正确选用电动机、变压器容量，提高负载率
(B)在布置和安装上采取适当措施
(C)采用同步电动机
(D)选用带空载切除的间歇工作制设备

47. 设计供配电系统时，为减少电压偏差应采取下列哪些措施？ ( )

(A)降低系统阻抗
(B)采取补偿无功功率措施
(C)大容量电动机采取降压启动措施
(D)尽量使三相负荷平衡

48. 在 10kV 变电所所址条件中，下列哪些描述不符合规范的要求？ ( )

(A)装有油浸电力变压器的 10kV 车间内变压器，不应设在四级耐火等级的建筑物内；当设在三级耐火等级的建筑物内时，建筑物应采取局部防火措施

(B)在高层建筑中,装有可燃性油的电气设备的10kV变电所应设置在底层靠内墙部位

(C)高层主体建筑内部不宜设置装有可燃性油的电气设备的变电所

(D)附近有棉、粮及其他易燃、易爆物品集中的露天堆场,不应设置露天或半露天的变电所

49. 某机床加工车间10kV变电所设计中,设计者对防火和建筑提出下列要求,请问哪些条不符合规范的要求? ( )

(A)变压器、配电室、电容器室的耐火等级不应低于二级

(B)油浸变压器室位于地下车库上方,可燃油油浸变压器的门按乙级防火门设计

(C)变电所的油浸变压器室应设置容量为100%变压器油量的储油池

(D)高压配电室设不能开启的自然采光窗,窗台距室外地坪不宜低于1.6m

50. 110kV变电所所址应考虑下列哪些条件? ( )

(A)靠近生活中心

(B)节约用地

(C)不占或少占经济效益高的土地

(D)便于架空线路和电缆线路的引入和引出

51. 变电所内各种地下管线之间和地下管线之间与建筑物、构筑物、道路之间的最小净距,应满足下列哪些要求? ( )

(A)应满足安全的要求

(B)应满足检修、安装的要求

(C)应满足工艺的要求

(D)应满足气象条件的要求

52. 在选用I类和II类计量的电流互感器和电压互感器时,下列哪些选择是正确的? ( )

(A)电压互感器和主二次绕组额定二次线电压为100V

(B)电压互感器的主二次绕组额定二次线电压为$100/\sqrt{3}$V

(C)电流互感器二次绕组中所接入的负荷应保证实际二次负荷在25%~100%

(D)电流互感器二次绕组中所接入的负荷应保证实际二次负荷在30%~90%

53. 继电保护和自动装置应由可靠的直流电源装置(系统)供电,下列有关直流电源回路说法正确的是哪几项? ( )

(A) 电源回路的熔断器或自动开关均应加以监视

(B)两个及以上安装单位的公用保护和自动装置回路,应设置单独的熔断器或自动开关

(C)直流母线电压允许的波动范围应为额定电压的85%以内

(D)直流母线电压允许的波纹系数不应大于1%

54. 下面所列出的直流负荷哪些不是经常负荷? ( )

(A)控制、保护、监控系统 (B)信号灯
(C)事故照明 (D)断路器操作

55. 对于无人值班变电所,下列哪些直流负荷统计时间和统计负荷系数是正确的? ( )

(A)监控系统事故持续放电时间为1h,负荷系数为0.5
(B)监控系统事故持续放电时间为2h,负荷系数为0.8
(C)照明事故持续放电时间为1h,负荷系数为0.8
(D)照明事故持续放电时间为2h,负荷系数为1.0

56. 下列关于绕线异步电动机反接制动的描述,哪些项是正确的? ( )

(A)反接制动时,电动机转子电压很高,有很大的制动电流,为限制反接电流,在转子中须串联反接电阻和频敏电阻
(B)在绕线异步电动机转子回路接入频敏电阻进行反接制动,可以较好地限制制动电流,并可取得近似恒定的制动转矩
(C)反接制动开始时,一般考虑电动机的转差率 $s=1.0$
(D)反接制动的能量消耗较大,不经济

57. 下列有关交流电动机能耗制动的描述,哪些项是正确的? ( )

(A)能耗制动转矩随转速的降低而增加
(B)能耗制动是将运转中的电动机与电源断开,向定子绕组通入直流励磁电流,改接为发电机使电能在其绕组中消耗(必要时还可消耗在外接电阻中)的一种电制动方式
(C)能耗制动所产生的制动转矩较平滑,可方便地改变制动转矩值
(D)能量不能回馈电网,效率较低

58. 对于交流变频传动异步电动机,额定电压380V,额定频率50Hz,采用通用电压型变频装置供电。当电机实际速度超过额定转速运行在弱磁状态下,下列变频器输出电压和输出频率,哪些项是正确的? ( )

(A)380V,70Hz (B)228V,30Hz
(C)532V,70Hz (D)380V,60Hz

59. 下列有关火灾探测器的规定哪些说法是正确的? ( )

(A)线型光束感烟火灾探测器的探测区域长度不宜超过100m
(B)不易安装点型探测器的夹层、闷顶宜选择缆式感温火灾探测器

(C)线型可燃气体探测器的保护区域长度不宜大于60m

(D)管路采样式吸气感烟火灾探测器,一个探测单元的采样管总长不宜大于150m

60. 在宽度不小于3m建筑物内走道顶棚上设置探测器时,应满足下列哪几项要求?( )

(A)感温探测器的安装间距不应超过10m

(B)感烟探测器的安装间距不应超过15m

(C)感温及感烟探测器的安装间距不应超过20m

(D)探测器至端墙的距离,不应大于探测器安装间距的一半

61. 根据规范要求,下列哪些建筑或场所应设置火灾自动报警系统?( )

(A)每座占地面积大于1000m^2的棉、毛、丝、麻、化纤及其制品的仓库,占地面积超过500m^2或总建筑面积超过1000m^2的卷烟库房

(B)建筑面积大于500m^2的地下、半地下商店

(C)净高2.2m的技术夹层,净高大于0.8m的闷顶或吊顶内

(D)2500个座位的体育馆

62. 在公共设施运行参数的检测与过程控制中选用流量仪表时,流量仪表的量程选择,对于线性刻度显示,根据规范的要求,下列哪些叙述是正确的?( )

(A)正常流量为满量程的40%

(B)正常流量为满量程的50%~70%

(C)最大流量不应大于满量程的90%

(D)最小流量不应小于满量程的10%

63. 在视频安防监控系统设计中,下列叙述哪些符合规范的规定?( )

(A)视频采集设备的监控范围应有效覆盖被保护部位、区域或目标,监视效果应满足场景和目标特征识别的不同需求

(B)视频采集设备的灵敏度和动态范围应满足现场图像采集的要求

(C)系统应具备按照授权实时切换调度指定视频信号到指定终端的能力

(D)系统应能实时显示系统内所有视频图像,系统图像质量应满足安全管理要求

64. 当有线电视系统传输干线的衰耗(以最高工作频率下的衰耗值为准)大于100dB时,可采用以下哪些传输方式?( )

(A)甚高频(VHF)　　(B)超高频(UHF)

(C)邻频　　(D)FM

65. 在建筑工程中设置的有线电视广播系统，从功放设备的输出端至线路上最远的用户扬声器之间的线路衰耗，下面哪些说法是正确的？（　　）

(A)业务性广播不应小于 2dB(1000Hz)
(B)服务性广播不应大于 1dB(1000Hz)
(C)业务性广播不应大于 2dB(1000Hz)
(D)服务性广播不应小于 1dB(1000Hz)

66. 综合布线系统的缆线弯曲半径应符合下列哪些要求？（　　）

(A)光缆的弯曲半径应至少为光缆外径的 10 倍
(B)非屏蔽 4 对对绞电缆的弯曲半径应至少为电缆外径的 4 倍
(C)主干对绞电缆的弯曲半径应至少为电缆外径的 10 倍
(D)光缆的弯曲半径应至少为光缆外径的 15 倍

67. 下列关于 10kV 架空电力线路路径选择的要求，哪些是符合规范要求的？
（　　）

(A)应避开洼地、冲刷地带、不良地质地区、原始森林区以及影响线路安全运行的其他地区
(B)应减少与其他设施交叉。当与其他架空线路交叉时，其交叉点不应选在被跨越线路的杆塔顶上
(C)不应跨越存储易燃、易爆物的仓库区域
(D)跨越二级架空弱电线路的交叉角应大于或等于 15°

68. 下列几种架空电力线路采用的过电压保护方式中，哪几种做法不符合规范要求？（　　）

(A)66kV 线路，年平均雷暴日数 20 天以上的地区，宜沿全线架设地线
(B)35kV 线路，进出线段宜架设地线
(C)在多雷区，10kV 混凝土杆线路可架设地线
(D)在多雷区，10kV 混凝土杆线路当采用铁横担时，不宜提高绝缘子等级

69. 在设计 35kV 交流架空电力线路时，最大设计风速采用下列哪些是正确的？
（　　）

(A)架空电力线路通过市区或森林等地区，如两侧屏蔽物的平均高度大于塔杆高度 2/3，其最大设计风速宜比当地最大设计风速减小 20%
(B)架空电力线路通过市区或森林等地区，如两侧屏蔽物的平均高度大于塔杆高度 2/3，其最大设计风速宜比当地最大设计风速增加 20%
(C)山区架空电力线路的最大设计风速，应根据当地气象资料确定，当无可靠资料时，最大设计风速可按附近平地风速减少 10%，且不应低于 25m/s
(D)山区架空电力线路的最大设计风速，应根据当地气象资料确定，当无可靠

资料时,最大设计风速可按附近平地风速增加 10% ,且不应低于 25m/s

70. 在架空电力线路设计中,下列哪些 66kV 及以下架空电力线路措施是正确的?
( )

(A)市区 10kV 及以下架空电力线路,在繁华街道或人口密集地区,可采用绝缘铝绞线

(B)35kV 及以下架空电力线路导线的最大使用张力,不应小于绞线瞬时破坏张力的 40%

(C)10kV 及以下架空电力线路导线初伸长对弧垂的影响,可采用减少弧垂法补偿

(D)35kV 架空电力线路的导线与树木(考虑自然生长高度)之间的最小垂直距离为 3m

2007年专业知识试题答案(下午卷)

1. 答案:C

依据:《20kV及以下变电所设计规范》(GB 50053—2013)第3.3.4-1条。

2. 答案:B

依据:《工业与民用供配电设计手册》(第四版)P61"配电方式"。

注:放射式的供电可靠性高,故障发生后影响范围较小,切换操作方便,保护简单,便于自动化,但配电线路和高压开关柜数量多而造价较高。

3. 答案:A

依据:《钢铁企业电力设计手册》(上册)P37"1.5.4 中性点经电阻接地系统"。

注:也可参考《工业及民用配电设计手册》(第三版)P33高电阻与低电阻接地的论述。

4. 答案:B

依据:《工业与民用供配电设计手册》(第四版)P70~P71表2.4-6"常用35~110kV变电所主接线"。

5. 答案:C

依据:《钢铁企业电力设计手册》(上册)P13表1-5或P45表1-20。母线检修时,可不停电地将所连接回路倒换到另一组母线上继续供电,但接线复杂,投资较高。

6. 答案:D

依据:《供配电系统设计规范》(GB 50052—2009)第5.0.4条。

7. 答案:D

依据:《供配电系统设计规范》(GB 50052—2009)第3.0.1-2条、第3.0.3条。

8. 答案:B

依据:《20kV及以下变电所设计规范》(GB 50053—2013)第5.1.7条。

9. 答案:C

依据:《20kV及以下变电所设计规范》(GB 50053—2013)第6.4.3条。

10. 答案:C

依据:《3~110kV高压配电装置设计规范》(GB 50060—2008)第3.0.5条。

11. 答案:B

依据:《3~110kV高压配电装置设计规范》(GB 50060—2008)第5.4.5条。

12. 答案:D

依据:《并联电容器装置设计规范》(GB 50227—2008)第5.5.3条。

13. 答案:C

依据:《电力装置的继电保护和自动装置设计规范》(GB/T 50062—2008)第8.1.2-1条。

14. 答案:C

依据:《电力装置的继电保护和自动装置设计规范》(GB/T 50062—2008)第4.0.3-2条~第4.0.3-3条。

15. 答案:D

依据:《电力装置的继电保护和自动装置设计规范》(GB/T 50062—2008)第15.1.1条。

16. 答案:C

依据:《电力装置电测量仪表装置设计规范》(GB/T 50063—2017)第8.1.5条;《电力工程电缆设计规范》(GB 50217—2018)第3.7.5-4条。

注:《电力装置电测量仪表装置设计规范》(GB/T 50063—2017)第8.2.6条规定,电压互感器计量回路不小于2.5mm^2,但其保护回路电缆截面的要求未找到相关依据。

17. 答案:A

依据:《工业与民用供配电设计手册》(第四版)P280。实用短路电路的电参数可以用有名单位值表示,也可以用标幺值表示。有名单位值一般用于1000V以下低压网络的短路电流计算,标幺值则广泛用于高压网络。

18. 答案:C

依据:《电力工程直流系统设计技术规程》(DL/T 5044—2014)第3.1.7条。

19. 答案:A

依据:《电力工程直流系统设计技术规程》(DL/T 5044—2014)第3.2.2条。

20. 答案:C

依据:《电力工程直流系统设计技术规程》(DL/T 5044—2014)第3.2.4条。

21. 答案:D

依据:《钢铁企业电力设计手册》(下册)P334,交—交变频往往用于功率大于2000kW以上的低速传动中,用于轧钢机、提升机等。

注:也可参考《电气传动自动化技术手册》(第三版)P301相关内容。

22. 答案:B

依据:《钢铁企业电力设计手册》(下册)P316最后一段:在变频调速中,额定转速以下的调速通常采用恒磁通变频原则，即要求磁通 Φ_m = 常数，其控制条件是 U/f = 常数。

注：恒转矩调速即磁通恒定，可查阅相关教科书。

23. **答案**：D

依据：《电气传动自动化技术手册》（第三版）P816。

注：也可参考《电气传动自动化技术手册》（第二版）P491。

24. **答案**：D

依据：《工业与民用供配电设计手册》（第四版）第6章目录。电能质量主要指标包括：电压偏差、电压波动和闪变、频率偏差、谐波（电压谐波畸变率和谐波电流含有率）和三相电压不平衡度等。有关电能质量共有6本规范如下：

①《电能质量　供电电压偏差》（GB/T 12325—2008）；
②《电能质量　电压波动和闪变》（GB/T 12326—2008）；
③《电能质量　三相电压不平衡》（GB/T 15543—2008）；
④《电能质量　暂时过电压和瞬态过电压》（GB/T 18481—2001）；
⑤《电能质量　公用电网谐波》（GB/T 14549—1993）；
⑥《电能质量　电力系统频率允许偏差》（GB/T 15945—2008）。

注：也可参考《电能质量　公用电网间谐波》（GB/T 24337—2009），但不属于大纲范围。

25. **答案**：D

依据：《火灾自动报警系统设计规范》（GB 50116—2013）第6.6.1-2条。

26. **答案**：A

依据：《火灾自动报警系统设计规范》（GB 50116—2013）第6.7.4-3条。

27. **答案**：B

依据：《火灾自动报警系统设计规范》（GB 50116—2013）第6.2.3-5条。

28. **答案**：B

依据：《火灾自动报警系统设计规范》（GB 50116—2013）第3.3.1-1条、第3.3.2-1条、第3.3.3-1条。

29. **答案**：B

依据：《火灾自动报警系统设计规范》（GB 50116—2013）第11.1.2条及表11.1.2。

30. **答案**：C

依据：《火灾自动报警系统设计规范》（GB 50116—2013）第3.1.5条。

31. **答案**：B

依据：《视频安防监控系统工程设计规范》（GB 50395—2007）第5.0.2条。

32. **答案**:D

依据:《有线电视系统工程技术规范》(GB 50200—1994)第2.2.2条及表2.2.2。

33. **答案**:D

依据:《综合布线系统工程设计规范》(GB 50311—2016)第3.3.3-1条。

34. **答案**:D

依据:《民用建筑电气设计规范》(JGJ 16—2008)第21.3.2条。

35. **答案**:A

依据:《综合布线系统工程设计规范》(GB 50311—2016)第3.5.1条。

36. **答案**:B

依据:《建筑设计防火规范》(GB 50016—2014)第10.2.1条及表10.2.1。

37. **答案**:A

依据:《66kV及以下架空电力线路设计规范》(GB 50061—2010)第3.0.6-1条。

38. **答案**:C

依据:《66kV及以下架空电力线路设计规范》(GB 50061—2010)第12.0.9条。

39. **答案**:B

依据:《66kV及以下架空电力线路设计规范》(GB 50061—2010)第12.0.10条。

40. **答案**:A

依据:《66kV及以下架空电力线路设计规范》(GB 50061—2010)第12.0.16条及表12.0.16。

---

41. **答案**:ABD

依据:《供配电系统设计规范》(GB 50052—2009)第5.0.1条。

42. **答案**:ACD

依据:《民用建筑电气设计规范》(JGJ 16—2008)第3.3.3条。

注:也可参考《供配电系统设计规范》(GB 50052—2009)第3.0.4条。

43. **答案**:ABD

依据:《工业与民用供配电设计手册》(第四版)第6章目录。电能质量主要指标包括:电压偏差、电压波动和闪变、频率偏差、谐波(电压谐波畸变率和谐波电流含有率)和三相电压不平衡度等。有关电能质量共有6本规范如下:

①《电能质量　供电电压偏差》(GB/T 12325—2008);

②《电能质量　电压波动和闪变》(GB/T 12326—2008);

③《电能质量　三相电压不平衡》(GB/T 15543—2008);

④《电能质量　暂时过电压和瞬态过电压》(GB/T 18481—2001)；

⑤《电能质量　公用电网谐波》(GB/T 14549—1993)；

⑥《电能质量　电力系统频率允许偏差》(GB/T 15945—2008)。

注：也可参考《电能质量　公用电网间谐波》(GB/T 24337—2009)，但不属于大纲范围。

44. **答案**：ABD

依据：《并联电容器装置设计规范》(GB 50227—2017)第4.2.8条。

45. **答案**：ABC

依据：《并联电容器装置设计规范》(GB 50227—2017)第7.2.6条。

46. **答案**：ACD

依据：《工业与民用供配电设计手册》(第四版)P34"提高自然功率因数的措施"。

47. **答案**：ABD

依据：《供配电系统设计规范》(GB 50052—2009)第5.0.9条。

48. **答案**：AB

依据：《20kV及以下变电所设计规范》(GB 50053—2013)第2.0.2条、第2.0.3条、第2.0.6-3条。

49. **答案**：BD

依据：《20kV及以下变电所设计规范》(GB 50053—2013)第6.1.1条、第6.1.2条、第6.1.6条、第6.2.1条。

50. **答案**：BCD

依据：《35kV～110kV变电站设计规范》(GB 50059—2011)第2.0.1条。

51. **答案**：ABC

依据：《35kV～110kV变电站设计规范》(GB 50059—2011)第2.0.9条。

52. **答案**：AC

依据：《电力装置电测量仪表装置设计规范》(GB/T 50063—2017)第7.1.6条～第7.1.7条和《导体和电器选择设计技术规定》(DL/T 5222—2005)第16.0.7条。

53. **答案**：ABD

依据：《电力装置的继电保护和自动装置设计规范》(GB 50062—2008)第15.3.1条、第15.3.2条。

54. **答案**：CD

依据：《电力工程直流系统设计技术规程》(DL/T 5044—2014)第4.1.2条及表4.2.5。

55. **答案**：BD

依据:《电力工程直流系统设计技术规程》(DL/T 5044—2014)表4.2.5和表4.2.6。

56. **答案**:ABD

依据:《钢铁企业电力设计手册》(下册)P96表24-7。

注:也可参考《电气传动自动化技术手册》(第三版)P406~P407表5-16。

57. **答案**:BCD

依据:《钢铁企业电力设计手册》(下册)P95表24-7。

注:也可参考《电气传动自动化技术手册》(第三版)P305相关内容。

58. **答案**:AD

依据:《钢铁企业电力设计手册》(下册)P309倒数第4行(左侧):电动机在额定转速以上运转时,电子频率将大于额定频率,但由于电动机绕组本身不允许耐受高的电压,电动机电压必须限制在允许值范围内。

59. **答案**:ABC

依据:《火灾自动报警系统设计规范》(GB 50116—2013)第6.2.15-2条、第5.3.3条、第8.2.4条、第6.2.17-3条。

60. **答案**:ABD

依据:《火灾自动报警系统设计规范》(GB 50116—2013)第6.2.4条。

61. **答案**:AB

依据:《建筑设计防火规范》(GB 50016—2014)第8.4.1条。

62. **答案**:BCD

依据:《民用建筑电气设计规范》(JGJ 16—2008)第24.2.3条。

63. **答案**:BCD

依据:《安全防范工程技术规范》(GB 50348—2018)第6.4.5-1条。

64. **答案**:AC

依据:《有线电视系统工程技术规范》(GB 50200—1994)第2.1.2条。

65. **答案**:BC

依据:《民用建筑电气设计规范》(JGJ 16—2008)第16.2.8条。

66. **答案**:ABC

依据:《综合布线系统工程设计规范》(GB 50311—2016)第7.6.4条及表7.6.4“管线敷设弯曲半径”。

67. **答案**:ABC

依据:《66kV及以下架空电力线路设计规范》(GB 50061—2010)第3.0.3条。

68. **答案**:AD

依据:《66kV及以下架空电力线路设计规范》(GB 50061—2010)第6.0.14条。

69. **答案**:AD

依据:《66kV及以下架空电力线路设计规范》(GB 50061—2010)第4.0.11条。

70. **答案**:AC

依据:《66kV及以下架空电力线路设计规范》(GB 50061—2010)第5.1.2条、第5.2.3条、第5.2.5条、第12.0.11条。

2007年案例分析试题(上午卷)

[案例题是4选1的方式,各小题前后之间没有联系,共25道小题,每题分值为2分,上午卷50分,下午卷50分,试卷满分100分。案例题一定要有分析(步骤和过程)、计算(要列出相应的公式)、依据(主要是规程、规范、手册),如果是论述题要列出论点]

题1~5:某车间有下列用电负荷:

1)机床负荷:80kW,2台;60kW,4台;30kW,15台。

2)通风机负荷:80kW,4台,其中备用1台;60kW,4台,其中备用1台;30kW,12台,其中备用2台。

3)电焊机负荷:三相380V;75kW,4台;50kW,4台;30kW,10台;负载持续率为100%。

4)起重机:160kW,2台;100kW,2台;80kW,1台;负载持续率为25%。

5)照明:采用高压钠灯,电压220V,功率400W,数量90个,镇流器的功率消耗为功率的8%。

负荷中通风负荷为二类负荷,其余为三类负荷(见表)。

负荷计算系数表

设备名称	需要系数 K_X	c	b	n	$\cos\varphi$	$\tan\varphi$
机床	0.15	0.4	0.14	5	0.5	1.73
通风机	0.8	0.25	0.65	5	0.8	0.75
电焊机	0.5	0	0.35	0	0.6	1.33
起重机	0.15	0.2	0.06	3	0.5	1.73
照明(高压钠灯含镇流器)	0.9				0.45	1.98
有功和无功功率同时系数 $K_{\sum p}$、$K_{\sum q}$ 均为0.9						

请回答下列问题。

1. 若采用需要系数法确定本车间的照明计算负荷,并确定把照明负荷功率因数提高到0.9,试计算需要无功功率的补偿容量是多少? ( )

(A)58.16kvar (B)52.35kvar

(C)48.47kvar (D)16.94kvar

解答过程:

2. 采用二项式法计算本车间通风机组的视在功率应为下列哪一项数值? ( )

(A)697.5kV·A　　(B)716.2kV·A

(C)720.0kV·A　　(D)853.6kV·A

解答过程：

3. 采用需要系数法计算本车间动力负荷的计算视在功率应为下列哪一项数值？（　）

(A)1615.3kV·A　　(B)1682.8kV·A

(C)1792.0kV·A　　(D)1794.7kV·A

解答过程：

4. 假设本车间的计算负荷为1600kV·A，其中通风机的计算负荷为900kV·A，车间变压器的最小容量应选择下列哪一项？（不考虑变压器过负载能力）并说明理由。（　）

(A)2×800kV·A　　(B)2×1000kV·A

(C)1×1600kV·A　　(D)2×1600kV·A

解答过程：

5. 本车间的低压配电系统采用下列哪一种接地形式时，照明宜设专用变压器供电？并说明理由。（　）

(A)TN-C 系统　　(B)TN-C-S 系统

(C)TT 系统　　(D)IT 系统

解答过程：

题 6~10:在某矿区内拟建设一座 35/10kV 变电所,两回 35kV 架空进线,设两台主变压器型号为 S9-6300/35,变压配电装置为屋内双层布置。主变压器室、10kV 配电室、电容器室、维修间、备件库等均布置在一层;35kV 配电室、控制室布置在二层。

请回答下列问题。

6. 该变电所所址的选择,下列表述中哪一项是不符合要求的?并说明理由和正确的做法。 (　　)

(A)靠近负荷中心
(B)交通运输方便
(C)周围环境宜无明显污秽,如空气污秽时,所址应设在污源影响最小处
(D)所址标高宜在 100 年一遇高水位之上

解答过程:

7. 该 35/10kV 变电所一层 10kV 配电室布置有 32 台 KYN-10 型手车式高压开关柜(小车长度为 800mm),双列面对面布置,请问 10kV 配电室操作通道的最小宽度下列哪一项是正确的?并说明其依据及主要考虑的因素是什么? (　　)

(A)1500mm　　(B)2000mm
(C)2500mm　　(D)3000mm

解答过程:

8. 为实施无功补偿,拟在变电所一层设置装有 6 台 GR-1 型 10kV 电容器柜的高压电容器室。关于电容器室的布置,在下列表述中哪一项是正确的?并说明理由。 (　　)

(A)室内高压电容器装置宜设置在单独房间内,当采用非可燃介质的电容器组容量较小时,可设置在高压配电室内
(B)成套电容器柜双列布置时,柜面之间的距离不应小于 1.5m
(C)当高压电容器室的长度超过 6m 时,应设两个出口
(D)高压并联电容器装置室,应采用机械通风

解答过程：

9. 若两台主变压器布置在高压配电装置室外的进线一侧(每台主变压器油重5.9t)，请判断下列关于主变压器布置的表述哪一项是不正确的？并说明理由。 (　　)

(A)每台主变压器应设置能容纳100%油量的储油池或20%油量的储油池和挡油墙，并应有将油排到安全处所的设施

(B)两台主变压器之间无防火墙时，其最小防火净距应为6m

(C)当屋外油浸变压器之间需要设置防火墙时，防火墙的高度不宜低于变压器油枕的顶端高度

(D)当高压配电装置室外墙距主变压器外廓5m以内时，在变压器高度以上3m的水平线以下及外廓两侧各加3m的外墙范围内，不应有门、窗或通风孔

解答过程：

10. 该变电所二层35kV配电室内布置有8个配电间隔，并设有栅状围栏，请问栅状围栏至带电部分之间安全净距为下列哪一项数值？并说明依据。 (　　)

(A)900mm　　(B)1050mm

(C)1300mm　　(D)1600mm

解答过程：

题11～15：10kV配电装置中采用矩形铝母线，已知母线上计算电流 $I_{js}=396A$，母线上三相短路电流 $I''=I_{\infty}=16.52kA$，三相短路电流峰值 $I_p=2.55I''$，给母线供电的断路器的主保护动作时间为1s，断路器的开断时间为0.15s，母线长度8.8m，母线中心距为0.25m，母线为水平布置、平放，跨距为0.8m，实际环境温度为35℃，按机械共振条件校验的震动系数 $\beta=1$，铝母线短路的热稳定系数 $c=87$，矩形铝母线长期允许载流量见下表。

矩形铝母线长期允许载流量表(单位:A)

导体尺寸 $h \times b$(mm×mm)	单条、平放	导体尺寸 $h \times b$(mm×mm)	单条、平放
40×4	480	50×5	661
40×5	542	50×6.3	703

注:1. 载流量系按最高允许温度+70℃、环境温度+25℃为基准、无风、无日照条件计算的。

2. 上表导体尺寸中,h 为宽度,b 为高度。

请回答下列问题。

11. 计算按允许载流量选择导体截面应为下列哪个数值? ( )

(A)$40 \times 4mm^2$ (B)$40 \times 5mm^2$

(C)$50 \times 5mm^2$ (D)$50 \times 6.3mm^2$

解答过程:

12. 计算按热稳定校验导体截面,应选用下列哪个数值? ( )

(A)$40 \times 4mm^2$ (B)$40 \times 5mm^2$

(C)$50 \times 5mm^2$ (D)$50 \times 6.3mm^2$

解答过程:

13. 计算当铝母线采用 $50 \times 5mm^2$ 时,短路时母线产生的应力为下列哪个数值? ( )

(A)5.8MPa (B)37.6MPa

(C)47.0MPa (D)376.0MPa

解答过程:

14. 计算当铝母线采用 $50 \times 5mm^2$ 时,已知铝母线最大允许应力 $\sigma_y = 120MPa$,按机械强度允许的母线最大跨距应为下列哪一项数据? ( )

(A)0.8m (B)1.43m (C)2.86m (D)3.64m

解答过程：

15. 该配电装置当三相短路电流通过时，中间相电磁效应最为严重，若查得矩形截面导体的形状系数 $K_x = 1$，三相短路时，计算其最大作用力应为下列哪一项数值？（　　）

(A)98.2N　　(B)151N

(C)246N　　(D)982N

解答过程：

题 16～20：某医院外科手术室的面积为 $30m^2$，院方要求手术室一般照明与室内医疗设备均为一级负荷，一般照明平均照度按 1000lx 设计，医疗设备采用专用电源配电盘，与一般照明、空调、电力负荷电源分开，请回答下列照明设计相关问题。

16. 手术室设计一般照明灯具安装总功率 1000W（含镇流器功耗 125W），手术无影灯功率 450W，计算照明功率密度值（LPD），并判断下列哪一项结果正确？（　　）

(A)LPD 约为 $29.2W/m^2$，低于国家标准规定

(B)LPD 约为 $33.3W/m^2$，低于国家标准规定

(C)LPD 约为 $33.3W/m^2$，高于国家标准规定

(D)LPD 约为 $48.3W/m^2$，高于国家标准规定

解答过程：

17. 解释说明手术室的 UGR 和 Ra 按现行的国家标准规定，选择下列哪一项？（　　）

(A)UGR 不大于 19，Ra 不小于 90

(B)UGR 大于 19，Ra 大于 90

(C)UGR 不大于 22，Ra 大于 90

(D)无具体指标要求

解答过程：

18. 请分析并选择本手术室手术台备用照明设计最佳照度应为下列哪一项？（　　）

(A)50lx　　(B)100lx　　(C)500lx　　(D)1000lx

解答过程：

19. 如果选用T5型28W荧光灯,每个灯管配置的镇流器功率5W,计算最少灯源数量(不考虑灯具平面布置)应为下列何值？并判断是否低于国家规定的照明功率密度值？(查T5型28W光源光通量为2600lm,灯具维护系数为0.8,利用系数为0.58)（　　）

(A)19盏,是　　(B)25盏,是　　(C)31盏,是　　(D)31盏,是

解答过程：

20. 医院变电室由两个高压电源供电,各带1台变压器,每台变压器低压单母线配出,1号变压器主要带照明负荷,2号变压器主要带动力负荷。请分析下述4个手术室供电电源方案,哪个设计符合要求？（　　）

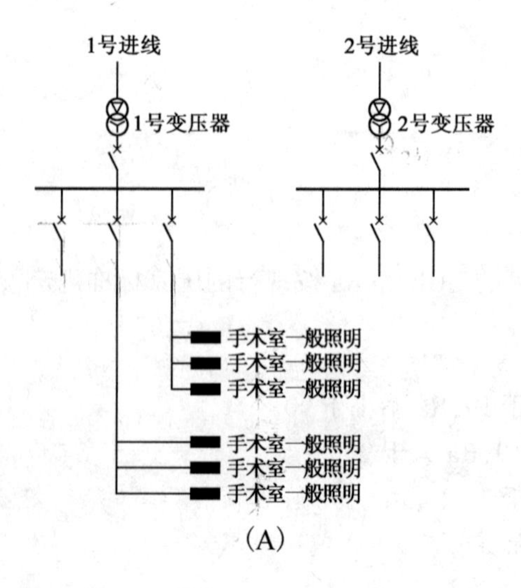

(A)

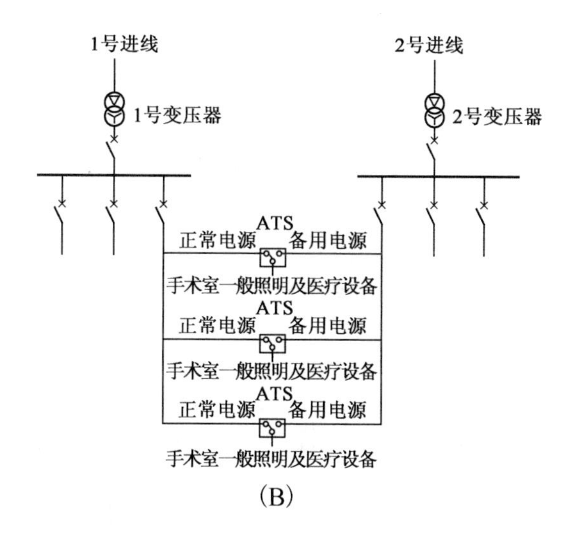
1号进线
2号进线
1号变压器
2号变压器
ATS
正常电源
备用电源
手术室一般照明及医疗设备
ATS
正常电源
备用电源
手术室一般照明及医疗设备
ATS
正常电源
备用电源
手术室一般照明及医疗设备

(B)

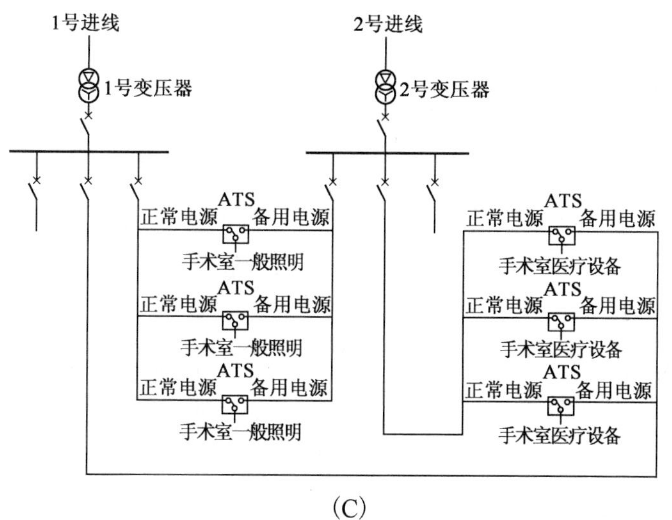
1号进线
2号进线
1号变压器
2号变压器
ATS
正常电源
备用电源
手术室一般照明
ATS
正常电源
备用电源
手术室一般照明
ATS
正常电源
备用电源
手术室一般照明
ATS
正常电源
备用电源
手术室医疗设备
ATS
正常电源
备用电源
手术室医疗设备
ATS
正常电源
备用电源
手术室医疗设备

(C)

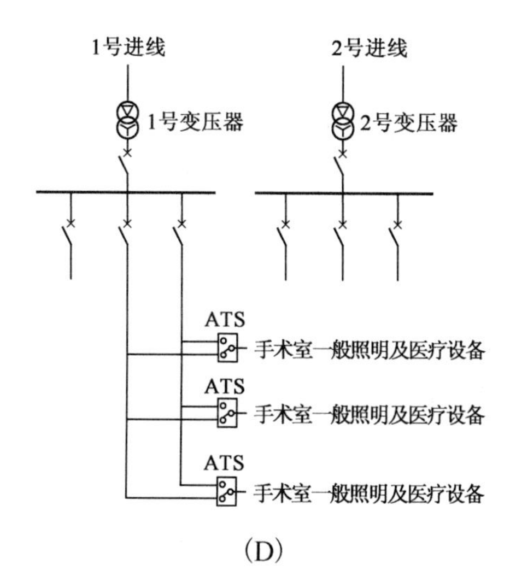
1号进线
2号进线
1号变压器
2号变压器
ATS
手术室一般照明及医疗设备
ATS
手术室一般照明及医疗设备
ATS
手术室一般照明及医疗设备

(D)

解答过程:

题21~25:为了保证人员和设备的安全,使保护电器能够在规定的时间内自动切断发生故障部分的供电,某企业综合办公楼380/220V供电系统(TN系统)采用了接地故障保护并进行了总等电位联结。

请回答下列问题。

21. 请问在下面的总等电位联结示意图中,连接线4代表下列哪一项? ( )

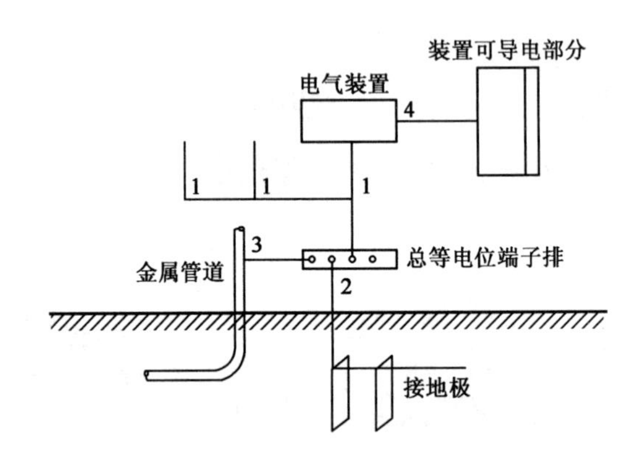

(A)保护线 (B)接地线

(C)总等电位联结线 (D)辅助等电位联结线

解答过程:

22. 该工程电气装置的保护线由以下几部分构成,哪一项不符合规范的要求? ( )

(A)多芯电缆的芯线

(B)固定的裸导线或绝缘线

(C)受机械外力,但不受化学损蚀的装置外导电部分

(D)有防止移动措施的装置外导电部分

解答过程:

23. 已知系统中某回路保护线的材质与相线相同，故障电流有效值为1000A，保护电器的动作时间为2s，计算系数k取150，请计算保护线的最小截面应为下列哪一项数值？（　　）

(A)$4mm^2$　　(B)$6mm^2$

(C)$10mm^2$　　(D)$16mm^2$

解答过程：

24. 假定上述回路相线截面为$35mm^2$，按相线截面确定相应的保护线的最小截面应选用下列哪一项值？（　　）

(A)$10mm^2$　　(B)$16mm^2$

(C)$25mm^2$　　(D)$35mm^2$

解答过程：

25. 假定保护电器的动作电流为100A，请计算故障回路的阻抗应小于下列哪一项值？（　　）

(A)10Ω　　(B)4Ω

(C)3.8Ω　　(D)2.2Ω

解答过程：

2007年案例分析试题答案(上午卷)

题1～5答案:**BAABD**

1.《工业与民用供配电设计手册》(第四版)P36～P37式(1.11-5)或式(1.11-7)。

$Q_c = \alpha_{av} P_c (\tan\varphi_1 - \tan\varphi_2) = 1 \times 35 \times (1.98 - 0.48) = 52.35\text{kvar}$

2.《钢铁企业电力设计手册》(上册)P99式(2-12)、式(2-13)、式(2-16)及表(2-4)。

$P_{js} = cP_n + bP_s = 0.25(3 \times 80 + 2 \times 60) + 0.65(3 \times 80 + 3 \times 60 + 10 \times 30) = 558\text{kW}$

$Q_{js} = P_{js} \times \tan\varphi = 558 \times 0.75 = 418.5\text{kvar}$

$S_{js} = \sqrt{P_{js}^2 + Q_{js}^2} = \sqrt{558^2 + 418.5^2} = 697.5\text{kV·A}$

3.《工业与民用供配电设计手册》(第四版)P5式(1.2-1)及P10式(1.4-1)～式(1.4-6)。计算过程见下表。

设备名称	设备有功功率	需用系数	计算有功功率	$\tan\varphi$	计算无功功率
机床	850	0.15	127.5	1.73	220.6
通风机	720	0.8	576	0.75	432
电焊机	800	0.5	400	1.33	532
起重机	600	0.15	90	1.73	155.7
小计			1193.5		1340.3
同时系数	0.9				
总计			1074.15		1206.27

$S_{js} = \sqrt{P_{js}^2 + Q_{js}^2} = \sqrt{1074.15^2 + 1206.27^2} = 1615.2\text{kV·A}$

注:其中起重机设备功率参考式(1.2-1)注解中有关习惯做法,即 $P_e = 2P_r\sqrt{\varepsilon_r} = 2 \times 600 \times \sqrt{0.25} = 600\text{kW}$

4.《20kV及以下变电所设计规范》(GB 50053—2013)第3.3.2条。根据题意,所有设备中仅通风机(900kVA)为二级负荷,其他均为三级负荷,因此每台变压器需大于900kVA即可,选B。

5.《20kV及以下变电所设计规范》(GB 50053—2013)第3.3.4条。第3.3.4-4条:采用不配出中性线的交流三相中性点不接地系统(IT系统)时,应设照明专用变压器。

题6～10答案:**DCACC**

6.《35kV～110kV变电站设计规范》(GB 50059—2011)第2.0.1条"8.所址标高宜在50年一遇高水位之上"。

7.《3～110kV高压配电装置设计规范》(GB 50060—2008)第5.4.4条表5.4.4及

条文说明。

$D = 2 \times 800 + 900 = 2500\text{mm}$

此宽度要求主要考虑手车在通道内检修的需要。

8.《20kV 及以下变电所设计规范》(GB 50053—2013)第 5.3.1 条 ~ 第 5.3.3 条、第 6.2.6 条。

9.《3 ~ 110kV 高压配电装置设计规范》(GB 50060—2008)第 5.5.3 条、第 5.5.4 条、第 5.5.5 条、第 7.1.11 条。

10.《3 ~ 110kV 高压配电装置设计规范》(GB 50060—2008)第 5.1.4 条及表 5.1.4 中 B1 值。

题 11 ~ 15 答案:**ACBBD**

11.《工业与民用供配电设计手册》(第四版)P325 表 5.3-3。

裸导体在 35℃的环境温度下的综合校正系数为 0.88(见下表)。

导体尺寸 $h \times b$(mm × mm)	单条、平放(A)	校 正 系 数	实际载流量
40 × 4	480	0.88	422.4
40 × 5	542	0.88	477.0
50 × 5	661	0.88	581.7
50 × 6.3	703	0.88	618.6

母线计算电流为 396A < 422.4A,因此选择 $40 \times 4\text{mm}^2$ 铝导体。

12.《导体和电器选择设计技术规定》(DL/T 5222—2005) 第 5.0.13 条、第 7.1.8 条。

短路电流持续时间:$t = t_b + t_{fd} = 1 + 0.15 = 1.15\text{s}$

《工业与民用供配电设计手册》(第四版) P211 式(5.6-9) 及表 5.6-5。

$$S_{min} = \frac{\sqrt{Q_t}}{c} \times 10^3 = \frac{I_k}{c}\sqrt{t} \times 10^3 = \frac{16.52}{87} \times \sqrt{1.15} \times 10^3 = 203.63\text{mm}^2 < 50 \times 5 = 250\text{mm}^2$$

13.《工业与民用供配电设计手册》(第四版)P372 式(5.5-72)。

各参数:$K_x = 1.0, \beta = 1, i_{p3} = 2.55 \times 16.52 = 42.13\text{kA}, l = 0.8\text{m}, D = 0.25\text{m}$。

$W = 0.167bh^2 = 0.167 \times 5 \times 50^2 \times 10^{-9} = 2.0875 \times 10^{-6}\text{m}$

母线应力:$\sigma_c = 1.73K_x(i_{p3})^2 \frac{l^2}{DW}\beta \times 10^{-2}$

$$= 1.73 \times 1 \times 42.13^2 \times \frac{0.8^2}{0.25 \times 2.0875 \times 10^{-6}} \times 1 \times 10^{-2}$$

$$= 37.64 \times 10^6\text{Pa} = 37.64\text{MPa}$$

14.《工业与民用供配电设计手册》(第四版)P371 式(5.5-68)。

$$l_{max} = \frac{7.603}{i_{p3}}\sqrt{DW\sigma_y} = \frac{7.603}{2.55 \times 16.52} \times \sqrt{0.25 \times 2.0875 \times 10^{-6} \times 120 \times 10^6}$$

$=1.428\text{m}$

15.《工业与民用供配电设计手册》(第四版)P372 式(5.5-71)。

$$F_{k3}=0.173K_x(i_{p3})^2\frac{l}{D}=0.173\times1\times(2.55\times16.52)^2\times\frac{0.8}{0.25}=982.6\text{N}$$

题 16～20 答案:**BADBC**

16.《建筑照明设计标准》(GB 50034—2013)第 6.3.15 条:当房间或场所照度标准值提高或降低一级时,其照明功率密度限值应按比例提高或折减。

照明功率密度限值:$LPD_s=30\times\frac{1000}{750}=40\text{W/m}^2$

手术室照明密度值:$LPD=\frac{1000}{30}=33.3\text{W/m}^2<40\text{W/m}^2$

注:《建筑照明设计标准》(GB 50034—2013)第 6.1.2 条:照明节能应采用一般照明的照明功率密度值(*LPD*)作为评价指标。因此手术无影灯功率密度统计范围内。

17.《建筑照明设计标准》(GB 50034—2013)第 5.3.7 条及表 5.3.7。

18.《照明设计手册》(第三版)P482 倒数第五行"备用照明:医院手术室、急诊抢救室、重症监护室等应维持正常照明的照度"。

19.《照明设计手册》(第三版)P145 式(5-39)。

灯具数量:$E_{av}=\frac{N\Phi Uk}{A}$

则:$N=\frac{E_{av}A}{\Phi Uk}=\frac{1000\times30}{2600\times0.8\times0.58}=24.86$,取 25 盏。

照明功率密度值:$\text{LPD}=\frac{25\times(28+5)}{30}=27.5\text{W/m}^2<40\text{W/m}^2$

20.《20kV 及以下变电所设计规范》(GB 50053—2013)第 3.3.2 条及《供配电系统设计规范》(GB 50052—2009)第 3.0.2 条、4.0.5 条。

题 21～25 答案:**DCCBD**

21.《交流电气装置的接地设计规范》(GB/T 50065—2011)附录 H 中图 H"接地装置、保护导体和保护联合导体"。

注:原题考查旧大纲要求的行业标准,可参考《交流电气装置的接地》(DL/T 621—1997)第 7.2.6 条图 6。

22.《建筑物电气装置　第 5-54 部分:电气设备的选择和安装—接地配置、保护导体和保护联结导体》(GB 16895.3—2004)第 543.2.3 条:正常使用承受机械应力的结构部分不允许作为保护导体或保护联结导体。

23.《建筑物电气装置　第 5-54 部分:电气设备的选择和安装—接地配置、保护导体和保护联结导体》(GB 16895.3—2004)第543.1.2条。

$$S=\frac{\sqrt{I^2t}}{k}=\frac{1000}{150}\times\sqrt{2}=9.43\text{mm}^2<10\text{mm}^2$$

注:此题依据不可写《工业与民用供配电设计手册》(第四版)P382式(5.6-9)。

24.《低压配电设计规范》(GB 50054—2011)第3.2.14条。

25.《低压配电设计规范》(GB 50054—2011)第5.2.8条式(5.2.8)。

由 $Z_sI_a\leqslant U_0$,得 $Z_s\leqslant\frac{U_0}{I_a}=\frac{220}{100}=2.2\Omega$。

2007 年案例分析试题(下午卷)

专业案例题(共 40 题,考生从中选择 25 题作答,每题 2 分)

> 题 1 ~5:某钢铁厂新建一座 110/10kV 变电所,其两回 110kV 进线,分别引自不同的系统 X1 和 X2。请回答下列问题。

1. 在满足具有较高的可靠性、安全性和一定的经济性的条件下,本变电所的接线宜采用下图所示的哪种接线?并说明理由。 ( )

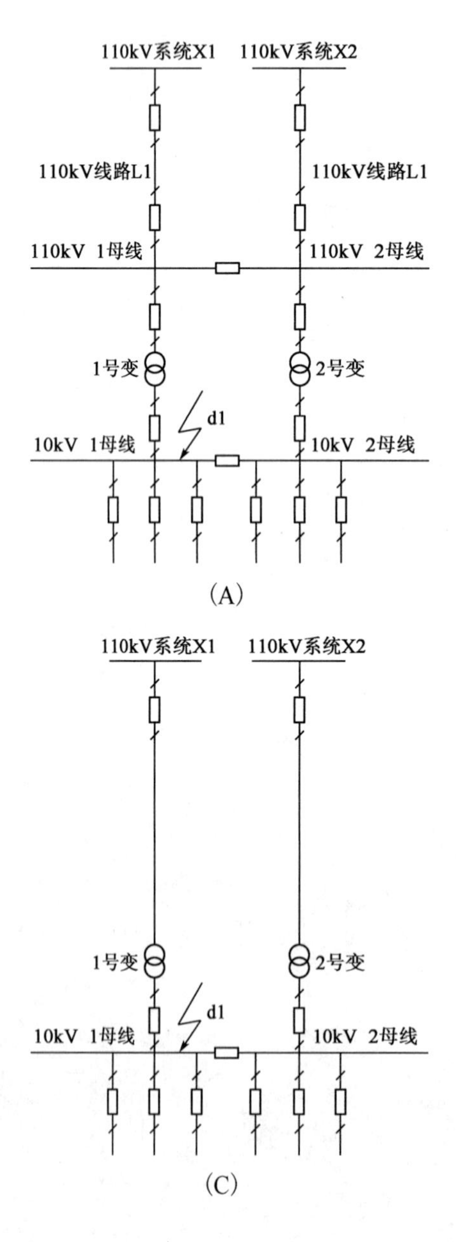

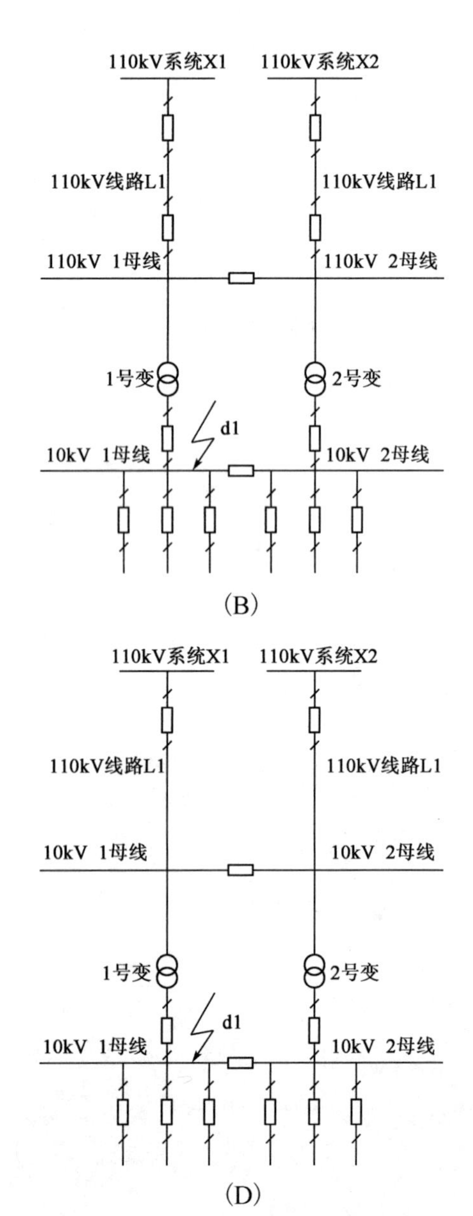

解答过程：

2. 上图所示的变电所中 10kV 1 母线所接负荷为 31000kV·A，其中二级负荷为 21000kV·A，一般负荷为 10000kV·A。10kV 2 母线所接负荷为 39000kV·A，其中二级负荷为 9000kV·A，一般负荷为 30000kV·A，分析确定 1 号主变压器、2 号主变压器容量应选择下列哪组数值？（　　）

(A) 1 号主变压器 31500kV·A，2 号主变压器 31500kV·A
(B) 1 号主变压器 31500kV·A，2 号主变压器 40000kV·A
(C) 1 号主变压器 40000kV·A，2 号主变压器 40000kV·A
(D) 1 号主变压器 50000kV·A，2 号主变压器 50000kV·A

解答过程：

3. 假设 110kV 侧采用上图所示的单母线分段接线，两条线路、两台主变压器均分别运行，单台容量均为 31500kV·A，电抗 $u_k = 10.5\%$；系统 X1 短路容量为 2500MV·A，系统 X2 短路容量为 3500MV·A，架空线路 L1 长度为 30km，架空线路 L2 长度为 15km；（110kV 架空线路电抗平均值取 0.4Ω/km），按已知条件计算 10kV 1 母线最大短路电流应为下列哪一项数值？（　　）

(A) 11.85kA　　(B) 13.5kA
(C) 14.45kA　　(D) 22.82kA

解答过程：

4. 假设变电所 110kV 侧接线采用上图所示的单母线分段接线，设备为常规电器（瓷柱式 SF6 断路器、GW5-110D 型隔离开关附带接地刀闸等），电气布置形式为户外中型配电装置，按规程要求需要为各个电气元件设置接地刀闸和隔离开关，本题要求主变压器高压侧及 PT 避雷器间隔（未画出）也设置接地刀闸，请分析选择本变电所 110kV 侧需要配置多少组双接地型隔离开关？多少组单接地型隔离开关？多少组不接地型隔离开关？（　　）

(A) 双接地型 10 组，单接地型 6 组

(B)双接地型 4 组,单接地型 6 组,不接地型 2 组
(C)双接地型 6 组,单接地型 4 组,不接地型 2 组
(D)双接地型 6 组,单接地型 6 组

解答过程:

5. 分析说明确定主变压器短路电流时,下列哪一项因素是主要因素? ( )

(A)变电所主接线,运行方式,主变中性点接地方式
(B)系统短路阻抗,主变各侧电压等级,主变连接组别
(C)系统短路阻抗,变电所运行方式,低压系统短路电流的限值
(D)主变额定容量,额定电流,过负荷能力

解答过程:

题 6~10:某企业供配电系统如下图所示,总降压变电所电源引自地区变电所。

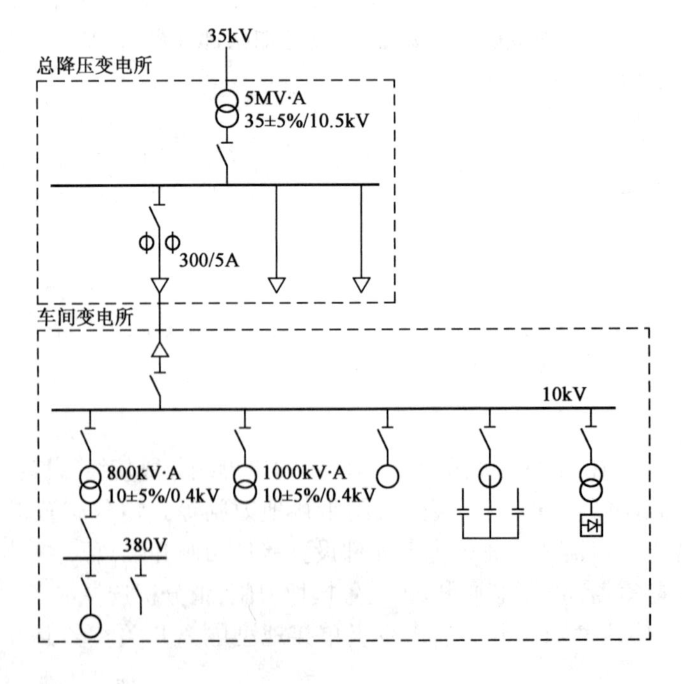

请回答下列问题。

6. 已知受地区用电负荷影响,35kV 进线电压在地区用电负荷最大时偏差 -1%、地区用电负荷最小时偏差 +5%。该企业最小负荷为最大负荷的 40%,企业内部 10kV 和 380V 线路最大负荷时电压损失分别是 1% 和 5%,35 ±5%/10.5kV 和 10 ±5%/0.4kV 变压器的电压损失在最大负荷时均为 3%,分接头在"0"位置上,地区和企业用电负荷功率因数不变。求 380V 线路末端的最大电压偏差应为下列哪一项数值? ( )

(A)10.2% (B) -13%
(C) -3% (D)13.2%

解答过程:

7. 当电动机端电压偏差为 -8% 时,计算电动机启动转矩与额定启动转矩相比的百分数降低了多少? ( )

(A)84.64% (B)92%
(C)15.36% (D)8%

解答过程:

8. 总降压变电所 10kV 母线最小短路容量是 150MV·A,车间变电所 10kV 母线最大、最小短路容量分别是 50MV·A、40MV·A,总降压变电所至车间变配电所供电线路拟设置带时限电流速断保护,采用 DL 型继电器,接线系数为 1,保护用电流互感器变比为 300/5A,请计算该保护装置整定值和灵敏系数。 ( )

(A)55A,2.16 (B)44A,2.7
(C)55A,0.58 (D)165A,0.24

解答过程:

9. 如上图所示,车间变配电所 10kV 母线上设置补偿无功功率电容器,为了防止 5 次以上谐波放大需增加串联电抗器 L,已知串联电抗器之前电容器输出容量为 500kvar,计算串联电抗器后电容器可输出的无功功率为下列哪一项数值?(可靠系数取 1.2)

( )

(A)551kvar　　(B)477kvar

(C)525kvar　　(D)866kvar

解答过程:

10. 若车间配电所的变压器选用油浸式、室内设置,问变压器外廓与变压器室门的最小间距为下列哪一项数值?并说明理由。　　(　　)

(A)600mm　　(B)800mm

(C)1000mm　　(D)700mm

解答过程:

题 11 ~15:一座 66/10kV 的有人值班的重要变电站,装有容量为 16000kV·A 的主变压器两台,采用蓄电池直流操作系统,所有断路器配电磁操作机构。控制、信号等经常性负荷为 2000W,事故照明负荷为 1500W,最大一台断路器合闸电流为 98A,根据设计规程,请回答下列问题。

11. 关于变电所操作电源及蓄电池容量的选择,下列表述中哪一项是正确的?并说明理由。　　(　　)

(A)操作电源宜采用二组 110V 或 220V 蓄电池组,不应设端电池,蓄电池宜采用性能可靠、维护量小的蓄电池

(B)变电所的直流母线,宜采用双母线接线

(C)变电所蓄电池组的容量应按全所事故停电期间的放电容量确定

(D)变电所蓄电池组的容量应按事故停电 1h 的放电容量及事故放电末期最大冲击负荷的要求确定

解答过程:

12. 本变电所选择一组 220V 铅酸蓄电池为直流电源,若经常性负荷的事故放电容量为 9.09A·h,事故照明负荷放电容量为 6.82A·h,按满足事故全停电状态下持续放电

容量要求，求蓄电池10h放电率计算容量 C_c 为下列哪一项？（可靠系数取1.25，容量系数取0.4）（　　）

(A)28.4A·h　　(B)21.31A·h
(C)49.72A·h　　(D)39.77A·h

解答过程：

13. 若选择一组10h放电率标称容量为100A·h的220V铅酸蓄电池组作为直流电源，计算事故放电初期(1min)冲击系数应为下列哪一项数值？（可靠系数 $K_k=1.10$）（　　）

(A)0.99　　(B)0.75
(C)1.75　　(D)12.53

解答过程：

14. 若选择一组10h放电率标称容量为100A·h的220V铅酸蓄电池作为直流电流，计算事故放电末期冲击系数应为下列哪些数值？（可靠系数 K_k 取1.10）（　　）

(A)12.53　　(B)11.78
(C)10.78　　(D)1.75

解答过程：

15. 若选择一组蓄电池容量为80A·h的220V的铅酸蓄电池作为直流电源，断路器合闸电缆选用VLV型电缆，电缆允许压降为8V，电缆的计算长度为100m，请计算断路器合闸电缆的计算截面应为下列哪一项数值？（电缆的电阻系数：铜 $\rho=0.0184\Omega\cdot mm^2/m$，铝 $\rho=0.031\Omega\cdot mm^2/m$）（　　）

(A)$22.54mm^2$　　(B)$45.08mm^2$
(C)$49.26mm^2$　　(D)$75.95mm^2$

解答过程：

题 16～20：某电力用户设 35/10kV 变电站。10kV 系统为中性点不接地系统，下设有 3 个 10kV 车间变电所，其中主要是二级负荷，其供电系统图和已知条件如下：

1）35kV 线路电源侧短路容量无限大。

2）35/10kV 变电站为重要变电所。

3）35/10kV 变电站 10kV 母线短路容量 104MV·A。

4）A、B 和 C 车间变电所 10kV 母线短路容量分别 102MV·A、100MV·A、39MV·A。

5）车间 B 变电所 3 号变压器额定电压 10/0.4kV，其低压侧母线三相短路超瞬态电流为 16330A。

6）35/10kV 变电站正常时间 A、B 和 C 车间变电所供电的 3 个 10kV 出线及负载的单相对地电容电流分别为 2.9A、1.3A、0.7A，并假设各出线及负载的三相对地电容电流对称。

7）保护继电器接线系数取 1。

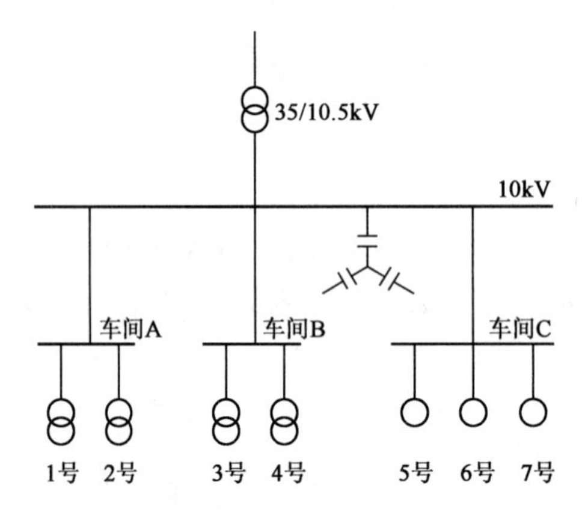

请回答下列问题。

16. 若车间 B 的 3 号变压器高压侧装设电流速断保护，电流互感器变比为 50/5、过流继电器为 DL 型、过负荷系数取 1.4。求变压器速断保护装置动作整定电流和灵敏系数各为多少？（　　）

(A)85A，5.6　　(B)7A，1.9

(C)8A，2.2　　(D)7A，2.5

解答过程：

17. 车间 C 中 5 号笼型异步电动机额定电流 39.2A,启动电流倍数为 6.5。采用定时限继电器作为速断保护,电流互感器变比为 50/5,可靠系数取 1.5。计算速断保护动作整定值应为下列哪一项?（ ）

(A)6A　　(B)45A

(C)70A　　(D)40A

解答过程:

18. 35/10kV 变电站 10kV 线路出线应配置下列哪一项保护装置? 并说明理由。（ ）

(A)带时限电流速断和单相接地保护

(B)无时限电流速断、单相接地保护和过负荷保护

(C)无时限电流速断和带时限电流速断

(D)带时限电流速断和过流保护

解答过程:

19. 如果向车间 C 供电的 10kV 线路发生单相接地故障,在该供电线路电源端装设无时限单相接地保护装置,计算其整定值应为下列哪一项数值?（ ）

(A)10A　　(B)15A

(C)4.9A　　(D)2.1A

解答过程:

20. 在 35/10kV 变电站 10kV 母线装设一组 1500kvar 电力电容,短延时速断和过负荷保护分别由 3 个 DL-31 型电流继电器和 3 个 100/5 电流互感器构成。短延时速断和过负荷保护动作电流应为下列哪一项数值?（ ）

(A)143A,4A　　(B)124A,4A

(C)143A,5A　　(D)124A,7A

解答过程：

题 21 ~25：已知一企业变电所电源引自地区变电站，已知条件如下（见图）：

1）35kV 线路电源侧（公共接入点）最大和最小短路容量分别为 590MV·A 和 500MV·A，35kV 线路电源处公共接入点供电设备容量 50MV·A；该电力用户用电协议容量 20MV·A。

2）该电力用户 35/10kV 变电所 10kV 母线最大和最小短路容量分别为 157MV·A 和 150MV·A。

3）该电力用户的车间 A、B 的 10kV 母线上含有非线性负荷。

4）该电力用户向车间 C 采用 LJ-185 铝绞线架空线路供电，线路长 5.4km。

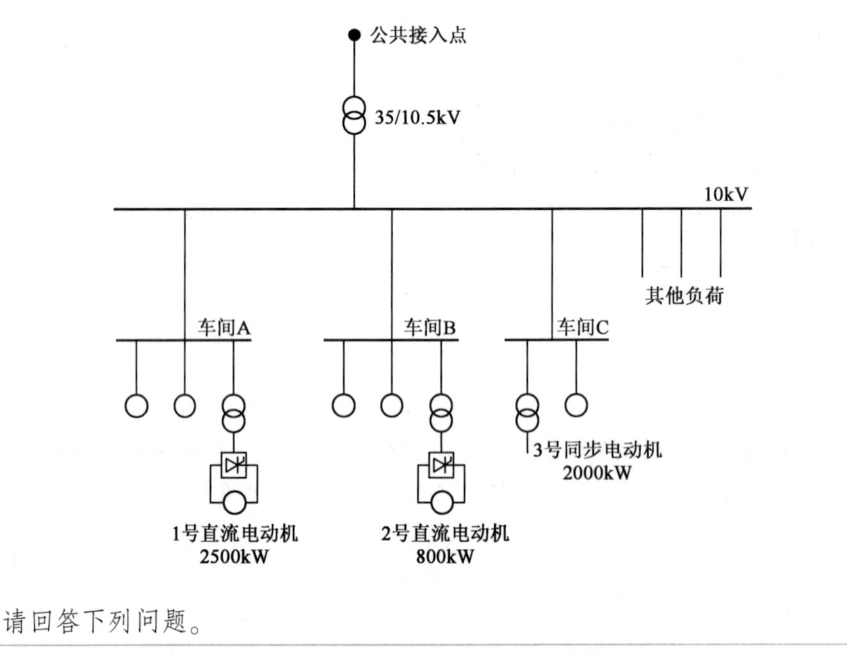

请回答下列问题。

21. 在车间 A、B 的 10kV 母线上，非线性负荷产生的 7 次谐波分别为 20A 和 15A，二者相位角相差 60°，若车间 A、B 非线性负荷产生的谐波全部流入 35kV 电源，该 35kV 电流回路 7 次谐波计算值为多少？（　　）

(A)8.7A　　(B)10.5A

(C)9.1A　　(D)7.5A

解答过程：

22. 车间 A 的 2500kW 电动机带动一周期工作制机械,在启动初始阶段,最大无功功率变动量为 4Mvar。计算该传动装置在 10kV 变电所和 35kV 母线和电源(公共接入点)引起的最大电压变动 d,其值分别接近下列哪一项数值? ( )

(A)1.7%,0.5% (B)2.5%,0.67%
(C)1.59%,0.42% (D)2.7%,0.8%

解答过程:

23. 如该电力用户在 35kV 电源(公共接入点)引起的电压变动为 $d=1.5\%$,变动频率 $r(\mathrm{h}^{-1})$ 不宜超过下列哪一项数值? ( )

(A)1 (B)10 (C)100 (D)1000

解答过程:

24. 如果车间 C 计算负荷为 2000kW,功率因数为 0.93(超前),35/10kV 变电所至车间 C 的供电线路长度为 5.4km,线路每公里电抗、电阻分别为 0.36Ω、0.19Ω,则供电线路电压损失百分数应为下列哪一项数值? ( )

(A)4.7 (B)0.5 (C)3.6 (D)3.4

解答过程:

25. 注入电网公共连接点本电力用户 5 次谐波电流允许值为下面哪一项数值? ( )

(A)5.6A (B)24A (C)9.6A (D)11.2A

解答过程:

题26～30：某机械(平稳负载长期工作时)相关参数为：负载转矩 $T_L=1477N\cdot m$，启动过程中的最大静阻转矩 $T_{Lmax}=562N\cdot m$，要求电动转速 $n=2900\sim3000r/min$，传动机械折算到电动机轴上的总飞轮转矩 $GD^2_{mec}=1962N\cdot m^2$。

初选笼型异步电动机，其参数为：$P_N=500kW$，$n_N=2975r/min$，最大转矩倍数 $=2.5$，最小启动转矩 $T^*_{Mmin}=M_{Mmin}/M_N=0.73$，电动机转子飞轮转矩 $GD^2_M=441N\cdot m^2$，包括电动机在内的整个传动系统所允许的最大飞轮转矩 $GD^2_0=3826N\cdot m^2$。

请回答下列问题。

26. 试计算负载功率最接近下列哪一项数值？ ( )

(A)400kW (B)460kW
(C)600kW (D)500kW

解答过程：

27. 计算所选500kW电动机的额定转矩最接近下列哪一项数值？ ( )

(A)1200N·m (B)1400N·m
(C)1600N·m (D)1800N·m

解答过程：

28. 设电动机的负载功率为470kW，电动机的实际负载率最接近下列哪一项数值？
( )

(A)1.0 (B)1.1
(C)0.94 (D)0.85

解答过程：

29. 启动过程中的最大静阻转矩为562N·m，假定电动机为全压启动，启动时电压波动系数为0.85，计算电动机最小启动转矩最接近下列哪一项数值？(用于检验是否小于

根据制造厂所提供的电动机实际最小启动转矩）（ ）

（A）700N·m （B）970N·m
（C）1250N·m （D）1400N·m

解答过程：

30. 设电动机的平均启动转矩2500N·m，启动时电压波动系数为0.85，试计算允许的机械最大飞轮转矩，最接近下列哪一项？（ ）

（A）3385N·m^2 （B）1800N·m^2
（C）2195N·m^2 （D）2500N·m^2

解答过程：

题31～35：某设有集中空调的办公建筑，建筑高度105m，地下共2层，其中地下二层为停车库，地下一层设有消防水泵房、变配电室、备用发电机房、通风及排烟合用机房，地上共29层，裙房共5层，其中在三层有一多功能共享大厅（长×宽×高＝54m×54m×15m，无外窗，设有防排烟系统），消防控制室设在首层。

请回答下列问题。

31. 在三层的多功能共享大厅内设置线性光束感烟火灾探测器，探测器至侧墙的水平距离应为多少？请说明依据。（ ）

（A）应大于7m
（B）应大于9m
（C）应不大于7m且不小于0.5m
（D）应不大于9m且不小于0.5m

解答过程：

32. 在三层的多功能大厅设置线性光束感烟火灾探测器，需要设置几组？请说明理由。（ ）

(A)1 组　　(B)2 组

(C)3 组　　(D)4 组

解答过程：

33. 疏散通道上的设置防火卷帘的联动控制设计，下列哪项描述是不符合规范要求的？（　）

(A)防火分区内任两只独立的感烟火灾探测器的报警信号应联动控制防火卷帘下降至距楼面 1.8m 处

(B)任一只专门用于联动防火卷帘的感烟火灾探测器的报警信号应联动控制防火卷帘下降至楼板面

(C)任一只专门用于联动防火卷帘的感温火灾探测器的报警信号应联动控制防火卷帘下降至楼板面

(D)在卷帘的任一侧距卷帘纵深 0.5～5m 内应设置不少于 2 只专门用于联动防火卷帘的感温火灾探测器

解答过程：

34. 在该建筑地下一层内下列哪一项所列场所必须设置消防专用电话分机？请说明依据。（　）

(A)仅在消防水泵房设置

(B)仅在消防水泵房、备用发电机房设置

(C)在消防水泵房、备用发电机房、变配电室、通风及排烟合用机房均需设置

(D)仅在疏散走道内设置

解答过程：

35. 在三层的多功能共享大厅内发生火灾并报警后，下列消防控制设备对防烟排烟设施进行联动控制的方法中哪项是错误的？（　）

(A)联动相关层前室等需要加压送风场所的加压送风口开启和加压送风机

启动

(B)联动电动挡烟垂壁的降落

(C)联动控制排烟口、排烟窗或排烟阀的开启,同时启动该防烟分区的空气调节系统

(D)联动控制排烟风机的启动

解答过程:

题 36 ~40:某新建办公建筑,地上共 29 层,层高均为 4m,地下共 2 层,其中地下二层为汽车库,地下一层机电设备用房并设有电信进线机房,裙房共 4 层,5 ~29 层为开敞办公空间,每层开敞办公面积为 $1200m^2$,各层平面相同,各层电信竖井位置均上下对应,楼内建筑智能化系统均按智能建筑甲级标准设计。

请回答下列问题。

36. 在 5 ~29 层开敞办公空间内设置综合布线系统时,每层按规定至少要设置多少双孔(一个语音点和一个数据点)5e 类或以上等级的信息插座?请说明依据。 ( )

(A)120 个 (B)90 个

(C)60 个 (D)30 个

解答过程:

37. 如果 5 ~29 层自每层电信竖井至本层最远点信息插座的水平电缆长度为 83m,则楼层配线设备可每几层居中设一组? ( )

(A)9 层 (B)7 层

(C)5 层 (D)3 层

解答过程:

38. 本建筑综合布线接地系统中存在两个不同的接地体,说明其接地电位差(电压有效值)不应大于下列哪个数值? ( )

(A)2Vr·m·s (B)1Vr·m·s

(C)3V r·m·s　　　　(D)4V r·m·s

解答过程：

39. 设在电信竖井中金属线槽内的综合布线电缆与沿竖井内明敷且容量大于100kV·A的380V电力电缆之间的最小净距应为下列哪一项数值？请说明依据。（　　）

(A)100mm　　　　(B)150mm

(C)200mm　　　　(D)300mm

解答过程：

40. 如果自电信竖井配出至二层平面的综合布线专用金属线槽内设有100根直径为6mm的非屏蔽超五类线缆，则此处应选用下列哪一项规格的金属线槽可以满足规范要求？请说明依据。（　　）

(A)75×50mm　　　　(B)75×75mm

(C)100×75mm　　　　(D)50×50mm

解答过程：

2007年案例分析试题答案(下午卷)

题1~5答案:**BCADC**

1.《工业与民用供配电设计手册》(第四版)P70~P71表2.4-6“常用35~110kV变电站主接线”。

题干要求主接线应具有较高的可靠性、安全性和一定的经济性,利用可靠性排除线路变压器组接线,经济性排除单母线分段接线,而内桥接线适用于变压器不经常切换或线路较长、故障率较高的变电所,外桥接线适用于变压器切换较频繁或线路较短、故障率较少的变电所。题干中无线路较短的说明,因此选择内桥接线方式。

注:本题不够严谨,没有足够的排除外桥接线方式,仅能按一般的运行经验选择内桥接线方式。

2.《35kV~110kV变电站设计规范》(GB 50059—2011)第3.1.3条。

Ⅰ、Ⅱ母线所接的总负荷:$\sum S = 31000 + 39000 = 70000\text{kVA}$

每台变压器装机负荷:$S_1 = 50\% \times 70000 = 35000\text{kVA}$

Ⅰ、Ⅱ母线所接的二级负荷:$\sum S_2 = 21000 + 9000 = 30000\text{kVA}$

综上所述,每台变压器装机负荷取较大者,为$S_{N1} = S_{N2} \geqslant 35000\text{kVA}$。

注:原题考旧规范《35~110kV变电所设计规范》(GB 50059—1992)第3.1.3条:主变压器的容量不应小于60%的全部负荷。新规范已取消该规定。

3.《工业与民用供配电设计手册》(第四版)P281表4.6-3“计算各元件电抗标幺值”。

设:$S_j = 1000\text{MV}\cdot\text{A}$;$U_j = 115\text{kV}$;$I_j = 5.02\text{kA}$。

系统电抗:$X_{*X1} = \dfrac{S_j}{S''_{X1}} = \dfrac{1000}{2500} = 0.4$,$X_{*X2} = \dfrac{S_j}{S''_{X2}} = \dfrac{1000}{3500} = 0.286$

线路电抗:$X_{*L1} = X_1 \dfrac{S_j}{U_j^2} = 0.4 \times 30 \times \dfrac{1000}{115^2} = 0.907$,$X_{*L2} = X_2 \dfrac{S_j}{U_j^2} = 0.4 \times 15 \times \dfrac{1000}{115^2} = 0.454$

变压器电抗:$X_{*T1} = X_{*T2} = \dfrac{u_k\%}{100} \times \dfrac{S_j}{S_{rT}} = \dfrac{10.5}{100} \times \dfrac{1000}{31.5} = 3.333$

两条线路、两台变压器分别运行,利用《工业与民用供配电设计手册》(第四版)P134式(4-12),1母线最大短路电流计算公式如下:

短路电流标幺值:$I_{*1} = \dfrac{1}{X_{*1}} = \dfrac{1}{0.4 + 0.907 + 3.333} = 0.2155$

短路电流有名值:$I_k = X_{*k} \dfrac{S_j}{\sqrt{3} U_j} = 0.2155 \times \dfrac{1000}{\sqrt{3} \times 10.5} = 11.85\text{kA}$

4.《3~110kV高压配电装置设计规范》(GB 50060—2008)第2.0.3条。

5.《35kV～110kV 变电站设计规范》(GB 50059—2011)第 3.2.6 条。

题 6～10 答案:**DCAAB**

6.《工业与民用供配电设计手册》(第四版)P463～P464 例 6.2-1。

最大负荷时:$\delta_{ux}=[-1+5-(1+5+3+3)]\%=-8\%$

最小负荷时:$\delta_{ux}'=[+5+5-0.4\times(1+5+3+3)]\%=5.2\%$

电压偏差范围:$[5.2-(-8)]\%=13.2\%$

7.《工业与民用供配电设计手册》(第四版)P479 表 6.5-1:启动转矩与启动电压的平方成正比。

$\Delta M_{st}=[1-(1-8\%)^2]\%=15.36\%$

8.《钢铁企业电力设计手册》(上册)P729 表 15-38“带时限电流速断保护公式”。

最大运行方式下三相短路电流:$I_{3k3max}=\dfrac{S_S}{\sqrt{3}U_j}=\dfrac{50}{\sqrt{3}\times10.5}=2.75kA$

保护装置动作电流:$I_{opK}=K_{rel}K_{jx}\dfrac{I_{3k3max}}{n_{TA}}=1.2\times1\times\dfrac{2.75\times10^3}{60}=55A$

最小运行方式下二相短路电流:$I_{1k2min}=0.866\times\dfrac{S_S}{\sqrt{3}U_j}=0.866\times\dfrac{150}{\sqrt{3}\times10.5}$

$=7.1445kA$

保护装置灵敏系数:$K_{ren}=\dfrac{I_{1k2min}}{I_{op}}=\dfrac{7.1445\times10^3}{55\times60}=2.165$

注:也可用《工业与民用供配电设计手册》(第四版)P550 表 7.3-2 带时限电流速断保护公式,但 DL 型可靠系数取值为 1.3,与钢铁手册取 1.2 有区别,计算结果有误差。另需注意代入的短路电流值为始端还是末端。

9.《钢铁企业电力设计手册》(上册)P418 式(10-5)。

电容器容抗:$X_C=\dfrac{U_N^2}{S_C}=\dfrac{(10\times10^3)^2}{500\times10^3}=200\Omega$

串联电感感抗:$X_l=0.05, X_C=10\Omega$

串联电容器基波电压:$U_C=U_1\dfrac{X_C}{X_C-X_l}=10\times\dfrac{200}{200-10}=10.53kV$

输出无功功率:$Q_C=\dfrac{U_C^2}{X_C}=\dfrac{(10.5\times10^3)^2}{200}=551.25kvar$

10.《20kV 及以下变电所设计规范》(GB 50053—2013)第 4.2.4 条及表 4.2.4。

题 11～15 答案:**DCCCD**

11.《35kV～110kV 变电站设计规范》(GB 50059—2011)第 3.7.1 条、第 3.7.2 条、第 3.7.4 条。

注:原题考查旧规范《35～110kV 变电所设计规范》(GB 50059—1992)第 3.3.3 条、第 3.3.2 条、第 3.3.4 条,为适应新规,题干作了必要的调整。

12.《电力工程直流系统设计技术规程》(DL/T 5044—2014) 第6.1.5条、附录C第C.2.3条。

满足事故全停电状态下的持续放电容量：

$$C_c = K_K \frac{C_{S.X}}{K_{CC}} = 1.25 \times \frac{9.09 + 6.82}{0.4} = 49.72\text{A·h}$$

注：旧规范题目，依据《电力工程直流系统设计技术规程》(DL/T 5044—2004) 附录B.2.1.2式(B.1)。有关蓄电池容量计算方法，2014版新规范修正较多，但内容较之旧规范更为简洁，旧规范题目供考生参考。

13.《电力工程直流系统设计技术规程》(DL/T 5044—2014) 第6.1.5条、附录C第C.2.3条。

事故放电初期(1min)承受冲击放电电流时，其冲击系数：

$$K_{cho} = K_K \frac{I_{cho}}{I_{10}} = 1.1 \times \frac{3500 \div 220}{100 \div 10} = 1.75$$

注：旧规范题目，依据《电力工程直流系统设计技术规程》(DL/T 5044—2004) 附录B.2.1.3式(B.2)。有关蓄电池容量计算方法，2014版新规范修正较多，但内容较之旧规范更为简洁，旧规范题目供考生参考。

14.《电力工程直流系统设计技术规程》(DL/T 5044—2014) 第6.1.5条、附录C第C.2.3条。

任意事故放电阶段末期，承受随机(5s)冲击放电电流时，10h放电率电流倍数：

$$K_{chm.x} = K_K \frac{I_{chm}}{I_{10}} = 1.1 \times \frac{98}{10} = 10.78$$

注：旧规范题目，依据《电力工程直流系统设计技术规程》(DL/T 5044—2004) 附录B.2.1.3式B.5。有关蓄电池容量计算方法，2014版新规修正较大，但内容较之旧规范更为简洁，旧规范题目供考生参考。

15.《电力工程直流系统设计技术规程》(DL/T 5044—2014) 附录E。

电缆计算截面：$S_{cac} = \frac{\rho \cdot 2LI_{ca}}{\Delta U_p} = \frac{0.031 \times 2 \times 100 \times 98}{8} = 75.95\text{mm}^2$

注：VLV电缆为铝芯聚氯乙烯绝缘聚氯乙烯护套电力电缆。

题16~20答案：**ADAAD**

16.《工业与民用供配电设计手册》(第四版)P520表7.2-3"电流速断保护"。

最大运行方式下，三相短路电流(折算到高压侧)：$I_{2k3max} = \frac{I_{2k}}{n_T} = \frac{16330}{10/0.4} = 653.2\text{kA}$

保护装置动作电流：$I_{opK} = K_{rel}K_{jx}\frac{I_{2k3max}}{n_{TA}} = 1.3 \times 1 \times \frac{653.2}{10} = 85.0\text{A}$

最小运行方式下，二相短路电流：$I_{1k2min} = 0.866I_{1k3min} = 0.866 \times \frac{100}{\sqrt{3} \times 10.5} = 4.76\text{kA}$

保护装置灵敏系数：$K_{ren}=\frac{I_{1k2min}}{I_{op}}=\frac{4.76\times10^3}{85\times10}=5.6$

17.《工业与民用供配电设计手册》(第四版)P584 表 7.6-2“电流速断保护”。

保护装置动作电流：$I_{opK}=K_{rel}K_{jx}\frac{K_{st}I_{rM}}{n_{TA}}=1.5\times1\times\frac{6.5\times39.2}{10}=38.22A$

18.《电力装置的继电保护和自动装置设计规范》(GB/T 50062—2008)第 5.0.3 条、第 5.0.7 条、第 5.0.8 条。

题目已知变电站为重要变电站，10kV 系统为中性点不接地系统。

注：也可参考《工业与民用供配电设计手册》(第四版)P550 表 7.3-1“3～66kV 线路的继电保护配置”。

19.《工业与民用供配电设计手册》(第四版)P550～P551 表 7.3-2“单项接地保护”。

保护装置一次动作电流：$I_{op}\geqslant K_{rel}I_{CX}=(4\sim5)\times0.7\times3=(8.4\sim10.5)A$

$I_{op}\leqslant\frac{I_C-I_{CX}}{1.25}=\frac{2.9\times3+1.3\times3+0.7\times3-0.7\times3}{1.25}=10.08A$

注：总电容电流应考虑各相对地电容电流总和，一般的，若题目中无明确指向性文字，不建议考虑变电站设备增加的电容电流。

20.《工业与民用供配电设计手册》(第四版)P572 表 7.5-2“过电流保护”。

最小运行方式下，电容器组两相短路电流：$I_{k2min}=0.866I_{k3min}=0.866\times\frac{104}{\sqrt{3}\times10.5}$ $=4.953kA$

速断保护装置动作电流：$I_{opK}=K_{jx}\frac{I_{k2min}}{2n_{TA}}=1\times\frac{4953}{2\times20}=124A$

电容器组额定电流：$I_{rc}=\frac{Q_c}{\sqrt{3}U_N}=\frac{1500}{\sqrt{3}\times10}=86.6A$

过电流保护装置动作电流：$I_{opK}=K_{rel}K_{jx}\frac{K_{gh}I_{rc}}{K_r n_{TA}}=1.2\times1\times\frac{86.6}{0.85\times20}=6.1A$

题 21～25 答案：**CDCBB**

21.《电能质量　公用电网谐波》(GB/T 14549—1993)附录 C 式(C4)。

10kV 侧谐波电流：$I_{h10}=\sqrt{I_{h1}^2+I_{h2}^2+2_h I_{h1}I_{h2}\cos\theta_h}=\sqrt{20^2+15^2+2\times15\times20\cos60^\circ}=$ 30.4A

35kV 公共连接点谐波电流：$I_{h35}=\frac{I_{h35}}{n_T}=\frac{30.4}{35/10.5}=9.12A$

22.《工业与民用供配电设计手册》(第四版)P475 式(6.4-10)。

10kV 侧：$d=\frac{\Delta Q_{max}}{S_k}\times100\%=\frac{4}{150}\times100\%=2.67\%$

35kV 侧：$d=\frac{\Delta Q_{\max}}{S_k}\times 100\% =\frac{4}{500}\times 100\% =0.8\%$

23.《电能质量　电压波动和闪变》(GB/T 12326—2008)第4条电压波动的限值及表1。

24.《工业与民用供配电设计手册》(第四版)P459 式(6.2-5)。

由 $\cos\varphi=0.93$(超前),得 $\tan\varphi=-0.4$。

$$\Delta u=\frac{Pl}{10U_n^2}(R'+X'\tan\phi)=\frac{2000\times 5.4}{10\times 10^2}\times[0.19+0.36\times(-0.4)]=0.5$$

25.《电能质量　公用电网谐波》(GB/T 14549—1993)第5.1条、表2及附录B式(B1)。

$$I_h=\frac{S_{k1}}{S_{k2}}I_{hp}=\frac{500}{250}\times 12=24\text{A}$$

其中查表2可知,注入公共连接点5次谐波的允许值为12A。

题26～30答案:**BCCBC**

26.《钢铁企业电力设计手册》(下册)P50 式(23-134)。

$$P_1=\frac{M_1 n_N}{9550}=\frac{1477\times(2900\sim 3000)}{9550}=449\sim 464\text{kW}$$

27.《钢铁企业电力设计手册》(下册)P50 式(23-134)。

由 $P_1=\frac{M_1 n_N}{9550}$,得 $M_N=\frac{P_N n_N}{n_N}=\frac{500\times 9550}{2975}=1605\text{N}\cdot\text{m}$。

28.《钢铁企业电力设计手册》(上册)P302 倒数第4行,负载率:

$$K=\frac{P_2}{P_n}=\frac{470}{500}=0.94$$

29.《钢铁企业电力设计手册》(下册)P50 式(23-136):

$$M_{\text{Mmin}}=\frac{M_{\text{Mmin}}K_S}{K_u^2}=\frac{1.25\times 562}{0.85^2}=972\text{N}\cdot\text{m}$$

30.《钢铁企业电力设计手册》(下册)P50 式(23-137):

$$\text{GD}_{xm}^2=\text{GD}_0^2\left(1-\frac{M_{1\max}}{M_{\text{sav}}K_u^2}\right)-\text{GD}_m^2=3826\times\left(1-\frac{562}{2500\times 0.85^2}\right)-441=2195\text{N}\cdot\text{m}^2$$

题31～35答案:**CDBCB**

31.《火灾自动报警系统设计规范》(GB 50116—2013)第6.2.15条。

第6.2.15-2条:相邻两组探测器的水平距离不应大于14m,探测器至侧墙水平距离不应大于7m,且不应小于0.5m,探测器的发射器和接收器之间的距离不宜超过100m。

32.《火灾自动报警系统设计规范》(GB 50116—2013)第6.2.15条。依据同上题,

$n < \frac{54}{14} + 1 = 4.86$，取 4 组。

33.《火灾自动报警系统设计规范》(GB 50116—2013)第 4.6.3-1 条。

34.《火灾自动报警系统设计规范》(GB 50116—2013)第 6.7.4-1 条。

35.《火灾自动报警系统设计规范》(GB 50116—2013)第 4.5.1 条、第 4.5.2 条。

注：近年已无纯概念的考题类型，本题的参考价值有限。

题 36 ~ 40 答案：**ADBDC**

36.《民用建筑电气设计规范》(JGJ 16—2008)第 21.2.3 条：每 $4 \sim 10\text{m}^2$ 设一对点位。

信息插座数量：$N = \frac{1200}{4 \sim 10} = 120 \sim 300$ 个，故最少为 120 个。

37.《综合布线系统工程设计规范》(GB 50311—2007)第 3.2.3 条：综合布线系统信道水平线缆最长为 90m，建筑层高为 4m，$83 + 1 \times 4 = 87\text{m} < 90\text{m}$，因此每 3 层设一组。

38.《综合布线系统工程设计规范》(GB 50311—2007)第 7.0.4 条。

如布线系统的接地系统中存在两个不同的接地体时，其接地电位差不应大于1Vr. m. s。

39.《综合布线系统工程设计规范》(GB 50311—2007)第 7.0.1 条及表 7.0.1-1 综合布线电缆与电力电缆的间距。

40.《综合布线系统工程设计规范》(GB 50311—2007)第 6.5.6 条：布防缆线在线槽内的截面利用率为 30 ~ 50%。

线缆总截面积：$S = 100 \times \frac{\pi d^2}{4} = 100 \times \frac{\pi \times 6^2}{4} = 2826\text{mm}^2$

线槽截面积：$S_c = \frac{2826}{0.3 \sim 0.5} = 5652 \sim 9420\text{mm}^2$

因此，$100 \times 75 = 7500\text{mm}^2$ 在此区间范围内。

2008年

注册电气工程师(供配电)执业资格考试

专业考试试题及答案

2008年专业知识试题(上午卷)/142
2008年专业知识试题答案(上午卷)/154

2008年专业知识试题(下午卷)/161
2008年专业知识试题答案(下午卷)/173

2008年案例分析试题(上午卷)/180
2008年案例分析试题答案(上午卷)/189

2008年案例分析试题(下午卷)/193
2008年案例分析试题答案(下午卷)/207

2008年专业知识试题(上午卷)

一、单项选择题(共40题,每题1分,每题的备选项中只有1个最符合题意)

1. 在低压配电系统中,当采用隔离变压器作间接接触防护措施时,其隔离变压器的电气隔离回路的电压不应超过以下所列的哪一项数值? ( )

(A)500V (B)220V
(C)110V (D)50V

2. 以节能为主要目的采用并联电力电容器作为无功补偿装置时,应采用哪种无功补偿的调节方式? ( )

(A)采用无功功率参数调节 (B)采用电压参数调节
(C)采用电流参数调节 (D)采用时间参数调节

3. 在低压配电系统中SELV特低电压回路的导体接地应采用哪种? ( )

(A)不接地 (B)接地
(C)经低阻抗接地 (D)经高阻抗接地

4. 电力负荷应根据下列哪一项要求划分级别? ( )

(A)电力系统运行稳定性 (B)供电的可靠性和重要性
(C)供电和运行经济性 (D)供电质量要求

5. 石油化工企业中的消防水泵应划为下列哪类用电负荷? ( )

(A)一级负荷中特别重要负荷 (B)一级
(C)二级 (D)三级

6. 某工厂的用电负荷为16000kW,工厂的自然功率因数为0.78,欲使该厂的总功率因数达到0.94。试计算无功补偿量应为下列哪一项数值?(年平均负荷系数取1)
( )

(A)2560kvar (B)3492kvar
(C)5430kvar (D)7024kvar

7. 下列关于单母线分段接线的表述哪种是正确的? ( )

(A)当一段母线故障时,该段母线的回路都要停电
(B)双电源并列运行时,当一段母线故障,分段断路器自动切除故障段,正常段会

出现间断供电

(C)当重要用户从两端母线引接时,其中一段母线失电,重要用户的供电量会减少一半

(D)任一元件故障,将会使两段母线失电

8. 放射式配电系统有下列哪种特点? ( )

(A)投资少、事故影响范围大

(B)投资较高、事故影响范围较小

(C)切换操作方便、保护配置复杂

(D)运行比较灵活、切换操作不便

9. 35kV 变电所主接线形式,在下列哪种情况时宜采用外桥接线? ( )

(A)变电所有两回电源线路和两台变压器,供电线路较短或需经常切换变压器

(B)变压器所有两回电源线路和两台变压器,供电线路较长或不需经常切换变压器

(C)变电所有两回电源线路和两台变压器,且 35kV 配电装置有一至二回转送负荷的线路

(D)变电所有一回电源线路和一台变压器

10. 在采用 TN 及 TT 接地系统的低压配电网中,当选用 Y,yn0 接线组别的三相变压器时,其中任何一相的电流在满载时不得超过额定电流值,而由单相不平衡负荷引起的中性线电流不得超过低压绕组额定电流的多少? ( )

(A)30% (B)25%

(C)20% (D)15%

11. 下列哪种观点不符合爆炸危险环境的电力装置设计的有关规定? ( )

(A)爆炸性气体环境危险区域内应采取消除或控制电气设备和线路产生火花、电弧和高温的措施

(B)爆炸性气体环境里,在满足工艺生产及安全的前提下,应减少防爆电气设备的数量

(C)爆炸性粉尘环境的工程设计中提高自动化水平,可采用必要的安全联锁

(D)产生爆炸的条件同时出现的可能性宜减到最小程度

12. 35 ~ 110kV 变电所设计应根据下面哪一项? ( )

(A)工程的 12 ~ 15 年发展规划进行

(B)工程的 10 ~ 12 年发展规划进行

(C)工程的 5 ~ 10 年发展规划进行

(D)工程的 3～5 年发展规划进行

13. 在 110kV 变电所内，关于屋外油浸变压器之间的防火隔墙尺寸，以下哪一项属于规范要求？ (　　)

(A)墙长应大于储油坑两侧各 0.8m
(B)墙长应大于主变压器两侧各 0.5m
(C)墙高应高出主变压器油箱顶
(D)墙高应高出油枕顶

14. 下列关于 110kV 配电装置接地开关配置的做法哪一项是错误的？ (　　)

(A)每段母线上宜装设接地刀闸或接地器
(B)断路器与其两侧隔离关开之间宜装设接地刀闸
(C)线路隔离开关的线路侧宜装设接地刀闸
(D)线路间隔中母线隔离开关的母线侧应装设接地刀闸

15. 下列哪一项措施对减小变电所母线上短路电流是有效的？ (　　)

(A)变压器并列运行　　(B)变压器分列运行
(C)选用低阻抗变压器　　(D)提高变压器负荷率

16. 电力系统发生短路故障时，下列哪种说法是错误的？ (　　)

(A)电力系统中任一点短路，均是三相短路电流最大
(B)在靠近中性点接地的变压器或接地变压器附近发生单相接地短路时，其短路电流可能大于三相短路电流
(C)同一短路点，两相相间短路电流小于三相短路电流
(D)发生不对称接地故障时，将会有零序电流产生

17. 变压器的零序电抗与其构造和绕组连接方式有关。对于 Y_N，d 接线、三相四柱式双绕组变压器，其零序电抗为： (　　)

(A) $X_D = \infty$　　(B) $X_D = X_1 + X_{\mu 0}$
(C) $X_D = X_1$　　(D) $X_D = X_1 + 3Z$

18. 校验高压断路器的断流能力时，宜取下列哪个值作为校验条件？ (　　)

(A)稳态短路电流有效值
(B)短路冲击电流
(C)供电回路的尖峰电流
(D)断路器实际断开时间的短路电流有效值

19. 在选择隔离开关时，不必校验的项目是哪一项？ (　　)

(A)额定电压　　(B)额定电流
(C)额定开断电流　　(D)热稳定

20. 对于额定频率为50Hz,时间常数标准值为45ms时,高压断路器的额定短路关合电流等于额定短路开断电流交流分量有效值的多少倍?　(　)

(A)1.5倍　　(B)2.0倍
(C)2.5倍　　(D)3.0倍

21. 低压绝缘导体或电缆敷设处的环境温度,下列哪项的表述是错误的?　(　)

(A)水下敷设时采用最热月的日最高水温平均值
(B)无机械通风的隧道、电气竖井采用最热月的日最高温度平均值
(C)土中直埋采用埋深处的最热月平均地温
(D)无机械通风的办公楼大堂吊顶内采用最热月的日最高温度平均值

22. 无特殊情况下,10kV高压配电装置敷设的控制电缆额定电压,根据规范规定一般宜选用下列哪一项数值?　(　)

(A)300/500V　　(B)450/750V
(C)0.6/1.0kV　　(D)8.7/10kV

23. 对电力工程10kV及以下电力电缆的载流量,下列哪种说法是错误的?　(　)

(A)相同材质、截面和敷设条件下,无钢铠护套电缆比有钢铠护套电缆的载流量大
(B)相同型号的单芯电缆,在空气中敷设时,品字形排列比水平排列允许的载流量小
(C)相同型号的电缆在空气中敷设比直埋敷设允许的载流量大
(D)相同材质、截面的聚氯乙烯绝缘电缆允许的载流量比交联聚乙烯绝缘允许的载流量小

24. 变电所的二次接线设计中,下列做法哪一项不正确?　(　)

(A)有人值班的变电所,断路器的控制回路可不设监视信号
(B)无人值班的变电所,应装设满足远方运行需要的远动装置
(C)无人值班的变电所,所有断路器、负荷开关、主变压器有载调压分接开关、有需要的主变压器中性点接地隔离开关均应实现远方及接地控制
(D)有人值班的变电所宜装设能重复动作、延时自动解除就地事故的信号装置

25. 常用电量变送器输出侧仪表精确等级不应低于多少?　(　)

(A)1.5级　　(B)2.5级
(C)1.0级　　(D)2.0级

26. 下面所列出的直流负荷哪一个是经常负荷？（　　）

(A)自动装置
(B)交流不停电电源装置
(C)事故照明
(D)断路器操作

27. 无人值班变电所交流事故停电时间应按下列哪个时间计算？（　　）

(A)1h
(B)2h
(C)3h
(D)4h

28. 某国家级重点文物保护的建筑物，基础为周边无钢筋的闭合条形混凝土，周长90m，在基础内敷设人工基础接地体时，接地体材料的最小规格尺寸，下列哪一项与现行国家标准一致？（　　）

(A)$2\times\phi 8$mm 圆钢
(B)$1\times\phi 10$mm 圆钢
(C)4×25mm 扁钢
(D)3×30mm 扁钢

29. 设有信息系统的建筑物，当无法获得设备的耐冲击电压时，220/380V 三相配电系统中安装在最后分支线路的断路器的绝缘耐冲击过电压额定值，按现行国家标准可采用下列哪一项数值？（　　）

(A)1.5kV
(B)2.5kV
(C)4.0kV
(D)6.0kV

30. 某城市省级办公楼，建筑高 150m、长 80m、宽 70m，城市的雷暴日数为 34.2 天/年，则该建筑物为哪类防雷建筑物？（　　）

(A)一类防雷建筑物
(B)二类防雷建筑物
(C)三类防雷建筑物
(D)四类防雷建筑物

31. TT 系统中，漏电保护器额定漏电动作电流为 100mA，被保护电气装置的外露可导电部分与大地间的电阻不应大于下述哪一项数值？（　　）

(A)3800Ω
(B)2200Ω
(C)500Ω
(D)0.5Ω

32. 已经连接接地极的保护铜导体，按热稳定校验选择的最小截面是 $95mm^2$，请确定铜导体接地极的最小规格。(不考虑腐蚀影响)（　　）

(A)$\phi 6$ 铜棒
(B)$\phi 8$ 铜棒
(C)$\phi 10$ 铜棒
(D)$\phi 12$ 铜棒

33. 某 66kV 不接地系统，当土壤电阻率为 300Ω·m，其变电所接地装置的跨步电压下应超过多少？(表层衰减系数取 1)（　　）

(A)50V　(B)65V
(C)110V　(D)220V

34. 变、配电所配电装置室照明光源的显色指数(Ra),按国家标准规定不低于下列哪一项数值?（　　）

(A)80　(B)60
(C)40　(D)20

35. 有关比赛场地的照明照度均匀度,下列表述不正确的是哪一项?（　　）

(A)无电视转播业余比赛时,场地水平照度最小值与最大值之比不应小于0.4
(B)无电视转播专业比赛时,场地水平照度最小值与平均值之比不应小于0.7
(C)有电视转播时,场地水平照度最小值与最大值之比不应小于0.4
(D)有电视转播时,场地水平照度最小值与平均值之比不应小于0.7

36. 对笼型异步电动机能耗制动附加电阻值进行计算,设电动机的功率为7.5kW,空载电流 $I_{kz}=9.5A$,额定电流 $I_{cd}=15.9$,每相定子绕组电阻 $R_d=0.87\Omega$,规定能耗制动用直流电源电压为220V,能耗制动电流为电机空载电流的3倍,指出其附加电阻值最接近下列哪一项数值?(忽略电缆连接电阻)（　　）

(A)1.74Ω　(B)7.7Ω
(C)6.0Ω　(D)9.8Ω

37. 在高度为120m的建筑中,电梯井道的火灾探测器宜设在什么位置?（　　）

(A)电梯井、升降机井的顶板上
(B)电梯井、升降机井的侧墙上
(C)电梯井、升降机井的上房的机房顶棚上
(D)电梯、升降机轿厢下方

38. 有一栋建筑高度为101m酒店,在地上二层有一宴会厅长47m、宽20m,顶棚净高10m,请判断需装设火灾探测器约为多少个?（　　）

(A)10~12个　(B)13~14个
(C)15~17个　(D)20~23个

39. 在建筑中下列哪个部位应设置消防专用电话分机?（　　）

(A)生活水泵房　(B)电梯前室
(C)特级保护对象的避难层　(D)电气竖井

40. 某66kV架空电力线路位于海拔高度1000m以下空气清洁地区,绝缘子型号为XP60,请问该线路悬垂绝缘子串的绝缘子数量宜采用下列哪一项数值?（　　）

(A)3 片　　(B)4 片
(C)5 片　　(D)6 片

二、多项选择题(共 30 题,每题 2 分。每题的备选项中有 2 个或 2 个以上符合题意。错选、少选、多选均不得分)

41. 在电击防护的设计中,下列哪些直接接触防护措施均可以在任何外界影响条件下采用?　(　　)

(A)带电部分用绝缘防护的措施
(B)采用阻挡物的防护措施
(C)置于伸臂范围之外的防护措施
(D)采用遮拦或外护物的防护措施

42. 电击防护的设计中,下列哪些基本保护措施适用于防直接接触电击事故?　(　　)

(A)设置遮拦或外护物
(B)将带电部分置于伸臂范围之外
(C)在配电回路上装用 RCD(剩余电流动作保护器)
(D)采用接地和总等电位联结

43. 采用提高功率因数的节能措施,可达到下列哪些目的?　(　　)

(A)减少无功损耗　　(B)减少变压器励磁电流
(C)增加线路输送负荷　　(D)减少线路电压损失

44. 在项目可行性研究阶段,常用的负荷计算方法有哪些?　(　　)

(A)需要系数法　　(B)利用系数法
(C)单位面积功率法　　(D)单位产品耗电量法

45. 下列负荷中,应划为二级负荷的有哪些?　(　　)

(A)中断供电将造成大型影剧院、大型商场等较多人员集中的重要的公共场所秩序混乱者
(B)50m 高的普通住宅的消防水泵、消防电梯、应急照明等消防用电
(C)室外消防用水量为 20L/s 的公共建筑的消防用电设备
(D)建筑高度超过 50m 的乙、丙类厂房的消防用电设备

46. 变配电所中,6～10kV 母线的分段处,当属于下列哪些情况时可装设隔离开关或隔离触头?　(　　)

(A)事故时手动切换电源能满足要求

(B)不需要带负荷操作
(C)继电保护或自动装置无要求
(D)出线回路较少

47. 对冲击性负荷的供电需要降低冲击性负荷引起电网电压波动和电压闪变时,宜采取下列哪些措施? ( )

(A)采用专线供电
(B)与其他负荷共用配电线路时,增加配电线路阻抗
(C)对较大功率的冲击性负荷或冲击性负荷群由专用配电变压器供电
(D)对于大功率电弧炉的炉用变压器由短路容量较大的电网供电

48. 在交流电网中,由于许多非线性电气设备的投入运行而产生了谐波,关于偕波的危害,在下列表述中哪些是正确的? ( )

(A)旋转电动机定子中的正序和负序谐波电路,形成反向旋转磁场,使旋转电动机转速持续降低
(B)变压器等电气设备由于过大的谐波电流,而产生附加损耗,从而引起过热,导致绝缘损坏
(C)高次谐波含量较高的电流能使断路器的开断能力降低
(D)使通信线路产生噪声,甚至造成故障

49. 110kV 变电所的所区设计中,下列哪些不符合设计规范要求? ( )

(A)地处郊区的变电所的围墙应为实体墙且不高于 2.2m
(B)变电所的消防通道宽度应为 3.0m
(C)电缆沟及其他类似沟道的沟底纵坡坡度不宜小于 0.5%
(D)变电所建筑物内地面标高宜高出变电所外地面 0.3m

50. 某户外布置的 110kV 变电所,在其围墙内靠近围墙处安装有电压互感器接于线路侧,问电压互感器带电部分与墙头的距离取哪些值校验是错误的? ( )

(A)取 A 值　　(B)取 B 值
(C)取 C 值　　(D)取 D 值

51. 计算网路短路电流时,下列关于短路阻抗的说法哪些是正确的? ( )

(A)变压器、架空线路、电缆线路、电抗器等电气设备,其正序和负序电抗相等
(B)高压架空线路、变压器,其正序和零序电抗相等
(C)用对称分量法求解时,假定系统阻抗平衡
(D)计算三相对称短路时,只需计算正序阻抗,短路阻抗等于正序电抗

52. 在发电厂变电所的导体和电器选择时,若采用《短路电流实用计算》,可以忽略的电气参数是下面哪些项? ( )

(A)发电机的负序电抗
(B)输电线路的电容
(C)所有元件的电阻
(D)短路点的电弧电阻和变压器的励磁电流

53. 下列高压设备中需要校验动稳定和热稳定的高压电气设备有哪些?　　(　　)

(A)断路器　　(B)穿墙套管
(C)接地变压器　　(D)熔断器

54. 下列关于配电装置设计的做法中哪些是正确的?　　(　　)

(A)63kV 及 110kV 的配电装置,每段母线上宜装设接地刀闸或接地器,对断路器两侧隔离开关的断路器侧和线路隔离开关的线路侧,宜装设接地刀闸
(B)屋外配电装置的隔离开关与相应的断路器之间可不装设闭锁装置
(C)屋内配电应设置防止误入带电间隔的闭锁装置
(D)在架空出线回路或有反馈可能的电缆出线回路中,可不装设线路隔离开关

55. 用于保护高压电压互感器的一次侧熔断器,需要校验下列哪些项目?　　(　　)

(A)额定电压　　(B)额定电流
(C)额定开断电流　　(D)短路动稳定

56. 规范要求下列哪些电缆或线路不应选用铝导体?　　(　　)

(A)控制电缆　　(B)耐火电缆
(C)电机励磁线路　　(D)架空输配电线路

57. 下列哪些说法符合规范要求?　　(　　)

(A)直埋敷设电缆与直流电气化铁路路轨交叉时,容许最小距离为 1m
(B)在工厂和建筑物的风道中,严禁电缆敞露敷设
(C)直埋敷设的电缆,严禁位于地下管道的正上方或正下方
(D)电缆线路中不应有接头

58. 对变压器引出线、套管及内部的短路故障,装设相应的保护装置。下列的表述中哪些符合设计规范要求?　　(　　)

(A)10MV·A 及以上的单独运行变压器,应装设纵联差动保护
(B)6.3MV·A 及以下并列运行的变压器,应装设纵联差动保护
(C)10MV·A 以下的变压器可装设电流速断保护和过电流保护
(D)2MV·A 及以上的变压器,当电流速断灵敏系数不符合要求时,宜装设纵联差动保护

59. 0.8MV·A 及以上的油浸变压器装设瓦斯保护时，下列哪些做法不符合设计规范？（　　）

(A)当壳内故障产生轻微瓦斯或油面下降时，应瞬时动作于信号

(B)当壳内故障产生轻微瓦斯或油面下降时，应瞬时动作于断开变压器的电源侧断路器

(C)当产生大量瓦斯时，应瞬时动作于断开变压器的各侧断路器

(D)当产生大量瓦斯时，应瞬时动作于信号

60. 对电动机绕组及引出线的相间短路保护，下列表述中哪些符合设计规范要求？（　　）

(A)2MW 及以下的电动机，宜采用电流速断保护

(B)1MW 及以上的电动机，应装设纵联差动保护

(C)2MW 以下的电动机，电流速断保护灵敏系数不符合要求时应装设纵联差动保护

(D)保护装置应动作于跳闸

61. 采用蓄电池组的直流系统，蓄电池的下列哪些电压不是直流系统正常运行时的母线电压？（　　）

(A)初充电电压　　(B)均衡充电电压

(C)浮充电电压　　(D)放电电压

62. 在建筑物防雷引下线接地点附近需要保护人身安全，防止接触电压和跨步电压，下列描述哪些是正确的？（　　）

(A)利用建筑物金属构架和建筑物互相连接的钢筋在电气上是贯通且不少于10 根柱子组成的自然引下线，可防止接触电压和跨步电压

(B)引下线 3m 范围内地表层的电阻率不小于 50kΩ·m，或敷设 5cm 厚沥青层或 15cm 厚砾石层，可防止接触电压和跨步电压

(C)外露引下线，其距地面 2.7m 以下的导体用耐 1.2/50μs 冲击电压 100kV 的绝缘层隔离，或用至少 3mm 厚的交联聚乙烯层隔离，可防止接触电压和跨步电压

(D)采用网状接地装置对地面做均衡电位处理，可防止跨步电压

63. 某座 33 层的高层住宅，其外形尺寸长、宽、高分别为 60m、25m、98m，所在地年平均雷暴日为 47.4 天，校正系数 $k=1.5$，下列关于该建筑物的防雷设计的表述中哪些是正确的？（　　）

(A)该建筑物年预计雷击次数为 0.27 次

(B)该建筑物年预计雷击次数为 0.35 次

(C)该建筑物划为第三类防雷建筑物

(D)该建筑物划为第二类防雷建筑物

64. 针对TN-C-S系统,下列哪些描述是正确的? ( )

(A)电源端有一点直接接地,电气装置的外露可导电部分直接接地,此接地点在电气上独立于电源端的接地点

(B)电源端有一点直接接地,电气装置的外露可导电部分通过保护中性导体和保护导体连接到此接地点

(C)整个系统的中性导体和保护导体是合一的

(D)系统中一部分线路的中性导体和保护导体是合一的

65. 按现行国家标准中照明种类的划分,下列哪些项属于应急照明? ( )

(A)疏散照明 (B)警卫照明

(C)备用照明 (D)安全照明

66. 在建筑照明设计中,下列关于统一眩光值(UGR)应用条件的表述哪些是正确的? ( )

(A)UGR适用于简单的立方体形房间的一般照明装置设计

(B)UGR适用于采用间接照明和发光天棚的房间

(C)同一类灯具为均匀等间距布置

(D)灯具为双对称配光

67. 某厂一斜桥卷扬机选配电动机如图所示。有关机械技术参数:料车重 $G=3t$,平衡重 $G_{ph}=2t$,料车卷筒半径 $r_1=0.4m$,平衡重卷筒半径 $r_2=0.3m$,斜桥倾角 $\alpha=600$,料车与斜桥面的摩擦系数 $\mu=0.1$,卷筒效率 $\eta=0.97$。

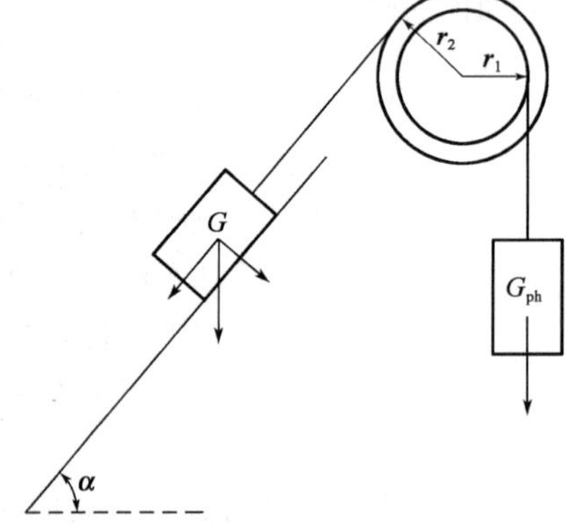

为确定卷扬机预选电动机功率,除上述资料外,还需补充下列哪些参数? ( )

(A)料车的运行速度

(B)运动部分的飞轮转矩

(C)要求的启、制动及稳速运行时间

(D)现场供配电系统资料

68. 在交—交变频装置的网侧电流中含有大量的谐波分量,对6脉波,输出为三相10Hz的交—交变频器,其网侧电流中含有谐波电流分量,下列表述中哪些是正确的? ( )

(A)除基波外,在网侧电流中还含有的整数次谐波电流成为特征谐波,如250Hz、350Hz、550Hz、650Hz等

(B)在网侧电流中还存在着非整数次的旁频谐波，如190Hz、290Hz、310Hz、410Hz等

(C)旁频谐波频率直接和交—交变频器的输出频率及输出相数有关

(D)旁频谐波频率直接和交—交变频器电源的系统阻抗有关

69. 气体灭火系统、泡沫灭火系统采用直接连接火灾探测器的方式，下列有关联动控制信号的表述符合规范的是哪几项？（ ）

(A)启动气体灭火装置及其控制器、泡沫灭火装置及其控制器，设定15s的延时喷射时间

(B)联动控制防护区域开口封闭装置的启动，包括关闭防护区域的门、窗

(C)停止通风和空气调节系统及开启设置在该防护区域的电动防火阀

(D)关闭防护区域的送(排)风机及送(排)风阀门

70. 按照规范规定，下列哪些表述符合安防系统供电设计要求？（ ）

(A)市电网作为主电源时，其容量配置应不小于系统或所带组合负载的满载功耗的1.8倍

(B)市电网作为主电源时，断电持续时间不宜大于3ms

(C)当电池作为主电源时，供电容量应满足安防系统或所带安防负载的使用要求

(D)市电网作为主电源时，功耗为20kW，应按照三相负载平衡原则组合各路负载设备

2008 年专业知识试题答案(上午卷)

1. **答案**:A

依据:《低压电气装置　第 4-41 部分:安全防护　电击防护》(GB 16895.21—2012)第 413.3.2 条。

2. **答案**:A

依据:《供配电系统设计规范》(GB 50052—2009)第 6.0.10-1 条。

3. **答案**:A

依据:《低压配电设计规范》(GB 50054—2011)第 5.3.7-1 条。

4. **答案**:B

依据:《供配电系统设计规范》(GB 50052—2009)第 3.0.1 条。

5. **答案**:B

依据:《石油化工企业设计防火规范》(GB 50160—2008)第 9.1.1 条,此规范近年几乎不再考查。

6. **答案**:D

依据:《工业与民用供配电设计手册》(第四版)P36 式(1.11-5)或式(1.11-7)。

$\cos\varphi_1 = 0.78 \Rightarrow \tan\varphi_1 = 0.802$, $\cos\varphi_2 = 0.94 \Rightarrow \tan\varphi_2 = 0.363$

补偿容量:$Q_C = \alpha_{av} P_C(\tan\varphi_1 - \tan\varphi_2) = 1 \times 16000 \times (0.802 - 0.363) = 7024\text{kvar}$

7. **答案**:A

依据:《工业与民用供配电设计手册》(第四版)P70 ~ P71 表 2.4-6"常用 35 ~ 110kV 变电所主接线"。

单母线分段的缺点:当一段母线或母线隔离开关发生永久性故障或检修时,则连接在该母线上的回路在检修期间停电。

8. **答案**:B

依据:《工业与民用供配电设计手册》(第四版)P61"配电方式"。放射式:供电可靠性高,故障发生后影响范围较小,切换操作方便,保护简单,便于自动化,但配电线路和高压开关柜数量多而造价较高。

9. **答案**:A

依据:《工业与民用供配电设计手册》(第四版)P70 ~ P71 表 2.4-6"常用 35 ~ 110kV 变电所主接线"。外桥接线的适用范围:较小容量的发电厂,对一、二级负荷供电,并且变压器的切换较频繁或线路较短,故障率较少的变电所。此外,线路有穿越功率时,也宜采用外桥接线。

10. **答案**:B

依据:《供配电系统设计规范》(GB 50052—2009)第7.0.8条。

11. **答案**:D

依据:《爆炸危险环境电力装置设计规范》(GB 50058—2014)第3.1.3-4条、第5.1.1-2条、第4.1.4-3-4)条、第3.1.3-1条。

12. **答案**:C

依据:《35kV~110kV变电站设计规范》(GB 50059—2011)第1.0.3条。

13. **答案**:D

依据:《3~110kV高压配电装置设计规范》(GB 50060—2008)第5.5.5条。

14. **答案**:D

依据:《3~110kV高压配电装置设计规范》(GB 50060—2008)第2.0.6条、第2.0.7条。

注:原题考查《3~110kV高压配电装置设计规范》(GB 50060—1992)第2.0.3条,新规范条文有所修改。

15. **答案**:B

依据:《35kV~110kV变电所设计规范》(GB 50059—2011)第3.2.6条。

16. **答案**:A

依据:《工业与民用供配电设计手册》(第四版)P178第二段。在三相交流系统中可能发生的短路故障主要有三相短路、两相短路和单相短路(包括单相接地故障)。通常,三相短路电流最大,当短路点发生在发电机附近时,两相短路电流可能大于三相短路电流;当短路点靠近中性点接地的变压器时,单相短路电流也有可能大于三相短路电流。

17. **答案**:A

依据:《电力工程电气设计手册》(电气一次部分)P142表4-17双绕组变压器零序电抗。

18. **答案**:D

依据:《导体和电器选择设计技术规定》(DL/T 5222—2005)第9.2.2条。

19. **答案**:C

依据:《工业与民用供配电设计手册》(第四版)P311表5.1-1。

注:也可参考《导体和电器选择设计技术规定》(DL/T 5222—2005)第11.0.1条。

20. **答案**:C

依据:《工业与民用供配电设计手册》(第四版)P387"高压交流断路器的额定短路关合电流"第二段。

21. **答案**:C

依据:旧规范《低压配电设计规范》(GB 50054—1995)第2.2.5条,新规范已修改。

22. **答案**:B

依据:《电力工程电缆设计规范》(GB 50217—2018)第3.7.2条。

注:也可参考《电力装置的继电保护和自动装置设计规范》(GB 50062—2008)第15.1.4条。

23. **答案**:C

依据:《电力工程电缆设计规范》(GB 50217—2018)附录C。综合题目,需将各电缆表的载流量比较确定。

24. **答案**:A

依据:《35kv~110kV变电站设计规范》(GB 50059—2011)第3.10.2条、第3.10.4条、第3.10.5条。

25. **答案**:C

依据:《电力装置电测量仪表装置设计规范》(GB 50063—2017)第3.1.4条。

26. **答案**:A

依据:《电力工程直流系统设计技术规程》(DL/T 5044—2014)第4.1.2条。

27. **答案**:B

依据:《电力工程直流系统设计技术规程》(DL/T 5044—2014)第4.2.2-4条。

28. **答案**:C

依据:《建筑物防雷设计规范》(GB 50057—2010)第4.3.5-5条及表4.3.5。

29. **答案**:C

依据:《建筑物防雷设计规范》(GB 50057—2010)第6.4.4条及表6.4.4。

30. **答案**:B

依据:《建筑物防雷设计规范》(GB 50057—2010)第3.0.3-9条。

31. **答案**:C

依据:《交流电气装置的接地设计规范》(GB 50065—2011)第7.2.7条。

接地电阻:$R \leqslant \frac{50}{I_a} = \frac{50}{0.1} = 500\Omega$

32. **答案**:C

依据:《交流电气装置的接地设计规范》(GB/T 50065—2011)第4.3.5-3条。

33. **答案**:C

依据:《交流电气装置的接地设计规范》(GB/T 50065—2011)第4.2.2-2条。

跨步电位差限值：$U_s = 50 + 0.2\rho_s C_s = 50 + 0.2 \times 300 \times 1 = 110V$。

34. **答案**：A

依据：《建筑照明设计标准》(GB 50034—2013)第5.5.1条及表5.5.1。

35. **答案**：C

依据：《建筑照明设计标准》(GB 50034—2004)第4.2.1条。

36. **答案**：C

依据：《钢铁企业电力设计手册》(下册)P224例题1相关公式。能耗制动回路总电阻包括电动机定子两相绕组的电阻、导线电阻及外加制动电阻，则：

能耗制动回路总电阻：$R_\Sigma = \frac{U_{zd}}{I_{zd}} = \frac{220}{3 \times 9.5} = 7.72\Omega$

外加制动电阻：$R_{zd} = R_\Sigma - 2R_d = 7.72 - 2 \times 0.87 = 5.98\Omega$

注：题目忽略了供电导线电阻。

37. **答案**：C

依据：《火灾自动报警系统设计规范》(GB 50116—2013)第6.2.12条。

38. **答案**：C

依据：《火灾自动报警系统设计规范》(GB 50116—2013)第6.2.2-4条。

注：系统K根据旧规范，特级保护对象取值为0.7~0.8。

39. **答案**：C

依据：《火灾自动报警系统设计规范》(GB 50116—1998)第6.7.4-3条：各避难层应每隔20m设置一个消防专用电话分机或电话插孔。

注：新规范已删除"特殊保护对象"这一定语。

40. **答案**：C

依据：《66kV及以下架空电力线路设计规范》(GB 50061—2010)第6.0.3条及表6.0.3。

---

41. **答案**：AD

依据：《低压电气装置　第4-41部分：安全防护 电击防护》(GB 16895.21—2011)附录A。

附录A：基本保护的保护措施。(用以在正常情况下实现保护，它被用作保护措施的组成部分)，包括带电部分的基本绝缘、遮拦和外护物(外壳)。

附录B：阻挡物和置于伸臂范围之外的保护措施只能提供基本保护。它们适用于由熟练的或受过培训的人员操作管理的，具有或不具有故障保护的电气装置。

附录C：适用于由熟练的或受过培训的人员操作或管理的电气装置的保护措施。

注:原题考查旧规范《建筑物电气装置 第4-41部分:安全防护—电击防护》GB 16895.21—2004 第410.3.2.2条。

42. **答案**:AB

依据:《低压配电设计规范》(GB 50054—2011) 第5.1条“直接接触防护措施”:①将带电部分绝缘;②采用遮拦或外护物;③采用阻挡物;④置于伸臂范围之外。

注:其中剩余电流动作保护器不是基本保护措施,而为附加保护措施,可参考第5.1.12条。

43. **答案**:ACD

依据:《钢铁企业电力设计手册》(上册)P297 ~ P298 的相关内容。

提高功率因数的优点:①减少线路损耗;②减少变压器的铜耗;③减少线路和变压器的电压损失;④提高输配电设备的供电能力。

44. **答案**:CD

依据:《工业与民用供配电设计手册》(第四版)P3“负荷计算法的选择”:单位面积功率法、单位指标法和单位产品耗电量法多用于设计的前期计算,如可行性研究和方案设计阶段;需要系数法、利用系数法多用于初步设计和施工图设计。

45. **答案**:AB

依据:《供配电系统设计规范》(GB 50052—2009) 第3.0.1-3条及条文说明,《建筑设计防火规范》(GB 50016—2014) 第5.1.1条、第10.1.2条。

注:也可参考《民用建筑电气设计规范》(JGJ 16—2008) 第3.2.1-2条。

46. **答案**:BC

依据:《20kV及以下变电所设计规范》(GB 50053—2013)第3.2.5条。

47. **答案**:ACD

依据:《供配电系统设计规范》(GB 50052—2009)第5.0.11条。

48. **答案**:BCD

依据:《工业与民用供配电设计手册》(第四版)P497 ~ P501“借波的危害”。

49. **答案**:AB

依据:《35kV ~ 110kV 变电站设计规范》(GB 50059—2011)第2.0.5 ~ 第2.0.8条。

50. **答案**:ACD

依据:《3 ~ 110kV 高压配电装置设计规范》(GB 50060—2008)第5.1.2条,规范上的示意图较为清楚。

51. **答案**:ACD

依据:《导体和电器选择设计技术规定》(DL/T 5222—2005)附录F.5.1。

52. **答案**:BD

依据:《导体和电器选择设计技术规定》(DL/T 5222—2005)附录 F.1.8、附录 F.1.9、附录 F.1.11。

53. **答案**:AB

依据:《工业与民用供配电设计手册》(第四版)P311 表 5.1-1。

54. **答案**:AC

依据:《3～110kV 高压配电装置设计规范》(GB 50060—2008)第 2.0.6 条、第 2.0.7 条、第 2.0.10 条,《10kV 及以下变电所设计规范》(GB 50053—2013)第 3.2.9 条。

55. **答案**:AC

依据:《导体和电器选择设计技术规定》(DL/T 5222—2005)第 17.0.8 条。

56. **答案**:ABC

依据:《电力工程电缆设计规范》(GB 50217—2018)第 3.7.1 条、第 3.1.2 条。

57. **答案**:AC

依据:《电力工程电缆设计规范》(GB 50217—2018)第 5.3.5 条、第 5.1.15 条、第 5.1.10-4 条。

58. **答案**:ACD

依据:《电力装置的继电保护和自动装置设计规范》(GB/T 50062—2008)第 4.0.3 条。

59. **答案**:BD

依据:《电力装置的继电保护和自动装置设计规范》(GB/T 50062—2008)第 4.0.2 条。

60. **答案**:CD

依据:《电力装置的继电保护和自动装置设计规范》(GB/T 50062—2008)第 9.0.2-1 条。

注:选项 A 多了"及"字。

61. **答案**:ABD

依据:《电力工程直流系统设计技术规程》(DL/T 5044—2004)第 4.2.2 条。

注:正常运行时,母线电压应为浮充电电压。

62. **答案**:ABD

依据:《建筑物防雷设计规范》(GB 50057—2010)第 4.5.6 条。

63. **答案**:AC

依据:《建筑物防雷设计规范》(GB 50057—2010) 第 3.0.4-3 条及附录 A。

等效面积：$A_e = [LW + 2(L+W)D + \pi H(200-H)] \times 10^{-6}$

$= [60 \times 25 + 2(60+25) \times 99.98 + \pi \times 98 \times 102] \times 10^{-6} = 0.05$

预计雷击次数：$N = k \times N_g \times A_e = 1.5 \times 0.1 \times 44.7 \times 0.05 = 0.34$

64. **答案**:BD

依据:《系统接地的型式及安全技术要求》(GB 14050—2008) 第4.1条及图3。

65. **答案**:ACD

依据:《建筑照明设计标准》(GB 50034—2013)第2.0.19条。

66. **答案**:AD

依据:《建筑照明设计标准》(GB 50034—2013) 附录A 第A.0.2条。

注:C答案为旧规范条文,新规范中已取消。

67. **答案**:ABC

依据:卷扬机应属负荷平稳连续工作制电动机,可参见《钢铁企业电力设计手册》(下册)P58内容。

68. **答案**:ABC

依据:《电气传动自动化技术手册》(第三版)P816交—变频器的谐波电流。

注:也可参考《电气传动自动化技术手册》(第二版)P491。

69. **答案**:AD

依据:《火灾自动报警系统设计规范》(GB 50116—2013)第4.4.2-3条。

70. **答案**:CD

依据:《安全防范工程技术规范》(GB 50348—2018)第6.12.3条,部分答案表述不清晰。

2008年专业知识试题(下午卷)

一、单项选择题(共40题,每题1分,每题的备选项中只有1个最符合题意)

1. 在低压配电系统的交流SELV系统中,标称电压的方均根值最高不超过下列哪个电压值时,一般不需要直接接触防护? ( )

(A)50V (B)25V (C)15V (D)6V

2. 为降低三相低压配电系统电压不平衡,由380/220V公共电网对220V单相照明线路供电时,线路最大允许电流是: ( )

(A)20A (B)30A (C)40A (D)60A

3. 游泳池水下的电气设备的交流电压不得大于下列哪一项数值? ( )

(A)12V (B)24V (C)36V (D)60V

4. 中断供电将造成主要设备损坏、大量产品报废时,该负荷应属于: ( )

(A)一级负荷 (B)二级负荷
(C)三级负荷 (D)一级负荷中特别重要

5. 在供配电系统的设计中,供电系统应简单可靠,同一电压供电系统的配电级数不宜于: ( )

(A)一级 (B)二级 (C)三级 (D)四级

6. 已知某三相四线380/220V配电箱接有如下负荷:三相,10kW,A相0.6kW,B相0.2kW,C相0.8kW。试用简化法求出该配电箱的等效三相负荷应为下列哪一项数值? ( )

(A)2.4kW (B)10kW (C)11.6kW (D)12.4kW

7. 下列关于设置照明专用变压器的表述中哪一项是正确的? ( )

(A)在TN系统的低压电网中,照明负荷应设专用变压器
(B)在单台变压器的容量小于1250kV·A,可设照明专用变压器
(C)当照明负荷较大或动力和照明采用共用变压器严重影响照明质量及灯泡寿命时,可设照明专用变压器
(D)负荷随季节性变化不太对时,宜设照明专用变压器

8. 某 110/35kV 变电所,110kV 线路为 6 回,35kV 线路为 8 回,均采用双母线,请判断确定该变电所主变压器台数和容量根据下列哪个因素是不正确的? ( )

(A)地区供电条件
(B)负荷性质
(C)运行方式
(D)供电电压

9. 某 35/6kV 变电所,装有两台主变压器,当 6kV 侧有 8 回出线并采用手车式高压开关柜,6KV 侧宜采用下列哪种接线方式? ( )

(A)单母线
(B)分段单母线
(C)双母线
(D)设置旁路设施

10. 一座 110/35kV 变电所,当 110kV 线路为 6 回路及以上时,宜采用下列哪种主接线方式? ( )

(A)桥形、线路变压器组或线路分支接线
(B)扩大桥形
(C)单母线或分段单母线的接线
(D)双母线的接线

11. 下列关于爆炸性气体环境中变、配电所的设计原则中,哪一项不符合规范的要求? ( )

(A)变、配电所应布置在爆炸危险区域 1 区范围以外
(B)变、配电所可布置在爆炸危险区域 2 区范围以内
(C)当变、配电所为正压室时,可布置在爆炸危险区域 1 区范围以内
(D)当变、配电所为正压室时,可布置在爆炸危险区域 2 区范围以内

12. 下列关于选择 35kV 变电所所址的表述中哪一项与规范的要求一致? ( )

(A)应考虑变电所与周围环境、邻近设施的相互影响和具有适宜的地质、地形和地貌条件
(B)靠近用电户多的地方
(C)所址标高宜在 100 年一遇高水位之上
(D)靠近主要交通道路

13. 变电所内各种地下管线之间的最小净距,应满足安全、检修安装及工艺的要求,下列哪项表述符合规范要求? ( )

(A)10kV 直埋电力电缆与控制电缆之间用隔板分隔平行敷设,其净距不小于 0.15m
(B)10kV 直埋电力电缆与控制电缆之间用隔板分隔交叉敷设,其净距不小于 0.15m
(C)10kV 直埋电力电缆与排水沟的水平净距不小于 0.5m
(D)10kV 直埋电力电缆与道路边在特殊情况是,其水平净距不小于 0.5m

14. 110kV 变电所屋内布置的 GIS 通道宽度应满足运输部件的需要，但不宜不小于下列哪个数值？ (　　)

(A)1.5m　　(B)1.7m
(C)2.0m　　(D)2.2m

15. 在计算短路电流时，最大短路电流可用于下列哪一项用途？ (　　)

(A)确定设备的检修周期　　(B)确定断路器的开断电流
(C)确定设备数量　　(D)确定设备布置形式

16. 某 110/10kV 变电所，其两台主变压器的分列运行，两路电源进线引自不同电源，判断下列说法哪一项是正确的？ (　　)

(A)两台主变压器中容量大的变压器提供给 10kV 母线的短路电流大
(B)变电所的对端电源侧短路阻抗大，其 10kV 母线短路电流比较大
(C)哪条线路的导线截面大，哪条线路对应的 10kV 母线短路电流比较大
(D)从系统计算到 10kV 母线的综合短路阻抗越小的，其对应的 10kV 母线短路电流越大

17. 在电力系统零序短路电流计算中，变压器的中性点若经过电抗接地，在零序网络中，其等值电抗应为原电抗值的多少？ (　　)

(A)$\sqrt{3}$倍　　(B)不变
(C)3 倍　　(D)增加 3 倍

18. 安装有两台主变压器的 35kV 变电所，当断开一台时，另一台变压器的容量(包括过负荷能力)，应保证用户何种负荷的供电？ (　　)

(A)一级负荷　　(B)二级负荷
(C)三级负荷　　(D)一级和二级负荷

19. 高压单柱垂直开启式隔离开关在分闸状态下，动静触头间的最小电气距离不应小于配电装置的哪种安全净距？ (　　)

(A)A1 值　　(B)A2 值
(C)B 值　　(D)C 值

20. 一台 35/0.4kV 变压器，容量为 1000kV·A，其高压侧用熔断器保护，可靠系数取 2，其高压熔断器熔体的额定电流应选择： (　　)

(A)15A　　(B)20A　　(C)30A　　(D)40A

21. 10kV 室内敷设无遮拦裸导体距地(楼)面的高度不应低于下列哪一项数值？ (　　)

(A)2.4m　　(B)2.5m

(C)2.6m　　(D)2.7m

22. 在TN-C三相交流380/220V平衡配电系统中,负载电流为39A,采用BV导线穿钢管敷设,若每相三次谐波电流为50%时,中性线导体截面选择最低不应小于下列哪一项数值?(不考虑电压降、环境和线路敷设方式等影响,导体允许持续载流量按下表选取)　　(　　)

BV导线三相回路穿钢管敷设允许持续载流量表

导线截面(mm^2)	4	6	10	16
导线载流量(A)	21	39	52	67

(A)$4mm^2$　　(B)$6mm^2$

(C)$10mm^2$　　(D)$16mm^2$

23. 中性点直接接地的交流系统中,当接地保护动作不超过1min切除故障时,电力电缆导体与绝缘屏蔽之间额定电压如何选择?　　(　　)

(A)应按100%的使用回路工作相电压选择

(B)应按133%的使用回路工作相电压选择

(C)应按150%的使用回路工作相电压选择

(D)应按173%的使用回路工作相电压选择

24. 变电所的二次接线设计中,下列哪个要求不正确?　　(　　)

(A)隔离开关与相应的断路器之间应装设闭锁装置

(B)隔离开关与相应的接地刀闸之间应装设闭锁装置

(C)闭锁连锁回路的电源,应采用与继电保护、控制信号回路同一电源

(D)屋内的配电装置,应装设防止误入带电间隔的设施

25. 变压器保护回路中,将下列哪一项故障设置成预告信号是不正确的?　　(　　)

(A)变压器过负荷　　(B)变压器温度过高

(C)变压器保护回路断线　　(D)变压器重瓦斯动作

26. 对于无人值班变电所,下列哪组直流负荷的统计时间和统计负荷系数是正确的?　　(　　)

(A)监控系统事故持续放电时间为1h,负荷系数为0.5

(B)监控系统事故持续放电时间为2h,负荷系数为0.6

(C)监控系统事故持续放电时间为2h,负荷系数为1.0

(D)监控系统事故持续放电时间为2h,负荷系数为0.8

27. 下列哪一项不是选择变电所蓄电池容量的条件?　　(　　)

(A)以最严重的事故放电阶段计算直流母线电压水平
(B)满足全厂(站)事故全停电时间内的放电容量
(C)满足事故初期直流电动机启动电流和其他冲击负荷电流的放电容量
(D)满足蓄电池组持续放电时间内随机冲击负荷电流的放电容量

28. 安全防范系统的电源线、信号线经过不同防雷区的界面处,宜安装电涌保护器,系统的重要设备应安装电涌保护器,电涌保护器接地端和防雷接地装置应做等电位联结,等电位联结带应采用铜质线,按现行国家标准其截面积不应小于下列哪个数值? ( )

(A)$6mm^2$　　(B)$10mm^2$
(C)$16mm^2$　　(D)$25mm^2$

29. 某类型电涌保护器,无电涌出现时为高阻抗,随着电涌电流和电压的增加,阻抗跟着连续变小,通常采用压敏电阻、抑制二极管作这类 SPD 的组件,该 SPD 属于下列哪种类型? ( )

(A)电压开关型 SPD　　(B)组合型 SPD
(C)限压型 SPD　　(D)短路保护型 SPD

30. 在 3 ~ 110kV 交流系统中对工频过电压采取措施加以降低,一般主要在线路上采用下列哪种措施限制工频过电压? ( )

(A)安装并联电抗器　　(B)安装串联电抗器
(C)安装并联电容器　　(D)安装并联电容器

31. 发电机额定电压 10.5kV,额定容量 100MW,发电机内部发生单线接地故障电流不大于 3A,当不要求瞬时切机时,应采用怎样的接地方式? ( )

(A)不接地方式　　(B)消弧线圈接地方式
(C)高电阻接地方式　　(D)直接或小电阻接地方式

32. 按热稳定校验接地装置接地线的最小截面时,对直接接地系统,流过接地线的电流可使用: ( )

(A)三相短路电流稳态值　　(B)三相短路电流全电流有效值
(C)单相接地短路电流稳态值　　(D)单相短路电流全电流有效值

33. 在建筑物内实施总等电位联结的目的是: ( )

(A)为了减小跨步电压　　(B)为了降低接地电阻值
(C)为了防止感应电压　　(D)为了减小接触电压

34. 建筑照明设计中,没在满足眩光限制和配光要求条件下,应选用效率高的灯具,按现行国家标准,格栅荧光灯灯具的效率不应低于下列哪一项数值? ( )

(A)55%　　(B)60%　　(C)65%　　(D)70%

35. 移动式和手提式灯具应采用 III 类灯具,用安全特低电压供电,其电压值的要求,下列表述哪一项符合现行国家标准规定?　　(　　)

(A)在干燥场所不大于 50V,在潮湿场所不大于 12V
(B)在干燥场所不大于 50V,在潮湿场所不大于 25V
(C)在干燥场所不大于 36V,在潮湿场所不大于 24V
(D)在干燥场所不大于 36V,在潮湿场所不大于 12V

36. 为风机和水泵等生产机械进行电气传动控制方案选择,下列哪一项观点是错误的?　　(　　)

(A)变频调速,优点是调速性能好、节能效果好、可使用笼型异步电动机,缺点是成本高
(B)某些特大功率的风机水泵虽不调速,但需变频软启动装置
(C)对于功率为 100 ~ 200kW、转速为 1450r/min 的风机水泵,应采用交—交变频提供
(D)对于调速范围不大的场合,可采用串级调速方案,其优点是变流设备容量小,较其他无级调速方案经济;缺点为必须使用绕线型异步电动机,功率因数低,电机损耗大,最高转速降低

37. 一栋 65m 高的酒店,有一条宽 2m、长 50m 的走廊,若采用感烟探测器,至少应设置多少个?　　(　　)

(A)3 个　　(B)4 个　　(C)5 个　　(D)6 个

38. 对于医院中的护理呼叫信号应具备的功能,下列叙述中哪一项是正确的?　　(　　)

(A)患者呼叫时,医护值班室宜有明显的光提示,病房门口要有声提示
(B)随时接受患者呼叫,准确显示呼叫患者的楼层号
(C)允许多路同时呼叫,对呼叫者逐一记忆、显示
(D)医护人员未做临床处置的患者呼叫,其提示信号可保持 0.5h

39. 在 35kV 架空电力线路设计中,最低气温工况,应按下列哪种情况计算?(　　)

(A)无风,无冰　　(B)无风,覆冰厚度 5mm
(C)风速 5m/s,无冰　　(D)风速 5m/s,覆冰厚度 5mm

40. 在 10kV 架空电力线路设计中,钢芯铝绞线的平均运行张力上限(即瞬时破坏张力的百分数)取 18%,其中一档线路的档距为 115m,该档距线路应采取下列哪种防震措施?　　(　　)

(A)不需要采取措施　　　　(B)采用护线条

(C)采用防震锤　　　　(D)采用防震线

二、多项选择题(共30题,每题2分。每题的备选项中有2个或2个以上符合题意。错选、少选、多选均不得分)

41. 在建筑物低压电气装置中,下列哪些场所的设备可以省去间接接触防护措施?　(　　)

(A)道路照明的金属灯杆

(B)处在伸臂范围以外的墙上架空线绝缘子及其连接金属件(金具)

(C)尺寸小的外露可导电体(约50mm×50mm),而且与保护导体连接困难时

(D)触及不到钢筋的混凝土电杆

42. 为了降低波动负荷引起的电网电压波动和闪变,对波动负荷采取下列哪些措施是合理的?　(　　)

(A)采用专线供电

(B)与其他负荷共用配电线路时,降低配电线路的阻抗

(C)当较大功率的波动负荷或波动负荷群与对电压波动、闪变敏感的负荷由同一母线供电时,将它们分别由不同的变压器供电

(D)正确选择变压器的变压比和电压分接头

43. 用电单位设置自备电源的条件是:　(　　)

(A)用电单位有大量一级负荷时

(B)需要设置自备电源作为一级负荷中特别重要负荷的应急电源时

(C)有常年稳定余热、压差、废气可供发电,技术可靠、经济合理时

(D)所在地区偏僻,远离电力系统,设置自备电源经济合理时

44. 下列几种情况中,电力负荷应划为一级负荷中特别重要负荷的是:　(　　)

(A)中断供电将造成人身伤亡时

(B)中断供电将在政治、经济上造成重大损失时

(C)中断供电将发生中毒、爆炸和火灾等情况的负荷

(D)某些特等建筑,如国宾馆、国家级及承担重大国事活动的会堂、国家体育中心

45. 在配电系统设计中,下列哪几种情况下宜选用接线组别为D,yn11变压器?　(　　)

(A)需要提高单相短路电流值,确保低压单相接地保护装置动作灵敏度者

(B)需要限制三次谐波含量者

(C)三相不平衡负荷超过变压器每相额定功率15%以上者

(D)在IT系统接地形式的低压电网中

46. 当采用低压并联电容器作无功补偿时,低压并联电容器装置应装设下列哪几项表计? ( )

(A)电流表 (B)电压表
(C)功率因数表 (D)无功功率表

47. 下列关于110kV屋外配电装置设计中最大风速的选取哪几项是错误的? ( )

(A)地面高度,30年一遇10min平均最大风速
(B)离地10m高,30年一遇10min平均瞬时最大风速
(C)离地10m高,30年一遇10min平均最大风速
(D)离地10m高,30年一遇10min平均风速

48. 远离发电机端的网络发生短路时,可认为下列哪些项相等? ( )

(A)三相短路电流非周期分量初始值
(B)三相短路电流稳态值
(C)三相短路电流第一周期全电流有效值
(D)三相短路后0.2s的周期分量有效值

49. 在计算短路电流时,下列观点哪些项是正确的? ( )

(A)在计算10kV不接地系统不对称短路电流时,可以忽略线路电容
(B)在计算10kV不接地系统不对称短路电流时,不可忽略线路电容
(C)在计算低压系统中的短路电流时,可以忽略线路电容
(D)在计算低压系统中的短路电流时,不可忽略线路电容

50. 对于远端短路的对称短路电流计算中,下列哪些说法是正确的? ( )

(A)稳态短路电流不等于开断电流
(B)稳态短路电流等于开断电流
(C)短路电流初始值不等于开断电流
(D)短路电流初始值等于开断电流

51. 在按回路正常工作电流选择裸导体截面时,导体的长期允许载流量,应根据所在地区的下列哪些条件进行修正? ( )

(A)海拔高度 (B)环境温度
(C)日温差 (D)环境湿度

52. 当TN-S系统配电线路较长,接地故障电流 I_d 较小,短路保护电器难以满足接地

故障保护灵敏性的要求时，可采取下列哪些措施？（　　）

(A)选用 Y，yn0 接线组别变压器取代 D，yn11 接线组别变压器
(B)断路器加装剩余电流保护器
(C)采用带接地故障保护的断路器
(D)减小保护接地导体截面

53. 选择高压电器时，下列哪些电器应校验其额定开断电流能力？（　　）

(A)断路器　　(B)负荷开关
(C)隔离开关　　(D)熔断器

54. 下列关于对选择高压电器和导体的表述哪些是正确的？（　　）

(A)对电缆可只校验热稳定，不必校验动稳定
(B)对架空线路，可不校验热稳定和动稳定
(C)对于高压熔断器，可不校验热稳定和动稳定
(D)对于电流互感器，可只校验热稳定，不必校验动稳定

55. 电缆导体实际载流量应计及敷设使用条件差异的影响，规范要求下列哪些敷设方式应计入热阻的影响？（　　）

(A)直埋敷设的电缆
(B)敷设于保护管中的电缆
(C)敷设于封闭式耐火槽盒中的电缆
(D)空气中明敷的电缆

56. 规范规定在外部火势作用一定时间内需维持通电的下列哪些场所或回路，明敷的电缆应实施耐火防护或选用耐火性的电缆？（　　）

(A)消防、报警、应急照明、断路器操作直流电源和发电机组紧急停机的保安电源等重要回路
(B)计算机监控、双重化继电保护、保安电源或应急电源等采用相互隔离的双回路
(C)油罐区、钢铁厂中可能有融化金属溅落等易燃场所
(D)火力发电厂水泵房、化学水处理、输煤系统、油泵房等重要电源且相互隔离的双回供电回路

57. 10MV·A 以下的变压器装设电流速断保护和过电流保护时，下列哪些项不符合设计规范？（　　）

(A)保护装置应动作于断开变压器的各侧断路器
(B)保护装置可以仅动作于断开变压器的高压侧断路器
(C)保护装置可以仅动作于断开变压器的低压侧断路器

(D)保护装置可以动作于信号

58. 对3~63kV线路的下列哪些故障及异常运行方式应装设相应的保护装置? ( )

(A)相间短路
(B)过负荷
(C)线路电压低
(D)单相接地

59. 对电压为3kV及以上电动机单相接地故障,下列哪些项符合设计规范要求? ( )

(A)接地电流小于5A时,应装设有选择性的单相接地保护
(B)接地电流为10A及以上时,保护装置动作于跳闸
(C)接地电流大于5A时,可装设接地检测装置
(D)接地电流为10A以下时,保护装置可动作于跳闸或信号

60. 下列关于系统中装设消弧线圈的描述哪些是正确的? ( )

(A)宜将多台消弧线圈集中安装在一处
(B)应保证系统在任何运行方式下,断开一、二回线路时,大部分不致失去补偿
(C)消弧线圈不宜接在YN d或YN yn d接线的变压器中性点上,但可接在ZN,YN接地的变压器中性点上
(D)如变压器无中性点或中性点未引出,应装设专用接地变压器,其容量应与消弧线圈的容量相配合

61. 防雷击电磁脉冲的电涌保护器必须能承受预期通过它们的雷电流,并应符合相关附加要求,下列表述哪些符合现行国家标准规定的附加要求? ( )

(A)通过电涌时的最大钳压
(B)有能力通过在雷电流通过后产生的工频续流
(C)有能力熄灭在雷电流通过后产生的工频续流
(D)有能力减小在雷电流通过后产生的工频续流

62. 规范要求下列哪些A类电气装置和设施的金属部分均应接地? ( )

(A)标称电压220V及以下的蓄电池室内的支架
(B)电机、变压器和高压电器等的底座和外壳
(C)互感器的二次绕组
(D)箱式变电站的金属箱体

63. 下列关于变电所电气装置的接地装置,表述正确的是: ( )

(A)对于10kV变电所,当采用建筑物的基础作接地极且接地电阻又满足规定

值时,可不另设人工接地

(B)当需要设置人工接地网时,人工接地网的外缘应闭合,外缘各角应做成直角

(C)人工接地网应以水平接地极为主

(D)GIS 的接地可采用普通钢筋混凝土构件的钢筋作接地线

64. 在建筑照明设计中,对照明方式的选择,下列哪些项是正确的? ( )

(A)对于部分作业面照度要求较高,只采用一般照明不合理的场所,宜采用混合照明

(B)在一个工作场所内可只采用局部照明

(C)同一场所内的不同区域有不同照度要求时,应采用分区一般照明

(D)工作场所通常设置一般照明

65. 应急照明的照度标准值,下列表述哪些项符合现行国家标准规定? ( )

(A)建筑物公用场所安全照明的照度值不低于该场所一般照明照度值的 10%

(B)建筑物公用场所备用照明的照度值除另有规定外,不低于该场所一般照明照度值的 5%

(C)建筑物公用场所疏散走道的地面最低水平照度不应低于 0.5lx

(D)人民防空地下室疏散通道照明的地面最低照度值不低于 5lx

66. 图示笼型异步电动机的启动特性,其中曲线 1、2 是不同定子电压时的启动机械特性,直线 3 是电机的恒定静阻转矩线,下列哪些解释是正确的? ( )

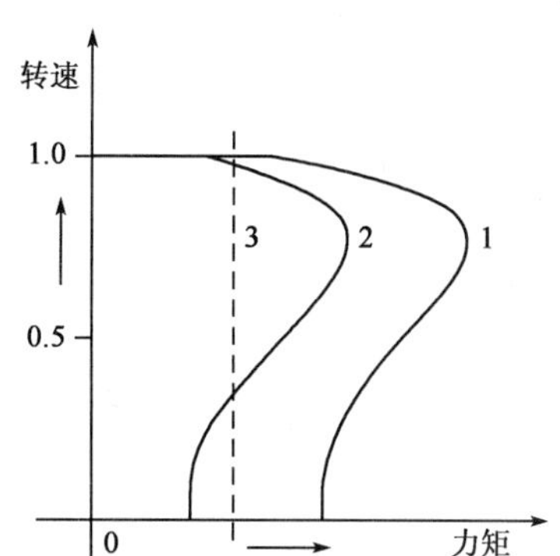

(A)曲线 2 的定子电压低于曲线 1 的定子电压

(B)曲线 2 的定子电源频率低于曲线 1 的定子电源频率

(C)电机在曲线 2 时启动成功

(D)电机已启动成功,然后转变至曲线 2 的定子电压,可继续运行

67. 下列关于直接接于电网的同步电动机的运行性能的表述中,哪些是正确的? ( )

(A)不可以超前的功率因数输出无功功率

(B)同步电动机无功补偿的能力与电动机的负荷率、励磁电流及额定功率因数有关

(C)在电网频率恒定的情况下,电动机的转速是恒定的

(D)同步电动机的力矩与电源电压的二次方成正比

68. 火灾自动报警系统主电源的保护开关不应采用下列哪些电气装置? ( )

(A)断路器　　　　　　　　　　　　　　(B)熔断器

(C)负荷开关　　　　　　　　　　　　　(D)漏电保护开关

69. 根据规范规定,下列哪些项表述不符合安全性设计的要求?　(　　)

(A)物理安全性,系统和设备应有防人身触电、防火、防过热的保护措施

(B)信息安全性,采用专用传输网络,有线公网传输和无线传输应有信息加密措施

(C)信息安全性,应有防病毒和防网络入侵的措施

(D)信息安全性,当基于不同传输网络的系统和设备联网时,应采取相应的网络边界安全管理措施

70. 下列几种架空电力线路采用的过电压保护方式中,哪些做法符合规范要求?　(　　)

(A)220kV 线路,年平均雷暴日数在 30 天以上的地区,宜沿全线架设双地线

(B)110kV 线路,年平均雷暴日数在 40 天以上的地区,宜沿全线架设双地线

(C)110kV 线路,年平均雷暴日数在 15 天以下的地区,不沿全线架设双地线,仅装设了自动重合闸装置

(D)35kV 线路,年平均雷暴日数在 40 天以上的地区,宜沿全线架设双地线

2008年专业知识试题答案(下午卷)

1. **答案**:B

依据:《低压配电设计规范》(GB 50054—2011)第5.3.9条。

2. **答案**:D

依据:《供配电系统设计规范》(GB 50052—2009)第5.0.15条。

3. **答案**:A

依据:《工业与民用供配电设计手册》(第四版)P1470"安全防护措施"中"防电击措施:0区、1区内只允许用不超过交流12V或直流30V的SELV保护方式,其供电电源应安装在0区、1区以外。"

注:也可参考《建筑物电气装置　第7部分:特殊装置或场所的要求　第702节:游泳池和其他水池》(GB 16895.19—2002)第702.431.3.1条,此为超纲规范,建议考生熟悉GB 16895全系列规范的名称,并了解其适用范围。

4. **答案**:B

依据:《供配电系统设计规范》(GB 50052—2009)第3.0.1-3条及条文说明。中断供电使得主要设备损坏、大量产品报废、连续生产过程被打乱需较长时间才能恢复、重点企业大量减产等将在经济上造成较大损失,则其负荷特性为二级负荷。

注:原题考查旧规范《供配电系统设计规范》(GB 50052—1995)第2.0.1条。

5. **答案**:B

依据:《供配电系统设计规范》(GB 50052—2009)第4.0.6条。

注:原题考查旧规范《供配电系统设计规范》(GB 50052—1995)第3.0.7条,新规范已修改,分别界定了高压与低压的配电级数。

6. **答案**:D

依据:《工业与民用供配电设计手册》(第四版)P19~P20式(1.6-1)、式(1.6-2)"单相负荷换算为等效三相负荷的简化方法"。单相设备功率和为1.6kW,大于三相功率10kW的15%,需折算;只有相负荷时,等效三相负荷取最大相负荷的3倍,因此等效三相负荷为$10+3\times0.8=12.4$kW。

7. **答案**:C

依据:《20kV及以下变电所设计规范》(GB 50053—2013)第3.3.4条。

8. **答案**:D

依据:《35kV~110kV变电站设计规范》(GB 50059—2011)第3.1.1条。

9. **答案**:B

依据:《35kV～110kV 变电站设计规范》(GB 50059—2011)第3.2.5条。

10. **答案**:D

依据:《35kV～110kV 变电站设计规范》(GB 50059—2011)第3.2.4条。

11. **答案**:A

依据:《爆炸危险环境电力装置设计规范》(GB 50058—2014)第5.3.5-1条。

12. **答案**:A

依据:《35kV～110kV 变电站设计规范》(GB 50059—2011)第2.0.1条。

13. **答案**:D

依据:《电力工程电缆设计规范》(GB 50217—2018)第5.3.5条及表5.3.5。

14. **答案**:C

依据:《3～110kV 高压配电装置设计规范》(GB 50060—2008)第7.3.3条及条文说明。

条文说明:在GIS配电装置总布置的两侧应设通道。主通道宜设置在靠断路器的一侧,一般情况宽度不宜小于2000mm,另一侧的通道供运行和巡视用,其宽度一般不小于1000mm。

注:可参考《高压配电装置设计技术规程》(DL/T 5352—2006)第9.3.4条。此为发输变电考试重点规范。

15. **答案**:B

依据:《工业与民用供配电设计手册》(第四版)P177,倒数第八行:最大短路电流,用于选择电气设备的容量或额定值以校验电器设备的动稳定、热稳定及分断能力,整定继电保护装置。最小短路电流,用于选择熔断器、设定保护定值或作为校验继电保护装置灵敏系数和校验感应电动机启动的依据。

16. **答案**:D

依据:《工业与民用供配电设计手册》(第四版)P284式(4.6-12)、式(4.6-14)。

17. **答案**:C

依据:《导体和电器选择设计技术规定》(DL/T 5222—2005)附录F.5.1。

注:此题不严谨,零序阻抗的换算远比此公式复杂,可参考教科书。

18. **答案**:D

依据:《35kV～110kV 变电站设计规范》(GB 50059—2011)第3.1.3条。

19. **答案**:C

依据:《导体和电器选择设计技术规定》(DL/T 5222—2005)第11.0.7条。

20. **答案**:C

依据:《钢铁企业电力设计手册》(上册)P573 式(13-40)。

熔断器熔体的额定电流:$I_{rr}=KI_{gmax}=2\times\frac{1000}{35\times\sqrt{3}}=33A$,取临近值 30A。

21. **答案**:B

依据:《20kV 及以下变电所设计规范》(GB 50053—2013)第 4.2.1 条及表 4.2.1。

22. **答案**:D

依据:《建筑照明设计标准》(GB 50034—2013)第 7.2.12 条、《低压配电设计规范》(GB 50054—2011)第 3.2.9 条及条文说明。

注:条文说明中列举了各种谐波含量的例子,解释得较为清楚。《工业与民用供配电设计手册》(第四版)P811 表 9.2-3 及相关公式。

23. **答案**:A

依据:《电力工程电缆设计规范》(GB 50217—2018)第 3.2.2 条。

24. **答案**:C

依据:《35kV ~110kV 变电站设计规范》(GB 50059—2011)第 3.10.6 条。

25. **答案**:D

依据:《电力装置的继电保护和自动装置设计规范》(GB/T 50062—2008)第 4.0.2条。

26. **答案**:D

依据:《电力工程直流系统设计技术规程》(DL/T 5044—2014)第4.2.5条和第 4.2.6条。

27. **答案**:A

依据:《电力工程直流系统设计技术规程》(DL/T 5044—2014)第 6.1.5 条。

28. **答案**:A

依据:《建筑物防雷设计规范》(GB 50057—2010)第 6.3.4 条、第 5.1.2 条。第 6.3.4-1 条:各类防雷建筑物、各种连接导体和等电位连接带的截面不应小于本规范表 5.1.2 的规定。

29. **答案**:C

依据:《建筑物防雷设计规范》(GB 50057—2010)第 2.0.41 条。

30. **答案**:A

依据:《交流电气装置的过电压保护和绝缘配合设计规范》(GB/T 50064—2014)第 4.1.3-3 条。

注:也可参考《交流电气装置的过电压和绝缘配合设计》(DL/T 620—1997)第 4.1.1 条。

31. **答案**:A

依据:《交流电气装置的过电压保护和绝缘配合设计规范》(GB/T 50064—2014)第3.1.3-3条。

注:也可参考《交流电气装置的过电压和绝缘配合设计》(DL/T 620—1997)第3.1.3条表1。

32. **答案**:D

依据:《交流电气装置的接地设计规范》(GB/T 50065—2011)附录E表E.0.2-1。

注:原题考查《交流电气装置的接地》(DL/T 621—1997)附录C表C1,但《交流电气装置的接地设计规范》(GB/T 50065—2011)中对接地电流的表述已修正。

33. **答案**:D

依据:《工业与民用供配电设计手册》(第四版)P1402 ~ P1403"等电位联结的作用"。建筑物的低压电气装置应采用等电位联结,以降低建筑物内间接接触电压和不同金属物体间的电位差。

34. **答案**:C

依据:《建筑照明设计标准》(GB 50034—2013)第3.3.2条。

35. **答案**:B

依据:《建筑照明设计标准》(GB 50034—2013)第7.1.3条。

36. **答案**:C

依据:《钢铁企业电力设计手册》(下册)P334"交—交变频器的特点及与直流调速装置比较"。交—交变频调速一般用于功率在2000kW以上低转速可逆传动中,用于轧钢机、提升机、碾磨机等设备。

37. **答案**:B

依据:《火灾自动报警系统设计规范》(GB 50116—2013)第6.2.4条。

38. **答案**:C

依据:《民用建筑电气设计规范》(JGJ 16—2008)第17.2.2-3条。

39. **答案**:A

依据:《66kV及以下架空电力线路设计规范》(GB 50061—2010)第4.0.1条。

40. **答案**:A

依据:《66kV及以下架空电力线路设计规范》(GB 50061—2010)第5.2.4条。

---

41. **答案**:BCD

依据:《低压配电装置第4-41部分:安全防护 电击防护》(GB 16895.21—2011)第

410.3.9 条。

42. **答案**:ABC

依据:《供配电系统设计规范》(GB 50052—2009)第 5.0.11 条。

43. **答案**:BCD

依据:《供配电系统设计规范》(GB 50052—2009)第 4.0.1 条。

44. **答案**:ACD

依据:《供配电系统设计规范》(GB 50052—2009)第 3.0.1 条及相应条文说明,《民用建筑电气设计规范》(JGJ 16—2008)第 3.2.1-1-3 条。

45. **答案**:ABC

依据:《供配电系统设计规范》(GB 50052—2009)第 7.0.7、第 7.0.8 条及条文说明。

46. **答案**:ABC

依据:《并联电容器装置设计规范》(GB 50227—2017)第 7.2.6 条。

47. **答案**:ABD

依据:《3~110kV 高压配电装置设计规范》(GB 50060—2008)第 3.0.5 条。

48. **答案**:BD

依据:《工业与民用供配电设计手册》(第四版)P284 相关公式、P178 图 4.1-2“短路电流波形图”。

49. **答案**:BC

依据:《工业与民用供配电设计手册》(第四版)P301~P303 相关内容。

分析:不对称短路,如单相接地短路中,接地电流主要来自于线路和变配电设备的电容电流,因此不应忽略线路电容。而低压配电电路多采用电缆或电线敷设,电缆电线的对地电容很小,而电阻电抗较大,因此其电容值忽略。本题考查相关知识的实际应用。

50. **答案**:BC

依据:《导体和电器选择设计技术规定》(DL/T 5222—2005)第 9.2.4 条:断路器的额定短时耐受电流等于额定短时开断电流。

51. **答案**:AB

依据:《导体和电器选择设计技术规定》(DL/T 5222—2005)第 7.1.5 条。

注:也可参考《3~110kV 高压配电装置设计规范》(GB 50060—2008)第 4.1.8 条。

52. **答案**:BC

依据:《供配电系统设计规范》(GB 50052—2009)第 7.0.7 条及条文说明。

《工业与民用供配电设计手册》(第四版)P969“提高 TN 系统接地故障保护灵敏性

措施”。①提高接地故障电流 I_d 值。a. 选用 D,yn11 接线组别变压器代替 Y,yn0 组别变压器;b. 加大相导体及保护接地导体截面;c 改变线路结构,如裸干线改用紧凑型封闭母线,架空线改电缆。②采用带短延时过电流脱扣器的断路器。③采用带接地故障保护的断路器。a. 零序电流保护;b. 剩余电流保护。

注:有关需用接线组别的论述,可参考《供配电系统设计规范》(GB 50052—2009)第 7.0.7 条及条文说明:D,yn11 与 Y,yn0 组别变压器相比较,前者空载损耗与负载损耗虽略大于后者,但三次及其整数倍以上的高次谐波励磁电流在原边接成三角形条件下形成环流,有利于抑制高次谐波电流。D,yn11 接线较 Y,yn0 接线的零序阻抗要小得多,有利于单相接地短路故障的切除。

53. **答案:**ABD

依据:《导体和电器选择设计技术规定》(DL/T 5222—2005)第 9.1.1 条、第 10.1.1 条,第 17.0.1 条。

54. **答案:**ABC

依据:《工业与民用供配电设计手册》(第四版)P311 表 5.1-1。

《钢铁企业电力设计手册》(上册)P542 中“13.3 短路热稳定校验”。

在下列情况下,可不进行短路热稳定校验:①用熔断器保护的电器和导体。②架空电力线路。③装设在电压互感器间隔内的导体和电器。

注:架空线路为软导线,显然不校验短路动稳定。

55. **答案:**ABC

依据:《电力工程电缆设计规范》(GB 50217—2018)第 3.6.3 条。

56. **答案:**AC

依据:《电力工程电缆设计规范》(GB 50217—2018)第 7.0.7 条。

57. **答案:**BCD

依据:《电力装置的继电保护和自动装置设计规范》(GB/T 50062—2008)第 4.0.3条。

58. **答案:**ABD

依据:《电力装置的继电保护和自动装置设计规范》(GB 50062—2008)第 5.0.1 条。

59. **答案:**BD

依据:《电力装置的继电保护和自动装置设计规范》(GB 50062—2008)第 9.0.3 条。

60. **答案:**BD

依据:《导体和电器选择设计技术规定》(DL/T 5222—2005)第 18.1.8 条。

61. **答案:**AC

依据:《建筑物防雷设计规范》(GB 50057—2010)第 6.4.4 条。

62. **答案**:BCD

依据:《交流电气装置的接地设计规范》(GB/T 50065—2011)第3.2.1条。

63. **答案**:AC

依据:《交流电气装置的接地设计规范》(GB/T 50065—2011)第4.3.2条、第4.4.6条。

64. **答案**:ACD

依据:《建筑照明设计标准》(GB 50034—2013)第3.1.1条。

65. **答案**:CD

依据:《建筑照明设计标准》(GB 50034—2013)第5.5.2条、第5.5.3条、第5.5.4条,《人民防空地下室设计规范》(GB 50038—2005)第7.5.5条。

注:题干考查旧规范《建筑照明设计标准》(GB 50034—2004)第5.4.2条,新规范将安全照明、备用照明、疏散照明的要求均进行了细化,其中疏散照明的照度比旧规范(0.5lx)有所提高,但答案按旧规范保留了选项C。

66. **答案**:AD

依据:《钢铁企业电力设计手册》(上册)P2表23-1特性曲线。

67. **答案**:BCD

依据:选项A:同步电动机具有调节无功的功能,可以超前和滞后输出无功功率。

选项B:《工业与民用供配电设计手册》(第四版)P34式(1.11-1)。

选项C:转速 $n=60f/P$,同步电动机的 P(极对数)为一定值,参考《钢铁企业电力设计手册》(下册)P277也可知变极调速只适用于绕线型电动机(异步电动机)。

选项D:可参考同步电动机力矩计算公式,但具有争议。

68. **答案**:CD

依据:《低压配电设计手册》(GB 50054—2011)第6.1.1条,《火灾自动报警系统设计规范》(GB 50116—2013)第10.1.4条。

注:断路器和熔断器的保护特性基本一致,都具有短路保护(瞬时)和过载保护(长延时),只是断路器可重复使用,在平时的电气设计中更常用而已,因此可排除AB。

69. **答案**:ACD

依据:《安全防范工程技术规范》(GB 50348—2018)第6.6.2条、第6.6.4条。

70. **答案**:ABC

依据:《交流电气装置的过电压保护和绝缘配合设计规范》(GB/T 50064—2014)第2.0.6条~第2.0.9条、第5.1.3-2条。

注:也可参考《交流电气装置的过电压保护和绝缘配合》(DL/T 620—1997)第6.1.2条、第7.3.1条。

2008年案例分析试题(上午卷)

[案例题是4选1的方式,各小题前后之间没有联系,共25道小题,每题分值为2分,上午卷50分,下午卷50分,试卷满分100分。案例题一定要有分析(步骤和过程)、计算(要列出相应的公式)、依据(主要是规程、规范、手册),如果是论述题要列出论点]

题1~5:某建筑物采用TN-C-S系统供电,建筑物地下室设有与大地绝缘的防水层。PEN线进户后即分为PE线和N线,并打人工接地极将PE线重复接地。变电所系统接地R_A和建筑物重复接地R_B阻值分别为4Ω及10Ω。各段线路的电阻值如下图所示,为简化计算可忽略工频条件下的回路导体电抗和变压器电抗。

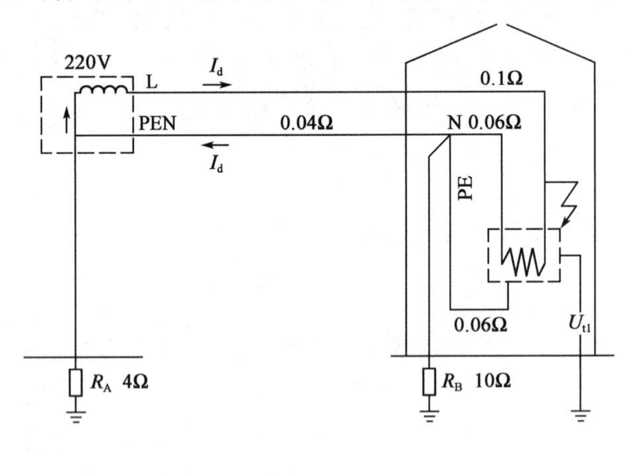

请回答下列问题。

1. 若建筑物内电气设备发生接地故障,试计算设备外壳的预期接触电压U_{t1}应为下列哪一项数值? ( )

(A)97V (B)88V

(C)110V (D)64V

解答过程:

2. 若在该建筑物不做重复接地而改为总等电位联结,各线段的电阻值如下图所示,试计算做总等电位联结后设备A处发生接地故障时的预期接触电压值U_{t2}应为下列哪一项数值? ( )

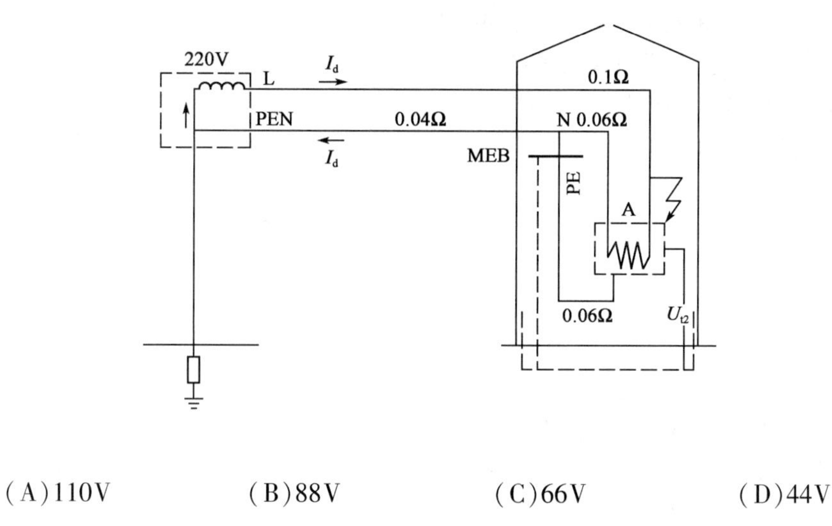

(A)110V　　(B)88V　　(C)66V　　(D)44V

解答过程：

3. 若建筑物引出线路给户外电气设备 B 供电，如下图所示，当设备 A 发生接地故障时，不仅在设备 A 处出现预期接触电压 U_{t2}，在设备 B 处也出现预期接触电压 U_{t3}，试计算此 U_{t3} 值为下列哪一项数值？（　　）

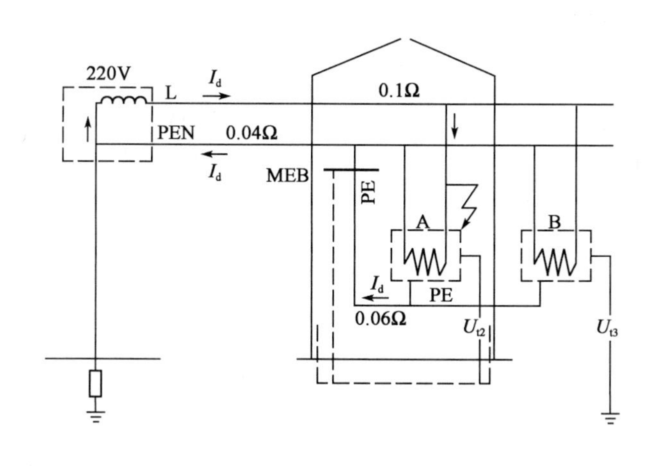

(A)110V　　(B)100V　　(C)120V　　(D)80V

解答过程：

4. 在上题的条件下，当设备 A 发生接地故障时，下列哪一种措施无法防止在设备 B 处发生电击事故？（　　）

(A)在设备 B 的配电线路上装用 RCD

(B)另引其他专用电源给设备 B 供电(设备 A 与 B 之间无 PE 线连接)

(C)给设备 B 另做接地以局部 TT 系统供电

(D)给设备 B 经隔离变压器供电,不接 PE 线

解答过程:

5. 为提供电气安全水平,将上述 TN-C-S 系统改为 TN-S 系统,即从变电所起就将 PE 线与 N 线分开,请判断接地系统改变后,当设备 A 发生接地故障时,设备 A 和 B 处的预期接触电压的变化为下列哪一种情况?并说明理由。 ( )

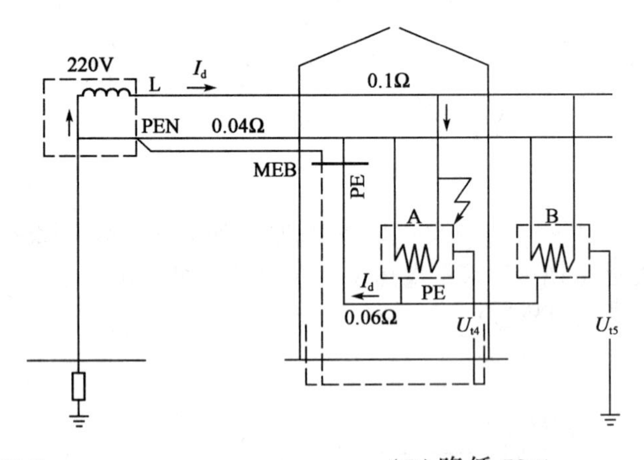

(A)降低 20%　　(B)降低 50%

(C)降低 40%　　(D)没有变化

解答过程:

题 6～10:某生产企业设若干生产车间,已知该企业总计算负荷为 $P_{js}=18MW$, $Q_{js}=8.8MVar$,年平均有功负荷系数 0.7,年平均无功负荷系数 0.8,年实际工作 5000h,年最大负荷利用小时数 3500h,请回答下列问题。

6. 已知二车间内有一台额定功率 40kW 负载持续率为 40% 的生产用吊车,采用需要系数法进行负荷计算时该设备功率是哪一项? ( )

(A)51kW　　(B)16kW

(C)100kW　　(D)32kW

解答过程：

7. 该企业有一台 10kV 同步电动机，额定容量 4000kV·A，额定功率因数 0.9（超前），负荷率 0.75，无功功率增加系数 0.36，计算该同步电动机输出的无功功率应为下列哪一项数值？（　　）

(A) 1760kvar　　(B) 1795kvar

(C) 2120kvar　　(D) 2394kvar

解答过程：

8. 已知该企业中一车间计算负荷：$S_{js1}=5000kV \cdot A$，$\cos\varphi_1=0.85$；二车间计算负荷：$S_{js2}=4000kV \cdot A$，$\cos\varphi_2=0.95$。计算这两个车间总计算负荷应为下列哪一项数值？（不考虑同时系数）（　　）

(A) 9000kV·A　　(B) 8941kV·A

(C) 9184kV·A　　(D) 10817kV·A

解答过程：

9. 计算该企业自然平均功率因数是多少？（　　）

(A) 0.87　　(B) 0.9　　(C) 0.92　　(D) 0.88

解答过程：

10. 计算该企业的年有功电能消耗量应为下列哪一项数值？（　　）

(A) 90000MW·h　　(B) 44100MW·h

(C)70126MW·h　　　　　　　　　　(D)63000MW·h

解答过程：

题 11～14：下图所示为一个 110/35/10kV 户内变电所的主接线，两台主变压器分列运行。

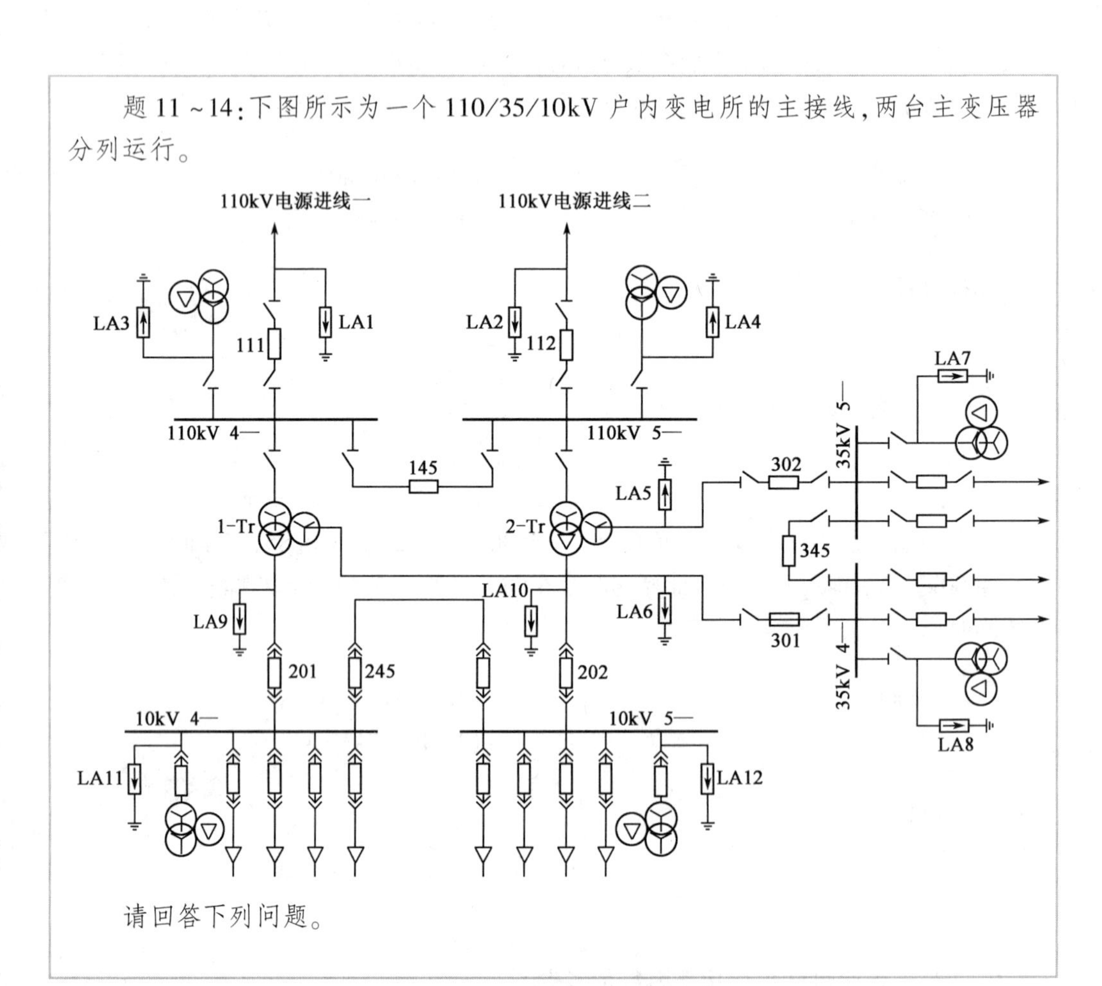

请回答下列问题。

11. 假设变电所 35kV 侧一级负荷 6000kV·A，二级负荷 4000kV·A，其他负荷 21500kV·A；10kV 侧一级负荷 4000kV·A，二级负荷 6000kV·A，其他负荷 21500kV·A。请计算变压器容量应为下列哪一项数值？并说明理由。（　　）

(A)2×10000kV·A　　　　　　　　　(B)2×20000kV·A

(C)2×31500kV·A　　　　　　　　　(D)2×40000kV·A

解答过程：

12. 假设变压器容量为 2×20000kV·A，过负荷电流为额定电流的 1.3 倍，计算图中 110kV 进线电器设备的长期允许电流不应小于下列哪个数值？并说明理由。（ ）

(A)105A　　(B)137A　　(C)210A　　(D)273A

解答过程：

13. 已知变压器的主保护是差动保护且无死区，各侧后备保护为过流保护，请问验算进线间隔的导体短路热效应时，宜选用下列哪一项时间作为计算时间？并说明理由。（ ）

(A)差动保护动作时间 +110kV 断路器全分闸时间

(B)110kV 过流保护动作时间 +110kV 断路器全分闸时间

(C)35kV 过流保护时间 +110kV 过流保护动作时间 +110kV 断路器全分闸时间

(D)10kV 过流保护时间 +110kV 过流保护动作时间 +110kV 断路器全分闸时间

解答过程：

14. 假设变压器 35kV 侧过流保护 0.5s 跳开 35kV 分段开关，1s 跳开 35kV 受电开关；变压器 10kV 侧过流 0.5s 跳开 10kV 分段开关，1s 跳开 10kV 受电开关；变压器 110kV 侧过流 1.5s 跳开 110kV 桥开关，2s 跳开 110kV 受电开关；变压器差动保护动作时间为 0s。请问验算 110kV 进线断路器短路热效应时，宜选用下列哪一项时间作为计算时间？并说明理由。（ ）

(A)110kV 断路器全分闸时间 +0s

(B)110kV 断路器全分闸时间 +1s

(C)110kV 断路器全分闸时间 +1.5s

(D)110kV 断路器全分闸时间 +2s

解答过程：

题 15 ~ 19：有一台 10kV，800kW 异步电动机，$\cos\varphi = 0.8$，效率为 0.92，启动电流倍数为 6.5，可自启动，电动机启动时间为 10s，电流互感器变比为 100/5，保护装置接于相电流，10kV 母线最小运行方式下短路容量为 75MV·A，10kV 母线最大运行方式下短路容量为 100MV·A，10kV 电网总单相接地电容电流 $I_{cz} = 9.5A$，电动机的电容电流 $I_{cm} = 0.5A$，电流速断的可靠系数取 1.4，请回答下列问题。

15. 该异步电动机可不必配置下列哪种保护？（忽略 10kV 母线至电动机之间电缆的电抗）（　　）

(A) 电流速断保护　　(B) 过负荷保护
(C) 单相接地保护　　(D) 差动保护

解答过程：

16. 如果该电动机由 10kV 母线经电缆供电，短路电流持续时间为 0.2s，计算选用铜芯交联聚乙烯电力电缆的最小电缆截面应为下列哪一项数值？（　　）

(A) $35mm^2$　　(B) $50mm^2$　　(C) $25mm^2$　　(D) $10mm^2$

解答过程：

17. 假设电动机过负荷保护采用电磁继电器，可靠系数取 1.05，计算电动机过负荷保护的动作电流及动作时间（最接近值）为下列哪组数值？（　　）

(A) 3.0A，12s　　(B) 2.9A，13s　　(C) 3.9A，12s　　(D) 2.6A，10s

解答过程：

18. 计算电动机单相接地保护的一次动作电流应为下列哪一项数值？（　　）

(A) 7.2A　　(B) 8A　　(C) 7.7s　　(D) 8.2A

解答过程：

19. 该电动机需要自启动，但为保证设备安全，在电源电压长时间消失后须从电网中自动断开。该电动机低电压保护的电压整定值一般取值范围应为下列哪一项？（以电动机额定电压为基准电压）（　　）

(A)50% ~60%　　(B)45% ~50%

(C)40% ~45%　　(D)30% ~40%

解答过程：

题 20 ~25：如图所示为 110kV 配电装置变压器间隔断面图（局部），已知 110kV 系统为中性点有效接地系统，变压器为油浸式。

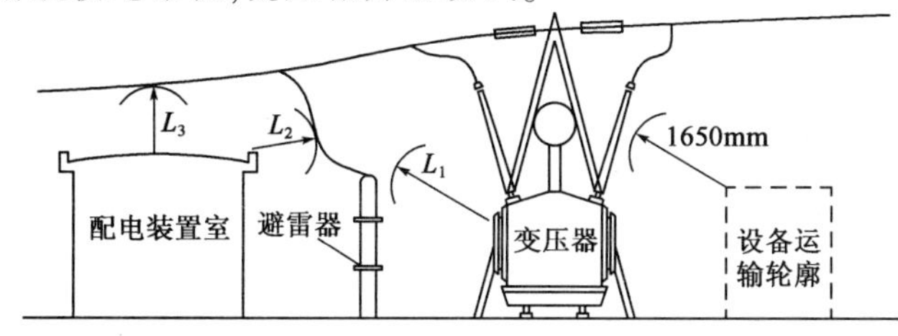

请回答下列问题。

20. 分析说明变压器散热器的外轮廓与避雷器之间的安全净距"L_1"不应小于下列哪一项数值？（　　）

(A)900mm　　(B)1000mm

(C)1650mm　　(D)1750mm

解答过程：

21. 分析说明避雷器引上线与配电装置室挑檐之间的安全净距"L_2"不应小于下列哪一项数值？（　　）

(A)1000mm　　(B)1650mm

(C)2900mm　　(D)3400mm

解答过程：

22. 分析说明配电装置室顶部与跨越配电装置室的导线的安全净距“L_3”不应小于下列哪一项数值？（ ）

（A）1000mm （B）1650mm （C）2900mm （D）3400mm

解答过程：

23. 在配电装置室不采取防火措施的情况下，变压器与配电装置室之间的防火间距应为下列哪一项数值？（ ）

（A）5m （B）10m （C）15m （D）20m

解答过程：

24. 若变电所有两台变压器，单台变压器的油量均超过1000kg，当同时设置储油坑及总事故油池（设置油水分离），它们的容量应是下列哪些数据？（ ）

（A）储油坑的容量不小于单台变压器油量的10%，总事故油池的容量不小于最小单台变压器油量的60%

（B）储油坑的容量不小于单台变压器油量的20%，总事故油池的容量不小于最小单台变压器油量的50%

（C）储油坑的容量不小于单台变压器油量的15%，总事故油池的容量不小于最大单台变压器油量的50%

（D）储油坑的容量不小于单台变压器油量的20%，总事故油池的容量不小于最大单台变压器油量的60%

解答过程：

25. 若变电所有一支高40m的独立避雷针，欲对高25m的建筑物进行直击雷保护，计算其保护半径为下列哪一项数值？（ ）

（A）8.7m （B）13m （C）16m （D）21m

解答过程：

2008年案例分析试题答案(上午卷)

题1~5答案:**ACAAD**

1.《工业与民用供配电设计手册》(第四版)P1455~P1457。短路分析:发生故障后,相保回路电流由相线L(0.1Ω)流经建筑物内PE线(0.06Ω),再流经PEN线(0.04Ω)与大地的并联回路(10Ω+4Ω)返回至变压器中性点,全回路电阻R和电路电流I_d为:

$R=0.1+0.06+(0.04//14)\approx 0.2\Omega$

$I_d=220/0.2=1100A$

$U_{t1}=I_d R_{PE}+I_{d\cdot E}R_A$

$$=1100\times 0.06+1100\times\frac{0.04}{10+4+0.04}\times 10=66+30.56=96.56V$$

2.《工业与民用供配电设计手册》(第四版)P1455~P1457"作总等电位联结"内容。短路分析:发生故障后,相保回路电流由相线L(0.1Ω)流经建筑物内PE线(0.06Ω),再流经PEN线(0.04Ω)返回至变压器中性点,全回路电阻R和电路电流I_d为:

$R=0.1+0.06+0.04=0.2\Omega$

$I_d=220/0.2=1100A$

接触电压U_{t2}为碰壳点与MEB之间的电位差:$U_{t2}=I_d R_{PE}=1100\times 0.06=66V$

3.《工业与民用供配电设计手册》(第四版)P1455~P1457"作总等电位联结"内容。短路分析:发生故障后,相保回路电流由相线L(0.1Ω)流经建筑物内PE线(0.06Ω),再流经PEN线(0.04Ω)返回至变压器中性点,全回路电阻R和电路电流I_d为:

$R=0.1+0.06+0.04=0.2\Omega$

$I_d=220/0.2=1100A$

A设备的接触电压U_{t2}为碰壳点与MEB之间的电位差,B设备的接触电压U_{t3}为碰壳点与大地之间的地位差,由于变压器中性点直接接地,大地与变压器中性点等电位,

因此B设备外壳接触电压U_{t3}为:

$U_{t3}=I_d(R_{PE}+R_{PEN})=1100\times(0.06+0.04)=110V$

4.《工业与民用供配电设计手册》(第四版)P1463~P1464"附加防护保护器"。B设备配电线路上安装RCD只能对B设备配电线路进行单相接地故障保护,而不能对A设备配电线路单相接地故障进行保护,即A设备发生单相接地故障时,RCD不能动作,A设备外壳电位升高,由于A设备与B设备外壳相连,导致B设备外壳电位升高,而在B设备处发生电击事故。

注:该题无准确依据,写出分析说明即可。

5.《工业与民用供配电设计手册》(第四版)P1455~P1457"作总等电位联结"内容。

短路分析：发生故障后，相保回路电流由相线 L(0.1Ω) 流经建筑物内 PE 线 1 段 (0.06Ω)，再流经 PE 线 2 段 (0.04Ω) 返回至变压器中性点，全回路电阻 R 和电路电流 I_d 为：

$R = 0.1 + 0.06 + 0.04 = 0.2\Omega$

$I_d = 220/0.2 = 1100A$

A 设备的接触电压 U_{t2} 为碰壳点与 MEB 之间的电位差，$U_{t4} = I_d R_{PE} = 1100 \times 0.06 = 66V$

B 设备的接触电压 U_{t3} 为碰壳点与大地之间的地位差，由于变压器中性点直接接地，大地与变压器中性点等电位，因此 B 设备外壳接触电压 U_{t3} 为：

$U_{t5} = I_d(R_{PE1} + R_{PE2}) = 1100 \times (0.06 + 0.04) = 110V$

题 6 ~ 10 答案：**ACBAD**

6.《工业与民用供配电设计手册》(第四版) P5 式 (1.2-1)。

$P_e = 2P_r\sqrt{\varepsilon_r} = 2 \times 40\sqrt{0.4} = 50.6kW$

7.《工业与民用供配电设计手册》(第四版) P34 式 (1.11-2)。

由 $\cos\varphi_r = 0.9$，得 $\sin\varphi_r = 0.44$。

$Q_M = S_r[\sin\varphi_r + r(1-\beta)] = 4000 \times [0.44 + 0.36(1-0.75)] = 2120kvar$

8.《工业与民用供配电设计手册》(第四版) P10 式 (1.4-1)、式 (1.4-2)、式 (1.4-5)。

由 $\cos\varphi_1 = 0.85$，得 $\tan\varphi_1 = 0.62$；由 $\cos\varphi_1 = 0.95$，得 $\tan\varphi_1 = 0.33$。

$P_{js1} = 5000 \times 0.85 = 4250kW$

$P_{js2} = 4000 \times 0.95 = 3800kW$

$Q_{js1} = 4250 \times 0.62 = 2635kvar$

$Q_{js2} = 3800 \times 0.33 = 1254kvar$

$$S = \sqrt{\sum P_{js}^2 + \sum Q_{js}^2} = \sqrt{(4250 + 3800)^2 + (2635 + 1254)^2}$$
$$= \sqrt{(8050)^2 + (3889)^2} = 8940kV\cdot A$$

9.《工业与民用供配电设计手册》(第四版) P37 式 (1.11-7)。

$$\cos\varphi_1 = \sqrt{\frac{1}{1 + \left(\frac{\beta_{av}Q_c}{\alpha_{av}P_c}\right)^2}} = \sqrt{\frac{1}{1 + \left(\frac{0.8 \times 8.8}{0.7 \times 18}\right)^2}} = 0.873$$

10.《工业与民用供配电设计手册》(第四版) P24 式 (1.9-1)、式 (1.9-3)。

$W_y = \alpha_{av}P_cT_n = 0.7 \times 18 \times 5000 = 63000MW\cdot h$

题 11 ~ 14 答案：**CBAD**

11.《35kV ~ 110kV 变电站设计规范》(GB 50059—2011) 第 3.1.3 条。

总负荷：$\sum S_1 = (6000 + 4000 + 21500) \times 2 = 63000kVA \cdot S_T \geq 63000 \times 0.5$
$= 31500kVA$

一、二级总负荷：$\sum S_2 = 6000 + 4000 + 4000 + 6000 = 20000kVA$

综上所述，取两者较大者，选择 31500kVA。

注：原题考查旧规范《35~110kV变电所设计规范》(GB 50059—1992)第3.1.3条：装有两台及以上主变压器的变电所，当断开一台时，其余主变压器的容量不应小于60%的全部负荷，并应保证用户的一、二级负荷。答案为D。

12.《3~110kV高压配电装置设计规范》(GB 50060—2008)第4.1.2条：选用导体的长期允许电流不得小于该回路的持续工作电流。

$$I_N = \frac{S_N}{\sqrt{3}U_N} = \frac{20000}{\sqrt{3} \times 110} = 105\text{A}$$

$$I_d \geq 1.3I_N = 1.3 \times 105 = 136.5\text{A}$$

13.《3~110kV高压配电装置设计规范》(GB 50060—2008)第4.1.4条：验算导体短路电流热效应的计算时间，宜采用主保护动作时间加相应的断路器全分闸时间。

14.《3~110kV高压配电装置设计规范》(GB 50060—2008)第4.1.4条：验算电器短热效应的计算时间，宜采用后备保护动作时间加相应的断路器全分闸时间。

题15~19答案：**DCCAB**

15.《工业与民用供配电设计手册》(第四版)P1072式(12.1-1)及P584表7.6-2电流速断保护公式。

电动机额定电流：$I_{rM} = \dfrac{P_r}{\sqrt{3}U_r\eta\cos\varphi} = \dfrac{800}{\sqrt{3} \times 10 \times 0.92 \times 0.8} = 62.76\text{A}$

保护装置动作电流：$I_{op\cdot K} = K_{rel}K_{jx}\dfrac{K_{st}I_{rM}}{n_{TA}} = 1.4 \times 1 \times \dfrac{6.5 \times 62.76}{100 \div 5} = 28.6\text{A}$

灵敏度系数：$K_{sen} = \dfrac{I''_{k2.\min}}{I_{op}} = \dfrac{0.866 \times \dfrac{75}{\sqrt{3} \times 10.5} \times 10^3}{28.6 \times 20} = 6.24 > 2$，满足要求。

《电力装置的继电保护和自动装置设计规范》(GB/T 50062—2008)第9.0.2-1条：2MW及以上电动机，或电流速断保护灵敏度系数不符合要求的2MW以下的电动机，应装设纵联差动保护。

因此，本题不必装设纵联差动保护。

注：《电力装置的继电保护和自动装置设计规范》(GB/T 50062—2008)第9.0.3条规定：对电动机单相短路故障，当接地电流大于5A时，应装设有选择性的单相接地保护；当接地电流小于5A时，可装设接地检测装置。题干中电动机电容电流为0.5A，因此严格地说，也可不装设单相接地保护。但从本题的出题用意分析，按规范原文用词的严格性，单相接地保护可安装也可不安装，而差动保护是不必安装的。

16.《工业与民用供配电设计手册》(第四版) P382~P384式(5.6-10)和表5.6-7。P177：最大短路电流，用于选择电气设备的容量或额定值以校验电器设备的动稳定、热稳定及分断能力，整定继电保护装置。

10kV最大运行方式下，短路电流：$I_k = \dfrac{S_{k\max}}{\sqrt{3}U_{av}} = \dfrac{100}{\sqrt{3} \times 10.5} = 5.5\text{kA}$

电缆最小允许截面：$S_{min} = \frac{\sqrt{Q_t}}{c} \times 10^3 = \frac{I}{c}\sqrt{t} \times 10^3 = \frac{5.5}{137} \times \sqrt{0.2} \times 10^3 = 18.0\text{mm}^2$

17.《工业与民用供配电设计手册》(第四版) P1072 式(12.1-1)、P584 表 7.6-2 过负荷保护部分。

电动机额定电流：$I_r = \frac{P_r}{\sqrt{3}U_r\eta\cos\varphi} = \frac{800}{\sqrt{3} \times 10 \times 0.8 \times 0.92} = 62.8\text{A}$

过负荷保护动作电流及动作时间：$I_{op\cdot K} = k_{rel}k_{jx}\frac{I_{rM}}{k_r n_{TA}} = 1.05 \times 1 \times \frac{62.8}{0.85 \times 20} = 3.88\text{A}$

$t_{op} = (1.1 \sim 1.2)t_{st} = (1.1 \sim 1.2) \times 10 = 11 \sim 12\text{s}$

18.《工业与民用供配电设计手册》(第四版) P584 表 7.6-2 单相接地保护部分。

$I_{op} \leqslant \frac{I_C - I_{CM}}{1.25} = \frac{9.25 - 0.5}{1.25} = 7.2\text{A}$

19.《工业与民用供配电设计手册》(第四版) P587"低电压保护 -(3)"。需要自启动，保护装置的电压整定值一般为电动机额定电压的 45% ~50%，时限一般为 9s。

题 20 ~25 答案：**ACDBDB**

20.《3 ~110kV 高压配电装置设计规范》(GB 50060—2008) 第 5.1.1 条中 $A1$ 值。

注：避雷线按带电部分考虑。

21.《3 ~110kV 高压配电装置设计规范》(GB 50060—2008) 第 5.1.1 条中 D 值。

22.《3 ~110kV 高压配电装置设计规范》(GB 50060—2008) 第 5.1.2 条和表 5.1.1 中 C 值。

23.《3 ~110kV 高压配电装置设计规范》(GB 50060—2008) 第 7.1.11 条：建筑物与户外油浸变压器的外廓间距不宜小于 10000mm。

24.《3 ~110kV 高压配电装置设计规范》(GB 50060—2008) 第 5.5.3 条。

25.《交流电气装置的过电压保护和绝缘配合设计规范》(GB/T 50064—2014) 第 5.2.1 条.

$h_x = 25m, h = 40\text{m}$，即 $h_x \geqslant 0.5h$，则 $r_x = (h - h_x)P = (40 - 25)\frac{5.5}{\sqrt{40}} = 13\text{m}$

注：也可参考《交流电气装置的过电压保护和绝缘配合》(DL/T 620—1997) 第 5.2.1 条 b 款。

2008年案例分析试题(下午卷)

专业案例题(共40题,考生从中选择25题作答,每题2分)

题1~5:某车间负荷采用低压三相电源线路供电,线路长度 $L=50m$,允许电压降5%,保护装置0.4s内可切除短路故障,线路发生最大的短路电源 $I_k=6.8kA$,线路采用铜芯交联聚乙烯绝缘电缆穿钢管明敷,环境温度40℃,电源导体最高温度90℃,电缆经济电流密度 $2.0A/mm^2$,电缆热稳定系数 $c=137$,电压损失百分数 $0.50\%/(kW\cdot km)$。车间设备功率数值统计见下表,有功功率同时系数取0.8,无功功率同时系数取0.93。

车间设备功率数值统计表

序号	设备名称	额定功率 $P_r(kW)$	额定负载持续率 $C_r(\%)$	额定电压 $U_r(V)$	需要系数 K_x	功率因数	
						$\cos\varphi$	$\tan\varphi$
1	数控机床	50	100	380	0.2	0.5	1.73
2	起重机	22	20	380	0.1	0.5	1.73
3	风机	7.5	100	380	0.75	0.8	0.75
4	其他	5	100	380	0.75	0.8	0.75

请回答下列问题。

1.按需要系数法计算车间总计算功率 P_e(计及同时系数)为下列哪一项数值? ( )

(A)21.6kW (B)21.4kW

(C)17.3kW (D)17.1kW

解答过程:

2.若假定 $P_e=21.5kW$。计算选择车间电缆导体截面不应小于下列哪一项数值?(铜芯交联聚乙烯电缆穿钢管明敷时允许载流量见下表) ( )

铜芯交联聚乙烯绝缘穿钢管明敷时允许载流量表

电缆导体截面(mm^2)	25	35	50	70
允许载流量(A)	69	82	104	129
电缆导体最高温度(℃)	90			
环境温度(℃)	40			

(A)25mm² (B)35mm² (C)50mm² (D)70mm²

解答过程:

3. 若假定已知车间负荷计算电流 $I_c = 55A$,按电缆经济电流密度选择电缆导体截面应为下列哪个数值? ( )

(A)$25mm^2$ (B)$35mm^2$ (C)$50mm^2$ (D)$70mm^2$

解答过程:

4. 按热稳定校验选择电缆导体最小截面应为下列哪一项数值? ( )

(A)$25mm^2$ (B)$35mm^2$ (C)$50mm^2$ (D)$70mm^2$

解答过程:

5. 若假定 $P_e = 21.5kW$,计算供电线路电压损失应为下列哪一项数值? ( )

(A)0.054% (B)0.54% (C)5.4% (D)54%

解答过程:

题 6~10:一座 66/10kV 有人值班的重要变电所,装有容量为 16000kV·A 的主变压器两台,采用蓄电池直流操作系统,所有断路器配电磁操作机构。控制、信号等经常负荷为 2000W,事故照明负荷为 1000W,最大一台断路器合闸电流为 98A。

请回答下列问题。

6. 说明在下列关于变电所所用电源和操作电源以及蓄电池容量的选择的表述中,哪一项是不正确的? ( )

(A)操作电源宜采用1组110V或220V蓄电池组，不应设端电池，蓄电池组宜采用性能可靠、维护量小的蓄电池

(B)变电所的直流母线，宜采用单母线接线

(C)变电所蓄电池组的容量应按全所事故停电期间的放电容量确定

(D)变电所蓄电池组的容量应按事故停电1h的放电容量及事故放电末期最大冲击负荷的要求确定

解答过程：

7. 该变电所选择一组220V铅酸电池作为直流电源，若经常性负荷的事故放电容量为9.09A·h，事故照明负荷放电容量为4.54A·h，按满足事故全停电状态下长时间放电容量要求，选择蓄电池计算容量 C_c 是下列哪一项？（可靠系数取1.25，容量系数取0.4） （　）

(A)28.41A·h　　(B)14.19A·h

(C)34.08A·h　　(D)42.59A·h

解答过程：

8. 若选择一组10h放电标称容量为100A·h的220V铅酸蓄电池作为直流电源，若事故初期放电电流13.63A，计算事故放电初期冲击系数应为下列哪一项数值？（可靠系数 $K_k=1.10$） （　）

(A)1.5　　(B)1.0　　(C)0.5　　(D)12.28

解答过程：

9. 若选择一组10h放电标称容量为100A·h的220V铅酸蓄电池作为直流电源，计算事故放电末期冲击系数应为下列哪一项数值？（可靠系数 $K_k=1.10$） （　）

(A)12.28　　(B)11.78　　(C)1.50　　(D)10.78

解答过程：

10. 若选择一组蓄电池容量为80A·h的220V铅酸蓄电池作为直流电源，电路器合闸电缆选用VLV型电缆，电缆的允许压降为8V，电缆的计算长度为90m，请计算断路器合闸电缆的计算截面应为下面哪一项数值？（电缆的电阻系数：铜$\rho = 0.0184\Omega \cdot mm^2$，铝$\rho = 0.031\Omega \cdot mm^2$）（ ）

(A) 68.35mm^2　　(B) 34.18mm^2

(C) 74.70mm^2　　(D) 40.57mm^2

解答过程：

> 题11～14：某35/10kV变电所，其10kV母线短路容量为78MV·A（基准容量100MV·A），10kV计算负荷有功功率6000kW，自然功率因数0.75。请回答下列问题。

11. 如果供电部门与该用户的产权分界为本35kV变电所35kV受电端，说明根据规范规定35kV供电电压正、负偏差的绝对值之和允许值不超过下列哪一项数值？（ ）

(A) 5%　　(B) 10%

(C) 7%　　(D) 15%

解答过程：

12. 论述说明为提高10kV母线的功率因数通常采用下列哪种措施？（ ）

(A) 并联电容器补偿　　(B) 增加感应电动机的容量

(C) 并联电抗器补偿　　(D) 串联电容器补偿

解答过程：

13. 为使10kV母线的功率因数达到0.95，10kV母线的电容补偿容量应为下列哪一项数值？（年平均负荷系数取1）（ ）

(A)1200kvar　　(B)2071kvar

(C)3318kvar　　(D)2400kvar

解答过程：

14. 该变电所 10kV 侧有一路长度为 5km 的 LGJ-120 架空供电线路，该线路的计算有功功率为 1500kW，自然功率因数 0.8，请计算该供电线路电压损失应为下列哪一项数值？（LGJ-120 导线电阻为 0.285Ω/km，电抗为 0.392Ω/km）（　　）

(A)3.63%　　(B)4.34%

(C)6.06%　　(D)5.08%

解答过程：

题 15～19：某体育场设有照明设施和管理用房，其场地灯光布置采用四塔照明方式，其中灯塔位置如下图所示。灯塔距场地中心点水平距离为 103m，场地照明灯具采用金属卤化物灯。

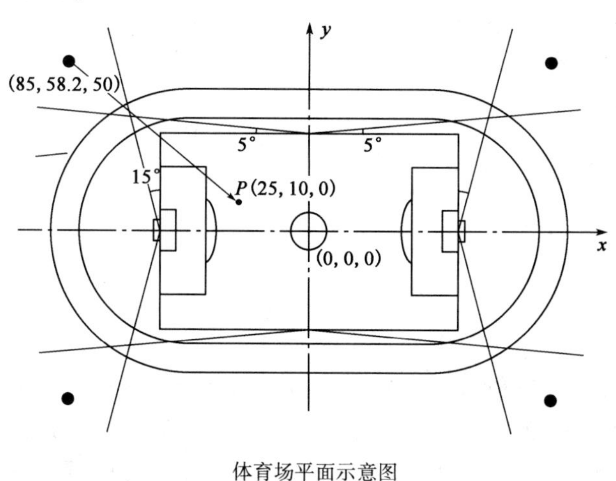

体育场平面示意图

请回答下列问题。

15. 该体育场灯塔最下排的投光灯至体育场地的垂直距离最少不宜小于下列哪个数值？（　　）

(A)27.6　　(B)37.5　　(C)48.0　　(D)54.8

解答过程：

16. 假设场地面积为 17360m^2，要求场地水平面上的平均照度为 1600lx，场地照明灯具采用 2000W 金属卤化物灯，光源光通量 200000lm，镇流器功率为光源功率 10%，灯具效率为 0.8，利用系数取 0.8，灯具维护系数取 0.7，计算场地照明总功率为下列哪一项数值？（不考虑四塔灯数量的均等） （　　）

(A)385kW　　(B)550kW

(C)682kW　　(D)781kW

解答过程：

17. 假设场地中心为参考坐标原点(0,0,0)，现灯塔上某一灯具 S，其坐标 $x=-85m$，$y=58.2m$，$z=50m$，其瞄准点为 P 坐标为 $x_p=-25m$，$y_p=10m$，$z_p=0$。若灯具为 2000W 金属卤化物灯，光源光通量为 200000lm，查得投光灯 S 射向 P 点的光强值 $I=2100000cd$，灯具维护系数取 0.7，计算考虑灯具维护系数后在 P 点处垂直面照度应为下列哪一项数值？ （　　）

(A)146lx　　(B)95lx

(C)209lx　　(D)114lx

解答过程：

18. 体育场的某一竞赛管理用房长 12m、宽 6m，吊顶高 3.42m。经计算，室内顶棚有效空间反射比为 0.7，墙面平均反射比为 0.5，地面有效反射比为 0.2。现均匀布置 8 盏 2×36W 嵌入式格栅照明灯具，用 T8 直管荧光灯管配电子镇流器，T8 直管荧光灯功率为 36W，光通量为 2850lm，工作面高度为 0.75m，格栅灯具效率为 0.725，其利用系数见下表（查表时 RI 取表中最接近值），维护系数为 0.8，计算该房间的平均照度为下列哪一项数值？ （　　）

(A)367lx　　(B)286lx

(C)309lx　　(D)289lx

荧光灯格栅灯具利用系数表

有效顶棚反射比(%)	80		70			50		30	
墙反射比(%)	50	50	50	50	30	30	10	30	10
地面反射比(%)	30	10	30	20	10	10	10	10	10
室形系数 RI									
0.8	0.48	0.45	0.47	0.46	0.40	0.39	0.36	0.39	0.36
1.0	0.54	0.5	0.53	0.52	0.45	0.45	0.42	0.44	0.42
1.25	0.61	0.55	0.59	0.57	0.51	0.50	0.47	0.49	0.47
1.5	0.65	0.59	0.64	0.61	0.55	0.54	0.51	0.53	0.51
2.0	0.75	0.64	0.70	0.67	0.60	0.59	0.57	0.59	0.57
2.5	0.76	0.67	0.74	0.70	0.64	0.63	0.61	0.62	0.60

解答过程：

19.体育场灯塔某照明回路为三相平衡系统，负载电流为180A，采用YJV-0.6/1kV电缆，其载流量见下表(已考虑环境温度影响)，当每相三次谐波电流含量为40%时，中性线电缆截面最小应选用下列哪一项数值？ (　　)

YJV-0.6/1kV 电力电缆的载流量表

截面(mm^2)	70	95	120	150	185	240
载流量(A)	210	248	283	318	358	414

(A)70m^2　　(B)95m^2

(C)120m^2　　(D)150m^2

解答过程：

题20～24：某工程中有一台直流电动机，额定功率1500kW，额定电压660V，额定电流2500A，采用晶闸管变流器调速，速度反馈不可逆速度调节系统，变流器主电路为三相全控桥接线，电网额定电压10kV，电压波动系数0.95。

请回答下列问题。

20.已知该调速系统电动机空载转速为470r/min，电动机额定转速465r/min，电动

机带实际负载时转速 468r/min，计算调速系统的静差率应为下列哪个数值？（ ）

(A) 0.4%　　(B) 0.6%

(C) 1.06%　　(D) 1.08%

解答过程：

21. 变流变压器阀侧绕组为 Y 接线时，计算绕组的最低相电压应为下列哪一项数值？（ ）

(A) 660V　　(B) 627V

(C) 362V　　(D) 381V

解答过程：

22. 若变流变压器阀侧绕组 390V，变流器最小出发延迟角为 30°，计算该变流变压器输出的空载电压应下列哪一项数值？（ ）

(A) 751V　　(B) 375V

(C) 790V　　(D) 867V

解答过程：

23. 当变流变压器阀侧绕组为△接线时，计算电动机额定运行时该变压器阀侧绕组的相电流应为下列哪一项数值？（ ）

(A) 2500A　　(B) 2040A

(C) 589A　　(D) 1178A

解答过程：

24. 当变流器空载整流电压为800V时，计算变流变压器的等值容量应为下列哪一项数值？（　　）

(A)3464kV · A　　(B)2100kV · A

(C)2000kV · A　　(D)2826kV · A

解答过程：

题25～29：某110/35kV区域变电站，向附近的轧钢厂、钢绳厂及水泵厂等用户供电，供电方案见下图。

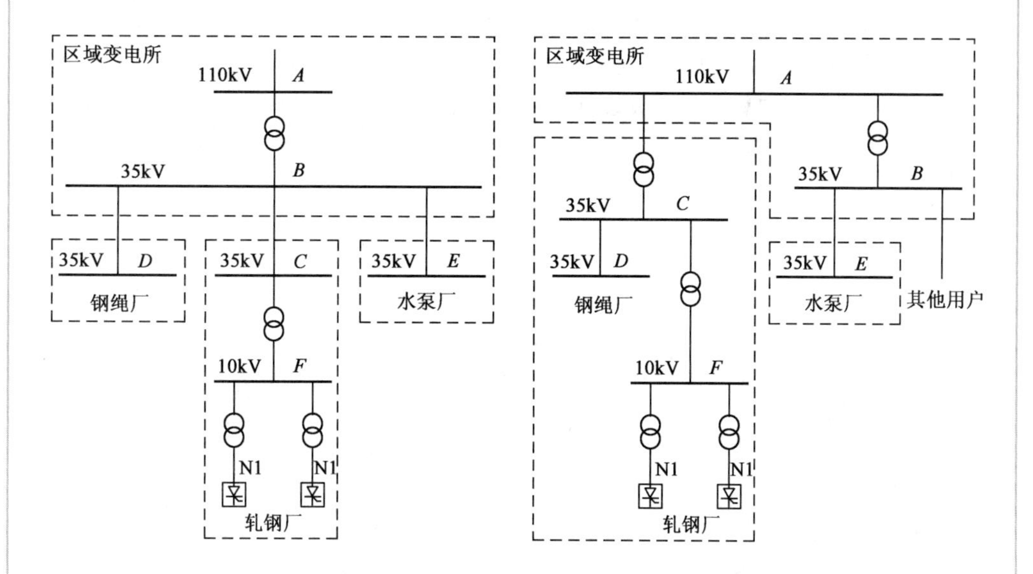

区域变电站110kV侧最小短路容量为1500MV·A，35kV母线侧最小短路容量为500MV·A，35kV母线的供电设备容量为25000kV·A，轧钢厂用电协议容量为15000kV·A。

方案一：区域变电所以35kV分别向轧钢厂、钢绳厂及水泵厂等用户供电。轧钢厂设35/10kV专用变电所，以10kV向整流变压器供电。

轧钢厂共设有两台4500kV·A整流变压器，各供一套6脉动三相桥式整流装置，每台整流变压器10kV侧基波电流I_1=225A，7次谐波电流的有效值按工程设计法计算。

方案二：由于轧钢厂及钢绳厂合并为轧钢钢绳厂并拟自建110/35kV专用降压变电所，改为110kV由区域变电站受电，轧钢厂整流变压器运行情况同上。

假定不考虑轧钢厂其他谐波源，不考虑7次谐波以外次数谐波，也无其他会放大谐波电流的容性负荷，请回答下列问题。

25. 解释说明方案1中的电网谐波公共连接点应为下列哪一项?（　　）

(A)轧钢厂总变电所35kV母线C点
(B)轧钢厂总变电所10kV母线F点
(C)区域变电所35kV母线B点
(D)区域变电所110kV母线A点

解答过程:

26. 解释说明方案2中的电网谐波公共连接点应为下列哪一项数值?（　　）

(A)轧钢钢绳厂总变电所35kV母线C点
(B)轧钢钢绳厂总变电所10kV母线F点
(C)区域变电所35kV母线B点
(D)区域变电所110kV母线A点

解答过程:

27. 计算方案2中全部用户注入公共连接点的7次谐波电流允许值应为下列哪一项数值?（　　）

(A)13.6A　　(B)6.8A
(C)4.53A　　(D)17.6A

解答过程:

28. 在方案1中,假定35kV侧公共连接点允许注入的7次谐波电流值为17.6A,请计算出轧钢厂允许注入公共连接点7次谐波电流应为下列哪一项数值?（　　）

(A)13.63A　　(B)12.2A
(C)10.6A　　(D)13.0A

解答过程:

29. 在方案1中,计算轧钢厂整流装置7次谐波电流在公共连接点引起的7次谐波电压含有率与下列哪项数值最接近?(按近似工程估算公式计算)　(　　)

(A)2.42%　(B)0.52%　(C)0.92%　(D)1.29%

解答过程:

题30~34:某新建办公建筑,地上共29层,层高均为5m,地下共2层,其中地下二层为汽车库,地下一层机电设备用房并设有电信进线机房,裙房共4层,5~29层为开敞办公空间,每层开敞办公面积1200m²,各层平面相同,各层弱电竖井位置均上下对应,请回答下列问题。

30. 在5~29层开敞办公空间内按一般办公区功能设置综合布线系统时,每层按规定至少设置多少双孔(一个语音点和一个数据点)5e类或以上等级的信息插座?　(　　)

(A)120个　(B)110个

(C)100个　(D)90个

解答过程:

31. 如果5~29层自每层电信竖井至本层最远点信息插座的水平电缆长度为83m,则楼层配线设备可每几层居中设一组?　(　　)

(A)9层　(B)7层

(C)5层　(D)3层

解答过程:

32. 若本建筑综合布线接地系统中存在有两个不同的接地体,其接地电位差(电压有效值)不应大于下列哪一项数值?　(　　)

(A)2Vr·m·s　(B)1Vr·m·s

(C)3Vr·m·s (D)4Vr·m·s

解答过程：

33. 设在弱电竖井中具有接地的金属线槽内敷设的综合布线电缆沿竖井内明敷设，当竖井内有容量有 8kV·A 的 380V 电力电缆平行敷设时，说明它们之间的最小净距应为下列哪一项数值？ ( )

(A)100mm (B)150mm
(C)200mm (D)300mm

解答过程：

34. 如果自弱电竖井配出至二层平面的综合布线专用金属线槽内设有 100 根直径为 6mm 的非屏蔽超五类电缆，则此处应选用下列哪种规格的金属线槽才能满足规范要求？ ( )

(A)75mm×50mm (B)100mm×50mm
(C)100mm×75mm (D)50mm×50mm

解答过程：

题 35～37：某 110kV 变电站接地网范围为 120m×150m，由 15m×15m 正方形网格组成，接地体为 $60\text{mm}\times 8\text{mm}^2$ 截面的镀锌扁钢，埋深 0.8m。已知土壤电阻率均为 $\rho=300\Omega\cdot\text{m}$，请回答下列问题。

35. 计算该接地网的工频接地电阻最接近下列哪一项数值？ ( )

(A)1.044Ω (B)1.057Ω (C)1.515Ω (D)0.367Ω

解答过程：

36. 若接地装置的接地电阻为 1Ω,110kV 有效接地系统计算用入地短路电流为 10kA,接地短路电流持续时间为 0.5s,最大接触电位差系数 $K_{tmax}=0.206$,计算最大接触电位差数值并判断下列哪一项是正确的? （ ）

(A)7940V,不满足要求 (B)2060V,满足要求
(C)2060V,不满足要求 (D)318.2V,满足要求

解答过程:

37. 若接地装置的接地电阻为 1Ω,110kV 有效接地系统计算用入地短路电流为 10kA,接地短路电流持续时间为 0.5s,最大跨步电位差系数 $K_{smax}=0.126$,计算最大跨步电位差数值并判断下列哪一项是正确的? （ ）

(A)8740V,不满足要求 (B)1260V,满足要求
(C)1260V,不满足要求 (D)543.1V,满足要求

解答过程:

题 38~40:某 10kV 架空配电线路设计采用钢筋混凝土电杆、铁横担、钢芯铝绞线,直线杆采用针式绝缘子,耐张杆采用悬式绝缘子组成的绝缘子串,请回答下列问题。

38. 假定某杆塔两侧档距为 90m 和 100m,与之对应的高差角分别为 15°和 20°,请计算该杆塔的水平档距与下面哪个值最接近? （ ）

(A)95m (B)100m
(C)105mm (D)110m

解答过程:

39. 一般情况下导线弧垂最低点的应力不应超过破坏应力的 40%,当导线弧垂最低点的应力为破坏应力的 40%时,说明导线悬挂点的最大应力可为下列哪一项数值?(以破坏应力为基准) （ ）

(A)34%　　(B)38%

(C)44%　　(D)48%

解答过程：

40.假定导线的破坏应力为260.29N/mm²,计算该导线最大使用应力应为下列哪一项数值？（　　）

(A)65.07N/mm²　　(B)74.37N/mm²

(C)86.76N/mm²　　(D)104.12N/mm²

解答过程：

2008年案例分析试题答案(下午卷)

题1~5答案:**DAABB**

1.《工业与民用供配电设计手册》(第四版)P5式(1.2-1)及P10式(1.4-3)。

起重机的有功功率:$P=2P_{\mathrm{r}}\sqrt{\varepsilon_{\mathrm{r}}}=2\times22\times\sqrt{0.2}=19.7\mathrm{kW}$

总计算功率:$P_{\mathrm{e}}=K_{\sum P}\sum(K_{\mathrm{x}}P_{\mathrm{e}})=0.8\times(50\times0.2+19.7\times0.1+7.5\times0.75+5\times0.75)=17.076\mathrm{kW}$

2.《工业与民用供配电设计手册》(第四版)P3式(1.4-4)、式(1.4-5)、式(1.4-6)。

$$Q_{\mathrm{c}}=K_{\sum p}\sum(K_{\mathrm{x}}P_{\mathrm{e}}\tan\varphi)=0.93\times[(50\times0.2+19.7\times0.1)\times1.73+(7.5+5)\times0.75\times0.75]=25.78\mathrm{kvar}$$

$$S_{\mathrm{c}}=\sqrt{P_{\mathrm{c}}^2+Q_{\mathrm{c}}^2}=\sqrt{21.5^2+25.78^2}=33.57\mathrm{kV\cdot A}$$

$$I_{\mathrm{c}}=\frac{S_{\mathrm{c}}}{\sqrt{3}U_{\mathrm{r}}}=\frac{33.57}{\sqrt{3}\times0.38}=51\mathrm{A}<69\mathrm{A}$$

3.《电力工程电缆设计规范》(GB 50217—2018)附录B式(B.0.1-1)。

$$S_{\mathrm{j}}=\frac{I_{\max}}{J}=\frac{55}{2}=27.5\mathrm{mm}^2$$

根据B.0.3-3要求,当电缆经济电流截面介于电缆标称截面档次时,可视其接近程度,选择较接近一档截面,且宜偏小选取。因此选择截面为$25\mathrm{mm}^2$。

4.《工业与民用供配电设计手册》(第四版)P382~P384式(5.6-10)及表5.6-7。

$$S_{\min}=\frac{\sqrt{Q_{\mathrm{t}}}}{c}\times10^3=\frac{I}{c}\sqrt{t}\times10^3=\frac{6.8}{137}\times\sqrt{0.4}\times10^3=31.4\mathrm{mm}^2$$

最小截面选择$35\mathrm{mm}^2$。

5.《工业与民用供配电设计手册》(第四版)P459式(6.2-5)。

$\Delta u=Pl\Delta u_{\mathrm{p}}=21.5\times0.05\times0.5\%=0.54\%$

题6~10答案:**CDADA**

6.《35kV~110kV变电站设计规范》(GB 50059—2011)第3.7.1条、第3.7.2条、第3.7.4条。

注:原题考查旧规范《35~110kV变电所设计规范》(GB 50059—1992)第3.3.2条、第3.3.3条、第3.3.4条。为了适合新规范,作者对题干作了必要修改。

7.《电力工程直流系统设计技术规程》(DL/T 5044—2014)第6.1.5条、附录C第C.2.3条。

满足事故全停电状态下的持续放电容量:

$$C_c = K_K \frac{C_{S.X}}{K_{CC}} = 1.25 \times \frac{9.09 + 4.54}{0.4} = 42.6\text{A·h}$$

注:旧规范题目,依据《电力工程直流系统设计技术规程》(DL/T 5044—2004)附录B.2.1.2式(B.1)。有关蓄电池容量计算方法,2014版新规范修正较大,但内容较之旧规范更为简洁,旧规范题目供考生参考。

8.《电力工程直流系统设计技术规程》(DL/T 5044—2014)第6.1.5条、附录C第C.2.3条。

事故放电初期(1min)承受冲击放电电流时,其冲击系数:

$$K_{cho} = K_K \frac{I_{cho}}{I_{10}} = 1.1 \times \frac{13.63}{\frac{100}{10}} = 1.5$$

注:旧规范题目,依据《电力工程直流系统设计技术规程》(DL/T 5044—2004)附录B.2.1.3式(B.2)。有关蓄电池容量计算方法,2014版新规范修正较大,但内容较之旧规范更为简洁,旧规范题目供考生参考。

9.《电力工程直流系统设计技术规程》(DL/T 5044—2014)第6.1.5条、附录C参考第C.2.3条。

任意事故放电阶段末期,承受随机(5s)冲击放电电流时,10h放电率电流倍数:

$$K_{chm.x} = K_K \frac{I_{chm}}{I_{10}} = 1.1 \times \frac{98}{10} = 10.78$$

注:旧规范题目,依据《电力工程直流系统设计技术规程》(DL/T 5044—2004)附录B.2.1.3式(B.5)。有关蓄电池容量计算方法,2014版新规范修正较大,但内容较之旧规范更为简洁,旧规范题目供考生参考。

10.《电力工程直流系统设计技术规程》(DL/T 5044—2014)附录E。

电缆计算截面:$S_{cac} = \frac{\rho \cdot 2LI_{ca}}{\Delta U_p} = \frac{0.031 \times 2 \times 90 \times 98}{8} = 68.35\text{mm}^2$

注:VLV电缆为铝芯聚氯乙烯绝缘聚氯乙烯护套电力电缆。

题11~14答案:**BACB**

11.《电能质量　供电电压允许偏差》(GB/T 12325—2008)第4.1条。

12.《供配电系统设计规范》(GB 50052—2009)第6.0.2条。

13.《工业与民用供配电设计手册》(第四版)P36~P37式(1.11-5)、式(1.11-7)。

由 $\cos\varphi_1 = 0.75$,得 $\tan\varphi_1 = 0.882$;由 $\cos\varphi_2 = 0.95$,得 $\tan\varphi_2 = 0.329$。

$$Q_c = \alpha_{av} P_c (\tan\varphi_1 - \tan\varphi_2) = 1 \times 6000 \times (0.882 - 0.329) = 3318\text{kvar}$$

14.《工业与民用供配电设计手册》(第四版)P459式(6.2-5)。

由 $\cos\varphi_1 = 0.8$,得 $\tan\varphi_1 = 0.75$。

线路电压损失：$\Delta u=\frac{Pl}{10U_n^2}(R'+X\tan\varphi)=\frac{1500\times 5}{10\times 10^2}\times(0.285+0.392\times 0.75)=4.3425$

题 15~19 答案：**CCACC**

15.《照明设计手册》(第三版)P320 中要求最下排的投光灯至场地中央与地面夹角宜不小于 25°。

$h=l\tan\varphi=103\times\tan 25°=48\text{m}$

16.《照明设计手册》(第三版)P160 式(5-66)。

需要灯具的数量：$E_{av}=\frac{N\Phi U\eta k}{A}$

$$N=\frac{E_{av}A}{\Phi U\eta k}=\frac{1600\times 17360}{200000\times 0.8\times 0.8\times 0.7}=310$$

总功率：$\sum P=310\times 2\times(1+10\%)=682\text{kW}$

17.《照明设计手册》(第三版)P162 式(5-76)。

$$\sin\delta=\frac{\sqrt{(85-25)^2+(58.2-10)^2}}{\sqrt{(85-25)^2+(58.2-10)^2+(50-0)^2}}=0.839$$

$$E_{v1}=\frac{I_{(\alpha,\beta)}\sin\delta}{(x_P-x)^2+(y_P-y)^2+(z_P-z)^2}$$

$$=\frac{2100000\times 0.839}{(-25+85)^2+(10-58.2)^2+(0-50)^2}=209.17\text{lx}$$

考虑维护系数：$E_v=E_{v1}\times 0.7=209.17\times 0.7=146.45\text{lx}$

18.《照明设计手册》(第三版)P7 式(1-9)、P145 式(5-39)。

室形指数：$\text{RI}=\frac{ab}{h(a+b)}=\frac{12\times 6}{(3.42-0.75)\times(12+6)}=1.5$

根据题中表格查得利用系数为 0.61。

房间平均照度：$E_{av}=\frac{N\Phi Uk}{A}=\frac{16\times 2850\times 0.61\times 0.8}{12\times 6}=309.1\text{lx}$

19.《工业与民用供配电设计手册》(第四版)P811 表 9.2-3。

按中性线电流选择截面：$I=\frac{180\times 0.4\times 3}{0.86}=251\text{A}<283\text{A}$

故选择截面为 120mm^2。

题 20~24 答案：**DDADB**

20.《电气传动自动化技术手册》(第三版)P359 式(4-2)。

$n_0=\frac{n_0-n}{n_0}=\frac{470-465}{465}=1.08\%$

注：《电气传动自动化技术手册》(第二版)(早期印刷)P281 式(4-2)的公式有误，第三版中已修正。

21.《钢铁企业电力设计手册》(下册)P402。

对于不可逆系统:

$\sqrt{3}U_2 = (0.95 \sim 1.0)U_{ed} = (0.95 \sim 1.0) \times 660 = 627 \sim 660V$

因此,$U_{ed} = 364 \sim 381.5V$。

22.《钢铁企业电力设计手册》(下册)P401 及 P402 表 26-18。

$U_d = AU_2\beta\cos\alpha = 2.34 \times 390 \times 0.95 \times 0.866 = 750.8V$

23.《电气传动自动化技术手册》(第三版) P504 式(6-50)及 P497 表 6-6。

星形接线-二次(阀侧)相电流:$I_{v\Phi} = K_{1V}I_{dN} = 0.816 \times 2500 = 2040A$。星形接线:相电流=线电流。

其中 K_{1V} 取自表 6-6 中三相全桥接法对应的变压器阀侧相电流计算系数。

三角形接线-二次(阀侧)相电流:$I'_{v\Phi} = \dfrac{I_{v\Phi}}{\sqrt{3}} = \dfrac{2040}{\sqrt{3}} = 1178A$

24.《电气传动自动化技术手册》(第二版)P426 式(6-55)和式(6-56)。

$$K_{st} = \frac{1}{2K_{UV}}(m_1K_{1L} + m_2K_{1V}) = \frac{1}{2 \times 2.34} \times (3 \times 0.816 + 3 \times 0.816) = 1.046$$

$S_t = K_{UV}U_{dO}I_{dN} = 1.046 \times 800 \times 2500 = 2092kV \cdot A$

题 25 ~29 答案:**CDABD**

25.《电能质量　公用电网谐波》(GB/T 14549—1993)第 3.1 条,公共连接点:用户接入公用电网的连接处。

26.《电能质量　公用电网谐波》(GB/T 14549—1993)第 3.1 条,公共连接点:用户接入公用电网的连接处。

27.《电能质量　公用电网谐波》(GB/T 14549—1993)第 5.1 条及表 2,附录 B 式(B1)。

查表 2 可知,7 次谐波允许值为 6.8A(基准短路容量为 750MV·A)。

$$I_h = \frac{S_{h1}}{S_{h2}}I_{hp} = \frac{1500}{750} \times 6.8 = 13.6A$$

28.《电能质量　公用电网谐波》(GB/T 14549—1993)附录 C 式(C6)。

$$I_{hi} = I_h\left(\frac{S_i}{S_t}\right)^{\frac{1}{\alpha}} = 17.6 \times \left(\frac{15}{25}\right)^{\frac{1}{1.4}} = 12.22A$$

29.《工业与民用供配电设计手册》(第四版)P495 表 6.7-1。

两台设备的各 7 次谐波电流:$I_{h1} = I_{h2} = I_1 \times 14\% = 225 \times 0.14 = 31.5A$

《电能质量　公用电网谐波》(GB/T 14549—1993)附录 C 式(C5)及式(C2)。

10kV 母线的设备谐波电流:$I_{h10} = \sqrt{I_{h1}^2 + I_{h2}^2 + K_hI_{h1}I_{h2}} = \sqrt{31.5^2 + 31.5^2 + 0.72 \times 31.5^2} = 52A$

35kV 母线的设备谐波电流：$I_{h35}=\frac{I_{10}}{n_T}=\frac{52}{3.5}=14.86\text{A}$

公共连接点(35kV)的谐波含有率：$\text{HRU}_h=\frac{\sqrt{3}U_NhI_h}{10S_k}=\frac{\sqrt{3}\times35\times7\times14.86}{10\times500}=$ 1.26%

注：此题引用《工业与民用供配电设计手册》(第四版)P495 表 6.7-1 数据，结果有微小误差。也可用《电气传动自动化技术手册》(第二版)P737 式(11-13)计算。

题 30～34 答案：**ADBDC**

30.《民用建筑电气设计规范》(JGJ 16—2008)第 21.2.3 条：每 4～10m² 设一对点位。

信息插座数量：$N=\frac{1200}{4\sim10}=120\sim300$ 个，故最少为 120 个。

31.《综合布线系统工程设计规范》(GB 50311—2007)第 3.2.3 条：综合布线系统信道水平线缆最长为 90m，建筑层高为 5m，$83+1\times5=88\text{m}<90\text{m}$，因此每 3 层设一组。

32.《综合布线系统工程设计规范》(GB 50311—2007)第 7.0.4 条。

如布线系统的接地系统中存在两个不同的接地体，其接地电位差不应大于 1Vr·m·s。

33.《综合布线系统工程设计规范》(GB 50311—2007)第 7.0.1 条及表 7.0.1-1 综合布线电缆与电力电缆的间距。

34.《综合布线系统工程设计规范》(GB 50311—2007)第 6.5.6 条：布防缆线在线槽内的截面利用率为 30%～50%。

线缆总截面积：$S=100\times\frac{\pi d^2}{4}=100\times\frac{\pi\times6^2}{4}=2826\text{mm}^2$

线槽截面积：$S_c=\frac{2826}{0.3\sim0.5}=5652\sim9420\text{mm}^2$

因此 $100\times75=7500\text{mm}^2$ 在此区间范围内。

题 35～37 答案：**ACC**

35.《交流电气装置的接地设计规范》(GB/T 50065—2011)附录 A 第 A.0.3 条。

各算子：$L_0=2\times(120+150)=540$，$L=11\times120+9\times150=2670$，$S=120\times150=18000$，$h=0.8$，$\rho=300$，$d=0.03$

$$\alpha_1=\left(3\ln\frac{L_0}{\sqrt{S}}-0.2\right)\frac{\sqrt{S}}{L_0}=\left(3\times\ln\frac{540}{\sqrt{18000}}-0.2\right)\times\frac{\sqrt{18000}}{540}=0.9879$$

$$B=\frac{1}{1+4.6\frac{h}{\sqrt{S}}}=\frac{1}{1+4.6\times\frac{0.8}{\sqrt{18000}}}=0.9733$$

$$R_e=0.213\frac{\rho}{\sqrt{S}}(1+B)+\frac{\rho}{2\pi L}\left(\ln\frac{S}{9hd}-5B\right)$$

$$=0.213\times\frac{300}{\sqrt{18000}}\times(1+0.9733)+\frac{300}{2\pi\times2670}\times\left(\ln\frac{18000}{9\times0.8\times0.03}-5\times0.9733\right)$$

$$=0.9410+0.0179\times6.4641=1.0567$$

$$R_n=\alpha_1R_e=0.9879\times1.0567=1.0439\Omega$$

注:该题计算过程极为烦琐,但无应用价值。

36.《交流电气装置的接地设计规范》(GB/T 50065—2011)附录D及第4.2.2条式(4.2.2-1)(表层衰减系数取1)。

最大接触电位差:$U_{tmax}=k_{tmax}U_g=0.206\times10\times10^3\times1=2060V$

最大接触电位差限值:$U_t=\frac{174+0.17\rho}{\sqrt{t}}=\frac{174+0.17\times300}{\sqrt{0.5}}=318.2V<U_{tmax}$

不满足要求。

注:原题考查行业标准《交流电气装置的接地》(DL/T 621—1997)附录B式(B3)、式(B4)及第3.4条,行规无"表层衰减系数"参数。

37.《交流电气装置的接地设计规范》(GB/T 50065—2011)附录D及第4.2.2条式(4.2.2-2)(表层衰减系数取1)。

最大跨步电位差:$U_{smax}=k_{smax}U_g=0.126\times10\times10^3\times1=1260V$

最大跨步电位差限值:$U_s=\frac{174+0.7\rho}{\sqrt{t}}=\frac{174+0.7\times300}{\sqrt{0.5}}=543V<U_{smax}$

不满足要求。

注:原题考查行业标准《交流电气装置的接地》(DL/T 621—1997)附录B式(B3)、式(B7)及第3.4条,行规中无"表层衰减系数"参数。

题38~40答案:**BCD**

38.《钢铁企业电力设计手册》(上册)P1064式(21-14)。

$$l_h=\frac{\left(\frac{l_1}{\cos\beta_1}+\frac{l_2}{\cos\beta_2}\right)}{2}=\frac{\left(\frac{90}{\cos15^\circ}+\frac{100}{\cos20^\circ}\right)}{2}=\frac{(92.56+105.15)}{2}=99m$$

39.《钢铁企业电力设计手册》(上册)P1064中"极大档距:弧垂最低点应力不得超过破坏应力的40%,而悬挂点应力可较弧垂最低点应力高10%,即不得超过破坏应力的44%"。

40.《钢铁企业电力设计手册》(上册)P1065式(21-17)。

最大使用应力:$\sigma_m=\frac{\sigma_n}{F}=\frac{260.29}{2.5}=104.12N$

注:题干要求为最大使用应力,电线的安全系数F应取允许范围内的最小值。

2009 年

注册电气工程师(供配电)执业资格考试

专业考试试题及答案

2009 年专业知识试题(上午卷)/214
2009 年专业知识试题答案(上午卷)/227

2009 年专业知识试题(下午卷)/234
2009 年专业知识试题答案(下午卷)/246

2009 年案例分析试题(上午卷)/253
2009 年案例分析试题答案(上午卷)/263

2009 年案例分析试题(下午卷)/267
2009 年案例分析试题答案(下午卷)/280

2009年专业知识试题(上午卷)

一、单项选择题(共40题,每题1分,每题的备选项中只有1个最符合题意)

1. 易燃物质可能出现的最高浓度不超过爆炸下限的哪一项数值,可划为非爆炸危险区域? (　　)

(A)5%　　(B)10%
(C)20%　　(D)30%

2. 在爆炸性气体环境1区、2区内,引向电压为1000V以下笼型感应电动机支线的长期允许载流量不应小于电动机额定电流的多少倍? (　　)

(A)1.1　　(B)1.25
(C)1.4　　(D)1.5

3. 二级负荷的供电系统,宜由两回路线路供电,在负荷供电较小或地区供电条件困难时,规范规定二级负荷可由下列哪一项数值的一回专用架空线路供电? (　　)

(A)1kV及以上　　(B)3kV及以上
(C)6kV及以上　　(D)10kV及以上

4. 民用建筑中初步设计及施工图设计阶段,负荷计算宜采用下列哪种方法? (　　)

(A)变值系数法　　(B)需要系数法
(C)利用系数法　　(D)单位指标法

5. 某大型企业几个车间负荷均较大,当供电电压为35kV,能减少变、配电级数,简化接线且技术经济合理时,配电电压宜采用下列哪个电压等级? (　　)

(A)380/220V　　(B)6kV
(C)10kV　　(D)35kV

6. 35kV变电站主接线一般有分段单母线、单母线、外桥、内桥、线路变压器组几种形式,下列哪种情况宜采用外桥接线? (　　)

(A)变电站有两回电源线和两台变压器,供电线路较短或需经常切换变压器
(B)变电站有两回电源线和两台变压器,供电线路较长或不需经常切换变压
(C)变电站有两回电源线和两台变压器,且35kV配电装置有一至二回路转送负荷线路

(D)变电站有一回电源线和一台变压器

7. 在TN及TT系统接地形式的低压电网中，当选用Y，yn0接线组别的三相变压器时，其中任何一相的电流在满载时不得超过额定电流值，而由单相不平衡负载引起的中性点电流不得超过低压绕组额定电流的多少？（ ）

(A)30%　(B)25%　(C)20%　(D)15%

8. 供配电系统设计中，在正常情况下，电动机端子处电压偏差允许值（以额定电压百分数表示）哪一项符合规定？（ ）

(A) +10%，-10%　(B) +10%，-5%

(C) +5%，-5%　(D) +5%，-10%

9. 9.35～110kV变电站设计中，设置了35kV并联电容器装置，有关装置内保护单台电容器的外熔断器的额定电流，下列哪一项要求是正确的？（ ）

(A)按电容器额定电流的1.05倍选择

(B)按电容器组额定电流的1.1倍选择

(C)按电容器组额定电流的1.3倍选择

(D)按电容器组额定电流的1.5倍选择

10. 在110kV及以下变电所设计中，35kV配电装置单列布置，当采用35kV手车式高压开关柜时，柜后通道不宜小于下列哪一项数值？（ ）

(A)0.6m　(B)0.8m

(C)1.0m　(D)1.2m

11. 直埋35kV及以下电力电缆与事故排油管交叉时，它们之间的最小垂直净距为下列哪一项数值？（ ）

(A)0.25m　(B)0.3m

(C)0.5m　(D)0.7m

12. 某爆炸性气体环境易燃物质的比重大于空气比重，问这种情况下位于爆炸危险区附加2区附近的变电所、配电所室内地面应高出室外地面多少？（ ）

(A)0.3m　(B)0.4m

(C)0.5m　(D)0.6m

13. 某35kV屋外充油电气设备，单个油箱的油量为1200kg，设置了能容纳100%油量的储油池。下列关于储油池的做法，哪一组符合规范规定的要求？（ ）

(A)储油池的四周高出地面120mm，储油池内铺设了厚度为200mm的卵石层，其卵石直径为50～60mm

(B)储油池的四周高出地面100mm，储油池内铺设厚度为150mm的卵石层，其卵石直径为60～70mm

(C)储油池的四周高出地面80mm，储油池内铺设了厚度为250mm的卵石层，其卵石直径为40～50mm

(D)储油池的四周高出地面200mm，储油池内铺设了厚度为300mm的卵石层，其卵石直径为60～70mm

14. 某110kV用户变电站由地区电网(无限大电源容量)受电，有关系统接线和元件参数如右图所示，在最大运行方式下，图中 k 点的三相短路电流最接近下列哪个数值？ ( )

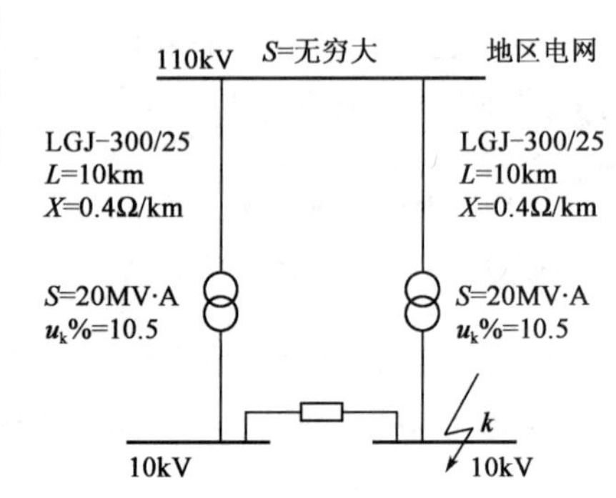

(A)20.83kA

(B)19.81kA

(C)10.41kA

(D)9.91kA

15. 一台额定电压为10.5kV，额定电流为2000A的限流电抗器，其阻抗电压为 $X_k=8$，则该电抗器电抗标幺值应为下列哪一项数值？($S_j=100\text{MV·A}$，$U_j=10.5\text{kV}$) ( )

(A)0.2199　　(B)0.002

(C)0.3810　　(D)0.004

16. 高压并联电容器断路器的选择，下列哪项规定是不正确的？ ( )

(A)断路器合闸时，触头弹跳时间应小于2ms，分闸时，触头弹跳距离应小于开关断口间距的15%

(B)断路器开断时不应重击穿

(C)断路器应具备频繁操作的性能

(D)能承受关合涌流、工频短路电流及电容器高频涌流的联合作用

17. 10kV配电所专用电源线的进线开关可采用能够隔离开关的条件为下列哪一项？ ( )

(A)无继电保护

(B)无自动装置要求

(C)出线回路为1回

(D)无自动装置和继电保护要求，出线回路少且无须带负荷操作

18. 在设计110kV变电站主接线时，当110kV线路为8回时，宜采用下列哪种接线？ ( )

(A)具有旁路母线接线　　(B)单母线

(C)双母线　　(D)单母线分段

19. 在民用建筑中,关于高、低压电器的选择,下列哪一项描述是错误的?　(　　)

(A)对于电压为0.4kV系统,变压器低压侧开关宜采用断路器

(B)配变电所电压10(6kV)的母线分段处,宜装设与电源进线开关相同型号的断路器

(C)采用电压为10(6kV)固定式配电装置时,应在电源侧装设隔离电器

(D)两个配变电所之间的电气联络线,当联络容量较大时,应在两侧装设带保护的负荷开关电器

20. 主保护装置整定采用0.5s延时速断,断路器开断时间为0.08s,断路器燃弧持续时间为0.01s,根据规范规定校验导体电流热效应的计算时间是下列哪一项数值?

(　　)

(A)0.08s　　(B)0.5s

(C)0.58s　　(D)0.59s

21. 在室外实际环境温度35℃、海拔高度2000m敷设的铝合金绞线,计及日照影响,规范规定其长期允许载流量的综合校正系数应为下列哪一项数值?　(　　)

(A)1.00　　(B)0.88

(C)0.85　　(D)0.81

22. 建筑物内电缆沿煤气管道敷设时,下列哪一项配置符合规范规定?　(　　)

(A)电缆布置在煤气管上方

(B)电缆布置在煤气管下方

(C)电缆与煤气管并排平行布置

(D)电缆布置不受限制

23. 一根1kV标称截面240mm^{2}聚氯乙烯四芯电缆直埋敷设的环境为:湿度大于4%但小于7%沙土,环境温度30℃,导体最高工作温度70℃。根据规范规定此电缆实际允许载流量为下列哪一项数值?　(　　)

(A)219A　　(B)254A

(C)270A　　(D)281A

24. 有关两座10kV配电所之间的联络线两侧采用开关的类型选择,下列说法哪一个是正确的?　(　　)

(A)应在联络线两侧配电所装设隔离开关

(B)应在联络线一侧配电所装设断路器

(C)应在联络线两侧配电所装设断路器

(D)应在联络线供电侧配电所装设断路器

25. 3kV及以上异步电动机和同步电动机设置的继电保护，下列哪一项不正确？（ ）

(A)定子绕组相间短路　(B)定子绕组单相接地

(C)定子绕组过负荷　(D)定子绕组过电压

26. 电力装置的继电保护设计中，作为远后备保护的电流保护，最小灵敏系数应为下列哪一项数值？（ ）

(A)1.2　(B)1.3　(C)1.5　(D)2.0

27. 三相电流不平衡的电力装置回路应装设三支电流表分别检测三相电流的条件是哪一项？（ ）

(A)三相负荷不平衡率大于5%的1200V及以上的电力用户线路

(B)三相负荷不平衡率大于10%的1200V及以上的电力用户线路

(C)三相负荷不平衡率大于15%的1200V及以上的电力用户线路

(D)三相负荷不平衡率大于20%的1200V及以上的电力用户线路

28. 在变电所直流电源系统设计时，关于直流电源系统负荷性质的分类，下列哪一项论述是不正确的？（ ）

(A)测量、自动装置属于控制类负荷

(B)远动、通信装置属于控制类负荷

(C)热工仪表信号、继电保护属于控制类负荷

(D)事故照明及断路器电磁操作的合闸机构属于动力类负荷

29. 在建筑物防雷设计中，当树木高于第一类防雷建筑物且不在接闪器保护范围内时，树木和建筑物之间的净距不应小于下列哪一项数值？（ ）

(A)3m　(B)4m　(C)5m　(D)6m

30. 在建筑物防雷设计中，当采用独立避雷针保护第一类防雷建筑物时，若避雷针接地装置的冲击电阻 $R_i=10\Omega$，被保护建筑物的计算高度 $h_x=20m$，避雷针至建筑物之间空气中的最小距离为下列哪一项数值？（ ）

(A)3.2m　(B)3.8m　(C)4.0m　(D)4.8m

31. 在多雷区，经变压器与架空线连接的非旋转电机，下列关于在其电机出线上装设避雷器的说法哪一项是正确的？（ ）

(A)如变压器高压侧标称电压为110kV及以下，宜装设一组旋转电机MOA

(B)如变压器高压侧标称电压为66kV及以下,宜装设一组旋转电机MOA
(C)如变压器高压侧标称电压为66kV及以上,宜装设一组旋转电机MOA
(D)如变压器高压侧标称电压为110kV及以上,宜装设一组旋转电机MOA

32. 某建筑物入口为防雷跨步电压,下述哪项做法不符合规范规定? ( )

(A)引下线3m范围内地表层的电阻率不小于50kΩ·m,或敷设5cm厚沥青层或15cm厚砾石层
(B)用网状接地装置对地面做均衡电位处理
(C)用护栏、警告牌使进入距引下线5m范围内地面的可能性减小到最低限度
(D)利用建筑物金属构架和建筑物互相连接的钢筋在电气上是贯通且不少于10根柱子组成的自然引下线,作为自然引下线的柱子包括位于建筑物四周和建筑物内的

33. 规范规定下列哪一项电气装置的外露可导电部分可不接地? ( )

(A)交流额定电压110V及以下的电气装置
(B)直流额定电压110V及以下的电气装置
(C)手持式或移动式电气装置
(D)I类照明灯具的金属外壳

34. 航空障碍标志灯的设置应符合相关规定,当航空障碍灯用于高出地面90m时,其障碍标志灯类型和灯光颜色应为下列哪一项? ( )

(A)高光强,航空白色
(B)低光强,航空红色
(C)中光强,航空白色
(D)中光强,航空红色

35. 手术室的一般照明在手术台四周布置,应采用不积灰尘的洁净灯具,光源一般选用下列哪一项色温的直管荧光灯? ( )

(A)3000K　　(B)5000K
(C)6000K　　(D)6500K

36. 在PLC选型中,有关模块的选择,下列哪一项描述是错误的? ( )

(A)在选择CPU模块时要注意其响应时间、运算速度和内存的大小
(B)当随主板提供的RAM存储区和用户程序存储区不够用时,可选择存储卡扩展容量
(C)为适应现场某些特殊控制需要,可选择带微处理器(CPU)的存储器等能独立完成赋予任务的特殊功能模块,不占用主CPU资源

(D)特殊功能模块包括高速计算模块、PID 调节模块、定位模块、模拟量输入及输出模块

37. 在交流电动机、直流电动机的选择中,下列哪一项是直流电动机的优点? ( )

(A)启动及调速特性好
(B)价格便宜
(C)维护方便
(D)电动机的结构简单

38. 在建筑设备监控系统中选用温度传感器的量程,下列哪一项符合规范要求? ( )

(A)测点温度 1~1.2 倍
(B)测点温度 1~1.5 倍
(C)测点温度 1.2~1.3 倍
(D)测点温度 1.2~1.5 倍

39. 安全防范系统的线缆敷设,下列哪项符合规范的要求? ( )

(A)明敷设的信号线路与具有强磁场、强电场的电气设备之间的净距离,宜大于 0.8m
(B)电缆和电力线平行或交叉敷设时,其间距不得小于 0.5m
(C)应对不同系统线缆分设缆沟进行隔离设计
(D)线缆穿管敷设截面利用率不应大于 40%

40. 设计通过市区的 35kV 架空电力线路时,如果两侧屏蔽物的平均高度大于杆塔高度,此时最大设计风速宜比当地最大设计风速减少多少? ( )

(A)10%
(B)15%
(C)20%
(D)30%

二、多项选择题(共 30 题,每题 2 分。每题的备选项中有 2 个或 2 个以上符合题意。错选、少选、多选均不得分)

41. 在电击防护的设计中,采用下列哪些措施可兼作直接接触防护和间接接触防护? ( )

(A)安全特低电压 SELV
(B)保护特低电压 PELV
(C)自动切断电源
(D)总等电位联结

42. 在爆炸性气体环境中,为防止爆炸性气体混合物的形成或缩短爆炸性气体混合物滞留时间,下列措施哪些是正确的? ( )

(A)工艺装置宜采取露天或开敞式布置
(B)设置机械通风装置

(C)在爆炸危险环境内设置正压室

(D)在区域内易形成和积聚爆炸性气体混合物的地点设置自动测量仪表装置，当气体或蒸汽浓度接近爆炸下限值时，应能可靠发出信号或切断电源

43. 自备柴油发电机组布置在地下一层，应有哪些环保措施？ ( )

(A)防潮 (B)防火

(C)消声 (D)减震

44. 关于民用建筑中的二级负荷，下列哪些项表述是正确的？ ( )

(A)地、市级办公楼中的主要办公室、会议室、总值班室照明

(B)水运客运站通信、导航设施

(C)四星级以上宾馆的饭店客房照明

(D)大型商场及超市的自动扶梯、空调用电

45. 关于单个气体放电灯设备功率，下列哪些表述是正确的？ ( )

(A)荧光灯采用普通型电感镇流器时，荧光灯的设备功率为荧光灯管的额定功率加25%

(B)荧光灯采用节能型电感镇流器时，荧光灯的设备功率为荧光灯管的额定功率加10% ~15%

(C)荧光灯采用电子型镇流器时，荧光灯的设备功率为荧光灯管的额定功率加10%

(D)荧光高压汞灯采用节能型电感镇流器时，荧光高压汞灯的设备功率为荧光灯管的额定功率加6% ~8%

46. 在电压为63kV及110kV的配电装置中，关于接地刀闸的装设，下列哪几项表述是正确的？ ( )

(A)每段母线上应装设接地刀闸

(B)只需要在其中一段母线上装设接地刀闸

(C)在断路器两侧隔离开关的断路器侧宜装设接地刀闸

(D)线路隔离开关的线路侧不宜装设接地刀闸

47. 关于爆炸性环境电气设备的选择，下列哪些项符合规定？ ( )

(A)安装在爆炸性粉尘环境中的电气设备，应采用措施防止热表面点可燃性粉尘层引起的火灾危险

(B)选用的防爆电气设备的级别和组别，不应低于该爆炸性气体环境内爆炸气体混合物的级别和组别

(C)当存在有两种以上易燃性物质形成的爆炸性气体混合物时，应按危险程度较高的级别和组别选用防爆电气设备

(D)电气设备的结构应满足电气设备在规定的运行条件下不降低防爆性能的要求

48. 在110kV及以下供配电系统无功补偿设计中,考虑并联电容器分组时,应满足下列哪些要求? ( )

(A)分组电容器投切时,不应产生谐振
(B)适当增加分组组数和减少分组容量
(C)应与配套设备的技术参数相适应
(D)应满足电压偏差的允许范围

49. 下列关于10kV变电所并联电容器装置设计方案中,哪几项不符合规范要求? ( )

(A)高压电容器组采用中性点接地的星形接线
(B)单台高压电容器设置专用熔断器作为电容器内部故障保护,熔丝额定电流按电容器额定电流的2.0倍考虑
(C)因电容器组容量较小,高压电容器装置设置在高压配电室内,与高压配电装置的距离不小于1.0m
(D)如果高压电容器装置设置在单独房间内,成套电容器柜单列布置时,柜正面与墙面距离不应小于1.5m

50. 下列关于35kV配电装置室对建筑物的要求中,哪几项是错误的? ( )

(A)配电装置室的耐火等级不应低于三级
(B)配电装置室应设防火门,并应向外开启
(C)充油电气设备间的门若开向不属于配电装置范围的建筑物内,其门应为非燃烧体或难燃烧体的实体门
(D)配电装置室按事故排烟要求装设事故通风装置,GIS配电装置室可不设通风、排风装置

51. 关于爆炸性气体环境电气设备的选择,下列哪些项是符合规范要求的? ( )

(A)根据爆炸性危险区域的分区、电气设备的种类和防爆结构的要求,应选择相应的电气设备
(B)选用的防爆电气设备的级别和组别,不应高于该爆炸气体环境内爆炸性气体混合物的级别和组别
(C)当存在两种以上易燃性物质形成的爆炸性气体混合物时,危险程度较高的级别和组别应该选用防爆电气设备
(D)电气设备的结构应满足电气设备在规定的运行条件下不降低防爆性能的要求

52. 终端变电站中可采用下列哪些限制短路电流的措施? ( )

(A)变压器分列运行 (B)采用高阻抗变压器
(C)变电站母线装设并联电抗器 (D)采用大容量变压器

53. 供配电系统短路电流计算中,在下列哪些情况下,可不考虑高压异步电动机对短路峰值电流的影响? ( )

(A)在计算不对称短路电流时
(B)异步电动机与短路点之间已相隔一台变压器
(C)在计算异步电动机附近短路点的短路峰值电流时
(D)在计算异步电动机配电电缆处短路点的短路峰值电流时

54. 在选择高压电气设备时,下列哪些高压电气设备不需要校验额定电流与额定开断电流? ( )

(A)电压互感器 (B)母线
(C)隔离开关 (D)支柱绝缘子

55. 在1kV及以下电源中性点直接接地系统中,关于单相回路的电缆芯数的选择,下列哪些表述是正确的? ( )

(A)保护线与受电设备的外露可导电部位连接接地,保护线与中性线合用导体时,应选用两芯电缆
(B)保护线与受电设备的外露可导电部位连接接地,保护线与中性线各自独立时,应选用三芯电缆
(C)受电设备外露可导电部位的接地与电源系统接地各自独立时,应选用两芯电缆
(D)受电设备外露可导电部位的接地与电源系统接地不独立时,应选用四芯电缆

56. 规范要求室内裸导体敷设应按下列哪些使用环境条件校验? ( )

(A)环境温度 (B)风速和日照
(C)污秽 (D)海拔高度

57. 钢带铠装电缆应适应下列哪些情况? ( )

(A)鼠害严重的场所 (B)白蚁严重的场所
(C)敷设在电缆槽盒里 (D)为移动式电气设备供电

58. 电力变压器的保护装置应符合下列哪些要求? ( )

(A)8MV·A单独运行的变压器应装设纵联差动保护
(B)0.4MV·A及以上的车间内油浸式变压器,应装设瓦斯保护
(C)2MV·A及以上的变压器,当电流速断灵敏系数不符合要求时,宜装设纵联

差动保护

(D)6.3MV·A 及以上并联运行的变压器,应装设纵联差动保护

59. 某变电所向一单独经济核算单位供给 10kV 电源时,其馈电柜应装设下列哪些表计? ( )

(A)电流表 (B)电压表

(C)有功电能表 (D)无功电能表

60. 在变电站直流操作电源系统设计中,选择直流断路器时,直流断路器应满足下列哪些条件? ( )

(A)蓄电池出口回路应按事故停电时间的蓄电池放电率电流选择,应按事故放电时间冲击负荷放电电流校验保护动作的安全性,且应与直流馈线回路保护电器相配合

(B)电磁保护操作机构合闸回路的直流断路器,其额定电流应按大于合闸电流选择

(C)直流断路器断流能力应满足安装地点直流电源系统最大预期短路电流的要求

(D)各级断路器保护动作电流和动作时间应满足上、下级选择性配合,且应有足够的灵敏系数

61. 在建筑物防雷设计中,下列表述哪些是正确的? ( )

(A)架空接闪器和接闪网宜采用截面不小于 $25mm^2$ 的镀锌钢绞线

(B)除第一类防雷建筑物外,金属屋面的金属物宜利用其屋面作为接闪器,金属板应无绝缘被覆层

(C)当独立烟囱上采用热镀锌接闪环时,其圆钢直径不应小于 12mm,扁钢截面不应小于 $100mm^2$,其厚度不应小于 4mm

(D)当一座防雷建筑物中兼有第一、二、三类防雷建筑物,且第一类防雷建筑物的面积占建筑物总面积的 25% 及以上时,该建筑物宜确定为第一类防雷建筑物

62. 第三类防雷建筑物防直击雷,宜采用下列哪些措施? ( )

(A)在建筑物上装设避雷针

(B)设独立避雷针

(C)在建筑物上装设避雷带

(D)在建筑物上装设避雷带和避雷针的组合

63. 下列关于散流电阻和接地电阻说法,哪些是正确的? ( )

(A)散流电阻大于接地电阻

(B)散流电阻小于接地电阻
(C)通常可将散流电阻作为接地电阻
(D)两者无任何联系

64. 下列哪些项严禁保护接地? ( )

(A)I 类照明灯具的外露可导电部分
(B)采用不接地的局部等电位联结保护方式的所有电气设备外露可导电部分及外界可导电部分
(C)采用电气隔离保护方式的电气设备外露可导电部分及外界可导电部分
(D)采用双重绝缘及加强绝缘保护方式中的绝缘外护物里面的可导电部分

65. 在照明设计中应根据不同场所的照明要求选择照明方式,下列哪些项是正确的? ( )

(A)工作场所通常应设置一般照明
(B)同一场所内的不同区域有不同的照度要求,应采用不分区一般照明
(C)对于部分作业面照度要求较高,只采用一般照明不合理的场所,宜采用混合照明
(D)在一个工作场所内部不应只采用局部照明

66. 有关交流调速系统的描述,下列哪些项是错误的? ( )

(A)转子回路串电阻的调速方法为调转差率,用于绕线型异步电动机
(B)变极对数的调速方法为调转差率,用于绕线型异步电动机
(C)定子侧调压为调转差率
(D)液力耦合器及电磁转差离合器调速均为调电机转差率

67. 正确选择快速熔断器,可使晶闸管元件可得到保护,下述哪些是正确的? ( )

(A)快速熔断器的 I^2t 值应小于晶闸管元件允许的 I^2t 值
(B)快速熔断器的通断能力必须大于线路可能出现的最大短路电流
(C)快速熔断器分断时的电弧电压峰值必须小于晶闸管元件允许的反向峰值电压
(D)快速熔断器的额定电流应等于晶闸管元件本身的额定电流

68. 下列哪些叙述符合防烟、排烟设置的联动控制设计的规定? ( )

(A)排烟阀、送风口应与消防联动控制其工作状态
(B)排烟风机入口处的防火阀在 280℃关断后,不应联动停止排烟风机
(C)挡烟垂壁由其附近的专用感烟探测器组成的电路控制
(D)设于空调通风管出口的防火阀,应采用定温保护装置,并应在风温到达

90℃时动作阀门关闭

69. 入侵报警系统设计中,下列关于入侵报警系统的设置和选择,哪些符合规范的规定? ( )

(A)被动红外探测器的防护区内,不应有影响探测的障碍物
(B)红外、微波复合入侵探测器,应视为两种探测原理的探测装置
(C)采用室外双束或四束主动红外探测器,探测器最远警戒距离不应大于其最大射束距离的2/3
(D)门磁、窗磁开关应安装在普通门、窗的内上侧,无框门、卷帘门可安装在门下侧

70. 下列关于10kV架空电力线路路径选择的要求,哪些项符合规范的规定? ( )

(A)应避开洼地、冲刷地带、不良地质地区、原始森林区以及影响线路安全运行的其他区,不宜跨越房屋
(B)应减少与其他设施交叉,当与其他架空线路交叉时,其交叉点不应选在被跨越点的杆塔顶上
(C)不应跨越储存易燃、易爆物的仓库区域
(D)跨越一级架空弱电线路的交叉角应大于或等于30°

2009年专业知识试题答案(上午卷)

1. **答案**:B

依据:《爆炸危险环境电力装置设计规范》(GB 50058—2014)第3.2.2-2条。

2. **答案**:B

依据:《爆炸危险环境电力装置设计规范》(GB 50058—2014)第5.4.1-6条。

3. **答案**:C

依据:《供配电系统设计规范》(GB 50052—2009)第3.0.7条。

4. **答案**:B

依据:《工业与民用供配电设计手册》(第四版)P3"负荷计算法的选择"。单位面积功率法、单位指标法和单位产品耗电量法多用于设计的前期计算,如可行性研究和方案设计阶段;需要系数法、利用系数法多用于初步设计和施工图设计。

5. **答案**:D

依据:《供配电系统设计规范》(GB 50052—2009)第5.0.3条。

6. **答案**:A

依据:《工业与民用供配电设计手册》(第四版)P70~P71表2.4-6。外桥接线的适用范围:较小容量的发电厂;对一、二级负荷供电,并且变压器的切换较频繁或线路较短,故障率较少的变电所。此外,线路有穿越功率时,也宜采用外桥接线。

7. **答案**:B

依据:《供配电系统设计规范》(GB 50052—2009)第7.0.8条。

8. **答案**:C

依据:《供配电系统设计规范》(GB 50052—2009)第5.0.4-1条。

9. **答案**:C

依据:《35kV~110kV变电站设计规范》(GB 50059—2011)第3.4.2条及《并联电容器装置设计规范》(GB 50227—2017)第5.4.2条。

10. **答案**:C

依据:《3~110kV高压配电装置设计规范》(GB 50060—2008)第5.4.4条表5.4.4小注4。

11. **答案**:C

依据:《电力工程电缆设计规范》(GB 50217—2018)第5.3.5条及表5.3.5。

12. **答案**:D

依据:《爆炸危险环境电力装置设计规范》(GB 50058—2014)第5.3.5-2条。

13. **答案:**D

依据:《3~110kV高压配电装置设计规范》(GB 50060—2008)第5.5.3条。

14. **答案:**B

依据:无明确条文,可参考《工业与民用供配电设计手册》(第四版)P280~P281式(4.6-4)及表4.6-3。

线路阻抗标幺值:$X_l = X\dfrac{S_j}{U_j^2} = 0.4 \times 10 \times \dfrac{100}{115^2} = 0.03$

变压器阻抗标幺值:$X_T = \dfrac{u_k\%}{100} \cdot \dfrac{S_j}{S_{rT}} = \dfrac{10.5}{100} \times \dfrac{100}{20} = 0.525$

总短路阻抗标幺值:$X = X_l + X_T = 0.03 + 0.525 = 0.555$

短路电流有名值:$I_g = I_j \cdot I_* = \dfrac{5.5}{0.555/2} = 19.81\text{kA}$

15. **答案:**A

依据:《工业与民用供配电设计手册》(第四版)P281表4.6-3。

电抗器标幺值:$x_{*k} = \dfrac{x\%}{100} \cdot \dfrac{U_r}{\sqrt{3}I_r} \cdot \dfrac{S_j}{U_j^2} = 0.08 \times \dfrac{10.5}{\sqrt{3} \times 2} \times \dfrac{100}{10.5^2} = 0.2199$

16. **答案:**A

依据:《并联电容器装置设计规范》(GB 50227—2017)第5.3.1条及条文说明。

17. **答案:**D

依据:《20kV及以下变电所设计规范》(GB 50053—2013)第3.2.2条。

18. **答案:**C

依据:《35kV~110kV变电站设计规范》(GB 50059—2011)第3.2.4条。

19. **答案:**D

依据:《20kV及以下变电所设计规范》(GB 50053—2013)第3.2.15条、第3.2.5条、第3.2.10条、第3.2.6条。

20. **答案:**C

依据:《3~110kV高压配电装置设计规范》(GB 50060—2008)第4.1.4条。

21. **答案:**C

依据:《导体和电器选择设计技术规定》(DL/T 5222—2005)附录D表D.11。

22. **答案:**B

依据:《电力工程电缆设计规范》(GB 50217—2018)第5.1.10-2条。

注:煤气比空气轻。

23. **答案**:B

依据:《电力工程电缆设计规范》(GB 50217—2018)附录 D 表 D.0.1 和表 D.0.3。由表 D.0.1,温度校正系数:$K_1=0.94$。由表 D.0.3,土壤热阻校正系数:$K_2=0.87$。因此电缆实际允许载流量:$I=310\times0.87\times0.94=254\text{A}$。

注:表 D.0.3 注解 2,校正系数适用于采取土壤热阻系数为 1.2K · m/W 的情况,与题干条件一致,若不一致,还需再次校正。

24. **答案**:D

依据:《10kV 及以下变电所设计规范》(GB 50053—2013)第 3.2.6 条。

25. **答案**:D

依据:《电力装置的继电保护和自动装置设计规范》(GB/T 50062—2008)第 9.0.1条。

26. **答案**:A

依据:《电力装置的继电保护和自动装置设计规范》(GB/T 50062—2008)附录 B 表 B.0.1。

27. **答案**:B

依据:《电力装置电测量仪表装置设计规范》(GB/T 50063—2017)第 3.2.2-5 条。

28. **答案**:B

依据:《电力工程直流系统设计技术规程》(DL/T 5044—2014)第 4.1.1 条。

29. **答案**:C

依据:《建筑物防雷设计规范》(GB 50057—2010)第 4.2.5 条。

30. **答案**:D

依据:《建筑物防雷设计规范》(GB 50057—2010)第 4.2.1-5 条式(4.2.1-1)。

31. **答案**:B

依据:《交流电气装置的过电压保护和绝缘配合设计规范》(GB/T 50064—2014)第 5.6.12 条。

注:也可参考《交流电气装置的过电压保护和绝缘配合》(DL/T 620—1997)第 9.13 条。

32. **答案**:C

依据:《建筑物防雷设计规范》(GB 50057—2010)第 4.5.6-2 条。

33. **答案**:B

依据:《民用建筑电气设计规范》(JGJ 16—2008)第 12.3.3 条。

34. **答案**:C

依据:《民用建筑电气设计规范》(JGJ 16—2008)第 10.3.5 条表 10.3.5。

35. **答案**:B

依据:《照明设计手册》(第三版)P224“(5)手术室一般照明光源的色温应与手术无影灯光源的色温相接近,一般应选用色温5000K左右。”

注:参考《照明设计手册》(第二版)P287相关内容,色温从4500K修正为5000K。

36. **答案**:D

依据:《电气传动自动化技术手册》(第三版)P881~P884PLC选型相关内容。

注:也可参考《电气传动自动化技术手册》(第二版) P803~P806。

37. **答案**:A

依据:《钢铁企业电力设计手册》(下册)P7“电动机类型的选择”:交流电动机结构简单,价格便宜,维护方便,但启动及调速特性不如直流电机。因此当生产机械启动、制动及调速无特殊要求时,应采用交流电动机。

38. **答案**:D

依据:《民用建筑电气设计规范》(JGJ 16—2008)第18.7.1-2条。

39. **答案**:D

依据:《安全防范工程技术规范》(GB 50348—2018)第6.13.4条。

40. **答案**:C

依据:《66kV及以下架空电力线路设计规范》(GB 50061—2010)第4.0.11-3条。

---

41. **答案**:AB

依据:《低压配电设计规范》(GB 50054—2011)第5.3.1条。

42. **答案**:ABC

依据:《爆炸危险环境电力装置设计规范》(GB 50058—2014)第3.1.3-3条。

43. **答案**:CD

依据:《民用建筑电气设计规范》(JGJ 16—2008)第6.1.1-2条。

注:防潮不属于环保措施,而属于安全措施。

44. **答案**:ACD

依据:《民用建筑电气设计规范》(JGJ 16—2008)附录A-12。

45. **答案**:AC

依据:《工业与民用供配电设计手册》(第四版)P5表1.2-1。荧光灯采用普通型电感镇流器加25%,采用节能型电感镇流器加15%~18%,采用电子镇流器加10%;金属卤化物灯、高压钠灯、荧光高压钠灯用普通电感镇流器时加14%~16%,用节能型电感镇流器时加9%~10%。

46. **答案**:AC

依据:《3 ~ 110kV 高压配电装置设计规范》(GB 50060—2008)第 2.0.6 条、第 2.0.7 条。

47. **答案**:ABD

依据:《并联电容器装置设计规范》(GB 50227—2017)第 4.2.8 条。

48. **答案**:ACD

依据:《供配电系统设计规范》(GB 50052—2009)第 6.0.11 条。

49. **答案**:ABC

依据:《20kV 及以下变电所设计规范》(GB 50053—2013)第 5.2.1 条、第 5.2.4 条、第 5.3.1 条、第 5.3.3 条。

注:选项 B 描述的倍数值,但新规范有所修改;选项 C 中与高压配电装置的距离要求已取消。

50. **答案**:AD

依据:《3 ~ 110kV 高压配电装置设计规范》(GB 50060—2008)第 7.1.3 条、第 7.1.4 条、第 7.1.8 条、第 7.3.5 条。

51. **答案**:ABD

依据:《爆炸危险环境电力装置设计规范》(GB 50058—2013)第 5.2.2 条、第 5.2.3条。

52. **答案**:AB

依据:《35kV ~ 110kV 变电站设计规范》(GB 50059—2011)第 3.2.6 条。

53. **答案**:AB

依据:《工业与民用供配电设计手册》(第四版)P151。高压异步电动机对短路电流的影响,只有在计算电动机附近短路点的短路峰值电流时才予以考虑,下列情况下,可不考虑高压异步电动机对短路峰值电流的影响:①异步电动机与短路点的连接已相隔一个变压器;②在计算不对称短路电流时。

54. **答案**:AD

依据:《工业与民用供配电设计手册》(第四版)P311 表 5.1-1。

55. **答案**:AC

依据:《电力工程电缆设计规范》(GB 50217—2018)第 3.5.2 条。

注:选项 B 应为"宜"选用三芯电缆,而不是"应"。

56. **答案**:AD

依据:《导体和电器选择设计技术规定》(DL/T 5222—2005)第 7.1.2 条。

57. **答案**:AB

依据:《电力工程电缆设计规范》(GB 50217—2018)第3.4.4-1条、第3.4.3-3条、第3.4.4-3条、第3.4.5条。

58. **答案**:BD

依据:《电力装置的继电保护和自动装置设计规范》(GB/T 50062—2008)第4.0.2条、第4.0.3条。

59. **答案**:ACD

依据:《民用建筑电气设计规范》(JGJ 16—2008)第5.3.1条、第5.3.2条。

60. **答案**:ACD

依据:《电力工程直流系统设计技术规程》(DL/T 5044—2014)第6.5.2条。

61. **答案**:BC

依据:《建筑物防雷设计规范》(GB 50057—2010)第5.2.5条、第5.2.7-4条、第5.2.4条、第4.5.1-1条。

62. **答案**:ACD

依据:《建筑物防雷设计规范》(GB 50057—2010)第4.4.1条。

63. **答案**:BC

依据:《工业与民用供配电设计手册》(第四版)P1413"接地电阻的概念"。

流散电阻:电流自接地极的周围向大地流散所遇到的全部电阻。

接地电阻:接地极的流散电阻和接地极及其至总接地端子连接线电阻的总和,称为接地极的接地电阻。由于后者远小于流散电阻,可忽略不计,通常将流散电阻作为接地电阻。

64. **答案**:BCD

依据:《民用建筑电气设计规范》(JGJ 16—2008)第12.3.4条。

65. **答案**:ACD

依据:《建筑照明设计标准》(GB 50034—2013)第3.1.1条。

66. **答案**:BD

依据:《钢铁企业电力设计手册》(下册)P271表25-2。

67. **答案**:ABC

依据:《钢铁企业电力设计手册》(下册)P420"快速熔断器的选择"。

68. **答案**:AC

依据:《民用建筑电气设计规范》(JGJ 16—2008)第13.4.6条。

69. **答案**:ACD

依据:《民用建筑电气设计规范》(JGJ 16—2008)第 14.2.3 条。

70. **答案**:AC

依据:《66kV 及以下架空电力线路设计规范》(GB 50061—2010)第 3.0.3 条,其中“不宜跨越房屋”为旧规范条文。

2009年专业知识试题(下午卷)

一、单项选择题(共40题,每题1分,每题的备选项中只有1个最符合题意)

1. 对于易燃物质重于空气、通风良好且第二级释放源的主要生产装置区,以释放源为中心,半径为15m,地坪上的高度为7.5m及半径为7.5m,顶部与释放源的距离为7.5m的范围内,宜划分为爆炸危险区域的下列哪个区? ( )

(A)0区　(B)1区　(C)2区　(D)附加2区

2. 下列哪一项是一级负荷中特别重要负荷? ( )

(A)国宾馆中的主要办公室用电负荷
(B)铁路及公路客运站中的重要用电负荷
(C)特级体育场馆的应急照明
(D)国家级国际会议中心总值班室的用电负荷

3. 单项负荷均衡分配到三相,当单项负荷的总计算容量小于计算范围内三相对称负荷总计算容量的百分之多少时,应全部按三相对称负荷计算? ( )

(A)10%　(B)15%　(C)20%　(D)25%

4. 尖峰电流指单台或多台用电设备持续多长时间的最大负荷电流? ( )

(A)5s左右　(B)3s左右
(C)1s左右　(D)0.5s左右

5. 高压配电系统采用放射式、树干式、环式或其他组合方式配电,其放射式配电的特点在下列表述中哪一项是正确的? ( )

(A)投资少,事故影响范围大
(B)投资较高,事故影响范围较小
(C)切换操作方便、保护配置复杂
(D)运行比较灵活、切换操作不便

6. 变配电所中6~10kV母线的分段处,当属于下列哪种情况时,可只装设隔离电器? ( )

(A)事故时手动切换电源能满足要求
(B)需要带负载
(C)继电保护或自动装置无要求

(D)不需要带负载操作,同时对母线分段开关无继电保护或自动装置要求

7. 下列哪种应急电源,适用于允许中断供电时间为毫秒级的负荷? ( )

(A)快速自启动的发电机组
(B)UPS 不间断电源
(C)独立于正常电源的手动切换投入的柴油发电机组
(D)独立于正常电源的专用馈电线路

8. 关于变电所的变压器是否采用有载调压变压器,在下列表述中哪一项是不正确的? ( )

(A)110kV 变电所中的 110/35kV 降压变压器,直接向 35kV 电网送电时,应采用有载调压变压器
(B)3 5kV 降压变压器的主变电所,在电压偏差不能满足要求时应采用有载调压变压器
(C)35kV 降压变压器的主变电所,直接向 10kV 电网送电时,应采用有载调压变压器
(D)6kV 配电变压器不宜采用有载调压变压器,但在当地 6kV 电源电压偏差不能满足要求时,且用电单位有对电压要求严格的设备,经技术经济比较合理时,亦可采用 6kV 有载调压变压器

9. 当对电动机进行就地补偿时,应选用长期连续运行且容量较大的电动机配用电容器,电容器额定电流不应超过电动机励磁电流的多少? ( )

(A)70%　　(B)80%
(C)90%　　(D)100%

10. 在 110kV 及以下变电所设计中,当屋外油浸变压器之间需设置防火墙时,防火墙两端应分别大于变压器储油池的两侧各多少米? ( )

(A)0.5m　　(B)0.6m
(C)0.8m　　(D)1.0m

11. 民用建筑中,配电装置室及变压器门的宽度和高度宜按电气设备最大不可拆卸部件宽度和高度分别加多少米? ( )

(A)0.3m,0.5m　　(B)0.3m,0.6m
(C)0.5m,0.5m　　(D)0.5m,0.8m

12. 设计 35kV 屋外配电装置和选择导体、电器时的最大风速应如何确定? ( )

(A)离地 10m 高,30 年一遇 10min 平均最大风速
(B)离地 15m 高,30 年一遇 10min 平均最大风速

(C)离地 10m 高,30 年一遇 5min 平均最大风速
(D)离地 15m 高,30 年一遇 5min 平均最大风速

13. 变电所所区内的电缆多数敷设在沟、槽、管中,少数电缆采用直埋,下列有关电缆外护层的选择,哪一项不符合规范的要求? ( )

(A)直埋在流砂层的电缆,后采用钢丝铠装
(B)水下敷设不需铠装层承受拉力的电缆,可选用钢带铠装
(C)直埋在白蚁危害严重地区的塑料电缆没有尼龙外套时,可采用钢丝铠装
(D)敷设在保护管中的电缆应具有挤塑外套

14. 在选择导体和电气设备时,下面关于确定短路电流热效应计算时间的原则哪一项是错误的? ( )

(A)对导体(不包括电缆),宜采用主保护动作时间加相应断路器开断时间
(B)对电器,宜采用主保护动作时间加相应断路器开断时间
(C)对导体(不包括电缆),主保护有死区,可采用能对该死区起作用的后备保护时间
(D)对电器,宜采用后备保护动作时间加相应断路器开断时间

15. 某配电回路当选用的保护电器为符合《低压断路器》(JR 1284—1985)的低压断路器时,假设低压断路器瞬时或短延时过电流脱扣器的整定电流值为 2kA,那么该回路的短路电流值不应小于下列哪一项数值? ( )

(A)2.0kA (B)2.6kA (C)3.0kA (D)4.0kA

16. 有关 10kV 变电所对建筑的要求,下列哪一项是正确的? ( )

(A)高压配电室不应设自然采光窗
(B)低压配电室之间的门应能双向开启
(C)低压配电室不宜设自然采光窗
(D)高、低压配电室之间的门应向低压配电室方向开启

17. 3 ~ 110kV 屋外高压配电装置架构设计时,应考虑下列哪一项荷载的组合? ( )

(A)运行、地震、安装、断线 (B)运行、安装、检修、地震
(C)运行、安装、断线 (D)运行、安装、检修、断线

18. 若熔断器的标称电压为 6kV,则熔断器的最高电压为多少? ( )

(A)6.3kV (B)6.6kV (C)6.9kV (D)7.2kV

19. 10kV 负荷开关应具有切合电感、电容性小电流的能力,应能开断不超过多大的

电缆电容或限定长度的架空线充电电流？（　　）

(A)5A　　(B)10A

(C)15A　　(D)20kA

20. 根据规范规定，有环保要求时不应选用下列哪种电缆？（　　）

(A)聚氯乙烯绝缘电缆　　(B)聚乙烯绝缘电缆

(C)橡皮绝缘电缆　　(D)矿物绝缘电缆

21. 同一路径无防干扰要求的线路，可敷设于同一金属导管或金属槽盒内，金属导管或金属槽盒内导线的总截面不宜超过其截面积的多少，且导线不宜超过多少根？

（　　）

(A)60%,30　　(B)60%,40

(C)40%,30　　(D)40%,40

22. 电缆外的保护导体或不与相导体共处于同一外护物内的保护导体，下列有关截面积的表述哪些是错误的？（　　）

(A)有机械损伤防护时，铜导体截面不应小于 $2.5mm^2$

(B)有机械损伤防护时，铝导体截面不应小于 $16mm^2$

(C)无机械损伤防护时，铜导体截面不应小于 $2.5mm^2$

(D)无机械损伤防护时，铜导体截面不应小于 $16mm^2$

23. 规范规定双侧敷设、深度1200mm的电缆沟内通道净宽不宜小于下列哪一项数值？（　　）

(A)600mm　　(B)700mm

(C)800mm　　(D)900mm

24. 35～110kV变电所的二次接线设计中，下列哪一项要求不正确？（　　）

(A)隔离开关与相应的断路器之间应装设闭锁装置

(B)隔离开关与相应的接地刀闸之间应装设闭锁装置

(C)断路器两侧的隔离开关之间应装设闭锁装置

(D)屋内的配电装置应装设防止误入带电间隔的设施

25. 用于谐波测量的电流互感器，其准确度(级)应不低于下列哪一项数值？

（　　）

(A)0.5　　(B)1.0　　(C)1.5　　(D)2.0

26. 采用交流整流电源作为继电保护直流电源，直流母线电压在最大负荷时保护动作不应低于额定电压的多少？（　　）

(A)75%　　(B)80%

(C)85%　　(D)90%

27. 在变电所直流电源系统设计时,为控制负荷和动力负荷合并提供 DC220 电源的系统,在均衡充电情况下,直流母线电压应不高于下列哪个数值?（　　）

(A)268V　　(B)247.5V

(C)242V　　(D)192V

28. 在变电所直流电源系统设计时,下列哪种不是蓄电池容量的选择条件?（　　）

(A)满足事故初期直流电动机启动电流和其他冲击负荷电流的放电容量

(B)满足全厂(站)事故全停电时间内的放电容量

(C)满足事故初期直流电动机启动电流和其他冲击负荷电流的放电容量

(D)蓄电池标称容量应大于蓄电池计算容量最大值的 1.1 倍

29. 在建筑物防雷击电磁脉冲设计中,当无法获得设备的耐冲击电压时,220/380V 三相系统中设备绝缘耐冲击过电压额定值,下列哪个选用是正确的?（　　）

(A)家用电器、手提工具为 4kV

(B)配电线路和最后分支线路的设备为 4kV

(C)电缆、母线、分线盒、开关、插座等布线系统为 6kV

(D)永久接至固定装置的固定安装的电动机为 6kV

30. 当年雷击次数大于或等于 N 时,棉、粮及易燃大量集中露天堆场宜采用避雷针作为防直击雷的措施,关于雷击次数 N 和独立避雷针保护范围的滚球半径应取下列哪组数值?（　　）

(A)0.05,100m　　(B)0.05,600m

(C)0.012,60m　　(D)0.012,45m

31. 某地区海拔高度 800m,35kV 配电系统采用中性点不接地系统,35kV 配电设备相对地雷电冲击耐受电压的取值应为下列哪一项?（　　）

(A)95kV　　(B)118kV

(C)185kV　　(D)215kV

32. 高层建筑竖向电缆井道内的接地干线与相近楼板钢筋做等电位联结时,规范规定应不大于下列哪一项数值?（　　）

(A)10m　　(B)15m

(C)20m　　(D)30m

33. 在满足眩光限制和配光要求条件下,应选用效率高的灯具,当荧光灯灯具出光

型式选用格栅时，灯具效率不应低于下列哪一项数值？（ ）

(A)80% (B)70% (C)65% (D)50%

34. 为了对各种照明灯具的光强分布特性进行比较，灯具的光强分布曲线是按下列哪一项编制的？（ ）

(A)发光强度 1000cd (B)照度 1000lx
(C)光通量 1000lm (D)亮度 1000cd/m^2

35. 关于 PLC 编程语言的描述，下列哪一项是错误的？（ ）

(A)各 PLC 都有一套符合相应国际或国家标准的编程软件
(B)图形化编程语言包括功能块图语言、顺序功能图语言及梯形图语言
(C)顺序功能图语言是一种描述控制程序的顺序行为特征的图形化语言
(D)指令表语言是一种人本化的高级编程语言

36. 在 10/0.4kV 变压器为电动机供电时，当系统短路容量是变压器容量的 50 倍以上时，笼型电动机全压直接经常启动的最大电动机额定功率不宜大于电源变压器容量的多少？（ ）

(A)15% (B)20% (C)25% (D)30%

37. 在进行建筑设备监控系统网络层的配置时，下列哪一项不符合规范的规定？
（ ）

(A)控制器之间通信应为对等式直接数据通信
(B)当采用分布式智能输入、输出模块时，不可用软件配置的方法，把各个输入、输出点分配到不同的控制器中进行监控
(C)用双绞线作为传输介质
(D)控制器可与现场网络层的只能现场仪表和分布式智能输入、输出模块进行通信

38. 安全防范系统的集成设计中，下列哪项是不符合规范中各子系统间的联动或组合设计的规定？（ ）

(A)可通过独立设置的安全防范管理平台进行集成，但不能基于某一子系统的管理平台进行集成
(B)应采用适宜的接口方法和通信协议，保证信息的有效提取和及时送达
(C)宜支持系统配置连接多种客户端界面
(D)入侵和紧急报警系统的集成联网，应能通过统一的管理平台实现设备和信息的集中管控

39. 按规范规定，在移动通信信号室内覆盖系统中，基站接受端到系统的上行噪声

电平应小于下列哪一项数值？（　　）

(A) －100dBm　(B)100dBm　(C)120dBm　(D)－120dBm

40. 某66kV架空电力线路档距为140m，请计算导线与地线在档距中央的距离应大于或等于下列哪个数值？（　　）

(A)1.88m　(B)2.25m　(C)2.68m　(D)3.15m

二、多项选择题（共30题，每题2分。每题的备选项中有2个或2个以上符合题意。错选、少选、多选均不得分）

41. 在TN系统中作为间接接触保护，下列哪些措施是不正确的？（　　）

(A)TN系统中采用过电流保护
(B)TN-S系统中采用剩余电流保护器
(C)TN-C系统中采用剩余电流保护器
(D)TN-C-S系统中采用剩余电流保护，且保护导体与PEN导体应在剩余电流保护器的负荷侧连接

42. 除本质安全系统的电路外，爆炸性环境20区的电缆配线技术要求，下列哪些是正确的？（　　）

(A) 电力设备的铜芯电缆的最小截面2.5mm^2及以上
(B)控制设备的铜芯电缆的最小截面1.5mm^2及以上
(C)重型移动电缆
(D)中型移动电缆

43. 建筑物谐波源较多供配电系统设计，下列哪些措施是正确的？（　　）

(A)选用D,Yn11接线组别的配电变压器
(B)选择配电变压器容量使负载率大于70%
(C)设置滤波装置
(D)设置不配电抗器的功率因数补偿电容器组

44. 根据允许中断供电的时间，可选用下列哪些项的应急电源？（　　）

(A)允许中断供电的时间为15s以上的供电，可选用快速自启动的发电机组
(B)自投装置的动作时间能满足允许中断供电时间的，选用带自动投入装置的专用馈电线路
(C)允许中断供电时间为毫秒级的供电，选用蓄电池静止型不间断供电装置或柴油机不间断供电配置
(D)不间断供电装置(UPS)，适合于要求连续供电或允许中断供电时间为毫秒

级的供电

45. 在 10kV 配电系统中，关于中性点经高电阻接地系统的特点，下列表述哪些是正确的？ (　　)

(A)可以限制单相接地故障电流
(B)可以消除大部分谐振过电压
(C)单相接地故障电流小于 10A，系统可在接地故障下持续不中断供电
(D)系统绝缘水平要求较低

46. 需要降低冲击负荷引起电网电压波动和电压闪变时，宜采取下列哪些项的供电措施？ (　　)

(A)采用专线供电
(B)与其他负荷共用配电线路时，增加配电线路阻抗
(C)对较大功率的冲击性负荷或冲击性负荷群由专用配电变压器供电
(D)对于大功率电弧炉的炉用变压器由短路容量较大的电网供电

47. 110kV 及以下供配电系统中，用电单位的供电电压应根据下列哪些因素，经技术经济比较确定？ (　　)

(A)用电容量及用电设备特性
(B)供电距离及供电线路的回路数
(C)用电设备过电压水平
(D)当地公共电网现状及其发展规划

48. 某 10kV 配电所，电源和母线分段开关有继电保护和自动装置要求，且出线回路较多，下列哪些做法不符合规范要求？ (　　)

(A)10kV 配电所专用电源线的进线开关采用隔离开关
(B)配电所 10kV 非专用电源线的进线侧装设带保护的开关设备
(C)10kV 母线的分段处装设断路器
(D)与另一 10kV 配电所之间的联络线在供电侧配电所装设隔离开关

49. 爆炸性环境中，电气线路宜在爆炸危险性小的环境或远离释放源的地方敷设，并符合下列哪些规定？ (　　)

(A)爆炸粉尘环境，电缆应沿粉尘不易堆积并且易于粉尘清除的位置敷设
(B)架空敷设时宜采用电缆支架
(C)可燃物质比空气重时，电气线路宜在较高处敷设或直接埋地
(D)电缆沟敷设时，沟内不应有填充物，并宜设排水措施

50. 当低压配电装置不受限制成排布置时，下列表述哪些是正确的？ (　　)

(A)抽屉式低压开关柜双排面对面布置时，屏前通道净宽不应小于 2m，屏后通道净宽不应小于 1m

(B)当建筑物墙面遇有柱类局部凸出物,凸出部分的屏前净宽可减少0.2m

(C)固定式低压开关柜双排对面布置时,屏前通道净宽不应小于2m,屏后通道净宽不应小于0.8m

(D)抽屉式低压开关柜单排布置时,屏前通道净宽不应小于1.8m,屏后通道净宽不应小于1m

51.关于电力系统短路电流实用计算中,下列哪些假设条件是正确的? (　　)

(A)正常工作时三相系统对称运行

(B)电力系统各元件的磁路不饱和,即带铁芯的电气设备电抗值不随电流大小发生变化

(C)不考虑短路点的电弧阻抗和变压器的励磁电流

(D)在低压网络的短路电流计算时,元件的电阻忽略不计

52.在进行低压配电线路的短路保护设计时,关于绝缘导体的热稳定校验,当短路持续时间属于下列哪几项时,应计入短路电流非周期分量的影响? (　　)

(A)0.05s　　(B)0.08s

(C)0.015s　　(D)0.2s

53.高压并联电容器装置的电器和导体,应满足下列哪些项的要求? (　　)

(A)在当地环境条件下正常运行要求

(B)短路时的动热稳定要求

(C)接入电网处负载的过负荷要求

(D)操作过程的特殊要求

54.有关10kV变压器一次侧开关的装设,下列说法哪些是正确的? (　　)

(A)10kV系统以放射式供电时,宜装设隔离开关或负荷开关

(B)10kV系统以放射式供电时,当变压器在本变电所时,可不装开关

(C)10kV系统以树干式供电时,应装设带保护的开关或跌落式熔断器

(D)10kV系统以树干式供电时,必须装设断路器

55.规范要求非裸导体应按下列哪些技术条件进行选择和校验? (　　)

(A)电流和经济电流密度　　(B)电晕

(C)动稳定和热稳定　　(D)允许电压降

56.电缆绝缘类型的选择,下列哪些要求符合规范规定? (　　)

(A)在使用电压、工作电流及其特征和环境条件下,电缆绝缘特性可以小于常规预期寿命

(B)应根据运行可靠性、施工和维护的简便性以及允许最高工作温度与造价的

综合经济因素选择

(C)应符合防火场所的要求,并有利于安全

(D)明确需要与环境保护协调时,应选用符合环境环保的电缆绝缘类型

57. 电力装置的继电保护和自动装置设计中,当采用蓄电池组作直流电源时,下列哪些说法是正确的? ( )

(A)由浮充电设备引起的波纹系数不应大于5%

(B)由浮充电设备引起的电压允许波动应控制在额定电压的10%范围内

(C)充电后期直流母线电压上限不应高于额定电压的110%

(D)充电后期直流母线电压下限不应低于额定电压的85%

58. 备用电源和备用设备的自动投入装置,应符合下列哪些项的要求? ( )

(A)工作回路上的电压,不论因何原因消失时,自动投入装置应瞬间动作

(B)手动断开工作回路时,延时启动自动投入装置

(C)保证自动投入装置只动作一次

(D)保证在备用回路有电压、工作回路断开后才投入备用回路

59. 有关直流充电装置的额定电流的选择,下列说法哪些是正确的? ( )

(A)额定电流应满足浮充电的要求

(B)有初充电要求时,额定电流应满足初充电的要求

(C)充电装置直流输出均衡充电电流调节范围为40% ~80%

(D)额定电流应满足均衡充电的要求

60. 建筑物应根据其重要性、使用特性、发生雷电事故的可能性和后果,按防雷要求进行分类,下列哪些建筑物应划为第二类防雷建筑物? ( )

(A)在平均雷暴日大于15天/年的地区,高度为18m孤立的水塔

(B)特大型、大型铁路旅客站

(C)具有10区爆炸危险环境的建筑物

(D)高度超过100m建筑物

61. 有关变电站的10kV配电装置装设阀式避雷器的位置和形式,下列说法哪些是正确的? ( )

(A)架空进线各相上均应装设配电阀式避雷器

(B)每组母线各相上均应装设配电阀式避雷器

(C)架空进线各相上均应装设电站阀式避雷器

(D)每组母线各相上均应装设电站阀式避雷器

62. 下列哪几种情况下,系统采用不接地方式? ( )

(A)单相接地故障电容电流不超过 10A 的 35kV 系统

(B)单相接地故障电容电流超过 10A,但又需要系统在接地故障条件下运行的 35kV 系统

(C)10kV 系统不直接连接发电机的系统,单相接地故障电容电流不超过 10A,由 10kV 钢筋混凝土杆塔架空线路构成的系统

(D)10kV 电缆线路构成的系统,且单相接地故障电容电流不超过 30A

63. 下列关于电梯接地的描述,哪些是正确的? (　　)

(A)与建筑物的用电设备不能采用同一接地体

(B)与电梯相关的所有电气设备及导管、线槽的外露可导电部分均应可靠接地

(C)电梯轿厢和金属件,应采用等电位联结

(D)当轿厢接地线利用电缆芯线时,应采用一根铜芯导体,截面不得小于 $2.5mm^2$

64. 在气体放电灯的频闪效应对视觉作业有影响的场所,应采用下列哪些措施? (　　)

(A)灯具设置电容补偿

(B)采用高频电子镇流器

(C)相邻灯具分接在不同相序

(D)单相供电,使场所的灯具接在相同相序上

65. 下列关于道路照明开关灯时天然光照度的说法,哪些项要求是正确的? (　　)

(A)主干路照明开灯时宜为 15lx

(B)主干路照明关灯时宜为 30lx

(C)次干路照明开灯时宜为 10lx

(D)次干路照明关灯时宜为 20lx

66. 调节系统右图所示,下列哪些项的描述是正确的? (　　)

(A)该系统的调节器为时间常数 T_i 的积分调节器

(B)该系统的调节对象为时间常数 T_i,放大系数 K 的惯性环节

(C)该系统为二阶闭环调节系统

(D)该系统的闭环传递函数为$(1+K)/(1+T_iS+T_iS^2)$

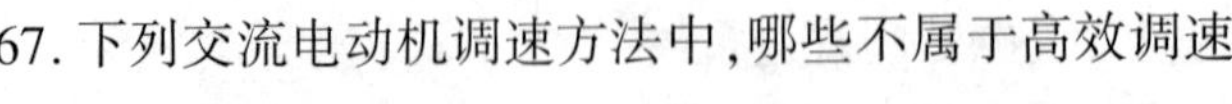

67. 下列交流电动机调速方法中,哪些不属于高效调速? (　　)

(A)变级数控制

(B)转子串电阻

(C)液力耦合器控制

(D)定子变压控制

68. 下列哪几项符合建筑设备监控系统控制器的技术规定？（　　）

(A)硬件和软件宜采用模块化结构

(B)在管理网络层故障时应能继续独立工作

(C)CPU 不宜低于 32 位

(D)RAM 数据应有 72h 断电保护

69. 关于电子信息系统机房的接地，下面哪几项不符合规范要求？（　　）

(A)机房交流功能接地、保护接地、直流功能接地、防雷接地等各种接地宜共用接地网，接地电阻按其中最小值确定

(B)机房内应做等电位联结，并设置等电位联结端子箱

(C)对于工作频率小于 30kHz，且设备数量较少的机房，可采用 M 型接地方式

(D)当各系统共用接地网时，宜将各系统用接地导体串联后与接地网连接

70. 下列关于架空电力线路过电压保护方式的设计原则中，哪些项与规范不一致？（　　）

(A)66kV 线路，年平均雷暴日数为 40 天以上的地区，宜全线架设地线

(B)35kV 线路，进出线宜架设地线

(C)在多雷区，10kV 混凝土杆线路可在三角排列的中线上装设避雷器

(D)在多雷区，10kV 混凝土杆铁横担线路，当采用绝缘导线时，应提高绝缘子耐压等级

2009年专业知识试题答案(下午卷)

1. **答案**:C

依据:《爆炸危险环境电力装置设计规范》(GB 50058—2014)附录B第B.0.1-1条。与释放源的距离为7.5m的范围内可划分为2区。

注:题干的描述方式为旧规范内容。

2. **答案**:C

依据:《民用建筑电气设计规范》(JGJ 16—2008)附录A。

3. **答案**:B

依据:《工业与民用供配电设计手册》(第四版)P20"单相负荷换算为等效三相负荷的简化方法"。多台单相用电设备的设备功率小于计算范围内三相负荷设备功率的15%时,按三相平衡负荷计算,可不换算。

4. **答案**:C

依据:《钢铁企业电力设计手册》(上册)P111中"尖峰电流计算"。

5. **答案**:B

依据:《工业与民用供配电设计手册》(第四版)P61"配电方式"。放射式:供电可靠性高,故障发生后影响范围较小,切换操作方便,保护简单,便于自动化,但配电线路和高压开关柜数量多而造价较高。树干式:配电线路和高压开关柜数量少且投资少,但故障影响范围较大,供电可靠性较差。环式:有闭路环式和开路环式两种,为简化保护,一般采用开路环式,其供电可靠性较高,运行比较灵活,但切换操作较繁。

6. **答案**:D

依据:《20kV及以下变电所设计规范》(GB 50053—2013)第3.2.5条。

7. **答案**:B

依据:《民用建筑电气设计规范》(JGJ 16—2008)第6.3.2-2条。

8. **答案**:C

依据:《供配电系统设计规范》(GB 50052—2009)第5.0.6条。

9. **答案**:C

依据:《供配电系统设计规范》(GB 50052—2009)第6.0.12条。

10. **答案**:D

依据:《3~110kV高压配电装置设计规范》(GB 50060—2008)第5.5.5条。

11. **答案**:A

依据:《民用建筑电气设计规范》(JGJ 16—2008)第4.9.4条。

12. **答案**:A

依据:《供配电系统设计规范》(GB 50052—2009)第3.0.5条。

13. **答案**:C

依据:《电力工程电缆设计规范》(GB 50217—2018)第3.4.3条、第3.4.7条、第3.4.8条。

14. **答案**:B

依据:《导体和电器选择设计技术规定》(DL/T 5222—2005)第5.0.13条。

注:也可参考《3~110kV高压配电装置设计规范》(GB 50060—2008)第4.1.4条。

15. **答案**:B

依据:《低压配电设计规范》(GB 50054—2011)第6.2.4条:当短路保护电气为断路器时,被保护线路末端的短路电流不应小于断路器瞬时或短延时过电流脱扣器整定电流的1.3倍。

16. **答案**:B

依据:《20kV及以下变电所设计规范》(GB 50053—2013)第6.2.1条、第6.2.2条。

注:此题不严谨,依据《民用建筑电气设计规范》(JGJ 16—2008)第4.9.8条,选项D也应正确,但考虑到本题考查规范《20kV及以下变电所设计规范》(GB 50053—2013),建议选B。

17. **答案**:B

依据:《3~110kV高压配电装置设计规范》(GB 50060—2008)第7.2.3条。

18. **答案**:C

依据:《工业与民用供配电设计手册》(第四版)P313表5.2-1。

19. **答案**:B

依据:《导体和电器选择设计技术规定》(DL/T 5222—2005)第10.2.4条。

20. **答案**:A

依据:《电力工程电缆设计规范》(GB 50217—2018)第3.3.2条。

21. **答案**:C

依据:《低压配电设计规范》(GB 50054—2011)第7.2.14条。

22. 答案:C

依据:《低压配电设计规范》(GB 50054—2011) 第3.2.14-3条。

23. 答案:B

依据:《电力工程电缆设计规范》(GB 50217—2018)第5.5.1条表5.5.1。

24. 答案:C

依据:《35kV~110kV变电站设计规范》(GB 50059—2011) 第3.10.6条。

25. 答案:A

依据:《电力装置电测量仪表装置设计规范》(GB/T 50063—2017)第3.6.3条。

26. 答案:C

依据:《电力装置的继电保护和自动装置设计规范》(GB/T 50062—2008)第15.3.1条。

注:原题考查旧规范GB 500062—1992第2.0.10条:采用交流整流电源作为继电保护直流电源,直流母线电压在最大负荷时保护动作不应低于额定电压80%,但新规范已修改。

27. 答案:C

依据:《电力工程直流系统设计技术规程》(DL/T 5044—2014)第3.2.3-3条。

28. 答案:D

依据:《电力工程直流系统设计技术规程》(DL/T 5044—2014)第6.1.5条。

29. 答案:B

依据:《建筑物防雷设计规范》(GB 50057—2010)第6.4.4条。

30. 答案:A

依据:《建筑物防雷设计规范》(GB 50057—2010)第4.5.5条。

注:旧规范要求当年累计次数大于或等于0.06。

31. 答案:C

依据:《交流电气装置的过电压保护和绝缘配合设计规范》(GB/T 50064—2014) 第6.4.6条。

注:也可参考《交流电气装置的过电压保护和绝缘配合》(DL/T 620—1997) 第10.4.5条表19。

32. 答案:C

依据:《民用建筑电气设计规范》(JGJ 16—2008)第12.5.6-4条。

33. 答案:C

依据:《建筑照明设计标准》(GB 50034—2013)第3.3.2条。

34. **答案**:C

依据:《照明设计手册》(第三版) P80“光强分布”。为了便于对各种灯具的光强分布特性进行比较,曲线的光强值都是按光通量为1000lm给出的。因此,实际光强值应当是光强的测定值乘以灯具中光源实际光通量与1000lm的比值。

35. **答案**:D

依据:《电气传动自动化技术手册》(第三版)P877 ~ P879 编程语言相关内容。①各个PLC厂商都对各自PLC有一套组态及编程软件,但它们都有一个共同点,即符合国际标准《可编程序控制器　第3部分:编程语言》(IEC 61131-3—2002)。②在这些标准中,规定了PLC编程语言的整套语法和定义。包括图形化编程语言(如功能块图语言、顺序功能图语言、梯形图语言)和文本化编程语言(如指令表语言、结构文本语言)。③顺序功能图语言是一种描述控制程序的顺序行为特征的图形化语言,可对复杂的过程或操作由顶到底地进行辅助开发。④指令表语言是一种低级语言,与汇编语言很相似。

注:参考《电气传动自动化技术手册》(第二版)P799 ~ P801 编程语言相关内容。

36. **答案**:B

依据:《钢铁企业电力设计手册》(下册)P89表24-1“按电源容量允许全压启动的笼型电动机功率”。

注:原书中表24-2所列的数据是根据某些条件求得,其中包括条件$S_s = 50S_b$。但并未明确表24-1亦依据此条件,因此本题干表述并不严谨。

37. **答案**:B

依据:《民用建筑电气设计规范》(JGJ 16—2008)第18.4.7条。

38. **答案**:A

依据:《安全防范工程技术规范》(GB 50348—2018)第6.5.2条、第6.5.4条、第6.5.8条、第6.5.9条。

39. **答案**:D

依据:《民用建筑电气设计规范》(JGJ 16—2008)第20.5.2-9条。

40. **答案**:C

依据:《66kV及以下架空电力线路设计规范》(GB 50061—2010)第5.2.2条。

---

41. **答案**:CD

依据:《低压配电设计规范》(GB 50054—2011)第5.2.13条、第3.1.4条、第3.1.11-1条。

42. **答案**:AC

依据:《爆炸危险环境电力装置设计规范》(GB 50058—2014)第3.4.4条及表3.4.4。

43. **答案**:AC

依据:《供配电系统设计规范》(GB 50052—2009) 第5.0.13条。

注:也可参考《工业与民用供配电设计手册》(第四版)P510表6.7-21。

44. 答案:ACD

依据:《供配电系统设计规范》(GB 50052—2009) 第3.0.5条。

45. 答案:ABC

依据:《工业与民用供配电设计手册》(第四版)P53~P59"中性点经电阻接地"相关内容。中性点经高电阻接地:高电阻接地方式以限制单相接地故障电流为目的,电阻阻值一般在数百至数千欧姆。采用高电阻接地的系统可以消除大部分谐振过电压,对单相间歇弧光接地过电压具有一定的限制作用。单相接地故障电流小于10A,系统可在接地故障条件下持续运行不中断供电。其缺点是系统绝缘水平要求高。

46. 答案:ACD

依据:《供配电系统设计规范》(GB 50052—2009)第5.0.11条。

47. 答案:ABD

依据:《供配电系统设计规范》(GB 50052—2009)第5.0.1条。

48. 答案:AD

依据:《20kV及以下变电所设计规范》(GB 50053—2013) 第3.2.2条、第3.2.4条、第3.2.5条。

49. 答案:AC

依据:《爆炸危险环境电力装置设计规范》(GB 50058—2014)第5.4.3-1条。

50. 答案:BD

依据:《20kV及以下变电所设计规范》(GB 50053—2013)第4.2.8条,《低压配电设计规范》(GB 50054—2011) 第4.2.5条及表4.2.5。

51. 答案:ABC

依据:《导体和电器选择设计技术规定》(DL/T 5222—2005)附录F-F.1.1、附录F-F.1.4、附录F-F.1.8、附录F-F.1.9。

52. 答案:AB

依据:《低压配电设计规范》(GB 50054—2011)第6.2.3-2条。

53. 答案:AB

依据:《并联电容器装置设计规范》(GB 50227—2017)第5.1.2条及条文说明。

54. 答案:ABC

依据:《20kV及以下变电所设计规范》(GB 50053—2013)第3.2.13条。

55. 答案:ACD

依据:《导体和电器选择设计技术规定》(DL/T 5222—2005)第7.1.1条。

56. 答案:BCD

依据:《电力工程电缆设计规范》(GB 50217—2018)第3.3.1条。

57. 答案:CD

依据:《电力装置的继电保护和自动装置设计规范》(GB/T 50062—2008)第15.3.1条。

58. 答案:CD

依据:《电力装置的继电保护和自动装置设计规范》(GB/T 50062—2008)第11.0.2条。

59. 答案:AD

依据:《电力工程直流系统设计技术规程》(DL/T 5044—2014)第6.2.2条。

60. 答案:BD

依据:《民用建筑电气设计规范》(JGJ 16—2008)第11.2.3条。

61. 答案:AD

依据:《交流电气装置的过电压保护和绝缘配合设计规范》(GB/T 50064—2014)第5.4.13-12条。

注:也可参考《交流电气装置的过电压保护和绝缘配合》(DL/T 620—1997)第7.3.9条。

62. 答案:ACD

依据:《交流电气装置的过电压保护和绝缘配合设计规范》(GB/T 50064—2014)第3.1.3条。

注:也可参考《交流电气装置的过电压保护和绝缘配合》(DL/T 620—1997)第3.1.2条。

63. 答案:BC

依据:《通用用电设备配电设计规范》(GB 50055—2011)第3.3.7条。

64. 答案:BC

依据:《建筑照明设计标准》(GB 50034—2013)第7.2.8条。

65. 答案:ABD

依据:《照明设计手册》(第三版)P408中间一段:道路照明开灯和关灯时的天然光照度水平,快速路和主干路宜为30lx,次干路和支路宜为20lx。

注:《照明设计手册》(第二版)P458最后一段:道路照明开灯时的天然光照度水平宜为15lx;关灯时的天然光照度水平,快速路和主干路宜为30lx,次干路和支路宜为20lx,开灯的天然光照度水平在第三版中有所修正。

66. 答案:ABC

依据:《钢铁企业电力设计手册》(下册)P457。

67. **答案**:BCD

依据:《钢铁企业电力设计手册》(下册)P270。高效调速方案:变极数控制、变频变压控制、无换向器电机控制、串级(双馈)控制。低效调速方案:转子串电阻控制、液力耦合器控制、电磁转差离合器控制、定子变压控制。

68. **答案**:ABD

依据:《民用建筑电气设计规范》(JGJ 16—2008)第18.4.5条。

69. **答案**:CD

依据:《民用建筑电气设计规范》(JGJ 16—2008)第23.4.2条。

70. **答案**:AD

依据:《66kV及以下架空电力线路设计规范》(GB 50061—2010)第6.0.14条。

2009 年案例分析试题(上午卷)

[案例题是 4 选 1 的方式,各小题前后之间没有联系,共 25 道小题,每题分值为 2 分,上午卷 50 分,下午卷 50 分,试卷满分 100 分。案例题一定要有分析(步骤和过程)、计算(要列出相应的公式)、依据(主要是规程、规范、手册),如果是论述题要列出论点]

题 1 ~ 5:在一住宅单元楼内以单相 220V、TN-C-S 系统供电,单元楼内 PE 干线的阻抗值 32mΩ,PE 分支干线的阻抗值 37mΩ,重复接地电阻值 R_a 为 10Ω,以及故障电流值 I_d 为 900A,请回答下列问题。

1. 如右图所示,楼内设有以点画线表示的总等电位联结 MEB,试求在用电设备 C 发生图示的碰外壳接地故障时,用电设备金属外壳上的预期接触电压值 U_f 是多少? ( )

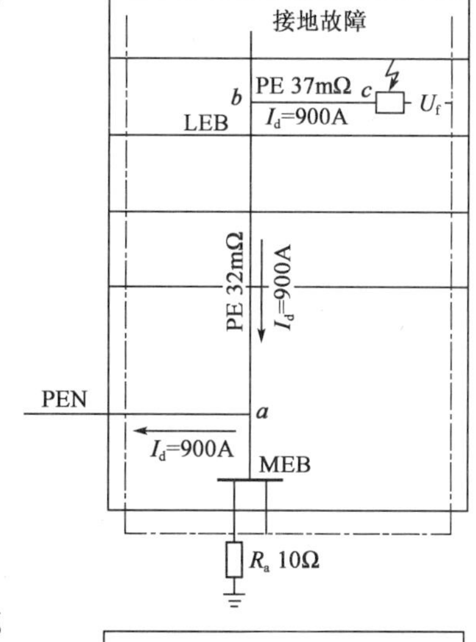

(A)36V

(B)62V

(C)29V

(D)88V

解答过程:

2. 如右图所示,在该楼层内做虚线所示的局部(辅助)等电位联结 LEB,试求这种情况下用电设备 C 发生图示的碰外壳接地故障时,用电设备金属外壳上的预期接地电压值 U_f 是多少? ( )

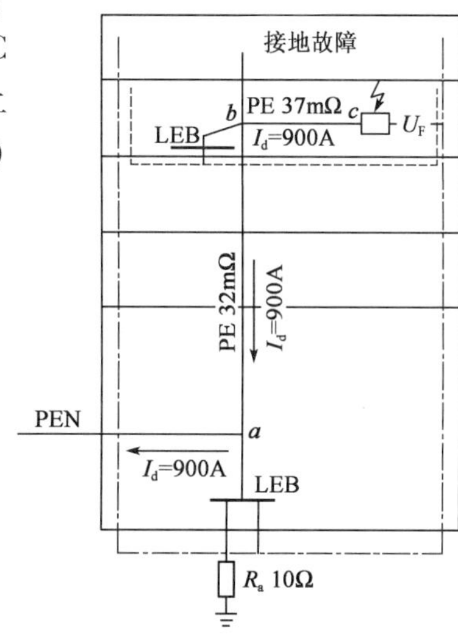

(A)33V

(B)88V

(C)42V

(D)24V

解答过程:

3. 在建筑物的浴室内有一台用电设备的电源经一接线盒从浴室外的末端配电箱引来，电路各 PE 线的阻抗值如下图所示。在设计安装中将局部等电位 LEB 联结到浴室外末端配电箱的 PE 母排，如虚线所示的 dc 线段，而断开 bd 连线。当用电设备发生碰外壳接地故障时，故障电流 I_d 为 600A，故障设备的预期接触电压 U_f 为下列哪一项数值？（　　）

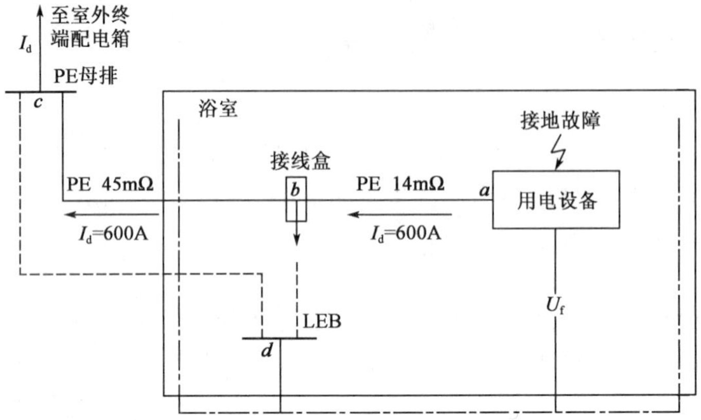

(A) 24V　　(B) 35V

(C) 18V　　(D) 32V

解答过程：

4. 接问题 3，在设计安装中局部等电位联结 LEB 不接向浴室外末端配电箱而改接至浴室内接线盒（b 处），即连接 db 线段。发生同样接地故障时设备的预期接触电压 U_f 为下列哪一项数值？（　　）

(A) 8.4V　　(B) 12V

(C) 10.5V　　(D) 18V

解答过程：

5. 如果用电设备安装在浴室的 0 区内，下列哪一项供电措施是正确的？（　　）

(A) 由隔离变压器供电

(B)由标称电压为12V的安全特低电压供电

(C)由动作电流不大于30mA的剩余电流动作保护进行供电

(D)由安装在0、1、2内的电源接线盒的线路供电

解答过程：

题6~10：地处西南某企业35kV电力用户具有若干10kV变电所。所带负荷等级为三级，其供电系统图和已知条件如下：

1)35kV线路电源侧短路容量为500MV·A。

2)35kV电源线路长15km。

3)10kV馈电线路20回，均为截面积185mm^{2}的电缆出线，每回平均长度1.3km。

4)35/10kV变电站向车间A馈电线路所设的主保护动作时间和后备保护时间分别为0和0.5s，当主保护装置为速动时，短路电流持续时间为0.2s。

5)车间B变电所3号变压器容量800kV·A，额定电压10/0.4kV，Y，yn0接线，其低压侧计算电流为900A，低压母线载流量为1500A。

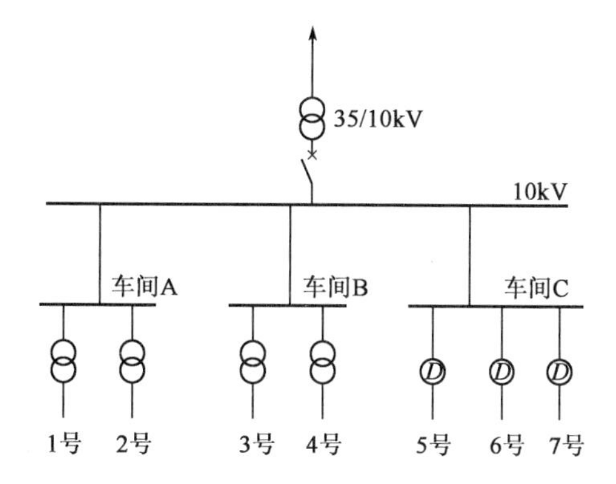

请回答下列问题。

6. 为充分利用变压器的容量，车间B的3号变压器低压侧主断路器长延时过电流脱扣器整定电流宜选用下列哪一项数值？（　　）

(A)800A　　(B)1000A

(C)1250A　　(D)1600A

解答过程：

7. 车间 C 的 5 号笼型异步电动机负载为螺杆式空气压缩机，额定电流为 157A，启动电流倍数为 6.5，电动机启动时间为 8s，采用定时限继电器为过负载保护，电流互感器变比为 200/5，接线系数取 1，过负荷保护动作于信号，过负荷保护装置动作整定值和过负荷保护装置动作时间应选取下列哪组数值？（　　）

(A)4.9A，9s　　(B)4.9A，11s

(C)5.5A，9s　　(D)5.5A，11s

解答过程：

8. 截面积为 185mm^2 的 10kV 电缆线路单相接地故障电容电流取 1.40A/km，当变电站 10kV 系统中性点采用经消弧线圈接地时，消弧线圈容量为下列哪一项数值？（　　）

(A)100kV·A　　(B)200kV·A

(C)300kV·A　　(D)400kV·A

解答过程：

9. 已知 35kV 架空线路电抗为 0.4Ω/km，求 35/10kV 变电站 35kV 母线短路容量为下列哪一项数值？（　　）

(A)145MV·A　　(B)158MV·A

(C)230MV·A　　(D)290MV·A

解答过程：

10. 35/10kV 变电所向车间 A 的馈电线路为 10kV 交联聚乙烯铝芯电缆，敷设在电缆沟中的电路计算负荷电流为 45A，通过电流回路最大电流为 5160A，按电缆热稳定条件，电缆截面应选择下列哪一项？（　　）

(A)25mm^2　　(B)35mm^2

(C)50mm^2　　(D)70mm^2

解答过程：

题 11～15：在某市开发区拟建设一座 110/10kV 变电所，两台主变压器布置在室外，型号为 SFZ10－20000/110，设两回 110kV 电源架空进线。高压配电装置为屋内双层布置：10kV 配电室、电容室、维修间、备件库等均匀布置在一层；110kV 配电室、控制室布置在二层。请回答下列问题。

11. 该变电所所址的选择和所区的表述中，下列哪一项表述不符合规范要求？（　　）

(A)靠近负荷中心

(B)所址的选择应与城乡或工矿企业规划相协调，对于变电站的进出线口只需考虑架空线路的引入和引出的方便

(C)所址周围环境宜无明显污秽，如空气污秽时，所址宜设在污源影响最小处

(D)变电所内为满足消防要求的主要道路宽度，应为 3.5m，主要设备运输道路的宽度可根据运输要求确定，并应具备回车条件。

解答过程：

12. 该 110/10kV 变电所一层 10kV 配电室内，布置 36 台 KYN1-10 型手车式高压开关柜（小车长度为 800mm），采用双列布置。请判断 10kV 配电室操作通道的最小宽度应为下列哪一项数值？并说明其依据及主要考虑的因素是什么？（　　）

(A)3000mm　　(B)2500mm　　(C)2000mm　　(D)1700mm

解答过程：

13. 为实现无功补偿，拟在变电所一层设置 6 台 GR-1 型 10kV 电容器柜，关于室内高压电容器装置的布置，在下列表述中哪一项是不符合规范要求的？（　　）

(A)室内高压电容器宜设置在高压配电室内

(B)成套电容器柜双列布置时，柜面之间的距离应不小于 2m

(C)当高压电容器室的长度超过7m时,应设两个出口

(D)高压并联电容器装置室,宜采用自然通风,当自然通风不能满足要求时,可采用自然通风和机械通风

解答过程:

14.若两台主变压器布置在高压配电装置室外侧(每台主变压器油重5.9t),关于主变压器的布置,下列表述哪一项是正确的? ( )

(A)每台主变压器设置能容纳100%油量的储油池,并设置有将油排到安全处所的设施

(B)两台主变压器之间无防火墙时,其最小防火净距应为8m

(C)屋外油浸变压器之间设置防火墙时,防火墙的高度低于变压器油枕的顶端高度

(D)当高压配电装置室外墙距主变压器外廓5m以内时,在变压器高度以上3m的水平线以下及外廓两侧各加3m的外墙范围内,不应有门、窗或通风孔

解答过程:

15.该变电所二层110kV配电装置室内布置有8个配电间隔,变电所110kV室外进线门型构架至高压配电装置室之间导线为LGJ-150钢芯铝绞线,当110kV系统中性点为非有效接地时,请问门型构架处不同相的带电部分之间最小安全净距应为下列哪一项数值? ( )

(A)650mm (B)900mm

(C)1000mm (D)1500mm

解答过程:

题16~20:某10kV变电所,10kV系统中性点不接地。请回答下列问题。

16.继电保护设计时,系统单相接地故障持续时间在1min~2h之间,请按规范规定选择标称电压为10kV电缆。其缆芯与绝缘屏蔽层(或金属护套之间)的额定电压U_0最小为下列哪一项数值? ( )

(A)6kV (B)8.7kV (C)10kV (D)12kV

解答过程：

17. 某一控制、信号回路，额定电压 U_n = DC110V，电缆长度 68m，已知回路最大工作电流 4.2A。按允许电压降 $\Delta U_p = 4\% U_n$ 计算，铜芯电缆的最小截面应为下列哪一项数值？（铜导体电阻系数 $\rho = 0.0184\Omega mm^2/m$，不考虑敷设条件的影响） （ ）

(A)$6mm^2$ (B)$4mm^2$ (C)$2.5mm^2$ (D)$1.5mm^2$

解答过程：

18. 该变电所水平布置三相 63mm × 6.3mm 硬铜母线，长度为 10m，母线相间导体中心间距为 350mm，母线绝缘子支撑点间距 1.2m。已知母线三相短路冲击电流 75kA，母线水平放置，为校验母线短路动稳定，短路电流通过母线的应力为哪一项数值？（矩形截面导体的形状系数 $K_x = 0.66$，振动系数 $\beta = 1$，不考虑敷设条件的影响） （ ）

(A)4395.8MPa (B)632.9MPa (C)99.8MPa (D)63.3MPa

解答过程：

19. 距变电所 220/380V 线路低压配出点 300m 有三相平衡用电设备，负载电流 261A，功率因数 $\cos\varphi = 1$，按允许载流量设计选用导体标称截面 $95mm^2$ 的电缆。为校验允许电压降的设计要求，计算线路电压降为下列哪一项数值？［功率因数 $\cos\varphi = 1$，查表 $\Delta u_a\% = 0.104\%/(A\cdot km)$］ （ ）

(A)3.10% (B)5.36% (C)7% (D)8.14%

解答过程：

20. 若变电所地处海拔高度3000m，室内实际环境温度25℃，规范规定室内高压母线长期允许载流量的综合校正系数应采用下列哪一项数值？（　　）

(A)1.05　　(B)1.00　　(C)0.94　　(D)0.88

解答过程：

题21～25：某厂根据负荷发展需要，拟新建一座110/10kV变电站，用于厂区内10kV负荷的供电，变电所基本情况如下：

1）电源取自地区110kV电网（无限大电源容量）。

2）主变采用两台容量为31.5MV·A三相双绕组自冷有载调压变压器，户外布置。变压器高、低压侧均采用架空套管进线。

3）每台变压器低压侧配置2组10kV并联电容器，每组容量为2400kvar；用单星形接线，配12%干式空芯电抗器，选用无重燃的真空断路器进行投切。

4）110kV设备采用GIS户外布置，10kV设备采用中置柜户内双列布置。

5）变电站接地网水平接地极采用ϕ20热镀锌圆钢，垂直接地极采用L50×50×5热镀锌角钢；接地网埋深0.8m，按下图敷设。

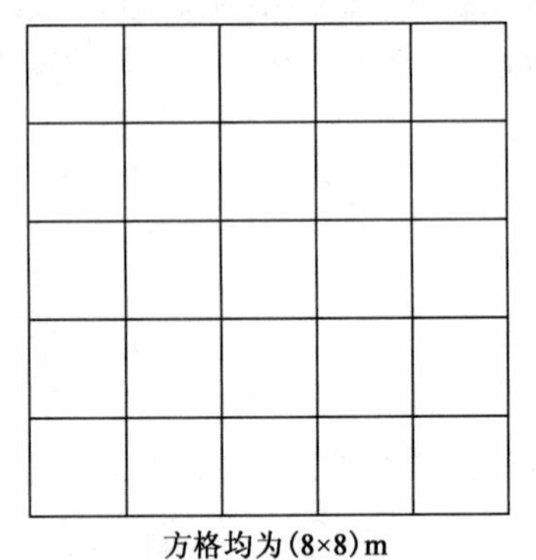

方格均为(8×8)m

请回答下列问题。

21. 在本站过电压保护中，下列哪一项无须采取限制措施？（　　）

(A)工频过电压　　(B)谐振过电压

(C)线路合闸和重合闸过电压　　(D)雷电过电压

解答过程：

22. 当需要限制电容器单相重击穿过电压，极间和电源侧对地过电压时，10kV 并联电容器组避雷器可采用哪一个图的接线方式？（　　）

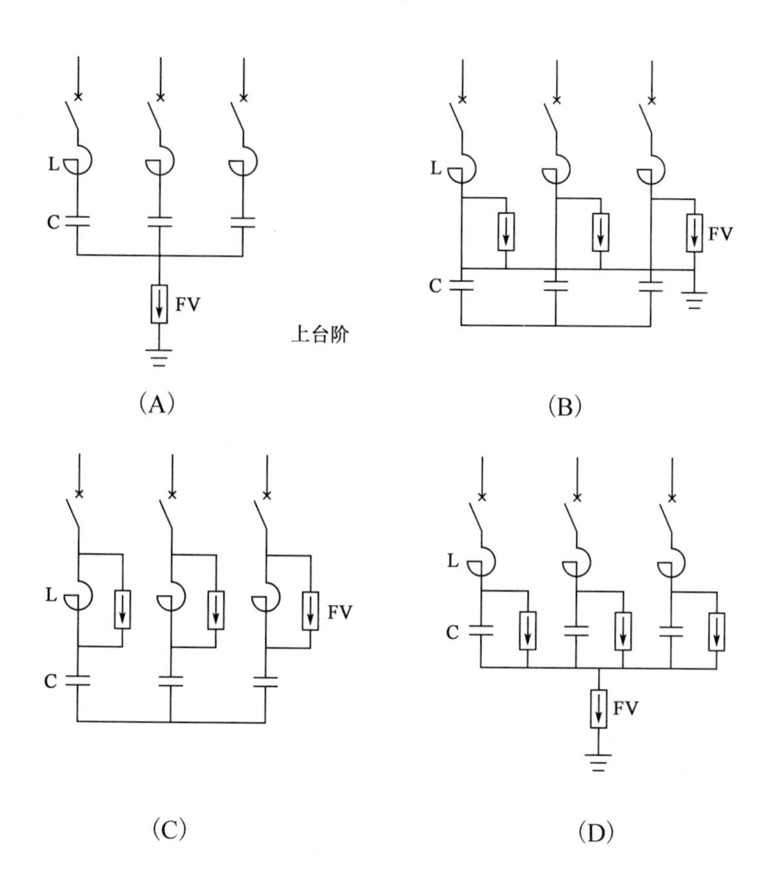

解答过程：

23. 变电站采用独立避雷针进行保护，下列有关独立避雷针设计的表述哪一项是不正确的？（　　）

(A) 独立避雷针宜设独立的接地装置。在非高土壤电阻率地区，其接地电阻不应超过 10Ω

(B) 独立避雷针宜设独立的接地装置，接地电阻难以满足要求时，该接地装置可与主接地网连接，但避雷针与主接地网的地下连接点至 35kV 及以下设备与主接地网的地下连接点之间，沿接地体的长度不得小于 10m

(C) 独立避雷针不应设在人经常通行的地方，避雷针及其接地装置与道路或出入口等的距离不宜小于 3m，否则应采取均压措施，或铺设砾石或沥青地面，也可敷设混凝土地面

(D) 110kV 及以上的配电装置，一般将避雷针装在配电装置的架构或房顶上，但

在土壤电阻率大于1000Ω·m的地区,宜装设独立避雷针。否则应通过验算,采取降低接地电阻或加强绝缘等措施

解答过程:

24.变电站场地均匀土壤电阻率为50Ω·m,则本站复合接地网的接地电阻为哪一项?(要求精确计算,小数点保留4位) ( )

(A)0.5886Ω (B)0.5826Ω

(C)0.4741Ω (D)0.4692Ω

解答过程:

25.假定本站接地短路时接地装置的入地短路电流为4kA,接地装置的接地电阻为0.5Ω,请计算接地网地表的最大接触电位差和最大跨步电位差应为哪一组数据?(已知最大接触电位差系数 $K_{tmax}=0.2254$,最大跨步电位差系数 $K_{smax}=0.0831$) ( )

(A)202.0V,316.8V (B)450.8V,166.2V

(C)507.5V,169.9V (D)592.7V,175.2V

解答过程:

2009年案例分析试题答案(上午卷)

题1~5答案:**BABAB**

1.《工业与民用供配电设计手册》(第四版) P1455~P1456"等电位联结"。U_f为碰壳点与MEB之间的电位差,即U_{ac}。

$$U_{ac} = I_d \cdot R_{PE(ac)} = 900 \times (37 + 32) \times 10^{-3} = 62.1V$$

2.《工业与民用供配电设计手册》(第四版) P1455~P1456"局部等电位联结"。Uf为碰壳点与LEB之间的电位差,即U_{ab}。

$$U_{ab} = I_d \cdot R_{PE(ab)} = 900 \times 37 \times 10^{-3} = 33.3V$$

3.《工业与民用供配电设计手册》(第四版)P1455~P1456,由于断开b~d段,LEB与PE母排等电位,因此U_f为碰壳点与PE母排之间的电位差,即U_{ac}。

$$U_{ac} = I_d \cdot R_{PE(ac)} = 600 \times (14 + 45) \times 10^{-3} = 35.4V$$

4.《工业与民用供配电设计手册》(第四版)P1455~P1456,由于联接b~d段,LEB与接线盒等电位,因此U_f为碰壳点与LEB之间的电位差,即U_{ab}。

$$U_{ab} = I_d \cdot R_{PE(ab)} = 600 \times 14 \times 10^{-3} = 8.4V$$

5.《工业与民用供配电设计手册》(第四版)P1468"用电设备"。

在0区,用电设备的安装满足下列全部条件:①按照生产厂家使用和安装说明中所适用的区域使用;②固定的永久性的连接。③采用额定电压不超过交流12V或直流30V的SELV防护措施。

注:也可参考《建筑物电气装置 第7部分:特殊装置或场所的要求》(GB 16895.19—2002)第702节:游泳池和其他水池的相关条文。

题6~10答案:**CACBC**

6.《低压配电设计规范》(GB 50054—2011)第6.3.3条式(6.3.3-1):$I_B \leqslant I_n \leqslant I_z$。

$$I_B = \frac{S}{\sqrt{3}U_N} = \frac{800}{\sqrt{3} \times 0.4} = 1154.7A$$

因此$I_B \leqslant I_n$,选1250A。

7.《工业与民用供配电设计手册》(第四版)P584表7.6-2过负荷保护相关公式。

$$I_{opK} = K_{rel}K_{jx}\frac{I_{rM}}{K_r n_{TA}} = 1.05 \times 1 \times \frac{157}{0.85 \times \frac{200}{5}} = 4.849A$$

$$t_{op} = (1.1 \sim 1.2)t_{st} = (1.1 \sim 1.2) \times 8 = 8.8 \sim 9.6s$$

8.《工业与民用供配电设计手册》(第四版)P303表4.6-10。

$I_C = (1+16\%) \times (1.4 \times 1.3 \times 20) = 42.224\text{A}$

《导体和电器选择设计技术规定》(DL/T 5222—2005)第18.1.4条公式。

$$Q_C = KI_C \frac{U_N}{\sqrt{3}} = 1.35 \times 42.2 \times \frac{10}{\sqrt{3}} = 328.92\text{kV}\cdot\text{A}$$

条文规定:为便于运行调谐,宜选用容量接近于计算值的消弧线圈,即300kV·A。

9.《工业与民用供配电设计手册》(第四版)P280式(4.6-2)~式(4.6-8)。

设:$S_j = 100\text{MV}\cdot\text{A}$,$U_j = 37\text{kV}$,$I_j = 1.56\text{kA}$

$$X_{*S} = \frac{S_j}{S''_S} = \frac{100}{500} = 0.2$$

$$X_{*1} = X\frac{S_j}{U_j^2} = 0.4 \times 15 \times \frac{100}{37^2} = 0.438$$

$$X_* = X_{*S} + X_{*1} = 0.2 + 0.438 = 0.638$$

由P134式(4-12)可得:$I''_* = \frac{1}{X_*} = \frac{1}{0.638} = 1.5674$

由P126式(4-3)可得:$I = I_* I_j = 1.5674 \times 1.56 = 2.445\text{kA}$

$$S_k = \sqrt{3} I_k U_j = \sqrt{3} \times 2.445 \times 37 = 156.69\text{kV}\cdot\text{A}$$

10.《电力工程电缆设计规范》(GB 50217—2018)第3.6.8-5条。短路电流作用时间:应取保护动作时间与断路器开断时间之和。对电动机等直馈线,保护动作时间取主保护时间;其他情况,宜取后备保护时间。

取后备保护动作时间与断路器分闸时间之和:$t = 0.5\text{s}$

《工业与民用供配电设计手册》(第四版)P382~P384式(5.6-10)及表5.6-7。

$$S_{min} = \frac{\sqrt{Q_t}}{c} \times 10^3 = \frac{I_k}{c}\sqrt{t} \times 10^3 = \frac{5.16}{90} \times \sqrt{0.5} \times 10^3 = 40.54\text{mm}^2$$

因此选择最小截面为50mm^2。

注:题干给出主保护装置为速动时,短路电流持续时间为0.2s,但未明确后备保护装置动作时短路电流持续时间值,因此不建议带入0.5+0.2=0.7s。

题11~15答案:**BBABC**

11.《35kV~110kV变电站设计规范》(GB 50059—2011)第2.0.1条第三款:与城乡或工矿企业规划相协调,便于架空和电缆线路的引入和引出。

12.《3~110kV高压配电装置设计规范》(GB 50060—2008)第5.4.4条及条文说明。

双列布置时,最小宽度为双车长+900mm,即2×800+900=2500mm,主要考虑断路器在操作通道内检修。

13.《并联电容器装置设计规范》(GB 50227—2017)第8.1.4条、第9.1.5条、第9.2.4条及《20kV及以下变电所设计规范》(GB 50053—2013)第5.3.1条、第5.3.3条、第6.2.6条、第6.3.2条。

14.《3～110kV 高压配电装置设计规范》(GB 50060—2008)第5.5.3条、第5.5.4条表5.4.4、第5.5.5条和第7.1.11条。

15.《3～110kV 高压配电装置设计规范》(GB 50060—2008)第5.5.3条、第5.1.4条表5.1.4中A2值。

题16～20答案:**BCDDB**

16.《工业与民用供配电设计手册》(第四版)P778"电力系统电压等级A、B、C类的定义与区别"及表9.1-2。中性点非有效接地系统中单相接地故障时间在1min～2h之间,必须选用C类的电缆绝缘水平,$U_n=10k$,$U_0=8.7kV$。

17.《电力工程直流系统设计技术规程》(DL/T 5044—2014)附录E。

$$S_{cac}=\frac{\rho\cdot 2LI_{ca}}{\Delta U_p}=\frac{0.0184\times 2\times 68\times 4.2}{110\times 0.04}=2.34mm^2$$

18.《工业与民用供配电设计手册》(第四版)P372式(5.5-72)。

各参数:$K_x=0.66,\beta=1,i_{p3}=75kA,l=1.2m,D=0.35m$

$W=0.167bh^2=0.167\times 6.3\times 63^2\times 10^{-9}=4.176\times 10^{-6}$

母线应力:$\sigma_c=1.73K_x(i_{p3})^2\dfrac{l^2}{DW}\beta\times 10^{-2}=1.73\times 0.66\times 75^2\times$

$$\frac{1.2^2}{0.35\times 4.176\times 10^{-6}}\times 1\times 10^{-2}$$

$$=63.3\times 10^6Pa=63.3MPa$$

19.《工业与民用供配电设计手册》(第四版)P459式(6.2-5)。

$\Delta u=Il\Delta u_a=261\times 0.3\times 0.104=8.14$

20.《工业与民用供配电设计手册》(第四版)P325表5.3-3或《导体和电器选择设计技术规定》(DL/T 52222—2005)附录D表D.11。

题21～25答案:**CBBBB**

21.《交流电气装置的过电压保护和绝缘配合设计规范》(GB/T 50064—2014)第4.2.1-6条及条文解释。

范围Ⅰ的线路合闸和重合闸过电压一般不超过3.0p.u.,通常无须采取限制措施。

注:也可参考《交流电气装置的过电压保护和绝缘配合》(DL/T 620—1997)第4.2.1条d)款。

22.《并联电容器装置设计规范》(GB 50227—2017)第4.2.8条及图4.2.8"相对地避雷器接线"。

注:也可参考《交流电气装置的过电压保护和绝缘配合设计规范》(GB/T 50064—2014)第4.2.7条。

23.《交流电气装置的过电压保护和绝缘配合设计规范》(GB/T 50064—2014)第

5.4.6 条。

独立避雷针宜设独立的接地装置；在非高土壤电阻率地区，接地电阻不宜超过10Ω；该接地装置可与主接地网连接，避雷针与主接地网的地下连接点至35kV及以下设备与主接地网的地下连接点之间，沿接地极得长度不得小于15m。

注：也可参考《交流电气装置的过电压保护和绝缘配合》（DL/T 620—1997）第7.1.6条和第7.1.7条。

24.《交流电气装置的接地设计规范》（GB/T 50065—2011）附录A第A.0.3条。

各算子：$L_0 = 5 \times 8 \times 4 = 160$，$L = 40 \times (6+6) = 480$，$S = 40 \times 40 = 1600$，$h = 0.8$，$\rho = 50$，$d = 0.02$

$$\alpha_1 = \left(3\ln\frac{L_0}{\sqrt{S}} - 0.2\right)\frac{\sqrt{S}}{L_0} = \left(3 \times \ln\frac{160}{\sqrt{1600}} - 0.2\right) \times \frac{\sqrt{1600}}{160} = 0.98972$$

$$B = \frac{1}{1 + 4.6 \times \frac{h}{\sqrt{S}}} = \frac{1}{1 + 4.6 \times \frac{0.8}{\sqrt{1600}}} = 0.91575$$

$$R_e = 0.213\frac{\rho}{\sqrt{S}}(1+B) + \frac{\rho}{2\pi L}\left(\ln\frac{S}{9hd} - 5B\right)$$

$$= 0.213 \times \frac{50}{\sqrt{1600}} \times (1+0.91575) + \frac{50}{2\pi \times 480} \times \left(\ln\frac{1600}{9 \times 0.8 \times 0.02} - 5 \times 0.91575\right)$$

$$= 0.510068 + 0.078532 = 0.5886\Omega$$

$$R_n = \alpha_1 R_e = 0.98972 \times 0.5886 = 0.582549\Omega$$

注：该题计算过程极为烦琐，且无实际应用价值，只为占用考生的时间，近年已无此类题目。

25.《交流电气装置的接地设计规范》（GB/T 50065—2011）附录D。

接地装置地位：$U_g = IR = 4000 \times 0.5 = 2000\text{V}$

最大接触电位差：$U_{tmax} = K_{tmax}U_g = 0.2254 \times 2000 = 450.8\text{V}$

最大跨步电位差：$U_{smax} = K_{smax}U_g = 0.0831 \times 2000 = 166.2\text{V}$

注：原题考查行业标准《交流电气装置的接地》（DL/T 621—1997）附录B式（B3）、式（B4）、式（B5）。

2009 年案例分析试题(下午卷)

[专业案例题(共 **40** 题,考生从中选择 **25** 题作答,每题 **2** 分)]

题 1 ~ 5:某厂为进行节能技术改造,拟将原由可控硅供电的直流电动机改用交流调速同步电动机,电动机水冷方式不变,原直流电动机的功率 $P_n = 2500\text{kW}$,转速为 585r/min,要求调速比大于 15:1,请回答下列问题。

1. 在该厂改造方案讨论中,对于直流电动机与同容量、同转速的同步电动机进行技术性能比较,曾提出如下观点,其中哪一项是错误的? ( )

(A)同步电动机的结构比直流电动机的简单,价格便宜

(B)直流电动机的 GD^2 比同步电动机的大

(C)直流电动机的外形尺寸及质量大于同步电动机

(D)直流电动机冷却用水量比同步电动机少

解答过程:

2. 本工程选用哪种交流调速系统最合适? ( )

(A)由变频电源供电的交流调速系统

(B)定子调压调速系统

(C)串级调速系统

(D)调速型液力耦合器

解答过程:

3. 该厂直流电动机的设备年工作 6000h,有效作业率 0.7,平均负载系数 0.65,设直流电动机平均效率为 0.91,同步电动机的平均效率为 0.96,改为交流传动方案后,估算电动机本身的年节能为下列哪一项数值? ( )

(A) $39.1 \times 10^4 \text{kW} \cdot \text{h}$

(B) $60.9 \times 10^4 \text{kW} \cdot \text{h}$

(C) $85.9 \times 10^4 \text{kW} \cdot \text{h}$

(D) $188.7 \times 10^4 \text{kW} \cdot \text{h}$

解答过程：

4. 改造方案中，如选 6 级同步电动机，要求电机的转速为 585r/min，试求同步电动机的定子变频电源的频率接近下列哪一项？（ ）

(A) 29Hz (B) 35Hz

(C) 39Hz (D) 59Hz

解答过程：

5. 如上述同步电动机要求的电源频率为 33Hz，系统电源频率为 50Hz，宜采用下列哪种交流调速方式？（ ）

(A) 交—交变频装置的交流调速系统

(B) 定子调压调速系统

(C) 串级调速系统

(D) 交—直—交变频调速系统

解答过程：

题 6 ~ 10：某车间变电所设置一台 10/0.4kV、630kV·A 变压器，其空载有功损耗 1.2kW，满载有功损耗 6.2kW。车间负荷数据见下表。

设备名称	额定功率	相数/电压	额定负载持续率	需要系数	$\cos\varphi$
对焊机 1 台	97kV·A	1/380	20%	0.35	0.7
消防水泵 1 台	30kW	3/380		0.8	0.8
起重机 1 台	30kW	3/380	40%	0.2	0.5
风机、水泵等	360kW	3/380		0.8	0.8
有功和无功功率同时系数 K 均为 0.9					

请回答下列问题。

6. 对焊机的等效三相设备功率为哪一项？（ ）

(A)67.9kW (B)52.6kW
(C)30.37kW (D)18.4kW

解答过程：

7.采用利用系数法计算时,起重机的设备功率为哪一项? ( )

(A)37.95kW (B)30kW
(C)18.97kW (D)6kW

解答过程：

8.假设采用需要系数法计算对焊机的等效三相设备功率为40kW,起重机的设备功率为32kW,为选择变压器容量,求0.4kV侧计算负荷的有功功率为哪一项? ( )

(A)277.56kW (B)299.16kW
(C)308.4kW (D)432kW

解答过程：

9.假设变电所0.4kV侧计算视在功率为540kV·A,功率因数为0.92,问变电所10kV侧计算有功功率为哪一项? ( )

(A)593kW (B)506kW
(C)503kW (D)497kW

解答过程：

10.假设变电所0.4kV侧计算视在功率补偿前为540kV·A,功率因数为0.8,问功率因数补偿到0.92,变压器的有功功率损耗为哪一项数值? ( )

(A)3.45kW　　(B)4.65kW
(C)6.02kW　　(D)11.14kW

解答过程：

题 11～15：拟对一台笼型电动机采用能耗制动方式。该电动机型号规格为 YZ180L-8，额定电压 380V，额定功率 11kW，额定转速 694r/min，$P_c=40\%$，额定电流 $I_{ed}=25.8A$，空载电流 $I_{kz}=12.5A$，定子单相电阻 $R_d=0.56\Omega$，制动电压为直流 60V，制动时间 2s，电动机每小时接电次数为 30 次，制动回路电缆为 $6mm^2$ 铜芯电缆，其电阻值可忽略不计。请回答下列问题。

11. 取制动电流为空载电流的 3 倍，其外加制动电阻值与下列哪一项数值相近？　（　　）

(A)0.22Ω　　(B)0.48Ω
(C)1.04Ω　　(D)1.21Ω

解答过程：

12. 若将制动电压改为直流 220V，取制动电流为空载电流的 3 倍，假设已知制动电压为直流 60V 时制动回路的外加电阻为 1.08Ω，220V 制动方案比 60V 制动方案在外加电阻上每天多消耗电能为下列哪一项数值？　（　　）

(A)69W·h　　(B)86W·h
(C)2064W·h　　(D)2672W·h

解答过程：

13. 关于能耗制动的特点，下列叙述哪一项是错误的？　（　　）

(A)制动转矩较大且基本稳定
(B)可使生产机械可靠停止
(C)能量不能回馈电网，效率较低

(D)制动转矩较平滑,可方便地改变制动转矩

解答过程:

14. 制动电阻持续率 FC_R 为下列哪一项数值? (　　)

(A)0.83%　　(B)1.7%

(C)16.7%　　(D)40%

解答过程:

15. 笼型电动机的能耗制动转矩在转速下降到下列哪一项数值附近时达最大值? (　　)

(A)0.5~0.09倍同步转速　　(B)0.1~0.2倍同步转速

(C)0.25~0.3倍同步转速　　(D)0.35~0.4倍同步转速

解答过程:

题16~20:某企业110kV变电站直流系统电压110V,采用阀控式密闭铅酸蓄电池组,无端电池,单体电池浮充电2.23V,直流系统不带压降装置,充电装置采用一组20A的高频开关电源模块若干个,站内控制负荷、动力负荷合并供电。请回答下列问题。

16. 该直流系统蓄电池组电池个数宜选择下列哪一项? (　　)

(A)50个　　(B)52个

(C)57个　　(D)104个

解答过程:

17. 事故放电末期单个蓄电池的最低允许值为下列哪一项数值?（　　）

(A)1.85V　　(B)1.80V

(C)1.75V　　(D)1.70V

解答过程:

18. 该变电站控制保护设备的经常负荷电流约为50A,选择蓄电池容量为300A·h,已知该类型电池的10h放电率 $I_{10}=0.1C$,其中 C 为电池容量,请计算充电装置的20A高频开关电源模块数量最接近下列哪一项数值?（　　）

(A)3个　　(B)6个

(C)9个　　(D)12个

解答过程:

19. 假定充电装置额定电流为120A,请选择充电装置回路的直流电流表测量范围是下列哪一项?（　　）

(A)0~80A　　(B)0~100A

(C)0~150A　　(D)0~200A

解答过程:

20. 如该变电站为无人值班变电所,其直流应急照明用直流供电。那么,在进行直流负荷统计计算时,对直流应急照明负荷的放电时间应按下列哪一项数值进行计算?（　　）

(A)0.5h　　(B)1.0h

(C)1.5h　　(D)2.0h

解答过程:

题 21 ~ 25：某城市道路，路面为沥青混凝土，路宽 21m，采用双侧对称布置灯，灯具仰角 θ 为 15°，见下图。

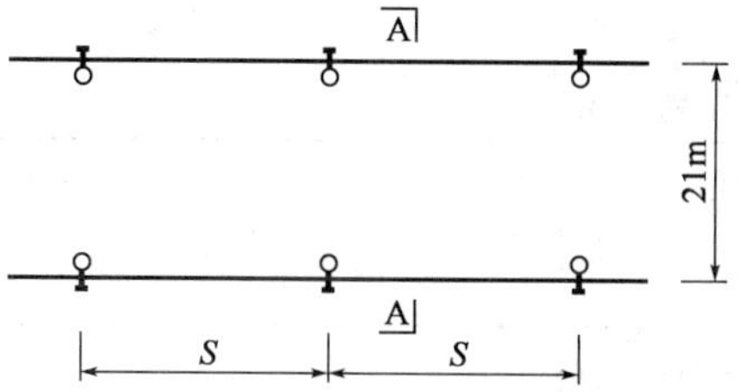

道路灯具布置示意图

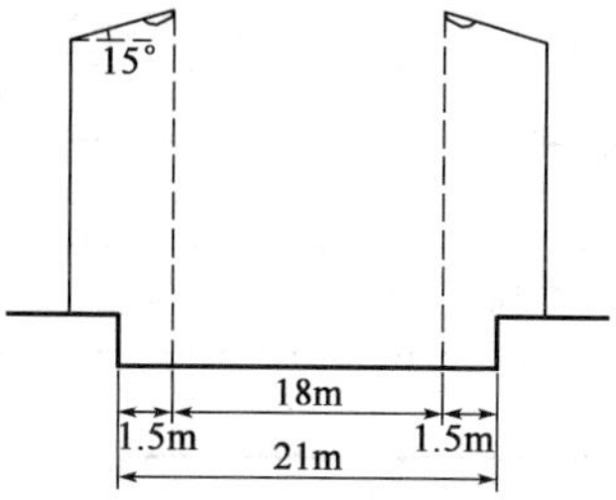

A-A剖面

请回答下列问题。

21. 道路表面为均匀漫反射表面，其表面亮度为 1.0cd/m²，已知路面反射比为 0.2，则道路表面照度值应为下列哪一项数据？（　　）

(A)10lx　　(B)16lx

(C)21lx　　(D)31lx

解答过程：

22. 若道路的路面平均亮度维持值 LAV 为 1.5cd/m²，该道路的路面亮度符合下列哪一种道路照明设计标准？（　　）

(A)居住区道路　　(B)支路

(C)次干路　　(D)主干路

解答过程：

23. 若灯具采用半截光型，灯具高度为 13m，按灯具的配光类型、布置方式，计算灯具的间距不宜大于下列哪一项数值？（　　）

(A)32.5m　　(B)30m

(C)45.5m　　(D)52m

解答过程：

24. 若灯具高度为13m，光源采用150W高压钠灯，光通量为16000lm，维护系数为0.65，灯具间距25m，灯具在人行道侧和车道侧的利用系数按表1和表2选择，试计算道路平均照度为下列哪一项数值？（　　）

人行道侧灯具利用系数　　表1

横向距离比 oh/h	0.100	0.115	0.140	0.165
利用系数 U_2	0.03	0.04	0.05	0.06

车道侧灯具利用系数　　表2

横向距离比 w/h	1.100	1.200	1.300	1.400
利用系数 U_1	0.27	0.29	0.31	0.33

(A) 7lx　　(B) 15lx
(C) 23lx　　(D) 29lx

解答过程：

25. 若路灯采用三相四线制低压配电线路供电，每相接入25盏灯具，每盏灯具的基波电流为1.45A，每相的三次谐波电流含量为42%，选用YJV-0.6/1.0kV电缆，线路N线与相线同截面，电缆载流量见下表（已考虑环境温度影响），若不计电压降，电缆截面最小选用下列哪一项数值？（　　）

YJV-0.6/1.0kV电力电缆载流量表

截面积(mm^2)	4	6	10	16
载流量(A)	40	50	67	86

(A) $4mm^2$　　(B) $6mm^2$
(C) $10mm^2$　　(D) $16mm^2$

解答过程：

题26～30：北方某地新建的综合楼内设有集中空调系统，在地下一层制冷站内设螺杆式冷水机、热交换器、冷冻水泵和冷却水泵等设备，楼上会议室设定风量空调系统，办公室设变风量空调系统。请回答下列问题。

26. 下列哪一种控制是由建筑设备监控系统完成的？ (　　)

(A)冷水机的压缩机运行 (B)冷水机的冷凝器运行
(C)冷冻水供水压差恒定闭环控制 (D)冷水机的蒸发器运行

解答过程：

27. 在热交换系统中，为使二次侧热水温度保持在设定范围，应根据下列哪一项设定值来控制一次侧温度调节阀开度？ (　　)

(A)一次供水温度 (B)二次供水温度
(C)一次供回水压力 (D)二次供回水压力

解答过程：

28. 在冬季，为保证空调机组内供、回水盘管的安全使用，通常会采用下列哪一项措施？ (　　)

(A)设温度检测 (B)风机停止运行
(C)设防冻开关报警和连锁控制 (D)关闭电动调节阀

解答过程：

29. 在会议室使用的空调系统中，是根据下列哪一项的温度设定值来调节冷水阀或热水阀的开度，保持会议室的温度不变的？ (　　)

(A)送风处 (B)排风处
(C)新风处 (D)回风处

解答过程：

30. 在办公室使用的空调系统中，根据送风静压设定值控制下列哪一项？（　　）

(A)变速风机转速
(B)变风量末端设备
(C)风机的启停
(D)比例、积分连续调节冷水阀或热水阀的开度

解答过程：

题31～35：某工厂配电站10kV母线最大运行方式时短路容量150MV·A，最小运行方式短路容量100MV·A，该10kV母线供电的一台功率最大的异步电动机，额定功率4000kW，额定电压10kV，额定电流260A，启动电流倍数6.5，启动转矩相对值1.1，此电动机驱动的风机静阻转矩相对值0.3，母线上其他计算负荷10MV·A，功率因数0.9，请回答下列问题。

31. 本案例中4000kW电动机驱动的风机启动时，电动机端电压最少应为下列哪一项数值？（　　）

(A)10kV　　(B)5.5kV
(C)5.22kV　　(D)3kV

解答过程：

32. 本案例中4000kW电动机启动前母线电压为10kV，计算这台电动机直接启动时最低母线电压应为下列哪一项数值？（忽略供电电缆电抗）（　　）

(A)7.8kV　　(B)8kV
(C)8.4kV　　(D)9.6kV

解答过程：

33. 本案例中4000kW电动机若采用变比为64%自耦变压器启动，启动回路的额定输入容量为下列哪一项数值？（忽略供电电缆电抗）（　　）

(A)10.65MV·A　　(B)11.99MV·A
(C)18.37MV·A　　(D)29.27MV·A

解答过程：

34. 本案例中4000kW电动机采用电抗器降压启动，电抗器每相额定电抗为1Ω，电动机启动时母线电压相对值为0.82，计算电动机启动转矩与全压启动转矩的相对值为下列哪一项数值(忽略电抗器与母线和电抗器与电动机之间的电缆电抗)　　(　　)

(A)0.41　　(B)0.64
(C)0.67　　(D)1.12

解答过程：

35. 本案例中4000kW电动机采用串联电抗器方式启动，计算为满足设计规范中在电动机不频繁启动时及一般情况下对配电母线电压的要求，电抗器的最小电抗值为下列哪一项数值？(忽略电抗器与母线和电抗器与电动机之间的电缆电抗)　　(　　)

(A)0.27Ω　　(B)0.43Ω
(C)1.8Ω　　(D)2.03Ω

解答过程：

题36～40：某企业变电站拟新建一条35kV架空电源线路，采用钢筋混凝土电杆、铁横担、钢芯铝绞线。请回答下列问题。

36. 35kV架空电力线路设有地线的杆塔应接地，假定杆塔处土壤电阻率$\rho \geq 2000\Omega \cdot m$，请问在雷雨季，在地面干燥时，每基杆塔的工频接地电阻不宜超过下面哪一项数值？　　(　　)

(A)4Ω　　(B)10Ω
(C)20Ω　　(D)30Ω

解答过程：

37. 右图为架空线路某钢筋混凝土电杆放射型水平接地装置[见《交流电气装置的接地》(DL/T 621—1997)附录D表D1的示意图]，已知水平接地极为50mm×5mm的扁钢，埋深$h=0.8\text{m}$，土壤电阻率$\rho=500\Omega\cdot\text{m}$，请计算该装置工频接地电阻值最接近下列哪一项数值？（　　）

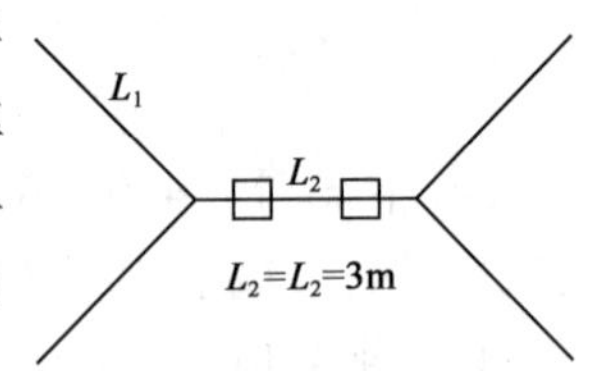

(A)55Ω　　(B)57Ω

(C)60Ω　　(D)126Ω

解答过程：

38. 在架空电力线路力学计算中，下列关于导线比载的表述，哪一项是正确的？（　　）

(A)导线上每米长度的荷载折算到单位截面上的数值

(B)导线上每米长度的荷载

(C)导线单位截面上的荷载

(D)长度为代表档距的导线上的荷载折算到单位截面上的数值

解答过程：

39. 已知该架空电力线路设计气象条件和导线的物理参数如下：

1)导线单位长度质量$P_1=0.6\text{kg/m}$。

2)导线截面$A=170\text{mm}^2$。

3)导线直径$d=17\text{mm}$。

4)覆冰厚度$b=20\text{mm}$。

5)重力加速度$g=9.8\text{m/s}^2$。

请计算导线的自重加冰重比载γ_3与下列哪一项数值最接近？单位为N/(m·mm²)。（　　）

(A) 128×10^{-3}　　(B) 150×10^{-3}

(C) 6000×10^{-3}　　(D) 20560×10^{3}

解答过程：

40. 已知某杆塔相邻两档等高悬挂，档距分别为120m和100m，电线截面积$A=170mm^2$，出现灾害性天气时的比载$\gamma_5=100\times10^{-3}N/(m\cdot mm^2)$。请计算此时一根导线施加在杆塔上的水平荷载最接近下列哪一项数值？（　）

(A) 500N　　(B) 1000N

(C) 1500N　　(D) 2000N

解答过程：

2009年案例分析试题答案(下午卷)

题1～5答案:**DAAAD**

1.《钢铁企业电力设计手册》(下册) P7、P8中“23.2.1.1交流电动机与直流电动机的比较”,其中,(4)直流电动机的效率低,耗能大,散热条件差,需要冷却通风功率大,冷却水多。与选项D矛盾。

2.《钢铁企业电力设计手册》(下册)P271 表25-2 常用交流调速方案比较,按表25-2中调速比的差异,满足题干15.1的要求只有变频率调速方式。

3.《钢铁企业电力设计手册》(上册) P306 式(6-43)。

$$W = P_n\left(\frac{1}{\eta_2}-\frac{1}{\eta_1}\right)T_Y K_L K_W = 2500 \times \left(\frac{1}{0.91}-\frac{1}{0.96}\right)\times 0.65 \times 6000 \times 0.7 = 39.1 \times 10^4 \text{kW·h}$$

4.《钢铁企业电力设计手册》(下册)P1～3 表23-1。

由 $n = \frac{60f}{p}$,得:$f = \frac{np}{60} = \frac{585 \times 3}{60} = 29.25\text{Hz}$。

注:p为极对数。

5.《钢铁企业电力设计手册》(下册) P310 表25-11。

交—交变频调频范围:$(1/2 \sim 1/3) \times 50 = 16.67 \sim 25\text{Hz}$

不满足输出33Hz的要求,而交—直—交变频调频范围宽,可满足要求。

题6～10答案:**BCACB**

6.《工业与民用供配电设计手册》(第四版)P2 式(1.2-2)及P20 式(1.6-4)。

单相设备功率:$P_e = S_r\sqrt{\varepsilon_r}\cos\varphi = 97 \times \sqrt{0.2} \times 0.7 = 30.37\text{kW}$

三相设备功率:$P_d = \sqrt{3}P_{UV} = \sqrt{3} \times 30.37 = 52.6\text{kW}$

注:本题仅要求求出对焊机的等效三相设备功率,未涉及负荷计算中该单相设备是否需换算成等效三相的问题,可不考虑单相设备负荷需大于三相设备负荷总和的15%的要求。

7.《工业与民用供配电设计手册》(第四版)P5 式(1.2-1)。

$P_e = P_r\sqrt{\varepsilon_r} = 30 \times \sqrt{0.4} = 18.97\text{kW}$

8.《工业与民用供配电设计手册》(第四版)P6中“总设备功率要求:消防设备功率一般不计入总设备功率”。因此,由P10 式(1.4-3)可得:

$P_c = K\sum(K_x P_e) = 0.9 \times (40 \times 0.35 + 32 \times 0.2 + 360 \times 0.8) = 277.56\text{kW}$

9.《钢铁企业电力设计手册》(上册)P291 式(6-14)和式(6-17)。

负载系数:$\beta = \dfrac{P_2}{S_N \cos\varphi_2} = \dfrac{S_2}{S_N} = \dfrac{540}{630} = 0.857$

变压器功率损失:$\Delta P = P_0 + \beta^2 P_k = 1.2 + 0.857^2 \times 6.2 = 5.75\text{kW}$

变电所 10kV 侧计算有功功率:$P_1 = P_2 + \Delta P = 540 \times 0.92 + 5.75 = 502.55\text{kW}$

10.《工业与民用供配电设计手册》(第四版)P10 式(1.4-1)~式(1.4-6),计算补偿后的视在功率。

由 $\cos\varphi_2 = 0.92$,得 $\tan\varphi_2 = 0.426$

$P_1 = P_2 = 540 \times 0.8 = 432\text{kW}$

$Q_2 = P_2 \tan\varphi_2 = 432 \times 0.426 = 184\text{kvar}$

$S_2 = \sqrt{P_2^2 + Q_2^2} = \sqrt{432^2 + 184^2} = 469.55\text{kV}\cdot\text{A}$

《钢铁企业电力设计手册》(上册)P291 式(6-14)和式(6-17)。

负载系数:$\beta = \dfrac{P_2}{S_N \cos\varphi_2} = \dfrac{S_2}{S_N} = \dfrac{469.55}{630} = 0.745$

变压器功率损失:$\Delta P = P_0 + \beta^2 P_k = 1.2 + 0.745^2 \times 6.2 = 4.64\text{kW}$

题 11~15 答案:**BCABB**

11.《钢铁企业电力设计手册》(下册) P114。

制动电流取空载电流的 3 倍,即 $I_{zd} = 3 \times 12.5 = 37.5\text{A}$。

制动回路全部电阻:$R = U_{zd}/I_{zd} = 60/37.5 = 1.6\Omega$

制动电阻:$R_{zd} = R - (2R_d + R_1) = 1.6 - 2 \times 0.56 = 0.48\Omega$

注:可参考 P114 例题分析计算。

12.《钢铁企业电力设计手册》(下册)P115。

制动电流取空载电流的 3 倍,即 $I_{zd} = 3 \times 12.5 = 37.5\text{A}$。

制动电压为 220V 时:$R = U_{zd}/I_{zd} = 220/37.5 = 5.87\Omega$

制动电阻:$R_{zd} = R - (2R_d + R_1) = 5.87 - 2 \times 0.56 = 4.75\Omega$

$\Delta W = \Delta P t = I^2 \Delta R t = 37.5^2 \times (4.75 - 1.08) \times \dfrac{2 \times 30 \times 24}{3600} = 2064\text{W}\cdot\text{h}$

13.《钢铁企业电力设计手册》(下册) P95、96 表 24-6 交流电动机能耗制动性能中特点一栏。其中,制动转矩较大且基本稳定为反接制动的性能特点。

14.《钢铁企业电力设计手册》(下册) P115 左侧倒数第 2 行。

制动电阻接电持续率:$\text{FC}_R = \dfrac{30 \times 2}{3600} = 0.0167 = 1.67\%$

15.《钢铁企业电力设计手册》(下册)P114 中"24.2.7 能耗制动第 6 行:当转速降

到0.1~0.2倍同步转速时,制动转矩达到最大值”。

题16~20答案:**BABCD**

16.《电力工程直流系统设计技术规程》(DL/T 5044—2014)附录C第C.1.1条“蓄电池个数选择”。

$$n=\frac{1.05U_{\mathrm{n}}}{U_{\mathrm{f}}}=\frac{1.05\times110}{2.23}=51.79$$,选择52个。

17.《电力工程直流系统设计技术规程》(DL/T 5044—2014)附录C第C.1.3条。

对于控制负荷和动力负荷合并供电:$U_{\mathrm{m}}\geqslant\frac{0.875U_{\mathrm{n}}}{n}=\frac{0.875\times110}{52}=1.85\mathrm{V}$

18.《电力工程直流系统设计技术规程》(DL/T 5044—2014)附录D第D.2.1-1条。

基本铅酸蓄电池模块:

$$n_1=\frac{1.0I_{10}\sim1.25I_{10}}{I_{\mathrm{me}}}+\frac{I_{\mathrm{jc}}}{I_{\mathrm{me}}}=\frac{(1.0\sim1.25)\times300\times0.1}{20}+\frac{50}{20}=4\sim4.375\text{个}$$

附加模块数量:$n_2=1(n_1\leqslant6)$

总电池模块数量:$n=n_1+n_2=(4\sim4.375)+1=5\sim5.375$个

选择最接近的答案,即6个。

19.《电力工程直流系统设计技术规定》(DL/T 5044—2014)附录D表D.1.3。

表格中,充电装置额定电流为120A时,对应直流电流表测量范围为0~150A。

20.《电力工程直流系统设计技术规程》(DL/T 5044—2014)第4.2.5条表4.2.5。

由表查得2.0h。

题21~25答案:**BDCBC**

21.《照明设计手册》(第三版)P2式(1-7),路面为均匀漫反射。

$$E=L\frac{\pi}{\rho}=1.0\times\frac{3.14}{0.2}=15.71\mathrm{lx}$$

22.《照明设计手册》(第三版)P393表18-3:快速路、主干路的L_{AV}为1.5~2.0cd/m^2。

23.《照明设计手册》(第三版)P393表18-18,$h=13\mathrm{m}$,$W=21\mathrm{m}$,因此$h>0.6W$。

双侧布灯:$S\leqslant3.5h=3.5\times13=45.5\mathrm{m}$

24.《照明设计手册》(第三版)P405~P406式(18-1)、式(18-2)。

车道距高比:$W/h=19.5/13=1.5$

查表1,得利用系数$U_1=0.33$。

人行道距高比:$W/h=1.5/13=0.115$

查表2,得利用系数$U_2=0.04$。

总利用系数$U=U_1+U_2=0.33+0.04=0.37$

$$E_{av}=\frac{\Phi UkN}{SW}=\frac{16000\times0.37\times0.65\times2}{25\times21}=14.66\text{lx}$$

25.《工业与民用供配电设计手册》(第四版) P811 表9.2-2及表9.2-3。

$$I_N=\frac{1.45\times0.42\times3}{0.86}\times25=53\text{A}<67\text{A}$$,选 10mm^2。

题26～30答案:**CBCDA**

26.《民用建筑电气设计规范》(JGJ 16—2008)第18.8.1条:2.建筑设备监控系统应具有下列控制功能中2)冷冻水供水压差恒定闭环控制。

27.《民用建筑电气设计规范》(JGJ 16—2008)第18.9.1条:2.自动调节系统应根据二次供水温度设定值控制一次侧温度调节阀开度。

28.《民用建筑电气设计规范》(JGJ 16—2008)第18.10.3条:4.在寒冷地区,空调机组应设置防冻开关报警和连锁控制。

29.《民用建筑电气设计规范》(JGJ 16—2008)第18.10.3条:5.在定风量空调系统中,应根据回风或室内温度设定值,比例、积分连续调节冷水阀或热水阀开度,保持回风或室内温度不变。

30.《民用建筑电气设计规范》(JGJ 16—2008)第18.10.3条第9款:1)当采用定静压法时,应根据送风静压设定值控制变速风机转速 。

题31～35答案:**BABAC**

31.《工业与民用供配电设计手册》(第四版) P480 式(6.5-3)。

电动机端子电压相对值:$u_{stM}\geqslant\sqrt{\frac{1.1M_j}{M_{stM}}}=\sqrt{\frac{1.1\times0.3}{1.1}}=0.548$

电动机端子电压:$U=0.548U_N=0.548\times10=5.48\text{kV}$

32.《工业与民用供配电设计手册》(第四版) P482～P483 表6.5-4"全压启动相关公式"。

母线短路容量:$S_{km}=100\sim150\text{MV·A}$

电动机额定容量:$S_{rm}=\sqrt{3}U_{rm}I_{rm}=\sqrt{3}\times10\times0.26=4.5\text{MV·A}$

启动时启动回路额定输入容量:$S_{st}=S_{stM}=k_{st}\cdot S_{rm}=6.5\times4.5=29.25\text{MV·A}(X_1=0)$

预接负荷无功功率:$Q_{fh}=10\times\sqrt{1-\cos^2\varphi}=10\times0.436=4.36\text{Mvar}$

母线电压相对值:$u_{stm}=u_s\frac{S_{km}}{S_{km}+Q_{fh}+S_{st}}=1.05\times\frac{100\sim150}{(100\sim150)+4.36+29.25}=$ $0.786\sim0.817$

最低母线低压为:$U_{stm}=u_{stm}\cdot U_n=0.786\times10=7.86\text{kV}$

33.《工业与民用供配电设计手册》(第四版) P482～P483 表6.5-4"自耦变压器降压启动相关公式"。

启动回路输入容量：$S_{st}=k_z S_{stM}=0.64^2\times\sqrt{3}\times10\times0.26\times6.5=11.99\text{MV}\cdot\text{A}$

34.《工业与民用供配电设计手册》(第四版) P482 ~ P483 表 6.5-4“电抗器降压启动”。

电动机额定容量：$S_{rM}=\sqrt{3}U_{rM}I_{rM}=\sqrt{3}\times10\times260=4503.2\text{kV}\cdot\text{A}=4.5\text{MV}\cdot\text{A}$

电动机额定启动容量：$S_{stM}=K_{st}S_{rM}=6.5\times4.5=29.25\text{MV}\cdot\text{A}$

启动回路的额定输入容量：$S_{st}=\dfrac{1}{\dfrac{1}{S_{stM}}+\dfrac{X_r}{U_m^2}+\dfrac{X_1}{U_m^2}}=\dfrac{1}{\dfrac{1}{29.25}+\dfrac{1}{10^2}+\dfrac{0}{10^2}}=22.63\text{MV}\cdot\text{A}$

电动机端子电压相对值：$u_{stM}=u_{stm}\dfrac{S_{st}}{S_{stM}}=0.82\times\dfrac{22.63}{29.25}=0.6344$

《工业与民用供配电设计手册》(第四版) P479 表 6.5-1“电动机启动方式及其特点”。

电抗器降压启动时，启动转矩与全压启动的比值为：$M_{dk}=k_{st}^2M_{st}\Rightarrow\dfrac{M_{dk}}{M_{st}}=k_{st}^2=0.6344^2=0.40$

35.《通用用电设备配电设计规范》(GB 50055—2011) 第 2.2.2 条：配电母线上的电压一般情况下，电动机不频繁启动时，不宜低于额定电压的 85%。因此母线电压相对值 $U_{stM}=0.85$，由《工业与民用供配电设计手册》(第四版) P482 ~ P483 表 6.5-4“电抗器降压启动公式”可得：

由 $u_{stm}=u_s\dfrac{S_{km}}{S_{km}+Q_{fh}+S_{st}}$，得 $0.85=1.05\times\dfrac{100}{100+4.36+S_{st}}$，则 $S_{st}=19.17$

由 $S_{st}=\dfrac{1}{\dfrac{1}{S_{stM}}+\dfrac{X_R}{U_m^2}}$，得 $\dfrac{1}{\dfrac{1}{29.25}+\dfrac{X_R}{10^2}}=19.17$，则 $X_R=1.798\Omega$。

注：校验继电保护装置灵敏系数和校验电动机启动的依据为最小短路电流值，即最小短路容量下得短路电流值。参考《工业与民用供配电设计手册》(第四版) P124 倒数第 7 行。

题 36 ~ 40 答案：**DCABD**

36.《交流电气装置的过电压保护和绝缘配合设计规范》(GB/T 50064—2014) 第 5.3.1-7 条。

注：也可参考《交流电气装置的过电压保护和绝缘配合》(DL/T 620—1997) 第 6.1.4 条及表 8，不宜超过 30Ω。

37.《交流电气装置的接地设计规范》(GB/T 50065—2011) 附录 F 式(F.0.1)。

由表 D1：$A_t=2.0$，$L=4l_1+l_2=4\times3+3=15$，$d=b\div2=0.05\div2=0.025$

由式(D1)得出接地电阻：$R=\dfrac{\rho}{2\pi L}\left(\ln\dfrac{L^2}{hd}+A_t\right)=\dfrac{500}{2\pi\times15}\times\left(\ln\dfrac{15^2}{0.8\times0.025}+2\right)=60.1\Omega$

38.《钢铁企业电力设计手册》(上册) P1057 中“23.3.3 电线的比载:电线上每单位长度(m)在单位截面积(mm^2)上的荷载,称为比载”。

39.《钢铁企业电力设计手册》(上册) P1057 表 21-23“电线比载计算公式表”。

$$\gamma_3=\gamma_1+\gamma_2=\frac{P_1 g}{A}+0.9\pi\frac{b(b+d)}{A}g\times10^{-3}$$

$$=\frac{0.6\times9.8}{170}+0.9\pi\times\frac{20\times(20+17)}{170}\times9.8\times10^{-3}$$

$$=0.0346+120.55\times10^{-3}=155\times10^{-3}\mathrm{N/(m\cdot mm^2)}$$

40.《钢铁企业电力设计手册》(上册)P1064 中“水平档距”及 P1057 中“23.3.3 电线的比载”的定义。

水平档距:$l_h=\frac{l_1+l_2}{2}=\frac{120+100}{2}=110\mathrm{m}$

水平荷载:$F_n=\gamma_5 l_h A=100\times110\times170\times10^{-3}=1870\mathrm{N}$

2010 年

注册电气工程师(供配电)执业资格考试

专业考试试题及答案

2010 年专业知识试题(上午卷)/288

2010 年专业知识试题答案(上午卷)/300

2010 年专业知识试题(下午卷)/307

2010 年专业知识试题答案(下午卷)/320

2010 年案例分析试题(上午卷)/326

2010 年案例分析试题答案(上午卷)/335

2010 年案例分析试题(下午卷)/340

2010 年案例分析试题答案(下午卷)/353

2010年专业知识试题(上午卷)

一、单项选择题(共40题,每题1分,每题的备选项中只有1个最符合题意)

1. 架空电力线路不得跨越爆炸气体环境,架空线路与爆炸性气体环境的水平距离一般不应小于杆塔高度的多少? ( )

(A)1.2倍　　(B)1.5倍
(C)1.8倍　　(D)2.0倍

2. 隔离电器应有效地将所有带电的供电导体与有关回路隔离,以下所列对隔离电器的要求,哪一项要求是不正确的? ( )

(A)在干燥条件下触头在断开位置时,每极触头间应能耐受与电气装置标称电压相对应的冲击电压,且断开触头间的漏泄电流也不应超过额定值
(B)隔离电器断开触头间的距离,应是可见的或明显的,有可靠的标记标示"断开"或"闭合"的位置
(C)半导体器件不应作为隔离电器
(D)断路器均可用作隔离电器

3. 关于配电室无功自动补偿的调节方式,下列说法正确的是哪一项? ( )

(A)无功功率随时间稳定变化时,宜按时间参数调节
(B)以节能为主进行无功补偿时,宜采用功率因数参数调节
(C)当采用了变压器自动调节无功补偿,为兼顾减少电压偏差的要求时,应按电压参数调节
(D)以节能为主进行补偿,当三相负荷平衡时,宜采用无功参数调节

4. 某车间的一台起重机,电动机的额定功率为120kW,电动机的额定负载持续率为40%。采用需要系数法计算,该起重机的设备功率为下列哪一项数值? ( )

(A)152kW　　(B)120W
(C)76kW　　(D)48kW

5. 35kV户外配电装置采用单母线分段接线时,下列表述中哪一项是正确的? ( )

(A)当一段母线故障时,该段母线的回路都要停电
(B)当一段母线故障时,分段断路器自动切除故障段,正常段会出现间断供电
(C)重要用户的电源从两段母线引接,当一路电源故障时,该用户将失去

供电

(D)任一元件故障,将会使两段母线失电

6. 与单母线分段接线相比,双母线接线的优点为下列哪一项? (　　)

(A)当母线故障或检修时,隔离开关作为倒换操作电器,不易误操作
(B)增加一组母线,每回路就需要增加一组母线隔离开关,操作方便
(C)供电可靠,通过两组母线隔离开关的倒换操作,可以轮流检修一组母线而不致供电中断
(D)接线简单清晰

7. 某35/6kV变电所装有两台主变压器,当6kV侧有8回出线并采用手车式高压开关柜时,宜采用下列哪种接线方式? (　　)

(A)单母线　　(B)分段单母线
(C)双母线　　(D)设置旁路设施

8. 在设计低压配电系统时,下列哪一项做法不符合规范规定? (　　)

(A)由建筑物外引入的配电线路,应在室内分界点便于操作维护的地方装设隔离电器
(B)采用链式配电时,每一回路环链设备不宜超过5台,其总容量不应超过10kW
(C)同一生产流水线的各用电设备,宜由同一回路配电
(D)宜选用D,yn11接线组别的三相变压器作为配电变压器

9. 当应急电源装置(EPS)用作应急照明系统备用电源时,有关应急电源装置(EPS)切换时间的要求,下列哪一项是不正确的? (　　)

(A)用作安全照明电源装置时,不应大于0.5s
(B)用作疏散照明电源装置时,不应大于5s
(C)用作备用照明电源装置时(不包括金融、商业交易场所),不应大于5s
(D)用作金融、商业交易场所备用照明电源装置时,不应大于1.5s

10. 在110kV以下变电所设计中,设置于屋内的干式变压器,在满足巡视检修的要求外,其外廓与四周墙壁的净距(全封闭型的干式变压器可不受此距离的限制)不应小于下列哪一项数值? (　　)

(A)0.6m　　(B)0.8m
(C)1.0m　　(D)1.2m

11. 民用10(6)kV屋内配电装置顶部距建筑物顶板的距离不宜小于下列哪一项数值? (　　)

(A)0.5m　　(B)0.8m

(C)1.0m　　(D)1.2m

12. 下列关于爆炸性气体环境中变、配电所的布置，哪一项不符合规范的规定？（　　）

(A)变、配电所和控制室应布置在爆炸危险区域1区以外

(B)变、配电所和控制室应布置在爆炸危险区域2区以内

(C)当变、配电所和控制室为正压室时，可布置在爆炸危险区域1区以内

(D)当变、配电所和控制室为正压室时，可布置在爆炸危险区域2区以内

13. 油重为2500kg以上的屋外油浸变压器之间无防火墙时，下列变压器之间的最小防火净距，哪一组数据是正确的？（　　）

(A)35kV及以下为4m，63kV为5m，110kV为6m

(B)35kV及以下为5m，63kV为6m，110kV为8m

(C)35kV及以下为5m，63kV为7m，110kV为9m

(D)35kV及以下为6m，63kV为8m，110kV为10m

14. 一台容量为31.5MV·A的三相三绕组电力变压器三侧阻抗电压分别为$u_{k1-2}\%=18$，$u_{k1-3}\%=10.5$，$u_{k2-3}\%=6.5$，变压器高、中、低三个绕组的电抗百分值应为下列哪组数据？（　　）

(A)9%，5.23%，3.25%　　(B)7.33%，4.67%，-0.33%

(C)11%，7%，-0.5%　　(D)22%，14%，-1%

15. 某110kV用户变电站由地区电网（无穷大电源容量）受电，有关系统接线和元件参数如右图所示，图中k点的三相短路全电流最大峰值为下列哪一项数值？（　　）

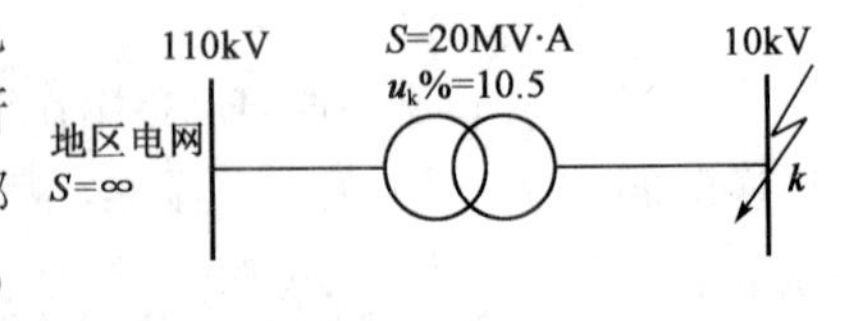

(A)28.18kA　　(B)27.45kA

(C)26.71kA　　(D)19.27kA

16. 高压并联电容器组采用双星形接线时，双星形电容器组的中性点连接线的长期允许电流不应小于电容器组额定电流的百分数为下列哪一项数值？（　　）

(A)100%　　(B)67%　　(C)50%　　(D)33%

17. 当保护电器为符合《低压断路器》(JB 1284—1985)的低压断路器时，低压断路器瞬时或短延时过流脱扣器整定电流应小于短路电流的倍数为下列哪一项数值？（　　）

(A)0.83　　(B)0.77　　(C)0.67　　(D)0.5

18. 在设计110kV及以下配电装置时，最大风速可采用离地10m高，多少年一遇多少时间（分钟）的平均最大风速？（　　）

(A)20 年,15min　　(B)30 年,10min

(C)50 年,5min　　(D)100 年,8min

19. 验算低压电器在短路条件下的通断能力时,应采用安装处预期短路电流周期分量的有效值,当短路点附近所接电动机额定电流之和超过短路电流多少时,应计入电动机反馈电流的影响? (　　)

(A)0.5%　　(B)0.8%

(C)1%　　(D)1.5%

20. 根据规范确定裸导体(钢芯铝线及管形导体除外)的正常最高工作温度不应大于下列哪一项数值? (　　)

(A) +70℃　　(B) +80℃

(C) +85℃　　(D) +90℃

21. 为了消除由于温度引起的危险应力,规范规定矩形硬铝导体的直线段一般每隔多少米左右安装一个伸缩接头? (　　)

(A)15m　　(B)20m

(C)30m　　(D)40m

22. 下述哪一项配电装置硬导体的相色标志符合规范规定? (　　)

(A)L1 相红色,L2 相黄色,L3 相绿色

(B)L1 相红色,L2 相绿色,L3 相黄色

(C)L1 相黄色,L2 相绿色,L3 相红色

(D)L1 相黄色,L2 相红色,L3 相绿色

23. 6 根电缆土中并行直埋,净距为 100mm,电缆载流量的校正系数为下列哪一项数值? (　　)

(A)1.00　　(B)0.85

(C)0.81　　(D)0.75

24. 变电所内电缆隧道设置安全孔,下述哪一项符合规范规定? (　　)

(A)安全孔间距不宜大于 75m,且不少于 2 个

(B)安全孔间距不宜大于 100m,且不少于 2 个

(C)安全孔间距不宜大于 150m,且不少于 2 个

(D)安全孔间距不宜大于 200m,且不少于 2 个

25. 变配电所的控制、信号系统设计时,下列哪一项设置成预告信号是不正确的? (　　)

(A)自动装置动作　　(B)保护回路断线
(C)直流系统绝缘降低　　(D)断路器跳闸

26. 规范规定车间内变压器的油浸式变压器容量为下列哪一项数值及以上时,应装设瓦斯保护? (　　)

(A)0.4MV·A　　(B)0.5MV·A
(C)0.63MV·A　　(D)0.8MV·A

27. 电力变压器运行时,下列哪一项故障及异常情况应瞬时跳闸? (　　)

(A)由于外部相间短路引起的过电流
(B)过负荷
(C)绕组的匝间短路
(D)变压器温度升高和冷却系统故障

28. 在变电所直流电源系统设计时,下列哪一项直流负荷是随机负荷? (　　)

(A)控制、信号、监控系统
(B)断路器跳闸
(C)事故照明
(D)恢复供电断路器合闸

29. 当按建筑物电子信息系统的重要性和使用性质确定雷击电磁脉冲防护等级时,医院的大型电子医疗设备,应划为下列哪一项防护等级? (　　)

(A)A级　　(B)B级
(C)C级　　(D)D级

30. 某座35层的高层住宅,长 $L=65$m、宽 $W=20$m、高 $H=110$m,所在地年平均雷暴日为60.5天,与该建筑物截收相同雷击次数的等效面积为下列哪一项数值? (　　)

(A)0.038km^2　　(B)0.049km^2
(C)0.058km^2　　(D)0.096km^2

31. 某地区年平均雷暴日为28天,该地区为下列哪一项? (　　)

(A)少雷区　　(B)中雷区
(C)多雷区　　(D)雷电活动特殊强烈地区

32. 利用基础内钢筋网作为接地体的第二类防雷建筑,接闪器成闭合环的多根引下线,每根引下线在距地面0.5m以下所连接的有效钢筋表面积总和应不小于下列哪一项数值? (　　)

(A)0.37m^2　　(B)0.82m^2

(C)1.85m^2　　　　　　　　　　　　　　(D)4.24m^2

33. 下列哪种埋入土壤中的人工接地极不符合规范规定？　　（　　）

(A)50mm^2 裸铜排　　　　　　　　　　(B)70mm^2 裸铝排

(C)90mm^2 热镀锌扁钢　　　　　　　　(D)90mm^2 热浸锌角钢

34. 考虑到照明设计时布灯的需要和光源功率及光通量的变化不是连续的这一实际情况，在一般情况下，设计照度值与照明标准值相比较，可有 -10% ~ +10% 的偏差，适用此偏差的照明场所装设的灯具数量至少为下列哪一项数值？　　（　　）

(A)5 个　　(B)10 个　　(C)15 个　　(D)20 个

35. 在工厂照明设计中应选用效率高和配光曲线适合的灯具，某工业厂房长 90m、宽 30m，灯具离作业面高度为 8m，宜选择下列哪一种配光类型的灯具？　　（　　）

(A)宽配光　　　　　　　　　　(B)中配光

(C)窄配光　　　　　　　　　　(D)特窄配光

36. 右图所示为二阶闭环调节系统的标准形式，设 $K_x=2.0$，$T_i=0.02$，为将该调节系统校正为二阶标准形式，该积分调节器的积分时间 T_i 应为下列哪一项？　　（　　）

调节器　$\frac{1}{T_i S}$　　调节对象　$\frac{K_x}{1+T_i S}$　　X_g　X_c

(A)0.04　　(B)0.08　　(C)0.16　　(D)0.8

37. 反接制动是将交流电动机的电源相序反接产生制动转矩的一种电制动方式，下述哪种情况不宜采用反接制动？　　（　　）

(A)绕线型起重电动机　　　　　　(B)需要准确停止在零位的机械

(C)小功率笼型电动机　　　　　　(D)经常正反转的机械

38. 在视频安防监控系统设计中，摄像机镜头的选择，在光照度变化范围相差多少倍以上的场所，应选择自动或电动光圈镜头？　　（　　）

(A)20 倍　　　　　　　　　　(B)50 倍

(C)75 倍　　　　　　　　　　(D)100 倍

39. 某建筑需设置 1600 门的交换机，但交换机及配套设备尚未选定，机房的使用面积宜采用下列哪一项数值？　　（　　）

(A)≥30m^2　　　　　　　　　　(B)≥35m^2

(C)≥40m^2　　　　　　　　　　(D)≥45m^2

40. 10kV 架空电力线路设计的最高气温宜采用下列哪一项数值？　　（　　）

(A)30℃　　(B)35℃　　(C)40℃　　(D)45℃

二、多项选择题(共30题,每题2分。每题的备选项中有2个或2个以上符合题意。错选、少选、多选均不得分)

41. 下图表示直接接触伸臂范围的安全限值,图中标注正确的是哪些项?　(　　)

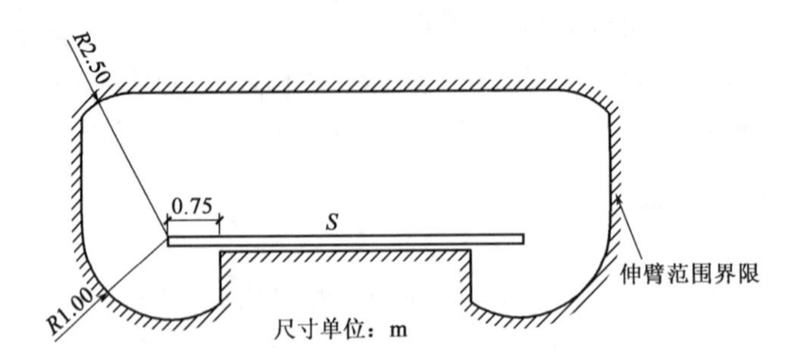

(A)$R2.50$　　(B)$R1.00$

(C)0.75　　(D)S(非导电地面)

42. 在爆炸性气体环境中,爆炸性气体的释放源可分为连续级、第一级和第二级,下列哪些情况可划为连续级释放源?　(　　)

(A)在正常运行中会释放可燃物质的泵、压缩机和阀门等密闭处

(B)没有用惰性气体覆盖的固定顶盖储罐中的可燃液体的表面

(C)油、水分离器等直接与空间接触的可燃液体的表面

(D)正常运行时会向空间释放可燃物质的取样点

43. 考虑到电磁环境卫生与电磁兼容,在民用建筑物、建筑群内不得有下列哪些设施?　(　　)

(A)高压变配电所

(B)核辐射装置

(C)大型电磁辐射发射装置

(D)电磁辐射较严重的高频电子设备

44. 一级负荷中特别重要的负荷,除由两个电源供电外,尚应增设应急电源,并严禁将其他负荷接入应急供电系统,下列哪些项可作为应急电源?　(　　)

(A)蓄电池

(B)独立于正常电源的发电机组

(C)供电系统中专用的馈电线路

(D)干电池

45. 民用建筑中,关于负荷计算,下列哪些项的表述符合规范的规定?　(　　)

(A)当应急发电机仅为一级负荷中特别重要负荷供电时,应以一级负荷的计算容量,作为选用应急发电机容量的依据

(B)当应急发电机为消防用电负荷及一级负荷供电时,应将两者计算负荷之和作为选用应急发电机容量的依据

(C)当自备发电机作为第二电源,且尚有第三电源为一级负荷中特别重要负荷供电时,以及当向消防负荷、非消防负荷及一级负荷中特别重要负荷供电时,应以三者的计算负荷之和作为选用自备发电机容量的依据

(D)当消防设备的计算负荷大于火灾时切除非消防设备的计算负荷时,可不计入计算负荷

46. 在低压配电系统中,电源有一点与地直接连接,负荷侧电气装置的外露可导电部分接至电气上与电源的接地点无关的接地极,下列哪几种系统接地形式不具有上述特点? ( )

(A)TN-C 系统　　(B)TN-S 系统

(C)TT 系统　　(D)IT 系统

47. 在交流电网中,由于许多非线性电气设备的投入运行而产生了谐波,关于谐波的危害,在下列表述中哪些是正确的? ( )

(A)旋转电动机定子中的正序和负序谐波电流,形成反向旋转磁场,使旋转电动机转速持续降低

(B)变压器等电气设备由于过大的谐波电流,而产生附加损耗,从而引起过热,导致绝缘损坏

(C)高次谐波含量较高的电流能使断路器的开断能力降低

(D)使通信线路产生噪声,甚至造成故障

48. 当应急电源装置(EPS)用作应急照明系统备用电源时,关于应急电源装置(EPS)的选择,下列哪些项表述符合规定? ( )

(A)EPS 装置应按负荷性质、负荷容量及备用供电时间等要求选择

(B)EPS 装置可分交流制式及直流制式。电感性和混合式的照明负荷宜选用交流制式;纯电阻及交、直流共用的照明负荷宜选用直流制式

(C)EPS 的额定输出功率不应小于所连接的应急照明负荷总容量的 1.2 倍

(D)EPS 的蓄电池初装容量应保证备用时间不小于 90min

49. 下列哪些场所的油浸变压器室,应设置容量为 100% 变压器油量的储油池? ( )

(A)高层建筑物的裙房和多层建筑物内的附设变电所

(B)油浸变压器室上方有人员密集场所时

(C)附近有粮、棉及其他易燃物大量集中的露天场所

(D)容易沉积可燃粉尘、可燃纤维的场所

50. 下列关于高压配电装置设计的要求中，哪几项不符合规范的规定？　　　(　　)

(A)电压为63kV的配电装置的母线上宜装设接地刀闸，不宜装设接地器

(B)电压为63kV的配电装置，断路器两侧隔离开关的断路器侧宜装设接地刀闸

(C)电压为63kV的配电装置，线路隔离开关的线路侧不宜装设接地刀闸

(D)电压为63kV的屋内、外配电装置的隔离开关与相应的断路器和接地刀闸之间应装设闭锁装置

51. 高压电容器柜的布置应符合下列哪些项的要求？　　　(　　)

(A)分层布置的电容器组柜(台)架，不宜超过三层，每层不应超过三排，四周和层间不得设置隔板

(B)屋内电容器组的电容器底部距地面的最小距离为100mm

(C)屋内外布置的电容器组，在其四周或一侧应设置维护通道，其宽度不应小于1.2m

(D)当电容器双排布置时，柜(台)架和墙之间或柜(台)架之间可设置检修通道，其宽度不应小于1m

52. 短路电流计算是供配电设计中一个重要环节，短路电流计算主要是为了解决下列哪些问题？　　　(　　)

(A)电气接线方案的比较和选择

(B)确定中性点接地方式

(C)验算防雷保护范围

(D)验算接地装置的接触电压和跨步电压

53. 当35/10kV终端变电所所需限制短路电流时，一般情况下可采取下列哪些措施？　　　(　　)

(A)变压器分列运行

(B)采用高阻抗的变压器

(C)在10kV母线分段处安装电抗器

(D)在变压器回路中装设电抗器

54. 在选择变压器时，应采用有载调压变压器的是下列哪些项？　　　(　　)

(A)35kV以上电压的变电所中的降压变压器，直接向35kV、10(6)kV电网送电时

(B)10(6)kV配电变压器

(C)35kV降压变电所的主变压器，在电压偏差不能满足要求时

(D)35kV升压变电所的主变压器

55. 在民用建筑低压三相四线制系统中，关于选用四极开关的表述，下列哪些项符合规范规定？（　　）

(A)TN-C-S、TN-S 系统中的电源转换开关，应采用切断相导体和中性导体的四极开关

(B)IT 系统中有中性导体时不应采用四极开关

(C)正常供电电源与备用发电机之间，其电源转换开关应采用四极开关

(D)TT 系统的电源进线开关应采用四极开关

56. 选用 10kV 及以下电力电缆，规范要求下列哪些情况应采用铜芯导体？（　　）

(A)架空输配电线路　　(B)耐火电缆

(C)重要电源具有高可靠性的回路　　(D)爆炸危险场所

57. 下列哪些场所电缆应采用穿管方式敷设？（　　）

(A)室外沿高墙明敷设的电缆　　(B)地下电缆与公路、铁道交叉时

(C)绿化带中地下电缆　　(D)在有爆炸危险场所明敷的电缆

58. 对 3kV 及以上装于绝缘支架上的并联补偿电容器组，应装设下列哪些项保护？（　　）

(A)电容器组引出线短路保护　　(B)电容器组单相接地保护

(C)电容器组过电压保护　　(D)电容器组过补偿保护

59. 额定电压 13.8kV 的 125MW 氢冷发电机，当内部发生单相接地故障不要求瞬时切机时，单相接地故障电容电流为下列哪些数值时，应采用中性点谐振接地方式，消弧装置安装在发电机中性点上？

(A)2A　　(B)2.5A　　(C)3A　　(D)5A

60. 在变电所直流操作电源系统设计中，直流电源成套装置布置的说法，下列说法哪些是正确的？（　　）

(A)直流配电间环境温度宜为 15～30℃，室内相对湿度宜为 30%～80%

(B)发电厂单元机组蓄电池室应按机组分别设置，全厂（站）公用的 2 组蓄电池宜布置在不同的蓄电池室

(C)蓄电池室内应设有运行和检修通道，通道一侧装设蓄电池时，通道宽度不应小于 800mm

(D)蓄电池室内应设有运行和检修通道，通道两侧装设蓄电池时，通道宽度不应小于 1500mm

61. 某座 6 层的医院病房楼，所在地年平均雷暴日为 46 天，若已知计算建筑物年预计雷击次数的校正系数 $k=1$，与该建筑物截收相同雷击次数的等效面积为 0.028km^2，

下列关于该病房楼防雷设计的表述哪些是正确的？ （ ）

（A）该建筑物年预计雷击次数为0.15次
（B）该建筑物年预计雷击次数为0.13次
（C）该病房楼划为第二类防雷建筑物
（D）该病房楼划为第三类防雷建筑物

62. 在防雷击电磁脉冲设计时，为减少电磁干扰的感应效应需采取基本屏蔽措施，下列哪些项是正确的？ （ ）

（A）建筑物和房间的外部设屏蔽
（B）以合适的路径敷设线路
（C）线路屏蔽
（D）前三项所述措施不宜联合使用

63. 通常变电所的接地系统应与下列哪些物体相连接？ （ ）

（A）变压器外壳
（B）装置外可导电部分
（C）高压系统的接地导体
（D）中性导体通过独立接地极接地的低压电缆的金属护层

64. 建筑物电气装置的保护线可由下列哪些部分构成？ （ ）

（A）多芯电缆的芯线
（B）固定的裸导线
（C）电缆的护套、屏蔽层及铠装等金属外皮
（D）煤气管道

65. 在照明供电设计中，下列哪些项是正确的？ （ ）

（A）三相照明线路各相负荷的分配宜保持平衡，最大相负荷电流不宜超过三相负荷平均值115%
（B）备用照明应由两路电源或两回路电路供电
（C）在照明分支回路中，可采用三相低压断路器对三个单相分支回路进行控制和保护
（D）备用照明仅在故障情况下使用时，当正常照明因故断电，备用照明应自动投入工作

66. 有关PLC模拟量输入、输出模块的描述，下列哪些项是正确的？ （ ）

（A）生产过程中连续变化的信号，如温度、料位、流量等，通过传感器及检测仪表将其转换为连续的电气量，经模拟量输入模块上的模/数转换器变成数字量，使PLC能识别接收

(B)模拟量输出模块接收 CPU 运算后的数值,并按比例把其转换成模拟量信号输出

(C)模拟量输出模块电压变化范围有 0 ~ 5V、- 10 ~ + 10V 等

(D)模拟量输出模块的电流输出范围有 4 ~ 30mA

67. 异步电动机调速的电流型和电压型交—直—交变频器各有特点,下述哪些项符合电流型交—直—交变频器的特点? ( )

(A)直流滤波环节为电抗器　　(B)输出电压波形为近似正弦波

(C)输出电流波形为矩形　　(D)输出动态阻抗小

68. 关于火灾报警装置的设置,下列哪几项符合规范规定? ( )

(A)设置火灾自动报警系统的场所,应设置火灾警报装置

(B)每个防火分区至少应设置两个火灾警报装置

(C)火灾警报装置设置的位置宜在有人值班的值班室

(D)警报装置宜采用手动或自动控制方式

69. 关于安全防范入侵报警系统的控制、显示记录设备,下列哪些项符合规范的规定? ( )

(A)系统宜按时间、区域、部位编程设防或撤防,程序编制应固定

(B)在探测器防护区内发生入侵事件时,系统不应产生漏报警,平时宜避免误报警

(C)系统宜具有自检功能及设备防拆报警和故障报警功能

(D)现场报警控制器宜安装在具有安全防护的弱电间内,应配备可靠电源

70. 下列哪些项是规范中关于市区 10kV 架空电力线路可采用绝缘铝绞线的规定? ( )

(A)建筑施工现场　　(B)游览区和绿化区

(C)市区一般街道　　(D)高层建筑临近地段

2010年专业知识试题答案(上午卷)

1. **答案**:B

依据:《爆炸危险环境电力装置设计规范》(GB 50058—2014)第5.4.3-8条。

2. **答案**:D

依据:《工业与民用供配电设计手册》(第四版)P993有关隔离电气的叙述,以及《低压配电设计规范》(GB 50054—2011)第3.1.6条、第2.1.7条。

3. **答案**:A

依据:《供配电系统设计规范》(GB 50052—2009)第6.0.10条。

4. **答案**:A

依据:《工业与民用供配电设计手册》(第四版)P70~P1表2.4-6。

起重机的设备功率:$P_e = 2P\sqrt{\varepsilon_r} = 2 \times 120 \times \sqrt{0.4} = 152\text{kW}$

5. **答案**:A

依据:《工业与民用配电设计手册》(第三版)P47表2-17。

注:也可参考《钢铁企业电力设计手册》(上册)P13相关内容。

6. **答案**:C

依据:《钢铁企业电力设计手册》(上册)P45表1-20。

注:选项A不是相对于单母线分段接线的优点,而是双母线接线的特点。

7. **答案**:B

依据:《35kV~110kV变电站设计规范》(GB 50059—2011)第3.2.5条。

8. **答案**:B

依据:《供配电系统设计规范》(GB 50052—2009)第7.0.4条、第7.0.6条、第7.0.7条、第7.0.10条。

9. **答案**:A

依据:《民用建筑电气设计规范》(JGJ 16—2008)第6.2.2-5条。

10. **答案**:A

依据:《3~110kV高压配电装置设计规范》(GB 50060—2008)第5.4.6条。

11. **答案**:B

依据:《民用建筑电气设计规范》(JGJ 16—2008)第4.6.3条。

12. 答案:B

依据:《爆炸危险环境电力装置设计规范》(GB 50058—2014)第5.3.5-1条。

13. 答案:B

依据:《3~110kV高压配电装置设计规范》(GB 50060—2008)第5.5.4条表5.5.4。

14. 答案:C

依据:《工业与民用供配电设计手册》(第四版)P183式(4.2-10)。

15. 答案:C

依据:《工业与民用供配电设计手册》(第四版)第四章短路电流计算部分内容。

P281表4.6-3: $X_{*T} = \frac{u_k\%}{100} \times \frac{S_j}{S_{rT}} = 0.105 \times \frac{20}{20} = 0.105$

P284式(4.6-11): $I_* = \frac{1}{X_{*T}} = \frac{1}{0.105} = 9.524$

$I = I_* \frac{S_j}{\sqrt{3}U_j} = 9.524 \times \frac{20}{\sqrt{3} \times 10.5} = 10.47\text{kA}$

P300式(4.6-21): $i_p = 2.55I = 2.55 \times 10.47 = 26.69\text{kA}$

16. 答案:A

依据:《并联电容器装置设计规范》(GB 50227—2017)第5.8.3条。

17. 答案:B

依据:《低压配电设计规范》(GB 50054—2011)第6.2.4条。

18. 答案:B

依据:《3~110kV高压配电装置设计规范》(GB 50060—2008)第3.0.5条。

19. 答案:C

依据:《低压配电设计规范》(GB 50054—2011)第3.1.2条。

20. 答案:A

依据:《3~110kV高压配电装置设计规范》(GB 50060—2008)第4.1.6条。

注:也可参考《导体和电器选择设计技术规定》(DL/T 52222—2005)第7.1.4条。

21. 答案:B

依据:《导体和电器选择设计技术规定》(DL/T 5222—2005)第7.3.10条。

22. 答案:C

依据:《3~110kV高压配电装置设计规范》(GB 50060—2008)第2.0.2条。

23. 答案:D

依据:《电力工程电缆设计规范》(GB 50217—2018)附录D表D.0.4。

24 . 答案:A

依据:《电力工程电缆设计规范》(GB 50217—2018)第5.6.6条。

25. 答案:D

依据:《民用建筑电气设计规范》(JGJ 16—2008)第5.4.2条。

26. 答案:A

依据:《电力装置的继电保护和自动装置设计规范》(GB/T 50062—2008)第4.0.2条。

27. 答案:C

依据:《电力装置的继电保护和自动装置设计规范》(GB/T 50062—2008)第4.0.3条。

28. 答案:D

依据:《电力工程直流系统设计技术规程》(DL/T 5044—2014)第4.2.5条表4.2.5最后一列。

29. 答案:A

依据:《民用建筑电气设计规范》(JGJ 16—2008)表11.9.1。

30. 答案:C

依据:《建筑物防雷设计规范》(GB 50057—2010)附录A“建筑物年预计雷击次数”。

$$A_e=[LW+2(L+W)\sqrt{H(200-H)}+\pi H(200-H)]\times 10^{-6}$$
$$=(60\times 20+2\times 110\times 85+\pi\times 110^2)\times 10^{-6}=0.058$$

31. 答案:B

依据:《交流电气装置的过电压保护和绝缘配合设计规范》(GB/T 50064—2014)第2.0.7条。

注:也可参考《交流电气装置的过电压保护和绝缘配合》(DL/T 620—1997)第2.3条。

32. 答案:B

依据:《建筑物防雷设计规范》(GB 50057—2010)第4.3.5-5条表4.3.5。

33. 答案:B

依据:《低压电气装置　第5-54部分:电气设备的选择和安装接地配置和保护导体》(GB 16895.3—2017)表54-1,角钢与扁钢均为“带状”接地体。

34. 答案:B

依据:《建筑照明设计标准》(GB 50034—2013)第4.1.7条条文说明。

35. 答案:A

依据:《照明设计手册》(第三版)P7 式(1-9)计算 $RI=2.81$,参考 P436 表 20-2,查得为宽配光。0.5~0.8 为窄配光,0.8~1.7 为中配光,1.7~5 为宽配光。

36. **答案**:B

依据:《钢铁企业电力设计手册》(下册)P457 式(26-80)。如果系统的调节对象是一个放大系数为 K_x、时间常数为 T_t 的惯性环节,选用一个积分调节器与调节对象串联,即构成二阶闭环调节系统的标准形式,为了得到二阶预期系统的过渡过程,积分调节器和积分时间 T_i 按下式计算:

$$T_i = 2K_xT_t = 2 \times 2.0 \times 0.02 = 0.08\text{s}$$

37. **答案**:B

依据:《钢铁企业电力设计手册》(下册)P95~P97 表 24-6。

38. **答案**:D

依据:《视频安防监控系统工程设计规范》(GB 50395—2007)第 6.0.2-5 条。

39. **答案**:C

依据:《民用建筑电气设计规范》(JGJ 16—2008)第 20.2.8 条。

40. **答案**:C

依据:《66kV 及以下架空电力线路设计规范》(GB 50061—2010)第 4.0.1 条。

---

41. **答案**:AC

依据:《低压电气装置 第 4-41 部分:安全防护 电击防护》(GB 16895.21—2011)附录 B 中图 B.1。

注:规范中仅标注 S 为可能有人地面,并未明确绝缘与否。

42. **答案**:BC

依据:《爆炸危险环境电力装置设计规范》(GB 50058—2014)第 3.2.3-1 条。

43. **答案**:BCD

依据:《民用建筑电气设计规范》(JGJ 16—2008)第 22.2.2 条。

44. **答案**:ABD

依据:《供配电系统设计规范》(GB 50052—2009)第 3.0.4 条。

45. **答案**:BC

依据:《民用建筑电气设计规范》(JGJ 16—2008)第 3.5.3 条、第 3.5.4 条。

46. **答案**:ABD

依据:《工业与民用供配电设计手册》(第四版)P1389“低压系统接地型式的表示方法”。

第一字母代表电源端与地的关系：T——电源端有一点直接接地；I——电源端所有带电部分不接地或有一点通过阻抗接地。

第二字母表示电气装置的外露可导电部分与地的关系：T——电气装置的外露可导电部分直接接地，此接地点在电气上独立于电源端的接地点；N——电气装置的外露可导电部分与电源端接地有直接电气连接。

横线后的字母用来表示中性导体与保护导体的组合情况：S——中性导体和保护导体是分开的；C——中性导体和保护导体是合一的。

47. **答案**：BCD

依据：《工业与民用供配电设计手册》(第四版)P497、P501"谐波危害"。

48. **答案**：ABD

依据：《民用建筑电气设计规范》(JGJ 16—2008)第6.2.2条。

49. **答案**：ACD

依据：《20kV及以下变电所设计规范》(GB 50053—2013)第6.1.6条、第6.1.7条。

50. **答案**：AC

依据：《3~110kV高压配电装置设计规范》(GB 50060—2008)第2.0.6条、第2.0.7条、第2.0.10条。

51. **答案**：CD

依据：《并联电容器装置设计规范》(GB 50227—2017)第8.2.2条、第8.2.3条、第8.2.4条。

52. **答案**：ABD

依据：《钢铁企业电力设计手册》(上册)P177"4.1 短路电流计算的目的及一般规定"

短路电流计算主要是为了解决下列问题：①电气接线方案的比较和选择。②正确选择和校验电气设备(包括限制电路电流的设备)。③正确选择和校验载流导体。④继电保护的选择与整定。⑤接地装置的设计及确定中性点接地方式。⑥计算软导线的短路摇摆。⑦确定分裂导线间隔棒的间距。⑧验算接地装置的接触电压和跨步电压。⑨大、中型电动机的启动。

注：建议与《工业与民用供配电设计手册》(第四版) P177"有关短路电流计算的作用"对比记忆。

53. **答案**：ABD

依据：《35~110kV变电站设计规范》(GB 50059—2011)第3.2.6条。

54. **答案**：AC

依据：《供配电系统设计规范》(GB 50052—2009)第5.0.6条。

55. **答案**：ACD

依据：《民用建筑电气设计规范》(JGJ 16—2008)第7.5.3条。

56. 答案:BCD

依据:《电力工程电缆设计规范》(GB 50217—2018)第3.1.1条。

57. 答案:BD

依据:《电力工程电缆设计规范》(GB 50217—2018)第5.2.3条。

58. 答案:AC

依据:《电力装置的继电保护和自动装置设计规范》(GB 50062—2008)第8.1.1条、第8.1.3条。

59. 答案:CD

依据:《交流电气装置的过电压保护和绝缘配合设计规范》(GB/T 50064—2014)第3.1.3-3条。

60. 答案:ABC

依据:《电力工程直流系统设计技术规程》(DL/T 5044—2014)第7.1.5条、第7.1.6条、第7.1.7条。

61. 答案:BC

依据:《建筑物防雷设计规范》(GB 50057—2010)附录A。建筑物年预计雷击次数:$N = k \times N_g \times A_e = 1 \times 0.1 \times 46 \times 0.028 = 0.1288$

62. 答案:ABC

依据:《建筑物防雷设计规范》(GB 50057—2010)第6.3.1条。

63. 答案:ABC

依据:《交流电气装置的接地设计规范》(GB/T 50065—2011)第3.2.1条。

注:也可参考《建筑物电气装置 第4部分:安全防护第44章:过电压保护第446节:低压电气装置对高压接地系统接地故障的保护》(GB 16895.11—2001)第442.2条。

64. 答案:ABC

依据:《低压电气装置 第5-54部分:电气设备的选择和安装接地配置和保护导体》(GB 16895.3—2017)第534.2.1条。

65. 答案:ABD

依据:《民用建筑电气设计规范》(JGJ 16—2008)第10.7.3条、第10.7.5条、第10.7.6条、第10.7.7条。

66. 答案:ABC

依据:《电气传动自动化技术手册》(第三版)P883。

注:也可参考《电气传动自动化技术手册》(第二版)P803~P806。

67. 答案:ABC

依据:《钢铁企业电力设计手册》(下册)P311 表 25-12。

注:题干的异步电动机,输出电压波形只有在负载为异步电动机时才近似为正弦波。

68. **答案**:AD

依据:《民用建筑电气设计规范》(JGJ 16—2008)第 13.6.4 条。

69. **答案**:BD

依据:《民用建筑电气设计规范》(JGJ 16—2008)第 14.2.5 条。

70. **答案**:ABD

依据:《66kV 及以下架空电力线路设计规范》(GB 50061—2010)第 5.1.2 条。

2010年专业知识试题(下午卷)

一、单项选择题(共40题,每题1分,每题的备选项中只有1个最符合题意)

1. 对于易燃物质轻于空气、通风良好且为第二级释放源的主要生产装置区,当释放源距地坪的高度不超过4.5m时,以释放源为中心,半径为4.5m,顶部与释放源的距离为4.5m,及释放源至地坪以上的范围内,宜划分为爆炸危险区域的是下列哪一项? (　　)

(A)0区　　(B)1区
(C)2区　　(D)附加2区

2. 下列关于一级负荷的表述哪一项是正确的? (　　)

(A)重要通信枢纽用电单位中的重要用电负荷
(B)交通枢纽用电单位中的用电负荷
(C)中断供电将影响重要用电单位的正常工作
(D)中断供电将造成公共场所秩序混乱

3. 在配电设计中,对较小截面导线($\tau > 10\text{min}$),通常取多长时间的最大负荷作为按发热条件选择电器或导体的依据? (　　)

(A)10min　　(B)20min　　(C)30min　　(D)60min

4. 某车间一台电焊机的额定容量为80kV·A,电焊机的额定负载持续率为20%,额定功率因数为0.65,则该电焊机的设备功率为下列哪一项数值? (　　)

(A)52kW　　(B)33kW
(C)26kW　　(D)23kW

5. 10kV及以下变电所设计中,一般情况下,动力和照明宜共用变压器,在下列关于设置照明专用变压器的表述中哪一项是正确的? (　　)

(A)在TN系统的低压电网中,照明负荷应设专用变压器
(B)当单台变压器的容量小于1250kV·A时,可设照明专用变压器
(C)采用660(690)V交流三相配电系统时,宜设照明专用变压器
(D)当照明负荷较大或动力和照明采用共用变压器严重影响照明质量及灯泡寿命时,宜设照明专用变压器

6. 具有三种电压的110kV变电所,通过主变压器各侧线圈的功率均达到该变压器

容量的下列哪个数值以上时，主变压器宜采用三线圈变压器？ (　　)

(A)10%　　(B)15%

(C)20%　　(D)30%

7. 对于二级负荷的供电系统，在负荷较小或地区供电条件困难时，下列供电方式中哪一项是不正确的？ (　　)

(A)可由一回 35kV 专用的架空线路供电

(B)可由一回 6kV 专用的架空线路供电

(C)当采用一回专用电缆线路供电时，应采用两根电缆组成的电路供电，其每个电缆应能承受 50% 的二级负荷

(D)当采用一回专用电缆线路供电时，应采用两根电缆组成的电路供电，其每个电缆应能承受 100% 的二级负荷

8. 并联电容器装置设计，应根据电网条件、无功补偿要求确定补偿容量，在选择单台电容器额定容量时，下列哪种因素是不需要考虑的？ (　　)

(A)电容器组设计容量

(B)电容器组每相电容器串联、并联的台数

(C)电容器组的保护方式

(D)电容器产品额定容量系列的优先值

9. 对冲击性负荷的供电需要降低冲击性负荷引起的电网电压波动和电压闪变(不包括电动机启动时允许的电压下降)时，下列所采取的措施中，哪一项是不正确的？ (　　)

(A)采用电缆供电

(B)与其他负荷共用配电线路时，降低配电线路阻抗

(C)较大功率的冲击性负荷或冲击性负荷群对电压波动、闪变敏感的负荷分别由不同的变压器供电

(D)对于大功率电弧炉的炉用变压器由短路容量较大的电网供电

10. 在 10kV 配电室，选用外形尺寸为 800mm × 1500mm × 2300mm(宽 × 深 × 高)的手车式高压开关柜(手车长 1000mm)，设备单列布置，则该配电室室内最小宽度为下列哪一项数值？ (　　)

(A)4.3m　　(B)4.5m

(C)4.7m　　(D)4.8m

11. 当低压配电装置成排布置时，配电屏长度最小超过下列哪一项数值时，屏后面的通道应设有两个出口？ (　　)

(A)5m　　(B)6m

(C)7m (D)8m

12. 35kV 高压配电装置工程设计中,屋外电器的最低环境温度应选择下列哪一项? ( )

(A)极端最低温度 (B)最冷月平均最低温度
(C)年最低温度 (D)该处通风设计温度

13. 下列有关 35kV 变电所所区布置的做法,哪一项不符合规范的要求? ( )

(A)变电所内为满足消防要求的主要道路宽度为 3m
(B)变电所建筑物内高出屋外地面 0.4m
(C)屋外电缆沟壁高出地面 0.1m
(D)电缆沟沟底纵坡坡度为 1.0%

14. 在选择电力电缆时,需进行必要的短路电流计算,下列有关短路计算的条件哪一项不符合规定? ( )

(A)计算短路电流时系统接线,应按系统最大的运行方式,且宜按工程建成后 5～10年规划发展考虑
(B)短路点应选取在通过电缆回路最大短路电流可能发生处
(C)宜按三相短路计算
(D)短路电流作用时间,应取保护切除时间与断路器开断时间之和

15. 某 35kV 架空配电线路,当系统基准容量 $S_j = 100MV \cdot A$,电路电抗值 $X_1 = 0.43\Omega$ 时,该线路的电抗标幺值 X_* 为下列哪一项数值? ( )

(A)0.031 (B)0.035 (C)0.073 (D)0.082

16. 在低压接地故障保护中,为降低接地故障引起的电气火灾危险而装设漏电流动作保护器,其额定动作电流不应超过下列哪个值? ( )

(A)0.50A (B)0.30A
(C)0.05A (D)0.03A

17. 在低压配电线路的保护中,有关短路保护电器装设位置,下列说法哪个是正确的? ( )

(A)配电线路各相上均应装设短路保护电器
(B)N 线应装设同时断开相线短路保护电器
(C)N 线不应装设短路保护电器
(D)N 线与 PE 线应装设短路保护电器

18. 发电厂 3～20kV 屋外支柱绝缘子和穿墙套管、3～6kV 屋外支柱绝缘子和穿墙

套管,可采用下列哪一项产品? ( )

(A)高一级电压,高一级电压
(B)高一级电压,高二级电压
(C)同级电压,高一级电压
(D)高一级电压,同级电压

19. 关于低压交流电动机的保护,下列哪一项描述是错误的? ( )

(A)交流电动机应装设短路保护和接地故障保护,并应根据具体情况分别装设过载保护、断相保护和低电压保护。同步电动机尚应装设失步保护
(B)数台交流电动机总计算电流不超过 30A,且允许无选择的切断时,数台交流电动机可共用一套短路保护电器
(C)额定功率大于 3kW 的连续运行的电动机宜装设过载保护
(D)需要自启动的重要电动机,不宜装设低电压保护,但按工艺或安全条件在长时间停电后不允许自启动时,应装设长延时的低电压保护

20. 已知短路的热效应 $Q_d = 745(\mathrm{kA})^2\mathrm{s}$,热稳定系数 $c = 87$,按热稳定校验选择裸导体最小截面不应小于下列哪一项数值? ( )

(A)40mm × 4mm (B)50mm × 5mm
(C)63mm × 6.3mm (D)63mm × 8mm

21. 工频 1000V 以下电压配电绝缘导线穿管敷设时,按满足机械强度要求,规范规定导线的最小铜芯截面应为下列哪一项数值? ( )

(A)0.75mm^2 (B)1.0mm^2
(C)1.5mm^2 (D)2.5mm^2

22. 规范规定易受水浸泡的电缆应选用下列哪种外护层? ( )

(A)钢带铠装 (B)聚乙烯
(C)金属套管 (D)粗钢丝铠装

23. 30 根电缆在电缆托盘中无间距叠置三层并列敷设时,电缆载流量的校正系数为下列哪一项数值? ( )

(A)0.45 (B)0.50
(C)0.55 (D)0.60

24. 35 ~ 110kV 变电所设计中,有关蓄电池室设置通风系统,下列哪一项要求不正确? ( )

(A)蓄电池室不应采用明火采暖,当采用电采暖时,应采用防爆型

(B)免维护式蓄电池室应设置换气次数不少于 3 次/h 的事故排风装置,事故排风装置不可兼作通风用

(C)防酸隔爆蓄电池室应采用机械通风,换气次数不少于 6 次/h

(D)蓄电池室地面下不应设置采暖管道,采暖通风管道不宜穿过蓄电池室的楼板

25. 变配电所二次回路控制电缆芯线截面为 $1.5mm^2$ 时,其芯数不宜超过下列哪一项数值? (　　)

(A)19　　(B)24

(C)30　　(D)37

26. 规范规定单独运行的变压器容量最小为下列哪一项数值时,应装设纵联差动保护? (　　)

(A)10MV·A　　(B)8MV·A

(C)6.3MV·A　　(D)5MV·A

27. 在正常运行情况下,下列关于变电所直流操作电源系统中直流母线电压的要求,哪一项符合规范规定? (　　)

(A)直流母线电压应为直流系统标称电压的 100%

(B)直流母线电压应为直流系统标称电压的 105%

(C)直流母线电压应为直流系统标称电压的 110%

(D)直流母线电压应为直流系统标称电压的 112.5%

28. 在电力工程直流电源系统设计时,对于交流电源事故停电时间的确定,下列哪一项是不正确的? (　　)

(A)与电力系统连接的发电厂,厂用交流电源事故停电时间为 1h

(B)不与电力系统连接的孤立发电厂,厂用交流电源事故停电时间为 2h

(C)1 000V 变电站、串补站和直流换流站,全站交流电源事故停电时间为 2h

(D)无人值班的变电所,全所交流电源事故停电时间为 1h

29. 某第二类防雷建筑物基础采用周边无钢筋的闭合条形混凝土,周长为 50mm,采用 3 根 $\phi12$ 圆钢在基础内敷设人工基础接地体,圆钢之间敷设净距不应小于下列哪一项? (　　)

(A)圆钢直径　　(B)圆钢直径的 2 倍

(C)圆钢直径的 3 倍　　(D)圆钢直径的 6 倍

30. 建筑物采取的防直击雷的措施,下列哪一项说法是正确的? (　　)

(A)第三类防雷建筑物不宜在建筑物上装设避雷针

(B)第一、二类防雷建筑物宜设独立避雷针

(C)第一类防雷建筑物不得在建筑物上装设避雷带

(D)第二类防雷建筑物宜在建筑物上装设避雷带和避雷针的组合

31. 某地区海拔高度800m左右,10kV配电系统采用中性点低电阻接地系统,10kV电气设备相对地雷电冲击耐受电压的取值应为下列哪一项? ( )

(A)28kV (B)42kV

(C)60kV (D)75kV

32. 根据规范要求,距建筑物30m的广场,室外景观照明灯具宜采用下列哪一种接地方式? ( )

(A)TN-S (B)TN-C

(C)TT (D)IT

33. 在潮湿场所向手提式照明灯具供电,下列哪一项措施是正确的? ( )

(A)采用II类灯具,电压值不大于50V

(B)采用II类灯具,电压值不大于36V

(C)采用III类灯具,电压值不大于50V

(D)采用III类灯具,电压值不大于25V

34. 为了限制眩光,要求灯具有一定的遮光角,当光源平均亮度为50~500kcd/m^2时,直接型灯具的遮光角不应小于下列哪个数值? ( )

(A)10° (B)15° (C)20° (D)25°

35. 关于现场总线的特点,下列表述哪一项是错误的? ( )

(A)用户可按照需要,把来自不同厂商的产品通过现场总线,组成大小随意开放的自动控制互联系统

(B)互联设备间、系统间的信息传送与交换,不同制造厂商的性能类似的设备可实现相互替换

(C)现场总线已构成一种新的全分散性控制系统的体系结构,简化了系统结构,提高了可靠性

(D)安装费用与维护开销增加

36. 在大容量电流型变频器中,常采用将几组具有不同输出相位的逆变器并联运行的多重化技术,以降低输出电流的谐波含量。二重化输出直接并联的逆变器的5次谐波可能达到的最低谐波含量为下列哪一项? ( )

(A)3.83% (B)5.36%

(C)4.54% (D)4.28%

37. 在火灾发生期间，给火灾应急广播最少持续供电时间为下列哪一项数值？（　　）

(A) ≥20min　　(B) ≥30min
(C) ≥45min　　(D) ≥60min

38. 对于安全防范系统中集成式安全管理系统的设计，下列哪项不符合规范设计要求？（　　）

(A) 应能对安全防范各子系统进行控制与管理，实现各子系统的高效协同工作
(B) 应能实现相关子系统的联动，并以声、光和文字图形方式显示联动信息
(C) 应能对系统数据进行统计、分析、生产相关报表
(D) 应能针对不同的报警或其他应急事件编制、执行不同的处置预案，并对预案的处置过程进行记录

39. 通信设备使用直流基础电源电压为 -48V，按规范规定电信设备受电端子上电压变动范围应为下面哪一项数值？（　　）

(A) -40 ~ -57V　　(B) -43.2 ~ 52.8V
(C) -43.2 ~ -55.2V　　(D) -40 ~ -55.2V

40. 35kV 架空电力线路设计中，在最低气温工况下，应按下列哪一种情况计算？（　　）

(A) 无风，无冰　　(B) 无风，覆冰厚度 5mm
(C) 风速 5m/s，无冰　　(D) 风速 5m/s，覆冰厚度 5mm

二、多项选择题（共 30 题，每题 2 分。每题的备选项中有 2 个或 2 个以上符合题意。错选、少选、多选均不得分）

41. 在 660V 低压配电系统和电气设备中，下列间接接触保护措施哪几项是正确的？（　　）

(A) 自动切断供电电源
(B) 采用双重绝缘或加强绝缘的设备
(C) 采用安全特低压（SELV）保护
(D) 采用安全分隔保护措施

42. 粉尘释放源应按爆炸性粉尘释放频繁程度和持续时间长短分为连续级释放源、一级释放源、二级释放源，下列哪些项不应被视为释放源？（　　）

(A) 全部焊接的输送管和溜槽
(B) 对防粉尘泄露进行了适当考虑的阀门压盖和法兰接合面
(C) 物料粉尘有足够的湿度，粉尘量较小

(D)压力容器外壳主体结构及其封闭的管口和人孔

43. 为了人身健康不会受到损害,下列哪些建筑物宜按一级电磁环境设计?( )

(A)居住建筑　　(B)学校

(C)医院　　(D)有人值班的机房

44. 民用建筑中,关于负荷计算的内容和用途,下列表述哪些是正确的? ( )

(A)负荷计算,可作为按发热条件选择变压器、导体及电器的依据

(B)负荷计算,可作为电能损耗及无功功率补偿的计算依据

(C)季节性负荷,可以确定变压器的容量和台数及经济运行方式

(D)二、三级负荷,可用以确定备用电源及其容量

45. 用电单位的供电电压等级与下列哪些因素有关? ( )

(A)用电容量　　(B)供电距离

(C)用电单位的运行方式　　(D)用电设备特性

46. 在下列哪几种情况下,用电单位宜设置自备电源? ( )

(A)需要设备自备电源作为一级负荷中特别重要负荷的应急电源时

(B)所在地区偏僻,远离电力系统,设备自备电源经济合理时

(C)设备自备电源较从电力系统取得第二电源经济合理时

(D)已有两路电源,为更可靠为一级负荷供电时

47. 110kV 及以下供配电系统的设计,为减小电压偏差可采取下列哪些措施?

( )

(A)正确选择变压器的变压比和电压分接头

(B)降低配电系统阻抗

(C)补偿无功功率

(D)增大变压器容量

48. 下列 10kV 变电所所址选择条件中,哪几条不符合规范的要求? ( )

(A)油浸变压器的车间内变电所,不应设在四级耐火等级的建筑物内;当设在三级耐火等级的建筑物内时,建筑物应采取局部防火措施

(B)多层建筑中,非充油电气设备的变电所应设置在底层靠内墙部位

(C)高层主体建筑内不宜装置装有可燃性油的电气设备的变电所,当受条件限制必须设置时,可设在底层靠外墙部位

(D)附近有棉、粮集中的露天堆场,不应设置露天或半露天的变电所

49. 以下是为某工程 10/0.4kV 变电所(有自动切换电源要求)电气部分设计确定的

一些原则,其中哪几条不符合规范的要求? ( )

(A)10kV 变电所接在母线上的避雷器和电压互感器合用一组隔离开关
(B)10kV 变电所架空进、出线上的避雷器回路中不装设隔离开关
(C)变压器低压侧电压为 0.4kV 的总开关采用隔离开关
(D)单台变压器的容量不宜大于 800kV·A

50. 民用建筑宜集中设置配变电所,当供电负荷较大、供电半径较长时,也可分散布置,高层建筑的变配电所宜设在下列哪些楼层上? ( )

(A)避难层 (B)设备层
(C)地下的最底层 (D)屋顶层

51. 用最大短路电流校验导体和电器的动稳定和热稳定时,应选取被校验导体和电器通过最大短路电流的短路点,在选取短路点时,下列表述哪些符合规定? ( )

(A)对带电抗器的 3~10kV 出线回路,校验母线与母线隔离开关之间隔板前的引线和套管时,短路点应选在电抗器前
(B)对带电抗器的 3~10kV 出线回路,校验母线与母线隔离开关之间隔板前的引线和套管时,短路点应选在电抗器后
(C)对带电抗器的 3~10kV 出线回路,除母线与母线隔离开关之间隔板前的引线和套管外,校验其他导体和电器时,短路点应选在电抗器前
(D)对不带电抗器的回路,短路点应选在正常接线方式时短路电流为最大的地点

52. 高压电器和导体的选择,需进行动稳定、热稳定校验,在下列哪几项校验时,应计算三相短路峰值(冲击)电流? ( )

(A)校验高压电器和导体的动稳定时
(B)校验高压电器和导体的热稳定时
(C)校验断路器的关合能力时
(D)校验限流熔断器的开断能力时

53. 高压并联电容器装置串联电抗器的电抗率的选择,下列哪些项符合规定?
( )

(A)用于抑制谐波,并联电容器装置接入电网处的背景谐波为 3 次及以上,电抗率可取 4.5%~5% 与 12%
(B)用于抑制谐波,并联电容器装置接入电网处的背景谐波为 3 次及以上,电抗率宜取 4.5%~5%
(C)仅用于限制涌流时,电抗率宜取 0.1%~1%
(D)用于抑制谐波,并联电容器装置接入电网处的背景谐波为 5 次及以上,电抗率宜取 4.5%~5%

54. 有关10kV配电所专用电源线的进线开关的选择，同时满足下列哪些项，可采用隔离开关或隔离触头？（　　）

(A)无继电保护要求
(B)无自动装置要求
(C)出线回路数较少
(D)无须带负荷操作

55. 3～35kV配电装置工程设计选用室内导体时，规范要求应满足下述哪些基本规定？（　　）

(A)导体的长期允许电流不得小于该回路的持续工作电流
(B)应按系统最大的运行方式下可能流经的最大短路电流校验导体的动稳定和热稳定
(C)采用主保护动作时间加相应断路器开断时间确定导体短路电流热效应计算时间
(D)应考虑日照对导体载流量的影响

56. 大电流负荷采用多根电缆并联供电时，下列哪些项符合规范要求？（　　）

(A)采用不同截面的电缆，但累计载流量大于负载电流
(B)并联各电缆长度宜相等
(C)并联各电缆采用相同型号、材质
(D)并联各电缆采用相同截面的导体

57. 变电所的二次接线设计中，下列哪些项描述是正确的？（　　）

(A)有人值班的变电所，断路器的控制回路可不设监视信号
(B)闭锁连锁回路的电源，可与继电保护、控制信号回路的电源共用
(C)无人值班的变电所，可装设满足远方运行要求的远动装置，所有断路器和电动负荷开关均能远方及就地控制
(D)有人值班的变电所，宜装设能重复动作、延时自动解除就地事故的信号装置

58. 对3～10kV中性点不接地系统的线路装设相间短路保护装置时，下列哪些项要求是正确的？（　　）

(A)由电流继电器构成的保护装置，应接于两相电流互感器上
(B)后备保护应采用近后备方式
(C)当线路短路使重要用户母线电压低于额定电压的60%时，应快速切除故障
(D)当过电流保护时限不大于0.5～0.7s时，应装设瞬动的电流速断保护

59. 在变电所直流操作电源系统设计时，采用简化计算法确定储蓄电池容量时，包

括下列哪些内容？（　　）

（A）满足事故放电初期（1min）冲击放电电流容量的要求

（B）在事故放电情况下，蓄电池组出口端电压不应低于直流系统标称电压的105%

（C）任意事故放电阶段末期承受随机（5s）冲击放电电流的要求

（D）任意事故全停电状态下持续放电容量的要求

60. 建筑物防雷设计中，在土壤高电阻率地区，为降低防直击雷接地装置的接地电阻，采用下列哪些方法？（　　）

（A）水平接地体局部包绝缘物，可采用50～80mm厚的沥青层

（B）接地体埋于较深的低电阻率土壤中

（C）采用降阻剂

（D）换土

61. 10kV配电系统中的配电变压器（10/0.4kV）装设阀式避雷器的位置和接地连接应符合下列哪些规定？（　　）

（A）当低压配电系统接地形式为IT时，阀式避雷器的接地线应接至变压器低压侧中性点

（B）当低压配电系统接地形式为TN时，阀式避雷器的接地线应接至变压器低压侧中性点

（C）避雷器装设位置应尽量靠近变压器高压侧

（D）避雷器的接地线应与变压器金属外壳连接

62. 下列哪几种接地属于功能性接地？（　　）

（A）根据系统运行的需要进行接地

（B）在信号电路中设置一个等电位点作为电子设备基准电位

（C）用来消除或减轻雷电危及人身和损坏设备的接地

（D）屏蔽接地

63. 关于计算机监控系统信号回路控制电缆的屏蔽选择及接地方式，下列哪些项符合规范规定？（　　）

（A）开关量信号，可选总屏蔽

（B）高电平模拟信号，宜选用对绞线芯总屏蔽，必要时也可选用对绞线芯分屏蔽

（C）低电平模拟信号或脉冲量信号，宜选用对绞线芯分屏蔽，必要时也可选用对绞线芯分屏蔽复合总屏蔽

（D）模拟信号回路控制电缆屏蔽层两端应分别接地

64. 下列有关人民防空地下室应急照明的连续供应时间,哪些符合规范规定? (　　)

(A)医疗救护工程不应小于6h
(B)一等人员掩蔽所不应小于5h
(C)二等人员掩蔽所、电站控制室不应小于3h
(D)物资库等其他配套工程不应小于1.5h

65. 在爆炸性环境电力系统设计时,交流1000V以下的电源系统的接地形式,下列说法哪些项符合规定? (　　)

(A)爆炸性气体环境中,一般情况下本质安全型设备的金属外壳可不予等电位系统连接
(B)爆炸性环境的IT型电源系统应设置剩余电流动作的保护电器
(C)危险区中的TT型电源系统应设置剩余电流动作的保护电器
(D)爆炸性环境中的TN系统应采用TN-S型

66. 下列有关液力耦合器调速的描述,哪些项是正确的? (　　)

(A)液力耦合器是装于电动机与负载轴之间的机械无级调速装置,由两个互不接触的金属叶轮组成,在两个轮之间充满油,利用油和轮间的摩擦力来传输转矩
(B)上述油压越大,所传输的转矩越大,因此,可通过调节油压来改变转矩,从而实现调速
(C)液力耦合器是一种高效的调速方法
(D)液力耦合器调速的转差能量变成油的热能而消耗掉,并存在漏油和机械磨损现象

67. 交—交变频器(电压型)和交—直—交变频器各有特点,下列哪几项符合交—交变频器的特点? (　　)

(A)换能环节少
(B)换流方式为电源电压换流
(C)元件数量较少
(D)电源功率因数较高

68. 在公共建筑的配电线路设置防火剩余电流动作报警系统时,下面论述哪些符合规范的规定? (　　)

(A)火灾自动报警系统保护对象分级为特级的建筑物的配电线路,应设置防火剩余电流动作报警系统
(B)火灾自动报警系统保护对象分级为特级的建筑物的配电线路,宜设置防火剩余电流动作报警系统
(C)火灾自动报警系统保护对象分级为一级的建筑物的配电线路,应设置防火剩余电流动作报警系统

(D)火灾自动报警系统保护对象分级为一级的建筑物的配电线路,宜设置防火剩余电流动作报警系统

69. 在建筑群内地下通信管道设计中,下列哪些项符合规范的规定? ( )

(A)应与红线外公用通信管网、红线内各建筑物及通信机房引入管道衔接
(B)建筑群地下通信管道,宜有一个方向与公用通信管网相连
(C)通信管道的路由和位置宜与高压电力管、热力管、燃气管安排在不同路侧
(D)管道坡度宜为1‰~2‰,当室外道路已有坡度时,可利用其地势获得坡度

70. 10kV架空电力线路的导线材质和导线的最大使用张力与绞线瞬时破坏张力的比值如下,请问哪几项符合规范规定? ( )

(A)铝绞线30% (B)铝绞线35%
(C)钢芯铝绞线45% (D)钢芯铝绞线50%

2010 年专业知识试题答案（下午卷）

1. **答案**：C

依据：《爆炸和火灾危险环境电力装置设计规范》（GB 50058—2014）附录 B 第 B.0.1-5 条。

注：顶部与释放源的距离文字表述与图 B.0.1-7 似乎有所矛盾，此处暂按文字表述为准。

2. **答案**：C

依据：《供配电系统设计规范》（GB 50052—2009）第 3.0.1.3 条。

注：也可参考《民用建筑电气设计规范》（JGJ 16—2008）第 3.2.1-1 条。

3. **答案**：C

依据：《工业与民用供配电设计手册》（第四版）P1“计算负荷的分类和用途”。在配电设计中，通常采用 30min 的最大平均负荷作为按发热条件选择电器或导体的依据。

4. **答案**：D

依据：《工业与民用供配电设计手册》（第四版）P5 式（1.2-1）。

电焊机的设备功率：$P_e = S_r\sqrt{\varepsilon_r}\cos\varphi = 80\times\sqrt{0.2}\times 0.65 = 23\text{kW}$

5. **答案**：C

依据：《20kV 及以下变电所设计规范》（GB 50053—2013）第 3.3.4 条。

6. **答案**：B

依据：《35kV ~ 110kV 变电站设计规范》（GB 50059—2011）第 3.1.4 条。

7. **答案**：C

依据：《民用建筑电气设计规范》（JGJ 16—2008）第 3.2.10 条。

8. **答案**：C

依据：《并联电容器装置设计规范》（GB 50227—2017）第 5.2.4 条。

9. **答案**：A

依据：《供配电系统设计规范》（GB 50052—2009）第 5.0.11 条。

10. **答案**：B

依据：《3 ~ 110kV 高压配电装置设计规范》（GB 50060—2008）第 5.4.4 条表 5.4.4。

11. **答案**：B

依据：《低压配电设计规范》（GB 50054—2011）第 4.3.2 条。

12. **答案**:C

依据:《3~110kV 高压配电装置设计规范》(GB 50060—2008)第 3.0.2 条。

13. **答案**:A

依据:《35kV~110kV 变电站设计规范》(GB 50059—2011)第 2.0.6 条、第 2.0.8 条、第 2.0.7 条。

14. **答案**:A

依据:《电力工程电缆设计规范》(GB 50217—2018)第 3.6.8 条。

15. **答案**:A

依据:《工业与民用供配电设计手册》(第四版)P281 表 4.6-3。

线路的电抗标幺值:$X_* = X\dfrac{S_j}{U_j^2} = 0.43 \times \dfrac{100}{37^2} = 0.031$

16. **答案**:B

依据:《低压配电设计规范》(GB 50054—2011)第 6.4.3 条。

17. **答案**:B

依据:《低压配电设计规范》(GB 50054—2011)第 6.1.4 条。除当回路相导体的保护装置能保护中性导体的短路,而且正常工作时通过中性导体的最大电流小于其载流量外,尚应采取当中性导体出现过电流时能自动切断相导体的措施。

18. **答案**:B

依据:《导体和电器选择设计技术规定》(DL/T 5222—2005)第 21.0.4 条。

19. **答案**:B

依据:《通用用电设备配电设计规范》(GB 50055—2011)第 2.3.3 条。

20. **答案**:C

依据:《工业与民用供配电设计手册》(第四版)P382 式(5.6-9)。

最小裸导体截面:$S \geqslant \dfrac{\sqrt{Q_d}}{C} = \dfrac{\sqrt{745 \times 10^6}}{87} = 313.7\text{mm}^2$,取 $63 \times 6.3\text{mm}^2$。

21. **答案**:C

依据:《低压配电设计规范》(GB 50054—2011)第 3.2.2-5 条。

22. **答案**:B

依据:《电力工程电缆设计规范》(GB 50217—2018)第 3.4.1-2 条。

23. **答案**:B

依据:《电力工程电缆设计规范》(GB 50217—2018)附录 D 表 D.0.6。

24. **答案**:B

依据:《35kV ~ 110kV 变电站设计规范》(GB 50059—2011)第 4.5.4 条。

25. 答案:D

依据:《电力装置的继电保护和自动装置设计规范》(GB 50062—2008)第 15.1.6 条。

26. 答案:A

依据:《电力装置的继电保护和自动装置设计规范》(GB/T 50062—2008)第 4.0.3-2 条。

27. 答案:B

依据:《电力工程直流系统设计技术规程》(DL/T 5044—2014)第 3.2.2 条。

28. 答案:D

依据:《电力工程直流系统设计技术规程》(DL/T 5044—2014)第 4.2.2 条。

29. 答案:B

依据:《建筑物防雷设计规范》(GB 50057—2010)第 4.3.5-5 条表 4.3.5 注 2。

30. 答案:D

依据:《建筑物防雷设计规范》(GB 50057—2010)第 4.3.1 条。

31. 答案:C

依据:《交流电气装置的过电压保护和绝缘配合设计规范》(GB/T 50064—2014)第 6.4.6-1 条。

注:也可参考《交流电气装置的过电压保护和绝缘配合》(DL/T 620—1997)第 10.4.5 条表 19。

32. 答案:C

依据:《民用建筑电气设计规范》(JGJ 16—2008)第 10.9.3-3 条。

33. 答案:D

依据:《建筑照明设计标准》(GB 50034—2013)第 7.1.3-2 条。

34. 答案:C

依据:《建筑照明设计标准》(GB 50034—2013)第 4.3.1 条表 4.3.1。

35. 答案:D

依据:《电气传动自动化技术手册》(第三版)P904。

注:也可参考《电气传动自动化技术手册》(第二版)P826。

36. 答案:B

依据:《钢铁企业电力设计手册》(下册)P327 表 25-16。

37. 答案:A

依据:《民用建筑电气设计规范》(JGJ 16—2008)第 13.9.13 条。

38. **答案**:B

依据:《安全防范工程技术规范》(GB 50348—2018)第6.4.1条。

39. **答案**:A

依据:《民用建筑电气设计规范》(JGJ 16—2008)第20.2.9-1条。

40. **答案**:A

依据:《66kV及以下架空电力线路设计规范》(GB 50061—2010)第4.0.1条。

---

41. **答案**:ABC

依据:《低压配电装置 第4-41部分:安全防护 电击防护》(GB 16895.21—2011)第413.3.2条。

注:应有足够的敏感度,题干中的电压660V肯定有用。

42. **答案**:ABD

依据:《爆炸和火灾危险环境电力装置设计规范》(GB 50058—2014)第4.2.1-4条。

43. **答案**:ABC

依据:《民用建筑电气设计规范》(JGJ 16—2008)第22.2.5-2条。

注:《建筑物防雷设计规范》(GB 50057—2010)第3.0.3条及条文说明,其中条文说明中明确:人员密集的公共建筑物,是指如集会、展览、博览、体育、商业、影剧院、医院、学校等。

44. **答案**:ABC

依据:《民用建筑电气设计规范》(JGJ 16—2008)第3.5.1条。

45. **答案**:ABD

依据:《供配电系统设计规范》(GB 50052—2009)第5.0.1条。

46. **答案**:ABC

依据:《供配电系统设计规范》(GB 50052—2009)第4.0.1条。

47. **答案**:ABC

依据:《供配电系统设计规范》(GB 50052—2009)第5.0.9条。

48. **答案**:ABC

依据:《20kV及以下变电所设计规范》(GB 50053—2013)第2.0.2条、第2.0.3条、第2.0.4条、第2.0.6条。

49. **答案**:CD

依据:《20kV及以下变电所设计规范》(GB 50053—2013)第3.2.11条、第3.2.15条。

50. **答案**:ABD

依据:《民用建筑电气设计规范》(JGJ 16—2008)第4.2.2条、第4.2.3条。

51. **答案**:AD

依据:《导体和电器选择设计技术规定》(DL/T 5222—2005)第5.0.6条。

52. **答案**:AC

依据:《工业与民用供配电设计手册》(第四版)P331"稳定校验所需用的短路电流"。

53. **答案**:ACD

依据:《并联电容器装置设计规范》(GB 50227—2017)第5.5.2条。

54. **答案**:BD

依据:《20kV及以下变电所设计规范》(GB 50053—2013)第3.2.2条。

55. **答案**:AC

依据:《3~110kV高压配电装置设计规范》(GB 50060—2008)第4.1.2条、第4.1.3条、第4.1.4条。

56. **答案**:BCD

依据:《电力工程电缆设计规范》(GB 50217—2018)第3.6.11条。

57. **答案**:CD

依据:《35kV~110kV变电站设计规范》(GB 50059—2011)第3.10.2条~第3.10.6条。

58. **答案**:AC

依据:《电力装置的继电保护和自动装置设计规范》(GB/T 50062—2008)第5.0.2条。

59. **答案**:AD

依据:《电力工程直流系统设计技术规程》(DL/T 5044—2014)附录C第C.2.3-1条。

60. **答案**:BCD

依据:《建筑物防雷设计规范》(GB 50057—2010)第5.4.6条。

61. **答案**:BCD

依据:《交流电气装置的过电压保护和绝缘配合设计规范》(GB/T 50064—2014)第5.5.1条。

注:也可参考《交流电气装置的过电压保护和绝缘配合》(DL/T 620—1997)第8.1条。

62. **答案**:AB

依据:《工业与民用供配电设计手册》(第四版)P1372~P1373"接地的分类"。

63. **答案**:ABC

依据:《电力工程电缆设计规范》(GB 50217—2018)第3.7.7-3条、第3.7.8-1条。

64. **答案**:AC

依据:《人民防空地下室设计规范》(GB 50038—2005)第7.5.5-4条。

65. **答案**:ACD

依据:《爆炸和火灾危险环境电力装置设计规范》(GB 50058—2014)第5.5.1条、第5.5.2条。

66. **答案**:ABD

依据:《电气传动自动化技术手册》(第三版)P605。

注:也可参考《电气传动自动化技术手册》(第二版)P527。

67. **答案**:AB

依据:《钢铁企业电力设计手册》(下册)P310表25-11。

68. **答案**:AD

依据:《民用建筑电气设计规范》(JGJ 16—2008)第13.12.1条。

69. **答案**:AC

依据:《民用建筑电气设计规范》(JGJ 16—2008)第20.7.4条。

70. **答案**:AB

依据:《66kV及以下架空电力线路设计规范》(GB 50061—2010)第5.2.3条。

2010年案例分析试题(上午卷)

[案例题是4选1的方式,各小题前后之间没有联系,共25道小题,每题分值为2分,上午卷50分,下午卷50分,试卷满分100分。案例题一定要有分析(步骤和过程)、计算(要列出相应的公式)、依据(主要是规程、规范、手册),如果是论述题要列出论点]

题1~5:某车间长30m、宽18m、高12m,工作面高0.8m,灯具距工作面高10m,顶棚反射比为0.5,墙面反射比为0.3,地面反射比为0.2,现均匀布置10盏400W金属卤化物灯,灯具平面布置如下图所示,已知金属卤化物灯光通量为32000lm,灯具效率为77%,灯具维护系数为0.7。

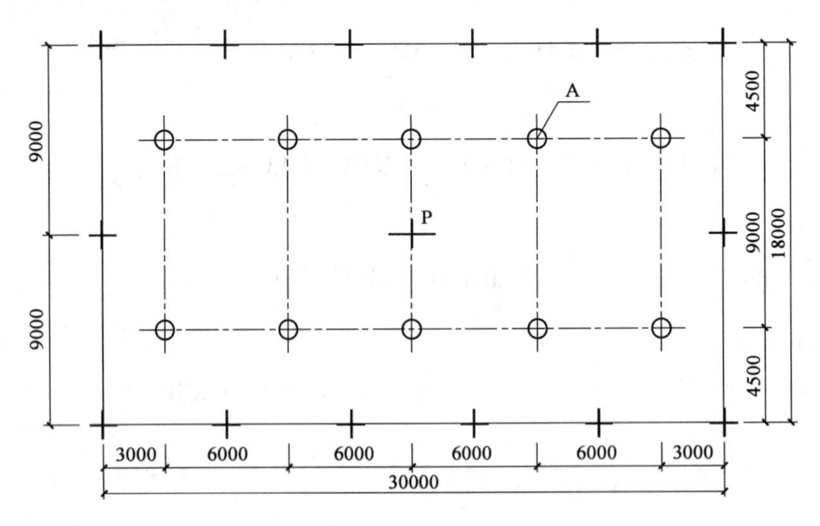

车间灯具平面布置图(尺寸单位:mm)

请回答下列问题。

1. 若按车间的室形指数RI值选择不同配光的灯具,下列说法哪一项是正确的?请说明依据和理由。 (　　)

(A)当RI=3~5时,宜选用特窄配光灯具

(B)当RI=1.65~3时,宜选用窄配光灯具

(C)当RI=0.8~1.65时,宜选用中配光灯具

(D)当RI=0.5~0.8时,宜选用宽配光灯具

解答过程:

2. 计算该车间的室形指数 RI 应为下列哪一项数值?（　　）

(A)3.00　　(B)1.80

(C)1.125　　(D)0.625

解答过程:

3. 已知金属卤化物灯具的利用系数见下表,计算该车间工作面上的平均照度应为下列哪一项数值?（　　）

金属卤化物灯具的利用系数表

顶棚反射比(%)	70			50			30		
墙面反射比(%)	50	30	10	50	30	10	50	30	10
地面反射比(%)	20								
室空间比 RCR									
1.00	0.81	0.79	0.77	0.78	0.76	0.74	0.75	0.74	0.72
1.11	0.80	0.78	0.78	0.77	0.75	0.73	0.74	0.73	0.71
2.00	0.74	0.70	0.67	0.71	0.68	0.65	0.69	0.66	0.64
2.22	0.72	0.68	0.65	0.69	0.66	0.63	0.67	0.64	0.62
3.00	0.67	0.62	0.58	0.64	0.60	0.57	0.62	0.59	0.56
3.33	0.65	0.60	0.56	0.62	0.58	0.55	0.60	0.57	0.54
4.00	0.61	0.55	0.51	0.59	0.54	0.51	0.57	0.53	0.50
4.44	0.58	0.52	0.48	0.56	0.51	0.48	0.55	0.51	0.47
5.00	0.55	0.49	0.45	0.53	0.48	0.45	0.52	0.48	0.44
5.55	0.52	0.46	0.42	0.50	0.45	0.42	0.49	0.45	0.41

(A)212lx　　(B)242lx

(C)311lx　　(D)319lx

解答过程:

4. 若每盏金属卤化物灯镇流器功耗为 48W,计算该车间的照明功率密度为下列哪一项数值?（　　）

(A)7.41W/m²　　(B)8.30W/m²

(C)9.96W/m²　　(D)10.37W/m²

解答过程：

5. 已知金属卤化物灯具光源光强分布(1000lm)如下表,若只计算直射光,试计算车间中灯 A 在工作面中心点 P 的水平面照度应为下列哪一项数值? ( )

光源光强分布表

θ(°)	0	2.5	7.5	12.5	17.5	24.9	27.5	36.9	37.5
I_θ(cd)	346.3	345.0	338.7	329.4	322	295.7	283.6	242	239.6
θ(°)	44.9	47.5	56.9	57.6	62.5	67.5	72.5	77.5	82.5
I_θ(cd)	208.8	197	116	108.8	54.2	35	22.2	13.3	6.6

(A)20.8lx (B)27.8lx (C)34.7lx (D)39.7lx

解答过程：

题 6~10:某企业拟建一座 10kV 变电所,用电负荷如下:

1)一般工作制大批量冷加工机床类设备 152 台,总功率 448.6kW。

2)焊接变压器组($\varepsilon_r = 65\%$,功率因数 0.5)6×23kV·A+3×32kV·A,总设备功率 94.5kW,平均有功功率 28.4kW,平均无功功率 49kvar;

3)泵、通风机类设备共 30 台,总功率 338.9kW,平均有功功率 182.6kW,平均无功功率 139.6kvar;

4)传送带 10 台,总功率 32.6kW,平均有功功率 16.3kW,平均无功功率14.3kvar。

请回答下列问题。

6. 计算每台 23kV·A 焊接变压器的设备功率,并采用需要系数法计算一般工作制大批量冷加工机床设备的计算负荷(需要系数取最大值),计算结果为下列哪一项? ( )

(A)9.3kW,机床类设备的有功功率 89.72kW,无功功率 155.2kvar

(B)9.3kW,机床类设备的有功功率 71.78kW,无功功率 124.32kvar

(C)9.3kW,机床类设备的有功功率 89.72kW,无功功率 44.86kvar

(D)55.8kW,机床类设备的有功功率 89.72kW,无功功率 67.29kvar

解答过程：

7. 采用利用系数法(利用系数 $K_1=0.14$；$\tan\phi=1.73$)，计算机床类设备组的平均有功功率、无功功率，变电所供电所有设备的平均利用系数(指有效使用台数等于实际设备台数考虑)，变电所电压母线最大系数(达到稳定温升的持续时间按 1h 计)。其计算结果最接近下列哪一项数值？ ( )

(A)89.72kW，155.4kvar，0.35，1.04

(B)62.80kW，155.4kvar，0.32，1.07

(C)62.80kW，31.4kvar，0.32，1.05

(D)62.80kW，108.64kvar，0.32，1.05

解答过程：

8. 若该变电所补偿前的计算负荷为 $P_c=290.1$kW、$Q_c=310.78$kvar，如果要求平均功率因数补偿到 0.9，请计算补偿前的平均功率因数(年平均负荷系数 $\alpha_{av}=0.75$，$\beta_{av}=0.8$)为下列哪一项数值？ ( )

(A)0.57，275.12kvar　　(B)0.65，200.54kvar

(C)0.66，191.47kvar　　(D)0.66，330.7kvar

解答过程：

9. 若该变电所补偿前的计算负荷为 $P_c=390.1$kW、$Q_c=408.89$kvar，实际补偿容量为 280kvar，忽略电网损耗，按最低损失率为条件选择变压器容量并计算变压器负荷率，其计算结果最接近下列哪一组数值？ ( )

(A)500kV·A，82%　　(B)800kV·A，51%

(C)800kV·A，53%　　(D)1000kV·A，57%

解答过程：

10. 请判断在变电所设计中，下列哪一项不是节能措施？请说明依据和理由。( )

(A)合理选择供电电压等级

(B)为了充分利用设备的容量资源,应尽量使变压器满负荷运行

(C)提高系统的功率因数

(D)选择低损耗变压器

解答过程:

题 11 ~15:一台水泵由异步电动机驱动,电动机参数为额定功率 15kW、额定电压 380V、额定效率 0.87、额定功率因数 0.89、启动电流倍数 7.0、启动时间 4s,另外,该水泵频繁启动且系统瞬时停电恢复供电时需要自启动。

请回答下列问题。

11. 下列哪一项可用作该水泵电动机的控制电器?并请说明依据和理由。 ( )

(A)熔断器 (B)接触器

(C)断路器 (D)负荷开关

解答过程:

12. 确定该水泵电动机不宜设置下列哪一项保护?并请说明依据和理由。 ( )

(A)短路保护 (B)接地故障保护

(C)断相保护 (D)低电压保护

解答过程:

13. 该水泵电动机采用断路器长延时脱扣器用作电动机过载保护时(假定断路器长延时脱扣器 7.2 倍、整定电流动作时间 7s),其整定电流应为下列哪一项数值? ( )

(A)30A (B)26A (C)24A (D)23A

解答过程:

14. 假设该水泵电动机额定电流 24A、启动电流倍数为 6.8，当长延时脱扣器用作电动机电流后备保护时，长延时脱扣器整定电流 25A，其最小瞬动倍数应为下列哪一项数值？（　　）

（A）2　　（B）7　　（C）12　　（D）13

解答过程：

15. 假设该水泵电动机额定电流 24A，启动电流倍数为 6.8，用断路器瞬动脱扣器作短路保护，其瞬动脱扣器最小整定值为下列哪一项数值？（　　）

（A）326A　　（B）288A　　（C）163A　　（D）72A

解答过程：

题 16～20：某企业总变电所设计中，安装有变压器 TR1 及电抗器 L，并从总变电所 6kV 母线引一回路向车间变电所供电，供电系统如右图所示。6kV 侧为不接地系统，380V 系统为 TN-S 接地形式。

请回答下列问题。

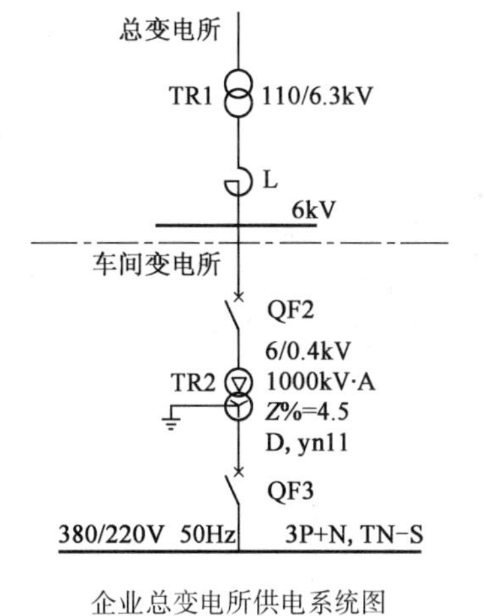

企业总变电所供电系统图

16. 如上图所示，总变电所主变压器 TR1 电压等级为 110/6.3kV。假设未串接电抗器 L 时，6kV 母线上的三相短路电流 I'' = 48KA，现欲在主变压器 6kV 侧串一电抗器 L，把 I'' 限制在 25kA，该电抗器的电抗值应为下列哪一项？（　　）

（A）0.063Ω　　（B）0.07Ω

（C）0.111Ω　　（D）0.176Ω

解答过程：

17. 假设 TR2 变压器 6kV 侧短路容量为 30MV·A。不计系统侧及变压器的电阻，变压器的相保电抗等于正序电抗，380V 母线上 A 相对 N 线的短路电流为下列哪一项？ ( )

(A)6.33kA　　(B)21.3kA

(C)23.7kA　　(D)30.6kA

解答过程：

18. 变压器 TR2 的高压侧使用断路器 QF2 保护，其分断时间为 150ms，主保护动作时间为 100ms，后备保护动作时间为 400ms，对该断路器进行热稳定校验时，其短路电流持续时间应取下列哪一项数值？ ( )

(A)250ms　　(B)500ms

(C)550ms　　(D)650ms

解答过程：

19. 假设通过 6kV 侧断路器 QF2 的最大三相短路电流 $I''_{k3}=34$kA，短路电流持续时间为 430ms，短路电流直流分量等效时间为 50ms，变压器 6kV 短路视为远端短路，冲击系数 $K_p=1.8$，断路器 QF2 的短路耐受能力为 25kA/3s，峰值耐受电流为 63kA，下列关于该断路器是否通过动、热稳定校验的判断中，哪一项是正确的？请说明理由。( )

(A)热稳定校验不通过，动稳定校验不通过

(B)热稳定校验不通过，动稳定校验通过

(C)热稳定校验通过，动稳定校验不通过

(D)热稳定校验通过，动稳定校验通过

解答过程：

20. 假设变压器 TR2 的绕组接线组别为 Y，yn0，6kV 侧过电流保护的接线方式及 CT 变比如下图所示。已知 6kV 侧过电流保护继电器 KA1 和 KA2 的动作整定值为 15.3A。最小运行方式下变压器低压侧单相接地稳态短路电流为 12.3kA。欲利用高压侧过电

流保护兼作低压侧单相接地保护，其灵敏系数应为下列哪一项？（　　）

(A)0.6
(B)1.03
(C)1.2
(D)1.8

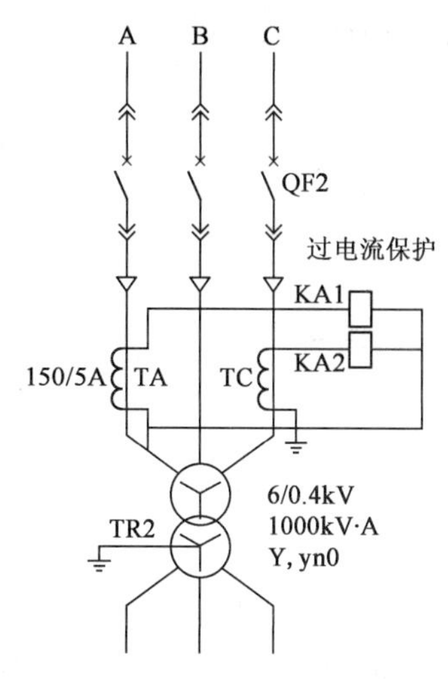

6kV 侧过电流保护的接地方式及 CT 变比

解答过程：

> 题 21 ~25：某企业的 110kV 变电所，地处海拔高度 900n，110kV 采用半高型室外配电装置，110kV 配电装置母线高 10m，35kV 及 10kV 配电装置选用移开式交流金属封闭开关柜，室内单层布置，主变压器布置在室外，请回答下列问题。

21. 计算变电所的 110kV 系统工频过电压一般不超过下列哪一项数值？并说明依据和理由。（　　）

(A)94.6kV　　(B)101.8kV
(C)126kV　　(D)138.6kV

解答过程：

22. 该变电所的 110kV 配电装置的防直击雷采用单支独立避雷针保护，如果避雷针高度为 30m，计算该避雷针在地面上和离地面 10m 高度的平面上的保护半径分别为下列哪一项？（　　）

(A)45m，20m　　(B)45m，25m
(C)45.2m，20.1m　　(D)45.2m，25.1m

解答过程：

23. 该变电所 10kV 出线带有一台高压感应电动机，其容量为 600kW，确定开断空

载高压感应电动机的操作过电压一般不超过下列哪一项数值？并说明依据和理由。（　　）

(A) 19.6kV　　(B) 24.5kV

(C) 39.2kV　　(D) 49kV

解答过程：

24. 该变电所的10kV系统为中性点不接地系统，当连接由中性点接地的电磁式电压互感器的空载母线，因合闸充电或在运行时接地故障消除等原因的激发，会使电压互感器饱和而产生铁磁谐振过电压，请判断下列为限制此过电压的措施哪一项是错误的？并说明依据和理由。（　　）

(A) 选用励磁特性饱和点较高的电磁式电压互感器

(B) 用架空线路代替电缆以减少 X_{co}，使 $X_{co} \leqslant 0.01X_m$（X_m 为电压互感器在线电压作用下单相绕组的励磁电抗）

(C) 装设专门的消谐装置

(D) 10kV电压互感器高压绕组中性点经 $R_{p.n} \geqslant 0.06X_m$（容量大于600W）的电阻接地

解答过程：

25. 确定在选择110kV变压器时，变压器的内绝缘相对地和相间的雷电冲击耐受电压应为下列哪一项？请说明依据和理由。（　　）

(A) 200kV，200kV　　(B) 395kV，395kV

(C) 450kV，450kV　　(D) 480kV，480kV

解答过程：

2010年案例分析试题答案(上午卷)

题1~5答案:**CCABB**

1.《照明设计手册》(第三版)P7室形指数定义及式(1-9)。

室形指数:$RI=\dfrac{LW}{h(L+W)}=\dfrac{30\times18}{10\times(30+18)}=1.125$

P231第3条照明质量内容:当RI=0.8~1.65时,应选用中配光灯具。

2.《照明设计手册》(第三版)P7室形指数定义及式(1-9)。(计算同题1)。

3.《照明设计手册》(第三版)P146式(5-41)或最后一行的公式RI=5/RCR。

RCR=5/1.125=4.44

查题中利用系数表,可知利用系数取0.51。

《照明设计手册》(第三版)P211式(5-39)。

$E_{av}=\dfrac{N\Phi Uk}{A}=10\times32000\times0.51\times0.7/(30\times18)=211.56\text{lx}$

4.《建筑照明设计标准》(GB 50034—2013)第2.0.53条。

"照明功率密度":单位面积上一般照明的安装功率(包括光源、镇流器或变压器等附属用电器件),单位为瓦特每平方米(W/m^2),则 $LPD=10\times\dfrac{400+48}{30}\times18=8.30W/m^2$

5.利用勾股定理计算θ角:$L=\sqrt{4.5^2+6.0^2}=7.5$

$\theta=\arctan(7.5/10)=36.8°$

查表得$I_\theta=242\text{cd}$。

《照明设计手册》(第三版)P118式(5-2)计算点光源水平照度值。

$E_{h1}=\dfrac{I_\theta}{R^2}\cos\theta=\dfrac{242}{12.5^2}\cos36.8°=1.24$

《照明设计手册》(第三版)P122式(5-15)计算实际水平面的照度。

$E_{av}=\dfrac{32000\times1.24\times0.7}{1000}=27.78\text{lx}$

题6~10答案:**ADCBB**

6.《工业与民用供配电设计手册》(第四版)P10表1.4-1中(大批量冷机床设备)需用系数$K_x=0.17\sim0.20$,按题意取最大值,则$K_x=0.20$,功率因数为0.5,由式(1-5)、式(1-6)分别计算P_c、Q_c:

由$\cos\varphi=0.5$,得$\tan\varphi=1.732$。

$P_c=K_xP_e=0.2\times448.6=89.72\text{kW}$

$Q_c=P_c\tan\varphi=89.72\times1.732=155.2\text{kvar}$

《工业与民用供配电设计手册》(第四版)P5式(1.2-2)。

$P_e = S_r\sqrt{\varepsilon_r}\cos\varphi = 23 \times \sqrt{0.65} \times 0.5 = 9.27\text{kW}$

7.《工业与民用供配电设计手册》(第四版)P15～P168 式(1.5-1)～式(1.5-3)。

$P_{av} = K_1 P_e = 0.14 \times 448.6 = 62.8\text{kW}$

$Q_{av} = P_{av}\tan\varphi = 62.8 \times 1.73 = 108.644\text{kW}$

$$K_{lav} = \sum P_{av}/\sum P_e = \frac{62.8 + 28.4 + 182.6 + 16.3}{448.6 + 94.5 + 338.9 + 32.6} = \frac{290.1}{914.6} = 0.317$$

按有效使用台数等于实际设备台数考虑，则 $n_{yx} = 201$，按《工业与民用供配电设计手册》(第四版)P10 表 1-9 查得 $K_m = 1.07$，由 P9 式(1-25)得：

$$K_{ml} \leqslant 1 + \frac{K_m - 1}{\sqrt{2t}} = 1 + \frac{1.07 - 1}{\sqrt{2} \times 1} = 1.05$$

因此，母线最大系数取 1.05。

8.《工业与民用供配电设计手册》(第四版)P37 式(1.11-7)。

$$\cos\varphi_1 = \sqrt{\frac{1}{1 + \left(\frac{\beta_{av}Q_c}{\alpha_{av}P_c}\right)^2}} = \sqrt{\frac{1}{1 + \left(\frac{0.8 \times 310.78}{0.75 \times 290.1}\right)^2}} = 0.66$$

由 $\cos\varphi_1 = 0.66$，得 $\tan\varphi_1 = 1.14$；由 $\cos\varphi_2 = 0.90$，得 $\tan\varphi_2 = 0.48$。

$Q_c = \alpha_{av}P_c(\tan\varphi_1 - \tan\varphi_2) = 1.0 \times 290.1 \times (1.14 - 0.48) = 191.466\text{kvar}$

注：补偿容量应按系统最不利条件计算，年平均有功负荷系数取 1.0。

9.《工业与民用供配电设计手册》(第四版)P10 式(1.4-5)。

$S_c = \sqrt{P_c^2 + Q_c^2} = \sqrt{390.1^2 + (408.89 - 280)^2} = 410.84\text{kV·A}$

《钢铁企业电力设计手册》(上册)P291 倒数第 4 行：变压器最低损失率大体发生在负载系数 $\beta = 0.5 \sim 0.6$ 时，因此，变压器额定容量可选择区间为 $S_T = 410.84/(0.5 \sim 0.6) = 684.73 \sim 821.68\text{kV·A}$，选择变压器容量为 800kV·A，负荷率为 51%。

10.《钢铁企业电力设计手册》(上册)P291 倒数第 4 行：变压器最低损失率大体发生在负载系数 $\beta = 0.5 \sim 0.6$ 时，因此，变压器满载运行不是节能措施。

题 11～15 答案：**BDADA**

11.《通用用电设备配电设计规范》(GB 50055—2011)第 2.4.4 条第二款：控制电器宜采用接触器、启动器或其他电动机专用控制开关。

12.《通用用电设备配电设计规范》(GB 50055—2011)第 2.3.12 条 第 5 款。

注：原题考查旧规范《通用用电设备配电设计规范》(GB 50055—1993)第 2.4.10 条 第二款：需要自启动的重要电动机，不宜装设低电压保护。

13.《工业与民用供配电设计手册》(第四版)P1072 表 12.1-1。

电动机的额定电流：$I_r = \dfrac{P_r}{\sqrt{3}U_r\eta\cos\varphi} = \dfrac{15}{\sqrt{3} \times 0.38 \times 0.87 \times 0.89} = 29.34\text{A}$

《通用用电设备配电设计规范》(GB 50055—2011)第2.3.9条第1款:热继电器或过载脱扣器的整定电流,应接近但不小于电动机的额定电流,因此 $I_{ed}=30A$。

14.《通用用电设备配电设计规范》(GB 50055—2011)第2.3.5条第三款:瞬动过电流脱扣器或过电流继电器瞬动原件的整定电流,应取电动机启动电流的2~2.5倍。

瞬动倍数:$n=24\times6.8\times(2\sim2.5)/25=13\sim16.3$

因此最小瞬动倍数为13。

15.《通用用电设备配电设计规范》(GB 50055—2011)第2.3.5条第三款:瞬动过电流脱扣器或过电流继电器瞬动原件的整定电流,应取电动机启动电流的2~2.5倍。

瞬动脱扣器整定电流:$I_{set1}=(2\sim2.5)\times24\times6.8=326.4\sim408A$

因此最小值为326A。

题16~20答案:**BCCCC**

16.《工业与民用供配电设计手册》(第四版)P280~P281表4.6-3、表4.6-2、式(4.6-4)。

(设 $S_j=100MV\cdot A, U_j=6.3kV, I_j=9.16kA$,则 $X_j=\frac{U_j}{\sqrt{3}I_j}=0.397\Omega$)

$$I_{*1}=\frac{I_1}{I_j}=\frac{48}{9.16}=5.24$$

$$I_{*2}=\frac{I_2}{I_j}=\frac{25}{9.16}=2.73$$

《工业与民用供配电设计手册》(第四版)P284式(4.6-11)和P280(式4.6-5)。

$$X_{*1}=\frac{1}{I_{*1}}=\frac{1}{5.24}=0.191$$

$$X_{*2}=\frac{1}{I_{*2}}=\frac{1}{2.73}=0.366$$

$$\Delta X_*=(X_{*2}-X_{*1})=0.175$$

$$X=X_*\cdot X_j=0.175\times0.397=0.07$$

17.《工业与民用供配电设计手册》(第四版)P304(式4.6-41)(该公式电压要求带入0.38kV,但此处需带入0.4kV,否则无答案)和表4.6-11注释③。

$$Z_S=\frac{(cU_n)^2}{S_S''}\times10^3=\frac{(1\times0.4)^2}{50}\times10^3=3.2m\Omega$$

$$X_S=0.995\cdot Z_S=0.995\times3.2=3.184m\Omega$$

高压侧系统电抗归算到低压侧的相保电抗为:$X_{php}=\frac{2X_S}{3}=\frac{2\times3.184}{3}=2.12m\Omega$

由《工业与民用供配电设计手册》(第四版)P304"2)变压器正序阻抗可按表4.6-3中有关公式计算,变压器的负序阻抗等于正序阻抗",则:

变压器的正序电抗(相保电抗)为:$X_T=\frac{u_k\%}{100}\cdot\frac{U_r^2}{S_{rT}}=\frac{4.5}{100}\cdot\frac{0.4}{1}=7.2m\Omega$

《工业与民用供配电设计手册》(第四版) P229 式(4.3-1)及 P177 表 4.1-1。

低压网络单相接地故障短路电流：$I_{k1}'' = \frac{220}{X_{php}} = \frac{220}{2.12 + 7.2} = 23.6kA$

18.《3～110kV 高压配电装置设计规范》(GB 50060—2008)第 4.1.4 条：验算电器短路热效应的计算时间，宜采用后备保护动作时间加相应的断路器全分闸时间。

$T = 400 + 150 = 550ms$

19.《工业与民用供配电设计手册》(第四版)P385 表 5.6-8、P382 式(5.6-9)和 P300 式(4.6-21)，《导体和电器选择设计技术规定》(DL/T 5222—2005)附录 F 中式(F.6.1)分别计算周期分量与非周期分量的热效应。

动稳定校验：$i_p = K_p \sqrt{2} I_k'' = 1.8 \times \sqrt{2} \times 34 = 86.55kA$

$i_p < i_{max} = 63kA$，不能通过校验。

热稳定校验：$Q_t = Q_z + Q_f = 34^2 \times 0.43 + 34^2 \times 0.05 = 554.88kA^2s$

$I_{th} t_{th} = 25^2 \times 3 = 1875kA^2s$

$Q_t < I_{th} t_{th}$，通过校验。

20.《工业与民用供配电设计手册》(第四版)P520～P521 表 7.2-3，低压侧单相接地保护(利用高压侧三相式过电流保护)相应公式。

$$I''_{2k1 \cdot min} = \frac{2}{3} \times \frac{I''_{22k1 \cdot min}}{n_T} = \frac{2}{3} \times \frac{12.3 \times 10^3}{15} = 546.67A$$

$$I_{op} = I_{opK} \frac{n_{TA}}{K_{jx}} = 15.3 \times \frac{30}{1} = 459A$$

$$K_{ren} = \frac{I''_{2k1 \cdot min}}{I_{op}} = \frac{546.67}{459} = 1.19$$

题 21～25 答案：**ABBBD**

21.《交流电气装置的过电压保护和绝缘配合设计规范》(GB/T 50064—2014) 第 3.2.2 条、第 4.1.1 条。

第 3.2.2-1 条：工频过电压的基准电压：$1.0p.u. = U_m/\sqrt{3} = 126 \div \sqrt{3} = 72.7kV$

第 4.1.1-3 条：110kV 及 220kV 系统，工频过电压一般应大于 1.3p.u.，即 $1.3 \times 72.7 = 94.56kV$

注：也可参考《交流电气装置的过电压保护和绝缘配合》(DL/T 620—1997) 第 3.2.2 条 a)款、第 4.1.1 条 b)款。最高电压 U_m 查《标准电压》(GB/T 156—2007) 第 4.3 条。

22.《交流电气装置的过电压保护和绝缘配合设计规范》(GB/T 50064—2014) 第 5.2.1 条。

地面上保护半径：$r_1 = 1.5hP = 1.5 \times 30 \times 1 = 45m$

离地 10m 高的平面上保护半径：$h_x = 10 < 0.5h = 15$，$r_1 = (1.5h - 2h_x)P = (1.5 \times 30 - 2 \times 10) \times 1 = 25m$

注:也可参考《交流电气装置的过电压保护和绝缘配合》(DL/T 620—1997)第5.2.1条公式(4)和公式(6)。

23.《交流电气装置的过电压保护和绝缘配合设计规范》(GB/T 50064—2014)第3.2.2条、第4.2.9条及条文说明。

第3.2.2-2条:操作过电压的基准电压:1.0p.u. $=\sqrt{2}U_{m}\div\sqrt{3}=\sqrt{2}\times12\div\sqrt{3}=$ 9.8kV

第4.2.9条的条文说明:开断空载电动机的过电压一般不大于2.5p.u.,即 $2.5\times9.8=24.5$kV

注:也可参考《交流电气装置的过电压保护和绝缘配合》(DL/T 620—1997)第3.2.2条b)款、第4.2.7条。最高电压 U_{m} 查《标准电压》(GB/T 156—2007)第4.3条。

24.《交流电气装置的过电压保护和绝缘配合设计规范》(GB/T 50064—2014)第4.1.11-4条。

注:也可参考《交流电气装置的过电压保护和绝缘配合》(DL/T 620—1997)第4.1.5条d)款第3)小条:用一段电缆代替架空线路以减少 X_{C0}。

25.《交流电气装置的过电压保护和绝缘配合设计规范》(GB/T 50064—2014)第6.4.6-1条及注1,内绝缘相对地和相间的雷电冲击耐受电压均为480kV。

注:也可参考《交流电气装置的过电压保护和绝缘配合》(DL/T 620—1997)第10.4.5条及表19及注释1。

2010 年案例分析试题(下午卷)

专业案例题(共 40 题,考生从中选择 25 题作答,每题 2 分)

题 1 ~5:某企业设 10kV 车间变电所,所带低压负荷为若干标称电压为 380V 的低压笼型电动机。其车间变电所 380V 低压配电母线短路容量为 15MV·A。请回答下列问题。

1. 车间某电动机额定容量 250kV·A,电动机额定启动电流倍数为 6.5,当计算中忽略低压配电线路阻抗的影响且不考虑变压器预接负荷的无功功率时,该电动机启动时低压母线电压相对值为下列哪一项? ( )

(A)0.43 (B)0.87

(C)0.9 (D)0.92

解答过程:

2. 车间某笼型异步电动机通过一减速比为 20 的减速器与一静阻转矩为 30kN·m 的生产机械相连,减速器效率为 0.9,如电动机在额定电压下启动转矩为 3.5kN·m。为了保证生产机械要求的启动转矩,启动时电动机端子电压相对值(启动时电动机端子电压与标称电压的比值)至少应为下列哪一项? ( )

(A)0.66 (B)0.69

(C)0.73 (D)0.79

解答过程:

3. 车间由最大功率约为 150kW 的离心风机,且有在较大范围连续改变电机转速用于调节风量的要求,下列哪一项电气传动方案是适宜选用的?并说明依据和理由。 ( )

(A)笼型电机交—交变频传动 (B)笼型电机交—直—交变频传动

(C)直流传动 (D)笼型电机变级传动

解答过程：

4. 某台笼型电动机，其额定电流为45A，定子空载电流25A，电动机定子每相绕组电阻0.2Ω，能耗制动时在定子两相绕组施加固定直流电压为48V，在直流回路串接的制动电阻宜为下列哪一项？（　　）

(A)0.13Ω　　(B)0.24Ω　　(C)0.56Ω　　(D)0.64Ω

解答过程：

5. 要求车间某台电动机整体结构防护形式能承受任何方向的溅水，且能防止直径大于1mm的固体异物进入壳内，电动机整体结构防护等级（IP代码）宜为下列哪一项？请说明依据和理由。（　　）

(A)IP53　　(B)IP44　　(C)IP43　　(D)IP34

解答过程：

题6～10：某110kV变电站采用全户内布置，站内设3台主变压器，110kV采用中性点直接接地方式。变电站内仅设一座综合建筑物，建筑物长54m、宽20m、高18m，全站围墙长73m、高40m。变电站平面布置如下图所示。

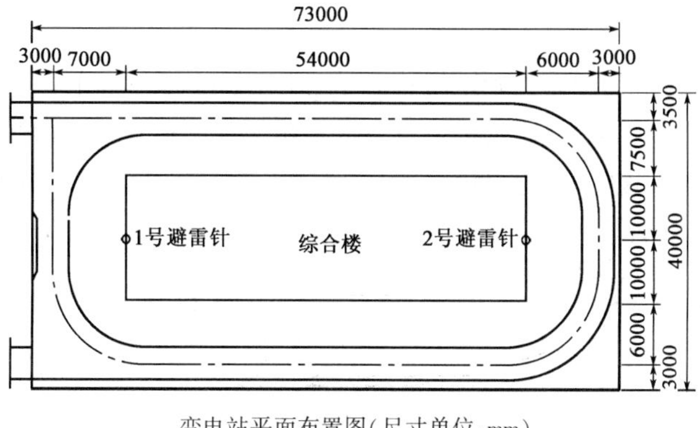

变电站平面布置图（尺寸单位：mm）

请回答下列问题。

6. 假定该变电站所在地区年平均雷暴日为87.6天，变电站综合楼的年预计雷击次数为下列哪一项？（　　）

(A)0.319次/年　　(B)0.271次/年

(C)0.239次/年　　(D)0.160次/年

解答过程：

7. 该变电站综合楼为第三类防雷建筑物，设两支等高的避雷针进行防雷保护，避雷针针尖距地面最小距离应为下列哪一项数值？（避雷针位置如上图所示，要求按滚球法计算，数值计算按四舍五入取小数点后一位）（　　）

(A)50m　　(B)52m

(C)54m　　(D)56m

解答过程：

8. 该变电站110kV配电装置保护接地的接地电阻R应满足下列哪一项？并说明依据和理由。（式中I为计算用的流经接地装置的入地短路电流）（　　）

(A)$R \leqslant 2000/I$　　(B)$R \leqslant 250/I$

(C)$R \leqslant 120/I$　　(D)$R \leqslant 50/I$

解答过程：

9. 该变电站接地网拟采用以水平接地极为主73×40（长×宽）边缘闭合的复合接地网，水平接地极采用$\phi 20$的热镀锌圆钢，垂直接地极采用L50×50×5的热镀锌角钢，敷设深度0.8m，站区内土壤电阻率为100Ω·m。请采用《交流电气装置的接地》(DL/T 621—1997)附表中A3的方法计算变电站接地网的接地电阻为下列哪一项数值？（　　）

(A)0.93Ω　　(B)0.90Ω

(C)0.81Ω　　(D)0.73Ω

解答过程：

10. 假定该变电站110kV单相接地短路电流为15kA，主保护动作时间30ms，断路器开断时间60ms，第一级后备保护的动作时间0.5s。问根据热稳定条件，不考虑防腐时，变电站接地线的最小截面不小于下列哪一项？（变电站配有1套速动主保护、近后备等保护） （ ）

(A) $160.4mm^2$　　(B) $93.5mm^2$

(C) $64.3mm^2$　　(D) $37.5mm^2$

解答过程：

> 题11～15：一座110/10kV有人值班的重要变电所，装有容量为20MV·A的主变压器两台，采用220V铅酸蓄电池作为直流电源，所有断路器配电磁操作机构，最大一台断路器合闸电流为98A。请回答下列问题。

11. 下列关于该变电所所有电源和操作电源以及蓄电池容量选择的设计原则中，哪一项不符合规范的要求？并说明依据和理由。 （ ）

(A)变电所的操作电源，采用2组220V蓄电池，不设端电池

(B)变电所的直流母线，采用单母线接线方式

(C)变电所装设两台容量相同可互为备用的所用变压器

(D)变电所蓄电池组的容量按全所事故停电1h的放电容量确定

解答过程：

12. 该变电所信号、控制、保护装置容量为3000W（负荷系数为0.6），交流不停电装置容量为220W（负荷系数为0.6），直流应急照明容量为1000W（负荷系数为1），直流电源的经常负荷电流和事故放电（持续放电1h）容量为下列哪组？ （ ）

(A)8.18A，13.33A·h　　(B)8.18A，22.11A·h

(C)8.78A，13.33A·h　　(D)13.64A，19.19A·h

解答过程：

13. 如该变电所经常性负荷的事故放电容量为9.09A·h，事故照明等负荷的事故放

电容量为 4.54A·h，按满足事故全停电状态下长时间放电容量要求计算的蓄电池 10h，放电率计算容量为下列哪一项？（可靠系数取 1.25，容量系数取 0.4）（ ）

(A) 14.19A·h　　(B) 28.41A·h
(C) 34.08A·h　　(D) 42.59A·h

解答过程：

14. 该变电所选择一组 10h 放电标称容量为 100A·h 的 220V 铅酸蓄电池作为直流电源，若直流系统的经常负荷电流为 12A，请按满足浮充电要求和均衡充电要求（蓄电池组与直流母线连接）分别计算充电装置的额定电流为下列哪组数值？（ ）

(A) 12A，10 ~ 12.5A　　(B) 12A，22 ~ 24.5A
(C) 12.1A，10 ~ 12.5A　　(D) 12.1A，22 ~ 24.5A

解答过程：

15. 该变电所的断路器合闸电缆选用 VLV 型电缆，回路的允许电压降为 8V，电缆的长度为 90m，按允许电压降计算断路器合闸回路电缆的最小截面为下列哪一项数值？（电缆的电阻系数：铜 $\rho = 0.0184\Omega \cdot mm^2/m$，铝 $\rho = 0.031\Omega \cdot mm^2/m$）（ ）

(A) $34.18mm^2$　　(B) $40.57mm^2$
(C) $68.36mm^2$　　(D) $74.70mm^2$

解答过程：

题 16 ~ 20：办公楼高 140m，地上 30 层，地下三层，其中第 16 层为避难层，消防控制室与安防监控中心共用，设在首层。首层大厅高度为 9m，宽 30m，进深 15m；在二层分别设置计算机网络中心和程控电话交换机房；3 ~ 29 层为标准层，为大开间办公室，标准层面积为 $2000m^2$/层，其中核心筒及公共走廊面积占 25%；该建筑在第 30 层有一多功能厅，长 25m、宽 19m，吊顶高度为 6m，为平吊顶，第 30 层除多功能厅外，还有净办公面积 $1125m^2$。请回答下列问题。

16. 在该建筑的多功能厅设置火灾探测器，根据规范规定设置的最少数量为下列哪一项？（　）

（A）6　（B）8

（C）10　（D）12

解答过程：

17. 在本建筑中需设置广播系统，该系统与火灾应急广播合用。已知地上每层扬声器为一个支路，10 个扬声器，每个 3W；地下每层为一个支路，由 16 个扬声器，每个扬声器 5W。假定广播线路衰耗 2dB。根据规范的要求说明广播系统功放设备的最小容量应选择下列哪一项？（老化系数取 1.35）（　）

（A）1140W　（B）1939W

（C）2432W　（D）3648W

解答过程：

18. 在第 30 层设置综合布线系统，按净办公面积每 $7.5m^2$ 设置一个普通语音点，另外在多功能厅也设置 5 个语音点。语音主干采用三类大对数铜缆，根据规范确定该层语音主干电缆的最低配置数量为下列哪一项？请说明依据和理由。（　）

（A）150 对　（B）175 对

（C）300 对　（D）400 对

解答过程：

19. 在建筑中设置综合布线系统，在标准层办公区按照办公区每 $7.5m^2$ 一个语音点和一个数据点，水平子系统采用 6 类 UPT 铜缆（直径为 5.4mm），从弱电间配线架出线采用金属线槽，缆线在槽内的截面积利用率为 35%，试问线槽最小规格为下列哪一项？请说明依据和理由。（　）

（A）150mm × 100mm　（B）300mm × 100mm

（C）400mm × 100mm　（D）500mm × 100mm

解答过程：

20. 在二层的计算机网络主机房设计时，已确定在该主机房内将要设置20台19″标准机柜（宽600mm，深1100mm），主机房的最小面积应为下列哪一项？请说明依据和理由。 （　　）

（A）$60m^2$　　（B）$95m^2$

（C）$120m^2$　　（D）$150m^2$

解答过程：

题21～25：某台10kV笼型感应电动机的工作方式为负荷平稳连续工作制，额定功率800kW。额定转速2975r/min，电动机启动转矩倍数0.72，启动过程中的最大负荷转矩899N·m。请回答下列问题。

21. 已知电动机的额定效率0.89，额定功率因数0.85，计算电动机的额定电流为下列哪一项？ （　　）

（A）35A　　（B）48A　　（C）54A　　（D）61A

解答过程：

22. 已知电动机的加速转矩系数为1.25，电压波动系数为0.88，负载要求电动机的最小启动转矩应大于下列哪项？ （　　）

（A）1244N·m　　（B）1322N·m

（C）1555N·m　　（D）1875N·m

解答过程：

23. 若电动机采用铜芯交联聚乙烯绝缘电缆(YJV)供电,电缆沿墙穿钢管明敷,环境温度35℃,缆芯最高温度90℃,三班制(6000h),所在地区电价0.5元/kW·h,计算电流63A,下列按经济电流密度选择的电缆截面哪一项是正确的?请说明依据和理由。 (　　)

(A)$35mm^2$　　(B)$50mm^2$　　(C)$70mm^2$　　(D)$95mm^2$

解答过程:

24. 电动机的功率因数为 $\cos\varphi = 0.82$,要求就地设置无功功率补偿装置,补偿后该电动机供电回路的功率因数 $\cos\varphi = 0.92$,计算下列补偿量哪一项是正确的? (　　)

(A)156kvar　　(B)171kvar
(C)218kvar　　(D)273kvar

解答过程:

25. 若电动机的额定电流为59A,启动电流倍数为5倍,电流互感器变比为75/5,电流速断保护采用GL型继电器,接于相电流差。保护装置的动作电流应为下列哪一项? (　　)

(A)31A　　(B)37A
(C)40A　　(D)45A

解答过程:

题26~30:某台直流他励电动机的主要数据为:额定功率 $P = 22kW$,额定电压 $U = 220V$,额定转速 $n = 1000r/min$,额定电流为110A,电枢回路电阻0.1Ω。请回答下列问题。

26. 关于交、直流电动机的选择,下列哪一项是正确的?请说明依据和理由。 (　　)

(A)机械对启动、调速及制动无要求时,应采用绕线转子电动机

(B)调速范围不大的机械,且低速运行时间较短时宜采用笼型电动机

(C)变负载运行的风机和泵类机械,当技术经济合理时,应采用调速装置,并应选用相应类型的电动机

(D)重载启动的机械,选用绕线转子电动机不能满足启动要求时宜采用笼型电动机

解答过程:

27. 判断下列关于直流电动机电枢回路串联电阻调速方法的特性,哪一项是错误的? (　　)

(A)电枢回路串联电阻的调速方法,属于恒转矩调速

(B)电枢回路串联电阻的调速方法,一般在基速以上需要提高转速时使用

(C)电枢回路串联电阻的调速方法,因某机械特性变软,系统转速受负载的影响较大,轻载时达不到调速的目的,重载时还会产生堵转

(D)电枢回路串联电阻的调速方法在串联电阻中流过的是电枢电流,长期运行损耗大

解答过程:

28. 该电机若采用电枢串电阻的方法调速,调速时保持直流电源电压和励磁电流为额定值,负载转矩为电动机的额定转矩,计算该直流电动机运行在 $n=800\text{r/min}$ 时,反电动势和所串电阻为下列哪组数值? (　　)

(A)167.2V,0.38Ω　　(B)176V,0.30Ω

(C)188.1V,0.19Ω　　(D)209V,0.01Ω

解答过程:

29. 若采用改变磁通实现调速,当电枢电流为100A,电动机电动势常数为0.175V/rpm时,计算直流电动机的转速应为下列哪一项? (　　)

(A)1004r/min　　(B)1138r/min

(C)1194r/min　　(D)1200r/min

解答过程：

30. 如果该电动机采用晶闸管三相桥式整流器不可逆调速系统供电，并采用速度调节系统时，计算变流变压器的二次相电压应为下列哪一项数值？（　　）

(A)127V　　(B)133V

(C)140V　　(D)152V

解答过程：

题 31～35：如右图所示，某工厂变电所 35kV 电源进行测（35kV 电网）最大运行方式时短路容量 650 MV·A、最小运行方式时短路容量 500MV·A，该变电所 10kV 母线皆有两组整流设备，整流器接线均为三相全控桥式。已知 1 号整流设备 10kV 侧 5 次谐波电流值为 20A，2 号整流设备 10kV 侧 5 次谐波电流值 30A。请回答下列问题。

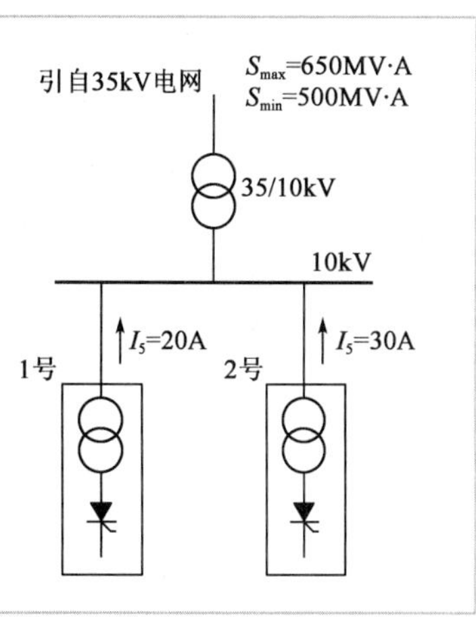

31. 若各整流器产生下列各次谐波，选择下列哪一项是非特征次谐波？请说明依据和理由。（　　）

(A)5 次　　(B)7 次

(C)9 次　　(D)11 次

解答过程：

32. 若各整流器产生下列各次谐波,判断哪一项是负序谐波？请说明依据和理由。（　　）

（A）5 次　　（B）7 次

（C）9 次　　（D）13 次

解答过程:

33. 计算按照规范要求允许全部用户注入 35kV 电网公共连接点的 5 次谐波电流分量为下列哪一项?（　　）

（A）31.2A　　（B）24A

（C）15.8A　　（D）12A

解答过程:

34. 计算注入 35kV 电网公共连接点的 5 次谐波电流值为下列哪一项?（　　）

（A）10A　　（B）13A

（C）14A　　（D）50A

解答过程:

35. 假设注入电网的 7 次谐波电流 10A,计算由此产生的 7 次谐波电压含有率最大值为下列哪一项?（　　）

（A）24%　　（B）0.85%

（C）0.65%　　（D）0.24%

解答过程:

题 36 ~ 40：某 110/35/10kV 区域变电站，分别向水泵厂及轧钢厂等用户供电，供电系统如下图所示，区域变电站 35kV 母线最小短路容量为 500MV·A，35kV 母线的供电设备容量为 12500kV·A，轧钢厂用电协议容量为 7500kV·A。水泵厂最大负荷时，由区域变电所送出的 10kV 供电线路的电压损失为 4%，水泵厂 10/0.4kV 变压器的电压损失为 3%，厂区内 380V 线路的电压损失为 5%，区域变电站 10kV 母线电压偏差为 0。在水泵厂最小负荷时，区域变电所 10kV 母线电压偏差为 +5%。

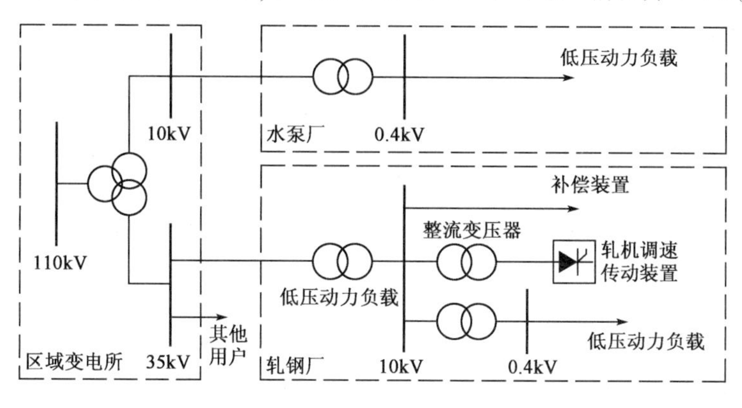

请回答下列问题。

36. 设水泵厂变压器 10 ±5%/0.4kV 的分接头在 -5% 位置上，最小负荷为最大负荷的 25%，计算水泵厂 380V 线路末端的电压偏差范围为下列哪一项？（　　）

(A)5%　　　　(B)10%

(C)14%　　　　(D)19%

解答过程：

37. 设水泵厂 10/0.4kV 容量为 1600kV·A 变压器短路损耗为 16.6kW，阻抗电压为 4.5%，变压器满载及负荷功率因数为 0.9 时，计算变压器的电压损失率为下列哪一项？

（　　）

(A)2.06%　　　　(B)3.83%

(C)4.5%　　　　(D)5.41%

解答过程：

38. 设水泵厂 10/0.4kV 容量为 1600kV·A 变压器,变压器阻抗电压为 4.5%,计算在 0.4kV 侧设置 500kvar 补偿电容器后,变压器电压损失减少值为下列哪一项?（　　）

(A)1.41%　　(B)1.69%

(C)1.72%　　(D)1.88%

解答过程:

39. 计算轧钢厂在区域变电所 35kV 母线上,可注入的 7 次谐波电流允许值是下列哪一项?（　　）

(A)7.75A　　(B)8.61A

(C)10.56A　　(D)12.22A

解答过程:

40. 判断下列关于谐波的描述哪一项是错误的?请说明依据和理由。（　　）

(A)谐波在定子绕组、转子回路及定子与转子的铁芯中产生附加损耗

(B)谐波使变压器的磁滞及涡流损耗增加,铜耗增加

(C)在感应电动机的定子绕组中,正序谐波电流都将产生正方向的电子转矩,有助于转子的旋转

(D)谐波有助于单相接地故障时,中性点的容性电流补偿,有助于消弧线圈的灭弧作用

解答过程:

2010年案例分析试题答案(下午卷)

题1~5答案:**CCBBB**

1.《工业与民用供配电设计手册》(第四版) P482~P483 式(6.5-4),采用全压启动的公式计算,忽略低压线路阻抗与预接负荷的无功功率,则:

$$X_1 = 0, S_{st} = S_{stM} = k_{st} \cdot S_{rM} = 6.5 \times 250 = 1625 \text{ kV} \cdot \text{A}$$

$$Q_{fh} = 0, u_{stM} = u_s \frac{S_{km}}{S_{km} + Q_{fh} + S_{st}} = 1.05 \times \frac{S_{km}}{S_{km} + S_{st}} = 1.05 \times \frac{15}{15 + 1.625} = 0.947$$

2.《钢铁企业电力设计手册》(下册)P14 式(23-16)。

$$M_i = \frac{M_e}{i\eta} = \frac{30}{20 \times 0.9} = 1.667$$

《工业与民用供配电设计手册》(第四版)P480 式(6.5-3)。

注:式中分子分母同时代入相对值或绝对值不影响计算结果。

$$u_{stm} \geqslant \sqrt{\frac{1.1M_j}{M_{stm}}} = \sqrt{\frac{1.1 \times 1.667}{3.5}} = 0.73$$

3.《钢铁企业电力设计手册》(上册)P307"风机、水泵的调速方法有以下几种中"第2)条:要求连续无极变流量控制,当为笼型电动机时,可采取变频调速(其中液力耦合调速答案无选项)。

由《钢铁企业电力设计手册》(下册)P310 表25-11 中的频率调节范围可知,交—交变频器的调频范围有限,而交—直—交变频传动调频范围宽。

4.《钢铁企业电力设计手册》(下册)P114 能耗制动中说明:制动电流通常取空载电流的3倍,即 $I_{zd} = 3 \times 25 = 75\text{A}$。

制动回路全部电阻:$R = U_{zd}/I_{zd} = 48/75 = 0.64\Omega$

制动电阻:$R_{zd} = R - (2R_d + R_l) = 0.64 - 2 \times 0.2 = 0.24$

注:可参考 P114 例题分析计算。

5.《工业与民用供配电设计手册》(第四版)P1723~P1726"电气设备外壳防护等级(IP代码)",选择 IP44。

题6~10答案:**DBAAA**

6.《建筑物防雷设计规范》(GB 50057—2010)附录A。

其中 $N_g = 0.024T_d^{1.3} = 0.024 \times 87.6^{1.3} = 8.044$

$$A_e = [LW + 2(L + W)\sqrt{H(200 - H)} + \pi H(200 - H)] \times 10^{-6}$$
$$= [54 \times 20 + 2(54 + 20) \times \sqrt{18 \times (200 - 18)} + 3.14 \times 18 \times$$

$(200-18)]\times10^{-6}=0.01984$

$N=kN_gA_e=1\times8.044\times0.01984=0.1596$

注：本题中未明确该变电所为孤立建筑物，因此 $k=1$。

7.《建筑物防雷设计规范》(GB 50057—2010)附录D滚球法确定接闪器的保护范围。

参考附图D.0.2侧视图，确定 AOB 轴线的保护范围中 AB 之间最低点高度，即俯视图中 O 点高度，设该点高度为 h_1。以 h_1 为假想避雷针，按单支避雷针方式计算，设 $h_1<h_r=60$。

由式(附4.1) $r_x=\sqrt{h_1(2h_r-h_1)}-\sqrt{h_x(2h_r-h_x)}$，则 $10=\sqrt{h_1(2\times60-h_1)}-\sqrt{18\times(2\times60-18)}$。

整理得 $h_1^2-120h+2793=0$，利用求根公式 $x=\dfrac{-b\pm\sqrt{b^2-4ac}}{2a}$，可得 $h_1=31.6\text{m}$ 和 $h_1=88.4\text{m}$(与题设矛盾，舍去)。

由式(附4.4) $h_x=h_r-\sqrt{(h_r-h)^2+\left(\dfrac{D}{2}\right)^2}$ $(x=0$ 处)，得 $31.6=60-\sqrt{(60-h)^2+\left(\dfrac{54}{2}\right)^2}$。

整理得 $h=51.2\text{m}$，应选择接近且不小于51.2m的答案，即52m。

8.原题考查旧大纲要求的行业标准《交流电气装置的接地》(DL/T 621—1997)第5.1.1条a)款：有效接地和低电阻接地系统中变电所电气装置保护接地电阻宜符合下列要求，一般情况下，$R\leqslant2000/I$(其中 I 为计算用流经接地装置的入地短路电流)。《交流电气装置的接地设计规范》(GB 60065—2011)相关表述已有变化。

9.《交流电气装置的接地设计规范》(GB/T 50065—2011)附录A第A.0.3条。

各算子：$L_0=L=(73+40)\times2=226$，$S=73\times40=2920$，$h=0.8$，$\rho=100$，$d=0.02$

$$\alpha_1=\left(3\ln\frac{L_0}{\sqrt{S}}-0.2\right)\frac{\sqrt{S}}{L_0}=\left(3\times\ln\frac{226}{\sqrt{2920}}-0.2\right)\times\frac{\sqrt{2920}}{226}=0.97855$$

$$B=\frac{1}{1+4.6\dfrac{h}{\sqrt{S}}}=\frac{1}{1+4.6\times\dfrac{0.8}{\sqrt{2920}}}=0.93624$$

$$R_e=0.213\frac{\rho}{\sqrt{S}}(1+B)+\frac{\rho}{2\pi L}\left(\ln\frac{S}{9hd}-5B\right)$$

$$=0.213\times\frac{100}{\sqrt{2920}}\times(1+0.93624)+\frac{100}{2\pi\times226}\times\left(\ln\frac{2920}{9\times0.8\times0.02}-5\times0.93624\right)$$

$$=0.763216+0.368925=1.13214\Omega$$

$R_n = \alpha_1 R_e = 0.97855 \times 1.13214 = 1.11\Omega$

注：此题有争议，题干已知条件似不全。另有一版本接地网为 9×16 的网格，则 $L = 73 \times 9 + 40 \times 16 = 1297\text{m}$，代入公式最后结果为 0.81Ω，答案为选项 C。此题因无实际应用价值，在近年的考试中已极少出现。

10.《交流电气装置的接地设计规范》（GB/T 50065—2011）附录 E。

配有 1 套速动保护，t_e 按式（C3）取值，即 $t_e \geqslant t_o + t_r = 0.06 + 0.5 = 0.56\text{s}$

$$S_g \geqslant \frac{I_g}{c}\sqrt{t_e} = \frac{15 \times 10^3}{70} \times \sqrt{0.56} = 160.2567\text{mm}^2$$

注：此题不严谨，需使用前题中接地材质为圆钢的条件。

题 11～15 答案：**DADDC**

11.《35kV～110kV 变电站设计规范》（GB 50059—2011）第 3.6.1 条、第 3.7.1 条、第 3.7.2 条、第 3.7.4 条。

12.《电力工程直流系统设计技术规程》（DL/T 5044—2014）第 4.1.2 条"经常负荷与事故负荷"。

经常负荷：要求直流系统在正常和事故工况下均应可靠供电的负荷。

事故负荷：要求直流系统在交流电源系统事故停电时间内可靠供电的负荷。

经常负荷电流：$I_1 = \dfrac{3000 \times 0.6}{220} = 8.18\text{A}$

事故负荷电流：$I_1 = \dfrac{3000 \times 0.6 + 220 \times 0.6 + 1000 \times 1}{220} = 13.32\text{A}$

$C = 13.32 \times 1 = 13.32\text{A} \cdot \text{h}$

注：经常负荷在事故工况下也需可靠供电，且不同的事故负荷有不同的持续放电时间。

13.《电力工程直流系统设计技术规程》（DL/T 5044—2014）第 6.1.5 条、附录 C 第 C.2.3 条。

满足事故全停电状态下的持续放电容量：

$$C_C = K_k \cdot \frac{C_{s \cdot x}}{K_{CC}} = 1.25 \times \frac{9.09 + 4.54}{0.4} = 42.59\text{A} \cdot \text{h}$$

注：旧规范题目，依据《电力工程直流系统设计技术规程》（DL/T 5044—2004）附录 B.2.1.2 式（B.1）。有关蓄电池容量计算方法，2014 版新规范修正较大，但内容较之旧规范更为简洁，旧规范题目供考生参考。

14.《电力工程直流系统设计技术规程》（DL/T 5044—2014）附录 D 第 D.1.1 条。

浮充电额定电流：$I_r = 0.01 I_{10} + I_{jc} = 0.01 \times 10 + 12 = 12.1\text{A}$

均衡充电额定电流：$I_r = (1.0 \sim 1.25) I_{10} + I_{jc} = (1.0 \sim 1.25) \times 10 + 12 = 22 \sim 24.5\text{A}$

15.《电力工程直流系统设计技术规程》(DL/T 5044—2014) 附录 E。

$$S_{cac}=\frac{\rho\cdot 2LI_{ca}}{\Delta U_p}=\frac{0.031\times 2\times 90\times 98}{8}=68.355\text{mm}^2$$

注:VLV 电缆为铝芯聚氯乙烯绝缘聚氯乙烯护套电力电缆。

题 16 ~20 答案:**CCBBA**

16.《火灾自动报警系统设计规范》(GB 50116—2013) 第 8.1.4 条 式(8.1.4)及表 8.1.2 和表 3.1.1。

由表 6.2.2 可知保护面积为 60m^2,所需设置的探测器数量:$N=\frac{S}{K\cdot A}=\frac{25\times 19}{(0.7\sim 0.8)\times 60}=9.89\sim 11.3$,选择 10 个。

注:修正系数 K,取自旧规范特级保护对象的要求,新规中取值定义已有所变化。

17.《民用建筑电气设计规范》(JGJ 16—2008) 第 16.5.4 条式(16.5.4-1)和式(16.5.4-2)。

$$P=K_1K_2\sum P_0=1.58\times 1.35\times(30\times 30+80\times 3)=2431.62$$

18.《综合布线系统工程设计规范》(GB 50311—2007) 第 4.3.5 条第 1 款:……并在总需求线对的基础上至少预留 10% 的备用线对。

第 30 层语音点 $N_1=(1125/7.5)\times 1=150$ 个,且多功能厅语音点 $N_2=5$ 个。

则 $N=(N_1+N_2)\times(1+10\%)=155\times 1.1=170.5$ 个

19. 根据题意,每层的线缆根数 $N=[2000\times(1-25\%)\div 7.5]\times 2=400$(电话与网络分别考虑)。

最小横截面积:$S_{min}=400\times\pi D^2\div(4\times 0.35)=26174<30000\text{m}^2$

取 $300\times 100\text{mm}^2$。

20.《民用建筑电气设计规范》(JGJ 16—2008) 第 23.2.3 条第 2 款及式(23.2.3-1)。

$$A=K\sum S=(5\sim 7)\times(0.6\times 1.1)\times 20=66\sim 92.4$$

注:因其面积为估算,仅选项 A 较为接近此结果的下限,其他选项都超过此结果上限。

题 21 ~25 答案:**DCCCD**

21.《工业与民用供配电设计手册》(第四版) P1072 式(12.1-1)。

电动机的额定电流:$I_r=\frac{P_r}{\sqrt{3}U_r\eta\cos\varphi}=\frac{800}{\sqrt{3}\times 10\times 0.89\times 0.85}=61.05\text{A}$

22.《钢铁企业电力设计手册》(下册) P50 式(23-136)。

电动机最小启动转矩:$M_{Mmin}\geqslant\frac{M_{1max}K_s}{K_u^2}=\frac{899\times 1.25}{0.85^2}=1555.36\text{N}\cdot\text{m}$

23.《工业与民用供配电设计手册》(第四版) P1588 表 16.4-1。

根据 $I_c=63A$,$T_{max}=6000h$(三班制),$P=0.5$ 元(kW·h),查表 16.4-1,得 $S_{se}=50mm^2$。

注:按经济电流密度选择界面,不必用环境温度进行校验,参考 P1590 例 16.4-1 的相关数据。

24.《工业与民用供配电设计手册》(第四版)P37 式(1.11-7)。

$Q_C = \alpha_{av} P_c (\tan\varphi_1 - \tan\varphi_2) = 1 \times 800 \times (0.7 - 0.426) = 219.2 \text{ kvar}$

25.《工业与民用供配电设计手册》(第四版)P584 表 7.6-2 电流速断保护相关公式。

$$I_{op \cdot k} = K_{rel} \cdot K_{jx} \cdot \frac{K_{st} \cdot I_{rM}}{n_{TA}} = 1.3 \times \sqrt{3} \times \frac{5 \times 59}{15} = 44.3A$$

题 26 ~ 30 答案:**CBADA**

26.《通用用电设备配电设计规范》(GB 50055—2011)第 2.1.2 条。

27.《电气传动自动化技术手册》(第二版)P392 中"电枢回路串联电阻的调速方法,属于恒转矩调速,并且只能在需要向下调速时使用"。

28.《钢铁企业电力设计手册》(下册)P3 表 23-1 中直流电机相应公式。

$E_N = C_e n_N, C_e = \frac{E_N}{n_N} = \frac{U - I_a R_a}{n_N} = \frac{220 - 110 \times 0.1}{1000} = 0.209$,$C_e$ 为电机电动势常数,维持恒定。

当转速 $n=800r/min$ 时,$E = C_e n = 0.209 \times 800 = 167.2V$。

由 $E = U - I_N(R_a + R)$,得 $R = \frac{U - E}{I_N} - R_a = \frac{220 - 167.2}{110} - 0.1 = 0.38\Omega$。

29.《钢铁企业电力设计手册》(下册)P3 表 23-1 中直流电机相应公式。

$$n = \frac{U - I_a R_a}{C_e} = \frac{220 - 100 \times 0.1}{0.175} = 1200r/min$$

30.《钢铁企业电力设计手册》(下册)P402。

当整流线路采用三相桥式整流,并以转速反馈为主反馈的调速系统,不可逆系统:$\sqrt{3}U_2 = (0.95 \sim 1.0)U_{ed}$

则 $U_2 = \frac{(0.95 \sim 1.0)U_{ed}}{\sqrt{3}} = \frac{(0.95 \sim 1.0) \times 220}{\sqrt{3}} = 120 \sim 127V$

题 31 ~ 35 答案:**CABBB**

31.《工业与民用供配电设计手册》(第四版)P494 式(6.7-9)。

$n_c = kp \pm 1, k = 1,2,3,4,\cdots$ 因此,特征谐波为 2、4、5、7、8、10、11、13 等。

32.《工业与民用供配电设计手册》(第四版)P492"谐波基本概念"。

负序谐波 $n_c = 3n - 1$,n 为正整数(如 2,5,8,11 等)。

33.《电能质量　公用电网谐波》(GB/T 14549—1993)第5.1条表2,查得注入35kV公共连接点的谐波电流允许值 $I_{hp}=12A$。

附录B式(B1):$I_h=\frac{S_{k1}}{S_{k2}}I_{hp}=\frac{500}{250}\times 12=24A$

34.《电能质量　公用电网谐波》(GB/T 14549—1993)附录C5。

10kV侧谐波电流:$I_{h1}=\sqrt{I_{h1}^2+I_{h2}^2+K_hI_{h1}I_{h2}}=\sqrt{20^2+30^2+1.28\times 20\times 30}=45.4A$

换算至公共连接点(35kV)谐波点电流:$I_h=\frac{I_{h1}}{n_T}=\frac{45.4}{3.5}=12.99A$

35.《电能质量　公用电网谐波》(GB/T 14549—1993)附录C2。

$$HRU_h=\frac{\sqrt{3}U_NhI_h}{10S_k}=\frac{\sqrt{3}\times 35\times 7\times 10}{10\times 500}=0.8487$$

注:求谐波电压含有率的最大值,分母中短路容量应代入最小短路容量。

题36~40答案:**CBADD**

36.《工业与民用供配电设计手册》(第四版)P463例6.2-1或P462式(6.2-11)。

最大负荷时:$\delta_{ux}=(0-4-3-5+10)\%=-2\%$

最小负荷时:$\delta'_{ux}=[5-0.25\times(4+3+5)+10]\%=12\%$

电压偏差范围:$12\%-(-2\%)=14\%$

37.《工业与民用供配电设计手册》(第四版)P460式(6.2-8)。

$$u_a=\frac{100\Delta P_T}{S_{rT}}=\frac{100\times 16.6}{1600}=1.0375$$

$$u_r=\sqrt{u_T^2-u_a^2}=\sqrt{4.5^2-1.0375^2}=4.379$$

$$\Delta u_T=\beta(u_a\cos\varphi+u_r\sin\varphi)=1\times(1.0375\times 0.9+4.379\times 0.436)=2.843$$

38.《工业与民用供配电设计手册》(第四版)P466式(6.2-14)。

$$\Delta U_T\approx\Delta Q_c\frac{u_T}{S_{rT}}\%=500\times\frac{4.5}{1600}\%=1.406\%$$

39.《电能质量　公用电网谐波》(GB/T 14549—1993)第5.1条表2:基准短路容量为250MV·A时,$I_{hp}=8.8A$。

附录B式(B1):$I_h=\frac{S_{k1}}{S_{k2}}I_{hp}=\frac{500}{250}\times 8.8=17.6A$

附录C式(C6):$I_{hi}=I_h\left(\frac{S_i}{S_t}\right)^{\frac{1}{\alpha}}=17.6\times\left(\frac{7500}{12500}\right)^{\frac{1}{1.4}}=12.22A$

40.《工业与民用供配电设计手册》(第四版)P498~P499谐波危害的相关内容。对断路器和消弧线圈的影响:若电网的谐波较大,发生接地故障时,由于谐波电流在故障点不能被补偿,从而使消弧线圈的灭弧作用失效,单相接地有可能发展成两相或三相短路。

2011 年

注册电气工程师(供配电)执业资格考试

专业考试试题及答案

2011 年专业知识试题(上午卷)/360

2011 年专业知识试题答案(上午卷)/372

2011 年专业知识试题(下午卷)/378

2011 年专业知识试题答案(下午卷)/391

2011 年案例分析试题(上午卷)/397

2011 年案例分析试题答案(上午卷)/407

2011 年案例分析试题(下午卷)/413

2011 年案例分析试题答案(下午卷)/427

(注:因 2011 年专业知识考试完全采用 2010 年考试原题,无参考价值,本书编委会参照历年真题脉络,将 2011 年专业知识题目修改为仿真题,供考生复习使用。)

2011年专业知识试题(上午卷)

一、单项选择题(共40题,每题1分,每题的备选项中只有1个最符合题意)

1. 含有可充电蓄电池、通风较差的封闭区域,区域的通风情况满足通风良好条件的20%,蓄电池的充电系统有防止过充电的设计,则该区域在爆炸性环境的分级中应被划为? ( )

(A)0区　　(B)1区

(C)2区　　(D)22区

2. 下列哪项可作为功能性开关电器? ( )

(A)隔离器　　(B)半导体开关电器

(C)熔断器　　(D)连接片

3. 某项目市政电源电压采用35kV进线,高压配电室设于地下一层,高压配电装置采用手车式金属封闭式开关柜,下列有关各种通道的最小宽度(净距)描述正确的是: ( )

(A)设备单列布置时,维护通道1000mm

(B)设备双列布置时,操作通道2000mm

(C)设备单列布置时,维护通道800mm

(D)设备双列布置时,操作通道双车长+1000mm

4. 某车间的一台起重机,电动机的额定功率为120kW,电动机的额定负载持续率为40%。采用利用系数法计算,该起重机的设备功率为下列哪项数值? ( )

(A)152kW　　(B)120W

(C)76kW　　(D)48kW

5. 110kV户外配电装置采用双母线接线时,下列表述中哪一项是错误的? ( )

(A)通过两组母线隔离开关的倒换操作,可以轮流检修一组母线而不致使供电中断

(B)一组母线故障后,不能迅速恢复供电

(C)检修任一回路的母线隔离开关,只切断该回路

(D)各个电源和各回路负荷能任意分配到某一组母线上,调度灵活

6. 变压器的损耗主要有空载损耗和短路损耗两部分,下列有关空载损耗的表述错误的是? ( )

(A)空载损耗跟随负荷大小的波动而变化
(B)空载损耗与铁芯材料的物理特性相关
(C)当短路损耗与空载损耗相等时,变压器自身的能量损失率时最低的
(D)变压器空载损耗一般占变压器总损耗的20% ~30%

7. 某钢铁厂110kV变电所装有两台主变压器,下列有关变电站的消防措施描述正确的是?　　(　　)

(A)蓄电池室的门应向疏散方向开启,当门外为公共走道时,应采用甲级防火门
(B)屋外油浸变压器与油量在600kg以上的本回路充油电气设备之间的防火净距,不应小于3m
(C)消防控制室应与变电站控制室分别独立设置
(D)电缆竖井的出入口处、控制室与电缆层之间,应采取防止电缆火灾蔓延的阻燃及分隔措施

8. 下列有关110kV的供电电压正、负偏差符合规范要求的是?　　(　　)

(A) +10%, -10%　　(B) +7%, -10%
(C) +7%, -7%　　(D) +6%, -4%

9. 在低压电网中,当选用Y,yn0接线组别的变压器时,除要求单相电流在满载时不得超过额定电流值外,其单相不平衡负荷引起的中性线电流不得超过低压绕组额定电流的多少?　　(　　)

(A)10%　　(B)15%
(C)20%　　(D)25%

10. 气体绝缘金属封闭开关设备(GIS)配电装置宜采用多点接地方式,外壳和支架上的感应电压,正常运行和故障条件下分别不应大于多少?　　(　　)

(A)24V,120V　　(B)24V,100V
(C)36V,120V　　(D)36V,100V

11. 火力发电厂与变电所中,建(构)筑物中电缆引至电气柜、盘、成控制屏、台的开孔部位,电缆贯穿隔墙、楼板的空洞应采用电缆防火封堵材料进行封堵,其防火封堵组件的耐火极限不应低于被贯穿物的耐火极限,且不应低于下列哪项数值?　　(　　)

(A)1h　　(B)45min
(C)30min　　(D)15min

12. 下列关于爆炸性粉尘环境中的粉尘可分为三级,下列哪项属于ⅢC级导电性粉尘?　　(　　)

(A)硫磺　　(B)面粉

(C)石墨　　(D)聚乙烯

13. 下列有关配电装置中裸导体和电器的环境温度的表述不正确的是?　　(　　)

(A)所谓取多年平均值,一般不应少于10年的平均值
(B)屋内该处若无通风设计温度资料时,可取最热月平均最高温度
(C)年最高(或最低)温度为一年中所测得的最高(或最低)温度的多年平均值
(D)最热月平均最高温度为最热月每日最高温度的月平均值,取多年平均值

14. 某110kV屋外配电装置位于抗震设防烈度为8度的地区,则下列有关配电装置抗震说法正确的是:　　(　　)

(A)开关柜、控制保护屏、通信设备等不宜在重心位置以上连接成为整体
(B)蓄电池在组架间的连线宜采用软导线或电缆连接,且不宜设置端电池
(C)在调相机、空气压缩机和柴油发电机附近不应设置无功补偿装置
(D)变压器的基础台面宜适当加宽

15. 照明回路配电系统中,配电干线的各相负荷宜平衡分配,最大、最小相负荷分别不宜大于或小于三相负荷平均值的哪项数值?　　(　　)

(A)115%,85%　　(B)120%,80%
(C)110%,90%　　(D)105%,95%

16. 某变电所中,设有一组单星形接线串联了电抗率12%电抗器的35kV电容器组,电容器组每组单联段数为4,此电容器组中的电容器额定电压应选为:　　(　　)

(A)4kV　　(B)5kV
(C)6kV　　(D)6.6kV

17. 在跨越建筑物的沉降缝和伸缩缝时,额定电压为0.4kV的矿物绝缘电缆需敷设成"S"形,则其弯曲半径不应小于电缆外径的:　　(　　)

(A)5倍　　(B)6倍
(C)8倍　　(D)10倍

18. 某变电所的三相35kV电容器组采用单星形接线,每相由单台500kvar电容器并联组合而成,请选择允许的单组最大组合容量是:　　(　　)

(A)9000kvar　　(B)10500kvar
(C)12000kvar　　(D)13500kvar

19. 下列低压电缆布线原则的说法符合规范要求的是:　　(　　)

(A)电缆严禁在有易燃、易爆及可燃的气体或液体管道的隧道或沟道内敷设
(B)电力电缆不应在有热力管道的隧道或沟道内敷设

(C)电缆在电缆隧道或电气竖井内明敷时,不应采用易延燃的外保护层
(D)电缆应在进户处、接头、电缆头处或地沟及隧道中留有一定长度的余量

20. 某变电站 10kV 回路工作电流为 1000A,采用单片规格为 80mm × 8mm 的铝排进行无镀层搭接,请问下列搭接处的电流密度哪一项是经济合理的? ( )

(A)0.078A/mm^2　　(B)0.147A/mm^2
(C)0.165A/mm^2　　(D)0.226A/mm^2

21. 在电压互感器的配置方案中,下列哪种情况高压侧中性点是不允许接地的?
( )

(A)三个单相三绕组电压互感器
(B)一个三相三柱式电压互感器
(C)一个三相五柱式电压互感器
(D)三个单相四绕组电压互感器

22. 某高层建筑物裙房的首层设置了一台 10/0.4kV、1600kV · A 油浸变压器,变电室首层外墙开口部分上方应设置不燃烧体防火挑檐或窗槛墙,不燃烧体防火挑檐的宽度或窗槛墙的高度分别不应小于下列哪项数值? ( )

(A)1.0m,1.2m　　(B)1.0m,1.5m
(C)0.8m,1.5m　　(D)0.8m,1.2m

23. 在电力电缆工程中,以下 10kV 电缆哪一种可采用直埋敷设? ( )

(A)地下单根电缆与市政管道交叉且不允许经常破路的地段
(B)地下电缆与铁路交叉地段
(C)同一通路少于 6 根电缆,且不经常性开挖的地段
(D)有杂散电流腐蚀的土壤地段

24. 架空线路杆塔的接地装置由较多水平接地极或垂直接地极组成时,垂直接地极的间距及水平接地极的间距应符合下列哪一项规定? ( )

(A)垂直接地极的间距不应大于其长度的 2 倍,水平接地极的间距不宜大于 5m
(B)垂直接地极的间距不应小于其长度的 2 倍,水平接地极的间距不宜大于 5m
(C)垂直接地极的间距不应大于其长度的 2 倍,水平接地极的间距不宜小于 5m
(D)垂直接地极的间距不应小于其长度的 2 倍,水平接地极的间距不宜小于 5m

25. 有关线性感温火灾探测器的设置,下列说法正确是? ( )

(A)探测器至墙壁的距离宜为1.5~2m

(B)在顶棚下方的线型感温火灾探测器,至顶棚的距离宜为0.3m

(C)缆式线型感温火灾探测器的探测区域长度,不宜超过100m

(D)与线型感温火灾探测器连接的模块不应设置在温度变化大的场所

26. 10kV配电室内设置继电保护和自动装置屏,其接地铜排环形连接形成接地网,并与主接地网连接,其截面应不小于下列哪项数值? ( )

(A)$50mm^2$　　(B)$80mm^2$

(C)$100mm^2$　　(D)$120mm^2$

27. 某110kV变电所的变压器主保护采用纵联差动保护,若按末端金属性短路计算,其保护整定的最小灵敏度系数为下列哪项数值? ( )

(A)1.5　　(B)1.2

(C)1.3　　(D)2.0

28. 某220kV变电所的直流系统中,有300A·h阀控式铅酸蓄电池两组,并配置三套高频开关电源模块做充电装置,如单个模块额定电流10A,那么每套高频开关电流模块最小选几组? ( )

(A)2　　(B)3

(C)4　　(D)6

29. 信息显示系统中实时计时数字钟的精确度应满足下列哪项要求? ( )

(A)径赛实时计时数字显示钟,应为7位数字,精确到0.01s

(B)游泳比赛实时计时数字显示钟,应为7位数字,精确到0.001s

(C)径赛实时计时数字显示钟,应为6位数字,精确到0.001s

(D)游泳比赛实时计时数字显示钟,应为6位数字,精确到0.01s

30. TN-S低压配电系统中,浪涌保护器若安装于每一相线与中性线之间,则电涌保护器的最大持续运行电压应不小于下列哪项? ( )

(A)380V　　(B)220V

(C)437V　　(D)253V

31. 在35kV电力系统中,工频过电压水平一般不超过下列哪项数值? ( )

(A)30.4kV　　(B)40.5kV

(C)23.4kV　　(D)52.7kV

32. 利用基础内钢筋网作为接地体的第二类防雷建筑,接闪器成闭合环的多根引下线,每根引下线在距地面1.0m以下所连接的有效钢筋表面积总和应不小于下列哪项数值? ( )

(A)0.37m^2　　(B)0.82m^2

(C)1.85m^2　　(D)4.24m^2

33. 某变电所中接地装置的接地电阻为0.12Ω，计算用的入地短路电流12kA，最大跨步电位差系数、最大接触电位差系数计算值分别为0.1、0.22，请计算最大跨步电位差、最大接触电位差分别为下列何值？（　　）

(A)10V，22V　　(B)14.4V，6.55V

(C)144V，316.8V　　(D)1000V，454.5V

34. 某35kV中性点经消弧线圈接地的系统，年平均中性点电流大于0.1%额定电流时，其电能计量装置应采用下列哪种接线方式？（　　）

(A)三相三线制　　(B)三相四线制

(C)三相五线制　　(D)三相四线制或三相五线制

35. 某商业广场项目拟设置集中控制型消防应急照明和疏散指示系统，系统采用24V电源供电，则疏散照明灯具的端电压不宜低于额定电压的百分比为下列哪项数值？（　　）

(A)80%　　(B)85%

(C)87%　　(D)90%

36. 反接制动是将三相交流异步电动机的电源相序反接或将直流电动机的电源极性反接而产生的制动转矩的方法，下列有关反接制动的特性表述不正确的是？（　　）

(A)在任何转送下制动都有较强的制动效果

(B)绕线转子异步电动机采用频敏变阻器进行反接制动最为理想

(C)制动转矩随转速的降低而减小

(D)制动到零时应及时切断电源，否则有自动逆转的可能

37. 下列有关水泵设置变频器的技术要求不正确的是：（　　）

(A)变频器输出频率范围应为1~50Hz

(B)变频器过载能力不应小于120%额定电流

(C)变频器外接给定控制信号应包括电压信号和电流信号

(D)电压信号为直流0~10V，电流信号为直流4~20mA

38. 某66kV单回路架空电力线路采用三角形排列，导线水平投影距离为3m，垂直投影距离为4m，请计算66kV架空导线的等效水平线间距离为下列哪项数值？（　　）

(A)6.1m　　(B)7.0m

(C)5.0m　　(D)5.7m

39. 某建筑物内综合布线电缆与电力电缆均在同一线槽中敷设，线槽设金属板隔

开,电力电缆供电负荷为10kV·A,则综合布线电缆与电力电缆的最小间距应为下列哪项数值? ( )

(A)150mm (B)300mm

(C)500mm (D)600mm

40. 66kV架空电力线路耐张段设计中,某一有地线杆塔高60m,则其耐张绝缘子片数应为下列哪项数值? ( )

(A)5片 (B)6片

(C)7片 (D)8片

二、多项选择题(共30题,每题2分。每题的备选项中有2个或2个以上符合题意。错选、少选、多选均不得分)

41. 下列哪些情况应考虑实施辅助等电位联结? ( )

(A)具有防雷和信息系统抗干扰要求

(B)在特定场所,需要有更低接触电压要求的防电击措施

(C)在局部区域,当自动切断供电电压要求不能满足防电击要求时

(D)末端配电回路未设置剩余电流保护装置 ( )

42. 在爆炸性气体环境中,释放源应按可燃物质的哪些特性分为连续级、一级、二级释放源? ( )

(A)释放频繁程度 (B)可燃物质物理特性

(C)释放气体体积容量 (D)释放持续时间长短

43. 发电厂中,油浸变压器外轮廓与汽机房的间距,下列哪几条是满足要求的? ( )

(A)2m(变压器外轮廓投影范围外侧各2m内的汽机房外墙上无门、窗和通风孔)

(B)4m(变压器外轮廓投影范围外侧各3m内的汽机房外墙上无门、窗和通风孔)

(C)6m(变压器外轮廓投影范围外侧各5m内的汽机房外墙上设有甲级防火门)

(D)10m

44. 一般情况下,三相短路电流较单相、两相短路电流更大,但下列哪些特殊情况单相、两相接地短路可能比三相短路更严重? ( )

(A)发电机出口两相短路

(B)中性点有效接地系统回路单相接地短路

(C)负荷过大时单相接地短路
(D)自耦变压器回路两相接地短路

45. 110kV 变电所,150m 长的电缆隧道,应采取防止电缆火灾蔓延的措施,还可以采取以下哪些措施? ( )

(A)采用耐火极限不低于 2h 的防火墙或隔板
(B)采用电缆防火材料封堵电缆通过的孔洞
(C)电缆局部采用防火带、防火槽盒
(D)电缆隧道局部涂防火涂料

46. 在低压配电设计中,所选用的电器应符合国家现行的有关产品标准,同时还应符合下列哪些规定? ( )

(A)电器应满足短路条件下的动稳定与热稳定的要求
(B)电器的额定电压不应小于所在回路的标称电压
(C)电器的额定电流不应小于所在回路的计算电流
(D)电器的额定频率应与所在回路的频率相适应

47. 某超高层写字楼消防电梯采用单控模式,电梯铭牌设备功率为 48kW,功率因数为 0.7,则下列重型矿物绝缘电缆(BTTZ)的标称截面及其额定电流满足规范要求的有哪些? ( )

(A)BTTZ-750-4 × (1 ×25) mm^2,额定电流 112A
(B)BTTZ-750-4 × (1 ×35) mm^2,额定电流 131A
(C)BTTZ-750-4 × (1 ×50) mm^2,额定电流 168A
(D)BTTZ-750-4 × (1 ×70) mm^2,额定电流 205A

48. 当应急电源装置(EPS)用作系统备用电源时,关于其切换时间下列哪些项表述符合规范规定? ( )

(A)用作备用照明电源装置时,不应大于 5s
(B)用作金融、商业交易场所时,不应大于 1.5s
(C)用作安全照明电源装置时,不应大于 0.2s
(D)用作疏散照明电源装置时,不应大于 5s

49. 某二次侧电压为 6kV 的所用变压器,其二次侧总开关在下列哪些情况下应采用断路器? ( )

(A)变压器有并列运行要求或需要转换操作
(B)变压器采用有载调压功能时
(C)二次侧总开关有继电保护要求
(D)二次侧总开关有自动装置要求

50. 检修时,对导线跨中有引下线的110kV电压的架构,应计算导线上人荷载,并分别验算单相和三相作业的受力状态,下列哪些导线集中荷载符合规范规定? ( )

(A)单相作业时,110kV取1800N
(B)单相作业时,110kV取1500N
(C)三相作业时,110kV每相取1000N
(D)三相作业时,110kV每相取1200N

51. 投切控制器无相关显示功能时,低压并联电容器柜应装设下列哪些仪表? ( )

(A)电流表
(B)无功功率表
(C)电压表
(D)功率因数表

52. 冲击负荷引起的电网电压波动和电压闪变时,对其他设备的影响下列哪些表述是正确的? ( )

(A)电动机负荷转矩变化
(B)降低照明质量
(C)汽轮机叶片断裂
(D)显像管图像变形

53. 某110/35kV的枢纽变电站进线开关柜采用SF6断路器,则下列有关SF6开关室表述正确的是: ( )

(A)应采用机械通风
(B)室内空气应循环处理
(C)正常通风量不应少于2次/h
(D)事故通风量不应少于4次/h

54. 当断路器的两端为互不联系的电源时,设计中应按下列哪些要求校验? ( )

(A)断路器同极断口间的公称爬电比距与对地公称爬电比距之比一般取为1.3
(B)母联断路器,其断口的公称爬电比距与对地公称爬电比距之比,一般不低于1.2
(C)断路器断口间的绝缘水平满足另一侧出线工频反相电压的要求
(D)在失步下操作时的开断电流不低于断路器的额定反相开断性能

55. 电子巡查系统应根据建筑物的使用性质、功能特点及安全技术防范管理要求设置,其巡查站点应在下列哪些地点设置? ( )

(A)消防电梯机房、排烟机房、消防水泵房
(B)标准层办公单元门口、主要机房门口
(C)电梯前室、停车场
(D)建筑物出入口、楼梯前室、主要通道

56. 选用10kV及以下电力电缆，规范要求下列哪些情况不宜选用聚氯乙烯绝缘电缆？（　　）

(A)高、低温环境
(B)直流输电系统
(C)明确需要与环境保护协调时
(D)防火有低毒性要求时

57. 某110kV电缆采用单芯电缆金属层单点直接接地，下列哪些情况时，应沿电缆邻近设置平行回流线？（　　）

(A)需抑制电缆邻近弱电线路的电气干扰强度
(B)系统短路时电缆金属层产生的工频过电压，超过护层电压限制器的工频耐压
(C)系统短路时电缆金属层产生的工频过电压，超过电缆护层绝缘耐受强度
(D)需与架空线接驳并引入110kV及以下变电站时

58. 对母线电压短时降低和中断，下列哪些电动机应装设0.5s时限的低电压保护，保护动作电压为额定电压的65%～70%？（　　）

(A)有备用自动投入机械的Ⅰ类负荷电动机
(B)在电源电压长时间消失后需自动断开的电动机
(C)根据生产过程不允许或不需自启动的电动机
(D)当电源电压快速恢复时，需断开的次要电动机

59. 某变电所中有一照明灯塔上装有避雷针，照明灯电源线采用直接埋入地下带金属外皮的电缆，电缆外皮埋地长度为下列哪几种时，不允许与35kV电压配电装置的接地网及低压配电装置相连？（　　）

(A)15m　　(B)12m　　(C)10m　　(D)8m

60. 电力工程的直流系统中，常选择高频开关电源整流装置作为充电设备，下列哪些要求属于高频开关模块的基本性能？（　　）

(A)均流　　(B)稳压
(C)功率因数　　(D)谐波电流含量

61. 在独立接闪杆、架空接闪线、架空接闪网的支柱上，严禁悬挂下列哪些线路？（　　）

(A)电话线、广播线　　(B)低压架空线
(C)高压架空线　　(D)电视接收天线

62. 有关建筑物易受雷击的部位，下列哪些项表述是正确的？（　　）

(A)平屋面或坡度不大于1/10的屋面,檐角、女儿墙、屋檐为其易受雷击的部位
(B)坡度大于1/10且小于1/2的屋面,屋角、屋脊、檐角、屋檐为其易受雷击的部位
(C)坡度不小于1/2的屋面,屋角、屋脊、檐角、女儿墙为其易受雷击的部位
(D)在屋脊有接闪带的情况下,当屋檐处于屋脊接闪带的保护范围内时,屋檐上可不设接闪带

63. 下列有关火灾自动报警系统的供电线路、通信线路和控制线路等线缆选型表述正确的是? ( )

(A)供电线路应采用耐火铜芯电线电缆
(B)消防联动控制线路可采用阻燃铜芯电线电缆
(C)消防应急广播传输线路可采用阻燃电缆
(D)报警总线应采用阻燃或阻燃耐火电线电缆

64. 下列有关蓄电池充电的表述哪些是正确的? ( )

(A)除固定型阀控式密闭铅酸蓄电池、镉镍蓄电池外,铅酸蓄电池与其充电用整流设备不宜装设在同一房间内
(B)酸性蓄电池与碱性蓄电池应存放在不同房间充电
(C)蓄电池车充电时,每辆车宜采用单独充电回路,并分别进行调节
(D)整流设备的选择应根据蓄电池组容量确定

65. 在照明供电设计中,下列镇流器的选择原则哪些项是正确的? ( )

(A)电压偏差较大的场所,高压钠灯应配用节能电感镇流器
(B)荧光灯应配用电子镇流器或节能电感镇流器
(C)对频闪效应有限制的场合,应采用高频电子镇流器
(D)金属卤化物灯应配置恒功率镇流器

66. PLC数据通信的基本方式有并行通信和串行通信两种,下列有关数据通信的描述哪些项是正确的? ( )

(A)串行通信传送速度慢,优点是需要线缆较少,适合于远距离传输
(B)并行通信传输速率快,不宜于远距离通信,常用于近距离、高速度的数据传输
(C)串行通信常用于主机与扩展模块之间
(D)并行通信常用于计算机与PLC之间

67. 下列哪些项符合电磁转差离合器调速系统的特点? ( )

(A)对电网有谐波影响
(B)适用于恒转矩负载,不适用于恒功率负载

(C)运行平稳,不存在机械振动及共振
(D)调速平滑,调速范围大

68. 出入口控制系统工程的设计,应符合下列哪些项规定? ( )

(A)执行机构的有效开启时间应满足出入口流量及人员、物品的安全要求
(B)系统设置应满足消防紧急逃生时人员疏散的要求
(C)系统前端设备的选型与设置,应满足现场条件和防破坏、防技术开启的要求
(D)供电电源断电时系统闭锁装置的启闭状态应满足消防用电要求

69. 对于不同设计覆冰厚度,上下层导线间或导线与地线间的最小水平偏移,下列哪些项符合规范规定? ( )

(A)设计覆冰厚度 10mm,35kV 架空线路:0.35m
(B)设计覆冰厚度 15mm,66kV 架空线路:0.5m
(C)设计覆冰厚度 20mm,35kV 架空线路:0.8m
(D)设计覆冰厚度 25mm,66kV 架空线路:1.0m

70. 66kV 及以下架空线路的平均运行张力和防震措施,下面哪些是不正确的?(T_p 为电线的拉断力) ( )

(A)档距不超过 500m 的开阔地区、不采取防震措施时,镀锌钢绞线的平均运行张力上限为 12% T_p
(B)档距不超过 500m 的开阔地区、不采取防震措施时,钢绞线的平均运行张力上限为 18% T_p
(C)档距不超过 500m 的非开阔地区、不采取防震措施时,镀锌钢绞线的平均运行张力上限为 22% T_p
(D)钢芯铝绞线的平均运行张力为 25% T_p 时,均需用防震(阻尼线)或另加护线条防震

2011 年专业知识试题答案(上午卷)

1. 答案:B

依据:《爆炸危险环境电力装置设计规范》(GB 50058—2014)附录 B 第 23-6)条。

2. 答案:B

依据:《低压配电设计规范》(GB 50054—2011)第 3.1.9 条、第 3.1.10 条。

3. 答案:A

依据:《3~110kV 高压配电装置设计规范》(GB 50060—2008)第 5.4.4 条及表 5.4.4 的注 4。

4. 答案:C

依据:《工业与民用供配电设计手册》(第四版)P5,式(1.2-1)。

起重机的设备功率:$P_e = P_r\sqrt{\varepsilon_r} = 120 \times \sqrt{0.4} = 75.9\text{kW}$

5. 答案:B

依据:《电力工程电气设计手册》(电气一次部分)P48"有关双母线接线的特点"。

注:内桥、外桥、单母线及分段单母线已多次考查,双母线及双母线分段的特点也应了解。

6. 答案:A

依据:《钢铁企业电力设计手册》(上册)P289"变压器的运行特性"。

7. 答案:D

依据:《35kV~110kV 变电站设计规范》(GB 50059—2011)第 5.0.4 条、第 5.0.5 条、第 5.0.6 条、第 5.0.9 条。

8. 答案:D

依据:《电能质量 供电电压偏差》(GB/T 12325—2008)第 4.1 条。

第 4.1 条:35kV 及以上供电电压正、负偏差绝对值之和不超过标称电压的 10%。

9. 答案:D

依据:《供配电设计规范》(GB 50052—2009)第 7.0.8 条。

10. 答案:B

依据:《3~110kV 高压配电装置设计规范》(GB 50060—2008)第 6.0.5 条。

11. 答案:A

依据:《火力发电厂与变电站设计防火规范》(GB 50229—2019)第 6.8.2 条。

12. **答案**:C

依据:《爆炸危险环境电力装置设计规范》(GB 50058—2014)第4.1.2条及条文说明。

13. **答案**:B

依据:《3~110kV高压配电装置设计规范》(GB 50060—2008)第3.0.2条。

14. **答案**:D

依据:《电力设施抗震设计规范》(GB 50260—2013)第6.7.4条~第6.7.8条。

15. **答案**:A

依据:《建筑照明设计标准》(GB 50034—2013)第7.2.3条。

16. **答案**:C

依据:《并联电容器装置设计规范》(GB 50227—2017)第5.2.2条及条文说明。

$$U_{CN}=\frac{1.05U_{SN}}{\sqrt{3}S(1-K)}=\frac{1.05\times35}{\sqrt{3}\times4\times(1-0.12)}=6.03\text{kV}$$,取6kV。

注:应区别电容器运行电压和额定电压两个定义。

17. **答案**:B

依据:《低压配电设计规范》(GB 50054—2011)第7.6.54条。

18. **答案**:B

依据:《并联电容器装置设计规范》(GB 50227—2017)第4.1.2-3条。

每个串联段的电容器并联总容量不应超过3900kvar:3900÷500=7.8个,取整为7个。

因此单星形接线的总容量最大为:$Q_{max}=7\times500\times3=10500\text{kvar}$

注:有关并联电容器组接线类型可参考《电力工程电气设计手册》(电气一次部分)P503 图9-30。

19. **答案**:C

依据:《低压配电设计规范》(GB 50054—2011)第7.6.3条~第7.6.7条。

20. **答案**:C

依据:《导体与电器选择设计技术规程》(DL/T 5222—2005)第7.1.10条及表7.1.10。

$0.78\times[0.31-1.05\times(1000-200)\times10^{-4}]=0.176\text{A/mm}^2$,因此选择$0.165\text{A/mm}^2$。

注:导体无镀层接头接触面的电流密度,不宜超过表7.1.10所列数值。

21. **答案**:B

依据:《导体与电器选择设计技术规程》(DL/T 5222—2005)第16.0.4条及条文说明。

22. 答案:A

依据:《20kV 及以下变电所设计规范》(GB 50053—2013)第 6.1.9 条。

23. 答案:C

依据:《电力工程电缆设计规范》(GB 50217—2018)第 5.2.2 条。

24. 答案:D

依据:《交流电气装置的接地设计规范》(GB/T 50065—2011)第 5.1.8 条。

25. 答案:C

依据:《火灾自动报警系统设计规范》(GB 50116—2013)第 3.3.2-2 条、第6.2.16 条。

26. 答案:C

依据:《电力装置的继电保护和自动装置设计规范》(GB/T 50062—2008)第15.4.2 条。

27. 答案:A

依据:《电力装置的继电保护和自动装置设计规范》(GB/T 50062—2008)附录 B 表 B.0.1。

28. 答案:B

依据:《电力工程直流系统设计技术规程》(DL/T 5044—2014)附录 D 第 D.2.1 条,方式 2。

每套高频开关的电流模块数量:$n=\dfrac{I_{10}}{I_{me}}=\dfrac{300\div 10}{10}=3$

29. 答案:B

依据:《民用建筑电气设计规范》(JGJ 16—2008)第 17.3.9 条。

30. 答案:D

依据:《建筑物防雷设计规范》(GB 50057—2010)附录 J 电涌保护器 表 J.J.1。

31. 答案:B

依据:《交流电气装置的过电压保护和绝缘配合设计规范》(GB/T 50064—2014)第 3.2.2 条、第 4.1.1 条。

第 3.2.2-1 条:工频过电压的基准电压 1.0p.u. $=U_m/\sqrt{3}$

第 4.1.1-4 条:35kV 工频过电压一般不超过$\sqrt{3}$p.u.

则:35kV:$\sqrt{3}$p.u. $=\sqrt{3}\times 40.5\div\sqrt{3}=40.5$kV

注:也可参考《交流电气装置的过电压保护和绝缘配合》(DL/T 620—1997)第 4.1.1-b)条及第 3.2.2-a)条。最高电压 U_m 可参考《标准电压》(GB/T 156—2007)第 4.3 条~第 4.5 条。

32. **答案**:B

依据:《建筑物防雷设计规范》(GB 50057—2010)第4.3.5-4条。

有效钢筋表面积总和:$S \geqslant 4.24k_c^2 = 4.24 \times 0.44^2 = 0.82\text{mm}^2$

注:当接闪器成闭合环或网状的多根引下线时,分流系数可为0.44。

33. **答案**:C

依据:《交流电气装置的接地设计规范》(GB/T 50065—2011)附录D。

34. **答案**:B

依据:《电力装置电测量仪表装置设计规范》(GB/T 50063—2017)第4.1.7条。

35. **答案**:D

依据:《建筑照明设计标准》(GB 50034—2013)第7.1.4-3条。

36. **答案**:C

依据:《钢铁企业电力设计手册》(下册)P96式(24-7)。

注:也可参考《反接制动的接线方式和制动特性》P406、P407表5-1。

37. **答案**:A

依据:《民用建筑电气设计规范》(JGJ 16—2008)第18.7.4条。

38. **答案**:A

依据:《66kV及以下架空电力线路设计规范》(GB 50061—2010)第7.0.3条式(7.0.3-2)。

等效水平线间距离:$D_X \geqslant \sqrt{D_p^2 + \left(\frac{4}{3}D_z\right)^2} = \sqrt{3^2 + \left(\frac{4}{3} \times 4\right)^2} = 6.12\text{m}$

39. **答案**:A

依据:《综合布线系统工程设计规范》(GB 50311—2016)第8.0.1条表8.0.1-1。

40. **答案**:D

依据:《66kV及以下架空电力线路设计规范》(GB 50061—2010)第6.0.3条、第6.0.4条。

---

41. **答案**:ABC

依据:《系统接地的型式及安全技术要求》(GB 14050—2008)第5.1.3条。

42. **答案**:AD

依据:《爆炸危险环境电力装置设计规范》(GB 50058—2014)第3.2.3条。

43. **答案**:BCD

依据:《火力发电厂与变电站设计防火规范》(GB 50229—2019)第4.0.9条、第5.3.10条。

44. **答案**:ABD

依据:《3~110kV 高压配电装置设计规范》(GB 50060—2008)第4.1.3条及条文说明。

45. **答案**:ABC

依据:《火力发电厂与变电站设计防火规范》(GB 50229—2019)第11.4.1条。

46. **答案**:ACD

依据:《低压配电设计规范》(GB 50054—2011)第3.1.1条。

47. **答案**:CD

依据:《通用用电设备配电设计规范》(GB 50055—2011)第3.3.4-1条。

第3.3.4-1条:单台交流电梯供电导线的连续工作载流量应大于其铭牌连续工作制额定电流140%。

最小连续工作载流量:$I_{e \cdot min} = 1.4 \times \dfrac{48}{\sqrt{3} \times 0.38 \times 0.7} = 145.9\text{A}$

48. **答案**:ABD

依据:《民用建筑电气设计规范》(JGJ 16—2008)第6.2.2-5条。

49. **答案**:ACD

依据:《20kV 及以下变电所设计规范》(GB 50053—2013)第3.2.14条。

50. **答案**:BC

依据:《3~110kV 高压配电装置设计规范》(GB 50060—2008)第7.2.3条。

51. **答案**:ACD

依据:《并联电容器装置设计规范》(GB 50227—2017)第7.2.6条。

52. **答案**:BD

依据:《供配电系统设计规范》(GB 50052—2009)第5.0.11条及条文说明。

注:负荷转矩与负荷性质有关,与电压无关;频率降低严重时,可能造成汽轮机叶片断裂。

53. **答案**:ACD

依据:《35kV~110kV 变电站设计规范》(GB 50059—2011)第4.5.6条。

54. **答案**:BC

依据:《导体和电器选择设计技术规定》(DL/T 5222—2005)第9.2.13条。

55. **答案**:CD

依据:《民用建筑电气设计规范》(JGJ 16—2008)第14.5.2条。

56. **答案**:AD

依据:《电力工程电缆设计规范》(GB 50217—2018)第3.3.2条~第3.3.7条。

57. **答案**:ABC

依据:《电力工程电缆设计规范》(GB 50217—2018)第4.1.16条。

58. **答案**:AC

依据:《电力装置的继电保护和自动装置设计规范》(GB/T 50062—2008)第9.0.5条。

59. **答案**:CD

依据:《交流电气装置的过电压保护和绝缘配合设计规范》(GB/T 50064—2014)第5.4.10-2条。

注:《交流电气装置的过电压保护和绝缘配合》(DL/T 620—1997)第7.1.10条。

60. **答案**:ACD

依据:《电力工程直流系统设计技术规程》(DL/T 5044—2014)第6.2.1-8条。

61. **答案**:ABD

依据:《建筑物防雷设计规范》(GB 50057—2010)第4.5.8条。

62. **答案**:AB

依据:《建筑物防雷设计规范》(GB 50057—2010)附录B。

63. **答案**:ACD

依据:《火灾自动报警系统设计规范》(GB 50116—2013)第11.2.2条。

64. **答案**:ABC

依据:《通用用电设备配电设计规范》(GB 50055—2011)第6.0.2条~第6.0.6条。

65. **答案**:BC

依据:《建筑照明设计标准》(GB 50034—2013)第3.3.6条。

66. **答案**:AB

依据:《电气传动自动化技术手册》(第三版)P880、P881数据通信内容。

67. **答案**:BCD

依据:《钢铁企业电力设计手册》(下册)P285"电磁转差离合器调速系统的特点"。

68. **答案**:ABC

依据:《出入口控制系统工程设计规范》(GB 50396—2007)第3.0.4条。

69. **答案**:BD

依据:《66kV及以下架空电力线路设计规范》(GB 50061—2010)第7.0.5条。

70. **答案**:BC

依据:《66kV及以下架空电力线路设计规范》(GB 50061—2010)第5.2.4条。

2011年专业知识试题(下午卷)

一、单项选择题(共40题,每题1分,每题的备选项中只有1个最符合题意)

1. 对于处理生产装置用冷却水的机械通风冷却塔,当划分为爆炸危险区域时,以回水管顶部烃放空管管口为中心,半径为1.5m和冷却塔及其上方高度为3m的范围可划为? ( )

(A)0区　　(B)1区
(C)2区　　(D)附加2区

2. 下列关于变电所消防的设计原则,哪一条是错误的? ( )

(A)变电所建筑物(丙类火灾危险性)体积3001 ~ 5000m^3,消防给水量为10L/S
(B)一组消防水泵的吸水管设置两条
(C)吸水管上设检修用阀门
(D)应设置备用泵

3. 自耦变压器采用公共绕组调压时,应验算第三绕组电压波动不超过允许值,在调压范围大,第三绕组电压不允许波动范围大时,建议采用下列哪种调压方式? ( )

(A)高压侧线端调压　　(B)中压侧线端调压
(C)低压侧线端调压　　(D)高、中压侧线端调压

4. 两台或多台变压器的变电所,各台变压器通常采取分列运行方式,如需采取变压器并列运行方式,下列哪项运行条件是错误的? ( )

(A)电压相同,变压比差值不得超过0.5%,调压范围与每级电压要相同
(B)连续组别相同,包括连接方式、极性、相序都必须相同
(C)阻抗电压相等,阻抗电压差值不得超过±10%
(D)容量差别不宜过大,容量比不宜超过3:1

5. 20kV及以下变电所设计中,一般情况下,动力和照明宜共用变压器,在下列关于设置照明专用变压器的表述中哪一项是正确的? ( )

(A)采用660(690)V交流三相配电系统时,应设照明专用变压器
(B)采用配出中心线的交流三相中性点不接地系统(IT系统)时,应设照明专用变压器
(C)当照明负荷较大或动力和照明采用共用变压器严重影响照明质量及灯泡寿命时,宜设照明专用变压器
(D)负荷随季节性变化不大时,宜设照明专用变压器

6. 直流换流站的直流电流测量装置和直流电压测量装置的综合误差分别应为下列哪项数值？（　　）

(A) ±1.0%，±0.5%　　(B) ±0.5%，±1.0%

(C) ±1.0%，±1.0%　　(D) ±0.5%，±0.5%

7. 10kV 配电装置室的门和变压器室的门的高度和宽度，宜按最大不可拆卸部件尺寸，适当增加高度和宽度确定，其疏散通道的门最小高度和最小宽度宜为下列哪些数值？（　　）

(A)2.0m，1.0m　　(B)2.5m，1.0m

(C)2.0m，0.75m　　(D)2.5m，0.75m

8. 并联电容器组三相的任何两相之间的最大与最小电容之比，电容器组每组各串联段之间的最大与最小电容之比，均不宜超过：（　　）

(A)1.0　　(B)1.02

(C)1.05　　(D)1.08

9. 无功补偿装置的投切方式，下列哪种情况不宜采用手动投切的无功补偿装置？（　　）

(A)补偿低压基本无功功率的电容器组

(B)常年稳定的无功功率

(C)经常投入运行的变压器

(D)每天投切次数至少为三次的高压电动机及高压电容器组

10. 某企业 110kV 馈线断路器采用室内安装的油断路器，可满足就地操作要求，按规范要求，其操作机构处应设置隔板，则该防护隔板高度不应小于：（　　）

(A)1.5m　　(B)1.8m

(C)1.9m　　(D)2.0m

11. 在抗震设防烈度为 7 度及以上的电气设施中，下列旋转电机类设备安装中，可不必在附近设置补偿装置的是哪一项？（　　）

(A)柴油发电机　　(B)高压笼型电动机

(C)调相机　　(D)空气压缩机

12. 向低压电气装置供电的配电变压器高压侧工作于低电阻接地系统时，若低压系统电源中性点与该变压器保护接地共用接地装置，请问下列哪一个条件是错误的？（　　）

(A)变压器的保护接地装置的接地电阻应符合 $R \leqslant 120/I_g$

(B)建筑物内低压电气装置采用 TN-C 系统
(C)建筑物内低压电气装置采用 TN-C-S 系统
(D)低压电气装置采用(含建筑物钢筋的)保护总等电位联结系统

13. 根据规范要求,35kV 变电所电缆隧道内的照明电压应不宜高于? ( )

(A)50V (B)36V
(C)24V (D)12V

14. 110kV 电缆线路在系统发生单相接地故障对临近弱电线路有干扰时,应沿电缆线路平行敷设一根回流线,其回流线的选择与设置应符合下列哪项规定? ( )

(A)当线路较长时,可采用电缆金属护套回流线
(B)回流线的截面应按系统最大故障电流校验
(C)回流线的排列方式,应使电缆正常工作时在回流线上产生的损耗最小
(D)电缆正常工作时,在回流线上产生的感应电压不得超过 150V

15. 电缆与直流电气化铁路交叉时,电缆与铁路路轨间的距离应满足下列哪项数值? ( )

(A)1.5m (B)5.0m
(C)2.0m (D)1.0m

16. 在低压配电设计中,过负荷断电将引起严重后果的线路,其过负荷保护不应切断电源,可作用于信号,下列哪项不属于引起严重后果的供电回路? ( )

(A)电流互感器的一次回路 (B)旋转电机的励磁回路
(C)消防水泵的供电回路 (D)起重电磁铁的供电回路

17. 在照明配电线路的中,若三相计算电流为 39A,含有 20% 三次谐波,采用铜芯供电电缆,按规范要求中性线规格应为下列哪一项? ( )

(A)$4mm^2$ (B)$6mm^2$
(C)$10mm^2$ (D)$16mm^2$

18. 所用变压器高压侧选用熔断器作为保护电器时,下列哪些表述是正确的? ( )

(A)熔断器熔管的电流应小于或等于熔体的额定电流
(B)限流熔断器可使用在工作电压低于其额定电压的电网中
(C)熔断器只需按额定电压和开断电流选择
(D)熔体的额定电流应按熔断器的保护熔断特性选择

19. 关于低压交流电动机的短路保护,下列有关短路保护器件选择哪项表述是错误的? ( )

(A)当采用短延时过电流脱扣器作保护时，短延时脱扣器整定电流宜躲过启动电流周期分量最大有效值，延时不宜小于 0.1s

(B)瞬动过电流脱扣器的整定电流应取电动机启动电流周期分量最大有效值的 2 ~2.5 倍

(C)过电流继电器瞬动元件的整定电流应取电动机启动电流周期分量最大有效值的 2 ~2.5 倍

(D)熔断体的安秒特性曲线应略高于电动机启动电流时间特性曲线，且其额定电流应大于电动机额定电流

20. 已知短路的热效应 $Q_d=1245(kA)^2s$，供电导体采用铜裸导体，且不与其他电缆成束敷设，导体绝缘采用最高工作温度为 90℃的聚氯乙烯，则按热稳定校验选择裸导体最小截面不应小于下列哪项数值？ (　　)

(A)40mm ×4mm　　(B)50mm ×5mm

(C)63mm ×6.3mm　　(D)63mm ×8mm

21. 1000V 及以下电压的低压电缆屋内布线，下列描述正确的是： (　　)

(A)相同电压的电缆并列敷设时，电缆之间的净距不应小于 35mm，且不应小于电缆外径。

(B)无铠装的电缆水平明敷时，与地面的距离不应小于 2.5m

(C)电缆穿管敷设，其穿管的内径不应小于电缆外径的 1.5 倍

(D)电缆托盘和梯架距地面的高度不宜低于 2.5m

22. 关于电缆支架选择，以下哪项是不正确的？ (　　)

(A)工作电流大于 1500A 的单芯电缆支架不宜选用钢制

(B)金属制的电缆支架应有防腐处理

(C)电缆支架的强度，应满足电缆及其附件荷重和安装维护的受力要求，有可能短暂上人时，计入 1000N 的附加集中荷载

(D)在户外时，计入可能有覆冰、雪和大风的附加荷载

23. 变电所内，用于 110kV 直接接地系统的母线型无间隙金属氧化物避雷器的持续运行电压和额定电压应不低于下列哪项数值？ (　　)

(A)57.6kV，71.8kV　　(B)69.6kV，90.8kV

(C)72.7kV，94.5kV　　(D)63.5kV，82.5kV

24. 35 ~110kV 变电所设计，下列有关配电装置形式的选择哪一项要求不正确？ (　　)

(A)城市中心变电站宜选用小型化紧凑型电气设备

(B)变电站主变压器应布置在运行噪声对周边环境影响较小的位置

(C)屋外变电站实体围墙不应低于2.2m

(D)电缆沟及其他类似沟道的沟底纵坡,不宜小于0.5%

25. 变配电所二次测量回路中,变送器模拟量输出回路和电能表脉冲量输出回路,宜选用对绞芯分屏蔽加总屏蔽的铜芯电缆,芯线截面不应小于下列哪项数值? (　　)

(A)$0.75mm^2$　　(B)$1.0mm^2$

(C)$1.5mm^2$　　(D)$2.5mm^2$

26. 规范规定110kV及以下的继电保护和自动装置用电流互感器宜选用P类产品,下列理由表述正确的是: (　　)

(A)系统时间常数偏小

(B)短路电流偏小

(C)较大直流偏移

(D)铁芯剩磁偏小

27. 某110kV枢纽变电站,直流系统采用控制和动力负荷合并供电方式,设两组220V阀控蓄电池,蓄电池容量为1800A·h、103只。每组蓄电池供电的经常负荷为60A,均衡充电时蓄电池不与母线相连,在充电设备参数选择计算方面,下列哪组数据是不正确的? (　　)

(A)充电装置额定电流满足浮充电要求为61.8A

(B)充电装置额定电流满足初充电要求为180~225A

(C)充电装置直流输出电压为247.2V

(D)充电装置额定电流满足均衡充电要求为240~285A

28. 在电力系统中,R-C阻容吸收装置用于下列哪种过电压的保护? (　　)

(A)雷电过电压　　(B)操作过电压

(C)谐振过电压　　(D)工频过电压

29. 民用建筑物防雷设计中,10kV架空线的地线采用热镀锌钢绞线,其最小截面宜为: (　　)

(A)$16mm^2$　　(B)$35mm^2$

(C)$50mm^2$　　(D)$75mm^2$

30. 某建筑物内含有两类的防雷建筑物,其中第一类防雷建筑物的面积占建筑总面积的15%,第二类防雷建筑物的面积占总面积的19%,则该建筑物宜确定为: (　　)

(A)第一类防雷建筑物

(B)第二类防雷建筑物

(C)第三类防雷建筑物

(D)第一类防雷建筑物和第二类防雷建筑物分别设计

31. 某钢铁企业内 110kV 架空线路某跨线档，导体悬挂点高度为 25m，弧垂为 12m，在此档 100m 处发生了雷云对地放电，雷电流幅值为 60kA，该线路档上产生的感应过电压最大值为下列哪个数值？（　　）

(A)375kV　　(B)255kV

(C)195kV　　(D)180kV

32. 根据规范要求，有关航空障碍灯的设置，下列哪项表述是不正确的？（　　）

(A)障碍标志灯的电源应按主体建筑中最高负荷等级要求供电

(B)障碍标志灯应装设在建筑物或构筑物的最高部位，或在其外侧转角的顶端分别设置

(C)障碍标志灯的水平、垂直距离不应大于 45m

(D)障碍标志灯宜采用自动通断电源的控制装置，并宜设有变化光强的措施

33. 主要供给气体放电灯的三相配电线路，其中中性线截面应满足不平衡电流及谐波的要求，且不应小于相线截面，当 3 次谐波电流超过下列何值时，应按中性线电流选择线路截面？（　　）

(A)基波电流的 25%　　(B)基波电流的 33%

(C)基波电流的 40%　　(D)基波电流的 50%

34. 有关疏散照明的地面平均水平照度值，下列表述不正确的是：（　　）

(A)垂直疏散区域不应低于 5lx

(B)疏散通道中心线的最大值和最小值之比不应大于 40 : 1

(C)需要救援人员协助疏散的场所不应低于 5lx

(D)水平疏散通道不应低于 1lx，人员密集场所、避难层不应低于 5lx

35. 电子控制设备抗干扰的基本任务是：使系统或装置既不因外界电磁干扰的影响而误动作或丧失功能，也不向外界发送过大的噪声干扰，下列有关抗干扰的原则，哪一项是错误的？（　　）

(A)抑制噪声源

(B)切断电磁干扰的传递途径

(C)降低传递途径对电磁干扰的衰减作用

(D)加强受扰设备抵抗电磁干扰能力，降低其噪声敏感度

36. 交—交变频调速系统是一种不经中间直流环节直接将较高固定频率的电压变换为频率较低而可变的输出电压的变频调速系统，通常输出频率为电源频率的：（　　）

(A)33% ~50%　　(B)25% ~50%

(C)20% ~50%　　(D)33% ~50% 及以下

37. 关于感烟探测器在格栅吊顶场所的设置原则,下列描述哪项是不正确的?
( )

(A)镂空面积与总面积比例不大于15%时,探测器应设置在吊顶下方
(B)镂空面积与总面积比例不大于30%时,探测器应设置在吊顶上方
(C)镂空面积与总面积比例不大于15~30%时,探测器宜同时设置在吊顶上方和下方
(D)镂空面积与总面积比例不大于30~70%时,地铁站台的探测器宜同时设置在吊顶上方和下方

38. 下列有关火灾报警各系统及消防设施运行状态信息的表述完整且正确的是?
( )

(A)火灾探测报警系统:火灾报警信息、可燃气体探测报警信息、电气火灾监控报警信息、故障信息
(B)消防电源监控系统:系统内各消防用电设备的供电电源和备用电源工作状态和欠压报警信息
(C)消防应急照明和疏散指示系统:本系统的手自动、故障状态和应急工作状态信息
(D)消防应急广播系统:本系统的手自动、启动、停止和故障状态

39. 下列有关报警系统的入侵探测器的设置原则,哪项是正确的? ( )

(A)防护对象应在入侵探测器的有效探测方位内,入侵探测器覆盖范围内应无盲区,覆盖范围边缘与防护对象间的距离宜大于5m
(B)应当避免多个探测器的探测范围有交叉覆盖
(C)周界的每一个独立防区长度不宜大于250m
(D)需设置紧急报警装置的部分宜不少于2个独立防区,每一个独立防区的紧急报警装置数量不应大于4个,且不同单元宜作为一个独立防区

40. 架空电力线路边导线与不在规划范围内的建筑物间的水平距离,在无风偏情况下,下列哪项符合规范要求? ( )

(A)3kV及以下:1.2m　　(B)10kV:0.75m
(C)35kV:3.0m　　(D)66kV:3.0m

二、多项选择题(共30题,每题2分。每题的备选项中有2个或2个以上符合题意。错选、少选、多选均不得分)

41. 当裸带电体采用遮拦或外护物防护有困难时,可采用设置阻挡物进行防护,下列直接接触保护中有关设置阻挡物措施表述哪几项是正确的? ( )

(A)应能防止人体无意识地接近裸带电体

(B)应能防止在操作设备过程中人体无意识地触及裸带电体

(C)阻挡物高度不应小于1.5m

(D)阻挡物与裸带电体的水平净距不应小于1.25m

42. 爆炸性气体环境的电力装置设计中,环境温度可采用下列哪些项? ( )

(A)最热月平均最高温度

(B)工作地带温度

(C)根据相似地区同类型的生产环境实测数据确定

(D)除特殊情况外,一般取40℃

43. 某企业110kV变电站,下列哪些建(构)筑物其火灾危险性分类为丁类,耐火等级为二级? ( )

(A)干式变压器室 (B)电缆夹层

(C)单台设备油量50kg的配电装置室 (D)消防水泵房

44. 民用建筑中,关于医用放射线设备的供电线路设计,下列哪些表述是符合规范要求的? ( )

(A)X射线管的管电流大于或等于500mA射线机,应采用专用回路供电

(B)X射线机不应与其他电力设备共用同一回路供电

(C)放射线设备的供电线路应采用铜芯绝缘电线或电缆

(D)X射线机应不少于两个回路供电,其中主机部分应采用专用回路供电

45. 低压配电系统设计时,应降低三相配电系统的不对称度,下列哪些措施是正确的? ( )

(A)线路电流不大于60A时,采用220V单相供电

(B)线路电流大于60A时,宜采用220V/380V三相四线制供电

(C)容量大的单相负荷宜采用专线供电

(D)宜采用配出中性线的IT系统进行配电

46. 供电方式有放射式、树干式及链式配电等,下列哪些条件下的设备可采用链式配电方式? ( )

(A)容量很小的次要用电设备

(B)设备距供电点较远,分别供电经济不合理时

(C)容量小且为三级负荷用电设备

(D)设备距供电点较远,彼此相距较近

47. 下列哪些场所宜选择点型感烟火灾探测器? ( )

(A)地下车库 (B)电视放映室

(C)列车载客车厢　　　　(D)锅炉房

48. 某110/10kV的变电所,在下列哪些条件下,其总开关应采用断路器,而不采用负荷开关、隔离开关或隔离触头?　　(　　)

(A)有大量一级负荷和二级负荷时
(B)有继电保护或自动装置要求
(C)变压器有并列运行要求或需要转换操作时
(D)配电出线回路较多

49. 某工程10kV变电所设置高压电容补偿装置,电容器额定电流为160A,其内部故障采用专用熔断器保护,则下列哪些熔丝额定电流不满足规范要求?　　(　　)

(A)160A　　　　(B)200A
(C)240A　　　　(D)250A

50. 某高层建筑设备用柴油发电机,则其切换接入低压配电系统时,应符合下列哪些规定?　　(　　)

(A)切换开关与供电电源网络之间应有电气联锁,防止并网运行
(B)应避免与供电电源网络的计费混淆
(C)接线应有一定的灵活性,并满足在特殊情况下,对消防负荷的用电
(D)与变配电所变压器中性点接地形式不同时,电源接入开关的选择应满足切换条件

51. 选用隔离开关应具有切合电感、电容性小电流的能力,在正常情况下,下列哪些项应能可靠切断?　　(　　)

(A)励磁电流不超过5A的空载变压器
(B)空载母线
(C)电容电流不超过5A的空载线路
(D)断路器的旁路电流及母线环流

52. 有关电力系统中性点的各种接地方式的特点,下列表述不正确的是哪些?
(　　)

(A)中性点不接地系统易导致间歇性(暂态)弧光接地过电压
(B)中性点不接地系统中变压器等设备的绝缘要求较低,可采用分段绝缘
(C)中性点有效接地系统中单相接地故障时的电磁感应,在不发展为不同地点的双重故障时较小
(D)中性点有效接地系统中接地故障继电保护方式不易迅速消除故障,可采用微机信号装置

53. 干式空心串联电抗器布置和安装时,应满足防电磁感应要求,电抗器对其周围

不形成闭合回路的铁磁性金属构件的最小距离以及电抗器相互之间的最小中心距离，下列表述哪些是符合规范要求的？（　　）

(A)电抗器对上部和基础中的铁磁性构件距离，不宜小于电抗器直径的0.5倍
(B)电抗器对下部和基础中的铁磁性构件距离，不宜小于电抗器直径的0.6倍
(C)电抗器中心对侧面的铁磁性构件的距离，不宜小于电抗器直径的1.2倍
(D)电抗器相互之间的中心距离，不宜小于电抗器直径的1.7倍

54. 为了提高自然功率因数，可采用多种方式，请判断下列哪几种方法可以提高自然功率因数？（　　）

(A)正确选择电动机、变压器容量，提高负荷率
(B)在布置和安装上采取适当措施
(C)采用同步电动机
(D)选用带空载切除的间歇工作制设备

55. 某市地震烈度为9度，拟建设一座110kV变电站，对于110kV配电装置的布置型式，下列哪些描述满足规范要求？（　　）

(A)不宜采用气体绝缘金属封闭开关设备
(B)双母线接线，当采用管型母线配双柱式隔离开关时，屋外敞开式宜采用半高型布置
(C)双母线接线，当采用管型母线配双柱式隔离开关时，屋内敞开式宜采用双层布置
(D)当采用管型母线时，管型母线宜选用单管结构，管型母线固定方式宜采用悬吊式

56. 电力工程中，电缆在空气中固定敷设时，其护层的选择应符合下列哪些规定？（　　）

(A)小截面挤塑绝缘电缆在电缆桥架敷设时，宜具有钢带铠装
(B)电缆位于高落差的受力条件时，多芯电缆应具有钢带铠装
(C)敷设在桥架等支撑较密集的电缆，可不含铠装
(D)明确需要与环境保护相协调时，不得采用聚氯乙烯外护套

57. 某35kV变电所所用电经多年运行测算后，发现能耗较高，下列关于降低耗能指标的措施哪些是正确的？（　　）

(A)空气调节设备应纳入楼宇自控系统，根据室内环境温度和相对湿度变化自动合理调节
(B)户内安装电气设备，常规运行条件下宜采用自然通风
(C)合理选用所用变压器容量，尽量提高变压器负载率
(D)设备操作机构中的防露干燥加热，宜采用温、湿自动控制

58. 对 3kV 及以上异步电动机单相接地故障的继电保护设置原则,下列哪些项描述是正确的? ( )

(A)接地电流大于 5A 时,应装设有选择性的单相接地保护
(B)接地电流小于 5A 时,可装设接地监测装置
(C)单相接地电流为 5A 及以上时,保护装置应动作于跳闸
(D)单相接地电流为 5A 以下时,保护装置宜动作于信号

59. 电力工程直流系统中,当按允许压降选择电缆截面时,下列哪些要求是符合规程的? ( )

(A)蓄电池组与直流柜之间的连接电缆长期允许载流量的计算电流应大于事故停电时间的蓄电池放电率电流
(B)采用集中辐射形供电方式时,直流柜与直流负荷之间的电缆允许电压降宜取直流电源系统标称电压的 3% ~5%
(C)采用分层辐射形供电方式时,直流柜与直流分电柜之间的电缆允许电压降宜取直流电源系统标称电压的 3% ~5%
(D)采用分层辐射形供电方式时,直流分电柜布置在负荷中心时,与直流终端断路器之间的允许电压降宜取直流电源系统标称电压的 1% ~1.5%

60. 固定在建筑物上的节日彩灯、航空障碍信号灯及其他用电设备和线路应采取相应的防止闪电电涌侵入的措施,同时还应符合下列哪些规定? ( )

(A)在配电箱内应在开关的电源侧装设Ⅱ级试验的电涌保护器,其电压保护水平不应小于 2.5kV
(B)穿线钢管的一端应与配电箱和 PE 线相连;另一端应与用电设备外壳、保护罩相连,并应就近与屋顶防雷装置相连
(C)从配电箱引出的配电线路应穿钢管,当钢管中间不应断开
(D)无金属外壳或保护网罩的用电设备应处在接闪器的保护范围内

61. 某照明灯塔上装有避雷针,其照明灯电源线的电缆金属外皮直接埋入地下,下列哪几种埋地长度,允许电缆金属外皮与 35kV 电压配电装置的接地网及低压配电装置相连? ( )

(A)15m　　(B)12m
(C)10m　　(D)8m

62. 下列哪几种表述属于屏蔽接地的目的? ( )

(A)为了防止形成环路产生环流而发生磁干扰
(B)为了减少电磁感应的干扰和静电耦合
(C)为了防止高频设备工作时向外辐射高频电磁波
(D)为了把金属屏蔽上感应的静电干扰信号直接导入地中,同时减少分布电容

的寄生耦合

63. 电缆工程中,电缆直埋敷设于非冻土地区时,其埋置深度应符合下列哪些规定? ( )

(A)电缆外皮至地下构筑物基础,不得小于0.3m
(B)电缆外皮至地面深度,不得小于0.7m,当位于车行道或耕地下时,应适当加深,且不宜小于1.0m
(C)电缆外皮至地下构筑物基础,不得小于0.7m
(D)电缆外皮至地面深度,不得小于0.7m,当位于车行道或耕地下时,应适当加深,且不宜小于0.7m

64. 减震体系通过增加结构阻尼达到增加地震耗能,降低结构反应的目的,电气设备常用的隔震器和减震器包括下列哪些项? ( )

(A)铝合金减震器
(B)防震锤
(C)护线条
(D)橡胶阻尼器

65. 下列哪些属于非爆炸危险区域? ( )

(A)设有为爆炸性粉尘环境服务,并用墙隔绝的送风机室,其通向爆炸性粉尘环境的风道设有能防止爆炸性粉尘混合物侵入的安全装置
(B)正常运行时,空气中的可燃粉尘云一般不可能出现于爆炸性粉尘环境中的区域
(C)装有良好除尘效果的除尘装置,当该除尘装置停车时,工艺机组能联锁停车
(D)区域内使用爆炸性粉尘的量不大,且在排风柜内或风罩下进行操作

66. 下列有关转子侧高效调速系统的描述,哪些项是正确的? ( )

(A)转子侧串极调速和双馈调速系统都属于转子侧高效调速系统
(B)只适用于绕线式异步电动机
(C)电动机转子绕组接电网,定子绕组经调速装置VF接电网
(D)调速装置一端接转子绕组,频率和电压随转差率变化而变化,另一端接电网,频率和电压固定

67. 交—直—交变频器根据直流的中间环节滤波方法不同,可分为电压型和电流型两种,下列哪项符合电压型的特点? ( )

(A)直流滤波环节采用电抗器
(B)输出电压波形为矩形,即为恒压源
(C)输出动态阻抗较大
(D)适用于稳频稳压电源及不间断电源

68. 在民用建筑发生火灾时,相关房间应急照明的最少持续供电时间,下面那些论

述符合规范的规定？（　　）

(A)观众厅、展览厅、多功能厅、宴会厅、会议厅、疏散楼梯间等，疏散照明的最少持续供电时间为30min
(B)高层公共建筑避难层，备用照明的最少持续供电时间为60min
(C)消防水泵房、排烟风机房、配电室、柴油发电房等，备用照明的最少持续供电时间为120min
(D)消防控制室、电话总机房等，备用照明的最少持续供电时间为180min

69. 大型公共建筑设计中，一般公共区均采用智能照明控制系统集中控制，以降低运行损耗，下列系统宜具备的功能哪些是正确的？（　　）

(A)宜预留与其他系统的联动接口
(B)宜与楼宇自控系统联网，共享数据及控制方式
(C)宜具备信息采集功能和多种控制方式
(D)宜具备移动感应或红外感应功能

70. 不同电压等级的架空电力线路的导线排列和杆塔型式，下列哪几项符合规范规定？（　　）

(A)3kV 单回路杆塔的导线采用三角形排列
(B)10kV 多回路杆塔的导线采用垂直排列
(C)35kV 单回路杆塔的导线采用双三角形排列
(D)66kV 多回路杆塔的导线采用双三角形排列

2011年专业知识试题答案(下午卷)

1. **答案**:C

依据:《爆炸危险环境电力装置设计规范》(GB 50058—2014)第B.0.1-12条。

2. **答案**:A

依据:《火力发电厂与变电站设计防火规范》(GB 50229—2019)第11.5.3条、第11.5.15条、第11.5.18条。

3. **答案**:B

依据:《导体和电器选择设计技术规定》(DL/T 5222—2005)第8.0.12-2条第4款。

4. **答案**:C

依据:《工业与民用供配电设计手册》(第四版)P67表2.4-5。

5. **答案**:A

依据:《20kV及以下变电所设计规范》(GB 50053—2013)第3.3.4条。

6. **答案**:B

依据:《电力装置电测量仪表装置设计规范》(GB/T 50063—2017)第3.9.2条。

7. **答案**:C

依据:《20kV及以下变电所设计规范》(GB 50053—2013)第6.2.7条。

8. **答案**:B

依据:《并联电容器装置设计规范》(GB 50227—2017)第8.2.7条。

9. **答案**:D

依据:《供配电系统设计规范》(GB 50052—2009)第6.0.7条。

10. **答案**:B

依据:《3~110kV高压配电装置设计规范》(GB 50060—2008)第5.4.10条。

11. **答案**:B

依据:《电力设施抗震设计规范》(GB 50260—2013)第6.7.5条。

12. **答案**:B

依据:《交流电气装置的接地设计规范》(GB/T 50065—2011)第7.2.6条。

13. **答案**:C

依据:《35kV~110kV变电所设计规范》(GB 50059—2011)第3.8.6条。

14. **答案**:C

依据:《电力工程电缆设计规范》(GB 50217—2018)第4.1.17-2条。

15. **答案**:D

依据:《电力工程电缆设计规范》(GB 50217—2018)第5.3.5条及表5.3.5。

16. **答案**:A

依据:《低压配电设计规范》(GB 50054—2011)第6.3.6条及条文说明。

17. **答案**:C

依据:《低压配电设计规范》(GB 50054—2011)第3.2.9条及条文说明。

18. **答案**:D

依据:《导体与电器选择设计技术规程》(DL/T 5222—2005)第17.0.1条、第17.0.4、第17.0.5条。

19. **答案**:D

依据:《通用用电设备配电设计规范》(GB 50055—2011)第2.3.5条。

20. **答案**:B

依据:《工业与民用供配电设计手册》(第四版)P382式(5.6-9)及《低压配电设计规范》(GB 50054—2011)附录A表A.0.2。

最小裸导体截面:$S \geqslant \frac{\sqrt{Q_d}}{C} = \frac{\sqrt{1245 \times 10^6}}{143} = 246.7\text{mm}^2$,取$50 \times 5\text{mm}^2$。

21. **答案**:C

依据:《低压配电设计规范》(GB 50054—2011)第7.6.8条、第7.6.9条、第7.6.12条、第7.6.13条。

22. **答案**:C

依据:《电力工程电缆设计规范》(GB 50217—2018)第6.2.2条~第6.2.4条。

23. **答案**:C

依据:《交流电气装置的过电压保护和绝缘配合设计规范》(GB/T 50064—2014)第4.4.3条。

持续运行电压:$U_m / \sqrt{3} = 126 \div \sqrt{3} = 72.7\text{kV}$

额定电压:$0.75U_m = 0.75 \times 126 = 94.5\text{kV}$

注:也可参考《交流电气装置的过电压保护和绝缘配合》(DL/T 620—1997)表3。最高电压U_m可依据《标准电压》(GB/T 156—2007)第4.4条表4。

24. **答案**:B

依据:《35kV ~ 110kV变电站设计规范》(GB 50059—2011)第2.0.3条~第2.0.7条。

25. **答案**:A

依据:《电力装置电测量仪表装置设计规范》(GB/T 50063—2017)第8.3.3条。

26. **答案**:A

依据:《电力装置的继电保护和自动装置设计规范》(GB/T 50062—2008)第15.2.1-1条及条文说明。

27. **答案**:D

依据:《电力工程直流系统设计技术规程》(DL/T 5044—2014)附录D中D.1.1和D.1.2。

28. **答案**:B

依据:《交流电气装置的过电压保护和绝缘配合设计规范》(GB/T 50064—2014)第4.2.9条。

采用真空断路器或采用截流值较高的少油断路器开断高压感应电动机时产生的过电压为操作过电压,囊括在第4.2条操作过电压及限制的内容中。

注:也可参考《交流电气装置的过电压保护和绝缘配合》(DL/T 620—1997)第4.2.7条。

29. **答案**:C

依据:《建筑物防雷设计规范》(GB 50057—2010)第5.2.5条 。

30. **答案**:B

依据:《建筑物防雷设计规范》(GB 50057—2010)第4.5.1-2条。

31. **答案**:B

依据:《电力工程高压送电线路设计手册》(第二版) 式(2-7-13)。

注:也可参考《交流电气装置的过电压保护和绝缘配合》(DL/T 620—1997)第5.1.2条。

导线平均高度公式:$h_{av} = h - \frac{2}{3}f$,其中$h$为悬挂点高度,$f$为弧垂。

32. **答案**:C

依据:《民用建筑电气设计规范》(JGJ 16—2008)第10.3.5条。

33. **答案**:B

依据:《建筑照明设计标准》(GB 50034—2013)第7.1.12条。

34. **答案**:D

依据:《建筑照明设计标准》(GB 50034—2013)第5.5.4条。

35. **答案**:C

依据:《电气传动自动化技术手册》(第三版)P951"抗干扰技术"。

36. **答案**:D

依据:《钢铁企业电力设计手册》(下册)P331“交—交变频调速”。

37. **答案**:C

依据:《火灾自动报警系统设计规范》(GB 50116—2013)第6.2.18条。

38. **答案**:B

依据:《火灾自动报警系统设计规范》(GB 50116—2013)附录A。

39. **答案**:A

依据:《入侵报警系统工程设计规范》(GB 50394—2007)第6.1.5条。

40. **答案**:B

依据:《66kV及以下架空电力线路设计规范》(GB 50061—2010)第12.0.10条及表12.0.10。

---

41. **答案**:ABD

依据:《低压配电设计规范》(GB 50054—2011)第5.1.7条、第5.1.9条。

42. **答案**:ABC

依据:《爆炸危险环境电力装置设计规范》(GB 50058—2014)第3.1.1条及条文说明。

43. **答案**:AC

依据:《火力发电厂与变电站设计防火规范》(GB 50229—2019)第11.1.1条表11.1.1。

44. **答案**:BC

依据:《民用建筑电气设计规范》(JGJ 16—2008)第9.7.5条。

45. **答案**:AB

依据:《供配电系统设计规范》(GB 50052—2009)第5.0.15条。

46. **答案**:AD

依据:《供配电系统设计规范》(GB 50052—2009)第7.0.4条。

47. **答案**:ABC

依据:《火灾自动报警系统设计规范》(GB 50116—2013)第5.2.2条。

48. **答案**:BCD

依据:《20kV及以下变电所设计规范》(GB 50053—2013)第3.2.14条。

49. **答案**:ABD

依据:《20kV及以下变电所设计规范》(GB 50053—2013)第5.2.4条。

50. **答案**:BD

依据:《民用建筑电气设计规范》(JGJ 16—2008)第4.4.13条。

51. **答案**:BCD

依据:《导体和电器选择设计技术规定》(DL/T 5222—2005)第11.0.8条。

52. **答案**:BCD

依据:《工业与民用供配电设计手册》(第四版)P60表2.3-1。

53. **答案**:AD

依据:《并联电容器装置设计规范》(GB 50227—2017)第8.3.3条。

54. **答案**:ACD

依据:《工业与民用供配电设计手册》(第四版)P34"调高自然功率因数的措施"。

55. **答案**:BCD

依据:《3~110kV高压配电装置设计规范》(GB 50060—2008)第5.2.4条、第5.3.3条、第5.3.5条、第5.3.7条。

56. **答案**:BCD

依据:《电力工程电缆设计规范》(GB 50217—2018)第3.4.4条。

57. **答案**:AB

依据:《35kV~110kV变电站设计规范》(GB 50059—2011)第8.0.2条。

58. **答案**:AB

依据:《电力装置的继电保护和自动装置设计规范》(GB/T 50062—2008)第9.0.3条。

59. **答案**:ACD

依据:《电力工程直流系统设计技术规程》(DL/T 5044—2014)第6.3.3-1条、第6.3.5-2条、第6.3.6条。

60. **答案**:BD

依据:《建筑物防雷设计规范》(GB 50057—2010)第4.5.4条。

61. **答案**:AB

依据:《交流电气装置的过电压保护和绝缘配合设计规范》(GB/T 50064—2014)第5.4.10-2条。

注:也可参考《交流电气装置的过电压保护和绝缘配合》(DL/T 620—1997)第7.1.10条。

62. **答案**:ABD

依据:《工业与民用供配电设计手册》(第四版)P1433~P1434"屏蔽接地的目的与分类"。

63. **答案**:AB

依据:《电力工程电缆设计规范》(GB 50217—2018)第5.3.3条。

64. **答案**:AD

依据:《电力设施抗震设计规范》(GB 50260—2013)第6.8.2条。

65. **答案**:ACD

依据:《爆炸危险环境电力装置设计规范》(GB 50058—2014)第4.2.4条。

66. **答案**:ABD

依据:《电气传动自动化技术手册》(第三版)P600"转子侧高速调速系统"。

67. **答案**:BD

依据:《钢铁企业电力设计手册》(下册)P311表25-12。

68. **答案**:ABD

依据:《民用建筑电气设计规范》(JGJ 16—2008)第13.8.6条表13.8.6。

69. **答案**:AC

依据:《建筑照明设计标准》(GB 50034—2013)第7.3.8条。

70. **答案**:BD

依据:《66kV及以下架空电力线路设计规范》(GB 50061—2010)第7.0.2条。

2011 年案例分析试题(上午卷)

[案例题是 4 选 1 的方式,各小题前后之间没有联系,共 25 道小题,每题分值为 2 分,上午卷 50 分,下午卷 50 分,试卷满分 100 分。案例题一定要有分析(步骤和过程)、计算(要列出相应的公式)、依据(主要是规程、规范、手册),如果是论述题要列出论点]

题 1 ~5:某电力用户设有 110/10kV 变电站一座和若干 10kV 车间变电所,用户所处海拔高度 1500m,其供电系统图和已知条件如下图。

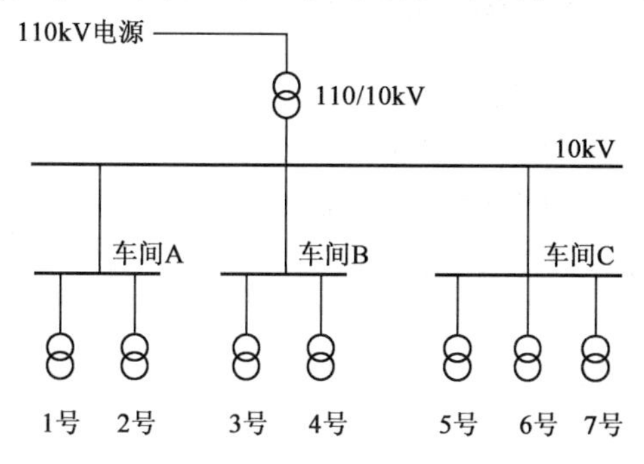

1)110kV 线路电源侧短路容量为 2000MV·A。

2)110kV 线路电源电抗值为 0.4Ω/km。

3)110/10kV 变电站 10kV 母线短路容量为 200MV·A。

4)110/10kV 变电站主变容量 20MV·A,短路电抗 8%,短路损耗 90kW,主变压器二侧额定电压分别为 110kV、10.5kV。

5)110/10kV 变电站主变压器采用有载调压。

6)车间 A 设有大容量谐波源,其 7 次谐波电流折算到 10kV 侧为 33A。

请回答下列问题。

1. 最大负荷时,主变压器负载率为 84%,功率因数 0.92,请问 110/10.5kV 变压器电压损失为下列哪个数值?　　(　　)

(A)2.97%　　(B)3.03%

(C)5.64%　　(D)6.32%

解答过程:

2. 计算车间 A 的 7 次谐波电流在 110/10kV 变电站 10kV 母线造成的 7 次谐波电压

含有率为下列哪个数值？　　　　　　　　　　　　　　　　　　　　　　（　　）

(A)2.1　　　　　　　　　　　　　　　　(B)2.0

(C)2.5%　　　　　　　　　　　　　　　(D)3.0%

解答过程：

3. 车间C电源线路为截面185mm² 架空线路，在高峰期间负荷为2000kW，功率因数0.7左右(滞后)，车间C高压母线电压偏差变化范围 -2% ~ -7%，为改善车间C用电设备供电质量和节省电耗，请说明下列的技术措施中哪一项是最有效的？　　（　　）

(A)向车间C供电的电源线路改用大截面导线

(B)提高车间C的功率因数到0.95

(C)减少车间C电源线路的谐波电流

(D)加大110/10kV母线短路容量

解答过程：

4. 计算该110/10kV变电站的110kV供电线路长度大约为下列哪个数值？（　　）

(A)149km　　　　　　　　　　　　　　　(B)33km

(C)17km　　　　　　　　　　　　　　　 (D)0.13km

解答过程：

5. B车间10kV室外配电装置裸带电部分与用工具才能打开的栅栏之间的最小电气安全净距为下列哪个数值？　　　　　　　　　　　　　　　　　　　　　　（　　）

(A)875mm　　　　　　　　　　　　　　　(B)950mm

(C)952mm　　　　　　　　　　　　　　　(D)960mm

解答过程：

题6~10:某车间工段用电设备的额定参数及使用情况见下表:

设备名称	额定功率(kW)	需要系数	$\cos\varphi$	备注
金属冷加工机床	40	0.2	0.5	
起重机用电动机	30	0.3	0.5	负荷持续率 $\varepsilon=40\%$
电加热器	20	1	0.98	单台单相380V
冷水机组、空调设备送风机	40	0.85	0.8	
高强气体放电灯	8	0.9	0.6	含镇流器功率损耗
荧光灯	4	0.9	0.9	含电感镇流器的功率损耗、有补偿

请回答下列问题。

6. 采用需要系数法计算本工段起重机用电设备组的设备功率为下列哪一项数值? ( )

(A)9kW　(B)30kW　(C)37.80kW　(D)75kW

解答过程:

7. 采用需要系数法简化计算本工段电加热器用电设备组的等效三相负荷应为下列哪一项数值? ( )

(A)20kW　(B)28.28kW　(C)34.60kW　(D)60kW

解答过程:

8. 假设经需要系数法计算得出起重机设备功率为33kW,电加热器等效三相负荷为40kW,考虑有功功率同时系数0.85、无功功率同时系数0.90后,本工段总用电设备组计算负荷的视在功率为下列哪一项数值? ( )

(A)127.6kW　(B)110.78kW　(C)95.47kW　(D)93.96kW

解答过程:

9. 假设本工段计算负荷为105kV·A，供电电压220/380V，本工段计算电流为下列哪一项数值？（　　）

(A)142.76A　　(B)145.06A　　(C)159.72A　　(D)193.92A

解答过程：

10. 接至本工段电源进线点前的电缆线路为埋地敷设的电缆，根据本工段计算电流采用"gG"型，熔体额定电流为200A 的熔断器作为该电缆线路保护电器，并已知该电器在约定时间内可靠动作电流为1.6 倍的熔体额定电流，按照0.6/1kV 铜芯交联聚乙烯绝缘电力电缆（见下表）截面应为下列哪一项数值？（考虑电缆敷设处土壤温度，热阻系数、并列系数等总校正系数为0.8）（　　）

0.6/1kV 铜芯交联聚乙烯绝缘电力电缆的载流量

电力电缆的截面(mm^2)	载流量(A)	电力电缆的截面(mm^2)	载流量(A)
70	178	150	271
95	211	185	304
120	240	240	351

(A)$3\times70+1\times35$　　(B)$3\times95+1\times50$

(C)$3\times150+1\times70$　　(D)$3\times185+1\times95$

解答过程：

题 11~15：某用户根据负荷发展需要，拟在厂区内新建一座变电站，用于厂区内10kV 负荷供电，该变电所电源取自地区110kV 电网（无限大电源容量），采用2 回110kV 架空专用线路供电，变电站基本情况如下：

1）主变采用两台三相自冷型油浸有载调压变压器，户外布置。变压器参数如下：

型号	SZ10-31500/110
电压比	$110\pm8\times1.25\%/10.5$kV
短路阻抗	$u_k=10.5\%$
接线组别	YN,d11
中性点绝缘水平	60kV

2）每回110kV 电源架空线路长度约10km，导线采用LGJ-240/25，单位电抗取0.4Ω/km。

3)10kV 馈电线路均为电缆出线。

4)变电站 110kV 配电装置布置采用常规设备户外型布置,10kV 配电装置采用中置式高压开关柜户内双列布置。

请回答下列问题。

11. 根据规范需求,说明本变电站 110kV 配电装置采用下列哪种接线形式?( )

(A)线路—变压器组接线 (B)双母线接线

(C)分段双母线接线 (D)单母线接线带旁路

解答过程:

12. 假设该变电站 110kV 配电装置采用桥形接线,10kV 单母线分段接线,且正常运行方式为分列运行,变电站 10kV 母线三相短路电流为下列哪一项数值? ( )

(A)15.05kA (B)15.75kA (C)16.35kA (D)16.49kA

解答过程:

13. 假定该变电站主变容量改为 2×50MV·A,110kV 配电装置采用桥形接线,10kV 采用单母线分段接线,且正常运行方式为分列运行,为将本站 10kV 母线最大三相短路电流限制到 20kA 以下,可采用高阻抗变压器,满足要求的变压器最小短路阻抗为下列哪一项数值? ( )

(A)10.5% (B)11% (C)12% (D)13%

解答过程:

14. 有关该 110/10kV 变电站应设置的继电保护和自动装置,下列哪一项叙述是正确的? ( )

(A)10kV 母线应装设专用的母线保护

(B)10kV 馈电线路应装设带方向的电流速断

(C)10kV 馈电线路宜装设有选择性的接地保护,并动作于信号
(D)110/10kV 变压器应装设电流速断保护作为主保护

解答过程:

15. 选择该变电站 110kV 隔离开关设备时,环境最高温度宜采用下列哪一项? ( )

(A)年最高温度
(B)最热月平均最高温度
(C)安装处通风设计温度,当无资料时,可取最热月平均最高温度加 5°C
(D)安装处通风设计最高排风温度

解答过程:

题 16~20:某企业的 35kV 变电所,35kV 配电装置选用移开式交流金属封闭开关柜,室内单层布置,10kV 配电装置采用移开式交流金属封闭开关柜,室内单层布置,变压器布置在室外,平面布置示意图见下图。

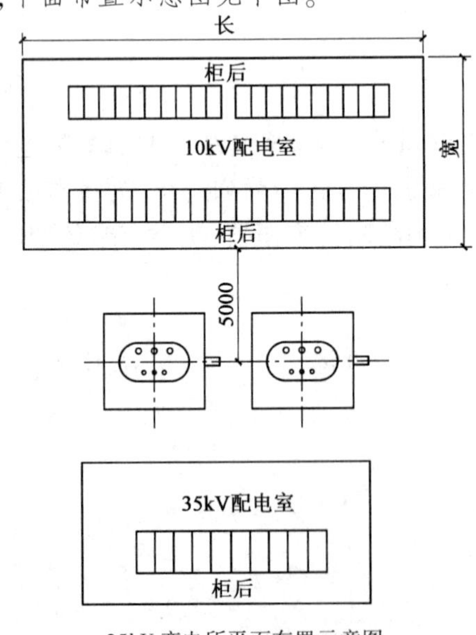

35kV 变电所平面布置示意图

请回答下列问题。

16. 如果 10kV 及 35kV 配电室是耐火等级为二级的建筑,下列关于变电所建筑物及设备的防火间距的要求中哪一项表述是正确的? ( )

(A)10kV 配电室面对变压器的墙在设备总高加 3m 及两侧各 3m 的范围内不设门窗不开孔洞时，则该墙与变压器之间的防火净距可不受限制

(B)10kV 配电室面对变压器的墙在设备总高加 3m 及两侧各 3m 的范围内不开一般门窗，但设有防火门时，则该墙与变压器之间的防火净距应大于或等于 5m

(C)两台变压器之间的最小防火净距应为 3m

(D)所内生活建筑与油浸变压器之间的最小防火净距，当最大单台油浸变压器的油量为 5 ~ 10t，对二级耐火建筑的防火间距最小为 20m

解答过程：

17. 如上图所示，10kV 配电室墙无突出物，开关柜的深度为 1500mm，则 10kV 配电室室内最小净宽为下列哪一项？（　　）

(A)5500mm + 单车长　　(B)5900mm + 双车长

(C)6200mm + 单车长　　(D)7000mm

解答过程：

18. 如上图所示，35kV 配电室墙无突出物，手车开关柜的深度为 2800mm，则 35kV 配电室室内最小净宽为下列哪一项？（　　）

(A)4700mm + 双车长　　(B)4800mm + 单车长

(C)5000mm + 单车长　　(D)5100mm

解答过程：

19. 如果 10kV 配电室墙无突出物，第一排高压开关柜共有 21 台，其中有三台高压开关柜宽度为 1000mm，其余为 800mm，第二排高压开关柜共有 20 台，其宽度均为 800mm，中间维护通道为 1000mm，则 10kV 配电室的最小长度为下列哪一项数值？（　　）

(A)19400mm　　(B)18000mm　　(C)18400mm　　(D)17600mm

解答过程：

20. 说明下列关于变压器事故油浸的描述中哪一项是正确的？ （　　）

（A）屋外变压器单个油箱的油量在1000kg以上，应设置能容纳100%油量的储油池，或10%油量的储油池和挡油墙

（B）屋外变压器当设置有油水分离装置的总事故储油池时，其容量不应小于最小一个油箱的60%的油量

（C）变压器储油池和挡油墙的长、宽尺寸，可按设备外廓尺寸每边相应大1m计算

（D）变压器储油池的四周，应高出地面100mm，储油池内应铺设厚度不小于250mm的卵石层，其卵石直径应为30～50mm

解答过程：

题21～25：某座建筑物由一台1000kV·A变压器采用TN-C-S系统供电，线路材质、长度和截面如下图所示，图中小间有移动式设备由末端配电器供电，回路首端装有单相I_n＝20A断路器，建筑物做总等电位联结，已知截面为$50mm^2$、$6mm^2$、$2.5mm^2$铜电缆每芯导体在短路时每公里的热态电阻值为0.4Ω、3Ω、8Ω。

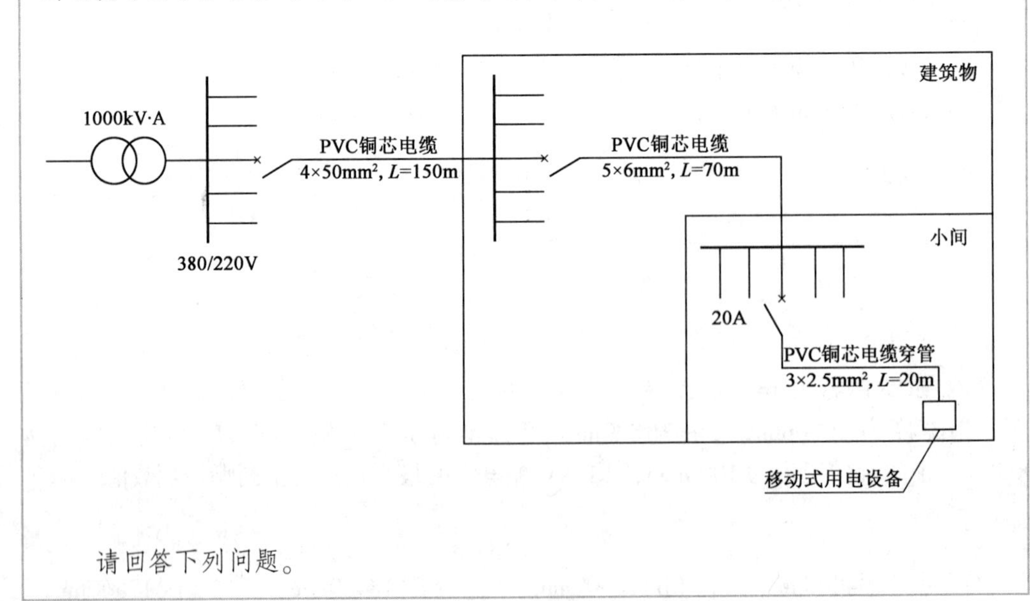

请回答下列问题。

21. 该移动式设备发生相线碰外壳接地故障时，计算回路故障电流 I_d 最接近下列哪一项数值？（故障点阻抗、变压器零序阻抗和电缆电抗可忽略不计）（　　）

(A)171A　　(B)256A

(C)442A　　(D)512A

解答过程：

22. 假设移动设备相线碰外壳的接地故障电流为200A，计算该移动设备金属外壳的预期接触电压 U_d 最接近下列哪一项数值？（　　）

(A)74V　　(B)86V

(C)110V　　(D)220V

解答过程：

23. 在移动设备供电回路的首端安装额定电流 I_n 为20A 的断路器，断路器的瞬动电流为 $12I_n$，该回路的短路电流不应小于下列哪一项数值，才能使此断路器可靠瞬时地切断电源？（　　）

(A)240A　　(B)262A

(C)312A　　(D)360A

解答过程：

24. 如果在小间内做局部等电位联结，假设相线碰移动设备外壳的接地故障电流为200A，计算该设备的接触电压 U_d 最接近下列哪一项数值？（　　）

(A)32V　　(B)74V

(C)310V　　(D)220V

解答过程：

25. 如果在小间内移动式设备有带电裸露导体,作为防直接电击保护的措施,下列哪种处理方式最好? ( )

(A)采用额定电压为 50V 的特低电压电源供电

(B)设置遮挡和外护物以防止人体与裸露导体接触

(C)裸露导体包以绝缘,小间地板绝缘

(D)该回路上装有动作电流不大于 30mA 的剩余电流动作保护器

解答过程:

2011年案例分析试题答案(上午卷)

题1~5答案:**ABBCD**

1.《工业与民用供配电设计手册》(第四版)P460式(6.2-8)。

变压器阻抗电压有功分量:$u_a = \frac{100\Delta P_T}{S_{rT}} = \frac{100 \times 90}{20 \times 10^3} = 0.45$

变压器阻抗电压无功分量:$u_r = \sqrt{u_T^2 - u_a^2} = \sqrt{8^2 - 0.45^2} = 7.987$

其中:$\cos\varphi = 0.92$,得 $\sin\varphi = 0.392$,则变压器电压损失(%) $\Delta u_T = \beta(u_a\cos\varphi + u_r\sin\varphi) = 0.84 \times (0.45 \times 0.92 + 7.987 \times 0.392) = 2.978$

2.《电能质量　公用电网谐波》(GB/T 14549—1993)附录C式(C2)。

7次谐波的电压含有率:$HRU_7 = \frac{\sqrt{3}U_N hI_h}{10S_h}(\%) = \frac{\sqrt{3} \times 10 \times 7 \times 33}{10 \times 200}(\%) = 2.0\%$

注:此处 U_N 根据规范的要求应为电网的标称电压,有关标称电压可查《工业与民用供配电设计手册》(第四版)P127表4-1,若此处代入基准电压10.5kV,则算出答案为2.1%,显然是不对的。此公式也可查阅《工业与民用供配电设计手册》(第四版)P288式(6-40),此处要求的也是电网的标称电压。

3.《供配电系统设计规范》(GB 50052—2009)第5.0.9条。

采取无功功率补偿的措施,即为提高功率因数。

4.《工业与民用供配电设计手册》(第四版)P284式(4.6-11)和式(4.6-13)(选择基准容量为100MV·A)。

110kV线路电源侧短路电路总电抗标幺值:$X_{*c1} = \frac{1}{S_{*k}} = \frac{1}{2000/100} = \frac{1}{20} = 0.05$

10kV线路电源侧短路电路总电抗标幺值:$X_{*c2} = \frac{1}{S_{*k}} = \frac{1}{200/100} = \frac{1}{2} = 0.5$

《工业与民用供配电设计手册》(第四版)P281表(4.6-3)变压器、线路相关公式。

110/10.5kV变压器短路电抗标幺值:$X_{*T} = \frac{u_k\%}{100} \times \frac{S_j}{S_{rT}} = 0.08 \times \frac{100}{20} = 0.40$

由供电网络关系可知110kV的供电线路标幺值:$X_{*1} = X_{*c2} - X_{*c1} - X_{*T} = 0.5 - 0.05 - 0.4 = 0.05$

110kV的供电线路有名值:$X_1 = X_{*1}\frac{U_j^2}{S_j} = 0.05 \times \frac{115^2}{100} = 6.6125\Omega$

根据110kV线路单位长度电抗值求出线路长度:$l = \frac{6.6125}{0.4} = 16.53\text{km}$

5.《20kV及以下变电所设计规范》(GB 50053—2013)第4.2.1条表4.2.1。

查表可得:裸带电部分至用钥匙或工具才能打开或拆卸的栅栏(10kV)的安全净距为 200 + 750 = 950mm。

根据表下的注释,进行海拔参数的修正。

$$m = A \times \left[1 + \frac{(1500 - 1000)}{100} \times 1\%\right] + 750$$

$$= 200 \times \left[1 + \frac{(1500 - 1000)}{100} \times 1\%\right] + 750 = 960\text{mm}$$

题 6 ~ 10 答案:**CCBCC**

6.《工业与民用供配电设计手册》(第四版)P5 式(1.2-1)。

$$P_e = P_r\sqrt{\frac{\varepsilon_r}{0.25}} = 2P_r\sqrt{\varepsilon_r} = 2 \times 30 \times \sqrt{0.4} = 37.95\text{kW}$$

注:原题考查采用需要系数法时,换算为 $\varepsilon = 25\%$ 的功率。

7.《工业与民用供配电设计手册》(第四版)P10 式(1.4-1)、式(1.4-3)。

计算过程见下表。

设备名称	额定功率(kW)	需要系数	设备功率(kW)
金属冷加工机床	40	0.2	8
起重机用电动机	39.75	0.3	11.925
电加热器	20	1	20(单相)
冷水机组、空调设备送风机	40	0.85	34
高强气体放电灯	8	0.9	7.2
荧光灯	4	0.9	3.6

三相负荷总功率:$P = 8 + 11.925 + 34 + 7.2 + 3.6 = 64.725\text{kW}$

单相用电设备占三相负荷设备功率的百分比:$20/64.725 = 30.9\% > 15\%$

根据《工业与民用供配电设计手册》(第四版)P20 中"单相负荷化为三相负荷的简化方法第二条及第三条,式(1.6-4)",单相 380V 设备为线间负荷,因此,等效三相负荷 $P_{e3} = 20 \times \sqrt{3} = 34.6\text{kW}$。

8.《工业与民用供配电设计手册》(第四版)P10 式(1.4-3) ~ 式(1.4-5)。计算过程见下表。

设备名称	设备功率	需要系数	$\cos\varphi$	$\tan\varphi$	有功功率	无功功率
金属冷加工机床	40	0.2	0.5	1.732	8	13.856
起重机用电动机	33	0.3	0.5	1.732	9.9	17.147
电加热器	40	1	0.98	0.203	40	8.12
冷水机组、空调设备送风机	40	0.85	0.8	0.75	34	25.5
高强气体放电灯	8	0.9	0.6	1.333	7.2	9.6
荧光灯	4	0.9	0.9	0.484	3.6	1.742
小计	—	—	—	—	102.7	75.96
$K_P = 0.85, K_Q = 0.9$	—	—	—	—	87.30	68.36
视在功率	—	—	—	—	110.876	

注：此题难度不大，但很容易出错，计算时需仔细，在考场上此类题目会占用较多时间，建议留到最后计算。

9.《工业与民用供配电设计手册》(第四版)P10 式(1.4-6)。

$$I_c = \frac{S_c}{\sqrt{3}U_r} = \frac{105}{\sqrt{3} \times 0.38} = 159.53\text{A}$$

10.《低压配电设计规范》(GB 50054—2011)第 6.3.3 条。

满足 $I_B \leqslant I_n \leqslant I_z$，即熔体额定电流小于等于导体允许持续载流量，按题意应有 $0.8I_z \geqslant I_n = 200\text{A}, I_z \geqslant 250\text{A}$。

题 11～15 答案：**AADCA**

11.《35kV～110kV 变电站设计规范》(GB 50059—2011)第 3.2.4 条及条文说明。

12.《工业与民用供配电设计手册》(第四版)P281 表 4.6-3(选择基准容量为 100MV·A)，分列运行等效电路如右图所示。

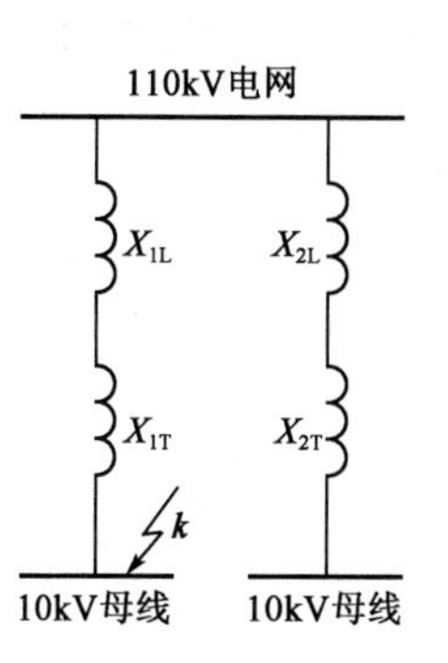

110kV 输电线路电抗标幺值：

$$X_{*1} = X_l \frac{S_j}{U_j^2} = 10 \times 0.4 \times \frac{100}{115^2} = 0.03$$

110/10kV 变压器阻抗标幺值：

$$X_{*T} = \frac{u_k}{100} \times \frac{S_j}{S_{rT}} = 0.105 \times \frac{100}{31.5} = 0.33$$

《工业与民用供配电设计手册》(第四版)P284 式(4.6-11)和式(4.6-13)。

10kV 侧短路电流标幺值：

$$I_* = \frac{1}{X_*} = \frac{1}{0.333 + 0.03} = 2.755$$

10kV 侧短路电流有名值：

$$I_B = I_* \frac{S_j}{\sqrt{3}U_j} = 2.755 \times \frac{100}{\sqrt{3} \times 10.5} = 15.15\text{kA}$$

注：变压器分列运行，应只计算一个变压器与一条输电线路的电流值。

10kV 母线分段运行，10kV 母线短路电流只流过一台主变压器，其短路电流值较两台变压器并联运行时大为降低，从而在许多情况下允许 10kV 侧装设轻型电气设备，故障点的一段母线能维持较高的运行电压，不足之处是变压器的负荷不平衡，使电能损耗较并列运行时稍大，一台变压器故障时，该分段母线的供电在分段断路器接通前要停电，此问题可由分段断路器装设设备自投装置来解决。

13.《工业与民用供配电设计手册》(第四版)P281 表 4.6-3(选择基准容量为 100MV·A)。

110kV 输电线路电抗标幺值：$X_{*1} = X_1 \frac{S_j}{U_j^2} = 10 \times 0.4 \times \frac{100}{115^2} = 0.03$

短路电流小于 20kA 的总电抗：$X_* = \frac{1}{I_{*k}} = \frac{S_j}{\sqrt{3}I_k U_j} = \frac{100}{\sqrt{3} \times 20 \times 10.5} = 0.275$

110/10kV 高阻抗变压器阻抗最小标幺值：$X_{*T}=\frac{u_{kmin}}{100}\times\frac{S_j}{S_{rT}}=\frac{u_{kmin}}{100}\times\frac{100}{50}=0.275-0.03$

整理后得到：$u_{kmin}=(0.275-0.03)\times50=12.25$

14.《电力装置的继电保护和自动装置设计规范》(GB/T 50062—2008)第5.0.7-2条。

利用第7.0.2条、第7.0.4条排除选项A；利用第5.0.3-1、第5.0.3-2条排除选项B，注意本题中的10kV馈线为单侧电源线路，而非双侧电源线路；利用第5.0.7-2条选定C；利用第4.0.3-2条有关主保护的论述排除选项D。

注：单侧电源线路就是只有一侧有电源，另一侧为纯负载，单侧电源线路的开关的合闸无需检同期；双侧电源线路就是线路的两侧均有电源，其开关在合闸时因为开关两侧均有电压，所以通过检同期合闸。

15.《3~110kV高压配电装置设计规范》(GB 50006—2008)第3.0.2条表3.0.2裸导体和电器的环境温度或《导体和电器选择设计技术规定》(DL/T 5222—2005)第6.0.2条表6.0.2。

题16~20答案：**BBCAC**

16.《火力发电厂与变电站设计防火规范》(GB 50229—2006)第6.6.2条及表6.6.2、第11.1.4条 表11.1.4及其表下方注解。

原题是考查旧规范《35~110kV变电所设计规范》(GB 50059—1992)附录中的表格，本规范很少考查，但建议考生适当了解该规范后半部分有关变电所防火的有关规定。

注：不建议依据《3~110kV高压配电装置设计规范》(GB 50060—2008)作答，根据其第1.0.2条的要求，该规范仅适用于高压配电装置工程的设计。

17.《3~110kV高压配电装置设计规范》(GB 50060—2008)第5.4.4条表5.4.4。

$$L=1000\times2+1500\times2+900+\text{双车长}=5900+\text{双车长}$$

注：此题若按《20kV及以下变电所设计规范》(GB 50053—2013)第4.2.7条表4.2.7，则长度为5700+双车长，并无答案。

18.《3~110kV高压配电装置设计规范》(GB 50060—2008)第5.4.4条表5.4.4及注解4。

$L=2800+1000(\text{柜后维护通道})+1200+\text{单车长}=5000+\text{单车长}$

19.《3~110kV高压配电装置设计规范》(GB 50060—2008)第5.4.4条表5.4.4。

$L=3\times1000+18\times800+2\times1000=19400$

注：低压配电柜两个出口之间距离超过15m时，应增加出口，但高压配电柜无类似规定。

20.《3~110kV高压配电装置设计规范》(GB 50060—2008)第5.5.3条。

题 21 ~25 答案:**BACAA**

21.《工业与民用供配电设计手册》(第四版)P1457 相导体与大地故障引起的故障电压的相关内容,移动式设备发生相线碰外壳接地故障时的电路图如下:

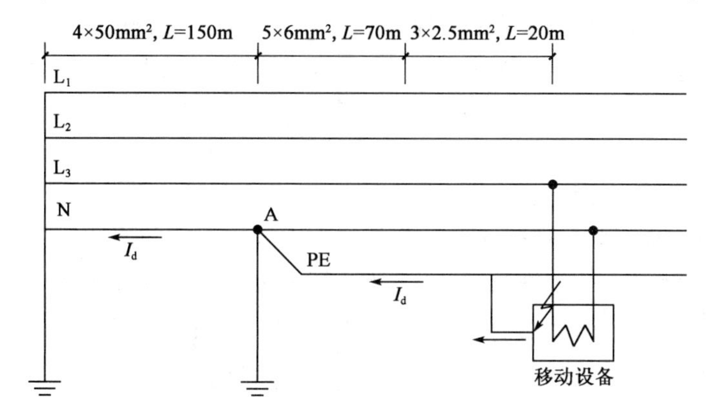

故障电流:$I_d = U_n / R_\Sigma = 220/[2\times(0.15\times0.4+0.07\times3+0.02\times8)]=255.8A$

注:电流从相线—保护线折返回中性点,电阻应该是单芯电线电阻的2倍。

22. 由上图可知,A 点为建筑物总等电位联结接地点,电位为 0,则 $U_d = I_d \times R_1 = 200\times(0.07\times3+0.02\times8)=74V$。

23.《低压配电设计规范》(GB 50054—2011)第 6.2.4 条。

$I_K >= 1.3\times12\times20 = 312A$

24. 由上图可知,当小间做局部等电位联结,移动式设备发生相线碰外壳接地故障时,移动外壳对于小间的电位差为:

$U_d = I_d R_2 = 200\times(0.02\times8) = 32V$

25.《低压电气装置 第 4-41 部分:安全防护 电击防护》(GB 16895.21—2011)。

①利用第 412.5 条排除选项 D,剩余电流保护器只能作为附加保护,不是防止发生直接电击的主保护措施。

②利用第 412.2 条可知,遮拦和外护物可作为直接接触防护的一种措施,第412.2.4条中,当需要移动遮拦或打开外护物或拆下外护物的部件时,应符合以下条件:

a. 使用钥匙或工具。

b. 将遮拦或外护物所防护的带电部分的电源断开后,恢复供电只能在重新放回或重新关闭遮拦或外护物以后。

c. 有能防止触及带电部分的防护等级至少为 IPXXB 或 IP2X 的中间遮拦,这种遮拦只有使用钥匙或工具才能移开。

针对移动设备(即人们需要经常携带或推拉的设备)来说,此种防护方式是否最为便利、最好,应该是不言而喻的。

③裸露导体包以绝缘,属于直接接触防护中带电部分的绝缘;小间地板绝缘,实际属于间接接触防护的一种,主要针对 0 类设备。因此不应在选择范围之内。此外,还需要指出的是,第 413.3.5 条要求所做的配置应是永久性的,并不应使它有失效的可能。

预计使用移动式或便携式设备时,也要确保有这种防护。此种防护是否为最好的防护措施,应该看是否能保证移动式设备所到之处都能做到地板绝缘。

④安全特低电压是直接接触和间接接触兼有的防护措施,有考友因为此点排除选项A是不妥当的。所谓兼有,即直接接触防护可以使用,间接接触防护也可以使用,而其作为防护措施本身并无排他性。另外,第411.1.5.2条规定,当建筑物内外已按413.1.2设置总等电位联结……不需要符合第411.1.5.1条中的直接接触防护。其实作为防护措施来讲,无论是直接接触防护还是间接接触防护,安全特低电压都是一种普遍最优的选择。一方面,特低电压对人体无伤害;另一方面,其电气回路均设置隔离变压器,只有磁路耦合而无电路连接。因此隔离变压器故障时,也不会造成电击。

注:此题目有争议。有关接触电压、单相接地短路电流计算的题目,无具体依据,可引用《工业与民用供配电设计手册》(第四版)P1456~P1457相关内容,也可直接画出电路图进行计算,只要过程结果都正确,都不会扣分。

2011年案例分析试题(下午卷)

专业案例题(共40题,考生从中选择25题作答,每题2分)

题1~5:某一除尘风机拟采用变频调速,技术数据为:在额定风量工作时交流感应电动机计算功率 $P=900\mathrm{kW}$,电机综合效率 $\eta_{m100}=0.92$,变频器效率 $\eta_{mp100}=0.976$;50%额定风量工作时,电动机效率 $\eta_{m50}=0.8$,变频器效率 $\eta_{mp50}=0.92$;20%额定风量工作时 $\eta_{m20}=0.65$,变频器效率 $\eta_{mp20}=0.9$;工艺工作制度,年工作时间6000h,额定风量下工作时间占40%,50%额定风量下工作时间占30%,20%额定风量下工作时间占30%,忽略电网损失,请回答下列问题。

1. 采用变频调速,在上述工艺工作制度下,该风机的年耗电量与下述哪项值相近? (　　)

(A)2645500kW·h　　(B)2702900kW·h

(C)3066600kW·h　　(D)4059900kW·h

解答过程:

2. 若不采用变频器调速,风机风量 Q_i 的改变采用控制风机出口挡板开度的方式,在上述工艺工作制度下,该风机的年耗电量与下列哪个数值最接近?(设风机扬程为 $H_i=1.4-0.4Q_i^2$,式中 H_i 和 Q_i 均为标幺值。提示:$P_i=\dfrac{PQ_iH_i}{\eta_m}$) (　　)

(A)3979800kW·h　　(B)4220800kW·h

(C)4353900kW·h　　(D)5388700kW·h

解答过程:

3. 若变频调速设备的初始投资为84万元,假设采用变频调速时的年耗电量是2156300kW·h,不采用变频调速时的年耗电量是3473900kW·h,若电价按0.7元/kW·h计算,仅考虑电价因素时预计初始投资成本回收期约为多少个月? (　　)

(A)10 个月　　(B)11 个月
(C)12 个月　　(D)13 个月

解答过程：

4. 说明除变频调速方式外，下列风量控制方式中哪种节能效果最好？（　　）

(A)风机出口挡板控制
(B)电机变频调速加风机出口挡板控制
(C)风机入口挡板控制
(D)电机变频调速加风机入口挡板控制

解答过程：

5. 说明下列哪一项是采用变频调速方案的缺点？（　　）

(A)调速范围　　(B)启动特性
(C)节能效果　　(D)初始投资

解答过程：

题 6～10：下图为一座 110kV/35kV/10kV 变电站，110kV 和 35kV 采用敞开式配电装置，10kV 采用户内配电装置，变压器三侧均采用架空套管出线。正常运行方式下，任一路 110kV 电源线路带全所负荷，另一路热备用，两台主变压器分别运行，避雷器选用阀式避雷器，其中：

110kV 电源进线为架空线路约 5km，进线段设有 2km 架空避雷线，主变压器距 110kV 母线避雷器最大电气距离为 60m。

35kV 系统以架空线路为主，架空线路进线段设有 2km 架空避雷线，主变压器距 35kV 母线避雷器最大电气距离为 60m。

10kV 系统以架空线路为主，主变压器距 10kV 母线避雷器最大电气距离为20m。

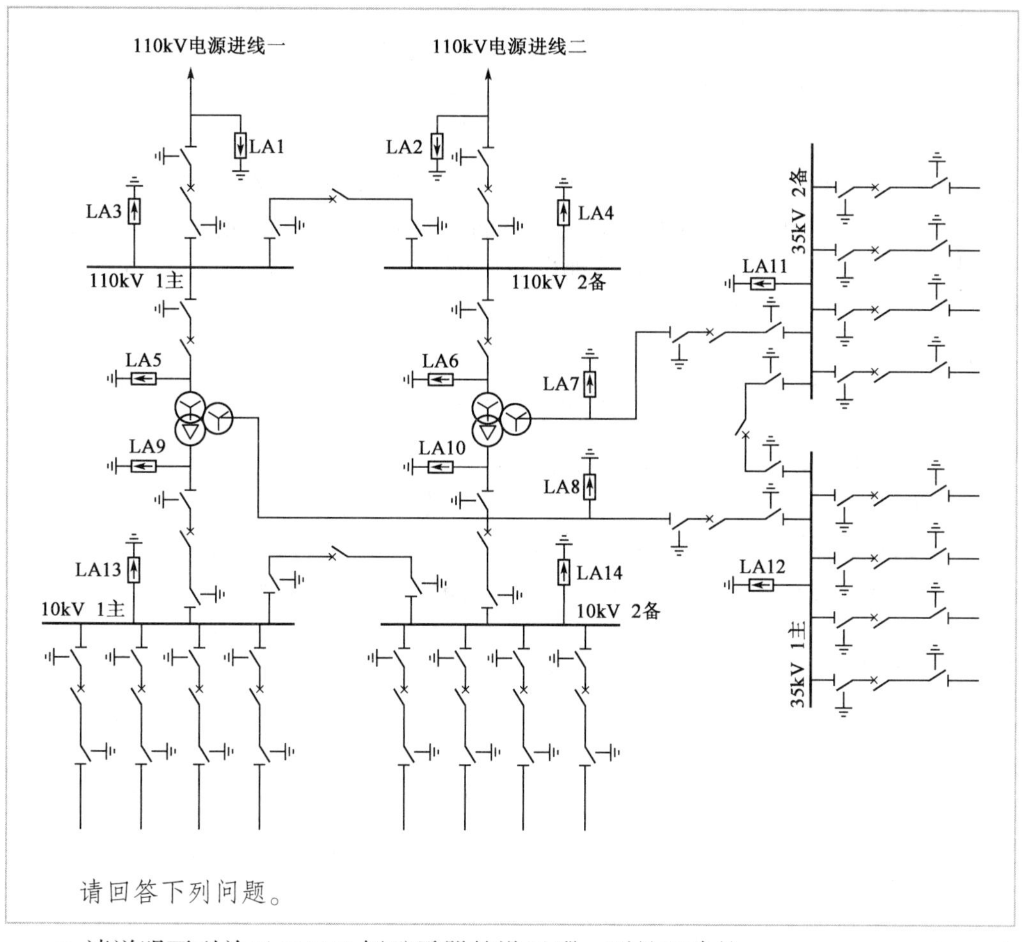

请回答下列问题。

6. 请说明下列关于110kV侧避雷器的设置哪一项是正确的？（　　）

(A) 只设置LA3、LA4

(B) 只设置LA1、LA2、LA3、LA4

(C) 只设置LA1、LA2

(D) 只设置LA1、LA2、LA3、LA4、LA5、LA6

解答过程：

7. 主变压器低压侧有开路运行的可能，下列关于10kV侧、35kV侧避雷器的设置哪一项是正确的？（　　）

(A) 只设置LA7、LA8、LA9、LA10

(B) 采用独立避雷针保护，不设置避雷器

(C) 只设置LA11、LA12、LA13、LA14

(D) 只设置LA7、LA8、LA9、LA10、LA11、LA12、LA13、LA14

解答过程：

8. 设 35kV 系统以架空线路为主，架空线路总长度为 60km，35kV 架空线路的单相接地电容电流均为 0.1A/km；10kV 系统以钢筋混凝土杆塔架空线路为主，架空线路总长度均为 30km，架空线路的单相接地电容电流均为 0.03A/km，电缆线路总长度为 8km，电缆线路的单相接地电容电流均为 1.6A/km。

请通过计算选择 10kV 系统及 35kV 系统的接地方式（假定 10 ~ 35kV 系统在接地故障条件下仍需短时运行），确定下列哪一项是正确的？（　　）

(A) 10kV 及 35kV 系统均采用不接地方式
(B) 10kV 及 35kV 系统均采用经消弧线圈接地方式
(C) 10kV 系统采用高电阻接地方式，35kV 系统采用低电阻接地方式
(D) 10kV 系统采用经消弧线圈接地方式，35kV 系统采用不接地方式

解答过程：

9. 假定 10kV 系统接地电容电流为 36.7A，10kV 系统采用经消弧线圈接地方式，消弧线圈的计算容量为下列哪一项数值？（　　）

(A) 275kV·A　(B) 286kV·A　(C) 332kV·A　(D) 1001kV·A

解答过程：

10. 如果变电站接地网的外缘为 90m × 60m 的矩形，站址土壤电阻率 $\rho = 100\Omega \cdot m$，请通过简易计算确定变电站接地网的工频接地电阻值为下列哪一项数值？（　　）

(A) $R = 0.38\Omega$　(B) $R = 0.68\Omega$　(C) $R = 1.21\Omega$　(D) $R = 1.35\Omega$

解答过程：

题 11 ~ 15：某圆形办公室，半径为 5m，吊顶高 3.3m，采用格栅式荧光灯嵌入顶棚布置成 3 条光带，平面布置如下图所示。

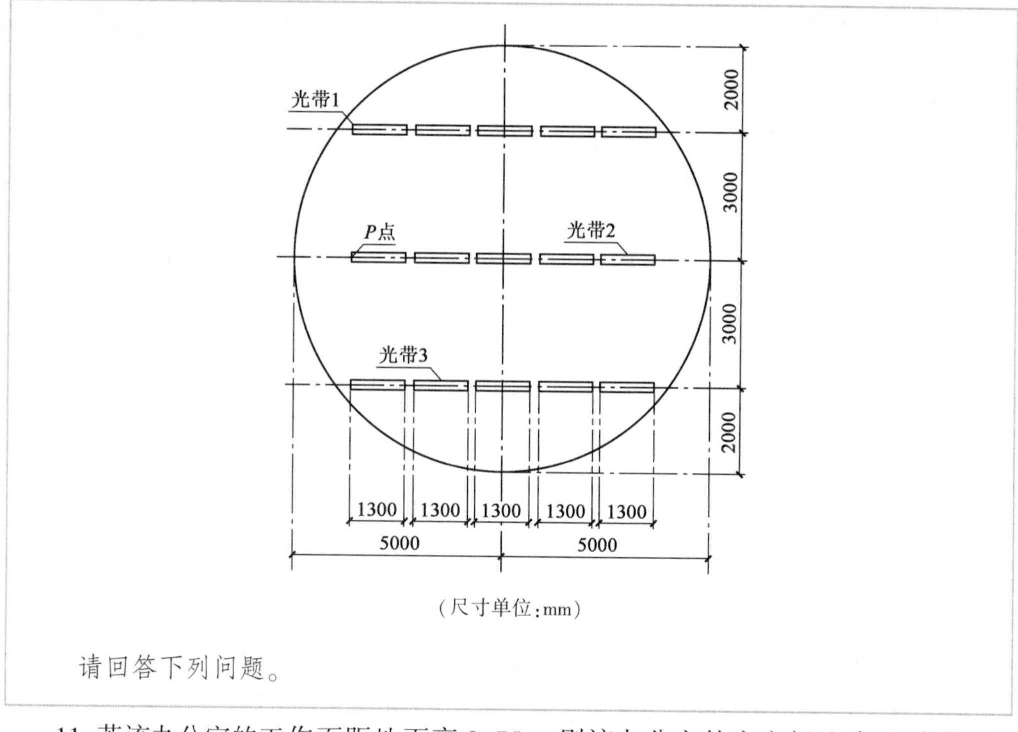

(尺寸单位:mm)

请回答下列问题。

11. 若该办公室的工作面距地面高 0.75m,则该办公室的室空间比为下列哪一项数值? (　　)

(A)1.28　　(B)2.55　　(C)3.30　　(D)3.83

解答过程:

12. 若该办公室的工作面距地面高 0.75m,选用 T5 三基色荧光灯管 36W。其光通量为 3250lm,要求照度标准值为 500lx,已知灯具利用系统为 0.51,维护系数为 0.8,需要光源数为下列哪一项数值(取整数)? (　　)

(A)15　　(B)18　　(C)30　　(D)36

解答过程:

13. 在题干图中,若各段光源采用相同的灯具,并按同一轴线布置,计算光带 1 在距地面 0.75m 高的 P 点的直射水平照度时,当灯具间隔 S 小于下列哪一项数值时,误差小于 10%,发光体可以按连续光源计算照度? (　　)

(A)0.29m (B)0.64m (C)0.86m (D)0.98m

解答过程：

14. 在题干图中，若已知光带1可按连续线光源计算照度，各灯具之间的距离 S 为0.2m，此时不连续线光源光强的修正系数为下列哪一项数值？（ ）

(A)0.62 (B)0.78 (C)0.89 (D)0.97

解答过程：

15. 若每套灯具采用2支36W直管型荧光灯，每支荧光灯通量为3250lm，各灯具之间的距离 $S=0.25$m，不连续线光源按连续光源计算照度的修正系数 $c=0.87$，已知灯具的维护系数为0.8，灯具在纵轴向的光强分布确定为C类灯具，荧光灯具发光强度值见下表，若距地面0.75m高的 P 点的水平方位系数为0.662，试用方位系数计算法求光带2在 P 点的直射水平照度为下列哪一项数值？（ ）

嵌入式格栅荧光灯发光强度值表

θ(°)	0	30	45	60	90
$I_{a(B-B)}$(cd)	278	344	214	23	0
$I_{o(B-B)}$(cd)	278	218	160	90	1

(A)194lx (B)251lx (C)289lx (D)379lx

解答过程：

题16～20：某工程项目设计中有一台同步电动机，额定功率 $P_n=1450$kW，额定容量 $S_n=1.9$MV·A，额定电压 $U_n=6$kV，额定电流 $I_n=183$A，启动电流倍数 $K_{st}=5.9$，额定转速 $n_0=500$r/min，折算到电动机轴上的总飞轮转矩 $GD^2=80$kN·m^2，电动机全压启动时的转矩相对值 $M_{*q}=1.0$，电动机启动时的平均转矩相对值 $M_{*pq}=1.1$，生产机械的电阻转矩相对值 $M_{*j}=0.16$，6kV母线短路容量 $S_{km}=46$MV·A，6kV母线其他无功负载 $Q_{fh}=2.95$Mvar，要求分别计算及讨论有关该同步电动机的启动电压及启动时间，请回答下列问题。

16. 如采用全压启动，启动前，母线电压相对值为1.0，忽略电动机馈电线路阻抗，计算启动时电动机定子端电压相对值 U_{*q} 应为下列哪一项数值？（　　）

(A)0　　(B)0.803　　(C)0.856　　(D)1.0

解答过程：

17. 为满足生产机械所要求的启动转矩，该同步电动机启动时定子端电压相对值最小应为下列哪一项数值？（　　）

(A)0.42　　(B)0.40　　(C)0.38　　(D)0.18

解答过程：

18. 如上述同步电动机的允许启动一次的时间为 $t_{st}=14s$，计算该同步电动机启动时所要求的定子端电压相对值最小应为哪一项数值？（　　）

(A)0.50　　(B)0.63　　(C)0.66　　(D)1.91

解答过程：

19. 下列影响同步电动机启动时间的因素，哪一项是错误的？（　　）

(A)电动机额定电压
(B)电动机所带的启动转矩相对值
(C)折合到电机轴上的飞轮转矩
(D)电动机启动时定子端电压相对值

解答过程：

20. 如启动前母线电压6.3kV,启动瞬间母线电压5.4kV,启动时母线电压下降相对值为下列哪一项数值? ( )

(A)0.9　　(B)0.19

(C)0.15　　(D)0.1

解答过程:

题21~25:某35kV变电所10kV系统装有一组4800kvar电力电容器,装于绝缘支架上,星形接线,中性点不接地,电流互感器变比为400/5,10kV最大运行方式下短路容量为300MV·A,最小运行方式下短路容量为200MV·A,10kV母线电压互感器二次额定电压为100V,请回答下列问题。

21. 说明该电力电容器组可不设置下列哪一项保护? ( )

(A)中性线对地电压不平衡电压保护

(B)低电压保护

(C)单相接地保护

(D)过电流保护

解答过程:

22. 电力电容器组带有短延时速断保护装置的动作电流应为下列哪一项数值? ( )

(A)59.5A　　(B)68.8A　　(C)89.3A　　(D)103.1A

解答过程:

23. 电力电容器组过电流保护装置的最小动作电流和相应灵敏系数应为下列哪组数值? ( )

(A)6.1A,19.5　　(B)6.4A,18.6

(C)6.4A,27.9　　(D)6.8A,17.5

解答过程:

24. 电力电容器组过负荷保护装置的动作电流为下列哪一项数值?　　(　　)

(A)4.5A　　(B)4.7A

(C)4.9A　　(D)5.4A

解答过程:

25. 电力电容器组低电压保护装置的动作电压一般为下列哪一项数值?　　(　　)

(A)40V　　(B)45V

(C)50V　　(D)60V

解答过程:

题 26~30:某新建办公建筑,高 126m,设避难层和屋顶直升机停机坪,请回答下列问题。

26. 消防控制室内一台火灾报警控制器所连接的火灾探测器、手动火灾报警按钮和模块等设备总数和地址总数,不应超过下列哪项数值?　　(　　)

(A)3200 点　　(B)4800 点

(C)5600 点　　(D)无限制

解答过程:

27. 按规范规定,本建筑物的火灾自动报警系统形式应为下列哪一项? ( )

(A)区域报警系统 (B)集中报警系统
(C)控制中心报警系统 (D)总线制报警系统

解答过程:

28. 因条件限制,在本建筑物中需布置油浸电力变压器,其总容量不应大于下列哪一项数值? ( )

(A)630kV·A (B)800kV·A
(C)1000kV·A (D)1250kV·A

解答过程:

29. 说明在本建筑物中的下列哪个部位应设置备用照明? ( )

(A)库房 (B)屋顶直升机停机坪
(C)空调机房 (D)生活泵房

解答过程:

30. 说明本建筑物的消防设备供电干线及分支干线,应采用哪一种电缆? ( )

(A)有机绝缘耐火类电缆 (B)阻燃型电缆
(C)矿物绝缘电缆 (D)耐热性电缆

解答过程:

题 31 ~ 35：建筑物内某区域一次回风双风机空气处理机组(AHU)，四管制送冷/热风 + 加湿控制，定风量送风系统，空气处理流程如下图所示。

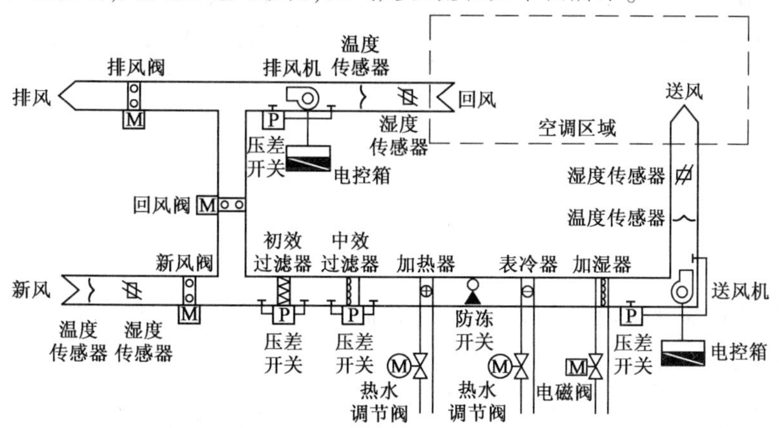

要求采用建筑设备监控系统(BAS)的 DDC 控制方式，监控功能要求见下表。

序号	监控内容	控制策略
1	检测内容	新风、回风、送风湿温度(PT1000，电容式)，过滤器差压开关信号、风机压差开关信号，新风、回风、排风风阀阀位(DC0 ~ 10V)，冷/热电动调节阀阀位(DC0 ~ 10V)，风机启停、工作、故障及手/自动状态
2	回风温度自动控制	串级 PID 调节控制冷/热电动调节阀，主阀回风温度，副阀送风温度，控制回风温度
3	回风温度自动控制	串级 PID 调节控制加湿电磁阀，主阀回风温度，副阀送风湿度，控制回风湿度
4	新风量自动控制	过渡季根据新风、回风的温湿度计算焓值，自动调节新风、回风、排风风阀的开度，设定最小新风量
5	过滤器堵塞报警	两级空气过滤器，分别设堵塞超压报警，提示清扫
6	机组定时启停控制	根据事先排定的工作及节假日作息时间表，定时启停机组，自动统计机组工作时间，提示定时维修
7	联锁及保护控制	风机启停、风阀、电动调节阀联动开闭，风机启动后，其前后压差过低时，故障报警并连锁停机，热盘管出口处设防冻开关，当温度过低时，报警并打开热水阀

请回答下列问题。

31. 根据控制功能要求，统计输入 DDC 的 AI 点数为下列哪一项数值？(风阀、水阀均不考虑并联控制)　　(　　)

(A)9　　(B)10　　(C)11　　(D)12

解答过程：

32. 下列哪一项属于 DI 信号？（　　）

（A）防冻开关信号　　（B）新风温度信号

（C）回风湿度信号　　（D）风机启停控制信号

解答过程：

33. 若要求检测及保障室内空气品质，宜根据下列哪一项参数自动调节控制 AHU 的最小新风量？（　　）

（A）回风温度　　（B）室内焓值

（C）室内 CO 浓度　　（D）室内 CO_2 浓度

解答过程：

34. 若该 AHU 改为变风量送风系统，下列哪一项控制方法不适宜送风量的控制？（　　）

（A）定静压法　　（B）变静压法

（C）总风量法　　（D）定温度法

解答过程：

35. 选择室内温湿度传感器时，规范规定其响应时间不应大于下列哪一项数值？（　　）

（A）25s　　（B）50s

（C）100s　　（D）150s

解答过程：

题 36~40:某企业变电站拟新建一条 35kV 架空电源线路,采用小接地电流系统,线路采用钢筋混凝土电杆、铁横担、铜芯铝绞线。请回答下列问题。

36. 小接地电流系统中,无地线的架空电力线路杆塔在居民区宜接地,其接地电阻不宜超过下面哪一项数据? ( )

(A)1Ω (B)4Ω

(C)10Ω (D)30Ω

解答过程:

37. 如下图所示为架空线路某钢筋混凝土电杆环绕水平接地装置的示意图,已知水平接地极采用 50mm × 5mm 的扁钢,埋深 $h = 0.8$m,土壤电阻率 $\rho = 500\Omega \cdot m$,$L_1 = 4$m,$L_2 = 2$m,计算该装置工频接地电阻值最接近下列哪一项数值? ( )

(A)48Ω (B)52Ω

(C)57Ω (D)90Ω

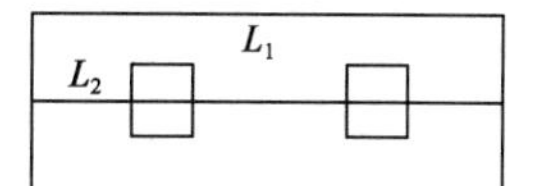

解答过程:

38. 在架空电力线路的导线力学计算中,如果用符号表示比载 γ_n(下角标代表导线在不同条件下),那么 γ_7 代表导线下列哪种比载?并回答导线比载的物理意义是什么? ( )

(A)无冰时的风压比载 (B)覆冰时的风压比载

(C)无冰时的综合比载 (D)覆冰时的综合比载

解答过程:

39. 已知该架空电力线路设计气象条件和导线的参数如下:

①覆冰厚度 $b = 20$mm; ②覆冰时的风速 $V = 10$m/s;

③电线直径 $d = 17$; ④空气密度 $\rho = 1.2255$kg/m^2;

⑤空气动力系统 $K = 1.2$; ⑥风速不均匀系数 $\alpha = 1.0$;

⑦导线截面积 $A=170\text{mm}^2$；　　　　⑧理论风压 $W_0=0.5\rho V^2\text{N/m}^2(\text{P}_a)$。
计算导线覆冰时的风压比载 γ_5 与下列哪一项数值最接近？　　(　　)

(A) $3\times10^{-3}\text{N/(m}\cdot\text{mm}^2)$　　(B) $20\times10^{-3}\text{N/(m}\cdot\text{mm}^2)$
(C) $25\times10^{-3}\text{N/(m}\cdot\text{mm}^2)$　　(D) $4200\times10^{-3}\text{N/(m}\cdot\text{mm}^2)$

解答过程：

40. 已知某杆塔相邻两档导线等高悬挂，杆塔两侧导线最低点间的距离为120m，导线截面积 $A=170\text{mm}^2$，出现灾害性天气时的比载 $\gamma_3=100\times10^{-3}\text{N/(m}\cdot\text{mm}^2)$，计算此时一根导线施加在横档上的垂直荷载最接近下列哪一项数值？　　(　　)

(A)5000N　　(B)4000N
(C)3000N　　(D)2000N

解答过程：

2011 年案例分析试题答案(下午卷)

题 1 ~5 答案:**BCBDD**

1.《钢铁企业电力设计手册》(上册)P306 有关调节电动机的转速部分内容。

根据风机的压力—流量特性曲线可知,转速与流量成正比,而功率与流量的 3 次方成比,即 $\frac{P_2}{P_1}=\left(\frac{N_2}{N_1}\right)^3$。

50% 额定风量工作时的功率 $P_{50}=(0.5)^3P_n$;20% 额定风量工作时的功率 $P_{20}=(0.2)^3P_n$。

《钢铁企业电力设计手册》(上册)P306 式(6-43),推导可得年耗电量的公式(忽略轧机相关系数)。

$$W=\frac{PT_Y}{\eta_m}=\frac{P_n\times6000\times40\%}{\eta_{m100}\eta_{mp100}}+\frac{P_{50}\times6000\times30\%}{\eta_{m50}\eta_{mp50}}+\frac{P_{20}\times6000\times30\%}{\eta_{m20}\eta_{mp20}}=2703000\text{kW·h}$$

2.《钢铁企业电力设计手册》(上册)P306 式(6-43),推导可得年耗电量的公式(忽略轧机相关系数)。

$$Q_{100}=1,H_{100}=1.4-0.4Q_{100}^2=1.4-0.4\times1^2=1$$
$$Q_{50}=0.5,H_{50}=1.4-0.4Q_{50}^2=1.4-0.4\times0.5^2=1.3$$
$$Q_{20}=0.2,H_{20}=1.4-0.4Q_{20}^2=1.4-0.4\times0.2^2=1.384$$

$$W=\frac{P_nQHT_Y}{\eta_m}$$
$$=\frac{P_n\times Q_{100}\times H_{100}\times6000\times40\%}{\eta_{m100}}+\frac{P_n\times Q_{50}\times H_{50}\times6000\times30\%}{\eta_{m50}}+\frac{P_n\times Q_{20}\times H_{20}\times6000\times30\%}{\eta_{m20}}$$
$$=\frac{900\times1\times6000\times40\%}{0.92}+\frac{900\times0.5\times1.3\times6000\times30\%}{0.8}+\frac{900\times0.2\times1.384\times6000\times30\%}{0.65}=4353947\text{kW·h}$$

3. 平均每月节省电费 $W=\frac{(3473900-2156300)\times0.7}{12}=7.686$ 万元,投资回收期(静态)$T=\frac{84}{7.686}=10.9\approx11$ 月。

4.《钢铁企业电力设计手册》(上册)P310 表 6-12。

此表格虽为例题,但也具有参考性,很明显,表格中各种控制方式下,风机功率消耗由左向右逐渐降低，最节能的是变频调速控制，其次为变极调速+入口挡板控制。

5.《钢铁企业电力设计手册》（下册）P271 表25-2。

独立控制变频调速的特点为效率高，系统复杂，价格较高，转速变化率小。

题6～10答案：**BDDBB**

6.《交流电气装置的过电压保护和绝缘配合设计规范》（GB/T 50064—2014）第5.4.13条及相关内容。

第5.4.13-2条：未沿全线架设地线的35～110kV线路，其变电站的进线段应采用下图所示的保护接线。

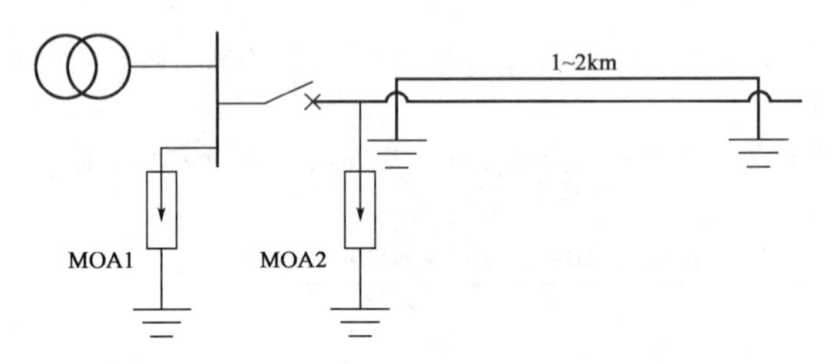

必须设置的避雷器为LA1、LA3和LA2、LA4。

第5.4.13-6条：表5.4.13-1，可知主变压器距110kV母线避雷器最大电气距离未超过允许值，在主变压器附近可不必增设一组阀式避雷器，排除LA5、LA6。

注：也可参考《交流电气装置的过电压保护和绝缘配合》（DL/T 620—1997）第7.3.2条和第7.3.4条表11，表11中按110kV，2km进线长度，2回路进线确定最大电气距离。

7.《交流电气装置的过电压保护和绝缘配合设计规范》（GB/T 50064—2014）第5.4.13条及相关内容。

同上题，第5.4.13-2条要求，必须设置的避雷器为LA7、LA11和LA8、LA12。

同上题，第5.4.13-6条：表5.4.13-1，主变压器距35kV母线避雷器最大电气距离未超过允许值。

第5.4.13-11条，必须设置的避雷器为LA9、LA10。

第5.4.13-12条及表5.4.13-2，必须设置的避雷器为LA13、LA14，且10kV母线避雷器最大电气距离未超过允许值。

注：也可参考《交流电气装置的过电压保护和绝缘配合》（DL/T 620—1997）第7.3.2条和第7.3.4条表11（35kV侧）；第7.3.8条和第7.3.9条表13（10kV侧）。此题不严谨，系统图中未画出10kV和35kV的架空进线端，无法区分变压器中低压侧的避雷器是在架空进线前还是在架空进线后，按题意强调的几个条件，建议选D。

8.《交流电气装置的过电压保护和绝缘配合设计规范》（GB/T 50064—2014）第3.1.3条。

35kV系统（架空线）接地电容电流：$I_{c35}=60\times0.1=6\text{A}<10\text{A}$，应采用不接地的

方式。

10kV 系统(架空线+电缆)接地电容电流:$I_{c10}=0.03\times30+1.6\times8=13.7A>10A$,同时需在接地故障条件下运行,应采用中性点谐振(消弧线圈)接地方式。

注:也可参考《交流电气装置的过电压保护和绝缘配合》(DL/T 620—1997)第3.1.2条,题中要求10kV系统以钢筋混凝土杆塔架空线路为主,根据第3.1.2-a条确认10A为允许值。

9.《交流电气装置的过电压保护和绝缘配合设计规范》(GB/T 50064—2014)第3.1.6-4条。

$$W=1.35I_c\frac{U_n}{\sqrt{3}}=1.35\times36.7\times\frac{10}{\sqrt{3}}=286.05\text{kVA}$$

注:也可参考《交流电气装置的过电压保护和绝缘配合》(DL/T 620—1997)第3.1.6-c条,若题目要求确定消弧线圈的规格,则应选择与计算结果相接近的数值,可参见《导体和电器选择设计技术规定》(DL/T 5222—2005)第18.1.4条的要求。另,10kV系统电容电流除线路单相接地电容电流外,还应含有变电所增加的接地电容电流,即"系统电容电流=线路单相接地电容电流+变电所设备增加的电容电流",因此,根据题干已知条件,建议不再补充计算16%的电容电流增量。

10.《交流电气装置的接地设计规范》(GB/T 50065—2011)附录A式(A.0.4-3)。

$$R\approx0.5\frac{\rho}{\sqrt{S}}=0.5\times\frac{100}{\sqrt{90\times60}}=0.68\Omega$$

题11~15答案:**BCDCB**

11.《照明设计手册》(第三版)P146式(5-44)。

$$\text{RCR}=\frac{2.5\text{墙面积}}{\text{地面积}}=\frac{2.5\times2\pi\times5\times(3.3-0.75)}{\pi\times5^2}=2.55$$

注:墙面积计算中的墙高是工作面至吊顶高度。

12.《照明设计手册》(第三版)P145式(5-39)。

$$E_{av}=\frac{N\Phi Uk}{A}$$

$$N=\frac{E_{av}A}{\Phi Uk}=\frac{500\times3.14\times5^2}{3250\times0.51\times0.8}=29.6$$

因此取30只。

13.《照明设计手册》(第三版)P131第5行,其中θ角可查P129表5-5。

$\theta=\arctan(3\div2.55)=49.6°$

$$S\leqslant\frac{h}{4\cos\theta}=\frac{3.3-0.75}{4\cos49.6°}=0.983\text{m}$$

14.《照明设计手册》(第三版)P131式(5-25)。

$$C=\frac{Nl'}{N(l'+S)-S}=\frac{5\times1.3}{5\times(1.3+0.2)-0.2}=0.89$$

15.《照明设计手册》(第三版)P126 式(5-21)。

$$E_h=\frac{\Phi I'_{\theta0}k}{1000h}\cos^2\theta(AF)=\frac{2\times3250\times0.87\times0.8\times278/1.3}{1000\times2.55}\times1^2\times0.662=251\text{lx}$$

题 16 ~20 答案:**BABAC**

16.《工业与民用供配电设计手册》(第四版)P482 ~ P483 表 6.5-4 全压启动公式。

电动机启动回路额定输入容量:$S_{st}=S_{stM}=K_{st}S_{rM}=2.9\times1.9=11.21\text{MV·A}$

母线电压相对值:$U_{stm}=u_s\dfrac{S_{km}}{S_{km}+Q_{fh}+S_{st}}=1.05\times\dfrac{46}{46+2.95+11.21}=0.803$

电动机端电压相对值:$U_{stM}=U_{stm}\dfrac{S_{st}}{S_{stM}}=0.803\times\dfrac{11.21}{11.21}=0.803$

17.《工业与民用供配电设计手册》(第四版)P480 式(6.5-3)。

启动时电动机端子电压应能保证的最小启动转矩:$u_{stM}\geqslant\sqrt{\dfrac{1.1M_j}{M_{stM}}}=$

$\sqrt{\dfrac{1.1\times0.16}{1.0}}=0.42$

18.《钢铁企业电力设计手册》(上册)P277 式(5-16)。

$$t_{st}=\frac{\text{GD}^2n_N^2}{3580P_{Nm}(u_{sm}^2m_{sa}-m_r)}=\frac{80\times500^2}{3580\times1450\times(u_{sm}^2\times1.1-0.16)}=14$$

方程求解可得 $u_{sm}=0.63$ 。

注:本题也可依据《工业与民用供配电设计手册》(第四版)P268 式(6-24),但需注意:此处总飞轮转矩 GD^2 的单位为 Mg·m^2,与题干给的 kN·m^2 不一致,相差一个重力加速度 g=9.8。

19.《工业与民用供配电设计手册》(第四版)P480 式(6.5-4)。

由公式 $t_{st}=\dfrac{4gJn_0^2}{3580P_{rM}(u_{stM}^2m_{stM}-m_s)}$,影响启动时间的因素不包括电动机额定电压。

20.《工业与民用供配电设计手册》(第四版)P478 式(6.5-1)。

$$\Delta u_{st}=\frac{U-U_{st}}{U_n}=\frac{6.3-5.4}{6.0}=0.15$$

题 21 ~25 答案:**CBBCC**

21.《电力装置的继电保护和自动装置设计规范》(GB/T 50062—2008)第 8.1.3 条。

22.《工业与民用供配电设计手册》(第四版)P572 ~ P573 表 7.5-2。

最小运行方式下，两相短路超瞬态电流：$I''_{k2\cdot min} = 0.866I''_{k3\cdot min} = 0.866\dfrac{S_{kmin}}{\sqrt{3}U_j} = 0.866\dfrac{200}{\sqrt{3}\times 10.5} = 9.52kA$

保护装置的动作电流：$I_{op\cdot k} \leqslant \dfrac{I''_{k2\cdot min}}{1.5n_{TA}} = \dfrac{9.52}{1.5\times 400/5} = 0.0793kA = 79.3A$

23.《工业与民用供配电设计手册》(第四版)P572 ~ P573 表 7.5-2"过电流保护"。

电容器组额定电流：$I_{rC} = \dfrac{Q_n}{\sqrt{3}U_n} = \dfrac{4800}{\sqrt{3}\times 10} = 277.13A$

保护装置的动作电流：$I_{opK} = K_{rel}K_{jx}\dfrac{K_{gh}I_{rC}}{K_r n_{TA}} = 1.2\times 1.0\times\dfrac{1.3\times 277.13}{0.85\times 400/5} = 6.4A$

保护装置一次动作电流：$I_{op} = I_{opK}\dfrac{n_{TA}}{K_{jx}} = 6.4\times\dfrac{400\div 5}{1} = 512A$

最小运行方式下，两相短路超瞬态电流：$I''_{k2\cdot min} = 0.866I''_{k3\cdot min} = 0.866\dfrac{S_{kmin}}{\sqrt{3}U_j} = 0.866\times\dfrac{200}{\sqrt{3}\times 10.5} = 9.52kA$

保护装置灵敏系数：$K_{ren} = \dfrac{I''_{k2\cdot min}}{I_{op}} = \dfrac{9.52}{512} = 0.01859kA = 18.59A$

24.《工业与民用供配电设计手册》(第四版)P572 ~ P573 表 7.5-2"过负荷保护"。

电容器组额定电流：$I_{rC} = \dfrac{Q_n}{\sqrt{3}U_n} = \dfrac{4800}{\sqrt{3}\times 10} = 277.13A$

保护装置的动作电流：$I_{opK} = K_{rel}K_{jx}\dfrac{I_{rC}}{K_r n_{TA}} = 1.2\times 1.0\times\dfrac{277.13}{0.85\times 400/5} = 4.89A$

25.《工业与民用供配电设计手册》(第四版)P572 ~ P573 表 7.5-2"低电压保护"。
保护装置的动作电压：$U_{opK} = K_{min}U_{r2} = 0.5\times 100 = 50V$

题 26 ~ 30 答案：**ABDBC**

26.《火灾自动报警系统设计规范》(GB 50116—2013)第 3.1.5 条：任一台火灾报警控制器所连接的火灾探测器，手动火灾报警按钮和模块等设备总数和地址总数，均不应超过3200 点，其中每一总线回路连接设备的总数不宜超过200 点，且应留有不少于额定容量 10% 的余量。

注：原题考查旧规范，新规范已删除相关内容。

27.《火灾自动报警系统设计规范》(GB 50116—2013)第 3.2.1-2 条：不仅需要报警，同时需要联动自动消防设备，且只设置一台具有集中控制功能的火灾报警控制器和消防联动控制器的保护对象，应采用集中报警系统，并应设置一个消防控制室。

注：原题考查旧规范，新规范已有所修改。

28.《建筑设计防火规范》(GB 50016—2014)第5.4.12-9条。

29.《民用建筑电气设计规范》(JGJ 16—2008)第13.8.2-3条。

30.《民用建筑电气设计规范》(JGJ 16—2008)第13.10.4.1条。

题31~35答案:**CADDD**

31.无条文依据。所谓AI点,即模拟量输入点,一般为DDC需要检测模拟量,如温度、湿度、阀门开度等,在监控功能表中应查看监控内容一栏:

①新风、回风、送风湿温度(PT1000,电容式)检测:共6个AI点。

②新风、回风、排风风阀阀位(DC0~10V)检测:共3个AI点(若为阀门开闭,即为DI点)。

③冷/热电动调节阀阀位(DC0~10V)检测:共2个AI点(若为阀门开闭,即为DI点)。

因此共11个AI点。

注:可参考《注册电气工程师执业资格考试专业考试复习指导书》P688图15-2-5相关内容。显然,监控功能表中带有控制的几栏应为输出量(DO或AO),而报警信号为数字输入量(DI)。这样区别对待就很好判断AI点了。

32.无条文依据。点位分析如下:

防冻开关信号:DI点;新风温度信号:AI点;回风湿度信号:AI点;风机启停控制信号:DO点。

33.《民用建筑电气设计规范》(JGJ 16—2008)第18.10.3-7条。

34.《民用建筑电气设计规范》(JGJ 16—2008)第18.10.3-9条。

35.《民用建筑电气设计规范》(JGJ 16—2008)第18.7.1-2条。

题36~40答案:**DBDDD**

36.《66kV及以下架空电力线路设计规范》(GB 50061—2010)第6.0.16-1条。

37.《交流电气装置的接地设计规范》(GB/T 50065—2011)附录F式(F.0.1)。

工频接地电阻:$R=\frac{\rho}{2\pi L}\left(\ln\frac{L^2}{hd}+A_t\right)$

其中$L=4L_1=4\times4=16\text{m}$,$A_t=1.0$,$d=b/2=0.025$。

$$R=\frac{\rho}{2\pi L}\left(\ln\frac{L^2}{hd}+A_t\right)=\frac{500}{2\pi\times16}\times\left(\ln\frac{16^2}{0.8\times0.025}+1\right)=52\Omega$$

38.《钢铁企业电力设计手册》(上册)P1057中“21.3.3 电线的比载”及表21-23。

电线上每单位长度(m)在单位截面(mm^2)上的荷载称为比载;γ_7为覆冰时综合比载。

39.《钢铁企业电力设计手册》(上册)P1057表21-23及理论风压公式$W_0=0.5\rho V^2$。

2011年案例分析试题答案(下午卷)

覆冰时风比载：$\gamma_5 = \alpha K W_0 (d + 2b) \times 10^{-3} = 0.5\alpha K\rho V^2 (d + 2b) \times 10^{-3} = 0.5 \times 1.0 \times 1.2 \times 1.2255 \times 10^2 \times (17 + 2 \times 20) \times 10^{-3} = 4191 \times 10^{-3} \text{N/(m} \cdot \text{mm}^2)$

注：手册上原式有误。

40.《钢铁企业电力设计手册》(上册)P1064“垂直档距定义”及P1082式(21-28)。

垂直档距近似认为电线单位长度上的垂直力与杆塔两侧电线最低点水平距离之和，因此若两相邻两档杆塔等高，单位长度上的垂直力为零，那么垂直档距近似认为是杆塔两侧电线最低点水平距离。

导线的垂直荷载：$Q = \gamma_3 S l_c = 100 \times 10^{-3} \times 170 \times 120 = 2040\text{N}$

2012年
注册电气工程师(供配电)执业资格考试

专业考试试题及答案

2012年专业知识试题(上午卷)/436

2012年专业知识试题答案(上午卷)/448

2012年专业知识试题(下午卷)/456

2012年专业知识试题答案(下午卷)/469

2012年案例分析试题(上午卷)/476

2012年案例分析试题答案(上午卷)/486

2012年案例分析试题(下午卷)/492

2012年案例分析试题答案(下午卷)/506

2012年专业知识试题(上午卷)

一、单项选择题(共40题,每题1分,每题的备选项中只有1个最符合题意)

1. 对所有人来说,在手握电极时15~100Hz交流电流通过人体,能自行摆脱的电极的电流有效值应为下列哪一项? ( )

(A)50mA (B)30mA
(C)10mA (D)5mA

2. 在电气专用房间,为防止人体直接接触位于其上方的低压裸带电导体引起的直接接触电击事故,应将此导体置于伸臂范围以外,裸带电体至地面的垂直净距不小于下列哪一个值? ( )

(A)2.2m (B)2.5m
(C)2.8m (D)3.0m

3. 下述哪一项电流值在电流通过人体的效应中被称为"反应阀"? ( )

(A)通过人体能引起任何感觉的最小电流
(B)能引起肌肉不自觉收缩的接触电流的最小值
(C)大于30mA的电流值
(D)能引起心室纤维性颤动的最小电流值

4. "防间接电击保护"是针对人接触下面哪一部分? ( )

(A)电气装置的带电部分
(B)在故障情况下电气装置的外露可导电部分
(C)电气装置外(外部)可导电部分
(D)电气装置的接地导体

5. 下列哪一项不可以用作低压配电装置的接地极? ( )

(A)埋于地下混凝土内的非预应力钢筋
(B)条件允许的埋地敷设的金属水管
(C)埋地敷设输送可燃液体或气体的金属管道
(D)埋于基础周围的金属物,如护坡桩等

6. 楼栋25层普通住宅,建筑高度为73m,根据当地航空部分要求需设置航空障碍标志灯,已知该楼内消防设备用电按一级负荷供电,客梯、生活水泵电力及楼梯照明按二级负荷供电,除航空障碍标志灯外,其余用电设备按三级负荷供电,该楼的航空障碍标

志灯按下列哪一项要求供电？（　　）

（A）一级负荷　　（B）二级负荷
（C）三级负荷　　（D）一级负荷中特别重要负荷

7. 校验 3～110kV 高压配电装置中的导体和电器的动稳定、热稳定以及电器的短路开断电流时，应按下列哪项短路电流验算？（　　）

（A）按单相接地短路电流验算
（B）按两相接地短路电流验算
（C）按三相短路电流验算
（D）按三相短路电流验算，但当单相、两相接地短路较三相短路严重时，应按严重情况验算

8. 建筑物内消防及其他防灾用电设备，应在下列哪一处设自动切换装置？（　　）

（A）变电所电压出线回路端
（B）变电所常用低压母线与备用电母线端
（C）最末一级配电箱的前一级开关处
（D）最末一级配电箱处

9. 已知一台 35/10kV 额定容量为 5000kV·A 的变压器，其阻抗电压百分值 $u_k\%$ = 7.5，基准容量为 100MV·A，该变压器电抗标幺值应为下列哪一项数值？（忽略电阻值）（　　）

（A）1.5　　（B）0.167
（C）1.69　　（D）0.015

10. 某配电回路中选用的保护电器符合《低压断路器》（JB 1284—1985）的标准，假设所选低压断路器瞬时或短延时过电流脱扣器的整定电流值为 2kA，那么该回路的适中电流值不应小于下列哪个数值？（　　）

（A）2.4kA　　（B）2.6kA
（C）3.0kA　　（D）4.0kA

11. 某企业的 10kV 供配电系统中含有总长度为 25km 的 10kV 电缆线路和 35km 的 10kV 架空线路，请估算该系统线路产生的单相接地电容电流应为下列哪一项数值？（　　）

（A）26A　　（B）25A
（C）21A　　（D）1A

12. 以下是 10kV 变电所布置的几条原则，其中哪一组是符合规定的？（　　）

(A)变电所宜单层布置，当采用双层布置时，变压器应设在上层，配电室应布置在底层

(B)当采用双层布置时，设于二层的配电室应设搬运设备的通道、平台或孔洞

(C)有人值班的变电所，由于10kV电压低，可不设单独的值班室

(D)有人值班的变电所如单层布置，低压配电室不可以兼作值班室

13. 某变电站10kV母线短路容量250MV·A，如要将某一电缆出线短路容量限制在100MV·A以下，所选择限流电抗器的额定电流为750A，该电抗器的额定电抗百分数应不小于下列哪一项数值？ ( )

(A)5 (B)6 (C)8 (D)10

14. 油重为2500kg以上的屋外油浸变压器之间无防火墙，变压器之间要求的防火净距，下列哪一组数据是正确的？ ( )

(A)35kV以下为5m，63kV为6m，110kV为8m

(B)35kV以下为6m，63kV为8m，110kV为10m

(C)35kV以下为5m，63kV为7m，110kV为9m

(D)35kV以下为4m，63kV为5m，110kV为6m

15. 某变电所有110±2×2.5%/10.5kV、25MV·A主变压器一台，校验该变压器低压侧的计算工作电流值应为下列哪一项数值？ ( )

(A)1375A (B)1443A

(C)1788A (D)2750A

16. 35kV屋外配电装置，不同时停电检修的相邻两回路边相距离(不考虑海拔修正措施)不得小于下列哪一项数值？ ( )

(A)2900mm (B)2400mm

(C)1150mm (D)500mm

17. 10kV及以下电缆采用单根保护管埋地敷设时，按规范规定其埋置深度距排水沟底不宜小于下列哪一项数值？ ( )

(A)0.3m (B)0.5m (C)0.8m (D)1.0m

18. 选择高压电气设备时，对额定电压、额定电流、机械荷载、额定开断电流、热稳定、动稳定、绝缘水平，均应考虑的是下列哪种设备？ ( )

(A)隔离开关 (B)熔断器

(C)断路器 (D)接地开关

19. 低压控制电缆在桥架敷设时，电缆总截面面积与桥架横断面面积之比，按规范规定不应大于下列哪一项数值？（ ）

（A）20%　　（B）30%　　（C）40%　　（D）50%

20. 某企业变电所，长 20m、宽 6m、高 4m，欲利用其不远处（10m）的金属杆作防雷保护，该杆高 20m，位置如右图所示，试计算该变电所能否被金属杆保护？（ ）

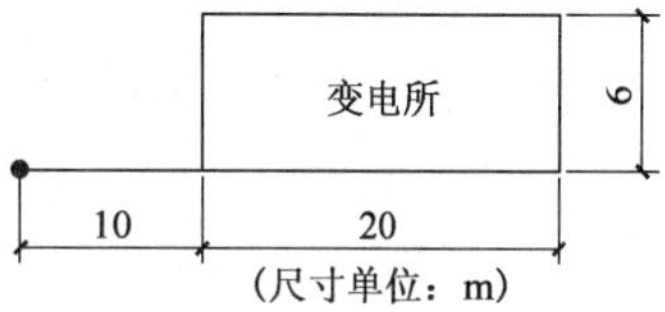

（A）没有被安全保护
（B）能够被金属杆保护
（C）不知道该建筑物的防雷类别，无法计算
（D）不知道滚球半径，无法计算

变电所
6
10
20
（尺寸单位：m）

21. 当高度在 15m 及以上烟囱的防雷引下线采用圆钢明敷时，按规范规定其直径不应小于下列哪一项数值？（ ）

（A）8mm　　（B）10mm
（C）12mm　　（D）16mm

22. 计算 35kV 线路电流保护时，计算人员按如下方法计算，请问其中哪一项计算是错误的？（ ）

（A）主保护整定值按被保护区末端金属性三相短路计算
（B）校验主保护灵敏系数时用系统最大运行方式下本线路三相短路电流除以整定值
（C）后备保护整定值按相邻电力设备和线路末端金属性短路计算
（D）校验后备保护灵敏系数用系统最小运行方式下相邻电力设备和线路末端产生最小短路电流除以整定值

23. 在建筑物防雷击电磁脉冲设计中，380/220V 三相配电系统中家用电器的绝缘耐冲击过电压额定值，可按下列哪一项数值选取？（ ）

（A）6kV　　（B）4kV　　（C）2.5kV　　（D）1.5kV

24. 选择户内电抗器安装处的环境最高温度应采用下列哪一项？（ ）

（A）最热月平均最高温度　　（B）年最高温度
（C）该处通风设计最高温度　　（D）该处通风设计最高排风温度

25. 某湖边一座 30 层的高层住宅，其外形尺寸长、宽、高分别为 50m、23m、92m，所在地年平均雷暴日为 47.4 天，在建筑物年预计雷击次数计算中，与建筑物截收相同雷击次数的等效面积为下列哪一项数值？（ ）

（A）$0.2547km^2$　　（B）$0.0399km^2$

(C)0.0469km^2　　　　(D)0.0543km^2

26. 某电流互感器的额定二次负荷为10VA，二次额定电流5A，它对应的额定负荷阻抗为下列何值？（　　）

(A)0.4Ω　　　　(B)1Ω

(C)2Ω　　　　(D)10Ω

27. 当避雷针的高度为35m时，请用折线法计算室外配电设备被保护物高度为10m时单支避雷针的保护半径为下列哪一项数值？（　　）

(A)23.2m　　　　(B)30.2m

(C)32.5m　　　　(D)49m

28. 用于中性点经消弧线圈接地系统的电压互感器，其第三绕组（开口三角）电压应为下列哪一项？（　　）

(A)100/3V　　　　(B)$100/\sqrt{3}$V

(C)67V　　　　(D)100V

29. 已知某配电线路保护导体预期故障电流I_d为23.5kA，故障电流的持续时间t为0.2s，计算系数k取143，根据保护导体最小截面公式计算，下列保护导体最小截面哪一项符合规范要求？（　　）

(A)50mm^2　　　　(B)70mm^2

(C)95mm^2　　　　(D)120mm^2

30. 某第一类防雷建筑物，当地土壤电阻率为300Ω·m，其防直击雷的接地装置围绕建筑物设置成环形接地体，当该环形接地体所包围的面积为100m^{2}时，请判断下列问题，哪一个是正确的？（　　）

(A)该环形接地体需要补加垂直接地体4m

(B)该环形接地体需要补加水平接地体4m

(C)该环形接地体不需要补加接地体

(D)该环形接地体需要补加两根2m水平接地体

31. 请计算如右图所示架空线简易铁塔水平接地装置的工频接地电阻值最接近下面哪个数值？（假定土壤电阻率$\rho=500\Omega\cdot m$，水平接地极采用50mm×5mm的扁钢，深埋$h=0.8m$）（　　）

(A)10Ω

(B)30Ω

(C)50Ω

(D)100Ω

L_1

L_2

$L_1=L_2=2m$

32. 封闭式母线在室内水平敷设时，支持点间距不宜大于下列哪一项数值？（　　）

(A) 1.0m　　(B) 1.5m

(C) 2.0m　　(D) 2.5m

33. 按规范要求设计的变电室，下列哪一项室内电气设备外露可导电部分可不接地？（　　）

(A) 变压器金属外壳　　(B) 配电柜的金属框架

(C) 配电柜表面的电流、电压表　　(D) 电缆金属桥架

34. 电缆保护管的内径不宜小于电缆外径或多根电缆包络外径的多少倍？（　　）

(A) 1.3 倍　　(B) 1.5 倍

(C) 1.8 倍　　(D) 2.0 倍

35. 室内外一般环境污染场所灯具污染的维护系数取值与灯具擦拭周期的关系，下列哪一项表述与国家标准规范的要求一致？（　　）

(A) 与灯具擦拭周期有关，规定最少 1 次/年

(B) 与灯具擦拭周期有关，规定最少 2 次/年

(C) 与灯具擦拭周期有关，规定最少 3 次/年

(D) 与灯具擦拭周期无关

36. 应急照明不能选用下列哪种光源？（　　）

(A) 白炽灯　　(B) 卤钨灯

(C) 荧光灯　　(D) 高强度气体放电灯

37. 博物馆建筑陈列室对光特别敏感的绘画展品表面应按下列哪一项照明标准值设计？（　　）

(A) 不大于 50lx　　(B) 100lx

(C) 150lx　　(D) 300lx

38. 下列有关异步电动机启动控制的描述，哪一项是错误的？（　　）

(A) 直接启动时校验在电网形成的电压降不得超过规定值，还应校验其启动功率不得超过供电设备和电网的过载能力

(B) 降压启动方式即启动时将电源电压降低加到电动机定子绕组上，待电动机接近同步转速后，再将电动机接至电源电压上运行

(C) 晶闸管交流调压调速的主要优点是简单、便宜、使用维护方便，其缺点为功率损耗高、效率低、谐波大

(D) 晶闸管交流调压调速，常用的接线方式为，每相电源各串一组双向晶闸管，

分别与电动机定子绕组连接,另外电源中性线与电动机绕组的中心点连接

39. 直接型气体放电灯具,平均亮度不小于 500kcd/m^2,其遮光角不应小于下列哪一项数值? ( )

(A)10° (B)15° (C)20° (D)30°

40. 关于可编程控制器 PLC 的 I/O 接口模块,下列描述哪一项是错误的? ( )

(A)I/O 接口模块是 PLC 中 CPU 与现场输入、输出装置或其他外部设备之间的接口部件
(B)PLC 系统通过 I/O 模块与现场设备连接,每个模块都有与之对应的编程地址
(C)为满足不同需要,有数字量输入输出模块、模拟量输入输出模块、计数器等特殊功能模块
(D)I/O 接口模块必须与 CPU 放置在一起

二、多项选择题(共 30 题,每题 2 分。每题的备选项中有 2 个或 2 个以上符合题意。错选、少选、多选均不得分)

41. 在 TN 系统内做总等电位联结的防电击效果优于仅做人工的重复接地,在下列概念中哪几项是正确的? ( )

(A)在建筑物以低压供电,做总等电位联结时,发生接地故障,人体接触电压较低
(B)总等电位联结能消除自建筑物外沿金属管线传导来的危险电压引发的电击事故
(C)总等电位联结的地下部分接地装置,其有效寿命大大超过人工重复接地装置
(D)总等电位联结能将接触电压限制在安全值以下

42. 关于总等电位联结的论述中,下面哪些是错误的? ( )

(A)电气装置外露可导电部分与总接地端子之间的连接线是保护导体
(B)电气装置外露可导电部分与装置外可导电部分之间的连接线是总等电位联结导体
(C)总接地端子与金属管道之间的连接线是辅助等电位导体
(D)总接地端子与接地极之间的连接线是保护导体

43. 供配电系统短路电流计算中,在下列哪些情况下,可不考虑高压异步电动机对短路峰值电流的影响? ( )

(A)在计算不对称短路电流时

(B)异步电动机与短路点之间已相隔一台变压器

(C)在计算异步电动机附近短路点的短路峰值电流时

(D)在计算异步电动机配电电缆处短路点的短路峰值电流时

44. 下列哪些条件不符合 35kV 变电所所址选择的要求? (　　)

(A)与城乡或工矿企业规划相协调,便于架空线和电缆线路的引入和引出

(B)所址标高宜在 30 年一遇的高水位之上,否则变电所应有可靠的防洪措施

(C)周围环境宜无明显污秽,如空气污秽时,所址宜设在受污源影响最小处

(D)可不考虑变电所与周围环境、邻近设施的相互影响

45. 远离发电机端的网络发生短路时,可认为下列哪些项相等? (　　)

(A)三相短路电流非周期分量初始值

(B)三相短路电流稳态值

(C)三相短路电流第一周期全电流有效值

(D)三相短路后 0.2s 的周期分量有效值

46. 下列电力负荷中哪些属于一级负荷? (　　)

(A)建筑高度为 32m 的乙、丙类厂房的消防用电设备

(B)建筑高度为 60m 的综合楼的电动防火门、窗、卷帘等消防设备

(C)人民防空地下室二等人员隐蔽所、物资库的应急照明

(D)民用机场的机场宾馆及旅客过夜用房用电

47. 在电气工程设计中,采用下列哪些项进行高压导体和电器校验? (　　)

(A)三相短路电流非周期分量初始值

(B)三相短路电流持续时间 t 时的交流分量有效值

(C)三相短路电流全电流最大瞬时值

(D)三相短路超瞬态电流有效值

48. 变配电所中,当 6 ~ 10kV 母线采用单母线分段接线时,分段处宜装设断路器,但属于下列哪几种情况时,可装设隔离开关或隔离触头组? (　　)

(A)母线上短路电流较小

(B)不需要带负荷操作

(C)继电保护或自动装置无要求

(D)出线回路较少

49. 在电力系统中,下列哪些因素影响短路电流计算值? (　　)

(A)短路点距电源的远近

(B)系统网的结构
(C)基准容量的取值大小
(D)计算短路电流时采用的方法

50. 对冲击性负荷供电需要降低冲击性负荷引起的电网电压波动和电网闪变时,宜采取下列哪些措施? ( )

(A)采用专线供电
(B)对较大功率的冲击性负荷或冲击性负荷群与对电压波动、闪变敏感的负荷,分别由不同变压器供电
(C)与其他负荷共用配电线路时,加大配电线路阻抗
(D)对大功率电弧炉的炉用变压器由短路容量较大的电网供电

51. 某大型民用建筑内需设置一座10kV变电所,下列哪几种形式比较适宜? ( )

(A)室外变电所
(B)预装式变电站
(C)半露天变电所
(D)户外箱式变电站

52. 电容器组额定电压的选择,应符合下列哪些要求? ( )

(A)宜按电容器接入电网处的运行电压进行计算
(B)电容器运行承受的长期工频过电压,应不大于电容器额定电压的1.1倍
(C)应计入接入串联电抗器引起的电容器运行电压升高
(D)应计入电容器分组回路对电压的影响

53. 选择电流互感器时,应考虑下列哪些技术参数? ( )

(A)短路动稳定性
(B)短路热稳定性
(C)二次回路电压
(D)一次回路电流

54. 对于配电装置室的建筑要求,下列哪些表述是正确的? ( )

(A)配电装置室应设防火门,并应向外开启
(B)配电装置室不宜装设事故通风装置
(C)配电装置室的耐火等级不应低于二级
(D)配电装置室可开窗,但应采取防止雨、雪、小动物、风沙及污秽尘埃进入的措施

55. 民用建筑中消防用电设备的配电线路应满足火灾时连续供电的需要,下列哪些敷设方式是符合规范规定的? ( )

(A)暗敷设时,应穿管并应敷设在不燃烧体结构内且保护层厚度不应小于30mm

(B)明敷设时,应穿有防火保护的金属管或有防火保护的封闭式金属线槽

(C)当采用阻燃或耐火电缆时,敷设在电缆井内可不采取防火保护措施

(D)当采用矿物绝缘类不燃性电缆时,可直接敷设

56. 当一级负荷用电由同一10kV配电所供给时,下列哪几种做法符合规范的要求?
( )

(A)母线分段处应设防火隔板或有门洞的隔墙

(B)供给一级负荷用电的两路电缆不应同沟敷设,当无法分开时,该电缆沟内的两路电缆宜采用耐火类电缆,且应分别敷设在电缆沟两侧的支架上

(C)供给一级负荷用电的两路电缆不应同沟敷设,当无法避免时,允许采用阻燃性电缆,分别敷设在电缆沟一侧不同层的支架上

(D)供给一级负荷用电的两路电缆应同沟敷设

57. 人民防空地下室电气设计中,下列哪些项表述符合国家规范要求? ( )

(A)进、出防空地下室的动力、照明线路,应采用电缆或护套线

(B)电缆和电线应采用铜芯电缆和电线

(C)当防空地下室内的电缆或导线数量较多,且又集中敷设时,可采用电缆桥架敷设的方式。电缆桥架可直接穿过临空墙、防护密闭隔墙、密闭隔墙

(D)电缆、护套线、弱电线路和备用预埋管穿过临空墙、防护密闭隔墙、密闭隔墙,除平时有要求外,可不做密闭处理,临战时采取防护密闭或密闭封堵,在30天转换时限内完成

58. 保护35kV以下变压器的高压熔断器的选择,下列哪几项要求是正确的?
( )

(A)当熔体内通过电力变压器回路最大工作电流时不误熔断

(B)当熔体通过电力变压器回路的励磁涌流时不误熔断

(C)当高压熔断器的断流容量不满足被保护回路短路容量要求时,不可在被保护回路中装设限流电阻来限制短路电流

(D)高压熔断器还应按海拔高度进行校验

59. 下列哪些建筑物应划为第二类防雷建筑物? ( )

(A)有爆炸危险的露天钢质封闭气罐

(B)预计雷击次数为0.05次/年的省级办公建筑物

(C)国际通信枢纽

(D)具有20区爆炸危险场所的建筑物

60. 对电线、电缆导体截面的选择,下列哪几项符合规范要求? ( )

(A)按照敷设方式、环境温度确定的导体截面,其导体载流量不应小于预期负

荷的最大计算电流和按保护条件所确定的电流

(B)绝缘导体敷设在跨距小于2m的绝缘子的铜导体的最小允许截面为$1.5mm^2$

(C)线路电压损失不应超过允许值

(D)生产用的移动式用电设备采用铜芯软线的线芯最小允许截面$0.75mm^2$

61.某一般性12层住宅楼,经计算预计雷击次数为0.1次/年,为防直击雷,沿屋角、屋脊、屋檐和檐角等易受雷击的部分敷设接闪带、接闪网,并在整个屋面组成接闪网格,按规范规定接闪网格应不大于下列哪些项数值? ( )

(A)12m×8m (B)10m×10m (C)24m×16m (D)20m×20m

62.对于变压器引出线、套管及内部的短路故障,下列保护配置哪几项是正确的? ( )

(A)变电所有两台2.5MV·A变压器,装设纵联差动保护

(B)两台6.3MV·A并列运行变压器,装设纵联差动保护

(C)一台6.3MV·A重要变压器,装设纵联差动保护

(D)8MV·A以下变压器装设电流速断保护和过电流保护

63.10kV配电系统,系统接地电容电流30A,采用消弧线圈接地,该系统下列哪些项满足规定? ( )

(A)系统故障点的残余电流不大于5A

(B)消弧线圈的容量为250kV·A

(C)在正常运行情况下,中性点的长时间电压位移不超过1000V

(D)消弧线圈接于容量为500kV·A、接线为YN,d的双绕组变压器中性点上

64.为了限制3~66kV不接地系统中的中性点接地的电磁式电压互感器因过饱和可能产生的铁磁谐振过电压,可采取的措施有下列哪几项? ( )

(A)选用励磁特性饱和点较高的电磁式电压互感器

(B)增加同一系统中电压互感器中性点接地的数量

(C)在互感器的开口三角形绕组装设专门消除此类铁磁谐振的装置

(D)在10kV及以下的母线上装设中性点接地的星形接线电容器

65.某一10/0.4kV车间变电所,配电变压器安装在车间外,高压侧为小电阻接地方式,低压侧为TN系统,为防止高压侧接地故障引起低压侧工作人员的电击事故,可采取下列哪些措施? ( )

(A)高压保护接地和低压侧系统接地共用接地装置

(B)高压保护接地和低压侧系统接地分开独立设置

(C)高压系统接地和低压侧系统接地共用接地装置

(D)在车间内,实行总等电位联结

66. 在电气设计中，以下哪几项做法符合规范要求？（　　）

（A）根据实际情况在 TT 系统中使用四极开关
（B）根据实际情况在 TN-C 系统中使用四极开关
（C）根据实际情况利用大地作为电力网的中性线
（D）根据实际情况在电源侧和负荷侧可设置两个互相独立的接地装置

67. 接地网的接地导体与接地导体，以及接地导体与接地极连接采用搭接时，其符合规范要求的搭接长度不应小于下列哪些数值？（　　）

（A）扁钢宽度的 1.5 倍　　（B）圆钢直径的 4 倍
（C）扁钢宽度的 2 倍　　（D）圆钢直径的 6 倍

68. 某建筑群的综合布线区域内存在高于国家标准规定的干扰时，布线方式选择下列哪些措施符合国家标准规范要求？（　　）

（A）宜采用非屏蔽缆线布线方式
（B）宜采用屏蔽缆线布线方式
（C）宜采用金属管线布线方式
（D）可采用光缆布线方式

69. 某办公室照明配电设计中，额定工作电压为 AC220V，已知末端分支线负荷有功功率为 500W（$\cos\varphi = 0.92$），请判断下列保护开关整定值和分支线导线截面，哪些数值符合规范规定？（不考虑电压降和线路敷设方式的影响，导线允许持续载流量按下表选取）（　　）

导线截面（mm^2）	0.75	1.0	1.5	2.5
导线载流量（A）	8	11	16	21

（A）导线过负荷保护开关整定值 3A，分支线导线截面选择 0.75mm^2
（B）导线过负荷保护开关整定值 6A，分支线导线截面选择 1.0mm^2
（C）导线过负荷保护开关整定值 10A，分支线导线截面选择 1.5mm^2
（D）导线过负荷保护开关整定值 16A，分支线导线截面选择 2.5mm^2

70. 关于电动机的启动方式的特点比较，下列描述中哪些是正确的？（　　）

（A）电阻降压启动适用于低压电动机，启动电流较大，启动转矩较小，启动电阻消耗较大
（B）电抗器降压启动适用于低压电动机，启动电流较大，启动转矩较小
（C）延边三角形降压启动要求电动机具有 9 个出线头，启动电流较小，启动转矩较大
（D）星形—三角形降压启动要求电动机具有 6 个出线头，适用于低压电动机，启动电流较小，启动转矩较小

2012 年专业知识试题答案(上午卷)

1. **答案**:D

依据:《电流对人和家畜的效应 第 1 部分:通用部分》(GB/T 13870.1—2008)第 5.4 条。

2. **答案**:B

依据:《低压配电设计规范》(GB 50054—2011)第 4.2.6 条。

3. **答案**:B

依据:《电流对人和家畜的效应 第 1 部分:通用部分》(GB/T 13870.1—2008)第 3.2.2 条。

4. **答案**:B

依据:《低压配电设计规范》(GB 50054—2011)第 5.2.1 条及条文说明。当发生接地故障并在故障持续的时间内,与它有电气联系的电气设备的外露可导电部分对大地和装置可导电部分间存在电位差,此电位差可能使人身遭受电击。间接接触防护针对此种接地故障自动切断电源的防护措施。

注:也可参考《低压配电装置 第 4-41 部分:安全防护 电击防护》(GB 16895.21—2011)第 413 条。

5. **答案**:C

依据:《交流电气装置的接地设计规范》(GB/T 50065—2011)第 8.1.2-6 条。

6. **答案**:A

依据:《民用建筑电气设计规范》(JGJ 16—2008)第 10.3.5-6 条。

7. **答案**:D

依据:《3 ~ 110kV 高压配电装置设计规范》(GB 50060—2008)第 4.1.3 条。

8. **答案**:D

依据:《建筑设计防火规范》(GB 50016—2014)第 10.1.8 条。

9. **答案**:A

依据:《工业与民用供配电设计手册》(第四版)P280 ~ P281 表 4.6-2、表 4.6-3。变压器电抗标幺值:$X_{*T} = \frac{U_k\%}{100} \cdot \frac{S_j}{S_{rT}} = 0.075 \times \frac{100}{5} = 1.5$

10. **答案**:B

依据:《低压配电设计规范》(GB 50054—2011)第 6.2.4 条。

11. **答案**:A

依据:《工业与民用供配电设计手册》(第四版)P302 式(4.6-35)和式(4.6-38)。

电缆线路单相接地电容电流:$I_{c1} = 0.1U_r l = 0.1 \times 10 \times 25 = 25\text{A}$

架空线路单相接地电容电流:$I_{c2} = \dfrac{U_r l}{350} = \dfrac{10 \times 25}{350} = 0.7\text{A}$

总接地电容电流:$I_c = 25 + 0.7 = 25.7\text{A}$

12. **答案**:B

依据:《20kV 及以下变电所设计规范》(GB 50053—2013)第 4.1.4 条、第 4.1.5 条。

13. **答案**:D

依据:《工业与民用供配电设计手册》(第四版)P401 式(5.7-11)。

设 $S_j = 100\text{MVA}$,$U_j = 10.5\text{kV}$,则 $I_j = 5.5\text{kV}$,电抗器的额定电抗百分比:

$x_{rk}(\%) \geqslant \left(\dfrac{I_j}{I_{ky}} - X_{*S}\right)\dfrac{I_{rk}U_j}{U_{rk}I_j} \times 100\% = \left(\dfrac{5.5}{5.5} - \dfrac{100}{250}\right) \times \dfrac{0.75 \times 10.5}{10 \times 5.5} \times 100\% = 8.6\%$,

选 10%。

14. **答案**:A

依据:《3 ~ 110kV 高压配电装置设计规范》(GB 50060—2008)第 5.4.4 条。

15. **答案**:B

依据:《电力工程电气设计手册》(电气一次部分)P232 表 6-3。

变压器回路计算工作电流:$I_e = 1.05 \times \dfrac{S}{\sqrt{3}U} = 1.05 \times \dfrac{25 \times 10^3}{\sqrt{3} \times 10.5} = 1443\text{A}$

注:当提及"回路持续工作电流"和"计算工作电流"两个词时,建议参考一次手册作答。

16. **答案**:B

依据:《3 ~ 110kV 高压配电装置设计规范》(GB 50060—2008)第 5.1.1 条表 5.1.1 中 *D* 值。

17. **答案**:A

依据:《电力工程电缆设计规范》(GB 50217—2018)第 5.4.5-2 条。

18. **答案**:C

依据:《工业与民用供配电设计手册》(第四版)P311 ~ P312 表 5.1-1。

注:虽缺少机械荷载一项,但根据其他特性已可以选出正确答案了,也可参考《导体和电器选择设计技术规定》(DL/T 5222—2005)第 9.2 条。

19. **答案**:D

依据:《低压配电设计规范》(GB 50054—2011)第 7.2.15 条。

注：也可参考《民用建筑电气设计规范》(JGJ 16—2008)第8.10.7条。

20. **答案**：A

依据：《交流电气装置的过电压保护和绝缘配合设计规范》(GB/T 50064—2014)第5.2.1条。

$4 = h_x < 0.5h = 0.5 \times 20 = 10$

在4m高度的保护半径：$r_x = (1.5h - 2h_x)P = (1.5 \times 20 - 2 \times 4) \times 1 = 22\text{m}$

变电所最远点距金属杆：$l = \sqrt{30^2 + 6^2} = 30.6\text{m}$，显然无法完全保护。

注：也可参考《交流电气装置的过电压保护和绝缘配合》(DL/T 620—1997)第5.2.1条，本题为变电所防雷，非民用建筑防雷计算，因此不建议参考《建筑物防雷设计规范》(GB 50057—2010)。

21. **答案**：C

依据：《建筑物防雷设计规范》(GB 50057—2010)第5.3.3条。

22. **答案**：B

依据：《工业与民用供配电设计手册》(第四版)P177倒数第5行：最小短路电流(即最小运行方式下的短路电流)用于选择熔断器、设定保护定值或作为校验继电保护灵敏度和校验感应电动机启动的依据。

23. **答案**：C

依据：《建筑物防雷设计规范》(GB 50057—2010)第6.4.4条表6.4.4。

24. **答案**：D

依据：《3～110kV高压配电装置设计规范》(GB 50060—2008)第3.0.2条表3.0.2。

25. **答案**：C

依据：《建筑物防雷设计规范》(GB 50057—2010)附录A式(A.0.3-2)。

$$A_e = [LW + 2(L + W)\sqrt{H(200 - H)} + \pi H(200 - H)] \times 10^{-6}$$
$$= (50 \times 23 + 2 \times 73 \times 99.68 + \pi \times 92 \times 108) \times 10^{-6} = 0.0469$$

26. **答案**：A

依据：《工业与民用供配电设计手册》(第四版)P748式(8.3-1)。

27. **答案**：B

依据：《交流电气装置的过电压保护和绝缘配合设计规范》(GB/T 50064—2014)第5.2.1条。

各算子：$h = 35\text{m}, h_x = 10\text{m}, P = \frac{5.5}{\sqrt{h}} = \frac{5.5}{\sqrt{35}} = 0.93$

$h_x < 0.5h, r_x = (1.5h - 2h_x)P = (1.5 \times 35 - 2 \times 10) \times 0.93 = 30.225\text{m}$

注：也可参考《交流电气装置的过电压保护和绝缘配合》(DL/T 620—1997)第5.2.1条式(6)。

28. **答案**:A

依据:《导体和电器选择设计技术规定》(DL/T 5222—2005)第16.0.7条:经消弧线圈接地即为非直接接地方式。

注:第三绕组电压$100/\sqrt{3}$已较为少见,手册中仍可见到,但建议考试时暂不考虑。

29. **答案**:C

依据:《低压配电设计手册》(GB 50054—2011)第3.2.14条。

保护导体截面积:$S \geqslant \frac{I}{k}\sqrt{t} = \frac{23.5 \times 10^3}{143} \times \sqrt{0.2} = 73.5\text{mm}^2$,取$95\text{mm}^2$。

30. **答案**:C

依据:《建筑物防雷设计规范》(GB 50057—2010)第4.2.4-6条及小注。

注:当土壤电阻率小于或等于500Ω·m时,对环形接地体所包围的面积的等效圆半径大于或等于5m的情况,环形接地体不需要补加接地体。

31. **答案**:C

依据:《交流电气装置的接地设计规范》(GB 50065—2011)附录F式(F.0.1)及表F.0.1。

$A_t = 1.76, L = 4 \times 4 = 16, d = b/2 = 0.025\text{m}$

$$R = \frac{\rho}{2\pi L}\left(\ln\frac{L^2}{hd} + A_t\right) = \frac{500}{2\pi \times 16} \times \left(\ln\frac{16^2}{0.8 \times 0.025} + 1.76\right) = 55.8\Omega$$

注:也可参考《交流电气装置的接地》(DL/T 621—1997)附录D表D1。

32. **答案**:C

依据:《民用建筑电气设计规范》(JGJ 16—2008)第8.11.1条、第8.11.5条。

33. **答案**:C

依据:《交流电气装置的接地设计规范》(GB/T 50065—2011) 第3.2.2-2条。

注:也可参考《第4部分:安全防护第44章:过电压保护第446节:低压电气装置对高压接地系统接地故障的保护》(GB 16895.11—2001)第442.2条

34. **答案**:B

依据:《电力工程电缆设计规范》(GB 50217—2018)第5.4.4-2条。

35. **答案**:B

依据:《建筑照明设计标准》(GB 50034—2013)第4.1.6条表4.1.6。

36. **答案**:D

依据:《照明设计手册》(第三版)P459"应急照明光源、灯具及系统"。

注:也可参考《建筑照明设计标准》(GB 50034—2013)第3.2.3条。

37. **答案**:A

依据:《建筑照明设计标准》(GB 50034—2013)第5.2.8条及表5.3.8-3。

38. 答案:D

依据:《钢铁企业电力设计手册》(下册)P89、90及P282。

39. 答案:D

依据:《建筑照明设计标准》(GB 50034—2013)第4.3.1条及表4.3.1。

40. 答案:D

依据:《电气传动自动化技术手册》(第三版)P875。

注:也可参考《电气传动自动化技术手册》(第二版)P788倒数第5行。

---

41. 答案:AB

依据:《工业与民用供配电设计手册》(第四版)P1402~P1403"总等电位联结"。

42. 答案:BCD

依据:《交流电气装置的接地设计规范》(GB/T 50065—2011)附录H。

注:也可参考行业标准《交流电气装置的接地》(DL/T 621—1997)第7.2.6条图6。

43. 答案:AB

依据:《工业与民用供配电设计手册》(第四版)P300"异步电动机反馈电流计算"。高压异步电动机对短路电流的影响,只有在计算电动机附近短路点的短路峰值电流时才予以考虑。在下列情况下可不考虑高压异步电动机对短路峰值电流的影响:异步电动机与短路点的连接已相隔一个变压器;在计算不对称短路电流时。

44. 答案:BD

依据:《35kV~110kV变电站设计规范》(GB 50059—2011)第2.0.1条。

45. 答案:BD

依据:《工业与民用供配电设计手册》(第四版)P178~P179图4.1-2和P284、P300的内容,远端短路时$I''_k = I_{0.2} = I_k$,即初始值、短路0.2s值和稳态值相等。

选项A:参考P178图4.1-2可知,非周期分量(直流分量)的初始值I_{DC},应与三相短路电流稳态值I''_K有如下关系:$I_{DC} = \sqrt{2}I''_k$

选项C:全电流有效值$I_p = I''_k\sqrt{1+2(K_p-1)^2} = 1.51I''_k$(当短路点远离发电厂时,$K_p = 1.8$)

注:选项C参考《工业与民用配电设计手册》(第三版)P150式(4-25)。

46. 答案:BCD

依据:《建筑设计防火规范》(GB 50016—2014)第5.1.1条、第10.1.1条,《人民防空地下室设计规范》(GB 50038—2005)第7.2.4条表7.2.4,《民用建筑电气设计规范》(JGJ 16—2008)附录A。

47. **答案**:BCD

依据:《工业与民用供配电设计手册》(第四版)P331"稳定校验所需用的短路电流"。

注:也可参考《钢铁企业电力设计手册》(上册)P177相关内容。

48. **答案**:BC

依据:《20kV及以下变电所设计规范》(GB 50053—2013)第3.2.5条。

49. **答案**:AB

依据:《工业与民用供配电设计手册》(第四版)P178第三段第一行。短路过程中短路电流变化的情况决定于系统电源容量的大小和短路点离电源的远近。

50. **答案**:ABD

依据:《供配电系统设计规范》(GB 50052—2009)第5.0.11条。

51. **答案**:AB

依据:《20kV及以下变电所设计规范》(GB 50053—2013)第4.1.1-3条。

52. **答案**:ABC

依据:《并联电容器装置设计规范》(GB 50227—2017)第5.2.2条。

53. **答案**:ABD

依据:《导体和电器选择设计技术规定》(DL/T 5222—2005)第15.0.1条。

54. **答案**:AD

依据:《3~110kV高压配电装置设计规范》(GB 50060—2008)第7.1.4~第7.1.8条。

注:《民用建筑电气设计规范》(JGJ 16—2008)第4.9.1条、第4.9.8条、第4.9.10条;也可参考《低压配电设计规范》(GB 50054—2011)第4.3.7条。

55. **答案**:ABD

依据:《建筑设计防火规范》(GB 50016—2014)第10.1.10条。

56. **答案**:AB

依据:《民用建筑电气设计规范》(JGJ 16—2008)第4.5.5条。

57. **答案**:ABD

依据:《人民防空地下室设计规范》(GB 50038—2005)第7.4.1条、第7.4.2条、第7.4.6条、第7.4.10条。

58. 答案:ABD

依据:《导体和电器选择设计技术规定》(DL/T 5222—2005)第 17.0.2 条、第 17.0.10 条,选择 C 答案在《钢铁企业电力设计手册》P573 中“最后一段”。

59. 答案:AC

依据:《建筑物防雷设计规范》(GB 50057—2010)第 3.0.3 条。

60. 答案:ABC

依据:《民用建筑电气设计规范》(JGJ 16—2008)第 7.4.2 条和《工业与民用供配电设计手册》(第四版)P810 表 9.2-1。

61. 答案:CD

依据:《建筑物防雷设计规范》(GB 50057—2010)第 3.0.4-3 条、第 4.4.1 条。

62. 答案:BC

依据:《电力装置的继电保护和自动装置设计规范》(GB/T 50062—2008)第 4.0.3 条,选项 D 中过电流保护为外部相间短路引起的,与题意不符。

63. 答案:ABD

依据:《交流电气装置的过电压保护和绝缘配合设计规范》(GB/T 50064—2014)第 3.1.3 条,《导体和电器现则设计技术规定》(DL/T 5222—2005)第 18.1.4 条、第 18.1.7 条、第 18.1.8-3 条。

64. 答案:ACD

依据:《交流电气装置的过电压保护和绝缘配合设计规范》(GB/T 50064—2014)第 4.1.11-4 条。

注:也可参考《交流电气装置的过电压保护和绝缘配合》(DL/T 620—1997)第 4.1.5-d)条。

65. 答案:BD

依据:《建筑物电气装置　第 4 部分:安全防护　第 44 章:过电压保护　第 446 节:低压电气装置对高压接地系统接地故障的保护》(GB 16895.11—2001)第 442.4.2 条及图 44B。

66. 答案:AD

依据:《民用建筑电气设计规范》(JGJ 16—2008)第 7.5.3-4 条、第 12.1.4 条、第 12.1.5条。

67. 答案:CD

依据:《民用建筑电气设计规范》(JGJ 16—2008)第 12.5.7 条。

68. 答案:BD

依据:《综合布线系统工程设计规范》(GB 50311—2016)第 8.0.3-2 条。

69. **答案**:CD

依据:《建筑照明设计标准》(GB 50034—2013)第7.2.11条。

注:此题不是考查线路电流计算,而仅是考查上述规范条文。

70. **答案**:ACD

依据:《钢铁企业电力设计手册》(下册)P90~P91表24-3。

2012年专业知识试题(下午卷)

一、单项选择题(共40题,每题1分,每题的备选项中只有1个最符合题意)

1.在低压配电系统变压器选择中,一般情况下,动力和照明宜共用变压器,在下列关于设置专用照明变压器的表述中哪一项是正确的? ( )

(A)在TN系统的低压电网中,照明负荷应设专用变压器

(B)当单台变压器的容量小于1250kV·A时,可设照明专用变压器

(C)当照明负荷较大或动力和照明采用共用变压器严重影响照明质量及灯泡寿命时,可设照明专用变压器

(D)负荷随季节性负荷变化不大时,宜设照明专用变压器

2.下面哪种属于防直接电击的保护措施? ( )

(A)自动切断供电

(B)接地

(C)等电位联结

(D)将裸露导体包以合适的绝缘防护

3.关于中性点经电阻接地系统的特点,下列表述中哪一项是正确的? ( )

(A)当电网接有较多的高压电动机或较多的电缆线路时,中性点经电阻接地可减少单相接地发展为多重接地故障的可能性

(B)当发生单相接地时,允许带接地故障运行1~2h

(C)单相接地故障电流小,过电压高

(D)继电保护复杂

4.某建筑高度为36m的普通办公楼,地下室平时为III类普通汽车库,战时为防空地下室,属二等人员隐蔽所,下列楼内用电设备哪一项为一级负荷? ( )

(A)防空地下室战时应急照明

(B)自动扶梯

(C)消防电梯

(D)消防水泵

5.110kV配电装置当出线回路数较多时,一般采用双母线接线,其双母线接线的优点,下列表述中哪一项是正确的? ( )

(A)当母线故障或检修时,隔离开关作为倒换操作电气,不易误操作

(B)操作方便,适于户外布置

(C)一条母线检修时,不致使供电中断

(D)接线简单清晰,设备投资少,可靠性最高

6.在城市供电规划中,10kV开关站最大供电容量不宜超过下列哪个数值? ( )

(A)10000kV·A (B)15000kV·A
(C)20000kV·A (D)无具体要求

7. 以下是为某工程10kV变电所电气部分设计确定的一些原则,请问其中哪一条不符合规范要求? ( )

(A)10kV变电所接在母线上的避雷器和电压互感器合用一组隔离开关
(B)10kV变电所架空进、出线上的避雷器回路中不装设隔离开关
(C)变压器0.4kV低压侧有自动切换电源要求的总开关采用隔离开关
(D)变电所中单台变压器(低压为0.4kV)的容量不宜大于1250kV·A

8. 低压并联电容器装置应采用自动投切,下列哪种参数不属于自动投切的控制量? ( )

(A)无功功率 (B)功率因素
(C)电压或时间 (D)关合涌流

9. 20kV及以下的变电所的电容器组件中,放电器件的放电容量不应小于与其并联的电容器组容量,其中高、低压电容器的放电器件应满足断开电源后电容器组两端的电压从$\sqrt{2}$倍额定电压降至50V所需的时间分别不应大于下列哪项数值? ( )

(A)5s、1min (B)5s、3min
(C)1min、5min (D)1min、10min

10. 10kV配电所高压电容器装置的开关设备及导体载流部分的长期允许电流不应小于电容器额定电流的多少倍? ( )

(A)1.2 (B)1.25
(C)1.3 (D)1.35

11. 容量为2000kV·A的油浸变压器安装于变压器室内,请问变压器的外轮廓与变压器室后壁、侧壁的最小净距是下列哪一项数值? ( )

(A)600mm (B)800mm
(C)1000mm (D)1200mm

12. 总油量超过100kg的10kV油浸变压器安装在室内,下面哪一种布置方案符合规范要求? ( )

(A)为减少房屋面积,与10kV高压开关柜布置在同一房间内
(B)为方便运行维护,与其他10kV高压开关柜布置在同一房间内
(C)宜装设在单独的防爆间内,不设置消防设施
(D)宜装设在单独的变压器间内,并应设置灭火设施

13. 电容器的短时限速断和过电流保护，是针对下列哪一项可能发生的故障设置的？（　　）

(A)电容器内部故障
(B)单台电容器引出线短路
(C)电容器组和断路器之间连接线短路
(D)双星接线的电容器组，双星容量不平衡

14. 在设计远离发电厂的110/10kV变电所时，校验10kV断路器分断能力(断路器开端时间为0.15s)，应采用下列哪一项？（　　）

(A)三相短路电流第一周期全电流峰值
(B)三相短路电流第一周期全电流有效值
(C)三相短路电流周期分量最大瞬时值
(D)三相短路电流周期分量稳态值

15. 继电保护、自动装置的二次回路的工作电压最高不应超过下列哪一项数值？（　　）

(A)110V　　(B)220V
(C)380V　　(D)500V

16. 当电流互感器二次绕组的容量不满足要求时，可以采取下列哪种正确措施？（　　）

(A)将两个二次绕组串联使用
(B)将两个二次绕组并联使用
(C)更换额定电流大的电流互感器，增大变流比
(D)降低准确级使用

17. 下列有关互感器二次回路的规定哪一项是正确的？（　　）

(A)互感器二次回路中允许接入的负荷与互感器精确度等级有关
(B)电流互感器二次回路不允许短路
(C)电压互感器二次回路不允许开路
(D)1.0级及2.0级的电度表处电压降，不得大于电压互感器额定二次电压的1.0%

18. 1kV及其以下电源中性点直接接地时，单相回路的电缆芯数选择，下列叙述中哪一项符合规范要求？（　　）

(A)保护线与受电设备的外露可导电部分连接接地的情况，保护线与中性线合用同一导体时，应采用三芯电缆
(B)保护线与受电设备的外露可导电部分连接接地的情况，保护线与中性线各自独立时，应采用两芯电缆

(C)保护线与受电设备的外露可导电部分连接接地的情况,保护线与中性线各自独立时,应采用两芯电缆与另外的保护线导体组成,并分别穿管敷设

(D)受电设备的外露可导电部分连接接地与电源系统接地各自独立的情况,应采用两芯电缆

19. 标称电压为110V的直流系统,其所带负荷为控制、继电保护、自动装置,问在正常运行时,直流母线电压应为下列哪一项数值? ( )

(A)110V (B)115.5V

(C)121V (D)大于121V

20. 工业企业厂房内(配电室外),交流工频500V以下无遮拦的裸导体至地面的距离不应小于下列哪一项数值? ( )

(A)2.5m (B)3.0m

(C)3.5m (D)4.0m

21. 下列哪一项风机和水泵电气传动控制方案的观点是错误的? ( )

(A)一般采用母线供电,电器控制,为满足生产要求,实现经济运行,可采用交流调速

(B)变频调速的优点是调速性能好,节能效果好,可使用笼型异步电动机;缺点是成本高

(C)串级调速的优点是变流设备容量小,较其他无级调速方案经济;缺点为必须使用绕线转子异步电动机,功率因数低,电机损耗大,最高转速降低

(D)对于100~200kW容量的风机水泵传动宜采用交—交变频装置

22. 变压器的纵联差动保护应符合下列哪一条要求? ( )

(A)应能躲过外部短路产生的最大电流

(B)应能躲过励磁涌流

(C)应能躲过内部短路产生的不平衡电流

(D)应能躲过最大负荷电流

23. 在交流变频调速装置中,被普遍采用的交—交变频器,实际上就是将其直流输出电压按正弦波调制的可逆整流器,因此网侧电流中会含有大量的谐波分量。下列谐波电流描述中,哪一项是不正确的? ( )

(A)除基波外,在网侧电流中还含有$k_m \pm 1$次的整数次谐波电流,称为特征谐波

(B)在网侧电流中还存在着非整数次谐波电流,称为旁频谐波

(C)旁频谐波直接和交—交变频器的输出频率及输出相数有关

(D)旁频谐波直接和交—交变频器电源的系统阻抗有关

24. 某电动机,铭牌上的负载持续率为FC=25%,现所拖动的生产机械的负载

持续率为28%，问负载转矩 M_1 与电动机铭牌上的额定转矩 M_m 应符合下列哪种关系？（ ）

(A) $M_1 \leqslant \frac{0.28}{0.25}M_m$　　(B) $M_1 \leqslant \sqrt{\frac{0.28}{0.25}}M_m$

(C) $M_1 \leqslant \sqrt{\frac{0.25}{0.28}}M_m$　　(D) $M_1 = M_m$

25. 在环境噪声大于60dB的场所设置的火灾应急广播扬声器，按规范要求在其播放范围内最远点的播放声压级应高于背景噪声多少分贝？（ ）

(A)3dB　　(B)5dB

(C)10dB　　(D)15dB

26. 等电位联结作为一项电气安全措施，它的目的是用来降低下列哪一项电压？（ ）

(A)故障接地电压　　(B)跨步电压

(C)安全电压　　(D)接触电压

27. 在有梁的顶棚上设置感烟探测器、感温探测器，规范规定当梁间距为下列哪一项数值时不计梁对探测器保护面积的影响？（ ）

(A)小于1m　　(B)大于1m

(C)大于3m　　(D)大于5m

28. 按照国家标准规范规定，布线竖井内的高压、低压和应急电源的电气线路，相互之间的距离应等于或大于多少？（ ）

(A)100mm　　(B)150mm

(C)200mm　　(D)300mm

29. 火灾自动报警系统的传输线路采用铜芯绝缘导线敷设于线槽内时，应满足绝缘等级，还应满足机械强度的要求，下列哪一项选择符合规范规定？（ ）

(A)采用电压等级交流50V、线芯的最小截面面积1.00mm^{2}的铜芯绝缘导线

(B)采用电压等级交流250V、线芯的最小截面面积0.75mm^{2}的铜芯绝缘导线

(C)采用电压等级交流380V、线芯的最小截面面积0.50mm^{2}的铜芯绝缘导线

(D)采用电压等级交流500V、线芯的最小截面面积0.50mm^{2}的铜芯绝缘导线

30. 按照国家标准规范规定，在有电视转播要求的体育场馆，比赛时观众席前排的垂直照度不宜小于场地垂直照度的多少？（ ）

(A)0.25　　(B)0.3

(C)0.4　　(D)0.5

31. 在有线电视系统工程接收天线的设计中,规范规定两幅天线的水平或垂直间距不应小于较长波长天线的工作波长的1/2,且不应小于下列哪一项数值?（　　）

(A)0.6m　　(B)0.8m
(C)1.0m　　(D)1.2m

32. 下列有关变频启动的描述,哪一项是错误的?（　　）

(A)可以实现平滑启动,对电网冲击小
(B)启动电流大,需考虑对被启动电机的加强设计
(C)变频启动装置的功率仅为被启动电动机功率的5% ~7%
(D)适用于大功率同步电动机的启动控制,可若干电动机共用一套启动装置,较为经济

33. 规范规定综合布线系统的配线子系统当采用双绞线电缆时,其信道敷设长度不宜超过下列哪一项数值?（　　）

(A)70m　　(B)80m
(C)90m　　(D)100m

34. 仅供笼型异步电动机启动用的普通晶闸管软启动装置,按变流种类可归类为下列哪一种?（　　）

(A)整流　　(B)交流调压
(C)交—直—交间接变频　　(D)交—交直接变频

35. 规范规定综合布线区域内存在的电磁干扰场强高于下列哪一项数值时,宜采用屏蔽布线系统进行防护?（　　）

(A)3V/m　　(B)4V/m
(C)5V/m　　(D)6V/m

36. 可编程控制器PLC控制系统中的中枢是中央处理单元(CPU),它包括微处理器和控制接口电路。下面列出的有关CPU主要功能的描述,哪一条是错误的?（　　）

(A)以扫描方式读入所有输入装置的状态和数据,存入输入映像区中
(B)逐条解读用户程序,执行包括逻辑运算、算数运算、比较、变换、数据传输等任务
(C)随机将计算结果立即输出到外部设备
(D)扫描程序结束后,更新内部标志位,将结果送入输出映像区或寄存器;随后将映像区内的各输出状态和数据传送到相应的输出设备中

37. 35kV 架空电力线路耐张段的长度不宜大于下列哪个数值？ (　　)

(A)5km　　(B)5.5km
(C)6km　　(D)8km

38. 系统总线上应设置总线短路隔离器，每只总线短路隔离器保护的火灾探测器、手动火灾报警按钮和模块等消防设备的总数不应超过下列哪项？ (　　)

(A)24 点　　(B)32 点
(C)36 点　　(D)48 点

39. 10kV 架空电力线路在最大计算风偏条件下，边导线与城市多层建筑或规划建筑线间的最小水平距离应为下列哪一项数值？ (　　)

(A)1.0m　　(B)1.5m
(C)2.5m　　(D)3.0m

40. 对于黑白电视系统，闭路电视监控系统中图像水平清晰度的要求，下列表述中哪一项是正确的？ (　　)

(A)不应低于 270 线　　(B)不应低于 420 线
(C)不应低于 450 线　　(D)不应低于 550 线

二、多项选择题(共 30 题，每题 2 分，每题的备选项中有 2 个或有 2 个以上符合题意。错选、少选、多选均不得分)

41. 用电单位的供电电压等级与用电负荷的下列哪些因素有关？ (　　)

(A)用电容量　　(B)供电距离
(C)用电单位的运行方式　　(D)用电设备特性

42. 安全特低电压配电回路 SELV 的外露可导电部分应符合以下哪些要求？ (　　)

(A)安全特低电压回路的外露可导电部分不允许与大地连接
(B)安全特低电压回路的外露可导电部分不允许与其他回路的外露可导电部分连接
(C)安全特低电压回路的外露可导电部分不允许与装置外可导电部分连接
(D)安全特低电压回路的外露可导电部分允许与其他回路的保护导体连接

43. 电力系统的电能质量主要指标包括下列哪几项？ (　　)

(A)电压偏差和电压波动
(B)频率偏差
(C)系统容量
(D)电压谐波畸变率和谐波电流含有率

44. 下列关于供电系统负荷分级的叙述，哪几项符合规范的规定？（　　）

(A)火力发电厂与变电站设置的消防水泵、自动灭火系统、电动阀门应按二级负荷供电

(B)室外消防用水量为20L/s的可燃材料堆场的消防用电设备应按三级负荷供电

(C)单机容量为25MW以上的发电厂，消防水泵应按二级负荷供电

(D)以石油、天然气及其产品为原料的石油化工厂，其消防水泵房用电设备的电源，应按一级负荷供电

45. 当采用低压并联电容器作无功补偿时，低压并联电容器装置回路，投切控制器无显示功能时，应具有下列哪些表计？（　　）

(A)电流表　　(B)电压表

(C)功率因数表　　(D)有功功率表

46. 在供配电系统设计中，计算电压偏差时，应计入采取某些措施后的调压效果，下列所采取的措施，哪些是应计入的？（　　）

(A)自动或手动调整并联补偿电容器的投入量

(B)自动或手动调整异步电动机的容量

(C)改变供配电系统运行方式

(D)自动或手动调整并联电抗器的投入量

47. 设计供配电系统时，为了减小电压偏差应采取下列哪些措施？（　　）

(A)降低系统阻抗

(B)采取补偿无功功率措施

(C)大容量电动机采取降压启动措施

(D)尽量使三相负荷平衡

48. 下列关于35kV高压配电装置中导体最高工作温度和最高允许温度的规定，哪几条符合规范的要求？（　　）

(A)裸导体的正常最高工作温度不应大于+70℃，在计及日照影响时，钢芯铝线及管型导体不宜大于+80℃

(B)当裸导体接触面处有镀锡的可靠覆盖层时，其最高工作温度可提高到+85℃

(C)验算短路热稳定时，裸导体的最高允许温度，对硬铝及铝锰合金可取+200℃，硬铜可取+250℃

(D)验算短路热稳定时，短路前的导体温度采用额定负荷下的工作温度

49. 某机床加工车间10kV变电所设计中，设计者对防火和建筑提出下列要求，请问哪些条不符合规范的要求？（　　）

(A)变压器、配电室、电容器室的耐火等级不应低于二级

(B)油浸变压器室位于地下车库上方,可燃油油浸变压器的门按乙级防火门设计

(C)变电所的油浸变压器室应设置容量为100%变压器油量的储油池

(D)高压配电室设不能开启的自然采光窗,窗台距室外地坪不宜低于1.6m

50. 计算低压侧短路电流时,有时需计算矩形母线的电阻,其电阻值与下列哪些项有关? ( )

(A)矩形母线的长度　　(B)矩形母线的截面积

(C)矩形母线的几何均距　　(D)矩形母线的材料

51. 变电所内各种地下管线之间和地下管线之间与建筑物、构筑物、道路之间的最小净距,应满足下列哪些要求? ( )

(A)应满足安全的要求

(B)应满足检修、安装的要求

(C)应满足工艺的要求

(D)应满足气象条件的要求

52. 适用于风机、水泵作为调节压力和流量的电气传动系统有下列哪几项? ( )

(A)绕线电动机转子串电阻调速系统

(B)绕线电动机串级调速系统

(C)直流电动机的调速系统

(D)笼型电动机交流变频调速系统

53. 某35kV变电所设计的备用电源自动投入装置有如下功能,请指出下列哪些项是不正确的? ( )

(A)手动断开工作回路断路器时,备用电源自动投入装置动作投入备用电源断路器

(B)工作回路上的电压一旦消失,自动投入装置应立即动作

(C)在检定工作电压确实无电压而且工作回路确实断开后才投入备用电源断路器

(D)备用电源自动投入装置动作后,如投到故障上,再自动投入一次

54. 在有关35kV及以下电力电缆终端和接头的叙述中,下列哪些项符合规范的规定? ( )

(A)电缆终端的额定电压及其绝缘水平,不得低于所连接电缆额定电压及其要求的绝缘水平

(B)电缆接头的额定电压及其绝缘水平,不得低于所连接电缆额定电压及其要

求的绝缘水平

(C)电缆绝缘接头的绝缘环两侧耐受电压,不得低于所连电缆护层绝缘水平的2倍

(D)电缆与电气连接具有整体式插接功能时,电缆终端的装置类型应采用不可分离式终端

55. 对于无人值班变电所,下列哪些直流负荷统计时间和统计负荷系数是正确的? ( )

(A)监控系统事故持续放电时间为1h,负荷系数为0.5

(B)监控系统事故持续放电时间为2h,负荷系数为0.8

(C)直流应急照明事故持续放电时间为2h,负荷系数为1.0

(D)交流不间断电源事故持续放电时间为1h,负荷系数为0.8

56. 一台10/0.4kV容量为0.63MV·A的星形—星形连接的配电变压器,低压侧中性点直接接地,请问下列哪几项保护可以作为其低压侧单相接地短路保护? ( )

(A)高压侧装设三相式过电流保护

(B)低压侧中性线上装设零序电流保护

(C)低压侧装设三相过电流保护

(D)高压侧由三相电流互感器组成的零序回路上装设零序电流保护

57. 下列有关交流电动机能耗制动的描述,哪些项是正确的? ( )

(A)能耗制动转矩随转速的降低而增加

(B)能耗制动是将运转中的电动机与电源断开,向定子绕组通入直流励磁电流,改接为发电机使电能在其绕组中消耗(必要时还可消耗在外接电阻中)的一种电制动方式

(C)能耗制动所产生的制动转矩较平滑,可方便地改变制动转矩值

(D)能量不能回馈电网,效率较低

58. 关于35kV变电所蓄电池组的容量选择,以下哪些条款是正确的? ( )

(A)蓄电池组的容量应满足全所事故停电1h放电容量

(B)事故放电容量取全所经常性直流负荷

(C)事故放电容量取全所事故照明负荷

(D)蓄电池组的容量应满足事故放电末期最大冲击负荷容量

59. 有关火灾探测器的规定应符合下列哪些项? ( )

(A)线型光束感烟火灾探测器的探测区域长度不宜超过100m

(B)不易安装点型探测器的夹层、闷顶宜选择缆式感温火灾探测器

(C)线型可燃气体探测器的保护区域长度不宜大于60m

(D)管路采样式吸气感烟火灾探测器,一个探测单元的采样管总长不宜大于150m

60. 请判断下列问题中哪些是正确的? ( )

(A)粮、棉及易燃物大量集中的露天堆场,无论其大小都不是建筑物,不必考虑防直击雷措施

(B)粮、棉及易燃物大量集中的露天堆场,当其年计算雷击次数大于或等于0.06时,宜采取防直击雷措施

(C)粮、棉及易燃物大量集中的露天堆场,采取独立避雷针保护时其保护范围的滚球半径 h_r 可取60m

(D)粮、棉及易燃物大量集中的露天堆场,采取独立避雷针保护时其保护范围的滚球半径 h_r 可取100m

61. 根据规范要求,下列哪些建筑或场所应设置火灾自动报警系统? ( )

(A)每座占地面积大于 $1000m^2$ 的棉、毛、丝、麻、化纤及其制品的仓库,占地面积超过 $500m^2$ 或总建筑面积超过 $1000m^2$ 的卷烟库房

(B)建筑面积大于 $500m^2$ 的地下、半地下商店

(C)净高2.2m的技术夹层,净高大于0.8m的闷顶或吊顶内

(D)2500个座位的体育馆

62. 对Y,yn0接线组的10/0.4kV变压器,常利用在低压侧装设零序电流互感器(ZCT)的方法实现低压侧单相接地保护,如为此目的,如下图所示ZCT安装位置正确的是哪些? ( )

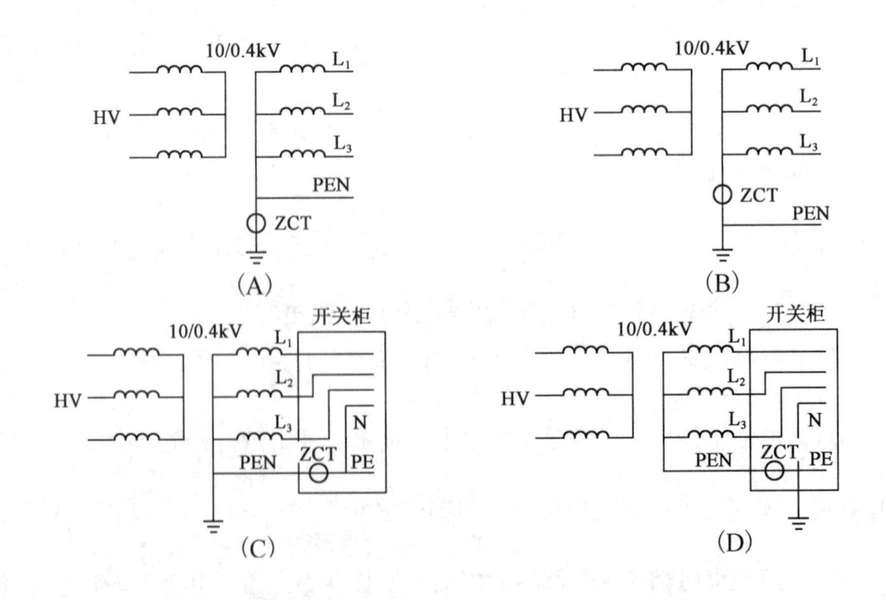

63. 对于安防监控中心的设计,下列哪项不符合规范设计要求? ( )

(A)应远离产生粉尘、油烟、有害气体、强震源和强噪声源自己生产或贮存具有腐蚀性、易燃、易爆物品的场所

(B)为保证安全性,监控中心内可不设置视频监控装置

(C)监控中心的疏散门应保证双向开启,且应自动关闭,并应保证在任何情况下均能双向开启

(D)应对设置在监控中心的出入口控制系统管理主机、网络接口设备、网络线缆等采取一般保护措施

64.《建筑照明设计标准》(GB 50034—2013)中,下列条款哪些是强制性条文? ( )

(A)6.1.1 6.1.2 6.1.3 (B)6.3.3 6.3.4 6.3.5

(C)6.3.6 6.3.7 6.3.9 (D)6.3.13 6.3.14 6.3.15

65. 在建筑工程中设置的有线广播系统,从功放设备的输出端至线路上最远的用户扬声器之间的线路衰耗,下面哪些说法符合规范要求? ( )

(A)业务性广播不应小于2dB(1000Hz时)

(B)服务性广播不应大于1dB(1000Hz时)

(C)业务性广播不应大于2dB(1000Hz时)

(D)服务性广播不应小于1dB(1000Hz时)

66. 下列有关交流电动机反接制动的描述,哪些是正确的? ( )

(A)反接制动时,电动机转子电压很高,有很大制动电流,为限制反接电流,必须在转子中再串联反接电阻

(B)能量消耗不大,较经济

(C)制动转矩较大且基本稳定

(D)笼型电动机因转子不能接入外接电阻,为防止制动电流过大而烧毁电动机,只有小功率(10kW以下)电动机才能采用反接制动

67. 下列4条关于10kV架空电力线路路径选择的要求,哪些是符合规范要求的? ( )

(A)应避开洼地、冲刷地带、不良地质地区、原始森林区以及影响线路安全运行的其他地区

(B)应减少与其他设施交叉。当与其他架空线路交叉时,其交叉点不应选在被跨越线路的杆塔顶上

(C)不应跨越存储易燃、易爆物的仓库区域

(D)跨越二级架空弱电线路的交叉角应大于或等于15°

68. 在设计整流变压器时,下列考虑的因素哪些是正确的? ( )

(A)整流变压器短路机会较多,因此变压器绕组和结构应有较大的机械强度,在同等容量下整流变压器体积将比一般电力变压器大些

(B)晶闸管装置发生过电压机会较多,因此变压器有较高的绝缘强度

(C)整流变压器的漏抗可限制短路电流,改变电网侧的电流波形,因此变压器的漏抗越大越好

(D)为了避免电压畸变和负载不平衡时中点浮动,整流变压器一次和二次绕组中的一个应接成三角形或附加短路绕组

69. 在设计 35kV 交流架空电力线路时,最大设计风速采用下列哪些是正确的?
( )

(A)架空电力线路通过市区或森林等地区,如两侧屏蔽物的平均高度大于塔杆高度 2/3,其最大设计风速宜比当地最大设计风速减小 20%

(B)架空电力线路通过市区或森林等地区,如两侧屏蔽物的平均高度大于塔杆高度 2/3,其最大设计风速宜比当地最大设计风速增加 20%

(C)山区架空电力线路的最大设计风速,应根据当地气象资料确定,当无可靠资料时,最大设计风速可按附近平地风速减少 10%,且不应低于 25m/s

(D)山区架空电力线路的最大设计风速,应根据当地气象资料确定,当无可靠资料时,最大设计风速可按附近平地风速增加 10%,且不应低于 25m/s

70. 建筑与建筑群的综合布线系统基本配置设计中,用铜芯对绞电缆组网,在干线电缆的配置,对计算机网络配置原则,下列表述中哪些是正确的? ( )

(A)宜按 24 个信息插座配 2 对对绞线

(B)48 个信息插座配 2 对对绞线

(C)主接口为电接口,每个交换机 2 对对绞线

(D)主接口为电接口,每个交换机 4 对对绞线

2012 年专业知识试题答案(下午卷)

1. **答案**:C

依据:《20kV 及以下变电所设计规范》(GB 50053—2013)第 3.3.4-1 条。

2. **答案**:D

依据:《低压配电设计规范》(GB 50054—2011)第 5.1 条"直接接触防护措施"。

3. **答案**:A

依据:《钢铁企业电力设计手册》(上册)P37 中"1.5.4 中性点经电阻接地系统"。

注:也可参考《工业与民用供配电设计手册》(第四版)P56"经低电阻接地"和 P59"经高电阻接地"的论述。

4. **答案**:A

依据:《人民防空地下室设计规范》(GB 50038—2005)第 7.2.4 条。

5. **答案**:C

依据:《钢铁企业电力设计手册》(上册)P13 表 1-5 或 P45 表 1-20。母线检修时,可不停电地将所连接回路倒换到另一组母线上继续供电,但接线复杂,投资较高。

6. **答案**:B

依据:《城市电力规划规范》(GB 50293—1999)第 7.3.4 条。

7. **答案**:C

依据:《20kV 及以下变电所设计规范》(GB 50053—2013)第 3.2.11 条、第 3.2.15 条、第 3.3.3 条。

8. **答案**:D

依据:《并联电容器装置设计规范》(GB 50227—2017)第 6.2.5 条。

9. **答案**:B

依据:《20kV 及以下变电所设计规范》(GB 50053—2013)第 5.1.7 条。

10. **答案**:D

依据:《20kV 及以下变电所设计规范》(GB 50053—2013)第 5.1.4 条。

11. **答案**:B

依据:《3 ~ 110kV 高压配电装置设计规范》(GB 50060—2008)第 5.4.5 条。

12. **答案**:D

依据：《3～110kV 高压配电装置设计规范》(GB 50060—2008)第5.5.1条。

13. 答案：C

依据：《电力装置的继电保护和自动装置设计规范》(GB/T 50062—2008)第8.1.2-1条。

14. 答案：D

依据：《工业和民用供配电设计手册》(第四版)P178 图4.1-2(a)：远离发电厂的变电所可不考虑交流分量的衰减，分断时间0.15s为周期分量稳态值(0.01s为峰值)。

15. 答案：D

依据：《电力装置的继电保护和自动装置设计规范》(GB/T 50062—2008)第15.1.1条。

16. 答案：A

依据：无具体条文，电流互感器的特性：两个相同的二次绕组串联时，其二次回路内的电流不变，负荷阻抗数值增加一倍，所以因继电保护或仪表的需要而扩大电流互感器容量时，可采用二次绕组串接连线。

17. 答案：A

依据：《电力装置电测量仪表装置设计规范》(GB/T 50063—2017)第8.1.2条、第8.2.3-2条和第7.1.7条、第7.2.4条的条文说明，其中选项A是电气常识。

18. 答案：D

依据：《电力工程电缆设计规范》(GB50217—2018)第3.5.2条。

19. 答案：B

依据：《电力工程直流系统设计技术规程》(DL/T 5044—2014)第3.2.2条、第4.1.1-1条。

20. 答案：C

依据：《低压配电设计规范》(GB 50054—2011)第7.4.1条。

21. 答案：D

依据：《钢铁企业电力设计手册》(下册)P334。交—交变频往往用于功率大于2000kW的低速传动中，用于轧钢机、提升机等。

注：也可参考《电气传动自动化技术手册》(第三版)P301相关内容。

22. 答案：B

依据：《电力装置的继电保护和自动装置设计规范》(GB/T 50062—2008)第4.0.4-1条。

23. 答案：D

依据：《电气传动自动化技术手册》(第三版)P816。

注：也可参考《电气传动自动化技术手册》(第二版)P491。

24. **答案**:B

依据:《钢铁企业电力设计手册》(下册)P54 式(23-157)。

25. **答案**:D

依据:《火灾自动报警系统设计规范》(GB 50116—2013)第 6.6.1-2 条。

26. **答案**:D

依据:《工业与民用供配电设计手册》(第四版)P1402"等电位联结的作用和分类"的第一行:建筑物的低压电气装置应采用等电位联接,以降低建筑物内间接接触电压和不同金属物体间的电位差。

27. **答案**:A

依据:《火灾自动报警系统设计规范》(GB 50116—2013)第 6.2.3-5 条。

28. **答案**:D

依据:《低压配电设计规范》(GB 50054—2011)第 7.7.6 条。

29. **答案**:B

依据:《火灾自动报警系统设计规范》(GB 50116—2013)第 11.1.2 条及表 11.1.2。

30. **答案**:A

依据:《建筑照明设计标准》(GB 50034—2013)第 4.2.1-6 条。

31. **答案**:C

依据:《有线电视系统工程技术规范》(GB 50200—1994)第 2.3.6.4 条。

32. **答案**:B

依据:《钢铁企业电力设计手册》(下册)P94 中"24.1.1.7 变频启动",《电气传动自动化技术手册》(第三版)P399。

注:也可参考《电气传动自动化技术手册》(第二版)P321。

33. **答案**:C

依据:《综合布线系统工程设计规范》(GB 50311—2016)第 3.3.3-1 条。

34. **答案**:B

依据:《电气传动自动化技术手册》(第三版)P394"软启动控制器的工作原理"。

注:也可参考《电气传动自动化技术手册》(第二版)P316 中"软启动控制器工作原理"内容。

35. **答案**:A

依据:《综合布线系统工程设计规范》(GB 50311—2016)第 3.5.1-1 条。

36. **答案**:C

依据:《电气传动自动化技术手册》(第三版)P875“中央处理单元”部分内容。

注:也可参考《电气传动自动化技术手册》(第二版)P797中“中央处理单元”部分内容。

37. **答案**:A

依据:《66kV及以下架空电力线路设计规范》(GB 50061—2010)第3.0.6-1条。

38. **答案**:B

依据:《火灾自动报警系统设计规范》(GB 50116—2013)第3.1.6条。

39. **答案**:B

依据:《66kV及以下架空电力线路设计规范》(GB 50061—2010)第12.0.10条。

40. **答案**:B

依据:《民用建筑电气设计规范》(JGJ 16—2008)第14.3.3-1条。

注:《视频安防监控系统工程设计规范》(GB 50395—2007)第5.0.10-1条规定为400TVL。

---

41. **答案**:ABD

依据:《供配电系统设计规范》(GB 50052—2009)第5.0.1条。

42. **答案**:ABC

依据:依据:《低压配电设计规范》(GB 50054—2011)第5.3.7条。

注:也可参考《低压配电装置 第4-41部分:安全防护 电击防护》(GB 16895.21—2012)第414.4.4条。

43. **答案**:ABD

依据:《工业与民用供配电设计手册》(第四版)第6章目录。电能质量主要指标包括:电压偏差、电压波动和闪变、频率偏差、谐波(电压谐波畸变率和谐波电流含有率)和三相电压不平衡度等。有关电能质量共有如下6本规范:

a.《电能质量 供电电压偏差》(GB/T 12325—2008);

b.《电能质量 电压波动和闪变》(GB/T 12326—2008);

c.《电能质量 三相电压不平衡》(GB/T 15543—2008);

d.《电能质量 暂时过电压和瞬态过电压》(GB/T 18481—2001);

e.《电能质量 公用电网谐波》(GB/T 14549—1993);

f.《电能质量 电力系统频率允许偏差》(GB/T 15945—2008)。

注:也可参考《电能质量 公用电网间谐波》(GB/T 24337—2009),但不属于大纲范围。

44. **答案**:BD

依据:《火力发电厂与变电站设计防火规范》(GB 50229—2019)第9.1.2条、第11.7.1条,《建筑设计防火规范》(GB 50016—2014)第10.1.1条,《石油化工企业设计防火规范》(GB 50160—2008)第9.1.1条。

注:A答案中设备按二级负荷供电的内容只针对变电所而非火力发电厂。

45. **答案**:ABC

依据:《并联电容器装置设计规范》(GB 50227—2017)第7.2.6条。

46. **答案**:ACD

依据:《供配电系统设计规范》(GB 50052—2009)第5.0.5条。

47. **答案**:ABD

依据:《供配电系统设计规范》(GB 50052—2009)第5.0.9条。

48. **答案**:ABD

依据:《3~110kV高压配电装置设计规范》(GB 50060—2008)第4.1.6条、第4.1.7条,《导体和电器选择设计技术规定》(DL/T 5222—2005)第7.1.4条。

49. **答案**:BD

依据:《20kV及以下变电所设计规范》(GB 50053—2013)第6.1.1条、第6.1.2条、第6.2.1条。

50. **答案**:ABD

依据:《工业与民用供配电设计手册》(第四版)P307~P308相关内容。

51. **答案**:ABC

依据:《35kV~110kV变电站设计规范》(GB 50059—2011)第2.0.9条。

52. **答案**:BD

依据:《钢铁企业电力设计手册》(上册)P307相关内容。风机、水泵的调速方法有以下几种:①对于小容量的笼型电动机,当流量只需几级调节时,可选用变极调速电机。②对于要求连续无级变流量控制,当为笼型电动机时,可采用变频调速和液力耦合调速。③对于要求连续无级变流量控制,当为绕线型电动机时,可采用晶闸管串级调速。

53. **答案**:ABD

依据:《电力装置的继电保护和自动装置设计规范》(GB/T 50062—2008)第11.0.2条。

54. **答案**:ABC

依据:《电力工程电缆设计规范》(GB 50217—2018)第4.1.3-1条、第4.1.7条、第4.1.1-3条。

55. 答案:BC

依据:《电力工程直流系统设计技术规程》(DL/T 5044—2014)表 5.2.3、表5.2.4。

56. 答案:ABC

依据:《电力装置的继电保护和自动装置设计规范》(GB 50062—2008)第4.0.13条。

57. 答案:BCD

依据:《钢铁企业电力设计手册》(下册)P95 表 24-7。

注:也可参考《电气传动自动化技术手册》(第三版)P305 相关内容。

58. 答案:AD

依据:《35kV ~ 110kV 变电站设计规范》(GB 50059—2011)第 3.7.4 条。

59. 答案:ABC

依据:《火灾自动报警系统设计规范》(GB 50116—2013)第 6.2.15-2 条、第 5.3.3 条、第 8.2.4 条、第 6.2.17-3 条。

60. 答案:BD

依据:《建筑物防雷设计规范》(GB 50057—2010)第 4.5.5 条。

61. 答案:AB

依据:《建筑设计防火规范》(GB 50016—2014)第 11.4.1 条。

62. 答案:BD

依据:实际应用题,需结合图进行分析。

63. 答案:BCD

依据:《安全防范工程技术规范》(GB 50348—2018)第 6.14.1 条 ~ 第 6.14.3 条。

64. 答案:BCD

依据:《建筑照明设计标准》(GB 50034—2013)P3 关于建设部发布该标准的公告。

65. 答案:BC

依据:《民用建筑电气设计规范》(JGJ 16—2008)第 16.2.8 条。

66. 答案:ACD

依据:《钢铁企业电力设计手册》(下册)P96 表 24-7。

注:也可参考《电气传动自动化技术手册》(第三版)P406 ~ P407 相关内容。

67. 答案:ABC

依据:《66kV 及以下架空电力线路设计规范》(GB 50061—2010)第 3.0.3 条。

68. 答案:ABD

依据:《钢铁企业电力设计手册》(下册)P403。

69. **答案**:AD

依据:《66kV 及以下架空电力线路设计规范》(GB 50061—2010)第 4.0.11 条。

70. **答案**:AD

依据:《综合布线系统工程设计规范》(GB 50311—2016)第 5.3.5 条。

2012 年案例分析试题(上午卷)

[案例题是 4 选 1 的方式,各小题前后之间没有联系,共 25 道小题,每题分值为 2 分,上午卷 50 分,下午卷 50 分,试卷满分 100 分。案例题一定要有分析(步骤和过程)、计算(要列出相应的公式)、依据(主要是规程、规范、手册),如果是论述题要列出论点]

题 1~5:某小型企业拟新建检修车间、办公附属房屋和 10/0.4kV 车间变电所各一处。变电所设变压器一台,车间的用电负荷及有关参数见下表。

设备组名称	单　位	数　量	设备组总容量	电压(V)	需要系数 K_c	$\cos\varphi/\tan\varphi$
小批量金属加工机床	台	15	60kW	380	0.5	0.7/1.02
恒温电热箱	台	3	3×4.5kW	220	0.8	1.0/0
交流电焊机(ε=65%)	台	1	32kV·A	单相 380	0.5	0.5/1.73
泵、风机	台	6	20kW	380	0.8	0.8/0.75
5t 吊车(ε=40%)	台	1	30kW	380	0.25	0.5/1.73
消防水泵	台	2	2×4.5kW	380	1.0	0.8/0.75
单冷空调	台	6	6×1kW	220	1.0	0.8/0.75
电采暖器	台	2	2×1.5kW	220	1.0	1.0/0
照明			20kW	220	0.9	0.8/0.75

注:ε 为短时工作制设备的额定负载持续率。

请回答下列问题。

1. 当采用需要系数法计算负荷时,吊车的设备功率与下列哪个数值最接近?(　　)

(A)19kW　　(B)30kW

(C)38kW　　(D)48kW

解答过程:

2. 计算交流电焊机的等效三相负荷(设备功率)于下列哪个数值最接近?(　　)

(A)18kW　(B)22kW　(C)28kW　(D)39kW

解答过程：

3. 假定5t吊车的设备功率为40kW、交流电焊机的等效三相负荷(设备功率)为30kW，变电所低压侧无功补偿容量为60kvar，用需要系数法计算的该车间变电所0.4kV侧总计算负荷(视在功率)与下列哪个数值最接近？(车间用电负荷的同时系数取0.9，除交流电焊机外的其余单相负荷按平均分配到三相考虑)　(　　)

(A)80kV·A　(B)100kV·A　(C)125kV·A　(D)160kV·A

解答过程：

4. 假定该企业变电所低压侧计算有功功率为120kW、自然平均功率因数为0.75，如果要将变电所0.4kV侧的平均功率因数提高到0.9，计算最小的无功补偿容量与下列哪个数值最接近？(假定年平均有功负荷系数 $\alpha_{av}=1$)　(　　)

(A)30kvar　(B)50kvar　(C)60kvar　(D)75kvar

解答过程：

5. 为了限制并联电容器回路的涌流，拟在低压电容器组的电源侧设置串联电抗器，请问此时电抗率宜选择下列哪个数值？　(　　)

(A)0.1%～1%　(B)3%　(C)4.5%～6%　(D)12%

解答过程：

题6~10:某办公楼供电电源10kV电网中性点为小电阻接地系统,双路10kV高压电缆进户,楼内10kV高压与低压电器装置共用接地网,请回答下列问题。

6. 低压配电系统接地及安全保护采用TN-S方式,下列常用机电设备简单接线示意图中哪一项不符合规范的相关规定? ( )

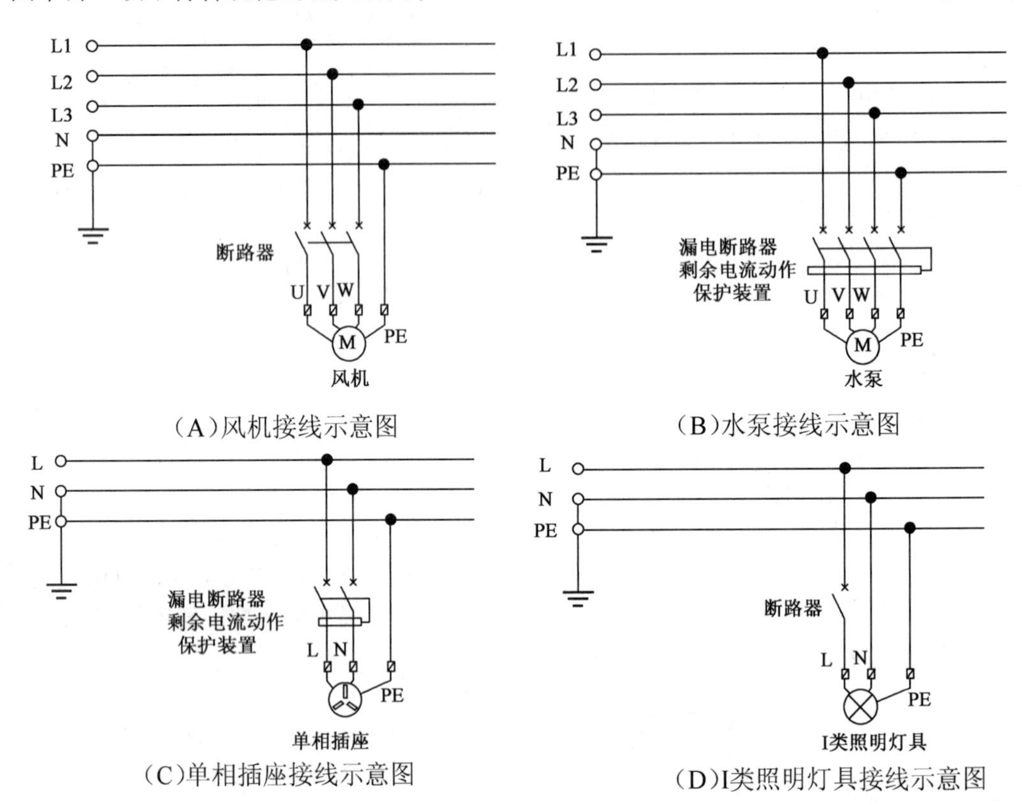

解答过程:

7. 高压系统计算用的流经接地网的入地短路电流为800A,计算高压系统接地网最大允许的接地电阻是下列哪一项数值? ( )

(A)1Ω　　(B)2.5Ω

(C)4Ω　　(D)5Ω

解答过程:

8. 楼内安装 AC220V 落地式风机盘管(橡胶支撑座与地面绝缘),电源相线与 PE 线等截面,配电线路接线示意图如下图,已知:变压器电阻 $R_T=0.015\Omega$,中性点接地电阻 $R_B=0.5\Omega$,全部相线电阻 $R_L=0.5\Omega$,人体电阻 $R_K=1000\Omega$,人体站立点的大地过渡电阻 $R_E=20\Omega$,其他未知电阻、电抗、阻抗计算时忽略不计,计算发生如下图短路故障时人体接触外壳的接触电压 U_K 为下列哪一项? ( )

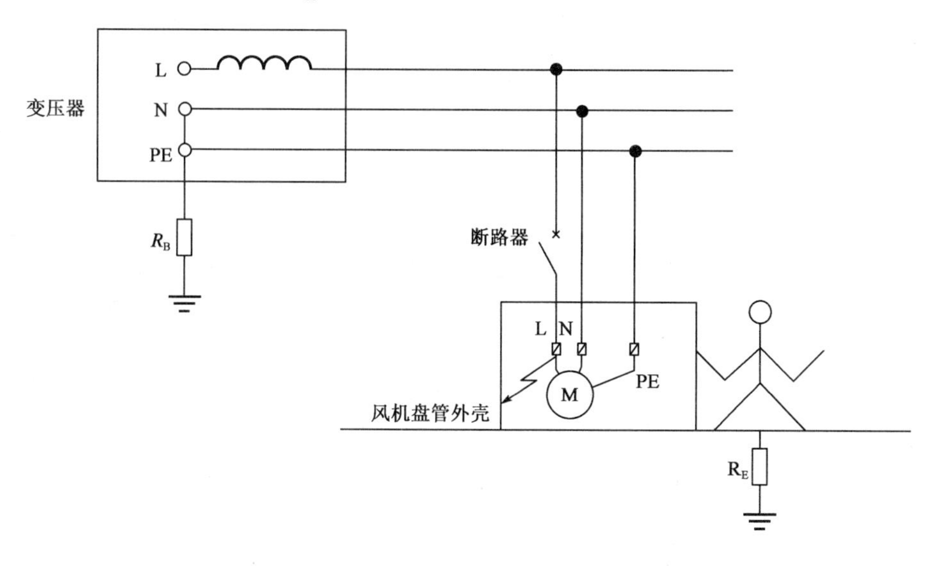

(A) $U_K=106.146V$ (B) $U_K=108.286V$

(C) $U_K=108.374V$ (D) $U_K=216.000V$

解答过程:

9. 建筑物基础为钢筋混凝土桩基,桩基数量 800 根,深度 $t=36m$,基底长边 $L_1=180m$,短边 $L_2=90m$,土壤电阻率 $\rho=120\Omega\cdot m$,若利用桩基基础做自然接地极,计算其接地电阻 R 是下列哪一项数值?(计算形状系数查图时,取靠近图中网格交叉点的近似值) ( )

(A) $R=0.287\Omega$ (B) $R=0.293\Omega$ (C) $R=0.373\Omega$ (D) $R=2.567\Omega$

解答过程:

10. 已知变电所地面土壤电阻率 $\rho_t=1000\Omega\cdot m$,接地故障电流持续时间 $t=0.5s$,高压电气装置发生单相接地故障时，变电所接地装置的接触电位差 U_t 和跨步电位差 U_s 不应超过下列哪一项数值？（　　）

(A) $U_t = 100V, U_s = 250V$　　(B) $U_t = 550V, U_s = 250V$

(C) $U_t = 487V, U_s = 1236V$　　(D) $U_t = 688V, U_s = 1748V$

解答过程：

题 11～15：某工程设计中，一级负荷中的特别重要负荷统计如下：

1) 给水泵电动机：共 3 台（两用一备），每台额定功率 45kW，允许断电时间 5min；

2) 风机用润滑油泵电动机：共 4 台（三用一备），每台额定功率 10kW，允许断电时间 5min；

3) 应急照明安装容量：50kW，允许断电时间 5s；

4) 变电所直流电源充电装置安装容量：6kW，允许断电时间 10min。

5) 计算机控制与监视系统安装容量：30kW，允许断电时间 5ms。

上述负荷中电动机的启动电流倍数为 7，电动机的功率因数为 0.85，电动机效率为 0.92，启动时的功率因数为 0.5，直接但不同时启动，请回答下列问题。

11. 下列哪一项不能采用快速自启动柴油发电机作为应急电源？（　　）

(A) 变电所直流电源充电装置

(B) 应急照明和计算机控制与监视系统

(C) 给水泵电动机

(D) 风机用润滑油泵电动机

解答过程：

12. 若用不可变频的 EPS 作为电动机和应急照明的应急电源，其容量最小为下列哪一项？（　　）

(A) 170kW　　(B) 187kW　　(C) 495kW　　(D) 600kW

解答过程：

13. 采用柴油发电机为所有负荷供电，发电机功率因数为0.8，用电设备的需要系数为0.85，综合效率均为0.9。那么，按稳定负荷计算，发电机的容量为下列哪一项？（　　）

(A)229kV·A　　(B)243.2kV·A

(C)286.1kV·A　　(D)308.1kV·A

解答过程：

14. 当采用柴油发电机作为应急电源，最大一台电动机启动前，发电机已经带有负载200kV·A、功率因数为0.9，不考虑因尖峰负荷造成的设备功率下降，发电机的短时过载系数为1.5，那么，按短时过负载能力校验，发电机的容量约为多少？（　　）

(A)329kV·A　　(B)343.3kV·A

(C)386.21kV·A　　(D)553.3kV·A

解答过程：

15. 当采用柴油发电机作为应急电源，已知发电机为无刷励磁，它的瞬变电抗 $X_d'=0.2$，当要求最大电动机启动时，满足发电机母线上的电压不低于80%的额定电压，则该发电机的容量至少应是多少？（　　）

(A)252kV·A　　(B)272.75kV·A

(C)296.47kV·A　　(D)322.25kV·A

解答过程：

题16～20：某110kV变电站有110kV、35kV、10kV三个电压等级，设一台三相三卷变压器，系统图如下图所示，主变110kV中性点采用直接接地，35kV、10kV中性点采用消弧线圈接地。(10kV侧无电源，且不考虑电动机的反馈电流)

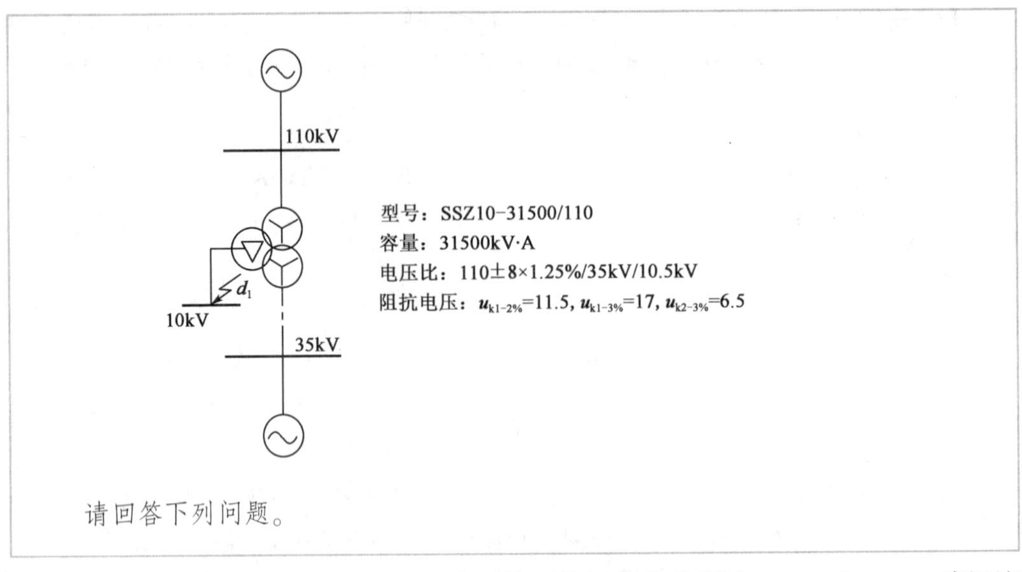

请回答下列问题。

16. 假定该变电站110kV、35kV母线系统阻抗标幺值分别为0.025和0.12，请问该变电站10kV母线最大三相短路电流为下列哪一项？（$S_j=100\text{MV}\cdot\text{A}$，$U_{j110}=115\text{kV}$，$U_{j35}=37\text{kV}$，$U_{j10}=10.5\text{kV}$）（　　）

（A）9.74kA　　（B）17.00kA

（C）18.95kA　　（D）21.12kA

解答过程：

17. 该变电站10kV母线共接有16回10kV线路，其中，架空线路12回，每回线路长度约6km，单回路架设，无架空地线；电缆线路4回，每回线路长度为3km，采用标称截面为150mm² 三芯电力电缆。问该变电站10kV线路的单相接地电容电流为下列哪一项？（要求精确计算并保留小数点后3位数）（　　）

（A）18.646A　　（B）19.078A

（C）22.112A　　（D）22.544A

解答过程：

18. 假定该变电站10kV母线三相短路电流为29.5kA，现需将本站10kV母线三相短路电流限制到20kA以下，拟采用在变压器10kV侧串联限流电抗器的方式，所选电抗

器额定电压 10kV、额定电流 2000A，该限流电抗器电抗率最小应为下列哪一项？ ( )

(A)3% (B)4%

(C)5% (D)6%

解答过程：

19. 该变电站某 10kV 出线采用真空断路器作为开断电器，假定 110kV、35kV 母线均接入无限大电源系统，10kV 母线三相短路电流初始值为 18.5kA，对该断路器按动稳定条件检验，断路器额定峰值耐受电流最小值应为下列哪一项？ ( )

(A)40kA (B)50kA

(C)63kA (D)80kA

解答过程：

20. 变电站 10kV 出线选用的电流互感器有关参数如下：型号 LZZB9-10，额定电流 200A，短时耐受电流 24.5kA，短时耐受时间 1s，峰值耐受电流 60kA。当 110kV、35kV 母线均接入无限大电源系统，10kV 线路三相短路电流持续时间为 1.2s 时，所选电流互感器热稳定允许通过的三相短路电流有效值是下列哪一项数值？ ( )

(A)19.4kA (B)22.4kA

(C)24.5kA (D)27.4kA

解答过程：

题 21～25：一座 35kV 变电所，有两回 35kV 进线，装有两台 35/10kV 容量为 5000kV·A 主变压器，35kV 母线和 10kV 母线均采用单母线分段接线方式，有关参数如图所示，继电保护装置由电流互感器、DL 型电流继电器、时间继电器组成，可靠系数为 1.2，接线系数为 1，继电器返回系数为 0.85。

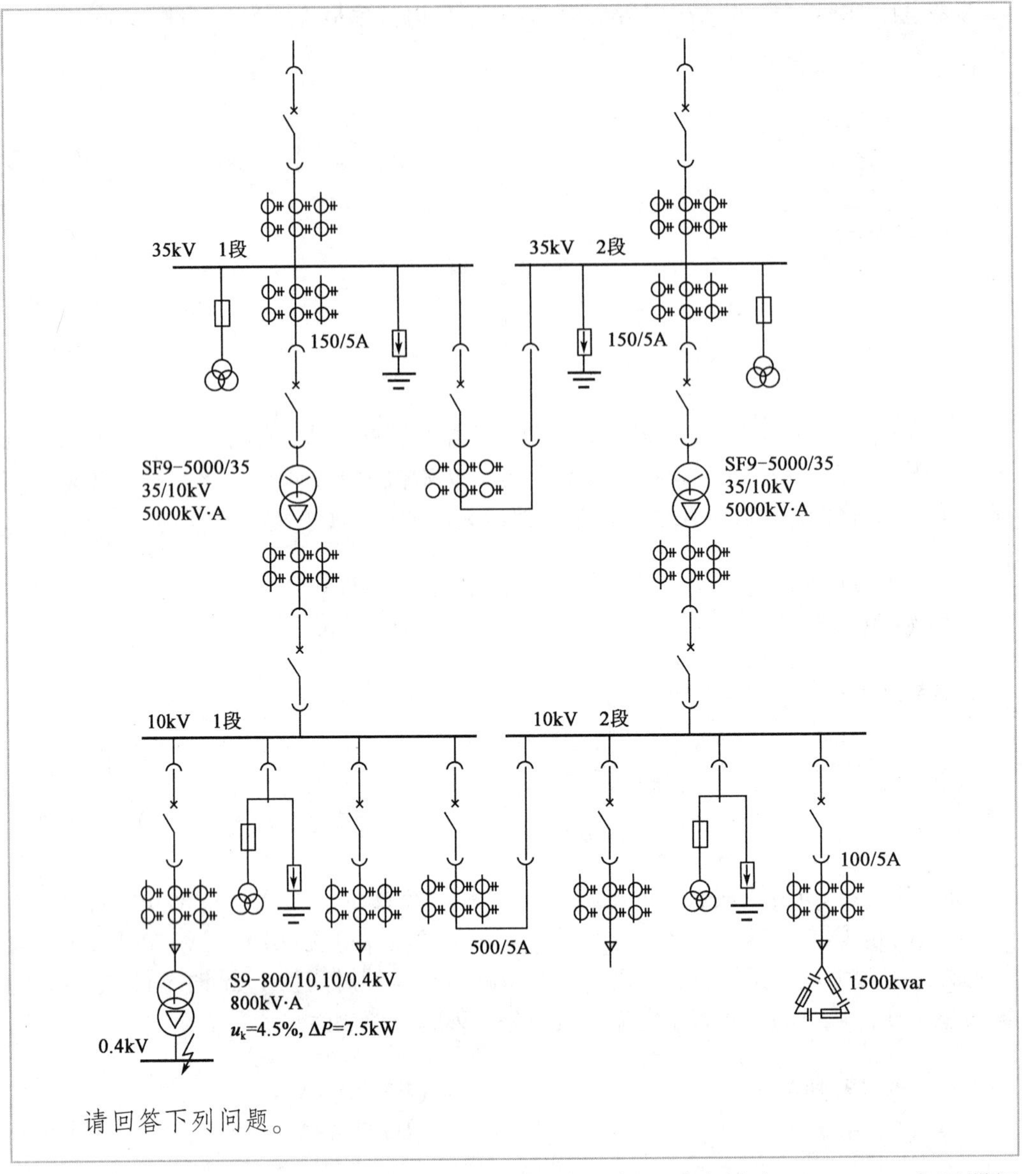

请回答下列问题。

21. 已知上图中10/0.4kV,800kV·A变压器高压侧短路容量为200MV·A,变压器短路损耗为7.5kW,低压侧0.4kV母线上三相短路和两相短路电流稳态值为下列哪一项?(变压器阻抗平均值:$R_T=1.88\text{m}\Omega$,$X_T=8.8\text{m}\Omega$,低压侧母线段阻抗忽略不计) ( )

(A)22.39kA,19.39kA　　(B)23.47kA,20.33kA

(C)25.56kA,22.13kA　　(D)287.5kA,248.98kA

解答过程:

22. 若该变电所两台 35/10kV 主变压器采用并联运行方式,当过电流保护时限 >0.5s,电流速断保护能满足灵敏性要求时,在正常情况下主变压器的继电保护配置中下列哪一项可不装设?并说明其理由。 ( )

(A)带时限的过电流保护　　(B)电流速断保护

(C)纵联差动保护　　(D)过负荷保护

解答过程:

23. 假定该变电所在最大运行方式下主变压器低压侧三相短路时流过高压侧的超瞬态电流为 1.3kA。在最小运行方式下主变压器低压侧三相短路时流过高压侧的超瞬态电流为 1.1kA,主变压器过电流保护装置的一次动作电流和灵敏度系数为下列哪一项?(假定系统电源容量为无穷大,稳态短路电流等于超瞬态短路电流,过负荷系数取 1.1) ( )

(A)106.8A,8.92　　(B)106.8A,12.17

(C)128.1A,7.44　　(D)128.1A,8.59

解答过程:

24. 变电所 10kV 电容器组的过电流保护装置的动作电流为下列哪一项?(计算中过负荷系数取 1.3) ( )

(A)6.11A　　(B)6.62A　　(C)6.75A　　(D)7.95A

解答过程:

25. 假定变电所的两段 10kV 母线在系统最大运行方式下母线三相短路超瞬态电流为 5480A,系统最小运行方式下母线三相短路超瞬态电流为 4560A,10kV 母线分段断路器电流速断保护装置的动作电流为下列哪一项? ( )

(A)19.74A　　(B)22.8A　　(C)23.73A　　(D)26.32A

解答过程:

2012 年案例分析试题答案(上午卷)

题 1 ~5 答案:**CBBBA**

1.《工业与民用供配电设计手册》(第四版)P5(式 1.2-1)。

吊车设备功率:$P_e = P_r\sqrt{\frac{\varepsilon_r}{0.25}} = 2P_r\sqrt{\varepsilon_r} = 2\times 30\sqrt{0.4} = 60\times 0.632 = 37.95\text{kW}$

注:原题考查采用需要系数法时,换算为 $\varepsilon = 25\%$ 的功率。

2.《工业与民用供配电设计手册》(第四版)P2 式(1.2-2)及 P13 式(1.6-41)。

电焊机设备功率(单相 380V):$P_e = S_r\sqrt{\varepsilon_r}\cos\varphi = 32\times\sqrt{0.65}\times 0.5 = 12.90\text{kW}$

电焊机设备功率(三相 380V):$P_d = \sqrt{3}P_e = \sqrt{3}\times 12.90 = 22.34\text{kW}$

3.《工业与民用供配电设计手册》(第四版)P10 式(1.4-3)、式(1.4-4)、式(1.4-5)及 P41 表 1.12-2。

除交流电焊机外的其余单相负荷按平均分配到三相考虑,消防水泵及电采暖器不计入负荷,恒温电热箱应计入负荷。

设备组名称	设备组总容量	需要系数 K_c	有功功率 P_c	$\cos\varphi/\tan\varphi$	无功功率 Q_c
小批量金属加工机床	60kW	0.5	30	0.7/1.02	30.6
交流电焊机	30kW	0.5	15	0.5/1.73	25.95
泵、风机	20kW	0.8	16	0.8/0.75	12
5t 吊车	40kW	0.25	10	0.5/1.73	17.3
单冷空调	6kW	1.0	6	0.8/0.75	4.5
恒温电热箱	13.5kW	0.8	10.8	1.0/0	0
照明	20kW	0.9	18	0.8/0.75	13.5
小计			105.8		103.85
同时系数 $K_x = 0.9$			95.22		93.465
无功补偿 60kvar			95.22		33.465

0.4kV 侧总计算负荷:$S_c = \sqrt{P_c^2 + Q_c^2} = \sqrt{95.22^2 + 33.465^2} = 100.93\text{kV·A}$

注:此题无难度,仅计算量大,建议最后完成。同时系数与补偿容量带入先后顺序绝不能错,可参考《工业与民用供配电设计手册》(第四版)P41 表 1.12-2。

4.《工业与民用供配电设计手册》(第四版)P37 式(1.11-7)。

由 $\cos\varphi_1 = 0.75$,得 $\tan\varphi_1 = 0.88$。

由 $\cos\varphi_2 = 0.9$,得 $\tan\varphi_2 = 0.48$。

最小无功补偿容量:$Q_c = \alpha_{av}P_c(\tan\varphi_1 - \tan\varphi_2) = 1\times 120\times(0.88 - 0.48) = 48\text{kvar}$

5.《并联电容器装置设计规范》(GB 50227—2017)第5.5.2-1条。
仅用于限制涌流时,电抗率宜取0.1%~1.0%。

题6~10答案:**BBACC**

6.《低压配电设计规范》(GB 50054—1995)第4.4.17条、第4.4.18条、第4.4.19-1条。

7.《交流电气装置的接地设计规范》(GB/T 50065—2011)第4.2.1-1。
接地装置的接地电阻:$R \leqslant 2000/I = 2000/800 = 2.5\Omega$

8.《工业与民用供配电设计手册》(第四版)P1456~P1457。
短路分析:发生故障后,相保回路电流由变压器至相线L(0.015+0.5Ω)至短路点,再流经PE线(0.5Ω)与人体、大地及中性点接地电阻(1000+20+0.5Ω)的并联回路返回至变压器中性点,全回路电阻R和电路电流I_d为:

$R = 0.015 + 0.5 + (0.5//1020.5) = 1.015\Omega$

$I_d = 220/1.015 = 216.75\Omega$

接触电压(即人体电压):$U_K = I_d R_d = 216.75 \times \dfrac{0.5}{1020.5 + 0.5} \times 1000 = 106.15V$

注:此题与2008年案例分析试题(上午卷)第1题等效电路一样。

9.《工业与民用供配电设计手册》(第四版)P1417表14.6-4及P1415图14.6-1。
特征值C_1:$C_1 = n/A = 800/(180 \times 90) = 4.94 \times 10^{-2}$,因此$K_1 = 1.4$。
$L_1/L_2 = 180/90 = 2$,$t/L_2 = 36/90 = 0.4$,查图14.6-1可知$K_2 = 0.3$。

接地电阻:$R = K_1 K_2 \dfrac{\rho}{L_1} = 1.4 \times 0.4 \times \dfrac{120}{180} = 0.373\Omega$

10.《交流电气装置的接地设计规范》(GB/T 50065—2011)第4.2.2条(表层衰减系数取1)。
6~35kV低电阻接地系统发生单相接地,发电厂、变电所接地装置的接触电位差和跨步电位差不应超过下列数值:

接触电位差:$U_t = \dfrac{174 + 0.17\rho_t}{\sqrt{t}} = \dfrac{174 + 0.17 \times 1000}{\sqrt{0.5}} = 486.5V$

跨步电位差:$U_s = \dfrac{174 + 0.7\rho_t}{\sqrt{t}} = \dfrac{174 + 0.7 \times 1000}{\sqrt{0.5}} = 1236V$

注:原题考查旧大纲要求的行业标准《交流电气装置的接地》(DL/T 621—1997)第3.4条a)款,式(1)和式(2),此规范无"表层衰减系数"参数。

题11~15答案:**BDBCD**

11.《供配电系统设计规范》(GB 50052—2009)第3.0.5条第1款。

注:也可参考《民用建筑电气设计规范》(JGJ 16—2008)第6.1.10-2条。选择自启动机组应符合下列条件:1)当市电中断供电时,单台机组应能自启动,并应在30s内向负荷供电。应急照明允许断电时间5s和计算机控制监视系统允许断电时间5ms,因此柴发机组不能满足要求。

12.《工业与民用供配电设计手册》(第四版)P105“EPS 容量选择”。

选用 EPS 的容量必须同时满足以下条件:

(1)负载中最大的单台直接启动的电机容量,只占 EPS 容量的1/7 以下:$P_{e1}=45\times7=315\text{kW}$

(2)EPS 容量应是所供负载中同时工作容量总和的 1.1 倍以上:$P_{e2}=1.1(50+90+30)=187\text{kW}$

(3)直接启动风机、水泵时,EPS 的容量为同时工作的风机水泵容量的 5 倍以上:$P_{e2}=5(90+30)=600\text{kW}$

因此选择最大的一个容量为600kW。

注:题中未明确仅针对风机、水泵、启动方式及海拔高度,因此后三条不校验。

13.《工业与民用供配电设计手册》(第四版)P95 式 2.6-8。

按稳定负荷计算发电机容量:

$$S_{G1}=\frac{P_{\Sigma}}{\eta_{\Sigma}\cos\varphi}=\frac{(2\times45+3\times10+50+6+30)\times0.85}{0.8\times0.9}=243.2\text{kV}\cdot\text{A}$$

注:题中未提及负荷率,可按 1 计算。

14.《钢铁企业电力设计手册》(上册)P332 式(7-22)式(7-23)。

$$\beta'=\frac{\beta}{\eta_{mn}\cos\varphi_{mn}}=\frac{7}{0.92\times0.85}=8.95$$

$\sin\varphi_0=\sin(\arccos0.9)=0.436$

$\sin\varphi_{ms}=\sin(\arccos0.5)=0.866$

发电机容量:$S_{G2}=\dfrac{\sqrt{(P_0\cos\varphi_0+\beta'P_{max}\cos\varphi_{ms})^2+(P_0\sin\varphi_0+\beta'P_{max}\sin\varphi_{ms})^2}}{K_G}$

$$=\frac{\sqrt{(200\times0.9+8.95\times45\times0.5)^2+(200\times0.436+8.95\times45\times0.866)^2}}{1.5}$$

$=386.16\text{kV}\cdot\text{A}$

注:《钢铁企业电力设计手册》(上册)上对应的公式角标印刷错误,应该第一个括号内代入启动功率因数 $\cos\varphi_{ms}$,而不是电动机额定功率因数 $\cos\varphi_{mn}$,此点十分重要,如果存疑异,可参考《钢铁企业电力设计手册》(上册)P334 中例题的计算过程。

15.《钢铁企业电力设计手册》(上册)P332 式(7-24)。

$$S_{G3}=\beta'P_{max}X_d\frac{1-\Delta V}{\Delta V}=8.95\times45\times0.2\times\frac{1-0.2}{0.2}=322.2\text{kW}$$

题 16~20 答案:**CABBB**

16.《工业与民用供配电设计手册》(第四版)P183 式(4.2-10),P281 表 4.6-3。

三相三绕组电力变压器每个绕组的电抗百分值及其标幺值为:

$x_1\%=0.5(u_{k1\text{-}2}\%+u_{k1\text{-}3}\%-u_{k2-3}\%)=0.5\times(11.5+17-6.5)=11$

$$X_{1*k}=\frac{u_k\%}{100}\times\frac{S_j}{S_{rT}}=0.11\times\frac{100}{31.5}=0.35$$

$$x_2\%=0.5(u_{k1\text{-}2}\%+u_{k2\text{-}3}\%-u_{k1\text{-}3}\%)=0.5\times(11.5+6.5-17)=0.5$$

$$X_{2*k}=\frac{u_k\%}{100}\times\frac{S_j}{S_{rT}}=0.005\times\frac{100}{31.5}=0.01587$$

$$x_3\%=0.5(u_{k1\text{-}3}\%+u_{k2\text{-}3}\%-u_{k1\text{-}2}\%)=0.5\times(17+6.5-11.5)=6$$

$$X_{3*k}=\frac{u_k\%}{100}\times\frac{S_j}{S_{rT}}=0.06\times\frac{100}{31.5}=0.19$$

三相短路总电抗标幺值：$X_{*k}=[(0.025+0.35)//(0.12+0.01587)]+0.19=0.29$

《工业与民用供配电设计手册》(第四版)P284 式(4.6-11)和式(4.6-14)。

三相短路电流标幺值：$I_{*k}=\frac{1}{X_{*k}}=\frac{1}{0.29}=3.4483$

10kV 侧三相短路电流有名值：$I_k=I_{*k}\frac{S_j}{\sqrt{3}U_j}=3.4483\times\frac{100}{\sqrt{3}\times10.5}=18.96\text{kA}$

17.《工业与民用供配电设计手册》(第四版)P302 式(4.6-34)、式(4.6-36)及表(4.6-10)。

10kV 电缆线路电容电流：$I_{C1}=\frac{95+1.44S}{2200+0.23S}U_rl=\frac{95+1.44\times150}{2200+0.23\times150}\times10\times3=4.17543\text{A}$

10kV 无架空地线单回路：$I_{C2}=2.7U_rl\times10^{-3}=2.7\times10\times6\times10^{-3}=0.162\text{A}$

10kV 线路单相接地电容电流：$I_C=4I_{C1}+12I_{C2}=4\times4.17543+12\times0.162=18.64572\text{A}$

注：此题争议在于是否需要计算变电所附加的接地电容电流，按本题的出题意图：如果包括附加接地电容电流则没有答案可选，且本题目求的是 10kV 线路的单相接地电容电流值，而不是求 10kV 系统的单相接地电容电流值，因此不建议计算变电所附加的电容电流。

18.《工业与民用供配电设计手册》(第四版)P280～P281 表 4.6-2、表 4.6-3 和 P401 式(5.7-11)。

设：$S_j=100\text{MV·A}$；$U_j=10.5\text{kV}$；$I_j=5.50\text{kA}$。

$$I_{*s}=\frac{I_s}{I_j}=\frac{29.5}{5.5}=5.364$$

$$X_{*s}=\frac{1}{I_{*s}}=\frac{1}{5.364}=0.1864$$

$$x_{rk}\%\geqslant\left(\frac{I_j}{I_{ky}}-X_{*S}\right)\frac{I_{rk}U_j}{U_{rk}I_j}\times100\%=\left(\frac{5.5}{20}-0.1864\right)\times\frac{2\times10.5}{10\times5.5}\times100\%=0.0338=3.38\%$$

因此选择电抗器电抗率不得小于4%。

19.《工业与民用供配电设计手册》(第四版)P376 表 5.5-15 和 P300 式(4.6-21)。

$i_{p3}=K_p\sqrt{2}I_k''=2.55I_k''=2.55\times18.5=47.175\text{kA}$

断路器动稳定校验计算公式：$i_{p3}\leqslant i_{max}$。

因 $i_{max}\geqslant47.175\text{kA}$，因此选择 50kA。

20.《工业与民用供配电设计手册》(第四版)P385 表 5.6-8。

电流互感器热稳定校验计算公式：$Q_t\leqslant I_{th}^2t$

$I_k^2\times1.2\leqslant24.5^2\times1$

$I_k^2\leqslant500.208$

$I_k\leqslant22.365\text{kA}$

题 21～25 答案：**BCCDD**

21.《工业与民用供配电设计手册》(第四版) P154 表 4-21 和 P177 表 4.1-1、P229 (式 4.3-1)。

根据表 4-21，高压侧短路容量为 200MV·A 对应的电阻和电抗(归算到 0.4kV 侧)分别为 $R_s=0.08\text{m}\Omega$，$X_s=0.8\text{m}\Omega$。

低压侧三相短路电流：$I_{k3}''=\dfrac{230}{\sqrt{R_k^2+X_k^2}}=\dfrac{230}{\sqrt{(1.88+0.08)^2+(8.8+0.8)^2}}=$ 23.47kA

低压侧两相短路电流：$I_{k2}''=0.866I_{k3}''=0.866\times23.47=20.33\text{kA}$

注：若采用直接计算的方式，计算结果与查表法有些许偏差，根据选项的设置，出题者的意图还是考查查表计算短路电流的方法，因此建议考生若在考场上遇到类似题目时，应优先选择查表计算。为对比说明，作者也将直接计算过程列在下面，供考生参考。

高压侧系统阻抗：$Z_s=\dfrac{(cU_n)^2}{S_s''}\times10^3=\dfrac{(1.05\times0.38)^2}{200}\times10^3=0.796\text{m}\Omega$

归算到低压侧的高压系统电阻电抗：

$X_s=0.995Z_s=0.995\times0.796=0.792\text{m}\Omega$，$R_s=0.1X_s=0.1\times0.792=$ $0.0792\text{m}\Omega$

变压器阻抗：$Z_T=\dfrac{u_k\%}{100}\times\dfrac{U_r^2}{S_{rT}}=0.045\times\dfrac{0.38^2}{0.8}=0.0081225\Omega=8.1225\text{m}\Omega$

变压器电阻：$R_T=\dfrac{\Delta P\times U_r^2}{S_{rT}}=\dfrac{7.5\times0.38^2}{0.8}\times10^3=1.35375\text{m}\Omega$

变压器电抗：$X_T=\sqrt{Z_T^2-R_T^2}=\sqrt{8.1225^2-1.35375^2}=8.00889\text{m}\Omega$

短路电路总阻抗：$R_k=R_T+R_s=1.35375+0.0792=1.43295\text{m}\Omega$

$X_k=X_T+X_s=8.00889+0.792=8.80089\text{m}\Omega$

低压侧三相短路电流：$I_{k3}''=\dfrac{230}{\sqrt{R_k^2+X_k^2}}=\dfrac{230}{\sqrt{1.43295^2+8.80089^2}}=25.794\text{kA}$

低压侧两相短路电流：$I_{k2}''=0.866I_{k3}''=0.866\times25.794=22.338\text{kA}$

22.《工业与民用供配电设计手册》(第四版)P519 表 7.2-1。

23.《工业与民用供配电设计手册》(第四版)P520 ~ P521 表 7.2-3“过电流保护”及注释 2。

变压器高压侧额定电流：$I_{1rT}=\dfrac{S}{\sqrt{3}U}=\dfrac{5000}{\sqrt{3}\times 35}=82.48\text{A}$

保护装置的动作电流：$I_{op\cdot k}=K_{rel}K_{jx}\dfrac{K_{gh}I_{1rT}}{K_r n_{TA}}=1.2\times 1\times\dfrac{1.1\times 82.48}{0.85\times 150/5}=4.27\text{A}$

保护装置一次动作电流：$I_{op}=I_{op\cdot k}\dfrac{n_{TA}}{K_{jx}}=4.27\times\dfrac{150/5}{1}=128.1\text{A}$

保护装置的灵敏度系数：$K_{sen}=\dfrac{I_{2k2min}}{I_{op}}=\dfrac{0.866\times 1100}{128.1}=7.44$

24.《工业与民用供配电设计手册》(第四版) P572 ~ P573 表 7.5-2“过电流保护”。

电容器组额定电流：$I_{1C}=\dfrac{Q}{\sqrt{3}U}=\dfrac{1500}{\sqrt{3}\times 10}=86.6\text{A}$

保护装置的动作电流：$I_{op\cdot K}=K_{rel}K_{jx}\dfrac{K_{gh}I_{1C}}{K_r n_{TA}}=1.2\times 1\times\dfrac{1.3\times 86.6}{0.85\times 100/5}=7.95\text{A}$

25.《工业与民用供配电设计手册》(第四版)P564 表 7.4-4“电流速断保护”。

保护装置的动作电流：$I_{op\cdot K}\leqslant\dfrac{I''_{k2\cdot min}}{1.5n_{TA}}=\dfrac{0.866\times 4560}{1.5\times 500/5}=26.32\text{ A}$

2012年案例分析试题(下午卷)

[专业案例题(共40题,考生从中选择25题作答,每题2分)]

题1~5:某城市拟在市中心建设一座400m高集商业、办公、酒店为一体的标志性公共建筑,当地海拔标高2000m,主电源采用35kV高压电缆进户供电、建筑物内设35/10kV电站与10/0.4kV的变配电室,高压与低压电气装置共用接地网,请回答下列问题。

1. 本工程TN-S系统,拟采用剩余电流动作保护电器作为手持式和移动设备的间接接触保护电器,为确保电流流过人体无有害的电生理效应,按右手到双脚流过25mA电流计算,保护电器的最大分断时间不应超过下列哪一项数值? ( )

(A)0.20s (B)0.30s

(C)0.50s (D)0.67s

解答过程:

2. 楼内低压配电为TN-S系统,办公开水间设置AC220/6kW电热水器,间接接触保护断路器过电流额定值 $I_n = 32A$(瞬动 $I_a = 6I_n$),电热水器旁500mm处有一组暖气。为保障人身安全,降低电热水器发生接地故障时产生的接触电压,开水间做局部等电位联结,计算产生接触电压的那段线路导体的电阻最大不应超过下列哪一项数值? ( )

(A)0.26Ω (B)1.20Ω

(C)1.56Ω (D)1.83Ω

解答过程:

3. 已知某段低压线路末端短路电流为2.1kA,计算该断路器瞬动或短延时过流脱扣器整定值最大不超过多少? ( )

(A)1.6kA (B)1.9kA

(C)2.1kA (D)2.4kA

解答过程：

4. 请确定变电所室内 10kV 空气绝缘母线桥相间距离最小不应小于多少？（　　）

(A) 125mm　　(B) 140mm
(C) 200mm　　(D) 300mm

解答过程：

5. 燃气锅炉房内循环泵低压电机额定电流为 25A，请确定电机配电线路导体长期允许载流量不应小于下列哪一项数值？（　　）

(A) 25A　　(B) 28A
(C) 30A　　(D) 32A

解答过程：

题 6～10：某工程通信机房设有静电架空地板，用绝缘缆线敷设，室内要求有通信设备、网络、UPS 及接地设备，请回答下列问题。

6. 人体与导体内发生放电的电荷达到 2×10^{-7}cm 以上时就可能受到电击，当人体的电容为 100pF 时，依据规范确定静电引起的人体电击的电压大约是下列哪一项数值？（　　）

(A) 100V　　(B) 500V
(C) 1000V　　(D) 3000V

解答过程：

7. 用电设备过电流保护器 5s 时的动作电流为 200A，通信机房内等电位联结，依据规范要求可能触及的外露可导电部分和外界可导电部分内的电阻应小于或等于下列哪一项数值？（　　）

(A)0.125Ω　　(B)0.25Ω
(C)1.0Ω　　(D)4.0Ω

解答过程：

8. 若电源线截面为 $50mm^2$，接地故障电流为 8.2kA，保护电器切断供电的时间为 0.2s，计算系数 K 取 143，计算保护导体的最小截面为下列哪一项数值？　　(　　)

(A)$16mm^2$　　(B)$25mm^2$
(C)$35mm^2$　　(D)$50mm^2$

解答过程：

9. 当防静电地板与接地导体采用导电胶粘接时，规范要求其接触面积不宜小于下列哪一项数值？　　(　　)

(A)$10cm^2$　　(B)$20cm^2$
(C)$50cm^2$　　(D)$100cm^2$

解答过程：

10. 机房内设备最高频率 2500MHz，等电位采用 SM 混合型，设等电位联结网格，网格四周设等电位联结时，对高频信号设备接地设计应采用下列哪一项措施符合规范要求？　　(　　)

(A)采用悬浮不接地
(B)避免接地导体长度为干扰频率波的 1/4 或奇数倍
(C)采用 2 根相同长度的接地导体就近与等电位联结网络连接
(D)采用 1 根接地导体汇聚连接至接地汇流排一点接地

解答过程：

题11～15：某企业10kV变电所，装机容量为两台20MV·A的主变压器，2回110kV出线(GIS)，10kV母线为单母线分段接线方式，每段母线均有15回馈线，值班室设置变电所监控系统，并有人值班，请回答下列问题。

11. 关于直流负荷的叙述，下列哪一项叙述是错误的？（　　）

(A)电气和热工的控制、信号为控制负荷

(B)交流不停电装置负荷为动力负荷

(C)测量和继电保护、自动装置负荷为控制负荷

(D)断路器电磁操动合闸机构为控制负荷

解答过程：

12. 12. 若变电所信号控制保护装置容量为2500W(负荷系数为0.6)，UPS装置为3000W(负荷系数为0.6)，直流应急照明容量为1500W(负荷系数为1.0)，断路器操作负荷为800W(负荷系数为0.6)，各设备额定电压为220V，功率因数取1，那么直流负荷的经常负荷电流、0.5h事故放电容量、1h事故放电容量为下列哪一项数值？（　　）

(A)6.82A，10.91A·h，21.82A·h

(B)6.82A，10.91A·h，32.73A·h

(C)6.82A，12.20A·h，24.55A·h

(D)9.09A，12.05A·h，24.09A·h

解答过程：

13. 如果该变电所事故照明、事故停电放电容量为44A·h，蓄电池采用阀控式铅酸蓄电池(胶体)(单体2V)，单个电池的放电终止电压1.8V，则该变电所的蓄电池容量宜选择下列哪一项？（　　）

(A)80A·h　　(B)100A·h

(C)120A·h　　(D)150A·h

解答过程：

14. 如果该变电所 220V 直流电源选用 220A·h 的 GF 型铅酸蓄电池，蓄电池的电池个数为 108 个，经常性负荷电流 15A，事故放电末期随机(5s)冲击放电电流值为 18A，事故放电初期(1min)冲击电流和 1h 事故放电末期电流均为 36A，计算事故放电末期承受随机(5s)冲击放电电流的实际电压和事故放电初期 1min 承受冲击放电电流时的实际电压为下列哪一项？（查曲线时所需数据取整数） （ ）

(A)197.6V/210.6V (B)99.8V/213.8V

(C)205V/216V (D)217V/226.8V

解答过程：

15. 如果该变电所 1h 放电容量为 20A·h，该蓄电池拟仅带控制负荷，蓄电池个数为 108 个，选用阀控式铅酸蓄电池(贫液)(单体 2V)，则该变电所的蓄电池容量为下列哪一项？(查表时放电终止电压据计算结果就近取值) （ ）

(A)65A·h (B)110A·h (C)140A·h (D)150A·h

解答过程：

题 16～20：某企业供电系统计算电路如下图所示。

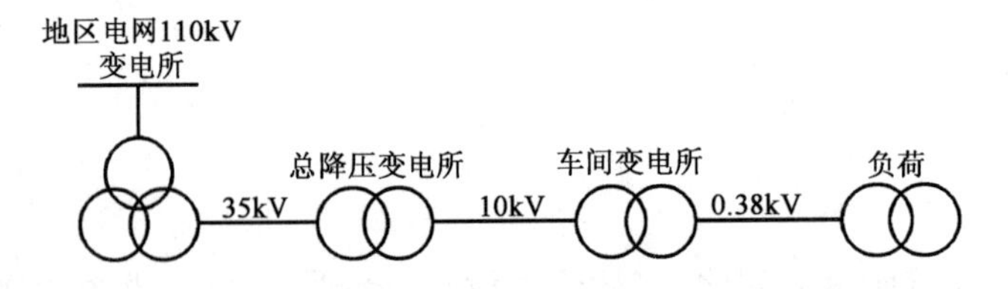

图中 35kV 电缆线路采用交联聚乙烯铜芯电缆，长度为 3.5km，电缆截面为 $150mm^2$，35kV 电缆有关参数见下表。

截面 (mm^2)	电阻 25℃ Ω/km	电抗 Ω/km	埋地 25℃ 允许负荷	埋地 30℃ 允许负荷	电压损失 [%(MW·km)]			电压损失 [%(kA·km)]		
					cosφ			cosφ		
					0.8	0.85	0.9	0.8	0.85	0.9
3×50	0.428	0.137	7.76	10.85	0.043	0.042	0.039	2.099	2.158	2.202
3×70	0.305	0.128	9.64	13.88	0.033	0.031	0.029	1.589	1.613	1.638

续上表

截面 (mm²)	电阻25℃ Ω/km	电抗 Ω/km	埋地25℃允许负荷	埋地30℃允许负荷	电压损失 [%(MW·km)]			电压损失 [%(kA·km)]		
					cosφ			cosφ		
					0.8	0.85	0.9	0.8	0.85	0.9
3×95	0.225	0.121	11.46	16.79	0.026	0.025	0.022	1.250	1.262	1.267
3×120	0.178	0.116	12.97	19.52	0.022	0.020	0.018	1.049	1.049	1.044
3×150	0.143	0.112	14.67	22.19	0.019	0.017	0.015	0.896	0.896	0.881
3×185	0.116	0.109	16.49	25.70	0.016	0.015	0.013	0.782	0.772	0.752
3×240	0.090	0.104	19.04	30.31	0.014	0.013	0.011	0.663	0.653	0.624
3×300	0.072	0.103	21.40	34.98	0.012	0.011	0.009	0.593	0.571	0.544
3×400	0.054	0.103	24.07	39.46	0.011	0.010	0.008	0.519	0.496	0.465

请回答下列问题。

16. 已知35kV电源线供电负荷为三相平衡负荷，至降压变电所35kW侧计算电流为200A，功率因数为0.8，请问该段35kV电缆线路的电压损失 Δu 为下列哪一项？（　　）

(A)0.019%　　(B)0.63%

(C)0.72%　　(D)0.816%

解答过程：

17. 假定总降压变电所计算有功负荷为15000kW，补偿前后的功率因数分别为0.8和0.9，该段线路补偿前后有功损耗为下列哪一项？（　　）

(A)28/22kW　　(B)48/38kW

(C)83/66kW　　(D)144/113kW

解答过程：

18. 假定总降压变电所变压器的额定容量 $S_N = 20000\text{kV}\cdot\text{A}$，短路损耗 $P_s = 100\text{kW}$，变压器的阻抗电压 $u_k = 9\%$，计算负荷 $S_j = 15000\text{kV}\cdot\text{A}$，功率因数 $\cos\varphi = 0.8$，该变压器的电压损失 Δu 为下列哪一项？（　　）

(A)0.5%　　(B)4.35%　　(C)6.75%　　(D)8.99%

解答过程：

19. 假定车间变电所变压器额定容量为 $S_N=20000\text{kV}\cdot\text{A}$，空载损耗为 $P_o=3.8\text{kW}$，短路损耗 $P_s=100\text{kW}$，正常运行时的计算负荷 $S_j=15000\text{kV}\cdot\text{A}$，该变压器在正常运行时的有功损耗 ΔP 为下列哪一项？（　　）

(A)9kW　　(B)12.8kW　　(C)15.2kW　　(D)19.2kW

解答过程：

20. 该系统末端有一台交流异步电动机，如果电动机端子电压偏差为 -5%，忽略运行中其他参数变化，该电动机电磁转矩偏差百分数为下列哪一项？（　　）

(A)10.6%　　(B)−9.75%　　(C)5.0%　　(D)0.25%

解答过程：

题 21 ~ 25：某炼钢厂除尘风机电动机额定功率 $P_e=2100\text{kW}$，额定转速 $N=1500\text{r/min}$，额定电压 $U_n=10\text{kV}$；除尘风机额定功率 $P_n=2000\text{kW}$，额定转速 $N=1491\text{r/min}$，据工艺状况工作在高速或低速状态，高速时转速为 1350r/min，低速时为 300r/min，年作业 320 天，每天 24h，进行方案设计时，做液力耦合器调速方案和变频器调速方案的技术比较，变频器效率为 0.98，忽略风机电动机效率和功率因数影响，请回答下列问题。

21. 在做液力耦合器调速方案时，计算确定液力耦合器工作轮有效工作直径 D 是多少？（　　）

(A)124mm　　(B)246mm　　(C)844mm　　(D)890mm

解答过程：

22. 若电机工作在额定状态，液力耦合器输出转速为 300r/min 时，电动机的输出功率是多少？（ ）

(A)380kW (B)402kW (C)420kW (D)444kW

解答过程：

23. 当采用变频调速器且除尘风机转速为 300r/min 时，电动机的输出功率是多少？（ ）

(A)12.32kW (B)16.29kW (C)16.80kW (D)80.97kW

解答过程：

24. 当除尘风机运行在高速时，试计算这种情况下用变频调速器调速比液力耦合器调速每天省多少度电？（ ）

(A)2350.18kW·h (B)3231.36kW·h

(C)3558.03kW·h (D)3958.56kW·h

解答过程：

25. 已知从风机的供电回路测得，采用变频调速方案时，风机高速运行时功率 1202kW，低速运行时功率为 10kW，采用液力耦合器调速方案时，风机高速运行时功率为 1406kW，低速时为 56kW，若除尘风机高速和低速各占 50%，问采用变频调速比采用液力耦合器调速每年节约多少度电？（ ）

(A)688042kW·h (B)726151kW·h

(C)960000kW·h (D)10272285kW·h

解答过程：

题 26 ~ 30：某工程设计一电动机控制中心(MCC)，其中最大一台笼型电动机额定功率 $P_{ed}=200kW$，额定电压 $U_{ed}=380V$，额定电流 $I_{ed}=362A$，额定转速 $N_{ed}=1490r/min$，功率因数 $\cos\varphi_{ed}=0.89$，效率 $\eta_{ed}=0.945$，启动电流倍数 $K_{IQ}=6.8$，MCC 由一台 $S_B=1250kV\cdot A$ 的变压器($U_d=4\%$)供电，变压器二次侧短路容量 $S_{d1}=150MV\cdot A$，MCC 除最大一台笼型电动机外，其他负荷总计 $S_{fh}=650kV\cdot A$，功率因数 $\cos\varphi=0.72$，请回答下列问题。

26. 关于电动机转速的选择，下列哪一项是错误的？（　　）

(A)对于不需要调速的高转速或中转速的机械，一般应选用相应转速的异步或同步电动机直接与机械相连接

(B)对于不需要调速的低转速或中转速的机械，一般应选用相应转速的电动机通过减速机来转动

(C)对于需要调速的机械，电动机的转速产生了机械要求的最高转速相适应，并留存 5% ~ 8% 的向上调速的余量

(D)对于反复短时工作的机械，电动机的转速除能满足最高转速外，还需从保证生产机械达到最大的加减速度而选择最合适的传动比

解答过程：

27. 如果该电动机的空载电流 $I_{kz}=55A$，定子电阻 $R_d=0.12\Omega$，采用能耗制动时，外加直流电压 $U_{zd}=60V$，忽略线路电阻，通常为获得最大制动转矩，外加能耗制动电阻值为下列哪一项？（　　）

(A)0.051Ω　　(B)0.234Ω　　(C)0.244Ω　　(D)0.124Ω

解答过程：

28. 如果该电机每小时接电次数 20 次，每次制动时间为 12s，则制动电阻接电持续率为下列哪一项数值？（　　）

(A)0.67%　　(B)6.67%　　(C)25.0%　　(D)66.7%

解答过程：

29. 若忽略线路阻抗影响,按全压启动方案,计算该电动机启动时的母线电压相对值等于下列哪一项数值? ( )

(A)0.972 (B)0.946

(C)0.943 (D)0.921

解答过程:

30. 若该电动机启动时的母线电压相对值为 0.89,该线路阻抗为 0.0323Ω,计算启动时该电动机端子电压相对值等于下列哪一项? ( )

(A)0.65 (B)0.84

(C)0.78 (D)0.89

解答过程:

题 31 ~35:某教室平面为扇形面积减去三角形面积,扇形的圆心角为 60°,布置见下图,圆弧形墙面的半径为 30m,教室中均匀布置格栅荧光灯具,计算中忽略墙体面积。

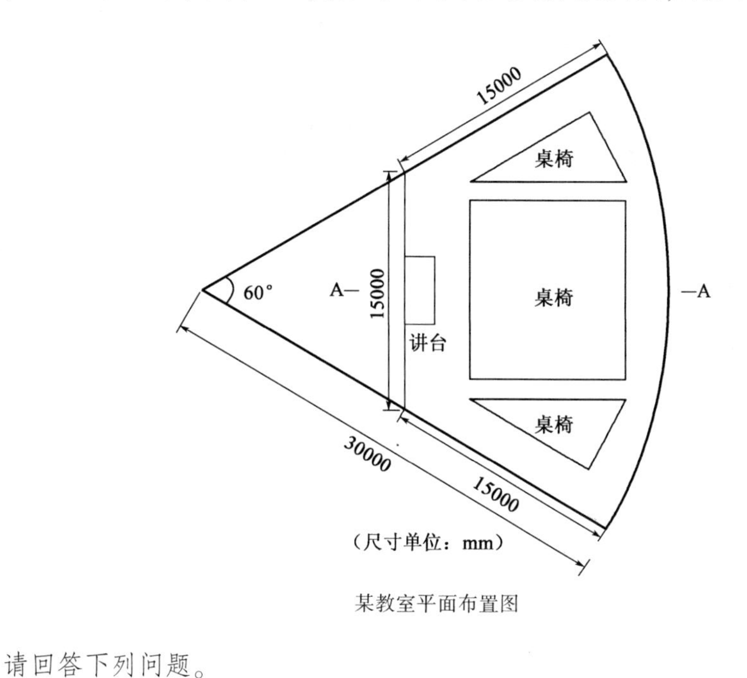

某教室平面布置图

请回答下列问题。

31. 若该教室按多媒体室选择光源色温，照明器具统一眩光值和照度标准值，下列哪一项是正确的？ （　　）

(A)色温4500k，统一眩光值不大于19，0.75水平面照度值300lx
(B)色温4500k，统一眩光值不大于19，地面照度值300lx
(C)色温6500k，统一眩光值不大于22，0.75水平面照度值500lx
(D)色温6500k，统一眩光值不大于22，地面照度值500lx

解答过程：

32. 教室黑板采用非对称光强分布特性的灯具照明，黑板照明灯具安装位置如下图所示。若在讲台上教师的水平视线距地1.85m，距黑板0.7m，为使黑板灯不会对教室产生较大的直接眩光，黑板灯具不应安装在教师水平视线θ角以内位置，黑板灯安装位置与黑板的水平距离L不应大于下列哪一项数值？ （　　）

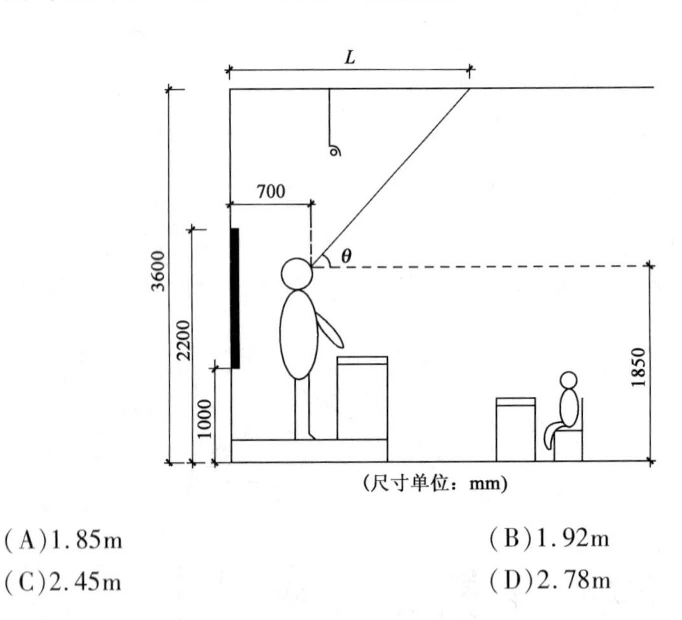

(尺寸单位：mm)

(A)1.85m　　(B)1.92m
(C)2.45m　　(D)2.78m

解答过程：

33. 若该教室室内空间A-A剖面如下图所示，无光源。采用嵌入式格栅荧光灯具，已知顶棚空间表面平均反射比为0.77，计算顶棚的有效空间反射比为下列哪一项？
（　　）

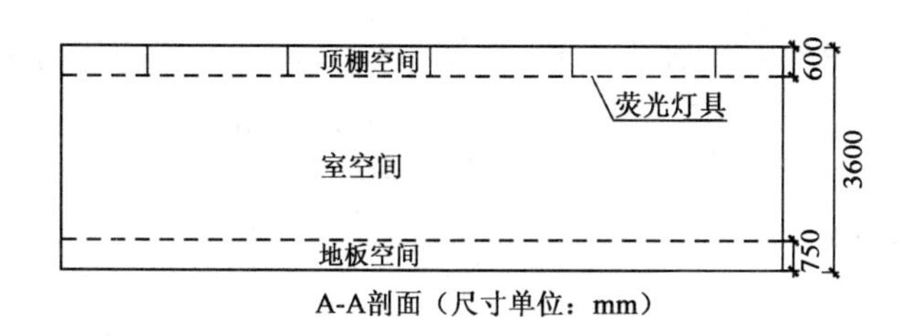

A-A剖面（尺寸单位：mm）

(A)0.69　　(B)0.75

(C)0.78　　(D)0.83

解答过程：

34. 若该教室顶棚高度3.6m，灯具嵌入顶棚安装，工作面高0.75m，该教室室空间比为下列哪一项数值？（　　）

(A)1.27　　(B)1.34

(C)1.46　　(D)1.54

解答过程：

35. 若该教室平均高度3.6m，采用嵌入式格栅灯具均匀安装，每套灯具2×20W，采用节能型荧光灯。若荧光灯灯管光通量为3250lm，教室灯具的利用系数为0.6，灯具效率为0.7，灯具维护系数为0.8，要求0.75m平均照度300lx，计算需要多少套灯具（取整数）？（　　）

(A)46　　(B)42

(C)36　　(D)32

解答过程：

题 36～40：某市有一新建办公楼，地下 2 层，地上 20 层，在第 20 层有一个多功能厅和一个大会议厅，其层高均为 5.5m，吊顶为平吊顶，高度为 5m，多功能厅长 35m、宽 15m，会议厅长 20m、宽 10m，请回答下列问题。

36. 在多功能厅设有 4 组扬声器音箱，每组音箱额定噪声功率 25W，配置的功率放大器峰值功率 1000W，如果驱动每组扬声器的有效值功率为 25W，试问工作时其峰值余量的分贝数为下列哪一项？（　　）

(A)6dB　　(B)10dB

(C)20dB　　(D)40dB

解答过程：

37. 在会议厅设扬声器，为嵌入式安装，其辐射角为 100°，根据规范要求计算，扬声器的间距不应超过下列哪一项？（　　）

(A)8.8m　　(B)10m

(C)12.5m　　(D)15m

解答过程：

38. 在多功能厅中有一反射声是由声源扬声器经反射面（体）到测试点，整个反射声的声程为 18m，试问该反射声到达测试点的时间为下列哪一项？（　　）

(A)56.25ms　　(B)52.94ms

(C)51.43ms　　(D)50ms

解答过程：

39. 在会议厅中，当会场中某一点位置两只扬声器单独扩声时，第一只扬声器在该点产生的声压级为 80dB，另一只扬声器在该点产生的声压级为 90dB，请判断当两只扬声器同时作用时，在该点测得的声压级为下面哪一项？（　　）

(A)90dB　　(B)90.414dB

(C)92.762dB　　(D)120dB

解答过程：

40. 在会议厅将扬声器靠一墙角布置，已知会议厅平均吸声系数为0.2，$D(\theta)=1$，请计算扬声器的供声临界距离，并判断下列哪一个数值是正确的？　　(　　)

(A)1.98m　　(B)2.62m

(C)3.7m　　(D)5.24m

解答过程：

2012年案例分析试题答案(下午卷)

题1~5答案:**CAABD**

1.《电流对人和家畜的效应　第1部分:通用部分》(GB/T 13870.1—2008)表12及心脏电流系数F公式。

折算到从"左手到双脚"的人体电流:$I_h = \frac{I_{ref}}{F}$

$I_{ref} = I_h F = 25 \times 0.8 = 20mA$

查表11和图20,可知从"左手到双脚"的20mA的人体电流对应的电流持续时间为500ms。

注:此题依据不能引用《电流通过人体的效应　第一部分:常用部分》(GB/T 13870.1—1992),依据作废规范解题原则上是不给分的。

2.《低压配电设计规范》(GB 50054—2011)第5.2.5条。

辅助等电位的最大线路电阻:$R_{max} \leqslant \frac{50}{I_a} = \frac{50}{6 \times I_n} = \frac{50}{6 \times 32} = 0.26\ \Omega$

注:间接接触防护短路电流值应取断路器整定的瞬动电流值,而非过电流值。

3.《低压配电设计规范》(GB 50054—2011)第6.2.4条。

脱扣器整定电流:$I_a \leqslant \frac{2.1}{1.3} = 1.6kA$

4.《20kV及以下变电所设计规范》(GB 50053—2013)第4.2.1条表4.2.1。

注:表中符号A项数值应按每升高100m增大1%进行修正。

查表10kV空气绝缘母线桥相间距离为125mm,按海拔高度修正为$L = 125 \times (1 + 10 \times 1\%) = 137.5mm$,取140mm。

注:题干中若出现海拔超过1000m的数据,要有足够的敏感度——考查海拔修正的问题。此题与2011年上午案例第1题相似。

5.《爆炸危险环境电力装置设计规范》(GB 50058—2014)第3.2.1条、第5.4.1条。

第3.2.1-3条:2区应在正常运行时不太可能出现爆炸性气体混合物的环境,或即使出现也仅是短时存在的爆炸性气体混合的环境。燃气锅炉房属于2区。

第5.4.1-6条:引向电压为1000V以下鼠笼型感应电动机支线的长期允许载流量不应小于电动机额定电流的1.25倍。

则导体允许载流量:$I_n = 1.25 \times 25 = 31.25A$,取32A。

题 6 ~ 10 答案:**DBCBB**

6.《防止静电事故通用导则》(GB 12158—2006)第 7.3.1 条,规范原文:发生电击的人体电位约 3kV。

注:此规范是历年考试中第一次考查,题目较偏。

7.《低压配电设计规范》(GB 50054—2011)第 5.2.5 条。

可同时触及的外露可导电部分和装置外可导电部分之间的电阻:$R \leqslant \frac{50}{I_a} = \frac{50}{200} = 0.25\Omega$

注:此题与第二题考查点重复,但未考查动作电流与整定电流的关系,相对较为简单。

8.《建筑物电气装置 第 5-54 部分:电气设备的选择和安装 —接地配置、保护导体和保护联结导体》(GB 16895.3—2004)第 543.1 条表 54.3 及第 543.1.2 条。

电源线(即相线)截面为 $50mm^2$,根据表 54-3 要求,截面不能小于 $16mm^2$。

根据公式 $S = \frac{\sqrt{I^2 t}}{K} = \frac{\sqrt{8.2^2 \times 0.2}}{143} \times 10^3 = 25.64mm^2$,保护导体的截面积不应小于该值,综合以上两个条件,因此保护导体的截面取 $35mm^2$。

9.《数据中心设计规范》(GB 50174—2017)第 8.3.5 条。

注:此规范较少考查,题目较偏。

10.《工业与民用供配电设计手册》(第四版)P1430"单点接地和多点接地"。

无论采用哪种接地系统,其接地线长度 $L = \lambda/4$ 及 $L = \lambda/4$ 的奇数倍的情况应避开。因此时其阻抗为无穷大,相当于一根天线,可接收和辐射干扰信号。

注:本题与 2007 年专业知识试题(上午卷)第 66 题重复。

题 11 ~ 15 答案:**DACCA**

11.《电力工程直流系统设计技术规程》(DL/T 5044—2014)第 4.1.1 条。

12.《电力工程直流系统设计技术规程》(DL/T 5044—2014)表 4.2.5。

经常性负荷电流:$\frac{2500 \times 0.6}{220} \times 1 = 6.82A$

事故放电电流:$\frac{2500 \times 0.6 + 3000 \times 0.6 + 1500 \times 1.0}{220} \times 1 = 21.82A$

0.5 小时事故放电容量:$0.5 \times 21.82 = 10.91A \cdot h$

1.0 小时事故放电容量:$1.0 \times 21.82 = 21.82A \cdot h$

13.《电力工程直流系统设计技术规程》(DL/T 5044—2014)第 6.1.5 条、附录 C 第 C.2.3 条。

查表 C.3-5,阀控式铅酸蓄电池(胶体)(单体 2V)的 $K_{cc} = 0.52$

满足事故全停电状态下的持续放电容量：

变电所蓄电池容量：$C_C = K_K \frac{C_{S \cdot X}}{K_{cc}} = 1.4 \times \frac{44}{0.52} = 118.46\text{A} \cdot \text{h}$，取答案120A·h。

注：旧规范题目，依据《电力工程直流系统设计技术规程》(DL/T 5044—2004)附录B.2.1.2式(B.1)。有关蓄电池容量计算方法，2014版新规范修正较多，但内容较之旧规范更为简洁，题目供考生参考。

14. 旧规范《电力工程直流系统设计技术规程》(DL/T 5044—2004)附录B.2.1.3式(B.2)、式(B.3)、式(B.4)和式(B.5)。

a. 事故放电末期承受随机(5s)冲击放电电流的实际电压：

$$K_{m.x} = K_K \frac{C_{S.X}}{tI_{10}} = 1.1 \times \frac{1 \times 36}{1 \times 22} = 1.8$$

根据此数据，查图B.1中$2.0I_{10}$曲线。

$$K_{chm.x} = K_K \frac{I_{chm}}{I_{10}} = 1.1 \times \frac{18}{1 \times 22} = 0.9$$

横坐标点位0.9。

依据图B.1中$2.0I_{10}$曲线，横坐标0.9的点对应纵坐标为$U_d = 1.9\text{V}$，由式(B.3)得

$U_D = nU_d = 108 \times 1.9 = 205.2\text{ V}$

b. 事故放电初期1min承受冲击放电电流的实际电压：

$$K_{cho} = K_K \frac{I_{cho}}{I_{10}} = 1.1 \times \frac{36}{220/10} = 1.8$$

查图B.1中的0族曲线，取整后得$U_d = 2.0\text{V}$。

$U_D = nU_d = 108 \times 2.0 = 216V$

根据式(B.4)的计算结果确定曲线，根据式(B.5)的计算结果确定横坐标。旧规范题目，有关蓄电池容量计算方法，2014版新规范修正较多，相关曲线图删除，题目供考生参考。

15. 旧规范《电力工程直流系统设计技术规程》(DL/T 5044—2004)附录B.1.3。

对控制负荷，蓄电池放电终止电压：$U_m \geqslant \frac{0.85U_n}{n} = \frac{0.85 \times 220}{108} = 1.73\text{V}$

查表B.8得$K_{CC} = 0.615$，$C_c = K_K \frac{C_{S.X}}{K_{CC}} = 1.4 \times \frac{20}{0.615} = 45.5\text{A·h}$

旧规范题目，有关蓄电池容量计算方法，2014版新规范修正较多，相关曲线图删除，题目供考生参考。

题16~20答案：**BDBBB**

16.《工业与民用供配电设计手册》(第四版)P459式(6.2-5)或P865表9.4-3有关电流矩公式。

三相平衡负荷线路电压损失：

$$\Delta u=\frac{\sqrt{3}Il}{10U_n}(R'\cos\varphi+X'\sin\varphi)=\frac{\sqrt{3}\times200\times3.5}{10\times35}\times(0.143\times0.8+0.112\times0.6)=0.629$$

注：此题实际考查的电流矩的公式，注意各参数的单位与手册是否一致，另提请考生注意负荷矩公式，未来有可能考查。

17.《工业与民用供配电设计手册》(第四版)P26 式(1.10-1)。

补偿前每相线路有功功率损耗：$\Delta P_1'=3I_c^2R\times10^{-3}=\left(\frac{15000}{\sqrt{3}\times35\times0.8}\right)^2\times0.143\times3.5\times10^{-3}=48\text{kW}$

补偿前线路总损耗：$\Delta P_1=3\Delta P_1'=3\times48=144\text{kW}$

补偿后每相线路有功功率损耗：$\Delta P_2'=3I_c^2R\times10^{-3}=\left(\frac{15000}{\sqrt{3}\times35\times0.9}\right)^2\times0.143\times3.5\times10^{-3}=38\text{kW}$

补偿后线路总损耗：$\Delta P_2=3\Delta P_2'=3\times38=114\text{kW}$

注：此类题目要注意各参数的单位是否与手册中一致。

18.《工业与民用供配电设计手册》(第四版)P460 式(6.2-8)。

$$u_a=\frac{100\Delta P_T}{S_{rT}}=\frac{100\times100}{20000}=0.5$$

$$u_r=\sqrt{u_T^2-u_a^2}=\sqrt{9^2-0.5^2}=8.986$$

变压器电压损失：$\Delta u_T=\beta(u_a\cos\varphi+u_r\sin\varphi)=\frac{15000}{20000}\times(0.5\times0.8+8.986\times0.6)=4.34$

注：此题与 2011 年案例上午第 1 题雷同，可参考。变压器与线路电压损失几乎年年必考，务必掌握。

19.《工业与民用供配电设计手册》(第四版)P30 式(1.10-3)或《钢铁企业电力设计手册》(上册)P291 或(6-14)。

电力变压器有功损耗：$\Delta P_T=\Delta P_o+\beta^2\Delta P_k=\Delta P_o+\left(\frac{S_c}{S_r}\right)^2\Delta P_k=3.8+\left(\frac{15000}{20000}\right)^2\times16=12.8\text{kW}$

20.《工业与民用供配电设计手册》(第四版)P479 表 6.5-1。

由表可知，电磁转矩(近似等于启动转矩)与电动机端子电压的平方成正比，因此电磁转矩偏差百分数：

$$\Delta M_p=(1-5\%)^2-1=-0.0975=-9.75\%$$

注：电磁转矩与电动机端子电压无直接关系，电动机端子电压直接决定电动机启动转矩，电磁转矩与启动转矩及电机转动效率有直接关系。

题21～25答案：**CCBBC**

21.《钢铁企业电力设计手册》(下册)P362式(25-131)。

耦合器有效工作直径：$D = K\sqrt[5]{\frac{P_n}{n_B^3}} = 14.7 \times \sqrt[5]{\frac{2000}{1491^3}} = 0.838\text{m} = 838\text{mm}$

注：液力耦合器的题目是第一次考查，虽然从来没接触过类似题目，但如果复习的时候注意到《钢铁企业电力设计手册》(下册)中的有关液力耦合器调速方式的章节，快速定位应该不难。另请注意负载额定轴功率，可参考该页的例题。

22.《钢铁企业电力设计手册》(下册)P362式(25-128)。

由$\frac{P_T}{P_B} = \frac{n_T}{n_B}$，得$P_B = \frac{P_T n_B}{n_T} = \frac{2100 \times 300}{1500} = 420\text{kW}$。

23.《钢铁企业电力设计手册》(上册)P306中"6.6风机、水泵的节电"。

流量与转速成正比，而功率与流量的3次方成比例：$\frac{P_T}{P_B} = \left(\frac{n_T}{n_B}\right)^3$

则$P_B = P_T\left(\frac{n_B}{n_T}\right)^3 = 2000 \times \left(\frac{300}{1491}\right)^3 = 16.29\text{kW}$

注：与2011下午案例第1题雷同，可参考。

24.《钢铁企业电力设计手册》(上册)P306"6.6风机、水泵的节电"，由题干忽略风机电动机效率和功率因数影响。

变频调速器——流量与转速成正比，而功率与流量的3次方成比例，在高速运行时电机的输出功率P_B为：

$$\frac{P_T}{P_B} = \left(\frac{n_T}{n_B}\right)^3 \Rightarrow P_B = P_T\left(\frac{n_B}{n_T}\right)^3 = 2000 \times \left(\frac{1350}{1491}\right)^3 = 1484.6\text{kW}$$

根据《钢铁企业电力设计手册》(下册)P362式(25-128)，液力耦合器调速的效率：

$$\eta_2 = \frac{\eta_T}{\eta_B} = \frac{1350}{1500} = 0.9$$

由题干条件：变频器的效率为0.96，和《钢铁企业电力设计手册》(上册)P306式(6-43)，每天节省的电能为：

$$W = P_B\left(\frac{1}{\eta_2} - \frac{1}{\eta_1}\right) \times 24 = 1484.6 \times \left(\frac{1}{0.9} - \frac{1}{0.98}\right) \times 24 = 3231.8\text{kW} \cdot \text{h}$$

25.《钢铁企业电力设计手册》(上册)P303例7中的相关节能公式。

$\Delta W = \Delta Ph = [(1406 + 56) - (1202 + 10)] \times 24 \times 320 \times 50\% = 960000\text{kW·h}$

题26～30答案：**CDBAA**

26.《钢铁企业电力设计手册》(下册)P9中"23.2.2电动机转速的选择"第(1)～(4)条。

27.《钢铁企业电力设计手册》(下册)P114例题。

外加能耗制动电阻：$R_{ed} = R - (2R_d + R_l) = \dfrac{60}{3 \times 55} - 2 \times 0.12 + 0 = 0.124\Omega$

注：与 2009 年下午案例第 11 题雷同，可参考。

28.《钢铁企业电力设计手册》（下册）P115 例题。

负载持续率：$FC_{\tau} = \dfrac{20 \times 12}{3600} = 0.0667 = 6.67\%$

29.《工业与民用供配电设计手册》（第四版）P482 表 6.5-4 全压启动公式。

题干中未提及低压线路电抗，则：

$X_l = 0, S_{st} = S_{stM} = k_{st} \times S_{rM} = 6.8 \times \sqrt{3} \times 0.38 \times 0.362 = 1.62\text{MV·A}$

预接负荷的无功功率：$Q_{fh} = S_{fh} \times \sqrt{1 - \cos^2\varphi} = 650 \times \sqrt{1 - 0.72^2} = 451\text{kV·A} = 0.451\text{MV·A}$

$$S_{km} = \frac{S_{rT}}{x_T + \dfrac{S_{rT}}{S_k}} = \frac{1.25}{0.04 + \dfrac{1.25}{150}} = 25.86\text{MV·A}$$

母线短路容量：

电动机启动时母线电压相对值：

$$u_{stm} = u_s \frac{S_{km}}{S_{km} + Q_{fh} + S_{st}} = 1.05 \times \frac{25.86}{25.86 + 0.451 + 1.62} = 0.972$$

注：与 2010 年案例分析试题（下午卷）第 1 题雷同，可参考。需注意公式中参数的单位。

30.《工业与民用供配电设计手册》（第四版）P482 表 6.5-4 全压启动公式。

电动机额定启动容量：$S_{stM} = k_{st} S_{rm} = 6.8 \times \sqrt{3} \times 0.38 \times 0.362 = 1.62\text{MV·A}$

电动机启动时启动回路额定容量：$S_{st} = \dfrac{1}{\dfrac{1}{S_{stM}} + \dfrac{X_l}{U_m^2}} = \dfrac{1}{\dfrac{1}{1.62} + \dfrac{0.0323}{0.38^2}} = 1.189\text{MV·A}$

电动机端子电压相对值：$u_{stM} = u_{stM} \dfrac{S_{st}}{S_{stM}} = 0.89 \times \dfrac{1.189}{1.62} = 0.6533$

题 31 ~35 答案：**ACBCC**

31.《建筑照明设计标准》（GB 50034—2013）第 4.4.1 条及表 4.1.1、第 5.2.7 条及表 5.2.7。

32.《照明设计手册》（第三版）P192 中间内容和图 7-4“黑板照明灯具安装位置示意图”。

灯具不应布置在教师站在讲台上水平上视线 45°仰角以内位置，即灯具与黑板的水平距离不应大于 L_2（P249 图 7-4），因此可以通过三角函数直接求出，其水平距离不应大于：

$L = 0.7 + (3.6 - 1.85)/\tan 45° = 2.45\text{m}$

注：重点是要找到对应角 θ 的大小，与 2008 年下午案例第 15 题有关体育场照明类似，可参考。

33.《照明设计手册》（第三版）P146 式（5-45）。

空间开口平面面积（灯具所在平面面积），即扇形面积（半径 r）减去正三角形面积（边长 $r/2$）：

$$A_0 = \frac{60}{360}\pi r^2 - \frac{1}{2} \times \frac{r^2}{2} \times \frac{\sqrt{3}}{4} = \left(\frac{\pi}{6} - \frac{\sqrt{3}}{16}\right)r^2 = 0.415 \times 30^2 = 373.8\text{m}^2$$

空间表面面积（除灯具所在平面外的顶棚表面积）：

$$A_s = A_0 + \left(3 \times 15 + \frac{1}{3}\pi r\right) \times 0.6 = 373.8 + 76.4 \times 0.6 = 419.65\text{m}^2$$

有效空间反射比：$\rho_{\text{eff}} = \dfrac{\rho A_0}{A_s - \rho A_s + \rho A_0} = \dfrac{0.77 \times 373.8}{419.65 - 0.77 \times 419.65 + 0.77 \times 373.8} = 0.74887$

注：此题较偏，空间开口平面面积和空间表面面积在手册中未给出明确定义。

34.《照明设计手册》（第三版）P146 式（5-44）。

地面积：$S_g = \dfrac{60}{360}\pi r^2 - \dfrac{1}{2} \times \dfrac{r^2}{2} \times \dfrac{\sqrt{3}}{4} = \left(\dfrac{\pi}{6} - \dfrac{\sqrt{3}}{16}\right)r^2 = 0.415 \times 30^2 = 373.8\text{m}^2$

墙面积：$S_w = \left(3 \times 15 + \dfrac{1}{3}\pi r\right) \times (3.6 - 0.75) = 76.4 \times 2.85 = 217.74\text{m}^2$

室空间比：$\text{RCR} = \dfrac{2.5 \times S_w}{S_g} = \dfrac{2.5 \times 217.74}{373.8} = 1.45626$

注：与 2010 年上午案例第 3 题雷同，可参考。

35.《照明设计手册》（第三版）P145 式（5-39）。

工作面平均照度：$E_{av} = \dfrac{N\Phi Uk}{A}$

则 $N = \dfrac{AE_{av}}{\Phi Uk} = \dfrac{373.8 \times 300}{3250 \times 0.6 \times 0.8} = 71.88 \approx 72$

因此共需要 72/2 = 36 套。

注：题目中的灯具效率属于干扰项，易出错，对比 2008 年下午案例第 16 题。

题 36 ~ 40 答案：**BABBA**

36.《民用建筑电气设计规范》（JGJ 16—2008）附录 G 式（G.0.1-2）。

扬声器的有效功率为电功率，扬声器的噪声功率为声功率，题干中均为 25W，即说明扬声器的电声转换效率为 1，即声功率 W_a = 电功率 W_e × 效率 η，因此有 $W_e = W_a$，为理想状态情况。

由公式 $L_W = 10\lg W_a + 120$ 推出 $L_W = 10\lg W_e + 120$ 可知，声压每提高 10dB，所要求的电功率（或说声功率）就必须增加 10 倍，一般为了峰值工作，扬声器的功率留出必要的功率余量是十分必要的。

因此,峰值余量的分贝数为:

$\Delta L_W = 10\lg W_{e2} - 10\lg W_{e1} = 10\lg 1000 - 10\lg(4 \times 25) = 30 - 20 = 10\text{dB}$

注:《民用建筑电气设计规范》(JGJ 16—2008)第16.6.1-4条要求扩声系统应有不少于6dB的工作余量。

37.《民用建筑电气设计规范》(JGJ 16—2008)第16.6.5条式(16.6.5-3)。

扬声器的间距:$L = 2(H - 1.3)\tan\frac{\theta}{2} = 2 \times (5 - 1.3)\tan\frac{100}{2} = 8.8\text{m}$

注:嵌入式安装意味着吊顶安装,因此应代入吊顶高度5.0m,而不能采用层高5.5m。

38.此题无直接依据,只能根据音速直接计算,按空气中的音速在1个标准大气压和15℃的条件下约为340m/s。

因此反射声到达测试点的时间:$t = 18/340 = 0.05294 = 52.94\text{ms}$

39.属于超纲题目,手册和规范中均无明确依据,只能查相关的声学专业书籍,考试时建议放弃。

声压级公式:$L = 20\lg\left(\frac{p}{p_0}\right)$

$p = p_0 \times 10^{\frac{L}{20}}$

因此:$p_1 = p_0 \times 10^{\frac{80}{20}} = p_0 \times 10^4$

$p_2 = p_0 \times 10^{\frac{90}{20}} = p_0 \times 10^{4.5}$

总声压级:$\sum p = \sqrt{p_1^2 + p_2^2} = \sqrt{p_0^2 \times 10^8 + p_0^2 \times 10^9} = p_0 \times 10^4 \times \sqrt{11}$

代入声压级公式:$L = 20\lg\left(\frac{p}{p_0}\right) = 20\lg(\sqrt{11} \times 10^4) = 90.414\text{dB}$

40.《民用建筑电气设计规范》(JGJ 16—2008)附录G式(G.0.1-3)、式(G.0.2-4)和表G.0.1。

房间常数:$R = S\alpha/(1 - \alpha) = 20 \times 10 \times 0.2/(1 - 0.2) = 50$

指向性因数:$Q = 4$(查表G.0.1,靠一墙角布置)

供声临界距离:$r_e = 0.14D(\theta)\sqrt{QR} = 0.14 \times 1 \times \sqrt{4 \times 50} = 1.980$

注:最后这道大题,是一个明显又偏又难的题,考试时建议放弃。

2013 年

注册电气工程师(供配电)执业资格考试

专业考试试题及答案

2013 年专业知识试题(上午卷)/516

2013 年专业知识试题答案(上午卷)/528

2013 年专业知识试题(下午卷)/536

2013 年专业知识试题答案(下午卷)/549

2013 年案例分析试题(上午卷)/556

2013 年案例分析试题答案(上午卷)/567

2013 年案例分析试题(下午卷)/575

2013 年案例分析试题答案(下午卷)/591

2013 年专业知识试题(上午卷)

一、单项选择题(共 40 题,每题 1 分,每题的备选项中只有 1 个最符合题意)

1. 相对地电压为 220V 的 TN 系统配电线路或仅供给固定设备用电的末端线路,其间接接触防护电器切断故障回路的时间不宜大于下列哪一项数值? (　　)

(A)0.4s　　(B)3s

(C)5s　　(D)10s

2. 人体的"内阻抗"是指下列人体哪个部位间阻抗? (　　)

(A)在皮肤上的电极与皮下导电组织之间的阻抗

(B)是手和双脚之间的阻抗

(C)在接触电压出现瞬间的人体阻抗

(D)与人体两个部位相接触的二电极间的阻抗,不计皮肤阻抗

3. 爆炸性粉尘环境内,应尽量减少插座和局部照明灯具的数量,且安装的插座开口的一面应朝下,且与垂直面的角度不应大于多少? (　　)

(A)30°　　(B)36°

(C)45°　　(D)60°

4. 在建筑物内实施总等电位联结时,应选用下列哪一项做法? (　　)

(A)在进线总配电箱近旁安装接地母排,汇集诸联结线

(B)仅将需联结的各金属部分就近互相连通

(C)将需联结的金属管道结构在进入建筑物处联结到建筑物周围地下水平接地扁钢上

(D)利用进线总配电箱内 PE 母排汇集诸联结线

5. 下列电力负荷分级原则中哪一项是正确的? (　　)

(A)根据对供电可靠性的要求及中断供电在政治、经济上所造成损失或影响的程度

(B)根据中断供电后,对恢复供电的时间要求

(C)根据场所内人员密集程度

(D)根据对正常工作和生活影响程度

6. 某 35kV 架空配电线路,当系统基准容量取 100MV·A、线路电抗值为 0.43Ω 时,该线路的电抗标幺值应为下列哪一项数值? (　　)

(A)0.031　　(B)0.035

(C)0.073　　(D)0.082

7. 断续或短时工作制电动机的设备功率,当采用需要系数法计算负荷时,应将额定功率统一换算到下列哪一项负荷持续率的有功功率? (　　)

(A)$\varepsilon=25\%$　　(B)$\varepsilon=50\%$

(C)$\varepsilon=75\%$　　(D)$\varepsilon=100\%$

8. 在考虑供电系统短路电流问题时,下列表述中哪一项是正确的? (　　)

(A)以 100MV·A 为基准容量的短路电路计算电抗不小于 3 时,按无限大电源容量的系数进行短路计算

(B)三相交流系统的远端短路的短路电流是由衰减的交流分量和衰减的直流分量组成

(C)短路电流计算的最大短路电流值,是校验继电保护装置灵敏系数的依据

(D)三相交流系统的近端短路时,短路稳态电流有效值小于短路电流初始值

9. 并联电容器装置设计,应根据电网条件、无功补偿要求确定补偿容量,在选择单台电容器额定容量时,下列哪种因素是不需要考虑的? (　　)

(A)电容器组设计容量

(B)电容器组每相电容器串联、并联的台数

(C)宜在电容器产品额定容量系数的优先值中选取

(D)电容器组接线方式(星形、三角形)

10. 当基准容量为 100MV·A 时,系统电抗标幺值为 0.02;当基准容量取1000MV·A时,系统电抗标幺值应为下列哪一项数值? (　　)

(A)20　　(B)5　　(C)0.2　　(D)0.002

11. 成排布置的低压配电屏,其长度超过 6m 时,屏后的通道应设两个出口,并宜布置在通道两端,在下列哪种条件下应增加出口? (　　)

(A)当屏后通道两出口之间的距离超过 15m 时

(B)当屏后通道两出口之间的距离超过 30m 时

(C)当屏后通道内有柱或局部突出

(D)当屏前操作通道不满足要求时

12. 一个供电系统由两个无限大电源系统 S1、S2 供电,其短路电流设计时的等值电抗如右图所示,计算 d 点短路时,电源 S1 支路的分布系数应为下列哪一项数值? (　　)

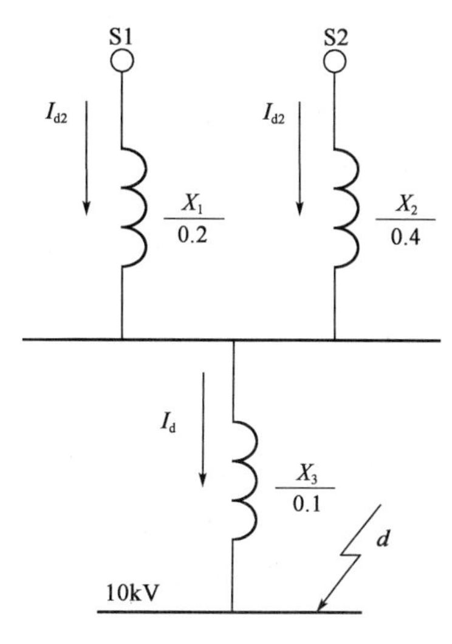

(A)0.67　(B)0.5　(C)0.37　(D)0.25

13. 对于低压配电系统短路电流的计算，下列表述中哪一项是错误的？（　）

(A)当配电变压器的容量远小于系统容量时，短路电流可按无限大电源容量的网络进行计算

(B)计入短路电路各元件的有效电阻，但短路点的电弧电阻、导线连接点、开关设备和电器的接触电阻可忽略不计

(C)当电路电阻较大，短路电流直流分量衰减较快一般可以不考虑直流分量

(D)可不考虑变压器高压侧系统阻抗

14. 某10kV线路经常输送容量为1343kV·A，该线路测量仪表用的电流互感器变比宜选用下列哪一项数值？（　）

(A)50/5　(B)75/5

(C)100/5　(D)150/5

15. 某变电所用于计算短路电流的接线示意图见下图，已知电源S为无穷大系统；变压器B的参数为 $S_e=20000\text{kV}\cdot\text{A}$，110/38.5/10.5kV，$u_{k1-2}\%=10.5$，$u_{k1-3}\%=17$，$u_{k2-3}\%=6.5$；$K_1$ 点短路时35kV母线不提供反馈电流，试求10kV母线的短路电流与下列哪一个值最接近？（　）

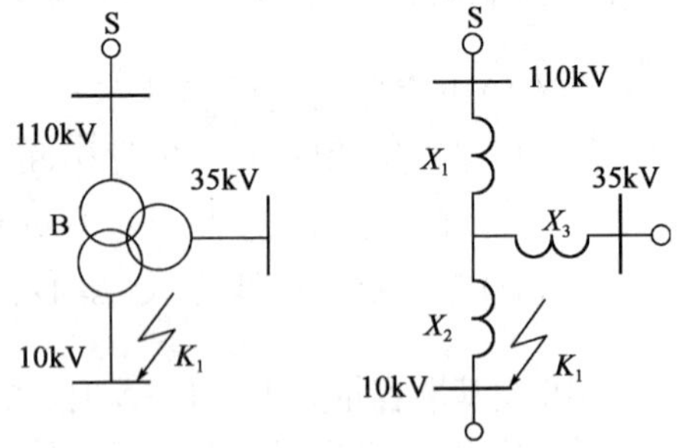

(A)16.92kA

(B)6.47kV

(C)4.68kV

(D)1.18kA

16. 某变电所的10kV母线(不接地系统)装设无间隙氧化锌避雷器，此避雷器应选定下列哪组参数？(氧化锌避雷器的额定电压/最大持续运行电压)（　）

(A)13.2/12kV　(B)14/32kV

(C)15/12kV　(D)17/13.2kV

17. 一台35/0.4V变压器，容量为1000kV·A，其高压侧用熔断器保护，可靠系数取2，其高压熔断器熔体的额定电流应选择下列哪一项？（　）

(A)15A　(B)20A

(C)30A　(D)40A

18. 爆炸性环境电缆和导线的选择，除需满足电缆配线与钢管配线的技术要求外，在选择绝缘导线和电缆截面时，导体允许载流量不应小于熔断器熔体额定电流的倍数，下列数值中哪项是正确的？（　）

(A)1.00　　(B)1.25
(C)1.30　　(D)1.50

19. 交流系统中,35kV 及以下电力电缆缆芯的相间额定电压,按规范规定不得低于使用回路的下列哪一项数值?　(　　)

(A)工作线电压　　(B)工作相电压
(C)133%工作相电压　　(D)173%工作线电压

20. 某六层中学教学楼,经计算预计雷击次数为 0.07 次/年,按建筑物的防雷分类属下列哪类防雷建筑物?　(　　)

(A)第一类防雷建筑物　　(B)第二类防雷建筑物
(C)第三类防雷建筑物　　(D)以上都不是

21. 一座桥形接线的 35kV 变电所,若不能从外部引入可靠的低压备用电源,考虑所用变压器的设置时,下列哪一项选择是正确的?　(　　)

(A)宜装设两台容量相同可互为备用的所用变压器
(B)只装设一台所用变压器
(C)应装设三台不同容量的所用变压器
(D)应装设两台不同容量的所用变压器

22. 粮、棉及易燃物大量集中的露天堆场,当其年计算雷击次数大于或等于 0.05 时,应采用独立接闪杆或架空接闪线防直击雷,独立接闪杆和架空接闪线保护范围的滚球半径 h,可取下列哪一项数值?　(　　)

(A)30m　　(B)45m
(C)60m　　(D)100m

23. 户外配电装置中的穿墙套管、支持绝缘子,在承受短路引起的荷载短时作用时,其设计的安全系数不应小于下列哪个数值?　(　　)

(A)4　　(B)2.5
(C)2　　(D)1.67

24. 某医院 18 层大楼,预计雷击次数为 0.12 次/年,利用建筑物的钢筋作为引下线,同时建筑物的钢筋、钢结构等金属物连接在一起、电气贯通,为了防止雷电流流经引下线和接地装置时产生的高电位对附近金属物或电气和电子系统线路的反击,金属物或线路与引下线之间的距离要求中,下列哪一项与规范要求一致?　(　　)

(A)大于 1m　　(B)大于 3m
(C)大于 5m　　(D)可无要求

25. 一建筑物高 90m、宽 25m、长 180m，建筑物为金属屋面的砖木结构，该地区年平均雷暴日为 80 天，求该建筑物年预计雷击次数为下列哪一项数值？（　　）

(A)1.039 次/年　(B)0.928 次/年

(C)0.671 次/年　(D)0.546 次/年

26. 10kV 中性点不接地系统，在开断空载高压感应电动机时产生的过电压一般不超过下列哪一项数值？（　　）

(A)12kV　(B)14.4kV　(C)24.5kV　(D)17.3kV

27. 每组蓄电池宜设置蓄电池自动巡检装置，蓄电池自动巡检装置宜监测下列哪些信息？（　　）

(A)总蓄电池电压、单体蓄电池电压、蓄电池组温度、噪声

(B)总蓄电池电压、单体蓄电池电压、蓄电池组温度

(C)单体蓄电池电压、蓄电池组温度、噪声

(D)单体蓄电池电压、蓄电池组温度

28. 某民用居住建筑为 16 层，高 45m，其消防控制室、消防水泵、消防电梯等应按下列哪级要求供电？（　　）

(A)一级负荷　(B)二级负荷

(C)三级负荷　(D)一级负荷中特别重要负荷

29. 对于采用低压 IT 系统供电要求场所，其故障报警应采用哪种装置？（　　）

(A)绝缘监视装置　(B)剩余电流保护器

(C)零序电流保护器　(D)过流脱扣器

30. 请用简易计算法计算如右图所示水平接地极为主边缘闭合的复合接地极（接地网）的接地电阻值最接近下面的哪一项数值？（假定土壤电阻率 $\rho = 1000\Omega \cdot m$）（　　）

30

10

20

10

(单位：m)

(A)1Ω

(B)4Ω

(C)10Ω

(D)30Ω

31. 正常环境下的屋内场所，采用护套绝缘电线直敷布线时，下列哪一项表述与国家标准规范的要求一致？（　　）

(A)其截面不应大于 $1.5mm^2$

(B)其截面不宜大于2.5mm²

(C)其截面不宜大于4mm²

(D)其截面不宜大于6mm²

32. 按照国家标准规范规定,下列哪类灯具需要有保护接地? ( )

(A)0类灯具　(B)I类灯具

(C)II类灯具　(D)III类灯具

33. 电缆竖井中,宜每隔多少米设置阻火隔层? ( )

(A)5m　(B)6m

(C)7m　(D)8m

34. 根据规范要求,判断下述哪一项可以做接地极? ( )

(A)建筑物钢筋混凝土基础桩

(B)室外埋地的燃油金属储罐

(C)室外埋地的天然气金属管道

(D)供暖系统的金属管道

35. 按现行国家标准规定,设计照度值与照度标准值比较,允许的偏差是哪一项? ( )

(A) -5% ~ +5%　(B) -7.5% ~ +7.5%

(C) -10% ~ +10%　(D) -15% ~ +15%

36. 某办公室长8m、宽6m、高3m,选择照度标准值500lx,设计8盏双管2×36W荧光灯,计算最大照度512lx,最小照度320lx,平均照度446lx,针对该设计下述哪条描述正确? ( )

(A)平均照度低于照度标准值,不符合规范要求

(B)平均照度低于照度标准值偏差值,不符合规范要求

(C)照度均匀度值,不符合规范要求

(D)平均照度、平均照度与照度标准值偏差值、照度均匀度均符合规范要求

37. 关于电动机的交—交变频调速系统的描述,下列哪一项是错误的? ( )

(A)用晶闸管移相控制的交—交变频调速系统,适用于大功率(3000kW以上)、低速(600r/min以下)的调速系统

(B)交—交变频调速电动机可以是同步电动机或异步电动机

(C)当电源频率为50Hz时,交—交变频装置最大输出频率被限制为$f_{o.max} \leq$ 16~20Hz

(D)当输出频率超过16~20Hz后,随输出频率增加,输出电流的谐波分量减少

38. 无彩电转播需求的羽毛球馆，下列哪一项指标符合比赛时的体育建筑照明质量标准？（　　）

(A) GR 不应大于 30，Ra 不应小于 65
(B) GR 不应小于 30，Ra 不应大于 65
(C) UGR 不应大于 30，Ra 不应小于 80
(D) UGR 不应小于 30，Ra 不应大于 80

39. 民用建筑内，设置在走道和大厅等公共场所的火灾应急广场扬声器的额定功率不应小于 3W，对于其数量的要求，下列的表述中哪一项符合规范的规定？（　　）

(A) 从一个防火分区的任何部位到最近一个扬声器的距离不大于 15m
(B) 从一个防火分区的任何部位到最近一个扬声器的距离不大于 20m
(C) 从一个防火分区的任何部位到最近一个扬声器的距离不大于 25m
(D) 从一个防火分区的任何部位到最近一个扬声器的距离不大于 30m

40. 照明灯具电源的额定电压为 AC220V，在一般工作场所，规范允许的灯具端电压波动范围为下列哪一项？（　　）

(A) 185 ~ 220V　　(B) 195 ~ 240V
(C) 210 ~ 230V　　(D) 230 ~ 240V

二、多项选择题（共 30 题，每题 2 分，每题的备选项中有 2 个或 2 个以上符合题意，错选、少选、多选均不得分）

41. 下列有关探测区域的划分表述正确的是哪些？（　　）

(A) 空气管差温火灾探测器的探测区域长度宜为 50 ~ 100m
(B) 从主要入口可以看清其内部，且面积不超过 $1000m^2$ 的房间
(C) 探测区域应按独立房（套）间划分
(D) 一个探测区域的面积不宜超过 $400m^2$

42. 低压配电接地装置的总接地端子，应与下列哪些导体连接？（　　）

(A) 保护联结导体　　(B) 接地导体
(C) 保护导体　　(D) 中性线

43. 提高车间电力负荷的功率因数，可以减少车间变压器的哪些损耗？（　　）

(A) 有功损耗　　(B) 无功损耗
(C) 铁损　　(D) 铜损

44. 当 35/10kV 终端变电所需限制 10kV 侧短路电流时，一般情况下可采取下列哪些措施？（　　）

(A) 变压器分列运行

(B)采用高阻抗的变压器

(C)10kV 母线分段开关采用高分断能力断路器

(D)在变压器回路中装设电抗器

45. 二级电力负荷的供电系统,采用以下哪几种供电方式是正确的? ( )

(A)宜由两回线路供电

(B)在负荷较小或地区供电条件困难时,可由一回 6kV 及以上专用架空线路供电

(C)当采用一回电缆线路时,应采用两根电缆组成的电缆线路供电,其每根电缆应能承受 100% 的二级负荷

(D)当采用一回电缆线路时,应采用两根电缆组成的电缆线路供电,其每根电缆应能承受 50% 的二级负荷

46. 在进行短路电流计算时,如满足下列哪些项可视为远端短路? ( )

(A)短路电流中的非周期分量在短路过程中由初始值衰减到零

(B)短路电流中的周期分量在短路过程中基本不变

(C)以供电电源容量为基准的短路电路计算电抗标幺值不小于 3

(D)以供电电源容量为基准的短路电路计算电抗标幺值小于 2

47. 为减少供配电系统的电压偏差,可采取下列哪些措施? ( )

(A)正确选用变压器变比和电压分接头

(B)根据需要,增大系统阻抗

(C)采用无功补偿措施

(D)宜使三相负荷平衡

48. 在电气工程设计中,短路电流的计算结果的用途是下列哪些项? ( )

(A)确定中性点的接地方式

(B)继电保护的选择与整定

(C)确定供配电系统无功功率的补偿方式

(D)验算导体和电器的动稳定、热稳定

49. 低压配电网络中,对下列哪些项宜采用放射式配电网络? ( )

(A)用电设备容量大

(B)用电负荷性质重要

(C)有特殊要求的车间、建筑物内的用电负荷

(D)用电负荷容量不大,但彼此相距很近

50. 对 3 ~ 20kV 电压互感器,当需要零序电压时,一般选用下列哪些项? ( )

(A)两个单相电压互感器V-V接线
(B)一个三相五柱式电压互感器
(C)一个三相三柱式电压互感器
(D)三个单相三线圈互感器,高压侧中性点接地

51. 选择35kV及以下变压器的高压熔断器熔体时,下列哪些要求是正确的? ( )

(A)当熔体内通过电力变压器回路最大工作电流时不熔断
(B)当熔体内通过电力变压器回路的励磁涌流时不熔断
(C)跌落式熔断器的断流容量仅需按短路电流上限校验
(D)高压熔断器还应按海拔高度进行校验

52. 选择低压接触器时,应考虑下列哪些要求? ( )

(A)额定工作制 (B)使用类别
(C)正常负载和过载特性 (D)分断短路电流的能力

53. 某10kV架空线路向一台500kV·A变压器供电,该线路终端处装设了一组跌落熔断器,该熔断器具有下列哪些作用? ( )

(A)限制工作电流 (B)投切操作
(C)保护作用 (D)隔离作用

54. 对于35kV及以下电力电缆绝缘类型的选择,下列哪些项表述符合规范规定? ( )

(A)高温场所不宜选用普通聚氯乙烯绝缘电缆
(B)低温环境宜选用聚氯乙烯绝缘电缆
(C)防火有低毒性要求时,不宜选用聚氯乙烯电缆
(D)100℃以上高温环境,宜选用矿物绝缘电缆

55. 有关交流调速系统的描述,下列哪些项是错误的? ( )

(A)转子回路串电阻的调速方法为变转差率,用于绕线型异步电动机
(B)变极对数的调速方法为有级调速,作用于转子侧
(C)定子侧调压为调转差率
(D)液力耦合器及电磁转差离合器调速均为调电机转差率

56. 低压配电设计中,有关绝缘导线布线的敷设要求,下列哪些表述符合规范规定? ( )

(A)直敷布线可用于正常环境的屋内场所,当导线垂直敷设至地面低于1.8m时,应穿管保护

(B)直敷布线应采用护套绝缘导线,其截面不宜大于 $6mm^2$

(C)在同一个槽盒里有几个回路时,其所有的绝缘导线应采用与最高标称电压回路绝缘相同的绝缘

(D)明敷或暗敷于干燥场所的金属管布线时,应采用管壁厚度不小于 1.2mm 的电线管

57. 下面是一组有关接地问题的叙述,其中正确的是哪些项? ( )

(A)接地装置的对地电位是零电位

(B)电力系统中,电气装置、设施的某些可导电部分应接地,接地装置按用途分为工作(系统)接地、保护接地、雷电保护接地、防静电接地四种

(C)一般来说,同一接地装置的冲击接地电阻总不小于工频接地电阻

(D)在 3 ~ 10kV 变配电所中,当采用建筑物基础做自然接地极,且接地电阻又满足规定值时,可不另设人工接地网

58. 对于 35kV 及以下电缆,下列哪些项敷设方式符合规定? ( )

(A)地下电缆与公路交叉时,应采用穿管

(B)有防爆、防火要求的明敷电缆,应采用埋砂敷设的电缆沟

(C)在载重车辆频繁经过的地段,可采用电缆沟

(D)有化学腐蚀液体溢流的场所,不得用电缆沟

59. 某变电所 35kV 备用电源自动投入装置功能如下,请指出哪几项功能是不正确的? ( )

(A)手动断开工作回路断路器时,备用电源自动投入装置动作,投入备用电源断路器

(B)工作回路上的电压一旦消失,自动投入装置应立即动作

(C)在鉴定工作电压确定无电压而且工作回路确实断开后才投入备用电源断路器

(D)备用电源自动投入装置动作后,如投到故障上,再自动投入一次

60. 建筑物防雷设计,下列哪些表述与国家规范一致? ( )

(A)当独立烟囱上的防雷引下线采用圆钢时,其直径不应小于 10mm

(B)架空接闪线和接闪网宜采用截面不小于 $50mm^2$ 的热镀锌钢绞线

(C)当建筑物利用金属屋面作为接闪器,金属板下面无易燃物品时,其厚度不应小于 0.4mm

(D)当独立烟囱上采用热镀锌接闪环时,其圆钢直径不应小于 12mm;扁钢截面不应小于 $100mm^2$,其厚度不应小于 4mm

61. 综合布线系统设备间机架和机柜安装时宜符合的规定,下列哪些项表述与规范的要求一致? ( )

(A)机柜单排安装时,前面的净空不应小于800mm,后面的净空不应小于800mm
(B)机柜单排安装时,前面的净空不应小于1000mm,后面的净空不应小于800mm
(C)机柜单排安装时,前面的净空不应小于600mm,后面的净空不应小于800mm
(D)多排安装时,列间距不应小于1200mm

62. 某中学教学楼属第二类防雷建筑物,下列屋顶上哪些金属物宜作为防雷装置的接闪器? ( )

(A)高2.5m、直径80mm、壁厚为4mm的钢管旗杆
(B)直径为50mm,壁厚为2.0mm的镀锌钢管栏杆
(C)直径为16mm的镀锌圆钢爬梯
(D)安装在接收无线电视广播的功用天线的杆顶上的接闪器

63. 在变电所设计和运行中应考虑直接雷击、雷电反击和感应雷电过电压对电气装置的危害,其直击雷过电压保护可采用避雷针或避雷线,下列设施应装设直击雷保护装置的有哪些? ( )

(A)露天布置的GIS的外壳
(B)有火灾危险的建构筑物
(C)有爆炸危险的建构筑物
(D)屋外配电装置,包括组合导线和母线廊道

64. 下列哪些消防用电设备应按一级负荷供电? ( )

(A)室外消防用水量超过30L/s的工厂、仓库
(B)建筑高度超过50m的乙、丙类厂房和丙类库房
(C)一类高层建筑的电动防火门、窗、卷帘、阀门等
(D)室外消防用水量超过25L/s的企业办公楼

65. 关于静电保护的措施及要求,下列叙述有哪些是正确的? ( )

(A)静电接地的接地电阻一般不应大于100Ω
(B)对非金属静电导体不必做任何接地
(C)为消除静电非导体的静电,宜采用静电消除器
(D)在频繁移动的器件上使用的接地导体,宜使用$6mm^2$以上的单股线

66. 下列关于电子设备信号电路接地系统接地导体长度的规定哪些是正确的? ( )

(A)长度不能等于信号四分之一波长
(B)长度不能等于信号四分之一波长的偶数倍
(C)长度不能等于信号四分之一波长的奇数倍
(D)不受限制

67. 某设计院旧楼改造,为改善设计室照明环境,下列哪几种做法符合国家标准规范的要求? (　　)

(A)增加灯具容量及数量,提高照度标准到750lx

(B)加大采光窗面积,布置浅色家具,白色顶棚和墙面

(C)每个员工工作桌配备20W节能工作台灯

(D)限制灯具中垂线以上等于和大于65°高度角的亮度

68. 某市有彩电转播需求的足球场场地平均垂直照度为1870lx,满足摄像照明要求,下列主席台前排的垂直照度,哪些数值符合国家规范标准规定的要求? (　　)

(A)200lx　　(B)300lx

(C)500lx　　(D)750lx

69. 关于可编程序控制器PLC循环扫描周期的描述,下列哪几项是错误的?

(　　)

(A)扫描速度的快慢与控制对象的复杂程度和编程的技巧无关

(B)扫描速度的快慢与PLC所采用的处理器型号无关

(C)PLC系统的扫描周期包括系统自诊断、通信、输入采样、用户程序执行和输出刷新等用时的总和

(D)通信时间的长短,连接的外部设备的多少,用户程序的长短,都不影响PLC扫描时间的长短

70. 采取下列哪些措施可降低或消除气体放电灯的频闪效应? (　　)

(A)灯具采用高频电子镇流器

(B)相邻灯具分接在不同相序

(C)灯具设置电容补偿

(D)灯具设置自动稳压装置

2013 年专业知识试题答案(上午卷)

1. **答案**:C

依据:《低压配电设计规范》(GB 50054—2011)第 5.2.9-1 条。

2. **答案**:D

依据:《电流对人和家畜的效应　第 1 部分:通用部分》(GB/T 13870.1—2008)第 3.1.3 条。

3. **答案**:D

依据:《爆炸危险环境电力装置设计规范》(GB 50058—2014)第 5.1.1-6 条。

4. **答案**:A

依据:《工业与民用供配电设计手册》(第四版) P1403 中"总等电位联结"内容。

5. **答案**:A

依据:《供配电系统设计规范》(GB 50052—2009)第 3.0.1 条。

6. **答案**:A

依据:《工业与民用供配电设计手册》(第四版)P281 表 4.6-3。

线路电抗标幺值:$X_{*} = X\dfrac{S_j}{U_j^2} = 0.43 \times \dfrac{100}{37^2} = 0.031$

7. **答案**:A

依据:《工业与民用供配电设计手册》(第四版)P4 ~ P5"单台用电设备的设备功率"注解小字部分。

短时或周期工作制电动机(如起重机用电动机等)的设备功率是指将额定功率换算成统一负载持续率下的有功功率。当采用需要系数法计算负荷时,应统一换算到负载持续率为 25% 下的有功功率;当采用利用系数法计算负荷时,应统一换算到负载持续率为 100% 下的有功功率。

注:原题考查注解小字部分,按第四版手册要求应按式(1.2-1)进行计算,一律换算为负载持续率 100% 的有功功率。

8. **答案**:D

依据:《工业与民用供配电设计手册》(第四版)P176 ~ P178 相关内容。无准确对应条文,但分析可知,选项 A 应为"以供电电源容量为基准",选项 B 应为"不含衰减的交流分量",选项 C 应为"最小短路电流值"。

9. **答案**:D

依据:《并联电容器装置设计规范》(GB 50227—2017)第 5.2.4 条。

10. **答案**：C

依据：《工业与民用供配电设计手册》(第四版)P281 表4.6-3第6项。

11. **答案**：A

依据：《低压配电设计规范》(GB 50054—2011)第4.2.4条。

12. **答案**：A

依据：《钢铁企业电力设计手册》(上册)P188“分布系数法”。即为0.4/(0.2+0.4)=0.67。

注：也可参考《电力工程电气设计手册》(电气一次部分)P128“求分布系数示意图”。第i个电源的电流分布系数的定义，即等于短路点的输入阻抗与该电源对短路点的转移阻抗之比。

13. **答案**：D

依据：《工业与民用供配电设计手册》(第四版)P303“低压网络短路电流计算”之计算条件。

14. **答案**：C

依据：《电力装置电测量仪表装置设计规范》(GB/T 50063—2017)第7.1.5条。

额定电流(实际负荷电流)：$I_n = \dfrac{1343}{10 \times \sqrt{3}} = 77.5\text{A}$，选100A。

注：电流互感器一次额定电流采用100A时，实际运行电流可达到额定值的77.5%，满足规范要求；电流互感器一次额定电流采用150A时，实际运行电流可达到额定值的51.7%，不满足规范要求。

15. **答案**：B

依据：《工业与民用供配电设计手册》(第四版)P183式(4.2-10)，P280～P281表4.6-2和表4.6-3。

设$S_j = 100\text{MV·A}$，则$U_j = 10.5\text{kV}$，$I_j = 5.5\text{kA}$。

高压端X_1：$x_1\% = \dfrac{1}{2}(u_{k1\text{-}2}\% + u_{k1\text{-}3}\% - u_{k2\text{-}3}\%) = \dfrac{1}{2} \times (10.5 + 17 - 6.5) = 10.5$

$$X_{1*} = \frac{x\%}{100} \times \frac{S_j}{S_{rT}} = \frac{10.5}{100} \times \frac{100}{20} = 0.525$$

中压端X_3：$x_2\% = \dfrac{1}{2}(u_{k1\text{-}2}\% + u_{k2\text{-}3}\% - u_{k1\text{-}3}\%) = \dfrac{1}{2} \times (10.5 + 6.5 - 17) = 0$

$$X_{3*} = \frac{x\%}{100} \times \frac{S_j}{S_{rT}} = \frac{0}{100} \times \frac{100}{20} = 0$$

低压端X_2：$x_3\% = \dfrac{1}{2}(u_{k1\text{-}3}\% + u_{k2\text{-}3}\% - u_{k1\text{-}2}\%) = \dfrac{1}{2} \times (17 + 6.5 - 10.5) = 6.5$

$$X_{2*}=\frac{x\%}{100}\times\frac{S_j}{S_{rT}}=\frac{6.5}{100}\times\frac{100}{20}=0.325$$

$$I''_k=\frac{I_j}{X_{*\sum}}=\frac{5.5}{0.525+0.325}=6.47\text{kA}$$

16. **答案:**D

依据:《交流电气装置的过电压保护和绝缘配合设计规范》(GB/T 50064—2014)第4.4.3条。

注:也可参考《交流电气装置的过电压保护和绝缘配合》(DL/T 620—1997)第5.3.4-a条。最高电压 U_m 查《标准电压》(GB/T 156—2007)第4.3条。

17. **答案:**C

依据:《钢铁企业电力设计手册》(上册)P573式(13-40)。

$$I_{rr}=KI_{gmax}=2\times\frac{1000}{35\times1.732}=33\text{A}$$,取最接近值30A。

注:由于公式本身未明确需大于结果,建议选取与结果接近的熔断器。

18. **答案:**B

依据:《爆炸危险环境电力装置设计规范》(GB 50058—2014)第5.4.1-6条。

19. **答案:**A

依据:《电力工程电缆设计规范》(GB 50217—2018)第3.2.1条。

20. **答案:**B

依据:《建筑物防雷设计规范》(GB 50057—2010)第3.0.3条及条文说明,其中条文说明中明确:人员密集的公共建筑物是指如集会、展览、博览、体育、商业、影剧院、医院、学校等。

注:因有关数据已更新,不建议以《民用建筑电气设计规范》(JGJ 16—2008)为依据。

21. **答案:**A

依据:《35kV~110kV变电站设计规范》(GB 50059—2011)第3.6.1条。

22. **答案:**D

依据:《建筑物防雷设计规范》(GB 50057—2010)第4.5.5条。

23. **答案:**D

依据:《导体和电器选择设计技术规定》(DL/T 5222—2005)第5.0.15条及表5.0.15。

24. **答案:**D

依据:《建筑物防雷设计规范》(GB 50057—2010)第4.3.8-1条。

25. **答案:**A

依据:《建筑物防雷设计规范》(GB 50057—2010)附录A,本建筑物高度小于100m,采用如下公式:

$A_e = [LW + 2(L+W)\sqrt{H(200-H)} + \pi H(200-H)] \times 10^{-6} = (180 \times 25 + 2 \times 205 \times 99.5 + \pi \times 9900) \times 10^{-6} = 0.0764$

$N_g = 0.1T_d = 0.1 \times 80 = 8$

$N = kN_gA_e = 1.7 \times 8 \times 0.0764 = 1.039$ 次/年

注:金属屋面的砖木结构 k 取1.7。

26. **答案**:C

依据:《交流电气装置的过电压保护和绝缘配合设计规范》(GB/T 50064—2014)第4.2.9条及条文说明。

第3.2.2-2)条:操作过电压的基准电压(1.0p.u.)为:

$1.0\text{p.u.} = \sqrt{2}U_m/\sqrt{3} = \sqrt{2} \times 12 \div \sqrt{3} = 9.8\text{kV}$

$2.5\text{p.u.} = 2.5 \times 9.8 = 24.5\text{kV}$

注:也可参考《交流电气装置的过电压保护和绝缘配合》(DL/T 620—1997)第4.2.7条。最高电压 U_m 可参考《标准电压》(GB/T 156—2007)第4.3条~第4.5条。

27. **答案**:D

依据:《电力工程直流系统设计技术规程》(DL/T 5044—2014)第6.2.6条。

28. **答案**:B

依据:《建筑设计防火规范》(GB 50016—2014)第5.1.1条、第10.1.2条。

29. **答案**:A

依据:《低压配电设计规范》(GB 50054—2011)第5.2.20条。

30. **答案**:D

依据:《交流电气装置的接地设计规范》(GB 50065—2011)附录A式(A.0.4-3)~式(A.0.4-4)。

接地电阻:$R \frac{\sqrt{\pi}}{4} \times \frac{\rho}{\sqrt{S}} + \frac{\rho}{L} = 0.443 \times \frac{1000}{\sqrt{100+300}} + \frac{1000}{210} = 26.91\Omega$

31. **答案**:D

依据:《低压配电设计规范》(GB 50054—2011)第7.2.1-1条。

32. **答案**:B

依据:《建筑照明设计标准》(GB 50034—2013)第7.2.9条。

注:也可参考《照明设计手册》(第三版)P77表3-7或《照明设计手册》(第二版)P100表4-6。

33. **答案**:C

依据:《电力工程电缆设计规范》(GB 50217—2018)第7.0.2-5条。

34. **答案**:A

依据:《交流电气装置的接地设计规范》(GB/T 50065—2011)第8.1.2-3条、第8.1.2-6条。

注:也可参考《建筑物电气装置　第5-54部分:电气设备的选择和安装—接地配置、保护导体和保护联结导体》(GB 16895.3—2004)第542.2.3条、第542.2.6条。

35. **答案**:C

依据:《建筑照明设计标准》(GB 50034—2013)第4.1.7条。

36. **答案**:B

依据:《建筑照明设计标准》(GB 50034—2013)第4.1.7条。

37. **答案**:D

依据:《电气传动自动化技术手册》(第三版)P566~P569相关内容、P568倒数第4行。

注:也可参考《电气传动自动化技术手册》(第二版)P488~P492相关内容,P490倒数第5行。

38. **答案**:A

依据:《建筑照明设计标准》(GB 50034—2013)第5.3.12条表5.3.12-1。

注:UGR为统一眩光值,GR为眩光值,Ra为显色指数。

39. **答案**:C

依据:《火灾自动报警系统设计规范》(GB 50116—2013)第6.6.1-1条。

40. **答案**:C

依据:《供配电系统设计规范》(GB 50052—2009)第5.0.4-2条。

注:准确的范围应是209~231V。

---

41. **答案**:BC

依据:《火灾自动报警系统设计规范》(GB 50116—2013)第3.3.2条。

42. **答案**:ABC

依据:《交流电气装置的接地设计规范》(GB/T 50065—2011)第8.1.4条。

43. **答案**:ABD

依据:《钢铁企业电力设计手册》(上册)P297中"6.3 变配电设备的节电　(2)提供功率因数减少电能损耗　2)减少变压器的铜耗"及式(6-36)和式(6-37)。

44. **答案**:ABD

依据:《35kV~110kV变电站设计规范》(GB 50059—2011)第3.2.6条。

45. **答案**:AB

依据:《供配电系统设计规范》(GB 50052—2009)第3.0.7条。

46. **答案**:ABD

依据:《工业与民用供配电设计手册》(第四版)P178第三段内容。

47. **答案**:ACD

依据:《供配电系统设计规范》(GB 50052—2009)第5.0.9条。

48. **答案**:ABD

依据:《工业与民用供配电设计手册》(第四版)P177倒数第八行:最大短路电流,用于选择电气设备的容量或额定值以校验电器设备的动稳定、热稳定及分断能力,整定继电保护装置。

《钢铁企业电力设计手册》(上册)P177中"4.1短路电流计算的目的及一般规定(5)接地装置的设计及确定中性点接地方式"。

注:也可参考《电力工程电气设计手册》(电气一次部分)P119中短路电流计算目的的内容。

49. **答案**:ABC

依据:《供配电系统设计规范》(GB 50052—2009)第7.0.3条。

50. **答案**:BD

依据:《导体和电器选择设计技术规定》(DL/T 5222—2005)第16.0.4条。

51. **答案**:ABD

依据:《导体和电器选择设计技术规定》(DL/T 5222—2005)第17.0.10条、第17.0.13条、第17.0.2条。

52. **答案**:ABC

依据:《工业与民用供配电设计手册》(第四版)P1026"接触器选择要点"。

注:也可参考《工业与民用配电设计手册》(第三版)P642~P643标题内容。

53. **答案**:BC

依据:《导体和电器选择设计技术规定》(DL/T 5222—2005)第17.0.13条及条文说明。

条文说明:跌落式高压熔断器没有限流作用。而防雷作用没有提及,跌落式熔断器本身结构具有投切作用。

54. **答案**:ACD

依据:《电力工程电缆设计规范》(GB 50217—2018)第3.3.5条、第3.3.6条、第3.3.7条。

55. **答案**:BD

依据:《钢铁企业电力设计手册》(下册)P271、P272 表 25-2“常用交流调速方案比较”。

56. **答案**:ABC

依据:《低压配电设计规范》(GB 50054—2011)第 7.1.4 条、第 7.2.1 条、第7.2.10条。

57. **答案**:BD

依据:《交流电气装置的接地设计规范》(GB 50065—2011)第 2.0.9 条:接地装置是接地导体(线)和接地极的总和,显然“接地装置”不全是零电位的。选项 A 错误,依据第 3.1.1 条。选项 B 正确,依据《建筑物防雷设计规范》(GB 50057—2010)附录 C 式(C.0.1)。选项 C 错误。选项 D 未找到对应条文,但显然是正确的。

58. **答案**:ABD

依据:《电力工程电缆设计规范》(GB 50217—2018)第 5.2.3-1 条、第 5.2.5-4 条、第 5.2.5-1 条。

59. **答案**:ABD

依据:《电力装置的继电保护和自动装置设计规范》(GB/T 50062—2008)第 11.0.2条。

60. **答案**:BD

依据:《建筑物防雷设计规范》(GB 50057—2010)第 5.3.3 条、第 5.2.5 条、第 5.2.7-2条、第 5.2.4 条。

61. **答案**:BD

依据:《综合布线系统工程设计规范》(GB 50311—2016)第 7.7.1-2 条。

62. **答案**:AC

依据:《建筑物防雷设计规范》(GB 50057—2010)第 5.2.8-1 条、第 5.2.10 条。

注:本题有争议。

63. **答案**:CD

依据:《交流电气装置的过电压保护和绝缘配合设计规范》(GB/T 50064—2014) 第 5.4.1 条、第 5.4.3 条。

注:也可参考《交流电气装置的过电压保护和绝缘配合》(DL/T 620—1997) 第 7.1.1 条、第 7.1.3 条。

64. **答案**:BC

依据:《建筑设计防火规范》(GB 50016—2014)第 5.1.1 条、第 10.1.1 条。

65. **答案**:AC

依据:《防止静电事故通用导则》(GB 12158—2006)第6.1.2条、第6.1.10条、第6.2.6条。

注:防静电接地内容,可参考《工业与民用供配电设计手册》(第四版)P1434~P1437的内容,但内容有限。超纲内容。

66. **答案**:AC

依据:《工业与民用供配电设计手册》(第四版)P1430,无论采用哪种接地系统,其接地线长度 $L=\frac{\lambda}{4}$ 及 $L=\frac{\lambda}{4}$ 的奇数倍的情况应避开。

67. **答案**:BCD

依据:依据《建筑照明设计标准》(GB 50034—2013)第5.3.2条,选项A错误;依据第6.4条天然光利用,选项B正确;依据《照明设计手册》(第三版)P213"2. 直接照明与局部照明组合",参考图8-8,选项C正确;依据《照明设计手册》(第二版)P264第2行"有视频显示终端的工作场所照明应限制灯具中垂线以上不小于65°高度角的亮度",选项D正确。

注:电脑显示屏即为视频显示终端。

68. **答案**:CD

依据:《建筑照明设计标准》(GB 50034—2013)第4.2.1-6条。

注:也可参考《照明设计手册》(第三版)P315倒数第6行:主席台面的照度不宜低于200lx。靠近比赛区前12排观众席的垂直照度不宜小于场地垂直照度的25%。题目不严谨,"主席台前排"在这里应理解为"前排观众席"。

69. **答案**:ABD

依据:《电气传动自动化技术手册》(第三版)P877"3. PLC系统的扫描周期"。

注:也可参考《电气传动自动化技术手册》(第二版)P799"3. PLC系统的扫描周期"。

70. **答案**:AB

依据:《建筑照明设计标准》(GB 50034—2013)第7.2.8条。

2013年专业知识试题(下午卷)

一、单项选择题(共40题,每题1分,每题的备选项中只有1个最符合题意)

1. 国家标准中规定,在建筑照明设计中对照明节能评价指标采用的单位是下列哪一项?（ ）

(A) W/lx　(B) W/lm　(C) W/m^2　(D) lm/m^2

2. 高压配电系统可采用放射式、树干式、环式或其他组合方式配电,其放射式配电的特点在下列表述中哪一项是正确的?（ ）

(A)投资少、事故影响范围大
(B)投资较高、事故影响范围较小
(C)切换操作方便、保护配置复杂
(D)运行比较灵活、切换操作不便

3. 在三相配电系统中,每相均接入一盏交流220V、1kW的碘钨灯,同时在A相和B相间接入一个交流380V、2kW的全阻性负载,请计算等效三相负荷,下列哪一项数值是正确的?（ ）

(A)5kW　(B)6kW　(C)9kW　(D)10kW

4. 35kV变电所主接线一般有单母线分段、单母线、外桥、内桥、线路变压器组几种形式,下列哪种情况宜采用内桥接线?（ ）

(A)变电所有两回电源线路和两台变压器,供电线路较短或需经常切换变压器
(B)变电所有两回电源线路和两台变压器,供电线路较长或不需经常切换变压器
(C)变电所有两回电源线路和两台变压器,且35kV配电装置有一至二回转送负荷的线路
(D)变电所有一回电源线路和一台变压器,且35kV配电装置有一至二回转送负荷的线路

5. 10kV及以下变电所设计中,一般情况下,动力和照明宜共用变压器,在下列关于设置专用变压器的表述中哪一项是正确的?（ ）

(A)在TN系统的低压电网中,照明负荷应设专用变压器
(B)当单台变压器的容量小于1250kV·A时,可设照明专用变压器
(C)当照明负荷较大或动力和照明采用共用变压器严重影响照明质量及灯泡的寿命时,可设照明专用变压器

(D)负荷随季节性变化不大时,宜设照明专用变压器

6. 具有3种电压的110kV变电所,通过主变压器各侧线圈的功率均达到该变压器容量的下列哪个数值以上时,主变压器宜采用三线圈变压器? (　　)

(A)10%　　(B)15%

(C)20%　　(D)30%

7. 下列哪一项为供配电系统中高次谐波的主要来源? (　　)

(A)工矿企业中各种非线性用电设备

(B)60Hz的用电设备

(C)运行在非饱和段的铁芯电抗器

(D)静补装置中的容性无功设备

8. 20kV及以下的变电所的电容器组件中,放电器件的放电容量不应小于与其并联的电容器组容量,其中低压电容器的放电器件应满足断开电源后电容器组两端的电压从$\sqrt{2}$倍额定电压降至50V所需的时间不应大于下列哪项数值? (　　)

(A)1min　　(B)3min

(C)5min　　(D)10min

9. 下列关于高压配电装置设计的要求中,哪一条不符合规范的规定? (　　)

(A)63kV敞开式配电装置中,每段母线上不宜装设接地刀闸或接地器

(B)63kV敞开式配电装置中,断路器两侧隔离开关的断路器侧和线路隔离开关的线路侧,宜配置接地开关

(C)气体绝缘金属封闭开关设备宜设隔离断口

(D)屋内、外配电装置的隔离开关与相应的断路器和接地刀闸之间应装设闭锁装置

10. 110kV屋外配电装置的设计时,按下列哪一项确定最大风速? (　　)

(A)离地10m高,30年一遇15min平均最大风速

(B)离地10m高,20年一遇10min平均最大风速

(C)离地10m高,30年一遇10min平均最大风速

(D)离地10m高,30年一遇10min平均风速

11. 已知一条50km长的110kV架空线路,其架空导线每公里电抗为0.409Ω,若计算基准容量为100MV·A,该线路电抗标幺值是多少? (　　)

(A)0.204　　(B)0.169

(C)0.155　　(D)0.003

12. 某10/0.4kV变电所低压侧设并联电容器装置，下列相关描述中哪一项是不正确的？（　　）

(A)投切开关应具有可以频繁操作的性能
(B)宜采用具有选相功能的开关器件
(C)宜采用具有功耗较小的开关器件
(D)分断能力和短路强度应符合设备装设点的电网条件

13. 某远离发电厂的变电所10kV母线最大三相短路电流为7kA，请指出10kA开关柜中的隔离开关的动稳定电流，选用下列哪一项最合理？（　　）

(A)16kA　　(B)20kA
(C)31.5kA　　(D)40kA

14. 下列哪一项变压器可不装设纵联差动保护？（　　）

(A)10MV·A及以上的单独运行变压器
(B)6.3MV·A及以上的并列运行变压器
(C)2MV·A及以上的变压器，当电流速断保护灵敏系数满足要求时
(D)3MV·A及以上的变压器，当电流速断保护灵敏系数不满足要求时

15. 按低压电器的选择原则规定，下列哪一项电器不能用作功能性开关电器？（　　）

(A)负荷开关　　(B)继电器
(C)半导体开关电器　　(D)熔断器

16. 根据回路性质确定电缆芯线最小截面时，下列哪一项不符合规定？（　　）

(A)电压互感器至保护和自动装置屏的电缆芯线截面不应小于1.5mm²
(B)电流互感器二次回路电缆芯线截面不应小于2.5mm²
(C)操作回路电缆芯线截面不应小于4mm²
(D)弱电控制回路电缆芯线截面不应小于0.5mm²

17. 在10kV及以下电力电缆和控制电缆的敷设中，下列哪一项叙述符合规范的规定？（　　）

(A)在隧道、沟、线槽、竖井、夹层等封闭式电缆通道中，不得含有可能影响环境温升持续超过10℃的供热管路
(B)直埋敷设于非冻土地区时，电缆外皮至地面深度不得小于0.5m
(C)敷设于保护管中，使用排管时，管路纵向排水坡度不宜小于0.2%
(D)电缆沟、隧道的纵向排水坡度不应大于0.5%

18. 采用蓄电池组的直流系统，正常运行时其母线电压应与蓄电池组的下列哪种运

行方式下的电压相同？　（　　）

(A)初充电电压　(B)均衡充电电压
(C)浮充电电压　(D)放电电压

19. 某380/220V照明回路，灯具全部采用荧光灯、铁芯镇流器且不设电容补偿（功率因数为0.5），假定该回路的照明负荷三相均衡，计算负荷为9kW，请计算该回路的计算电流最接近下列哪个数值？　（　　）

(A)13.7A　(B)27.3A
(C)47.2A　(D)47.4A

20. 为直流电动机、直流应急照明负荷提供电源的直流系统，下列哪个电压值宜选为其标称电压？　（　　）

(A)380V　(B)220V　(C)110V　(D)48V

21. 对双绕组变压器的外部相间短路保护，以下说法哪一项是正确的？　（　　）

(A)单侧电源的双绕组变压器的外部相间短路保护宜装于各侧
(B)单侧电源的双绕组变压器的外部相间短路保护电源侧保护可带三段时限
(C)双侧电源的双绕组变压器的外部相间短路保护应装于主电源侧
(D)三侧电源的双绕组变压器的外部相间短路保护应装于低压侧

22. 某厂有一台交流变频传动异步机，额定功率75kW，额定电压380V，额定转速985r/min，额定频率50Hz，最高弱磁转速1800r/min，采用通用电压型变频装置供电。如果电机拖动恒转矩负载，当电机运行在25Hz时，变频器输出电压最接近下列哪一项数值？　（　　）

(A)400V　(B)380V
(C)220V　(D)190V

23. 应用于标称电压为10kV的中性点不接地系统中的变压器的相对地雷击冲击耐受电压和短路时工频耐受电压分别是下列哪一项？　（　　）

(A)75kV,35kV　(B)75kV,28kV
(C)60kV,35kV　(D)60kV,28kV

24. 根据现行的国家标准，下列哪一项指标不属于电能质量指标？　（　　）

(A)电压偏差和三相电压不平衡度限值
(B)电压波动和闪变限值
(C)谐波电压和谐波电流限值
(D)系统短路容量限值

25. 综合分析低压配电系统的各种接地形式，对于有自设变电所的智能型建筑最适合的接地形式是下列哪一种？（　　）

（A）TN-S　　（B）TT

（C）IT　　（D）TN-C-S

26. 火灾自动报警系统中，各避难层设置一个消防专用电话分机或电话塞孔间隔应为下列哪一项数值？（　　）

（A）20m　　（B）25m　　（C）30m　　（D）40m

27. 按照国家标准规范规定，每套住宅进户线截面不应小于多少？（　　）

（A）$4mm^2$　　（B）$6mm^2$

（C）$10mm^2$　　（D）$16mm^2$

28. 在进行火灾自动报警系统设计时，对于报警区域和探测区域的划分不符合规范规定的是下列哪一项？（　　）

（A）报警区域可按防火分区划分，也可以按楼层划分

（B）报警区域既可将一个防火分区划分为一个报警区域，也可以将两层数个防火分区划分为一个报警区域

（C）探测区域应按独立房（套）间划分，一个探测区域的面积不宜超过 $500m^2$，从主要入口能看清其内部，且面积不超过 $1000m^2$ 的房间，也可划分为一个探测区域

（D）敞开或封闭楼梯间应单独划分探测区域

29. 请问下列哪款光源必须选配电子镇流器？（　　）

（A）T8，36W 直管荧光灯　　（B）400W 高压钠灯

（C）T5，28W 超细管荧光灯　　（D）250W 金属卤化灯

30. 火灾报警控制器容量和每一总线回路分别所连接的火灾探测器、手动火灾报警按钮和模块等设备总数和地址总数，宜留有一定余量，下列哪项选择是正确的？（　　）

（A）任一台火灾报警控制器连接的设备总数和地址总数均不应超过 2400 点，每一总线回路连接的设备总数不宜超过 160 点，且应留有不少于额定容量 10% 的余量

（B）任一台火灾报警控制器连接的设备总数和地址总数均不应超过 3200 点，每一总线回路连接的设备总数不宜超过 200 点，且应留有不少于额定容量 20% 的余量

（C）任一台火灾报警控制器连接的设备总数和地址总数均不应超过 3200 点，每一总线回路连接的设备总数不宜超过 200 点，且应留有不少于额定容量

10% 的余量

(D)任一台火灾报警控制器连接的设备总数和地址总数均不应超过 2400 点,每一总线回路连接的设备总数不宜超过 160 点,且应留有不少于额定容量 20% 的余量

31. 根据他励直流电动机的机械特性,由负载力矩引起的转速降落 Δn 符合下列哪一项关系? ( )

(A)Δn 与电动机工作转速成正比

(B)Δn 与电枢电流平方成正比

(C)Δn 与电动机磁通成反比

(D)Δn 与电动机磁通平方的倒数成正比

32. 在进行民用建筑共用天线电视系数设计时,对系统的交扰调制比、载噪比和载波互调比有一定的要求,下列哪一项要求符合规范规定? ( )

(A)交扰调制比≥44dB,载噪比≥47dB,载波互调比≥58dB

(B)交扰调制比≥45dB,载噪比≥58dB,载波互调比≥54dB

(C)交扰调制比≥52dB,载噪比≥45dB,载波互调比≥44dB

(D)交扰调制比≥47dB,载噪比≥44dB,载波互调比≥58dB

33. 改变定子电压可以实现异步电动机的简易调速,当向下调节定子电压时,电动机的电磁转矩按下列哪一项关系变化? ( )

(A)随定子电压值按一次方的关系下降

(B)随定子电压值按二次方的关系下降

(C)随定子电压值按三次方的关系下降

(D)随电网频率按二次方的关系下降

34. 按规范要求,综合布线系统配线子系统水平缆线的最大长度不应大于下列哪项数值? ( )

(A)100m (B)500m

(C)1000m (D)2000m

35. 消防控制室内设备的布置,下列哪一项表述与规范的要求一致? ( )

(A)设备面盘前的操作距离:单列布置时不应小于最小操作空间 1.0m,双列布置时不应小于 1.5m

(B)设备面盘前的操作距离:单列布置时不应小于最小操作空间 1.5m,双列布置时不应小于 2.0m

(C)设备面盘前的操作距离:单列布置时不应小于最小操作空间 1.8m,双列布置时不应小于 2.5m

(D)设备面盘前的操作距离:单列布置时不应小于最小操作空间 2.0m,双列布置时不应小于 2.5m

36. 按规范规定,100m^3 乙类液体储罐与 10kV 架空电力线的最近水平距离不应小于电杆(塔)高度的倍数应为下列哪一项数值? ( )

(A)1.0 倍 (B)1.2 倍
(C)1.5 倍 (D)2.0 倍

37. 有线电视系统工程在系统质量主观评价时,若电视图像上出现垂直、倾斜或水平条纹,即"网纹",请判断是由下列哪一项原因引起的? ( )

(A)载噪比 (B)交扰调制比
(C)载波互调比 (D)载波交流声比

38. 在最大计算弧垂情况下,35kV 架空电力线路导线与建筑物之间的最小垂直距离,应符合下列哪一项数值的要求? ( )

(A)2.5m (B)3.0m
(C)4.0m (D)5.0m

39. 有线电视系统中,对系统载噪比(C/N)的设计值要求,下列的表述中哪一项是正确的? ( )

(A)应不小于 38dB (B)应不小于 40dB
(C)应不小于 44dB (D)应不小于 47dB

40. 某 10kV 架空电力线路采用铝绞线,在下列跨越高速公路和一、二级公路时,跨越档(交叉档)的导线接头、导线最小截面、绝缘子固定方式、至路面的最小垂直距离的描述中,哪组符合规定要求? ( )

(A)跨越档不得有接头,导线最小截面 35mm^2,交叉档绝缘子双固定,至路面的最小垂直距离为 7m
(B)跨越档允许有一个接头,导线最小截面 25mm^2,交叉档绝缘子双固定,至路面的最小垂直距离为 7m
(C)跨越档不得有接头,导线最小截面 35mm^2,交叉档绝缘子固定方式不限,至路面的最小垂直距离为 7m
(D)跨越档不得有接头,导线最小截面 25mm^2,交叉档绝缘子双固定,至路面的最小垂直距离为 6m

二、多项选择题(共 30 题,每题 2 分。每题的备选项中有 2 个或 2 个以上符合题意,错选、少选、多选均不得分)

41. 在 TN-C 系统中,当部分回路必须装设漏电保护器(RCD)保护时,应将被保护部分的系统接地形式改成下列哪几种形式? ( )

(A)TN-S 系统　　(B)TN-C-S 系统
(C)局部 TT 系统　　(D)IT 系统

42. 下列哪些电源可作为应急电源?　　(　　)

(A)有自动投入装置的独立于正常电源的专用的馈电线路
(B)与系统联络的燃气轮机发电机组
(C)UPS 电源
(D)干电池

43. 某建筑高度 60m 的普通办公楼,下列楼内用电设备哪些为一级负荷?　　(　　)

(A)消防电梯　　(B)自动扶梯
(C)公共卫生间照明　　(D)楼梯间应急照明

44. 下列关于 10kV 变电所并联电容器装置设计方案中哪几项不符合规范的要求?
(　　)

(A)低压电容器组采用三角形接线
(B)单台高压电容器设置专用熔断器作为电容器内部故障保护,熔丝额定电流按电容器额定电流的 1.5 倍考虑
(C)因采用非可燃介质的电容器且电容器组容量较小时,高压电容器装置设置在高压配电室内
(D)如果高压电容器装置在单独房间内,当成套电容器柜单列布置时,柜正面与墙面距离不应小于 1.0m

45. 与高压并联电容器装置配套的断路器选择,除应符合断路器有关标准外,尚应符合下列哪几条规定?　　(　　)

(A)合、分时触头弹跳不应大于限定值,开断时不应出现重击穿
(B)应具备频繁操作的性能
(C)应能承受电容器组的关合涌流
(D)总回路中的断路器,应具有切除所连接的全部电容器组和开端总回路电容电流的能力

46. 某 110/35/10kV 全户内有人值班变电所,依据相关流程下列哪几项电气设备宜采用就地控制?　　(　　)

(A)主变压器各侧断路器
(B)110kV 母线分段、旁路及母线断路器
(C)35kV 馈电线路的隔离开关
(D)10kV 配电装置的接地开关

47. 35kV 室外配电装置架构的荷载条件,应符合下列哪些要求?　　(　　)

(A)确定架构设计应考虑断线

(B)连续架构可根据实际受力条件,分别按终端或中间架构设计

(C)计算用气象条件应按当地的气象资料

(D)架构设计计算其正常运行、安装、检修时的各种荷载组合

48. 在10kV变电所所址选择条件中,下列哪些描述不符合规范的要求? ( )

(A)装有油浸电力变电器的10kV车间内变电所,不应设在四级耐火等级的建筑物内,当设在三级耐火等级的建筑物内时,建筑物应采取局部防火措施

(B)多层建筑中,装有可燃性油的电气设备的10kV变电所应设置在底层靠内墙部位

(C)高层主体建筑内不宜设置装有可燃性油的电气设备的变电所

(D)附近有棉、粮及其他易燃、易爆物品集中的露天堆场,不应设置露天或半露天的变电所

49. 在进行低压配电线路的短路保护设计时,关于绝缘导体的热稳定校验,当短路持续时间为下列哪几项时,应计入短路电流非周期分量的影响? ( )

(A)0.05s (B)0.08s

(C)0.15s (D)0.2s

50. 110kV变电所所址选择应考虑下列哪些条件? ( )

(A)靠近生活中心

(B)节约用地

(C)周围环境宜无明显污秽,空气污秽时,站址宜设在受污秽源影响最小处

(D)便于架空线路和电缆线路的引入和引出

51. 验算高压断路器开断短路电流的能力时,应按下列哪几项规定? ( )

(A)按系统10~15年规划容量计算短路电流

(B)按可能发生最大短路电流的所有可能接线方式

(C)应分别计及分闸瞬间的短路电流交流分量和直流分量

(D)应计及短路电流峰值

52. 在选择用于I类和II类计量的电流互感器和电压互感器时,下列哪些选择是正确的? ( )

(A)110kV及以上的电压等级电流互感器二次绕组额定电流宜选用1A

(B)电压互感器的主二次绕组额定二次线电压为$100/\sqrt{3}$ V

(C)准确级为0.2S的电流互感器二次绕组中所接入的负荷应保证实际二次负荷在25%~100%

(D)电流互感器二次绕组中所接入的负荷应保证实际二次负荷在30%~90%

53. 在外部火势作用一定时间内需维持通电的下列哪些场所或回路,明敷的电缆应实施耐火防护或选用具有耐火性的电缆? ( )

(A)公共建筑设施中的回路

(B)计算机监控、双重化继电保护、保安电源或应急电源及双回路合用同一通道未相互隔离时其中一个回路

(C)油罐区、钢铁厂中可能有熔化金属溅落等易燃场所

(D)消防、报警、应急照明、断路器操作直流或发电机组紧急停机的保安电源等重要回路

54. 下面所列出的直流负荷哪些是动力负荷? ( )

(A)交流不停电电源装置 (B)断路器电磁操动的合闸机构

(C)直流应急照明 (D)继电保护

55. 下列哪几项电测量仪表精准度选择不正确? ( )

(A)馈线电缆回路电流表综合准确度选为 2.0 级

(B)蓄电池回路电流表综合准确度选为 1.5 级

(C)发电机励磁回路仪表的综合误差为 2%

(D)电测量变送器二次仪表的准确度选为 1.5 级

56. 下列有关绕线异步电动机反接制动的描述,哪些项是正确的? ( )

(A)反接制动时,电动机转子电压很高,有很大的制动电流,为限制反接电流,在转子中须串接反接电阻或频敏变阻器

(B)在绕线异步电动机的转子回路接入频敏变阻器进行反接制动,可以较好地限制制动电流,并可取得近似恒定的制动力矩

(C)反接制动开始时,一般考虑电动机的转差率 $s=1.0$

(D)反接制动的能量消耗较大,不经济

57. 为了防止在开断高压感应电动机时,因断路器的截流,三相同时开断和高频重复重击穿等会产生过电压,一般在工程中常用的办法有下列哪几种? ( )

(A)采用少油断路器

(B)在断路器与电动机之间装设旋转电机型金属氧化物避雷器

(C)在断路器与电动机之间装设 R-C 阻容吸收装置

(D)过电压较低,可不采取保护措施

58. 对于交流变频传动异步机,额定电压为 380V,额定频率为 50Hz,采用通用电压型变频装置供电,当电机实际速度超过额定转速运行在弱磁状态时,下列变频器输出电压和输出频率值哪些项是正确的? ( )

(A)532V,70Hz (B)380V,70Hz

(C)380V,60Hz (D)228V,30Hz

59. A类变、配电电气装置中下列哪些项目中的金属部分均应接地? ( )

(A)电机、变压器和高压电器等的底座和外壳
(B)配电、控制、保护用的屏(柜、箱)及操作台灯的金属框架
(C)安装在配电屏、控制屏和配电装置上的电测量仪表、继电器盒等其他低压电器的外壳
(D)装在配电线路杆塔上的开关设备、电容器等电气设备

60. 在宽度小于3m的建筑物内走道顶棚上设置探测器时,应满足下列哪几项要求? ( )

(A)感温探测器的安装间距不应超过10m
(B)感烟探测器的安装间距不应超过15m
(C)感温及感烟探测器的安装间距均不应超过20m
(D)探测器至端墙的距离,不应大于探测器安装间距的一半

61. 在绝缘导线布线时,不同回路的线路不应穿于同一根管路内,但规范规定了一些特定情况可穿在同一根管路内,某工程中下列哪些项表述符合国家标准规范要求? ( )

(A)消防排烟阀DC24V控制信号回路和现场手动联动启排烟风机的AC220V控制回路,穿在同一根管路内
(B)某台AC380V功率为5.5kW的电机的电源回路和现场按钮AC220V控制回路穿在同一根管路内
(C)消火栓箱内手动起泵按钮AC24V控制回路和报警信号回路穿在同一根管路内
(D)同一盏大型吊灯的2个电源回路穿在同一根管路内

62. 有线电视系统在一般室外无污染区安装的部件应具备的性能,根据规范要求,下列哪些提法是正确的? ( )

(A)应具备防止电磁波辐射和电磁波侵入的屏蔽性能
(B)应有良好的防潮措施
(C)应有良好的防雨和防霉措施
(D)应具有抗腐蚀能力

63. 下列哪几项照度标准值分级表述与国家标准规范的要求一致? ( )

(A)0.5、1、3、4、10(lx)
(B)10、20、30、50、70、100(lx)
(C)100、200、300、500、700、1000(lx)

(D)1500、2000、3000、5000(lx)

64. 当有线电视系统传输干线的衰耗(以最高工作频率下的衰耗值为准)大于100dB时,可采用以下哪些传输方式? ( )

(A)甚高频(VHF) (B)超高频(UHF)
(C)邻频 (D)FM

65. 下列对电动机变频调速系统的描述中哪几项是错误的? ( )

(A)交—交变频系统,直接将电网工频电源变换为频率、电压均可控制的交流,由于不经过中间直流环节,也称直接变频器
(B)交—直—交变频系统,按直流电源的性质,可分为电流型和电压型
(C)电压型交—直—交变频的储能元件为电感
(D)电流型交—直—交变频的储能元件为电容

66. 综合布线系统的缆线弯曲半径应符合下列哪几项要求? ( )

(A)主干光缆的弯曲半径不小于光缆外径的10倍
(B)4对非屏蔽电缆的弯曲半径不小于电缆外径的4倍
(C)大对数主干电缆的弯曲半径不小于电缆外径的10倍
(D)室外光缆的弯曲半径不小于光缆外径的15倍

67. 在闭路监视电视系统中,对于摄像机的安装位置及高度,下列论述中哪些项是正确的? ( )

(A)摄像机宜安装在距监视器目标5m且不易受外界损伤的地方
(B)安装位置不应影响现场设备运行和人员正常活动
(C)室内宜距地面3~4.5m
(D)室外应距地面3.5~10m,并不得低于3.5m

68. 下面哪些项关于架空电力线路在最大计算弧垂情况下导线与地面的最小距离符合规范规定? ( )

(A)线路电压10kV,人口密集地区6.5m
(B)线路电压35kV,人口稀少地区6.0m
(C)线路电压66kV,人口稀少地区5.5m
(D)线路电压66kV,交通困难地区5.0m

69. 对于建筑与建筑群综合布线系统指标之一的多模光纤波长,下列的数据中哪几项是正确的? ( )

(A)1310nm (B)1300nm (C)850nm (D)650nm

70. 在架空电力线路设计中，下列哪些措施符合规范规定？　　(　)

(A)市区10kV及以下架空电力线路，在繁华街道成人口密集地区，可采用绝缘铝绞线

(B)35kV及以下架空电力线路导线的最大使用张力，不应小于绞线瞬时破坏张力的40%

(C)10kV及以下架空电力线路的导线初伸长对弧垂的影响，可采用减少弧垂补偿

(D)35kV架空电力线路的导线与树干(考虑自然生长高度)之间的最小垂直距离为3.0m

2013 年专业知识试题答案(下午卷)

1. **答案**:C

依据:《建筑照明设计标准》(GB 50034—2013)第 6.1.2 条、第 2.0.53 条。

2. **答案**:B

依据:《工业与民用供配电设计手册》(第四版)P61“配电分式”中“放射式:供电可靠性高,故障发生后影响范围较小,切换操作方便,保护简单,便于自动化,但配电线路和高压开关柜数量多而造价较高”。

3. **答案**:B

依据:《工业与民用供配电设计手册》(第四版)P14 表 1.4-6,卤钨灯的功率因数为 1;P12 式(1-28)和式(1-30)以及 P13 表 1-14。

根据题意,相负荷(碘钨灯)为 $P_{U1} = 1kW$,$P_{V1} = 1kW$,$P_{W1} = 1kW$。

线间负荷转换为相间负荷:

$P_{U2} = P_{UV}p_{(UV)U} + 0 = 2 \times 0.5 = 1kW$

$P_{V2} = P_{UV}p_{(UV)V} + 0 = 2 \times 0.5 = 1kW$

$P_{W2} = 0kW$

因此:$P_U = P_{U1} + P_{U2} = 1 + 1 = 2kW$

$P_V = P_{V1} + P_{V2} = 1 + 1 = 2kW$

$P_W = P_{W1} + P_{W2}1 + 0 = 1kW$

根据只有相间负荷,等效三相负荷取最大相负荷的 3 倍,因此 $P_d = 3 \times 2 = 6kW$。

注:碘钨灯为卤钨灯的一种。

4. **答案**:B

依据:《工业与民用供配电设计手册》(第四版)P70 ~ P71 表 2.4-6“常用 35 ~ 110kV 变电所主接线”。

5. **答案**:C

依据:《20kV 及以下变电所设计规范》(GB 50053—2013)第 3.3.4 条。

6. **答案**:B

依据:《35kV ~ 110kV 变电站设计规范》(GB 50059—2011)第 3.1.4 条。

7. **答案**:A

依据:《供配电系统设计规范》(GB 50052—2009)第 5.0.13 条。

注:也可参考《工业与民用配电设计手册》P281“谐波源”内容。常见的谐波源主要有:①换流设备;②电弧炉;③铁芯设备;④照明设备;⑤某些生活日用电器等非线性电器设备。

8. **答案**:B

依据:《20kV 及以下变电所设计规范》(GB 50053—2013)第 5.1.7 条。

9. **答案**:A

依据:《3~110kV 高压配电装置设计规范》(GB 50060—2008)第 2.0.6 条、第 2.0.7 条、第 2.0.10 条。

10. **答案**:C

依据:《3~110kV 高压配电装置设计规范》(GB 50060—2008)第 3.0.5 条。

11. **答案**:C

依据:《工业与民用供配电设计手册》(第四版)P280~P281 表 4.1-2 及表 4.1-3。

线路电抗标幺值:$X_* = X\frac{S_j}{U_j^2} = 0.409 \times 50 \times \frac{100}{115^2} = 0.155$

12. **答案**:D

依据:《并联电容器装置设计规范》(GB 50227—2017)第 5.3.3 条。

13. **答案**:B

依据:《工业与民用供配电设计手册》(第四版)P331"稳定校验所需用的短路电"。校验高压电器和导体的动稳定时,应计算短路电流峰值;P300 式(4.6-21)及当短路点远离发电厂时:

$i_p = 2.55I_k'' = 2.55 \times 7 = 17.85\text{kA}$

14. **答案**:C

依据:《电力装置的继电保护和自动装置设计规范》(GB/T 50062—2008)第 4.0.3-2、第 4.0.3-3条。

15. **答案**:D

依据:《低压配电设计规范》(GB 50054—2011)第 3.1.10 条。

16. **答案**:C

依据:《电力装置电测量仪表装置设计规范》(GB/T 50063—2017)第 8.1.5 条;《电力工程电缆设计规范》(GB 50217—2018)第 3.7.5-4 条。

17. **答案**:C

依据:《电力工程电缆设计规范》(GB 50217—2018)第 5.1.9 条、第 5.3.3-2 条、第 5.4.6-4 条、第 5.5.5-1 条。

18. **答案**:C

依据:《电力工程直流系统设计技术规程》(DL/T 5044—2014)第 3.1.7 条。

19. **答案**:B

依据:无依据,计算负荷视为等效三相负荷。

$$I = \frac{P}{\sqrt{3}U\cos\varphi} = \frac{9}{\sqrt{3} \times 0.38 \times 0.5} = 27.3\text{A}$$

20. **答案**:B

依据:《电力工程直流系统设计技术规程》(DL/T 5044—2014)第4.1.1-2条和第3.2条。

21. **答案**:A

依据:《电力装置的继电保护和自动装置设计规范》(GB/T 50062—2008)第4.0.6-1条。

22. **答案**:D

依据:《钢铁企业电力设计手册》(下册)P316最后一段:在变频调速中,额定转速以下的调速通常采用恒磁通变频原则,即要求磁通 Φ_m = 常数,其控制条件是 U/f = 常数。

注:恒转矩调速即磁通恒定,可查阅相关教科书。

23. **答案**:A

依据:《交流电气装置的过电压保护和绝缘配合设计规范》(GB/T 50064—2014)第6.4.6-1条及注2。

注:也可参考《交流电气装置的过电压保护和绝缘配合》(DL/T 620—1997)第10.4.5-a)条表19及注2。

24. **答案**:D

依据:《工业与民用供配电设计手册》(第四版)第6章目录。电能质量主要指标包括电压偏差、电压波动和闪变、频率偏差、谐波(电压谐波畸变率和谐波电流含有率)和三相电压不平衡度等。有关电能质量共6本规范如下:

a.《电能质量　供电电压偏差》(GB/T 12325—2008)。

b.《电能质量　电压波动和闪变》(GB/T 12326—2008)。

c.《电能质量　三相电压不平衡》(GB/T 15543—2008)。

d.《电能质量　暂时过电压和瞬态过电压》(GB/T 18481—2001)。

e.《电能质量　公用电网谐波》(GB/T 14549—1993)[也可参考《电能质量　公用电网间谐波》(GB/T 24337—2009),但后者不属于大纲范围]。

f.《电能质量　电力系统频率允许偏差》(GB/T 15945—1995)。

25. **答案**:A

依据:无明确条文,需熟悉TN/TT/IT系统原理及各自应用范围,TT系统一般用在长距离配电中,如路灯等;IT系统一般应用于轻易不允许停电的场所,如地下煤矿井道等;而TN系统应用最为广泛,一般民用建筑物均采用本系统。

26. **答案**:A

依据:《火灾自动报警系统设计规范》(GB 50116—2013)第6.7.4-3条。

27. **答案**:C

依据:《住宅设计规范》(GB 50096—2011)第 8.7.2-2 条。

28. **答案**:B

依据:《火灾自动报警系统设计规范》(GB 50116—2013)第 3.3.1-1 条、第 3.3.2-1 条、第 3.3.3-1 条。

29. **答案**:C

依据:《建筑照明设计标准》(GB 50034—2013) 第 3.3.6-1 条。

30. **答案**:C

依据:《火灾自动报警系统设计规范》(GB 50116—2013)第 3.1.5 条。

31. **答案**:D

依据:《电气传动自动化技术手册》(第三版) P469 式(6-1)。

转速降落: $\Delta n = \dfrac{R_0}{C_e C_T \Phi^2} T$

32. **答案**:D

依据:《有线电视系统工程技术规范》(GB 50200—1994)第 2.2.2 条及表 2.2.2。

33. **答案**:B

依据:《钢铁企业电力设计手册》(下册)P280"第 25.2.3 改变定子电压调速"。

异步电动机的电磁转矩:$M = \dfrac{m_1}{\omega_0} \cdot \dfrac{u_1^2 \dfrac{r_2'}{s}}{\left(r_1 + \dfrac{r_2'}{s}\right)^2 + (x_1 + x_2')^2}$

注:也可参考《电气传动自动化技术手册》(第三版)P564 式(7-18)。

34. **答案**:D

依据:《综合布线系统工程设计规范》(GB 50311—2016)第 3.3.1 条。

35. **答案**:B

依据:《火灾自动报警系统设计规范》(GB 50116—2013)第 3.4.8-1 条。

36. **答案**:C

依据:《建筑设计防火规范》(GB 50016—2014)第 10.2.1 条。

37. **答案**:C

依据:《有线电视系统工程技术规范》(GB 50200—1994)第 4.2.1.2 条及表 4.2.1-2 主观评价项目。

38. **答案**:C

依据:《66kV 及以下架空电力线路设计规范》(GB 50061—2010)第 12.0.9 条。

39. **答案**:C

依据:《有线电视系统工程技术规范》(GB 50200—1994)第2.2.2条。

40. **答案**:A

依据:《66kV及以下架空电力线路设计规范》(GB 50061—2010)第12.0.16条及表12.0.16。

---

41. **答案**:BC

依据:《系统接地的型式及安全技术要求》(GB 14050—2008)第5.2.3条。

注:也可参考《剩余电流动作保护装置安装和运行》(GB 13955—2005)第4.2.2.1条,但其中表述有所不同。超纲规范。

42. **答案**:ACD

依据:《民用建筑电气设计规范》(JGJ 16—2008)第3.3.3条。

注:也可参考《供配电系统设计规范》(GB 50052—2009)第3.0.4条。

43. **答案**:AD

依据:《建筑设计防火规范》(GB 50016—2014)第5.1.1条、第10.1.1条。

注:关于负荷分级也可参考《民用建筑电气设计规范》(JGJ 16—2008)附录A中表A。

44. **答案**:BD

依据:《20kV及以下变电所设计规范》(GB 50053—2013)第5.2.1条、第5.2.4条、第5.3.1条、第5.3.3条。

45. **答案**:ABC

依据:《并联电容器装置设计规范》(GB 50227—2017)第5.3.1条。

46. **答案**:CD

依据:《35kV~110kV变电站设计规范》(GB 50059—2011)第3.10.1条。

47. **答案**:BCD

依据:《3~110kV高压配电装置设计规范》(GB 50060—2008)第7.2.1~7.2.3条。

注:构架有独立构架与连续构架之分。

48. **答案**:AB

依据:《20kV及以下变电所设计规范》(GB 50053—2013)第2.0.2条、第2.0.3条、第2.0.6-3条。

49. **答案**:AB

依据:《低压配电设计规范》(GB 50054—2011)第6.2.3-2条。

50. **答案**:BCD

依据:《35kV~110kV 变电站设计规范》(GB 50059—2011)第 2.0.1 条。

51. **答案**:AC

依据:《3~110kV 高压配电装置设计规范》(GB 50060—2008)第 4.1.3 条,《工业与民用供配电设计手册》(第四版)P385~P386"高压断路器"相关内容。

注:《导体和电器选择设计技术规定》(DL/T 5222—2005)第 5.0.4 条的表述略有不同。另根据第 9.2.2 条及附录 F:主保护动作时间+断路器分闸时间>0.01s(短路电流峰值出现时间),可以排除选项 D。

52. **答案**:AC

依据:《电力装置的电测量仪表装置设计规范》(GB/T 50063—2017)第 7.1.6 条、第 7.1.7条和《导体和电器选择设计技术规定》(DL/T 5222—2005)第 16.0.7 条。

53. **答案**:BCD

依据:《电力工程电缆设计规范》(GB 50217—2018)第 7.0.7 条。

54. **答案**:ABC

依据:《电力工程直流系统设计技术规程》(DL/T 5044—2014)第 4.1.1-2 条。

55. **答案**:CD

依据:《电力装置电测量仪表装置设计规范》(GB/T 50063—2017)第 3.1.4 条、第 3.1.10条。

56. **答案**:ABD

依据:《钢铁企业电力设计手册》(下册)P96 表 24-7。

注:也可参考《电气传动自动化技术手册》(第三版)P406~P407 表 5-16。

57. **答案**:BC

依据:《交流电气装置的过电压和绝缘配合设计规范》(GB/T 50064—2014) 第4.2.9条。

注:也可参考《交流电气装置的过电压和绝缘配合》(DL/T 620—1997) 第 4.2.7 条。

58. **答案**:BC

依据:《钢铁企业电力设计手册》(下册)P309 倒数第 4 行(左侧):电动机在额定转速以上运转时,定子频率将大于额定频率,但由于电动机绕组本身不允许耐受高的电压,电动机电压必须限制在允许值范围内。

59. **答案**:ABD

依据:《交流电气装置的接地设计规范》(GB 50065—2011)第 3.2.1、第 3.2.2 条。

注:所谓"A 类"的说法是行业标准《交流电气装置的接地》(DL/T 621—1997)中的描述,国家规范《交流电气装置的接地设计规范》(GB 50065—2011)中已取消。

60. **答案**:ABD

依据:《火灾自动报警系统设计规范》(GB 50116—2013)第6.2.4条。

61. **答案**:BD

依据:《低压配电设计规范》(GB 50054—2011)第7.1.3条。

注:旧规范GB 50054—1995中“标称电压为50V以下的回路”,新规范中已取消该条。

62. **答案**:ABC

依据:《有线电视系统工程技术规范》(GB 50200—1994)第2.8.1条。

63. **答案**:AD

依据:《建筑照明设计标准》(GB 50034—2013)第4.1.1条。

64. **答案**:AC

依据:《有线电视系统工程技术规范》(GB 50200—1994)第2.1.2条。

65. **答案**:CD

依据:《钢铁企业电力设计手册》(下册)P310、311。

66. **答案**:ABC

依据:《综合布线系统工程设计规范》(GB 50311—2016)第7.6.4条及表7.6.4“管线敷设弯曲半径”。

67. **答案**:BD

依据:《民用建筑电气设计规范》(JGJ 16—2008)第14.3.3-3条、第14.3.3-9条,结合《视频安防监控系统工程设计规范》(GB 50395—2007)第6.0.1-9条。

68. **答案**:ABD

依据:《66kV及以下架空电力线路设计规范》(GB 50061—2010)第12.0.7条。

69. **答案**:BC

依据:《综合布线系统工程设计规范》(GB 50311—2007)第3.4.3条或查看条文说明3.3中表1和表2。

70. **答案**:AC

依据:《66kV及以下架空电力线路设计规范》(GB 50061—2010)第5.1.2条、第5.2.3条、第5.2.6条、第12.0.11条。

2013年案例分析试题(上午卷)

[案例题是4选1的方式,各小题前后之间没有联系,共25道小题,每题分值为2分,上午卷50分,下午卷50分,试卷满分100分。案例题一定要有分析(步骤和过程)、计算(要列出相应的公式)、依据(主要是规程、规范、手册),如果是论述题要列出论点]

题1~5:某高层办公楼供电电源为交流10kV,频率50Hz,10/0.4kV变电所设在本楼内,10kV侧采用低电阻接地系统,400/230V侧接地形式采用TN-S系统且低压电气装置采用保护总等电位联结系统。请回答下列问题。

1. 因低压系统发生接地故障,办公室有一电气设备的金属外壳带电,若已知干燥条件,大的接触表面积,50Hz/60Hz交流电流路径为手到手的人体总阻抗 Z_T 见下表,试计算人体碰触到该电气设备,交流接触电压75V,干燥条件,大的接触表面积,当电流路径为人体双手对身体躯干成并联,接触电流应为下列哪一项数值? ( )

人体总阻抗 Z_T 表

接触电压(V)	人体总阻抗 Z_T 值(Ω)	接触电压(V)	人体总阻抗 Z_T 值(Ω)
25	3250	125	1550
50	2500	150	1400
75	2000	175	1325
100	1725	200	1275

(A)38mA (B)75m (C)150mA (D)214mA

解答过程:

2. 办公楼10/0.4kV变电所的高压接地系统和低压接地系统相互连接,变电所的接地电阻为3.2Ω,若变电所10kV高压侧发生单相接地故障,测得故障电流为150A,在故障持续时间内低压系统线导体与变电所低压设备外露可导电部分之间的工频应力电压为下列哪一项数值? ( )

(A)110V (B)220V (C)480V (D)700V

解答过程:

3. 办公楼内一台风机采用交联铜芯电缆 YJV-0.6/1kV-3×25+1×16 配电，该风机采用断路器的短路保护兼作单相接地故障保护，已知该配电线路保护断路器之前系统的相保电阻为 65mΩ，相保电抗为 40mΩ，保证断路器在 5s 内自动切断故障回路的动作电流为 1.62kA，线路单位长度阻抗值见下表，若不计该配电网络保护开关之后线路的电抗和接地故障点的阻抗，该配电线路长度不能超过下列哪一项数值？ （ ）

线路单位长度电阻值(mΩ/m)

R'①						
$S(\mathrm{mm^2})$②		50	35	25	16	10
铝		0.575	0.822	1.151	1.798	2.875
铜		0.351	0.501	0.702	1.097	1.754
$R'_{php}=1.5(R'_{ph}+R'_{p})$③						
$S_p=S(\mathrm{mm^2})$②4×		50	35	25	16	10
铝		1.725	2.466	3.453	5.394	8.628
铜		1.053	1.503	2.106	3.291	5.262
$S_p\approx S/2$ $(\mathrm{mm^2})$	3×	50	35	25	16	10
	+1×	25	16	16	10	6
铝		2.589	3.930	4.424	7.011	11.364
铜		1.580	2.397	2.699	4.277	6.932

注：①R'为导线 20℃时单位长度电阻：$R'=C_j\dfrac{\rho_{20}}{S}\times10^3\mathrm{m\Omega}$。

铝 $\rho_{20}=2.82\times10^{-6}\Omega\cdot\mathrm{cm}$，铜 $\rho_{20}=1.72\times10^{-6}\Omega\cdot\mathrm{cm}$，$C_j$ 为绞入系数，导线截面≤6mm² 时，C_j 取 1.0；导线截面≥6mm² 时，C_j 取 1.02。

②S 为相线线芯截面，S_p 为 PEN 线芯截面。

③R'_{php} 为计算单相对地短路电流用，其值取导线 20℃时电阻的 1.5 倍。

(A)12m (B)24m (C)33m (D)48m

解答过程：

4. 楼内某办公室配电箱配电给除湿机，除湿机为三相负载，功率为 15kW，保证间接接触保护电器在规定时间内切断故障回路的动作电流为 756A，为降低除湿机发生接地故障时与邻近暖气片之间的接触电压，在该办公室设置局部等电位联结，计算该配电箱除湿机供电线路中 PE 线的电阻值最大不应超过下列哪一项数值？ （ ）

(A)66mΩ (B)86mΩ (C)146mΩ (D)291mΩ

解答过程：

5. 该办公楼电源10kV侧采用低电阻接地系统，10/0.4kV变电站接地网地表层的土壤电阻率$\rho = 200\Omega \cdot m$，若表层衰减系数$C_s = 0.86$，接地故障电流的持续时间$t = 0.5s$，当10kV高压电气装置发生单相接地故障时，变电站接地装置的接触电位差不应超过下列哪一项数值？（　　）

(A)59V　　(B)250V

(C)287V　　(D)416V

解答过程：

题6～10：某省会城市综合体项目，地上4栋一类高层建筑，地下室连成一体，总建筑面积280301m²，建筑面积分配见下表，设置10kV配电站一座。

建筑区域	五星级酒店	金融总部办公大楼	出租商务办公大楼	综合商业大楼	合计
建筑面积(m^2)	58794	75860	68425	77222	280301

请回答下列问题。

6. 已知10kV电源供电线路每回路最大电流600A，本项目方案设计阶段负荷估算见下表，请说明按规范要求应向电力公司最少申请几回路10kV电源供电线路？（　　）

建筑区域	建筑面积(m^2)	装机指标($V \cdot A/m^2$)	变压器装机容量($kV \cdot A$)	预测负荷率(%)	预测一、二级负荷容量($kV \cdot A$)
五星级酒店	58794	97	2×1600 2×1250	60	2594
金融总部办公大楼	75860	106	4×2000	60	2980
出租商务办公楼	68425	105	2×2000 2×1600	60	2792
综合商业大楼	77222	150	6×2000	60	3600
合计	280301	117	32900	60	11966

(A)1回供电线路　　(B)2回供电线路

(C)3回供电线路　　(D)4回供电线路

解答过程：

7. 裙房商场电梯数量见下表，请按需要系数法计算（同时系数取 0.8）供全部电梯的干线导线载流量不应小于下列哪一项？（　　）

设备名称	功率（kV·A）	额定电压（V）	数量（部）	需用系数
直流客梯	50	380	6	0.5
交流货梯	32①	380	2	0.5
交流食梯	4①	380	2	0.5

注：①持续运行时间 1h 额定容量。

(A) 226.1A　　(B) 294.6A

(C) 361.5A　　(D) 565.2A

解答过程：

8. 已知设计选用额定容量为 1600kV·A 变压器的空载损耗 2110W、负载损耗 10250W、空载电流 0.25%、阻抗电压 6%，计算负载率 51% 的情况下，变压器的有功及无功功率损耗应为下列哪组数值？（　　）

(A) 59.210kW，4.150kvar　　(B) 6.304kW，4.304kvar

(C) 5.228kW，1.076kvar　　(D) 4.776kW，28.970kvar

解答过程：

9. 室外照明电源总配电柜三相供电，照明灯具参数及数量见下表，当需用系数 K_x = 1 时，计算室外照明总负荷容量为下列哪一项数值？（　　）

灯具名称	额定电压	光源功率（W）	电器功率（W）	功率因数 $\cos\varphi$	数量（盏）	接于线电压的灯具数量		
						UV	VW	WU
大功率金卤投光灯	单相 380V	1000	105	0.80	18	4	6	8

已查线间负荷换算系数：

$p_{(UV)U} = p_{(VW)V} = p_{(VW)V} = 0.72$

$p_{(UV)V} = p_{(VW)W} = p_{(VW)U} = 0.28$

$q_{(UV)U} = q_{(VW)V} = q_{(VW)V} = 0.09$

$q_{(UV)V} = q_{(VW)W} = q_{(VW)U} = 0.67$

(A) 19.89kV·A　　(B) 24.86kV·A　　(C) 25.45kV·A　　(D) 29.24kV·A

解答过程:

10. 酒店自备柴油发电机组带载负荷统计见下表,请计算发电机组额定视在功率不应小于下列哪一项数值?(同时系数取 1)　　(　　)

用电设备组名称	功率(kW)	需用系数 k_x	$\cos\varphi$	备　注
照明负荷	56	0.4	0.9	火灾时可切除
动力负荷	167	0.6	0.8	火灾时可切除
UPS	120	0.8	0.9	功率单位 kV·A
24h 空调负荷	125	0.7	0.8	火灾时可切除
消防应急照明	100	1	0.9	
消防水泵	130	1	0.8	
消防风机	348	1	0.8	
消防电梯	40	1	0.5	

(A) 705kV·A　　(B) 874kV·A　　(C) 915kV·A　　(D) 1133kV·A

解答过程:

题 11～15:某企业新建 35/10kV 变电所,10kV 侧计算有功功率 17450kW,计算无功功率 11200kvar,选用两台 16000kV·A 的变压器,每单台变压器阻抗电压 8%,短路损耗为 70kW,两台变压器同时工作,分列运行,负荷平均分配,35kV 侧最大运行方式下短路容量为 230MV·A,最小运行方式下短路容量为 150MV·A,该变电所采用两回 35kV 输电线路供电,两回线路同时工作,请回答下列问题。

11. 该变电所的两回 35kV 输电线路采用经济电流密度选择的导线的截面应为下列哪一项数值?(不考虑变压器损耗,经济电流密度取 0.9A/mm^2)　　(　　)

(A) 150mm^2　　(B) 185mm^2　　(C) 300mm^2　　(D) 400mm^2

解答过程:

12. 假定该变电所一台变压器所带负荷的功率因数为0.7，其最大电压损失是为下列哪一项数值？（　　）

(A)3.04%　　(B)3.90%　　(C)5.18%　　(D)6.07%

解答过程：

13. 请计算补偿前的10kV侧平均功率因数（年平均负荷系数 $\alpha_{av}=0.75$、$\beta_{av}=0.8$，假定两台变压器所带负荷的功率因数相同），如果要求10kV侧平均功率因数补偿到0.9以上，按最不利条件计算补偿容量，其计算结果最接近下列哪组数值？（　　）

(A)0.76，3315.5kvar　　(B)0.81，2094kvar

(C)0.83，1658kvar　　(D)0.89，261.8kvar

解答过程：

14. 该变电所10kV 1段母线皆有两组整流设备，整流器接线均为三相全控桥式，已知1号整流设备10kV侧5次谐波电流值为20A，2号整流设备10kV侧5次谐波电流值为30A，则10kV 1段母线注入电网的5次谐波电流值为下列哪一项？（　　）

(A)10A　　(B)13A　　(C)14A　　(D)50A

解答过程：

15. 该变电所10kV母线正常运行时电压为10.2kV，请计算10kV母线的电压偏差为下列哪一项？（　　）

(A)－2.86%　　(B)－1.9%　　(C)2%　　(D)3%

解答过程：

题 16～20：某企业新建 35/10kV 变电所，短路电流计算系统图如下图所示，其已知参数均列在图上，第一电源为无穷大容量，第二电源为汽轮发电机，容量为 30MW，功率因数 0.8，超瞬态电抗值 $X_d=13.65\%$，两路电源同时供电，两台降压变压器并联运行，10kV 母线上其中一回馈线给一台 1500kW 的电动机供电，电动机效率 0.95，启动电流倍数为 6，电动机超瞬态电抗相对值为 0.156，35kV 架空线路的电抗为 0.37Ω/km（短路电流计算，不计及各元件电阻）。

汽轮发电机运算曲线数字表

X_c \ I^* \ t（s）	0	0.01	0.06	0.1	0.2	0.4	0.5
0.12	8.963	8.603	7.186	6.400	5.220	4.252	4.006
0.14	7.718	7.467	6.441	5.839	4.878	4.040	3.829
0.16	6.763	6.545	5.660	5.146	4.336	3.649	3.481
0.18	6.020	5.844	5.122	4.697	4.016	3.429	3.288
0.20	5.432	5.280	4.661	4.297	3.715	3.217	3.099
0.22	4.938	4.813	4.296	3.988	3.487	3.052	2.951
0.24	4.526	4.421	3.984	3.721	3.286	2.904	2.816
0.26	4.178	4.088	3.714	3.486	3.106	2.769	2.693
0.28	3.872	3.705	3.472	3.274	2.939	2.641	2.575
0.30	3.603	3.536	3.255	3.081	2.785	2.520	2.463
0.32	3.368	3.310	3.063	2.909	2.646	2.410	2.360
0.34	3.159	3.108	2.891	2.754	2.519	2.308	2.264
0.36	2.975	2.930	2.736	2.614	2.403	2.213	2.175
0.38	2.811	2.770	2.597	2.487	2.297	2.126	2.093
0.40	2.664	2.628	2.471	2.372	2.199	2.045	2.017
0.42	2.531	2.499	2.357	2.267	2.110	1.970	1.946
0.44	2.411	2.382	2.253	2.170	2.027	1.900	1.879
0.46	2.302	2.275	2.157	2.082	1.950	1.835	1.817
0.48	2.203	2.178	2.069	2.000	1.879	1.774	1.759
0.50	2.111	2.088	1.988	1.924	1.813	1.717	1.704
0.55	1.913	1.894	1.810	1.757	1.665	1.589	1.581
0.60	1.748	1.732	1.662	1.617	1.539	1.478	1.474
0.65	1.610	1.596	1.535	1.497	1.431	1.382	1.381
0.70	1.492	1.479	1.426	1.393	1.336	1.297	1.298
0.80	1.301	1.291	1.249	1.223	1.179	1.154	1.159
0.90	1.153	1.145	1.110	1.089	1.055	1.039	1.047
1.00	1.035	1.028	0.999	0.981	0.954	0.945	0.954
1.50	0.686	0.682	0.665	0.656	0.644	0.650	0.662
2.00	0.512	0.510	0.498	0.492	0.486	0.496	0.508

续上表

I^* X_c \ t(s)	0	0.01	0.06	0.1	0.2	0.4	0.5
2.20	0.465	0.463	0.453	0.448	0.443	0.453	0.464
2.30	0.445	0.443	0.433	0.428	0.424	0.435	0.444
2.40	0.426	0.424	0.415	0.411	0.407	0.418	0.426

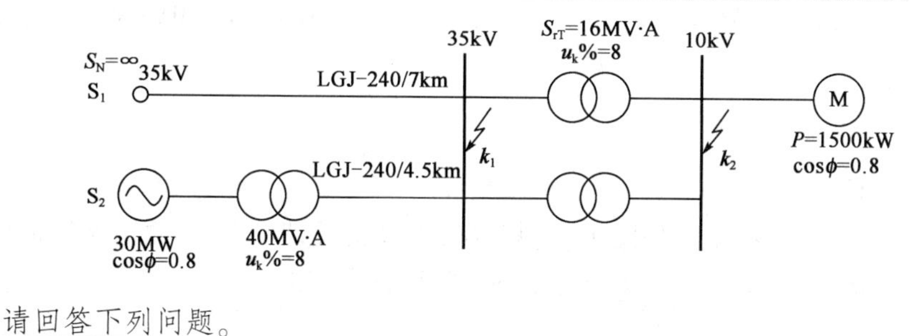

请回答下列问题。

16. k_1 点三相短路时,第一电源提供的短路电流和短路容量为下列哪组数值? ( )

(A)2.65kA,264.6MV·A (B)8.25kA,529.1MV·A
(C)8.72kA,529.2MV·A (D)10.65kA,684.9MV·A

解答过程:

17. k_2 点三相短路时,第一电源提供的短路电流和短路容量为下列哪组数值? ( )

(A)7.58kA,139.7MV·A (B)10.83kA,196.85MV·A
(C)11.3kA,187.3MV·A (D)12.60kA,684.9MV·A

解答过程:

18. k_1 点三相短路时(0s),第二电源提供的短路电流和短路容量为下列哪组数值? ( )

(A)0.40kA,25.54MV·A (B)2.02kA,202MV·A
(C)2.44kA,156.68MV·A (D)24.93kA,309MV·A

解答过程：

19. k_2 点三相短路时(0s)，第二电源提供的短路电流和短路容量为下列哪组数值？（　　）

(A)2.32kA，41.8MV·A　　(B)3.03kA，55.11MV·A

(C)4.14kA，75.3MV·A　　(D)6.16kA，112MV·A

解答过程：

20. 假设短路点 k_2 在电动机附近，计算异步电动机反馈给 k_2 点的短路峰值电流为下列哪一项数值？（异步电动机反馈的短路电流系数取1.5）（　　）

(A)0.99kA　　(B)1.13kA

(C)1.31kA　　(D)1.74kA

解答过程：

题21～25：某企业从电网引来两路6kV电源，变电所主接线如下图所示，短路计算中假设工厂远离电源，系统电源容量为无穷大。

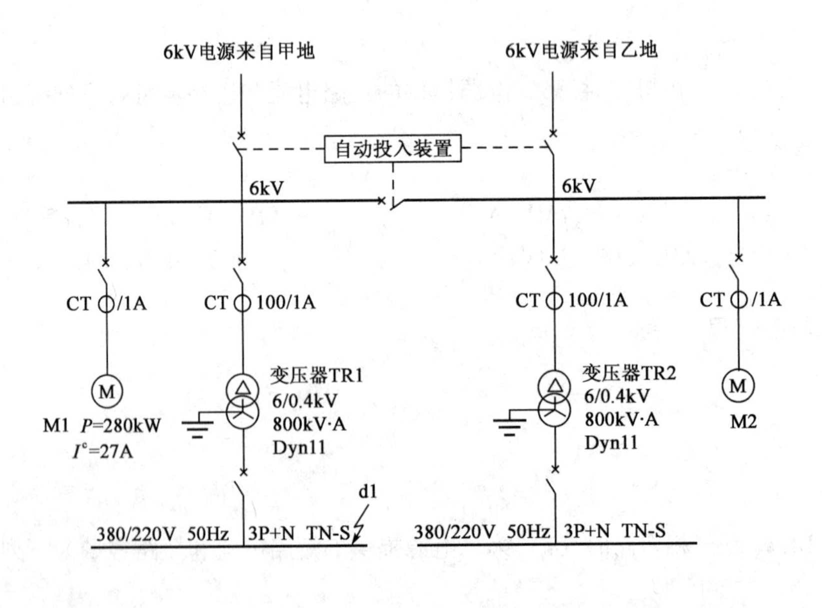

请回答下列问题。

21. 该企业的计算有功功率为6800kW，年平均运行时间为7800h，年平均有功负荷

系数为0.8,计算该企业的电能计量装置中有功电能表的准确度至少为下列哪一项数值? ( )

(A)0.2 (B)0.5 (C)1.0 (D)2.0

解答过程:

22. 设上图中电动机的额定功率为280kW,额定电流为27A,6kV母线的最大短路电流 I_k 为28kA。电动机回路的短路电流切除时间为0.6s,此回路电流互感器CT的额定热稳定参数如下表,说明根据量程和热稳定条件选择的CT应为下列哪一项? ( )

编号	一次额定电流(A)	准确度	额定热稳定电流(kA/s)
①	40	0.5	16/1
②	60	0.5	20/1
③	75	0.5	25/1
④	100	0.5	31.5/1

(A)① (B)② (C)③ (D)④

解答过程:

23. 图中6kV系统的主接线为单母线分段,工作中两电源互为备用,在分段断路器上装设备用电源自动投入装置,说明下列哪一项不满足作为备用电源自动投入装置的基本要求? ( )

(A)保证任意一段电源开断后,另一段电源有足够高的电压时,才能投入分段断路器

(B)保证任意一段母线上的电压,不论因何原因消失时,自动投入装置均应延时动作

(C)保证自动投入装置只动作一次

(D)电压互感器回路断线的情况下,不应启动自动投入装置

解答过程:

24. 本变电所采用了含铅酸蓄电池的直流电器作为操作控制电源，经计算，在事故停电时，要求电池持续放电 60min，其容量为 40A·h，已知此电池在终止电压下的容量系数为 0.58，并且取可靠系数为 1.4，计算直流电源中的电池在 10h 放电率下的计算容量应为下列哪一项数值？（　　）

(A) 32.5A·h　　(B) 56A·h

(C) 69A·h　　(D) 96.6A·h

解答过程：

25. 变压器的过电流保护装置电流回路的接线如右图所示，过负荷系数取 3，可靠系数取 1.2，返回系数取 0.9，最小运行方式下，变压器低压侧母线 d_1 点单相接地稳态短路电流 $I_k = 13.6\text{kA}$。当利用此过流保护装置兼作低压侧单相接地保护时其灵敏系数为下列哪一项数值？（　　）

(A) 1.7

(B) 1.96

(C) 2.1

(D) 2.94

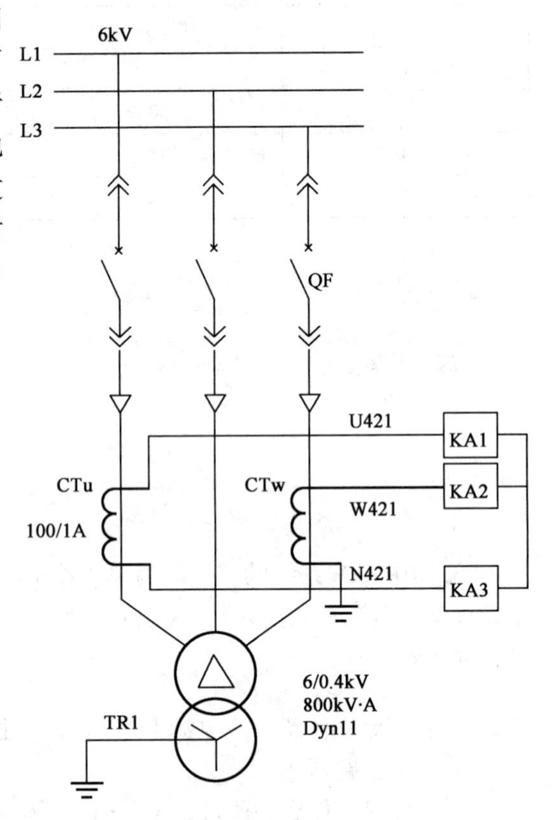

解答过程：

2013年案例分析试题答案(上午卷)

题1～5答案:**CBBAC**

1.《电流对人和家畜的效应　第1部分:通用部分》(GB/T 13870.1—2008)附录D中例1和例3。

根据题意查表可知,接触电压75V对应的人体总阻抗(手到手)为2000Ω,因此:

$Z_{TA}(H-H)$ 人体总阻抗,大的接触表面积,手到手:$Z_{TA}(H-H)=2000\Omega$

$Z_{TA}(H-T)$ 人体总阻抗,大的接触表面积,手到躯干:$Z_{TA}(H-T)=Z_{TA}(H-H)/2=1000\Omega$

双手对人体躯干成并联:$Z_T=Z_{TA}(H-T)/2=1000/2=500\Omega$

接触电流:$I_T=U_T/Z_T=75/500=0.15A=150mA$

2.《低压电气装置　第4-44部分:安全防护　电压骚扰和电磁骚扰防护》(GB/T 16895.10—2010)第442.2条中图44.A1和表44.A1。

表44.A1:TN系统接地类型,当 $R_E=R_B$ 时,$U_1=U_0=220V$。

另参见第442.1.2条:R_E 为变电所接地配置的接地电阻,R_B 为低压系统接地电阻(高、低压接地装置连通时),U_0 为低压系统线导体对地标称电压,U_1 为故障持续时间内低压系统线导体与变电所低压设备外露可导电部分之间的工频应力电压。

3.《工业与民用供配电设计手册》(第四版)P308式(4.6-44),《低压配电设计规范》(GB 50054—2011)第5.2.8条式(5.2.8)。

根据题中表格,短路时线路单位长度的相保电阻 $R'_{php}=2.699m\Omega/m$,又根据题意,忽略保护开关之后的线路电抗和接地故障点阻抗,则 $U_0\geqslant Z_sI_a=\sqrt{R_{php}^2+X_{php}^2}I_a=\sqrt{(L\times R_{php}+65^2)^2+40^2}\times1.62$,其中 $U_0=220V$,可得到 $L\leqslant24m$。

注:题中的1.62kA为断路器动作电流,而不是整定电流,因此不需考虑1.3的系数。

4.《低压配电设计规范》(GB 50054—2011)第5.2.5条式(5.2.5)。

$$R\leqslant\frac{50}{I_a}=\frac{50}{756}=0.0661=66.1m\Omega$$

注:示意图可参考《工业与民用供配电设计手册》(第四版)P1456图15.2-2"局部等电位联结降低接触电压"。

5.《交流电气装置的接地设计规范》(GB/T 50065—2011)第4.2.2条式(4.2.2-1)。

接触电位差:$U_t\leqslant\frac{174+0.17\rho C_s}{\sqrt{t}}=\frac{174+0.17\times200\times0.86}{\sqrt{0.5}}=287V$

题6～10答案:**DBDDB**

6.《20kV 及以下变电所设计规范》(GB 50053—2013)第 3.3.2 条。

按总装机容量计算：$I_1 = \frac{S}{\sqrt{3}U_n} = \frac{32900}{\sqrt{3} \times 10} = 1899.5\text{A}$，则回路数 $N_1 = \frac{I_1}{I_n} = \frac{1899.5}{600} = 3.17$，取 4 路。

第 3.3.2 条：装有两台及以上变压器的变电所，当其中任一台变压器断开时，其余变压器的容量应满足一级负荷及二级负荷的用电。

按一、二级负荷容量计算：$I_2 = \frac{S'}{\sqrt{3}U_n} = \frac{11966}{\sqrt{3} \times 10} = 690.9\text{A}$，则回路数 $N_1 = \frac{I_1}{I_n} = \frac{690.9}{600} = 1.15$，取 2 路主用，1 路备用，共 3 路。

取两者较大者，为 4 路进线。

注：电源供电回路数量应按总装机容量计算，再用一、二级负荷容量校验，不能用 60% 的负荷率（即计算负荷）核定电源数量，在实际应用中，供电局也是不允许的。本题还可参考《供配电系统设计规范》(GB 50052—2009)第 4.0.5 条。

7.《通用用电设备配电设计规范》(GB 50055—2011)第 3.3.4 条以及《工业与民用供配电设计手册》(第四版)P10 式(1.4-4)~式(1.4-6)。

计算过程见下表。

设备组名称	设备组总容量	个数	需要系数 K_c	综合系数 K_z	计算容量
直流客梯	50kV·A	6	0.5	1.4	210kV·A
交流货梯	32kV·A	2	0.5	0.9	28.8kV·A
交流食梯	4kV·A	2	0.5	0.9	3.6kV·A
小计					242.4kV·A
同时系数 $K_x=0.8$					194kV·A
计算电流					294.64A

注：本题重点考查《通用用电设备配电设计规范》(GB 50055—2011)的相关条款。

8.《工业与民用供配电设计手册》(第四版)P30 式(1.10-3)、式(1.10-4)。

有功损耗：$\Delta P_T = \Delta P_0 + \Delta P_K \left(\frac{S_c}{S_r}\right)^2 = 2.11 + 10.25 \times 0.51^2 = 4.776\text{kW}$

无功损耗：$\Delta Q_T = \Delta Q_0 + \Delta Q_K \left(\frac{S_c}{S_r}\right)^2 = \frac{I_0\%}{100} \times S_r + \frac{u_k\%}{100} \times S_r \times \left(\frac{S_c}{S_r}\right)^2 = \frac{0.25}{100} \times 1600 + \frac{6}{100} \times 1600 \times 0.51^2 = 28.97\text{kvar}$

注：也可参考《钢铁企业电力设计手册》(上册)P291、292 式(6-14)和式(6-19)。

9.《工业与民用供配电设计手册》(第四版)P20 式(1.6-5)~式(1.6-10)及表1.6-1。

第一种方法：按单相负荷转三相负荷准确计算。

灯具总功率：$P = 1000 + 105 = 1105\text{W} = 1.105\text{kW}$

UV 线间负荷：$P_{UV}=4\times1.105=4.42kW$

VW 线间负荷：$P_{VW}=6\times1.105=6.63kW$

WU 线间负荷：$P_{WU}=8\times1.105=8.84kW$

将线间负荷换算成相负荷：

U 相：$P_U=P_{UV}p_{(UV)U}+P_{WU}p_{(WU)U}=4.42\times0.72+8.84\times0.28=5.66kW$

$Q_U=P_{UV}q_{(UV)U}+P_{WU}q_{(WU)U}=4.42\times0.09+8.84\times0.67=6.32kvar$

$S_U=\sqrt{5.66^2+6.32^2}=8.48kV\cdot A$

V 相：$P_V=P_{UV}p_{(UV)V}+P_{VW}p_{(VW)V}=4.42\times0.28+6.63\times0.72=6.01kW$

$Q_V=P_{UV}q_{(UV)V}+P_{VW}q_{(VW)V}=4.42\times0.67+6.63\times0.09=3.56kW$

$S_V=\sqrt{6.01^2+3.56^2}=6.99kV\cdot A$

W 相：$P_W=P_{VW}p_{(VW)W}+P_{WU}p_{(WU)W}=6.63\times0.28+8.84\times0.72=8.22kW$

$Q_W=P_{VW}q_{(VW)W}+P_{WU}q_{(WU)W}=6.63\times0.67+8.84\times0.09=5.24kW$

$S_W=\sqrt{8.22^2+5.24^2}=9.75kV\cdot A$

W 相为最大相负荷，取其 3 倍作为等效三相负荷，即 $S=3S_W=3\times9.75=29.25kV\cdot A$。

第二种方法：采用简化方法计算[式(1-34)]。

$P_d=1.73P_{WU}+1.27P_{VW}=1.73\times8.84+1.27\times6.63=23.71kW$

$S_d=\frac{P_d}{\cos\varphi}=\frac{23.71}{0.8}=29.64kV\cdot A$

注：题干中系数有误，不知是否有意为之。第二种方法的结果与选项有偏差，也不知是否可判正确。本题原意是考查单相负荷转三相负荷的准确计算，但计算量偏大了。

10.《工业与民用供配电设计手册》(第四版)P93(2)“柴油发电机组容量选择的原则”。

柴油发电机组容量应根据应急负荷大小和投入顺序以及单台电动机最大启动容量等因素综合考虑，按本题已知条件，按应急负荷大小考虑：

设备组名称	设备组总容量	需用系数 K_x	有功功率 P_c	$\cos\varphi/\tan\varphi$	无功功率 Q_c
UPS	120×0.9kW	0.8	86.4	0.9/0.484	41.8
应急照明	100kW	1	100	0.9/0.484	48.4
消防水泵	130kW	1	130	0.8/0.75	97.5
消防风机	348kW	1	348	0.8/0.75	261
消防电梯	40kW	1	40	0.5/1.73	69.28
小计			704.4		518

柴油发电机视在功率：$S=\sqrt{P^2+Q^2}=\sqrt{704.4^2+518^2}=874.4V$

注：柴油发电机应按消防负荷和重要负荷分别计算，但本题中未明确重要负荷，可不必考虑。

题 11～15 答案：**BDCBC**

11.《电力工程电缆设计规范》(GB 50217—2018)附录B式(B.0.1-1)。

第一年导体最大负荷电流：$I_{max}=\frac{S_c}{\sqrt{3}U_n}=\frac{\sqrt{17450^2+11200^2}}{2}\times\frac{1}{\sqrt{3}\times35}=171.0A$

经济电流截面计算：$S=\frac{I_{max}}{J}=\frac{171}{0.9}=190mm^2$

第B.0.3-3条：当电缆经济电流截面介于电缆标称截面档次之间，可视其接近程度，选择较接近一档截面，且宜偏小选取。因此取185mm²。

注：I_{max}为第一年导体最大负荷电流，不能以变压器容量计算运行电流。

12.《工业与民用供配电设计手册》(第四版)P460式(6.2-8)。

$u_a=\frac{100\Delta P_T}{S_{rT}}=\frac{100\times70}{16000}=0.44$

$u_r=\sqrt{u_T^2-u_a^2}=\sqrt{8^2-0.438^2}=7.99$

$\cos\varphi=0.7$

$\sin\varphi=0.714$

变压器电压损失(%)：$\Delta u_T=\beta(u_a\cos\varphi+u_r\sin\varphi)=1\times(0.44\times0.7+7.99\times0.714)=6.01$

注：题意要求“最大电压损失”，因此此处变压器负载率取1，且假定功率因数为0.7，而按负荷平均分配功率因数应为0.84，说明此假定下两台变压器不是平均分配负荷的。若按大题干内条件计算负荷率，计算过程列在下方，供参考。

变压器负载率：$\beta=\frac{S_c}{S_{rT}}=\frac{\sqrt{17450^2+11200^2}}{2\times16000}=0.648$

变压器电压损失(%)：$\Delta u_T=\beta(u_a\cos\varphi+u_r\sin\varphi)=0.648\times(0.44\times0.7+7.99\times0.714)=3.90$

13.《工业与民用供配电设计手册》(第四版)P37式(1.11-7)。

补偿前平均功率因数：$\cos\varphi=\sqrt{\frac{1}{1+\left(\frac{\beta_{av}Q_c}{\alpha_{av}P_c}\right)^2}}=\sqrt{\frac{1}{1+\left(\frac{0.8\times11200}{0.75\times17450}\right)^2}}=0.83$

无功补偿容量：由$\cos\varphi_1=0.83$，得$\tan\varphi_1=0.67$。

由$\cos\varphi_2=0.9$，得$\tan\varphi_2=0.484$。

$Q_c=\alpha_{av}P_c(\tan\varphi_1-\tan\varphi_2)=1\times(17450/2)\times(0.672-0.484)=1640.3kvar$

注：题意要求按最不利条件计算补偿容量，因此$\alpha_{av}=1$。

14.《电能质量　公用电网谐波》(GB/T 14549—1993)附录C表C1和式(C5)。

10kV母线谐波总电流：$I_h=\sqrt{I_{h1}^2+I_{h2}^2+K_hI_{h1}I_{h2}}=\sqrt{20^2+30^2+1.28\times20\times30}=45.48A$

折算至35kV电网侧谐波总电流：$I'_h=\frac{I_h}{n_T}=45.48\times\frac{10}{35}=13A$

注：也可参考《电能质量 公用电网间谐波》(GB/T 24337—2009)。

15.《工业与民用供配电设计手册》(第四版)P458 式(6.2-1)。

$$\delta U = \frac{U - U_n}{U_n} \times 100\% = \frac{10.2 - 10}{10} \times 100\% = 2\%$$

题 16～20 答案：**BBCBC**

16.《工业与民用供配电设计手册》(第四版)P280～P281 式(4.6-2)～式(4.6-8)、表 4.6-3，P284 式(4.6-11)～式(4.6-15)。

设：$S_j = 100\text{MV·A}$；$U_j = 37\text{kV}$；$I_j = 1.56\text{kA}$。

1 号电源线路电抗标幺值：$X_* = X\dfrac{S_j}{U_j^2} = 0.37 \times 7 \times \dfrac{100}{37^2} = 0.189$

1 号电源提供的短路电流(k_1 短路点)：$I_k = \dfrac{I_j}{X_{*k}} = \dfrac{1.56}{0.189} = 8.25\text{kA}$

1 号电源提供的短路容量(k_1 短路点)：$S_k = \dfrac{S_j}{X_{*k}} = \dfrac{100}{0.189} = 529.1\text{MV·A}$

17.《工业与民用供配电设计手册》(第四版)P280～P281 式(4.6-2)～式(4.6-8)、表 4.6-3，P284 式(4.6-11)～式(4.6-15)。

设：$S_j = 100\text{MV·A}$；$U_j = 10.5\text{kV}$；$I_j = 5.5\text{kA}$。

35/10kV 变压器电抗标幺值：$X'_{*T1} = \dfrac{u_k\%}{100} \times \dfrac{S_j}{S_{rT}} = 0.08 \times \dfrac{100}{16} = 0.5$

35/10kV 并联变压器标幺值：$X_{*T1} = \dfrac{X'_{*T1}}{2} = \dfrac{0.5}{2} = 0.25$

发电机等值电抗标幺值：$X_{*G} = X_d\dfrac{S_j}{S_G} = 13.65\% \times \dfrac{100}{37.5} = 0.364$

发电机升压变压器电抗标幺值：$X_{*T2} = \dfrac{u_k\%}{100} \times \dfrac{S_j}{S_{rT}} = 0.08 \times \dfrac{100}{40} = 0.2$

1 号电源线路电抗标幺值：$X_{*L1} = X\dfrac{S_j}{U_j^2} = 0.37 \times 7 \times \dfrac{100}{37^2} = 0.189$

2 号电源线路电抗标幺值：$X_{*L2} = X\dfrac{S_j}{U_j^2} = 0.37 \times 4.5 \times \dfrac{100}{37^2} = 0.122$

短路等值电路见图 1。

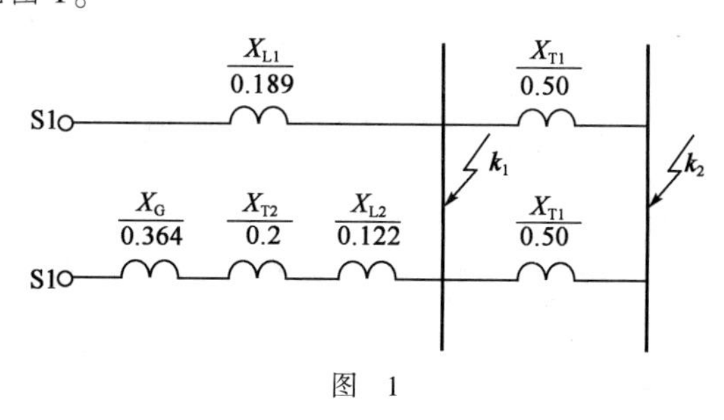

图 1

电路一次变换：$X_{*21} = X_{*L1} = 0.189$

$X_{*22} = X_{*G} + X_{*T2} + X_{*L2} = 0.686$

$X_{*23} = X'_{*T1}//X'_{*T1} = 0.25$，见图2。

《钢铁企业电力设计手册》(上册) P188 式(4-7) ~ 式(4-13)，电路二次变换，见图3。

$X_{*\Sigma} = (X_{*21}//X_{*22}) + X_{*23} = 0.398$

$C_1 = X_{*22}/(X_{*21} + X_{*22}) = 0.784$

$C_2 = X_{*21}/(X_{*21} + X_{*22}) = 0.216$

$$X_{*31} = \frac{X_{*\Sigma}}{C_1} = \frac{0.398}{0.784} = 0.508$$

$$X_{*32} = \frac{X_{*\Sigma}}{C_2} = \frac{0.398}{0.216} = 1.843$$

1号电源提供的短路电流(k_2 短路点)：$I_k = \dfrac{I_j}{X_{*k}} = \dfrac{5.5}{0.508} = 10.83\text{kA}$

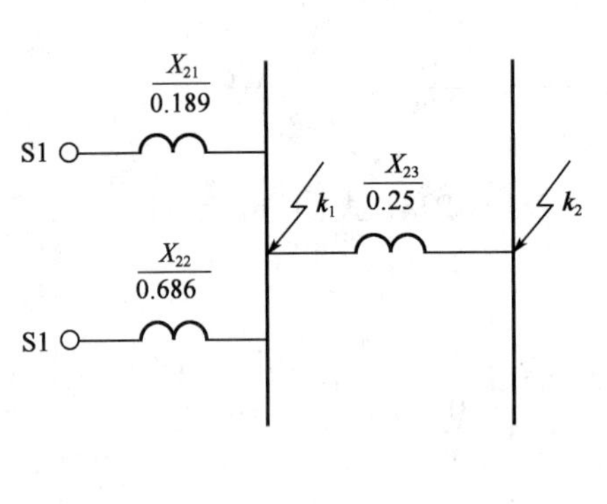

图 2

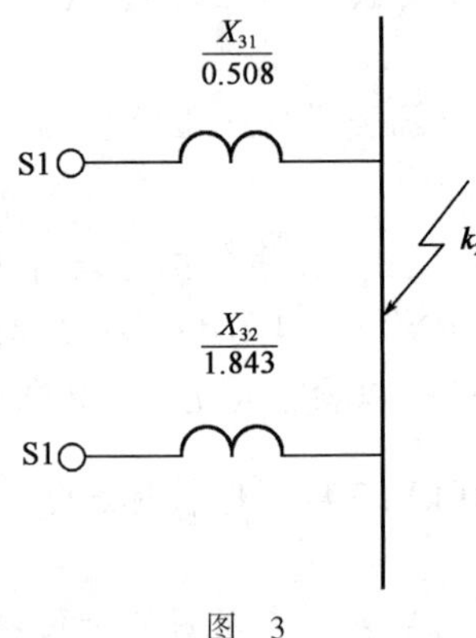

图 3

1号电源提供的短路容量(k_2 短路点)：$S_k = \dfrac{S_j}{X_{*k}} = \dfrac{100}{0.508} = 196.85\text{MV·A}$

注：本题关键在于图2、图3的变换，但计算量较大。变换公式参考《工业与民用配电设计手册》(第三版) P149 式(4-23)。

18.《工业与民用供配电设计手册》(第四版) P285 ~ P289 式(4.6-16)和式(4.6-18)及按发电机运算曲线计算。

设：$S_j = 100\text{MV·A}$；$U_j = 37\text{kV}$；$I_j = 1.56\text{kA}$。

各电源对短路点的等值电抗归算到以本电源等值发电机的额定容量为基准的标幺值：

$$X_c = X_{*22}\frac{S_G}{S_j} = 0.686 \times \frac{30}{0.8 \times 100} = 0.257 \approx 0.26$$

查表得到 $I_* = 4.178$。

电源基准电流(由等值发电机的额定容量和相应的平均额定电压求的)：$I_{rj} = \dfrac{P_G}{\sqrt{3}U_G\cos\varphi} = \dfrac{30}{\sqrt{3} \times 37 \times 0.8} = 0.585\text{kA}$

2号电源提供的短路电流(k_1 短路点)：$I_k = I_* I_{rj} = 4.178 \times 0.585 = 2.44\text{kA}$

2号电源提供的短路容量(k_1 短路点)：$S_k = \sqrt{3}I_k U_j = \sqrt{3} \times 2.44 \times 37 = 156.36\ \text{MV·A}$

注：发电机端电压显然不是37kV，但由于 k_1 点为35kV，可按此平均电压计算电源的基准电流。也可参考《工业与民用配电设计手册》（第三版）P137 式（4-18）和式（4-20）及按发电机运算曲线计算。

19.《工业与民用供配电设计手册》（第四版）P285 ~ P289 式（4.6-16）和式（4.6-18）及按发电机运算曲线计算。

设：$S_j = 100\text{MV}\cdot\text{A}$，$U_j = 10.5\text{kV}$，$I_j = 5.5\text{kA}$

则 $X_{*32} = X_{*\Sigma} = \dfrac{0.398}{0.216} = 1.843$

各电源对短路点的等值电抗归算到以本电源等值发电机的额定容量为基准的标幺值：

$$X_c = X_{*32}\frac{S_G}{S_j} = 1.843 \times \frac{30}{0.8 \times 100} = 0.691 \approx 0.70$$

查表得到 $I_* = 1.492$。

电源基准电流（由等值发电机的额定容量和相应的平均额定电压求的）：

$$I_{rj} = \frac{P_G}{\sqrt{3}U_G\cos\varphi} = \frac{30}{\sqrt{3} \times 10.5 \times 0.8} = 2.062\text{kA}$$

2 号电源提供的短路电流（k_2 短路点）：$I_k = I_* I_{rj} = 1.492 \times 2.062 = 3.076\text{kA}$

2 号电源提供的短路容量（k_2 短路点）：$S_k = \sqrt{3}I_k U_j = \sqrt{3} \times 3.076 \times 10.5 = 55.94$ MV·A

注：同18题，发电机端电压未知，但由于 K_2 点为10kV，可按此平均电压计算电源的基准电流。也可参考《工业与民用配电设计手册》（第三版）P137 式（4-18）和式（4-20）及按发电机运算曲线计算。

20.《钢铁企业电力设计手册》（上册）P219 式（4-46）及式（4-47）。

电动机额定电流：$I_{ed} = \dfrac{P}{\sqrt{3}U_n\eta\cos\varphi} = \dfrac{1500}{\sqrt{3} \times 10 \times 0.95 \times 0.8} = 114\text{A} = 0.114\text{kA}$

电动机反馈冲击电流：$i_{chd} = \sqrt{2}\dfrac{E''_{*d}}{X''_{*d}}K_{ch}I_{ed} = \sqrt{2} \times \dfrac{0.9}{1/6} \times 1.5 \times 0.114 = 1.31\text{kA}$

题 21 ~25 答案：**BCBDA**

21.《工业与民用供配电设计手册》（第四版）P24 式（1.9-1）与式（1.9-3）结合。

年平均电能消耗：$W_n = \alpha_{av}P_c T_n = 0.8 \times 6800 \times 7800 = 42432000\text{kW}\cdot\text{h} = 42432\text{MW}\cdot\text{h}$

月平均电能消耗：$W_y = 42432/12 = 3536\text{MW}\cdot\text{h}$

《电力装置电测量仪表装置设计规范》（GB/T 50063—2017）第 4.1.2 条及条文说明。

月平均用电量1000MW·h 及以上，应为Ⅱ类电能计量装置，按表Ⅰ中要求，应选择0.5S 级的有功电能表。

22.《电力装置电测量仪表装置设计规范》（GB/T 50063—2017）第 7.1.5 条。

电流互感器额定一次电流宜满足正常运行时实际负荷电流达到额定值的60%，且不应小于30%的要求。

$I=27/(30\% \sim 60\%)=45 \sim 90\text{A}$，选择75A。

《工业与民用供配电设计手册》(第四版)P385 表5.6-8“电流互感器热稳定”。

电动机回路实际短路热效应：$Q_{\text{tn}} = I_{\text{k}}^2 t = 28^2 \times 0.6 = 470.4\text{kA}^2\text{s}$

电流互感器额定短路热效应：$Q_{\text{t}} = I_{\text{k}}^2 t = 25^2 \times 1 = 625\text{kA}^2\text{s}$（根据题中表格，75A）

$Q_{\text{tn}} < Q_{\text{t}}$，满足要求。

23.《电力装置的继电保护和自动装置设计规范》(GB/T 50062—2008)第11.0.2-3条。

注：此题应为2013年案例分析最简单一题。B条实际为旧规范条文，新规范已修改。

24.《电力工程直流系统设计技术规程》(DL/T 5044—2014)第6.1.5条、附录C第C.2.3条。

满足事故全停电状态下的电池10h放电率的计算容量：

$$C_{\text{c}} = K_{\text{K}} \frac{C_{\text{S.X}}}{K_{\text{CC}}} = 1.4 \times \frac{40}{0.58} = 96.6A \cdot h$$

注：旧规范题目，依据《电力工程直流系统设计技术规程》(DL/T 5044—2004)附录B.2.1.2式(B.1)。有关蓄电池容量计算方法，2014版新规范修正较多，但内容较之旧规范更为简洁，旧规范题目供考生参考。

25.《工业与民用供配电设计手册》(第四版)P520 表7.2-3“过电流保护”。

变压器高压侧额定电流：$I_{\text{1rT}} = \dfrac{S}{\sqrt{3}U} = \dfrac{800}{\sqrt{3} \times 6} = 76.98\text{A}$

过电流保护装置动作电流：$I_{\text{opK}} = K_{\text{rel}} K_{\text{jx}} \dfrac{K_{\text{st}} I_{\text{1rT}}}{K_{\text{r}} n_{\text{TA}}} = 1.2 \times 1 \times \dfrac{3 \times 76.98}{0.9 \times 100/1} = 3.08\text{A}$

保护装置一次动作电流：$I_{\text{op}} = I_{\text{opK}} \dfrac{n_{\text{TA}}}{K_{\text{js}}} = 3.08 \times \dfrac{100}{1} = 308\text{A}$

最小运行方式下低压末端单相接地短路时，流过高压侧的稳态电流(D,yn)：

$$I_{\text{2k1}\cdot\text{min}} = \frac{\sqrt{3}}{3} \frac{I_{\text{22k1}\cdot\text{min}}}{n_{\text{T}}} = \frac{\sqrt{3}}{3} \times \frac{13600}{6/0.4} = 523.5\text{A}$$

保护装置灵敏度系数：$K_{\text{ren}} = \dfrac{I_{\text{2k1}\cdot\text{min}}}{I_{\text{op}}} = \dfrac{523.5}{308} = 1.7$

注：也可参考《工业与民用配电设计手册》(第三版)P297 表7-3。

2013 年案例分析试题(下午卷)

[专业案例题(共 **40** 题,考生从中选择 **25** 题作答,每题 **2** 分)]

题 1 ~5:某 110/10kV 变电所,变压器容量为 2×25MV·A,两台变压器一台工作一台备用,变电所的计算负荷为 17000kV·A,变压器采用室外布置,10kV 设备采用室内布置。变电所所在地海拔高度为 2000m,户外设备运行的环境温度为 -25 ~45℃,且冬季时有冰雪天气,在最大运行方式下 10kV 母线的三相稳态短路电流有效值为 20kA(回路总电阻小于总电抗的三分之一),请回答下列问题。

1. 若 110/10kV 变电所出线间隔采用 10kV 真空断路器,断路器在正常环境条件下额定电流为 630A,周围空气温度为 40℃时允许温升为 20℃,请确定该断路器在本工程所在地区环境条件下及环境温度 5℃时的额定电流和 40℃时的允许值为下列哪一项数值? ( )

(A)740A,19℃　　(B)740A,20℃

(C)630A,19℃　　(D)630A,20℃

解答过程:

2. 110/10kV 变电所 10kV 供电线路中,电缆总长度约为 32km,无架空地线的钢筋混凝土电杆架空线路 10km,若采用消弧线圈经接地变压器接地,使接地故障点的残余电流小于等于 10A。请确定消弧线圈的容量(计算值)应为下列哪一项数值? ( )

(A)32.74kV·A　　(B)77.94kV·A

(C)251.53kV·A　　(D)284.26kV·A

解答过程:

3. 若 110/10kV 变电所的 10kV 系统的电容电流为 35A,阻尼率取 3%,试计算当脱谐度和长时间中性点位移电压满足规范要求且采用过补偿方式时,消弧线圈的电感电流取值范围为下列哪一项数值? ( )

(A)31.50～38.5A (B)35.0～38.50A

(C)34.25～36.75A (D)36.54～38.50A

解答过程：

4.110/10kV变电所10kV出线经穿墙套管引入室内，试确定穿墙套管的额定电压、额定电流宜为下列哪组数值？ ( )

(A)20kV，1600A (B)20kV，1000A

(C)10kV，1600A (D)10kV，1000A

解答过程：

5.110/10kV变电所10kV出线经穿墙套管引入室内，三相矩形母线水平布置，已知穿墙套管与最近的一组母线支撑绝缘子的距离为800mm，穿墙套管的长度为500mm，相间距离为300mm，绝缘子上受力的折算系数取1，试确定穿墙套管的最小弯矩破坏负荷为下列哪一项数值？ ( )

(A)500N (B)1000N (C)2000N (D)4000N

解答过程：

题6～10：某35kV变电所，两回电缆进线，装有两台35/10kV变压器、两台35/0.4kV所用变，10kV馈出回路若干。请回答下列问题。

6.已知某10kV出线电缆线路的计算电流为230A，采用交联聚乙烯绝缘铠装铜芯三芯电缆，直埋敷设在多石地层、非常干燥、湿度为3%的砂土层中，环境温度为25℃，请计算按持续工作电流选择电缆截面时，该电缆最小截面为下列哪一项数值？ ( )

(A)120mm^2 (B)150mm^2 (C)185mm^2 (D)240mm^2

解答过程：

7. 已知变电所室内 10kV 母线采用矩形硬铝母线，母线工作温度为 75℃，母线短路电流交流分量引起的热效应为 400kA^2s，母线短路电流直流分量引起的热效应为 4kA^2s，请计算母线截面最小应该选择下面哪一项数值？（　　）

(A) 160mm^2　　(B) 200mm^2

(C) 250mm^2　　(D) 300mm^2

解答过程：

8. 假定变电所所在地海拔高度为 2000m，环境温度为 +35℃，已知 35kV 户外软导线在正常使用环境下的载流量为 200A，请计算校正后的户外软导线载流量为下列哪一项数值？（　　）

(A) 120A　　(B) 150A

(C) 170A　　(D) 210A

解答过程：

9. 已知变电所一路 380V 所用电回路是以气体放电灯为主的照明回路，拟采用 1kV 交联聚乙烯等截面铜芯四芯电缆直埋敷设（环境温度 25℃，热阻系数 $\rho=2.5$）见下表，该回路的基波电流为 80A，各相线电流中三次谐波分量为 35%，该回路的电缆最小截面应为下列哪一项数值？（　　）

交联聚乙烯绝缘电缆直埋敷设载流量表

敷设方式			三、四芯或单芯三角排列			二　芯		
线芯截面（mm^2）			不同环境温度的载流量（A）					
主线芯		中性线	20℃	25℃	30℃	20℃	25℃	30℃
铜	1.5		22	21	20	26	25	24
	2.5		29	28	27	34	33	32
	4	4	37	36	34	44	42	41
	6	6	46	44	43	56	54	52
	10	10	61	59	57	73	70	68
	16	16	79	76	73	95	91	88
	25	16	101	97	94	121	116	113
	35	16	122	117	118	146	140	136

续上表

敷设方式			三、四芯或单芯三角排列			二芯		
线芯截面(mm^2)			不同环境温度的载流量(A)					
主线芯		中性线	20℃	25℃	30℃	20℃	25℃	30℃
铜	50	25	144	138	134	173	166	161
	70	35	178	171	166	213	204	198
	95	50	211	203	196	252	242	234
	120	70	240	230	223	287	276	267
	150	70	271	260	252	324	311	301
	185	95	304	292	283	363	311	301
	240	120	351	337	326	419	402	390
	300	150	396	380	368	474	455	441

(A)$25mm^2$　　(B)$35mm^2$　　(C)$50mm^2$　　(D)$70mm^2$

解答过程：

10.已知变电所另一路380V所用电回路出线采用聚氯乙烯绝缘铜芯电缆，线芯长期允许工作温度70℃，且用电缆的金属护层做保护导体，假定通过该回路的保护电器预期故障电流为14.1kA，保护电器自动切断电流的动作时间为0.2s，请确定该回路保护导体的最小截面应为下面哪一项数值？　　(　　)

(A)$25mm^2$　　(B)$35mm^2$　　(C)$50mm^2$　　(D)$70mm^2$

解答过程：

题11～15：某无人值班的35/10kV变电所，35kV侧采用线路变压器组接线，10kV侧采用单母线分段接线，设母联断路器：两台变压器同时运行、互为备用，当任一路电源失电或任一台变压器解列时，该路35kV断路器及10kV进线断路器跳闸，10kV母联断路器自动投入(不考虑两路电源同时失电)，变电所采用蓄电池直流操作电源，电压等级为220V，直流负荷中，信号装置计算负荷电流为5A，控制保护装置计算负荷电流为5A，应急照明(直流事故照明)计算负荷电流为5A，35kV及10kV断路器跳闸电流均为5A，合闸电流均为120A(以上负荷均已考虑负荷系数)，请回答下列问题。

11. 请计算事故全停电情况下，与之相对应的持续放电时间的放电容量最接近下列哪一项数值？（　　）

(A)15A·h　　(B)25A·h

(C)30A·h　　(D)50A·h

解答过程：

12. 假定事故全停电情况下(全停电前充电装置与蓄电池浮充电运行)，与之相对应的持续放电时间的放电容量为40A·h，选择蓄电池容量为150A·h，电池数108块，采用阀控式贫液铅酸蓄电池，为了确定放电初期(1min)承受冲击放电电流时，蓄电池所能保持的电压，请计算事故放电初期冲击系数 K_{cho} 值，其结果最接近下列哪一项数值？（　　）

(A)1.1　　(B)1.47　　(C)9.53　　(D)10.63

解答过程：

13. 假定事故全停电情况下，与之相对应的持续放电时间的放电容量为40A·h，选择蓄电池容量为150A·h，电池数为108块，采用阀控式贫液铅酸蓄电池，为了确定事故放电末期承受随机(5s)冲击放电电流时，蓄电池所能保持的电压，请分别计算任意事故放电阶段的10h放电率电流倍数 $K_{m.x}$ 值及 x_h 事故放电末期冲击系数 $K_{chm.x}$，其结果最接近下列哪组数值？（　　）

(A) $K_{m.x}=1.47, K_{chm.x}=8.8$　　(B) $K_{m.x}=2.93, K_{chm.x}=17.6$

(C) $K_{m.x}=5.50, K_{chm.x}=8.8$　　(D) $K_{m.x}=5.50, K_{chm.x}=17.6$

解答过程：

14. 假定选择蓄电池容量为120A·h，采用阀控式贫液铅酸蓄电池，蓄电池组与直流母线连接，不考虑蓄电池初充电要求，请计算变电所充电装置的额定电流，其结果最接近下列哪一项数值？（蓄电池自放电电流按最大考虑）（　　）

(A)15A　　(B)20A　　(C)25A　　(D)30A

解答过程:

15. 按上题条件,假设该变电所设一组蓄电池组,采用2套高频开关模块型充电装置,单个模块的额定电流为2.2A,则高频开关电源模块的数量宜为下列哪一项?　(　　)

(A)10　　(B)12

(C)14　　(D)16

解答过程:

题16~20:某新建项目,包括生产车间、66kV变电所、办公建筑等,当地的年平均雷暴日为20天,预计雷击次数为0.2次/年,请回答下列问题。

16. 该项目厂区内有一个一类防雷建筑,电源由500m外10kV变电所通过架空线路引来,在距离该建筑物18m处改由电缆穿钢管埋地引入该建筑物配电室,电缆由室外引入室内后沿电缆沟敷设,长度为5m,电缆规格为YJV-10kV,$3\times35mm^2$,电缆埋地处土壤电阻率为200Ω·m,电缆穿钢管埋地的最小长度宜为下列哪一项数值?　(　　)

(A)29m　　(B)23m　　(C)18m　　(D)15m

解答过程:

17. 该项目厂区内有一烟囱建筑,高20m,防雷接地的水平接地体形式为近似边长6m的正方形,测得引下线的冲击接地电阻为35Ω,土壤电阻率为1000Ω·m,请确定是否需要补加水平接地体,若需要,补加的最小长度宜为下列哪一项数值?　(　　)

(A)需要1.61m　　(B)需要5.61m

(C)需要16.08m　　(D)不需要

解答过程:

18. 该项目66kV变电所内有A、B两个电气设备，室外布置，设备的顶端平面为圆形，半径均为0.3m，且与地面平行，高度分别为16.5m和11m，拟在距A设备中心15m、距B设备中心25m的位置安装32m高的避雷针一座，请采用折线法计算避雷针在A、B两个电气设备顶端高度上的保护半径应为下列哪组数值？并判断A、B两个电气设备是否在避雷针的保护范围内？（　　）

(A)11.75m,18.44m,均不在　　(B)15.04m,25.22m,均在

(C)15.04m,25.22m,均不在　　(D)15.50m,26.0m,均在

解答过程：

19. 该项目66kV变电所电源线路采用架空线，线路全程架设避雷线，其中有两档的档距分别为500m和180m，试确定当环境条件为15℃无风时，这两档中央导线和避雷线间的最小距离分别宜为下列哪组数值？（　　）

(A)3.10m,3.10m　　(B)6.00m,3.16m

(C)6.00m,6.00m　　(D)7.00m,3.16m

解答过程：

20. 该项目厂区内某普通办公建筑，低压电源线路采用带内屏蔽层的4芯电力电缆架空引入，作为建筑内用户0.4kV电气设备的电源，电缆额定电压为1kV，土壤电阻率为500Ω·m，屏蔽层电阻率为17.24×10^{-9}Ω·m，屏蔽层每公里电阻为1.4Ω，电缆芯线每公里的电阻为0.2Ω，电缆线路总长度为100m，电缆屏蔽层在架空前接地，架空距离为80m，通过地下和架空引入该建筑物的金属管道和线路总数为3，试确定电力电缆屏蔽层的最小面积宜为下列哪一项数值？（　　）

(A)$0.37mm^2$　　(B)$2.22mm^2$　　(C)$2.77mm^2$　　(D)$4.44mm^2$

解答过程：

题21～25：某企业所在地区海拔高度为2300m，总变电所设有110/35kV变压器，从电网用架空线引来一路110kV电源，110kV和35kV配电设备均为户外敞开式；其中，110kV系统为中性点直接接地系统，35kV和10kV系统为中性点不接地系统，企业设有35kV分变电所，请回答下列问题。

21. 总变电所某110kV间隔接线平、断面图如下图所示，请问现场安装的110kV不同相的裸导体之间的安全净距不应小于下列哪一项数值？（　　）

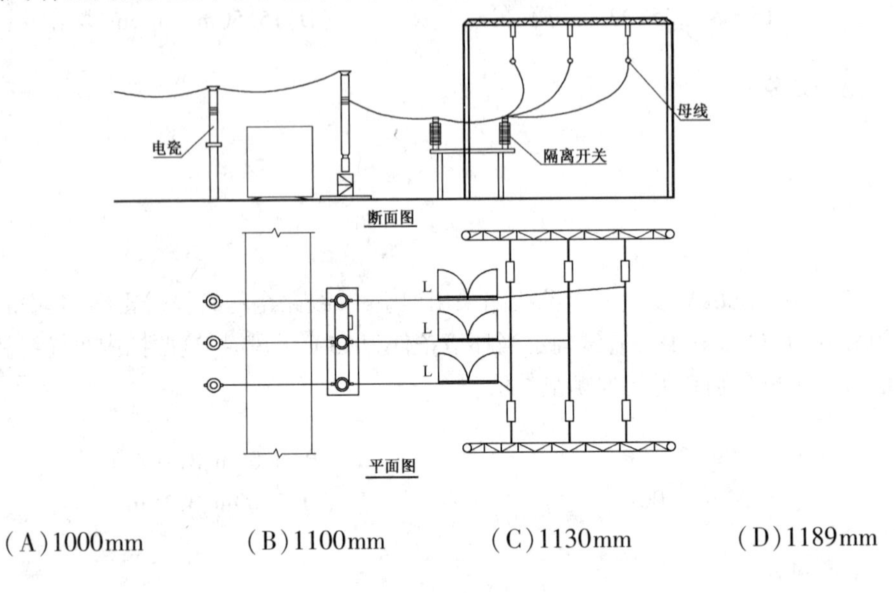

(A)1000mm　　(B)1100mm　　(C)1130mm　　(D)1189mm

解答过程：

22. 上题图中，如果设备运输道路上方的110kV裸导体最低点距离地面高为5000mm，请确定汽车运输设备时，运输限高应为下列哪一项数值？（　　）

(A)1650mm　　(B)3233mm　　(C)3350mm　　(D)3400mm

解答过程：

23. 企业分变电所布置如下图所示，为一级负荷供电，其中一路电源来自总变电所，另一路电源来自柴油发电机。变压器T1为35/10.5kV，4000kV·A，油重3100kg，高3.5m；变压器T2、T3均为10/0.4kV，1600kV·A，油重1100kg，高2.2m。高低压开关柜均为无油设备同室布置，10kV电力电容器独立布置于一室，变压器露天布置，设有1.8m高的固定遮拦。请指出变电所布置上有几处不合乎规范要求？并说明理由。（　　）

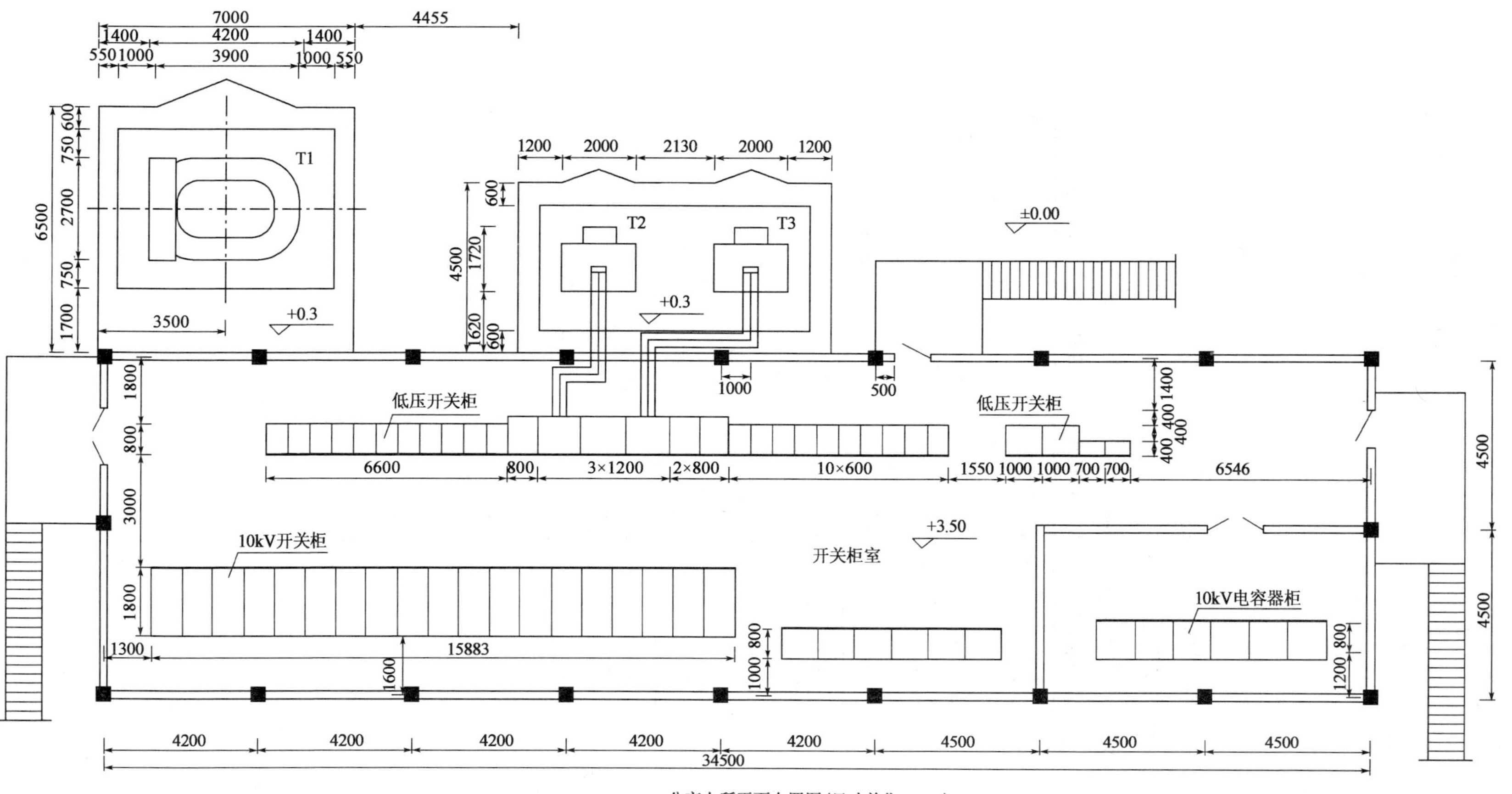

分变电所平面布置图(尺寸单位：mm)

(A)一处　　　　(B)二处

(C)三处　　　　(D)四处

解答过程：

24. 总变电所的35kV裸母线拟采用管形母线，该母线的长期允许载流量及计算用数据见下表，设计师初选的导体尺寸为ϕ100/90，若当地最热月平均最高温度为35℃，计算该导体在实际环境条件下的载流量为下列哪一项数值？（　　）

铝镁硅系(6063)管形母线长期允许载流量及计算用数据

导体尺寸 D/d (mm)	导体截面 (mm^2)	载流量(导体最高允许温度)		截面系数 W (cm^3)	惯性半径 r_1 (cm)	截面惯性矩 I (cm^4)
		+70℃	+80℃			
ϕ30/25	216	578	624	1.37	0.976	2.06
ϕ40/35	294	735	804	2.60	1.33	5.20
ϕ50/45	373	925	977	4.22	1.68	10.6
ϕ60/54	539	1218	1251	7.29	2.02	21.9
ϕ70/64	631	1410	1428	10.2	2.37	35.5
ϕ80/72	954	1888	1841	17.3	2.69	69.2
ϕ100/90	1491	2652	2485	33.8	3.36	169
ϕ110/100	1649	2940	2693	41.4	3.72	228
ϕ120/110	1806	3166	2915	49.9	4.07	299
ϕ130/116	2705	3974	3661	79.0	4.36	513
ϕ150/136	3145	4719	4159	107	5.06	806
ϕ170/154	4072	5696	4952	158	5.73	1339
ϕ200/184	4825	6674	5687	223	6.79	2227
ϕ250/230	7540	9139	7635	435	8.49	5438

注：1. 最高允许温度+70℃的载流量，是按基准环境温度+25℃，无风、无日照，辐射散热系数与吸收系数为0.5，不涂漆条件计算的。

2. 最高允许温度+80℃的载流量，是按基准环境温度+25℃，日照0.1W/cm^2，风速0.5m/s且与管形导体垂直，海拔1000m，辐射散热系数与吸收系数为0.5，不涂漆条件计算的。

3. 导体尺寸中，D为外径，d为内径。

(A)1975.6A　　　　(B)2120A

(C)2247A　　　　(D)2333.8A

解答过程：

25. 总变电所所在地区的污秽特征如下，大气污染较为严重，重雾重盐碱，离海岸盐场2.5km，盐密0.2mg/cm^2，总变电所中35kV断路器绝缘瓷瓶的爬电距离为875mm，请判断下列断路器绝缘瓷瓶爬电距离检验结论中，哪一项是正确的？并说明理由。 ( )

(A)经计算，合格 (B)经计算，不合格

(C)无法计算，不能判定 (D)无须计算，合格

解答过程：

题26～30：某变电所设一台400kV·A动力变压器，$U_d\%=4$，二次侧单母线给电动机负荷供电，其中一台笼型电动机额定功率$P=132kW$，额定电压380V，额定电流240A，额定转速1480r/min，$\cos\varphi_{ed}=0.89$，额定效率0.94，启动电流倍数6.8，启动转矩倍数1.8，接至电动机的沿桥架敷设的电缆线路电抗为0.0245Ω，变压器一次侧的短路容量为20MV·A，母线已有负荷为200kV·A，$\cos\varphi_n=0.73$。请回答下列问题。

26. 计算电动机启动时母线电压为下列哪一项数值？(忽略母线阻抗，仅计线路电抗) ( )

(A)337.32V (B)338.81V

(C)340.79V (D)345.10V

解答过程：

27. 若该低压笼型电动机具有9个出线端子，现采用延边三角形降压启动，设星形部分和三角形部分的抽头比为2:1，计算电动机的启动电压和启动电流应为下列哪组数值？ ( )

(A)242.33V，699.43A (B)242.33V，720A

(C)242.33V，979.2A (D)283.63V，699.43A

解答过程：

28. 若采用定子回路接入对称电阻启动，设电动机的启动电压与额定电压之比为0.7，忽略线路电阻，计算每相外加电阻应为下列哪一项数值？（　　）

(A)0.385Ω　　(B)0.186Ω

(C)0.107Ω　　(D)0.104Ω

解答过程：

29. 若采用定子回路接入单相电阻启动，设电动机的允许启动转矩为 $1.2M_{st}$，忽略线路电阻，计算流过单相电阻的电流应为下列哪一项数值？（　　）

(A)1272.60A　　(B)1245.11A

(C)1236.24A　　(D)1231.02A

解答过程：

30. 当采用自耦变压器降压启动时，设电动机启动电压为额定电压的70%，允许每小时启动6次，电动机一次启动时间为12s，计算自耦变压器的容量应为下列哪一项数值？（　　）

(A)450.62kV·A　　(B)324.71kV·A

(C)315.44kV·A　　(D)296.51kV·A

解答过程：

题31～35：某办公室平面长14.4m、宽7.2m、高3.6m，墙厚0.2m（照明计算平面按长14.2m、宽7.0m），工作面高度为0.75m，平面图如下图所示，办公室中均匀布置荧光灯具。

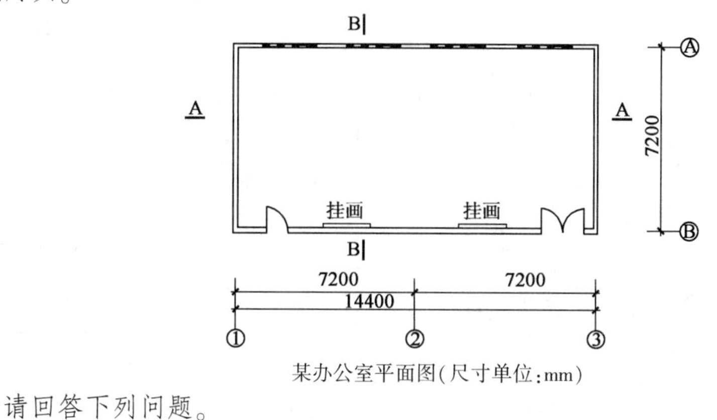

某办公室平面图（尺寸单位：mm）

请回答下列问题。

31. 若办公室无吊顶，采用杆吊式格栅荧光灯具，灯具安装高度3.1m，其A-A剖面见下图，其室内顶棚反射比为0.7，地面反射比为0.2，墙面反射比为0.5，玻璃窗反射比为0.09，窗台距室内地面高0.9m，窗高1.8m，玻璃窗面积为12.1m^2，若挂画的反射比与墙面反射比相同，计算该办公室空间墙面平均反射比ρ_{wav}应为下列哪一项数值？（　　）

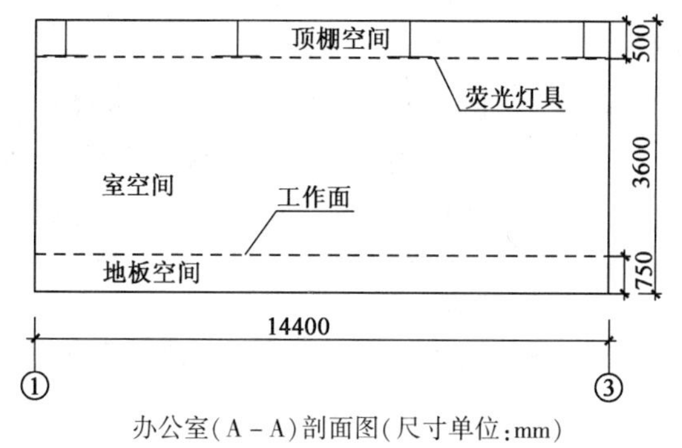

办公室（A－A）剖面图（尺寸单位：mm）

(A)0.40　　(B)0.45

(C)0.51　　(D)0.55

解答过程：

32. 若该办公室有平吊顶，高度3.1m，灯具嵌入顶棚安装，已知室内有效顶棚反射比为0.7，墙反射比为0.5，地面反射比为0.2，现均匀布置8套嵌入式3×28W格栅荧光灯具，用T5直管荧光灯配电子镇流器，28W荧光灯管光通量为2660lm，格栅灯具效率为0.64，其利用系数见下表，计算中RCR取小数点后1位数值，维护系数为0.8，求该房间的平均照度为下列哪一项？（　　）

荧光灯格栅灯具利用系数表

有效顶棚反射比(%)	70			50			30		
墙反射比(%)	50	30	10	50	30	10	50	30	10
地面反射比(%)	20								
室空间比 RCR									
1	0.69	0.68	0.67	0.66	0.65	0.64	0.63	0.62	0.61
1.2	0.67	0.66	0.65	0.64	0.63	0.62	0.61	0.60	0.59
1.5	0.65	0.64	0.63	0.62	0.61	0.60	0.58	0.57	0.57
2.0	0.61	0.59	0.58	0.59	0.57	0.56	0.57	0.55	0.53
2.5	0.57	0.56	0.54	0.56	0.54	0.52	0.54	0.51	0.49
3.0	0.54	0.52	0.51	0.53	0.50	0.48	0.51	0.48	0.46

(A)275lx　　(B)293lx　　(C)313lx　　(D)329lx

解答过程：

33. 若该办公室有平吊顶，高度 3.1m，灯具嵌入顶棚安装，为满足工作面照度为 500lx，经计算均匀布置 14 套嵌入式 3×28W 格栅荧光灯具，单支 28W 荧光灯管配的电子镇流器功耗为 4W，T5 荧光灯管 28W 光通量为 2660lm，格栅灯具效率为 0.64，维护系数为 0.8，计算该办公室的照明功率密度值应为下列哪一项数值？（　　）

(A)9.7W/m^2　　(B)11.8W/m^2　　(C)13.5W/m^2　　(D)16W/m^2

解答过程：

34. 若该办公室平吊顶高度为 3.1m，采用嵌入式格栅灯具均匀安装，每套灯具 4×14W，采用 T5 直管荧光灯，每支荧光灯管光通量为 1050lm，灯具的利用系数为 0.62，灯具效率为 0.71，灯具维护系数为 0.8，要求工作面照度为 500lx，计算需要灯具套数为下列哪一项数值？（取整数）（　　）

(A)14　　(B)21　　(C)24　　(D)27

解答过程：

35. 若该办公室墙面上有一幅挂画，画中心距地 1.8m，采用一射灯对该画局部照明，灯具距地 3m，光轴对准画中心，与墙面成 30°角，位置示意如下图所示，射灯光源的光强分布如下表，试求该面中心点的垂直照度应为下列哪项数值？（　）

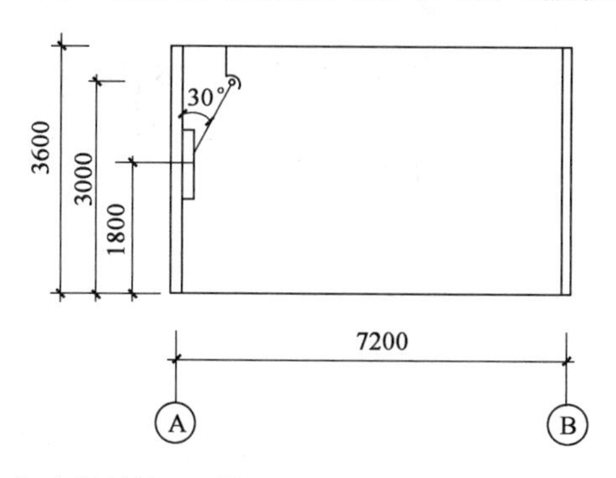

墙上挂画采用射灯照明位置（B-B）剖面图（尺寸单位：mm）

光源光强分布表

θ°	0	10	20	25	30	35	40	45	90
I_θ(cd)	3220	2300	1150	470	90	23	15	9	5

(A)23lx　　(B)484lx　　(C)839lx　　(D)1452lx

解答过程：

题 36～40：有一栋写字楼，地下一层，地上 10 层，其中 1～4 层带有裙房，每层建筑面积 $3000m^2$；5～10 层为标准办公层，每层面积为 $2000m^2$，标准办公层每层公共区域面积占该层面积为 30%，其余为纯办公区域，请回答下列问题。

36. 在四层有一设有主席台的大型电视会议室，在主席台后部设有投影幕，观众席第一排至会议的投影幕布的距离为 8.4m，观众席设有 24 排座席，两排座席之间的距离为 1.2m，试通过计算确定为满足最后排的人能看清投影幕的内容，投影幕的最小尺寸（对角线），其结果应为下列哪一项数值？（　）

(A)4.0m　　(B)4.13m　　(C)4.5m　　(D)4.65m

解答过程：

37. 在第六层办公区域按照每 $5m^2$ 设一个语音点，语音点采用 8 位模块通用插座，连接综合业务数字网，并采用 S 接口，该层的语音主干线若采用 50 对的三类大对数电缆，在考虑备用后，请计算至少配置的语音主干电缆根数应为下列哪一项数值？（　　）

(A)15　　(B)14
(C)13　　(D)7

解答过程：

38. 该办公楼第七层由一家公司租用，共设置了 270 个网络数据点，现采用 48 口的交换机，每台交换机(SW)设置一个主干端口，数据光纤按最大配置，试计算光纤芯数，按规范要求应为下列哪一项数值？（　　）

(A)8　　(B)12　　(C)14　　(D)16

解答过程：

39. 在 2 层有一个数据机房，设计了 10 台机柜，每台机柜设备的计算负荷为 8kW（功率因数为 0.8），需要配置不间断电源(UPS)，计算确定 UPS 输出容量应为下列哪一项数值？（　　）

(A)120kV·A　　(B)100kV·A　　(C)96kV·A　　(D)80kV·A

解答过程：

40. 在首层大厅设置视频安防摄像机，已知该摄像机的镜头焦距为 24.99mm，物体成像的像距为 25.01mm，计算并判断摄像机观察物体的物距应为下列哪一项数值？（　　）

(A)25.65m　　(B)31.25m　　(C)43.16m　　(D)51.5m

解答过程：

2013年案例分析试题答案(下午卷)

题1~5答案:**ADDAC**

1.《导体和电器选择设计技术规定》(DL/T 5222—2005)第5.0.3条。

环境温度5℃时的额定电流:$I_t = I[1 + (40 - 5) \times 0.5\%] = 630 \times 1.175 = 740A$

根据《工业与民用供配电设计手册》(第四版)P324:(2)空气温度随海拔的增加而相应递减,其值足以补偿由于海拔增加对高压电器温升的影响。因而在高海拔(不超过4000m)地区使用时,高压电器的额定电流可以保持不变。

环境温度40℃时的允许温升:$T = T_n\left(1 - \frac{2000 - 1000}{100} \times 0.3\%\right) = 20 \times 0.97 = 19.4$ ℃

注:在4000m以下的环境中高压电器的额定电流可不修正。

2.《工业与民用供配电设计手册》(第四版)P302式(4.6-35)和式(4.6-36)和《导体和电器选择设计技术规定》(DL/T 5222—2005)第18.1.4条式(18.1.4)。

电缆线路单相接地电容电流:$I_{c1} = 0.1U_r l = 0.1 \times 10 \times 32 = 32A$

无架空地线单相接地电容电流:$I_{c2} = 2.7U_r l \times 10^{-3} = 2.7 \times 10 \times 10 \times 10^{-3} = 0.27A$

P152倒数第5行:电网中的单相接地电容电流由电力线路和电力设备两部分组成,考虑电力设备的电容电流,总电容电流 $I = (I_{c1} + I_{c2}) \times (1 + 16\%) = 1.16 \times (32 + 0.27) = 37.4A$

消弧线圈补偿容量:$Q = KI_c \frac{U_n}{\sqrt{3}} = 1.35 \times 37.4 \times \frac{10}{\sqrt{3}} = 291.51kV \cdot A$

选答案D,即284.86kV·A。

校验接地故障点残余电流 $I_{cy} = \frac{Q'}{\sqrt{3}U_n} = \frac{291.51 - 284.86}{\sqrt{3} \times 10} = 0.384A < 10A$,满足要求。

注:不可忽略电网中电力设备产生的电容电流。可参考《工业与民用配电设计手册》(第三版)P153式(4-41)和式(4-42)。

3.《导体和电器选择设计技术规定》(DL/T 5222—2005)第18.1.7条式(18.1.7)。

脱谐度:$U_0 = \frac{U_{bd}}{\sqrt{d^2 + v^2}} \Rightarrow \frac{10}{\sqrt{3}} \times 15\% = \frac{(10/\sqrt{3}) \times 0.8\%}{\sqrt{0.03^2 + v^2}}$

则:$v = \pm 0.044$

由于采用过补偿方式,脱谐度应取负值,为-0.044,即-4.4%。另规范规定脱谐度一般不应大于10%(绝对值),因此本题脱谐度范围为-10%~-4.4%。

消弧线圈电感电流：$v_1 = \dfrac{I_c - I_L}{I_c}$

$I_L = I_c(1 - v_1)$

$I_L = 35 \times (1 + 0.044) = 36.54A$

$v_2 = \dfrac{I_c - I_L}{I_c}$

$I_L = I_c(1 - v_2)$

$I_L = 35 \times (1 + 0.1) = 38.5A$

注：公式 $Q = KI_c \dfrac{U_n}{\sqrt{3}}$，欠补偿时，一般 K 取（1 - 脱谐度），因此若采用过补偿时，脱谐度实际应为负值。

4.《导体和电器选择设计技术规定》(DL/T 5222—2005）第21.0.4条。

3～20kV屋外绝缘子和穿墙套管，当有冰雪时，宜采用高一级电压的产品，因此额定电压选择20kV。

《电力工程电气设计手册》（电气一次部分）P232表6-3。

10kV回路持续工作电流：$I = 1.05 \times \dfrac{S_n}{\sqrt{3}U_n} = 1.05 \times \dfrac{25000}{\sqrt{3} \times 10} = 1515.15A$

取1600A。

5.《工业与民用供配电设计手册》（第四版）P367式(5.5-58)、P376表5.5-15。

作用在穿墙套管上的作用力：$F_{k3} = 8.66 \dfrac{l_{r1} + l_{r2}}{D} i_{p3}^2 \times 10^{-2} = 8.66 \times \dfrac{800 + 500}{300} \times (2.55 \times 20)^2 \times 10^{-2} = 976N$

穿墙套管弯矩破坏负荷：$F_{ph} \geqslant \dfrac{F_c}{0.6} = \dfrac{976}{0.6} = 1626N$，选取2000N。

注：也可参考《工业与民用配电设计手册》（第三版）P213表5-10。

题6～10答案：**BCCBC**

6.《电力工程电缆设计规范》(GB 50217—2018）附录C表C.0.3及附录D式(D.0.2)和表D.0.3。

根据表C.0.3交联聚乙烯绝缘铠装电力电缆直埋环境温度为25℃，因此环境温度系数不修正。

根据表D.0.3，土壤热阻系数修正系数：$k_1 = 0.75$

铝芯与铜芯电缆的持续载流量系数：$k_2 = 1.29$

电缆载流量：$I_z = \dfrac{I_n}{k_1 k_2} = \dfrac{230}{\dfrac{0.75}{0.87} \times 1.29} = 206.8A < 219A$

因此选150mm²。

注：由于表C.0.3，10kV三芯电缆载流量数据的环境条件为温度25℃及土壤热阻系数为2.0K·m/W，因此K_1值在计算时需做必要的修正。

7.《导体和电器选择设计技术规定》(DL/T 5222—2005)第7.1.8条及式(7.1.8)。

裸导体的热稳定验算：$S \geqslant \frac{\sqrt{Q_d}}{c} = \frac{\sqrt{400+4}}{85} \times 10^3 = 236\text{mm}^2$

选取250mm^2。

8.《导体和电器选择设计技术规定》(DL/T 5222—2005)附录D表D.11。

海拔2000m，环境温度+35℃，根据表D.11，校正系数$K=0.85$。

校正后的户外软导线载流量：$I = KI_n = 0.85 \times 200 = 170\text{A}$

9.《低压配电设计规范》(GB 50054—2011)第3.2.9条。

三次谐波分量为35%，按中性导体电流选择截面：$I_b = \frac{80 \times 0.35 \times 3}{0.86} = 97.67\text{A}$

查表选35mm^2。

注：也可参考《工业与民用供配电设计手册》(第四版)P811表9.2-2及例9.2-1。

10.《低压配电设计规范》(GB 50054—2011)第3.2.14条及附录A表A.0.2。

保护导体最小截面：$S \geqslant \frac{I}{k}\sqrt{t} \times 10^3 = \frac{14.1}{141} \times \sqrt{0.2} \times 10^3 = 44.7\text{mm}^2 < 50\ \text{mm}^2$

题11~15答案：**CBACB**

11.《电力工程直流系统设计技术规程》(DL/T 5044—2014)第4.2.5条表4.2.5。

无人值班变电所信号和控制负荷事故放电计算时间为2h，直流应急照明为2h，因此放电容量为：

$C_{cc} = 2 \times 5 + 2 \times 5 + 2 \times 5 = 30\text{A} \cdot \text{h}$

注：2014年新规范将直流应急照明的事故放电计算时间调整为2h，旧规范为1h。

12.《电力工程直流系统设计技术规程》(DL/T 5044－2014)第6.1.5条、附录C第C.2.3条。

根据表5.2.3，事故放电初期1min冲击放电电流值，控制、信号、断路器跳闸与分闸电流、直流应急照明均需计入。

全所停电初期即两路电源均失电，则断路器将跳闸(仅考虑一台断路器)则：

事故放电初期冲击系数：$K_{cho} = K_K \frac{I_{cho}}{I_{10}} = 1.1 \times \frac{5+5+5+5}{150 \div 10} = 1.47$

注：旧规范题目，依据《电力工程直流系统设计技术规程》(DL/T 5044—2004)附录B.2.1.3式(B.2)。有关蓄电池容量计算方法，2014版新规范修正较多，但内容较之旧规范更为简洁，旧规范题目供考生参考。

13.《电力工程直流系统设计技术规程》(DL/T 5044—2014)表4.2.5和第6.1.5条、附录C第C.2.3条。

任意事故放电阶段的10h放电率电流倍数：$K_{m.x} = K_K \dfrac{C_{s.x}}{tI_{10}} = 1.1 \times \dfrac{40}{2 \times 150/10} = 1.47$

Xh事故放电末期冲击系数：$K_{chm.x} = K_K \dfrac{I_{chm}}{I_{10}} = 1.1 \times \dfrac{120}{150/10} = 8.8$

注：旧规范题目，依据《电力工程直流系统设计技术规程》(DL/T 5044—2004)附录B.2.1.3式(B.5)。有关蓄电池容量计算方法，2014版新规范修正较多，但内容较之旧规范更为简洁，旧规范题目供考生参考。

14.《电力工程直流系统设计技术规程》(DL/T 5044—2014)附录D中.D.1.1-3。

蓄电池自放电电流按最大考虑，铅酸蓄电池取$1.25I_{10}$。

则 $I_r = 1.25I_{10} + I_{jc} = 1.25 \times \dfrac{120}{10} + 5 + 5 = 25\text{A}$

15.《电力工程直流系统设计技术规程》(DL/T 5044—2014) 附录D. D.2.1-5。

高频开关电源模块数量：$n = \dfrac{I_r}{I_{me}} = \dfrac{25}{2.2} = 11.36$，取12个。

题16~20答案：**AACDB**

16.《建筑物防雷设计规范》(GB 50057—2010)第4.2.3-3条式(4.2.3)。

当架空线转换成一段铠装电缆或护套电缆穿钢管直接埋地引入时，其埋地长度可按下式计算：

$l \geqslant 2\sqrt{\rho} = 2 \times \sqrt{200} = 28.28\text{m}$

取29m。

注：部分考友质疑从距离建筑18m处开始埋地，怎么埋地28m才能进入建筑物？其实这是考试时紧张过度，若建筑物体量大，没有规范规定电缆应在最近点进入建筑物，通常考虑到配电室位置及其他相关因素，电缆完全可以在建筑一侧敷设一段距离(如10m)再进入建筑物，平常设计时也经常遇到这样的情况。

17.《建筑物防雷设计规范》(GB 50057—2010)第3.0.4-4条：烟囱为第三类防雷建筑物。

第4.4.6-1条及式(4.2.4-1)，补打水平接地体的最小长度：$l_r = 5 - \sqrt{\dfrac{A}{\pi}} = 5 - \sqrt{\dfrac{6 \times 6}{\pi}} = 1.61\text{m}$

18.《交流电气装置的过电压保护和绝缘配合设计规范》(GB/T 50064—2014)第5.2.1条。

$h = 32\text{m} > 30\text{m}, P = \dfrac{5.5}{\sqrt{h}} = \dfrac{5.5}{\sqrt{32}} = 0.972$

(1)：$h_{xA}=16.5>\frac{h}{2}=16$，$r_{xA}=(h-h_{xA})P=(32-16.5)\times0.972=15.07\text{m}<15+0.3=15.3\text{m}$

(2)：$h_{xB}=11<\frac{h}{2}=16$，$r_{xB}=(1.5h-2h_{xB})P=(1.5\times32-2\times11)\times0.972=25.27\text{m}<25+0.3=25.3\text{m}$

因此均不在保护范围内。

注：也可参考《交流电气装置的过电压保护和绝缘配合》(DL/T 620—1997)第5.2.1条本题的关键在于设备顶端平面为圆形，半径均为0.3m，因此设备最高点为顶端中心点。

19.《66kV及以下架空电力线路设计规范》(GB 50061—2010)第5.2.2条式(5.2.2)。

导线与地线在档距中央的距离：

$S_{11}=0.012L+1=0.012\times500+1=7\text{m}$

$S_{12}=0.012L+1=0.012\times180+1=3.16\text{m}$

20.《建筑物防雷设计规范》(GB 50057—2010)第3.0.4-3条：办公楼为第三类防雷建筑物。

第4.2.4-9条，式(4.2.4-7)：$I_f=\frac{0.5IR_s}{n(mR_s+R_c)}=\frac{0.5\times100\times1.4}{3\times(4\times1.4+0.2)}=4.023\text{kA}$

附录H，式(H.0.1)：$S_c\geqslant\frac{I_f\rho_cL_c\times10^6}{U_w}=\frac{4.023\times17.24\times10^{-9}\times80\times10^6}{2.5}=2.22\text{mm}^2$

注：本题线路长度是关键，按表H.0.1-1要求，L_c应取架空线路长度，而非线路总长度，另建议熟悉《建筑物防雷设计规范》(GB 50057—2010)中的所有附录，此规范更新后，考查的概率很大。

题21～25答案：**CBDAB**

21.《3～110kV高压配电装置设计规范》(GB 50060—2008)第5.1.1条表5.1.1，110J的A_2值。

《工业与民用供配电设计手册》(第四版)P324：(3)海拔增加时，……，对于海拔高于1000m但不超过4000m的高压电器外绝缘，海拔每升高100m，其外绝缘强度约降低0.8%～1.3%。

因此：$A'_2=1000\times\left[1+\frac{2300-1000}{100}\times(0.8\%\sim1.3\%)\right]=(1104\sim1169)\text{mm}$

注：也可参考《高压配电装置设计技术规程》(DL/T 5352—2006)附录B图B.1。

22.《3～110kV高压配电装置设计规范》(GB 50060—2008)第5.1.1条表5.1.1，110J的B1值。

依据同题21：

$$B_1' = 1650 + \left(900 \times \frac{2300 - 1000}{100} \times 1\%\right) = 1767\text{mm}$$

$$h = 5000 - B_1 = 5000 - 1767 = 3233\text{mm}$$

23.《低压配电设计规范》(GB 50054—2011)第4.2.4条：两个出口间的距离超过15m时，期间尚应增加出口(第一处)。《20kV及以下变电所设计规范》(GB 50053—2013)第6.2.2条：变压器室、配电室、电容器室的门应向外开启(第二处)。第4.2.3条：当露天或半露天变压器供给一级负荷用电，相邻的可燃油油浸变压器的防火净距不应小于5m，当小于5m时应设防火墙(第三处)。

《并联电容器装置设计规范》(GB 50227—2017)第9.1.5条：并联电容器室的长度超过7.0m，应设两个出口(第四处)。《3～110kV高压配电装置设计规范》(GB 50060—2008)第5.5.3条：贮油和挡油设施应大于设备外廓每边各1000mm(第五处)。

注：也许还有违反规范之处，请考友指正，应该任选出4处就可得分吧。此类题目需要对规范有足够的熟练度，且需有丰富的审图经验才能锻炼出来，在考场上自己很难判断图中大量信息的取舍是否全部正确，所以建议放弃此类题目。

24.《导体和电器选择技术规定》(DL/T 5222—2005)附录D表D.11。

由主题干可知，35kV裸母线为室外导体，因此导体最高允许温度为+80℃，根据题干表格查得基准载流量为2485A。

根据表D.11的数据，实际环境温度+35℃时，校正系数为0.81(海拔2000m)和0.76(海拔3000m)。

利用插值法：海拔2300m时，校正系数 $K = 0.81 - 300 \times \frac{0.81 - 0.76}{3000 - 2000} = 0.81 - 0.015 = 0.795$

实际载流量：$I_a = KI'_a = 0.795 \times 2485 = 1975.6\text{A}$

也可参考《工业与民用供配电设计手册》(第四版)P205、206的内容。

25.《导体和电器选择设计技术规定》(DL/T 5222—2005)附录C表C.1和表C.2；《交流电气装置的过电压保护和绝缘配合》(DL/T 620—1997)第10.4.1条式(34)。

根据题意可知，污秽等级为III级，对应的爬电比距 $\lambda = 2.5\text{cm/kV}$。

爬电距离：$L = K_d \lambda U_m = (1 \sim 1.2) \times 2.5 \times 40.5 = 101.25 \sim 121.5\text{cm} = 1012.5 \sim 1215\text{mm} > 875\text{mm}$

注：《交流电气装置的过电压保护和绝缘配合设计规范》(GB 50064—2014)中已取消相关公式，理解解题思路即可。系统最高电压 U_m 参考《标准电压》(GB/T 156—2007)第4.3条、第4.4条、第4.5条。另爬电距离公式也可参考《导体和电器选择设计技术规定》(DL/T 5222—2005)第21.0.9条的条文说明。

题 26 ~ 30 答案:**DACCC**

26.《工业与民用供配电设计手册》(第四版)P482 表 6.5-4:全压启动相关公式。

母线短路容量:$S_{km} = \dfrac{S_{rT}}{x_T + \dfrac{S_{rT}}{S_k}} = \dfrac{0.4}{0.04 + \dfrac{0.4}{20}} = 6.667\text{MV·A}$

电动机额定容量:$S_{rm} = \sqrt{3}U_{rm}I_{rm} = \sqrt{3} \times 0.38 \times 0.24 = 0.158\text{MV·A}$

电动机额定启动容量:$S_{stM} = k_{st}S_{rm} = 6.8 \times 0.158 = 1.074\text{MV·A}$

启动时启动回路额定输入容量:$S_{st} = \dfrac{1}{\dfrac{1}{S_{stM}} + \dfrac{X_1}{U_m^2}} = \dfrac{1}{\dfrac{1}{1.074} + \dfrac{0.0245}{0.38^2}} = 0.908\text{MV·A}$

预接负荷无功功率:$Q_{fh} = S_{fh} \times \sqrt{1 - \cos^2\varphi_{fh}} = 0.2 \times \sqrt{1 - 0.73^2} = 0.137\text{Mvar}$

母线电压相对值:$u_{stB} = u_s \dfrac{S_{km}}{S_{km} + Q_{fh} + S_{st}} = 1.05 \times \dfrac{6.667}{6.667 + 0.137 + 0.908} = 0.908$

母线电压有名值:$U_{stm} = u_{stm} \cdot U_n = 0.908 \times 0.38 = 0.345\text{kV} = 345\text{V}$

注:也可参考《工业与民用配电设计手册》第三版 P270 表 6-16,全压启动相关公式。

27.《钢铁企业电力设计手册》(下册)P102 式(24-2)和式(24-3)。

电动机的启动电压:$\dfrac{U'_{q\Delta}}{U_{q\Delta}} = \dfrac{1 + \sqrt{3}K}{1 + 3K}$

$U'_{q\Delta} = U_{q\Delta} \times \dfrac{1 + \sqrt{3}K}{1 + 3K} = 380 \times \dfrac{1 + \sqrt{3} \times 2}{1 + 3 \times 2} = 242.33\text{V}$

电动机全压启动的启动电流:$I_{q\Delta} = k_{st}I_{rM} = 6.8 \times 240 = 1632\text{A}$

电动机的启动电流:$\dfrac{I'_{q\Delta}}{I_{q\Delta}} = \dfrac{1 + K}{1 + 3K}$

$I'_{q\Delta} = I_{q\Delta} \times \dfrac{1 + K}{1 + 3K} = 1632 \times \dfrac{1 + 2}{1 + 3 \times 2} = 699.43\text{A}$

注:延边三角形降压启动现应用渐少,此题稍偏。

28.《钢铁企业电力设计手册》(下册)P104 式(24-7) ~ 式(24-9)。

电动机启动阻抗:$Z_{qd} = \dfrac{380}{\sqrt{3}I_{qd}} = \dfrac{380}{\sqrt{3} \times 6.8 \times 240} = 0.134\Omega$

电动机启动电阻:$R_{qd} = Z_{qd}\cos\varphi_{qd} = 0.134 \times 0.25 = 0.0336\Omega$

电动机启动电抗:$X_{qd} = Z_{qd}\sin\varphi_{qd} = 0.134 \times 0.97 = 0.1304\Omega$

每相允许的全部外加电阻:$R_w = \sqrt{\left(\dfrac{Z_{qd}}{a}\right)^2 - X_{qd}^2} - R_{qd} = \sqrt{\left(\dfrac{0.134}{0.7}\right)^2 - 0.1304^2} - 0.0336 = 0.107\Omega$

29.《钢铁企业电力设计手册》(下册)P105、106 式(24-10) ~ 式(24-12)。

允许的启动转矩与电动机额定启动转矩之比：$\mu_q = \frac{M'_{qd}}{M_{qd}} = \frac{1.2}{1.8} = 0.667$

电动机启动阻抗：$Z_{qd} = \frac{380}{\sqrt{3}I_{qd}} = \frac{380}{\sqrt{3} \times 6.8 \times 240} = 0.134\Omega$

外加单相启动电阻：$R_w = \frac{3}{2}Z_{qd}\left[\frac{1-2\mu_q}{2\mu_q}\cos\varphi_{qd} + \sqrt{\left(\frac{1-2\mu_q}{2\mu_q}\right)^2\cos\varphi_{qd}^2 + \frac{1-\mu_q}{\mu_q}}\right] =$

$\frac{3}{2} \times 0.134 \times \left[\frac{1-2\times0.667}{2\times0.667} \times 0.25 + \sqrt{\left(\frac{1-2\times0.667}{2\times0.667}\right)^2 \times 0.25^2 + \frac{1-0.667}{0.667}}\right] = 0.1305\Omega$

流过单相电阻的电流：$I'_{qd} = I_{qd}\sqrt{\frac{9}{4\left(\frac{R_w}{Z_{qd}}\right)^2 + 12\frac{R_w}{Z_{qd}}\cos\varphi_{qd} + 9}}$

$= 1632 \times \sqrt{\frac{9}{4 \times \left(\frac{0.1305}{0.134}\right)^2 + 12 \times \frac{0.1305}{0.134} \times 0.25 + 9}}$

$= 1236.24\text{A}$

注：计算过程非常烦琐，但只要直接代入公式，细心即可。

30.《钢铁企业电力设计手册》(下册)P106 式(24-13)、式(24-15)。

电动机额定容量：$S_{ed} = \sqrt{3}U_{rm}I_{rm} = \sqrt{3} \times 0.38 \times 0.24 = 0.158\text{MV·A}$

电动机启动容量：$S_{qd} = \left(\frac{U_{qd}}{U_{ed}}\right)^2 K_{iq}S_{ed} = 0.7^2 \times 6.8 \times 0.158 = 0.526\text{MV·A}$

自耦变压器容量：$S_{bz} = \frac{S_{qd}Nt_q}{2} = \frac{0.526 \times 6 \times \frac{12}{60}}{2} = 0.3156\text{MV·A} = 315.6\text{kV·A}$

题 31～35 答案：**BBCCC**

31.《照明设计手册》(第二版)P213 式(5-47)。

墙总面积：$A_w = 2 \times (14.2 + 7.0) \times (3.6 - 0.5 - 0.75) = 99.64\text{m}^2$

墙面平均反射比：$\rho_{wav} = \frac{\rho_w(A_w - A_g) + \rho_g A_g}{A_w}$

$= \frac{0.5 \times (99.64 - 12.1) + 0.09 \times 12.1}{99.64} = 0.45$

注：A_g 为玻璃窗或装饰物的面积，ρ_g 为玻璃窗或装饰物的反射比。

32.《照明设计手册》(第二版)P211、212 式(5-39)和式(5-44)。

室空间比：$\text{RCR} = \frac{2.5A_w}{A_0} = \frac{2.5 \times 99.64}{14.2 \times 7.0} = 2.5$

查题干表格，利用系数为 0.57。

工作面上的平均照度：$E_{av} = \frac{N\Phi Uk}{A} = \frac{8 \times 3 \times 2660 \times 0.57 \times 0.8}{14.2 \times 7} = 293\text{lx}$

33.《建筑照明设计标准》(GB 50034—2013)第 2.0.53 条。

照明功率密度值：$LPD = \frac{14 \times 3 \times (28 + 4)}{14.2 \times 7} = 13.52W/m^2$

注：不能遗漏镇流器功率。

34.《照明设计手册》（第二版）P211 式（5-48）。

灯具数量：$E_{av} = \frac{N\Phi Uk}{A}$

$N = \frac{E_{av}A}{\Phi Uk} = \frac{500 \times 14.2 \times 7}{4 \times 1050 \times 0.62 \times 0.8} = 23.9$，取 24 个。

35.《照明设计手册》（第二版）P189 式（5-4），参考图 5-2。

中心点垂直照度：$E_h = \frac{I_\theta \cos^3\theta}{h^2} = \frac{3220 \times \cos^3 60^\circ}{[(3 - 1.8)\tan 30^\circ]^2} = 839lx$

注：本题有争议，垂直照度的定义为本题关键。

题 36～40 答案：**ACDAB**

36.《民用建筑电气设计规范》（JGJ 16—2008）第 20.4.8.6 条。

最后排能看清屏幕的最小尺寸：$D = \frac{8.4 + 1.2 \times (24 - 1)}{8 \sim 9} = 4 \sim 4.5m$，取最小值 4m。

37.《民用建筑电气设计规范》（JGJ 16—2008）第 21.3.7-1 条：当采用 S 接口时，相应的主干电缆应按 2 对线配置，并在总需求的基础上预留 10% 的线对。

标准层语音点位数量：$n = \frac{2000 \times (1 - 30\%)}{5} = 280$ 个

语音主干线缆数量：$N = 2 \times \frac{n}{50} \times (1 + 10\%) = 2 \times \frac{280}{50} \times 1.1 = 12.32$ 根，取 13 根。

38.《民用建筑电气设计规范》（JGJ 16—2008）第 21.3.7-2 条第 2 款。

最大量配置：按每个集线器（HUB）或交换机（SW）设置一个主干端口，每 4 个主干端口宜考虑一个备份端口。当主干端口为光接口时，每个主干端口应按 2 芯光纤容量配置。

主干端口数量 $n = \frac{270}{48} = 5.625$ 个，因此取 6 个。备用端口 $n' = \frac{6}{4} = 1.5$ 个，取 2 个。

光纤电缆芯数：$m = 2 \times (6 + 2) = 16$ 芯

39.《电子信息系统机房设计规范》（GB 50174—2017）第 8.1.7 条式（8.1.7-1）。

不间断电源系统（UPS）的基本容量：$E \geq 1.2P = 1.2 \times 10 \times 8/0.8 = 120kV·A$

40.《视频安防监控系统工程设计规范》（GB 50395—2007）第 6.0.2-3 条的条文说明。

公式：$\frac{1}{f} = \frac{1}{u} + \frac{1}{v}$

$$\frac{1}{u}=\frac{1}{f}-\frac{1}{v}=\frac{1}{24.99}-\frac{1}{25.01}=0.000032$$

物距：$u=\frac{1}{0.000032}=31250\text{mm}=31.25\text{m}$

注:透镜成像的基本物理原理,但考试时不易找到对应依据。

2014 年

注册电气工程师(供配电)执业资格考试

专业考试试题及答案

2014 年专业知识试题(上午卷)/602

2014 年专业知识试题答案(上午卷)/614

2014 年专业知识试题(下午卷)/621

2014 年专业知识试题答案(下午卷)/632

2014 年案例分析试题(上午卷)/639

2014 年案例分析试题答案(上午卷)/650

2014 年案例分析试题(下午卷)/657

2014 年案例分析试题答案(下午卷)/671

2014年专业知识试题(上午卷)

一、单项选择题(共40题,每题1分,每题的备选项中只有1个最符合题意)

1. 在低压配电系统中,当采用隔离变压器作故障保护措施时,其隔离变压器的电气隔离回路的电压不应超过以下所列的哪项数值? ( )

(A)500V (B)220V
(C)110V (D)50V

2. 易燃物质可能出现的最高浓度不超过爆炸下限的哪项数值,可划为非爆炸危险区域? ( )

(A)5% (B)10%
(C)20% (D)30%

3. 在低压配电系统中SELV特低电压回路内的外露可导电部分应符合下列哪一项? ( )

(A)不接地 (B)接地
(C)经低阻抗接地 (D)经高阻抗接地

4. 二级负荷的供电系统,宜由两回线路供电,在负荷较小或地区供电条件困难时,规范规定二级负荷可由下列哪项数值的一回专用架空线路供电? ( )

(A)1kV及以上 (B)3kV及以上
(C)6kV及以上 (D)10kV及以上

5. 石油化工企业中的消防水泵应划为下列哪一项用电负荷? ( )

(A)一级负荷中特别重要 (B)一级
(C)二级 (D)三级

6. 某大型企业几个车间负荷均较大,当供电电压为35kV,能减少配电级数、简化接线且技术经济合理时,配电电压宜采用下列哪个电压等级? ( )

(A)380/220V (B)6kV
(C)10kV (D)35kV

7. 35kV户外配电装置采用单母线分段接线,这种接线有下列哪种缺点? ( )

(A)当一段母线故障时,该段母线回路都要停电

(B)当一段母线故障时,分段断路器自动切除故障段,正常段会出现间断供电
(C)当重要用户从两段母线引接时,对重要用户的供电量会减少一半
(D)任一元件故障,将会使两端母线失电

8. 在 TN 及 TT 系统接地形式的低压电网中,当选用 Yyn0 接线组别的三相变压器时,其中任何一相的电流在满载时不得超过额定电流值,由单相不平衡负荷引起的中性线电流不得超过低压绕组额定电流的多少? ( )

(A)30% (B)25%
(C)20% (D)15%

9. 35kV 变电所主接线一般有单母线分段,单母线、外桥、内桥、线路变压器组几种形式,下列哪种情况宜采用外桥接线? ( )

(A)变电所有两回电源线路和两台变压器,供电线路较短或需经常切换变压器
(B)变电所有两回电源线路和两台变压器,供电线路较长或不需经常切换变压器
(C)变电所有两回电源线路和两台变压器,且 35kV 配电装置有一至两回转送负荷的线路
(D)变电所有一回电源线路和一台变压器

10. 在 35 ~ 110kV 变电站设计中,有关并联电容器装置的选型,下列哪一项要求是不正确的? ( )

(A)布置和安装方式
(B)电容器投切方式
(C)电容器对短路电流的抑制效应
(D)电网谐波水平

11. 下列哪种观点不符合爆炸危险环境的电力装置设计的有关规定? ( )

(A)爆炸性气体环境危险区域内,应采取消除或控制电气设备和线路产生火花、电弧和高温的措施
(B)爆炸性气体环境里,在满足工艺生产及安全的前提下,应减少防爆电气设备的数量
(C)爆炸性粉尘环境的工程设计中为提高自动化水平,可采用必要的安全联锁
(D)产生爆炸的条件同时出现的可能性宜减到最小程度

12. 直埋 35kV 及以下电力电缆与事故排油管交叉时,它们之间的最小垂直净距为下列哪项数值? ( )

(A)0.25m (B)0.3m
(C)0.5m (D)0.7m

13. 在 110kV 变电所内,关于屋外油浸变压器之间的防火隔墙尺寸,以下哪项为规

范要求？（　　）

（A）墙长应大于储油坑两侧各0.8m　　（B）墙长应大于变压器两侧各0.5m

（C）墙高应高出主变压器油箱顶　　（D）墙高应高出主变压器油枕顶

14. 某35kV屋外充油电气设备，单个油箱的油量为1200kg，设置了能容纳100%油量的储油池，下列关于储油池的做法，哪一组符合规范的要求？

（A）储油池的四周高出地面120mm，储油池内铺设了厚度为200mm的卵石层，其卵石直径宜为50～60mm

（B）储油池的四周高出地面100mm，储油池内铺设了厚度为150mm的卵石层，其卵石直径宜为60～70mm

（C）储油池的四周高出地面80mm，储油池内铺设了厚度为250mm的卵石层，其卵石直径宜为40～50mm

（D）储油池的四周高出地面200mm，储油池内铺设了厚度为300mm的卵石层，其卵石直径为60～70mm

15. 下列限制短路电流的措施，对终端变电所来说，哪一项是有效的？（　　）

（A）变压器并列运行　　（B）变压器分列运行

（C）选用低阻抗变压器　　（D）提高变压器负荷率

16. 一台额定电压为10.5kV，额定电流为2000A的限流电抗器，其阻抗电压$X_k\% = 8$，则该电抗器电抗标幺值应为下列哪项数值？（$S_j = 100\text{MV}\cdot\text{A}$，$U_j = 10.5\text{kV}$）（　　）

（A）0.0002　　（B）0.0004

（C）0.2199　　（D）0.3810

17. 变压器的零序电抗与其构造和绕组连接方式有关，对于YNd接线、三相四柱式双绕组变压器，其零序电抗为下列哪一项？（　　）

（A）$X_0 = \infty$　　（B）$X_0 = X_1 + X''_0$

（C）$X_0 = X_1$　　（D）$X_0 = X_1 + 3Z$

18. 10kV配电所专用电源线的进线开关可采用隔离开关的条件为下列哪一项？

（　　）

（A）无继电保护要求

（B）无自动装置要求

（C）出线回路数为1

（D）无自动装置和继电保护要求，出线回路少且无须带负荷操作

19. 在选择隔离开关时，不必校验的项目是下列哪一项？（　　）

（A）额定电压　　（B）额定电流

(C)额定开断电流　　　　　　　　　　　　(D)热稳定

20. 在民用建筑中,关于高、低压电器的选择,下列哪项描述是错误的?　　(　)

(A)对于0.4kV系统,变压器低压侧开关宜采用断路器

(B)配变电所10(6)kV的母线分段处,宜装设与电源进线开关相同型号的断路器

(C)采用10(6)kV固定式配电装置时,应在电源侧装设隔离电器

(D)两个配变电所之间的电气联络线,当联络容量较大时,应在两侧装设带保护的负荷开关电器

21. 电缆土中直埋敷设处的环境温度应按下列哪项确定?　　(　)

(A)最热月的日最高温度平均值

(B)最热月的日最高温度平均值加5℃

(C)埋深处的最热月平均地温

(D)最热月的日最高温度

22. 在室外实际环境温度35℃,海拔高度2000m敷设的铝合金绞线,计及日照影响,规范规定其长期允许载流量的综合校正系数应采用下列哪项数值?　　(　)

(A)1.00　　　　　　　　　　　　(B)0.88

(C)0.85　　　　　　　　　　　　(D)0.81

23. 选择电力工程中控制电缆导体最小截面,规范规定不应小于下列哪项数值?

(　)

(A)强电控制回路截面不应小于2.5mm^2和弱电控制回路不应小于1.5mm^2

(B)强电控制回路截面不应小于1.5mm^2和弱电控制回路不应小于0.75mm^2

(C)强电控制回路截面不应小于2.5mm^2和弱电控制回路不应小于1.0mm^2

(D)强电控制回路截面不应小于1.5mm^2和弱电控制回路不应小于0.5mm^2

24. 一根1kV标称截面240mm^2聚氯乙烯绝缘四芯电缆直埋敷设的环境为:湿度大于4%但小于7%的沙土,环境温度30℃,导体最高工作温度70℃,问根据规范规定此电缆实际允许载流量为下列哪项数值?(已知该电缆在导体最高工作温度70℃,土壤热阻系数1.2K·m/W,环境温度25℃的条件下直埋敷设时,允许载流量310A)　　(　)

(A)219A　　　　　　　　　　　　(B)254A

(C)270A　　　　　　　　　　　　(D)291A

25. 常用电测量装置中,数字式仪表测量部分的标准度不应低于下列哪项?(　)

(A)0.5级　　　　　　　　　　　　(B)1.0级

(C)1.5级　　　　　　　　　　　　(D)2.0级

26. 3kV 及以上异步电动机和同步电动机设置的继电保护,下列哪一项不正确? ( )

(A)定子绕组相间短路 (B)定子绕组单相接地
(C)定子绕组过负荷 (D)定子绕组过电压

27. 无人值班变电所交流事故停电时间应按下列哪个时间计算? ( )

(A)1h (B)2h
(C)3h (D)4h

28. 三相电流不平衡的电力装置回路应测量三相电流的条件是哪一项? ( )

(A)三相负荷不平衡率大于 5% 的 1200V 及以上的电力用户线路
(B)三相负荷不平衡率大于 10% 的 1200V 及以上的电力用户线路
(C)三相负荷不平衡率大于 15% 的 1200V 及以上的电力用户线路
(D)三相负荷不平衡率大于 20% 的 1200V 及以上的电力用户线路

29. 设有电子系统的建筑物中,220/380V 三相配电系统安装在最后分支线路的断路器的绝缘耐冲击电压额定值,按现行国家标准可采用下列哪项数值? ( )

(A)1.5kV (B)2.5kV
(C)4.0kV (D)6.0kV

30. 在建筑物防雷设计中,当树木邻近第一类防雷建筑物且不在接闪器保护范围内时,树木与建筑物之间的净距不应小于下列哪项数值? ( )

(A)3m (B)4m
(C)5m (D)6m

31. TT 系统中,漏电保护器额定漏电动作电流为 100mA,被保护电气装置的外露可导电部分与大地间的电阻不应大于下列哪项数值? ( )

(A)3800Ω (B)2200Ω
(C)500Ω (D)0.5Ω

32. 在多雷区,经变压器与架空线路连接的非直配电机,下列关于在其电机出线上装设避雷器的说法哪项是正确的? ( )

(A)如变压器高压侧标称电压为 110kV 及以下,宜装设一组旋转电机阀式避雷器
(B)如变压器高压侧标称电压为 66kV 及以下,宜装设一组旋转电机阀式避雷器
(C)如变压器高压侧标称电压为 66kV 及以上,宜装设一组旋转电机阀式避

雷器

(D)如变压器高压侧标称电压为110kV及以上,宜装设一组旋转电机阀式避雷器

33. 某66kV不接地系统,当土壤电阻率为375Ω·m,表层衰减系数为0.8时,其变电所接地装置的跨步电压不应超过下列哪项值? ( )

(A)50V (B)65V
(C)110V (D)220V

34. 规范规定下列哪项电气装置的外露可导电部分可不接地? ( )

(A)交流额定电压110V及以下的电气装置
(B)直流额定电压110V及以下的电气装置
(C)手持式或移动式电气装置
(D)I类照明灯具的金属外壳

35. 有关比赛场地的照明照度均匀度,下列表述不正确的是哪一项? ( )

(A)无电视转播业余比赛时,场地水平照度最小值与最大值之比不应小于0.4
(B)无电视转播专业比赛时,场地水平照度最小值与平均值之比不应小于0.7
(C)有电视转播时,场地水平照度最小值与最大值之比不应小于0.4
(D)有电视转播时,场地水平照度最小值与平均值之比不应小于0.7

36. 医院手术室的一般照明灯具在手术台四周布置,应采用不积灰尘的洁净型灯具,照明光源一般应选用下列哪项色温的直管荧光灯? ( )

(A)3000K (B)4500K
(C)6000K (D)6500K

37. 在高度为120m的建筑中,电梯井道的火灾探测器宜设在什么位置? ( )

(A)电梯井、升降机井的顶板上
(B)电梯井、升降机井的侧墙上
(C)电梯井、升降机井道口上方的机房顶棚上
(D)电梯、升降机轿厢下方

38. 在交流电动机、直流电动机的选择中,下列哪项是直流电动机的优点? ( )

(A)启动及调速特性好 (B)价格便宜
(C)维护方便 (D)电动机的结构简单

39. 在建筑物中下列哪个部位应设置消防专用电话分机? ( )

(A)生活水泵房 (B)电梯前室

(C)特殊保护对象的避难层　　　　　　(D)电气竖井

40. 安全防范系统的线缆敷设,下列哪项符合规范的要求?　　　　(　　)

(A)明敷的信号线路与具有强磁场、强电场的电器设备之间的净距离,宜大于0.8m

(B)电缆线与信号线交叉敷设时,应成直角

(C)电缆和电力线平行或交叉敷设时,其间距不得小于0.5m

(D)线缆穿管敷设截面利用率不应大于40%

二、多项选择题(共30题,每题2分。每题的备选项中有2个或2个以上符合题意。错选、少选、多选均不得分)

41. 在电击防护的设计中,下列哪些基本保护措施可以在特定条件下采用?(　　)

(A)带电部分用绝缘防护的措施

(B)采用阻挡物的防护措施

(C)止于伸臂范围之外的防护措施

(D)采用遮拦或外护物的防护措施

42. 在电击防护设计中,下列哪些措施可用于所有情况(直接接触防护和间接接触防护)的保护措施?　　　　(　　)

(A)安全特低电压SELV　　　　(B)保护特低电压PELV

(C)自动切断电源　　　　(D)总等电位联结

43. 采用提高功率因数的节能措施,可达到下列哪些目的?　　　　(　　)

(A)减少无功损耗　　　　(B)减少变压器励磁电流

(C)增加线路输送负荷能力　　　　(D)减少线路电压损失

44. 自备柴油发电机组布置在建筑物地下一层时,应有哪些环保措施?　　　　(　　)

(A)防潮　　　　(B)防火

(C)消声　　　　(D)减振

45. 下列哪几项应视为二级负荷?　　　　(　　)

(A)中断供电将造成大型影剧院、大型商场等较多人员集中的重要的公共场所秩序混乱者

(B)50m高的普通住宅的消防水泵、消防电梯、应急照明等消防用电

(C)室外消防用水量为20L/s的公共建筑的消防用电设备

(D)建筑高度超过50m的乙、丙类厂房的消防用电设备

46. 关于单个气体放电灯设备功率,下列表述哪些是正确的?　　　　(　　)

(A)荧光灯采用普通型电感镇流器时,荧光灯的设备功率为荧光灯管的额定功率加25%

(B)荧光灯采用节能型电感镇流器时,荧光灯的设备功率为荧光灯管的额定功率加10% ~15%

(C)荧光灯采用电子型镇流器时,荧光灯的设备功率为荧光灯管额定功率加10%

(D)荧光高压汞灯采用节能型电感镇流器时,荧光高压汞灯的设备功率为荧光灯管的额定功率加6% ~8%

47. 当需要降低波动负荷引起电网电压波动和电压闪变时,宜采取下列哪些措施? ( )

(A)采用专线供电

(B)与其他负荷共用配电线路时,增加配电线路阻抗

(C)较大功率的波动负荷或波动负荷群与对电压波动、闪变敏感的负荷,分别由不同的变压器供电

(D)对于大功率电弧炉的炉用变压器,由短路容量较大的电网供电

48. 在110kV及以下供配电系统无功补偿设计中,考虑并联电容器分组时,下列哪些与规范要求一致? ( )

(A)分组电容器投切时,不应产生谐振

(B)适当增加分组组数和减少分组容量

(C)应与配套设备的技术参数相适应

(D)在电容器分组投切时,母线电压波动应满足国家现行有关标准的要求,并应满足系统无功功率和电压调控的要求

49. 110V变电站的站区设计中,下列哪些不符合设计规范要求? ( )

(A)屋外变电站实体墙不应高于2.2m

(B)变电站内为满足消防要求的主要道路宽度应为3.0m

(C)电缆沟及其他类似沟道的沟底纵坡坡度不应小于0.5%

(D)变电站建筑物内地面标高,宜高出屋外地面0.3m

50. 下列关于10kV变电所并联电容器装置设计方案中,哪几项不符合规范的要求? ( )

(A)高压电容器组采用中性点接地星形接线

(B)单台高压电容器设置专用熔断器作为电容器内部故障保护,熔丝额定电流按电容器额定电流的2.0倍考虑

(C)因电容器组容量较小,高压电容器装置设置在高压配电室内,与高压配电装置的距离不小于1.0m

(D)如果高压电容器装置设置在单独房间内,成套电容器柜单列布置时,柜正

面与墙面距离不应小于1.5m

51. 在变电所的导体和电器选择时，若采用《短路电流实用计算》，可以忽略的电气参数是下列哪些项？（　　）

(A)输电线路的电抗
(B)输电线路的电容
(C)所有元件的电阻(不考虑短路电流的衰减时间常数)
(D)短路点的电弧阻抗和变压器的励磁电流

52. 关于爆炸性环境电气设备的选择，下列哪些项符合规定？（　　）

(A)安装在爆炸性粉尘环境中的电气设备应采用措施防止热表面点可燃性粉尘层引起的火灾危险
(B)选用的防爆电气设备的级别和组别，不应低于该爆炸性气体环境内爆炸气体混合物的级别和组别
(C)当存在有两种以上易燃性物质形成的爆炸性气体混合物时，应按危险程度较高的级别和组别选用防爆电气设备
(D)电气设备的结构应满足电气设备在规定的运行条件下不降低防爆性能的要求

53. 需要校验动稳定和热稳定的高压电气设备有下列哪些项？（　　）

(A)断路器　(B)穿墙套管
(C)接地变压器　(D)熔断器

54. 供配电系统短路电流计算中，在下列哪些情况下，可不考虑高压异步电动机对短路峰值电流的影响？（　　）

(A)在计算不对称短路电流时
(B)异步电动机与短路点之间已相隔一台变压器
(C)在计算异步电动机附近短路点的短路峰值电流时
(D)在计算异步电动机配电电缆处的短路峰值电流时

55. 用于保护高压电压互感器的一次侧熔断器，需要校验下列哪些项目？（　　）

(A)额定电压　(B)额定电流
(C)额定开断电流　(D)短路动稳定

56. 在1kV及以下电源中性点直接接地系统中，关于单相回路的电缆芯数的选择，下列表述哪些是正确的？（　　）

(A)保护线与受电设备的外露可导电部位连接接地时，保护线与中性线合用一导体时，应选用两芯电缆

(B)保护线与受电设备的外露可导电部位连接接地时,保护线与中性线各自独立时,宜选用三芯电缆

(C)受电设备外露可导电部位的接地与电源系统接地各自独立时,应选用二芯电缆

(D)受电设备外露可导电部位的接地与电源系统接地不独立时,应选用四芯电缆

57. 下列哪些不是规范强制性条文?

(A)在隧道、沟、浅槽、竖井、夹层等封闭式电缆通道中,不得布置热力管道,严禁有易燃气体成易燃液体的管道穿越

(B)在工厂和建筑物的风道中,严禁电缆敞露式敷设

(C)直接敷设的电缆,严禁位于地下管道的正上方或正下方

(D)电缆线路中间不应有接头

58. 钢带铠装电缆适用于下列哪些情况? (　　)

(A)鼠害严重的场所　　(B)白蚁严重的场所

(C)敷设在电缆槽盒内　　(D)为移动式电气设备供电

59. 容量为0.8MV·A及以上的油浸变压器装设瓦斯保护时,下列哪些做法不符合设计规范要求? (　　)

(A)当壳内故障产生轻微瓦斯或油面下降时,应瞬时动作于信号

(B)当壳内故障产生轻微瓦斯或油面下降时,应瞬时动作于断开变压器的电源侧断路器

(C)当产生大量瓦斯时,应动作于瓦斯断开变压器的各侧断路器

(D)当产生大量瓦斯时,应瞬时动作于信号

60. 10kV馈电线路应测量下列哪些参数? (　　)

(A)电流　　(B)电压

(C)有功电能　　(D)无功电能

61. 采用蓄电池组的直流系统,蓄电池组的下列哪些电压不是直流系统正常运行时的母线电压? (　　)

(A)初充电电压　　(B)均衡充电电压

(C)浮充电电压　　(D)放电电压

62. 在建筑物防雷设计中,下列表述哪些是正确的? (　　)

(A)架空接闪器和接闪网宜采用截面不小于25mm^2的镀锌钢绞线

(B)除第一类防雷建筑物外,金属屋面的金属物宜利用其屋面作为接闪器,金属板应无绝缘被覆层

(C)当独立烟囱上采用热镀锌接闪环时，其圆钢直径不应小于 12mm，扁钢截面不应小于 $100mm^2$，其厚度不应小于 4mm

(D)当一座防雷建筑物中兼有第一、二、三类防雷建筑物，且第一类防雷建筑物的面积占建筑物总面积的 25% 及以上时，该建筑物宜确定为第一类防雷建筑物

63. 某座 33 层的高层住宅，其外形尺寸长、宽、高分别为 60m、25m、98m，所在地年平均雷暴日为 30d，校正系数 $k = 1.5$，下列关于该建筑物的防雷设计的表述中正确的是哪些？（ ）

(A)该建筑物年预计雷击次数为 0.22 次

(B)该建筑物年预计雷击次数为 0.35 次

(C)该建筑物划为第三类防雷建筑物

(D)该建筑物划为第二类防雷建筑物

64. 下列关于流散电阻和接地电阻的说法，哪些是正确的？（ ）

(A)流散电阻大于接地电阻

(B)流散电阻小于接地电阻

(C)通常可将流散电阻作为接地电阻

(D)两者没有任何关系

65. 按现行国家标准中照明种类的划分，下列哪些项属于应急照明？（ ）

(A)疏散照明

(B)警卫照明

(C)备用照明

(D)安全照明

66. 在照明设计中应根据不同场所的照明要求选择照明方式，下列描述哪些是正确的？（ ）

(A)工作场所通常应设置一般照明

(B)同一场所内的不同区域有不同的照度要求时，应采用不分区一般照明

(C)对于部分作业面照度要求较高，只采用一般照明不合理的场所，宜采用混合照明

(D)在一个工作场所内不应只采用局部照明

67. 右图为某厂一斜桥卷扬机选配传动电动机，有关机械技术参数：料车重 $G = 3t$，平衡重 $G_{ph} = 2t$，料车卷筒半径 $r_1 = 0.4m$，平衡重卷筒半径 $r_2 = 0.3m$，斜桥倾角 $\alpha = 60°$，料车与斜桥面的摩擦系数 $\mu = 0.1$，卷筒效率 $\eta = 0.97$，为确定卷扬机预选电动机的功率，除上述资料外，还需补充下列哪些参数？（ ）

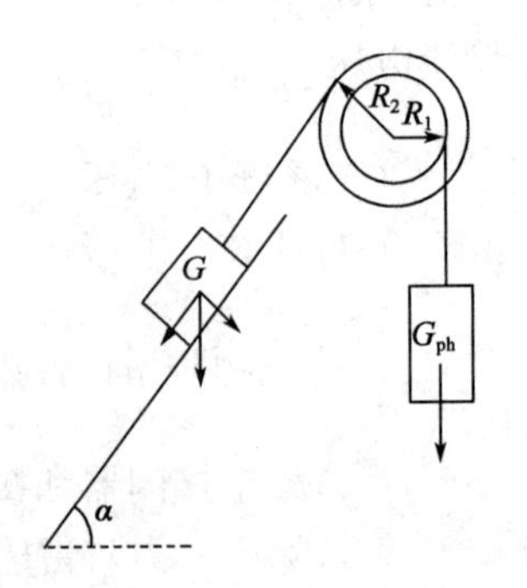

(A)料车的运行速度

(B)运动部分的飞轮距

(C)要求的起、制动及稳速运行时间

（D）现场供配电系统资料

68. 正确选择快速熔断器，可使晶闸管元件得到可靠保护，下述描述哪些是正确的？（　　）

（A）快速熔断器的 I^2t 值应小于晶闸管元件允许的 I^2t 值
（B）快速熔断器的断流能力必须大于线路可能出现的最大短路电流
（C）快速熔断器分断时的电弧电压峰值必须小于晶闸管元件允许的反向峰值电压
（D）快速熔断器的额定电流应等于晶闸管器件本身的额定电流

69. 气体灭火系统、泡沫灭火系统采用直接连接火灾探测器的方式，下列有关联动控制信号的表述符合规范的是哪些？（　　）

（A）启动气体灭火装置及其控制器、泡沫灭火装置及其控制器，设定 15s 的延时喷射时间
（B）联动控制防护区域开口封闭装置的启动，包括关闭防护区域的门、窗
（C）停止通风和空气调节系统及开启设置在该防护区域的电动防火阀
（D）关闭防护区域的送（排）风机及送（排）风阀门

70. 在入侵报警系统设计中，下列关于入侵探测器的设置与选择，哪些项符合规范的规定？（　　）

（A）被动红外探测器的防护区内，不应有影响探测的障碍物
（B）红外、微波复合入侵探测器，应视为两种探测原理的探测装置
（C）采用室外双束或四束主动红外探测器时，探测器最远警戒距离不应大于其最大射束距离的 2/3
（D）门磁、窗磁开关应安装在普通门、窗的内上侧，无框门、卷帘门可安装在门的下侧

2014年专业知识试题答案(上午卷)

1. 答案:A

依据:《低压电气装置 第4-41部分:安全防护 电击防护》(GB 16895.21—2011)第413.3.2条。

2. 答案:B

依据:《爆炸危险环境电力装置设计规范》(GB 50058—2014)第3.2.2-2条。

3. 答案:A

依据:《低压配电设计规范》(GB 50054—2011)第5.3.7-1条。

4. 答案:C

依据:《供配电系统设计规范》(GB 50052—2009)第3.0.7条。

5. 答案:B

依据:《石油化工企业设计防火规范》(GB 50160—2008)第9.1.1条。

6. 答案:D

依据:《供配电系统设计规范》(GB 50052—2009)第5.0.3条。

7. 答案:A

依据:《工业与民用供配电设计手册》(第四版)P70表2.4-6。

单母线分段的缺点:当一段母线或母线隔离开关发生永久性故障或检修时,则连接在该母线上的回路在检修期间停电。

注:《工业与民用供配电设计手册》(第三版)P47表2-17。

8. 答案:B

依据:《供配电系统设计规范》(GB 50052—2009)第7.0.8条。

9. 答案:A

依据:《工业与民用供配电设计手册》(第四版)P70~P71表2.4-6。

外桥接线的适用范围:较小容量的发电厂,对一、二级负荷供电,并且变压器的切换较频繁或线路较短,故障率较少的变电所。此外,线路有穿越功率时,也宜采用外桥接线。

注:《工业与民用配电设计手册》(第三版)P47表2-17。

10. 答案:C

依据:《35kV~110kV变电站设计规范》(GB 50059—2011)第3.4.2条及《并联电容

器装置设计规范》(GB 50227—2017)第5.1.1条。

11. **答案**:D

依据:《爆炸危险环境电力装置设计规范》(GB 50058—2014)第3.1.3-4条、第5.1.1-2条、第4.1.4-3-4)条、第3.1.3-1条。

12. **答案**:C

依据:《电力工程电缆设计规范》(GB 50217—2018)第5.3.5条及表5.3.5。

注:分析此题题干,可知实际为针对旧规范《35~110kV变电所设计规范》(GB 50059—1992)的题目,可参考该规范的附录二。

13. **答案**:D

依据:《3~110kV高压配电装置设计规范》(GB 50060—2008)第5.5.5条。

14. **答案**:C

依据:《3~110kV高压配电装置设计规范》(GB 50060—2008)第5.5.3条。

15. **答案**:B

依据:《35~110kV变电所设计规范》(GB 50059—2011)第3.2.6条。

16. **答案**:C

依据:《工业与民用供配电设计手册》(第四版)P281表4.6-3。

电抗器标幺值:$x_{*k}=\frac{x\%}{100}\cdot\frac{U_r}{\sqrt{3}I_r}\cdot\frac{S_j}{U_j^2}=0.08\times\frac{10.5}{\sqrt{3}\times 2}\cdot\frac{100}{10.5^2}=0.2199$

注:也可参考《工业与民用配电设计手册》(第三版)P126表4-2。

17. **答案**:A

依据:《电力工程电气设计手册》(电气部分)P142表4-17双绕组变压器的零序电抗。

18. **答案**:D

依据:《20kV及以下变电所设计规范》(GB 50053—2013)第3.2.2条。

19. **答案**:C

依据:《工业与民用供配电设计手册》(第四版)P311表5.1-1。

注:也可参考《导体和电器选择设计技术规定》(DL/T 5222—2005)第11.0.1条。

20. **答案**:D

依据:《20kV及以下变电所设计规范》(GB 50053—2013)第3.2.15条、第3.2.5条、第3.2.10条、第3.2.6条。

21. **答案**:C

依据:《电力工程电缆设计规范》(GB 50217—2018)第3.6.5条及表3.6.5。

22. **答案**:C

依据:《导体和电器选择设计技术规定》(DL/T 5222—2005)附录D表D.11。

23. **答案**:D

依据:《电力工程电缆设计规范》(GB 50217—2018)第3.7.5-4。

24. **答案**:B

依据:《电力工程电缆设计规范》(GB 50217—2018)附录D表D.0.1和表D.0.3。

由表D.0.1,温度校正系数:$K_1 = 0.94$;由表D.0.3,土壤热阻校正系数:$K_2 = 0.87$。因此电缆实际允许载流量:$I = 310 \times 0.87 \times 0.94 = 254\text{A}$。

注:表D.0.3注解2,校正系数适用于采取土壤热阻系数为1.2K·m/W的情况,与题干条件一致,若不一致,还需再次校正。

25. **答案**:A

依据:《电力装置电测量仪表装置设计规范》(GB/T 50063—2017)第3.1.3条及表3.1.3。

26. **答案**:D

依据:《电力装置的继电保护和自动装置设计规范》(GB/T 50062—2008)第9.0.1条。

27. **答案**:B

依据:《电力工程直流系统设计技术规程》(DL/T 5044—2014)第4.2.2-4条。

28. **答案**:B

依据:《电力装置电测量仪表装置设计规范》(GB/T 50063—2017)第3.2.2-5条。

29. **答案**:C

依据:《建筑物防雷设计规范》(GB 50057—2010)第6.4.4条及表6.4.4。

30. **答案**:C

依据:《建筑物防雷设计规范》(GB 50057—2010)第4.2.5条。

31. **答案**:C

依据:《交流电气装置的接地设计规范》(GB 50065—2011)第7.2.7条。

接地电阻:$R \leqslant \frac{50}{I_a} = \frac{50}{0.1} = 500\Omega$

32. **答案**:B

依据:《交流电气装置的过电压保护和绝缘配合设计规范》(GB/T 50064—2014)第5.6.12条。

注:也可参考《交流电气装置的过电压保护和绝缘配合》(DL/T 620—1997)第9.13条。

33. **答案**:C

依据:《交流电气装置的接地设计规范》(GB 50065—2011)第4.2.2-2条。

跨步电位差限值:$U_s = 50 + 0.2\rho_s C_s = 50 + 0.2 \times 375 \times 0.8 = 110V$

34. **答案**:B

依据:《民用建筑电气设计规范》(JGJ 16—2008)第12.3.3条。

35. **答案**:C

依据:《建筑照明设计标准》(GB 50034—2013)第4.2.1条、第4.2.2条。

36. **答案**:B

依据:《照明设计手册》(第三版)P224"手术室照明设计":(5)手术室一般照明光源的色温应与手术无影灯光源的色温相接近,一般应选用色温5000K左右。

注:参考《照明设计手册》(第二版)P287相关内容,色温从4500K修正为5000K。

37. **答案**:C

依据:《火灾自动报警系统设计规范》(GB 50116—2013)第6.2.12条。

38. **答案**:A

依据:《钢铁企业电力设计手册》(下册) P7"电动机类型的选择"。

交流电动机结构简单,价格便宜,维护方便,但启动及调速特性不如直流电机。因此当生产机械启动、制动及调速无特殊要求时,应采用交流电动机。

39. **答案**:C

依据:《火灾自动报警系统设计规范》(GB 50116—2013)第6.7.4-3条。

第6.7.4-3条:各避难层应每隔20m设置一个消防专用电话分机或电话插孔。

注:新规范已删除"特殊保护对象"这一定语。

40. **答案**:D

依据:《安全防范工程技术规范》(GB 50348—2018)第6.13.4条。

---

41. **答案**:BCD

依据:《低压配电设计规范》(GB 50054—2011)第5.1条"直接接触防护措施"。

注:带电部分应全部用绝缘层覆盖,此保护措施无特定条件的前提。可参考旧规范《建筑物电气装置 第4-41部分:安全防护-电击防护》(GB 16895.21—2004)第410.3.2.2条。

42. **答案**:AB

依据:《低压配电设计规范》(GB 50054—2011)第5.3.1条。

43. **答案**:ACD

依据:《钢铁企业电力设计手册》(上册)P297、P298。

提高功率因数的优点:

a. 减少线路损耗;

b. 减少变压器的铜耗;

c. 减少线路和变压器的电压损失;

d. 提高输配电设备的供电能力。

44. **答案**:CD

依据:《民用建筑电气设计规范》(JGJ 16—2008)第6.1.1-2条。

注:防潮不属于环保措施,而属于安全措施。

45. **答案**:AB

依据:《供配电系统设计规范》(GB 50052—2009)第3.0.1-3条及条文说明,《建筑设计防火规范》(GB 50016-2014)第5.1.1条、第10.1.2条

注:也可参考《民用建筑电气设计规范》(JGJ 16—2008)第3.2.1-2条。

46. **答案**:AC

依据:《工业与民用供配电设计手册》(第四版)P5表1.2-1。

荧光灯采用普通型电感镇流器加25%,采用节能型电感镇流器加15%~18%,采用电子镇流器加10%;金属卤化物灯、高压钠灯、荧光高压钠灯用普通电感镇流器时加14%~16%,用节能型电感镇流器时加9%~10%。

47. **答案**:ACD

依据:《供配电系统设计规范》(GB 50052—2009)第5.0.11条。

48. **答案**:ACD

依据:《供配电系统设计规范》(GB 50052—2009)第6.0.11条,《并联电容器装置设计规范》(GB 50227—2017)第3.0.3-1条。

49. **答案**:AB

依据:《供配电系统设计规范》(GB 50052—2009)第2.0.5条~第2.0.8条。

50. **答案**:ABC

依据:《20kV及以下变电所设计规范》(GB 50053—2013)第5.2.1条、第5.2.4条、第5.3.1条、第5.3.3条。

注:B答案描述的倍数值,但新规范有所修改;C答案中与高压配电装置的距离要求已取消。

51. **答案**:BCD

依据:《导体和电器选择设计技术规定》(DL/T 5222—2005)附录F.1.8、F.1.9、F.1.11。

52. **答案**:ABD

依据:《爆炸危险环境电力装置设计规范》(GB 50058—2014)第5.2.2条、第5.2.3条。

53. **答案**:AB

依据:《工业与民用供配电设计手册》(第四版)P311表5.1-1"高压电器、开关设备及导体的选择与校验项目"。

54. **答案**:AB

依据:《工业与民用供配电设计手册》(第四版)P300"异步电动机反馈电流计算"。

高压异步电动机对短路电流的影响,只有在计算电动机附近短路点的短路峰值电流时才予以考虑,下列情况下,可不考虑高压异步电动机对短路峰值电流的影响。

a. 异步电动机与短路点的连接已相隔一个变压器;

b. 在计算不对称短路电流时。

55. **答案**:AC

依据:《导体和电器选择设计技术规定》(DL/T 5222—2005)第17.0.8条。

56. **答案**:ABC

依据:《电力工程电缆设计规范》(GB 50217—2018)第3.5.2条。

57. **答案**:AC

依据:《电力工程电缆设计规范》(GB 50217—2018)第5.1.9条、第5.1.15条、第5.3.5条、第5.1.10-4条。

58. **答案**:AB

依据:《电力工程电缆设计规范》(GB 50217—2018)第3.4.4-1条、第3.4.3-3条、第3.4.4-3条、第3.4.5条。

59. **答案**:BD

依据:《电力装置的继电保护和自动装置设计规范》(GB/T 50062—2008)第4.0.2条。

60. **答案**:ACD

依据:《电力装置电测量仪表装置设计规范》(GB/T 50063—2017)第3.2.1-7条、第4.2.1-3条、第4.2.2-3条。

61. **答案**:ABD

依据:《电力工程直流系统设计技术规程》(DL/T 5044—2014)第3.1.7条。

注:正常运行时,母线电压应为浮充电电压。

62. **答案**:BC

依据:《建筑物防雷设计规范》(GB 50057—2010)第5.2.5条、第5.2.7-4条、第5.2.4条、第4.5.1-1条。

63. **答案**:AC

依据:《建筑物防雷设计规范》(GB 50057—2010)第3.0.4-3条及附录A。

等效面积:$A_e = [LW + 2(L + W)D + \pi H(200 - H)] \times 10^{-6}$

$= [60 \times 25 + 2 \times (60 + 25) \times 99.98 + \pi \times 98 \times 102] \times 10^{-6} = 0.05$

预计雷击次数:$N = k \times N_g \times A_e = 1.5 \times 0.1 \times 30 \times 0.05 = 0.225$

64. **答案**:BC

依据:《工业与民用供配电设计手册》(第四版)P1413"接地电阻的基本概念"。

流散电阻:电流自接地极的周围向大地流散所遇到的全部电阻。

接地电阻:接地极的流散电阻和接地极及其至总接地端子连接线电阻的总和,称为接地极的接地电阻。由于后者远小流散电阻,可忽略不计,通常将流散电阻作为接地电阻。

65. **答案**:ACD

依据:《建筑照明设计标准》(GB 50034—2013)第2.0.19条。

66. **答案**:ACD

依据:《建筑照明设计标准》(GB 50034—2013)第3.1.1条。

67. **答案**:ABC

依据:卷扬机属负荷平稳连续工作制电动机,可参见《钢铁企业电力设计手册》(下册)P58内容。

68. **答案**:ABC

依据:《钢铁企业电力设计手册》(下册)P420"快速熔断器的选择"。

69. **答案**:ABD

依据:《火灾自动报警系统设计规范》(GB 50116—2013)第4.4.2-3条。

70. **答案**:ACD

依据:《民用建筑电气设计规范》(JGJ 16—2008)第14.2.3条。

2014年专业知识试题(下午卷)

一、单项选择题(共40题,每题1分,每题的备选项中只有1个最符合题意)

1. 在低压配电系统的交流SELV系统中,在正常干燥环境内标称电压不超过下列哪一项电压值时,不必设置基本保护(直接接触保护)? ( )

(A)50V (B)25V
(C)15V (D)6V

2. 对于易燃物质重于空气,通风良好且为第二级释放源的主要生产装置区,以释放源为中心,半径为15m,地坪上的高度为7.5m及半径为7.5m,顶部与释放源的距离为7.5m的范围内,宜划分为爆炸危险区域的下列哪个区? ( )

(A)0区 (B)1区
(C)2区 (D)3区

3. 游泳池水下电气设备的交流电压不得大于下列哪项数值? ( )

(A)12V (B)24V
(C)36V (D)50V

4. 单相负荷应均衡分配到三相上,规范规定当单相负荷的总计算容量小于计算范围内三相对称负荷总计算容量的多少时,应全部按三相对称负荷计算? ( )

(A)10% (B)15%
(C)20% (D)25%

5. 在低压配电系统的设计中,同一电压等级的配电级数不宜多于几级? ( )

(A)一级 (B)二级
(C)三级 (D)四级

6. 高压配电系数宜采用放射式、树干式、环式或其他组合方式配电,其放射式配电的特点在下列表述中哪一项是正确的? ( )

(A)投资少、事故影响范围大 (B)投资较高、事故影响范围较小
(C)切换操作方便、保护配置复杂 (D)运行比较灵活、切换操作不便

7. 在10kV及以下变电所设计中,一般情况下,动力和照明宜共用变压器,在下列关于设置照明专用变压器的表述中,哪一项是正确的? ( )

(A)在TN系统低压电网中,照明负荷应设专用变压器

(B)当单台变压器的容量小于1250kV·A时,可设照明专用变压器

(C)当照明负荷较大或动力和照明采用共用变压器严重影响照明质量及灯泡寿命时,可设照明专用变压器

(D)负荷随季节性变化不大时,宜设照明专用变压器

8. 下列哪一种应急电源适用于允许中断供电时间为毫秒级的负荷? ( )

(A)快速自启动的发电机组

(B)UPS不间断电源

(C)独立于正常电源的手动切换投入的柴油发电机组

(D)独立于正常电源的专用馈电线路

9. 已知某三相四线380/220V配电箱接有如下负荷:三相10kW,A相0.6kW,B相0.2kW,C相0.8kW,试用简化法求出该配电箱的等效三相负荷应为下列哪项数值? ( )

(A)2.4kW (B)10kW (C)11.6kW (D)12.4kW

10. 下列哪一项是一级负荷中特别重要的负荷? ( )

(A)国宾馆中的主要办公室用电负荷

(B)铁路及公路客运站中的重要用电负荷

(C)特级体育场馆的应急照明

(D)国家级国际会议中心总值班室的用电负荷

11. 下列关于爆炸性气体环境中变、配电所的设计原则中,哪一项不符合规范的要求? ( )

(A)变、配电所应布置在2区爆炸危险区域范围以外

(B)变、配电所可布置在2区爆炸危险区域范围以内

(C)当变、配电所为正压室时,可布置在1区爆炸危险区域范围以内

(D)当变、配电所为正压室时,可布置在2区爆炸危险区域范围以内

12. 民用建筑中,配电装置室及变压器门的宽度和高度宜按电气设备最大不可拆卸部件宽度和高度分别加多少考虑? ( )

(A)0.3m,0.5m (B)0.3m,0.6m (C)0.5m,0.5m (D)0.5m,0.8m

13. 下列有关电缆外护层的选择,哪一项符合规范的要求? ( )

(A)地下水位较高的地区,不宜选用聚乙烯外护层

(B)明确需要与环境保护相协调时,可采用聚氯乙烯外护层

(C)直埋在白蚁危害严重地区的塑料电缆,可采用钢丝铠装

(D)敷设在保护管中的电缆应具有挤塑外层

14. 110kV 变电所屋内布置的 GIS 通道应满足安装、检修和巡视的要求，主通道的宽度宜为下列哪个数值？（　　）

(A)1.5m　(B)1.7m　(C)2.0m　(D)2.2m

15. 在计算短路电流时，最大运行方式下的稳态短路电流可用于下列哪项用途？（　　）

(A)确定设备的检修周期　(B)确定断路器的开断电流
(C)确定设备数量　(D)确定设备布置形式

16. 当短路保护电器为断路器时，低压断路器瞬时或短延时过电流脱扣器的整定电流值为 2kA，那么该回路线路末端的最小短路电流值不应小于下列哪项数值？（　　）

(A)2.0kA　(B)2.6kA　(C)3.0kA　(D)4.0kA

17. 在电力系统零序短路电流计算中，变压器的中性点若经过电抗接地，在零序网络中，其等值电抗应为原电抗值的多少？（　　）

(A) $\sqrt{3}$ 倍　(B)不变　(C)3 倍　(D)增加 3 倍

18. 3 ~ 110kV 屋外高压配电装置架构设计时，应考虑下列哪一项荷载的组合？（　　）

(A)运行、地震、安装、断线　(B)运行、安装、检修、地震
(C)运行、安装、检修　(D)运行、安装、检修、断线

19. 高压单柱垂直开启式隔离开关在分闸状态下，动静触头间的最小电气距离不应小于配电装置的最小安全净距为下列哪一项？（　　）

(A)A1 值　(B)A2 值
(C)B 值　(D)C 值

20. 10kV 负荷开关应具有切合电感、电容性小电流的能力，应能开断不超过多大的电缆电容电流或限定长度的架空线充电电流？（　　）

(A)5A　(B)10A
(C)15A　(D)20A

21. 10kV 配电室内敷设无遮拦裸导体距地面的高度不应低于下列哪项数值？（　　）

(A)2.3m　(B)2.5m
(C)3.0m　(D)3.5m

22. 在 TN-C 三相交流 380V/220V 平衡系统中，负载电流为 39A，采用 BV 导线穿钢管敷设，若每相三次谐波电流为 50% 时，中性线导体截面选择最低不应小于下列哪项数值？（不考虑电压器、环境和线路敷设方式等影响，导线允许持续载流量按下表选取。）

（　　）

BV 导线三相回路穿钢管敷设允许持续载流量表

导线截面（mm^2）	4	6	10	16
导线载流量（A）	1	39	52	67

（A）$4mm^2$　（B）$6mm^2$　（C）$10mm^2$　（D）$16mm^2$

23. 中性点直接接地的交流系统中，当接地保护动作不超过 1min 切除故障时，电力电缆导体与绝缘屏蔽之间额定电压的选择，下列哪项符合规范规定？（　　）

（A）应按不低于 100% 的使用回路工作相电压选择
（B）应按不低于 133% 的使用回路工作相电压选择
（C）应按不低于 150% 的使用回路工作相电压选择
（D）应按不低于 173% 的使用回路工作相电压选择

24. 变电所的二次接线设计中，下列哪项要求不正确？（　　）

（A）配电装置应装设防止电器误操作闭锁装置
（B）防止电器误操作闭锁装置宜采用机械闭锁
（C）闭锁连锁回路的电源，应采用与继电保护、控制信号回路同一电源
（D）屋内间隔式配电装置，应装设防止误入带电间隔的设施

25. 变压器保护回路中，将下列哪项故障装置成预告信号是不正确的？（　　）

（A）变压器过负荷　（B）变压器湿度过高
（C）变压器保护回路断线　（D）变压器重瓦斯动作

26. 采用数字式仪表测量谐波电流、谐波电压时，测量仪表的准确度（级）宜采用下列哪一项？（　　）

（A）A 级　（B）B 级
（C）1.0 级　（D）1.5 级

27. 下列哪一项不是选择变电所蓄电池容量的条件？（　　）

（A）满足全站事故全停电时间内的放电容量
（B）满足事故初期（1min）直流电动机启动电流和其他冲击负荷电流的放电容量
（C）满足蓄电池组持续放电时间内随机冲击负荷电流的放电容量
（D）满足事故放电末期全所控制负荷放电容量

28. 在变电所直流操作电源系统设计时，为控制负荷和动力负荷合并供电的 DC 220V 直流系统，在均衡充电运行情况下，直流母线电压不高于下列哪个数值？（　　）

(A)268V　　(B)247.5V

(C)242V　　(D)192V

29. 压敏电阻、抑制二极管属于下列哪种类型 SPD？（　　）

(A)电压开关型　　(B)组合型

(C)限压型　　(D)短路保护型

30. 当年雷击次数大于或等于 N 时，棉、粮及易燃物大量集中露天堆场，应采用独立接闪器或架空接闪线作为防直击雷的措施，关于雷击次数 N 和独立接闪器或架空接闪线保护范围的滚球半径 h，应取下列哪项数值？（　　）

(A)0.05,100m　　(B)0.05,60m

(C)0.012,60m　　(D)0.012,45m

31. 发电机额定电压 10.5V，额定容量 100MW，发电机内部发生单相接地故障电流不大于 3A，当不要求瞬时切机时，应采用怎样的接地方式？（　　）

(A)不接地方式　　(B)消弧线圈接地方式

(C)高电阻接地方式　　(D)直接或小电阻接地方式

32. 某地区海拔高度 800m 左右，35kV 配电系统采用中性点不接地系统，35kV 开关设备相对地雷电冲击耐受电压的取值应为下列哪项？（　　）

(A)95kV　　(B)118kV

(C)185kV　　(D)215kV

33. 在建筑物内实施总等电位联结的目的是下列哪一项？（　　）

(A)为了减小跨步电压　　(B)为了降低接地电阻值

(C)为了防止感应电压　　(D)为了减小接触电压

34. 在满足眩光限制和配光要求条件下，应选用效率高的灯具，当荧光灯灯具出光口形式选用格栅时，灯具效率不应低于下列哪项数值？（　　）

(A)80%　　(B)70%

(C)65%　　(D)50%

35. 移动式和手提式灯具应采用Ⅲ类灯具，用安全特低电压供电，其电压值的要求，下列表述哪项符合现行国家标准的规定？（　　）

(A)在干燥场所不大于 50V，在潮湿场所不大于 12V

(B)在干燥场所不大于50V,在潮湿场所不大于25V
(C)在干燥场所不大于36V,在潮湿场所不大于24V
(D)在干燥场所不大于36V,在潮湿场所不大于12V

36. 关于PLC编程语言的描述,下列哪项是错误的? ( )

(A)各PLC都有一套符合相应国际或国家标准的编程软件
(B)图形化编程语言包括:功能块图语言、顺序功能图语言及梯形图语言
(C)顺序功能图语言是一种描述控制程序的顺序行为特征的图像化语言
(D)指令表语言是一种人本化的高级编程语言

37. 一栋65m高的酒店,有一条宽2m,长50m的走廊,若采用感烟探测器,至少应设置多少个? ( )

(A)3　　(B)4
(C)5　　(D)6

38. 在进行建筑设备监控系统控制网络层的配置时,下列哪项不符合规范的规定? ( )

(A)控制器之间通信应为对等式直接数据通信
(B)当采用分布式智能输入、输出模块时,不可用软件配置的方法,把各个输入、输出点分配到不同的控制器中进行监控
(C)用双绞线作为传输介质
(D)控制器可与现场网络层的智能现场仪表和分布式智能输入、输出模块进行通信

39. 在35kV架空电力线路设计中,最低气温工况应按下列哪种情况计算? ( )

(A)无风、无冰　　(B)无风、覆冰厚度5mm
(C)风速5m/s,无冰　　(D)风速5m/s,覆冰厚度5mm

40. 按规范规定,在移动通信信号室内覆盖系统中,基站接收端到系统的上行噪声电平应小于下列哪项数值? ( )

(A) -100dBm　　(B)100dBm
(C)120dBm　　(D) -120dBm

二、多项选择题(共30题,每题2分。每题的备选项中有2个或2个以上符合题意,错选、少选、多选均不得分)

41. 在建筑物低压电气装置中,下列哪些场所的设备可以省去间接接触防护措施? ( )

(A)道路照明的金属灯杆
(B)处在伸臂范围以外的墙上架空线绝缘子及其连接金属件(金具)
(C)尺寸小的外露可导电体(约 50mm×50mm),而且与保护导体选择困难时
(D)触及不到钢筋的混凝土电杆

42. 在 TN 系统中作为间接接触保护,下列哪些措施是不正确的? (　　)

(A)TN 系统中采用过电流保护
(B)TN-S 系统中采用剩余电流保护器
(C)TN-C 系统中采用剩余电流保护器
(D)TN-C-S 系统中采用剩余电流保护器,且保护导体与 PEN 导体应在剩余电流保护器的负荷侧连接

43. 用电单位设置自备电源的条件是下列哪些项? (　　)

(A)用电单位有大量一级负荷时
(B)需要设置自备电源作为一级负荷中特别重要负荷的应急电源时
(C)在常年稳定余热、压差、废气可供发电、技术可靠、经济合理时
(D)所在地区偏僻,远离电力系统,设置自备电源经济合理时

44. 建筑物谐波源较多的供配电系统设计中,下列哪些措施是正确的? (　　)

(A)选用 Dyn11 接线组别的配电变压器
(B)选择配电变压器容量使负载率不大于 70%
(C)设置滤波装置
(D)设置不配电抗器的功率因数补偿电容器组

45. 在低压配电系统设计中,下列哪几种情况下宜选用接线组别为 Dyn11 的变压器? (　　)

(A)需要提高单相短路电流值,确保低压单相接地保护装置动作灵敏度者
(B)需要限制三次谐波含量者
(C)需要限制三相短路电流者
(D)在 IT 系统接地形式的低压电网中

46. 在 10kV 配电系统中,关于中性点经高电阻接地系统的特点,下列表述中哪几项是正确的? (　　)

(A)可以限制单相接地故障电流
(B)可以消除大部分谐振过电压
(C)单相接地故障电流小于 10A,系统可在接地故障下持续运行不中断供电
(D)系统绝缘水平要求较低

47. 下列关于110kV屋外配电装置设计中最大风速的选取哪些项是错误的?（　　）

(A)地面高度,30年一遇,10min平均最大风速
(B)离地10m高,30年一遇,10min平均瞬时最大风速
(C)离地10m高,30年一遇,10min平均最大风速
(D)离地10m高,30年一遇,10min平均风速

48. 110kV及以下供配电系统中,用电单位的供电电压应根据下列哪些因素经技术经济比较确定?（　　）

(A)用电容量及用电设备特性
(B)供电距离及供电线路的回路数
(C)用电设备过电压水平
(D)当地公共电网现状及其发展规划

49. 远离发电机端的网络发生短路时,可认为下列哪些项相等?（　　）

(A)三相短路电流非周期分量初始值
(B)三相短路电流稳态值
(C)三相短路电流第一周期全电流有效值
(D)三相短路后0.2s的周期分量有效值

50. 爆炸性气体环境内钢管配线的电气线路应做隔离密封,下列表述正确的是哪些?（　　）

(A)密封内部采用纤维作填充层的底层和隔层,填充层的有效厚度不应小于钢管内径,且不得小于16mm
(B)直径50mm及以上的钢管距引入的接线箱450mm以内处应隔离密封
(C)正常运行时,所有点燃源外壳的450mm范围内应做隔离密封
(D)相邻的爆炸性环境之间应进行隔离密封

51. 在按回路正常工作电流选择裸导体截面时,导体的长期允许载流量,应根据所在地区的下列哪些条件进行修正?（　　）

(A)海拔高度
(B)环境温度
(C)日温差
(D)环境湿度

52. 在进行低压配电线路的短路保护设计时,关于绝缘导体的热稳定校验,当短路持续时间为下列哪几项时,应计入短路电流非周期分量的影响?（　　）

(A)0.05s
(B)0.08s
(C)0.15s
(D)0.2s

53. 选择高压电器时,下列哪些电器应校验其额定开断电流的能力?（　　）

(A)断路器 (B)负荷开关
(C)隔离开关 (D)熔断器

54. 高压并联电容器装置的电器和导体,应满足下列哪些项的要求? ( )

(A)在当地环境条件下正常运行要求
(B)短路时的动热稳定要求
(C)接入电网处负载的过负荷要求
(D)操作过程的特殊要求

55. 电缆导体实际载流量应计及敷设使用条件差异的影响,规范要求下列哪些敷设方式应计入热阻的影响? ( )

(A)直埋敷设的电缆
(B)敷设于保护管中的电缆
(C)敷设于封闭式耐火槽盒中的电缆
(D)空气中明敷的电缆

56. 规范要求非裸导体应按下列哪些技术条件进行选择或校验? ( )

(A)电流和经济电流密度 (B)电晕
(C)动稳定和热稳定 (D)允许电压降

57. 电压为10kV及以下,容量为10MV·A以下单独运行的变压器装设电流速断保护时,下列哪些项不符合设计规范? ( )

(A)保护装置应动作于断开变压器的各侧断路器
(B)保护装置可仅动作于断开变压器的高压侧断路器
(C)保护装置可仅动作于断开变压器的低压侧断路器
(D)保护装置应动作于信号

58. 对3~66kV线路的下列哪些故障及异常运行方式应装设相应的保护装置?
( )

(A)相间短路 (B)过负荷
(C)线路电压低 (D)单相接地

59. 对电压为3kV及以上电动机单相接地故障,下列哪些项为设计规范规定?
( )

(A)接地电流大于10A时,应装设有选择性的单相接地保护
(B)接地电流为10A及以上时,保护装置动作于跳闸
(C)接地电流小于10A时,可装设接地检测装置
(D)接地电流为10A以下时保护装置宜动作于信号

60. 在变电所直流操作电源系统设计中，选择充电装置时，充电装置应满足下列哪些条件？（　　）

(A)额定电流应满足浮充电的要求

(B)有初充电要求时，额定电流应满足初充电要求

(C)充电装置直流输出均衡充电电流调整范围应为40% ~80%

(D)额定电流应满足均衡充电要求

61. 下列关于变电所10kV配电装置装设阀式避雷器位置和形式的说法哪些是正确的？（　　）

(A)架空进线各相上均应装设配电型MOA

(B)每组母线各相上均应装设配电型MOA

(C)架空进线各相上均应装设电站型MOA

(D)每组母线各相上均应装设电站型MOA

62. 图示笼型异步电动机的启动特性，其中曲线1、2是不同定子电压时的启动机械特性，直线3是电机的恒定静阻转矩线，下列哪些解释是正确的？

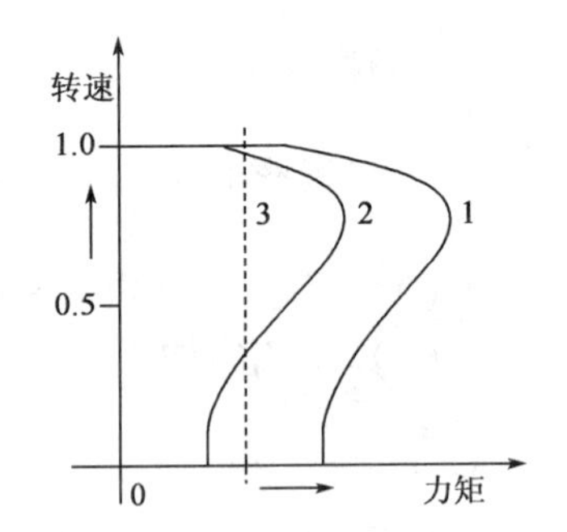

(A)曲线2的定子电压低于曲线1的定子电压

(B)曲线2的定子电源频率低于曲线1的定子电源频率

(C)电机在曲线2时启动成功

(D)电机已启动成功，然后转变至曲线2的定子电压，可继续运行

63. 关于变电所电气装置的接地装置，下列叙述哪些项是正确的？（　　）

(A)对于10kV变电所，当采用建筑物的基础作接地极且接地电阻又满足规定值时，可不另设人工接地

(B)当需要设置人工接地网时，人工接地网的外缘应闭合，外缘各角应做成直角

(C)发电厂和变电站的人工接地网应以水平接地极为主

(D)GIS置于建筑物内时，设备区域专用接地网可采用铜导体

64. 下列关于电梯接地的表述，哪些项是正确的？（　　）

(A)与建筑物的用电设备不能采用同一接地体

(B)与电梯相关的所有用电设备及导管、线槽的外露可导电部分均应可靠接地

(C)电梯的金属件，应采取等电位联结

(D)当轿厢接地线利用电缆芯线时，应采用1根铜芯导体，截面不得小于$2.5mm^2$

65. 应急照明的照度标准值，下列表述哪些项符合现行国家标准规定？（　　）

(A)建筑物公用场所安全照明的照度值不低于该场所一般照明照度值的10%

(B)建筑物公用场所备用照明的照度值除另有规定外，不低于该场所一般照明照度值的5%
(C)建筑物公用场所疏散通道的地面最低水平照度不应低于0.5lx
(D)人民防空地下室疏散通道照明的地面最低照度值不低于5lx

66. 下列关于道路照明开、关灯时天然光的照度水平的说法，哪些项是不正确的？（　　）

(A)主干路照明开灯时宜为15lx
(B)主干路照明关灯时宜为30lx
(C)次干路照明开灯时宜为10lx
(D)次干路照明关灯时宜为20lx

67. 下列关于直接接于电网的同步电动机的运行性能表述中，哪些是正确的？（　　）

(A)不可以超前的功率因数输出无功功率
(B)同步电动机无功补充的能力与电动机的负荷率、励磁电流及额定功率因数有关
(C)在电网频率恒定的情况下，电动机的转速是恒定的
(D)同步电动机的力矩与电源电压的二次方成正比

68. 下列交流电动机调速方法中，哪些不属于高效调速？（　　）

(A)变极数控制　　(B)转子串电阻
(C)液力耦合器控制　　(D)定子变压控制

69. 根据规范规定，下列哪些项表述符合安防系统设计要求？（　　）

(A)入侵和紧急报警系统应具备防拆、断路、短路报警功能
(B)系统传输线路的出入端线应屏蔽，并具有保护措施
(C)系统供电暂时中断恢复供电后，系统应能自动恢复原有工作状态，该功能应能人工设定
(D)系统宜由自检功能，对系统、设备、传输链路进行监测

70. 关于电子信息系统机房的接地，下面哪些项不符合规范要求？（　　）

(A)机房交流功能接地、保护接地、直流功能接地、防雷接地等各种接地宜共用接地网，接地电阻按其中最小值确定
(B)机房内应做等电位联结，并设置等电位联结端子箱
(C)对于工作频率小于30kHz，且设备数量较少的机房，可采用M型接地方式
(D)当各系统共用接地网时，宜将各系统接地导体串接后与接地网连接

2014年专业知识试题答案(下午卷)

1. **答案**:B

依据:《低压配电设计规范》(GB 50054—2011)第5.3.9条。

2. **答案**:C

依据:《爆炸危险环境电力装置设计规范》(GB 50058—2014)附录B第B.0.1-1条。

与释放源的距离为7.5m的范围内可划分为2区。

注:题干的描述方式为旧规范内容。

3. **答案**:B

依据:《工业与民用供配电设计手册》(第四版)P1470"安全防护措施"。

防电击措施:0区、1区内只允许用不超过交流12V或直流30V的SELV保护方式,其供电电源应安装在0区、1区以外。

注:也可参考《建筑物电气装置 第7部分:特殊装置或场所的要求第702节:游泳池和其他水池》(GB 16895.19—2002)第702.431.3.1条,此为超纲规范,建议考生应熟悉GB 16895全系列规范的名称,并了解其适用范围。

4. **答案**:B

依据:《工业与民用供配电设计手册》(第四版)P19~P20式(1.6-1)、式(1.6-2),单相负荷换算为等效三相负荷的简化方法。

多台单相用电设备的设备功率小于计算范围内三相负荷设备功率的15%时,按三相平衡负荷计算,可不换算。

5. **答案**:C

依据:《供配电系统设计规范》(GB 50052—2009)第4.0.6条。

6. **答案**:B

依据:《工业与民用供配电设计手册》(第四版)P61配电方式。

放射式:供电可靠性高,故障发生后影响范围较小,切换操作方便,保护简单,便于自动化,但配电线路和高压开关柜数量多而造价较高。

树干式:配电线路和高压开关柜数量少且投资少,但故障影响范围较大,供电可靠性较差。

环式:有闭路环式和开路环式两种,为简化保护,一般采用开路环式,其供电可靠性较高,运行比较灵活,但切换操作较繁。

7. **答案**:C

依据:《20kV及以下变电所设计规范》(GB 50053—2013)第3.3.4条。

8. **答案**:B

依据:《民用建筑电气设计规范》(JGJ 16—2008)第6.3.2-2条。

9. **答案**:D

依据:《工业与民用供配电设计手册》(第四版)P19 ~ P20式(1.6-1)、式(1.6-2),单相负荷换算为等效三相负荷的简化方法。

单相设备功率和为1.6kW,大于三相功率10kW的15%,需折算;只有相负荷时,等效三相负荷取最大相负荷的3倍,因此等效三相负荷为$10 + 3 \times 0.8 = 12.4$kW。

10. **答案**:C

依据:《供配电系统设计规范》(GB 50052—2009)第3.0.1-1条及条文说明。

或者事故一旦发生能够及时处理,防止事故扩大,保证工作人员的抢救和撤离,而必须保证的用电负荷,亦为特别重要负荷。

11. **答案**:A

依据:《爆炸危险环境电力装置设计规范》(GB 50058—2014)第5.3.5-1条。

12. **答案**:A

依据:《民用建筑电气设计规范》(JGJ 16—2008)第4.9.4条。

13. **答案**:D

依据:《电力工程电缆设计规范》(GB 50217—2018)第3.4.3-5条、第3.4.4-4条、第3.4.3-3条、第3.4.7条。

14. **答案**:C

依据:《3 ~ 110kV高压配电装置设计规范》(GB 50060—2008)第7.3.3条及条文说明。

条文说明:在GIS配电装置总布置的两侧应设通道。主通道宜设置在靠断路器的一侧,一般情况宽度不宜小于2000mm,另一侧的通道供运行和巡视用,其宽度一般不小于1000mm。

注:可参考《高压配电装置设计技术规程》(DL/T 5352—2006)第9.3.4条。此为发输变电考试重点规范。

15. **答案**:B

依据:《工业与民用供配电设计手册》(第四版)P177倒数第八行:最大短路电流,用于选择电气设备的容量或额定值以校验电器设备的动稳定、热稳定及分断能力,整定继电保护装置;最小短路电流,用于选择熔断器、设定保护定值或作为校验继电保护装置灵敏系数和校验感应电动机启动的依据。

16. **答案**:B

依据:《低压配电设计规范》(GB 50054—2011)第6.2.4条。

第6.2.4条:当短路保护电气为断路器时,被保护线路末端的短路电流不应小于断路器瞬时或短延时过电流脱扣器整定电流的1.3倍。

17. **答案**:C

依据:《导体和电器选择设计技术规定》(DL/T 5222—2005)附录F.5.1。

注:此题不严谨,零序阻抗的换算远比此公式复杂,可参考教科书。

18. **答案**:B

依据:《3~110kV高压配电装置设计规范》(GB 50060—2008)第7.2.3条。

19. **答案**:C

依据:《导体和电器选择设计技术规定》(DL/T 5222—2005)第11.0.7条。

20. **答案**:B

依据:《导体和电器选择设计技术规定》(DL/T 5222—2005)第10.2.4条。

21. **答案**:B

依据:《20kV及以下变电所设计规范》(GB 50053—2013)第4.2.1条及表4.2.1。

22. **答案**:D

依据:《建筑照明设计标准》(GB 50034—2013)第7.2.12条、《低压配电设计规范》(GB 50054—2011)第3.2.9条及条文说明。

注:条文说明中列举了各种谐波含量,解释得较为清楚。也可参考《工业与民用供配电设计手册》(第四版)P811表9.2-3及相关公式。

23. **答案**:A

依据:《电力工程电缆设计规范》(GB 50217—2018)第3.2.2条。

24. **答案**:C

依据:《35kV~110kV变电站设计规范》(GB 50059—2011)第3.10.6条。

25. **答案**:D

依据:《电力装置的继电保护和自动装置设计规范》(GB/T 50062—2008)第4.0.2条。

26. **答案**:A

依据:《电力装置电测量仪表装置设计规范》(GB/T 50063—2017)第3.6.5条。

27. **答案**:D

依据:《电力工程直流系统设计技术规程》(DL/T 5044—2014)第6.1.5条。

28. **答案**:C

依据:《电力工程直流系统设计技术规程》(DL/T 5044—2014)第3.2.3-3条。

29. **答案**:C

依据:《建筑物防雷设计规范》(GB 50057—2010)第2.0.41条。

30. **答案**:A

依据:《建筑物防雷设计规范》(GB 50057—2010)第4.5.5条。

31. **答案**:A

依据:《交流电气装置的过电压和绝缘配合》(DL/T 620—1997)第3.1.3-3条。

注:也可参考《交流电气装置的过电压和绝缘配合》(DL/T 620—1997)第3.1.3条表1。

32. **答案**:C

依据:《交流电气装置的过电压保护和绝缘配合设计规范》(GB/T 50064—2014)第6.4.6-1条。

注:也可参考《交流电气装置的过电压保护和绝缘配合》(DL/T 620—1997)第10.4.5条表19。

33. **答案**:D

依据:《工业与民用供配电设计手册》(第四版)P1402～P1403"等电位联结的作用"。

建筑物的低压电气装置应采用等电位联结,以降低建筑物内间接接触电压和不同金属物体间的电位差。

34. **答案**:C

依据:《建筑照明设计标准》(GB 50034—2013)第3.3.2条。

35. **答案**:B

依据:《建筑照明设计标准》(GB 50034—2013)第7.1.3条。

36. **答案**:D

依据:《电气传动自动化技术手册》(第三版)P877～P879编程语言相关内容。

a. 各个PLC厂商都对各自PLC有一套组态及编程软件,但它们都有一个共同点,即符合国际标准IEC 61131—32002《可编程序控制器 第3部分:编程语言》;

b. 在这些标准中,规定了PLC编程语言的整套语法和定义。包括图形化编程语言(如功能块图语言、顺序功能图语言、梯形图语言)和文本化编程语言(如指令表语言、结构文本语言);

c. 顺序功能图语言是一种描述控制程序的顺序行为特征的图形化语言,可对复杂的过程或操作由顶到底地进行辅助开发;

d. 指令表语言是一种低级语言,与汇编语言很相似。

注:参考《电气传动自动化技术手册》(第二版)P799～P801编程语言相关内容。

37. **答案**:B

依据:《火灾自动报警系统设计规范》(GB 50116—2013)第6.2.4条。

38. **答案**:B

依据:《民用建筑电气设计规范》(JGJ 16—2008)第18.4.7条。

39. **答案**:A

依据:《66kV及以下架空电力线路设计规范》(GB 50061—2010)第4.0.1条。

40. **答案**:D

依据:《民用建筑电气设计规范》(JGJ 16—2008)第20.5.2-9条。

---

41. **答案**:BCD

依据:《低压电气装置 第4-41部分:安全防护 电击防护》(GB 16895.21—2012)第410.3.9条。

42. **答案**:CD

依据:《低压配电设计规范》(GB 50054—2011)第5.2.13条、第3.1.4条、第3.1.11-1条。

43. **答案**:BCD

依据:《供配电系统设计规范》(GB 50052—2009)第4.0.1条。

44. **答案**:AC

依据:《供配电系统设计规范》(GB 50052—2009)第5.0.13条。

注:也可参考《工业与民用供配电设计手册》(第四版)P290表6-40。

45. **答案**:ABC

依据:《供配电系统设计规范》(GB 50052—2009)第7.0.7条~第7.0.8条及条文说明。

46. **答案**:ABC

依据:《工业与民用供配电设计手册》(第四版)P53~P59中性点经电阻接地相关内容。

中性点经高电阻接地:高电阻接地方式以限制单相接地故障电流为目的,电阻阻值一般在数百至数千欧姆。采用高电阻接地的系统可以消除大部分谐振过电压,对单相间歇弧光接地过电压具有一定的限制作用。单相接地故障电流小于10A,系统可在接地故障条件下持续运行不中断供电。缺点是系统绝缘水平要求高。

47. **答案**:ABD

依据:《3~110kV高压配电装置设计规范》(GB 50060—2008)第3.0.5条。

48. **答案**:ABD

依据:《供配电系统设计规范》(GB 50052—2009)第5.0.1条。

49. **答案**:BD

依据:《工业与民用供配电设计手册》(第四版)P284相关公式、P178图4.1-2"短路电流波形图”。

50. **答案**:ACD

依据:《爆炸危险环境电力装置设计规范》(GB 50058—2014)第5.4.3-5条。

注:选项B多一个“及”字。

51. **答案**:AB

依据:《导体和电器选择设计技术规定》(DL/T 5222—2005)第7.1.5条。

注:也可参考《3~110kV高压配电装置设计规范》(GB 50060—2008)第4.1.8条。

52. **答案**:AB

依据:《低压配电设计规范》(GB 50054—2011)第6.2.3-2条。

53. **答案**:ABD

依据:《导体和电器选择设计技术规定》(DL/T 5222—2005)第9.1.1条、第10.1.1条、第17.0.1条。

54. **答案**:ABD

依据:《并联电容器装置设计规范》(GB 50227—2017)第5.1.2条及条文说明。

55. **答案**:ABC

依据:《电力工程电缆设计规范》(GB 50217—2018)第3.6.3条。

56. **答案**:ACD

依据:《导体和电器选择设计技术规定》(DL/T 5222—2005)第7.1.1条。

57. **答案**:BCD

依据:《电力装置的继电保护和自动装置设计规范》(GB/T 50062—2008)第4.0.3条。

58. **答案**:ABD

依据:《电力装置的继电保护和自动装置设计规范》(GB/T 50062—2008)第5.0.1条。

59. **答案**:BD

依据:《电力装置的继电保护和自动装置设计规范》(GB/T 50062—2008)第9.0.3条。

60. **答案**:AD

依据:《电力工程直流系统设计技术规程》(DL/T 5044—2014)第6.2.2条。

61. **答案**:AD

依据:《交流电气装置的过电压保护和绝缘配合设计规范》(GB/T 50064—2014)第5.4.13-12条。

注:也可参考《交流电气装置的过电压保护和绝缘配合》(DL/T 620—1997)第7.3.9条。

62. **答案**:AD

依据:《钢铁企业电力设计手册》(下册)P2 表 23-1“特性曲线”。

63. **答案**:AC

依据:《交流电气装置的接地设计规范》(GB/T 50065—2011)第 4.3.2 条、第 4.4.6条。

64. **答案**:BC

依据:《通用用电设备配电设计规范》(GB 50055—2011)第 3.3.7 条。

65. **答案**:CD

依据:《建筑照明设计标准》(GB 50034—2013)第 5.5.2 条、第 5.5.3 条、第 5.5.4 条,《人民防空地下室设计规范》(GB 50038—2005)第 7.5.5 条。

注:题干考查旧规范《建筑照明设计标准》(GB 50034—2004)第 5.4.2 条,新规范将安全照明、备用照明、疏散照明的要求均进行了细化,其中疏散照明的照度比旧规范(0.5lx)有所提高,但答案按旧规范保留了 C 选项。

66. **答案**:ABD

依据:《照明设计手册》(第三版)P408。

道路照明开灯和关灯时的天然光照度水平,快速路和主干路宜为 30lx,次干路和支路宜为 20lx。

注:《照明设计手册》(第二版)P458 最后一段:道路照明开灯时的天然光照度水平宜为 15lx;关灯时的天然光照度水平,快速路和主干路宜为 30lx,次干路和支路宜为 20lx,开灯的天然光照度水平在第三版中有所修正。

67. **答案**:BCD

依据:选项 A:同步电动机具有调节无功的功能,可以超前和滞后输出无功功率。

选项 B:《工业与民用供配电设计手册》(第四版)P34 式(1.11-1)。

选项 C:转速 $n = 60f/P$,同步电动机的 P(极对数)为一定值,参考《钢铁企业电力设计手册》(下册)P277 也可知变极调速只适用于绕线型电动机(异步电动机)。

选项 D:可参考同步电动机力矩计算公式,但具有争议。

68. **答案**:BCD

依据:《钢铁企业电力设计手册》(下册)P270。

高效调速方案:变极数控制、变频变压控制、无换向器电机控制、串级(双馈)控制。

低效调速方案:转子串电阻控制、液力耦合器控制、电磁转差离合器控制、定子变压控制。

69. **答案**:ACD

依据:《安全防范工程技术规范》(GB 50348—2018)第 6.6.5 条。

70. **答案**:CD

依据:《民用建筑电气设计规范》(JGJ 16—2008)第 23.4.2 条。

2014 年案例分析试题(上午卷)

[案例题是 4 选 1 的方式,各小题前后之间没有联系,共 25 道小题,每题分值为 2 分,上午卷 50 分,下午卷 50 分,试卷满分 100 分。案例题一定要有分析(步骤和过程)、计算(要列出相应的公式)、依据(主要是规程、规范、手册),如果是论述题要列出论点]

题 1 ~ 5:某车间变电所配置一台 1600kV · A,10 ±2 ×2.5%/0.4kV,阻抗电压为 6% 的变压器,低压母线装设 300kvar 并联补偿电容器,正常时全部投入,请回答下列问题。

1. 当负荷变化切除 50kvar 并联电容器时,试近似计算确定变压器电压损失的变化是下列哪一项? ( )

(A)0.19% (B)0.25%

(C)1.88% (D)2.08%

解答过程:

2. 若从变电所低压母线至远端设备馈电线路的最大电压损失为 5%,至近端设备馈电线路的最小电压损失为 0.95%,变压器满负荷时电压损失为 2%,用电设备允许电压偏差在 ±5% 以内,计算并判断变压器分接头宜设置为下列哪一项? ( )

(A) +5% (B)0

(C) -2.5% (D) -5%

解答过程:

3. 变电所馈出的照明线路三相负荷配置平衡,各相 3 次谐波电流为基波电流的 20%,计算照明线路的中性导体电流和相导体电流的比值是下列哪一项? ( )

(A)0.20 (B)0.59

(C)1.02 (D)1.20

解答过程：

4. 该变电所低压侧一馈电线路为容量 26kV · A、电压 380V 的三相非线性负载供电，若供电线路电流 42A，计算此线路电流谐波畸变率 THD_I 为下列哪一项？ （ ）

(A)6%　　(B)13%

(C)36%　　(D)94%

解答过程：

5. 一台 UPS 的电源引自该变电所，UPS 的额定输出容量 300kV · A，整机效率 0.92，所带负载的功率因数 0.8，若整机效率提高到 0.93，计算此 UPS 年(365 天)满负荷运行节约的电量为下列哪一项？ （ ）

(A)30748kW · h　　(B)24572kW · h

(C)1024kW · h　　(D)986kW · h

解答过程：

题 6 ~ 10：某企业 35kV 总降压变电站设有两台三相双绕组变压器，容量为 2 × 5000kV · A，电压比为 35 ± 2 × 2.5%/10.5kV，变压器空载有功损耗为 4.64kW，变压器阻抗电压为 7%，变压器负载有功损耗为 34.2kW，变压器空载电流为 0.48%，35kV 电源进线 2 回，每回线路长度约 10km，均引自地区 110/35kV 变电站，每台主变 10kV 出线各 3 回，供厂内各车间负荷，请回答下列问题。

6. 假定该企业年平均有功和无功负荷系数分别为 0.7、0.8，10kV 侧计算有功功率为 3600kW，计算无功功率为 2400kvar，该负荷平均分配于两台变压器，请计算企业的自然平均功率因数为多少？ （ ）

(A)0.74　　(B)0.78

(C)0.80　　(D)0.83

解答过程：

7. 请计算该变电站主变压器经济运行的临界负荷是多少？（无功功率经济当量取0.1kW/kvar） （　　）

(A)1750kV·A　　(B)2255kV·A

(C)3250kV·A　　(D)4000kV·A

解答过程：

8. 计算变压器负荷率为下列哪一项时，变压器的有功损失率最小？ （　　）

(A)37%　　(B)50%

(C)65%　　(D)80%

解答过程：

9. 假定变电站变压器负荷率为60%，负荷功率因数为0.9，计算每台主变压器电压损失最接近下列哪项数值？ （　　）

(A)0.55%　　(B)1.88%

(C)2.95%　　(D)3.90%

解答过程：

10. 该站拟设置一台柴油发电机作为应急电源为一级负荷供电，一级负荷计算功率为250kW，电动机总负荷58kW，其中最大一台电动机的全压启动容量为300kVA，电动机启动倍数为6，负荷综合效率0.88，计算柴油发电机视在功率最小为下列哪一项？（负荷率按1.0考虑） （　　）

(A)250kVA　　(B)300kVA

(C)350kVA　　(D)450kVA

解答过程：

题 11～15：某工厂变电所供电系统如下图所示，电网及各元件参数标明在图上，发电机的运算曲线数字见下表，请回答下列各题(计算时只计电抗、不计电阻)。

I_* t(s) X_C	0	0.01	0.06	0.1	0.2	0.4	0.5	0.6	1	2	4
0.12	8.963	8.603	7.186	6.400	5.220	4.252	4.006	3.821	3.344	2.795	2.512
0.14	7.718	7.467	6.441	5.839	4.878	4.040	3.829	3.673	3.280	2.808	2.526
0.16	6.763	6.545	5.660	5.146	4.336	3.649	3.481	3.359	3.060	2.706	2.490
0.18	6.020	5.844	5.122	4.697	4.016	3.429	3.288	3.186	2.944	2.659	2.476
0.20	5.432	5.280	4.661	4.297	3.715	3.217	3.099	3.016	2.825	2.607	2.462
0.22	4.938	4.813	4.296	3.988	3.487	3.052	2.951	2.882	2.729	2.561	2.444
0.24	4.526	4.421	3.984	3.721	3.286	2.904	2.816	2.758	2.638	2.515	2.425
0.26	4.178	4.088	3.714	3.486	3.106	2.769	2.693	2.644	2.551	2.467	2.404
0.28	3.872	3.705	3.472	3.274	2.939	2.641	2.575	2.534	2.464	2.415	2.378
0.30	3.603	3.536	3.255	3.081	2.785	2.520	2.463	2.429	2.379	2.360	2.347
0.32	3.368	3.310	3.063	2.909	2.646	2.410	2.360	2.332	2.299	2.306	2.316
0.34	3.159	3.108	2.891	2.754	2.519	2.308	2.264	2.241	2.222	2.252	2.283
0.36	2.975	2.930	2.736	2.614	2.403	2.213	2.175	2.156	2.149	2.109	2.250
0.38	2.811	2.770	2.597	2.487	2.297	2.126	2.093	2.077	2.081	2.148	2.217
0.40	2.664	2.628	2.471	2.372	2.199	2.045	2.017	2.004	2.017	2.099	2.184
0.42	2.531	2.499	2.357	2.267	2.110	1.970	1.946	1.936	1.956	2.052	2.151
0.44	2.411	2.382	2.253	2.170	2.027	1.900	1.879	1.872	1.899	2.006	2.119
0.46	2.302	2.275	2.157	2.082	1.950	1.835	1.817	1.812	1.845	1.963	2.088
0.48	2.203	2.178	2.069	2.000	1.879	1.774	1.759	1.756	1.794	1.921	2.057
0.50	2.111	2.088	1.988	1.924	1.813	1.717	1.704	1.703	1.746	1.880	2.027
0.55	1.913	1.894	1.810	1.757	1.665	1.589	1.581	1.583	1.635	1.785	1.953
0.60	1.748	1.732	1.662	1.617	1.539	1.478	1.474	1.479	1.538	1.699	1.884
0.65	1.610	1.596	1.535	1.497	1.431	1.382	1.381	1.388	1.452	1.621	1.819
0.70	1.492	1.479	1.426	1.393	1.336	1.297	1.298	1.307	1.375	1.549	1.734
0.75	1.390	1.379	1.332	1.302	1.253	1.221	1.225	1.235	1.305	1.484	1.596
0.80	1.301	1.291	1.249	1.223	1.179	1.154	1.159	1.171	1.243	1.424	1.474
0.85	1.222	1.214	1.176	1.152	1.114	1.094	1.100	1.112	1.186	1.358	1.370
0.90	1.153	1.145	1.110	1.089	1.055	1.039	1.047	1.060	1.134	1.279	1.279
0.95	1.091	1.084	1.052	1.032	1.002	0.990	0.998	1.012	1.087	1.200	1.200

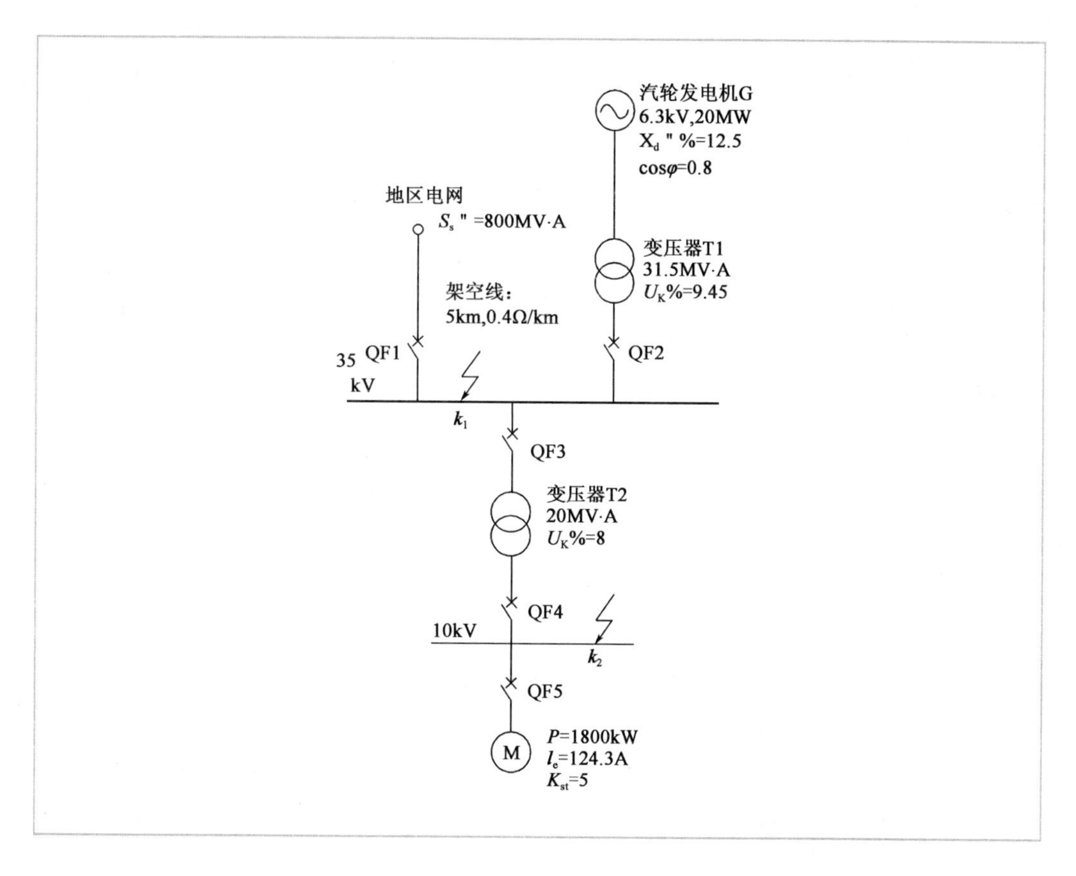

11. 当 QF3 断开,QF1,QF2 合闸时,K1 点三相短路时的超瞬态短路电流周期分量有效值 I''_{K1} 为下列哪一项? ( )

(A)18.2kA　　(B)7.88kA

(C)7.72kA　　(D)7.32kA

解答过程:

12. 当 QF5 断开,QF1 ~ QF4 合闸时,假设以基准容量 S_j = 100MV · A,基准电压 U_j = 10.5kV 计算并变换简化后的网络电抗见右图,问 K2 点三相短路时,由地区电网提供的超瞬态短路电流周期分量有效值 I''_{K2W} 为下列哪一项? ( )

地区电网　汽轮发电机G

$\frac{X_7}{0.32}$　$\frac{X_8}{0.90}$

$\frac{X_5}{0.40}$

K2

(A)2.24kA

(B)6.40kA

(C)7.64kA

(D)8.59kA

解答过程：

13. 当 QF5 断开，QF1 ~ QF4 合闸时，假设以基准容量 S_j = 100MV·A，基准电压 U_j = 10.5kV 计算变换简化后的网络电抗见右图，问 K2 点两相不接地短路时，总的超瞬态短路电流周期分量有效值 I''_{2K2} 为下列哪一项？（ ）

地区电网 汽轮发电机G

$\frac{X_9}{0.5}$ $\frac{X_{10}}{1.2}$

K2

(A)9.5kA (B)13.9kA

(C)14.9kA (D)16kA

解答过程：

14. 题干中 QF3 断开，QF1 和 QF2 合闸，假设以基准容量 S_j = 100MV·A，基准电压 U_j = 37kV，计算的发电机和变压器 T1 支路的总电抗为 0.8，当 K1 点三相短路时，保护动作使 QF2 分闸，已知短路电流的持续时间为 0.2s，直流分量的等效时间为 0.1s，计算短路电流在 QF2 中产生的热效应为下列哪项数值？（ ）

(A)1.03kA^2s (B)1.14kA^2s

(C)1.35kA^2s (D)35.39kA^2s

解答过程：

15. 题干中，QF1 ~ QF5 均合闸，当 K2 点三相短路时，设电网和发电机提供的超瞬态短路电流周期分量有效值 I''_s 为 10kA，其峰值系数 K_p = 1.85，异步电动机 M 反馈电流的峰值系数查右图，计算 K2 点三相短路时，该短路电流峰值应为下列哪项数值？（ ）

(A)27.54kA (B)26.16kA

(C)19.88kA (D)17kA

解答过程：

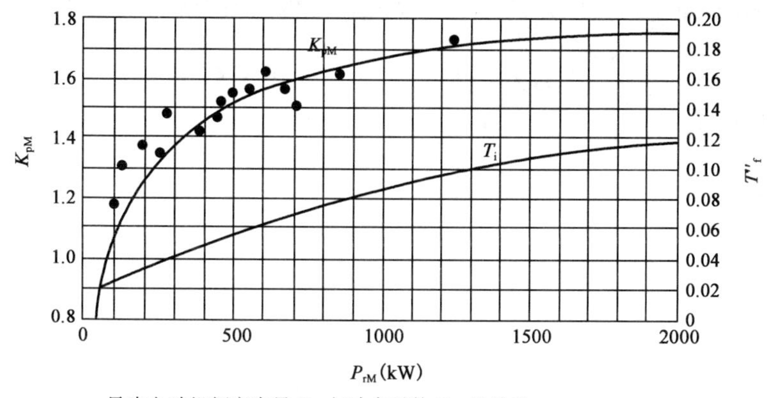

异步电动机额定容量 P_{rM} 与冲击系数 K_{pM} 的关系

T_f''——反馈电流周期分量衰减时间常数

> 题 16～20：某 35kV 变电所，设 35/10kV 变压器 1 台、10kV 馈出回路若干，请回答该变电所 10kV 系统考虑采用不同接地方式时所遇到的几个问题。

16. 已知：变电所在最大运行方式下 10kV 架空线路和电缆线路的电容电流分别为 3A 和 9A，变电所设备产生的电容电流不计。生产工艺要求系统在单相接地故障情况下继续运行，请问按过补偿考虑消弧线圈补偿容量的计算值为下列哪一项？（　　）

(A) 60kV · A　　(B) 70kV · A

(C) 94kV · A　　(D) 162kV · A

解答过程：

17. 假定变电所 10kV 系统的电容电流为 44A，经计算选择的消弧线圈电感电流为 50A，计算采用消弧线圈后的系统中性点位移电压为下列哪一项？（阻尼率取 4%）

（　　）

(A) 800V　　(B) 325V

(C) 300V　　(D) 130V

解答过程：

18. 假定该变电所 10kV 系统单相接地电容电流为 5A，为了防止谐振对设备造成损

坏,中性点采用经高电阻接地方式,计算接地电阻器的阻值为下列哪一项? ( )

(A)1050Ω (B)1155Ω

(C)1818Ω (D)3149Ω

解答过程:

19. 假定10kV馈出线主要由电缆线路构成,变压器10kV侧中性点可以引出,拟采用经低电阻接地方式,如果系统单相接地电流值为320A,计算接地电阻器的阻值和单相接地时最大消耗功率为下列哪一项? ( )

(A)18Ω,1939kW (B)18Ω,3299kW

(C)31Ω,1939kW (D)31Ω,3200kW

解答过程:

20. 假定变压器10kV侧中性点可以引出,拟采用经单相接地变压器电阻接地,已知变电所在最大运行方式下的单相接地电容电流为16A(接地变压器过负荷系数为1.2,接地变压器二次电压220V),计算该接地变压器的最小额定容量和电阻器的阻值为下列哪一项?(精确到小数点后两位) ( )

(A)50kV·A,0.16Ω (B)100kV·A,0.48Ω

(C)60kV·A,0.52Ω (D)200kV·A,0.82Ω

解答过程:

题21~25:某城区110/10.5kV无人值班变电站,全站设直流操作系统一套,直流系统电压采用110V,蓄电池拟选用阀控式密封铅酸蓄电池组,按阶梯计算法进行的变电站直流负荷统计结果见表1,阀控式密封铅酸蓄电池放电终止电压为1.85V,蓄电池的容量选择系数见表2,请回答下列问题。

变电站直流负荷统计　　表1

序号	负荷名称	设备电流(A)	负荷系数	计算电流(A)	经常负荷电流(A)	事故放电时间及放电电流(A)						
						初期	持续(h)					随机
						1min	1~30	30~60	60~120	120~180	180~480	5s
					I_{jc}	I_1	I_2	I_3	I_4	I_5	I_6	I_R
1	信号灯、位置继电器和位置指示器		0.6	√	√	√			√			
2	控制、保护、监控系统	3300	0.6	18.0	18.0	18.0	18.0	18.0	18.0			
3	断路器跳闸	6600	0.6	36.0		36.0						
4	断路器自投	600	0.6	2.73		2.73						
5	恢复供电断路器合闸	4200	1.0	38.18								38.18
6	氢密封油泵		0.8									
7	直流润滑油泵		0.9									
8	交流不停电电源装置	6000	0.6	32.73		32.73	32.73	32.73	32.73			
9	DC/DC 变换装置		0.8	√	√	√			√			
10	直流长明灯		1	0	1	1	1	1				
11	事故照明	1000	1	9.09		9.09	9.09	9.09				
	合计	21700		136.73	18.00	98.55	59.82	59.82	50.73	0.00	0.00	38.18

阀控式密封铅酸蓄电池的容量选择系数　　表2

放电终止电压(V)	容量系数和容量换算系数	不同放电时间 t 的 K_{cc} 和 K_c 值																
		5s	1.0(min)	29(min)	0.5(h)	59(min)	1.0(h)	89(min)	1.5(h)	2.0(h)	179(min)	3.0(h)	4.0(h)	5.0(h)	6.0(h)	7.0(h)	479(min)	8.0(h)
1.75	K_{cc}				0.492		0.615		0.719	0.774		0.867	0.936	0.975	1.014	1.071		1.080
	K_c	1.54	1.53	1.000	0.984	0.620	0.615	0.482	0.479	0.387	0.289	0.289	0.234	0.195	0.169	0.153	0.135	0.135
1.80	K_{cc}				0.450		0.598		0.708	0.748		0.840	0.896	0.950	0.996	1.050		1.056
	K_c	1.45	1.43	0.920	0.900	0.600	0.598	0.476	0.472	0.374	0.280	0.280	0.224	0.190	0.166	0.150	0.132	0.132
1.83	K_{cc}				0.412		0.565		0.683	0.714		0.810	0.868	0.920	0.960	1.015		1.016
	K_c	1.38	1.33	0.843	0.823	0.570	0.565	0.458	0.455	0.357	0.270	0.270	0.217	0.184	0.160	0.145	0.127	0.127
1.85	K_{cc}				0.390		0.540		0.642	0.688		0.786	0.856	0.900	0.942	0.980		0.984
	K_c	1.34	1.24	0.800	0.780	0.558	0.540	0.432	0.428	0.344	0.262	0.262	0.214	0.180	0.157	0.140	0.123	0.123
1.87	K_{cc}				0.378		0.520		0.612	0.668		0.774	0.836	0.885	0.930	0.959		0.960
	K_c	1.27	1.18	0.764	0.755	0.548	0.520	0.413	0.408	0.334	0.258	0.258	0.209	0.177	0.155	0.137	0.120	0.120
1.90	K_{cc}				0.338		0.490		0.572	0.642		0.759	0.800	0.850	0.900	0.917		0.944
	K_c	1.19	1.12	0.685	0.676	0.495	0.490	0.383	0.381	0.321	0.253	0.253	0.200	0.170	0.150	0.131	0.118	0.118

注：容量系数 $K_{cc}=\frac{C_t}{C_{10}}=K_c\cdot t$（$t$—放电时间，$h$）；容量换算系数 $K_c=\frac{I_t}{C_{10}}(1/h)=\frac{K_{cc}}{t}$（$t$—放电时间，$h$）。

21. 采用阶梯计算法进行变电站直流系统蓄电池容量选择计算，确定蓄电池 10h 放电率第三阶段的计算容量最接近下列哪一项？（　　）

(A)88.8A·h　　(B)109.1A·h
(C)111.3A·h　　(D)158.3A·h

解答过程：

22. 假定用阶梯计算法进行变电站直流系统蓄电池容量选择计算时，蓄电池 10h 放电率第一、二、三、四阶段计算容量分别为 228A·h、176A·h、203A·h、212A·h，计算蓄电池的最小容量为下列哪一项？（　　）

(A)180A·h　　(B)230A·h
(C)250A·h　　(D)300A·h

解答过程：

23. 该直流系统的蓄电池出口回路以及各直流馈线均采用直流断路器作为保护电器，其中直流馈线中直流断路器最大的额定电流为 100A，所采用的铅酸蓄电池 10h 放电率电流为 25A，计算蓄电池出口回路的断路器最小额定电流为下列哪一项？（按一般情况考虑，同时不考虑灵敏系数和保护动作时间的校验）（　　）

(A)100A　　(B)120A
(C)150A　　(D)200A

解答过程：

24. 计算按阶梯计算法计算时，事故照明回路电缆的允许电压降的范围为下面哪一项？（　　）

(A)0.55 ~ 1.1V　　(B)1.65 ~ 2.2V
(C)2.75 ~ 3.3V　　(D)2.75 ~ 5.5V

解答过程：

25. 本站直流系统设两组蓄电池，两组蓄电池分别接于不同的直流母线段，两段直流母线之间装设有联络用刀开关。计算联络用刀开关的最小额定电流为下列哪一项？
( )

(A)63A　　(B)100A

(C)160A　　(D)200A

解答过程：

2014 年案例分析试题答案(上午卷)

题 1 ~ 5 答案:**ABBCB**

1.《供配电系统设计规范》(GB 50052—2009)第 5.0.5 条及条文说明 式(2)。

变压器电压损失变化:$\Delta U_T = \Delta Q_c \dfrac{E_k}{S_T} \times 100\% = 50 \times \dfrac{6}{1600} \times 100\% = 0.1875\%$

注:可参考《并联电容器装置设计规范》(GB 50227—2017)第 5.2.2 条及条文说明对比理解,轻负荷引起的电网电压升高,并联电容器装置投入电网后引起的母线电压升高值按式 $\Delta U = U_{s0}\dfrac{Q}{S_d}$ 计算。

2.《工业与民用供配电设计手册》(第四版)P462 ~ P463 式(6.2-11)、式(6.2-12)。

最大负荷时:

末端最大电压偏差:$\delta u_{1max} = \delta u_1 + e - \Sigma\Delta u$

$\pm 5\% = 0 + e - (2\% + 5\%)$

$e = 2\% \sim 12\%$

末端最小低压偏差:$\delta u_{1min} = \delta u_1 + e - \Sigma\Delta u$

$\pm 5\% = 0 + e - (2\% + 0.95\%)$

$e = -2.05\% \sim 7.95\%$

最小负荷时:

末端最大电压偏差:$\delta u_{2max} = \delta u_1 + e - \Sigma\Delta u$

$\pm 5\% = 0 + e - (0 + 5\%)$

$e = 0\% \sim 10\%$

末端最小低压偏差:$\delta u_{2min} = \delta u_1 + e - \Sigma\Delta u$

$\pm 5\% = 0 + e - (0 + 0.95\%)$

$e = -4.05\% \sim 5.95\%$

综上可知,变压器分接头范围应为:$e = 2\% \sim 5.95\%$,可选 2.5% 和 5%。

结合表 6-5,可知本题变压器分接头与二次侧空载电压和电压提升的关系如下:

10 ± 2.5% x2/0.4 变压器分接头	+5%	+2.5%	0	−2.5%	−5%
变压器空载电压(V)	380	390	400	410	420
低压提升(%)	0	+2.5	+5	+7.5	+10

则对应的变压器分接头应为 +2.5% 或 0,结合本题给出的答案,选 0。

注:合理选择变压器的电压分接头的原则为:使出现最大负荷时的电压负偏差与出现最小负荷时的电压正偏差得到调整,使之保持在正常合理的范围内,但不能缩小正负偏差之间的范围。也可参见《工业与民用配电设计手册》(第三版)P257 式(6-11)及表 6-5。

3.《工业与民用供配电设计手册》(第四版)P494 式(6.7-8)、《低压配电设计规范》

(GB 50054—2011)第3.2.9条及条文说明,设基波电流为I,则:

相电流有效值:$I_{ph} = \sqrt{I^2 + (0.2I)^2} = 1.0198I$

中性线电流有效值:$I_c = 3 \times 0.2I = 0.6I$

其比值为:$k = \dfrac{0.6I}{1.0198I} = 0.588$

4.《工业与民用供配电设计手册》第四版 P493 ~ P494 式(6.7-4)、式(6.7-6)和式(6.7-8)。

低压侧基波电流:$I_1 = \dfrac{S}{\sqrt{3}U} = \dfrac{26}{\sqrt{3} \times 0.38} = 39.5\text{A}$

总谐波电流含量有 $I_h = \sqrt{\sum_{n=2}^{\infty} I_n^2}$,则 $I_h = \sqrt{I^2 - I_1^2} = \sqrt{42^2 - 39.5^2} = 14.27\text{A}$

电流总谐波畸变率:$\text{THD}_I = \dfrac{I_h}{I_1} \times 100\% = \dfrac{14.27}{39.5} = 36.13\%$

注:也可参考《工业与民用配电设计手册》(第三版)P281 式(6-32)、式(6-33)和式(6-34)。

5.《钢铁企业电力设计手册》(上册)P302 例题6 相关公式。

年满负荷运行节约的电量:

$$W = P_N\left(\frac{1}{\eta_1} - \frac{1}{\eta_2}\right)tK = 300 \times 0.8 \times \left(\frac{1}{0.92} - \frac{1}{0.93}\right) \times 365 \times 24 \times 1 = 24572\ \text{kW}\cdot\text{h}$$

题6 ~ 10 答案:**BBABD**

6.《钢铁企业电力设计手册》(上册)P291 式(6-12)、式(6-13)、式(6-14)、式(6-17)、式(6-19)。

负载系数:$\beta = \dfrac{I_2}{I_{2N}} = \dfrac{\sqrt{3600^2 + 2400^2}/10 \times \sqrt{3}}{2 \times 5000/10 \times \sqrt{3}} = 0.433$

有功功率损失:$\Delta P = P_0 + \beta^2 P_k = 4.64 + 0.433^2 \times 34.2 = 11.05\ \text{kW}$

无功功率损失:$\Delta Q = Q_0 + \beta^2 Q_k = 0.48\% \times 5000 + 0.433^2 \times 7\% \times 5000 = 89.62\text{kvar}$

35kV 侧企业计算有功功率:$P_c = P + 2\Delta P = 3600 + 2 \times 11.05 = 3622.1\text{kW}$

35kV 侧企业计算无功功率:$Q_c = Q + 2\Delta Q = 2400 + 2 \times 89.62 = 2579\text{kvar}$

《工业与民用供配电设计手册》(第四版)P37 式(1.1-7)。

企业自然平均功率因数:$\cos\varphi_1 = \sqrt{\dfrac{1}{1 + \left(\dfrac{\beta_{av} Q_c}{\alpha_{av} P_c}\right)^2}} = \sqrt{\dfrac{1}{1 + \left(\dfrac{0.8 \times 2579}{0.7 \times 3622.1}\right)^2}} = 0.776$

注:用企业总用电或单台变压器计算,不影响结果。

7.《工业与民用供配电设计手册》(第四版)P1561 表16.3-8。

经济运行的临界负荷:$S_{cr} = S_r\sqrt{2\dfrac{P_0 + K_q Q_0}{P_k + K_q Q_k}} = 5000 \times \sqrt{2 \times \dfrac{4.64 + 0.1 \times 0.48\% \times 5000}{34.2 + 0.1 \times 7\% \times 5000}} =$

2255.37kV · A

注：无功经济当量的物理概念是，变压器每减少1kvar无功功率消耗时，引起连接系统有功损失下降的kW值，可参考《钢铁企业电力设计手册》(上册)P295、296相关内容。

8.《钢铁企业电力设计手册》(上册)P291式(6-18)及图6-1变压器功率损失和损失率的负载特性曲线。

最小损失条件：$\beta = \sqrt{\frac{P_0}{P_K}} = \sqrt{\frac{4.64}{34.2}} = 0.368 = 36.8\%$

注：当变压器铜损(负载损耗)等于铁损(空载损耗)时，变压器的损失率达到最低，此时的负载系数称为有功经济负载系数。

9.《工业与民用供配电设计手册》(第四版)P460式(6.2-8)。

变压器阻抗电压有功分量：$u_a = \frac{100\Delta P_T}{S_{rT}} = \frac{100 \times 34.2}{5000} = 0.684$

变压器阻抗电压无功分量：$u_r = \sqrt{u_T^2 - u_a^2} = \sqrt{7^2 - 0.684^2} = 6.967$

其中：由 $\cos\varphi = 0.9$ 得 $\sin\varphi = 0.436$，则变压器电压损失(%)：$\Delta u_T = \beta(u_a\cos\varphi + u_r\sin\varphi) = 0.6 \times (0.684 \times 0.9 + 6.967 \times 0.436) = 2.2$

注：计算结果与答案有一定差距，不过题干要求选最接近的数据，满足题意即可。也可参考《工业与民用配电设计手册》(第三版)P254式(6-6)。

10.《工业与民用供配电设计手册》(第四版)P66式(2-6)、式(2-7)和式(2-8)。

按稳定负荷计算发电机容量：$S_{c1} = \alpha\frac{P_\Sigma}{\eta_\Sigma\cos\varphi} = 1 \times \frac{250}{0.88 \times 0.8} = 355.11\text{kV}\cdot\text{A}$

按尖峰负荷计算发电机容量：

$S_{c2} = \left(\frac{P_\Sigma - P_m}{\eta_\Sigma} + P_m KC\cos\varphi_m\right)\frac{1}{\cos\varphi} = (\frac{250 - 300 \times 0.8/6}{0.88} + \frac{300 \times 0.8}{6} \times 6 \times 1 \times 0.4) \times \frac{1}{0.8} = 418\text{kV}\cdot\text{A}$

按母线允许电压降计算发电机容量：$S_{c3} = \left(\frac{1}{\Delta E} - 1\right)X'_d P_n KC = \left(\frac{1 - 0.2}{0.2}\right) \times 0.25 \times 58 \times 6 \times 1 = 348\text{kV}\cdot\text{A}$

综上，取较大者，选择450kV · A可满足要求。

题11~15答案：**BBBAA**

11.《工业与民用供配电设计手册》(第四版)P280~P281式(4.6-2)~式(4.6-8)、表4.6-3、P285~P289式(4.6-16)和式(4.6-18)及按发电机运算曲线计算。

由于断路器QF3断开，k_1点短路电流仅来自地区电网及汽轮发电机。

a.地区电网提供的短路电流周期分量有效值 I'_{K11}

设 $S_j = 100\text{MV}\cdot\text{A}$，$U_j = 37\text{kV}$，则 $I_j = 1.56\text{kA}$。

系统电抗标幺值：$X_{*S}=\dfrac{S_j}{S''_S}=\dfrac{100}{800}=0.125$

架空线电抗标幺值：$X_{*L}=X\dfrac{S_j}{U_j^2}=0.4\times5\times\dfrac{100}{37^2}=0.146$

则 $I'_{K11}=\dfrac{I_j}{X_{*S}+X_{*L}}=\dfrac{1.56}{0.125+0.146}=5.76\text{kA}$

b. 汽轮发电机提供的短路电流周期分量有效值 I'_{K12}，基准容量采用发电机额定容量：

按发电机运算曲线计算，设 $S_j=\dfrac{20}{0.8}=25\text{MV}\cdot\text{A}$，$U_j=37\text{kV}$

发电机电抗标幺值：$X_{*G}=X''_d\dfrac{S_j}{S_r}=0.125\times\dfrac{25}{20/0.8}=0.125$

变压器电抗标幺值：$X_{*T}=\dfrac{u_k\%}{100}\cdot\dfrac{S_j}{S_{rT}}=0.0945\times\dfrac{25}{31.5}=0.075$

计算用电抗：$X_C=X_{*G}+X_{*T}=0.125+0.075=0.2$，查发电机运算曲线数字表，可知 $I_*=5.432(t=0\text{s})$

发电机基准电流：$I_{r\cdot j}=\dfrac{P}{\sqrt{3}U_j\cos\varphi}=\dfrac{20}{\sqrt{3}\times37\times0.8}=0.39\text{kA}$

则：$I''_{k12}=I_*I_{r\cdot j}=5.432\times0.39=2.12\text{kA}$

c. k_1 点的三相短路时的超瞬态短路电流周期分量有效值：

$I''_{k1}=I''_{k11}+I''_{k12}=5.76+2.12=7.88\text{kA}$

注：发电机近端短路电流计算中，计算用电抗是以其相应发电机的额定容量为基准容量的标幺电抗值，基准电流是由等值发电机的额定容量和相应的平均额定电压求得，此两点必须牢记。也可参考《工业与民用配电设计手册》(第三版)P127～P128 表4-1 和表4-2 及 P134 式4-12、式4-13。

12.《钢铁企业电力设计手册》(上册)P188 式(4-7)～式(4-13)，电路二次变换。

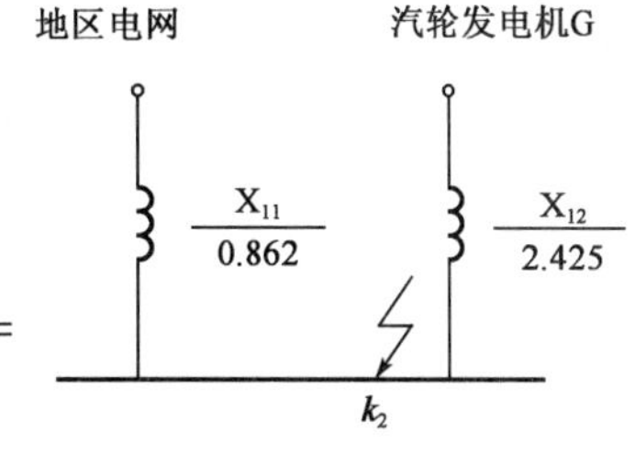

设 $S_j=100\text{MV}\cdot\text{A}$，$U_j=10.5\text{kV}$，则 $I_j=5.5\text{kA}$。

网络简化，消去公共支路电抗 X_5，则：

地区电网支路分布系数：$C_1=\dfrac{X_8}{X_7+X_8}=\dfrac{0.9}{0.32+0.90}=0.7377$

短路电路的总电抗：$X_{*\Sigma}=\dfrac{X_7X_8}{X_7+X_8}+X_5=\dfrac{0.32\times0.9}{0.32+0.9}+0.4=0.636$

地区电网至短路点之间的等值电抗：$X_{11}=\dfrac{X_{*\Sigma}}{C_1}=\dfrac{0.636}{0.7377}=0.862$

地区电网提供的超瞬态短路电流周期分量有效值：$I''_{K2W}=\dfrac{I_j}{X_{11}}=\dfrac{5.5}{0.862}=6.40\text{kA}$

注：同理，发电机电网至短路点之间的等值电抗：$X_{12}=\dfrac{X_{*\Sigma}}{C_1}=\dfrac{0.636}{1-0.7377}=2.425$，化简后网络电抗如上图所示。

13.《工业与民用供配电设计手册》(第四版)P280 ~ P281 式(4.6-2) ~ 式(4.6-8)、P301 式(4.6-29)。

设 $S_j = 100\text{MV} \cdot \text{A}, U_j = 10.5\text{kV}$, 则 $I_j = 5.5\text{kA}$。

a. 两相不接地短路时,地区电网提供的短路电流周期分量有效值 I''_{2K21} 应为:

$$I''_{2K21} = 0.866 \times \frac{I_j}{X_9} = 0.866 \times \frac{5.5}{0.5} = 9.526\text{kA}$$

b. 两相不接地短路时,汽轮发电机提供的短路电流周期分量有效值 I''_{2K22},应为

计算用电抗:$X_{*C} = X_{10}\frac{S_G}{S_j} = 1.2 \times \frac{20/0.8}{100} = 0.3$,按 2 倍的 $X_{*C}(0.6)$ 作为横坐标查发电机运算曲线数字表,可知 $I_* = 1.748(t = 0\text{s})$。

有限电源容量系统向短路点馈送短路电流时的发电机额定电流为:

$$I_r = \frac{P}{\sqrt{3}U\cos\varphi} = \frac{20}{\sqrt{3} \times 10 \times 0.8} = 1.44\text{kA}$$

则:$I''_{2K22} = \sqrt{3}I_* I_r = \sqrt{3} \times 1.748 \times 1.44 = 4.36\text{kA}$

c. 两相不接地短路时,K2 点的超瞬态短路电流周期分量有效值为:

$$I''_{2K2} = I''_{2K21} + I'_{2K22} = 9.526 + 4.36 = 13.886\text{kA}$$

注:本题有两点需强调,其一,式(4-38)中的 $I_{r\Sigma}$ 为有限电源容量系统向短路点馈送短路电流是所有发电机"额定电流"的总和,与 11 题中的基准电流 $I_{r\cdot j}$ 不是同一个参数;其二,K2 点不属于发电机出口。也可参考《工业与民用配电设计手册》(第三版)P152 式(4-36)和式(4-38)。

14.《工业与民用供配电设计手册》(第四版)P285 ~ P289 式(4.6-16)和式(4.6-18)及按发电机运算曲线计算。

计算用电抗:$X_{*C} = X_{10}\frac{S_G}{S_j} = 0.8 \times \frac{20/0.8}{100} = 0.2$

查发电机运算曲线数字表,可知:

$I_* = 5.432(t = 0\text{s})$, $I_{*0.1} = 4.297(t = 0.1\text{s})$, $I_{*0.2} = 3.715(t = 0.2\text{s})$。

发电机基准电流:$I_{r\cdot j} = \frac{P}{\sqrt{3}U_j\cos\varphi} = \frac{20}{\sqrt{3} \times 37 \times 0.8} = 0.39\text{kA}$

则 0s、0.1s、0.2s 的短路电流有效值分别为:

$I''_k = I_* I_{r\cdot j} = 5.432 \times 0.39 = 2.12\text{kA}$

$I''_{k\cdot 0.1} = I_{*0.1}I_{r\cdot j} = 4.297 \times 0.39 = 1.68\text{kA}$

$I''_{k\cdot 0.2} = I_{*0.2}I_{r\cdot j} = 3.715 \times 0.39 = 1.45\text{kA}$

《导体和电器选择设计技术规定》(DL/T 5222—2005)附录 F 式(F.6.2)和式(F.6.3)。

短路电流周期分量引起的热效应:

$$Q_z = \frac{(I''^2_k + 10I''^2_{k\cdot 0.1} + I''^2_{k\cdot 0.2})t}{12} = \frac{(2.12^2 + 10 \times 1.68^2 + 1.45^2) \times 0.2}{12} = 0.58\ \text{kA}^2\text{s}$$

短路电流非周期分量引起的热效应:

$$Q_f = TI''^2_k = 0.1 \times 2.12^2 = 0.45\ \text{kA}^2\text{s}$$

短路电流在断路器 QF2 中产生的热效应：$Q_t = Q_z + Q_f = 0.58 + 0.45 = 1.03\ kA^2s$

15.《工业与民用供配电设计手册》(第四版)P300 式(4.6-22)、式(4.6-26)。

异步电动机提供的反馈电流周期分量初始值：$I''_M = K_{stM}I_{rM} \times 10^{-3} = 5 \times 124.3 \times 10^{-3} = 0.6215\ kA$

由题干图中信息，可知异步电动机额定功率 1800kW，查表，可知冲击系数 $K_{pM} = 1.75$，则：

短路电流峰值：$i_P = \sqrt{2}(K_{ps}I''_s + 1.1K_{pM}I''_M) = \sqrt{2} \times (1.85 \times 10 + 1.1 \times 1.75 \times 0.6215) = 27.85\ kA$

注：也可参考《工业与民用配电设计手册》(第三版)P151 式(4-26)、式(4-30)。

题 16～20 答案：**CBAAB**

16.《导体和电器选择设计技术规定》(DL/T 5222—2005)第 18.1.4 条。

消弧线圈补偿容量：$Q = KI_C\frac{U_N}{\sqrt{3}} = 1.35 \times (3 + 9) \times \frac{10}{\sqrt{3}} = 93.53\ kV \cdot A$

17.《导体和电器选择设计技术规定》(DL/T 5222—2005)第 18.1.7 条。

脱谐度：$v = \frac{I_C - I_L}{I_C} = \frac{44 - 50}{44} = -0.136$

中性点位移电压：$U_0 = \frac{U_{bd}}{\sqrt{d^2 + v^2}} = \frac{0.8\% \times 10 \times 10^3/\sqrt{3}}{\sqrt{0.04^2 + (-0.136)^2}} = 325.8\ V$

18.《导体和电器选择设计技术规定》(DL/T 5222—2005)第 18.2.5 条式(18.2.5-2)。

高电阻直接接地的接地电阻值：$R = \frac{U_N}{KI_C\sqrt{3}} = \frac{10 \times 10^3}{1.1 \times 5 \times \sqrt{3}} = 1049.7\Omega$

19.《导体和电器选择设计技术规定》(DL/T 5222—2005)第 18.2.6 条。

低电阻直接接地的接地电阻值：$R = \frac{U_N}{\sqrt{3}I_d} = \frac{10 \times 10^3}{\sqrt{3} \times 320} = 18\Omega$

接地电阻消耗功率：$P_R = I_dU_R = 320 \times 1.05 \times \frac{10}{\sqrt{3}} = 1939.9kW$

20.《导体和电器选择设计技术规定》(DL/T 5222—2005)第 18.2.5-2 条式(18.2.5-4)、式(18.2.5-5)。

接地变压器变比：$n_\phi = \frac{U_N \times 10^3}{\sqrt{3}U_{N2}} = \frac{10 \times 10^3}{\sqrt{3} \times 220} = 26.24$

电阻值：$R_{N2} = \frac{U_N \times 10^3}{1.1 \times \sqrt{3}I_Cn_\phi^2} = \frac{10 \times 10^3}{1.1 \times \sqrt{3} \times 16 \times 26.24^2} = 0.476\Omega$

《导体和电器选择设计技术规定》(DL/T 5222—2005)第 18.3.4 条式(18.3.4-2)。

接地变压器最小额定容量：$S_N \geqslant \frac{U_N}{\sqrt{3}Kn_\phi}I_2 = \frac{10}{\sqrt{3}\times 1.2\times 26.24}\times 16\times 26.24 =$ 76.98 kV·A，取100kV·A。

题21～25答案：**DCDDB**

21.《电力工程直流系统设计技术规程》(DL/T 5044—2014)附录C第C.2.3条“阶梯计算法”式(C.2.3-9)。

按10h放电率第三阶段计算容量，即放电时间60min。

各计算阶段中全部放电时间的容量换算系数：$K_{C1}=0.54$(放电终止电压1.85V，全部放电时间60min)。

各计算阶段中除第1阶段时间外的容量换算系数：$K_{C2}=0.558$(放电终止电压1.85V，除去第1阶段的放电时间$60-1=59$min)。

各计算阶段中除第1、2阶段时间外的容量换算系数：$K_{C3}=0.780$(放电终止电压1.85V，除去第1、2阶段的放电时间$60-30=30$min)。

按第三阶段放电容量：

$$C_{C3} = K_K\left[\frac{1}{K_{C1}}I_1 + \frac{1}{K_{C2}}(I_2 - I_1) + \frac{1}{K_{C3}}(I_3 - I_{3-1})\right]$$
$$= 1.4\times\left[\frac{1}{0.54}\times 98.55 + \frac{1}{0.558}(59.82 - 98.55) + \frac{1}{0.78}(59.82 - 59.82)\right]$$
$$= 158.4\ \mathrm{A\cdot h}$$

22.《电力工程直流系统设计技术规程》(DL/T 5044—2014)附录C第C.2.3条“阶梯计算法”式(C.2.3-11)。

随机(5s)负荷的容量换算系数：$K_{CR}=1.34$(放电终止电压1.85V，放电时间5s)

随机(5s)负荷计算容量：$C_R = \frac{I_R}{K_{CR}} = \frac{38.18}{1.34} = 28.5\mathrm{A\cdot h}$

按题意，有$C_{C1}=228\mathrm{A\cdot h}$，$C_{C2}=176\mathrm{A\cdot h}$，$C_{C3}=203\mathrm{A\cdot h}$，$C_{C4}=212\mathrm{A\cdot h}$，将$C_{CR}$叠加在$C_{C2}\sim C_{C4}$中最大的阶段上，然后与$C_{C1}$比较，取其大者：

$C_{CR}+C_{C4}=28.5+212=240.5\mathrm{A\cdot h}>C_{C1}$，则蓄电池最小容量取250A·h。

23.《电力工程直流系统设计技术规程》(DL/T 5044—2014)附录A第A.3.6条。

断路器额定电流按蓄电池的1h放电率选择：$I_{n1}\geqslant I_{1h}=5.5I_{10}=5.5\times 25=137.5$A

按保护动作选择性条件选择：$I_{n2}\geqslant K_{c4}\cdot I_{n\cdot max}=2.0\times 100=200$A

取以上电流较大者为断路器额定电流，即$I_n=200$A。

24.《电力工程直流系统设计技术规程》(DL/T 5044—2014)附录E表E.2-2。

应急照明回路允许电压降：$\Delta U_P=(2.5\%\sim 5\%)U_n=(2.5\%\sim 5\%)\times 110=2.75\sim 5.5$V

25.《电力工程直流系统设计技术规程》(DL/T 5044—2014)第6.7.2条。

第6.7.2-3条：直流母线分段开关可按全部负荷的60%选择。

由表1“变电站直流负荷统计表”，可知全站直流设备的计算电流为136.73A，则：

联络隔离开关的最小额定电流：$I_{nD} = 0.6\times 136.73 = 82.04$A

选100A。

2014 年案例分析试题(下午卷)

专业案例题(共 40 题,考生从中选择 25 题作答,每题 2 分)

题 1 ~5::某工厂 10/0.4k·V 变电所,内设 1000kV·A 变压器一台,采用 Dyn11 接线,已知变压器的冲击励磁涌流为 693A(0.1s),低压侧电动机自启动时的计算系数为 2,该变电所远离发电厂,最大运行方式下,10k·V 母线的短路全电流最大有效值为 10k·A,最大、最小运行方式下,变压器二次侧短路时折算到变压器一次侧的故障电流分别为 500A、360A,请回答下列问题。

1. 在变压器高压侧设限流型高压熔断器对低压侧的短路故障进行保护,熔断器能在短路电流达到冲击值前完全熄灭电弧,下表为熔断器产品的技术参数,计算确定高压熔断器应选择下列哪一项产品?(保护变压器高压熔断器熔体额定电流采用 $I_{rr}=kI_{gmax}$ 计算,k 取 2.0)　　(　　)

产品编号	熔体的额定电流(A)	熔断器的额定最大开断电流(kA)	熔断器的额定最小开断电流(A)	熔断器允许通过的电流(A)
1	100	6.8	300	700 (0.15s)
2	125	6.8	300	700 (0.15s)
3	125	7.5	400	850 (0.05s)
4	160	7.5	400	850 (0.05s)

(A)产品编号 1　　(B)产品编号 2

(C)产品编号 3　　(D)产品编号 4

解答过程:

2. 10/0.4kV 变电所 0.4kV 母线的某配电回路采用熔断器作为保护,已知回路的计算负荷为 20kW,功率因数为 0.85,回路中启动电流最大一台电动机的额定电流为 15A,电动机启动电流倍数为 6,其余负荷计算电流为 26A,计算确定熔断器熔丝的额定电流,应选择下列哪一项?(假设熔断器特性可参考断路器定时限过电流脱扣器脱口曲线)　　(　　)

(A)40A　　(B)63A　　(C)125A　　(D)160A

解答过程:

3. 10/0. 4kV 变电所 0. 4kV 母线的某电动机配电回路,采用断路器保护,已知电动机额定电流为 20A,启动电流倍数为 6,断路器的瞬时脱扣器以及短延时脱扣器的最小整定电流为下列哪一项?(忽略电动机启动过程中的非周期分量) ( )

(A)250A,125A (B)230A,230A

(C)160A,160A (D)120A,20A

解答过程:

4. 10/0. 4kV 变电所某配电回路,采用断路器保护,回路中启动电流最大一台电动机的额定电压为 0. 38kV,额定功率为 18. 5kW,功率因数为 0. 83,满载时的效率为 0. 8,启动电流倍数为 6,除该电动机外,其他负荷的计算电流为 200A,系统最小运行方式下线路末端的单相接地短路电流为 1300A,两相短路电流为 1000A,按躲过配电线路尖峰电流的原则,计算断路器的瞬时脱扣器额定电流为下列哪一项?并校验灵敏系数是否满足要求? ( )

(A)850A,不满足 (B)850A,满足

(C)728A,满足 (D)728A,不满足

解答过程:

5. 10/0. 4kV 变电所内某低压配电系数图如右图所示,已知馈电线路末端预期故障电流为 2kA,弧前 I^2t_{min} 值和熔断 I^2t_{max} 值见下表。根据本题数据,选择熔断器 F 的最小额定电流应为下列哪一项?[熔断器弧前时间电流特性参见《工业与民用供配电设计手册》(第四版) P620 图(11-11)][熔断器弧前时间电流特性参见《工业与民用供配电设计手册》(第四版) P1006 ~ P1007 图 11. 6-3 ~ 11. 6-4] ( )

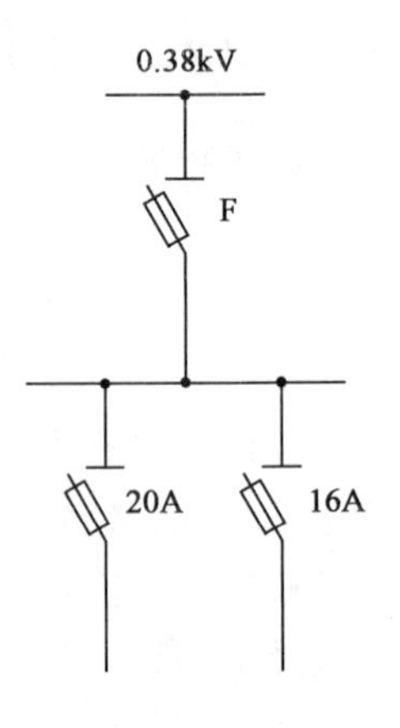

熔断器额定电流	16A	20A	25A	32A	40A	50A
熔断器弧前 I^2t_{min} 值(A^2s)	300	500	1000	1800	3000	5000
熔断器熔断 I^2t_{max} 值(A^2s)	1200	2000	3500	5500	10000	18000

(A)25A (B)32A

(C)40A (D)50A

解答过程:

题6～10：某35kV架空配电电路设计采用钢筋混凝土电杆、铁横担、钢芯铝绞线、悬式绝缘子组成的绝缘子串，请回答下列关于架空电力线路设计和导线力学计算中的几个问题。

6. 已知该架空电力线路导线的自重比载、冰重比载、自重 + 冰重综合比载、无冰时的风压比载、覆冰时的风压比载分别为［单位 $N/(m \cdot mm^2)$］：$\gamma_1 = 33 \times 10^{-3}$，$\gamma_2 = 74 \times 10^{-3}$，$\gamma_3 = 108 \times 10^{-3}$，$\gamma_4 = 29 \times 10^{-3}$，$\gamma_5 = 65 \times 10^{-3}$，请问导线覆冰综合比载为下列哪一项？（　　）

(A) 82×10^{-3} $N/(m \cdot mm^2)$
(B) 99×10^{-3} $N/(m \cdot mm^2)$
(C) 112×10^{-3} $N/(m \cdot mm^2)$
(D) 126×10^{-3} $N/(m \cdot mm^2)$

解答过程：

7. 如果要求这条线路导线的最大使用应力（σ_m）不超过 80 N/mm^2，请计算该导线瞬时破坏应力的最小值为下列哪一项？（　　）

(A) 150 N/mm^2
(B) 200 N/mm^2
(C) 250 N/mm^2
(D) 300 N/mm^2

解答过程：

8. 已知该线路最大一档的档距为150m，请计算在无冰无风、气温 +15℃的情况下，在档距中央的导线与地线距离至少应为下列哪一项？（　　）

(A) 2.0m
(B) 2.4m
(C) 2.8m
(D) 3.2m

解答过程：

9. 已知该线路悬式绝缘子在运行工况下的最大设计荷载为3kN，请计算确定悬式绝缘子的机械破坏荷载最小值应为下列哪一项？（　　）

(A)2.5kN　　(B)4.5kN

(C)6.0kN　　(D)8.1kN

解答过程：

10. 已知35kV线路在海拔高度1000m以下空气清洁地区时，悬式绝缘子串的绝缘子数量为3片，假定该线路地处海拔高度3000m地区。请确定线路悬式绝缘子串的绝缘子数量最少应为下列哪一项？（　　）

(A)3片　　(B)4片

(C)5片　　(D)6片

解答过程：

题11～15：有一台10kV、2500kW的异步电动机，$\cos\varphi=0.8$，效率为0.92，启动电流倍数为6.5，本回路三相Y接线电流互感器变比为300/5，容量为30V·A，该电流互感器与微机保护装置之间的控制电缆采用KVV－4×2.5mm²，10kV系统接入无限大电源系统，电动机机端短路容量为100MV·A（最小运行方式）、150MV·A（最大运行方式），继电保护采用微机型电动机成套保护装置。请回答下列问题。（所有保护的动作、制动电路均为二次侧的）

11. 该异步电动机差动保护中比率制动差动保护的最小动作电流计算值为下列哪一项？（　　）

(A)0.48～0.96A　　(B)0.65～1.31A

(C)1.13～2.26A　　(D)39.2～78.4A

解答过程：

12. 如果该电动机差动保护的差动电流为电动机额定电流的5倍，计算差动保护的制动电流值应为下列哪一项？（比率制动系数取0.35）（　　）

(A)9.34A　　(B)28A

(C)46.7A　　(D)2801.6A

解答过程：

13. 如果该电动机差动速断动作电流为电动机额定电流的3倍，计算差动保护的差动速断动作电流及灵敏系数应为下列哪一项？（　　）

(A)7.22A,12.3　　(B)9.81A,8.1

(C)13.1A,9.1　　(D)16.3A,5.6

解答过程：

14. 如果该微机保护装置的计算电阻与接触电阻之和为0.55Ω，忽略电抗，计算电流互感器至微机保护装置电缆的允许长度应为下列哪一项？（铜导线电阻率0.0184 $\Omega \cdot mm^2/m$）（　　）

(A)52m　　(B)74m

(C)88m　　(D)163m

解答过程：

15. 计算电动机电流速断保护的动作电流及灵敏系数为下列哪组数值？（可靠系数取1.2）（　　）

(A)20.4A,2.3　　(B)23.5A,3.4

(C)25.5A,3.1　　(D)31.4A,2.5

解答过程：

题16～20：在某市远离发电厂的工业区拟建设一座110/10kV变电所，装有容量为20MV·A的主变压器两台，110kV配电装置室外布置，10kV配电装置室内布置；主变压器110kV中性点直接接地，10kV系统经消弧线圈接地，变电所所在场地土壤为均匀土壤，土壤电阻率为100Ω·m，请回答下列问题。

16. 变电所场内敷设以水平接地极为主边缘闭合的人工复合接地网，接地网长×宽为75m×60m，均压带间隔为5m，水平接地极采用Φ12圆钢，埋设深度1m，请采用简易计算式计算接地网的接地电阻值最接近的是下列哪一项？ （　　）

(A)30Ω　　(B)3Ω

(C)0.745Ω　　(D)0.01Ω

解答过程：

17. 变电所10kV高压配电装置室的基础由10个加钢筋的块状基础组成，每个块状基础面积为16m²，整个建筑物基底平面积长边 L_1 = 40m、短边 L_2 = 10m、基础深度 t = 4m，计算该建筑物基础接地极的接地电阻最接近下列哪项数值？ （　　）

(A)1.65Ω　　(B)2.25Ω

(C)3.75Ω　　(D)9.0Ω

解答过程：

18. 已知接地短路故障电流的持续时间为0.5s，地表面的土壤电阻率为120Ω·m，表层衰减系数为0.85，经计算，该变电所当110kV系统发生单相接地故障时，其最大接触电位差 U_{tmax} = 180V，最大跨步电位差 U_{smax} = 340V，试分析确定该变电所接地网接触电位差和跨步电位差是否符合规范要求，下列哪种说法是正确的？ （　　）

(A)接触电位差和跨步电位差均符合要求

(B)仅最大接触电位差符合要求

(C)仅最大跨步电位差符合要求

(D)接触电位差和跨步电位差均不符合要求

解答过程：

19. 当变电所 110kV 系统发生接地故障时，最大接地故障对称电流有效值为 9950A，流经变压器中性点的短路电流为 4500A，已知衰减系数为 1.06，变电所接地网的工频接地电阻为 0.6Ω，冲击接地电阻为 0.4Ω，变电所内、外发生接地故障时的分流系数分别为 0.6 和 0.7，请问发生接地故障时，接地网地电位的升高为下列哪一项？（　　）

(A) 2080V　　(B) 2003V

(C) 1962V　　(D) 1386V

解答过程：

20. 已知该变电所 110kV 系统发生接地故障时，流过接地线的短路电流稳定值为 4000A，变电所配有一套速动主保护，第一级后备保护的动作时间为 1.1s，断路器开断时间为 0.11s，接地线采用扁钢，试对变电所电气设备的接地线进行热稳定校验，当未考虑腐蚀时，其接地线的最小截面和接地极的截面应取下列哪一项？（　　）

(A) $80mm^2$，$40mm^2$　　(B) $80mm^2$，$60mm^2$

(C) $40mm^2$，$60mm^2$　　(D) $20mm^2$，$60mm^2$

解答过程：

题 21～25：某新建工厂，内设 35/10kV 变电所一座，35kV 电源经架空线引入，线路长度 2km，厂区内有普通砖混结构办公建筑一座，预计雷击次数为 0.1 次/a，屋顶采用连成闭合环路的接闪带，共设 4 根引下线，办公建筑内设有电话交换设备，选用塑料绝缘屏蔽铜芯市话通信电缆架空引入，选用电涌保护器对电话交换设备进行雷击电磁脉冲防护，接闪带与建筑物内的电气设备、各种管线及电话交换设备电涌保护器共用接地装置，并在进户处做等电位联结。请回答下列问题。

21. 为减少因雷击架空线路避雷线、杆顶形成的作用于线路绝缘的雷电反击过电压的危害，规范规定宜采取下列哪项措施？并说明理由。（　　）

(A) 架设避雷线　　(B) 增加线路上绝缘子的耐压水平

(C) 降低杆塔的接地电阻　　(D) 出入建筑物处设避雷器

解答过程：

22. 厂区内一台 10kV 电动机的供电回路开关采用真空断路器，当断开空载运行的电动机时，操作过电压一般不超过下列哪项数值？（系统最高电压按 12kV 计）（　　）

(A)24.5kV　　(B)19.6kV

(C)17.3kV　　(D)13.9kV

解答过程：

23. 若办公楼高 30m，电话交换设备电涌保护器在首层进线处接地，试计算确定办公建筑的接闪带引下线与架空引入的通信电缆之间的最小空气间隔距离应为下列哪项数值？（　　）

(A)0.53m　　(B)0.79m

(C)1.19m　　(D)1.25m

解答过程：

24. 办公建筑内电话交换设备的电涌保护器至进户等电位连接箱之间的导体采用铜材时，计算其最小截面积应为下列哪项数值？（　　）

(A)$16mm^2$　　(B)$12.5mm^2$

(C)$6mm^2$　　(D)$1.2mm^2$

解答过程：

25. 厂区内有一露天场地，场地布置如右图所示，图中二类防雷建筑物的高度为 5m，拟利用设在场地中央的一座 20m 高的灯塔上安装 6m 长的接闪杆作为防直击雷保护措施。请按滚球法计算，该接闪杆能否满足图中二类防雷建筑物的防雷要求，并确定下列表述哪项是正确的？（　　）

(A)不满足此二类防雷建筑物和钢材堆放场地的防雷要求

(B)不满足此二类防雷建筑物的防雷要求，钢材堆放场地不需要防雷

(C)满足此二类防雷建筑物的防雷要求，钢材堆放场地不需要防雷

(D)满足此二类防雷建筑物和钢材堆放场地的防雷要求

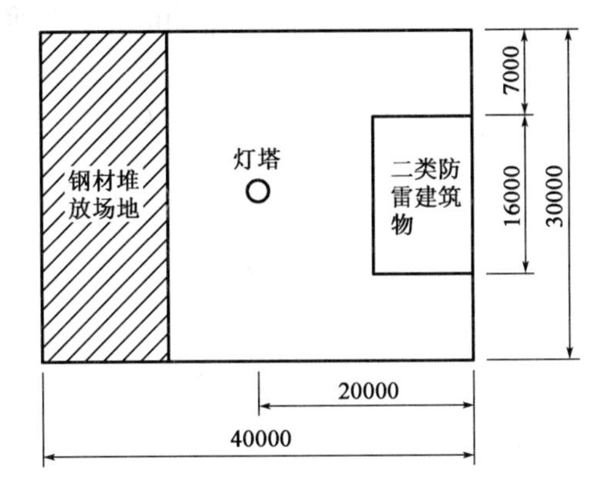

解答过程：

题 26～30：某台风机电动机拟采用电流型逆变器控制，选用串联二极管式电流型逆变器，见右图。该风机电动机额定功率为 $P=160\text{kW}$，额定电压 380V，额定电流 279A，额定效率 94.6%，额定功率因数 0.92，电动机为星形接线，每相漏感为 $L=620\mu\text{H}$，要求调速范围 5～50Hz，请计算主回路参数。

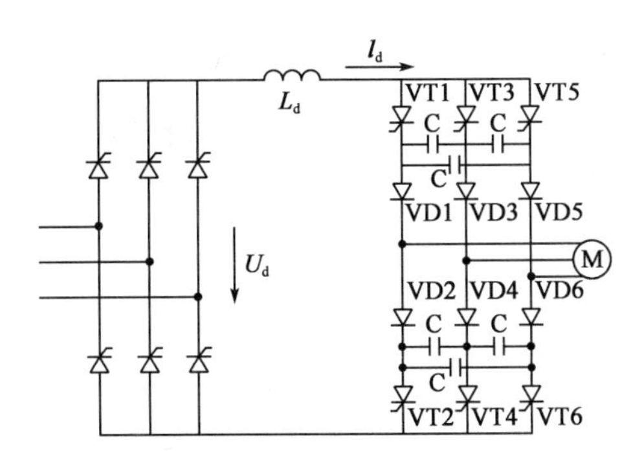

电流型变频器主回路图

26. 直流侧电压 U_d 为下列哪一项？（　　）

（A）431V　　（B）452V

（C）475V　　（D）496V

解答过程：

27. 设计考虑变频器过载倍数 K 为 1.7 时，直流侧电流为下列哪一项？（　　）

（A）573A　　（B）592A

（C）608A　　（D）620A

解答过程：

28. 设晶闸管计算用反压时间为 400μs，直流侧最大直流电流为 600A，换相电容 C 的电容和峰值电压为下列哪一项？（　　）

（A）82μF，1820V　　（B）86μF，2071V

（C）91μF，2192V　　（D）95μF，2325V

解答过程：

29. 设直流侧最大直流电流 $I_d = I_{dm} = 600A$，换相电容值为 90μF，逆变侧晶闸管承受的最大电压和电流有效值为下列哪一项？（　　）

（A）1931V，325A　　（B）2029V，346A

（C）2145V，367A　　（D）2196V，385A

解答过程：

30. 设直流侧最大直流电流 $I_d = I_{dm} = 600A$，换相电容值为 85μF，逆变侧隔离二极管承受的最大反向电压为下列哪一项？（　　）

（A）2012V　　（B）2186V

（C）2292V　　（D）2432V

解答过程：

题 31 ~35：某办公楼建筑 20 层，高 80m，内部布置有办公室、展示室、会议室等，请回答下列照明设计问题，并列出解答过程。

31. 某无窗办公室长 9m，宽 7.2m，高度 3.8m，工作面高度为 0.75m，该办公室平吊顶高度 3.15m，灯具嵌入顶棚安装，已知顶棚反射比为 0.7，墙面反射比为 0.5，有效地面反射比为 0.2，现在顶棚上均匀布置 6 套嵌入式 3×28W 格栅荧光灯具，用 T5 直管荧光灯配电子镇流器，28W 荧光灯管光通量为 2600lm，格栅灯具效率为 0.64，其利用系数见下表，维护系数为 0.80，请问该房间的平均照度为下列哪一项？（ ）

荧光灯格栅灯具利用系数表

顶棚反射比（%）	70			50			30		
墙面反射比（%）	50	30	10	50	30	10	50	30	10
地面反射比（%）	20								
室空间比 RCR									
1.00	0.69	0.68	0.67	0.66	0.65	0.64	0.63	0.62	0.61
1.25	0.67	0.66	0.65	0.64	0.63	0.62	0.61	0.60	0.59
1.5	0.65	0.63	0.62	0.63	0.61	0.60	0.58	0.57	0.57
2.0	0.61	0.59	0.58	0.59	0.57	0.56	0.57	0.55	0.53
2.5	0.57	0.56	0.54	0.56	0.54	0.52	0.54	0.51	0.49
3.0	0.54	0.52	0.51	0.53	0.50	0.48	0.51	0.48	0.46

（A）273lx （B）312lx

（C）370lx （D）384lx

解答过程：

32. 某会议室面积 $100m^2$，装修中采用 9 套嵌入式 3×28W 格栅荧光灯具，用 T5 直管荧光灯配电子镇流器，格栅灯具效率为 0.64，每支 T5 灯管配电子镇流器，每个电子镇流器损耗为 4W，装修中还采用 4 套装饰性灯具，每套装饰性灯具采用 2 支输入功率为 18W 的紧凑型荧光灯，计算该会议室的照明功率密度为下列哪一项？（ ）

（A）$8.28W/m^2$ （B）$8.64W/m^2$

（C）$9.36W/m^2$ （D）$10.08W/m^2$

解答过程：

33. 某办公室照明计算平面长13.2m，宽6.0m，若该办公室平吊顶高度为3.35m，采用格栅荧光灯具(长1200mm，宽300mm)嵌入顶棚布置成两条光带，如图所示，若各段光源采用相同的灯具，并按同一轴线布置，请问计算不连续光带在房间正中距地面0.75m高的P点的直射水平面照度时，灯具间隔S小于下列哪项数值，误差小于10%，发光体可以按连续线光源计算照度？　　(　　)

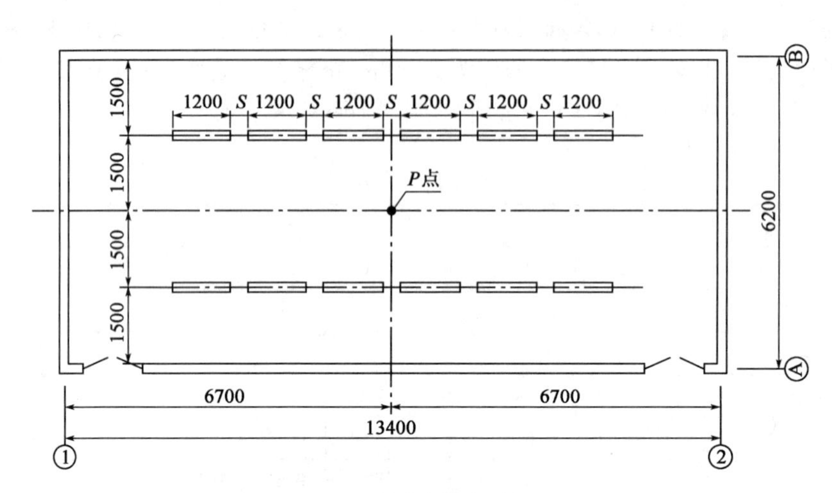

办公室照明布置平面图

(A)0.42m　　(B)0.75m

(C)0.92m　　(D)0.99m

解答过程：

34. 该建筑物一外墙面积为$900m^2$，墙面材料采用浅色大理石，反射比为0.6，拟用400W的金属卤化物投光灯作泛光照明，要求立面平均照度为50lx，投光灯光源光通量为32000lm，灯具效率为0.63，灯具维护系数为0.65，若光通量入射到被照面上的投光灯盏数占总数的50%，查得利用系数为0.7，按光通法计算该墙面投光灯数量至少应为下列哪一项？　　(　　)

(A)4盏　　(B)5盏

(C)7盏　　(D)10盏

解答过程：

35. 楼内展示室有一展示柜，如下图所示，长2.0m，高1.0m，深0.8m，展示柜正中嵌顶安装一盏 12W 点光源灯具，灯具配光曲线为旋转轴对称，灯具光轴垂直对准柜下表面，柜内下表面与光轴成30°角 P 点处放置一件均匀漫反射率 $\rho=0.8$ 的平面展品(厚度忽略不计)，光源光通量为 900lm，光源强度分布(1000lm)见下表，灯具维护系数为 0.8，若不计柜内反射光影响，问该灯具照射下展品 P 点的亮度为下列哪一项？ (　　)

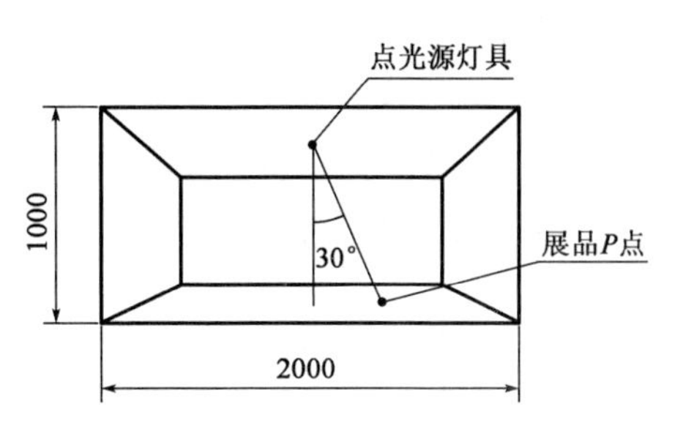

光源光强分布表

θ°	0	5	10	20	25	30	35	40	50	60	70	80	90
I_θ(cd)	489	485	473	428	397	361	322	282	199	119	52	9.8	0.3

(A)24.8 cd/m^2　　(B)43.0 cd/m^2

(C)47.8 cd/m^2　　(D)58.3 cd/m^2

解答过程：

题 36～40：有一会议中心建筑，首层至四层为会议楼层，首层有一进门大厅，三层设有会议电视会场，五至七层为办公层，试回答下列问题。

36. 在首层大厅设有一 LED 显示屏，已知理想视距为 10m，计算并判断在理想视距时，LED 的像素中心距为下列哪一项？ (　　)

(A)1.8mm　　(B)3.6mm　　(C)7.2mm　　(D)28.98mm

解答过程：

37. 在 6 层弱电间引出槽盒(线槽)，其规格为 200mm×100mm，试问在该槽盒中布放 6 类综合布线水平电缆(直径为 6.2mm)，最多能布放根数为下列哪一项？ (　　)

(A)198　　(B)265　　(C)331　　(D)397

解答过程：

38. 在该建筑的会议中心公共走廊中设置公共广播，从广播室至现场最远的距离为1000m，共计有80个无源扬声器，每个无源扬声器的功率为10W。试计算并根据规范判断额定传输电压宜采用下面哪一项？（　　）

(A)100V　　(B)150V

(C)200V　　(D)250V

解答过程：

39. 该会议中心非紧急广播系统共计有200个扬声器，每个扬声器10W，试计算其广播功率放大器的额定输出功率最小应为下列哪一项？（　　）

(A)2000W　　(B)2600W

(C)3000W　　(D)4000W

解答过程：

40. 该会议中心三层有一中型电视会场，需在墙上安装主显示器，已知主显示器高1.5m，参会人员与主显示器之间的水平距离为9m，参会者坐姿平均身高1.40m，参与者与主显示器中心线的垂直视角为15°，无主席台，问主显示器底边距地的正确高度为下列哪一项？（　　）

(A)2.41m　　(B)3.06m

(C)3.81m　　(D)4.56m

解答过程：

2014 年案例分析试题答案(下午卷)

题 1 ~5 答案:**BDABC**

1.《导体和电器选择设计技术规定》(DL/T 5222—2005)第 17.0.10 条。

熔体额定电流:$I_{rr}=KI_{gmax}=2\times\dfrac{1.05\times1000}{\sqrt{3}\times10}=121.2\text{ A}$,可取 125A、160A。

第 17.0.10-2 条:变压器突然投入的励磁涌流不应损伤熔断器。

励磁涌流热效应:$Q_f=I^2t=693^2\times0.1\times10^{-3}=48\text{ kA}^2\text{s}$

其中,$Q_{f1}=I_1{}^2t=700^2\times0.15\times10^{-3}=73.5\text{kA}^2\text{s}>Q_f$,满足要求。

$Q_{f2}=I_1{}^2t=850^2\times0.05\times10^{-3}=36.125\text{kA}^2\text{s}<Q_f$,不满足要求。

综上所述,应取产品编号 2。

第 17.0.10-2 条:熔断器对变压器低压侧的短路故障进行保护,熔断器的最小开断电流应低于预期短路电流,则

低压侧最小预期短路电流折算到高压侧:$I_{2K1}=360\text{A}>300\text{A}$,满足要求。

注:熔体额定电流计算中,I_{gmax} 为回路最大工作电流,非变压器额定电流,建议参考《工业与民用供配电设计手册》(第四版)P315 表 5.2-3 中要求,按 1.05 倍变压器额定电流计算。

2.《工业与民用供配电设计手册》(第四版)P986 式(11.3-4)。

按用电设备启动时的尖峰电流选择:

$I_r\geqslant K_{set2}[I_{stM1}+I_{C(n-1)}]=1.2\times(15\times6+26)=139.2\text{A}$

熔断器额定电流取 160A。

按正常工作电流校核:$I_r\geqslant I_c=\dfrac{P}{\sqrt{3}U\cos\varphi}=\dfrac{20}{\sqrt{3}\times0.38\times0.85}=35.75\text{A}$

3.《通用用电设备配电设计规范》(GB 50055—2011)第 2.3.5 条。

第 2.3.5-3 条:瞬动过电流脱扣器或过电流继电器瞬动元件的整定电流应取电动机启动电流周期分量最大有效值的 2 ~2.5 倍。

瞬时过电流脱扣器整定电流:

$I_{set3}=(2.0\sim2.5)k_{st}I_r=(2.0\sim2.5)\times6\times20=240\sim300\text{A}$,取 250A。

第 2.3.5-4 条:当采用短延时过电流脱扣器作保护时,短延时脱扣器整定电流宜躲过启动电流周期分量最大有效值,延时不宜小于 0.1s。

短延时过电流脱扣整定电流:

$I_{set2}\geqslant k_{st}I_r=6\times20=120\text{A}$,取 125A。

I_{stM1} 和 I'_{stM1} 实际均包括周期分量与非周期分量两部分内容,本题要求忽略电动机启动过程中的非周期分量,实则不能采用《工业与民用供配电设计手册》(第四版)P986 式(11.3-5)为依据计算。

注:《通用用电设备配电设计规范》(GB 50055—2011)第2.3.5条之条文说明:采用瞬动过电流脱扣器或过电流继电器瞬动元件时,应考虑电动机启动电流非周期分量的影响,非周期分量的大小和持续时间取决于电路中电抗与电阻的比值和合闸瞬间的相位。

4.《工业与民用配电设计手册》(第三版)P986式(11.3-5)。

电动机额定电流:$I_r = \frac{P_r}{\sqrt{3}U_r\eta\cos\varphi} = \frac{18.5}{\sqrt{3}\times0.38\times0.8\times0.83} = 42.33\text{A}$

瞬时过电流脱扣器整定电流,应躲过配电线路的尖峰电流,即:

$I_{set3} \geqslant K_{rel3}[I'_{stM1} + I_{C(n-1)}] = 1.2\times(2\times6\times42.33+200) = 849.55\text{A}$

《低压配电设计规范》(GB 50054—2011)第6.2.4条。

校验瞬时过电流脱扣器的灵敏度:$I_{dmin} = 1300\text{A} > K_{rel}I_{set3} = 1.3\times850 = 1105\text{A}$,满足要求。

5.《工业与民用供配电设计手册》(第四版)P1002~P1004相关内容。

过电流选择比:上、下级熔断体的额定电流比为1.6:1,具有选择性熔断,则 $I_{n1} \geqslant 1.6\times20 = 32\text{A}$。

上级的熔断器弧前焦耳积分应大于下级熔断器的全熔断时间内的焦耳积分,即 $2000\text{A}^2\text{s}$,对应表中熔断器额定电流最小值为40A,其弧前焦耳积分为 $3000\text{A}^2\text{s}$,满足选择性。

综上所述,F熔断器的最小额定电流应取40A。

注:熔断器弧前时间定义:规定施加在熔断器上的某一电流值,使熔体熔化到电弧出现瞬间的时间间隔。而题干中的熔断器时间电流曲线,并未实际使用,应为迷惑项。

题6~10答案:**DBCDB**

6.《钢铁企业电力设计手册》(上册)P1057表21-23电线比载计算公式。

覆冰时综合比载:$\gamma_7 = \sqrt{\gamma_3^2+\gamma_5^2} = \sqrt{108^2+65^2}\times10^{-3} = 126\times10^{-3}\text{N/(m}\cdot\text{mm}^2)$

7.《钢铁企业电力设计手册》(上册)P1065式(21-17)。

导线瞬时破坏应力:$\sigma_p = F\sigma_m = 2.5\times80 = 200\text{N/mm}^2$

注:也可依据《66kV及以下架空电力线路设计规范》(GB 50061—2010)第5.2.3条:导线或地线的最大使用张力不应大于绞线瞬时破坏张力的40%。

8.《66kV及以下架空电力线路设计规范》(GB 50061—2010)第5.2.2条。

档距中央的导线与地线距离:$S \geqslant 0.012L+1 = 0.012\times150+1 = 2.8\text{m}$

注:《110kV~750kV架空输电线路设计规范》(GB 50545—2010)第2.1.3条:线路跨越通航江河、湖泊或海峡等,因档距较大(在1000m以上)或杆塔较高(在100m以上),导线选型和杆塔设计需特殊考虑,且发生故障时严重影响航运或修复特别困难的耐张段。本题明显不应大跨距进行选型。

9.《66kV 及以下架空电力线路设计规范》(GB 50061—2010)第 5.3.1 条，第 5.3.2 条。

查表 5.3.2 可知，悬式绝缘子运行工况时的机械强度安全系数为 2.7。

悬式绝缘子的机械破坏荷载：$F_u \geq KF = 2.7 \times 3 = 8.1\text{kN}$

10.《66kV 及以下架空电力线路设计规范》(GB 50061—2010)第 6.0.7 条。

悬式绝缘子串的绝缘子数量：$n_h \geq n[1+0.1(H-1)] = 3 \times [1+0.1 \times (3-1)] = 3.6$，取 4 片。

注：不可依据《导体和电器选择设计技术规定》(DL/T 5222—2005)第 21.0.9 条增加零值绝缘子，根据第 1.0.2 条可知，DL/T 5222—2005 适用于发电厂和变电站新建工程选择 3～500kV 的导体和电器，对扩建和改建工程可参照使用，因此该规定不适用于架空线路。

题 11～15 答案：**BCBCC**

11.《工业与民用供配电设计手册》(第四版)P585 式(7.6-1)、P1072 式(12.1-1)。

异步电动机额定电流：$I_r = \dfrac{P_r}{\sqrt{3}U_r\eta\cos\varphi} = \dfrac{2500}{\sqrt{3} \times 10 \times 0.92 \times 0.8} = 196.11\text{A}$

比率制动差动保护的最小动作电流：

$$I_{op\cdot min} = (0.2 \sim 0.4)I'_r = (0.2 \sim 0.4) \times \frac{196.11}{300/5} = 0.65 \sim 1.31\text{A}$$

注：也可参考《工业与民用配电设计手册》(第三版)P656 式(12-1)、P334 式(7-12)。

12.《工业与民用供配电设计手册》(第四版)P585 式(7.6-2)。

差动保护的制动电流值：$I_{zd} = \dfrac{I_d}{K_{zd}} = \dfrac{5}{K_{zd}}I'_r = \dfrac{5}{0.35} \times \dfrac{196.11}{300/5} = 46.7\text{A}$

注：题干已明确所有保护的动作，制动电路均为二次侧的。也可参考《工业与民用配电设计手册》(第三版)P334 式(7-13)。

13.《工业与民用供配电设计手册》(第四版)P585 式(7.6-4)。

差动速断动作电流：$I_{op} = 3 \times I'_r = 3 \times \dfrac{196.11}{300/5} = 9.81\text{A}$

电动机机端三相短路电流：$I''_{k\cdot min} = \dfrac{S_{s\cdot min}}{\sqrt{3}U_j} = \dfrac{100 \times 10^3}{\sqrt{3} \times 10.5} = 5500\text{A}$

灵敏度系数：$K_{sen} = \dfrac{I_{k2\cdot min}}{n_{TA} \cdot I_{op}} = \dfrac{0.866 \times 5500}{(300/5) \times 9.81} = 8.1 > 1.5$，满足要求。

注：也可参考《工业与民用配电设计手册》(第三版)P334～P335 式(7-14)。

14.《工业与民用供配电设计手册》(第四版)P605 式(7.7-6)。

电流互感器的二次回路允许负荷：$Z_{fh\cdot ry} = \dfrac{S_2}{I_{2r}^2} = \dfrac{30}{5^2} = 1.2\Omega$

连接导线的电阻：$R_{dx}=\frac{Z_{fh}-R_{jx}-K_{jx2}Z_{cj}}{K_{jx1}}=1.2-0.55=0.65\Omega$，依据表7.7-2，其中 $K_{jx1}=K_{jx2}=1$

连接导线的最大允许长度：$l_{max}=S\frac{R_{dx}}{\rho}=2.5\times\frac{0.65}{0.0184}=88.3\text{m}$

注：也可参考《工业与民用配电设计手册》（第三版）P440 式（8-32）、式（8-33）、式（8-34）。

15.《工业与民用供配电设计手册》（第四版）P584 表7.6-2。

异步电动机额定电流：$I_r=\frac{P_r}{\sqrt{3}U_r\eta\cos\varphi}=\frac{2500}{\sqrt{3}\times10\times0.92\times0.8}=196.11\text{A}$

保护装置动作电流：$I_{op\cdot K}=K_{rel}\cdot K_{jx}\frac{K_{st}I_{rM}}{n_{TA}}=1.2\times1\times\frac{6.5\times196.11}{300/5}=25.5\text{A}$

电动机机端三相短路电流：$I''_{k\cdot min}=\frac{S_{s\cdot min}}{\sqrt{3}U_j}=\frac{100\times10^3}{\sqrt{3}\times10.5}=5500\text{A}$

保护装置一次动作电流：$I_{op}=\frac{I_{op\cdot k}n_{TA}}{K_{jx}}=\frac{25.5\times300/5}{1}=1530\text{A}$

灵敏度系数：$K_{sen}=\frac{I'_{k2\cdot min}}{I_{op}}=\frac{0.866\times5500}{1530}=3.1>1.5$，满足要求。

注：也可参考《工业与民用配电设计手册》（第三版）P323 表7-22。

题16～20答案：**CBAAB**

16.《交流电气装置的接地设计规范》（GB/T 50065—2011）附录A 第A.0.4条式（A.0.4-3）。

复合式接地网接地电阻：$R=0.5\frac{\rho}{\sqrt{S}}=0.5\times\frac{100}{\sqrt{75\times60}}=0.745\Omega$

17.《工业与民用供配电设计手册》（第四版）P1415～P1417 表14.6-4和图14.6-1。

C_2 特征值：$C_2=\frac{\Sigma A_n}{A}=\frac{10\times16}{40\times10}=0.4$

当 $C_2=0.15\sim0.4$ 时，$K_1=1.5$

其中计算因子 $\frac{t}{L_2}=\frac{4}{10}=0.4$，$\frac{L_1}{L_2}=\frac{40}{10}=4$

由图14.6-1可知，形状系数 $K_2=0.6$

基础接地极接地电阻：$R=K_1K_2\frac{\rho}{L_1}=1.5\times0.6\times\frac{100}{40}=2.25\Omega$

注：《工业与民用配电设计手册》（第三版）P893 表14-13“建筑物或建筑群的基础接地极的接地电阻计算式”。

18.《交流电气装置的接地设计规范》（GB/T 50065—2011）第4.2.2-1条。

接触电位差允许值：$U_t=\dfrac{174+0.17\rho_s C_s}{\sqrt{t_s}}=\dfrac{174+0.17\times120\times0.85}{\sqrt{0.5}}=270.6\text{V}>$ 180V，满足要求。

跨步电位差允许值：$U_t=\dfrac{174+0.7\rho_s C_s}{\sqrt{t_s}}=\dfrac{174+0.7\times120\times0.85}{\sqrt{0.5}}=347\text{V}>$ 340V，满足要求。

19.《交流电气装置的接地设计规范》（GB/T 50065—2011）附录B 第B.0.1-4条、第B.0.4条。

变电所内发生接地短路时，故障对称电流：$I_{g1}=(I_{max}-I_n)S_{f1}=(9950-4500)\times0.6=3270\text{A}$

变电所外发生接地短路时，故障对称电流：$I_{g2}=I_nS_{f2}=4500\times0.7=3150\text{A}$

取两者之较大值，即故障对称电流为 $I_g=3270\text{A}$

最大接地故障不对称电流有效值：$I_G=D_fI_g=1.06\times3270=3466.2\text{A}$

接地网地电位升高值：$V=I_GR=3466.2\times0.6=2079.72\text{V}$

20.《交流电气装置的接地设计规范》（GB/T 50065—2011）第4.3.5-3条、附录E。

短路持续时间：$t_e\geqslant t_o+t_r=0.11+1.1=1.21\text{s}$

第E.0.2条：钢和铝的热稳定系数 C 值分别取70和120。

接地线最小截面积：$S_g\geqslant\dfrac{I_g}{C}\sqrt{t_e}=\dfrac{4000}{70}\times\sqrt{1.21}=62.9\text{mm}^2$，取 80mm^2。

第4.3.5-3条：接地装置接地极的截面，不宜小于连接至该接地装置的接地导体（线）截面的75%。

接地极最小截面积：$S_j=75\%S_g=0.75\times62.9=47.175\text{mm}^2$，取 63mm^2。

题21～25答案：**CAADB**

21.《电力工程高压送电线路设计手册》（第二版）P133相关内容。

对一般高度的杆塔，降低接地电阻是提高线路耐雷水平防止反击的有效措施。降低杆塔接地电阻，一般可采用增设接地装置（带、管），采用引外接地装置或链接伸长接地线（在过峡谷时可跨谷而过，起耦合作用等）。此外，对特殊地段亦可采用化学降阻剂降低杆塔接地电阻。

注：《交流电气装置的过电压保护和绝缘配合》（DL/T 620—1997）第5.1.2条。

第5.1.2-c）条：因雷击架空线路避雷线、杆顶形成作用于线路绝缘的雷电反击过电压，与雷电参数、杆塔形式、高度和接地电阻等有关。宜适当选取杆塔接地电阻，以减少雷电反击过电压的危害。

22.《交流电气装置的过电压保护和绝缘配合设计规范》（GB/T 50064—2014）第4.2.9条及条文说明。

第4.2条：操作过电压及保护。

第4.2.7条：开断空载电动机的过电压一般不超过2.5p.u.。

第4.2.9条：操作过电压的 $1.0\text{p.u.}=\sqrt{2}U_m/\sqrt{3}$

综上所述：$2.5\text{p.u.} = 2.5 \times \dfrac{\sqrt{2}U_m}{\sqrt{3}} = 2.5 \times \dfrac{\sqrt{2}\times 12}{\sqrt{3}} = 24.5\text{kV}$

注：也可参考《交流电气装置的过电压保护和绝缘配合》(DL/T 620—1997) 第4.2条、第4.2.7条、第3.2.2条。U_m 为最高电压，可参考《标准电压》(GB/T 156—2007) 第4.3条～第4.5条。

23.《建筑物防雷设计规范》(GB 50057—2010)第4.4.7条及附录E第E.0.1条。

第E.0.1条：单根引下线时，分流系数应为1；两根引下线及接闪器不成闭合环的多根引下线时，分流系数可为0.66，也可按本规范图E.0.4计算确定；当接闪器成闭合环或网状的多根引下线时，分流系数可为0.44。则

最小空气间隔：$S_{a3} \geqslant 0.04k_c L_x = 0.04 \times 0.44 \times 30 = 0.528\text{m}$

注：原题缺少关键计算参数，本书作者在整理时作了必要的补充，以保证题目的完整性。

24.《建筑物防雷设计规范》(GB 50057—2010)第5.1.2条及表5.1.2、附录J。

第5.1.2条：防雷等电位连接各连接部件的最小截面，应符合表5.1.2的规定。

防雷装置各连接部件的最小截面 表5.1.2

<table>
<tr><td colspan="3">等电位连接部件</td><td>材料</td><td>截面(mm^2)</td></tr>
<tr><td colspan="3">等电位连接带(铜、外表面镀铜的钢或热镀锌钢)</td><td>Cu(铜)Fe(铁)</td><td>50</td></tr>
<tr><td colspan="3" rowspan="3">从等电位连接带至接地装置或各等电位连接带之间的连接导体</td><td>Cu(铜)</td><td>16</td></tr>
<tr><td>Al(铝)</td><td>25</td></tr>
<tr><td>Fe(铁)</td><td>50</td></tr>
<tr><td colspan="3" rowspan="3">从屋内金属装置至等电位连接带的连接导体</td><td>Cu(铜)</td><td>6</td></tr>
<tr><td>Al(铝)</td><td>10</td></tr>
<tr><td>Fe(铁)</td><td>16</td></tr>
<tr><td rowspan="5">连接电涌保护器的导体</td><td rowspan="3">电气系统</td><td>Ⅰ级试验的电涌保护器</td><td rowspan="5">Cu(铜)</td><td>6</td></tr>
<tr><td>Ⅱ级试验的电涌保护器</td><td>2.5</td></tr>
<tr><td>Ⅲ级试验的电涌保护器</td><td>1.5</td></tr>
<tr><td rowspan="2">电子系统</td><td>D1类电涌保护器</td><td>1.2</td></tr>
<tr><td>其他类的电涌保护器
(连接导体的截面可小于1.2mm^2)</td><td>根据具体情况确定</td></tr>
</table>

为便于直观理解，可参考附录J图J.1.2-3"TN系统安装在进户处的电涌保护器"，其中5a和5b即为电涌保护器至总接地端子的连接线。

注：《建筑物电子信息系统防雷技术规范》(GB 50343—2012)第5.5.1-2条：浪涌保护器的接地端应与配线架接地端相连，配线架的接地线应采用截面积不小于16mm^2的多股铜线接至等电位接地端子板上。本条规范中浪涌保护器未直接与等电位接地端子板连接，中间采用配线架接地端过渡，与题意不符，不建议以此为依据。

25.《建筑物防雷设计规范》(GB 50057—2010)第4.5.5条、第5.2.12条及表5.2.12、附录D式(D.0.1-1)。

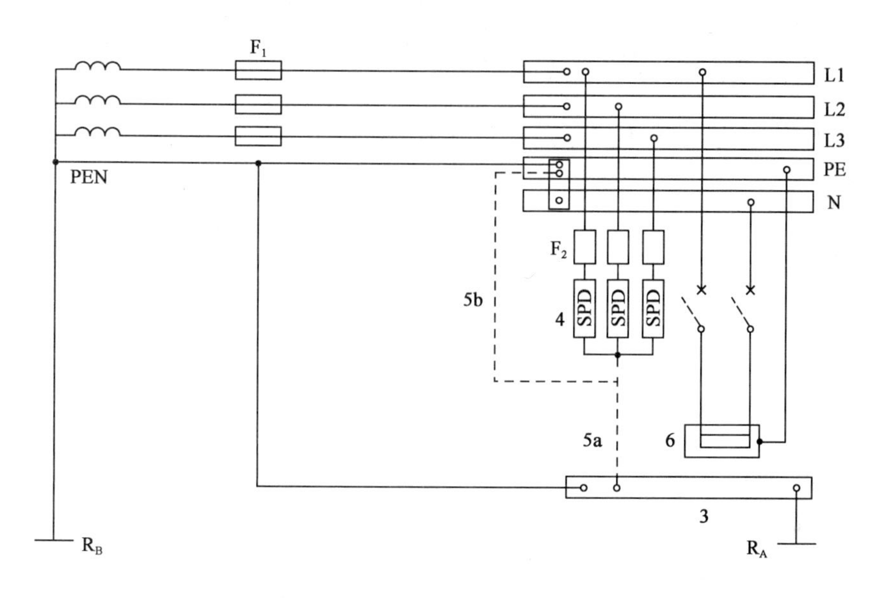

图 J.1.2-3 TN 系统安装在进户处的电涌保护器

3-总接地端或总接地连接带；4-U_p 应小于或等于 2.5kV 的电涌保护器；5-电涌保护器的接地连接线，5a 或 5b；6-需要被电涌保护器保护的设备；F_1-安装在电气装置电源进户处的保护电器；F_2-电涌保护器制造厂要求装设的过电流保护电器；R_A-本电气装置的接地电阻；R_B-电源系统的接地电阻；L1、L2、L3-相线 1、2、3

第 5.2.12 条及表 5.2.12，第二类防雷建筑物滚球半径 $h_r = 45\text{m}$。

根据题意，各计算因子为 $h = 20 + 6 = 26\text{m}$，$h_x = 5\text{m}$。

保护半径：$r_x = \sqrt{h(2h_r - h)} - \sqrt{h_x(2h_r - h_x)} = \sqrt{26 \times (2 \times 45 - 26)} - \sqrt{5 \times (2 \times 45 - 5)} = 20.18\text{m}$

防雷建筑物的最远点距离灯塔：$S = \sqrt{20^2 + 8^2} = 21.54\text{m} > 20.18\text{m}$，因此不在接闪杆保护范围内。

第 4.5.5 条：粮、棉及易燃物大量集中的露天堆场，当其年预计雷击次数大于或等于 0.05 时，应采用独立接闪杆或架空接闪线防直击雷。独立接闪杆和架空接闪线保护范围的滚球半径可取 100m。

由于钢材不属于易燃物，则该露天堆场不必设置防雷措施。

题 26 ~ 30 答案：**CCBBC**

26.《钢铁企业电力设计手册》(下册) P324 式(25-65)。

直流侧电压：$U_d = AU_L\cos\varphi + 2U_{df} = 1.35 \times 380 \times 0.92 + 2 \times 1.5 = 475\text{V}$

注：可参见 P325、P326 计算实例及图 25-61。

27.《钢铁企业电力设计手册》(下册) P325 式(25-66)、式(25-67)。

最大直流电流：$I_{dm} = KI_d = K\frac{\pi}{\sqrt{6}}I_L = 1.7 \times \frac{\pi}{\sqrt{6}} \times 279 = 608\text{A}$

注：可参见 P325、P326 计算实例及图 25-61。

28.《钢铁企业电力设计手册》(下册) P325 式(25-68)、式(25-69)。

换向电容：$C=\frac{t_0^2}{3L}=\frac{400^2}{3\times 620}=86\mu F$

电容器峰值电压：$U_{cm}=I_{dm}\sqrt{\frac{4L}{3C}}+\sqrt{2}U_L\sin\varphi=600\times\sqrt{\frac{4\times 620}{3\times 86}}+\sqrt{2}\times 380\times 0.392=$ 2071V

其中：$\sin\varphi=\sin(\arccos 0.92)=0.392$

注：可参见P325、P326计算实例及图25-61。

29.《钢铁企业电力设计手册》（下册）P325式（25-70）、式（25-71）。

晶闸管所承受的最大电压：$U_{VT}=I_d\sqrt{\frac{4L}{3C}}+\sqrt{2}U_L\sin\varphi=600\times\sqrt{\frac{4\times 620}{3\times 90}}+\sqrt{2}\times 380\times 0.392=2029V$

其中：$\sin\varphi=\sin(\arccos 0.92)=0.392$

晶闸管电流有效值：$I_{vr}=\frac{I_d}{\sqrt{3}}=\frac{600}{\sqrt{3}}=346A$

注：可参见P325、P326计算实例及图25-61。

30.《钢铁企业电力设计手册》（下册）P325式（25-72）。

隔离二极管承受的最大反向电压：$U_{VD}=I_d\sqrt{\frac{4L}{3C}}+2\sqrt{2}U\sin\varphi=600\times\sqrt{\frac{4\times 620}{3\times 85}}+2\sqrt{2}\times 380\times 0.392=2292V$

其中：$\sin\varphi=\sin(\arccos 0.92)=0.392$

注：可参见P325、P326计算实例及图25-61。

题31～35答案：**BCBBB**

31.《照明设计手册》（第二版）P211、P212式（5-39）、式（5-44）。

墙面积：$A_w=2\times(9+7.2)\times(3.15-0.75)=77.76m^2$

地面积：$A_0=9\times 7.2=64.8m^2$

室空间比：$RCR=\frac{2.5A_w}{A_0}=\frac{2.5\times 77.76}{64.8}=3$，查表可知利用系数$U=0.54$。

平均照度：$E_{av}=\frac{N\Phi UK}{A}=\frac{6\times 3\times 2600\times 0.54\times 0.8}{64.8}=312lx$

32.《建筑照明设计标准》（GB 50034—2013）第2.0.53条、第6.3.16条。

第2.0.53条：单位面积上一般照明的安装功率（包括光源、镇流器或变压器等附属用电器件），单位为瓦特每平方米（W/m^2）。

第6.3.16条：设装饰性灯具场所，可将实际采用的装饰性灯具总功率的50%计入照明功率密度值的计算。

照明功率密度：

$$LPD=\frac{P+0.5P_z}{A_0}=\frac{9\times 3\times(28+4)+0.5\times 4\times 2\times 18}{100}=9.36W/m^2$$

33.《照明设计手册》(第二版)P200 第二行,P198 表 5-4 被照面为水平面。

不连续线光源按连续光源计算照度,当其距离 $s \leqslant \frac{h}{4\cos\varphi}$,误差小于 10%。

$$s \leqslant \frac{h}{4\cos\theta} = \frac{3.35-0.75}{4\cos\left(\arctan\frac{1.5}{3.35-0.75}\right)} = 0.75\text{m}$$

注:被照明为水平面的不连续线光源照度计算已多次考查,考生应注意本表中其他情况,将来极有可能考查。

34.《照明设计手册》(第二版)P224 式(5-66)。

投光灯数量:$N = \frac{E_{av}A_0}{\Phi_1 U\eta K} = \frac{50\times900}{32000\times0.63\times0.7\times0.65} = 4.9$,取 5 个。

注:投光灯的照度计算应考虑灯具效率,与一般照明的平均照度计算不同。

35.《照明设计手册》(第二版)P189 ~ P191 式(5-4),参考图 5-2、式(5-12)。

查表 1,30°的光源光强为 $I_\theta = 361\text{cd}$。

光源至 P 点水平面照度:$E_h = \frac{I_\theta\cos^3\theta}{h^2} = \frac{361\times\cos^3 30°}{1^2} = 234.48\text{lx}$

考虑维护系数及灯具实际光通,参考式(5-12):$E'_h = E_h K\frac{900}{1000} = 234.48\times0.8\times\frac{900}{1000} = 168.82\text{lx}$

《照明设计手册》(第二版)P2 式 1-6。

P 点的表面亮度:$L = \frac{\rho E'_h}{\pi} = \frac{0.8\times168.82}{3.14} = 43.0\text{cd/m}^2$

题 36 ~ 40 答案:**BCABB**

36.《视频显示系统工程技术规范》(GB 50464—2008)第 4.2.1 条及条文说明。

理想视距 =0.5×最大视距,理想视距系数 k 一般取 2760;

最小视距 =0.5×理想视距,最小视距系数 k 一般取 1380。

合理视距范围:最小视距(0.5×理想视距)≤合理视距≤最大视距(2×理想视距)。

理想视距:$H = \frac{1}{2}kP = \frac{1}{2}k\cdot16P = \frac{1}{2}\times345\times16P = 2760P = 10\text{m}$

像素中心距:$P = \frac{10\times10^3}{2760} = 3.6\text{mm}$

37.《综合布线系统工程设计规范》(GB 50311—2016) 第 7.6.5-5 条。

第 7.6.5-5 条:槽盒内的截面利用率应为 30% ~50%。则:

$$n = \frac{200\times100}{\pi\times(6.2/2)^2}\times(30\%\sim50\%) = 198.8\sim331.4$$

注:也可参考《民用建筑电气设计规范》(JGJ 16—2008)第 20.7.2-12 条。

38.《公共广播系统工程技术规范》(GB 50526—2010)第3.5.4条。

第3.5.4条:当广播扬声器为无源扬声器,且传输距离大于100m时,额定传输电压宜选用70V、100V;当传输距离与传输功率的乘积大于1km·kW时,额定传输电压可选用150V、200V、250V。

传输距离与传输功率的乘积:$S = 80 \times 10 \times 1 = 0.8\text{km} \cdot \text{kW} < 1\text{km} \cdot \text{kW}$,且最远传输距离1km,应选择100V。

39.《公共广播系统工程技术规范》(GB 50526—2010)第3.7.2条。

第3.7.2条:非紧急广播用的广播功率放大器,额定输出功率不应小于其所驱动的广播扬声器额定功率总和的1.3倍。

功率放大器额定输出功率:$P = 1.3\sum P_n = 1.3 \times 200 \times 10 = 2600\text{W}$

40.《会议电视会场系统工程设计规范》(GB 50635—2010)第3.5.2条 。

显示器的安装高度:$H = H_1 + H_2 + H_3 = 9\tan 15° + 1.4 + 0 = 3.81\text{m}$

显示器底边离地距离:$h = H - \frac{1.5}{2} = 3.81 - 0.75 = 3.06\text{m}$

2016年

注册电气工程师(供配电)执业资格考试

专业考试试题及答案

2016年专业知识试题(上午卷)/682

2016年专业知识试题答案(上午卷)/695

2016年专业知识试题(下午卷)/702

2016年专业知识试题答案(下午卷)/716

2016年案例分析试题(上午卷)/723

2016年案例分析试题答案(上午卷)/732

2016年案例分析试题(下午卷)/740

2016年案例分析试题答案(下午卷)/757

2016 年专业知识试题(上午卷)

一、单项选择题(共 40 题,每题 1 分,每题的备选项中只有 1 个最符合题意)

1. 一般情况下配电装置各回路的相序排列宜一致,下列哪项表述与规范的要求一致? ( )

(A)配电装置各回路的相序可按面对出线,自左至右、由远而近、从上到下的顺序,相序排列为 A、B、C

(B)配电装置各回路的相序可按面对出线,自右至左、由远而近、从上到下的顺序,相序排列为 A、B、C

(C)配电装置各回路的相序可按面对出线,自左至右、由近而远、从上到下的顺序,相序排列为 A、B、C

(D)配电装置各回路的相序可按面对出线,自左至右、由远而近、从下到上的顺序,相序排列为 A、B、C

2. 下面有关 35 ~ 110kV 变电站电气主接线的表述,哪一项表述与规范要求不一致? ( )

(A)在满足变电站运行要求的前提下,变电站高压侧宜采用断路器较少或不设置断路器的接线

(B)35 ~ 110kV 电气主接线宜采用桥形、扩大桥形、线路变压器组或线路分支接线、单母线或单母线分段接线

(C)110kV 线路为 8 回及以上时,宜采用双母线接线

(D)当变电站装有两台及以上变压器时,6 ~ 10kV 电气接线宜采用单母线分段,分段方式应满足当其中一台变压器停运时,有利于其他主变压器的负荷分配的要求

3. 电气火灾监控系统在无消防控制室且电气火灾监控探测器的数量不超过多少只时,可采用独立式电气火灾监控探测器? ( )

(A)6 只　　(B)8 只　　(C)10 只　　(D)12 只

4. 下面有关电力变压器外部相间短路保护设置的表述中哪一项是不正确的? ( )

(A)单侧电源双绕组变压器和三绕组变压器,相间短路后备保护宜装于主变的电源侧;非电源侧保护可带两段或三段时限;电源侧保护可带一段时限

(B)两侧或三侧有电源的双绕组变压器和三绕组变压器,相间短路应根据选择性的要求装设方向元件,方向宜指向本侧母线,但断开变压器各侧断路器的后

背保护不应带方向

(C)低压侧有分支,且接至分开运行母线段的降压变压器,应在每个分支装设相间短路后备保护

(D)当变压器低压侧无专业母线保护,高压侧相间短路后备保护对低压侧母线相间短路灵敏度不够时,应在低压侧配置相间短路后备保护

5. 在35kV系统中,当波动负荷用户产生的电压变动频度为500次/h时,其电压波动的限值应为下列哪一项? ( )

(A)4% (B)2%

(C)1.25% (D)1%

6. 控制各类非线性用电设备所产生的谐波引起的电网电压正弦波形畸变率,宜采取相应措施,下列哪项措施是不合适的? ( )

(A)各类大功率非线性用电设备变压器由短路容量较大的电网供电

(B)对大功率静止整流器,采用增加整流变压器二次侧的相数和整流器的整流脉冲数

(C)对大功率静止整流器,采用多台相数相位相同的整流装置

(D)选用Dyn11接线组别的三相配电变压器

7. 10kV电网某公共连接点的全部用户向该点注入的5次谐波电流允许值下列哪一项数值是正确的?(假定该公共连接点处的最小短路容量为50MVA) ( )

(A)40A (B)20A

(C)10A (D)6A

8. 假设10kV系统公共连接点的正序阻抗与负序阻抗相等,公共连接点的三相短路容量为120MVA,负序电流值为150A,其负序电压不平衡度为多少?(可近似计算确定) ( )

(A)100% (B)2.6%

(C)2.16% (D)1.3%

9. 在低压电气装置中,对于不超过32A交流、直流的终端回路,故障时最长切断时间下列哪一项是正确的? ( )

(A)对于$TN_{(ac)}$系统,当$120V < V_0 \leq 230V$时,其最长切断时间为0.4s

(B)对于$TT_{(dc)}$系统,当$120V < V_0 \leq 230V$时,其最长切断时间为0.2s

(C)对于$TN_{(ac)}$系统,当$230V < V_0 \leq 400V$时,其最长切断时间为0.07s

(D)对于$TT_{(dc)}$系统,当$230V < V_0 \leq 400V$时,其最长切断时间为5s

10. 某变电所,低压侧采用TN系统,高压侧接地电阻为R_E,低压侧的接地电阻为

R_B，在高压接地系统和低压接地系统分隔的情况下，若变电所高压侧有接地故障（接地故障电流为 I_E），变电所内低压设备外露可导电部分与低压母线间的工频应力电压计算公式下列哪一项是正确的？（　　）

(A) $R_E \times I_E + U_0$　　(B) $R_E \times I_E + U_0 \times \sqrt{3}$

(C) $U_0 \times \sqrt{3}$　　(D) U_0

11. 某地区 35kV 架空输电线路，当地的气象条件如下：最高温度 +40.7℃、最低温度 -21.3℃、年平均气温 +13.9℃、最大风速 21m/s、覆冰厚度 5mm、冰比重 0.9。关于 35kV 输电线路设计气象条件的选择，下列哪项表述是错误的？（　　）

(A) 最高气温工况：气温 40℃，无风，无冰

(B) 覆冰工况：气温 -5℃，风速 10m/s，覆冰 5mm

(C) 带电作业工况：气温 15℃，风速 10m/s，无冰

(D) 长期荷载工况：气温为 10℃，风速 5m/s，无冰

12. 对户外严酷条件下的电气设施间接接触（交流）防护，下列哪一项描述是错误的？（　　）

(A) 所有裸露可导电部件都必须接到保护导体上

(B) 如果需要保护导体单独接地，保护导体必须采用绝缘导体

(C) 多点接地的接地点应尽可能均匀分布，以保证发生故障时，保护导体的电位接近地电位

(D) 在电压为 1kV 以上的系统中，对于在切断过程中可能存在较高的预期接触电压的特殊情况，切断时间必须尽可能的短

13. 航空障碍标志灯的设置应符合相关规定，当航空障碍灯装设在建筑物高出地面 153m 的部位时，其障碍标志灯类型和灯光颜色，下列哪项是正确的？

(A) 高光强，航空白色　　(B) 低光强，航空红色

(C) 中光强，航空白色　　(D) 中光强，航空红色

14. 50Hz/60Hz 交流电流路径（大的接触表面积）为手到手的人体总阻抗，下列哪一项描述是错误的？（　　）

(A) 在干燥条件下，当接触电压为 100V 时，95% 被测对象的人体总阻抗为 3125Ω

(B) 在水湿润条件下，当接触电压为 125V 时，50% 的被测对象的人体总阻抗为 1550Ω

(C) 在盐水湿润条件下，当接触电压为 200V 时，5% 被测对象的人体总阻抗为 770Ω

(D) 在盐水湿润条件下，人体总阻抗被舍入到 5Ω 的整数倍数值

15. 已知同步发电机额定容量为12.5MVA,超瞬态电抗百分值$x_d''\%=12.5$,额定电压为10.5kV,则在基准容量为$S_j=100$MVA下的超瞬态电抗标幺值为下列哪项数值? ( )

(A)0.01 (B)0.1 (C)1 (D)10

16. 关于静电的基本防护措施,下列哪项描述是错误的? ( )

(A)对接触起电的物料,应尽量选用在带电序列中位置较临近的,或对产生正负电荷的物料加以适当组合,使最终达到起电最小
(B)在生产工艺的设计上,对有关物料应尽量做到接触面和压力较小,接触次数较少,运动和分离速度较慢
(C)在气体爆炸危险场所0区,局部环境的相对湿度宜增加至50%以上
(D)在静电危险场所,所有属于静电导电的物体必须接地

17. 正常操作时不必触及的配电柜金属外壳的表面温度限制,下列哪项符合要求? ( )

(A)55℃ (B)65℃
(C)70℃ (D)80℃

18. 电气设备的选择和安装中,关于总接地端子的设置和连接,下列哪一项不符合要求? ( )

(A)在采用保护联结的每个装置中都应配置有总接地端子
(B)接到总接地端子上的每根导体应连接牢固可靠不可拆卸
(C)建筑物的总接地端子可用于功能接地的目的
(D)当保护导体已通过其他保护导体与总接地端子连接时,则不需要把每根保护导体直接接到总接地端子上

19. 在城市电力规划中,城市电力详细规划阶段的一般负荷预测宜选用下列哪项方法? ( )

(A)电力弹性系数法 (B)人均用电指标法
(C)单位建筑面积负荷指标法 (D)回归分析法

20. 在均衡充电运行情况下,关于直流母线电压的描述,下列哪一项是错误的? ( )

(A)直流母线电压应为直流电源系统标称电压的105%
(B)专供控制负荷的直流电源系统,直流母线电压不应高于直流电源系统标称电压的110%
(C)专供动力负荷的直流电源系统,直流母线电压不应高于直流电源系统标称电

压的112.5%

(D)对控制负荷和动力负荷合并供电的直流电源系统,直流母线电压不应高于直流电源系统标称电压的110%

21.假如所有导体的绝缘均能耐受可能出现的最高标称电压,则允许在同一导管或电缆管槽内敷设缆线回路数的规定是下列哪项? ( )

(A)1个回路 (B)2个回路
(C)多个回路 (D)无规定

22.在建筑照明设计中,符合下列哪项条件的作业面或参考平面的照度标准可按标准值的分级降低一级? ( )

(A)视觉作业对操作安全有重要影响
(B)识别对象与背景辨认困难
(C)进行很短时间的作业
(D)视觉能力显著低于正常能力

23.假定独立避雷针高度为$h=30\text{m}$,被保护电气装置高度为5m,请用折线法计算被保护物高度水平面上的保护半径,其结果最接近下列哪个数值? ( )

(A)25m (B)30m
(C)35m (D)45m

24.假定变电站母线运行电压为10.5kV,并联电容器组每相串联2段电容器,为抑制谐波装设串联电抗器电抗率为12%,电容器的运行电压下列哪项是正确的? ( )

(A)3.44kV (B)3.70kV
(C)4.23kV (D)4.87kV

25.为了便于对各种灯具的光强分布特性进行比较,灯具的配光曲线是按下列哪项数值编制的? ( )

(A)发光强度1000cd (B)照度1000lx
(C)光通量1000lm (D)亮度1000cd/m^2

26.在供配电系统设计中,关于减小电压偏差,下列哪项不符合规范要求? ( )

(A)应加大变压器的短路阻抗 (B)应降低系统阻抗
(C)应采取补偿无功功率措施 (D)宜使三相负荷平衡

27.下列单相或三相交流线路,哪项中性线导体截面选择不正确? ( )

(A)BV-2×6 (B)YJV-4×35+1×16
(C)BV-1×50+1×25 (D)V-5×10

28. 对于第一类防雷建筑物防闪电感应的设计，平行敷设的管道、构架和电缆金属外皮等长金属物，其净距小于100mm时，应采用金属线跨接，关于跨接点的间距，下列哪个数值是正确的？（　　）

(A)不应大于30m　　(B)不应大于40m

(C)不应大于50m　　(D)不应大于60m

29. 在建筑高度大于100m的民用建筑内，消防应急照明灯具和灯光疏散指示标志的备用电源的连续供电时间不应小于下列哪项数值？（　　）

(A)30min　　(B)60min

(C)90min　　(D)120min

30. 一个点型感烟或感温探测器保护的梁间区域的个数，最多不应大于几个？（　　）

(A)2　　(B)3

(C)4　　(D)5

31. 当民用建筑只接收当地有线电视网节目信号时，下面哪项不符合规范的要求？（　　）

(A)系统接收设备宜在分配网络的中心部位

(B)应设在建筑物首层或地下一层

(C)每1000个用户宜设置一个子分前端

(D)每500个用户设置一个光节点，并应留有光节点光电转换设备间，用电量可按2kW计算

32. LED视频显示屏系统的设计，根据规范下列哪项是正确的？（　　）

(A)显示屏的水平左视角不宜小于90°

(B)显示屏的水平右视角不宜小于80°

(C)垂直上视角不宜小于20°

(D)垂直下视角不宜小于20°

33. 晶闸管元件额定电流的选择，整流线路为六相零式时，电流系数K_i为下列哪个数值？（　　）

(A)0.184　　(B)0.26

(C)0.367　　(D)0.45

34. 对IT系统的安全防护，下列哪一项描述是错误的？（　　）

(A)在IT系统中，带电部分应对地绝缘或通过一足够大的阻抗接地，接地可在系

统的中性点或中间点，不可在人工中性点

(B)IT 系统不宜配出中性导体

(C)外露可导电部分应单独地、成组地或共同地接地

(D)IT 系统可采用绝缘监视器、剩余电流监视器和绝缘故障定位系统

35. 为防止人举手时触电，布置在屋外的 3kV 级以上配电装置的电气设备外绝缘体最低部位距地小于下列哪个数值时应装设固定遮拦？（　　）

(A)2300mm　　(B)2500mm

(C)2800mm　　(D)3000mm

36. 在电气设备中，下列哪一项是外部可导电部分？（　　）

(A)配电柜金属外壳　　(B)灯具金属外壳

(C)金属热水暖气片　　(D)电度表铸铝合金外壳

37. 某 35kV 线路采用合成绝缘子，绝缘子的型号为 FXBW1 - 35/70，则该合成绝缘子运行工况的设计荷载为下列哪项值？（　　）

(A)23.3kN　　(B)28kN

(C)35kN　　(D)46.7kN

38. 在气体爆炸危险场所外露静电非导体部件的最大宽度及表面积，下列哪项表述是正确的？（　　）

(A)在 0 区，II 类 A 组爆炸性气体，最大宽度为 0.4cm，最大表面积为 $50cm^2$

(B)在 0 区，II 类 C 组爆炸性气体，最大宽度为 0.1cm，最大表面积为 $4cm^2$

(C)在 1 区，II 类 A 组爆炸性气体，最大宽度为 3.0cm，最大表面积为 $120cm^2$

(D)在 1 区，II 类 C 组爆炸性气体，最大宽度为 2.0cm，最大表面积为 $30cm^2$

39. 当移动式和手提式灯具采用 III 类灯具时，应采用安全特低电压(SELV)供电，在潮湿场所其电压限值应符合下列哪项规定？（　　）

(A)交流供电不大于 36V，无波纹直流供电不大于 60V

(B)交流供电不大于 36V，无波纹直流供电不大于 100V

(C)交流供电不大于 25V，无波纹直流供电不大于 60V

(D)交流供电不大于 25V，无波纹直流供电不大于 100V

40. 对于第一类防雷建筑物防直击雷的措施应符合有关规定，独立接闪杆，架空接闪线或架空接闪网应设独立的接地装置，每一根引下线的冲击接地电阻不宜大于 10Ω，在土壤电阻率高的地区，可适当增大冲击接地电阻，但在 3000Ω · m 以下的地区，设计规范规定的冲击接地电阻不应大于下列哪项数值？（　　）

(A)20Ω　　(B)30Ω　　(C)40Ω　　(D)50Ω

二、多项选择题(共 30 题,每题 2 分,每题的备选项中有 2 个或 2 个以上符合题意,错选、少选、多选均不得分)

41. 低压电气装置的每个部分应按外界影响条件分别采用一种或多种保护措施,通常允许采用下列哪些保护措施? (　　)

(A)自动切断电源
(B)单绝缘或一般绝缘
(C)向单台用电设备供电的电气分隔
(D)特低电压(SELV 和 PELV)

42. 关于架空线路路径的选择,下列哪些表述是正确的? (　　)

(A)3kV 及以上至 66kV 及以下架空电路线路,不应跨越储存易燃、易爆危险品的仓库区域
(B)丙类液体储罐与电力架空线接近水平距离不应小于电杆(塔)高度
(C)35kV 以上的架空电力线路与储量超过 $200m^3$ 的液化石油气单罐(地面)的最近水平距离不应小于 40m
(D)架空电力线路不宜通过林区,当确需通过林区时应结合林区道路和林区具体条件选择线路路径,并应尽量减少树木砍伐。10kV 及以下架空电力线路的通道宽度,不宜小于线路两侧向外各延伸 2.5m

43. 户外严酷条件下的电气设施的直接接触防护,通常允许采用下列哪些保护措施? (　　)

(A)用遮拦或壳体防止人身或家畜与电气装置的带电部分接触
(B)采用 50V 以下的安全低电压
(C)用绝缘防止人员或家畜与电气装置的带电部件接触
(D)当出于操作和维修的目的进出通道时,可以提供防止直接接触的最小距离

44. 关于接于公共连接点的每一个用户引起该点负序电压不平衡度允许值的规定,以下表述哪几项是不正确的? (　　)

(A)允许值一般为 1.3%,短时不超过 2.6%
(B)根据连接点的负荷状况可作适当变动,但允许值不超过 1.5%
(C)电网正常运行时,负序电压不平衡度不超过 2%,短时不得超过 4%
(D)允许值不得超过 1.2%

45. 电视型视频显示屏的设计,视屏显示屏单元宜采用 CRT、PDP 或 LCD 等显示器,并应符合下列哪些要求? (　　)

(A)应具有较好的硬度和质地

(B)应具有较大的热膨胀系数

(C)应能清晰显示分辨力较高的图像

(D)应保证图像失真小、色彩还原真实

46. 每个建筑物内的接地导体、总接地端子和下列哪些可导电部分应实施保护等电位连接？ (　　)

(A)进入建筑物的供应设施的金属管道，例如燃气管、水管等

(B)在正常使用时可触及的非导电外壳

(C)便于利用的钢筋混凝土结构中的钢筋

(D)通信电缆的金属护套

47. 下列110kV供电电压偏差的波动数值中，哪些数值是满足规范要求的？(　　)

(A)标称电压的+10%，-5%

(B)标称电压的+7%，-3%

(C)标称电压的+5%，-5%

(D)标称电压的-4%，-7%

48. 下面有关直流断路器选择要求的表述中，哪些项是正确的？ (　　)

(A)额定电压应大于或等于回路的最高工作电压1.1倍

(B)额定电流应大于回路的最大工作电流

(C)断流能力应满足安装地点直流系统最大预期短路电流的要求

(D)各级断路器的保护动作电流和动作时间应满足上、下级选择性配合要求，且应有足够的灵敏系数

49. 关于交流电动机能耗制动的性能，下述哪些是能耗制动的特点？ (　　)

(A)制动转矩较平滑，可方便地改变制动转矩

(B)制动转矩基本恒定

(C)可使生产机械较可靠地停止

(D)能量不能回馈单位，效率较低

50. 50Hz/60Hz交流电流路径(小的接触表面积)为手到手的人体总阻抗，下列哪些描述是正确的？ (　　)

(A)在干燥条件下，当接触电压为25V时，5%被测对象的人体总阻抗为91250Ω

(B)在水湿润条件下，当接触电压为100V时，50%的被测对象的人体总阻抗为40000Ω

(C)在盐水湿润条件下，当接触电压为200V时，95%被测对象的人体总阻抗为6750Ω

(D)在干燥、水湿润和盐水湿润条件下，人体总阻抗被舍入到25Ω的整数倍数值

51. 下列关于典型静电放电的特点或引燃性中，哪些描述是正确的？（ ）

(A)电晕放电：有时有声光，气体介质在物体尖端附近局部电离，不形成放电通道

(B)刷形放电：有声光，放电通道在静电非导体表面附近形成许多分叉，在单位空间内释放的能量较小，一般每次放电能量不超过4mJ，引燃、引爆能力中等

(C)火花放电：放电时有声光，将静电非导体上一定范围内所带的大量电荷释放，放电能量大，引燃、引爆能力强

(D)传播性刷形放电：有声光、放电通道不形成分叉，电极上有明显放电集中点，释放能量比较集中，引燃、引爆能力很强

52. 下列有关人民防空地下室战时应急照明的连续供电时间，哪些项符合规范规定？（ ）

(A)一等人员掩蔽所不应小于6h

(B)专业队队员掩蔽部不应小于6h

(C)二等人员掩蔽所、电站控制室不应小于3h

(D)生产车间不应小于3h

53. 可燃气体和甲、乙、丙类液体的管道严禁穿过防火墙，其他管道不宜穿过防火墙，确需穿过时，应采用下列哪些材料将墙与管道之间的空隙紧密填实？（ ）

(A)防火封堵材料　　(B)水泥砂浆

(C)不燃材料　　(D)硬质泡沫板

54. 任何一个波动负荷用户在电力系统公共连接点产生的电压变动，其限值与下列哪些参数有关？（ ）

(A)电压变动频度　　(B)系统短路容量

(C)系统电压等级　　(D)电网的频率

55. 关于静电的基本防护措施，下列哪些项描述是正确的？（ ）

(A)带电体应进行局部或全部静电屏蔽，或利用各种形式的金属网，减少静电的积聚，同时屏蔽体或金属网应可靠接地

(B)在遇到分层或套叠的结构时应使用静电非导体材料

(C)在气体爆炸危险场所禁止使用金属链

(D)使用静电消除器迅速中和静电

56. 敷设缆线槽盒若需占用安全通道，下列哪些措施符合火灾防护要求？（ ）

(A)选择耐火1h的槽盒

(B)选择槽盒的火灾防护按安全通道建筑构件所规定允许的时间

(C)槽盒安装位置应在伸臂范围以内

(D)敷设在安全通道内的槽盒尽可能短

57. 下列作用于电气装置绝缘上的过电压哪些属于暂时过电压？（　　）

(A)谐振过电压　　(B)特快速瞬态过电压(VFTO)

(C)工频过电压　　(D)雷电过电压

58. 某一10/0.4kV车间变电所，高压侧保护接地和低压侧系统接地共用接地装置，下列关于变压器的保护接地电阻值的要求哪些是正确的？（　　）

(A)当高压侧工作于低电阻接地系统，低压侧为TN系统，且低压电气装置采用保护总等电位连接系统，接地电阻不大于$2000/I_g$，且不大于4Ω（其中I_g为计算用经接地网入地的最大接地故障不对称电流有效值）

(B)当高压侧工作于不接地系统，低压电气装置采用保护总等电位联结时，接地电阻不大于$50/I$，且不大于4Ω（其中I为计算用单相接地故障电流）

(C)当高压侧工作于不接地系统，低压电气装置采用保护总等电位联结时，接地电阻不大于$120/I_g$，且不大于4Ω（其中I_g为计算用单相接地故障电流）

(D)接地电阻不大于10Ω

59. 对非熔断器保护回路的电缆，应按满足短路热稳定条件确定电缆导体允许最小截面，下列关于选取短路计算条件的原则哪些是正确的？（　　）

(A)计算用系统接线，应按正常运行方式，且考虑工程建成后3~5年发展规划

(B)短路点应选取在通过电缆回路最大短路电流可能发生处

(C)应按三相短路计算

(D)短路电流作用时间应与保护动作时间一致

60. 电器的正常使用环境条件为：周围空气温度不高于40℃，海拔不超过1000m，在不同的环境条件下，可以通过调整负荷允许长期运行，下列调整措施哪些是正确的？

(A)当电器使用在周围温度高于40℃（但不高于60℃）时，推荐周围空气温度每增高1K，减少额定电流负荷的1.8%

(B)当电器使用在周围温度低于40℃时，推荐周围空气温度每降低1K，增加额定电流负荷的0.5%，但其最大过负荷不得超过额定电流负荷的20%

(C)当电器使用在海拔超过1000m（但不超过4000m），且最高周围空气温度为40℃时，其规定的海拔高度每超过100m（以海拔1000m为起点），允许温升降低0.3%

(D)当电器使用在海拔低于1000m，且最高周围空气温度为40℃时，海拔高度每低于规定海拔100m，允许温升提高0.3%

61. 下列哪些项符合埋在土壤中的接地导体的要求？（　　）

(A)40mm×4mm扁钢

(B)直径 6mm 裸铜线
(C)无防机械损伤保护的 2.5mm^2 铜芯电缆
(D)30mm × 30mm × 4mm 角铁

62. 下列哪些情况时,可燃油浸变压器室的门应为甲级防火门? ( )

(A)有火灾危险的车间内
(B)容易沉积可燃粉尘、可燃纤维的场所
(C)附设式变压器室
(D)附近有粮、棉及其他易燃物大量集中的露天场所

63. 选择电动机时应考虑下列哪些条件? ( )

(A)电动机的全部电气和机械参数
(B)电动机的类型和额定电压
(C)电动机的重量
(D)电动机的结构形式、冷却方式、绝缘等级

64. 关于用电安全的要求,在下列表述中哪几项是正确的? ( )

(A)在预期的环境条件下,不会因外界的非机械的影响而危及人、家畜和财产
(B)在可预见的过载情况下,不应危及人、家畜和财产
(C)在正常使用条件下,对人、家畜的直接触电或间接触电所引起的身体伤害及其他危害应采取足够的防护
(D)长期放置不用的用电产品在进行必要的检修后,即可投入使用

65. 火灾报警区域的划分,下列哪些符合规范的规定? ( )

(A)一个火灾报警区域只能是一个防火分区
(B)一个火灾报警区域只能是一个楼层
(C)一个火灾报警区域可以是发生火灾时需要同时联动消防设备的几个相邻防火分区
(D)一个火灾报警区域可以是发生火灾时需要同时联动消防设备的几个相邻楼层

66. 下面有关限制变电站 6 ~ 20kV 线路短路电流的措施中,表述正确的是哪几项?
( )

(A)变压器分列运行
(B)采用有载调压变压器
(C)采用高阻抗变压器
(D)在变压器回路中串联限流装置

67. 综合布线系统工作区适配器的选用,下列哪些项符合规范的规定? ( )

(A)设备的连接插座应与连接电缆的插头匹配,同类插座与插头之间应加装适配器

(B)在连接使用信号的数模转换、光、电转换,数据传输速率转换等相应的装置时,采用适配器

(C)对于网络规程的兼容,采用协议转换适配器

(D)各种不同的终端设备或适配器均安装在工区的适当位置,并应考虑现场的电源与接地

68. 规范规定下列哪些情况下中性导体和相导体应等截面? ( )

(A)各相负荷电流均衡分配的电路

(B)单相两线制电路

(C)相线导体截面小于或等于 $16mm^2$(铜导体)的多相回路

(D)中性导体中存在谐波电流的电路

69. 采用支持式管型母线时,为消除母线对端部效应、微风振动及热胀冷缩对支持绝缘子产生的内应力,应采取下面哪些措施? ( )

(A)加装动力双环阻尼消振器

(B)管内加装阻尼线

(C)增大母线支撑间距

(D)改变支持方式

70. 根据规范要求,下列哪些是二级业务广播系统应具备的功能? ( )

(A)编程管理

(B)自动定时运行(允许手动干预)

(C)支持寻呼台站

(D)功率放大器故障告警

2016年专业知识试题答案(上午卷)

1. **答案**:A

依据:《3~110kV高压配电装置设计规范》(GB 50060—2008)第2.0.2条。

2. **答案**:C

依据:《35kV~110kV变电站设计规范》(GB 50059—2011)第3.2.2条、第3.2.3条、第3.2.4条、第3.2.5条。

3. **答案**:B

依据:《火灾自动报警系统设计规范》(GB 50116—2013)第9.1.3条。

4. **答案**:A

依据:《电力装置的继电保护和自动装置设计规范》(GB/T 50062—2008)第4.0.6条。

5. **答案**:C

依据:《电能质量　电压波动和闪变》(GB/T 12326—2008)第4条"电压波动的限值"。

6. **答案**:C

依据:《供配电系统设计规范》(GB 50052—2009)第5.0.13条。

7. **答案**:C

依据:《电能质量　公用电网谐波》(GB/T 14549—1993)第5.1条表2"注入公共连接点的谐波电流允许值"以及附录B式B.1。

8. **答案**:C

依据:《电能质量　三相电压不平衡》(GB/T 15543—2008)附录A第A.3.1条式A.3。

$$负序电压不平衡度:\varepsilon_{U_2}=\frac{\sqrt{3}I_2U_L}{S_k}=\frac{1.732\times0.15\times10}{120}=0.02165=2.165\%$$

9. **答案**:A

依据:《低压配电装置第4-41部分:安全防护电击防护》(GB 16895.21—2012)第411.3.2.2条及表41.1。

10. **答案**:A

依据:《建筑物电气装置第4部分:安全防护第44章:过电压保护第442节:低压电气装置对暂时过电压和高压系统与地之间的故障的防护》(GB 16895.11—2001)第442.4.2条和第442.5.1条,参见图44B中的TN-b。

注：参考第442.4.1条：U_0为低压系统相线对中性点的电压。图44B中的TN-b中的U_1为“变电所”低压设备外露可导电部分与低压母线间的工频应力电压，而U_2为“用户系统”低压设备外露可导电部分与低压母线间的工频应力电压。

11. **答案**：D

依据：《66kV及以下架空电力线路设计规范》(GB 50061—2010)第4.0.1条、第4.0.3条、第4.0.9条、第4.0.10条。

12. **答案**：B

依据：《户外严酷条件下的电气设施第2部分：一般防护要求》(GB/T 9089.2—2008)第5.1.1条、第5.1.6条。

13. **答案**：A

依据：《民用建筑电气设计规范》(JGJ 16—2008)第10.3.5条及表10.3.5。

14. **答案**：C

依据：《电流对人和家畜的效应第1部分：通用部分》(GB/T 13870.1—2008)第4.5.1条，以及表1、表2、表3和表3之注4。

15. **答案**：C

依据：《工业与民用供配电设计手册》(第四版)P281表4.6-3“电路元件阻抗标幺值和有名值的换算公式”。

$$X''_{*d} = X''_d \frac{S_j}{S_r} = 0.125 \times \frac{100}{12.5} = 1$$

注：《工业与民用配电设计手册》(第三版)P128表4-2“电路元件阻抗标幺值和有名值的换算公式”。

16. **答案**：C

依据：《防止静电事故通用导则》(GB 12158—2006)第6.1.1条、第6.1.2条。

局部环境的相对湿度宜增加至50%以上。增湿可以防止静电危害的发生，但这种方法不得用在气体爆炸危险场所0区。

17. **答案**：D

依据：《建筑物电气装置第4-42部分：安全防护-热效应保护》(GB 16895.2—2005)第423条及表4。

18. **答案**：B

依据：《交流电气装置的接地设计规范》(GB 50065—2011)第8.1.4条。

19. **答案**：C

依据：《城市电力规划规范》(GB/T 50293—2014)第4.2.5-2条。

20. **答案**：A

依据：《电力工程直流系统设计技术规程》(DL/T 5044—2014)第3.2.3条。

21. **答案**:C

依据:《低压电气装置第5-52部分:电气设备的选择和安装布线系统》(GB16895.6—2014)第521.6条。

22. **答案**:C

依据:《建筑照明设计标准》(GB 50034—2013)第4.1.3条。

23. **答案**:C

依据:《交流电气装置的过电压保护和绝缘配合设计规范》(GB/T 50064—2014)第5.2.1条。

$h = 30\text{m}, h_x = 5\text{m}$,则高度影响系数 $P = 1$,且 $h_x < 0.5\text{h}$

$r_x = (1.5h - 2h_x)P = 1.5 \times 30 - 2 \times 5 = 35\text{m}$

注:"滚球法"对应规范GB 50057(民用建筑使用较多),"折线法"对应规范GB/T 50064(或者DL/T 620,变电所与发电厂使用较多),此两种方法各自的适用范围未来仍有待权威部门明确。

24. **答案**:A

依据:《并联电容器装置设计规范》(GB 50227—2017)第5.2.2-3条。

$$U_c = \frac{U_s}{\sqrt{3}S} \cdot \frac{1}{1-K} = \frac{10.5}{\sqrt{3} \times 2} \times \frac{1}{1-12\%} = 3.445\text{kV}$$

25. **答案**:C

依据:《照明设计手册》(第三版)P80"光强分布"。

为了便于对各种灯具的光强分布特性进行比较,曲线的光强值都是按光通量为1000lm给出的,因此,实际光强值应当是光强的测定值乘以灯具中光源实际光通量与1000之比值。

26. **答案**:A

依据:《供配电系统设计规范》(GB 50052—2009)第5.0.9条。

27. **答案**:C

依据:《低压配电设计规范》(GB 50054—2011)第3.2.7条、第3.2.8条。

28. **答案**:A

依据:《建筑物防雷设计规范》(GB 50057—2010)第4.2.2-2条。

29. **答案**:B

依据:《民用建筑电气设计规范》(JGJ 16—2008)第13.8.6条及表13.8.6。

火灾应急照明包括备用照明、疏散照明,根据表格内容,疏散照明持续工作时间应不小于30分钟,而避难层备用照明应不小于60分钟。因此建议选后者。

注:根据建筑相关规范要求高于100m的民用建筑物需设置避难层。

30. **答案**:D

依据:《火灾自动报警系统设计规范》(GB 50116—2013)附录G"按梁间区域面积确定一只探测器保护的梁间区域的个数"。

31. **答案**:C

依据:《民用建筑电气设计规范》(JGJ 16—2008)第15.4.8条。

32. **答案**:D

依据:《视频显示系统工程技术规范》(GB 50464—2008)第4.2.2条。

33. **答案**:B

依据:《钢铁企业电力设计手册》下册P391下表 $I_f = 0.260I_d$。

其中 I_f:流过整流元件的电流折合到单相半波的平均值,$I_f = 0.637I_{rma}$,(I_{rma}:流过整流元件的电流折合到单相半波的幅值),参见P391图可知:

$I_{rma} = I_{b2} = \frac{1}{\sqrt{6}}I_d = 0.408I_d$,则

$I_f = 0.637I_{rma} = 0.637 \times 0.408I_d = 0.260I_d$

注:《电气传动自动化技术手册》第3版P343表3-24中也有相关数据,但唯独缺少六相零式整流电路参数。

34. **答案**:A

依据:《低压配电装置第4-41部分:安全防护电击防护》(GB 16895.21—2012)第411.6.1条、第411.6.2条、第411.6.3条,以及《低压配电设计规范》(GB 50054—2011)第5.2.22条。

35. **答案**:B

依据:《3-110kV高压配电装置设计规范》(GB 50060—2008)第5.1.1条。

36. **答案**:C

依据:《建筑物电气装置第5-54部分电气设备的选择和安装接地配置和保护导体》(GB 16895.3—2017)第541.3.7条外部可导电部分定义:不是电气装置的组成部分且易于引入一个电位(通常是局部电位)的可导电部分。

注:也可参考《交流电气装置的接地设计规范》(GB/T 50065—2011)第2.0.22条外界可导电部分定义:非电气装置的,且易于引入电位的可导电部分,该电位通常为局部电位。

37. **答案**:A

依据:《66kV及以下架空电力线路设计规范》(GB 50061—2010)第5.3.1条、第5.3.2条。

38. **答案**:B

依据:《防止静电事故通用导则》(GB 12158—2006)第7.2.3条。

39. **答案**:C

依据:《建筑查明设计标准》(GB 50034—2013)第7.1.3-2条。

40. **答案**:B

依据:《建筑物防雷设计规范》(GB 50057—2010)第4.2.1-8条。

41. **答案**:ACD

依据:《低压配电装置第4-41部分:安全防护电击防护》(GB 16895.21—2012)第410.3.3条。

42. **答案**:ACD

依据:《66kV及以下架空电力线路设计规范》(GB 50061—2010)第3.0.3-4条、第3.0.3-5条、第3.0.4条。

43. **答案**:ACD

依据:《户外严酷条件下的电气设施第2部分:一般防护要求》(GB/T 9089.2—2008)第4.2.1条、第4.3条、第4.6条。

44. **答案**:BD

依据:《电能质量公用电网谐波》(GB/T 15543—2008)第4.1条、第4.2条。

45. **答案**:ACD

依据:《视频显示系统工程技术规范》(GB 50464—2008)第4.2.5-1条。

46. **答案**:AC

依据:《交流电气装置的接地设计规范》(GB/T 50065—2011)附录H及图H。

注:也可参考《低压电气装置第5-54部分电气设备的选择和安装接地配置保护导体》(GB 16895.3—2017)附录B及图B.54.1。外露可导电部分:设备上能触及的在正常情况下不带电,但在基本绝缘损坏时可变为带电的可导电部分。外部可导电部分:不是电气装置的组成部分且易于引入一个电位(通常是局部电位)的可导电部分。

47. **答案**:BC

依据:《电能质量供电电压偏差》(GB 12325—2008)第4.1条:35kV及以上供电电压正、负偏差绝对值之和不超过标称电压的10%。

48. **答案**:BCD

依据:《电力工程直流系统设计技术规程》(DL/T 5044—2014)第6.5.2条。

49. **答案**:ACD

依据:《钢铁企业电力设计手册》下册P95~P96表24-6"交流电动机能耗制动的性能"。

注:《电气传动自动化技术手册》第3版P405表5-15各种电动机能耗制动的性能。制动转矩基本恒定是反接制动的特点。

50. **答案**:AC

依据:《电流对人和家畜的效应第1部分:通用部分》(GB/T 13870.1—2008)表7~表9。

注:在干燥、水湿润,人体总阻抗被舍入到25Ω的整数倍数值,但盐水湿润条件下,人体总阻抗被舍入到5Ω的整数倍数值。

51. **答案**:AB

依据:《防止静电事故通用导则》(GB 12158—2006)第4.1条表1。

52. **答案**:ABC

依据:《人民防空地下室设计规范》(GB 50038—2005)第7.5.5-4条:战时应急照明的连续供电时间不应小于该防空地下室的隔绝防护时间(见表5.2.4)。

53. **答案**:AC

依据:《建筑设计防火规范》(GB 50016—2014)第6.1.5条、第6.1.6条。

54. **答案**:AC

依据:《电能质量电压波动和闪变》(GB/T 12326—2008)第4条电压波动的限值。

55. **答案**:ACD

依据:《防止静电事故通用导则》(GB 12158—2006)第6.1.3条、第6.1.7条、第6.1.9条、第6.1.10条。

56. **答案**:BD

依据:建议参考《建筑设计防火规范》(GB 50016—2014)相关内容,未找到对应条文,可反馈讨论。

57. **答案**:AC

依据:《交流电气装置的过电压保护和绝缘配合设计规范》(GB/T 50064—2014)第3.2.1-2条。

58. **答案**:AB

依据:《交流电气装置的接地设计规范》(GB/T 50065—2011)第6.1.1条、第6.1.2条。

注:区别发电厂、变电站接地网的接地电阻与高压配电电气装置(如变压器)的接地电阻的不同要求。

59. **答案**:BD

依据:《导体和电器选择设计技术规定》(DL/T 5222—2005)第7.8.10条。

注:第5.0.10条:仅用熔断器保护的导体和电器可不验算热稳定。

60. **答案**:ABC

依据:《导体和电器选择设计技术规定》(DL//T 5222—2005)第5.0.3条。

61. **答案**:AB

依据:《交流电气装置的接地设计规范》(GB/T 50065—2011)第8.1.2条及表8.1.2、第8.1.3条。

62. **答案**:ABD

依据:《20kV及以下变电所设计规范》(GB 50053—2013)第6.1.2条。

63. **答案**:ABD

依据:《钢铁企业电力设计手册》下册P4“23.1.2对所选电动机的基本要求”。

64. **答案**:ABC

依据:《用电安全导则》(GB/T 13869—2008)第4条 用电安全的基本原则。

65. **答案**:CD

依据:《火灾自动报警系统设计规范》(GB 50116—2013)第3.3.1-1条。

66. **答案**:ACD

依据:《35kV~110kV变电站设计规范》(GB 50059—2011)第3.2.6条。

注:原6~10kV变电站一般为终端变电所,现可扩展到6~20kV。

67. **答案**:BCD

依据:《综合布线系统工程设计规范》(GB 50311—2016)第5.1.1条。

68. **答案**:BC

依据:《低压配电设计规范》(GB 50054—2011)第3.2.7条。

69. **答案**:AB

依据:《导体和电器选择设计技术规定》(DL//T 5222—2005)第7.3.6条。

注:也可参考《电力工程电气设计手册》(电气一次部分)P347~P353。

70. **答案**:BD

依据:《公共广播系统工程技术设计规范》(GB 50526—2010)第3.2.3条及表3.2.3。

2016年专业知识试题(下午卷)

一、单项选择题(共40题,每题1分,每题的备选项中只有1个最符合题意)

1. 假定某10/0.4kV变电所由两路电源供电,安装了两台变压器,低压侧采用TN接地系统,下列有关实施变压器接地的叙述,哪一项是正确的? ( )

(A)两变压器中性点应直接接地
(B)两变压器中性点间相互连接的导体可以与用电设备连接
(C)两变压器中性点间相互连接的导体与PE线之间,应只一点连接
(D)装置的PE线只能一点接地

2. 为防止人举手时触电,布置在屋内配电装置的电气设备外绝缘体最低部位距地小于下面哪个数值时,应装设固定遮拦: ( )

(A)2000mm　　(B)2300mm
(C)2500mm　　(D)3000mm

3. 数字程控用户交换机的工程设计,用户交换机中继线的配置,应根据用户交换机实际容量大小和出入局话务量大小等确定,下列哪项满足规范要求? ( )

(A)可按用户交换机容量的5%~8%确定
(B)可按用户交换机容量的10%~15%确定
(C)可按用户交换机容量的11%~20%确定
(D)可按用户交换机容量的21%~25%确定

4. 110kV电力系统公共连接点,在系统正常运行的较小方式下确定长时间闪变限制P_{lt}时,对闪变测量周期的取值下列哪一项是正确的? ( )

(A)168h　　(B)24h
(C)2h　　(D)1h

5. 电网正常运行时,电力系统公共连接点负序电压不平衡度限值,下列哪组数值是正确的? ( )

(A)4%,短时不超过8%　　(B)2%,短时不超过4%
(C)2%,短时不超过5%　　(D)1%,短时不超过2%

6. 对于具有探测线路故障电弧功能的电气火灾监控探测器,其保护线路的长度不宜大于下列哪个值? ( )

(A)60m　　(B)80m

(C)100m　　(D)120m

7. 对于剩余电流保护器(RCD)的用途,下列哪项描述是错误的? (　　)

(A)剩余电流保护器可作为 TN 系统的间接接触防护

(B)剩余电流保护器应用于 TN-C 系统

(C)在 TN-C-S 系统中采用剩余电流保护器(RCD)时,在 RCD 的负荷侧不得出现 PEN 导线,应在 RCD 的电源侧将 PE 导体从 PEN 导体分接出来

(D)在 TT 系统中通常应采用剩余电流保护器(RCD)作故障保护

8. 根据规范的要求,建筑物或建筑群综合布线系统配置设备之间(FD 与 BD、FD 与 CD、BD 与 BD、BD 与 CD 之间)组成的信道出现 4 个连接器件时,主干缆线的长度不应小于下列哪项数值? (　　)

(A)5m　　(B)10m

(C)15m　　(D)20m

9. 对泄漏电流超过 10mA 的数据处理设备用电,下列接地要求哪项是错误的? (　　)

(A)当采用独立的保护导体时,应是一根截面不小于 $10mm^2$ 的导体或两根有独立端头的,每根截面积不小于 $4mm^2$ 的导体

(B)当保护导体与供电导体合在一根多芯电缆中时,电缆中所有导体截面积的总和应不小于 $6mm^2$

(C)应设置一个或多个在保护导体出现中断故障时能按要求切断设备供电的电器

(D)当设备是通过双绕组变压器供电或通过其他通入与输出回路相互隔开的机组(如电动发电机)供电时,其二次回路建议采用 TN 系统,但在特定应用中也可采用 IT 系统

10. 正常运行和短路时,电气设备引线的最大作用力不应大于电气设备端子允许的荷载,屋外配电装置的套管、支持绝缘子在荷载长期作用时的安全系数不应小于下列哪项数值? (　　)

(A)1.67　　(B)2.00

(C)2.50　　(D)4.00

11. 人民防空地下室中一等人员掩蔽所的正常照明,按战时常用设备电力负荷的分级应为下列哪项负荷等级? (　　)

(A)一级负荷中特别重要的负荷　　(B)一级负荷

(C)二级负荷　　(D)三级负荷

12. 关于高压接地故障时低压系统的过电压,下列哪项描述是错误的? (　　)

(A)若变电所高压侧有接地故障,工频故障电压将影响低压系统

(B)若变电所高压侧有接地故障,工频应力电压将影响低压系统

(C)在 TT 系统中,当高压接地系统 R_E 和低压接地系统 R_B 连接时,工频接地故障电压不需考虑

(D)在 TN 系统中,当高压接地系统 R_E 和低压接地系统 R_B 分隔时,工频接地故障电压需要考虑

13. 关于架空线路的防振措施,下列哪项表述是错误的? (　　)

(A)在开阔地区档距 <500m,钢芯铝绞线的平均运行张力上限为瞬时破坏张力的 16% 时,不需要防振措施

(B)在开阔地区档距 <500m,镀锌钢绞线的平均运行张力上限为瞬时破坏张力的 16% 时,不需要防振措施

(C)档距 <120m,镀锌钢绞线的平均运行张力上限为瞬时破坏张力的 18% 时,不需要防振措施

(D)不论档距大小,镀锌钢绞线的平均运行张力上限为瞬时破坏张力的 25% 时,均需装防振锤(线)或另加护线条

14. 关于电力通过人体的效应,在 15Hz 至 100Hz 范围内的正弦交流电流,不同电流路径的心脏电流系数,下列哪个值是错误的? (　　)

(A)从左脚到右脚,心脏电流系数为 0.04

(B)从背脊到右手,心脏电流系数为 0.70

(C)从左右到右脚、右腿或双脚,心脏电流系数为 1.0

(D)从胸膛到左手,心脏电流系数为 1.5

15. 某办公室长 9.0m、宽 7.2m、高 3.3m,要求工作面的平均照度 $E_{av}=300lx$,$R_a \geq 80$,灯具维护系数为 0.8,采用 T5 直管荧光灯,每支 28W,$R_a=85$,光通量 2800lm,利用系数 $U=0.54$,该办公室需要灯管数量为下列哪项数值? (　　)

(A)12 支　　(B)14 支

(C)16 支　　(D)18 支

16. 关于固态物料的静电防护措施,下列哪项描述是错误的? (　　)

(A)非金属静电导体或静电亚导体与金属导体相互连接时,其紧密接触的面积应大于 $20cm^2$

(B)防静电接地线不得利用电源零线,不得与防直击雷地线共用

(C)在进行间接接地时,可在金属导体与非金属静电导体和静电亚导体之间,加设金属箱,或涂导电性涂料或导电膏以减小接触电阻

(D)在振动和频繁移动的器件上用的接地导体禁止用单股线及金属链,应采用

4mm^2 以上的裸绞线或编织袋

17. 下列 PEN 导体的选择和安装哪一项不正确? （ ）

(A)PEN 导体只能在移动的电气装置中采用
(B)PEN 导体应按它可能遭受的最高电压加以绝缘
(C)允许 PEN 导体分接出来保护导体和中性导体
(D)外部可导电部分不应用作 PEN 导体

18. 下列哪项不属于选择变压器的技术条件? （ ）

(A)容量　　(B)系统短路容量
(C)短路阻抗　　(D)相数

19. 预期短路电流 20kA,用动作时间小于 0.1s 的限流型断路器做线路保护,计算线路导体截面应大于下列哪项数值?(查断路器允许的能量 I^2t 为 1.17kA^{2}s,线路导体的 k 值取 100) （ ）

(A)6.33mm^2　　(B)10.8mm^2
(C)11.7mm^2　　(D)63.3mm^2

20. 固定敷设的低压布线系统中,下列哪项表述不符合带电导体最小截面的规定? （ ）

(A)火灾自动报警系统多芯电缆传输线路导体最小截面 0.5mm^2
(B)照明线路绝缘导体铜导体最小截面 1.5mm^2
(C)电子设备用的信号和控制线路铜导体最小截面 0.1mm^2
(D)供电线路铜裸导体最小截面 10mm^2

21. 安全照明是用于确保处于潜在危险之中的人员安全的应急照明,医院手术室安全照明的照度标准值应符合下列哪项规定? （ ）

(A)应维持正常照明的照度
(B)应维持正常照明的 50% 照度
(C)应维持正常照明的 30% 照度
(D)应维持正常照明的 10% 照度

22. 平战结合的人民防空地下室电站设计中,下列哪项表述不符合规范规定? （ ）

(A)中心医院、急救医院应设置固定电站
(B)防空专业队工程的电站当发电机总容量大于 200kW 时宜设置移动电站
(C)人员掩蔽工程的固定电站内设置超有发电机组不应少于 2 台,最多不宜超过 4 台
(D)柴油发电机组的单机容量不宜大于 300kW

23. 户外配电装置采用避雷线做防雷保护，假定两根等高平行避雷线高度为 $h=20\mathrm{m}$，间距 $D=5\mathrm{m}$，请计算两根避雷线间保护范围边缘最低点的高度，其结果为下列哪项数值？（　）

(A) 15.78m　　(B) 18.75m

(C) 19.29m　　(D) 21.23m

24. 假定某垂直接地极所处的场地为双层土壤，上层土壤电阻率为 $\rho_1=70\Omega\cdot\mathrm{m}$，土壤深度为 0 ~ −3m，下层土壤电阻率为 $\rho_2=100\Omega\cdot\mathrm{m}$，，土壤深度为 −3 ~ −5m；垂直接地极长 3m，顶端埋设深度为 −1m，等效土壤电阻率最接近下列哪项数值？（　）

(A) 70Ω·m　　(B) 80Ω·m

(C) 85Ω·m　　(D) 100Ω·m

25. 电气设备的选择和安装，下列哪项不符合剩余电流保护电器要求？（　）

(A) 剩余电流保护电器应保证能断开所保护回路的所有带电导体

(B) 保护导体不应穿越剩余电流保护电器的磁回路

(C) 安装剩余电流保护电器的回路，负荷正常运行时，其预期可能出现的任何对地泄漏电流均不致引起保护电器的误动作

(D) 在没有保护导体的回路中应采用剩余电流保护电器作为防止间接接触的保护措施

26. 用于交流系统中的电力电缆，有关导体与绝缘屏蔽或金属层之间额定电压的选择，下列哪项叙述是正确的？（　）

(A) 中性点不接地系统，不应低于使用回路工作相电压

(B) 中性点直接接地系统，不应低于 1.33 倍的使用回路工作相电压

(C) 单相接地故障可能持续 8h 以上时，宜采用 1.5 倍的使用回路工作相电压

(D) 中性点不接地系统，安全性要求较高时，宜采用 1.73 倍的使用回路工作相电压

27. 在设计并联电容器时，为了限制涌流或抑制谐波，需要装设串联电抗器，请判断下列电抗率取值，哪项在合理范围内？（　）

(A) 仅用于限制涌流时，电抗率取 0.3%

(B) 用于抑制 5 次及以上谐波时，电抗率取值 12%

(C) 用于抑制 3 次及以上谐波时，电抗率取值 5%

(D) 用于抑制 3 次及以上谐波时，电抗率取值 12%

28. 电压互感器应根据使用条件选择，下列关于互感器形式的选择哪项是不正确的？（　）

(A) (3 ~ 35) kV 户内配电装置，宜采用树脂浇注绝缘结构的电磁式电压互感器

(B)35kV 户外配电装置,宜采用油浸绝缘结构的电磁式电压互感器

(C)110kV 及以上配电装置,当容量和准确度等级满足要求时,宜采用电容式电压互感器

(D)SF6 全封闭组合电器的电压互感器,应采用电容式电压互感器

29. 对波动负荷的供电,除电动机启动时允许的电压下降情况外,当需要降低波动负荷引起的电网电压波动和电压闪变时,宜采取相应措施,下列哪项措施是不宜采取的措施? ( )

(A)采用专线供电

(B)与其他负荷共用配电线路时,降低配电线路阻抗

(C)较大功率的波动负荷或波动负荷群与对电压波动、闪变敏感的负荷分别由不同的变压器供电

(D)尽量采用电动机直接启动

30. 对于第二类建筑物,在电子系统的室外线路采用光缆时,其引入的终端箱处的电气线路侧,当无金属线路引出本建筑物至其他有自己接地装置的设备时可安装 B2 类慢上升率试验类型的电涌保护器,其短路电流宜选用下述的哪个数值? ( )

(A)70A　　(B)75A

(C)80A　　(D)85A

31. 建筑楼梯间内消防应急照明灯具的地面最低水平照度不应低于多少? ( )

(A)10.0lx　　(B)5.0lx

(C)3.0lx　　(D)1.0lx

32. 对于雨淋系统的联动控制设计,下面哪项可作为雨淋阀组开启的联动触发信号? ( )

(A)其联动控制方式应由不同报警区域内两只及以上独立感烟探测器的报警信号,作为雨淋阀组开启的联动触发信号

(B)其联动控制方式应由同一报警区域内一只感烟探测器与一只手动火灾报警按钮的报警信号,作为雨淋阀组开启的联动触发信号

(C)其联动控制方式应由同一报警区域内一只感烟探测器与一只感温探测器的报警信号,作为雨淋阀组开启的联动触发信号

(D)其联动控制方式应由同一报警区域内两只及以上独立感温探测器的报警信号,作为雨淋阀组开启的联动触发信号

33. 建筑设备监控系统控制网络层(分站)的 RAM 数据断电保护,根据规范规定,下列哪个时间符合要求? ( )

(A)8 小时　　(B)24 小时

(C)48 小时　　　　(D)72 小时

34. 综合布线系统设计时,当采用 OF-500 光纤信道等级时,其支持的应用长度不应小于下列哪一项?　　(　　)

(A)90m　　　　(B)300m

(C)500m　　　　(D)2000m

35. 管型母线的固定方式可分为支持式和悬吊式两种,当采用支持式管型母线时,需要控制管母线挠度,请问按规范要求,支持式管型母线在无冰无风状态下的跨中挠度应满足下面哪项要求?　　(　　)

(A)不宜大于管型母线外直径的 0~0.5 倍

(B)不宜大于管型母线外直径的 0.5~1.0 倍

(C)不宜大于管型母线外直径的 1.0~1.5 倍

(D)不宜大于管型母线外直径的 1.5~2.0 倍

36. 对 TN 系统的安全防护,下列哪项描述是错误的?　　(　　)

(A)在 TN 系统中,电气装置的接地是否完好,取决于 PEN 或 PE 导体对地的可靠有效连接

(B)供电系统的中性点或中间点应接地,如果该系统没有中性点或中间点或中间点未从电源设备引出,则应将一个线导体接地

(C)在 PEN 导体中不应插入任何开关或隔离器件

(D)过电流保护电器不可用作 TN 系统的故障保护(间接接触防护)

37. 关于架空线路导线和地线的初伸长,下列哪项表述是错误的?　　(　　)

(A)35kV 线路导线的初伸长对弧垂的影响可采用降温法补偿,钢芯铝绞线可降低 15~25℃

(B)35kV 线路地线的初伸长对弧垂的影响可采用降温法补偿,钢绞线可降低 15℃

(C)10kV 及以下架空电力线路的导线初伸长对弧垂的影响可采用减少弧垂法补偿,铝绞线的减少率为 20%

(D)10kV 及以下架空电力线路的导线初伸长对弧垂的影响可采用减少弧垂法补偿,钢芯铝绞线的减少率为 12%

38. 关于液体物料的防静电措施,下列哪项表述是错误的?　　(　　)

(A)在输送和灌装过程中,应防止液体的飞散喷溅,从底部或上部入罐的注油管末端应设计成不易使液体飞散的倒 T 形等形状或另加导流板,上部灌装时,使液体沿侧壁缓慢下流

(B)对罐车等大型容器灌装烃类液体时,宜从底部进油,若不得已采用顶部进油

时,则其注油管宜伸入罐内离罐底不大于300mm,在注油管未浸入液面前,其流速应限制在2m/s以内

(C)在储存罐、罐车等大型容器内,可燃性液体的表面,不允许存在不接地的导电性漂浮物

(D)当液体带电很高时,例如在精细过滤器的出口,可先通过缓和器后再输出进行灌装,带电液体在缓和器内停留时间,一般可按缓和时间的3倍来设计

39. 下列哪个场所室内照明光源宜选用<3300K色温的光源? ( )

(A)卧式 (B)诊室

(C)仪表装配 (D)热加工车间

40. 有线电视自设前端设备输出的系统传输信号电平,下列哪项不符合规范的规定? ( )

(A)直接馈送给电缆时,应采用低位频段低电平的电平倾斜方式

(B)直接馈送给电缆时,应采用低位频段高电平的电平倾斜方式

(C)直接馈送给电缆时,应采用高位频段高电平的电平倾斜方式

(D)通过光链路馈送给电缆时,下行光发射机的高频输入必须采用电平平坦方式

二、多项选择题(共30题,每题2分,每题的备选项中有2个或2个以上符合题意,错选、少选、多选均不得分)

41. 下列哪些低压设施可以省去间接接触防护措施? ( )

(A)附设在建筑物上,且位于伸臂范围之外的架空线绝缘子的金属支架

(B)架空线钢筋混凝土电杆内可触及的钢筋

(C)尺寸很小(约小于50mm×50mm),或因其部位不可能被人抓住或不会与人体部位有大面积的接触,而且难于连接保护导体或即使连接,其连接也不可靠的外露可导电部分

(D)敷设线路的金属管或用户保护设备的金属外护物

42. 关于电力系统三相电压不平衡度的测量和取值,下列哪些表述是正确的? ( )

(A)测量应在电力系统正常运行的最小方式(或较小方式),不平衡负荷处于正常、连续工作状态下进行,并保证不平衡负荷的最大工作周期包含在内

(B)对于电力系统的公共连接点,测量持续时间取2天(48h),每个不平衡度的测量间隔为1min

(C)对电力系统的公共连接点,供电电压负序不平衡度测量值的10min方均根值的95%概率大值应不大于2%,所有测量值中的最大值不大于4%

(D)对于日波动不平衡负荷也可以时间取值,日累计大于2%的时间不超过96min,且每30min中大于2%的时间不超过5min

43. 关于低压系统接地的安全技术要求,下列哪几项表述是正确的? ( )

(A)为保证在故障情况下可靠有效地自动切断供电,要求电气装置中外露可导电部分都应通过保护导体或保护中性导体与接地极连接,以保证故障回路的形成

(B)建筑物内的金属构件(金属水管)可用作保护导体

(C)系统中应尽量实施总等电位联结

(D)不得在保护导体回路中装设保护电器,但允许设置手动操作的开关和只有用工具才能断开的连接点

44. 某地区35kV架空输电线路,当地的气象条件如下:最高温度+40.7℃、最低温度-21.3℃,年平均气温+13.9℃、最大风速21m/s、覆冰厚度5mm、冰比重0.9,关于35kV输电线路设计气象条件的选择,下列哪些项表述是正确的? ( )

(A)年平均气温工况:气温15℃,无风,无冰

(B)安装工况:气温-5℃,风速10m/s,无冰

(C)雷电过电压工况:气温15℃,风速10m/s,无冰

(D)最大风速工况:气温-5℃,风速20m/s,无冰

45. 下列建筑照明节能措施,哪些项符合标准规定? ( )

(A)选用的的照明光源、镇流器的能效应符合相关能效标准的节能评价值

(B)一般场所不应选用卤钨灯,对商场、博物馆显色要求高的重点照明可采用卤钨灯

(C)一般照明不应采用荧光高压汞灯

(D)一般照明在满足照度均匀度条件下,宜选用单灯功率较小的光源

46. TT系统采用过电流保护器时,应满足下列条件:$Z_s \times I_k = U_k$,式中Z_s为故障回路的阻抗,它包括下列哪些部分的阻抗? ( )

(A)电源和电源的接地极

(B)电源至故障点的线导体

(C)外露可导电部分的保护导体

(D)故障点和电源之间的保护导体

47. 户外严酷条件下的电气设施为确保正常情况下的防触电,常采用设置屏障的方法,下列哪些屏障措施是正确的? ( )

(A)用屏障栏杆防止物体无意识接近带电部件

(B)采用对熔断器加设网屏或防护手柄

(C)屏障可随意异动

(D)不使用工具即可移动此屏障,但必须将其固定在其位置上,使其不致被无意移动

48. 关于感知阀和反应阀的描述,下列哪些描述是正确的? ( )

(A)直流感知阀和反应阀取决于若干参数,如接触面积、接触状况(干燥、湿度、压力、温度),通电时间和个人的生理特点
(B)交流感知阀只有在接通和断开时才有感觉,而在电流流过时不会有其他感觉
(C)直流的反应阀约为 2mA
(D)交流感知阀和反应阀取决于若干参数,如与电极接触的人体的面积、接触状况(干燥、湿度、压力、温度),而且还取决于个人的生理特性

49. 在下列哪些环境下,更易发生引燃、引爆等静电危害? ( )

(A)可燃物的温度比常温高
(B)局部环境氧含量比正常空气中高
(C)爆炸性气体的压力比常压高
(D)相对湿度较高

50. 下列关于绝缘配合原则或绝缘强度要求的叙述,哪些项是正确的? ( )

(A)35kV 及以下低电阻接地系统计算用相对地最大操作过电压标幺值为 3.0p.u.
(B)110kV 及 220kV 系统计算用相对地最大操作过电压标幺值为 4.0p.u.
(C)海拔高度 1000m 及以下地区,35kV 断路器相对地额定雷电冲击耐受电压不应小于 185kV
(D)海拔高度 1000m 及以下地区,66kV 变压器相间额定雷电冲击耐受电压不应小于 350kV

51. 计算电缆持续允许载流量时,应计及环境温度的影响,下列关于选取环境温度的原则哪些项是正确的?(用 T_m 代表最热月的日最高温度平均值,T_f 代表通风设计温度) ( )

(A)土中直埋:$T_m + 5℃$
(B)户外电缆沟:T_m
(C)有机械通风措施的室内:T_f
(D)无机械通风的户内电缆沟:$T_m + 5℃$

52. 高压系统接地故障时低压系统为满足电压限值的要求,可采取以下哪些措施? ( )

(A)将高压接地装置和低压接地装置分开
(B)改变低压系统的系统接地
(C)降低接地电阻
(D)减少接地极

53. 在有电视转播要求的体育场馆，其比赛时，下列哪些场地照明符合标准规定？（　　）

（A）比赛场地水平照度最小值与最大值之比不应小于0.5

（B）比赛场地水平照度最小值与平均值之比不应小于0.7

（C）比赛场地主摄像机方向的垂直照度最小值与最大值之比不应小于0.3

（D）比赛场地主摄像机方向的垂直照度最小值与平均值之比不应小于0.5

54. 关于人体带电电位与静电电击程度的关系，下列哪些表述是正确的？（　　）

（A）人体电位为1kV时，电击完全无感觉

（B）人体电位为3kV时，电击有针触的感觉，有哆嗦感，但不疼

（C）人体电位为5kV时，电击从手掌到前腕感到疼，指尖延伸出微光

（D）人体电位为7kV时，电击手指感到剧痛，后腕感到沉重

55. 并联电容器组应设置不平衡保护，保护方式可根据电容器组的接线方式选择不同的保护方式，下列不平衡保护方式哪些是正确的？（　　）

（A）单星形电容器组可采用开口三角电压保护

（B）单星形电容器组串联段数两段以上时，可采用相电压保护

（C）单星形电容器组每相能接成四个桥臂时，可采用桥式差电流保护

（D）双星形电容器组，可采用中性点不平衡电流保护

56. 在建筑物引线下附近保护人身安全需采取的防接触电压的措施，关于防接触电压，下列哪些方法不符合规定？（　　）

（A）利用建筑物金属构架和建筑物互相连接的钢筋在电气上是贯通且不少于10根柱子组成的自然引下线，作为自然引下线的柱子包括位于建筑物四周和建筑物内的

（B）引下线2m范围内地表层的电阻率不小于50kΩ·m，或敷设5cm厚沥青层或15cm厚砾石层

（C）外露引下线，其距地面2m以下的导体用耐1.2/50μs冲击电压100kV的绝缘层隔离，或用至少3mm厚的交联聚乙烯层隔离

（D）用护栏、警告牌使接触引下线的可能性降低最低限度

57. 低压电气装置安全防护，防止电缆过负荷的保护电器的工作特性应满足以下哪些条件？（　　）

（A）$I_a \leqslant I_n \leqslant I_Z$　　（B）$I_2 \leqslant 1.45I_Z$

（C）$I_B \geqslant I_n \geqslant I_Z$　　（D）$I_2 \leqslant 1.3I_Z$

其中，I_a为回路的实际电流，I_B为回路的设计电流，I_Z为电缆的持续载流量，I_n为保护电器的额定电流，I_2为保证保护电气在约定的时间内可靠动作的电流

58. 下列哪几种情况下,电力系统可采用不接地方式? ( )

(A)单相接地故障电容电流不超过 10A 的 35kV 电力系统
(B)单相接地故障电容电流超过 10A,但又需要系统在接地故障条件下运行时的 35kV 电力系统
(C)不直接连接发电机的由钢筋混凝土杆塔架空线路构成的 10kV 配电系统,当单相接地故障电容电流不超过 10A 时
(D)主要由电缆线路构成的 10kV 配电系统,且单相接地故障电容电流大于 10A,但又需要系统在接地故障条件下运行时

59. 直流负荷按功能可分为控制负荷和动力负荷,下列哪些负荷属于控制负荷? ( )

(A)电气控制、信号、测量负荷
(B)热工控制、信号、测量负荷
(C)高压断路器电磁操动合闸机构
(D)直流应急照明负荷

60. 下列哪些项可用作接地极? ( )

(A)建筑物地下混凝土基础结构中的钢筋
(B)埋地排水金属管道
(C)埋地采暖金属管道
(D)埋地角钢

61. 有一高度为 15m 的空间场所,当设置线性光束感烟火灾探测器时,下列哪些符合规范的要求? ( )

(A)探测器应设置在建筑顶部
(B)探测器宜采用分层组网的探测方式
(C)宜在 6 ~ 7m 和 11 ~ 12m 处各增设一层探测器
(D)分层设置的探测器保护面积可按常规计算,并宜与下层探测器交错布置

62. 关于供电电压偏差的测量,在下列哪些情况下应选择 A 级性能的电压测量仪器? ( )

(A)为解决供用电双方的争议
(B)进行供用电双方合同的冲裁
(C)用来进行电压偏差的调查统计
(D)用来排除故障以及其他不需要较高精确度测量的应用场合

63. 下列关于用电产品的安装与使用,在下列表述中哪些项是正确的? ( )

(A)用电产品应该按照制造商提供的使用环境条件进行安装,并应符合相应产

品标准的规定

(B)移动使用的用电产品,应在断电状态移动,并防止任何降低其安全性能的损坏

(C)任何用电产品在运行过程中,应有必要的监控或监视措施,用电产品不允许超负荷运行

(D)当系统接地形式采用 TN-C 系统时,应在各级电路采用剩余电流保护器进行保护,并且各级保护应具有选择性

64. 建筑物内通信配线电缆的保护导管的选用,下列哪些符合规范的要求?(　　)

(A)在地下层、首层和潮湿场所宜采用壁厚不小于 1.5mm 的金属导管

(B)在其他楼层、墙内和干燥场所敷设时,宜采用壁厚不小于 1.0mm 的金属导管

(C)穿放电缆时直线管的管径利用率宜为 50% ~60%

(D)穿放电缆时弯曲管的管径利用率宜为 40% ~50%

65. 下面有关配电装置配置的表述中哪几项是正确的?(　　)

(A)66 ~110kV 敞开式配电装置,断路器两侧隔离开关的断路器侧、线路隔离开关的线路侧,宜配置接地开关

(B)屋内、屋外配电装置的隔离开关与相应的断路器和接地刀闸之间应装设闭锁装置

(C)66 ~110kV 敞开式配电装置,母线避雷器和电压互感器不宜装设隔离开关

(D)66 ~110kV 敞开式配电装置,为保证电气设备和母线的检修安全,每段母线上应配置接地开关

66. 布线系统为避免外部热源的不利影响,下列哪些项保护方法是正确的?(　　)

(A)安装挡热板

(B)缆线选择与线路敷设考虑导体发热引起的环境温升

(C)天窗控制线路应选择和敷设合适的布线系统

(D)局部加装隔热材料,如增加隔热套管

67. 交通隧道内火灾自动报警系统的设置应符合下列哪些规定?(　　)

(A)应设置火灾自动探测装置

(B)隧道出入口和隧道内每隔 200m 处,应设置报警电话和报警按钮

(C)应设置火灾应急广播

(D)每隔 100 ~150m 处设置发光报警装置

68. 下面有关导体和电气设备环境条件选择的表述中哪几项是正确的?(　　)

(A)导体和电器的环境相对湿度,应采用当地湿度最高月份的平均相对湿度

(B)设计屋外配电装置及导体和电器时的最大风速,可采用离地 10m 高,50 年一

遇 10min 平均最大风速

(C)110kV 的电器及金具,在 1.1 倍最高相电压下,晴天夜晚不应出现可见电晕

(D)110kV 导体的电晕临界电压应大于导体安装处的最高工作电压

69. 继电保护和自动装置应满足可靠性、选择性、灵敏性和速动性的要求,并应符合下列哪些规定? ( )

(A)继电保护和自动装置应具有自动在线检测、闭锁和装置异常或故障报警功能

(B)对相邻设备和线路有配合要求时,上下两级之间的灵敏系数和动作时间应相互配合

(C)当被保护设备和线路在保护范围内发生故障时,应具有必要的灵敏系数

(D)保护装置应能尽快地切除短路故障,当需要加速切除短路故障时,不允许保护装置无选择性地动作,但可利用自动重合闸或备用电源和内用设备的自动投入装置缩小停电范围

70. 下面有关直流系统中高频开关电源模块的基本性能要求的表述中哪些项是正确的? ( )

(A)在多个模块并联工作状态下运行时,各模块承受的电流应能做到自动均分负载,实现均流;在 2 个及以上模块并联运行时,其输出的直流电流为额定值,均流不平衡度不大于 ±5% 额定电流值

(B)功率因数应不小于 0.90

(C)在模块输入端施加的交流电源符合标称电压和额定频率要求时,在交流输入端产生的各高次谐波电流含有率应不大于 35%

(D)电磁兼容应符合现行国家标准《电力工程直流电源设备通用技术条件及安全要求》(GB/T 19826—2014)的有关规定

2016年专业知识试题答案(下午卷)

1. **答案**:C

依据:《交流电气装置的接地设计规范》(GB/T 50065—2011) 第7.1.2-2条。

2. **答案**:B

依据:《3kV-110kV高压配电装置设计规范》(GB 50060—2008) 第5.1.4条。

3. **答案**:B

依据:《民用建筑电气设计规范》(JGJ 16—2008) 第20.2.7-2-3)条。

4. **答案**:A

依据:《电能质量 电压波动和闪变》(GB/T 12326—2008) 第5.1条"电压波动的限值"。

5. **答案**:B

依据:《电能质量 公用电网谐波》(GB/T 15543—2008) 第4.1条。

6. **答案**:C

依据:《火灾自动报警系统设计规范》(GB 50116—2013) 第9.2.4条。

7. **答案**:B

依据:《民用建筑电气设计规范》(JGJ 16—2008) 第7.7.9条。

8. **答案**:C

依据:《综合布线系统工程设计规范》(GB 50311—2016) 第3.3.1条。

9. **答案**:B

依据:《建筑物电气装置 第7部分:特殊装置或场所的要求 第707节:数据处理设备用电气装置的接地要求》(GB/T 16895.9—2000) 第707.471.3.3.条。

10. **答案**:C

依据:《3kV-110kV高压配电装置设计规范》(GB 50060—2008) 第4.1.9条。

注:也可参考《导体和电器选择设计技术规定》(DL/T 5222—2005) 第7.1.8条。

11. **答案**:C

依据:《人民防空地下室设计规范》(GB 50038—2005) 第7.2.4条。

12. **答案**:A

依据:《建筑物电气装置 第4部分:安全防护 第44章:过电压保护 第442节:低压电气装置对暂时过电压和高压系统与地之间的故障的防护》(GB 16895.11—2001) 第442.1.2条、第442.1.3条有关应力电压的叙述,图44B之TN-b、图44C之TT-a($U_f=0$)。

注:工频应力电压系指绝缘两端所呈现的电压。

13. **答案**:B

依据:《66kV 及以下架空电力线路设计规范》(GB 50061—2010) 第 5.2.4 条。

14. **答案**:B

依据:《电流对人和家畜的效应 第 1 部分:通用部分》(GB/T 13870.1—2008) 第 5.9 条及表 12。

15. **答案**:C

依据:《照明设计手册》(第三版)P145 式(5-39)。

$$N = \frac{AE_{av}}{\varphi UK} = \frac{9.0 \times 7.2 \times 300}{2800 \times 0.54 \times 0.8} = 16.07$$

注:《照明设计手册》(第二版)P211 式(5-39)。

16. **答案**:D

依据:《防止静电事故通用导则》(GB 12158—2006) 第 6.2.1 条、第 6.2.3 条、第 6.2.4 条、第 6.2.6 条。

17. **答案**:A

依据:《交流电气装置的接地设计规范》(GB/T 50065—2011) 第 8.2.4 条、《低压配电设计规范》(GB 50054—2011) 第 3.2.13 条。

注:也可参考《民用建筑电气设计规范》(JGJ 16—2008) 第 7.4.5-4 条、第 7.4.6 条。

18. **答案**:B

依据:《导体和电器选择设计技术规定》(DL/T 5222—2005) 第 8.0.1 条。

19. **答案**:D

依据:《工业与民用供配电设计手册》(第四版)P382 式(5.6-10)。

$$S_{min} = \frac{I}{k}\sqrt{t} \times 10^3 = \frac{20}{100}\sqrt{0.1} \times 10^3 = 63.24 \text{ mm}^2$$

注:查 P212 的表 5-10 中断路器热稳定校验公式,显然题干中的断路器不能满足短路热稳定要求,此种情况在实际短路时,断路器无法有效开断,将被烧毁。也可参考《工业与民用配电设计手册》(第三版)P211 式(5-26)。

20. **答案**:C

依据:《民用建筑电气设计规范》(JGJ 16—2008) 第 7.4.2 条。

注:导体的最小截面建议参考《低压配电设计规范》(GB 50054—2011) 第 3.2.2 条及表 3.2.2,更为严谨。

21. **答案**:C

依据:《建筑照明设计标准》(GB 50034—2013) 第 5.5.3-1 条。

22. **答案**:B

依据:《人民防空地下室设计规范》(GB 50038—2005) 第7.7.2条。

23. **答案**:B

依据:《交流电气装置的过电压保护和绝缘配合设计规范》(GB/T 50064—2014) 第5.2.5-2条。

$$h_0 = \frac{h - D}{4P} = 20 - \frac{5}{4} = 18.75\text{m}$$

注:题干中未明确年预计雷击次数、无法确定滚球半径等关键数据,因此建议按照GB 50064采用折线法计算。

24. **答案**:B

依据:《交流电气装置的接地设计规范》(GB/T 50065—2011)附录A,第A.0.5条

$$\rho_a = \frac{\rho_1\rho_2}{\frac{H}{l}(\rho_2 - \rho_1) + \rho_1} = \frac{70 \times 100}{\frac{2}{3}(100 - 70) + 70} = 77.8\Omega \cdot \text{m}$$

25. **答案**:D

依据:《低压配电装置 第4-41部分:安全防护 电击防护》(GB 16895.21—2012) 第415.1条。

26. **答案**:D

依据:《电力工程电缆设计规范》(GB 50217—2018) 第3.2.2条。

27. **答案**:D

依据:《并联电容器装置设计规范》(GB 50227—2017) 第5.5.2条。

28. **答案**:D

依据:《导体和电器选择设计技术规定》(DL/T 5222—2005) 第16.0.3条。

29. **答案**:D

依据:《供配电系统设计规范》(GB 50052—2009) 第5.0.11条。

30. **答案**:B

依据:《建筑物防雷设计规范》(GB 50057—2010) 第4.3.8-8条。

31. **答案**:B

依据:《建筑设计防火规范》(GB 50016—2014) 第10.3.2-3条。

32. **答案**:D

依据:《火灾自动报警系统设计规范》(GB 50116—2013) 第4.2.3-1条 。

33. **答案**:D

依据:《民用建筑电气设计规范》(JGJ 16—2008) 第18.4.5-4条。

34. **答案**:C

依据:《综合布线系统工程设计规范》(GB 50311—2016) 第 3.2.3 条。

35. **答案**:B

依据:《导体和电器选择设计技术规定》(DL/T 5222—2005) 第 7.3.7 条。

36. **答案**:D

依据:《低压配电装置 第 4-41 部分:安全防护 电击防护》(GB 16895.21—2012) 第 411.4.1 条、第 411.4.2 条、第 411.4.3 条、第 411.4.5 条。

37. **答案**:B

依据:《66kV 及以下架空电力线路设计规范》(GB 50061—2010) 第 5.2.5 条、第 5.2.6条。

38. **答案**:B

依据:《防止静电事故通用导则》(GB 12158—2006) 第 6.3.2 条、第 6.3.3 条、第 6.3.5 条、第 6.3.6 条。

39. **答案**:A

依据:《建筑照明设计标准》(GB 50034—2013) 第 4.4.1 条及表 4.4.1 。

40. **答案**:B

依据:《民用建筑电气设计规范》(JGJ 16—2008) 第 15.4.9 条。

41. **答案**:AC

依据:《低压配电装置 第 4-41 部分:安全防护 电击防护》(GB 16895.21—2012) 第 410.3.9 条。

42. **答案**:AC

依据:《电能质量 三相电压不平衡》(GB/T 15543—2008) 第 6.1 条、第 6.2 条、第 6.3 条。

43. **答案**:ACD

依据:《系统接地的型式及安全技术要求》(GB 14050—2008) 第 5.1.1 条、第 5.1.2 条、第 5.1.5 条、第 5.1.6 条。

44. **答案**:ACD

依据:《66kV 及以下架空电力线路设计规范》(GB 50061—2010) 第 4.0.1 条、第 4.0.4条、第 4.0.5 条、第 4.0.8 条。

45. **答案**:ABC

依据:《建筑照明设计标准》(GB 50034—2013) 第 6.2.1 条、第 6.2.3 条、第 6.2.4 条、第 6.2.5 条。

46. **答案**:ABC

依据:《低压配电装置 第4-41部分:安全防护 电击防护》(GB 16895.21—2012) 第411.5.4条。

47. **答案**:ABD

依据:《户外严酷条件下的电气设施 第2部分:一般防护要求》(GB/T 9089.2—2008) 第4.5.1条。

48. **答案**:ACD

依据:《电流对人和家畜的效应 第1部分:通用部分》(GB/T 13870.1—2008) 第5.1条、第5.2条、第6.1条。

49. **答案**:ABC

依据:《防止静电事故通用导则》(GB 12158—2006) 第4.3条。

50. **答案**:ACD

依据:《交流电气装置的过电压保护和绝缘配合设计规范》(GB/T 50064—2014) 第6.1.3条、第6.4.6-1条。

注:《交流电气装置的过电压保护和绝缘配合》(DL/T 620-1997)中有关数据有所不同,35kV及以下低电阻接地系统计算用相对地最大操作过电压标幺值为3.2p.u.。

51. **答案**:BCD

依据:《电力工程电缆设计规范》(GB 50217—2018) 第3.6.5条。

52. **答案**:AC

依据:《建筑物电气装置 第4部分:安全防护 第44章:过电压保护 第442节:低压电气装置对暂时过电压和高压系统与地之间的故障的防护》(GB 16895.11—2001) 第442.4条"低压电气装置中与系统接地类型有关的接地配置"。

注:理解分析题目。其中C答案——改变低压系统的系统接地,不具备完全适用性,不建议选择。

53. **答案**:AB

依据:《建筑照明设计标准》(GB 50034—2013) 第4.2.1条。

54. **答案**:AC

依据:《防止静电事故通用导则》(GB 12158—2006) 附录C。

55. **答案**:ACD

依据:《并联电容器装置设计规范》(GB 50227—2017) 第6.1.2条。

56. **答案**:BCD

依据:《建筑物防雷设计规范》(GB 50057—2010) 第4.5.6条。

57. **答案**:BC

依据:《低压配电设计规范》(GB 50054—2011) 第6.3.3条。

58. **答案**:AC

依据:《交流电气装置的过电压保护和绝缘配合设计规范》(GB/T 50064—2014)第3.1.3条。

59. **答案**:AB

依据:《电力工程直流系统设计技术规程》(DL/T 5044—2014) 第4.1.1-1条。

60. **答案**:AD

依据:《交流电气装置的接地设计规范》(GB/T 50065—2011) 第8.1.2-3条。

注:有关埋地角钢作为接地极的规定,也可参考《建筑物防雷设计规范》(GB 50057—2010) 第5.4.1条及表5.4.1之注3。

61. **答案**:ABD

依据:《火灾自动报警系统设计规范》(GB 50116—2013) 第12.4.3条。

62. **答案**:AB

依据:《电能质量 供电电压偏差》(GB 12325—2008) 第5.1条。

63. **答案**:AC

依据:《用电安全导则》(GB/T 13869—2008) 第6条"用电产品的安全与使用"。

64. **答案**:CD

依据:《民用建筑电气设计规范》(JGJ 16—2008) 第20.7.2-10条。

65. **答案**:CD

依据:《3-110kV高压配电装置设计规范》(GB 50060—2008) 第2.0.5条、第2.0.6条、第2.0.7条、第2.0.10条。

66. **答案**:ABD

依据:《低压电气装置 第5-52部分:电气设备的选择和安装 布线系统》(GB 16895.6—2014) 第522.2.1条。

67. **答案**:ACD

依据:《建筑设计防火规范》(GB 50016—2014) 第12.4.2条。

注:也可参考《火灾自动报警系统设计规范》(GB 50116—2013) 第12.1.1条、第12.1.4条、第12.1.8条,但两处规定还有所不同。可注意"交通隧道"和"道路隧道"的用词区别,以便定位规范。

68. **答案**:ACD

依据:《3-110kV高压配电装置设计规范》(GB 50060—2008) 第3.0.3条、第3.0.5

条、第3.0.9条。

69. **答案**:ABC

依据:《电力装置的继电保护和自动装置设计规范》(GB/T 50062—2008)第2.0.3条。

70. **答案**:ABD

依据:《电力工程直流系统设计技术规程》(DL/T 5044—2014)第6.2.1-8条。

2016 年案例分析试题(上午卷)

[案例题是 4 选 1 的方式,各小题前后之间没有联系,共 25 道小题,每题分值为 2 分,上午卷 50 分,下午卷 50 分,试卷满分 100 分。案例题一定要有分析(步骤和过程)、计算(要列出相应的公式)、依据(主要是规程、规范、手册),如果是论述题要列出论点]

题 1~5:请解答下列与电气安全相关的问题。

1. 50Hz 交流电通过人身达一定数量时,将引起人身发生心室纤维性颤动现象,如果电流通路为左手到右脚时这一数值为 50mA,那么,当电流通路变为右手到双脚时,引起发生心室纤维性颤动相同效应的人身电流是多少? ( )

(A)30mA (B)50mA

(C)62.5mA (D)100mA

解答过程:

2. 一建筑物内的相对地标称电压 AC220V,低压配电系统采用 TN-S 接地形式,对插座回路采用额定电流为 16A 的断路器作馈电保护,且瞬动脱扣倍数为 10 倍,现需在此插座上使用标识为 1 类防触电类别的手电钻,手电钻连接电缆单位长度相保阻抗为 $Z_{php}=8.6\Omega/km$(不计从馈电开关到插座之间的线路阻抗及系统阻抗)。问手电钻连接电缆长度不大于多少时,才能满足防间接接触保护的要求? ( )

(A)28m (B)123m

(C)160m (D)212m

解答过程:

3. 用标称相电压为 AC220V,50Hz 的 TT 系统为一户外单相设备供电,设备的防触电类型为 1 类,TT 系统电源侧接地电阻为 4Ω,供电电缆回路电阻为 0.8Ω,采用带漏电模块的断路器作馈电保护,断路器脱扣器瞬动电流整定为 100A,额定漏电动作电流为 0.5A,不计设备侧接地线的阻抗。问设备侧接地电阻最大为下列哪项数值时,就能满足

防间接接触保护的要求？（　　）

(A)0.5Ω　　(B)95.6Ω
(C)100Ω　　(D)440Ω

解答过程：

4. 某变电所地处海拔高度为1500m，变电所内安装了10/0.4kV干式变压器和低压开关柜等设备，变压器与低压柜之间用裸母线连接，在裸母线周围设有带锁的栅栏，则该栅栏的最小高度和栅栏到母线的最小安全净距应为下列哪组数值？（　　）

(A)1700mm，800mm　　(B)1700mm，801mm
(C)2200mm，801mm　　(D)2200mm，821mm

解答过程：

5. 某工厂生产装置，爆炸性气体环境中加工处理的物料有两种，其爆炸性气体混合物的引燃温度分别是240℃和150℃，则在该环境中允许使用的防爆电气设备的温度组应为下列哪项？请说明理由。（　　）

(A)T3　　(B)T4
(C)T3，T4，T5，T6　　(D)T4，T5，T6

解答过程：

题6~10：某城市综合体设置一座10kV总配电室及若干变配电室，10kV总配电室向各变配电室和制冷机组放射式供电，10kV制冷机组无功功率就地补偿，各变配电室无功功率在低压侧集中补偿。各个变配电室和制冷机组补偿后的功率因数均为0.9。请回答下列电气设计过程中的问题，并列出解答过程。

6. 综合体内共设8台10/0.4kV变压器（计算负荷率见下表）和3台10kV制冷机组，制冷机组的额定功率分别为2台1928kW（$\cos\varphi=0.80$）和1台1260kW（$\cos\varphi=0.80$），按需要系数法计算综合体的总计算负荷是下列哪项数值？（同时系数取0.9，计

算不计及线路、母线及变压器损耗）（　）

变压器编号	TM1	TM2	TM3	TM4	TM5	TM6	TM7	TM8
容量（kVA）	2000	2000	1600	1600	1250	1250	1000	1000
负荷率（%）	67	61	72	60	70	65	76	71

（A）11651kVA　　（B）12163kVA

（C）12227kVA　　（D）12802kVA

解答过程：

7. 某1000kVA变压器空载损耗1.7kW，短路损耗（或满载损耗）10.3kW，阻抗电压4.5%，空载电流0.7%，负荷率71%，负载功率因数0.9，计算变压器实际运行效率为下列哪项数值？（　）

（A）98.89%　　（B）98.92%

（C）99.04%　　（D）99.18%

解答过程：

8. 某2000kVA变压器低压侧三相四线，额定频率为50Hz，母线运行线电压为0.4kV，总计算负荷合计有功功率1259kW，无功功率800kvar，现在该母线上设置12组星型接线的3相并联电容器组，每组串联电抗率7%的电抗器，电容器组铭牌参数：三相额定线电压为0.48kV，额定容量为50kvar，按需要系数法确定无功补偿后的总计算容量是下列哪项数值？（$K_{\Sigma p}=0.9$，$K_{\Sigma q}=0.95$）（　）

（A）1144kVA　　（B）1151kVA

（C）1175kVA　　（D）1307kVA

解答过程：

9. 若每户住宅用电负荷标准为6kW，255户均匀分配接入三相配电系统，需要系数见下表，三相计算容量应为下列哪项数值？（$\cos\varphi=0.8$）（　）

户数	13～24	25～124	125～259	260～300
需要系数	0.5	0.45	0.35	0.3

注:表中户数是指单相配电时接于同一相上的户数,按三相配电对连接的户数应乘以3.

(A)1913kVA (B)1530kVA

(C)861kVA (D)669kVa

解答过程:

10. 在确定并联电容器分组容量时,应避免发生谐振,为躲开谐振点,需根据电抗器的电抗率合理选择电容器分组容量,避开谐振容量。假定10kV制冷机组电源母线短路容量为100MVA,电容器组串联电抗率为6%的电抗器,计算发生3次谐波谐振的电容器容量是下列哪项数值? ( )

(A)5.111Mvar (B)2Mvar

(C)－2Mvar (D)－5.111MVar

解答过程:

题11～15:某企业有110/35/10kV主变电所一座,两台主变,户外布置。110kV设备户外敞开式布置,35kV及10kV设备采用开关柜户内布置,主变各侧均采用单母线分段接线方式,采用35kV、10kV电压向企业各用电点供电。请解答下列问题:

11. 企业生产现场设置有35/10kV可移动式变电站,主变连接组别为Dyn11,负责大型移动设备供电,10kV供电电缆长度为4.0km,10kV侧采用中性点经高电阻接地,试计算确定接地电阻额定电压和电阻消耗的功率(单相对地短路时电阻电流与电容电流的比值为1.1)。 ( )

(A)6.06kV,25.4kW (B)6.06kV,29.5kW

(C)6.37kV,29.4kW (D)6.37kV,32.5kW

解答过程:

12. 某35/10kV变电所,变压器一次侧短路容量为80MVA,为无限大容量系统,一台主变压器容量为8MVA,变压器阻抗电压百分数为7.5%,10kV母线上接有一台功率为500kW的电动机,采用直接启动方式,电动机的启动电流倍数为6,功率因数为0.91,效率为93.4%。10kV母线上其他预接有功负荷为5MW,功率因数为0.9,电动机采用长1km的电缆供电。已知电缆每公里电抗为0.1Ω(忽略电阻),试计算确定,当电动机启动时,电动机的端子电压相对值与下列哪项最接近? (　　)

(A)99.97%　　(B)99.81%　　(C)93.9%　　(D) 93.0%

解答过程:

13. 某10kV配电系统,系统中有两台非线性用电设备,经测量得知,一号设备的基波电流为100A,3次谐波电流含有率为5%,5次谐波电流含有率为3%,7次谐波电流含有率为2%;二号设备的基波电流为150A,3次谐波电流含有率为6%,5次谐波电流含有率为4%,7次谐波电流含有率为2%。两台设备3次谐波电流之间的相位角为45度,基波和其他各次谐波的电流同相位,试计算该10kV配电系统中10kV母线的电流总畸变率应为下列哪项数值? (　　)

(A)6.6%　　(B)7.0%　　(C)13.6%　　(D)22%

解答过程:

14. 某新建35kV变电所,已知计算负荷为15.9MVA,其中一、二级负荷为11MVA,节假日时运行负荷为计算负荷的二分之一,设计拟选择容量为10MVA的主变两台。已知变压器的空载有功损耗为8.2kW,负载有功损耗为47.8kW,空载电流百分数$I_0\%=0.7$,阻抗电压百分数$U_k\%=7.5$,变压器的过载能力按1.2倍考虑,无功功率经济当量取0.1kW/kvar。试校验变压器的容量是否满足一、二级负荷的供电要求,并确定节假日时两台变压器的经济运行方式。 (　　)

(A)不满足,两台运行　　(B)满足,两台运行
(C) 不满足,单台运行　　(D)满足,单台运行

解答过程:

15. 某 UPS 电源，所带计算机网络设备额定容量供计 50kW（$\cos\varphi = 0.95$），计算机网络设备电源效率 0.92，当 UPS 设备效率为 0.93 时，计算该 UPS 电源的容量最小为下列哪项数值？（　　）

(A) 61.5kVA　　(B) 73.8kVA

(C) 80.0kVA　　(D) 92.3kVA

解答过程：

题 16 ~ 20：某企业新建 110/35/10kV 变电所，设 2 台 SSZ11-50000/110 的变压器，$U_{k12}\% = 10.5$，$U_{k13}\% = 17$，$U_{k23}\% = 6.5$，容量比为 100/50/100，短路电流计算系统图如图所示。第一电源的最大短路容量 $S_{1max} = 4630$MVA，最小短路容量 $S_{1min} = 1120$MVA；第二电源的最大短路容量 $S_{2max} = 3630$MVA，最小短路容量 $S_{2min} = 1310$MVA. 110kV 线路的阻抗为 0.4/km。（各元件有效电阻较小，不予考虑）请回答下列问题：

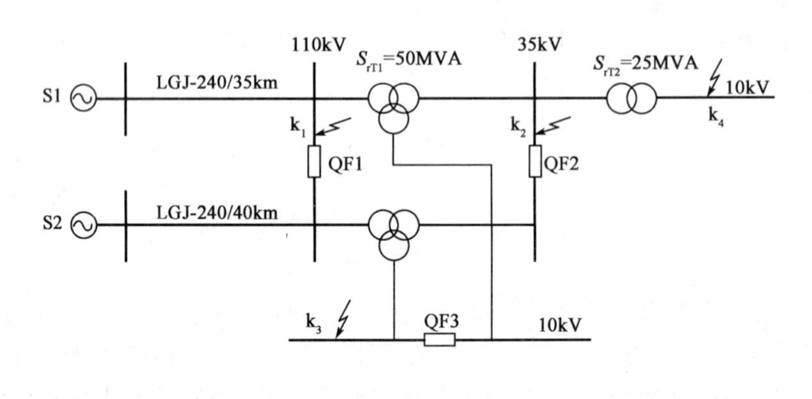

16. 主变压器三侧绕组（高、中、低）以 100MVA 为基准容量的电抗标幺值应为下列哪项数值？（　　）

(A) 0.21、0、0.13　　(B) 0.21、0.13、0.34

(C) 0.26、0、0.16　　(D) 0.42、0、0.26

解答过程：

17. 断路器 QF1、QF2、QF3 均断开，k_1 点的最大和最小三相短路电流应为下列哪组数值？（　　）

(A) 2.5kA，1.5kA　　(B) 3.75kA，2.74kA

(C) 3.92kA，2.56kA　　(D) 12.2kA，7.99kA

解答过程：

18. 假定断路器 QF1、QF2 断开，QF3 断路器闭合，短路电流计算阻抗图如下图所示。（图中电抗标幺值均以 100MVA 为基准容量），则 k_3 点的三相短路电流为下列哪项数值？（　　）

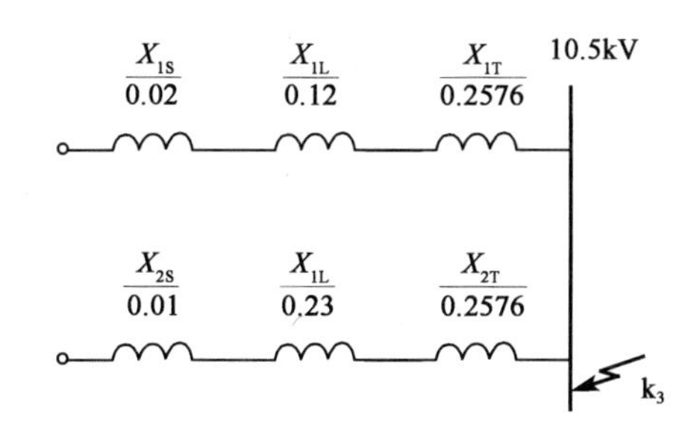

(A) 6.94kA　　(B) 10.6kA

(C) 24.46kA　　(D) 33.6kA

解答过程：

19. 假设第一电源和第二电源同时工作，QF1、QF3 断路器断开，QF2 断路器闭合，第一和第二电源 35kV 侧短路容量分别为 378MVA 和 342MVA，35kV 变压器 S_{rT1} 以基准容量 100MVA 的电抗标幺值 $X_T = 0.42$，则第二电源提供给 k_4 点的三相短路电流和短路容量为下列哪项数值？（　　）

(A) 2.57kA，70.26MVA　　(B) 4.67kA，84.96MVA

(C) 5.66kA，102.88MVA　　(D) 9.84kA，178.92MVA

解答过程：

20. 假设变压器 S_{rT} 高压侧装设低电压启动的带时限过电流保护，110kV 侧电流互感器变比为 300/5，电压互感器变比为 110000/100，电流互感器和电流继电器接线图如下图所示，则保护装置的动作电流和动作电压为下列哪组数值（运行中可能出现的最低工作电压取变压器高压侧母线额定电压的 0.5 倍）？（　　）

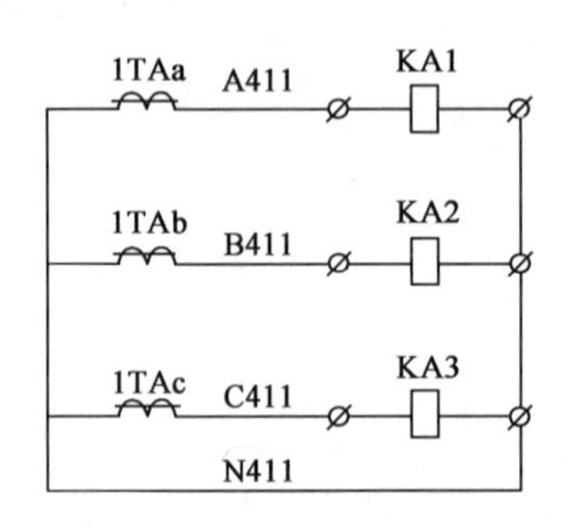

(A) 5.25A，41.7V　　(B) 6.17A，36.2V

(C) 6.7A，33.4V　　(D) 7.41A，49V

解答过程：

> 题 21～25：一座 35/10kV 变电站附属于某公共建筑物内并为该建筑物供电，建筑物内下级 10/0.4kV 变压器兼站用变，35kV 系统采用高电阻接地方式，10kV 侧单相接地电容电流为 15A，采用经消弧线圈接地，0.4kV 侧采用 TN-S 系统，各变电所及建筑物共用接地系统，利用建筑物桩基础钢筋作自然接地体，并围绕建筑物设置以水平接地体为主边缘闭合的人工接地体，建筑物底板平面为 30m×21m，放在钻孔中的钢筋混凝土杆形桩基按 6×4 的矩阵布置，闭环接地体包围的面积为：$36\times24\text{m}^2$，水平接地体埋深 1.0m，请回答（解答）下列有关问题：

21. 建筑物场地为陶土，假定在测量土壤电阻率时，土壤具有中等含水量，测得的土壤电阻率为 35Ω·m，请计算该自然接地装置的工频接地电阻最接近下列哪项数值？（基础接地极的形状系数 $K_2=0.5$）（　　）

(A) 0.52Ω　　(B) 1.03Ω

(C) 1.14Ω　　(D) 1.53Ω

解答过程：

22. 假定该场地土壤电阻率为120Ω·m,其中某一根建筑物防雷引下线连接到四边形闭合人工接地体的顶点,接地体采用扁钢,其等效直径为15mm,请根据场地及接地网条件计算该引下线的冲击接地电阻最接近下列哪项数值?(不考虑自然接地体的散流作用,接地极形状系数取-0.18)　(　　)

(A)3.2Ω　(B) 5.05Ω
(C)7.4Ω　(D)10.5Ω

解答过程:

23. 假定变电站地表层土壤电阻率为800Ω·m,请计算变电站接地网的接触电位差和跨步电位差不应超过下列哪组数值?(地表层衰减系数取0.5)　(　　)

(A) $U_t = 70V$, $U_s = 130V$　(B) $U_t = 70V$, $U_s = 150V$
(C) $U_t = 90V$, $U_s = 130V$　(D) $U_t = 90V$, $U_s = 150V$

解答过程:

24. 假定站用变低压侧某出线回路采用铜芯多芯电缆,其中一芯作为PE线,电缆绝缘材料为85℃橡胶,回路预期的单向短路故障电流有效值为2kA,保护电器动作时间考虑最不利情况5s,请通过计算确定作为PE线的电缆芯线截面积最小为下列哪项数值。　(　　)

(A)16mm²　(B)25mm²　(C)35mm²　(D)50mm²

解答过程:

25. 假定低压接地故障回路的阻抗为25mΩ,请计算变电所低压侧该配电回路间接接触防护电器的动作电流,其结果最接近下列哪个数值?　(　　)

(A)8.8kA　(B)9.2kA　(C)15.2kA　(D)16kA

解答过程:

2016年案例分析试题答案(上午卷)

题1～5答案:**CBCCD**

1.《电流对人和家畜的效应第1部分:通用部分》(GB/T13870.1—2008)第5.9条“心脏电流系数的应用”。

心脏电流系数可用于计算通过除左手到双脚的电流通路以外的电流 I_h,由表12可知右手到双脚的相电流系数 F 为0.8,则:

$$I_h = \frac{I_{ref}}{F} = \frac{50}{0.8} = 62.5\text{mA}$$

2.《低压配电设计规范》(GB 50054—2011)第5.2.8条、第6.2.4条。

第5.2.8条:TN系统中配电线路的间接接触防护电器的动作特性,应符合下式要求:$Z_a I_a \leqslant U_0$。

第6.2.4条:当短路保护电器为断路器时,被保护线路末端的短路电流不应小于断路器瞬时或短延时过电流脱扣器整定电流的1.3倍。

因此,$Z_a I_a \leqslant U_0 \Rightarrow L \times 8.6(16 \times 10 \times 1.3) \leqslant 220$,可解得 $L \leqslant 0.122987\text{km} \approx 123\text{m}$

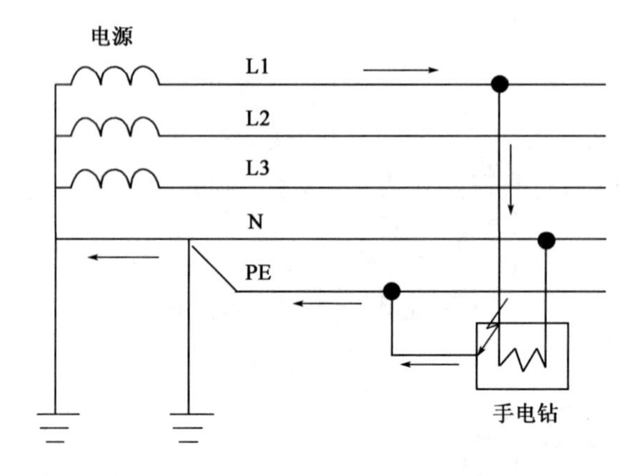

注:断路器主保护兼作接地短路保护,可参考《交流电气装置的接地设计规范》(GB/T 50065—2011)第7.1.2条及图7.1.2-1的TN-S接地系统线路,可知发生单相接地短路时的短路电流路径如图所示。

3.《低压配电设计规范》(GB 50054—2011)第5.2.15条、第6.2.4条。

第5.2.15条:TT系统中配电线路的间接接触防护电器的动作特性,应符合下式要求:$R_a I_a \leqslant 50\text{V}$。

第6.2.4条:当短路保护电器为断路器时,被保护线路末端的短路电流不应小于断路器瞬时或短延时过电流脱扣器整定电流的1.3倍。

题干中针对间接接触防护，既设置有断路器作为主保护，也设置有漏电模块作为辅助保护，因此应该分别计算，则

主保护：$R_aI_a \leqslant 50 \Rightarrow R_a \leqslant 50/(1.3\times 100) = 0.385\Omega$。

附加保护：$R_aI_a \leqslant 50 \Rightarrow R_a \leqslant 50/0.5 = 100\Omega$，则题干中忽略了设备侧接地线(PE 线段)的电阻，则设备侧接地电阻 $R = R_a = 100\Omega$。

因此，设备侧接地电阻最大为 100Ω 可满足间接接触保护的要求。

注：断路器主保护兼作接地短路保护，漏电模块作为主保护的辅助保护。可参考《交流电气装置的接地设计规范》(GB/T 50065—2011) 第 7.1.3 条及图 7.1.3-1 的 TT 接地系统线路，可知发生单相接地短路时的短路电流路径如图所示。

4.《20kV 及以下变电所设计规范》(GB50053—2013) 第 4.2.1 条、表 4.2.1 相关数据及注解。

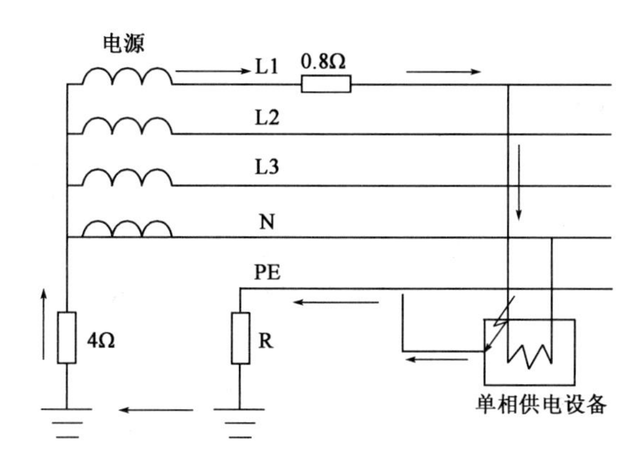

注解 1：裸带电部分的遮拦高度不小于 2.2m。

注解 2：海拔高度超过 1000m，表中符号 A 后的数值应按每升高 100m 增大 1% 进行修正，符号 B、C 后的数据应加上符号 A 的修正值。则栅栏到母线的最小安全净距为：

$$D = 800 + 20\times\left(\frac{1500-1000}{100}\times 1\%\right) = 801\text{mm}$$

5.《爆炸危险环境电力装置设计规范》(GB50058—2014) 第 3.4.2 条、第 5.2.3-1 条。

根据表 3.4.2 可知，两种爆炸性气体混合物的引燃温度分组分别为 T3 和 T4；再根据第 5.2.3-1 条，防爆电器设备的级别和组别不应低于该爆炸性气体环境的爆炸性气体混合物的级别和组别，当存在有两种以上可燃性物质形成的爆炸性混合物时，可按危险程度较高的级别和组别选用防爆电气设备，因此应选择的组别为 T4 及以上。

题 6～10 答案：**BBCCA**

6.《工业及民用供配电设计手册》(第四版) P10(式 1.4-1)～式(1.4-6)。

变压器总计算功率：$P_T = 0.9\times[2000\times(0.67+0.61)+1600\times(0.72+0.60)+1250\times(0.7+0.65)+1000\times(0.76+0.71)] = 7046.55\text{kW}$

制冷机组总计算功率：$P_C = 2 \times 1928 + 1260 = 5116\text{kW}$

总有功功率：$P_\Sigma = K_{\Sigma p}\Sigma(K_x P_e) = 0.9 \times (7046.55 + 5116) = 10946.3\text{kW}$

总计算负荷：$S_\Sigma = \dfrac{P_\Sigma}{\cos\varphi} = \dfrac{10946.3}{0.9} = 11652.55\text{kVA}$

注：题干中明确各个配电室和制冷机组补偿后的功率因数均为0.9，因此制冷机组的额定功率因数为迷惑项。也可参考《工业与民用配电设计手册》(第三版)P3 式(1-9) ~ 式(1-11)。

7.《钢铁企业电力设计手册》(下册)P291 式(6-16)。

变压器效率：$\eta = \dfrac{\beta S_n \cos\varphi_2}{\beta S_n \cos\varphi_2 + P_0 + \beta^2 P_K} = \dfrac{0.71 \times 1000 \times 0.9}{0.71 \times 1000 \times 0.9 + 1.7 + 0.71^2 \times 10.3} = 0.9892$

8.《工业与民用供配电设计手册》(第四版)P39 式(1.11-11)、P10 式(1.4-3) ~ 式(1.4-6)。

串联电抗器后实际补偿容量：

$$Q' = (1-K)X_C U_C^2 = (1-K)Q_n \frac{U_C^2}{U_n^2} = (1-0.07) \times 50 \times \left(\frac{0.4}{0.48}\right)^2 = 38.75\text{kvar}$$

计算有功功率：$P_\Sigma = K_{\Sigma p} \times \Sigma P_e = 0.9 \times 1259 = 1133.1\text{kW}$

计算无功功率：$Q_\Sigma = K_{\Sigma q} \times \Sigma Q_e = 0.95 \times 800 = 760\text{kvar}$

补偿后计算无功功率：$Q_\Sigma' = Q_\Sigma' - \Delta Q_e = 760 - 12 \times 38.75 = 295\text{kvar}$

补偿后计算容量：$S = \sqrt{1133.1^2 + 295^2} = 1170.87\text{kVA}$

注：题眼有两个，一个是实际补充容量的求取，另一个是代入同时系数的位置，应在补偿前代入，可参考《工业与民用配电设计手册》(第三版)P3 式(1-9) ~ 式(1-11)、P23 表 1-21“全厂用电负荷计算范例”。

9.《工业与民用供配电设计手册》(第四版)P10 式(1.4-6)。

255 户均匀分配接入三相配电系统，单相配电接于同一相上的户数为 $n = \dfrac{255}{3} = 85$ 户，则查系数 $k = 0.45$。

三相计算容量为：$S_\Sigma = \dfrac{k_x P_\Sigma}{\cos\varphi} = \dfrac{0.45 \times 255 \times 6}{0.8} = 860.625\text{kVA}$

注：也可参考《工业及民用配电设计手册》(第三版)P3 式(1-9) ~ 式(1-11)。

10.《并联电容器装置设计规范》(GB 50227—2017) 第 3.0.3-3 条。

发生谐振的电容器容量：$Q_{cx} = S_d\left(\dfrac{1}{n^2} - K\right) = 100 \times \left(\dfrac{1}{3^2} - 0.06\right) = 5.111\text{Mvar}$

题 11 ~ 15 答案：**BDABB**

11.《工业与民用供配电设计手册》(第四版)P302 ~ P303 式(4.6-35)和表 4.6-10。

电缆线路的单相接地电容电流：$I_c = 0.1U_r l = 0.1 \times 10 \times 4 = 4\text{A}$

10kV 系统(变电所)总接地电容电流：$I_{C\Sigma} = (1 + 16\%) \times 4 = 4.64A$

《导体和电器选择设计技术规定》(DL/T 5222—2005) 第 18.2.5-1 条。

电阻额定电压：$U_R \geq 1.05 \dfrac{U_n}{\sqrt{3}} = 1.05 \times \dfrac{10}{\sqrt{3}} = 6.06kV$

接地电阻消耗功率：$P_R = \dfrac{U_N}{\sqrt{3}} \times I_R = \dfrac{10}{\sqrt{3}} \times 1.1 \times 4.64 = 29.47kW$

注：也可参考《工业与民用配电设计手册》(第三版)P153 式(4-41)和表(4-20)。

12.《工业与民用供配电设计手册》(第四版)P482 ~ P483 表(6.5-4)。

10kV 母线短路容量：$S_{km} = \dfrac{S_{rT}}{x_T + S_{rT}/S_k} = \dfrac{8}{0.075 + 8/80} = 45.71MV \cdot A$

10kV 母线预接无功负荷：$Q_{fh} = P_{fh}\tan(\arccos\varphi) = 5 \times \tan(\arccos 0.9) = 2.42Mvar$

电动机额定启动容量：

$$S_{stM} = k_{st}S_{rM} = k_{st}\frac{P_{rM}}{\eta\cos\varphi} = 6 \times \frac{500}{0.934 \times 0.91} = 3529.66kV \cdot A = 3.526MV \cdot A$$

启动回路额定输入容量：

$$S_{st} = \frac{1}{1/S_{stM} + X_l/U_m^2} = \frac{1}{1/3.526 + 0.1 \times 1/10^2} = 3.514MV \cdot A$$

母线电压相对值：$u_{stB} = u_s \dfrac{S_{scB}}{S_{scB} + Q_L + S_{st}} = 1.05 \times \dfrac{45.71}{45.71 + 2.42 + 3.514} = 0.929$

电动机端子电压相对值：$u_{stM} = u_{stB}\dfrac{S_{st}}{S_{stM}} = 0.929 \times \dfrac{3.514}{3.526} = 0.926 = 92.6\%$

注：也可参考《工业与民用配电设计手册》(第三版)P270 表 6-16 全压启动公式。

电动启动时母线电压相对值：$u_{stm} = \dfrac{S_{km} + Q_{fh}}{S_{km} + Q_{fh} + S_{st}} = \dfrac{45.71 + 2.42}{45.71 + 2.42 + 3.514} = 0.932$

电动机端子电压相对值：$u_{stM} = u_{stm}\dfrac{S_{st}}{S_{stM}} = 0.932 \times \dfrac{3.514}{3.526} = 0.929 = 92.9\%$

13.《电能质量 公用电网谐波》(GB/T 14549 - 1993) 附录 A 式(A2)、式(A4)、式(A6)和附录 C 式(C4)。

由式(A2),两设备各次谐波电流数值如下表：

设备编号	基波电流 A	3 次谐波电流 A	5 次谐波电流 A	7 次谐波电流
1 号	100	5	3	2
2 号	150	9	6	3

由式(C4),可知各次谐波总电流：

基波总电流：$I_{1\Sigma} = 100 + 150 = 250A$

3 次谐波总电流：$I_{3\Sigma} = \sqrt{I_{31}^2 + I_{32}^2 + 2I_{31}I_{32}\cos\theta_3} = \sqrt{5^2 + 9^2 + 2 \times 5 \times 9 \times \cos45°}$ $= 13.02A$

5 次谐波总电流：$I_{5\Sigma}=\sqrt{I_{51}^2+I_{52}^2+2I_{51}I_{52}\cos\theta_5}=\sqrt{3^2+6^2+2\times3\times6\times\cos0}=$ 9A

7 次谐波总电流：$I_{7\Sigma}=\sqrt{I_{71}^2+I_{72}^2+2I_{71}I_{72}\cos\theta_7}=\sqrt{2^2+3^2+2\times2\times3\times\cos0}=$ 5A

由式（A4）、（A6），可知谐波电流总含量：$I_h=\sqrt{I_{3\Sigma}^2+I_{5\Sigma}^2+I_{7\Sigma}^2}=\sqrt{13.02^2+9^2+5^2}=16.60\text{A}$

则电流总畸变率：$THD_i=\dfrac{I_H}{I_1}=\dfrac{16.60}{250}=0.0664=6.64\%$

14.《35～110kV 变电所设计规范》(GB 50059—2011）第 3.1.3 条。

第 3.1.3 条：装有两台及以上主变压器的变电站，当断开一台主变压器时，其余主变压器的容量(包括过负荷能力)应满足全部一、二级负荷用电的要求。

按题意过负荷能力取 1.2，一、二级负荷为 11MVA，则每台变压器：$1.2\times10=12\text{MVA}>11\text{MVA}$，可满足要求。

《工业与民用配电设计手册》(第三版）P40 表 2－11“变电所主变压器经济运行的条件”。

经济运行的临界负荷：

$$S_{cr}=S_r\sqrt{2\frac{P_0+K_qQ_0}{P_k+K_qQ_r}}=10\times\sqrt{2\times\frac{8.2+0.1\times(10\times10^3\times0.7/100)}{47.8+0.1\times(10\times10^3\times7.5/100)}}=4.98\text{MVA}$$

节假日实际运行负荷：$S_H=\dfrac{15.9}{2}=7.95\text{MVA}>4.98\text{MVA}$，因此应两台运行。

15.《数据中心设计规范》(GB 50174—2017)第 8.1.7 条。

UPS 电源的最小容量：$E\geqslant1.2\times S=1.2\times\dfrac{P}{\eta_1\eta_2\cos\varphi}=1.2\times\dfrac{50}{0.93\times0.92\times0.95}=73.82\text{kVA}$

注：可对比参考 2013 年下午第 39 题。

题 16～20 答案：**ACCBB**

16.《工业与民用供配电设计手册》(第四版)P281 表 4.6-3 及 P183 式(4.2-9)。

$$x_1\%=\frac{1}{2}(u_{k12}\%+u_{k13}\%-u_{k23}\%)=\frac{1}{2}(10+17-6.5)=10.5$$

$$x_2\%=\frac{1}{2}(u_{k12}\%+u_{k23}\%-u_{k13}\%)=\frac{1}{2}(10+6.5-17)=0$$

$$x_3\%=\frac{1}{2}(u_{k13}\%+u_{k23}\%-u_{k12}\%)=\frac{1}{2}(17+6.5-10.5)=6.5$$

主变压器各绕组的电抗标幺值为：

$$x_{*1}=\frac{u_{1k}\%}{100}\cdot\frac{S_j}{S_{rT}}=\frac{10.5}{100}\cdot\frac{100}{50}=0.21$$

$$x_{*2}=\frac{u_{2k}\%}{100}\cdot\frac{S_j}{S_{rT}}=\frac{0}{100}\cdot\frac{100}{50}=0$$

$$x_{*3}=\frac{u_{3k}\%}{100}\cdot\frac{S_j}{S_{rT}}=\frac{6.5}{100}\cdot\frac{100}{50}=0.13$$

注：也可参考《工业与民用配电设计手册》(第三版) P128 表 4-2 以及 P131 式(4-11)。

17.《工业与民用供配电设计手册》(第四版)P281 表 4.6-3 及 P284 式(4.6-11) ~ 式(4.6-13)。

设 $S_j=100\text{MVA}$，$U_j=115\text{kV}$，则 $I_j=0.5\text{kA}$

S1 电源线路电抗标幺值：$X_{*1}=X\dfrac{S_j}{U_j^2}=35\times0.4\times\dfrac{100}{115^2}=0.106$

S1 电源电抗标幺值(最大运行方式)：$X_{*S\cdot max}=\dfrac{S_j}{S''_{smax}}=\dfrac{100}{4630}=0.0216$

S1 电源电抗标幺值(最小运行方式)：$X_{*S\cdot min}=\dfrac{S_j}{S''_{smin}}=\dfrac{100}{1120}=0.0893$

k_1 点的最大和最小短路电流分别为：

$$I''_{kmax}=I''_{*kmax}\cdot I_j=\frac{I_j}{X_{*1}+X_{*smax}}=\frac{0.5}{0.106+0.0216}=3.92\text{kA}$$

$$I''_{kmin}=I''_{*kmin}\cdot I_j=\frac{I_j}{X_{*1}+X_{*s\cdot min}}=\frac{0.5}{0.106+0.0893}=2.56\text{kA}$$

注：也可参考《工业与民用配电设计手册》(第三版)P128 表 4-2 及 P134 式(4-12)、式(4-13)。

18.《工业与民用供配电设计手册》(第四版)P284 式(4.6-11) ~ 式(4.6-13)。

设 $S_j=100\text{MVA}$，$U_j=10.5\text{kV}$，则 $I_j=5.5\text{kA}$

线路 1 的总电抗：$X_{*1\Sigma}=0.02+0.12+0.2576=0.3976$

线路 2 的总电抗：$X_{*2\Sigma}=0.03+0.23+0.2576=0.5176$

k_3 点的三相短路电流：$I''_{k3}=I''_{*k3}\cdot I_j=I_j\left(\dfrac{1}{X_{*1\Sigma}}+\dfrac{1}{X_{*2\Sigma}}\right)=\dfrac{5.5}{0.3976}+\dfrac{5.5}{0.5176}=24.46\text{kA}$

注：也可参考《工业与民用配电设计手册》(第三版)P134 式(4-12)、式(4-13)。

19.《工业与民用供配电设计手册》(第四版)P281 表 4.6-3 及 P284 式(4.6-11) ~ 式(4.6-13)。

设 $S_j=100\text{MVA}$，$U_j=10.5\text{kV}$，则 $I_j=5.5\text{kA}$

35kV 侧 1 号电源电抗标幺值：$X_{*S1}=\dfrac{S_j}{S''_{s1}}=\dfrac{100}{378}=0.258$

35kV 侧 2 号电源电抗标幺值：$X_{*S1}=\dfrac{S_j}{S''_{s2}}=\dfrac{100}{342}=0.292$

等效电路如图所示，根据式 4-23，可推导得两电源支路的短路电路总电抗和分布系数：

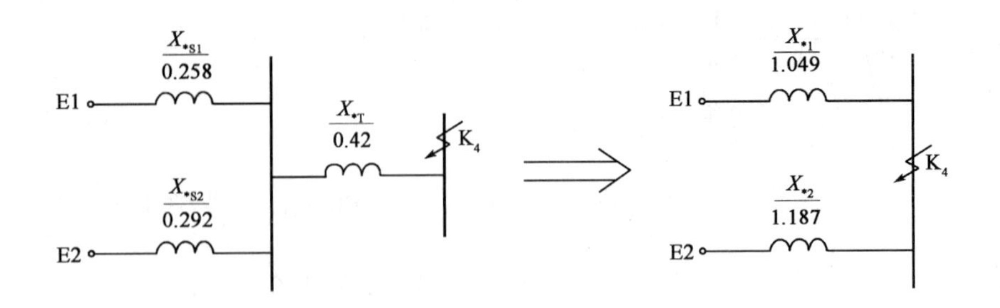

$$X_{*\Sigma} = \frac{X_{*S1}X_{*S2}}{X_{*S1}+X_{*S2}} + X_{*T}、C_1 = \frac{X_{*S2}}{X_{*S1}+X_{*S2}}、C_2 = \frac{X_{*S1}}{X_{*S1}+X_{*S2}}$$

$$X_{*1} = \frac{X_{*\Sigma}}{C_1} = X_{*S1} + X_{*T} + \frac{X_{*S1}X_{*T}}{X_{*S2}} = 0.258 + 0.42 + \frac{0.258 \times 0.42}{0.292} = 1.049$$

$$X_{*2} = \frac{X_{*\Sigma}}{C_2} = X_{*S2} + X_{*T} + \frac{X_{*S2}X_{*T}}{X_{*S1}} = 0.292 + 0.42 + \frac{0.292 \times 0.42}{0.258} = 1.187$$

第二个电源提供 k_4 点的短路电流和短路容量分别为：

$$I''_{k42} = I''_{*k42} \cdot I_j = I_j \times \frac{1}{X_{*2}} = \frac{5.5}{1.187} = 4.63\text{kA}$$

$$S''_{k42} = S_j \times \frac{1}{X_{*2}} = \frac{100}{1.187} = 84.25\text{kVA}$$

注：同理，第一个电源提供 k_4 点的短路电流和短路容量分别为：

$$I''_{k41} = I''_{*k41} \cdot I_j = I_j \times \frac{1}{X_{*1}} = \frac{5.5}{1.049} = 5.24\text{kA}$$

$$S''_{k41} = S_j \times \frac{1}{X_{*2}} = \frac{100}{1.049} = 95.33\text{kVA}$$

注：也可参考《工业与民用配电设计手册》(第三版) P149 式(4-23)(图 4-13 中由图 c 向图 d 的参数转换)。

20.《工业与民用供配电设计手册》(第四版) P520 ~ P521 表 7.2-3“低电压闭锁的带时限过电流保护”。

保护装置动作电流：$I_{op\cdot K} = K_{rel}K_{jx} \cdot \frac{I_{1rT}}{K_r \cdot n_{TA}} = 1.2 \times 1 \times \frac{50000/110\sqrt{3}}{0.85 \times 300/5} = 6.17\text{A}$

保护装置动作电压：$U_{op\cdot K} = \frac{U_{min}}{K_{rel}K_r \cdot n_{TV}} = \frac{0.5 \times 110000}{1.2 \times 1.15 \times 110000/100} = 36.23V$

注：表格中有关继电器返回系数 K_r 在动作电流和动作电压时取值有所不同。也可参考《工业与民用配电设计手册》(第三版) P297 ~ P298 表 7-3“低电压启动的带时限过电流保护”。

题 21 ~ 25 答案：**CBACA**

21.《工业与民用供配电设计手册》(第四版) P1417 表 14.6-4 图 14.6-1。

由表 14.6-4，放在钻孔中的钢筋混凝土杆形桩基按 6 × 4 的矩形布置，则 $n = 24$。

特征值 $C_1 = \frac{n}{A} = \frac{24}{30 \times 21} = 0.038$，满足形状系数对特征值的取值范围，则形状系数 $K_1 = 1.4$。

接地电阻：$R = K_1 K_2 \frac{\rho}{L_1} = 1.4 \times 0.5 \times \frac{35}{30} = 0.817\Omega$

由表 14-22，当土壤类别为陶土，具有中等含水量时，季节系数 $\psi_2 = 1.4$。

实际工频接地电阻最接近的值为 $R' = \psi_2 R = 1.4 \times 0.817 = 1.14\Omega$。

注：计算接地电阻时，还应考虑大地受干燥、冻结等季节变化的影响，从而使接地电阻在各季节均能保证达到所要求的值。同时还应区别对待非雷电保护接地和雷电防护接地装置的不同季节系数取值。也可参考《工业与民用配电设计手册》（第三版）P893 ~ P897 表 14-13 和表 14-22。

22.《建筑物防雷设计规范》（GB 50057—2010）附录 C 式（C.0.2）及第 C.0.3-1 条，《交流电气装置的接地设计规范》（GB/T 50065—2011）式（A.0.2）。

环形接地体周长的一半：$L_h = 24 + 36 = 60m$

接地体的有效长度：$l_e = 2\sqrt{\rho} = 2 \times \sqrt{120} = 21.91m < 60m = L_h$

根据第 C.0.3-1 条：当环形接地体周长的一半大于或等于接地体的有效长度时，引下线的冲击接地电阻应为从与引下线的连接点起沿两侧接地体各取有效长度的长度算出的工频接地电阻，换算系数应等于 1。则水平接地体的总长度 $L = 2L_e = 2 \times 21.91 = 43.82m$。

由 A.0.2 条，接地电阻为：$R = \frac{\rho}{2\pi L}(\ln\frac{L^2}{hd} + A) = \frac{120}{2\pi \times 43.82}(\ln\frac{43.82^2}{1 \times 0.015} - 0.18) = 5.047\Omega$。

23.《交流电气装置的接地设计规范》（GB/T 50065—2011）第 4.2.2-2 条。

35kV 系统采用高电阻接地方式，则接触电位差和跨步电位差分别为：

$U_t = 50 + 0.05\rho C = 50 + 0.05 \times 800 \times 0.5 = 70V$

$U_s = 50 + 0.2\rho C = 50 + 0.2 \times 800 \times 0.5 = 130V$

24.《低压配电设计规范》（GB 50054—2011）第 3.2.14 条 附录 A.0.4。

由附录 A 中表 A.0.4 查得，85℃橡胶绝缘的铜芯电缆的热稳定系数 $k = 134$，则：

PE 线的电缆芯线最小截面积：$S \geq \frac{I}{k}\sqrt{t} = \frac{2000}{134} \times \sqrt{5} = 33.37mm^2$，取 $35mm^2$。

25.《低压配电设计规范》（GB 50054—2011）第 5.2.8 条。

TN 系统中配电线路的间接接触防护电器的动作特性，应符合下式的要求：$Z_s I_a \leq U_0$，则：$I_a \leq U_0/Z_s = 220 \div 25 = 8.8kA$

2016 年案例分析试题(下午卷)

专业案例题(共 40 题,考生从中选择 25 题作答,每题 2 分)

题 1~5:某普通工厂的车间平面为矩形加两个半圆形,如下图所示,其中矩形为长 36m,宽 18m,半圆形的直径为 18m(计算中不计墙的厚度),车间高 16m,工厂内有办公室和材料堆场。请问下列照明设计问题,并列出解答过程。

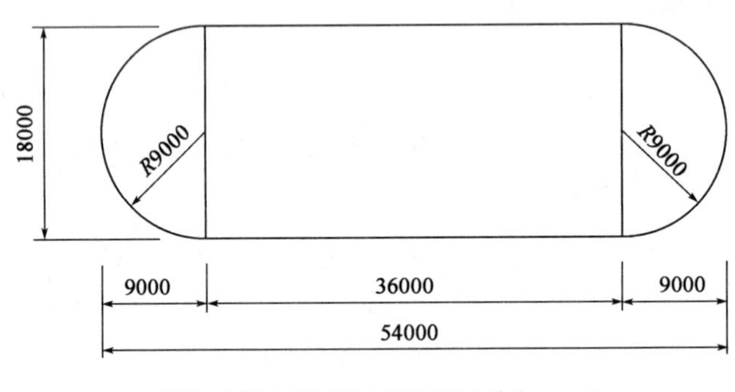

普通工厂某车间平面布置图(尺寸单位:mm)

1. 若车间内均匀布置 400W 金属卤化物灯作为一般照明,灯具距地面高 14.75m,工作面高 0.75m,金属卤化物的光源光通量为 32000lm,灯具效率为 0.75,计算该车间室形指数为下列哪项数值? ( )

(A)0.7　　(B)0.9

(C)1.0　　(D)1.2

解答过程:

2. 若车间内均匀布置 400W 金属卤化物灯作为一般照明,灯具距地面高 12m,工作面高 0.75m,金属卤化物的光源光通量为 36000lm,灯具效率为 0.77. 若已知有效顶棚反射比为 0.5,墙面反射比为 0.3,地面反射比为 0.2,维护系数按 0.7,灯具的利用系数见表 1,要求工作面上的一般照明的照度为 300lx,计算该车间需要多少盏 400W 金卤灯?(灯具数量取整数) ( )

(A)11 盏　　(B)14 盏

(C)20 盏　　(D)26 盏

金属卤化物灯具利用系数表　　表 1

有效顶棚反射比(%)	70			50		30		0
墙反射比(%)	50	30	10	30	10	30	10	0
地面反射比(%)	20							0
室形指数 RI								
0.6	0.41	0.35	0.31	0.34	0.31	0.34	0.30	0.29
0.8	0.50	0.44	0.40	0.43	0.39	0.43	0.39	0.37
1.0	0.55	0.49	0.45	0.48	0.45	0.48	0.44	0.42
1.25	0.61	0.55	0.51	0.54	0.51	0.53	0.50	0.48
1.5	0.66	0.60	0.56	0.59	0.56	0.58	0.56	0.52
2.0	0.71	0.65	0.61	0.64	0.70	0.63	0.62	0.56
2.5	0.74	0.70	0.67	0.68	0.65	0.69	0.66	0.61

解答过程：

3. 若车间局部采用 4 盏 400W 金卤灯灯具进行照明，光源 400W 金卤灯的光通量为 36000lm，工作面离地 0.75m，灯具的出口面到工作面的高度为 12m，维护系数 $K=0.7$，光源光强分布(1000lm)见表 2，灯具布置见下图，试求工作面上 P 点的水平面照度为下列哪个数值？(不计反射光及其他灯具的影响)　　(　　)

光源光强分布表(1000lm)　　表 2

$\theta°$	0	7.5	12.5	17.5	22.5	27.5	32.5	37.5
I_θ(cd)	346.3	338.7	329.4	321.8	306.9	283.6	261.3	239.6
$\theta°$	42.5	47.5	52.5	57.5	62.5	67.5	72.5	77.5
I_θ(cd)	219.6	197	170.8	108.8	54.2	34.8	22.2	13.3

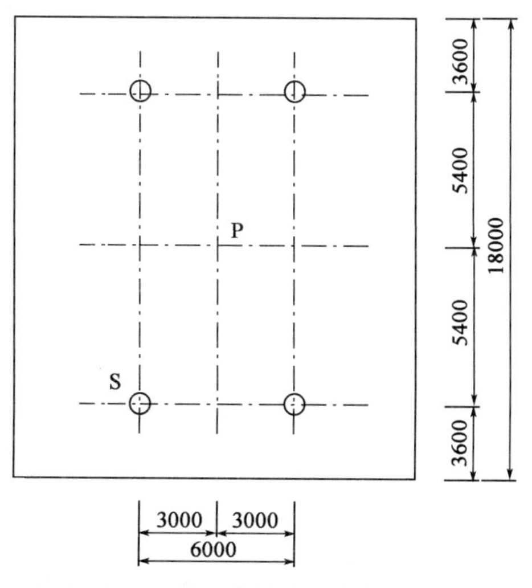

车间局部灯具布置方案图(尺寸单位：mm)

(A)72lx　　(B)140lx
(C)157lx　　(D)200lx

解答过程：

4. 工厂内某办公室长9m，宽7.2m，高3.6m，工作面高0.75m，在3.2m高顶棚上均匀嵌入8盏2×28W的T5格栅荧光灯，已知室空间四周墙上门窗所占面积占室空间墙总面积（包括门窗面积）的20%。已知墙面反射比$\rho_w = 30\%$，门窗反射比为9%，计算墙面平均反射比是下列哪项数值？（　　）

(A)4%　　(B)26%
(C)32%　　(D)42%

解答过程：

5. 工厂内材料堆场面积$A = 6000m^2$，要求堆场被照面上的水平平均照度为15lx，采用400W金卤灯（光源的光通量$\Phi_1 = 36000lm$）作场地投光照明。若已知灯具效率$\eta = 0.637$，利用系数$U = 0.7$，灯具维护系数$K = 0.7$，则该堆场需要多少盏金卤灯？（　　）

(A)4盏　　(B)5盏
(C)8盏　　(D)10盏

解答过程：

题6～10：某企业有110kV主变电站一座，设有两台容量同型号的主变，户外布置，主变容量为50MVA，电压等级为110/35/10kV，单台变压器油重13.5t。110kV设备采用户外敞开式布置，35kV及10kV采用户内开关柜布置，主变低压各侧均采用单母线分段接线方式，110kV系统为有效接地系统。采用35kV、10kV电压向企业各个用电点供电。当地海拔高度800m，请解答下列问题：

6. 该变电站系统图见下图，请指出图中有几处隔离开关和接地开关的配置不满足规范要求，并说明依据。（　　）

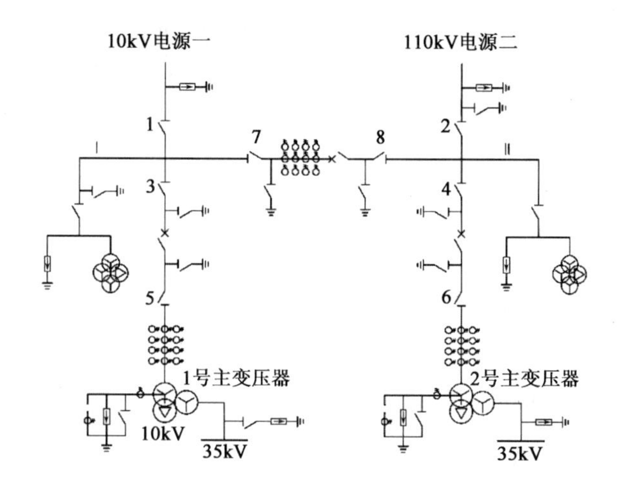

(A)3 处　　(B)4 处

(C)5 处　　(D)6 处

解答过程：

7. 该变电站室外部分设备平面布置图见下图，变压器储油池按能容纳 100% 油量设计，请指出图中不符合规范要求的有几处？并说明依据。（　　）

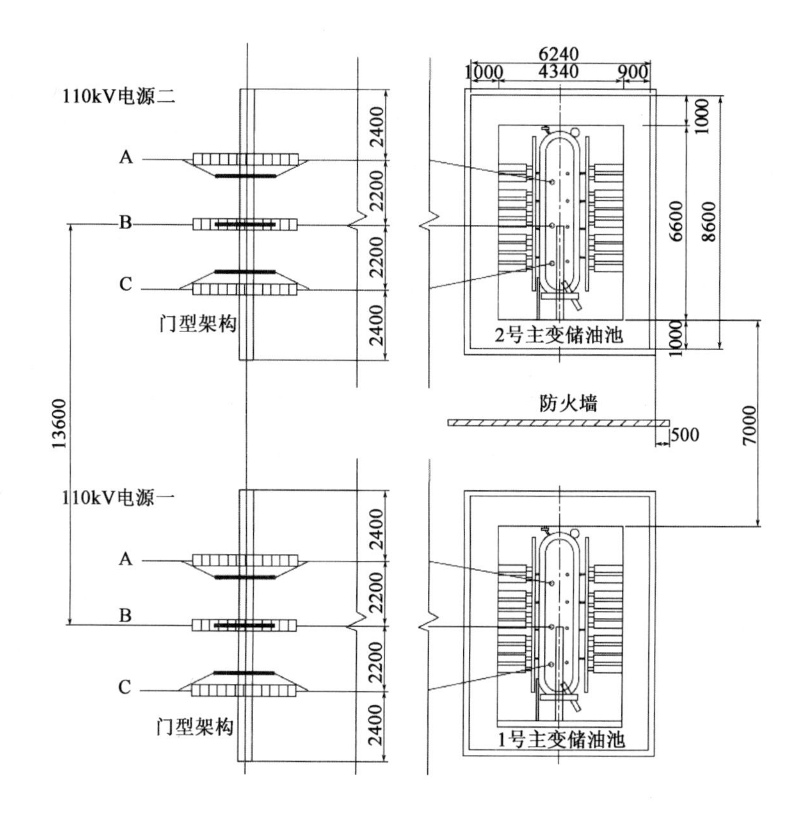

(A)1 处　　(B)2 处
(C)3 处　　(D)4 处

解答过程：

8. 该变电站35kV和10kV配电室平面图间下图，穿墙套管采用水平排列。35kV和10kV配电设备全部采用移开式交流金属封闭式开关设备，柜前操作、柜后维护，35kV和10kV手车长分别为1500mm和750mm。请指出图中不符合规范要求的有几处，并说明依据。 (　　)

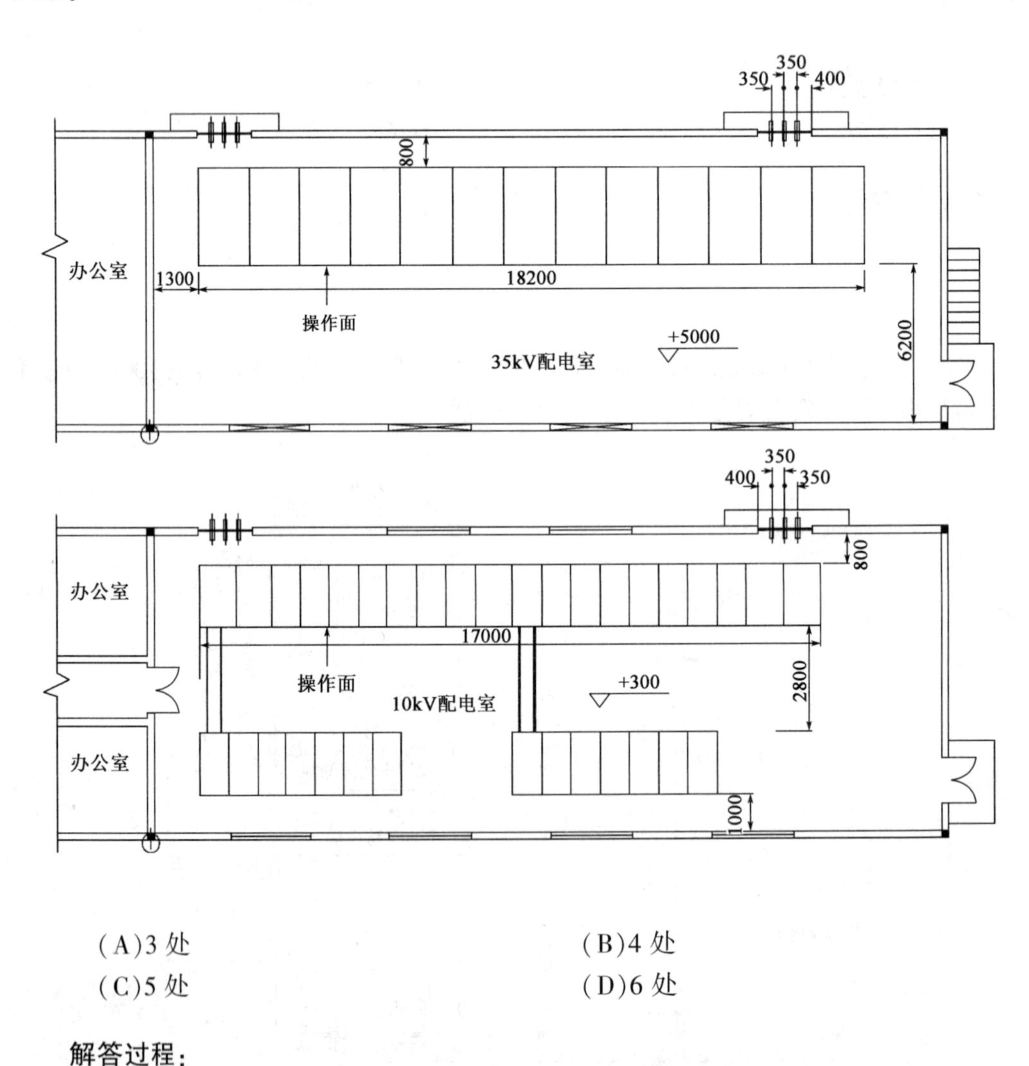

(A)3 处　　(B)4 处
(C)5 处　　(D)6 处

解答过程：

9. 该变电所设计为独立场所，四周有实体围墙，场地内室外布置的全部电器设备不单独设置固定遮拦。变压器储油池按能容纳100%油量设计，室外部分设备里面布置图见下图，在变压器外轮廓投影到35kV配电室、10kV配电室以及办公辅助室外墙各侧向外3000mm范围内有窗户。请确定图中L_1、L_2和L_3的最小尺寸(mm)。并说明依据。

( )

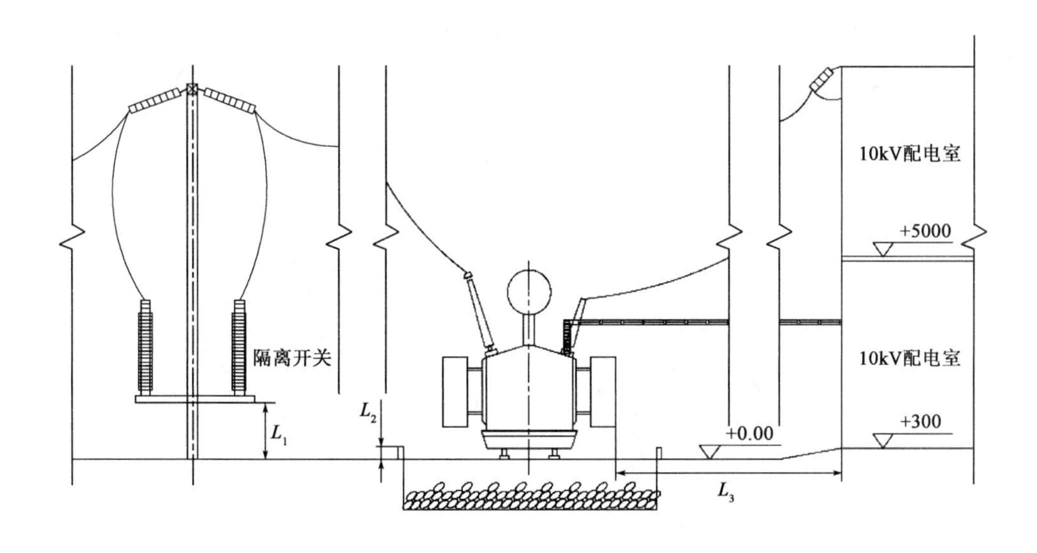

(A)2500、100、10000 (B)2500、100、8000

(C)3400、0、10000 (D)3400、100、8000

解答过程：

10. 该变电站内除主变压器外无其他有油设备，根据规划在变电站内设置有油水分离设施的总事故储油池。当主变压器的储油池容量均为变压器油重的40%时，请计算总事故储油池的储油量最小值为下列哪项数值？ ( )

(A)16.2t (B)10.8t

(C)8.1t (D)5.4t

解答过程：

题11~15:某企业工业场地内有办公楼、10kV变电站等建筑群,请解答下列问题:

11. 在工业场地内空旷地带设10kV室外变电所一座,见下图,变电站占地尺寸为10m×5m(长×宽),变电站设备最高点为A点,高度3m。该变电站10kV电源进线采用电缆直埋地敷设的方式,为了防止10kV变电站遭受雷击,设计选用独立避雷针作为防直击雷保护措施。10kV变电站和独立避雷针接地装置单独设置,室外地面位于同一标高,接地装置埋深相同。当独立避雷针的冲击接地电阻设计为8Ω时,计算避雷针接地装置与变电所接地装置之间的最小距离和独立避雷针的最小高度应为下列哪组数值? ( )

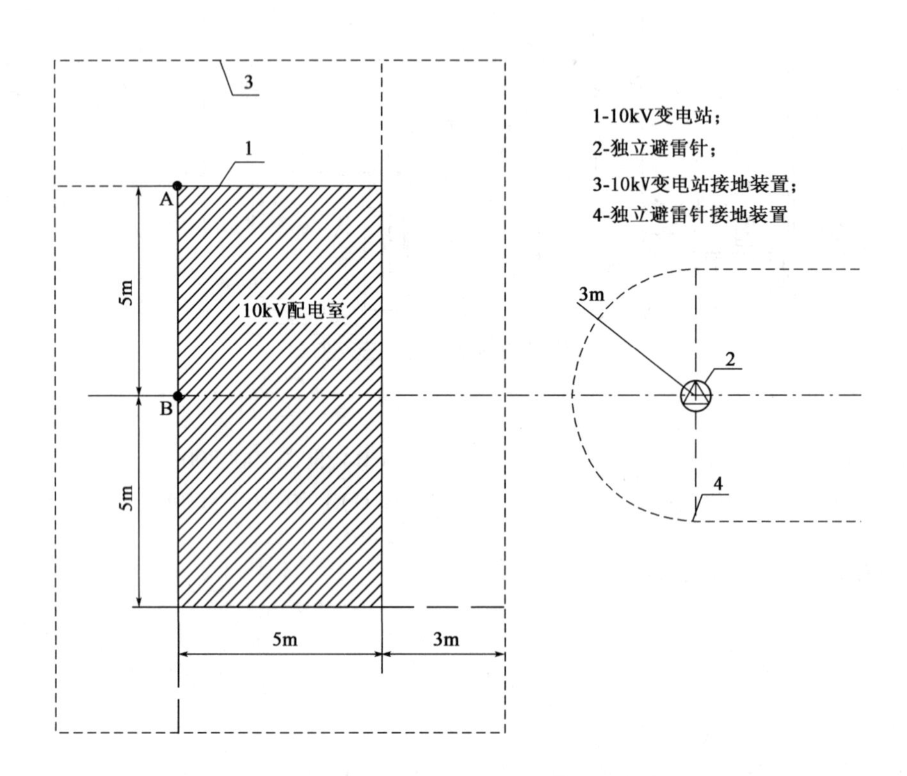

(A)3.2m,19.5m (B)3.2m,12.58m

(C)2.4m,13.53m (D)2.4m,12.93m

解答过程:

12. 工业场地内某建筑物采用水平敷设的多根人工接地体作为防雷接地装置,该地区土壤电阻率为500Ω·m,最长支线长19m,接地装置埋深距地面1.0m,工频接地电阻为R(Ω),则该接地体的冲击接地电阻正确的是下列哪项数值? ( )

(A)1.4R　　(B)R

(C)R/1.4　　(D)R/1.5

解答过程：

13. 附近山坡下有一栋综合办公楼建筑，附近土壤电阻率较小，10kV 变电站提供一回 380V 电源给综合办公楼，进线电缆采用 1kV，YJV-3×240+1×120，采用穿 PVC 管埋地敷设。综合办公楼尺寸为长 60m，宽 13m，高 16m。当地年平均雷暴日 75(d/a)，地下引入的外来金属管道和线路的总数 n 为 4，综合办公楼电源总配电箱处装设有 I 级试验的电涌保护器，其每一保护模式的冲击电流值应为下列哪项数值？（　　）

(A)6.25kA　　(B)4.688kA

(C)4.167kA　　(D)3.125kA

解答过程：

14. 某独立建筑物防雷接地采用人工接地装置，接地装置为一根水平敷设的接地体，该地区土壤电阻率为 1000Ω·m，为降低接地电阻采用换土的方式，引下线与接地体连接点两侧沿水平接地体方向各 5m 范围内采用 500Ω·m 土壤进行更换，计算该接地体的总有效长度应为下列哪项数值？（　　）

(A)59.10m　　(B)61.17

(C)73.25m　　(D)107.97

解答过程：

15. 工业场地内有一综合楼为框架结构，二类防雷建筑物，采用屏蔽格栅，钢筋直径为 16mm，网格宽度为 2.0m，该建筑 LPZ1 区内某环路宽为 0.5m，长为 1.0m，当距离综合楼 100m 处发生首次正极性雷闪击(10/350μs)时，计算该环路的最大感应电压应为下列哪项数值？并说明理由（　　）

(A)0.114V　　(B)3.995V

(C)19.957V　　(D)39.913V

解答过程：

题 16～20：某企业 35kV 电源线路，选用 JL/G1A-240mm^2 导线，导线的参数如下：重量 g_1 为 964.3kg/km，计算总截面 A 为 277.75mm^2，计算直径 d 为 21.66mm，最大风速 30m/s，覆冰厚度 b 为 5mm，最大拉断力 83370N，安全系数为 3。请回答以下问题：

16. 计算该导线的自重加冰重比载为下列哪项值？（　　）

(A) 13.29×10^{-3}N/(m·mm^2)
(B) 34.02×10^{-3}N/(m·mm^2)
(C) 47.31×10^{-3}N/(m·mm^2)
(D) 58.42×10^{-3}N/(m·mm^2)

解答过程：

17. 该线路 12 号杆塔一侧档距为 150m，高差为 35m，另一侧档距为 180m，高差为 40m，则 12 号杆塔的水平档距应为下列哪项数值？（　　）

(A) 150m　　(B) 165m
(C) 169m　　(D) 180m

解答过程：

18. 该线路 15 号杆塔一侧档距为 160m，15 号比 14 号杆塔高 10m，垂直比载为 35.46×10^{-3}N/(m·mm^2)，应力为 78.24N/mm^2；另一侧档距为 190m，15 号比 16 号杆塔低 6m，垂直比载为 35.46×10^{-3}N/(m·mm^2)，应力为 83.85N/mm^2，计算 15 号杆塔的垂直档距应为下列哪项数值？（　　）

(A) 175.00m　　(B) 238.23m
(C) 243.23m　　(D) 387.57m

解答过程：

19. 该线路某一耐张段内，各档距分别为 120m，138m，150m，160m，180m，140m，则该耐张段的代表档距为下列哪项数值？（　　）

(A) 140.00m　　(B) 148.00m

(C) 151.58m　　(D) 155.94m

解答过程：

20. 若该线路平均运行应力为 71.25kN，振动风速上限值为 4m/s，则该线路导线防振锤的安装距离应为下列哪项数值？（　　）

(A) 0.093 ~ 0.099m　　(B) 0.105 ~ 0.111

(C) 0 ~ 0.116m　　(D) 0.421 ~ 0.445

解答过程：

题 21 ~ 25：某车间 10kV 变电所，设 1 台 SCB9-2000/10 的变压器，10/0.4kV，Dyn11，$U_d\%=6$，低压网络系统图如图所示。变压器高压侧系统短路容量 $S_S'=75MVA$，低压配电线路 L_1 选用铜芯电缆 $VV_{22}-3\times35+1\times16$，长度为 30m 电动机 M 额定功率为 50kW，额定电流 Ir = 90A，低压配电线路 L_2 所带负荷计算电流为 410A，其中最大一台电动机的额定电流为 60A、启动倍数为 6，（忽略母线的阻抗），请回答下列问题。

[SCB9-2000 的变压器的阻抗及相保阻抗参考《工业与民用配电设计手册》（第三版）中相关参数]

21. 计算线路 L_1 的相保阻抗值应为下列哪项数值？（　　）

(A) 45.34mΩ　　(B) 61.06mΩ

(C) 72.13mΩ　　(D) 100.96mΩ

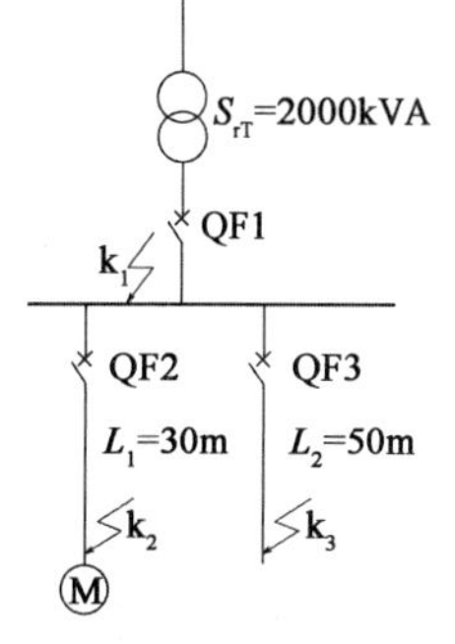

解答过程：

22. 不计电动机反馈电流的影响，求 k_1 点的三相短路电流应为下列哪项数值？（　　）

(A)23.1kA　　(B)33.24kA

(C)47.99kA　　(D)108.66kA

解答过程：

23. 不计电动机反馈电流的影响，求 k_1 点的单相接地故障电流应为下列哪项数值？（　　）

(A)24.5kA　　(B)31.66kA

(C)35.27kA　　(D)45.71kA

解答过程：

24. 假设 k_2 点的三相短路电流为 24.5kA 且 L_2 回路只带一台额定电流为 60A 的电动机，关于 k_1 和 k_2 点短路电流是否计入电动机的影响，下列说法中哪项是正确的？（　　）

(A) k_1 点短路电流需计入电动机的影响，k_2 点短路电流不考虑电动机的影响

(B) k_1 点短路电流不考虑电动机的影响，k_2 点短路电流需计入电动机的影响

(C) k_1、k_2 点短路电流均不考虑电动机的影响

(D) k_1、k_2 点短路电流均需计入电动机的影响

解答过程：

25. 假设低压断路器 QF3 是保护配电线路的，则该断路器定时限过电流和瞬时过电流脱扣器的整定值为下列哪组数值？（　　）

(A)650A，1068A　　(B)710A，1284A

(C)852A，1284A　　(D)975A，1313A

解答过程：

题 26～30：有一大型超高层办公建筑，高 300m，总建筑面积 20 万平方米，地下 4 层、地上 78 层，有 4 层裙房，地下 1、2 层层高 5.5m，主要为设备机房和功能性用房，地下 3、4 层层高 3.5m；在裙房 4 层有一大型会议室，能召开国际会议，预计在楼内办公人员 1.1 万人。

26. 裙房 4 层大型会议室，长 30m，宽 20m，具备召开国际会议功能、会场设置数字红外线同声传译系统，使用调频副载波频率(中心频率)编号为 CC5，需在会场红外服务区安装红外辐射单元。已知会场共设置了 4 个红外辐射单元，两个负责会场前区，2 个负责会场后区，从红外发射主机到红外辐射单元采用同轴电缆。从红外发射主机至后区第一个红外辐射单元的同轴电缆长度为 25m。试计算从红外发射主机至后区第二个红外辐射单元的同轴电缆长度，并判断下列哪项数值符合规范要求？ (　　)

(A)15m　　(B)30m

(C)35m　　(D)40m

解答过程：

27. 裙房 4 层大型会议室，长 30m，宽 20m，地面至吊顶 6.5m，为平吊顶，需设置火灾探测器，请计算确定至少应设置多少个点型感烟探测器？ (　　)

(A)10 个　　(B)12 个

(C)14 个　　(D)16 个

解答过程：

28. 在建筑中设置的公共广播系统，传输线缆采用铜芯导线，其电阻率为 $1.75 \times 10^{-8}(\Omega \cdot m)$，采用 100V 定压输出，当某一路线路接有 30 个扬声器，每个扬声器的功率为 5W，这 30 个扬声器沿线路均匀布置，长度达到 650m，要求线路的衰减为 2dB，试计算在 1000Hz 时，传输线路的截面积至少不小于下列哪项数值？ (　　)

(A)0.132mm^2 (B)1.32mm^2

(C)13.2mm^2 (D)132mm^2

解答过程：

29. 对于本建筑的电子信息系统雷击风险评估，已知裙房长108m，宽81m，高21m；主楼长81m，宽45m，高300m，见下图(尺寸单位：mm)。当地雷暴天数取34d/a，年预计雷击次数的校正系数按一般情况考虑。请计算本建筑预计雷击次数应为下列哪项数值？ ( )

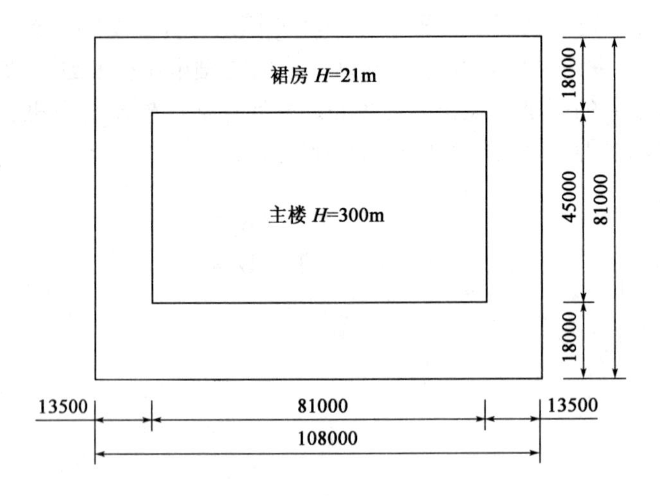

(A)0.148 次/a (B)1.23 次/a

(C)1.37 次/a (D)12.3 次/a

解答过程：

30. 在建筑中有一视频会议室，其中安装了一台摄像机用于对主席台及演讲嘉宾的摄像。摄像机安装高度为3m，距离主席台7m，要求摄像机能拍摄主席台全景4m高画面，也能对嘉宾拍摄高度为0.5m个人特写镜头，已知摄像机像场高20mm。请计算摄像机要满足上述需求至少需要几倍变焦？ ( )

(A)8 倍 (B)11.4 倍

(C)35 倍 (D)280 倍

解答过程：

题 31～35：某小型轧机传动电机型号为 Z560-4B，额定功率 800kW，额定电压 660V，额定转速 410rpm，最高转速 1100rpm，极对数 $p=3$，电枢电流 1305A，电枢电阻 0.028Ω，电机过载倍数 2.5 倍，效率 91.9%。Z 系列电动机有补偿；整流变压器 Y/Y，$U_d\%=5$，整流桥为三相桥式反并联接线，$\alpha_{zx}=30°$，设均衡电流为额定电流的 5%，交流电源为三相 10kV，电网波动系数 $\beta=0.95$，控制方式为速度反馈可逆系统。请回答下列问题：

31. 整流变压器计算容量应为下列哪项数值？（　　）

(A)1217.08kVA　　(B)1275.04kVA

(C)1329.52kVA　　(D)1338.79kVA

解答过程：

32. 若整流变压器次级相电压 $U_2=410V$，电机允许的电流脉动率 $V_d=5\%$，此时按限制电流脉动选择电抗器，计算的电抗器电感应为下列哪项数值？（　　）

(A)4.60mH　　(B)5.65mH

(C)5.77mH　　(D)5.83mH

解答过程：

33. 若整流变压器次级相电压 $U_2=410V$，取最小工作电流 $I_{min}=5\%I_{nd}$（I_{nd}为变流器的额定电流），此时按电流连续选择电抗器，计算的电抗器电感应为下列哪项数值？

（　　）

(A)2.68mH　　(B)3.74mH

(C)3.86mH　　(D)3.92mH

解答过程：

34. 若整流变压器次级相电压 $U_2=410\text{V}$，取最小工作电流 $I_{jh}=5\% I_{nd}$（I_{nd}为变流器的额定电流），此时按限制均衡电流选择电抗器，计算的电抗器电感应为下列哪项数值？（　　）

(A)9.37mH　　(B)17.36mH

(C)17.48mH　　(D)17.54mH

解答过程：

35. 若整流变压器次级相电压 $U_2=410\text{V}$，交流侧相电流 $I_2=1050\text{A}$，计算系数 K_j 取50，计算交流侧进线电抗器电感应为下列哪项数值？（　　）

(A)0.05mH　　(B)0.06mH

(C)0.07mH　　(D)0.10mH

解答过程：

题36～40：某10kV变电所变压器高压侧采用通用负荷开关-熔断器组合电器保护，低压侧线路和用电设备采用断路器或熔断器保护，供电系统如图所示，请解答下列问题。

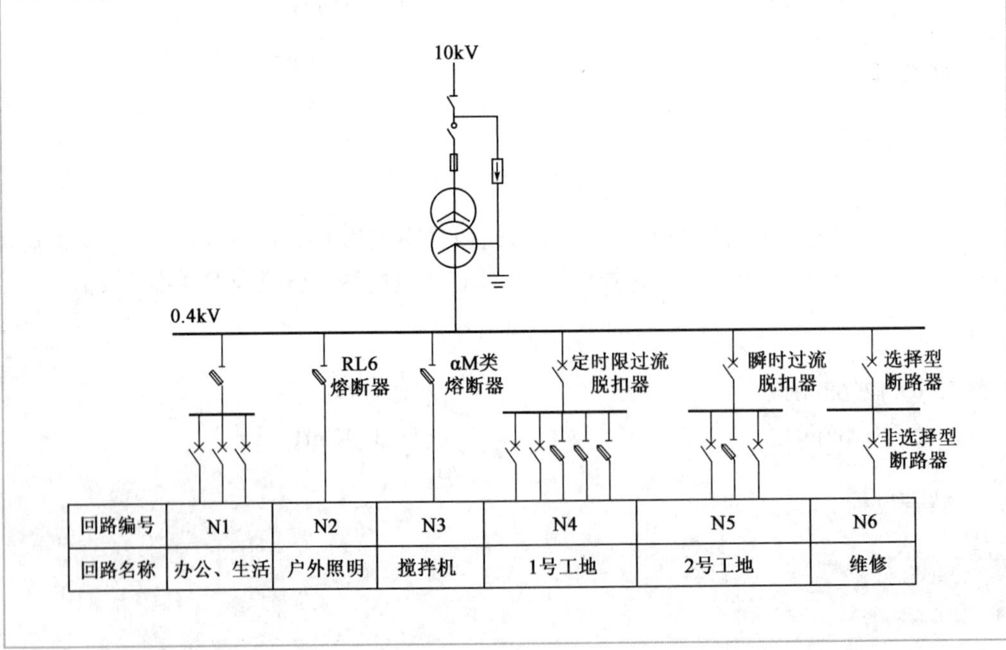

回路编号	N1	N2	N3	N4	N5	N6
回路名称	办公、生活	户外照明	搅拌机	1号工地	2号工地	维修

36. 请判断下列对通用负荷开关的要求哪一项是错误的？并说明理由和依据。 （ ）

（A）当负荷开关与熔断器组合使用时，负荷开关应能关合组合电器中熔断器的最大截止电流

（B）负荷开关应能开断1250kVA及以下的配电变压器的空载电流

（C）负荷开关应能开断不大于10A的电缆电容电流

（D）选择负荷开关时，也要校验其开断能力，负荷开关的额定开断电流应不小于所在回路的最大三相对称短路电流初始值I''

解答过程：

37. 已知低压侧N1配电回路采用熔断器保护，回路计算电流为200A，最大的电动机的额定电流为50A，除去最大的电动机以外的回路计算电流为160A，请计算熔断器熔体的额定电流（计算值）最接近下列哪个数值？（假设熔断器的保护特性与断路器定时限过电流脱扣器相似，可靠系数$K_r=1$） （ ）

（A）210A （B）231A

（C）252A （D）273A

解答过程：

38. 已知低压侧户外照明回路N2采用RL6熔断器保护，负荷均为金属卤化物灯，该回路的计算电流为40A，请计算熔断器熔体的额定电流最接近下列哪个数值？ （ ）

（A）40A （B）48A

（C）60A （D）68A

解答过程：

39. 已知低压侧混凝土搅拌机回路N3的电机短路和接地故障采用aM类熔断器保护（部分范围分断），且电动机的额定电流为50A、、启动电流为350A，请计算熔体额定电流最小应选择下列哪项数值？ （ ）

(A)50A　　(B)63A
(C)80A　　(D)100A

解答过程：

40. 已知低压侧 N6 配电回路上下两级分别采用选择型和非选择型断路器保护，夏季断路器长延时脱扣器电流整定值为 100A，瞬时脱扣器电流整定值为 1000A，上级断路器长延时脱扣器电流整定值为 300A，请确定上级断路器短延时脱扣器电流整定值的计算结果最接近下列哪项数值？（　　）

(A)1000A　　(B)1300A
(C)1600A　　(D)2000A

解答过程：

2016年案例分析试题答案(下午卷)

题1~5答案:**CCBBC**

1.《建筑照明设计标准》(GB 50034—2013) 第2.0.54条。

第2.0.54条:表示房间或场所几何形状的数值,其数值为2倍的房间或场所面积与该房间或场所水平面周长及灯具安装高度与工作面高度的差之商。

房间面积:$S = LW + \pi R^2 = 36 \times 18 + \pi \times 9^2 = 902.34\text{m}^2$

房间周长:$L = 36 \times 2 + 2\pi \times 9 = 128.55\text{m}$

室形指数:$RI = \dfrac{2S}{(H-h)L} = \dfrac{2 \times 902.47}{(14.75 - 0.75) \times 128.55} = 1.003$

注:也可参考《照明设计手册》(第三版)P146"室形指数与室空间比的关系",其中 $RCR = 2.5 \times$ 墙面积/地面积,则室形指数:$RI = \dfrac{5}{RCR} = \dfrac{2S}{h_r \times L}$。

2.《照明设计手册》(第三版)P7式(1-9)、P148式(5-48)。

室形指数:$RI = \dfrac{2S}{(H-h)L} = \dfrac{2 \times 902.47}{(12 - 0.75) \times 128.55} = 1.248 \approx 1.25$,则利用系数 $K = 0.54$。

灯具个数:$N = \dfrac{E_{av}A}{\Phi UK} = \dfrac{300 \times 902.47}{36000 \times 0.7 \times 0.54} = 19.89$,取20盏。

注:对比P224的式5-66的投光灯照度计算公式,投光灯计算平均照度时需考虑灯具效率。

3.《照明设计手册》(第三版)P118式(5-2)及图5-2,P132式(5-28)。

光源距P点的水平距离:$D = \sqrt{5.4^2 + 3^2} = 6.18\text{m}$

光源距P点的直线距离:$R = \sqrt{6.18^2 + 12^2} = 13.5\text{m}$

光源入射与法线夹角:$\theta = \arccos \dfrac{h}{R} = \arccos \dfrac{12}{13.5} = 27.3°$,则光源光强为 $I_\theta = 283.6\text{cd}$

一个光源的水平面照度:$E_h = \dfrac{I_\theta}{R^2}\cos\theta = \dfrac{283.6}{13.5^2} \times \cos 27.3° = 1.38\text{lx}$

P点的综合水平面照度:$E_{hp} = \dfrac{\Phi \Sigma \varepsilon K}{1000} = \dfrac{36000 \times (4 \times 1.38) \times 0.7}{1000} = 139.1\text{lx}$

注:题干条件为"灯具出口面到工作面的高度为12m",不要误减0.75m。

4.《照明设计手册》(第三版)P147式(5-47)。

墙的总面积:$A_w = 2 \times (9 + 7.2) \times 3.6 = 116.64\text{m}^2$

墙面平均反射比：$\rho_{wav}=\frac{\rho_w(A_w-A_g)+\rho_g A_g}{A_w}=\frac{0.3(1-0.2)A_w+0.09\times0.2A_w}{A_w}=0.258=25.8\%$

5.《照明设计手册》(第三版)P160 式(5-66)。

投光灯灯具数量：$N=\frac{E_{av}A}{\Phi\eta UK}=\frac{15\times6000}{36000\times0.637\times0.7\times0.7}=8$ 盏

注：投光灯计算平均照度时需考虑灯具效率。

题 6~10 答案：**CBBAC**

6.《3~110kV 高压配电装置设计规范》(GB 50060—2008) 第 2.0.5 条~第 2.0.7 条。

第 2.0.5 条：66~110kV 敞开式配电装置，母线避雷器和电压互感器宜合用一组隔离开关。

第 2.0.6 条及条文说明：66~110kV 敞开式配电装置，断路器两侧隔离开关的断路器侧、线路隔离开关的线路侧，宜配置接地开关。(条文说明：断路器两侧的隔离开关的断路器侧、线路隔离开关的线路侧以及变压器进线隔离开关的变压器侧应配置接地开关)

第 2.0.7 条：66~110kV 敞开式配电装置，每段母线上应配置接地开关。

变电站系统图中错误分析如下：

a. 110kV 电源一进线隔离开关的线路侧，未设置接地开关。

b. 主变压器进线隔离开关的变压器侧，未设置接地开关。

c. 110kVⅡ母线未设置接地开关。

7.《3~110kV 高压配电装置设计规范》(GB 50060—2008) 第 5.5.3 条、第 5.5.5 条。

第 5.5.3 条：当不能满足上述要求时，应设置能容纳 100% 油量的贮油或挡油设施。贮油和挡油设施应大于设备外廓每边各 1000m，四周应高出地面 100mm。贮油设施内应铺设卵石层、卵石层厚度不应小于 250mm，卵石直径为 50~80mm。

错误一：图中贮油池一侧仅大于设备外廓 900mm。

第 5.5.5 条：油量为 2500kg 及以上的屋外油浸变压器之间的防火间距不能满足表 5.5.4 的要求时，应设置防火墙。防火墙的耐火极限不宜小于 4h。防火墙的高度应高于变压器油枕，其长度应大于变压器贮油池两侧各 1000mm。

错误二：图中防火墙仅大于贮油池一侧 500mm。

8.《3~110kV 高压配电装置设计规范》(GB 50060—2008) 第 5.4.4 条中表 5.4.4 注 4、第 7.1.1 条。

表 5.4.4 之注 4：当采用 35kV 开关柜时，柜背通道不宜小于 1000mm。

错误一：图中 35kV 开关柜后的维护通道仅为 800mm。

第 7.1.1 条：长度大于 7m 的配电装置室，应设置 2 个出口。

错误二：图中 35kV 配电室仅有一个出口。

《20kV及以下变电所设计规范》(GB 50053—2013) 第4.2.6条、第6.2.2条。

第4.2.6条:配电装置的长度大于6m时,其柜(屏)后通道应设两个出口,当低压配电装置两个出口间的距离超过15m时应增加出口。

错误三:图中10kV配电柜长度为17m,但其柜后未增加出口。

第6.2.2条:变压器室、配电室、电容器室的门应向外开启。

错误四:图中10kV配电室左侧门向内开启。

9.《3~110kV高压配电装置设计规范》(GB 50060—2008) 第5.1.2条、第5.5.3条、第7.1.11条。

由图5.1.2-3可知,$L_1 \geqslant 2500\text{mm}$;第5.5.3条:贮油和挡油设施应大于设备外廓每边各1000mm,四周应高出地面100mm,则$L_2 = 100\text{mm}$。第7.1.11条:建筑物与户外油浸式变压器外廓间距不宜小于10000mm,则$L_3 = 10000\text{mm}$。

10.《3~110kV高压配电装置设计规范》(GB 50060—2008) 第5.5.3条。

第5.5.3条:当设置有油水分离措施的总事故贮油池时,贮油池容量宜按最大一个油箱容量的60%确定。

即:$13.5 \times 60\% = 8.1\text{t}$

题11~15答案:**CCABB**

11.《交流电气装置的过电压保护和绝缘配合设计规范》(GB/T 50064—2014) 第5.2.1条、第5.4.11条。由第5.4.11-2条,独立避雷针的接地装置与发电厂或变电站接地网间的地中距离为$S_e \geqslant 0.3R_i = 0.3 \times 8 = 2.4\Omega$。

针对A点的保护半径为:$r_x = \sqrt{5^2 + (5+3+2.4+3)^2} = 14.3\text{m}$

由第5.2.1条(假设$h_x < 0.5h$):$r_x = (1.5h - 2h_x)P = (1.5h - 2 \times 3) \times 1 = 1.5h - 6 = 14.3$,则

$h = 13.53\text{m}$,验算$h_x = 3\text{m} < 0.5h = 6.76$,满足要求。

注:此题不严谨,由第5.4.11-5条:S_e不宜小于3m。因此取$S_e = 2.4\text{m}$实际不符合规范要求,但若按3.2m进行计算时,避雷针高度为14m,也无对应答案。

12.《建筑物防雷设计规范》(GB 50057—2010) 附录C第C.0.3-1条,《交流电气装置的接地设计规范》(GB/T 50065—2011) 式(A.0.2)。

接地体的有效长度:$l_e = 2\sqrt{\rho} = 2 \times \sqrt{500} = 44.72\text{m}$,则$l/l_e = 19 \div 44.72 = 0.425$,则:

换算系数A宜取值1.4,接地体的冲击接地电阻为$R_i = \dfrac{R}{A} = \dfrac{R}{1.4}$

13.《建筑物防雷设计规范》(GB 50057—2010) 第3.0.4-3条、第4.4.7-2条和附录A"建筑物年预计雷击次数"。

建筑物每边的扩大宽度:$D = \sqrt{H(200-H)} = \sqrt{16 \times (200-16)} = 54.26\text{m}$

相同雷击次数的等效面积:

$A_e=[LW+2(L+W)\sqrt{H(200-H)}+\pi H(200-H)]\times10^{-6}=0.018$

建筑物年预计雷击次数：$N=k(0.1T_d)A_e=1.5\times0.1\times75\times0.018=0.2025$

由第3.0.4-3条可知，该综合办公楼建筑为第三类防雷建筑物，再根据第4.4.7-2条。

每一保护模式的冲击电流值：$I_{imp}=\dfrac{0.5I}{nm}=\dfrac{0.5\times200}{4\times4}=6.25\text{kA}$，YJV电缆无屏蔽措施。

14.《建筑物防雷设计规范》(GB 50057—2010)第5.4.6条及条文说明。

500Ω·m土壤的接地有效长度：$l_e=2\sqrt{500}=44.72\text{m}$

1000Ω·m土壤的接地有效长度：$l_1=(l_e-5)\sqrt{\dfrac{1000}{500}}=(44.72-5)\times\sqrt{2}=56.17\text{m}$

接地体的总有效长度：$l_2=56.17+5=61.17\text{m}$

15.《建筑物防雷设计规范》(GB 50057—2010)第6.3.2条、附录F、附录G。

由表6.3.2-1，可知格栅形大空间屏蔽的屏蔽系数：

$$SF=20\log\frac{8.5/\omega}{\sqrt{1+18\times10^{-6}/r^2}}=\frac{8.5\div2}{\sqrt{1+18\times10^{-6}/(0.016/2)^2}}=11.49\text{dB}$$

由式6.3.2-1，无屏蔽时产生的无衰减磁场强度：

$H_0=i_s/2\pi s_a=150000\div(2\pi\times100)=238.73\text{A/m}$

当建筑物有屏蔽时，在格栅形大空间屏蔽内，即在LPZ1区内的磁场强度：

$H_1=H_0/10^{SF/20}=238.73\div10^{11.49/20}=63.59\text{A/m}$

格栅形屏蔽建筑物附近遭雷击时，在LP21区内环路的感应电压和电流在LPZ1区，其开路最大感应电压：

$$U_{oc/max}=\frac{\mu_0\cdot b\cdot l\cdot H_{1/max}}{T_1}=\frac{4\pi\times10^{-7}\times0.5\times1\times63.59}{10\times10^{-6}}=3.993\text{V}$$

题16~20答案：**CBBCX**

16.《钢铁企业电力设计手册》(上册)P1057表21-23。

自重力比载：$\gamma_1=\dfrac{9.8P_1}{A}=\dfrac{9.8\times0.9643}{277.75}=34.024\times10^{-3}\text{N/(m}\cdot\text{mm}^2)$

冰重力比载：

$$\gamma_2=\frac{9.8\times0.9\pi\delta(\delta+b)\times10^{-3}}{A}=\frac{9.8\times0.9\pi\times5(5+21.66)\times10^{-3}}{277.75}$$

$$=13.298\times10^{-3}\text{N/(m}\cdot\text{mm}^2)$$

自重加冰重比载：$\gamma_3=\gamma_1+\gamma_2=(34.024+13.298)\times10^{-3}=47.32\times10^{-3}\text{N/(m}\cdot\text{mm}^2)$

注：也可参考《电力工程高压送电线路设计手册》(第二版)P179表3-2-3“电线单位荷载及比载计算表”。

17.《钢铁企业电力设计手册》(上册)P1064 式(21-14)。

杆塔两侧的高差角:

$$\beta_1 = \arctan\left(\frac{h_1}{l_1}\right) = \arctan\left(\frac{35}{150}\right) = 13.134°$$

$$\beta_2 = \arctan\left(\frac{h_2}{l_2}\right) = \arctan\left(\frac{40}{180}\right) = 12.53°$$

高差较大而又需要准确计算杆塔水平荷载时,水平档距为:

$$l_h = \frac{1}{2}\left(\frac{l_1}{\cos\beta_1} + \frac{l_2}{\cos\beta_2}\right) = \frac{1}{2}\left(\frac{150}{\cos 13.134°} + \frac{180}{\cos 12.53°}\right) = 165\text{m}$$

注:也可参考《电力工程高压送电线路设计手册》(第二版)P183 式(3-3-10)。

18.《钢铁企业电力设计手册》(上册)P1064 式(21-15)。

$$l_v = \left(\frac{l_1}{2} + \frac{\sigma_1 h_1}{\gamma_v l_1}\right) + \left(\frac{l_2}{2} + \frac{\sigma_2 h_2}{\gamma_v l_2}\right) = \left(\frac{160}{2} + \frac{78.24 \times 10}{35.46 \times 10^{-3} \times 160}\right) + \left[\frac{190}{2} + \frac{83.85 \times (-6)}{35.46 \times 10^{-3} \times 190}\right] = 238.23\text{m}$$

注:也可参考《电力工程高压送电线路设计手册》(第二版)P183 式(3-3-11)。

19.《钢铁企业电力设计手册》(上册)P1058 式(21-11)。

$$l_r = \sqrt{\frac{\Sigma l^3}{\Sigma l}} = \sqrt{\frac{120^3 + 138^3 + 150^3 + 160^3 + 180^3 + 140^3}{120 + 138 + 150 + 160 + 180 + 140}} = 151.58\text{m}$$

注:也可参考《电力工程高压送电线路设计手册》(第二版)P182 式(3-3-4)。

20.《电力工程高压送电线路设计手册》(第二版)P230(式 3-6-15)。

电线振动波长:$\frac{\lambda}{2} = \frac{d}{400\nu}\sqrt{\frac{T}{m}} = \frac{21.66}{400 \times 4}\sqrt{\frac{71.25 \times 10^3}{964.3 \times 10^{-3}}} = 3.68\text{m}$

防振锤安装距离:$b = 0.9 \sim 0.95\left(\frac{\lambda_m}{2}\right) = (0.9 \sim 0.95) \times 3.68 = 3.312 \sim 3.496\text{m}$,无对应答案。

注:自 2016 年 9 月《电力工程高压送电线路设计手册》(第二版)纳入供配电专业考试参考书。对比可知,《钢铁企业电力设计手册》上册 P1070 式(21-19)中有两处瑕疵:电线单位长度的质量应为 kg/m,而不是 N/m;T 为电线平均张力,垂直于电线的风速应取振动风速的上限值,而不是最大风速。以下计算方式的结果接近答案 B。

电线振动波长:$\frac{\lambda}{2} = \frac{d}{400\nu}\sqrt{\frac{T}{m}} = \frac{21.66}{400 \times 30}\sqrt{\frac{71.25 \times 10^3}{964.3 \times 10^{-3}}} = 0.49\text{m}$

防振锤安装距离:$b = 0.9 \sim 0.95\left(\frac{\lambda_m}{2}\right) = (0.9 \sim 0.95) \times 0.49 = 0.4416 \sim 0.4661\text{m}$

题 21 ~ 25 答案:**CBCCC**

21.《工业及民用配电设计手册》(第三版) P156 式(4-50)及 P158 表 4-25。

L_1 的相保阻抗值: $Z_{php \cdot L1} = 30 \times \sqrt{2.397^2 + 0.191^2} = 72.14\text{m}\Omega$

注:VV 电缆为铜芯导体聚乙烯绝缘聚乙烯护套电力电缆。

22.《工业及民用配电设计手册》(第三版) P154 ~ P155 式(4-47)和表 4-23,及 P162 式(4-54)。

归算到变压器低压侧的高压系统阻抗: $Z_s = \frac{(cU_n)^2}{S''_s} \times 10^3 = \frac{(1.05 \times 0.38)^2}{75} \times 10^3 = 2.123\text{m}\Omega$

$X_s = 0.995 \times 2.123 = 2.112\text{m}\Omega$, $R_s = 0.1X_s = 0.1 \times 2.112 = 0.2112\text{m}\Omega$

由表 4-23 查得 SCB9-2000 的变压器阻抗为: $X_T = 4.77\text{m}\Omega$, $R_T = 0.53\text{m}\Omega$

短路电路总阻抗:

$Z_k = \sqrt{(R_s + R_T)^2 + (X_s + X_T)^2} = \sqrt{(0.2112 + 0.53)^2 + (2.112 + 4.77)^2} = 6.922\text{m}\Omega$

低压网络三相短路电流有效值: $I_k'' = \frac{cU_n/\sqrt{3}}{Z_k} = \frac{1.05 \times 380/\sqrt{3}}{6.922} = 33.28\text{kA}$

注:也可参考《工业与民用供配电设计手册》(第四版) P177 表 4.1-1,P229 式(4.3-1),及 P304 式(4.6-41)。但 SCB9 系列变压器参数已替换为 SCB11。

23.《工业及民用配电设计手册》(第三版) P154 ~ P155 表 4-21 之注 3 和表 4-23,及 P163 式(4-55)。

归算到变压器低压侧的高压系统的相保阻抗:

$X_{php \cdot s} = \frac{2X_s}{3} = \frac{2 \times 2.112}{3} = 1.408\text{m}\Omega$, $R_{php \cdot s} = \frac{2R_s}{3} = \frac{2 \times 0.21}{3} = 0.14\text{m}\Omega$

由表 4-23 查得 SCB9-2000 的变压器相保阻抗为: $X_{php \cdot T} = 4.77\text{m}\Omega$, $R_{php \cdot T} = 0.53\text{m}\Omega$

短路电路总相保阻抗:

$Z_{php \cdot k} = \sqrt{(R_{php \cdot s} + R_{php \cdot T})^2 + (X_{php \cdot s} + X_{php \cdot T})^2} = \sqrt{(0.14 + 0.53)^2 + (1.408 + 4.77)^2} = 6.214\text{m}\Omega$

低压母线单相短路电流有效值: $I''_k = \frac{220}{Z_{php \cdot k}} = \frac{220}{6.214} = 35.40\text{kA}$

注:也可参考《工业与民用供配电设计手册》(第四版) P304 表 4.6-11 之注 3,及 P163 式(4-55)。但 SCB9 系列变压器参数已替换为 SCB11。

24.《低压配电设计规范》(GB 50054—2011) 第 3.1.2 条。

第 3.1.2 条:验算电器在短路条件下的接通能力和分断能力应采用接通或分断时安装处预期短路电流,当短路点附近所接电动机额定电流之和超过短路电流的 1% 时,应计入电动机反馈电流的影响。

由题干接线图可知，k_2 点较 k_1 点多连接一段30m的电力电缆，因此 k_1 点短路电流应大于 k_2 点短路电流，k_2 点短路电流的1%：$I_{K2}=0.01\times24.5kA=245A$。

k_2 点电动机电流：$I_{m2}=90A<245A$

k_1 点电动机电流：$I_{m1}=90+60=150A<245A<1\%I_{k1}$

因此，均不考虑电动机反馈电流的影响。

25.《工业与民用供配电设计手册》(第四版)P986式(11.3-5)、式(11.3-6)。

电动机保护的低压断路器，定时限过电流脱扣器整定值，应躲过短时间出现的负荷尖峰电流，即：

$I_{set2}\geqslant K_{rel2}[I_{stM1}+I_{c(n-1)}]=1.2\times[6\times60+(410-60)]=852A$

电动机保护的低压断路器，瞬时过电流脱扣器整定值，应躲过短时间出现的尖峰电流，即：

$I_{set3}\geqslant K_{rel3}[I_{stM1}'+I_{c(n-1)}]=1.2\times[2\times6\times60+(410-60)]=1284A$

注：也可参考《工业及民用配电设计手册》(第三版)P631式(11-15)，P636式(11-16)。

题26~30答案：**BABBA**

26.《红外线同声传译系统工程技术规范》(GB 50524—2010)第3.3.2-9条及条文说明。

两个红外辐射单元到红外发射主机的连接线缆总长度差允许的最大值：

$$L_{\Delta}=\frac{1}{4ft}=\frac{1}{4\times(5\times10^{6})\times(5.6\times10^{-9})}=8.93m$$

第二个红外辐射单元的同轴电缆长度允许范围：$L_2=L_1\pm8.93=25\pm8.93=16.07\sim33.93m$，取30m。

27.《火灾自动报警系统设计规范》(GB50116—2013)第6.2.2条。

感烟探测器个数：$N=\frac{S}{KA}=\frac{30\times20}{(0.7\sim0.8)\times80}=9.37\sim10.71$ 个，取10个。

28.《公共广播系统工程技术规范》(GB 50526—2010)第3.5.5条及条文说明。

传输线路的截面积：$S=\frac{2\rho LP}{U^2(10^{r/20}-1)}=\frac{2\times1.75\times10^{-8}\times0.65\times30\times5}{100^2\times(10^{2/20}-1)}=1.32mm^2$

29.《建筑物防雷设计规范》(GB 50057—2010)附录A"建筑物年预计雷击次数"。

主楼高度300m，则相同雷击次数的等效面积：

$A_e=[LW+2H(L+W)+\pi H^2]\times10^{-6}=[81\times45+2\times300\times(81+45)+\pi300^2]\times10^{-6}=0.362km^2$ 建筑物年预计雷击次数：$N=k(0.1T_d)A_e=1.5\times0.1\times34\times0.362=1.23$ 次/a。

30.《视频安防监控系统工程设计规范》(GB 50395—2007)式6.0.2。

全景焦距：$f_1 = \frac{AL}{H_1} = \frac{20 \times 7}{4} = 35\text{mm}$

特写焦距：$f_2 = \frac{AL}{H_2} = \frac{20 \times 7}{0.5} = 280\text{mm}$

变焦倍数：$k = \frac{f_1}{f_2} = \frac{280}{35} = 8$ 倍

题 31 ~35 答案：**DCCCB**

31.《钢铁企业电力设计手册》下册 P401 ~ P402 式(26-45)式(26-49)。

由于题干缺少直流电机功率因数，因此额定电流近似取电机电枢电流：$I_{ed} = 1305\text{A}$（仅并励时忽略励磁回路电流）。

均衡电流为额定电流的 5%：$I_{jh} = 0.05I_{ed} = 0.05 \times 1305 = 65.25\text{A}$

正常工作时变流器的额定电流：$I_{de} = I_{ed} + I_{jh} = 1305 + 65.25 = 1370.25\text{A}$

电机过载时变流器最大电流：$I_{dm} = 2.5I_{ed} + I_{jh} = 2.5 \times 1305 + 65.95 = 3328.45\text{A}$

查表 26-18，计算因子，$A = 2.34$，$C = 0.5$，$K_2 = 0.816$ 其他参数 $\alpha_{zx} = 30°$，$\cos\alpha_{zx} = 0.866$，$r = \frac{I_{ed} \cdot r_{ed}}{U_{ed}} = \frac{1305 \times 0.028}{660} = 0.055$

整流变压器二次相电压有效值：

$$U_2 = \frac{U_{ed}\left[1 + r\left(\frac{I_{maxd}}{I_{ed}} - 1\right)\right]}{A\beta\left(\cos\alpha_{zx} - C\frac{U_d\%}{100} \cdot \frac{I_{maxd}}{I_{eb}}\right)} = \frac{660 \times [1 + 0.055(2.5 - 1)]}{2.34 \times 0.95\left(0.866 - 0.5 \times \frac{5}{100} \times \frac{3328.45}{1370.25}\right)} = 399.10\text{V}$$

整流变压器二次相电压有效值：$I_2 = K_2 \times I_{de} = 0.816 \times 1370.25 = 1118.124\text{A}$

整流变压器二次视在功率：$S_{b2} = 3U_2I_2 = 3 \times 399.10 \times 1118.124 \times 10^{-3} = 1338.73\text{kVA}$

查表 26-18，由于三相桥式 Y/y 的 $S_{b1} = S_{b2}$，因此 $S_b = \frac{1}{2}(S_{b1} + S_{b2}) = S_{b2} = 1338.73\text{kVA}$

注：也可参考 P403 ~ P404“26.3.7 整流变压器计算示例”。

32.《钢铁企业电力设计手册》下册 P404 ~ P406 式(26-50)、式(26-51)、式(26-55)。

电动机电枢回路电感：$L_d = K_d\frac{19.1U_{ed}}{2Pn_{ed}I_{ed}} \times 10^3 = 0.1 \times \frac{19.1 \times 660}{2 \times 3 \times 410 \times 1305} \times 10^3 = 0.3927\text{mH}$

整流器变压器电感：$L_b = K_b\frac{U_d\%}{100} \cdot \frac{U_2}{I_{de}} = 4.04 \times 5\% \times \frac{396.33}{1370.25} = 0.058\text{mH}$

对三相桥式电路，在计算时要考虑到同时有两相串联导电，故变压器的电感值应取计算值的 2 倍，即 $L'_b = 2L_b = 2 \times 0.058 = 0.116\text{mH}$；查表 26-19 电抗器计算系数，可知 $K'_{md} = 1.05$，则

限制电流脉动外加电抗的电感值：

$$L_{dk1}=K'_{md}\frac{U_2}{V_d\cdot I_{ed}}-(L_d+L'_b)=1.05\times\frac{410}{0.05\times1370.25}-(0.3927+0.116)=$$

5.775mH

33.《钢铁企业电力设计手册》下册 P404 ~ P406 式(26-50)、式(26-51)、式(26-59)。

电动机电枢回路电感：$L_d=K_d\frac{19.1U_{ed}}{2Pn_{ed}I_{ed}}\times10^3=0.1\times\frac{19.1\times660}{2\times3\times410\times1305}\times10^3=$

0.3927mH

整流器变压器电感：$L_b=K_b\frac{U_d\%}{100}\cdot\frac{U_2}{I_{de}}=4.04\times5\%\times\frac{396.33}{1370.25}=0.058\text{mH}$

对三相桥式电路，在计算时要考虑到同时有两相串联导电，故变压器的电感值应取计算值的 2 倍，即 $L'_b=2L_b=2\times0.058=0.116\text{mH}$；查表 26-19 电抗器计算系数，可知 $K'_{is}=0.695$，则

使电流连续外加电抗的电感值：

$$L_{dk2}=K'_{is}\frac{U_2}{I_{is}}-(L_d+L'_b)=0.695\times\frac{410}{0.05\times1305}-(0.3927+0.116)=$$

3.858mH

34.《钢铁企业电力设计手册》(下册) P404 ~ P407 式(26-50)、式(26-51)、式(26-63)。

电动机电枢回路电感：$L_d=K_d\frac{19.1U_{ed}}{2Pn_{ed}I_{ed}}\times10^3=0.1\times\frac{19.1\times660}{2\times3\times410\times1305}\times10^3=$

0.3927mH

整流器变压器电感：$L_b=K_b\frac{U_d\%}{100}\cdot\frac{U_2}{I_{de}}=4.04\times5\%\times\frac{396.33}{1370.25}=0.058\text{mH}$

对三相桥式电路，在计算时要考虑到同时有两相串联导电，故变压器的电感值应取计算值的 2 倍，即 $L'_b=2L_b=2\times0.058=0.116\text{mH}$；查表 26-19 电抗器计算系数及注 1，可知 $K'_{jh}=2.8$，则

限制均衡电流外加电抗的电感值：

$$L_{dk3}=K'_{is}\frac{U_2}{I_{jh}}-L'_b=2.8\times\frac{410}{0.05\times1305}-0.116=17.477\text{mH}$$

35.《钢铁企业电力设计手册》(下册) P409、式(26-63)。

交流侧进线电抗器电感：$L_j=K_j\frac{U_2}{\omega I_2}=50\times\frac{410}{314\times1050}=0.062\text{mH}$

题 36 ~ 40 答案：**DACBB**

36.《导体和电器选择设计技术规定》(DL/T 5222—2005) 第 10.2.1 条 ~ 第 10.2.4 条。

37.《工业与民用供配电设计手册》(第四版) P986 式(11.3-5)、式(11.3-6)。

电动机线路熔断器熔体的额定电流：$I_r\geq K_r[I_{rM1}+I_{C(n-1)}]=1\times(50+160)=$

210A

注：原题参考《工业与民用配电设计手册》(第三版)P623 式(11-9)、表 11-35。

38.《照明设计手册》(第三版)P94 式(4-3)及表 4-4。

照明线路熔断器熔体的额定电流：$I_r \geq K_m I_C = 1.5 \times 40 = 60A$

其中照明回路负荷为金属卤化物灯，查表 4-4 可知 $K_m = 1.5$

注：《工业与民用配电设计手册》(第三版)P623 式(11-10)、表 11-35。

39.《工业与民用供配电设计手册》(第四版)P1086"aM 熔断器的熔断体选择条件"。

(1)熔断体额定电流大于电动机的额定电流。

(2)电动机的启动电流不超过熔断体额定电流的 6.3 倍。

综合两个条件，熔断体额定电流可取电动机额定电流的 1.1 倍左右。

则：$I_r \geq 1.1 I_M = 1.1 \times 50 = 55A$，取 63A。

注：也可参考《工业与民用配电设计手册》(第三版)P666"aM 熔断器的熔断体选择条件"。

40.《工业与民用供配电设计手册》(第四版) P1022 式(11.9-1)。

上级断路器短延时脱扣器电流整定值：$I_{set2 \cdot A} \geq 1.3 I_{set3 \cdot B} = 1.3 \times 1000 = 1300A$

注：原题参考《工业与民用配电设计手册》(第三版)P650 式 11-21，原可靠系数为 1.2。

2017 年

注册电气工程师(供配电)执业资格考试

专业考试试题及答案

2017 年专业知识试题(上午卷)/768
2017 年专业知识试题答案(上午卷)/781

2017 年专业知识试题(下午卷)/788
2017 年专业知识试题答案(下午卷)/800

2017 年案例分析试题(上午卷)/806
2017 年案例分析试题答案(上午卷)/819

2017 年案例分析试题(下午卷)/829
2017 年案例分析试题答案(下午卷)/844

2017年专业知识试题(上午卷)

一、单项选择题(共40题,每题1分,每题的备选项中只有1个最符合题意)

1. 某工业厂房,长60m,宽30m,灯具距作业面高度为8m,宜选用下列哪项灯具? ( )

(A)宽配光灯具　　(B)中配光灯具

(C)窄配光灯具　　(D)特窄配光灯具

2. 校核电缆短路热稳定时,下列哪项描述不符合规程规范的规定? ( )

(A)短路计算时,系统接线应采用正常运行方式,且按工程建成后5~10年发展规划

(B)短路点应选取在电缆回路最大短路电流可能发生处

(C)短路电流的作用时间,应取主保护动作时间与断路器开断时间之和

(D)短路电流的作用时间,对于直馈电动机应取主保护动作时间和断路器开断时间之和

3. 35kV不接地系统,发生单相接地故障后,当无法迅速切除故障时,变电站接地装置的跨步电位差不应大于下面哪项数值?(已知地表层电阻率为40Ω·m,表层衰减系数为0.8) ( )

(A)51.6V　　(B)56.4V

(C)65.3V　　(D)70.1V

4. 某110kV变电所,当地海拔高度为850m,采用无间隙金属氧化物避雷器作为110kV不接地系统各相工频过电压的限制措施,一般条件下避雷器的额定电压应不大于下列哪项数值? ( )

(A)82.5kV　　(B)94.5kV

(C)151.8kV　　(D)174.0kV

5. 中性点经消弧线圈接地的电网,当采用欠补偿方式时,下列哪项描述是正确的? ( )

(A)脱谐度小于零

(B)电网的电容电流大于消弧线圈的电感电流

(C)电网为容性

(D)电网为感性

6. 系统额定电压为660V的IT供电系统中选用的绝缘监测电器，其相地绝缘电阻的整定值应低于下列哪项数值？（　　）

(A)0.1MΩ　　(B)0.5MΩ

(C)1.0MΩ　　(D)1.5MΩ

7. 需要保护和控制雷电电磁脉冲环境的建筑物应划分为不同的雷电防护区，关于雷电防护区的划分，下列哪项描述是错误的？（　　）

(A)LPZ0A区：受直接雷击和全部雷击电磁场威胁的区域。该区域的内部系统可能受到全部或部分雷电浪涌电流的影响

(B)LPZ0B区：直接雷击的防护区域，但该区域的威胁是部分雷电电磁场。该区域的内部系统可能受到部分雷电浪涌电流的影响

(C)LPZ1区：由于边界处分流和浪涌保护器的作用使浪涌电流受到限制的区域。该区域的空间屏蔽可以衰减雷电电磁场

(D)LPZ2～n后续防雷区：由于边界处分流和浪涌保护器的作用使浪涌电流受到进一步限制的区域。该区域的空间屏蔽可以进一步衰减雷电电磁场

8. 某变电所屋外配电装置高10m，拟采用2支35m高的避雷针防直击雷，则单支避雷针在地面上的保护半径为下列哪项数值？（　　）

(A)26.3m　　(B)35m

(C)48.8m　　(D)52.5m

9. 某周长100m的二类防雷建筑物，利用基础内钢筋网作为接地体，采用网状接闪器和多根引下线，在周围地面以下距地面不小于0.5m处，每根引下线所连接的钢筋表面积总和不小于下列哪一项数值？（　　）

(A)0.25m^2　　(B)0.32m^2

(C)0.50m^2　　(D)0.82m^2

10. 某10kV变压器室，变压器的油量为300kg，有将事故油排至安全处的设施，则该变压器室的贮油设施的最小储油量为下列哪项数值？（　　）

(A)30kg　　(B)60kg

(C)180kg　　(D)300kg

11. 某10kV变压器室，变压器尺寸为2000mm×1500mm×2300mm(长×宽×高)，则该变压器室门的最小尺寸为下列哪项数值(宽×高)？（　　）

(A)1500mm×2800mm　　(B)1800mm×2800mm

(C)2300mm×2600mm　　(D)2300mm×2800mm

12. 下列电力装置或设备的哪个部分可不接地? ( )

(A)变压器的底座
(B)发电机出线柜
(C)10kV 开关柜外壳
(D)室内 DC36V 蓄电池支架

13. 某变电站采用直流电源成套装置,蓄电池组为阀控式密封铅酸蓄电池,下述容量配置中哪项不符合规定? ( )

(A)350Ah
(B)200Ah
(C)100Ah
(D)40Ah

14. 在电流型变频器中采用将几组具有不同输出相位的逆变器并联运行的多重化技术,以降低输出电流的谐波含量。三重输出直接并联的逆变器的 5 次谐波可能达到的最低谐波含量应为下列哪项数值? ( )

(A)3.83%
(B)4.28%
(C)4.54%
(D)5.36%

15. 下述哪个场所应选用聚氯乙烯外护层电缆? ( )

(A)人员密集的公共设施
(B) -15℃以下低温环境
(C)60℃以上高温场所
(D)放射线作用场所

16. 某车间环境对铝有严重腐蚀性,车间内电炉变压器二次侧母线电流为 30000A,该母线宜采用下述哪种材质? ( )

(A)铝
(B)铝合金
(C)铜
(D)钢

17. 闪点不小于 60℃的液体或可燃固体,其火灾危险性分类正确的是下列哪项? ( )

(A)乙类
(B)丙类
(C)丁类
(D)戊类

18. 从手到手流过 225mA 的电流与左手到双脚流过多少 mA 的电流有相同的心室纤维性颤动可能性? ( )

(A)70mA
(B)80mA
(C)90mA
(D)100mA

19. 下列关于对 TN 系统的描述,错误的是哪一项? ( )

(A)过电流保护器可用作 TN 系统的故障保护
(B)剩余电流保护器(RCD)可用作 TN 系统的故障保护

(C)剩余电流保护器(RCD)可应用于 TN-C 系统

(D)在 TN-C-S 系统中采用 RCD 时,在 RCD 的负荷侧不得再出现 PEN 线

20. 并联电容器装置的合闸涌流限制超过额定电流的多少倍时,应采取下列哪项措施予以限制? ( )

(A)20 倍,并联电抗器 (B)20 倍,串联电抗器

(C)10 倍,并联电抗器 (D)10 倍,串联电抗器

21. 某广场照明采用投光灯,安装 1000W 金属卤化物灯,投光灯中光源的光通量 $\Phi_1 = 200000\text{lm}$,灯具效率 $\eta = 0.69$,安装高度为 21m,被照面积为 10000m^2。当安装 8 盏投光灯,且有 4 盏投光灯的光通量全部入射到被照面上时,查得利用系数 $U = 0.7$,灯具维护系数 0.7,被照面上的水平平均照度值为下列哪项数值? ( )

(A)27.0lx (B)54.1lx

(C)77.3lx (D)112lx

22. 某变电所 10kV Ⅰ段母线接有两组整流设备,整流器接线均为三相全控桥式,已知 1 号整流设备 10kV 侧 5 次谐波电流值为 35A,2 号整流设备 10kV 侧 5 次谐波电流值为 25A,则该变电所 10kV Ⅰ段母线的 5 次谐波电流值应为下列哪项数值? ( )

(A)43A (B)49.8A

(C)54.5A (D)57.2A

23. 下列哪种措施对降低冲击性负荷引起的电网电压波动和电压闪变是无效的? ( )

(A)采用专线供电

(B)与对电压不敏感的其他负荷共用配电线路时,降低线路阻抗

(C)选择高一级电压或由专用变压器供电,将冲击负荷接入短路容量较大的电网中

(D)较大功率的冲击性负荷或冲击性群与对电压波动、闪变敏感的负荷由同一台变压器供电

24. 下列哪些措施可以限制变电站 6 ~ 10kV 线路的三相短路电流? ( )

(A)将分裂运行的变压器改为并列运行

(B)降低变压器的短路阻抗

(C)在变压器中性点加小电抗器

(D)在变压器回路串联限流电抗器

25. 安全防范系统设计中,要求系统的电源线、信号线经过不同防雷区界面处,宜安装电涌保护器;系统的重要设备应安装电涌保护器。电涌保护器接地端和防雷接地装

置应做等电位连接。等电位连接带应采用铜质线，按规范规定其截面不应小于下列哪项数值？ （ ）

(A) $10mm^2$ (B) $16mm^2$

(C) $25mm^2$ (D) $50mm^2$

26. 公共广播系统设计中，对于二级背景广播系统，其电声性能指标中的系统设备信噪比，下列哪项符合规范的规定？ （ ）

(A) ≥65dB (B) ≥55dB

(C) ≥50dB (D) ≥45dB

27. 某地下室平时车库，战时人防物资库，平时和战时通风、排水不合用，照明合用。用电负荷统计见下表，计算人防战时负荷总有功功率为下列哪项数值？ （ ）

序号	用电负荷名称	数量	有功功率	备注
1	车库送风机兼消防排烟补风机	1	11kW	单台有功功率
2	车库排风机兼消防排烟风机	1	15kW	单台有功功率
3	诱导风机	15	100W	单台有功功率
4	车库排水泵	2	5.5kW	单台有功功率
5	正常照明		12kW	总有功功率
6	应急照明		1.5kW	总有功功率
7	防火卷帘门	1	3kW	单台有功功率
8	物资库送风机	1	4kW	单台有功功率
9	电葫芦(战时安装)	1	1.5kW	单台有功功率
10	电动汽车充电桩	4	60kW	单台有功功率

(A) 19kW (B) 20.5kW

(C) 22kW (D) 30kW

28. 复励式440V、150kW起重用直流电动机，在工作制 $F_{CN}=25\%$ 时、额定电压及相应转速下，电动机允许的最大转矩倍数应为下列哪项数值？ （ ）

(A) 3.6 (B) 3.2

(C) 2.64 (D) 2.24

29. 某制冷站两台用电功率406kW的制冷机组，辅助设备总功率300kW。制冷机组Y/Δ启动，额定电流698A，Y接线时启动电流1089A，Δ接线时启动电流3400A，辅助设备计算负荷为80%设备总功率，设备功率因数均为0.8，假定所有设备逐台不同时启动运行，计算最大尖峰电流为下列哪项数值？ （ ）

(A)1544.8A (B)2242.8A

(C)2356.8A (D)4553.8A

30. 下列哪类修车库或用电负荷应按一级负荷供电? ( )

(A)Ⅰ类修车库

(B)Ⅱ类修车库

(C)Ⅲ类修车库

(D)采用汽车专用升降机作为车辆疏散出口的升降机用电

31. 下列哪项场所不宜选用感应式自动控制的发光二极管? ( )

(A)无人长时间逗留的排烟机房

(B)地下车库的行车道、停车位

(C)公共建筑的走廊、楼梯间、厕所等场所

(D)只进行检查、巡视和短时操作的工作场所

32. 接地导体与接地极应可靠连接,且应有良好的导电性能,下列哪项不符合规范要求? ( )

(A)放热焊接 (B)搭接绑扎

(C)夹具 (D)压机器

33. 下列有关线性光束感烟火灾探测器的设置,有关设备及设备与建筑物距离的描述哪项是正确的? ( )

(A)探测器至侧墙水平距离不应大于8m,且不应小于0.5m

(B)探测器的发射器和接收器之间不应超过100m

(C)相邻两组探测器的水平距离不应大于14m

(D)探测器光束轴线至顶棚的垂直距离宜为0.5~1.0m

34. 某数据中心的设计过程中,下列哪项做法是不正确的? ( )

(A)采用不间断电源系统供电的空调设备和电子信息设备分别由不同的不间断电源供电

(B)测试电子信息的电源和电子信息设备的正常工作电源分别由不同的不间断电源供电

(C)电子信息设备应由不间断电源系统供电

(D)不间断电源系统应有自动和手动旁路装置

35. 某35kV变电站内的消防水泵房与油浸式电容器相邻,两建筑物为砖混结构,屋檐为非燃烧材料,相邻面两墙体上均为开小窗,则这两建筑物之间的最小距离不得小于下列哪个数值? ( )

(A)5m　　(B)7.5m
(C)10m　　(D)12m

36. 在架空输电线路设计中，当35kV线路在最大计算弧垂情况下，人口稀少地区导线与地面的最小距离为下列哪项数值？（　　）

(A)6.0m　　(B)5.5m
(C)5.0m　　(D)4.5m

37. 采用并联电力电容器作为就地无功补偿装置时，下列原则哪项是不正确的？（　　）

(A)容量较大，负荷平稳且经常使用的用电设备的无功功率，宜单独就地补偿
(B)在环境正常的建筑物内，低压电容器宜集中设置
(C)补偿基本无功功率电容器组，应在配变电所内集中补偿
(D)高压部分的无功功率，宜由高压电容器补偿

38. 某山区需安装架空线杆塔，经现场测量可知设计用10min平均风速为35m/s，全年风向与线路方向的夹角平均为65°，悬垂绝缘子串风偏角计算时，风压不均匀系数应取下列哪项数值？（　　）

(A)1.124　　(B)1.092
(C)0.434　　(D)0.655

39. 某甲级办公楼高99m，设置有1个电气竖井，面积为5.2m²，竖井内安装4个配电箱，面对面挂墙布置，请问配电箱前的操作维护尺寸不应小于下列哪项数值？（　　）

(A)0.6m　　(B)0.8m
(C)1.0m　　(D)1.1m

40. 下列有关不同额定电压等级的普通交联聚乙烯电力电缆导体的最高允许温度，哪项是正确的？（　　）

(A)额定电压10kV，持续工作时70℃，短路暂态160℃
(B)额定电压35kV，持续工作时80℃，短路暂态250℃
(C)额定电压66kV，持续工作时80℃，短路暂态160℃
(D)额定电压110kV，持续工作时90℃，短路暂态250℃

二、多项选择题(共30题，每题2分。每题的备选项中有2个或2个以上符合题意。错选、少选、多选均不得分)

41. 在可能发生对地闪击的地区，下列哪些建筑是二类防雷建筑物？（　　）

(A)国家特级和甲级大型体育馆
(B)省级重点文物保护的建筑物

(C)预计雷击次数大于0.05次/a的部、省级办公建筑物
(D)预计雷击次数大于0.25次/a的一般性工业建筑物

42. 在施工图设计阶段,应按下列哪些方法计算的最大容量确定柴油发电机的容量?
( )

(A)按稳定负荷计算发电机容量
(B)按尖峰负荷计算发电机容量
(C)按配电变压器容量计算发电机容量
(D)按发电机母线允许压降计算发电机容量

43. 某0.4kV配电所,不计反馈时母线短路电流为10kA,用电设备均布置在配电所附近。在进行电源进线断路器分断能力校验时,下列0.4kV配出负荷哪些项应计入其影响?
( )

(A)一台额定电压为380V功率为55kW的交流弧焊机
(B)一台三相80kVA变压器
(C)一台功率为55kW功率因数为0.87效率为93%的电动机
(D)二台功率为30kW功率因数为0.86效率为91.4%的电动机

44. 交流调速方案按其效率高低,可分为高效和低效两种,下述哪些是高效调速方案?
( )

(A)变级数控制
(B)液力耦合器控制
(C)串级(双馈)控制
(D)定子变压控制

45. 人民防空工程防火电气设计中,下列哪些项符合现行规范的规定? ( )

(A)建筑面积大于5000m² 的人防工程,其消防备用照明的照度值不宜低于正常照明照度值的50%
(B)沿墙面设置的疏散标志灯距地面不应大于1m,间距不应大于15m
(C)设置在疏散走道上方的疏散标志灯的方向指示应与疏散通道垂直,其大小应与建筑空间相协调;标志灯下边缘距室内地面不应大于2.5m,且应设置在风管等设备管道的下部
(D)沿地面设置的灯光型疏散方向标志的间距不宜大于3m,蓄光型发光标志的间距不宜大于2m

46. 在建筑防火设计中,按现行国家标准,建筑内下列哪些场所应设置疏散照明?
( )

(A)建筑面积大于100m² 的地下或半地下公共活动场所
(B)公共建筑内的疏散走道
(C)人员密集的厂房内的生产场所及疏散走道

(D)建筑高度25.8m的住宅建筑电梯间的前室或合用前室

47. 户外严酷条件下,电气设施的直接接触防护,实现完全防护需采用下列哪些项措施? ( )

(A)采用遮拦或壳体
(B)对带电部件采用绝缘
(C)将带电部件置于伸臂范围之外
(D)设置屏蔽

48. 下列哪些项符合节能措施要求? ( )

(A)尽管电网电能充足,但用户也应设置自备电源
(B)35kV不宜直降至低压配电电压
(C)较大容量的制冷机组,冬季不使用,宜配置专用变压器
(D)按经济电流密度选择电力电缆导体截面

49. 防空地下室战时各级负荷电源应符合下列哪些要求? ( )

(A)战时一级负荷,应有两个独立的电源供电,其中一个独立电源应是该防空地下室的内部电源
(B)战时二级负荷,应引接区域电源,当引接区域电源有困难时,应在防空地下室内设置自备电源
(C)战时三级负荷,应引接电力系统电源
(D)为战时一级、二级负荷供电专设的EPS、UPS自备电源设备,平时必须安装到位

50. 交—直—交变频调速分电压型和电流型两大类,下述哪些是电流型变频调速的主要特点? ( )

(A)直流滤波环节为电抗器
(B)输出电流波形为矩形
(C)输出动态阻抗小
(D)再生制动方便

51. 下列低压配电系统接地表述中,哪些是正确的? ( )

(A)对用电设备采用单独的PE和N的多电源TN-C-S系统,应在变压器中性点或发电机星形点直接接地
(B)TT系统中,装置的外露可导电部分应与电源系统中性点接至统一接地线上
(C)IT系统可经足够高的阻抗接地
(D)建筑物处的低压系统电源中性点,电气装置外露可导电部分的保护接地,保护等电位联结的接地极等,可与建筑物的雷电保护接地共用同一接地装置

52. 某变电站的接地网均压带采用等间距布置,接地网的外缘各角闭合,并做成圆

弧型,如均压带间距为 20m,圆弧半径可为下列哪些数值? ( )

(A)20m (B)15m

(C)10m (D)8m

53. 下列关于消防联动控制的表述中,哪几项是正确的? ( )

(A)消防联动控制器应能按规定的控制逻辑向各相关的受控设备发出联动控制信号,并接受相关设备的联动反馈信号

(B)消防水泵、防烟和排烟风机的控制设备,除应采用联动控制方式外,还应在消防控制室设置手动直接控制装置

(C)启动电流较大的消防设备宜分时启动

(D)需要火灾自动报警系统联动控制的消防设备,其联动触发信号应采用两个独立的报警触发装置报警信号的"或"逻辑组合

54. 铝钢截面比一定的钢芯铝绞线,在下列哪些条件下需要采取防振措施? ( )

(A)档距不超过 500m 的开阔地区,平均运行张力的上限小于拉断力的 16%

(B)档距不超过 500m 的非开阔地区,平均运行张力的上限小于拉断力的 18%

(C)档距不超过 120m 的地区,平均运行张力的上限小于拉断力的 22%

(D)无论档距大小,平均运行张力的上限小于拉断力的 25%

55. 发电厂、变电站中,在均衡充电运行情况下,直流母线电压应满足下列哪些要求? ( )

(A)对专供动力负荷的直流系统,应不高于直流系统标称电压的 112.5%

(B)对专供控制负荷的直流系统,应不高于直流系统标称电压的 110%

(C)对控制和动力合用的直流系统,应不高于直流系统标称电压的 110%

(D)对控制和动力合用的直流系统,应不高于直流系统标称电压的 112.5%

56. 电力工程中,当 500kV 导体选用管形导体时,为了消除管形导体的端部效应,可采用下列哪些措施? ( )

(A)适当延长导体端部 (B)管形导体内部加装阻尼线

(C)端部加装消振器 (D)端部加装屏蔽电极

57. 对于 FELV 系统及其插头和插座的描述,下列描述哪些项是正确的? ( )

(A)FELV 系统为标称电压超过交流 50V 或直流 120V 的系统

(B)插头不可能插入其他电压系统的插座

(C)插座不可能被其他电压系统的插头插入

(D)插座应具有保护导体接点

58. 反接制动是将交流电动机的电源相序反接,产生制动转矩的一种电制动方式,

下述哪些是绕线型异步电动机反接制动的特点？（　　）

(A)有较强的制动效果
(B)制动转矩较大且基本稳定
(C)能量能回馈电网
(D)制动到零时应切断电源，否则有自动反向启动的可能

59. 民用建筑的防火分区最大允许建筑面积，下列描述哪些项是正确的？（　　）

(A)设有自动灭火系统的一级或二级耐火的高层建筑：$3000m^2$
(B)一级耐火的地下室或半地下建筑的设备用房：$500m^2$
(C)三级耐火的单、多层建筑：$1200m^2$
(D)设有自动灭火系统的一级或二级耐火的单、多层建筑：$5000m^2$

60. 关于电缆类型的选择，下列描述哪些项是正确的？（　　）

(A)电缆导体与绝缘屏蔽层之间额定电压不得低于回路工作线电压
(B)中压电缆不宜选用交联聚乙烯绝缘类型
(C)移动式电气设备等经常弯移或有较高柔软性要求的回路，应选用橡皮绝缘等电缆
(D)高温场所不宜选用普通聚氯乙烯绝缘电缆

61. 某车间配电室采用机械通风，通风设计温度为35℃，配电室内高压裸母线工作电流为1500A，按工作电流选择矩形铝母线（平放），下述哪些项是正确的？（　　）

(A) $125 \times 6.3mm^2$　　(B) $125 \times 8mm^2$
(C) $2 \times (63 \times 6.3)mm^2$　　(D) $2 \times (80 \times 6.3)mm^2$

62. 交直流一体化电源系统具有下述哪些特征？（　　）

(A)由站用交流电源，直流电源与交流不间断电源（UPS）、逆变电源（INV）、直流变换电源（DC/DC）装置构成，各电源统一监视控制
(B)直流电源与UPS、INV、DC/DC直流变换装置共享直流蓄电池组
(C)直流与交流配电回路同柜配置
(D)交流屏与UPS共享同一交流进线电源

63. 关于变电站接地装置，下列论述哪些项是正确的？（　　）

(A)在有效接地系统中，接地导体截面应按接地故障电流进行动稳定校验
(B)接地极的截面不宜小于连接至该接地装置的接地导体截面的75%
(C)考虑腐蚀影响，接地装置的设计使用年限应与地面工程的设计年限一致
(D)接地网可采用钢材，但应采用热镀锌

64. 关于露天或半露天变电所的位置，下列描述哪些项是正确的？（　　）

(A)露天或半露天变电所的变压器四周应设高度不低于1.8m的固定围栏或围墙，变压器外廓与围栏或围墙的净距不应小于0.6m，变压器底部距地面不应小于0.2m

(B)油重小于1000kg的相邻变压器外廓之间的净距不应小于1.5m

(C)油重1000～25000kg的相邻变压器外廓之间的净距不应小于3m

(D)油重大于2500kg的相邻变压器外廓之间的净距不应小于5m

65. 干式空心串联电抗器布置与安装时，应符合下列哪些规定？（ ）

(A)干式空心串联电抗器布置与安装时，应满足防电磁感应要求

(B)电抗器对上部、下部和基础中的铁磁性构件距离，不宜小于电抗器直径的0.5倍

(C)电抗器中心对侧面的铁磁性构件距离，不宜小于电抗器直径的1倍

(D)电抗器相互之间的中心距离，不宜小于电抗器直径的1.5倍

66. 关于防雷引下线，下列描述哪些项是正确的？（ ）

(A)明敷引下线(镀锌圆钢)的固定支架间距不宜大于1000mm

(B)当独立烟囱上的引下线采用圆钢时，其直径不应小于10mm

(C)专设引下线应沿建筑物外墙外表面明敷，并应经最短路径接地；建筑外观要求较高时可暗敷，但其圆钢直径不应小于10mm，扁钢截面不应小于$80mm^2$

(D)采用多根专设引下线时，应在各引下线距地面0.3～1.8m处装设断接卡

67. 关于110kV变电所的防雷措施，下列描述哪些项是正确的？（ ）

(A)强雷区的变电站控制室和配电室宜有直击雷保护

(B)主控制室、配电装置室的屋顶上装设直击雷保护装置时，应将屋顶金属部分接地

(C)峡谷地区的变电站不宜用避雷线保护

(D)露天布置的GIS的外壳可不装设直击雷保护装置，但外壳应接地

68. 某低压TN-C系统，系统额定电压380V，用电设备均为单相220V，且三相负荷不平衡，当保护接地中性线断开时，下列描述哪些项是正确的？（ ）

(A)会造成负载侧各相之间的线电压均升高

(B)可能会造成接于某相上的用电设备电压升高

(C)可能会造成接于某相上的用电设备电压降低

(D)可能会造成用电设备的金属外壳接触电压升高

69. 关于电能计量表计接线方式的说法，下列哪些项是正确的？（ ）

(A)直接接地系统的电能计量装置应采用三相四线的接线方式

(B)不接地系统的电能计量装置宜采用三相三线的接线方式

(C)经消弧线圈等接地的计费用户且年平均中性点电流大于0.1%额定电流时，应采用三相三线的接线方式

(D)三相负荷不平衡大于10%的1200V及以上的电力用户线路，应采用三相四线的接线方式

70. 人防战时电力负荷分级，下列哪些条件符合二级负荷规定？（　　）

(A)中断供电将造成人员秩序严重混乱或恐慌

(B)中断供电将影响生存环境

(C)中断供电将严重影响医疗救护工程、防空专业队工程、人员隐蔽工程和配套工程的正常工作

(D)中断供电将严重影响通信、警报的正常工作

2017年专业知识试题答案(上午卷)

1. **答案**:A

依据:《照明设计手册》(第三版)P436表20-2“灯具配光曲线选择表”、P7式(1-9)。

根据灯具在厂房房架上悬挂高度,按室形指数 RI 值选取不同配光的灯具:当 $RI=0.5\sim1.8$ 时,宜选用窄配光灯具;当 $RI=0.8\sim1.65$ 时,宜选用中配光灯具;当 $RI=1.65\sim5$ 时,宜选用宽配光灯具。

$$RI=\frac{L\cdot W}{h(L+W)}=\frac{60\times30}{8\times(60+30)}=2.5$$

注:也可参考《照明设计手册》(第二版)P231“照明质量”之(1)、P7式(1-9),或参考P106表4-13。

2. **答案**:C

依据:《电力工程电缆设计规范》(GB 50217—2018)第3.6.8条。

3. **答案**:B

依据:《交流电气装置的接地设计规范》(GB 50065—2011)第4.2.2-2条。

跨步电位差:$U_s=50+0.2\rho_s C_s=50+0.2\times40\times0.8=56.4\text{ V}$

4. **答案**:D

依据:$U_N=1.38U_m=1.38\times126=173.88\text{kV}$

5. **答案**:B

依据:《交流电气装置的过电压保护和绝缘配合设计规范》(GB/T 50064—2014)第18.1.4条,当欠补偿时,K 值按脱谐度确定($K=1-$脱谐度)。

6. **答案**:C

依据:《低压配电设计规范》(GB 50054—2011)第3.1.17-3条。

7. **答案**:B

依据:《建筑物防雷设计规范》(GB 50057—2010)第6.2.1条“防雷区的划分”。

8. **答案**:C

依据:《交流电气装置的过电压保护和绝缘配合设计规范》(GB/T 50064—2014)第5.2.1条。

$h=35\text{m}$,则高度影响系数 $P=5.5\div\sqrt{35}=0.93$

$r=1.5hP=1.5\times35\times0.93=48.8\text{m}$

注:“滚球法”对应规范《建筑物防雷设计规范》(GB 50057—2011)(民用建筑使用较多),“折线法”对应规范《交流电气装置的过电压保护和绝缘配合设计规范》(GB/T 50064—2014),或者《交流电器装置的过电压保护和绝缘配合》(DL/T620—1997),变电所与发电厂使用较多。

9. **答案**:D

依据:《建筑物防雷设计规范》(GB 50057—2010)第6.2.1条及附录E.0.1。

$S \geqslant 4.24k_c^2 = 4.24 \times 0.44^2 = 0.821\text{m}^2$

注:附录E.0.1:当接闪器成闭合环或网状的多根引下线时,分流系数可为0.44。

10. **答案**:B

依据:《3—110kV高压配电装置设计规范》(GB 50060—2008)第5.5.2条。

注:也可参考《20kV及以下变电所设计规范》(GB 50053—2013)第6.1.7条。

11. **答案**:B

依据:《20kV及以下变电所设计规范》(GB 50053—2013)第6.2.7条。

12. **答案**:D

依据:《交流电气装置的接地设计规范》(GB 50065—2011)第3.2.2-4条。

13. **答案**:A

依据:《电力工程直流系统设计技术规程》(DL/T 5044—2014)第6.10.2-1条。

14. **答案**:C

依据:《钢铁企业电力设计手册》(下册)P327表25-6"多重化联结及可能达到的最低谐波含量"。

15. **答案**:D

依据:《电力工程电缆设计规范》(GB 50217—2018)第3.4.1-3条、第3.5.1-5条、第3.4.4-5条、第3.4.6条。

16. **答案**:C

依据:《导体和电器选择设计技术规定》(DL/T 5222—2005)第7.1.3条。

17. **答案**:B

依据:《建筑设计防火规范》(GB 50016—2014)第3.1.1条及表3.1.1。

18. **答案**:C

依据:《电流对人和家畜的效应 第1部分:通用部分》(GB/T 13870.1—2008)表12下方文字。

19. **答案**:C

依据:《低压配电装置第4-41部分:安全防护电击防护》(GB 16895.21—2012)第411.6.1条、第411.4.5条。

20. **答案**:B

依据:《并联电容器装置设计规范》(GB 50227—2017)第5.5.3条。

21. **答案**:B

依据:《照明设计手册》(第三版)P160 式(5-66):

$$E_{av}=\frac{N\Phi_1 U\eta K}{A}=\frac{8\times200000\times0.7\times0.69\times0.7}{10000}=54.1\text{lx}$$

注:参见 P161 表 5-24“利用系数 U 值选择表”。根据光通量全部入射到被照面上的投光灯盏数占总盏数的百分比,从表中选择利用系数。因此,若本题中未给利用系数值,也应可计算出结果。

22. **答案**:C

依据:《钢铁企业电力设计手册》(上册)P428 第 11.2.4 节“多个谐波源的同次谐波叠加计算”。

$I_5=\sqrt{35^2+25^2+1.28\times35\times25}=54.5\text{A}$,相位角差不确定,5 次谐波 K_n 取 1.28。

23. **答案**:D

依据:《供配电系统设计规范》(GB 50052—2009)第 5.0.11 条。

24. **答案**:D

依据:《35kV ~ 110kV 变电站设计规范》(GB 50059—2011)第 3.2.6 条。

25. **答案**:D

依据:《数据中心设计规范》(GB 50174—2017)第 8.4.8 条及表 8.4.8。

注:《建筑物防雷设计规范》(GB 50057—2010)第 5.1.2 条及表 5.1.2。

26. **答案**:A

依据:《公共广播系统工程技术规范》(GB 50526—2010)第 3.3.1 条及表 3.3.1。

27. **答案**:D

依据:《人民防空地下室设计规范》(GB 50038—2005)第 7.2.4 条及表 7.2.4。

人防战时负荷包括车库排水泵、正常照明、应急照明、物资库送风机、电葫芦,则:

$S_\Sigma=11+12+1.5+4+1.5=30\text{kW}$

注:消防负荷不纳入人防战时负荷统计。

28. **答案**:B

依据:《钢铁企业电力设计手册》(下册)P38 表 23-31“直流电动机允许的最大转矩倍数”。

29. **答案**:B

依据:尖峰电流出现在除最大功率的一台设备外所有其他设备正常运行时,启动该最大功率设备,则:

$$I_{jf}=I_{n1}+I_{n2}+I_{st\cdot max}=698+\frac{300\times80\%}{0.38\times0.8\times\sqrt{3}}+1089=2242.8\text{A}$$

注:Y/△降压启动适用于正常运行时绕组为三角形接线。启动时电动机定子绕组接成星形,随后将三相绕组转接成三角形。

30. **答案**:D

依据:《汽车库、修车库、停车场设计防火规范》(GB 50067—2014)第9.0.1条。

31. **答案**:A

依据:《建筑照明设计标准》(GB 50034—2013)第6.2.7条。

32. **答案**:B

依据:《交流电气装置的接地设计规范》(GB/T 50065—2011)第8.1.3-2条。

33. **答案**:C

依据:《火灾自动报警系统设计规范》(GB 50116—2013)第6.2.15条。

34. **答案**:C

依据:《数据中心设计规范》(GB 50174—2017)第8.1.7条、第8.1.8条。

35. **答案**:C

依据:《火力发电厂与变电站设计防火规范》(GB 50229—2019)第11.1.1条、第11.1.5条及表11.1.5。

36. **答案**:A

依据:《66kV及以下架空电力线路设计规范》(GB 50061—2010)第12.0.7条。

37. **答案**:B

依据:《供配电系统设计规范》(GB 50052—2009)第6.0.4条。

38. **答案**:D

依据:《交流电气装置的过电压保护和绝缘配合设计规范》(GB/T 50064—2014)附录B式(B.0.1)。

39. **答案**:B

依据:《低压配电设计规范》(GB 50054—2011)第7.7.8条。

40. **答案**:D

依据:《电力工程电缆设计规范》(GB 50217—2018)附录A"常用电力电缆导体的最高允许温度"。

41. **答案**:ACD

依据:《建筑物防雷设计规范》(GB 50057—2010)第3.0.3条。

42. **答案**:AD

依据:《民用建筑电气设计规范》(JGJ 16—2008)第6.1.2-2条。

43. **答案**:CD

依据:《低压配电设计规范》(GB 50054—2011)第3.1.2条。

注:弧焊机又称弧焊机变压器,是一种特殊的变压器,不属于电动机范畴。

44. **答案**:AC

依据:《钢铁企业电力设计手册》(下册)P270表25-1下方。

45. **答案**:BCD

依据:《人民防空工程设计防火规范》(GB 50098—2009)第8.2.4条、第8.2.5条。

46. **答案**:ABC

依据:《建筑设计防火规范》(GB 50016—2014)第10.3.1条。

47. **答案**:ABC

依据:《低压配电设计规范》(GB 50054—2011)第5.1条"直接接触防护措施"。

48. **答案**:CD

依据:无。

49. **答案**:ABC

依据:《人民防空地下室设计规范》(GB 50038—2005)第7.2.15条。

50. **答案**:ABD

依据:《钢铁企业电力设计手册》(下册)P311表25-12。

51. **答案**:CD

依据:《交流电气装置的接地设计规范》(GB/T 50065—2011)第7.1.2-2条、第7.1.3条、第7.1.4条、第7.2.11条。

52. **答案**:ABC

依据:《交流电气装置的接地设计规范》(GB/T 50065—2011)第4.3 1条。

53. **答案**:ABC

依据:《火灾自动报警系统设计规范》(GB 50116—2013)第4.1.1条、第4.1.4条、第4.1.5条、第4.1.6条。

54. **答案**:CD

依据:《66kV及以下架空电力线路设计规范》(GB 50061—2010)第5.2.4条。

55. **答案**:ABC

依据:《电力工程直流系统设计技术规程》(DL/T 5044—2014)第3.2.3条。

56. **答案**:AD

依据:《导体与电器选择设计技术规程》(DL/T 5222—2005)第7.3.8条。

57. **答案**:BC

依据:《低压配电设计规范》(GB 50054—2011)第5.3.13条、第5.3.17条。

58. **答案**:ABD

依据:《钢铁企业电力设计手册》(下册)P96表24-7。

59. **答案**:AD

依据:《建筑设计防火规范》(GB 50016—2014)第5.3.1条及表5.3.1。

60. **答案**:CD

依据:《电力工程电缆设计规范》(GB 50217—2018)第3.2.2条、第3.3.2-1条、第3.3.3条、第3.3.5条。

61. **答案**:BD

依据:《导体和电器选择设计技术规定》(DL/T 5222—2005)附录D表D.9和表D.11。

查表D.11,校正系数$K=0.88$,裸母线载流量$I_c=1500\div0.88=1704.5A$

查表D.9,矩形铝母线长期允许载流量$I_e>I_c$。

62. **答案**:AB

依据:《电力工程直流系统设计技术规程》(DL/T 5044—2014)第2.0.19条。

注:也可参考《站用交直流一体化电源系统技术规范》(Q/GDW 576—2010)第4.1条。

63. **答案**:BCD

依据:《交流电气装置的接地设计规范》(GB/T 50065—2011)第4.3.5条、第4.3.6条。

64. **答案**:BCD

依据:《20kV及以下变电所设计规范》(GB 50053—2013)第4.2.2条。

65. **答案**:AB

依据:《并联电容器装置设计规范》(GB 50227—2017)第8.3.3条。

66. **答案**:ACD

依据:《建筑物防雷设计规范》(GB 50057—2010)第5.3.2条、第5.3.3条、第5.3.4条、第5.3.6条。

67. **答案**:ABD

依据:《交流电气装置的过电压保护和绝缘配合设计规范》(GB/T 50064—2014)第5.4.2条、第5.4.3条。

68. **答案**:BCD

依据:无。分析可知,由于三相负荷不平衡,各相电流不相等,PEN断线后,根据用电设备电阻的不同,导致各相电压升高或降低,同时金属外壳对地电压将升高至相电压附近,约220V,发生电击危险很大。

注:可参考《建筑物电气装置600问》(王厚余著)了解相关内容。

69. **答案:**ABD

依据:《电力装置电测量仪表装置设计规范》(DL/T 50063—2017)第4.1.7条。

70. **答案:**BC

依据:《人民防空地下室设计规范》(GB 50038—2005)第7.2.3条。

2017年专业知识试题(下午卷)

一、单项选择题(共40题,每题1分,每题的备选项中只有1个最符合题意)

1. 设计要求150W高压钠灯镇流器的BEF≥0.61,计算选择镇流器的流明系数不应低于下列哪项数值? (　　)

(A)0.610　　(B)0.855

(C)0.885　　(D)0.915

2. 在可能发生对地闪击的地区,下列哪类建筑不是三类防雷建筑物? (　　)

(A)在平均雷暴日大于15d/a的地区,高度15m的孤立水塔

(B)省级档案馆

(C)预计雷击次数大于0.05次/a,且小于或等于0.25次/a的住宅

(D)预计雷击次数大于0.25次/a的一般性工业建筑物

3. 中性点经低电阻接地的10kV电网,中性点接地电阻的额定电压与下列哪项最接近? (　　)

(A)10.5kV　　(B)10kV

(C)6.6kV　　(D)6.06kV

4. 某办公建筑,供电系统采用三相四线制,三相负荷平衡,相电流中的三次谐波分量为30%,采用五芯等截面电缆供电,该电缆载流量的降低系数为下列哪项数值? (　　)

(A)1.0　　(B)0.9

(C)0.86　　(D)0.7

5. 海拔900m的某35kV电气设备的额定雷电冲击耐受电压,下列哪项描述是错误的? (　　)

(A)35kV变压器相对地内绝缘额定冲击耐受电压为185kV

(B)35kV变压器相间内绝缘额定冲击耐受电压为200kV

(C)35kV断路器断口额定冲击耐受电压为185kV

(D)35kV隔离开关断口额定冲击耐受电压为215kV

6. 关于并联电容器的布置,下列哪项描述是错误的? (　　)

(A)并联电容器组的布置,宜分相设置独立的框(台)架

(B)屋内布置的并联电容器组,应在其四周或一侧设置维护通道,维护通道的宽度不宜小于1m

(C)电容器在框(台)架上单排布置时,框(台)架可靠墙布置

(D)电容器在框(台)架上双排布置时,框(台)架相互之间或与墙之间,应留出距离设置检修走道,走道宽度不宜小于1m

7.某110kV配电装置采用室外布置,110kV中性点为有效接地系统,带电作业时,不同相带电部分之间的B_1值最小为下列哪项数值? ( )

(A)1650mm (B)1750mm

(C)1850mm (D)1950mm

8.35/10kV变电所的场地由双层不同土壤构成,上层土壤电阻率为40Ω·m,土壤厚度为2m,下层土壤电阻率为100Ω·m,垂直接地极为3m,请计算等效土壤电阻率为下列哪项数值 ( )

(A)30Ω·m (B)40Ω·m

(C)50Ω·m (D)60Ω·m

9.下列直流负荷中,哪项属于事故负荷? ( )

(A)正常及事故状态皆运行的直流电动机

(B)高压断路器事故跳闸

(C)发电机组直流润滑油泵

(D)交流不间断电源装置及远动和通信装置

10.某厂房内具有比空气重的爆炸性气体,在该厂房内下述哪种电缆敷设方式不符合规定? ( )

(A)在电缆沟内敷设

(B)埋地敷设

(C)沿高处布置的托盘桥架敷设

(D)在较高处沿墙穿管敷设

11.某建筑物内有220/380V的配电设备,这些配电设备绝缘耐冲击电压设计取值下列哪项是错误的? ( )

(A)计算机的耐冲击电压额定值为1.5kV

(B)洗衣机的耐冲击电压额定值为2.5kV

(C)配电箱内断路器的耐冲击电压额定值为4kV

(D)电动机的耐冲击电压额定值为3kV

12.二级耐火的丙类火灾危险的地下或半地下室厂房内,任意一点到安全出口的直线距离,正确的是下列哪一项? ( )

(A)30m (B)45m
(C)60m (D)不受限制

13. TN 系统中配电线路的间接接触防护电器切断故障回路的时间,对于仅供固定式电气设备用电的某端线路,正确的是下列哪一项? ( )

(A)不宜大于 5s (B)不宜大于 8s
(C)不宜大于 10s (D)不宜大于 15s

14. 爆炸性环境(1 区)内电气设备的保护级别应为下列哪一项? ( )

(A)Ga 或 Gb (B)Da
(C)Da 或 Db (D)De

15. 电气系统与负荷公共连接点负序电压不平衡度的要求,下列描述哪项是正确的? ( )

(A)电网正常运行时,负序电压不平衡度不超过 2%,短路不得超过 5%
(B)电网正常运行时,负序电压不平衡度不超过 3%,短路不得超过 4%
(C)电网正常运行时,负序电压不平衡度不超过 3%,短路不得超过 5%
(D)电网正常运行时,负序电压不平衡度不超过 2%,短路不得超过 4%

16. 交流回路指示仪表的综合准确度,直流回路指示仪表的综合准确度,接于电测量变送器二次侧仪表的准确度,分别不应低于下列哪组数据? ( )

(A)2.5 级,2.0 级,1.5 级 (B)2.5 级,1.5 级,1.5 级
(C)2.5 级,2.0 级,2.0 级 (D)2.5 级,1.5 级,1.0 级

17. 消弧线圈接地系统中的单侧电源 10kV 电缆线路的接地保护装置,下列哪项描述是错误的? ( )

(A)在变电所母线上装设接地监视装置,动作于信号
(B)线路上装设有选择性的接地保护
(C)出线回路较多时,采用一次断开线路的方法寻找故障线路
(D)装设有选择性的接地保护

18. 在供电部门与用户产权分界处,35kV 及以上供电电压正、负偏差绝对值之和不超过标称电压的数值,以及电网容量在 3000MW 以下的供电系统频率偏差最大允许值应选择下列哪组数值? ( )

(A)10%,±0.5Hz (B)10%,±0.2Hz
(C)7%,±0.5Hz (D)7%,±0.2Hz

19. 火灾自动报警系统设计时,采用非高灵敏型管路采样式吸气感烟火灾探测器,

下列哪项符合规范的设置要求？（　　）

（A）安装高度不应超过 8m　　（B）安装高度不应超过 10m
（C）安装高度不应超过 12m　　（D）安装高度不应超过 16m

20. 工程中设计乙级投影型视频显示系统，其任一显示模式间的显示切换时间，规范规定是下列哪项数值？（　　）

（A）≤1s　　（B）≤2s
（C）≤5s　　（D）≤10s

21. 关于电缆支架的选择，下列哪项说法是不正确的？
（A）某单芯电缆工作电流为 2500A，其电缆支架选用钢制
（B）在强腐蚀环境，电缆支架采用热浸锌处理
（C）户外敷设时，计入可能出现的覆冰、雪和大风附加荷载
（D）钢制托臂在允许承载下的偏斜和臂长比值小于 1/50

22. 会议电视会场系统的传输敷设时，当与大于 5kVA 的 380V 电力电缆平行敷设时，其最小间距下列哪项符合规范的规定？（　　）

（A）130mm　　（B）150mm
（C）300mm　　（D）600mm

23. 综合布线系统设计中，对于信道为 OF-2000 的 1300nm 多模光纤的衰减值，下列哪项符合规范的规定？（　　）

（A）2.25dB　　（B）3.25dB
（C）4.50dB　　（D）8.50dB

24. 某场所的面积 160m^2，照明灯具总安装功率 2080W（含镇流器功率），其中装饰性灯具的安装功率 800W，其他灯具安装功率 1280W，该场所的照明功率密度值为下列哪项数值？（　　）

（A）8W/m^2　　（B）10.5W/m^2
（C）13W/m^2　　（D）18W/m^2

25. 对于数据中心机房的设计，在考虑后备柴油发电机时，下列哪项说法是不正确的？（　　）

（A）B 级数据中心发电机组的输出功率可按限时 500h 运行功率选择
（B）A 级数据中心发电机组应连续和不限时运行
（C）柴油发电机周围设置检修照明和电源，宜由应急照明系统供电
（D）A 级数据中心发电机组的输出功率应满足数据中心最大平均负荷的需要

26. 容量被人、畜所触及的裸带电体，当标称电压超过方均根值多少 V 时，应设置遮

拦或外护物？（ ）

(A)25V (B)50V
(C)75V (D)86.6V

27. 笼型电动机采用延边三角形降压启动时，抽头比 $K=1:1$ 时，启动性能的启动电压与额定电压之比应为下列哪项数值？（ ）

(A)0.62 (B)0.64
(C)0.68 (D)0.75

28. 下列哪个建筑物的电子信息系统的雷电防护等级是错误的？（ ）

(A)三级医院电子医疗设备的雷电防护等级为B级
(B)五星及更高星级宾馆电子信息系统的雷电防护等级为B级
(C)大中型有线电视系统医疗设备的雷电防护等级为C级
(D)大型火车站的雷电防护等级为B级

29. 下列哪一项要求符合人防配电设计规范规定？（ ）

(A)人防汽车库内无清洁区，电源配电柜(箱)可设置在染毒区内
(B)人防内、外电源的转换开关应为ATSE应急自动转换开关
(C)人防内防排烟风机等消防设备的供电回路应引自人防电源配电箱
(D)人防单元内消防电源配电箱宜在密闭隔墙上嵌墙暗装

30. 自动焊接机($\varepsilon=100\%$)单相380V，46kW，$\cos\varphi=0.60$，换算其等效的2单相220V有功功率为下列哪项数值？（ ）

(A)23kW和23kW (B)38.64kW和7.36kW
(C)40.94kW和5.06kW (D)44.16kW和17.48kW

31. 测量住宅进户线处单相电源电压值为236V，计算电压偏差值，并判断是否符合规范规定？（ ）

(A)1.07%，符合规定 (B)-7.3%，符合规定
(C)7.3%，不符合规定 (D)16V，不符合规定

32. 某办公室长10m，宽6.6m，吊顶高2.8m，照度设计标准值为300lx，维护系数0.8，选用单管格栅荧光灯具，光源光通量为3300lm，利用系数为0.62，需要光源数为下列哪项数值？(取整数)（ ）

(A)6支 (B)10支
(C)12支 (D)14支

33. 人民防空工程防火电气设计中，下列哪项不符合现行标准的规定？（ ）

(A)建筑面积大于5000m^{2}的人防工程,其消防用电应按一级负荷要求供电;建筑面积小于或等于5000m^{2}的人防工程可按二级负荷要求供电

(B)消防疏散照明和消防备用照明可用蓄电池作备用电源;其连续供电时间不应少于30min

(C)消防疏散照明灯应设置在疏散走道、楼梯间、防烟前室、公共活动场所等部位的墙面上部或顶棚下,地面的最低照度不应大于3lx

(D)消防疏散照明和消防备用照明在工作电源断电后,应能自动投合备用电源

34. 晶闸管整流装置的功率因数与畸变因数有关,忽略换向影响,整流相数 $q=6$ 的三相整流电路的畸变因数为哪一项? ( )

(A)0.64　　(B)0.83

(C)0.96　　(D)0.99

35. 某10kV配电室,采用移开式高压开关柜单排布置,高压开关柜尺寸为800×1500×2300mm(宽×深×高),手车长度为950mm,则该高压配电室的最小宽度为下列哪项数值? ( )

(A)4150mm　　(B)4450mm

(C)4650mm　　(D)5150mm

36. 地下35/0.4kV变电所由两路电源供电,低压侧单母线分段,采用TN-C-S接地系统,下列有关接地的叙述哪一项是正确的? ( )

(A)两变压器中性点应直接接地

(B)两变压器中性点间相互连接的导体可以与用电设备连接

(C)两变压器中性点间相互连接的导体与PE线之间,应只一点连接

(D)装置的PE线只能一点接地

37. 设计应选用高效率灯具,下列选择哪项不符合规范的规定? ( )

(A)带棱镜保护罩的荧光灯灯具效率应不低于55%

(B)开敞式紧凑型荧光灯、筒灯灯具效率应不低于55%

(C)带保护罩的小功率金属卤化物筒灯灯具效率应不低于55%

(D)色温2700K带格栅的LED筒灯灯具效率应不低于55%

38. 在下列哪些场所,应选用具有耐火性的电缆? ( )

(A)穿管暗敷的应急照明电缆

(B)穿管明敷的备用照明电缆

(C)沿桥架敷设的应急电源电缆

(D)沿电缆沟敷设的断路器操作直流电源

39. 建筑内疏散照明的地面最低水平照度,下列描述不正确的是哪一项? ( )

(A)疏散走道,不应低于1lx　　　　　(B)避难层,不应低于1lx
(C)人员密集场所,不应低于3lx　　　(D)楼梯间,不低于5lx

40. 在配置电压测量和绝缘监测的测量仪表时,可不监测交流系统绝缘的回路是下列哪一项?　　(　　)

(A)同步发电机的定子回路
(B)中性点经消弧线圈接地系统的母线
(C)同步发电/电动机的定子回路
(D)中性点经小电阻接地系统的母线

二、多项选择题(共30题,每题2分。每题的备选项中有2个或2个以上符合题意。错选、少选、多选均不得分)

41. 关于3~110kV配电装置的布置,下列哪些描述是正确的?　　(　　)

(A)3~35kV配电装置采用金属封闭高压开关设备时,应采用屋内布置
(B)35~110kV配电装置,双母线接线,当采用软母线配普通双柱式或单柱式隔离开关时,屋外敞开式配电装置宜采用中型布置,断路器宜采用单列式布置或双列式布置
(C)110kV配电装置,双母线接线,当采用管型母线配双柱式隔离开关时,屋外敞开式配电装置宜采用半高型布置,断路器不宜采用单列式布置
(D)35~110kV配电装置,单母线接线,当采用软母线配普通双柱式隔离开关时,屋外敞开式配电装置宜采用中型布置,断路器应采用单列式布置或双列式布置

42. 无换向器电动机变频器按其换流方式分为自然换流型和强迫换流型两种,下述哪些是强迫换流型晶体管逆变器的特点?　　(　　)

(A)由于能可靠进行换流,因而过载能力强
(B)需要强迫换相电路
(C)对元件本身的容量和耐压有要求
(D)适用于小型电动机

43. 学校教学楼照明设计中,下列灯具的选择哪些项是正确的?　　(　　)

(A)普通教室不宜采用无罩的直射灯具及盒式荧光灯具,宜选用有一定保护角、效率不低于75%的开启式配照型灯具
(B)有要求或有条件的教室可采用带格栅(格片)或带漫射罩型灯具,其灯具效率不宜低于65%
(C)具有蝙蝠翼式光强分布特性灯具一般有较大的遮光角,光输出扩散性好,布灯间距大,照度均匀,能有效地限制眩光和光幕反射,有利于改善教室照明质量和节能
(D)宜采用带有高亮度或全镜面控光罩(如格片、格栅)类灯具,不宜采用低亮度、漫射或半镜面控光罩(如格片、格栅)类灯具

44. 工程中下述哪些叙述符合电缆敷设要求？ (　　)

(A)电力电缆直埋平行敷设于油管下方 0.5m 处
(B)电力电缆直埋敷设于排水沟旁 1m 处
(C)同一部门控制电缆平行紧靠直埋敷设
(D)35kV 电缆直埋敷设，不同部门之间电缆间距 0.25m

45. 闪变的术语表述，下列哪些项不符合规范规定？ (　　)

(A)闪变指灯光照度不稳定造成的视感
(B)闪变指电压的波动
(C)闪变指电压的偏差
(D)闪变指电压的频率变化

46. 下列哪些项是选择光源、灯具及其附件的节能指标？ (　　)

(A)I 类灯具　　(B)单位功率流明 lm/W
(C)IP 防护等级　　(D)镇流器的流明系数

47. 平时引接电力系统的两路人防电源同时工作，任一路电源应满足下列哪些项的用电需要？ (　　)

(A)平时一级负荷　　(B)平时二级负荷
(C)消防负荷　　(D)不小于 50% 正常照明负荷

48. 对于某 380V Ⅰ类设备的电击防护措施中，下列哪些是适宜的？ (　　)

(A)把设备置于伸臂范围之外
(B)在设备周围增设阻挡物
(C)在该设备的供电回路设置间接接触防护电器
(D)将设备的外露可导电部分与保护导体相连接

49. 电动机额定功率的选择及需用系数法计算负荷时，下列哪些项是正确的？(注：下列公式中 P_e 为有功功率，kW；P_r 为电动机额定功率，kW；ε_r 为电动机额定负载持续率；S1、S2、S3 为电动机工作制的分类。) (　　)

(A)S1 应按机械的轴功率选择电动机额定功率
(B)S2 应按允许过载转矩选择电动机额定功率
(C)S2 电动机，$P_e = P_r\sqrt{\frac{\varepsilon_r}{25\%}} = 2P_r\sqrt{\varepsilon_r}$ (kW)
(D)S3 电动机，$P_e = P_r\sqrt{\varepsilon_r}$ (kW)

50. 影响人体阻抗数值的因素主要取决于下列哪些项？ (　　)

(A)人体身高、体重、胖瘦
(B)皮肤的潮湿程度、接触的表面积、施加的压力和温度
(C)电流路径及持续时间、频率
(D)接触电压

51. 建筑照明设计中,应按相应条件选择光源,下列哪些项符合现行标准的规定?
( )

(A)灯具安装高度较低的房间宜采用细管直管形三基色荧光灯
(B)商店营业厅的一般照明宜采用细管直管形三基色荧光灯、小功率陶瓷金属卤化物灯,重点照明宜采用小功率陶瓷金属卤化物灯、发光二极管灯
(C)灯具安装高度较高的场所,应按使用要求,采用金属卤化物灯、高压钠灯或高频大功率细管直管荧光灯
(D)旅馆建筑的客房不宜采用发光二极管灯或紧凑型荧光灯

52. 在会议系统的设计中,其功率放大器的配置,下列哪些项符合规范的规定?
( )

(A)功率放大器额定输出功率不应小于所驱动扬声器额定功率的1.25倍
(B)功率放大器输出阻抗及性能参数应与被驱动的扬声器相匹配
(C)功率放大器与扬声器之间连线的功率损耗应小于扬声器功率的20%
(D)功率放大器应根据扬声器系统的数量、功率等因素配置

53. 在数据机房的等电位联结和接地设计中,有关等电位联结带、接地线和等电位联结导体的材料和最小截面的选择,下列哪些项符合规范的规定? ( )

(A)当利用建筑内的钢筋做接地线,其最小截面积为$100mm^2$
(B)当采用铜单独设置的接地线,其最小截面积为$50mm^2$
(C)当采用铜做等电位连接带,其最小截面积为$50mm^2$
(D)当从机房内各金属装置至等电位联结带或接地汇集排,从机柜至等电位联结网格采用铜做等电位联结导体,其最小截面积为$6mm^2$

54. 某一微波枢纽站有铁塔、机房、室外10/0.4kV箱式变电站构成,一字排列,之间间隔皆为10m。该站采用联合接地体,下列哪些做法是正确的? ( )

(A)铁塔避雷针引下线接地点与微波站信号电路接地点的距离是15m
(B)变电所接地网与机房接地网每隔5m相互焊接连通一次,共有两处连通
(C)变电所低压采用TN系统,低压入机房处PE线重复接地,接地电阻为8Ω
(D)该站采用联合接地网,工频接地电阻为10Ω

55. 在综合布线系统设计中,对于信道的电缆导体的指标要求,下列哪些项符合规范的规定? ( )

(A)在信道每一线对中两个导体之间的不平衡直流电阻对各等级布线系统不应超过5%
(B)在各种温度条件下，布线系统D级信道线对每一导体最小的传送直流电流应为0.175A
(C)在各种温度条件下，布线系统E、F级信道线对每一导体最小的传送直流电流应为0.175A
(D)在各种温度条件下，布线系统D、E、F级信道的任何导体之间应支持200V直流工作电压，每一线对的输入功率应为25W

56. 建筑照明设计中，光源颜色的选用场所，下列哪些项符合现行国家标准规定？ (　　)

(A)工业建筑仪表装配的照明光源相关色温宜选用 >5300K，色表特征为冷的光源
(B)长期工作或停留的房间或场所，照明光源的显色指数(Ra)不应小于80
(C)在灯具安装高度大于8m的工业建筑场所，Ra可低于80，但必须能够辨别安全色
(D)当选用发光二极管灯光源时，长期工作或停留的房间或场所，色温不宜高于4000K，特殊显色指数R9应大于零

57. 下列哪些情况下，无功补偿装置宜采用手动补偿投切方式？ (　　)

(A)补偿低压基本无功功率的电容器组
(B)常年稳定的无功功率
(C)经常投入运行的变压器
(D)每天投切三次的高压电动机及高压电容器组

58. 晶闸管变流器供电的可逆调速系统实现四个象限运动有三种方法，与电枢用一套变流装置，切换主回路开关方向的可逆调速方法，与电枢用两套变流装置可逆运行的可逆调速方法相比，下述哪些是电枢用一套变流装置，磁场反向的可逆调速方法的特点？ (　　)

(A)系统复杂
(B)投资大
(C)有触点开关，维护工作量大
(D)要求有可靠的可逆励磁回路

59. 关于公用电网谐波的检测，下列描述正确的是哪些项？ (　　)

(A)10kV无功补偿装置所连接母线的谐波电压需设置谐波检测点进行检测
(B)一条供电线路上接有两个及以上不同部门的谐波源用户时，谐波源用户受电端需设置谐波检测点进行检测
(C)用于谐波测量的电流互感器和电压互感器的准确度不宜低于1.0级

(D)谐波测量的次数为5次/分钟

60. 建筑物中的可导电部分,应做总等电位联结,下列描述正确的是哪些项?
( )

(A)总保护导体(保护导体、保护接地中性导体)
(B)电气装置总接地导体或总接地端子排
(C)建筑物内的水管、燃气管、采暖和通风管道等各种非金属干管
(D)可接用的建筑物金属结构部分

61. 1000V交流/1500直流系统在爆炸危险环境电力系统接地和保护接地设计时,下列描述正确的是哪些项? ( )

(A)电源系统接地中的TN系统应采用TN-S系统
(B)电源系统接地中的TT系统应采用剩余电流动作的保护电器
(C)电源系统接地中的IT系统应设置绝缘监测装置
(D)在不良导电地面处,不需要做保护接地

62. 关于自动灭火系统的场所设置,下列描述正确的是哪些项? ( )

(A)高层乙、丙类厂房
(B)建筑面积 >500m^2 的地下或半地下厂房
(C)单台容量在40MVA及以上的厂矿企业油浸变压器
(D)建筑高度大于100m的住宅建筑

63. 关于交流单芯电缆接地方式的选择,下列哪些描述是正确的? ( )

(A)电缆金属层接地方式的选择与电缆长度相关
(B)电缆金属层接地方式的选择与电缆金属层上的感应电势大小相关
(C)电缆金属层接地方式的选择与是否采取防止人员接触金属层的安全措施相关
(D)电缆金属层接地方式的选择与输送容量无关

64. 3~110kV三相供电回路中,关于单芯电缆选择描述下列哪些项是正确的?
( )

(A)回路工作电流较大时可选用单芯电缆
(B)电缆母线宜选择单芯电缆
(C)35kV电缆水下敷设时,可选用单芯电缆
(D)110kV电缆水下敷设时,宜选用三芯电缆

65. 某直流系统,设一组阀控式铅酸蓄电池,容量为100Ah,蓄电池个数104只,单体2V,系统经常负荷为20A,均衡充电时不与直流母线相连,下述关于该直流系统充电装置额定电流描述正确的哪些项? ( )

(A)充电装置额定电流需满足浮充电要求,大于等于20.1A
(B)充电装置额定电流需满足蓄电池充电要求,充电输出电流为10~12.5A
(C)充电装置额定电流需满足均衡充电要求,充电输出电流为30~32.5A
(D)充电装置额定电流为15A,可满足要求

66. 关于35kV变电站的站区布置,下列哪些描述是正确的? ( )

(A)屋外变电站的实体围墙不应低于2.2m
(B)变电站的场地设计坡度,应根据设备布置、土质条件、排水方式确定,坡度宜为0.5%~2%,且不应小于0.3%
(C)道路最大坡度不宜大于6%
(D)电缆沟及其他类似沟道的沟底纵坡,不宜小于0.3%

67. 在建筑物引下线附近保护人身安全需采取防接触电压和跨步电压的措施,下列哪些做法是正确的? ( )

(A)利用建筑物金属构架和建筑互相连接的钢筋在电气上是贯通且不小于10根柱子组成的自然引下线,作为自然引下线的柱子包括位于建筑物四周和建筑物内的
(B)引下线3m范围内地表层的电阻率不小于50kΩ·m,或敷设5cm厚沥青层或15cm厚砾石层
(C)用护栏、警告牌使接触引下线的可能性降至最低限度
(D)用网状接地装置对地面做均衡电位处理是防接触电压的措施

68. 按年平均雷暴日数划分地区雷暴日等级,下列哪些描述是正确的? ( )

(A)少雷区:年平均雷暴日在30d及以下地区
(B)中雷区:年平均雷暴日大于30d,不超过40d的地区
(C)多雷区:年平均雷暴日大于40d,不超过90d的地区
(D)强雷区:年平均雷暴日超过90d的地区

69. 在380/220V配电系统中,某回路采用低压4芯电缆供电,关于截面选择时需要考虑的因素中,下列哪些项是正确的? ( )

(A)导体的材质和相导体的截面
(B)正常工作时,中性导体预期的最大电流(包括谐波电流)
(C)导体应满足热稳定和动稳定的要求
(D)铝保护接地中性导体的截面积不应小于$10mm^2$

70. 下列哪些高压设备的选择需要进行动稳定性能校验? ( )

(A)高压真空接触器 (B)避雷器
(C)并联电抗器 (D)穿墙套管

2017年专业知识试题答案(下午卷)

1. **答案**:D

依据:《照明设计手册》(第三版)P62 式(2-5)。

$$\mu=\frac{BEF\cdot P}{100}=\frac{0.61\times150}{100}=0.915$$

2. **答案**:C

依据:《建筑物防雷设计规范》(GB 50057—2010)第3.0.4条。

3. **答案**:D

依据:《导体和电器选择设计技术规定》(DL/T 5222—2005)第18.2.6条。

$$U_{\mathrm{R}}\geqslant1.05\times\frac{10}{\sqrt{3}}=6.06\mathrm{kV}$$

4. **答案**:C

依据:《建筑物电气装置第5部分:电气设备的选择和安装第523节:布线系统载流量》(GB 16895.15—2002)附录C表(C52-1)。

5. **答案**:A

依据:《交流电气装置的过电压保护和绝缘配合设计规范》(GB/T 50064—2014)第6.4.6条。

6. **答案**:B

依据:《并联电容器装置设计规范》(GB 50227—2017)第8.2.1条、第8.2.4条。

7. **答案**:B

依据:《3~110kV高压配电装置设计规范》(GB 50060—2008)第5.1.1条及表5.1.1。

带电作业时,不同相或交叉的不同回路带电部分之间,其B_1值可在A_2值上加750mm。

8. **答案**:C

依据:《交流电气装置的接地设计规范》(GB/T 50065—2011)附录A,第A.0.5条。

$$\rho_a=\frac{\rho_1\rho_2}{\frac{H}{l}(\rho_2-\rho_1)+\rho_1}=\frac{40\times100}{\frac{2}{3}\times(100-40)+40}=50\Omega\cdot\mathrm{m}$$

9. **答案**:D

依据:《电力工程直流系统设计技术规程》(DL/T 5044—2014)第4.1.2-2条。

10. **答案**:A

依据:《电力工程电缆设计规范》(GB 50217—2018)第5.1.10-1条。

11. 答案:D

依据:《建筑物防雷设计规范》(GB 50057—2010)第6.4.4条及表6.4.4。

12. 答案:A

依据:《建筑设计防火规范》(GB 50016—2014)第3.7.4条。

13. 答案:A

依据:《低压配电设计规范》(GB 50054—2011)第5.2.9-1条。

14. 答案:A

依据:《爆炸危险环境电力装置设计规范》(GB 50058—2014)第5.2.2-1条。

15. 答案:D

依据:《电能质量三相电压不平衡》(GB/T 15543—2008)第4.1条。

16. 答案:D

依据:《电力装置电测量仪表装置设计规范》(DL/T 50063—2017)第3.1.4条。

17. 答案:A

依据:《民用建筑电气设计规范》(JGJ 16—2008)第5.2.3-5条。

18. 答案:A

依据:《电能质量供电电压偏差》(GB 12325—2008)第4.1条、《电能质量电力系统频率偏差》(GB 15945—2008)第3.1条。

注:容量较小指3000MW以下。

19. 答案:D

依据:《火灾自动报警系统设计规范》(GB 50116—2013)第6.2.17-1条。

20. 答案:C

依据:《视频显示系统工程技术规范》(GB 50464—2008)第3.2.2条及表3.2.2。

21. 答案:A

依据:《电力工程电缆设计规范》(GB 50217—2018)第6.2.2条、第6.2.3-1条、第6.2.4-3条、第6.2.5-3条。

22. 答案:D

依据:《会议电视会场系统工程设计规范》(GB 50635—2010)第3.6.3条。

23. 答案:C

依据:《综合布线系统工程设计规范》(GB 50311—2016)附录A第A.0.5-1条。

24. 答案:B

依据:《建筑照明设计标准》(GB 50034—2013)第6.3.16条。

25. 答案:C

依据:《数据中心设计规范》(GB 50174—2017)第8.1.14条、第8.1.16条。

26. 答案:A

依据:《低压配电设计规范》(GB 50054—2011)第5.2.1条。

27. 答案:C

依据:《钢铁企业电力设计手册》(下册)P102式(24-2)。

$$\frac{U'_{q\Delta}}{U_{q\Delta}}=\frac{1+\sqrt{3}K}{1+3K}=\frac{1+\sqrt{3}}{1+3}=0.683$$

28. 答案:A

依据:《建筑物电子信息系统防雷技术规范》(GB 50343—2012)第4.3.1条及表4.3.1。

29. 答案:C

依据:《人民防空地下室设计规范》(GB 50038—2005)第7.3.1条、第7.3.2条、第7.3.4条,《人民防空工程设计防火规范》(GB 50098—2009)第8.3.1条。

30. 答案:C

依据:《工业与民用供配电设计手册》(第四版)P20式(1.6-5)和式(1.6-7),表(1.6-1)。

U相:$P_u=P_{UV}p_{(UV)U}+P_{WU}p_{(WU)U}=46\times0.89+0=40.94\text{kW}$

V相:$P_V=P_{UV}p_{(UV)V}+P_{VW}p_{(VW)V}=46\times0.11+0=5.06\text{kW}$

注:也可参考《工业与民用配电设计手册》(第三版)P12式(1-28)和式(1-30)和表1-14。

31. 答案:C

依据:《电能质量供电电压偏差》(GB 12325—2008)第4.3条

$$\delta U=\frac{U-U_n}{U_n}\times100\%=\frac{236-220}{220}\times100\%=+7.27\%>7\%$$,不符合规定。

32. 答案:C

依据:《照明设计手册》(第三版)P145式(2-39)。

灯具数量:$N=\frac{E_{av}A}{\Phi UK}=\frac{300\times10\times6.6}{3300\times0.8\times0.62}=12.10$个

33. 答案:C

依据:《人民防空工程设计防火规范》(GB 50098—2009)第8.1.1条、第8.2.1条、第8.2.6条。

34. 答案:B

依据:《钢铁企业电力设计手册》(下册)P379表(26-15)。

畸变因数随整流相数 q(即脉动次数)的增多而改善,亦即整流相数越多的整流电路,谐波对电网的影响就越小。

35. 答案:B

依据:《3~110kV 高压配电装置设计规范》(GB 50060—2008)第 5.5.4 条。

注:也可参考《20kV 及以下变电所设计规范》(GB 50053—2013)第 4.2.7 条。

36. 答案:C

依据:《系统接地的型式及安全技术要求》(GB 14050—2008)第 4.1-c)条,参考 TN-C-S 系统的接地形式分析答案。

37. 答案:A

依据:《建筑照明设计标准》(GB 50034—2013)第 3.3.2 条。

注:未明确为直管荧光灯。

38. 答案:D

依据:《电力工程电缆设计规范》(GB 50217—2018)第 7.0.7 条。

39. 答案:B

依据:《建筑设计防火规范》(GB 50016—2014)第 10.3.2 条。

40. 答案:D

依据:《电力装置电测量仪表装置设计规范》(DL/T 50063—2017)第 3.3.4 条。

41. 答案:ABD

依据:《3-110kV 高压配电装置设计规范》(GB 50060—2008)第 5.3.2 条~第 5.3.4 条。

42. 答案:ABC

依据:《钢铁企业电力设计手册》(下册)P337 表 25-17。

43. 答案:ABC

依据:《照明设计手册》(第三版)P190"灯具选择部分内容"。

44. 答案:BC

依据:《电力工程电缆设计规范》(GB 50217—2018)第 5.3.5 条及表 5.3.5。

45. 答案:BCD

依据:《电能质量电压波动和闪变》(GB 12326—2008)第 3.7 条。

46. 答案:BD

依据:《照明设计手册》(第三版)P5"镇流器流明系数",《建筑照明设计标准》(GB 50034—2013)第 2.0.29 条和第 2.0.31 条。

47. 答案:ACD

依据:《人民防空地下室设计规范》(GB 50038—2005)第 7.2.6 条。

48. **答案**:CD

依据:《电击防护装置和设备的通用部分》(GB/T 17045—2008)第 7.2 条“Ⅰ类设备”。

注:Ⅰ类设备采用基本绝缘作为基本防护措施,采用保护联结作为故障防护措施。也可参考《低压配电装置第 4-41 部分:安全防护电击防护》(GB 16895.21—2012)有关内容分析确定。

49. **答案**:ABD

依据:《钢铁企业电力设计手册》(下册)P50,23.5.1“负荷平稳的连续工作制电动机”,P52,23.5.3“短时工作制电动机”,《工业与民用供配电设计手册》(第四版)P5 式(1.2-1)。

注:也可参考《工业与民用配电设计手册》(第三版)P2 式(1-1),原答案应选 C。

50. **答案**:BCD

依据:《电流对人和家畜的效应第 1 部分:通用部分》(GB/T 13870.1—2008)1 范围内容第二段。

51. **答案**:ABC

依据:《建筑照明设计标准》(GB 50034—2013)第 3.2.2 条。

52. **答案**:BD

依据:《会议电视会场系统工程设计规范》(GB 50635—2010)第 3.2.5 条。

53. **答案**:CD

依据:《数据中心设计规范》(GB 50174—2017)第 8.4.8 条及表 8.4.8。

54. **答案**:BC

依据:《工业与民用供配电设计手册》(第四版)P1443 ~ P1444 有关微波站接地内容。

注:也可参考《工业与民用配电设计手册》(第三版)P908 ~ P910“有关微波站接地内容”。

55. **答案**:BC

依据:《民用建筑电气设计规范》(JGJ 16—2008)第 21.4.4 条。

56. **答案**:BCD

依据:《建筑照明设计标准》(GB 50034—2013)第 4.4.1 条、第 4.4.2 条、第 4.4.4 条。

57. **答案**:ABC

依据:《供配电系统设计规范》(GB 50052—2009)第 6.0.7 条。

58. **答案**:AD

依据:《钢铁企业电力设计手册》(下册)P430 表 26-33“直流电动机可逆方式比较”。

59. **答案**:AB

依据:《电力装置电测量仪表装置设计规范》(DL/T 50063—2017)第 3.6.4 条、第 3.6.6 条。

60. **答案**:ABC

依据:《交流电气装置的接地设计规范》(GB/T 50065—2011)附录 H。

61. **答案**:ABC

依据:《爆炸危险环境电力装置设计规范》(GB 50058—2014)第 5.5.1 条。

62. **答案**:ACD

依据:《建筑设计防火规范》(GB 50016—2014)第 8.3.1 条、第 8.3.3-4 条、第 8.3.8-1条。

63. **答案**:AB

依据:《电力工程电缆设计规范》(GB 50217—2018)第 4.1.12 条。

64. **答案**:ABC

依据:《电力工程电缆设计规范》(GB 50217—2018)第 3.5.3 条、第 3.5.4 条,《导体和电器选择设计技术规定》(DL/T 5222—2005)第 7.6.3 条。

65. **答案**:AB

依据:《电力工程直流系统设计技术规程》(DL/T 5044—2014)附录 D。

66. **答案**:ABC

依据:《35kV ~ 110kV 变电站设计规范》(GB 50059—2011)第 2.0.5 条、第 2.0.7条。

67. **答案**:AB

依据:《建筑物防雷设计规范》(GB 50057—2010)第 4.5.6 条。

68. **答案**:CD

依据:《交流电气装置的过电压保护和绝缘配合设计规范》(GB/T 50064—2014)第 2.0.6 条 ~ 第 2.0.9 条。

69. **答案**:ABC

依据:《低压配电设计规范》(GB 50054—2011)第 3.2.2 条、第 3.2.8 条、第 3.2.10 条。

70. **答案**:ACD

依据:《导体和电器选择设计技术规定》(DL/T 5222—2005)第 10.5.1 条、第 14.1.1 条、第 20.1.1 条、第 21.0.2 条。

2017年案例分析试题(上午卷)

[案例题是4选1的方式,各小题前后之间没有联系,共25道小题,每题分值为2分,上午卷50分,下午卷50分,试卷满分100分。案例题一定要有分析(步骤和过程)、计算(要列出相应的公式)、依据(主要是规程、规范、手册),如果是论述题要列出论点]

题1~5:请按下列描述回答问题,并分别说明理由。

1. 在某外部环境条件下,交流电流路径为手到手的人体总阻抗 Z_T 如下表所示。已知偏差系数 $F_D(5\%)=0.74$,$F_D(95\%)=1.35$。一手到一脚的人体部分内阻抗百分比分布中膝盖到脚占比为32.3%,电流流过膝盖时的附加内阻抗百分比为3.3%。电流路径为一手到一脚的人体总阻抗为手到手人体总阻抗的80%。请计算在相同的外部环境条件下,当接触电压为1000V,人体总阻抗为不超过被测对象5%,且电流路径仅为一手到一膝盖时的接触电流值与下列哪项数值最接近?(忽略阻抗中的电容分量及皮肤阻抗) ( )

接触电压	不超过被测对象的95%的人体总阻抗 Z_T 值(Ω)
400	1340
500	1210
700	1100
1000	1100

(A)2.34A (B)2.45A

(C)2.92A (D)3.06A

解答过程:

2. 某变电所采用TN-C-S系统给一建筑物内的用电设备供电,配电线路如下图所示,变压器侧配电柜至建筑内配电箱利用电缆第四芯作为PEN线,建筑内配电箱至用电设备利用电缆第四芯作为PE线,用电设备为三相负荷,线路单位长度阻抗如下表,忽略电抗以及其他未知电阻的影响。当用电设备电源发生一相与外壳单相接地故障时(金属性短路),计算该供电回路的故障电流应为下列哪项数值? ( )

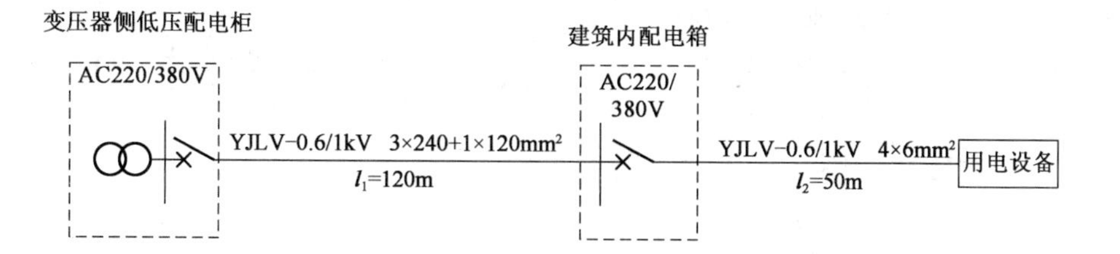

线路单位长度阻抗值(单位:mΩ/m)

<table>
<tr><td colspan="7">R'①</td></tr>
<tr><td colspan="2">$S(mm^2)$②</td><td>150</td><td>95</td><td>50</td><td>16</td><td>6</td></tr>
<tr><td colspan="2">铝</td><td>0.192</td><td>0.303</td><td>0.575</td><td>1.798</td><td>4.700</td></tr>
<tr><td colspan="2">铜</td><td>0.117</td><td>0.185</td><td>0.351</td><td>1.097</td><td>2.867</td></tr>
<tr><td colspan="7">R'_{php}③</td></tr>
<tr><td colspan="2">$S_p = S(mm^2)$②4 ×</td><td>150</td><td>95</td><td>50</td><td>16</td><td>6</td></tr>
<tr><td colspan="2">铝</td><td>0.576</td><td>0.909</td><td>1.725</td><td>5.394</td><td>14.100</td></tr>
<tr><td colspan="2">铜</td><td>0.351</td><td>0.555</td><td>1.053</td><td>3.291</td><td>8.601</td></tr>
<tr><td rowspan="2">Sp = S/2
(mm^2)</td><td>3 ×</td><td>150</td><td>95</td><td>50</td><td>16</td><td>6</td></tr>
<tr><td>+1 ×</td><td>70</td><td>50</td><td>25</td><td>10</td><td>4</td></tr>
<tr><td colspan="2">铝</td><td>0.905</td><td>1.317</td><td>2.589</td><td>7.011</td><td>17.625</td></tr>
<tr><td colspan="2">铜</td><td>0.552</td><td>0.804</td><td>1.580</td><td>4.277</td><td>10.751</td></tr>
</table>

注:①R'为导线20℃时单位长度电阻值,$R' = C_j \frac{\rho_{20}}{S} \times 10^3 (m\Omega/m)$,铝$\rho_{20} = 2.82 \times 10^{-6}\Omega \cdot cm$,铜$\rho_{20} = 1.72 \times 10^{-6}\Omega \cdot cm$。$C_j$为绞入系数,导线截面≤$6mm^2$时,$C_j$取为1.0,导线截面$>6mm^2$,$C_j$取为1.02。

②S为相线线芯截面,S_p为PEN线线芯截面。

③R'_{php}为计算单相对地短路电流用的相保电阻,其值取导线20℃时电阻的1.5倍。

(A)286A　　　　(B)294A

(C)312A　　　　(D)15027A

解答过程:

3. 某变压器的配电线路如下图所示,已知变压器电阻$R_1 = 0.02\Omega$,图中为设备供电的电缆相线与PEN线截面相等,各相线单位长度电阻值均为$6.5\Omega/km$,忽略其他未知电阻、电抗的影响,当设备A发生相线对设备外壳短路故障时,计算设备B外壳的对地故障电压应为下列哪项数值?　　(　　)

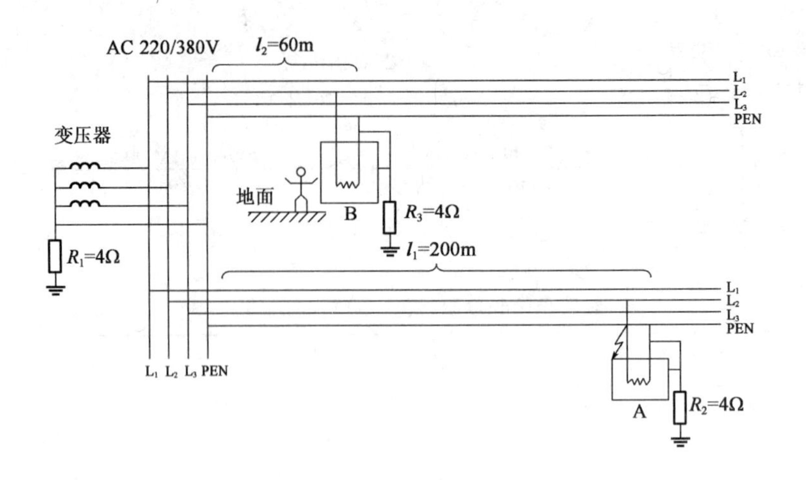

(A)30.80V　　(B)33.0V

(C)33.80V　　(D)50.98V

解答过程：

4. 某10kV变电所的配电接线如下图所示，R_E和R_B相互独立，R_E与R_A相互连接，低压侧IT系统采用经高电阻接地，R_D远大于R_A、R_B及R_E，低压侧线电压为AC380V。变电所内高压侧发生接地故障时，流过R_E的故障电流$I_E=10A$，计算高压侧发生接地故障时低压电气装置相线与外壳间的工频应力电压U_1应为下列哪项数值？（忽略线路、变压器及未知阻抗）　（　）

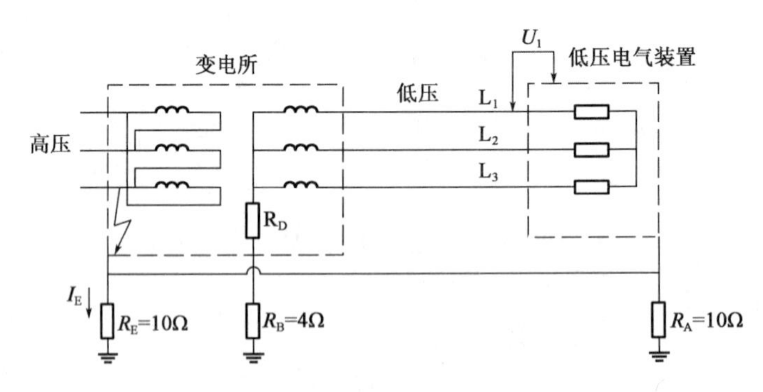

(A)100V　　(B)220V

(C)250V　　(D)320V

解答过程：

5. 请判断下列设计方案的描述哪几条不符合规范的要求，并分别说明正确与错误的原因？（　　）

a. 某企业室外降压变电站的变压器的总油量为6t，该变电站与单层三级耐火等级的丙类仓库的防火间距设计为12m。

b. 某民用建筑内油浸变压器室位于地面一层，变压器室下面有地下室，该变压器室设置挡油池时，挡油池的容积可按容纳20%变压器油量设计，并有能将事故油排到安全场所的设施。

c. 某住宅楼与10kV预装式变电站（干式）的防火间距设计为2m。

d. 某民用建筑内柴油发电机储油间，其柴油总储存量不大于$1m^3$。

(A)1条　　(B)2条

(C)3条　　(D)4条

解答过程：

题6～10：某科技园位于寒冷地区，其中规划有科研办公楼高99m，酒店高84m，住宅楼高49.5m，员工宿舍楼高24.5m，以及配套商业、车库等建筑物。请回答下列电气设计过程中的问题，并列出解答过程。

6. 根据下表列出的几栋建筑的技术指标，同时系数取0.9，$\cos\varphi=0.92$，计算总负荷容量应为下列哪项数值？（　　）

序号	建筑名称	建筑面积(m^2)	户数	计算负荷指标	需要系数
1	科研办公楼	31400	—	$42W/m^2$	—
2	员工宿舍楼	2800	27	2.5kW/户	0.65
3	住宅楼	12122	117	6kW/户	0.4
4	配套商业、车库及设施	14688	—	$36W/m^2$	—

(A)1799kVA　　(B)1955kVA

(C)2125kVA　　(D)2172kVA

解答过程：

7. 某栋住宅楼用电设备清单见下表，同时系数取1，$\cos\varphi=0.85$，分别计算二、三级负荷容量为下列哪一项？（　　）

序号	用电设备名称	设备容量(kW)	数量	需要系数	备注
1	住户用电	6kW	99 户	0.4	三相配电
2	应急照明	5		1	
3	走道照明	10		0.5	
4	普通照明	15		0.5	
5	消火栓水泵	30	2	1	一用一备
6	喷淋水泵	15	2	1	一用一备
7	消防电梯	17.5	1	1	
8	普通客梯	17.5	1	1	
9	生活水泵	7.5	2	1	一用一备
10	排污泵	3	4	0.9	
11	消防用排水泵	3	4	1	
12	消防加压装置	5.5	2	1	
13	安防系统用电	20		0.85	
14	通风机	7.5	4	0.6	
15	公共小动力电源	10		0.6	
16	集中供暖热交换系统	50		0.7	

注:所有用电设备不计及损耗,即效率均取 1。

(A)二级负荷 156kVA,三级负荷 376kVA

(B)二级负荷 169kVA,三级负荷 364kVA

(C)二级负荷 175kVA,三级负荷 358kVA

(D)二级负荷 216kVA,三级负荷 317kVA

解答过程:

8. 科研办公楼用电量统计见下表,设计要求变压器负荷率不大于 65%,无功补偿后的功率因数按 0.92 计算,同时系数取 0.9,不计及变压器损耗,计算选择变压器容量应为下列哪项数值?(变压器容量只按负荷率选择,不必进行其他校验) (   )

序号	用电负荷名称	容量(kW)	需要系数 K_x	$\cos\varphi$	备注
1	照明用电	316	0.70	0.9	
2	应急照明	40	1	0.9	平时用电 20%
3	插座及小动力用电	1057	0.35	0.85	
4	新风机组及风机盘管	100	0.6	0.8	
5	动力设备	105	0.6	0.8	
6	制冷设备	960	0.6	0.8	

续上表

序号	用电负荷名称	容量(kW)	需要系数 K_x	$\cos\varphi$	备注
7	采暖热交换设备	119	0.6	0.8	
8	出租商业及餐饮	200	0.6	0.8	
9	建筑立面景观照明	57	0.6	0.7	
10	控制室及通信机房	100	0.6	0.85	
11	信息及智能化系统	20	0.6	0.85	
12	防排烟设备	550	1	0.8	
13	消防水泵	215	0.5	0.8	
14	消防卷帘门	20	1	0.8	
15	消防电梯	30	1	0.8	
16	客梯、货梯	150	0.65	0.8	
17	建筑立面擦窗机	52	0.6	0.8	

注:所用用电设备不计及损耗,即效率均取1。

(A)2×1000kVA　　(B)2×1250kVA

(C)2×1600kVA　　(D)2×2000kVA

解答过程:

9. 自备应急柴油发电机组设置20m³室外埋地储油罐,附近有杆高为10m的架空电力线路,请计算确定该储罐与架空电力线路的最小水平距离应为下列哪项数值?(　　)

(A)6m　　(B)7.5m

(C)12m　　(D)15m

解答过程:

10. 某低压配电系统,无功功率补偿设备选用额定容量480kvar,额定线电压480V的三相并联电容器组,角型连接,回路要求串7%电抗器组,母线运行电压为0.4kV,如图所示。请计算确定串联电抗器组的容量最接近下列哪项数值?(　　)

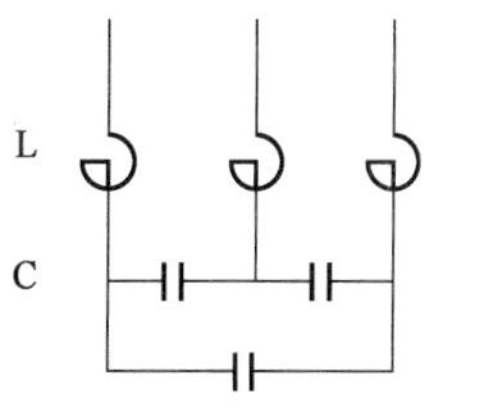

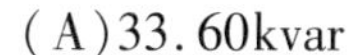
(A)33.60kvar　　(B)26.98kvar

(C)23.33kvar　　(D)8.99kvar

解答过程:

题 11～15：某 110kV 变电站，配置有两台变压器，变压器铭牌为 SF11-50000/110，50MVA，110±2×2.5%/10.5kV。正常情况下每台主变负荷率为 50%，一台主变故障检修情况下另一台主变负荷率为 100%。变压器户外布置，110kV 侧采用电缆进线，10kV 侧采用裸母线出线（阳光直射无遮拦），母线为铝镁硅系（6063）管型母线，规格为 Φ120/110。变电站所在位置最热月平均最高环境温度为 30℃，年最高温度为 40℃，海拔高度 2000m。请回答下列问题，并列出解答过程。

11. 计算该主变压器 10kV 侧母线的允许载流量应为下列哪项数值？并判断是否满足运行要求。[假定变压器 10kV 侧电压维持在 10kV 不变，母线载流量数据参见《导体和电器选择设计技术规定》（DL/T 5222—2005）] （ ）

(A) 2565.2A，满足　　(B) 2566.2A，不满足
(C) 2786.1A，满足　　(D) 2786.1A，不满足

解答过程：

12. 该变电站向某 10kV 用户配电站提供电源，采用一回电缆出线，已知该电缆回路电阻为 0.118Ω/km，感抗为 0.090Ω/km，电缆长度为 2km。用户配电站实际运行有功功率变化范围为 5MW～10MW，功率因数为 0.95. 假设变电站 10kV 母线电压偏差范围为 ±2%，计算用户配电站 10kV 母线电压偏差范围应为下列哪项数值？若产权分界点为用户配电站 10kV 进线柜出线端头，判断其电压偏差是否满足供电电压偏差限制要求，并说明依据。 （ ）

(A) 1.418%～2.95%，满足　　(B) -0.52%～4.95%，满足
(C) -3.48%～-0.89%，满足　　(D) -4.95%～0.52%，满足

解答过程：

13. 该变电站设有一台 380V 消防专用水泵，其工作电流为 220A，采用一根 1kV 三芯交联聚乙烯绝缘铜芯钢带铠装电缆配电，电缆在土壤中单根直埋敷设，埋深处的最热月平均地温为 30℃，土壤热阻系数为 1.5K·m/W。如仅从电缆载流量和经济性方面考虑，计算该配电电缆的最小截面应为下列哪项数值？[设电缆经济电流密度选为 1.8A/mm^2，电缆直埋时的允许载流量参见《电力工程电缆设计规范》GB 50217—2007）] （ ）

(A) 70mm^2　　(B) 95mm^2　　(C) 120mm^2　　(D) 150mm^2

解答过程：

14. 已知该变电所 110kV 进线电缆内绝缘额定雷电冲击耐受电压(峰值)为 450V，求其终端内、外绝缘雷电冲击耐受电压(峰值)最低值应分别为下列哪项数值？（　　）

(A)450kV，450kV　　(B)450kV，509kV

(C)450kV，550kV　　(D)509kV，509kV

解答过程：

15. 若该变电站采用一回 110kV 电缆进线，电缆长度为 500m，采用 3 根单芯电缆直线并列紧靠敷设。电缆金属层平均半径为 20mm，电缆外半径为 25mm。若回路正常工作电流为 400A，请通过计算确定电缆金属层宜采用下述哪种接地方式？（　　）

(A)线路一端或中央部分单点直接接地　　(B)分区段交叉互联接地

(C)不接地　　(D)线路两端直接接地

解答过程：

题 16～20：某钢厂配电回路中电动机参数如下：额定电压 $U_e = 380V$，额定功率 $P_e = 45kW$，额定效率 $\eta = 0.9$，额定功率因数 $\cos\varphi = 0.8$，启动电流倍数 $\lambda = 6$。变压器高压侧系统短路容量为 100MVA，其他参数如图所示。请回答下列问题，并列出解答过程。

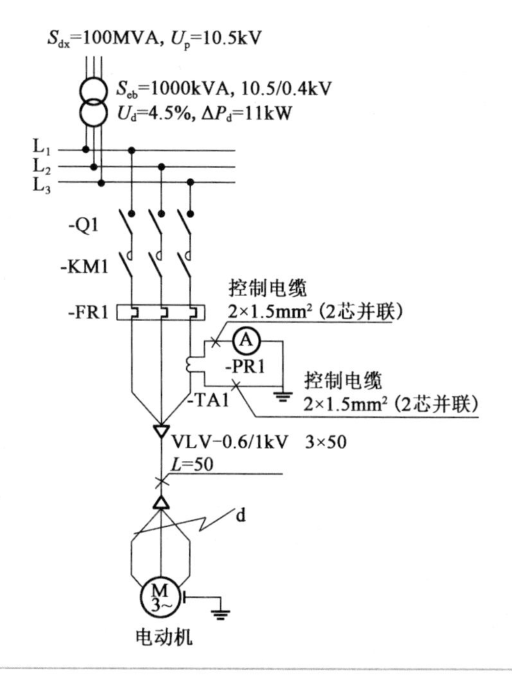

16. 已知断路器 Q1 的瞬时动作电流倍数为 10 倍，动作时间小于 20ms，不考虑温度补偿系数。计算图中断路器 Q1 的额定电流和瞬时动作电流整定值最小宜为下列哪项数值？（ ）

(A)80A，800A　　(B)100A，1000A

(C)125A，1250A　　(D)160A，1600A

解答过程：

17. 题图中电流互感器 TA1 为 ALH－0.66，150/5A，在准确度 1.0 级时，额定容量为 5VA；机旁操作箱上电流表 PA1 额定容量为 0.55VA，TA1 到 PA1 的距离为 50m，忽略柜内导线及所有接触电阻，不计电抗，铜导体电阻率为 $0.0184\Omega \cdot mm^2/m$。计算在电动机额定工作状态下，整个电流检测外部回路的损耗应为下列哪项数值？并判断电流互感器的容量能否满足电流表的指示精度要求。（ ）

(A)3.31W，满足　　(B)4.53W，满足

(C)6.38W，不满足　　(D)7.38W，不满足

解答过程：

18. 已知 VLV－0.6/1kV－3×$50mm^2$ 电缆的电阻及电抗分别为 $0.754m\Omega/m$ 和 $0.075m\Omega/m$，在忽略系统电阻，不忽略回路电阻的条件下，计算题图中 d 点的三相短路冲击电流与下列哪项数值最接近？（忽略母线及低压主回路元件的阻抗，三相短路电流冲击系数 $K_{ch}=1$）（ ）

(A)0.47kA

(B)5.59kA

(C)7.90kA

(D)8.47kA

解答过程：

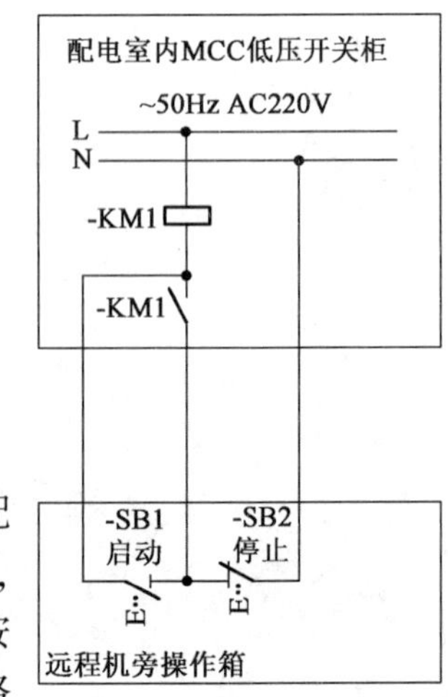

19. 右图中低压交流 220V 控制回路中 KM1 为安装在配电室内 MCC 低压开关柜中的交流接触器（吸持功率 20W），SB1、SB2 为分别安装在远程机旁操作箱上的启动、停止按钮，配电柜与机旁操作箱之间的距离为 500m。若考虑线路

电容电流对 KM1 断开的影响，计算配电柜与机旁操作箱的临界距离应为下列哪项数值？并判定接触器能否受开关 SB2 的控制正常断开。 (　　)

(A)344m，不能　　(B)450m，不能　　(C)688m，能　　(D)860m，能

解答过程：

20. 下图为某移动设备的正、反方向运行原理系统图及接线图，该移动设备运行区间受 PLC（可编程控制器）控制，达到两端位置受限位开关（LS1、LS2）控制停止。请对图中标注的 a、b、c、d 环节中原理、逻辑或电缆接线进行分析，判断错误有几处，并对错误环节的原因进行解释说明。 (　　)

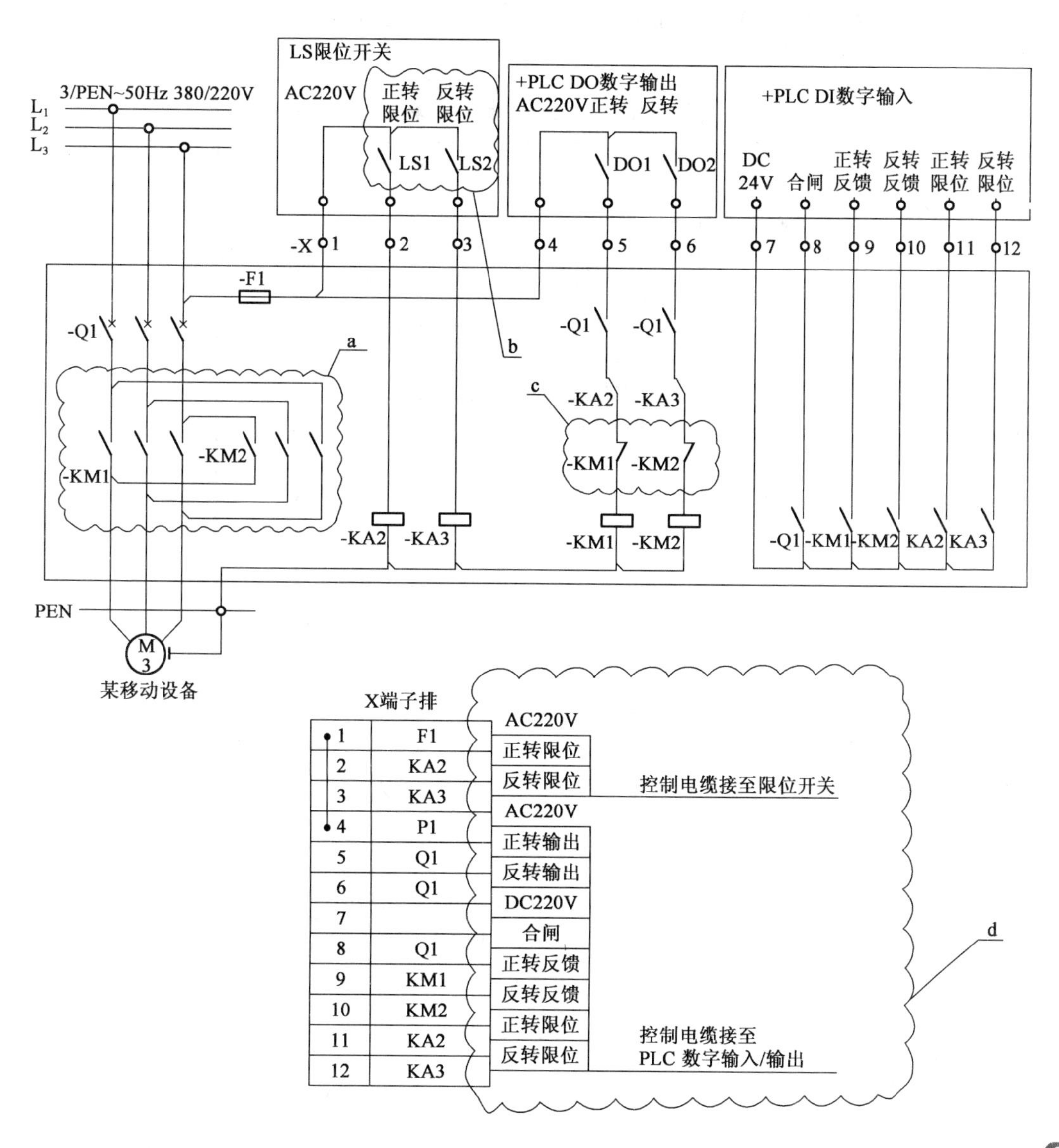

(A)一处　　(B)二处　　(C)三处　　(D)四处

解答过程：

题 21 ~25：请按下列描述回答问题，并分别说明理由。

21. 某 110kV 室外变电站的部分场地布置初步设计方案见下图，变电站的外围采用 2m 高的实体外墙，场地内设有消防和运输通道。110kV 和 35kV 配电装置均选用不含油电气设备，室内布置，110kV 和 35kV 配电室靠近变压器一侧均设有通风用窗户和供人员出入的门。变电站设总事故油池一座，两台 110/35kV 主变选用油浸变压器，单台变压器油重 6.5t。图中标注的尺寸单位均为 m，均指建(构)筑物外缘的净尺寸。请判断该设计方案有几处不符合规范的要求？并分别说明理由。　　(　　)

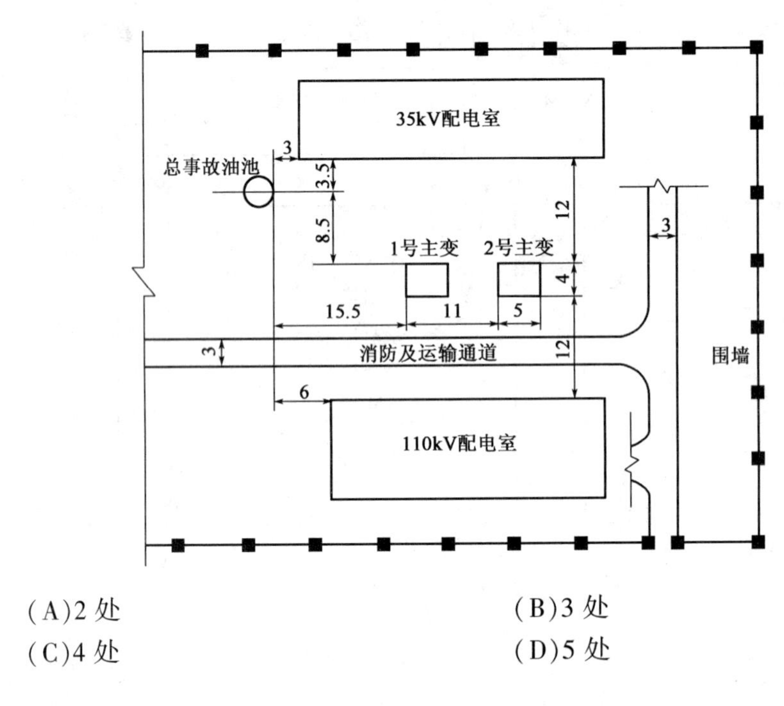

(A)2 处　　(B)3 处

(C)4 处　　(D)5 处

解答过程：

22. 某 110/35kV 变电站部分设计方案如下图所示，已知当地海拔高度小于 1000m，110kV 系统为有效接地系统。该变电站为独立场地，四周有实体围墙，场地内室外布置的全部电气设备不单独设置固定遮拦，变压器储油池按能容纳 100% 油量设计，图中标注的尺寸单位均为 mm，请判断该设计方案中共有几处不符合规范的要求？并分别说明理由。　　(　　)

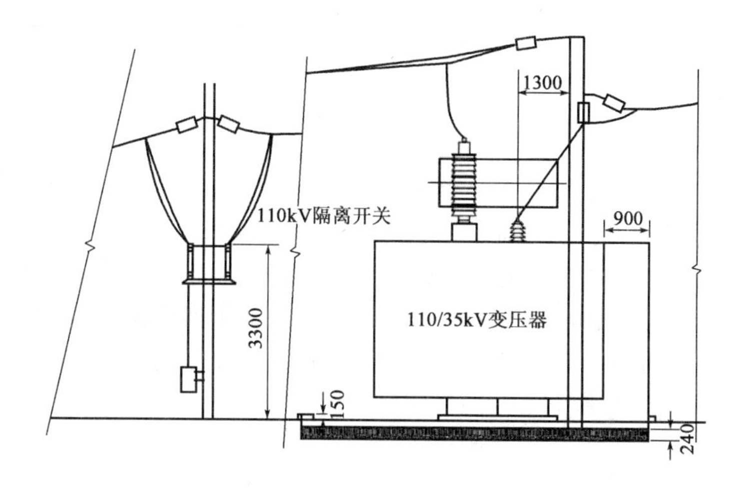

(A)2 处　　　　　　　　　　　　　　　(B)3 处

(C)4 处　　　　　　　　　　　　　　　(D)5 处

解答过程：

23. 某变电站35kV配电室的剖面图如下图所示。35kV母线经穿墙套管进入室内后沿母线支架敷设，配电室内沿垂直于母线支架方向设计两列照明灯具，照明线路沿屋顶结构明敷。35kV设备选用手车式开关柜，车长950mm。图中标注的尺寸单位均为mm。请判断该设计方案中共有几处不符合规范的要求？并分别说明理由。　　(　　)

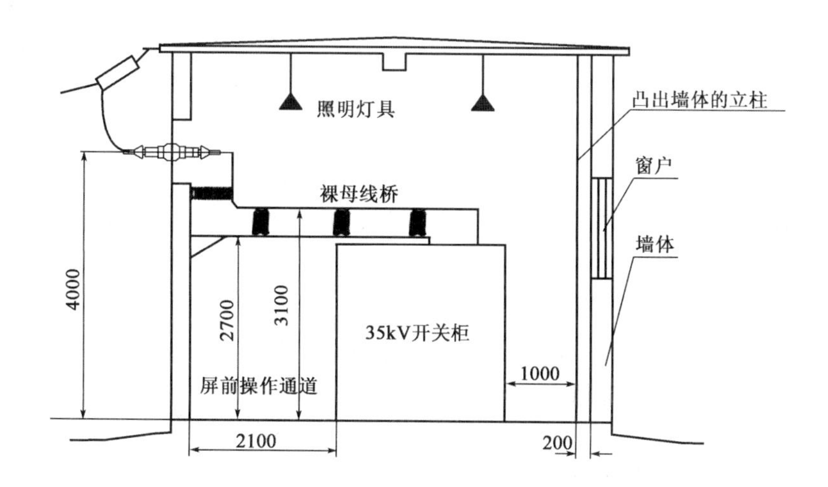

(A)1 处　　　　　　　　　　　　　　　(B)2 处

(C)3 处　　　　　　　　　　　　　　　(D)4 处

解答过程：

24. 某 10kV 变电所的部分布置图如下图所示，图中 10kV 配电柜选用柜前操作、柜前柜后维护结构的移开式开关柜，手车长度为 650mm，10kV 油浸变压器额定容量为 800kVA，油重 380kg，不考虑变压器在室内检修。挂墙式配电箱为本变电所内的照明、通风等小型 380/220V 用电设备供电，并在配电箱前面板实施操作。10kV 配电柜和挂墙式配电箱的防护等级不低于 IP3X。图中标注的尺寸单位均为 mm，请判断该设计方案中有几处违反规范的要求？并分别说明理由。 （ ）

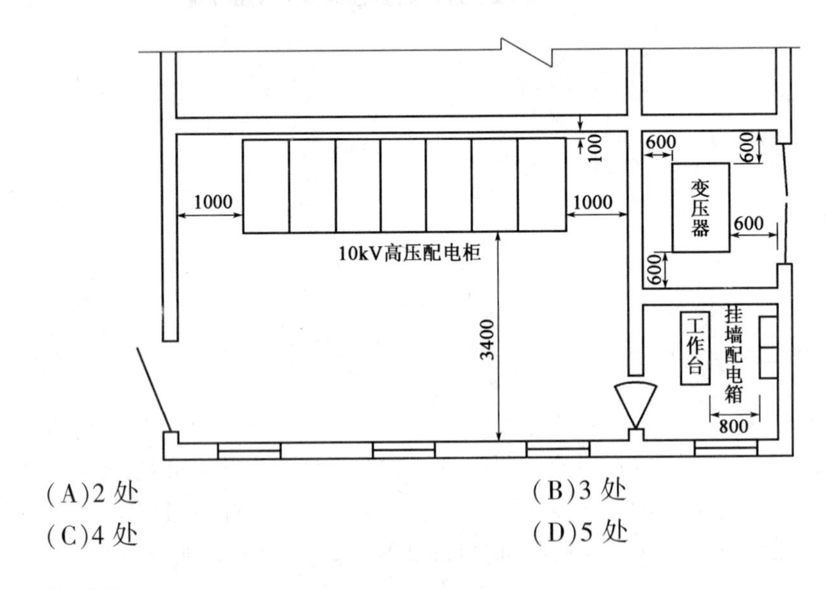

(A)2 处　　(B)3 处

(C)4 处　　(D)5 处

解答过程：

25. 某 10/0.4kV 变电所需要布置 15 台低压抽屉式配电柜，柜前柜后操作，配电柜外形尺寸为 800mm(宽)×800mm(深)×2200mm(高)，在不考虑房间受限且均采用直线布置时，请画出草图并计算确定采用下列哪种方式布置时所占用的房间面积最小？

注：若配电柜柜后和柜侧可以靠墙安装时，距离分别按 60mm 和 300mm 计算。

(A)单排布置　　(B)双排面对面布置

(C)双排背对背布置　　(D)多排布置(大于两排)

解答过程：

2017年案例分析试题答案(上午卷)

题1~5答案:**CAADC**

1.《电流对人和家畜的效应　第1部分:通用部分》(GB/T 13870.1—2008)第3.1.10条及附录D。

第3.1.10条:偏差系数F_D:在给定的接触电压,人口某百分数的人口总阻抗Z_T除以人口50%百分数的人体总阻抗Z_T,$F_D(X\%,U_T)=\dfrac{Z_T(X\%,U_T)}{Z_T(50\%,U_T)}$

$$F_D(5\%)=\frac{Z_T(5\%)}{Z_T(50\%)}\Rightarrow Z_T(50\%)=\frac{Z_T(5\%)}{F_D(5\%)}$$

$$F_D(95\%)=\frac{Z_T(95\%)}{Z_T(50\%)}\Rightarrow Z_T(50\%)=\frac{Z_T(50\%)}{F_D(95\%)}$$

不超过被测对象5%的阻抗(一手到一手阻抗):

$$Z_{T1}(5\%)=\frac{Z_T(95\%)}{F_D(95\%)}F_D(5\%)=\frac{1100}{1.35}\times 0.74=602.96\Omega$$

不超过被测对象5%的一手到一脚的阻抗:$Z_{T2}(5\%)=602.96\times 0.8=482.37\Omega$

一手到一膝盖的总电流:$I_T=\dfrac{U_T}{Z_T}=\dfrac{1000}{482.37\times(1-32.3\%+0.033)}=2.92\text{A}$

2.《系统接地的型式及安全技术要求》(GB 14050—2008)第4.1-c)条,单相接地短路如解图所示。

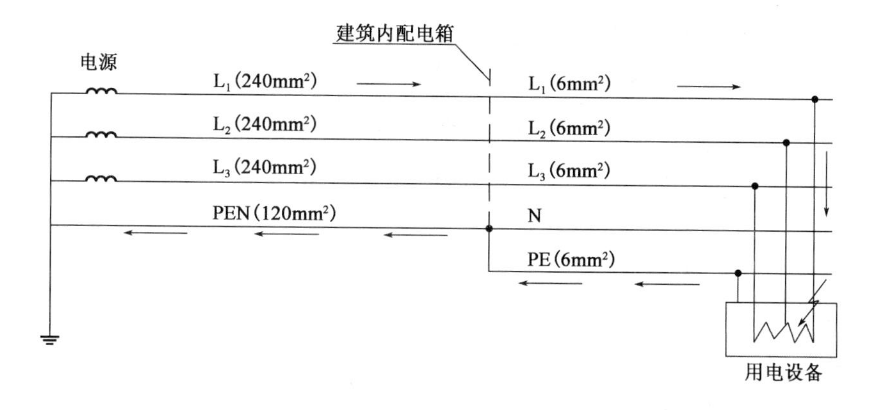

单位变换:$\rho_{20}=2.82\times 10^{-6}\Omega\cdot\text{cm}=2.82\times 10^{-5}\Omega\cdot\text{mm}$

电缆l_1的相保阻抗:

$$R_{l1\cdot\text{php}}=1.5\cdot(\text{R}_{\text{ph240}}+\text{R}_{\text{p120}})=1.5\times 1.02\times 2.82\times 10^{-5}\times\left(\frac{1}{240}+\frac{1}{120}\right)\times 10^3$$

$$=0.539\text{m}\Omega$$

电缆l_2的相保阻抗可查表得:$R_{l2\cdot\text{php}}=14.1\text{m}\Omega/\text{m}$

单相接地短路电流：$I''_{k1}=\dfrac{220}{0.539\times120+14.1\times50}\times10^3=285.83\text{A}$

注：YJLV 为铝芯交联聚乙烯绝缘电缆。

3.《系统接地的型式及安全技术要求》(GB 14050—2008)第 4.1－c)条，单相接地短路如解图所示。

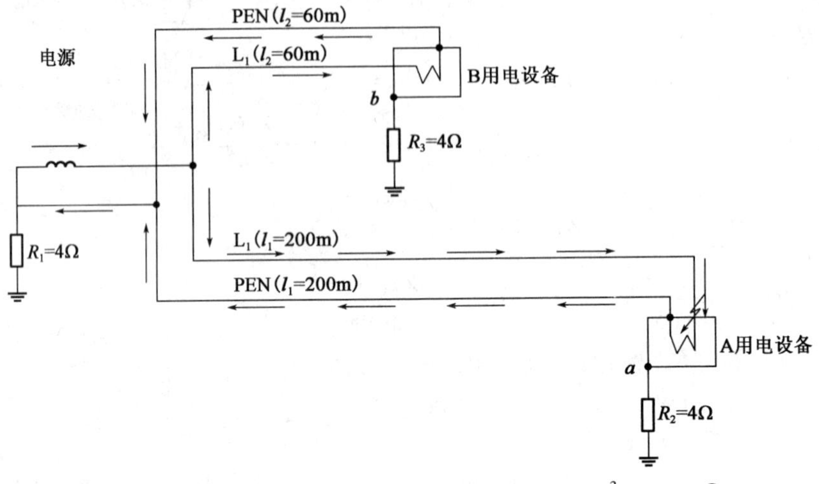

L_1 相线电阻及 PEN 线电阻：$R_{pL1}=R_{phL1}=6.5\times200\times10^{-3}=1.31\Omega$

L_2 相线电阻及 PEN 线电阻：$R_{pL2}=R_{phL2}=6.5\times60\times10^{-3}=0.39\Omega$，则电路图转换为(用电设备电阻值应远大于线路电阻，可视为断路)：

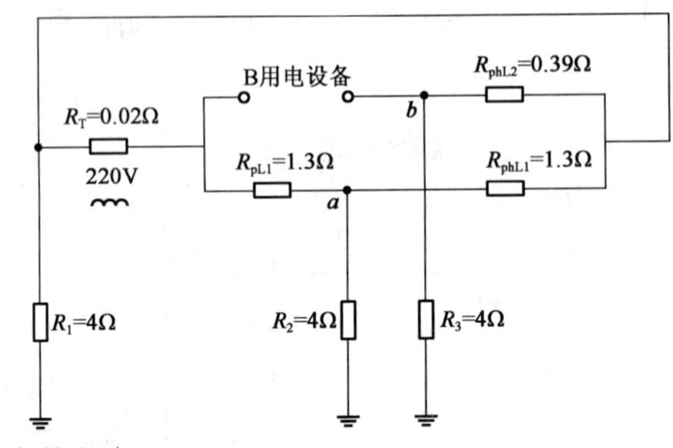

则电路图进一步转化为：

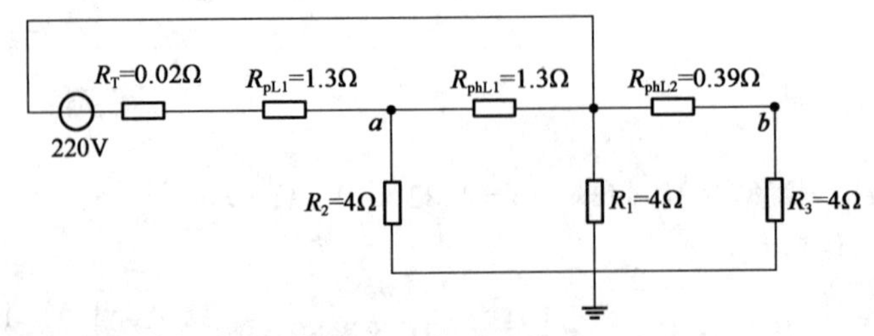

a 点发生单相接地短路时，变压器出口的短路电路为：

$$I''=\frac{220}{0.02+1.3+(4//4.39+4)//1.3}=91.99\text{A}$$

B 用电设备的接触电压为：

$$U_b = 4 \times 91.99 \times \frac{1.3}{1.3 + (4//4.39 + 4)} \times \frac{4}{4 + 4.39} = 30.85\text{V}$$

4.《建筑物电气装置 第4部分：安全防护 第44章：过电压保护 第442节：低压电气装置对暂时过电压和高压系统与地之间的故障的防护》(GB 16895.11—2001)图44J IT系统-图1。

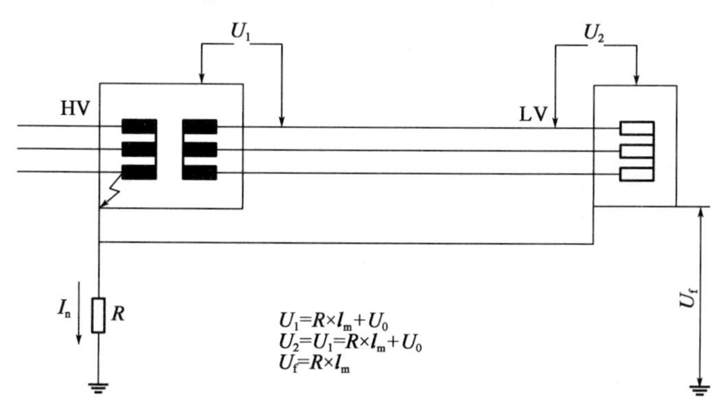

工频应力电压 U_1(对应解图中 U_2)：$U_1 = U_0 + I_E \cdot R_E = 220 + 10 \times 10 = 320\text{V}$

注：也可参考《低压电气装置 第4-44部分：安全防护 电压骚扰和电磁骚扰防护》(GB 16895.10—2010)表44.A1。

5. ①错：《建筑设计防火规范》(GB 50016—2014)表3.4.1。

②错：《20kV及以下变电所设计规范》(GB 50053—2013)第6.1.7条。

③错：《建筑设计防火规范》(GB 50016—2014)第5.2.3条。

④对：《建筑设计防火规范》(GB 50016—2014)第5.4.13-4条。

题6~10答案：**CDCDB**

6.《工业与民用供配电设计手册》(第四版)P10式(1.4-1)~式(1.4-5)。

序号	建筑名称	建筑面积(m^2)	户数	计算负荷指标	需要系数	设备功率 kW
1	科研办公楼	31400	—	42W/m^2	—	1318.8
2	员工宿舍楼	2800	27	2.5kW/户	0.65	43.9
3	住宅楼	12122	117	6kW/户	0.4	280.8
4	配套商业、车库及设施	14688	—	36W/m^2	—	528.8
5	设备总功率	2172.3kW				
6	同时系数	0.9				
7	设备总计算功率	1955.1kW				
8	功率因数	0.92				
9	设备总计算负荷	2125.1kVA				

总有功功率：$P_{\Sigma}=K_{\Sigma p}\Sigma(K_x P_e)=0.9\times 2172.3=1955.1\text{kW}$

总计算负荷：$S_{\Sigma}=\dfrac{P_{\Sigma}}{\cos\varphi}=\dfrac{10946.3}{0.92}=2125.1\text{kVA}$

注：也可参考《工业及民用配电设计手册》(第三版)P3 式(1-9)~式(1-11)。

7.《建筑设计防火规范》(JGJ 242-2011)第3.2.1条、第3.2.2条

二级负荷如下：

序号	用电设备名称	设备容量 kW	数量	需要系数	备注
1	应急照明	5		1	
2	走道照明	10		0.5	
3	消火栓水泵	30	2	1	一用一备
4	喷淋水泵	15	2	1	一用一备
5	消防电梯	17.5	1	1	
6	普通客梯	17.5	1	1	
7	生活水泵	7.5	2	1	一用一备
8	排污泵	3	4	0.9	
9	消防用排水泵	3	4	1	
10	消防加压装置	5.5	2	1	
11	安防系统用电	20		0.85	
12	集中供暖热交换系统	50		0.7	
13	设备总功率	183.3kW	不计入备用		

二级总计算负荷：$S_{\Sigma 2}=\dfrac{\text{P}_{\Sigma 2}}{\cos\varphi}=\dfrac{183.3}{0.85}=215.65\text{kVA}$

三级负荷如下：

序号	用电设备名称	设备容量(kW)	数量	需要系数	备注
1	住户用电	6kW	99户	0.4	三相配电
2	普通照明	15		0.5	
3	通风机	7.5	4	0.6	
4	公共小动力电源	10		0.6	
5	设备总功率	269.1kW			

三级总计算负荷：：$S_{\Sigma 3}=\dfrac{P_{\Sigma 3}}{\cos\varphi}=\dfrac{269.1}{0.85}=316.6\text{kVA}$

8.《工业与民用供配电设计手册》(第四版)P6，1.2.2.2“计算范围(配电点)的总设备功率”。

序号	用电负荷名称	容量(kW)	需要系数 K_x	$\cos\varphi$	计算功率 P_c(kW)	备注
1	照明用电	316	0.70	0.9	221.2	
2	应急照明	40	0.2	0.9	8	

续上表

序号	用电负荷名称	容量(kW)	需要系数 K_x	cosφ	计算功率 P_c(kW)	备注
3	插座及小动力用电	1057	0.35	0.85	369.95	
4	新风机组及风机盘管	100	0.6	0.8	60	
5	动力设备	105	0.6	0.8	63	
6	制冷设备	960	0.6	0.8	576	
7	采暖热交换设备	119	0.6	0.8	0	季节性负荷,不计入
8	出租商业及餐饮	200	0.6	0.8	120	
9	建筑立面景观照明	57	0.6	0.7	34.2	
10	控制室及通信机房	100	0.6	0.85	60	
11	信息及智能化系统	20	0.6	0.85	12	
12	防排烟设备	550	1	0.8	0	消防负荷,不计入
13	消防水泵	215	0.5	0.8	0	消防负荷,不计入
14	消防卷帘门	20	1	0.8	0	消防负荷,不计入
15	消防电梯	30	1	0.8	30	
16	客梯、货梯	150	0.65	0.8	97.5	
17	建筑立面擦窗机	52	0.6	0.8	31.2	
18	设备总功率	1683.05kW				
19	同时系数	0.9				
20	设备总计算功率	1514.75kW				
21	功率因数	0.92				
22	设备总计算负荷	1646.5kVA				
23	变压器负荷率	≤65%				
24	变压器装机容量	≥2533kVA,选取2x1600kVA				

注:《工业与民用配电设计手册》(第三版)P2"消防设备容量一般不计入及季节性负荷选择容量较大计入"。

9.《建筑设计防火规范》(GB 50016—2014)第3.1.3条及条文说明、第10.2.1条及表10.2.1。

第3.1.3条及条文说:闪电大于等于60℃的柴油为丙类火灾危险性储存物品。

由第10.2.1条及表10.2.1,可知 $h_c = 10 \times 1.5 = 15\text{m}$

10.《工业与民用供配电设计手册》(第四版)P38 ~ P39 式(1.11-9)、式(1.11-11)。

串联电抗器引起的电容器端子电压升高:

$$U_C = \frac{U_n}{\sqrt{3}S(1-K)} = \frac{400}{\sqrt{3}\times(1-7\%)} = 248.3\text{kV}$$

根据式 1.11-11,即并联电容器装置的实际输出容量,可分析出串联电抗器容量为:

$$Q_L = Q_N\left(\frac{U_C}{U_N}\right)^2 K = 480\times\left(\frac{248.3}{480/\sqrt{3}}\right)^2\times0.07 = 26.98\text{kvar}$$

题 11 ~ 15 答案:**BDBBA**

11.《导体和电器选择设计技术规定》(DL/T 5222—2005)第 7.1.4 条、第 6.0.2 条及表 6.0.2,附录 D 表 D.1 和表 D.8。

第 7.1.4 条:在计及日照影响时,钢芯铝绞线及管形导体可按不超过 +80℃考虑。查表 D.1 可知 10kV 侧载流量为 2915A。

第 6.0.2 条及表 6.0.2:室外裸导体环境温度取最热月平均最高温度。查表 D.11,可知海拔 2000m,30℃时对应校正系数为 0.88,即实际母线允许载流量 $I_z = 2915\times0.88 = 2565.2\text{A}$

而实际负荷电流:$I_r = \frac{50\times100\%}{10.5\times\sqrt{3}}\times10^3 = 2749\text{A} > 2565.2\text{A}$,不满足要求。

12.《工业与民用供配电设计手册》(第四版)P459 表 6.2-5,《电能质量　供电电压偏差》(GB/T 12325—2008)第 4.2 条。

$$\Delta u_{min} = \frac{P_{min}l}{10U_n^2}(R + X\cdot\tan\varphi) = \frac{5\times2}{10\times10^2}(0.118+0.09\times0.33) = 1.475\text{kV}$$

$$\Delta u_{max} = \frac{P_{max}l}{10U_n^2}(R + X\cdot\tan\varphi) = \frac{10\times2}{10\times10^2}(0.118+0.09\times0.33) = 2.95\text{kV}$$

电压偏差范围:$\delta = e - \Delta u = 2 - 1.475 \sim -2 - 2.945 = 0.523\text{kV} \sim -4.954\text{kV}$

由《电能质量　供电电压偏差》(GB/T 12325—2008)第 4.2 条,10kV 电压偏差范围允许值为 7%,上述偏差范围满足要求。

注:也可参考《工业与民用配电设计手册》(第三版)P254 表 6-3。

13.《电力工程电缆设计规范》(GB 50217—2018)第 3.6.5 条、附录 C 表 C.0.1-4、附录 D 表 D.0.1、表 D.0.3。

由第 3.6.5 条可知,土中直埋敷设,环境温度选取埋深处的最热月平均地温,即 30℃。

由表 C.0.1-4,可知电缆导体的最高工作温度为 90℃,对应表 D.0.1 的温度校正系数 $K_1 = 0.96$。

由表 D.0.3,土壤热阻系数校正系数为:

$K_2 = 0.93(1.5\text{K}\cdot\text{m/W})$,$K_3 = 0.87(2.0\text{K}\cdot\text{m/W})$。

根据实际工作电流确定导体载流量:$I_g \geqslant \frac{220}{0.96\times0.93}\times0.87 = 214.38\text{A}$

由表 C.0.1-4 可知选 95mm^2。

注：消防专用电缆使用率较少，从经济性考虑，不能根据电流经济密度选择。可参考如下校验：

《电力工程电缆设计规范》(GB 50217—2018)附录B式(B.0.1-1)。

电流经济密度校验：$S_j = \frac{I_{max}}{J} = \frac{220}{1.8} = 122.22\ mm^2$

14.《交流电气装置的过电压保护和绝缘配合设计规范》(GB/T 50064—2014)表6.4.6-1、附录A式(A.0.2-2)。

表6.4.6-1：110kV 电缆终端内、外绝缘雷电冲击耐压（峰值）分别为 450kV 和 450kV。

由附录A式(A.0.2-2)修正外绝缘值：

$U(P_H) = k_a U(P_0) = e^{1 \times \frac{2000-1000}{8150}} \times 450 = 509kV$

15.《电力工程电缆设计规范》(GB 50217—2018)第4.1.11条、第4.1.12条、附录F。

$X_S = \left(2\omega \ln \frac{S}{r}\right) \times 10^{-4} = \left(2 \times 2\pi \times 50 \times \ln \frac{0.05}{0.02}\right) \times 10^{-4} = 0.05757$

$\alpha = (2\omega \ln 2) \times 10^{-4} = (2 \times 2\pi \times 50 \times \ln) \times 10^{-4} = 0.04353$

$Y = X_S + \alpha = 0.05757 + 0.04353 = 0.1011$

$E_{S0} = \frac{I}{2}\sqrt{3Y^2 + (X_S - \alpha)^2} = \frac{400}{2}\sqrt{3 \times 0.1011^2 + (0.01404)^2} = 35.13kV$

110kV 进线电缆上边相感应电压：$E_S = L \cdot E_{S0} = 0.5 \times 35.13 = 17.57kV$

中相感应电压：$E_S = L \cdot IX_S = 0.5 \times 400 \times 0.05757 = 11.51kV$

由第4.1.11条、第4.1.12条，可知应采用在线路一端或中央部位单点直接接地。

题16～20答案：**CCCAB**

16.《工业与民用供配电设计手册》(第四版)P1072式(12.1-1)，《通用用电设备配电设计规范》(GB 50055—2011)第2.3.5条。

电动机电缆运行电流：

$$I_{rM} = \frac{P_{rM}}{\sqrt{3} U_{rM} \eta_r \cos\varphi_r} = \frac{45}{\sqrt{3} \times 0.38 \times 0.9 \times 0.8} = 94.96A，则\ I_{set1} \geq 100A$$

电动机启动电流：

$$I_{st} = (2 \sim 2.5) \cdot K_{st} \cdot I_n = (2 \sim 2.5) \times 6 \times 94.96 = 1139.52 \sim 1424.4A，则\ I_{set3} = 1250A$$

17.《工业与民用供配电设计手册》(第四版)P748式(8.3-1)、式(8.3-3)、表(8.3-5)。

电流互感器导线电阻：$R_{dx} = L\frac{\rho}{S} = 50 \times \frac{0.0184}{2 \times 1.5} = 0.307\Omega$

PA1 电流表内阻抗：$Z_{mr} = \frac{S_s}{5^2} = \frac{0.55}{25} = 0.022\Omega$

实际二次负荷：$Z_b = K_{con2} Z_{mr} + K_{con1} R_{rd} = 0.022 + 2 \times 0.307 = 0.635\Omega$，其中接线系数

按单相接线选取。

电流互感器二次侧电流：$I_{2N}=\frac{I_{1N}}{n}=\frac{94.96}{150/5}=3.17A$

则，外部损耗 $P_b=I_{2N}^2Z_b=3.17^2\times0.635=6.381W$

《电力装置的电测量仪表装置设计规范》(GB/T 50063—2008)第3.1.5条，用于电测量装置的电流互感器准确度等级不应低于0.5级，本题目中采用的准确等级为1.0级，不满足要求。

18.《工业与民用供配电设计手册》(第四版)P304 式(4.6-41)，P182 式(4.2-5)~式(4.2-8)、式(4.3-1)。

高压侧系统阻抗：$Z_Q=\frac{(cU_n)^2}{S''_Q}\times10^3=\frac{(1.05\times0.38)^2}{100}\times10^3=1.592m\Omega$，则 $X_Q=1.584m\Omega$，忽略 R_Q

变压器电阻：$R_T=\frac{\Delta P\cdot U_{NT}^2}{S_{NT}^2}=\frac{11\times0.4^2}{1}=1.76m\Omega$，则 $I_j=5.5kA$

变压器阻抗：$Z_T=\frac{u_k\%}{100}\cdot\frac{U_{NT}^2}{S_{NT}^2}=\frac{4.5}{100}\cdot\frac{0.4^2}{1}=7.2m\Omega$

变压器电抗：$X_T=\sqrt{Z_T^2-R_T^2}=\sqrt{7.2^2-1.76^2}=6.98m\Omega$

电缆线路电阻和电抗：$R_l=0.754\times50=37.7m\Omega$，$X_l=0.075\times50=3.75m\Omega$

三相短路电流有效值：$I''_k=\frac{cU_n}{\sqrt{3}Z_k}=\frac{1.05\times380}{\sqrt{3}\times\sqrt{(1.76+37.7)^2+(1.584+6.98+3.75)^2}}$
$=5.573kA$

三相短路电流峰值：$i''_P=K_{ch}\sqrt{2}I''_k=1\times\sqrt{2}\times5.573=7.88kA$

注：《低压配电设计规范》(GB 50054—2011)第3.1.2条，$I_{rM}=94.96A>5.63\times10^3\times1\%=56.3A$，应考虑电动机反馈电流的影响，但本题目条件有限，电动机反馈电流可参考《工业与民用供配电设计手册》(第四版)P235 表4.3-1。

19.《工业与民用供配电设计手册》(第四版)P1105 式(12.1-7)。

控制线路的临界长度：$L_{cr}=\frac{500P_h}{CU_n^2}=\frac{500\times20}{0.6\times220^2}=0.344km=344m<500m$，因此不能实现远程控制。

注：接触器按远方控制按钮(动合、动断两触头)用三芯线连接考虑。也可参考《钢铁企业电力设计手册》(下册)P625 式(28-38)。

20. 无。

C处正反转应互锁，即接触器常闭触点 -KM1 和 -KM2 应调换位置；d处控制电缆AC220V与DC24V不应合用电缆。

题21~25答案：**CBBCB**

21.《建筑防火设计规范》(GB 50016—2014)第7.1.8-1条,消防车道的净宽度和净空高度均不应小于4.0m。

《3~110kV高压配电装置设计规范》(GB 50060—2008)第5.5.4条,屋外110kV油浸变压器之间的最小净距应为8m。

《35kV~110kV变电站设计规范》(GB 50059—2011)第2.0.5条,屋外变电站实体围墙不应低于2.2m。

《火力发电厂与变电站设计防火规范》(GB 50229—2019)第11.1.1条、第11.1.5条,总事故油池距离35kV配电室不应小于5m。

22.《3~110kV高压配电装置设计规范》(GB 50060—2008)。

第5.1.1条及表1.5.1,110kV有效接地系统C值(无遮拦裸导体至地面)安全净距为3400mm。

第5.5.3条,贮油池和挡油设施应大于设备外廓每边各1000mm,卵石层厚度不应小于250mm。

23.《3~110kV高压配电装置设计规范》(GB 50060—2008)第5.1.4条及表5.1.4,第5.4.4条及表5.4.4、第5.1.7条。

(1)通向室外的出线套管至屋外通道的路面应不小于4000mm,满足要求。

(2)无遮拦裸导体至地面之间应不小于2600mm,满足要求。

(3)母线支架至地面之间应不小于2300mm,满足要求。

(4)移开式开关柜柜前操作通道为950+1200=2150mm,不满足要求,柜后维护通道1000mm,满足要求。

(5)屋内配电装置裸露的带电部分上面不应有明敷的照明、动力线路或管线跨越,不满足要求。

24.《3~110kV高压配电装置设计规范》(GB 50060—2008)第5.4.4条及表5.4.4,移开式开关柜单列布置时柜后维护通道不小于800,不满足要求;第5.4.5条,容量1000kVA及以下变压器与门最小净距为800mm,不满足要求。

《低压配电设计规范》(GB 50054—2011)第4.2.5条及表4.2.5注5,挂墙式配电箱的箱前操作通道宽度,不宜小于1m,不满足要求。

25.《低压配电设计规范》(GB 50054—2011)第4.2.5条及表4.2.5。

(1)单排布置,面积为$S_1=14\times3.8=53.2\text{m}^2$

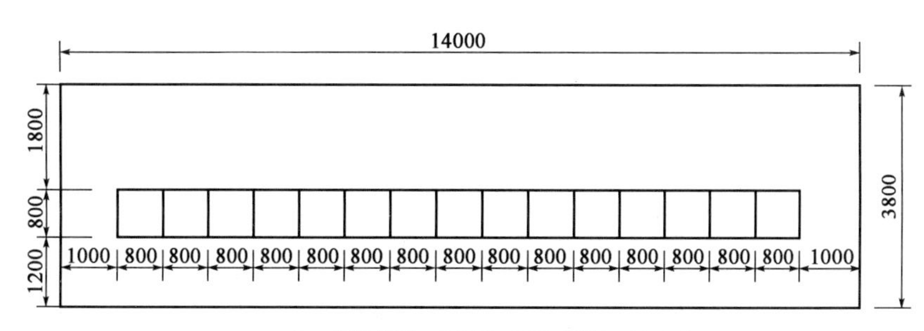

A：单排布置：14000×3800，面积：53.2m²

(2)双排面对面布置,面积为$S_1=8.3\times6.3=52.92\text{m}^2$

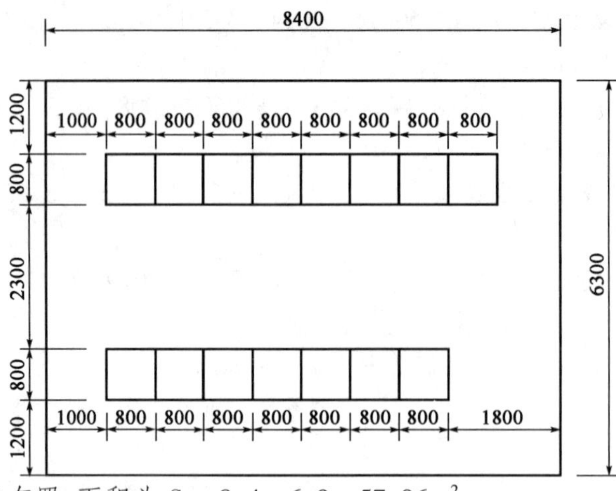

(3)双排同向布置,面积为 $S_1 = 8.4 \times 6.9 = 57.96\text{m}^2$

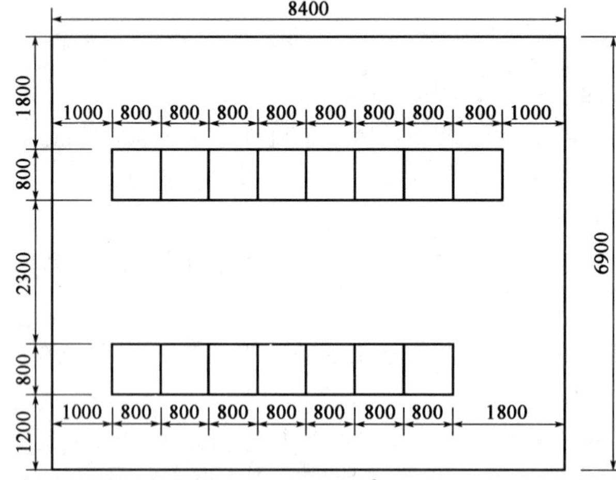

(4)多排同向布置,面积为 $S_1 = 10 \times 6 = 60\text{m}^2$

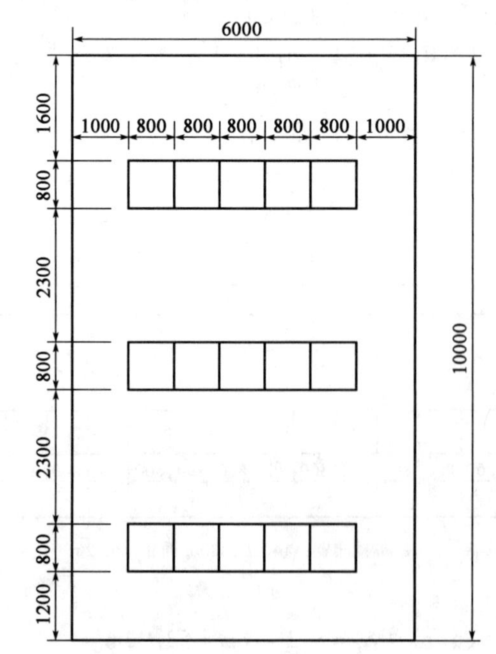

2017 年案例分析试题(下午卷)

[案例题是 4 选 1 的方式,各小题前后之间没有联系,共 25 道小题,每题分值为 2 分,上午卷 50 分,下午卷 50 分,试卷满分 100 分。案例题一定要有分析(步骤和过程)、计算(要列出相应的公式)、依据(主要是规程、规范、手册),如果是论述题要列出论点]

题 1 ~5:无人值守 110kV 变电站,直流系统标称电压为 220V,采用直流孔子与动力负荷合并供电。蓄电池采用阀控式密封铅酸蓄电池(贫液),容量为 300Ah,单体 2V。直流系统接线如下图所示,其中电缆 L_1 压降为 0.5%(计算电流取 1.05 倍蓄电池 1h 放电率电流时),电缆 L_2 压降为 4%(计算电流取 10A 时)。请回答下列问题,并列出解答过程。

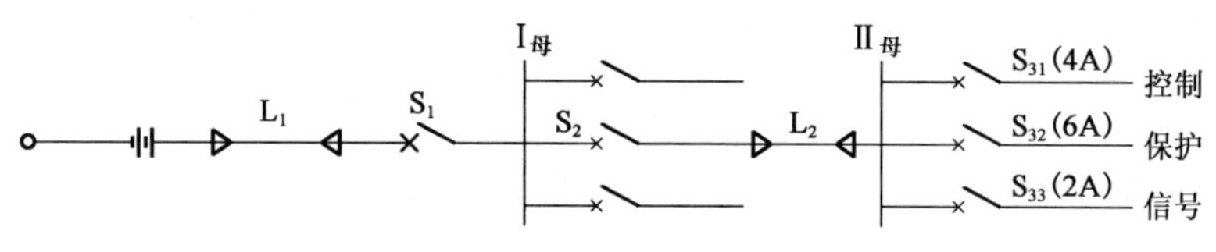

1. 设控制、保护和信号回路的计算电流分别为 2A、4A 和 1A,若该系统断路器皆不具备短延时保护功能,请问直流系统图中直流断路器 S_2 的额定电流值宜选取下列哪项数值?(S_2 采用标准型 C 型脱扣器,S_{31}、S_{32}及 S_{33}采用标准型 B 型脱扣器)　　(　　)

(A)6.0A　　(B)10A　　(C)40A　　(D)63A

解答过程:

2. 某直流电动机额定电流为 10A,电源取自该直流系统 I 母线,母线至该电机电缆长度为 120m,求电缆截面宜选取下列哪项数值?(假设电缆为铜芯,载流量按 4A/mm² 电流密度计算)　　(　　)

(A)2.5mm²　　(B)4mm²

(C)6mm²　　(D)10mm²

解答过程:

3. 若该系统直流负荷统计如下:控制与保护装置容量2kW,断路器跳闸装置容量0.5kW,恢复供电重合闸装置容量0.8kW,直流应急照明装置容量2kW,交流不停电装置(UPS)容量1kW。采用简化计算法计算蓄电池10h放电率容量时,其计算容量值最接近下列哪项数值?(放电终止电压取1.85V) ( )

(A)70Ah (B)73Ah
(C)85Ah (D)88Ah

解答过程:

4. 若该系统直流负荷统计如下:控制与保护装置容量8kW,断路器跳闸装置容量0.5kW,恢复供电重合闸装置容量0.2kW,直流应急照明装置容量10kW。充电装置采用一组高频开关电源,每个模块电流为20A,充电时蓄电池与直流母线不断开,请计算充电装置所需的最少模块数量应为下列哪项数值? ( )

(A)2 (B)3
(C)4 (D)5

解答过程:

5. 某高压断路器,固有合闸时间为200ms,保护装置动作时间为100ms,其电磁操动机构合闸电流为120A,该合闸回路配有一直流断路器,该断路器最适宜的参数应选择下列哪项? ( )

(A)额定电流为40A,1倍额定电流下过载脱扣时间大于200ms
(B)额定电流为125A,1倍额定电流下过载脱扣时间大于200ms
(C)额定电流为40A,3倍额定电流下过载脱扣时间大于200ms
(D)额定电流为125A,1倍额定电流下过载脱扣时间大于300ms

解答过程:

题6~10:某新建110/10kV变电站设有两台主变,110kV采用内桥接线方式,10kV采用单母线分段接线方式。110kV进线及10kV母线均分别运行,系统接线如图所示。电源1最大运行方式下三相短路电流为25kA,最小运行方式下三相短路电流为20kA;电源2容量为无限大,电源进线L_1和L_2均采用110kV架空线路,变电站基本情况如下:

(1)主变压器参数如下:

容量:50000kVA;电压比:110±8×1.25%/10.5kV;

短路阻抗:$U_k=12\%$;空载电流为$I_0=1\%$;

接线组别:YN,d11;变压器允许长期过载1.3倍。

(2)每回110kV电源架空线路长度约40km;导线采用LGJ-300/25,单位电抗取0.4Ω/km。

(3)10kV馈电线路均为电缆出线,单位电抗为0.1Ω/km。

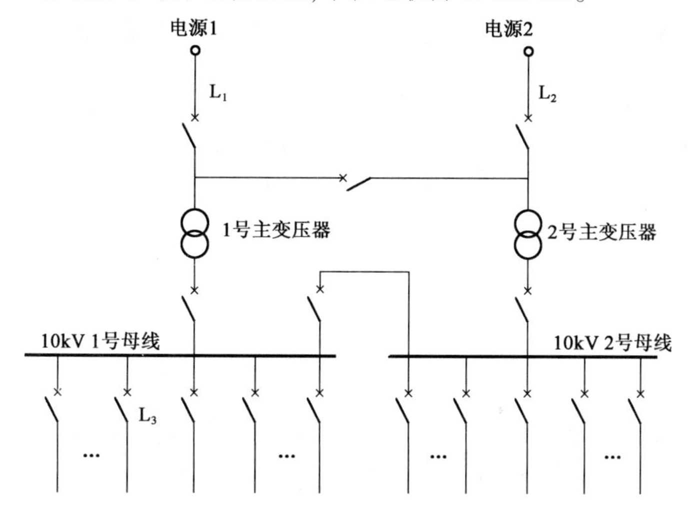

请回答下列问题,并列出解答过程。

6. 请计算1号10kV母线发生最大三相短路时,其短路电流为下列哪项数值?
( )

(A)15.23kA (B)17.16kA

(C)18.30kA (D)35.59kA

解答过程:

7. 假定本站10kV 1号母线的最大运行方式下三相短路电流为23kA,最小运行方式下三相短路电流为20kA,由该母线馈出一回线路 L_3 为下级10kV配电站配电。线路长度为8km,采用无时限电流速断保护,电流互感器变比为300/1A,接线方式如右图所示,请计算保护装置的动作电流及灵敏系数应为下列哪项数值?(可靠系数为1.3)(　　)

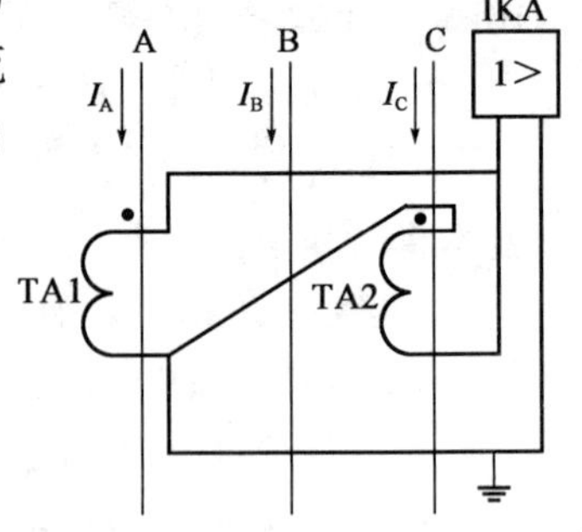

(A)2.47kA,2.34　　(B)4.28kA,2.34

(C)24.7A,2.7　　(D)42.78A,2.34

解答过程:

8.若10kV 1号母线的最大三相短路电流为20kA,主变高压侧主保护用电流互感器(安装于变压器高压套管处)的变比为300/1A,请选择该电流互感器最低准确度等级应为下列哪项?(可靠系数取2.0)　　(　　)

(A)5P10　　(B)5P15

(C)5P20　　(D)10P20

解答过程:

9.若通过在主变10kV侧串联电抗器,将该变电站的10kV母线最大三相短路电流由30kA降到20kA,请计算该电抗器的额定电流和电抗百分值,其结果应为下列哪组数值?　　(　　)

(A)2887A,5.05%　　(B)2887A,5.55%

(C)3753A,6.05%　　(D)3753A,6.57%

解答过程:

10.所内两段10kV母线上的预计总负荷为40MW,所有负荷均匀分布在两段母线上,未补偿前10kV负荷功率因数为0.86,当地电力部门要求变电站入口处功率因数达到0.96。请计算确定全站10kV侧需要补偿的容性无功容量,其结果应为下列哪项数值?(忽略变压器有功损耗)　　(　　)

(A)12000kvar　　(B)13541kvar

(C)15152kvar　　(D)16500kvar

解答过程：

题 11 ~ 15：某企业 35kV 电源线路，选用 JL/G1A-300mm^2 导线，导线计算总截面为 338.99mm^2，导线直径为 23.94mm，请回答以下问题：

11. 若该线路杆塔导线水平排列，线间距离 4m，请计算相导线间的几何均距最接近下列哪项数值？（　　）

(A) 2.05m　　(B) 4.08m

(C) 5.04m　　(D) 11.3m

解答过程：

12. 该线路的正序电抗为 0.399Ω/km，电纳为 2.85×10^{-6} (1/Ω · km)，请计算该线路的自然功率最接近下列哪项数值？（　　）

(A) 3.06MW　　(B) 3.3MW

(C) 32.3MW　　(D) 374.2MW

解答过程：

13. 已知线路某档距 300m，高差为 70m，最高气温时导线最低点应力为 50N/mm^2，垂直比载为 27×10^{-3} N/(m · mm^2)，用斜抛物线公式计算在最高气温时，档内线长最接近下列哪项数值？（　　）

(A) 300m　　(B) 308.4m

(C) 318.4m　　(D) 330.2m

解答过程：

14. 该线路某档水平档距为250m，导线悬挂点高差70m，导线最大覆冰时的比载为$57\times10^{-3}N/(m\cdot mm^2)$，应力为$55N/mm^2$，按最大覆冰气象条件校验，高塔处导线悬点处的应力最接近下列哪项值(按平抛物线公式计算)？ ( )

(A) $55.5N/mm^2$ (B) $59.6N/mm^2$

(C) $65.5N/mm^2$ (D) $70.6N/mm^2$

解答过程：

15. 假设该线路悬垂绝缘子长度为0.8m，导线最大弧垂2.4m，导线垂直排列，则该线路导线垂直线间距离最小应为下列哪项数值？ ( )

(A) 1.24m (B) 1.46m

(C) 1.65m (D) 1.74m

解答过程：

题16~20：某培训活动中心工程，有报告厅、会议室、多功能厅、客房、健身房、娱乐室、办公室、餐厅、厨房等。请回答下列电气照明设计过程中的问题，并列出解答过程。

16. 多功能厅长36m，宽18m，吊顶高度3.4m，无窗。设计室内地面照度标准200lx，拟选用嵌入式LED灯盘(功率40W，光通量4000lm，色温4000K)，灯具维护系数为0.80，已知有效顶棚反射比为0.7，墙面反射比为0.5，地面反射比为0.1，灯具利用系数见下表，计算多功能厅所需灯具为下列哪项数值？ ( )

灯具利用系数表

室形指数 RI	顶棚、墙面和地面反射系数(表格从上往下顺序)										
	0.8	0.8	0.7	0.7	0.7	0.7	0.5	0.5	0.3	0.3	0
	0.5	0.5	0.5	0.5	0.5	0.3	0.3	0.1	0.3	0.1	0
	0.3	0.1	0.3	0.2	0.1	0.1	0.1	0.1	0.1	0.1	0
0.6	0.62	0.59	0.62	0.60	0.59	0.53	0.53	0.49	0.52	0.49	0.47
0.8	0.73	0.69	0.72	0.70	0.68	0.62	0.62	0.58	0.61	0.58	0.56
1.0	0.82	0.76	0.80	0.78	0.75	0.70	0.69	0.65	0.68	0.65	0.63
1.25	0.90	0.82	0.88	0.84	0.81	0.76	0.76	0.72	0.75	0.72	0.70
1.5	0.95	0.86	0.93	0.89	0.86	0.81	0.80	0.77	0.79	0.76	0.75

续上表

室形指数 RI	顶棚、墙面和地面反射系数(表格从上往下顺序)										
	0.8	0.8	0.7	0.7	0.7	0.7	0.5	0.5	0.3	0.3	0
	0.5	0.5	0.5	0.5	0.5	0.3	0.3	0.1	0.3	0.1	0
	0.3	0.1	0.3	0.2	0.1	0.1	0.1	0.1	0.1	0.1	0
2.0	1.04	0.92	1.01	0.96	0.92	0.88	0.87	0.84	0.86	0.83	0.81
2.5	1.09	0.96	1.06	1.00	0.95	0.92	0.91	0.89	0.90	0.88	0.86
3.0	1.12	0.98	1.09	1.03	0.97	0.95	0.93	0.92	0.92	0.90	0.88
4.0	1.17	1.04	1.13	1.06	1.00	0.98	0.96	0.95	0.95	0.93	0.91
5.0	1.19	1.02	1.16	1.08	1.01	1.00	0.98	0.96	0.96	0.95	0.93

(A)40 盏　　(B)48 盏

(C)52 盏　　(D)56 盏

解答过程：

17. 健身房的面积为 $500m^2$，灯具数量及参数统计见下表，灯具额定电压均为 AC220V，计算健身房 LPD 值应为下列哪项数值？　　(　　)

序号	灯具名称	数量	光源功率	输入电流	功率因数	用途
1	荧光灯	48 套	2×28W/套	0.29A/套	0.98	一般照明
2	筒灯	16 套	1×18W/套	0.09A/套	0.98	一般照明
3	线型 LED	50m	5W/m	0.05A/m	0.56	暗槽装饰灯
4	天棚造景	$100m^2$	$10W/m^2$	$0.1A/m^2$	0.56	装饰灯
5	艺术吊灯	1 套	16×2.5W/套	0.4A/套	0.56	装饰灯
6	枝型花灯	10 套	3×1W/套	0.03A/套	0.56	装饰灯
7	壁灯	15 套	3W/套	0.03A/套	0.56	装饰灯

(A)$7.9W/m^2$　　(B)$8.3W/m^2$

(C)$9.5W/m^2$　　(D)$10W/m^2$

解答过程：

18. 客房床头中轴线正上方安装有 25W 阅读灯见下图(图中标注的尺寸单位均为 mm),灯具距墙 0.5m,距地 2.7m,灯具光通量为 2000lm,光强分布见下表,维护系数为 0.8,假定书面 P 点在中轴线上方,书面与床面水平倾角 70°,P 点距墙水平距离为0.8m,距地垂直距离为 1.2m,按点光源计算书面 P 点照度值应为下列哪项数值? ( )

灯具光强分布表(1000lm)

θ°	0	3	6	9	12	15	18	21	24	27	30	90
I_θ(cd)	396	384	360	324	276	231	186	150	117	90	72	0

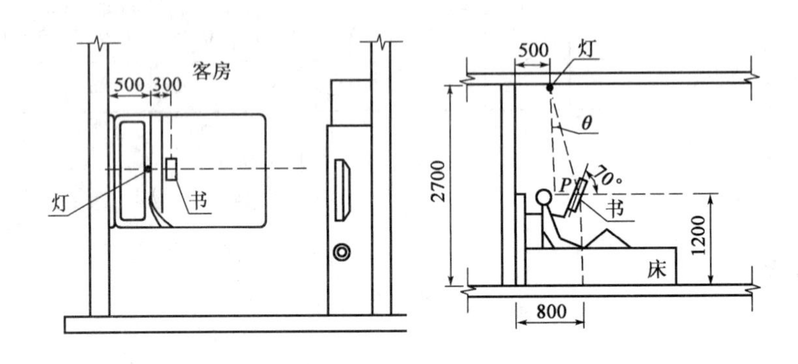

客房光源照射位置示意图(尺寸单位:mm)

(A)64lx (B)102lx

(C)111lx (D)196lx

解答过程:

19. 某办公室长 6m、宽 3m、高 3m,布置见下图(图中标注的尺寸单位均为 mm),2 张办公桌长 1.5m、宽 0.8m、高 0.8m,距地 2.8m,连续拼接吊装 4 套 LED 平板盒式灯具构成光带,每套灯具长 1.2m、宽 0.1m、高 0.08m,灯具光强分布值见下表,单灯功率为 40W,灯具光通量为 4400lm,维护系数为 0.8,按线光源方位系数法计算桌面中 P 点表面照度值最接近下列哪项数值? ( )

灯具光强分布表(1000lm)

θ°		0	5	15	25	35	45	55	65	75	85	95
I_θ (cd)	A - A	361	383	443	473	379	168	42	46	18	2	0
	B - B	361	360	398	433	389	198	46	19	12	9	12

注:A - A 横向光强分布,B - B 纵向光强分布,相对光强分布属 C 类灯具。

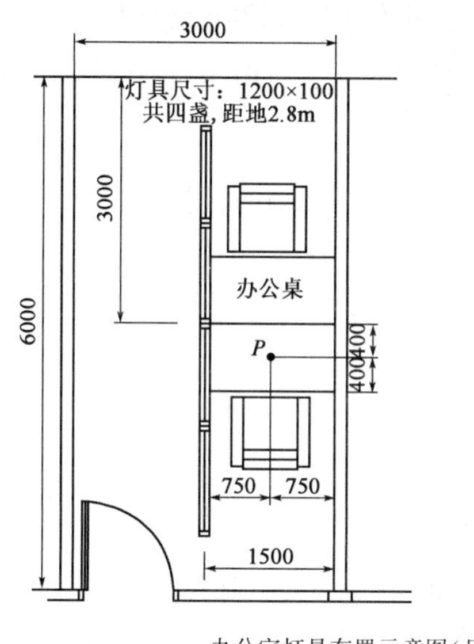

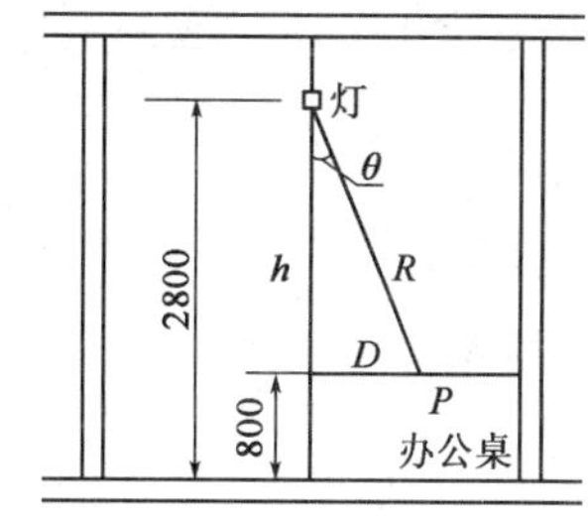

办公室灯具布置示意图(尺寸单位:mm)

(A)117lx　　(B)359lx　　(C)595lx　　(D)712lx

解答过程:

20. 室内挂墙广告灯箱宽 3m × 高 2m × 深 0.2m,灯箱内均匀分布高光效直管荧光灯,每套荧光灯功率为 32W,光通量为 3400lm,色温 6500K,效率 90%,维护系数为0.80。灯箱设计表面亮度不宜超过 100cd/m²,广告表面透光材料入射比为 0.5,反射比为 0.5,灯具利用系数为 0.78,计算广告灯箱所需灯具数量为下列哪项数值?　(　　)

(A)2　　(B)3

(C)4　　(D)6

解答过程:

题 21 ~25:某车间变电所设 10/0.4kV 供电变压器一台,变电所设有低压配电室,用于布置低压配电柜。变压器容量 1250kVA,$U_d\%$ = 5,Δ/Y 接线,短路损耗 13.8kW;变电所低压侧总负荷为 836kW,功率因数为 0.76。低压用电设备中电动机 M_1 的额定功率为 45kW,额定电流为 94.1A,额定转速为 740r/min,效率为 92.0%,功率因数为 0.79,最大转矩比为 2。电动机 M_1 的供电电缆型号为 VV -0.6/1.0, 3×25 +1×16mm²,长度为 220m,单位电阻为 0.723Ω/km。请回答下列问题,并列出解答过程。(计算中忽略变压器进线侧阻抗和变压器至低压配电柜的母线阻抗)

21. 拟在低压配电室设置无功功率自动补偿装置，将功率因数从0.76补偿至0.92，计算补偿后该变电所年节能量应为下列数值？（变电所的年运行时间按365天×24小时计算） （ ）

(A)29731kWh (B)31247kWh
(C)38682kWh (D)40193kWh

解答过程：

22. 拟采用就地补偿的方式将电动机 M_1 的功率因数补偿至0.92，计算补偿后该电动机馈电线路的年节能量接近下列哪项数值？（电动机年运行时间按365天×24小时计算） （ ）

(A)6350kWh (B)7132kWh
(C)8223kWh (D)9576kWh

解答过程：

23. 对电动机 M_1 进行就地补偿时，为防止产生自励磁过电压，补偿电容的最大容量是下列哪项数值？（电动机空载电流按电动机最大转换倍数推算的方法计算） （ ）

(A)18.26kvar (B)20.45kvar
(C)23.68kvar (D)25.75kvar

解答过程：

24. 车间内设有整流系统，整流变压器额定容量118kVA，$U_d\%=5$，Δ/Y接线，额定电压380/227V，二次相电流300A，接三相桥式整流电路。求额定直流输出电流LED计算值为下列哪项数值？ （ ）

(A)259A (B)300A
(C)367A (D)519A

解答过程：

25. 车间设有整流系统，整流变压器额定容量118kVA，$U_d\%=5$，Δ/Y 接线，额定电压380/227V，接三相桥式整流电路。若三相桥式整流电路直流输出电压平均值 $U_d=220V$，直流输出电流 I_d 为额定直流输出电流 I_{de} 的1.5倍时，计算的换相角 r 应为下列哪项数值？（　　）

(A)4.36°　　(B)5.23°

(C)6.18°　　(D)7.32°

解答过程：

> 题26~30：某普通多层工业办公楼，长72m，宽12m，高20m，为平屋面、砖混结构、混凝土基础，当地年平均雷暴日为154.5天/年。请解答下列问题。

26. 若该建筑物周边为无钢筋闭合条形混凝土基础，基础内敷设人工接地体的最小规格尺寸应为下列哪项？（　　）

(A)圆钢 $2\times\phi8$mm

(B)扁钢 4×25mm

(C)圆钢 $2\times\phi12$mm

(D)扁钢 5×25mm

解答过程：

27. 该办公楼内某配电箱供6个AC220V馈出回路，每回路带25盏T5-28W灯具，设计依据规范三相均衡配置。T5荧光灯用电子镇流器，电源电压AC220V，总输入功率32W，功率因数0.97，3次谐波电流占总输入电流20%。计算照明配电箱电源中性线上的3次谐波电流应为下列哪项数值？（　　）

(A)0A　　(B)0.03A

(C)0.75A　　(D)4.5A

解答过程：

28. 假设本办公楼为第二类防雷建筑物，在 LPZ0 区与 LPZ1 区交界处，从室外引来的线路上总配电箱处安装Ⅰ级实验 SPD，若限压型 SPD 的保护水平为 1.5kV，两端引线的总长度为 0.4m，引线电感为 1.1μH/m，当不计反射波效应时，线路上出现的最大雷电流电涌电压为下列哪项值？（假定通过 SPD 的雷电流陡度 di/dt 为 9kA/μs）（　　）

(A) 1.8kV　　(B) 2.0kV

(C) 5.1kV　　(D) 5.46kV

解答过程：

29. 建筑物钢筋混凝土基础，由 4 个长 × 宽 × 高为 11m × 0.8m × 0.6m 和 2 个长 × 宽 × 高为 72m × 0.8m × 0.6m 的块状基础组成，基础埋深 3m，土壤电阻率为 72Ω · m。请计算此建筑物的接地电阻值为下列哪项数值？（　　）

(A) 0.551Ω　　(B) 0.975Ω

(C) 1.125Ω　　(D) 1.79Ω

解答过程：

30. 假设建筑物外引一段水平接地体，长度为 100m，先经过长 50m 电阻率为 2000Ω · m 的土壤，之后经过电阻率为 1500Ω · m 的土壤。请计算此段水平接地体的有效长度为下列哪项？（　　）

(A) 77.46m　　(B) 84.12m

(C) 89.4m　　(D) 100m

解答过程：

题 31 ~ 35：某轧钢车间 6kV 配电系统向轧钢机电动机配电，假设其配电距离很短，可忽略配电电缆阻抗，6kV 系统参数如下：

6kV 母线短路容量：S_{d1} = 48MVA。6kV 母线预接无功负荷：Q_{fh} = 2.9Mvar。

轧钢机电动机参数如下：

电动机额定容量：P_e = 1500kW，电动机额定电压：U_e = 6kV，电动机效率：η = 0.95，电动机功率因数：$\cos\varphi = 0.8$，电动机全电压启动时的电流倍数：K_{iq} = 6

电动机的全启动电压标幺值：$U_{qe}^* = 1$

电动机静阻转矩标幺值：$M_j^* = 0.15$

电动机全压启动时转矩标幺值：$M_q^* = 1$

电动机启动时平均矩标幺值：$M_{qp}^* = 1.1$

电动机额定转速：n_e = 500rpm

电动机启动时要求母线电压不低于母线额定电压的 85%，$U_m^* = 0.85$。

请回答下列问题，并列出解答过程。

31. 计算该电动机的启动容量及母线最大允许启动容量应为下列哪组数值？并判断是否满足直接启动条件。（　　）

(A) 11.84MVA，8.94MVA，不满足
(B) 12.14MVA，9.76MVA，不满足
(C) 7.5MVA，9.76MVA，满足
(D) 7.5MVA，8.96MVA，满足

解答过程：

32. 计算该电动机直接启动时的母线电压应为下列哪项数值？（　　）

(A) 4.56kV　　(B) 4.86kV
(C) 5.06kV　　(D) 5.56kV

解答过程：

33. 计算确定该电动机电抗器启动的可能性及电抗器电抗值？（　　）

(A) 可以，1.99Ω　　(B) 可以，0.99Ω
(C) 不可以，0.55Ω　　(D) 不可以，0.49Ω

解答过程：

34. 如果该电动机采用电抗器启动，请计算电动机启动时母线的电压及电动机的端电压。(启动电抗器按1.0Ω计算) ( )

(A)4.5kV，3.67kV (B)4.8kV，3.87kV
(C)5.1kV，3.67kV (D)5.1kV，3.87kV

解答过程：

35. 如果该电动机采用电抗器启动，当电动机旋转体等效直径为1.2m、重量为10000kg时，该电动机的启动时间应为下列哪项数值？ ( )

(A)10.7s (B)13.7s
(C)14.7s (D)15.7s

解答过程：

题36～40：有一综合建筑，总建筑面积110000m^2，总高度98m，地下3层，每层建筑面积7830m^2，地上25层，其中1～4层为裙房，每层建筑面积4000m^2，5～24层每层3470m^2，第25层1110m^2。该建筑能容纳2000人以上，不超过10000人。请回答下列火灾报警等弱电设计问题，并列出解答过程。

36. 设建筑地下2、3层设有20只5W扬声器，地下1层设有21只5W扬声器，首层设有20只3W扬声器，4只5W扬声器，2至4层每层设有14只3W扬声器，5至24层各层设有8只3W扬声器，顶层设有3只3W扬声器。试计算当广播系统业务广播和消防应急广播合用时，其功率放大器应为下列哪项数值？ ( )

(A)1500W (B)1460W
(C)1300W (D)1269W

解答过程：

37. 建筑中的数据中心,其视频安防监控系数采用数字信号在 IP 网络中传输,当采用 704 × 576 分辨率,计算其视频编码应为下列哪项数值? ( )

(A)256kbps (B)512kbps
(C)1024kbps (D)2048kbps

解答过程:

38. 在建筑中 4 层有一个会议厅,根据建筑装修设计的情况,将扬声器箱安装布置在吊顶,间距为 9m,安装高度为 4.75m。试计算,根据此布置的扬声器箱,其辐射角应为下列哪项数值? ( )

(A)94.5° (B)98.4° (C)101° (D)105°

解答过程:

39. 建筑中设置有视频安防监控系统,已知某处设置一台摄像机,摄像机的焦距为 50mm,像场高 15mm,视场高 4.5m,试计算该台摄像机监测的距离应为下列哪项数值? ( )

(A)15m (B)13.3m (C)4.5m (D)1.35m

解答过程:

40. 在该建筑 5 ~ 10 层为某分支机构办公用房,每层建筑面积的 70% 为纯办公面积,按照 $10m^2$ 一个工位,每个工位均设有一个语音点和一个普通数据点,另外在 70% 的工位设置了内部网络数据点。试计算建筑设备间 BD 至上述楼层的楼层配线架 FD 的内网按最大量配置需要多少芯的光缆?(内网网络交换机每台按 36 口计算) ( )

(A)26 芯 (B)18 芯 (C)14 芯 (D)12 芯

解答过程:

2017年案例分析试题答案(下午卷)

题1~5答案:**CDBCC**

1.《电力工程直流电源系统设计技术规程》(DL/T 5044—2014)附录A式(A3.4)及表A.5-1。

S_2断路器额定电流:$I_n \geqslant K_c(I_{cc}+I_{cp}+I_{cs})=0.8\times(1+4+2)=5.6A$

根据题目已知条件和表A.5-1集中辐射形系统保护电器选择配合表(标准型),确定S_2的额定电流值为40A。

2.《电力工程直流电源系统设计技术规程》(DL/T 5044—2014)第6.3.7-1条、附录E。

根据E.2计算参数中的两个表,直流电动机回路计算电流取$I_{ca2}=K_{stm}I_{nm}=2\times10A$,允许电压降取$U_p\% \leqslant 5\% U_n$,则:

电缆截面:$S_{cac}=\dfrac{\rho\cdot 2LI_{ca}}{\Delta U_p}=\dfrac{0.0184\times2\times120\times(2\times10)}{220\times5\%}=8.03\ mm^2$,取$10mm^2$。

第6.3.7-1条:直流柜与直流电动机之间的电缆截面需满足,电缆长期允许载流量的计算电流应大于电动机额定电流,则校验如下:

$S'_{cac}=\dfrac{10}{4}=2.5\ mm^2<10\ mm^2$

满足要求。

3.《电力工程直流电源系统设计技术规程》(DL/T 5044—2014)第4.2.5条及附录C第C.2.3条"蓄电池容量计算"及表C.3-3。

直流负荷统计表

负荷名称	容量(kW)	负荷系数	经常负荷电流(A)	初期(A)	持续(A)			随机(A)
				1min	1~30min	30~60min	60~120min	5s
控制和保护设备	2	0.6	5.45	5.45	5.45	5.45	5.45	
跳闸	0.5	0.6		1.36				
恢复供电	0.8	1						3.64
应急照明	2	1		9.09			9.09	
UPS	1	0.6		2.73			2.73	
总计				18.63			17.27	3.64

(1)满足事故放电初期(1min)冲击放电电流容量的要求。

查表C.3-3,放电终止电压为1.85V时,1min放电时间的容量换算系数$K_K=1.24$

$C_{cho}=K_K\dfrac{I_{cho}}{K_{cho}}=1.4\times\dfrac{18.63}{1.24}=21.03Ah$

(2)满足事故全停电状态下持续放电容量的要求。

查表 C. 3-3，放电终止电压为 1. 85V 时，120min 放电时间的容量换算系数 K_{c1} = 0. 344

$$C_{C1} = K_K \frac{I_1}{K_{c1}} = 1.4 \times \frac{17.27}{0.344} = 70.28\text{Ah}$$

(3)满足随机负荷计算容量的要求

查表 C. 3-3，放电终止电压为 1. 85V 时，120min 放电时间的容量换算系数 K_{c1} = 0. 344

$$C_r = \frac{I_r}{K_{cr}} = \frac{3.64}{1.34} = 2.72\text{Ah}$$

计算容量为：$C_{js} = C_{cho} + C_r = 70.28 + 2.72 = 73\text{Ah}$

4.《电力工程直流电源系统设计技术规程》(DL/T 5044—2014)第 4. 2. 5 条及附录 D。

经常负荷电流：$I_{jc} = 0.6 \times \frac{8000}{220} = 21.82\text{A}$

蓄电池充电时电池与直流母线不断开，因此需满足均衡充电的要求，则：

充电输出电流：$I_r = (1.0 \sim 1.25) I_{10} + I_{jc} = (1.0 \sim 1.25) \times \frac{300}{10} + 21.82 = 51.82 \sim 59.32\text{A}$

高频开关电源整流装置基本模块数量：$n_1 = \frac{I_r}{I_{me}} = \frac{51.82 \sim 59.32}{20} = 2.59 \sim 2.97$，取 3 个。

附加模块数量：$n_2 = 1$

因此模块数量：$n = n_1 + n_2 = 3 + 1 = 4$

5.《电力工程直流电源系统设计技术规程》(DL/T 5044—2014)第 6. 2. 5-2-2)条。

高压断路器电磁操动机构的合闸回路可按 0. 3 倍的额定合闸电流选择，即 30 × 120 = 36A，取 40A。

直流断路器过载脱扣时间应大于断路器固有合闸时间，即 200ms。

题 6 ~ 10 答案：**ADBDC**

6.《工业与民用供配电设计手册》(第四版)P280 ~ P284"实用短路电流计算法"。

设 $S_j = 100\text{MVA}$，$U_j = 115\text{kV}$

最大运行方式下系统电抗标幺值：$X_{*S1} = \frac{S_j}{S''_S} = \frac{I_j}{I''_S} = \frac{0.50}{25} = 0.02$，$X_{*S2} = 0$

可见，10kV 侧 1 号母线发生最大三相短路电流应在电源 2 供电时，则：

主变压器电抗标幺值：$X_{*T} = \frac{u_k\%}{100} \cdot \frac{S_j}{S_{rT}} = \frac{12}{100} \times \frac{100}{50} = 0.24$

架空线电抗标幺值：$X_{*L} = X \frac{S_j}{U_j^2} = 40 \times 0.4 \times \frac{100}{115^2} = 0.121$

10kV 侧 1 号母线最大短路电流：$I''_k = \frac{I_j}{X_{*S2} + X_{*T} + X_{*L}} = \frac{5.5}{0 + 0.24 + 0.121} = 15.23\text{kA}$

7.《工业与民用供配电设计手册》(第四版)P280 ~ P284"实用短路电流计算法",P550 表 7.3-2。

设 $S_j = 100\text{MVA}$,$U_j = 10.5\text{kV}$,则 $I_j = 5.5\text{kA}$

最大运行方式下系统电抗标幺值:$X_{*S1} = \frac{S_j}{S''_S} = \frac{I_j}{I''_S} = \frac{5.5}{23} = 0.24$

架空线电抗标幺值:$X_{*L} = X\frac{S_j}{U_j^2} = 8 \times 0.1 \times \frac{100}{10.5^2} = 0.726$

无限时电流速断保护动作电流:$I_{op \cdot k} = K_{rel}K_{con}\frac{I''_{2k \cdot max}}{n_{TA}} = 1.3 \times \sqrt{3} \times \frac{5700}{300} = 42.78\text{A}$

最小运行方式下校验保护装置灵敏度:$K_{sen} = \frac{I_{1k2 \cdot min}}{I_{op}} = \frac{0.866 \times 20 \times 10^3}{42.78 \times (300/\sqrt{3})} = 2.34 > 1.5$,满足要求。

8.《电力装置的继电保护和自动装置设计规范》(GB/T 50062—2008)第 4.0.3-2 条。

电压为 10kV 以上、容量为 10MVA 及以上单独运行的变压器,以及容量为 6.3MVA 及以上并列运行的变压器,应采用纵联差动保护。

《钢铁企业电力设计手册》(上册)P777 式(15-34)。

一次电流倍数:$m = \frac{K_k \cdot I_{dmax}}{I_{c1}} = \frac{2 \times 2 \times 10^3}{(110/10.5) \times (300/1)} = 12.73$

《工业与民用供配电设计手册》(第四版)P603,7.7.1.4-(1)-4):变压器主回路宜采用复合误差较小(波形畸变较小)的 5P 和 5PR 级电流互感器。

注:也可参考《工业与民用配电设计手册》(第三版)P343 式(7-21)。

9.《导体和电器选择设计技术规定》(DL/T 5222—2005)第 14.2.1 条。

普通限流电抗器的额定电流应为主变压器或馈线回路的最大可能工作电流,根据《工业与民用供配电设计手册》(第四版)P315 表 5.2-3"变压器回路要求":

$$I_N = 1.3 \times \frac{50 \times 10^3}{\sqrt{3} \times 10.5} = 3754\text{A}$$

《工业与民用供配电设计手册》(第四版)P401 式(5.7-11)。

$$x_N\% \geqslant \left(\frac{I_j}{I''_k} - X_{*j}\right)\frac{I_N U_j}{I_j U_r} \times 100\% = \left(\frac{5.5}{20} - \frac{5.5}{30}\right) \times \frac{3.754 \times 10.5}{10 \times 5.5} \times 100\% = 6.25\%$$

10.《工业与民用供配电设计手册》(第四版)P30 式(1.10-4),P36 式(1.11-5)。

一台变压器的无功功率损耗:

$$\Delta Q_T = \Delta Q_0 + \Delta Q_k\left(\frac{S_c}{S_N}\right)^2 = \left[1\% + 12\% \times \left(\frac{40/(2 \times 0.96)}{50}\right)^2\right] \times 50 \times 10^3$$
$$= 1541.67\text{kvar}$$

按最大负荷计算的补偿容量:

$$Q_1 = P_c(\tan\varphi_1 - \tan\varphi_2) = 40 \times 10^3 \times [\tan(\cos^{-1}0.86) - \tan(\cos^{-1}0.96)]$$
$$= 12068\text{kvar}$$

总补偿容量为：$\sum Q = 2\times\Delta Q_{\mathrm{T}} + Q_1 = 2\times1541.67 + 12068 = 15151\mathrm{kvar}$

题 11～15 答案：**CBBBA**

11.《工业与民用供配电设计手册》（第四版）P863 式（9.4-8）有关 D_{j} 注解。

相导线间的几何均距：

$$D_{\mathrm{j}} \geqslant \sqrt[3]{D_{\mathrm{UV}}D_{\mathrm{VW}}D_{\mathrm{WU}}} = \sqrt[3]{4\times4\times8} = 5.04\mathrm{m}\text{（相导线为水平排列）}$$

注：也可参考《电力工程高压送电线路设计手册》（第二版）P16 式（2-1-3）。

12.《电力工程高压送电线路设计手册》（第二版）P24 式（2-1-41）和式（2-1-42）。

波阻抗：$Z_{\mathrm{n}} = \sqrt{\dfrac{X_1}{b_1}} = \sqrt{\dfrac{0.399}{2.85\times10^{-6}}} = 374.16\Omega$

线路自然功率：$P_{\mathrm{n}} = \dfrac{U^2}{Z_{\mathrm{n}}} = \dfrac{35^2}{374.16} = 3.274\mathrm{MW}$

13.《电力工程高压送电线路设计手册》（第二版）P179 表（3-3-1）"电线应力弧垂公式一览表"。

高差角：$\beta = \tan^{-1}\dfrac{h}{l} = \tan^{-1}\left(\dfrac{70}{300}\right) = 13.134°$

档内线长（斜抛物线公式）：

$$L = \frac{l}{\cos\beta} + \frac{\gamma^2 l^3\cos\beta}{24\sigma_0^2} = \frac{300}{\cos13.134°} + \frac{(27\times10^{-3})^2\times300^3\times0.974}{24\times50^2} = 308.27\mathrm{m}$$

14.《电力工程高压送电线路设计手册》（第二版）P179 表（3-3-1）"电线应力弧垂公式一览表"。

电线最低点到悬挂点电线间水平距离：

$$l_{\mathrm{OB}} = \frac{l}{2} + \frac{\sigma_0}{\gamma}\tan\beta = \frac{250}{2} + \frac{55}{57\times10^{-3}}\times\frac{70}{250} = 395.18\mathrm{m}$$

高塔导线悬点应力：$\sigma_{\mathrm{B}} = \sigma_0 + \dfrac{\gamma^2 l_{\mathrm{OB}}^2}{2\sigma_0} = 55 + \dfrac{(57\times10^{-3})^2\times395.18^2}{2\times55} = 59.6\ \mathrm{N/mm^2}$

15.《66kV 及以下架空线电力线路设计规范》（GB 50061—2010）第 7.0.3 条。

导线水平线间最小距离：$D \geqslant 0.4L_{\mathrm{k}} + \dfrac{U}{110} + 0.65\sqrt{f} = 0.4\times0.8 + \dfrac{35}{110} + 0.65\times\sqrt{2.4} = 1.65\mathrm{m}$

导线垂直线间最小距离：$h \geqslant 0.75D = 0.75\times1.65 = 1.24\mathrm{m}$

题 16～20 答案：**ABBDB**

16.《照明设计手册》（第三版）P7 式（1-9），P145 式（5-39）。

室形指数：$RI = \dfrac{LW}{H(L+W)} = \dfrac{36\times18}{3.4\times(36+18)} = 3.53$，采用插入法 $\dfrac{4-3}{1-0.97} = \dfrac{4-3.53}{1-U}$，$U = 0.986$

灯具数量：$N = \dfrac{E_{\mathrm{av}}A}{\Phi UK} = \dfrac{200\times36\times18}{4000\times0.986\times0.8} = 41.08$ 盏，取 40 盏。

校验工作面平均照度：$E_{av}=\dfrac{\Phi NUK}{A}=\dfrac{4000\times40\times0.986\times0.8}{36\times18}=194.8\text{lx}$

《建筑照明设计标准》(GB 50034—2013)第4.1.7条：设计照度与照度标准值的偏差不应超过±10%，因此校验满足要求。

17.《建筑照明设计标准》(GB 50034—2013)第6.3.16条。

设装饰性灯具场所，可将实际采用的装饰性灯具总功率的50%计入照明功率密度值的计算。

一般照明功率：$P_1=UI_1\cos\varphi_1=220\times(48\times0.29+16\times0.09)\times0.98=3311.62\text{W}$

装饰灯具功率：$P_2=UI_2\cos\varphi_2=220\times(50\times0.05+100\times0.1+10\times0.03+15\times0.03)\times0.56=1618.68\text{W}$

则：$LPD=\dfrac{3311.62+2\times1681.68}{500}=8.3\ \text{W/m}^2$

18.《照明设计手册》(第三版)P118式(5-1)，P122式(5-15)。

$\theta=\tan^{-1}\left(\dfrac{300}{2700-1200}\right)=11.3°$，利用插入法，$\dfrac{324-I_\theta}{11.3-9}=\dfrac{I_\theta-276}{12-11.3}$，可得 $I_\theta=287.2\text{cd}$

$$E_n=\frac{I_\theta}{R^2}=\frac{287.2}{(2.7-1.2)^2+0.3^2}=122.74\text{lx}$$

$$E_\varphi=\frac{2000\times0.8}{1000}\times122.74\times\cos(70°-11.3°)=102\text{lx}$$

19.《照明设计手册》(第三版)P118式(5-1)，P126式(5-21)、表(5-3)。

$\theta=\tan^{-1}\left(\dfrac{750}{2800-800}\right)=20.56°$，利用插入法，$\dfrac{473-I_\theta}{25-20.56}=\dfrac{I_\theta-443}{20.56-15}$，可得 $I_\theta=459.68\text{cd}$

灯具单位长度光强：$I'_{\theta\cdot\alpha}=\dfrac{I_{\theta\cdot\alpha}}{l}=\dfrac{459.68}{1.2}=383.07\text{cd}$

短边纵向平面角：$\alpha_1=\tan^{-1}\left[\dfrac{1.2+(1.2-0.4)}{\sqrt{(2.8-0.8)^2+0.75^2}}\right]=43.117°$

长边纵向平面角：$\alpha_2=\tan^{-1}\left(\dfrac{1.2\times2+0.4}{\sqrt{(2.8-0.8)^2+0.75^2}}\right)=52.66°$

查表5-3，可得 $AF_1=0.577$ 和 $AF_2=0.627$(采用插值法)

P点的水平照度：

$$E_h=\frac{\Phi I'_{\theta\cdot0}K}{1000h}\cos^2\theta(AF)=\frac{4400\times383.07\times0.8}{1000\times(2.8-0.8)}\times\cos^2 20.56°\times(0.577+0.627)=711.63\text{lx}$$

注：本题应采用线光源的横向光强分布进行计算，参见P125图5-9“线光源的纵向和横向光强分布曲线”。

20.《照明设计手册》(第三版)P142～P145式(5-38)和式(5-39)。

广告灯箱照度限值：$E = \frac{L\pi}{\rho\tau} = \frac{100\pi}{0.5 \times (1 - 0.5)} = 1256\text{lx}$

灯具数量：$N = \frac{E_{av}A}{\Phi UK} = \frac{1256 \times 2 \times 3}{3400 \times 0.78 \times 0.8} = 3.55$ 个，题目要求灯箱表面亮度不宜超过 100cd/m^2，因此灯具选 3 个。

题 21～25 答案：**ACDCC**

21.《钢铁企业电力设计手册》（上册）P297 式（6-36）。

变压器节能：$\Delta P = \left(\frac{P_2}{S_N}\right)^2 \left(\frac{1}{\cos^2\varphi_1} - \frac{1}{\cos^2\varphi_2}\right) P_K = \left(\frac{836}{1250}\right)^2 \left(\frac{1}{0.76^2} - \frac{1}{0.92^2}\right) \times 13.8 = 3.39\text{kW}$

22.《钢铁企业电力设计手册》（上册）P297 式（6-35）。

变压器节能：

$$\Delta P = \left(\frac{P}{U}\right)^2 R\left(\frac{1}{\cos^2\varphi_1} - \frac{1}{\cos^2\varphi_2}\right) \times 10^{-3} = \left(\frac{45}{380}\right)^2 \times 0.22 \times 0.723 \times \left(\frac{1}{0.79^2} - \frac{1}{0.92^2}\right) \times 10^{-3}$$

$$= 0.9387\text{kW}$$

变压器节约电量：

$W = \Delta P \cdot t = 0.9387 \times 8760 = 8223\text{kW} \cdot \text{h}$

23.《钢铁企业电力设计手册》（上册）P297 式（6-42）、式（6-40）。

空载电流：$I_0 = I_N\left(\sin\varphi_N - \frac{\cos\varphi_N}{2b}\right) = 94.1 \times \left(\sqrt{1 - 0.79^2} - \frac{0.76}{2 \times 2}\right) = 39.1\text{A}$

单台电动机最大补偿容量：$Q \leqslant \sqrt{3} U_N I_0 = \sqrt{3} \times 0.38 \times 39.1 = 25.74\text{kvar}$

注：根据《供配电设计规范》（GB 50052—2009）第 6.0.2 条，单台电容就补偿最大容量为 $Q \leqslant 0.9 \cdot \sqrt{3} U_N I_0$。

24.《钢铁企业电力设计手册》（下册）P297 式（26-47）、表（26-18）。

整流变压器二次相电流：$I_2 = K_2 I_{de} = 300\text{A}$，查表 26-18，$K_2 = 0.816$

则：$I_{de} = \frac{300}{0.816} = 367\text{A}$

25.《钢铁企业电力设计手册》（下册）P277～P278 式（26-10）、式（26-15）及例题，P395 图 26-27，P399 表 26-16。

查表 26-16，可知 $C = 0.5$，再根据图 26-27，得 $U_{do} = 2.34U_2 = 2.34 \times \frac{227}{\sqrt{3}} = 306.69\text{V}$

由式（26-15）得到：$200 = 306.69 \times (\cos\alpha - 0.5 \times 5\% \times 1.5)$，则 $\alpha = 40.97°$

由式（26-10）得到：$\frac{220}{306.69} = \frac{\cos 40.97° + \cos(40.97° + \gamma)}{2}$，则 $\gamma = 6.18°$

题 26～30 答案：**BDDCB**

26.《建筑物防雷设计规范》（GB 50057—2010）第 3.0.3 条、表 4.3.5 及附录 A“建

筑物年预计雷击次数”。

主楼高度20m，则相同雷击次数的等效面积：

$$A_e = [LW + 2(L+W)\sqrt{H(200-H)} + \pi H(200-H)] \times 10^{-6}$$
$$= [72 \times 12 + 2 \times (72+12) \times \sqrt{20 \times (200-20)} + 20\pi \times (200-20)] \times 10^{-6}$$
$$= 0.0223 \text{km}^2$$

建筑物年预计雷击次数：$N = k(0.1T_d)A_e = 1 \times 0.1 \times 154.5 \times 0.0223 = 0.344$ 次/a

由第3.0.3条，该办公楼属于第二类防雷建筑，根据表4.3.5，人工接地体应选择4×25mm扁钢。

27.《低压配电设计规范》(GB 50054—2011)第3.2.9条。

中性线上3次谐波电流：$I_3 = 3\dfrac{nP}{U\cos\varphi} \cdot 20\% = 3 \times \dfrac{(6/3) \times 25 \times 32}{220 \times 0.97} \times 20\% = 4.51\text{A}$

注：按相电流进行计算，再归算到三相负荷电流。

28.《建筑物防雷设计规范》(GB 50057—2010)第6.4.6条。

限压型最大电涌电压：$U_{p/f} = U_p + \Delta U = U_p + L\dfrac{di}{dt} = 1.5 + 0.4 \times 1.1 \times 9 = 5.46\text{kV}$

29.《工业与民用供配电设计手册》(第四版)P1415～P1417表14.6-4、图14.6-1。

特征值C_2：$C_2 = \dfrac{\sum_1^n A_n}{A} = \dfrac{4 \times 11 \times 0.8 + 2 \times 72 \times 0.8}{72 \times 12} = 0.174$，则$K_1 = 1.5$

由图14.6-1确定形状系数K_2：$\dfrac{t}{L_2} = \dfrac{3}{12} = 0.25$，$\dfrac{L_1}{L_2} = \dfrac{72}{12} = 6$，查图得到$K_2 = 0.75$

接地电阻：$R = K_1 K_2 \dfrac{\rho}{L_1} = 1.5 \times 0.75 \times \dfrac{72}{72} = 1.125\Omega$

30.《建筑物防雷设计规范》(GB 50057—2010)第5.4.6条及其条文说明。

在土壤ρ_1中的有效长度：$L_1 = 2\sqrt{2000} = 89.4\text{m}$

在土壤ρ_1中的实际长度：$L_2 = 2\sqrt{2000} = 89.4 - 50 = 39.4\text{m}$

对应在土壤ρ_2中的有效长度：$L_1 = L_2\sqrt{\dfrac{\rho_1}{\rho_2}} = 39.4 \times \sqrt{\dfrac{1500}{2000}} = 34.15\text{m}$

有效长度：$L = 50 + 34.15 = 84.15\text{m}$

题31～35答案：**ABBDA**

31.《钢铁企业电力设计手册》下册P232式(24-45)、式(24-46)及P235表24-58。

由表24-58查得母线允许电压标幺值，则$\alpha = \dfrac{1}{U_{*m}} - 1 = \dfrac{1}{0.85} - 1 = 0.176$

计算因子：$\alpha(S_{de} + Q_{fh}) = 0.176 \times (48 + 2.9) = 8.96\text{MVA}$，$K_{iq}S_e = 6 \times \dfrac{1.5}{0.8 \times 0.95} = 11.84\text{MVA}$

显然，$K_{id}S_e > \alpha(S_{dl} + Q_{fh})$，不可全压启动。

注：电动机启动母线允许电压标幺值也可参考《通用用电设备配电设计规范》(GB 50055—2011)第2.2.2条。

32.《工业与民用供配电设计手册》(第四版)P482～P483表6.5-4。

启动回路计算容量：$S_{st}=\dfrac{1}{\dfrac{1}{S_{stM}}+\dfrac{X_1}{U_{av}^2}}=S_{stM}=kS_{st}=6\times\dfrac{1.5}{0.95\times0.8}=11.84\text{MVA}$

母线电压相对值：$u_{stB}=u_s\dfrac{S_{scB}}{S_{scB}+Q_L+S_{st}}=1.05\times\dfrac{48}{48+2.9+11.84}=0.808$

母线电压有名值：$U_{STB}=u_{stB}\cdot U_N=0.808\times6=4.85\text{kV}$

注：也可参考《工业与民用配电设计手册》(第三版)P270表6-16，母线电压相对值的计算公式略有变化，但计算结果几乎一致。

33.《钢铁企业电力设计手册》(下册)P233～P235式(24-55)、表24-58。

$\beta=\dfrac{1.05}{1-U_{*m}}=\dfrac{1.05}{1-0.85}=7$，则：$\beta\sqrt{\dfrac{M_{*j}}{M_{*q}}}=7\times\sqrt{\dfrac{0.15}{1}}=2.711$

$U_{*qe}\dfrac{S_{dl}+Q_{fh}}{K_{iq}S_e}=1\times\dfrac{48+2.9}{6\times1.5/(0.95\times0.8)}=4.298>2.711$，满足电抗器降压启动的条件。

电抗器电抗值：$X_k=\dfrac{U_e^2}{S_{dl}}\left(\dfrac{\gamma S_{dl}}{S_{dl}+Q_{fh}}+\dfrac{S_{dl}}{K_{iq}S_e}\right)=\dfrac{6^2}{48}\left[\dfrac{5.76\times48}{48+2.9}+\dfrac{48}{6\times1.5/(0.95\times0.8)}\right]$
$=0.97$

34.《工业与民用供配电设计手册》(第四版)P482～P483表6.5-4。

启动回路的额定输入容量：

$$S_{st}=\frac{1}{\dfrac{1}{S_{stM}}+\dfrac{X_R}{U_{av}^2}+\dfrac{X_l}{U_{av}^2}}=\frac{1}{6\times\dfrac{1.5}{0.95\times0.8}+\dfrac{0}{6^2}+\dfrac{1}{6^2}}=8.91\text{MVA}$$

母线电压相对值：$u_{stB}=u_s\dfrac{S_{scB}}{S_{scB}+Q_L+S_{st}}=1.05\times\dfrac{48}{48+2.9+8.91}=0.843$

母线电压有名值：$U_{STB}=u_{stB}\cdot U_N=0.843\times6=5.1\text{kV}$

电动机端子电压相对值：$u_{stM}=u_{stB}\dfrac{S_{st}}{S_{stM}}=0.843\times\dfrac{8.91}{11.842}=0.634$

电动机端子电压有名值：$U_{STM}=u_{stM}\cdot U_N=0.634\times6=3.8\text{kV}$

注：也可参考《钢铁企业电力设计手册》(下册)P234式(24-62)。

35.《钢铁企业电力设计手册》(下册)P17表23-9"实心圆柱体的飞轮转矩"、P235表24-58。

实心圆柱体的飞轮转矩：$GD^2=\dfrac{mD_1^2}{2}g=\dfrac{10000\times1.2^2}{2}\times9.8\times10^{-3}=70.56\text{N}\cdot\text{m}^2$

《工业与民用供配电设计手册》(第四版)P482 ~ P483 表(6.5-4)。

母线电压相对值：$u_{stB}=u_s\dfrac{S_{scB}}{S_{scB}+Q_L+S_{st}}=1.05\times\dfrac{48}{48+2.9+8.91}=0.843$

电动机端子电压相对值：$u_{stM}=u_{stB}\dfrac{S_{st}}{S_{stM}}=0.843\times\dfrac{8.91}{11.842}=0.634$

《钢铁企业电力设计手册》(上册)P276 式(5-16)。

电动机启动时间：$t_s=\dfrac{GD^2n_N^2}{3580P_{Nm}(u_{sm}^2m_{sa}-m_r)}=\dfrac{70.56\times500^2}{3580\times1500\times(0.643^2\times1.1-0.15)}$
$=10.68s$

题 36 ~40 答案：**ADDAC**

36.《火灾自动报警系统设计规范》(GB 50116—2013)第 4.8.8 条,《公共广播系统工程技术规范》(GB 50526—2010)第 3.7.3 条。

第 4.8.8 条：消防应急广播系统的联动控制信号应由消防联动控制器发出。当确认火灾后,应同时向全楼进行广播。

紧急广播功率：

$$P=1.5\times(20\times5\times2+21\times5+20\times3+4\times5+3\times14\times3+20\times8\times3+3\times3)=1500W$$

37.《民用闭路监视电视系统工程技术规范》(GB 50198—2011)第 3.3.10-4 条。

视频编码率：$B=[(H\times V)/(352\times288)]\times512=[(704\times576)/(352\times288)]\times512=2048kbps$

38.《民用建筑电气设计规范》(JGJ 16—2008)第 16.6.5 条式(16.6.5-3)。

会议厅、多功能厅、餐厅内扬声器间距：$L=2(H-1.3)\tan\dfrac{\theta}{2}$

则：$\theta=2\tan^{-1}[\dfrac{9}{2(4.75-1.3)}]=105°$

39.《视频安防监控系统工程设计规范》(GB 50395—2007)第 6.0.2-3 条式(6.0.2)。

$$L=\frac{f\times H}{A}=\frac{50\times4.5}{15}=15m$$

40.《民用建筑电气设计规范》(JGJ 16—2008)第 21.3.7-2 条。

每层工位数据点：$N=\dfrac{3470\times(1-0.3)}{10}=243$ 个

内网数据点：$N'=243\times0.7=170.1\approx170$ 个

每层交换机台数：$n=\dfrac{170}{3.6}=4.7$,取 5 台。

按最大量配置主干端口光缆芯数：$X_1=2\times5=10$ 芯

备用端口光缆芯数：$X_2=2\times2=4$ 芯

因此光缆芯数总数为 $X=10+4=14$ 芯

2018年

注册电气工程师(供配电)执业资格考试

专业考试试题及答案

2018年专业知识试题(上午卷)/854

2018年专业知识试题答案(上午卷)/866

2018年专业知识试题(下午卷)/872

2018年专业知识试题答案(下午卷)/885

2018年案例分析试题(上午卷)/891

2018年案例分析试题答案(上午卷)/902

2018年案例分析试题(下午卷)/908

2018年案例分析试题答案(下午卷)/923

2018年专业知识试题(上午卷)

一、单项选择题(共40题,每题1分,每题的备选项中只有1个最符合题意)

1. 低电阻接地系统的高压配电电气装置,其保护接地的接地电阻应符合下列哪项公式的要求,且不应大于下列哪项数值? ( )

(A) $R \leqslant 2000/I_G$, 10Ω (B) $R \leqslant 2000/I_G$, 4Ω
(C) $R \leqslant 120/I_G$, 4Ω (D) $R \leqslant 50/I_G$, 1Ω

2. 直流负荷按性质可分为经常负荷、事故负荷和冲击负荷,下列哪项不是经常负荷? ( )

(A)连续运行的直流电动机 (B)热工动力负荷
(C)逆变器 (D)电气控制、保护装置等

3. 配电设计中,计算负荷的持续时间应取导体发热时间常数的几倍? ( )

(A)1倍 (B)2倍
(C)3倍 (D)4倍

4. 某学校教室长9.0m,宽7.4m,灯具安装高度离地2.60m,离工作面高度1.85m,则该教室的室形指数为下列哪项数值? ( )

(A)1.6 (B)1.9
(C)2.2 (D)3.2

5. 已知同步发电机额定容量为25MVA,超瞬态电抗百分值 $X''_d\% = 12.5$,标称电压为10kV,则超瞬态电抗有名值最接近下列哪项数值? ( )

(A)0.55Ω (B)5.5Ω
(C)55Ω (D)550Ω

6. 10kV电能计量应采用下列哪一级精度的有功电能表? ( )

(A)0.2S (B)0.5S
(C)1.0S (D)2.0S

7. 继电保护和自动装置的设计应满足下列哪一项要求? ( )

(A)可靠性、经济性、灵敏性、速动性
(B)可靠性、选择性、灵敏性、速动性

(C)可靠性、选择性、合理性、速动性
(D)可靠性、选择性、灵敏性、安全性

8. 当10/0.4kV变压器向电动机供电时,全压直接经常起动的笼型电动机功率不应大于电源变压器容量的百分数是多少? ( )

(A)15% (B)20%
(C)25% (D)30%

9. 在系统接地型式为TN及TT的低压电网中,当选用Yyn0接线组别的三相变压器时,其由单相不平衡负荷引起中性线电流不得超过低压绕组额定电流的多少(百分数表示),且其一相的电流在满载时不得超过额定电流的多少(百分数表示)? ( )

(A)15%、60% (B)20%、80%
(C)25%、100% (D)30%、120%

10. 在爆炸性粉尘环境内,下列关于插座安装的论述哪一项是错误的? ( )

(A)不应安装插座
(B)应尽量减少插座的安装数量
(C)插座开口一面应朝下,且与垂直面的角度不应大于60°
(D)宜布置在爆炸性粉尘不宜积聚的地点

11. 某IT系统额定电压为380V,系统中安装的绝缘监测电气的测试电压和绝缘电阻的整定值,下列哪一项满足规范要求? ( )

(A)测试电压应为250V,绝缘电阻整定值应低于0.5MΩ
(B)测试电压应为500V,绝缘电阻整定值应低于0.5MΩ
(C)测试电压应为250V,绝缘电阻整定值应低于1.0MΩ
(D)测试电压应为1000V,绝缘电阻整定值应低于1.0MΩ

12. 变电所的系统标称电压为35kV,配电装置中采用的高压真空断路器的额定电压下列哪一项是最适宜的? ( )

(A)35.0kV (B)37.0kV
(C)38.5kV (D)40.5kV

13. 关于无人值班变电站直流系统中蓄电池组容量选择描述,下列哪一项是正确的? ( )

(A)满足事故停电1h内正常分合闸的放电容量
(B)满足全站事故停电1h的放电容量
(C)满足事故停电2h内正常分合闸的放电容量
(D)满足全站事故停电2h的放电容量

14. 建筑中消防应急照明和疏散指示的联动控制设计，根据规范的规定，下列哪项是正确的？（　　）

(A)集中控制型消防应急照明和疏散指示系统，应由应急照明控制器联动控制火灾报警控制器实现

(B)集中电源集中控制型消防应急照明和疏散指示系统，应由应急照明控制器控制消防联动控制器实现

(C)集中电源非集中控制型消防应急电源和疏散指示系统，应由消防联动控制器联动应急照明集中电源和应急照明分配电装置实现

(D)自带电源非集中控制型消防应急照明和疏散指示系统，应由消防应急照明配电箱联动控制消防联动控制器实现

15. 有线电视的卫星电视接收系统设计时，对卫星接收站站址的选择，下列哪项满足规范的要求？（　　）

(A)应远离高压线和飞机主航道

(B)应考虑风沙、尘埃及腐蚀性气体等环境污染因素

(C)宜选择在周围无微波站和雷达站等干扰源处，并应避开同频干扰

(D)卫星信号接收方向应保证卫星接收天线接收面 1/3 无遮挡

16. 视频显示系统的工作环境以及设备部件和材料选择，下列哪项符合规范的规定？（　　）

(A)LCD 视频显示系统的室内工作环境温度应为 0 ~ 40℃

(B)LCD、PDP 视频显示系统的室外工作环境温度为 -40 ~ 55℃

(C)LED 视频显示系统的室外工作环境温度应为 -40 ~ 55℃

(D)系统采用设备和部件的模拟视频输入和输出阻抗以及同轴电缆的特性阻抗均为 100%

17. 实测用电设备的端子电压偏差如下，下列哪项不满足规范的要求？（　　）

(A)电动机：3%　　(B)一般工作场所照明：+5%

(C)道路照明：-7%　　(D)应急照明：+7%

18. 在两个防雷区的界面上进行防雷设计时，下列哪项不符合规范的规定？（　　）

(A)在两个防雷区的界面上宜将所有通过界面的金属物做等电位连接

(B)当线路能承受所发生的电涌电压时，电容保护器应安装在线路进线处

(C)线路的金属保护层宜首先于界面处做等电位连接

(D)线路的屏蔽层宜首先于界面处做一次等电位连接

19. 在室内照明设计中，按规范规定下列哪个场所宜选用 3300 ~ 5300K 的相关色温的光源？（　　）

(A)病房　　(B)教室

(C)酒吧　　(D)客房

20. 20kV 及以下变配电室设计选择配电变压器,下述哪项措施能节约电缆和减少能源损耗? (　　)

(A)动力和照明不共用变压器

(B)设置 2 台变压器互为备用

(C)低压为 0.4kV 的单台变压器的容量不宜大于 1250kVA

(D)选用 Dyn11 接线组别变压器

21. 在一般照明设计中,宜选用下列哪种灯具? (　　)

(A)荧光高压汞灯　　(B)卤钨灯

(C)大于 25W 的荧光灯　　(D)小于 25W 的荧光灯

22. 用户端供配电系统设计中,下列哪项设计满足供电要求? (　　)

(A)一级负荷采用专用电缆供电

(B)二级负荷采用两回线路供电

(C)选择阻燃型 10kV 高压电缆在城市交通隧道内敷设

(D)消防设备配电箱不必独立设置

23. 当 1000kVA 变压器负荷率≤85% 时,概率计算变压器中的无功功率损耗占计算负荷的百分比为下列哪项数值? (　　)

(A)1%　　(B)2%

(C)3%　　(D)5%

24. 建筑照明设计中,下列哪项是灯具效能的单位? (　　)

(A)cd/m^2　　(B)lm/sr

(C)lm/W　　(D)W/m^2

25. 关于接闪器的描述,下列哪一项正确? (　　)

(A)接闪杆杆长 1m 以下时,圆钢不应小于 12mm,钢管不应小于 20mm

(B)接闪杆的接闪端宜做成半球状,其最小弯曲半径宜为 3.8mm,最大宜为 12.7mm

(C)当独立烟囱上采用热镀锌接闪环时,其圆钢直径不应小于 12mm,扁钢截面不应小于 $100mm^2$,其厚度不应小于 4mm

(D)架空接闪线和接闪网采用截面不小于 $50mm^2$ 热镀锌钢绞线或铜绞线

26. 同级电压线路相互交叉或与较低电压线路、通信线路交叉时的两交叉线路导线

间或上方线路导线与下方线路地线的最小垂直距离，不得小于下列哪一项数值？（　　）

(A)6～10kV，2m　　(B)20～110kV，3m

(C)220kV，4m　　(D)330kV，6m

27. 供配电系统设计规范规定允许低压供配电级数是多少？（　　）

(A)一级负荷低压供配电级数不宜多于一级

(B)二级负荷低压供配电级数不宜多于两级

(C)三级负荷低压供配电级数不宜多于三级

(D)负荷分级无关，低压供配电级数不宜多于三级

28. 10kV 配电室，采用移开式高压开关柜背对背双排布置，其最小操作通道最小应为下列哪项数值？（　　）

(A)单手车长度 +1200mm　　(B)双手车长度 +900mm

(C)双手车长度 +1200mm　　(D)2000mm

29. 考虑到电网电压降低及计算偏差，则设计可采用交流电动机最大转矩 M_{max} 为下列哪一项？（　　）

(A)0.95M_{max}　　(B)0.90M_{max}

(C)0.85M_{max}　　(D)0.75M_{max}

30. 某低压配电室，配电室长度为 9m，关于该配电室的布置，下列哪一项描述不符合规范的规定？（　　）

(A)配电室应设置两个出口，并宜布置在配电室两侧

(B)配电室的门应向外开启

(C)配电室内的电缆沟，应采取防水和排水措施

(D)配电室的地面宜与本层地面平齐

31. 关于 35kV 变电站的布置，下列哪项描述符合规范的规定？（　　）

(A)变电站主变压器布置除应满足运输方便外，并应布置在运行噪声对周边环境影响较小的位置

(B)变电站内未满足消防要求的主要道路宽度应为 3.5m

(C)屋外变电站实体围墙不应低于 2.2m

(D)电缆沟的沟底纵坡不宜小于 0.5%

32. 在均衡充电运行情况下，关于直流母线电压的描述，下列哪一项不符合规范的规定？（　　）

(A)直流母线电压应为直流电压系统标称电压的105%

(B)专供控制负荷的直流电源系统,直流母线电压不应高于直流电源系统标称电压的110%

(C)专供动力负荷的直流电源系统,直流母线电压不应高于直流电源系统标称电压的112.5%

(D)对控制负荷和动力负荷合并供电的直流电源系统,直流母线电压不应高于直流电源系统标称电压110%

33. 埋入土壤中与低压电气装置的接地装置连接的接地导体(线)在既无机械损伤保护又无腐蚀保护时的最小界面剂为下列哪项数值? ( )

(A)铜:2.5mm^2,钢:10mm^2　　(B)铜:16mm^2,钢:16mm^2

(C)铜:25mm^2,钢:50mm^2　　(D)铜:40mm^2,钢:60mm^2

34. 交流店里电子开关保护电器,当过电流倍数为1.2时,动作时间应为下列哪项数值? ( )

(A)5min　　(B)10min

(C)15min　　(D)20min

35. 已知地区10kV电网电抗标幺值$X_{*S}=0.5$,经8km架空线路送至某厂,每千米电抗标幺值$X_{*L}=0.4$,电网基准容量为100MVA,若不考虑线路电阻,则线路末端的三相短路电流为下列哪项数值? ( )

(A)1.16kA　　(B)1.49kA

(C)2.12kA　　(D)2.32kA

36. 油浸式电抗器装设下列哪项保护时,应带延时动作于跳闸? ( )

(A)瓦斯保护　　(B)电流速断保护

(C)过电流保护　　(D)过负荷保护

37. 为了改善用电设备端子电压偏差,电网有载调压宜采用逆调压方式,下列逆调压的范围哪项符合规范规定? ( )

(A)110kV以上的电网:额定电压的0~+3%

(B)35kV以上的电网:额定电压的0~+5%

(C)0.4kV以上的电网:额定电压的0~+7%

(D)照明负荷专用低压网络:额定电压的-10%~+5%

38. 在建筑照明设计中,作业面临近周围照度可低于作业面照度,规范规定作业面临近周围是指作业面外宽度不小于下列哪项数值的区域? ( )

(A)0.5m　　(B)1.0m

(C)1.5m　　(D)2.0m

39. 各类防雷建筑物应设内部防雷装置,在建筑物的地下室或地面层处,下列哪项物体不应与防雷装置做防雷等电位连接?（　　）

(A)建筑物金属体　　(B)金属装置
(C)建筑物内系统　　(D)进出建筑物的所有管线

40. 气体绝缘金属封闭开关设备区域专用接地网与变电站总接地网的连接线,不应小于几根,连接面的热稳定校验电流,应按单相接地故障时最大不对称电流有效值的百分之多少取值,下列哪项数值满足规范的要求?（　　）

(A)4 根,35%　　(B)3 根,25%
(C)2 根,15%　　(D)1 根,5%

二、多项选择题(共 30 题,每题 2 分。每题的备选项中有 2 个或 2 个以上符合题意。错选、少选、多选均不得分)

41. 电力负荷符合下列哪些情况的应为二级负荷?（　　）

(A)中断供电将造成人身伤害
(B)中断供电将在经济上造成较大损失
(C)供电将影响较重要用电单位的正常工作
(D)中断供电将造成重大设备损坏

42. 三相短路电流发生在下列哪些情况下时,短路电流交流分量在整个短路过程中的衰减可忽略不计?（　　）

(A)有限电源容量的网络
(B)无限大电源容量的网络
(C)远离发电机端
(D)$X_{*c} \geqslant 3\%$(X_{*c}为以电源容量为基准的计算电抗)

43. 为控制电网中各类非线性用电设备产生的谐波引起的电网电压正弦波畸变率,宜采取下列哪些项措施?（　　）

(A)设置无功补偿装置
(B)短路容量较大的电网供电
(C)选用 Dyn11 接线组别的三相配电变压器
(D)降低整流变压器二次侧的相数及整流脉冲数

44. 电容器分组时,应满足下列哪些项的要求?（　　）

(A)分组电容器投切时,不产生谐波
(B)应适当增加分组数和减小分组容量

(C)应与配套设备的技术参数相适应

(D)应满足电压偏差的范围

45. 某35/10kV变电站,主变压器为两台,为了降低某10kV电缆线路末端的短路电流,下列哪些措施是可行的? ( )

(A)变压器并列运行

(B)变压器分列运行

(C)在该10kV回路出线处串联限流电抗器

(D)在变压器回路中串联限流电抗器

46. 油浸变压器10/0.4kV,800kVA,单独运行时必须装设下列哪些保护装置? ( )

(A)温度保护 (B)纵联差动保护

(C)瓦斯保护 (D)电流速断保护

47. 下列哪些项设备在选择时需要同时进行动稳定和热稳定校验? ( )

(A)高压真空接触器 (B)高压熔断器

(C)电力电缆 (D)交流金属封闭开关设备

48. 关于某380V异步电动机断相保护的论述,下列哪些项是正确的? ( )

(A)连续运行的电动机,当采用熔断器保护时,应装设断相保护

(B)连续运行的电动机,当采用熔断器保护时,宜装设断相保护

(C)短时工作的电动机,可装设断相保护

(D)当采用断路器保护兼做控制电器时,可不装设断相保护

49. 在爆炸性环境下,变电所的设计应符合下列哪些项规定? ( )

(A)变电所应布置在爆炸性环境以外,当为正压室时,可布置在1区、2区

(B)变电所应布置在爆炸性环境以外,当为负压室时,可布置在0区、20区

(C)对于可燃物质比空气重的爆炸性气体环境,位于爆炸危险区附加2区的变电所的电器和仪表的设备层地面应高出室外地面0.6m

(D)对于可燃物质比空气重的爆炸性气体环境,位于爆炸危险区附加2区的变电所的电缆室可以与室外地面平齐

50. 关于35kV变电站的站址选择,下列哪些项描述是正确的? ( )

(A)应靠近负荷中心

(B)通道运输应方便

(C)周围环境宜无明显污秽,当空气污秽时,站址宜设在受污染源影响最小处

(D)站址标高宜在30年遇高水位上,若无法避免时,站区应有可靠的防洪措施

或与地区(工业企业)的防洪标准相一致,并应高于内涝水位

51. TN 系统可分为单电源系统和多电源系统,对于具有多电源的 TN 系统,下列哪些项要求是正确的? ( )

(A)不应在变压器中性点或发电机的星形点直接对地连接
(B)变压器的中性点或发电机的星形点之间相互连接的导体应绝缘,且不得将其与用电设备连接
(C)变压器的中性点相互连接的导体与 PE 线之间,应只一点连接,并应设置在配电屏内
(D)装置的 PE 不允许另外增设接地

52. 闪电电涌侵入建筑物内的途径,正确的说法是下列哪些项? ( )

(A)架空电力线路 (B)电力电缆线路
(C)电信线路 (D)各种工艺管道

53. 关于变电所主接线形式的优缺点,下列哪些项叙述是正确的? ( )

(A)母线分段接线的优点是:当一段母线故障时,可保证正常母线不间断供电
(B)桥接线的缺点是:桥连断路器检修时,两路电源需解列运行
(C)外桥接线的优点是:桥连断路器检修时,两路电源不需解列运行
(D)桥接线的缺点是:线路断路器检修时,对应的变压器需要较长时间停电

54. 海拔高度 1000m 及以下地区 6 ~ 20kV 户内高压配电装置的最小相对地或相间空气间隙,下列哪些项符合规范的规定? ( )

(A)6kV,100mm (B)20kV,120mm
(C)15kV,150mm (D)20kV,180mm

55. 下列哪几项可作为隔离电器? ( )

(A)半导体开关 (B)16A 以下的插头和插座
(C)熔断器 (D)接触器

56. 第二类防雷建筑物的防雷措施,下列哪些项符合规范的要求? ( )

(A)第二类防雷建筑物外部防雷的措施,宜采用装设在建筑物上的接闪器、接闪带或接闪杆,也可采用由接闪网、接闪带或接闪杆混合组成的接闪器
(B)专设引下线不应少于 2 根,并且应沿建筑物四周和内庭院四周均匀对称布置,其间距沿周长计算不宜大于 18m
(C)外部防雷装置的接地应和防雷电感应、内部防雷装置、电气和电子系统等接地共用接地装置,并应与引入的金属管线做等电位连接,外部防雷装置的专设接地装置宜围绕建筑物敷设成环形接地体

(D)有爆炸危险的露天钢质封闭气罐,在其高度小于或等于60m、罐顶壁厚不小于3mm时,或其高度大于60m的条件下、罐顶壁厚和侧壁壁厚均不小于3mm时,可不装设接闪器,但应接地,且接地点不应少于2处,两接地点间距离不宜大于30m,每处接地点的冲击接地电阻不应大于30Ω

57. 下列哪些项的消防用电应按二级负荷供电? ( )

(A)一类高层民用建筑 (B)二类高层民用建筑
(C)三类城市交通隧道 (D)四类汽车库和修车库

58. 电力系统、装置或设备应按规定接地,接地按功能可分为下列哪些项? ( )

(A)系统接地 (B)保护接地、雷电保护接地
(C)重复接地 (D)防静电接地

59. 笼型电动机允许全压起动的功率与电源容量之间的关系,下列说法中哪些项是正确的? ( )

(A)电源为小容量发电厂时,每1kVA发电机容量为0.1~0.12kW
(B)电源为10/0.4kV变压器,经常起动时,不大于变压器额定容量的20%
(C)电源为10kV线路时,不超过电动机供电线路上的短路容量的5%
(D)电源为变压器—电动机组时,电动机功率不大于变压器额定容量的80%

60. 建筑中设置的火灾声光警报器,对声光警报器的控制,下列哪些项符合规范的规定? ( )

(A)区域报警系统,火灾声光警报器应由消防联动控制器控制
(B)集中报警系统,火灾声光警报器应由手动控制
(C)设置消防联动控制器的火灾自动报警系统,火灾声光警报器应由火灾报警控制器控制
(D)设置消防联动控制器的火灾自动报警系统,火灾声光警报器应由消防联动控制器控制

61. 视频显示系统中当采用光缆传输视频信号时,光缆传输的距离,下列哪些项符合规范的规定? ( )

(A)选用多模光缆时,传输距离宜大于2000m
(B)选用多模光缆时,传输距离宜小于2000m
(C)选用单模光缆时,传输距离不宜小于2000m
(D)选用单模光缆时,传输距离不宜大于2000m

62. 电力系统、装置或设备的下列哪些项应接地? ( )

(A)电机、变压器和高压电器等的底座和外壳

(B)电机控制和保护用的屏(柜、箱)等的金属框架

(C)电力电缆的金属护套或屏蔽层,穿线的钢管和电缆桥架等

(D)安装在配电屏、控制屏和配电装置上的电测量仪表、继电器和其他低压电气等的外壳

63. 对会议电视会场功率放大器配置设计时,下列哪些项符合规范的规定?( )

(A)功率放大器应根据扬声器系统的数量、功率等因素配置

(B)功率放大器额定输出功率不应小于所驱动扬声器额定功率的 1.3 倍

(C)功率放大器输出阻抗的性能参数应与被驱动的扬声器相匹配

(D)功率放大器与扬声器之间连线的功率损耗应小于扬声器功率的 15%

64. 防空地下室的应急照明设计,下列哪些项符合规范规定? ( )

(A)疏散照明应疏散指示标志照明和疏散通道照明组成,疏散通道照明的地面最低照度值不低于 5lx

(B)二等人员隐蔽所,电站控制室、战时应急照明的连续供电时间不应小于 3h

(C)战时防空地下室办公室 0.75m 水平面的照度标准值为 300lx

(D)人防工程沿墙面设置的疏散指示标志灯距地面不应大于 1m,间距不应大于 15m

65. 按规范规定,下列建筑照明设计的表述,哪些项是正确的? ( )

(A)长期工作或停留的房间或场所,照明光源的显色指数(R_a)不应小于 80

(B)选用同类光源的色容差不应大于 5

(C)长时间工作的房间,作业面的反射比宜限制在 0.7 ~ 0.8

(D)在灯具安装高度大于 8m 的工作建筑场所,R_a 可低于 80,但必须能够辨别安全色

66. 关于串级调速系统特点,下述哪些项是正确的? ( )

(A)可平滑无级调速

(B)空载速度能平滑下移,无失控区

(C)转子回路接有整流器,能产生制动转矩

(D)合于大容量的绕线型异步电动机,其转差功率可以返回电网或加以利用,效率较高

67. 看片灯在医院中应用比较广泛,均为定型产品,选择看片灯箱时,下列哪些项是正确的? ( )

(A)光源色温不应大于 5300K

(B)灯箱光源不能有频闪现象

(C)灯箱发光面亮度要均匀

(D)箱内的荧光灯不应采用电子镇流器

68. 消防配电线路应满足火灾时连续供电的需要,其敷设应符合下列哪些项规定? ( )

(A)明敷时(包括敷设在吊顶内),应穿金属导管或采用封闭式金属槽保护
(B)当采用阻燃或耐火电缆敷设时可不穿金属导管或采用封闭式金属槽盒保护
(C)消防配电线路与其他配电线路同一电缆井、沟内敷设式,应采用矿物绝缘类不燃性电缆
(D)暗敷时,应穿管并应敷设在不燃性结构内且保护层厚度不应小于30mm

69. 供配电系统设计为减小电压偏差,依据规范规定应采取下列哪些项措施? ( )

(A)补偿无功 (B)采用同步电动机
(C)采用专线供电 (D)相负荷平衡

70. 关于变电所可采取的限制短路电流的措施,下列哪些项不正确? ( )

(A)变压器并列运行
(B)采用高阻抗变压器
(C)在变压器回路中装设电容器
(D)采用大容量变压器

2018 年专业知识试题答案(上午卷)

1. **答案**:B

依据:《交流电气装置的接地设计规范》(GB 50065—2011)第 6.1.2 条。

2. **答案**:B

依据:《电力工程直流系统设计技术规程》(DL/T 5044—2014)第 4.1.2-1 条。

3. **答案**:C

依据:《工业与民用供配电设计手册》(第四版)P1“1.1.2 计算负荷的分类及其用途”。

4. **答案**:C

依据:《照明设计手册》(第三版)P7 式(1-9)。

$$RI = \frac{L \cdot W}{h(L + W)} = \frac{9 \times 7.4}{1.85 \times (9 + 7.4)} = 2.2$$

5. **答案**:A

依据:《工业与民用供配电设计手册》(第四版)P280 ~281 表 4.6-2、表 4.6-3。

发电机电抗标幺值:$X''_{d} = x''_{d} \cdot \frac{U_{av}^2}{S_{NG}} = 0.125 \times \frac{10.5^2}{25} = 0.551$

6. **答案**:B

依据:《电力装置电测量仪表装置设计规范》(GB/T 50063—2017)第 4.1.2 条及条文说明、表 1。

7. **答案**:B

依据:《电力装置的继电保护和自动装置设计规范》(GB/T 50062—2008)第 2.0.3 条。

8. **答案**:B

依据:《钢铁企业电力设计手册》(下册)P89 表 24-1。

9. **答案**:C

依据:《供配电系统设计规范》(GB 50052—2009)第 7.0.8 条。

10. **答案**:A

依据:《爆炸危险环境电力装置设计规范》(GB 50058—2014)第 5.1.1-6 条。

11. **答案**:B

依据:《低压配电设计规范》(GB 50054—2011)第 3.1.17-2 条。

12. **答案**:D

依据:《工业与民用供配电设计手册》(第四版)P313 表 5.2.1。

13. **答案**:D

依据:《电力工程直流系统设计技术规程》(DL/T 5044—2014)第 6.1.5 条。

14. **答案**:C

依据:《火灾自动报警系统设计规范》(GB 50116—2013)第 4.9.1 条。

15. **答案**:D

依据:《民用建筑电气设计规范》(JGJ 16—2008)第 15.6.5-4 条。

16. **答案**:B

依据:《视频显示系统工程技术规范》(GB 50464—2008)第 4.1.4 条。

17. **答案**:D

依据:《民用建筑电气设计规范》(JGJ 16—2008)第 3.4.5 条。

18. **答案**:C

依据:《建筑物防雷设计规范》(GB 50057—2010)第 6.2.3 条。

19. **答案**:B

依据:《建筑照明设计标准》(GB 50034—2013)第 4.4.1 条。

20. **答案**:B

依据:《20kV 及以下变电所设计规范》(GB 50053—2013)第 3.3 条及条文说明。

21. **答案**:C

依据:《建筑照明设计标准》(GB 50034—2013)第 3.2.2 条。

22. **答案**:B

依据:《供配电系统设计规范》(GB 50052—2009)第 3.0.7 条。

23. **答案**:D

依据:《工业与民用供配电设计手册》(第四版)P30 式(1.10-6)。

24. **答案**:C

依据:《建筑照明设计标准》(GB 50034—2013)第 2.0.29 条。

25. **答案**:B

依据:《建筑物防雷设计规范》(GB 50057—2010)第 5.2.3 条。

26. **答案**:D

依据:《交流电气装置的过电压保护和绝缘配合设计规范》(GB/T 50064—2014)第 5.3.2 条及表 5.3.2。

27. 答案:D

依据:《供配电系统设计规范》(GB 50052—2009)第4.0.6条。

28. 答案:A

依据:《20kV及以下变电所设计规范》(GB 50053—2013)第4.2.7条。

29. 答案:B

依据:《民用建筑电气设计规范》(JGJ 16—2008)第3.4.5-2条,《工业与民用供配电设计手册》(第四版)P30表6.2-2。

$$T_{M} = (1-5\%)^{2}T_{Mmax} \approx 0.9T_{Mmax}$$

30. 答案:D

依据:《低压配电设计规范》(GB 50054—2011)第4.3.2条、第4.3.4条。

31. 答案:B

依据:《35kV~110kV变电站设计规范》(GB 50059—2011)第2.0.6条。

32. 答案:A

依据:《电力工程直流系统设计技术规程》(DL/T 5044—2014)第3.2.2条。

33. 答案:C

依据:《交流电气装置的接地设计规范》(GB/T 50065—2011)第8.1.3条及表8.1.3。

34. 答案:D

依据:《钢铁企业电力设计手册》(下册)P231表24-57。

35. 答案:B

依据:《工业与民用供配电设计手册》(第四版)P280~284表4.6-2、表4.6-3、式(4.6-12)、式(4.6-13)。

三相短路电流:$I''_{k} = \dfrac{I_{b}}{X_{*\Sigma}} = \dfrac{5.5}{0.5+8\times0.4} = 1.49\text{kA}$

36. 答案:C

依据:《电力装置的继电保护和自动装置设计规范》(GB/T 50062—2008)第8.2.4条。

37. 答案:B

依据:《供配电系统设计规范》(GB 50052—2009)第5.0.8条。

38. 答案:A

依据:《建筑照明设计标准》(GB 50034—2013)第4.1.4条表4.1.4下方注解。

39. 答案:D

依据:《建筑物防雷设计规范》(GB 50057—2010)第4.1.2条。

40. **答案**:A

依据:《交流电气装置的接地设计规范》(GB/T 50065—2011)第4.4.5条。

---

41. **答案**:BC

依据:《供配电系统设计规范》(GB 50052—2009)第3.0.1-1-3)条。

42. **答案**:CD

依据:《工业与民用供配电设计手册》(第四版)P178第三段内容。

43. **答案**:BC

依据:《供配电系统设计规范》(GB 50052—2009)第5.0.13条。

44. **答案**:ACD

依据:《并联电容器装置设计规范》(GB 50227—2017)第3.0.7条。

45. **答案**:BCD

依据:《工业与民用供配电设计手册》(第四版)P279~280相关内容。

46. **答案**:CD

依据:《电力装置的继电保护和自动装置设计规范》(GB/T 50062—2008)第4.0.2条、第4.0.3-5条。

47. **答案**:AD

依据:《工业与民用供配电设计手册》(第四版)P311表5.1-1。

48. **答案**:ABD

依据:《通用用电设备配电设计规范》(GB 50055—2011)第2.3.10条、第2.3.11条。

49. **答案**:AC

依据:《爆炸危险环境电力装置设计规范》(GB 50058—2014)第5.3.5条。

50. **答案**:ABC

依据:《35kV~110kV变电站设计规范》(GB 50059—2011)第2.0.1条。

51. **答案**:ABC

依据:《交流电气装置的接地设计规范》(GB/T 50065—2011)第7.1.2-2条。

52. **答案**:AB

依据:《建筑物防雷设计规范》(GB 50057—2010)第2.0.18条。

53. **答案**:ABD

依据:《工业与民用供配电设计手册》(第四版)P70表2.4-6。

54. **答案**:ACD

依据:《3～110kV 高压配电装置设计规范》(GB 50060—2008)第5.1.4条及表5.1.4。

55. **答案**:BC

依据:《低压配电设计规范》(GB 50054—2011)第3.1.6条。

56. **答案**:ABC

依据:《建筑物防雷设计规范》(GB 50057—2010)第4.3.1条、第4.3.3条、第4.3.10条。

57. **答案**:BC

依据:《建筑设计防火规范》(GB 50016—2014)第10.1.2条、第12.5.1条,《汽车库、修车库、停车场设计防火规范》(GB 50067—2014)第9.0.1条。

58. **答案**:ABD

依据:《工业与民用供配电设计手册》(第四版)P1372“接地分类”。

59. **答案**:ABD

依据:《钢铁企业电力设计手册》(下册)P89“表24-1 按电源允许全压启动的笼型电动机功率”。

60. **答案**:CD

依据:《火灾自动报警系统设计规范》(GB 50116—2013)第4.8.2条。

61. **答案**:BD

依据:《视频显示系统工程技术规范》(GB 50464—2008)第4.3.9条。

62. **答案**:ABC

依据:《交流电气装置的接地设计规范》(GB/T 50065—2011)第3.2.1条、第3.2.2条。

63. **答案**:ACD

依据:《会议电视会场系统工程设计规范》(GB 50635—2010)第3.2.5条。

64. **答案**:ABD

依据:《人民防空地下室设计规范》(GB 50038—2005)第5.2.4条、第7.5.5条、第7.5.7条,《人民防空工程设计防火规范》(GB 50098—2009)第8.2.1条、第8.2.4条。

65. **答案**:ABD

依据:《建筑照明设计标准》(GB 50034—2013)第4.4.2条、第4.4.3条、第4.5.1条。

66. **答案**:ABD

依据:《钢铁企业电力设计手册》(下册)P295“串级调速的特点”。

67. **答案**:BC

依据:《照明设计手册》(第三版)P225“看片灯”内容。

68. **答案**:ACD

依据:《建筑设计防火规范》(GB 50016—2014)第 10.1.10 条。

69. **答案**:AD

依据:《供配电系统设计规范》(GB 50052—2009)第 5.0.9 条。

70. **答案**:ACD

依据:《工业与民用供配电设计手册》(第四版)P280 ~ 281"终端变电站中可采取的限流措施"。

2018 年专业知识试题(下午卷)

一、单项选择题(共 40 题,每题 1 分,每题的备选项中只有 1 个最符合题意)

1. 在可能发生对地闪击的地区,下列哪项应划为第一类防雷建筑物? ( )

(A)国家级重点文物保护的建筑物

(B)国家级的会堂、办公建筑物、大型展览和博览建筑物、大型火车站和飞机场、国宾馆、国家级档案馆、大型城市的重要给水泵房等特别重要的建筑物

(C)制造、使用或贮存火炸药及其制品的危险建筑物,且电火花不易引起爆炸或不致造成巨大破坏和人身伤亡者

(D)具有 0 区或 20 区爆炸危险场所的建筑物

2. 当广播系统采用无源广播扬声器时,下列哪项符合规范的规定? ( )

(A)传输距离大于 100m 时,应选用外置线间变压器的定压式扬声器

(B)传输距离大于 100m 时,宜选用外置线间变压器的定阻式扬声器

(C)传输距离大于 200m 时,宜选用内置线间变压器的定压式扬声器

(D)传输距离大于 200m 时,应选用内置线间变压器的定阻式扬声器

3. 配电系统的雷电过电压保护,下列哪项不符合规范的规定? ( )

(A)10 ~ 35kV 配电变压器,其高压侧应装设无间隙金属氧化物避雷器,但应远离变压器装设

(B)10 ~ 35kV 配电系统中的配电变压器低压侧宜装设无间隙金属氧化物避雷器

(C)装设在架空线路上的电容器宜装设无间隙金属氧化物避雷器

(D)10 ~ 35kV 柱上断路器和负荷开关应装设无间隙金属氧化物避雷器

4. 6 ~ 220kV 单芯电力电缆的金属护套应至少有几点直接接地,且在正常满载情况下,未采取防止人员任意接触金属护套或屏蔽层的安全措施时,任一非接地处金属护套或屏蔽层上的正常感应电压不应超过下列哪项数值? ( )

(A)一点接地,50V　　(B)两点接地,50V

(C)一点接地,100V　　(D)两点接地,100V

5. 在建筑照明设计中,下列哪项表述不符合规范的规定? ( )

(A)照明设计的房间或场所的照明功率密度应满足标准规定的现行值的要求

(B)应在满载规定的照度和照明质量要求的前提下,进行照明节能评价

(C)一般场所不应选用卤钨灯,对商场、博物馆显色要求高的重点照明可采用卤钨灯

(D)采用混合照明方式的场所，照明节能应采用混合照明的照明功率密度值(LPD)作为评价指标

6. 当电源为10kV线路时，全压启动的笼型电动机功率不超过电动机供电线路上的短路容量的百分比为下列哪项数值？ (　　)

(A)3%　　　(B)5%

(C)7%　　　(D)10%

7. 已知同步发电机额定容量为12.5MVA，超瞬态电抗百分值 $X''_d\% = 12.5$，额定电压为10.5kV，则在基准容量为 $S_j = 100$MVA 下的超瞬态电抗有名值最接近下列哪项数值？ (　　)

(A)0.11Ω　　　(B)1.1Ω

(C)11Ω　　　(D)110Ω

8. 准确度1.5级的电流表应配备精度不低于几级的中间互感器，下列哪项数值是正确的？ (　　)

(A)0.1级　　　(B)0.2级

(C)0.5级　　　(D)1.0级

9. 某车间设置一台独立运行的10/0.4kV，800kVA干式变压器，高压侧采用断路器进行投切，不装设下列哪项保护满足规范的要求？ (　　)

(A)温度保护　　　(B)纵联差动保护

(C)过电压保护　　　(D)电流速断保护

10. 下列哪项情形不是规范规定的一级负荷中特别重要负荷？ (　　)

(A)中断供电将造成人身伤害时

(B)中断供电将造成重大设备损坏时

(C)中断供电将发生中毒、爆炸或火灾时

(D)特别重要场所的不允许中断供电的负荷

11. 在高土壤电阻率地区，在发电厂和变电站多少米以内有较低电阻率的土壤时，可敷设引外接地极，引外接地极应采用不少于几根导线在不接地点与水平接地网相连接，下列哪项符合规范的规定？ (　　)

(A)5000m，3根　　　(B)2000m，2根

(C)1000m，2根　　　(D)500m，1根

12. 某低压配电回路设有两级保护装置，为了上下级动作相互配合，下列参数整定中哪项整定不宜采用？ (　　)

(A)下级动作电流为100A,上级动作电流为125A
(B)上级定时限动作时间比下级反时限工作时间多0.3s
(C)上级定时限动作时间比下级反时限工作时间多0.5s
(D)上级定时限动作时间比下级反时限工作时间多0.7s

13. 某采用高压真空断路器控制额定电压为10kV电动机回路,拟采用旋转电机用MOA作为限制操作过电压的措施,回路切除时故障时间为5min,相对地MOA的额定电压选择下列哪一项是正确的? ( )

(A)≥10.0kV (B)≥10.5kV
(C)≥11.0kV (D)≥13.0kV

14. 某变电站高压110kV侧设备采用室外布置,对应于破坏荷载,联接设备用悬式绝缘子在长期和短时作用时的安全系数应分别不小于下列哪项数值? ( )

(A)2.0,2.5 (B)2.5,1.67
(C)4.0,2.5 (D)5.3,3.3

15. 气体灭火装置启动及喷放各阶段的联动控制系统的反馈信号,应反馈至消防联动控制器,下列各阶段的联动控制系统的反馈信号哪项符合规范规定? ( )

(A)气体灭火控制间连接的火灾探测器的报警信号
(B)气瓶的压力信号
(C)压力开关的故障信号
(D)选择阀的动作信号

16. 确定无功自动补偿的调节方式时,不宜采用下列哪项调节方式? ( )

(A)以节能为主进行补偿时,宜采用无功功率参数调节
(B)无功功率随时间稳定变化时,宜按时间参数调节
(C)以维持电网电压水平所必要的无功功率,应按电压参数调节
(D)当采用变压器自动调压时,应按电压参数调节

17. 在低压配电系统中,关于剩余电流动作保护电器额定剩余不动作电流,下列哪一项的论述是正确的? ( )

(A)不大于30mA
(B)不大于500mA
(C)应大于在负荷正常运行的预期出现的对地泄漏电流
(D)应小于在负荷正常运行的预期出现的对地泄露电流

18. 对于公共广播系统室内广播功率传输线路的衰减量,下列哪项满足规范的要求? ( )

(A)衰减不宜大于 1dB(100Hz)　　(B)衰减不宜大于 3dB(100Hz)
(C)衰减不宜大于 5dB(100Hz)　　(D)衰减不宜大于 7dB(100Hz)

19. 安全照明是用于确保处于潜在危险之中的人员安全的应急照明,关于医院手术室安全照明的照度标准值,下列哪项符合规范的规定?　　(　　)

(A)应维持正常照明的 10% 照度　　(B)应维持正常照明的 30% 照度
(C)应维持正常照明的照度　　(D)不应低于 15lx

20. 10kV 架空电力线电杆高度 12m,附近拟建汽车加油站,按建筑设计防火规范允许直埋地下的汽油储罐与该架空电力线路最近的水平距离为下列哪项数值?　　(　　)

(A)7.2m　　(B)9m
(C)14.4m　　(D)18m

21. 对波动负荷的供电,除电动机启动时允许的电压下降情况下,当年需要降低波动负荷引起的电网电压波动和电压闪变时,依据规范规定宜采取下列哪一项措施?
(　　)

(A)调整变压器的变压比和电压分接头
(B)与其他负荷共用配电线路时,增加配电线路阻抗
(C)使三相负荷平衡
(D)采用专线供电

22. 下列哪项建筑物的消防用电应按一级负荷供电?　　(　　)

(A)建筑高度 49m 的住宅建筑
(B)粮食仓库及粮食筒仓
(C)室外消防用水量大于 30L/s 的厂房(仓库)
(D)藏书 50 万册的图书馆、书库

23. 某高档商店营业厅面积为 $120m^2$ 照明灯具总安装功率为 2400W(含整流器功耗)中装饰性灯具的安装功率为 1200W,其他灯具安装功率为 1200W,该营业厅的计算 LPD 值为下列哪项数值?　　(　　)

(A)$10W/m^2$　　(B)$5W/m^2$
(C)$18W/m^2$　　(D)$20W/m^2$

24. 规范规定:单相负荷的总计算容量超过计算范围内三相对称负荷总计算容量的百分之几时应将单相负荷换算为等效三相负荷,再与三相负荷相加?　　(　　)

(A)10%　　(B)15%
(C)20%　　(D)25%

25. 工作于不接地、谐振接地和高电阻接地系统,向 1kV 及以下低压电气装置供电

的高压配电电气装置，其保护接地的接地电阻应符合下列哪项公式的要求，且不应大于下列哪项数值？（　　）

(A) $R \leqslant \frac{2000}{I}$，30Ω　　(B) $R \leqslant \frac{120}{I}$，10Ω

(C) $R \leqslant \frac{50}{I}$，4Ω　　(D) $R \leqslant \frac{50}{I}$，1Ω

26. 1000kV 变压器负荷 72% 时，概率计算变压器有功和无功损耗是下列哪项数值？（　　）

(A) 7.2kW，36kvar　　(B) 10kW，45kvar

(C) 648kW，314kvar　　(D) 720kW，300kvar

27. 直流电动机的供电电压为 DC220V，$F_{CN}=25\%$，励磁方式为并励电动机主极励磁电压为电动机的额定电压，在额定电压及相应转速下的大于 50kW 的直流电动机允许的最大转矩倍数为下列哪项数值？（　　）

(A) 2.5　　(B) 2.8

(C) 3.0　　(D) 3.3

28. 各级电压的架空线路，采用雷电过电压保护措施时，下列哪项不符合规范的规定？（　　）

(A) 220kV 和 750kV 线路应沿全线架设双地线，但少雷区除外

(B) 110kV 线路一般沿全线架设地线，在山区及强雷区，宜架设双地线

(C) 双地线线路，杆塔处两根地线间的距离不应超过导线与地线垂直距离的 5 倍

(D) 35kV 及以下线路，应沿全线架设地线

29. 第三类防雷建筑物的防雷措施中关于引下线的要求，下列哪项符合规范的规定？（　　）

(A) 专设引下线不应少于 2 根

(B) 应沿建筑物背面布置，不宜影响建筑物立面外观

(C) 引下线的间距沿周长计算不应大于 25m

(D) 当无法在跨距中间设引下线时，应在跨距两端设引下线并减小其他引下线的间距，专设引下线的平均间距不应大于 25m

30. 某 35kV 配电装置采用室内布置，其出线穿墙套管应至少离室外道路路面多少米高？（　　）

(A) 3m　　(B) 3.5m

(C) 4m　　(D) 4.5m

31. 爆炸性环境中，在采用非防爆型设备作隔墙机械传动时，下列哪项描述不符合规范的规定？ ( )

(A)安装电气设备的房间应采用非燃烧体的实体墙与爆炸危险区域隔开
(B)安装电气设备房间的出口应通向非爆炸危险区域的环境
(C)当安装设备的房间必须与爆炸性环境相通时，应对爆炸性环境保持相对的负压
(D)传动轴传动通过隔墙处，应采用填料函密封或有同等效果的密封措施

32. 直流系统专供动力负荷，在正常运行情况下，直流母线电压宜为下列哪项数值？ ( )

(A)110V (B)115.5V
(C)220V (D)231V

33. 均匀土壤中等间距布置的发电厂和变电站接地系统的最大跨步电压差出现在平分接地网边角直线上，从边角点开始向外多少米远的地方，下列哪项数值正确？ ( )

(A)2m (B)1.5m
(C)1m (D)0.5m

34. 晶闸管额定电压的选择，整流线路为六相零式时，电压系数 K_u 为下列哪项数值？ ( )

(A)2.82 (B)2.83
(C)2.84 (D)2.85

35. 10kV 电动机接地保护中，单相接地电流小于下列哪项数值时，保护装置宜动作于信号？ ( )

(A)1A (B)2A
(C)5A (D)10A

36. 在选择高压断路器时，需要验算断路器的短路热效应，下列关于短路热效应的计算时间哪项是正确的？ ( )

(A)宜采用主保护动作时间加相应的断路器的全分闸时间
(B)宜采用后备保护动作时间加相应的断路器的全分闸时间
(C)当主保护有死区时，应采用对该死区起保护作用的后备保护动作时间
(D)采用断路器保护时，不需要验算热稳定

37. 由地区公共地区电网供电的220V 负荷，线路电流小于等于多少安培时，可采用220V 单相供电，大于多少安培时，宜采用380/220V 三相四线制供电，下列哪项数值符

合规范的规定？（　　）

(A)30A,30A　(B)30A,60A

(C)60A,60A　(D)60A,90A

38. 某工业场所根据其通用使用功能设计照度值赢选择为500lx，相应的照明功率密度限值为$17.0W/m^2$，但实际上该作业为精度要求很高，且产生差错会造成很大损失，按照标准规定，设计照度值需要提高一级为750lx，则该场所的LPD限值应为下列哪项数值？（　　）

(A)$17.0W/m^2$　(B)$22.1W/m^2$

(C)$24.0W/m^2$　(D)$25.5W/m^2$

39. 供配电系统设计中，下列哪项要求符合规范的规定？（　　）

(A)一级负荷应由两回线路供电

(B)一级负荷应按一个电源系统检修或故障的同时另一电源又发生故障进行设计

(C)负荷较小的二级负荷，可由一回6kV及以上专用的架空线路供电

(D)建筑物、储罐(区)、堆场等的消防用电均应按一、二级负荷供电

40. 110kV屋内气体绝缘金属绝缘设备配电装置两侧应设置安装、检修和巡视的通道，巡视通道宽度不应小于下列哪项数值？（　　）

(A)800mm　(B)900mm

(C)1000mm　(D)1200mm

二、多项选择题(共30题，每题2分。每题的备选项中有2个或2个以上符合题意。错选、少选、多选均不得分)

41. 建筑电气节能设计应选用下列哪些项节能产品？（　　）

(A)Dyn11接线组别的三相变压器　(B)I类灯具

(C)高光效LED光源　(D)交流变频调速电动机

42. 在高压系统短路电流计算中，设全电流最大有效值为I_p，对称短路电流初始值为I''_g，I_p/I''_g比值错误的为下列哪些项？（　　）

(A)$0 \leq I_p/I''_g \leq 1$　(B)$\sqrt{2} \leq I_p/I''_g \leq 2\sqrt{2}$

(C)$1 \leq I_p/I''_g \leq \sqrt{3}$　(D)$1 \leq I_p/I''_g \leq 3$

43. 可控串联补偿装置宜测量并记录下列哪些参数？（　　）

(A)电容器电压　(B)电容器电流

(C)金属氧化物避雷器电流　(D)等值电抗

44. 下列哪项是供配电系统设计的节能措施要求？（　　）

(A)变配电所深入负荷中心
(B)用电容器组做无功补偿装置
(C)选用I级能效的变压器
(D)采用用户自备发电机组供电

45. 下列哪些电动机应装设0.5s时限的低电压保护，保护动作电压为额定电压的65%～70%？（　　）

(A)当电源电压短时降低时，需断开的次要电动机
(B)当电源电压短时中断又恢复时，需断开的次要电动机
(C)根据生产过程不允许自启动的电动机
(D)在电源电压长时间消失后需自动断开的电动机

46. 视频显示系统线路敷设时，信号电缆与具有强磁场、强电场电气设备之间的净距，下列哪项满足规范的要求？（　　）

(A)采用非屏蔽线缆在封闭金属线槽内敷设，应为0.5m
(B)采用非屏蔽电缆直接敷设时应大于1.5m
(C)采用非屏蔽电缆穿金属保护管敷设时，应为0.8m
(D)采用屏蔽电缆时，宜大于0.8m

47. 建筑消防应急照明和疏散指示标志设计中，按规范要求下列哪些建筑应设置灯光疏散指示标志？（　　）

(A)医院病房楼　　(B)丙类单层厂房
(C)建筑高度36m的住宅　　(D)建筑高度18m的宿舍

48. 在交流异步电动机、直流电动机的选择中，下列说法中哪些项不是直流电动机的优点？（　　）

(A)调速性能好　　(B)价格便宜
(C)起动、制动性能好　　(D)电动机的结构简单

49. 下列哪些项电源可以作为应急电源？（　　）

(A)正常与电网并联运行的自备电站
(B)独立于正常电源的专用馈电线路
(C)UPS
(D)EPS

50. 某新建35/10kV变电站，10kV配电系统全部采用钢筋混凝土电杆线路，单相接地电容电流为20A，为了提高供电可靠性，10kV系统拟按照发生接地故障时继续运行设

计,下列关于变电所10kV系统中性点接地方式及中性点设备的叙述哪些项是正确的? ( )

(A)采用中性点谐振接地方式
(B)宜采用中性点不接地方式
(C)正常运行时,自动跟踪补偿功能的消弧装置应保证中性点的长时间电压位移不超过系统标称相电压的20%
(D)宜采用具有自动跟踪补偿功能的消弧装置

51. 一台110/35kV电力变压器,高压侧中性点电流互感器一次电流的选择,下列哪些设计原则是正确的? ( )

(A)应大于变压器允许的不平衡电流
(B)安装在放电间隙回路找那个的,一次电流可按100A选择
(C)按变压器额定电流的25%选择
(D)应按单相接地电流选择

52. 低压电气装置的接地极,材料可采用下列哪些项? ( )

(A)用于输送可燃液体或气体的金属管道
(B)金属板
(C)金属带或线
(D)金属棒或管子

53. 下列哪些项的电气器件可作为低压电动机的短路保护器件? ( )

(A)热继电器
(B)电流继电器
(C)接触器
(D)断路器

54. 建筑物的防雷措施,下列哪些项符合规范的规定? ( )

(A)各类防雷建筑物应设防直击雷的外部防雷装置,并应采取防闪电电涌侵入的措施
(B)第一类建筑物尚应采取防雷电感应的措施
(C)第一类防雷建筑物应装设独立接闪杆或架空接闪线或网,架空接闪网的网格尺寸不应大于5m×5m或6m×4m
(D)由于设置了外部防雷措施,第三类防雷建筑物可不设置内部防雷装置

55. 3~110kV高压配电装置,下列哪些项屋外配电装置的最小净距应按规范规定的B_1值校验? ( )

(A)栅状遮拦至绝缘体和带电部分之间
(B)交叉的不同时停电检修的无遮拦带电之间
(C)不同相的带电部分之间

(D)设备运输时,其设备外扩至无遮拦带电部分之间

56. 采用并联电力电容器作为无功功率补偿装置时,下列哪些选项符合规范的规定? ( )

(A)低压部分的无功功率,应由低压电容器补偿
(B)高、低压均产生无功功率时,宜由高压电容器补偿
(C)基本无功功率较小时,可不针对基本无功功率进行补偿
(D)容量较大,负荷平稳且经常使用的设备,宜单独就地补偿

57. 在照明配电设计中,下列哪项表述符合规范的规定? ( )

(A)当照明装置采用安全特低电压供电时,应采用安全隔离变压器,且二次侧应接地
(B)气体放电灯的频闪效应对视觉作业有影响的场所,采用的措施之一是相邻灯分接在不同相序
(C)移动式和手提式灯具采用Ⅲ类灯具时,应采用安全特地电压(SELV)供电,在干燥场所,电压限值对于无纹波直流供电不大于120V
(D)1500W 及以上的高强度气体放电灯的电源电压宜采用380V

58. 建筑物内电子系统的接地和等电位连接,下列哪些项符合规范的规定? ( )

(A)电子系统的所有外露导电物语建筑物的等电位连接网络做功能性等电位连接
(B)电子系统应设独立的接地装置
(C)向电子系统供电的配电箱的保护地线(PE 线)应就近与建筑物的等电位连接网络做等电位连接
(D)当采用 S 型等电位连接时,电子系统的所有金属组件应与接地系统的各组件可靠连接

59. 关于 3 ~ 110kV 高压配电装置内的通道与围栏,下列哪项描述是正确的? ( )

(A)就地检修的室内油浸变压器,室内高度可按吊芯所需的最小高度再加600mm,宽度可按变压器两侧各加800mm
(B)设置于屋内的无外壳干式变压器,其外廓与四周墙壁的净距不应小于600mm,干式变压器之间的距离不应小于1000mm,并应满载巡视维护的要求
(C)配电装置中电气设备的栅状遮拦高度不应小于1200mm,栅状遮拦最低栏杆至地面的净距不应大于200mm
(D)配电装置中电气设备的网状遮拦高度不应小于1700mm,网状遮拦网孔不应大于40mm×40mm,围栏门应上锁

60. 低压配电室配电屏成排布置，关于配电屏通道的最小宽度描述，下列哪些说法是错误的？（　　）

(A)配电室不受限制时，固定式配电屏单排布置，屏前通道的最小宽度为1.3m
(B)配电室不受限制时，固定式配电屏单排布置，屏后操作通道的最小宽度为1.2m
(C)配电室不受限制时，抽屉式配电屏单排布置，屏前通道的最小宽度为1.8m
(D)配电室不受限制时，抽屉式配电屏双排面对面布置，屏前通道的最小宽度为2m

61. 直流系统的充电装置宜选用高频开关电源模块型充电装置，也可选用相控式充电装置，关于充电装置的配置描述，下列哪项是正确的？（　　）

(A)1组蓄电池采用相控式充电装置的，宜配置1套充电装置
(B)1组蓄电池采用高频开关电源模块型充电装置时，宜配置1套充电装置，也可配置2套充电装置
(C)2组蓄电池采用相控式充电装置时，宜配置2套充电装置
(D)2组蓄电池采用高频开关电源模块型充电装置时，宜配置2套充电装置，也可配置3套充电装置

62. 在建筑照明设计中，下列哪些项符合标准的术语规定？（　　）

(A)疏散照明是用于确保疏散通道被有效地辨认和使用的应急照明
(B)安全照明是用于确保正常活动继续或暂时继续进行的应急照明
(C)直接眩光是视觉对象的镜面反射，它使视觉对象的对比降低，以致部分地或全部地难以看清细部
(D)反射眩光是由视野中的反射引起的眩光、特别是在靠近视线方向看见反射像产生的眩光

63. 交流电力电子开关的过电流保护，关于过电流倍数与动作时间的关系，下述哪些项叙述是正确的？（　　）

(A)过电流倍数1.2时，动作时间10min
(B)过电流倍数1.5时，动作时间3min
(C)过电流倍数1.2时，动作时间3～30s可调
(D)过电流倍数10时，动作时间瞬动

64. 10kV变电所配电装置的雷电侵入波过电压保护应符合下列哪些项要求？（　　）

(A)10kV变电所配电装置，应在每组母线上架空线上装设配电型无间隙金属氧化物避雷器
(B)架空进线全部在厂区内，且受到其他建筑物屏蔽时，可只在母线上装设无间隙氧化物避雷器

(C)有电缆段的架空线路,无间隙金属氧化物避雷器应装设在电缆头附近,其接地端应与电缆金属外皮相连

(D)10kV 变电所,当无站用变压器时,可仅在末端架空进线上装设无间隙金属氧化物避雷器

65. 建筑物引下线附近保护人身安全需采取的防接触电压和跨步电压的措施,下列哪些项符合规范的规定? ( )

(A)引线小 3m 范围内代表处的电阻率不小于 50kΩ · m,或敷设 5cm 厚沥青层或 15cm 砾石层

(B)外露引下线,其距地面 2.5m 以下的导体用耐 1.2/50μs 冲击电压 100kV 的绝缘层隔离,或用至少 3mm 厚的教练聚乙烯层隔离

(C)用护栏、警告牌使接触引下线的可能性降低至最低限度

(D)用网状接地装置对地面做均衡电位处理

66. 根据规范规定,下列哪些场所或部分宜选择缆式感温火灾探测器? ( )

(A)不易安装典型探测器的夹层、闷顶

(B)其他环境恶劣不适合点型探测器安装的场所

(C)需要设置线型感温火灾探测器的易燃易爆场所

(D)公路隧道、敷设动力电缆的铁路隧道和城市地铁隧道等

67. 高压电气装置接地的一般要求,下列描述哪项是正确的? ( )

(A)变电站内不同用途和不同额定电压的电气装置或设备,应分别设置接地装置

(B)变电站内不同用途和不同额定电压和电气装置或设备,除另有规定外应使用一个总的接地网

(C)变电站内总接地网的接地电阻应符合其中最小值的要求

(D)设计接地装置时,雷电保护接地的接地电阻,可只采用在雷季中土壤干燥状态下的最大值

68. 控制非线性设备所产生谐波引起的电网电压波形畸变率,可以采取下列哪项措施? ( )

(A)减小配电变压器的短路阻抗

(B)对大功率静止整流器,增加整流变压器二次侧的相数和整流器的整流脉冲数

(C)对大功率静止整流器采用多台相数相同的整流器,并使整流变压器二次侧有适当的相角差

(D)采用 Dyn11 接线组别的三相配电变压器

69. 在当前和远景的最大运行方式下,设计人员应根据下列哪些情况确定设计水平

年的最大接地故障不对称电流有效值？（ ）

(A)一次系统电气接线
(B)母线连接的送电线路状况
(C)故障时系统的电抗与电阻比值
(D)电气装置的选型

70. 在学校照明设计中,教室照明灯具的选择,下列哪些项是正确的？（ ）

(A)普通教室不宜采用无罩的直射灯具及盒式荧光灯具
(B)有要求或有条件的教室可采用带格栅(格片)或带漫射罩型灯具
(C)宜采用带有高亮度或全镜面控光罩(如格片、格栅)类灯具
(D)如果教室空间较高,顶棚反射比高,可以采用悬挂间接或半间接控照灯具

2018 年专业知识试题答案(下午卷)

1. **答案**:D

依据:《建筑物防雷设计规范》(GB 50057—2010)第 3.0.2 条。

2. **答案**:C

依据:《公共广播系统工程技术规范》(GB 50526—2010)第 3.6.6 条。

3. **答案**:A

依据:《交流电气装置的过电压保护和绝缘配合设计规范》(GB/T 50064—2014)第 5.5.1条。

4. **答案**:A

依据:《电力工程电缆设计标准》(GB 50217—2018)第 4.1.11 条。

5. **答案**:D

依据:《建筑照明设计标准》(GB 50034—2013)第 6.1.1 条、第 6.1.3 条、第 6.2.3 条。

6. **答案**:A

依据:《钢铁企业电力设计手册》(下册)P89"表 24-1 按电源容量允许全压启动的笼型电动机功率"。

7. **答案**:B

依据:《工业与民用供配电设计手册》(第四版)P281 表 4.6-2、表 4.6-3。

$$X''_{d} = x''_{d}\frac{U_{av}^{2}}{S_{NG}} = 0.125 \times \frac{10.5^{2}}{12.5} = 1.1025\Omega$$

8. **答案**:B

依据:《电力装置的电测量仪表装置设计规范》(DL/T 50063—2017)第 3.1.4 条

9. **答案**:B

依据:《工业与民用供配电设计手册》(第四版)P582 表 7.2-1。

10. **答案**:A

依据:《供配电系统设计规范》(GB 50052—2009)第 3.0.1 条。

11. **答案**:B

依据:《交流电气装置的接地设计规范》(GB/T 50065—2011)第 4.3.1 条。

12. **答案**:B

依据:《工业与民用供配电设计手册》(第四版)P582"表 7.10-1 保护装置的动作电流与动作时间的配合"。

13. **答案**:D

依据:《交流电气装置的过电压保护和绝缘配合设计规范》(GB/T 50064—2014)第4.4.4条。

14. **答案**:B

依据:《3~110kV高压配电装置设计规范》(GB 50060—2008)第4.1.9条。

15. **答案**:D

依据:《火灾自动报警系统设计规范》(GB 50116—2013)第4.4.5条。

16. **答案**:D

依据:《供配电系统设计规范》(GB 50052—2009)第6.0.10条。

17. **答案**:D

依据:无。

18. **答案**:B

依据:《公共广播系统工程技术规范》(GB 50526—2010)第3.5.5条。

19. **答案**:B

依据:《建筑照明设计标准》(GB 50034—2013)第5.5.3-1条。

20. **答案**:B

依据:《建筑设计防火规范》(GB 50016—2014)第10.2.1条。

21. **答案**:D

依据:《供配电系统设计规范》(GB 50052—2009)第5.0.11条。

22. **答案**:D

依据:《建筑设计防火规范》(GB 50016—2014)第10.1.1条、第10.1.2条,《民用建筑电气设计规范》(JGJ 16—2008)附录A。

23. **答案**:C

依据:《建筑照明设计标准》(GB 50034—2013)第6.3.16条。

24. **答案**:B

依据:《工业与民用供配电设计手册》(第四版)P19式(1.6-1)。

25. **答案**:C

依据:《交流电气装置的接地设计规范》(GB/T 50065—2011)第6.1.1条。

26. **答案**:A

依据:《工业与民用供配电设计手册》(第四版)P19式(1.10-5)、式(1.10-6)。

$$\Delta P_T = 0.01S_c = 0.01 \times 0.72 \times 1000 = 7.2\text{kW}$$

$$\Delta Q_T = 0.05S_c = 0.05 \times 0.72 \times 1000 = 36\text{kvar}$$

27. **答案**:B

依据:《钢铁企业电力设计手册》(下册)P38 表 23-31。

28. **答案**:D

依据:《交流电气装置的过电压保护和绝缘配合设计规范》(GB/T 50064—2014)第 5.3.1 条。

29. **答案**:B

依据:《建筑物防雷设计规范》(GB 50057—2010)第 4.4.3 条。

30. **答案**:C

依据:《3 ~110kV 高压配电装置设计规范》(GB 50060—2008)第 5.1.4 条及表 5.1.4。

31. **答案**:C

依据:《爆炸危险环境电力装置设计规范》(GB 50058—2014)第 5.3.2 条。

32. **答案**:D

依据:《电力工程直流系统设计技术规程》(DL/T 5044—2014)第 3.2.1-2 条、第 3.2.2条。

33. **答案**:C

依据:《交流电气装置的接地设计规范》(GB/T 50065—2011)附录 D 第 D.0.3-2-2)条。

34. **答案**:B

依据:《钢铁企业电力设计手册》(下册)P410 表 26-20。

35. **答案**:D

依据:《电力装置的继电保护和自动装置设计规范》(GB/T 50062—2008)第 9.0.3 条。

36. **答案**:B

依据:《3 ~110kV 高压配电装置设计规范》(GB 50060—2008)第 4.1.4 条。

注:也可参考《导体和电器选择设计技术规定》(DL/T 5222—2005)第 5.0.13 条。

37. **答案**:C

依据:《工业与民用供配电设计手册》(第四版)P84“2.5.1 电压选择”。

38. **答案**:D

依据:《建筑照明设计标准》(GB 50034—2013)第 6.3.14 条、第 6.3.15 条。

39. **答案**:C

依据:《供配电系统设计规范》(GB 50052—2009)第 3.0.2 条、第 3.0.7 条。

40. **答案**:C

依据:《3～110kV 高压配电装置设计规范》(GB 50060—2008)第7.3.3条。

---

41. **答案**:CD

依据:《公共建筑节能设计标准》(GB 50189—2015)第6.2.7条、第6.3.4条。

42. **答案**:ABD

依据:《工业与民用配电设计手册》(第三版)P150 短路全电流最大有效值 I_p 公式:

$$I_p = I''_k\sqrt{1+2(K_p-1)^2},\text{故}\frac{I_p}{I''_k}=\sqrt{1+2(K_p-1)^2},\text{其中} K_p = 1+e^{-\frac{0.01}{T_f}}$$

如果电路只有电抗或只有电阻时,$1\leqslant K_p\leqslant 2$,代入上式可得:$1\leqslant\frac{I_p}{I''_k}\leqslant\sqrt{3}$

注:《工业与民用供配电设计手册》(第四版)中已无相关内容。

43. **答案**:ACD

依据:《电力装置的电测量仪表装置设计规范》(DL/T 50063—2017)第3.8.4条。

44. **答案**:AC

依据:《公共建筑节能设计标准》(GB 50189—2015)第6.2条。

45. **答案**:ABC

依据:《电力装置的继电保护和自动装置设计规范》(GB/T 50062—2008)第9.0.5-1条。

46. **答案**:BCD

依据:《视频显示系统工程技术规范》(GB 50464—2008)第4.3.13条。

47. **答案**:ABD

依据:《建筑设计防火规范》(GB 50016—2014)第10.351条。

48. **答案**:BD

依据:《钢铁企业电力设计手册》(下册)P7“23.2.1.1 交流电动机与直流电动机比较”。

49. **答案**:BCD

依据:《供配电系统设计规范》(GB 50052—2009)第3.0.4条。

50. **答案**:AD

依据:《交流电气装置的过电压保护和绝缘配合设计规范》(GB/T 50064—2014)第3.1.3-1条、第3.1.6-1条。

51. **答案**:AB

依据:《导体和电器选择设计技术规定》(DL/T 5222—2005)第15.0.6条。

52. **答案**:BCD

依据:《交流电气装置的接地设计规范》(GB/T 50065—2011)第8.1.2-3条。

53. **答案**:BCD

依据:《通用用电设备配电设计规范》(GB 50055—2011)第2.3.4条。

54. **答案**:ABC

依据:《建筑物防雷设计规范》(GB 50057—2010)第4.1.1条。

55. **答案**:AB

依据:《3~110kV高压配电装置设计规范》(GB 50060—2008)第5.1.1条及表5.1.1。

56. **答案**:AD

依据:《供配电系统设计规范》(GB 50052—2009)第6.0.4条。

57. **答案**:BCD

依据:《建筑照明设计标准》(GB 50034—2013)第7.1.1条、第7.1.3-1条、第7.2.8条、第7.2.10条。

58. **答案**:ACD

依据:《数据中心设计规范》(GB 50174—2017)第8.3~8.4条,可参考。

59. **答案**:BCD

依据:《3~110kV高压配电装置设计规范》(GB 50060—2008)第5.4.5条~第5.4.9条。

60. **答案**:AD

依据:《低压配电设计规范》(GB 50054—2011)第4.2.5条及表4.2.5。

61. **答案**:BD

依据:《电力工程直流系统设计技术规程》(DL/T 5044—2014)第3.4.2条、第3.4.3条。

62. **答案**:AD

依据:《建筑设计防火规范》(GB 50016—2014)第2.0.20条、第2.0.21条、第2.0.34条、第2.0.38条。

63. **答案**:BD

依据:《钢铁企业电力设计手册》(下册)P231"表24-57 过电流倍数与动作时间的关系"。

64. **答案**:BCD

依据:《交流电气装置的过电压保护和绝缘配合设计规范》(GB/T 50064—2014)第5.4.13-12条。

65. **答案**:ACD

依据:《工业与民用供配电设计手册》(第四版)P1284"13.9.3.2 引下线附近防接触电压和跨步电压的措施"。

66. **答案**:AB

依据:《火灾自动报警系统设计规范》(GB 50116—2013)第5.3.3条。

67. **答案**:BCD

依据:《交流电气装置的接地设计规范》(GB/T 50065—2011)第3.1.2条、第3.1.3条。

68. **答案**:BCD

依据:《供配电系统设计规范》(GB 50052—2009)第5.0.13条。

69. **答案**:ABC

依据:《交流电气装置的接地设计规范》(GB/T 50065—2011)第4.1.3条。

70. **答案**:ABD

依据:《照明设计手册》(第三版)P190"教学楼照明的灯具选择"。

2018 年案例分析试题(上午卷)

[案例题是 4 选 1 的方式,各小题前后之间没有联系,共 25 道小题,每题分值为 2 分,上午卷 50 分,下午卷 50 分,试卷满分 100 分。案例题一定要有分析(步骤和过程)、计算(要列出相应的公式)、依据(主要是规程、规范、手册),如果是论述题要列出论点。]

题 1 ~5:某科技园区有办公楼、传达室、燃气锅炉房及泵房、变电所等建筑物,变电所设置两台 10/0.4kV,Dyn11,1600kVA 配电变压器,低压配电系统接地方式采用 TN - S 系统。请回答下列问题,并列出解答过程。

1. 办公室内设置移动柜式空气净化机,低压 AC220V 供电,相导体与保护导体等截面,假定空气净化机发生单相碰壳故障电流持续时间不超过 0.1s,下表为 50Hz 交流电流路径手到手的人体总阻抗值,人站立双手触及故障空气净化机带电外壳时,电流路径为双手到双脚,干燥的条件。双手的接触表面积为中等,双脚的接触表面积为大的。忽略供电电源内阻,计算接触电流是下列哪项数值? ( )

50Hz 交流电流路径手到手的人体总阻抗 Z_T

接触电压 U_T(V)	25	55	75	110	145	175	200	220	380	500
人体总阻抗 Z_T值(Ω)	干燥条件,大的接触面积									
	3250	2500	2000	1655	1430	1325	1275	1215	980	850
	干燥条件,中等的接触面积									
	20600	13000	8200	4720	3000	2500	2200	1960	—	—

(A)15mA (B)77mA

(C)151mA (D)327mA

解答过程:

2. 某配电柜未做辅助等电位联结,电源由变电所低压柜直接馈出,线路长 258m,相线导体截面 $35mm^2$,保护导体截面 $16mm^2$,负荷有固定式、移动式或手持式设备。由配电柜馈出单相照明线路导体截面采用 $2.5mm^2$,若照明线路距配电柜 30m 处灯具发生接地故障,忽略低压柜至总等电位联结一小段的电缆阻抗,阻抗计算按近似导线直流电阻值,导体电阻率取 $0.0172\Omega \cdot mm^2/m$,计算配电柜至变电所总等电位联结保护导体的阻抗是下列哪项数值?并判断其是否满足规范要求? ( )

(A)0.2774Ω,不满足规范要求　　(B)0.2774Ω,满足规范要求

(C)0.127Ω,不满足规范要求　　(D)0.127Ω,满足规范要求

解答过程：

3. 变电所至传达室有一段较远配电线路长250m。相线导体截面25mm^2,保护导体截面16mm^2,导体电阻率取0.0172Ω·mm^2/m,采用速断整定250A电子脱扣器断路器做间接接触防护,瞬时扣器动作误差系数取1.1,断路器动作系数取1.2,近似计算最小接地电流是下列哪项数值？并校验该值的保护灵敏系数是否满足规范要求？（　　）

(A)266A,不满足规范要求　　(B)341A,不满是规范要求

(C)460A,满足规范要求　　(D)589A,满足规范要求

解答过程：

4. 爆炸性环境2区内照明单相支路断路器长延时过电流脱扣器整定电流16A,照明线路采用BYJ-450/750V铜芯绝缘导线穿镀锌钢管SC敷设,计算导管截面占空比不超过30%,穿管导线敷设环境载流量选择见下表,计算选择照明敷设线路是下列哪项值？

（　　）

BYJ-450/750V铜芯导体穿管敷设允许持续载流量选择表

铜芯导体截面(mm^2)	1.5	2.5	4	6
允许持续载流量(A)	12	16	22	28
导线外径(mm)	3.5	4.5	5.0	5.5

(A)BYJ-3×2.5,SC15　　(B)BYJ-3×2.5,SC20

(C)BYJ-3×4,SC15　　(D)BYJ-3×4,SC20

解答过程：

5. 屋顶水箱设超高水位浮球液位传感器,开关信号采用2×1.5mm^{2}控制线路敷设至控制箱,2芯控制线路电容0.3μF/km,电压降29V/A·km,控制电路AC24V继电器额定功率1.6VA,计算控制线路最大允许长度是下列哪组数值？（　　）

(A)55m　　(B)104m

(C)1.24km　　(D)4.63km

解答过程：

题6～10：某新建35/10kV变电站，两回电源可并列运行，其系统接线如下图所示，已知参数标列在图上，采用标幺值法计算，不计各元件电阻，忽略未知阻抗，汽轮发电机相关数据参见《工业与民用供配电设计手册》(第四版)，请回答下列问题，并列出解答过程。

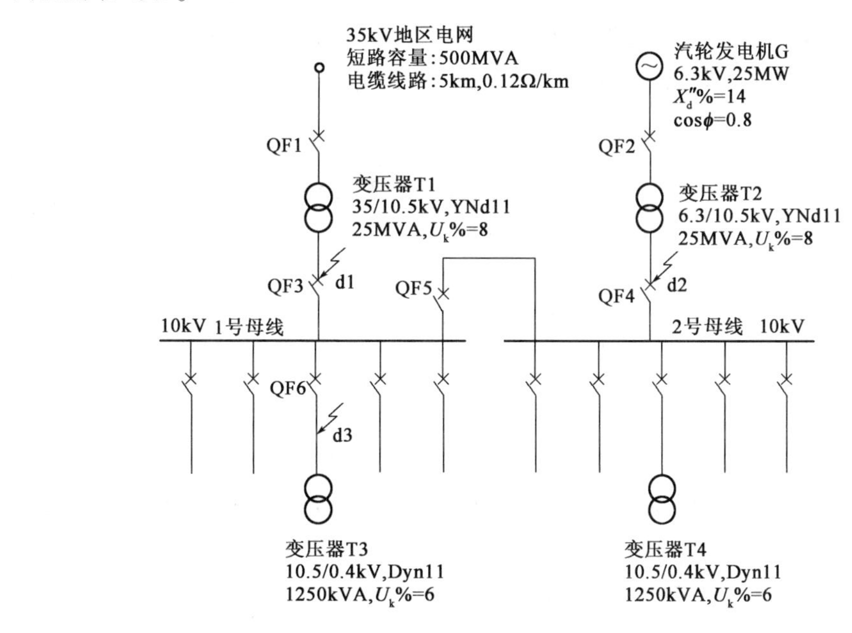

6. 假设断路器QF1闭合、QF5断开，d1点发生三相短路时，该点的短路电流初始值及短路容量最接近下列哪组数值？　(　　)

(A)9.76kA，177.37MVA　　(B)10.32kA，187.59MVA

(C)12.43kA，225.99MVA　　(D)15.12kA，274.94MVA

解答过程：

7. 假设断路器 QF2 闭合,QF5 断开,d2 点发生三相短路时,该点的短路电流初始值及短路容量最接近下列哪组数值? ( )

(A)4.53kA,82.18kA　　(B)6.22kA,113.15kA

(C)7.16kA,130.24kA　　(D)7.78kA,141.49kA

解答过程:

8. 假设断路器 QF1 ~ QF5 闭合,两路电源同时运行。当 d3 点发生三相短路故障时,地区电网电源提供的短路电流交流分量初始有效值为 12kA 不衰减,直流分量衰减时间常数为 30;发电机电源提供的短路电流交流分量初始有效值为 6kA 不衰减,直流分量衰减时间常数为 60。请计算断路器 QF6 的额定关合电流最小值最接近下列哪项数值? ( )

(A)16.54kA　　(B)32.25kA

(C)34.50kA　　(D)48.79kA

解答过程:

9. 当断路器 QF1 ~ QF4 闭合,QF5 断开时,10kV 1 号母线三相短路电流初始值为 9kA,10kV 2 号母线三相短路电流初始值为 6kA,若变压器 T3 高压侧安装电流速断保护,计算电流速断保护装置一次动作电流及灵敏系数为下列哪组数值?(可靠系数取 1.3) ( )

(A)1.39kA,3.75　　(B)1.45kA,3.58

(C)2.41kA,2.17　　(D)2.85kA,1.82

解答过程:

10. 当断路器 QF5 断开时,10kV 1 号母线三相短路电流初始值为 9kA,10kV 2 号母线三相短路电流初始值为 6kA,若在变压器 T3 高压侧安装带的时限的过电流保护作为变压器低压侧后备保护,请计算过电流保护装置一次动作电流及灵敏系数为下列哪组数值?(过负荷系数取 1.5) ( )

(A)144.34A,6.06　　(B)144.34A,7.0

(C)250A,3.5　　(D)250A, 4.04

解答过程:

题 11 ~ 15:某工厂厂址所在地最热月的日最高温度平均值为 30℃,电缆埋深处最热月平均地温为 25℃,土壤干燥,少雨。请回答以下问题,并列出解答过程。

11. 某 10kV 配电回路,出线采用一根截面 185mm^2 的三芯铝芯交联聚乙烯绝缘铠装电缆,电缆敷设由高压配电柜起始,经户内电缆桥架引至户外综合管网网桥架,沿综合管网敷设一段距离后,经桥架引下并在土壤中直埋至设备。假设桥架采用梯架型(有遮阳措施),桥架内电缆采用单层无间距并行敷设,电缆直埋时不与其它回路并敷,求该回路电缆的实际允许持续截流量最接近下列哪项数值?(参考《电力工程电缆设计规范》提供的相关数据进行计算)　(　　)

(A)215A　　(B)247A　　(C)252A　　(D)279A

解答过程:

12. 某厂房内设一台单梁起重机,计算电流为 20A,尖峰电流为计算电流的 10 倍,采用 50mm × 50mm × 5mm 的角钢滑触线供电,供电电源箱在滑触线中部。若起重机要求供电网路的电压降不高于 10%,求该滑触线的最大长度最接近下列哪项数值?(设该角钢滑触线的交流电阻和电抗分别为 1.26Ω/km 和 0.87Ω/km,忽略除滑触线以外的供电回路阻抗)　(　　)

(A)71m　　(B)79m　　(C)159m　　(D)790m

解答过程:

13. 某梯架型桥架内敷设了 10 根 1kV 铜芯交联聚乙烯绝缘电缆,其中 4 根电缆导体截面为 95mm^2(每根电缆外径为 40mm),另外 6 根电缆导体截面为 185mm^2(每根电缆外径为 65mm)。电缆并列无间距布置,电缆载流量校正系数均按 0.8 设计,求满足敷设要求的最小桥架规格为下列哪项数值?　(　　)

(A)400mm × 100mm　　(B)400mm × 160mm

(C)600mm × 100mm　　(D)600mm × 150mm

解答过程：

14.某车间属于爆炸性气体环境2区，车间内设有一台鼠笼型感应电动机，额定电压为380V，额定功率为110kW，功率因数为0.85，运行效率为0.9。只考虑载流量要求时，下列电缆规格中哪项满足该电动机配电的最小要求？（假设铝芯和铜芯电缆的载流量分别按照电流密度为1.6A/mm^{2}和2A/mm^{2}选取）　　(　　)

(A)4 × 185mm^{2}铝芯　　(B)4 × 150mm^{2}铝芯

(C)4 × 120mm^{2}铜芯　　(D)4 × 95mm^{2}铜芯

解答过程：

15.某车间配置两台380V给水泵，一备一用，给水泵工作电流为160A，正常运行小时数为4000小时。当仅考虑载流量和经济性的时，备用给水泵的配电电缆截面最小值为下列哪项？（电缆的载流量按照电流密度3.2A/mm^{2}考虑，电缆在运行小时数为2000、4000、6000时对应的经济电流密度分别按2.2A/mm^2、1.6A/mm^2、1.4A/mm^{2}考虑）　　(　　)

(A)50mm^2　　(B)70mm^2　　(C)95mm^2　　(D)120mm^2

解答过程：

题16～20：某矿山企业业主工业场地设110/35kV变电站一座，110kV侧采用桥型接线，站内设主变压器两台，采用YNd11接线，35kV侧采用单母分段接线，分列运行，每段母线设置接地变压器加自动跟踪补偿消弧接地装置一套（单套额定电流为60A），35kV侧发生单相接地故障时可以持续运行。35kV配电设备和35/0.4站用电布置在建筑物内，站用变采用TN-S系统，低压电器装置采用保护总电位联接系统（包括建筑物钢筋）。110kV线路全部采用架空敷设，并全程架设避雷线，35kV配电采用电缆和架空（全程架设避雷线）混合敷设。110kV侧采用一套速动主保护和远后备保护作为单相接地继电保护设备，主保护时间0S，后备保护时间0.5S，断路器开断时间0.15S。110kV和35kV配电装置公用同一接地网，变电站采取一系列措施使得接地网电位升高至5kV时，站内设备和人身安全任得到保障。假设110kV侧发生接地故障时电流衰减系数为1.05，35kV系统发生接地故障时电流衰减系数为1.05，变电站及35kV线路所在的地区土壤电阻率为250Ω·m。回答下列问题并列出解答过程。

16. 假设在工程设计年水平最大运行方式下110kV系统发生接地故障时，接地网最大入地对称电流有效值为1.1kA。计算该变电站接地网接地电阻最大值为下列哪项数值？（　　）

(A)4.33Ω　　(B)1.7Ω　　(C)1.6Ω　　(D)0.8Ω

解答过程：

17. 110/35kV变电站接地网如图所示。图中标注的单位尺寸均为m，水平接地网采用等间距布置，接地导体规格为直径10mm的镀锌圆钢，水平接地网埋深1.0m，表层土壤衰减系数为0.8。假设变电站110kV和35kV系统发生接地故障时，接地网最大入地不对称电流分别为1.2kA和0.01kA，计算该变电站接地网的最大跨步电位差为下列哪项数值？（　　）

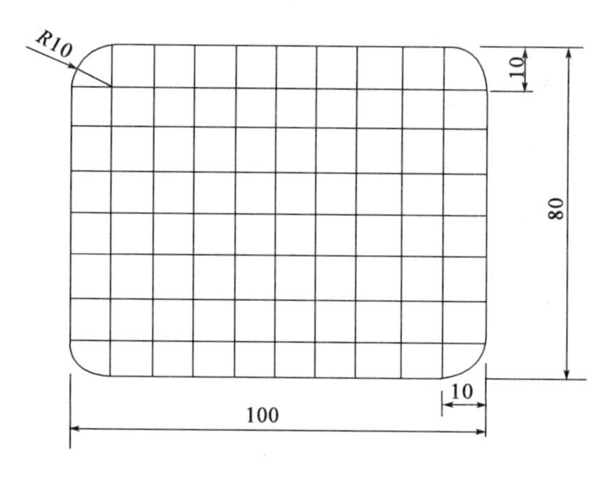

(A)389.58V　　(B)108.33V　　(C)90V　　(D)0.9V

解答过程：

18. 110/35kV变电站110kV设备拟选用户内型SF6气体绝缘金属封闭开关设备，

并在设备布置区域设置110kV设备专用接地网络，该接地网络与室外的主接地网通过4根扁钢导体连接。在工程设计水平年最大运行方式下变电站110kV侧发生单相接地故障时的接地网最大故障对称电流有效值为1.5KA。计算确定这4根连接线的最小截面为下列哪项数值？（　　）

(A)18.14mm^2　(B)10.58mm^2　(C)6.35mm^2　(D)3.05mm^2

解答过程：

19. 该企业某车间35kV电源用架空线路引自工业场地110/35kV变电站，该线路全程架设避雷线，直线杆塔采用无拉线的钢筋混凝土电杆，经计算直线杆塔的自然接地极工频接地电阻不满足规范的要求，因此采用增加水平接地装置的设计方案降低接地电阻，接地极采用直径为10mm的镀锌圆钢，水平接地装置埋深为1.0m，如下图所示，图中标注的尺寸单位均为m，请计算该方案实施后的电杆的工频接地电阻并判断是否满足规范要求？（忽略人工接地体和自然接地体之间的相互屏蔽影响，不计电杆至水平接地极之间的导体影响）？（　　）

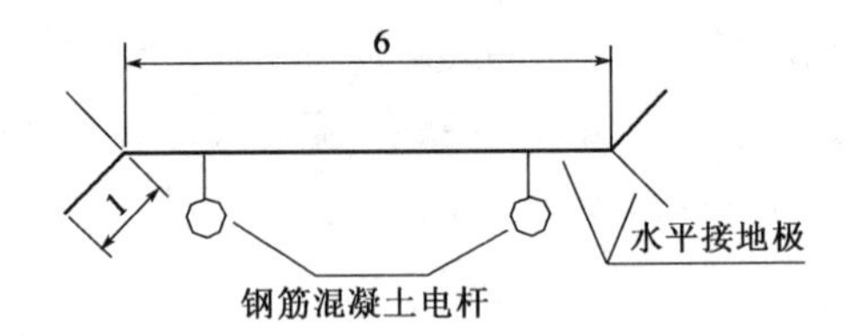

(A)50Ω，不满足要求　(B)44.6Ω，不满足要求

(C)23.57Ω，不满足要求　(D)7.5Ω，满足要求

解答过程：

20. 在工业厂区内设有10/0.4kV箱式变电站一座。变压器采用Dyn11接线，变压器10kV侧不接地，低压侧采用TN-S系统，箱式变电站及由该变电站供电的建筑物设施、外露可导电部分全部做等电位联结。变压器10kV侧发生接地故障时的电容电流为15A，请判断变压器低压侧中性点能否与高压侧共用接地装置，并计算该接地装置的最大接地电阻为下列哪项数值？（　　）

(A)8Ω，不可共用　(B)8Ω，可以共用

(C)3.33Ω，不可共用　(D)3.33Ω，可以共用

解答过程：

题 21～25：某水泵站水泵电动机及阀门电动机的控制系统分别由以下两种典型原理系统图（图 1 及图 2）组成，运行系统及状态受 PLC 控制及监测。

PLC 控制系统主要硬件参数如下：

（1）输入电源：AC110～220V；

（2）开关量输入模块点数：32，模块电源为 DC24V；

（3）开关量输出模块点数：32，模块电源为 DC24V，开关量输出模块输出接点为内置继电器无源接点，接点容量 AC220V，2A；

（4）模拟量输入模块通道数：8；

（5）模拟量输出模块通道数：8。

请回答下列问题，并列出解答过程。

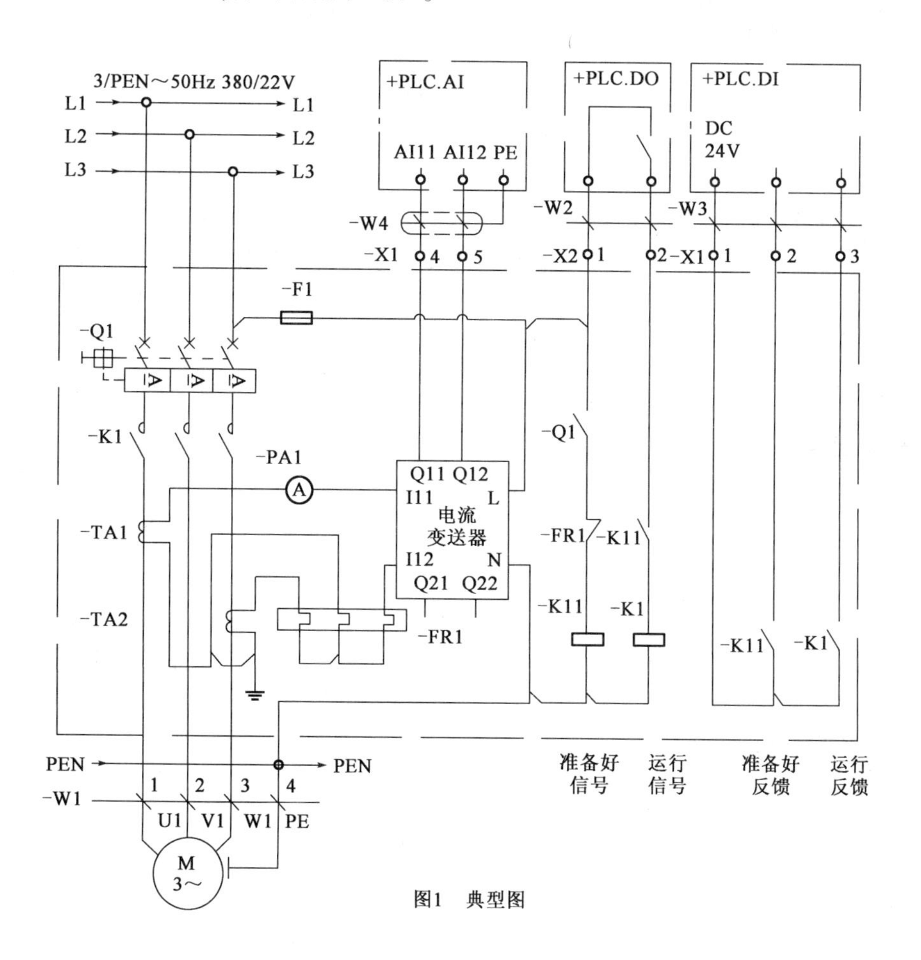

图1 典型图

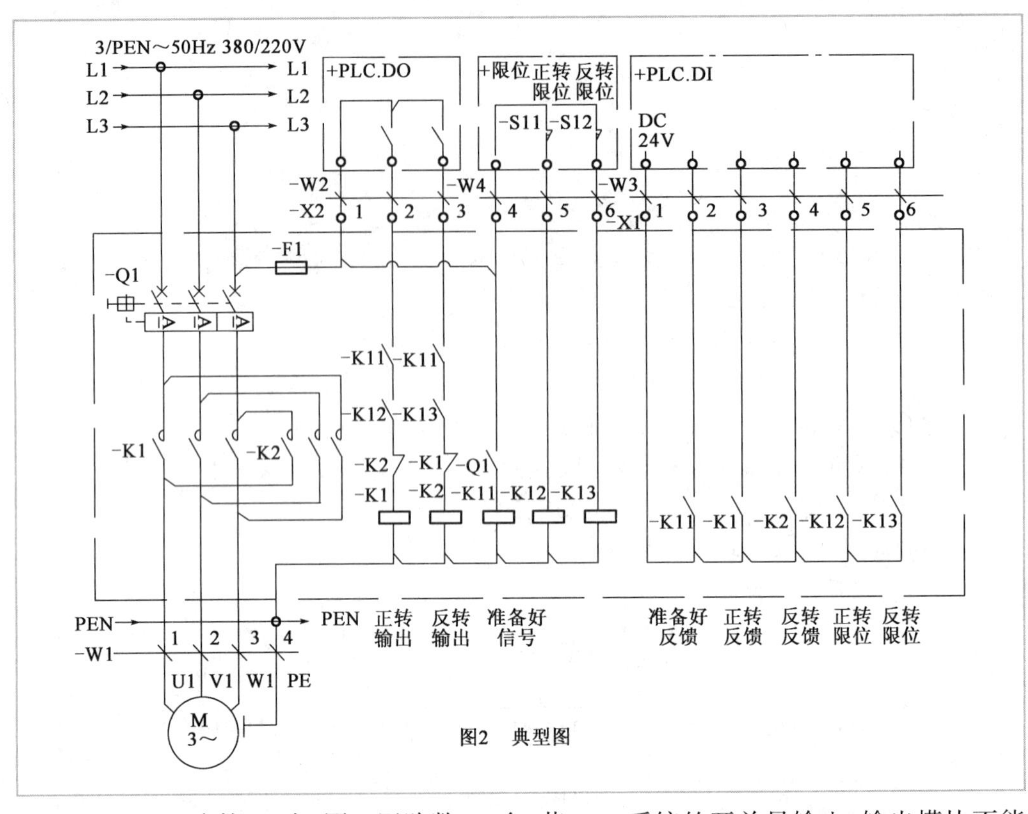

图2　典型图

21.图1回路数18个,图2回路数20个,若PLC系统的开关量输入、输出模块不能互换接线,按要求各类模块的总备用点(通道)数至少为已用点(通道)数的15%。计算开关量输入、输出模块,模拟量输入模块的最少配置数量为下列哪个选项?　　(　　)

(A)4个,2个,2个　　(B)4个,3个,2个

(C)5个,3个,2个　　(D)5个,3个,3个

解答过程:

22.若PLC系统运行的开关量输入点数为200点,开关量输出点数为88点,模拟输入通道为15个通道,模拟量输出通道为6个通道;PLC系统通讯数据占有内存1kB,计算PLC系统内存容量至少是多少kB?(各类计算数均按最小值取值)　　(　　)

(A)4kB　　(B)5kB

(C)6kB　　(D)7kB

解答过程:

23. 若 PLC 系统主机与编程器通讯时间为 6ms,与网络通讯时间为 12ms,用户程序运行时间为 12ms,读写 I/O 时间为 6.1ms,输入输出模块的滤波时间均为 8ms;计算实际运行编程器不接入时 PLC 系统的扫描周期,以及实际运行编程器接入时 PLC 系统的最大响应时间是下列哪项数值? ( )

(A)30.1ms,88.2ms (B)32.1ms,90.2ms

(C)34.1ms,92.2ms (D)36.1ms,94.2ms

解答过程:

24. 如图 1 所示,若 K1 线圈的吸持功率为 80W,吸持时功率因数为 0.8,计算 K1 线圈的吸持电流并判断 PLC 输出接点容量能否满足 K1 线圈吸持电流回路要求? ( )

(A)0.45A,满足 (B)0.65A,满足

(C)3.3A,不满足 (D)4.2A,不满足

解答过程:

25. 设 PLC 开关量输入模块 0-1 的触发阈值电压为额定电压的 80%,若图 2S11 两端(不经过 K12 转换)直接接入 PLC 模块,其回路电流为 100mA,回路采用 $0.5mm^2$ 的铜芯电缆接线,S11 触点电阻 2Ω,为保证 PLC 输入接点 0-1 的正确触发,计算开关量 PLC 输入点到 S11 的理论最大距离为下列哪项数值?(不计模块输入点内阻以及其他接触电阻,铜导体电阻率为 $0.00184\Omega \cdot mm^2/m$)

(A)625m (B)652m

(C)679m (D)1250m

解答过程:

2018 年案例分析试题答案(上午卷)

题 1 ~5 答案:**BAADC**

1.《电流对人和家畜的效应　第 1 部分:通用部分》(GB/T 13870.1—2008) 附录 D 例 1。

由于低压配电接地系统采用 TN-S 系统,且相线与 PE 线等截面,故接触电压

$$U_T = \frac{R_{PE}}{R_L + R_{PE}} \cdot 220 = \frac{1}{2} \times 220 = 110V$$

中等接触面积手到躯干:$Z_{中}(H-T) = 50\% \times Z_{中}(H-H) = 0.5 \times 4720 = 2360\Omega$

大的接触面积躯干到脚:$Z_{大}(T-F) = 30\% \times Z_{大}(H-H) = 0.3 \times 1655 = 496.5\Omega$

由于双手到双脚为并联,故 $Z_T = \frac{1}{2}Z'_T = \frac{1}{2} \times (2360 + 496.5) = 1428.25\Omega$

接触电流:$I_T = \frac{U_T}{Z_T} = \frac{110}{1428.25} = 77.02mA$

2.《低压配电设计规范》(GB 50054—2011) 第 3.2.14 条、第 5.2.10-1 条,《工业与民用供配电设计手册》(第四版)P861 式(9.4-1)。

由第 3.2.14 条可知,保护导体截面为 $16mm^2$,满足规范要求。

保护导体电阻:$R_{PE} = \rho_{20}\frac{l}{S} = 0.0172 \times \frac{258}{16} = 0.27735\Omega$

由第 5.2.10-1 条可知:

$$\frac{50}{U_0}Z_s = \frac{50}{220} \times 0.0172\left(\frac{258}{35} + \frac{258}{16} + \frac{30}{2.5} \times 2\right) = 0.8169\Omega$$

显然,$\frac{50}{U_0}Z_s < R_{PE}$,不满足规范要求。

3.《工业与民用供配电设计手册》(第四版)P965 式(11.2-6)。

最小接地故障电流:

$$I_k = \frac{(0.8 \sim 1.0)U_0 S}{1.5\rho(1+m)L}k_1 k_2 = \frac{(0.8 \sim 1.0) \times 220 \times 25}{1.5 \times 0.0172 \times [1 + (25/16)] \times 250} \times 1 \times 1$$

$$= (265.9 \sim 332.4)A$$

取最小值 265.9A。

$$I_{js} = \frac{I_k}{k_{rel}k_{op}} = \frac{266}{1.1 \times 1.2} = 201.5A < I_{set3} = 250A$$,不满足要求。

4.《爆炸危险环境电力装置设计规范》(GB 50058—2014) 第 5.4.1-6 条。

第 5.4.1-6 条:在爆炸环境内,导体允许载流量不应小于断路器长延时过电流脱扣器电流的 1.25 倍。

$I_z \geq 1.25I_{set1} = 1.25 \times 16 = 20A$,故选电线规格为 BYJ-3 $\times 4mm^2$;

其次，$30\% \times \pi \times \left(\frac{D_{sc}}{2}\right)^2 > 3\pi \times \left(\frac{D}{2}\right)^2$，导管外径 $D_{sc} > \sqrt{10}D = \sqrt{10} \times 5 = 15.81\text{mm}$，取SC20。

5.《工业与民用供配电设计手册》(第四版)P1105 式(12.1-7)，P1106 式(12.1-8)。

按线路电容校验：$L_{cr} = \frac{500P_h}{CU_n^2} = \frac{500 \times 1.6}{0.3 \times 24^2} = 4.63\text{km}$

按电压降校验：$L_{max} = \frac{0.1U_n^2}{\Delta uP_a} = \frac{0.1 \times 24^2}{29 \times 1.6} = 1.24\text{km}$

故取两者之较小值。

题 6 ~ 10 答案：**ADDAB**

6.《工业与民用供配电设计手册》(第四版)P280 ~ 284 表 4.6-2、表 4.6-3、式(4.6-12)、式(4.6-13)。

系统电抗标幺值：$X_{*S} = \frac{S_b}{S''_s} = \frac{100}{500} = 0.2$

电缆线路电抗标幺值：$X_{*L1} = X_{L1} \cdot \frac{S_b}{U_b^2} = 5 \times 0.12 \times \frac{100}{37^2} = 0.0438$

变压器 T1 电抗标幺值：$X_{*T1} = \frac{u_k\%}{100} \cdot \frac{S_b}{S_{NT}} = 0.08 \times \frac{100}{25} = 0.32$

总短路电抗标幺值：$X_{*\Sigma} = 0.2 + 0.0438 + 0.32 = 0.5638$

短路电流初始有效值：$I''_k = \frac{I_b}{X_{*\Sigma}} = \frac{5.5}{0.5638} = 9.755\text{kA}$

短路容量：$S_k = \frac{S_b}{X_{*\Sigma}} = \frac{100}{0.5638} = 177.37\text{MVA}$

7.《工业与民用供配电设计手册》(第四版)P281 表 4.6-3、式(4.6-18)，P290 表 4.6-6。

发电机电抗标幺值：$X_{*G} = X_{*d} \cdot \frac{S_b}{S_{NG}} = 0.14 \times \frac{100}{25/0.8} = 0.448$

变压器 T2 电抗标幺值：$X_{*T2} = \frac{u_k\%}{100} \cdot \frac{S_b}{S_{NT}} = 0.08 \times \frac{100}{25} = 0.32$

总短路电抗标幺值：$X_{*\Sigma} = 0.448 + 0.32 = 0.768$

转换成以其相应发电机的额定容量为基准容量的标幺电抗值，即计算用电抗

$X_{*c} = X_{*\Sigma} \cdot \frac{S_{NG}}{S_b} = 0.768 \times \frac{25/0.8}{100} = 0.24$

查表 4.6-6 得的短路电流标幺值为 $I_* = 4.526$

短路电流初始有效值：$I''_k = I_* I_{N \cdot b} = 4.526 \times \frac{25/0.8}{\sqrt{3} \times 10.5} = 7.78\text{kA}$

短路容量：$S_k = \sqrt{3}U_b I''_k = \sqrt{3} \times 7.78 \times 10.5 = 141.44\text{MVA}$

8.《导体和电器选择设计技术规定》(DL/T 5222—2005) 第 9.2.6 条、附录 F 式(F.4.1)。

系统短路电流冲击系数：$K_{chs} = 1 + e^{-\frac{0.01\omega}{T_a}} = 1 + e^{-\frac{0.01 \times 314}{30}} = 1.9$

系统短路冲击电流：$i_{chs} = \sqrt{2}K_{ch}I'' = \sqrt{2} \times 1.9 \times 12 = 32.24\text{kA}$

发电机短路电流冲击系数：$K_{chG} = 1 + e^{-\frac{0.01\omega}{T_a}} = 1 + e^{-\frac{0.01 \times 314}{60}} = 1.95$

发电机短路冲击电流：$i_{chG} = \sqrt{2}K_{ch}I'' = \sqrt{2} \times 1.95 \times 6 = 16.54\text{kA}$

短路冲击电流：$i_{ch} = i_{chs} + i_{chG} = 32.24 + 16.54 = 48.78\text{kA}$

9.《工业与民用供配电设计手册》(第四版)P281 表 4.6-3、P520 表 7.2-3。

系统电抗标幺值：$X_{*S} = \frac{S_b}{S''_s} = \frac{100}{\sqrt{3} \times 10.5 \times 9} = 0.611$

变压器 T3 电抗标幺值：$X_{*T1} = \frac{u_k\%}{100} \cdot \frac{S_b}{S_{NT}} = 0.06 \times \frac{100}{1.25} = 4.8$

最大运行方式下变压器低压侧三相短路时，流过高压侧(保护安装处)的电流初始值

$$I''_{2k\max} = \frac{144.3}{0.611 + 4.8} / \frac{10}{0.4} = 1.067\text{kA}$$

保护装置一次侧动作电流：$I_{op \cdot k} = K_{rel}K_{con}I''_{2k\max} = 1.3 \times 1 \times 1.067 = 1.387\text{kA}$

按系统最小运行方式下，保护装置安装处一次侧两相短路电流：

$I''_{1k2 \cdot \max} = 0.866 \times 6 = 5.196\text{kA}$

保护装置的灵敏系数：$K_{sen} = \frac{I''_{1k2 \cdot \max}}{I_{op}} = \frac{5.196}{1.387/1} = 3.746 > 1.5$

10.《工业与民用供配电设计手册》(第四版)P520 表 7.2-3。

保护装置动作电流：$I_{op \cdot k} = K_{rel}K_{con}\frac{K_{ol}I_{1rT}}{K_r} = 1.2 \times \frac{1.5}{0.9} \times \frac{1250}{\sqrt{3} \times 10} = 144.34\text{A}$

按系统最小运行方式下，保护装置安装处一次侧两相短路电流：

$I''_{2k1 \cdot \min} = \frac{2}{\sqrt{3}} \times 0.866 \times 1016 = 1016\text{A}$

保护装置的灵敏系数：$K_{sen} = \frac{I''_{2k1 \cdot \min}}{I_{op}} = \frac{1016}{144.34} = 7.04 > 1.3$

题 11 ~ 15 答案：**BDDAB**

11.《电力工程电缆设计规范》(GB 50217—2018) 附录 C 表 C.0.3、附录 D 表 D.0.1、表 D.0.3、表 D.0.6。

查表 C.0.3，空气中敷设(电缆桥架)允许载流量：$I_z = 320\text{A}$

查表 D.0.1，环境温度载流量校正系数：$K_1 = 1.09$。

查表 D.0.6，无间距配置单层并列载流量校正系数：$K_2 = 0.8$

故空气中敷设(电缆桥架)实际载流量：$I_{z1} = 1.09 \times 0.8 \times 320 = 279.04\text{A}$

查表 C.0.3，土壤直埋敷设允许载流量：$I_z = 247\text{A}$

查表 D.0.1，环境温度载流量校正系数：$K_3 = 1$

故土壤直埋敷设实际载流量：$I_{z2} = 1 \times 247 = 247\text{A}$

取较小值：$I_z = I_{z2} = 247\text{A}$

12.《工业与民用供配电设计手册》(第四版)P1132 式(12.2-8)。

按交流滑触线电压降计算：$\Delta u\% = \frac{\sqrt{3} \times 100}{U_n} I_p l (R\cos\varphi + X\sin\varphi)$，故

$$l = \frac{U_n \cdot \Delta u\%}{\sqrt{3} \times 100 \times I_p \times (R\cos\varphi + X\sin\varphi)}$$

$$= \frac{380 \times 10}{\sqrt{3} \times 100 \times (20 \times 10) \times (1.26 \times 0.5 + 0.87 \times 0.866)}$$

$l = 0.0793\text{km} = 79.3\text{m}$

13.《工业与民用供配电设计手册》(第四版)P910。

电力电缆在桥架内敷设，容积率不宜超过40%，控制电缆不宜超过50%。

电缆总截面积：$S = 4 \times \pi \left(\frac{40}{2}\right)^2 + 6 \times \pi \left(\frac{65}{2}\right)^2 = 24936\ \text{mm}^2$

桥架最小截面：$S' \geqslant \frac{S}{0.4} = \frac{24936}{0.4} = 62341\ \text{mm}^2$，故取600mm×150mm。

14.《工业与民用供配电设计手册》(第四版)P1072 式(12.1-1)，《爆炸危险环境电力装置设计规范》(GB 50058—2014)第5.4.1-6条。

电动机额定电流：$I_{rM} = \frac{P_{rM}}{\sqrt{3} U_{rM} \eta_r \cos\varphi_r} = \frac{110 \times 10^3}{\sqrt{3} \times 380 \times 0.9 \times 0.85} = 218.47\text{A}$

第5.4.1-6条：在爆炸环境内，导体允许载流量不应小于断路器长延时过电流脱扣器电流的1.25倍。

$I_z \geqslant 1.25 I_{rM} = 1.25 \times 218.47 = 273.1\text{A}$，按电流密度确定电缆截面，则：

铝芯：$S_{Al} \geqslant \frac{273.1}{1.6} = 170.07\ \text{mm}^2$

铜芯：$S_{Cu} \geqslant \frac{273.1}{2} = 136.5\ \text{mm}^2$

故选 $4 \times 185\text{mm}^2$ 铝芯。

15.《电力工程电缆设计规范》(GB 50217—2018)第B.0.3-2条、第B.0.3-3条。

附录B之第B.0.3-2条：对备用回路的电缆，如备用的电动机回路等，宜根据其运行情况对其运行小时数进行折算后选择电缆截面。

电缆载流量确定电缆截面：$S \geqslant \frac{160}{3.2} = 50\ \text{mm}^2$

附录B之第B.0.3-3条：当电缆经济电流截面介于电缆标称截面档次之间时，可视其接近程度，选择较接近一档截面。

经济电流密度确定电缆截面：$S = \frac{160}{2.2} = 72.73\ \text{mm}^2$，故取 70mm^2。

题16~20答案：**DBCBD**

16.《交流电气装置的接地设计规范》(GB/T 50065—2011)第4.2.1条、第B.0.1-3

条。

附录B之第B.0.1-3条:计算衰减系数D_f将其乘以入地对称电流,得到计及直流偏移的经接地网入地的最大接地故障不对称电流有效值I_G。

根据第4.2.1条,已采取安全措施后,接地网地电位升高可提高至5kV,故接地电阻

110kV侧:$R_1 \leqslant \frac{5000}{I_G} = \frac{5000}{1.05 \times 1.1 \times 10^3} = 4.329\Omega$

35kV侧:$R_2 \leqslant \frac{120}{I_G} = \frac{5000}{1.25 \times 2 \times 60} = 0.8\Omega$

取较小值,$R = 0.8\Omega$。

17.《交流电气装置的接地设计规范》(GB/T 50065—2011)附录D第D.0.3-1条、第D.0.3-2条。

接地网导体总长度:$L_c = (100 \times 7 + 80 \times 2) + (80 \times 9 + 60 \times 2) + 2 \times 10 \times 3.14 = 1762.8\text{m}$

接地网周边长度:$L_p = 80 \times 2 + 60 \times 2 + 2 \times 10 \times 3.14 = 342.8\text{m}$

$n = n_a n_b n_c n_d = n_a n_b = 10.28 \times 0.976 = 10.04$

其中,$n_a = \frac{2L_c}{L_p} = \frac{2 \times 1762.8}{342.8} = 10.28$

$$n_b = \sqrt{\frac{L_p}{4\sqrt{A}}} = \frac{1}{2} \times \sqrt{\frac{342.8}{\sqrt{100 \times 80 + (20 \times 20 - 3.14 \times 10^2)}}} = 0.976$$

接地网近似为矩形,$n_c = n_d \approx 1$

网孔电压几何校正系数:

$$K_s = \frac{1}{\pi}\left(\frac{1}{2h} + \frac{1}{D+h} + \frac{1-0.5^{n-2}}{D}\right) = \frac{1}{3.14} \times \left(\frac{1}{2 \times 1} + \frac{1}{10+1} + \frac{1-0.5^{10-2}}{10}\right) = 0.22$$

接地网不规则校正系数:$K_i = 0.644 + 0.148n = 2.13$

埋入地中的接地系统导体有效长度:$L_s = 0.75L_c = 0.75 \times 1762.8 = 1322.1\text{m}$

最大跨步电压差:$U_s = \frac{\rho I_G K_s K_i}{L_s} = \frac{250 \times 1200 \times 0.22 \times 2.13}{1322.1} = 106.33\text{V}$

18.《交流电气装置的接地设计规范》(GB/T 50065—2011)第4.4.5条,附录E式(E.0.1)。

$$S_g \geqslant \frac{I_g}{C}\sqrt{t_e} = \frac{1.05 \times 1.5 \times 1000}{70} \times \sqrt{0.5 + 0.15} = 18.14\ \text{mm}^2$$

第4.4.5条:4 根连接线截面的热稳定校验电流,应按单相接地故障时最大不对称电流有效值的35%取值。

故最小截面:$S = 35\% S_g = 35\% \times 18.14 = 6.35\ \text{mm}^2$

19.《交流电气装置的接地设计规范》(GB/T 50065—2011)第5.1.1条、附录F式(F.0.1)。

第5.1.1条:6kV及以上无地线线路钢筋混凝土杆宜接地,金属杆塔应接地,接地电

阻不宜超过30Ω。

杆塔水平接地装置的工频接地电阻：

$$R=\frac{\rho}{2\pi L}\left(\ln\frac{L^2}{hd}+A_t\right)=\frac{250}{2\times3.14\times(4\times1+6)}\left[\ln\frac{(4\times1+6)^2}{1\times0.01}+2\right]=44.6\Omega>30\Omega$$

20.《交流电气装置的接地设计规范》(GB/T 50065—2011) 第6.1.1条、第7.2.5条。

由第6.1.1条可知，最大接地电阻：$R\leqslant\frac{50}{I}=\frac{50}{15}=3.33\Omega<4\Omega$；

由第7.2.5条可知，低压系统电源中性点可与高压侧共用接地装置。

题21～25答案：**DDAAA**

21. 根据题干条件计算开关量输入模块：$n_{DI}=\frac{2\times18+20\times5}{32}\times(1+15\%)=4.9$，取 $n_{DI}=5$；

开关量输出模块：$n_{DO}=\frac{2\times18+20\times2}{32}\times(1+15\%)=2.73$，取 $n_{DO}=3$；

模拟量输入模块：$n_A=\frac{1\times18}{8}\times(1+15\%)=2.6$，取 $n_A=3$。

22.《钢铁企业电力设计手册》(下册) P509 式(27-3)。

内存容量：$M=1.25\times0.85\times[(200+88)\times10+15\times100+6\times200]=5928.8$ Byte

PLC系统通讯数据占有内存1kB，故 $M'=\frac{5928.8}{1024}+1=6.79\text{kB}$

23.《钢铁企业电力设计手册》(下册) P515 式(27-5)、式(27-6)。

编程器不接入时的扫描时间：$\omega=0+0+12+12+6.1=30.1\text{ms}$

编程器接入时的扫描时间：$\omega=0+6+12+12+6.1=36.1\text{ms}$

最大响应时间：$T=T_a+2\omega+T_d=8+2\times36.1+8=88.2\text{ms}$

24. 根据题干条件计算K1线圈吸持电流：$I=\frac{S}{U}=\frac{80/0.8}{220}=0.45\text{A}<2\text{A}$，满足要求。

25.《工业与民用供配电设计手册》(第四版) P763 式(8.5-4)。

电缆芯截面：

$$S=\frac{2I_{Q\cdot\max}L}{\Delta U\cdot U_r\gamma}\Rightarrow0.5=\frac{2\times0.1\times L}{[(1-80\%)\times24-0.1\times2]\times\frac{1}{0.0184}}$$

故 $L=625\text{m}$

2018年案例分析试题(下午卷)

[案例题是4选1的方式,各小题前后之间没有联系,共25道小题,每题分值为2分,上午卷50分,下午卷50分,试卷满分100分。案例题一定要有分析(步骤和过程)、计算(要列出相应的公式)、依据(主要是规程、规范、手册),如果是论述题要列出论点。]

题1~5:某企业变电所低压供电系统简化结构如图所示,电网及各元件参数标明在图上,电动机M1由变频器AF1供电,电阻性加热器E1、E2分别由调压器AU1、AU2供电。短路电流计算中不计电阻及其他未知阻抗,请回答下列问题,并列出解答过程。

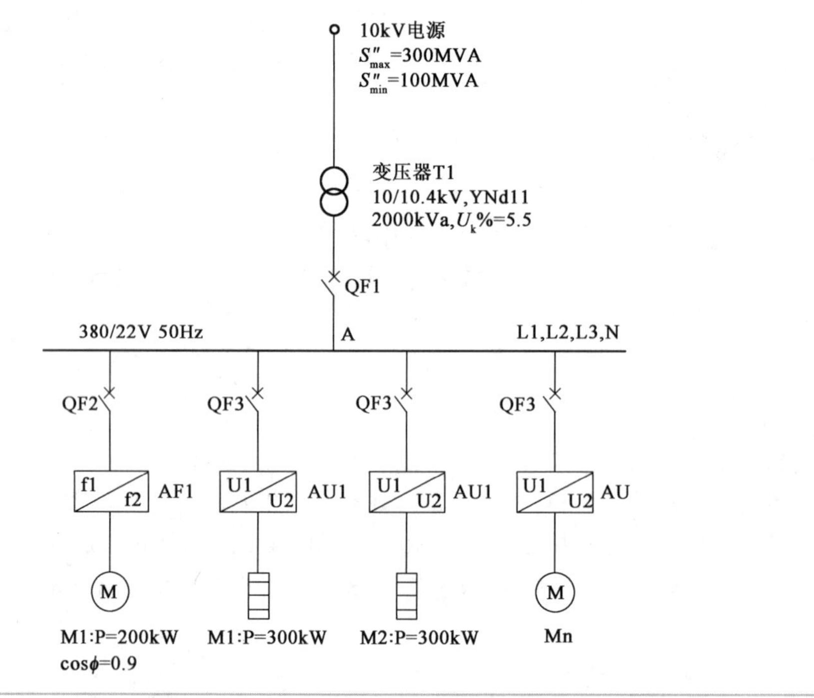

1. 若将380V母线A视为低压用电设备的公共连接点,计算380V母线上所有电气设备注入该点的5次谐波电流最大允许值是多少安培? ( )

(A)12.4A　　(B)62A

(C)165.4A　　(D)201.3A

解答过程:

2. 设每个支路用电设备的额定容量为该用户的用电协议容量，并且380V母线上所有电气设备注入A点的7次谐波电流最大允许值是117A。问用户M1和E1支路允许注入该点的7次谐波电流分别为多少安培？（　　）

（A）22.59A，30.18A　　（B）24.18A，30.18A

（C）31.39A，42.8A　　（D）49.5A，67.5A

解答过程：

3. 系统中为电动机M1供电的变频器AF1和为E1、E2供电的调压器AU1、AU2说明书中分别提供了电气设备注入电网谐波电流，见下表，不计其他设备产生的谐波电流，求380V系统进线电源线路上11次谐波电流值是多少安培？（　　）

电气设备	谐波次数及注入电网谐波电流值(A)						
	3	5	7	9	11	13	其他各次
AF1	2	32	24	1	18	16	0
AU1	3	42	33	2	25	22	0
AU2	3	42	33	2	25	22	0

（A）39.67A　　（B）42.5A

（C）54.6A　　（D）68A

解答过程：

4. 如果380V系统电源进线上5次谐波电流值是240A，近似计算380V母线上5次谐波电压含有率最大是多少？最小是多少？（　　）

（A）39.5%，7.9%　　（B）2.96%，2.43%

（C）0.79%，0.26%　　（D）0.6%，0.49%

解答过程：

5. 已知 A 点的短路容量为 38MVA，如果 380V 系统进线电源线路上基波及各次谐波电流值见下表，计算 380V 母线上电压总谐波畸变率是多少？

谐波次数及注入电网的谐波电流值(单位:A)

基波	3	5	7	9	11	13	其他各次
600	8	116	90	5	68	13	0

(A)0.54%　　(B)0.9%　　(C)2.39%　　(D)28.8%

解答过程：

题 6 ~10：某变电所用电负荷情况：10kV 高压电动机 1 台，功率 1250kW，额定电流 88.5A，功率因数 0.86，额定转速 1475r/min；其他负荷均为 0.4kV 低压负荷，运行功率 210kW，运行功率因数 0.76；高压电动机与除尘风机直联；电动机在高速运行时的效率为 0.95，低速运行时的效率为 0.88，除尘风机采用变频器驱动，高速运行频率为 47Hz，变频器效率为 0.96，运行时间比例为 60%；低速运行频率为 30Hz，变频器效率 0.95，运行时间比例为 40%。已知风机工频运行时的输入轴功率为 1000kW，假定风机效率恒定，风机年运行时间为 340d(每天不间断运行)。请回答下列问题，并列出解答过程。

6. 采用变频器调速时的年耗电量为下列哪项数值？　　(　　)

(A)4667824kWh　　(B)5302205kWh
(C)6386457kWh　　(D)6724683kWh

解答过程：

7. 风机在高速运行时，假设变频器的功率因数为 0.92，计算包括低压负荷在内的整个系统的功率因数为下列哪项数值？　　(　　)

(A)0.82　　(B)0.85　　(C)0.89　　(D)0.93

解答过程：

8. 风机在低速运行时,假设变频器的功率因数为0.91,计算包括低压负荷在内的整个系统的功率因数为下列哪项数值? ( )

(A)0.825 (B)0.844

(C)0.872 (D)0.895

解答过程:

9. 若要求高低压整个系统的功率因数为0.93时,假设变频器的功率因数为0.91,除尘风机低速运行时10kV侧需设置多少kvar电容器补偿? ( )

(A)98.8kvar (B)106.2kvar

(C)112.3kvar (D)243.6kvar

解答过程:

10. 假设该除尘风机采用液力耦合器调速,风机高速运行时,转速为1387r/min,运行时间60%。风机低速运行时,转速为885r/min,运行时间为40%,忽略液力耦合器滑差率变化的影响,计算采用液力耦合器调速时的年耗电量为下列哪项数值? ( )

(A)4937592kWh (B)5295725kWh

(C)5311237kWh (D)5893984kWh

解答过程:

题11~15:为驱动负荷平稳连续工作的机械设备,选择鼠笼型电动机,P_n = 550kW,N_n = 2975r/min,最小启动转矩倍数 T_{min} = 0.73,最大转矩倍数 λ = 2.5,启动过程中的最大负荷力矩 M_{lmax} = 560N·m,请根据下列条件对电动机的参数选择进行计算及校验,并列出解答过程。

11. 在电动机全压启动的情况下,计算机械负荷要求的最小启动转矩及电动机的最小启动转矩,并判断该电动机启动转矩能否满足要求?(保证电动机启动时有足够加速转矩的系数 K_s 取上限值) ( )

(A)969N·m,1289N·m,满足要求　　(B)969N·m,605N·m,不满足要求

(C)982N·m,1289N·m,满足要求　　(D)982N·m,605N·m,不满足要求

解答过程：

12. 已知传动机械折算到电动机轴上的总飞轮矩 $GD^2_{mec}=2002N\cdot m^2$，电动机转子飞轮力矩 $GD^2_m=445N\cdot m^2$，整个传动系统允许的最大飞轮力矩 $GD^2_0=3850N\cdot m^2$，计算电动机允许的最大飞轮力矩，并判断能否满足传动机械的飞轮力矩？（按电动机全压启动计算，计算平均转矩系数取下限值）（　　）

(A)1909N·m²,不满足　　(B)1959N·m²,不满足

(C)2243 N·m²,满足　　(D)2343 N·m²,满足

解答过程：

13. 若电动机为F级绝缘，额定工作环境温度40℃，允许温升100℃，额定可变损耗与固定损耗比值为1.176，当环境温度变化并维持在55℃时，计算电动机的可用功率为下列哪项数值？（　　）

(A)437.5kW　　(B)467.5kW

(C)487.5kW　　(D)507.5kW

解答过程：

14. 下表为某车间传动系统特定时间段的生产负荷，若该异步电动机（不带飞轮）额定功率 $P_N=1300kW$，额定转速 $N=975r/min$，最大转矩倍数 $\lambda=2.5$，计算该电动机的等效功率、可用的最大转矩，并判断电动机的转矩能否满足生产要求？（　　）

负荷转矩 M_1(kN·m)	3.9	1.9	7.6	6.0	14	19	7.5	3.5
持续时间 t(s)	0.6	6.5	3	2	1.8	1.7	2.2	3.5

(A)0.831kW,20.7kN·m,满足要求　　(B)1.852kW,24.4kN·m,满足要求

(C)831kW,20.7kN·m,满足要求　　　　(D)1250kW,24.4kN·m,不满足要求

解答过程:

15. 某生产线一台电动机驱动负荷平稳连续工作的机械设备,转速为2975r/min,折算到电动机轴上的负荷转矩为1450N·m,若负荷功率为电动机功率的85%,计算电动机额定功率为下列哪项数值?　　(　　)

(A)384kW　　(B)532kW　　(C)552kW　　(D)632kW

解答过程:

题16~20:某厂区分布有门卫、办公楼、车间及货场等,请回答下列电气照明设计过程中的问题,并列出解答过程。

16. 办公室长24m,宽9m,吊顶距地高3.2m,墙上玻璃窗面积60m²。已知室内吊顶反射比为0.7,墙面反射比为0.52,地面反射比为0.17,玻璃窗反射比为0.35。选用正方形600mm×600mm×120mm嵌入式40W/LED灯盘均匀对称布置照明,灯具效能120lm/W,最大允许距高比1.4,其利用系数见下表,维护系数0.8。设计照度标准值300lx,计算0.75m办公桌面上的平均照度和灯具数量是下列哪组数值?　　(　　)

嵌入式40W/LED灯具利用系数表

0.3 室形指数 *RI*	顶棚、墙面和地面反射系数(表格从上往下顺序)								
	0.7	0.7	0.7	0.5	0.5	0.5	0.3	0.3	0.3
	0.5	0.3	0.1	0.5	0.3	0.1	0.5	0.3	0.1
	0.2	0.2	0.2	0.2	0.2	0.2	0.2	0.2	0.2
0.75	0.64	0.56	1.51	0.62	0.55	0.50	0.60	0.54	0.50
1.00	0.73	0.66	0.61	0.71	0.65	0.61	0.69	0.64	0.60
1.25	0.80	0.73	0.68	0.78	0.72	0.68	0.75	0.71	0.67
1.50	0.85	0.79	0.74	0.82	0.77	0.73	0.80	0.75	0.72
2.00	0.91	0.86	0.81	0.88	0.84	0.80	0.86	0.82	0.78
2.50	0.96	0.91	0.87	0.92	0.88	0.85	0.89	0.86	0.83
3.00	0.99	0.94	0.91	0.95	0.92	0.88	0.92	0.89	0.86
4.00	1.03	0.99	0.86	0.99	0.96	0.93	0.95	0.93	0.91
5.00	1.05	1.02	0.99	1.01	0.99	0.96	0.97	0.95	0.93

(A)274lx,16 盏　　(B)291lx,17 盏

(C)308lx,18 盏　　(D)311lx,19 盏

解答过程:

17. 机电装配车间长 54m,宽 30m,高 10m,照度标准值 500lx,布置 120 盏 100W/LED 灯,灯具效能 130lm/W,模拟计算结果平均照度 510lx,最小照度值 420lx 和最大照度值 600lx,分别计算照度均匀度和照明功率密度 LPD 是下列哪组数值?（　　）

(A)0.4,7.4W/m^2　　(B)0.7,9.6W/m^2

(C)0.8,7.4 W/m^2　　(D)0.9,9.6 W/m^2

解答过程:

18. 会客室净高 3.5m,房间正中吊顶布置表面亮度为 500cd/m^2,平面尺寸 4m×4m 的发光天棚,亮度均匀,按面光源计算房间地面正中点垂直照度是下列哪项数值?（　　）

arctan 弧度值速算表

arctan	0.500	0.169	0.873	1.000	1.237	1.750	2.000
弧度值	0.464	0.554	0.719	0.785	0.891	1.052	1.107

(A)81lx　　(B)240lx　　(C)419lx　　(D)466lx

解答过程:

19. 货场面积 10000m^2,设计最低照度 5lx,选用 180W LED 投光灯,灯具效率 95%,光源能效 120lm/W, 利用系数 0.7,维护系数 0.7,照度均匀度 0.5,LED 灯具分置驱动电源耗电 1W,线缆损耗不计,求灯具数量和总功率为下列哪组数值?（　　）

(A)5 盏,900W　　(B)5 盏,905W

(C)10 盏,900W　　(D)10 盏,1810W

解答过程:

20. 厂区道路宽6m，选用40W、4000lm LED灯杆，灯杆间距18m，已知利用系数为0.54，维护系数0.65，计算路面平均照度为下列哪项数值？（　　）

(A)13lx　　(B)16lx

(C)20lx　　(D)24lx

解答过程：

题21～25：根据以下已知条件，回答下面防雷接地相关问题，并列出解答过程。

21. 假设某多层办公楼长72m，宽12m，高20m，为平屋顶、砖混结构、混凝土接触。办公楼位于山顶，周围无其他建筑，土壤电阻率为1550Ω·m，办公楼屋顶设防直击雷保护装置，办公楼基础通过扁钢相连构成环形接地体作为防雷接地装置。测得办公楼四周的防雷引下线的冲击电阻为25Ω。当地年平均雷暴日 T_d 为154.5d/年。请问此建筑物是否需要补加接地体，若需要，对其补加垂直接地体时其最小总长度为下列哪项数值？（　　）

(A)不需要　　(B)需要，1.71m

(C)需要，3.41m　　(D)需要，4.56m

解答过程：

22. 假设本办公楼为第二类防雷建筑物，需引入低压屏蔽电缆一根，金属给水、排水管共三条，这些管线在入户处均与防雷系统做了等电位联结。低压屏蔽电缆为4芯电缆，从电源点埋地敷设300m至建筑物内，为办公楼内的电气设备供电电缆屏蔽层采用两端接地。已知土壤电阻率为400Ω·m，屏蔽层采用铝制材料，电阻为1.9Ω/km，电缆芯线电阻为0.2Ω/km。请确定低压屏蔽电缆的屏蔽层最小面积为下列哪项数值？（　　）

(A)2.23mm²　　(B)5.83mm²

(C)8.27mm²　　(D)11.02mm²

解答过程：

23. 假设某办公楼为二类防雷建筑，钢筋混凝土结构，所有结构柱均作为防雷引下线。楼顶装设多联机空调系统，为其供电的配电箱设于空调附近楼面上，采用 TN-S 系统。配电箱装设有 SPD，空调配电采用 5 芯电缆，回路采用钢管穿线方式，钢管规格为 ϕ40mm，长度为 25m，钢管两端分别与设备外壳和配电箱 PE 线相连，并就近与屋顶的防雷装置相连。当雷击在空调设备上时，已知流经钢管的雷电流分流系数 K_{c1} 为 0.44，再流经 SPD 的分流系数 K_{c2} 为 0.2，请计算流经 SPD 每个模块的分流雷电流为下列哪项数值？（　　）

(A)1.68kA　　(B)2.64kA
(C)7.82kA　　(D)13.2kA

解答过程：

24. 某 110/10kV 变电站采用架空进线，该架空进线杆塔的接地装置由水平接地极连接的三根垂直接地极组成，垂直接地极为 ϕ50mm 的钢管，每根长 2.5m，间距 5m，水平接地极为 40mm×4mm 的扁钢，埋设深度 0.8m，计算长度 10m；土壤电阻率为 100Ω·m。若单根垂直接地极的冲击系数取 0.65，水平接地极的冲击系数取 0.7，计算该架空进线杆塔接地装置中冲击接地电阻接近下列哪项数值？（　　）

(A)3.91Ω　　(B)5.59Ω
(C)7.07Ω　　(D)9.29Ω

解答过程：

25. 假设一建筑物外设环型接地体，接地体形状为正方形 15m×15m，土壤电阻率为 5000Ω·m，建筑物防雷引下线与接地体可靠连接，水平接地体采用锁锌扁钢，其等效直径 20mm，埋深 0.8m。已知冲击电阻的换算系数 A 为 1.45，请计算引下线的冲击电阻最接近下列哪项数值？（　　）

(A)5.81Ω　　(B)12.19Ω
(C)17.68Ω　　(D)25.64Ω

解答过程：

题26~30：某企业35kV电源线路，选用JL/G1A-240mm^{2}导线，导线的参数如下：重量为964.3kg/km，计算总截面为277.75mm^2，导线直径为21.66mm，本线路在某档需跨越高速公路，在档距中央跨越高速公路路面，两侧铁塔处高程相同，该档档距为220m，导线40℃时最低点应力为76.7N/mm^2，导线70℃时最低点应力为68.8N/mm^2，两塔均为直线塔，导线悬垂绝缘子串长度为0.75m。弧垂按平抛物线公式计算，g＝9.8N/kg，请回答以下问题，并列出解答过程。

26. 若某气象条件下（无冰）单位风荷载为3N·m，则该导线无冰时的综合比载为下列哪项数值？（　　）

(A) 10.8N/m·mm^2　　(B) 34.02N/m·mm^2

(C) 35.69N/m·mm^2　　(D) 54.09N/m·mm^2

解答过程：

27. 假设该线路跨越高速公路时，两侧跨越直线塔呼称高相同，两基杆塔间地面标高与杆塔立杆处标高致，则两侧直线塔呼称高应至少为下列哪项数值？（　　）

(A) 8.8m　　(B) 10m

(C) 11m　　(D) 11.8m

解答过程：

28. 已知该档距40℃时最大弧垂为2.6m，求在跨越档中距铁塔8m处，40℃时导线弧垂应为下列哪项数值？（假设坐标O点位于左侧杆塔的导线悬挂点）（　　）

(A) 2.11m　　(B) 2.41m

(C) 2.60m　　(D) 3.78m

解答过程：

29. 该线路某档水平档距为250m，垂直档距为270m，若导线在工频电压下风速为15m/s，导线的风荷载为8N/m，导线的自重力为9N/m，导线绝缘于串由4片单盘盘径为

254mm 的绝缘子组成,悬垂绝缘子串重力为 1.5N/m,则该塔悬垂绝缘子串在工频电压下的摇摆角(即风偏角)为下列哪项数值? ( )

(A)32.9° (B)32.5°

(C)42.9° (D)50.6°

解答过程:

30. 若最大风时导线自重比载为 28×10^{-3}N/(m · mm^2),风荷载比载为 18×10^{-3}N/(m · mm^2),请计算在最大风时导线的风偏角应为下列哪项数值? ( )

(A)20.5° (B)25.2°

(C)32.7° (D)57.3°

解答过程:

题 31 ~ 35:在某市开发区拟建设一座 110/10kV 变电所。该变电所有两回 110kV 架空进线。两台主变压器布置在室外,型号为 SFZ10-20000/110。高压配电装置采用屋内双层布置,10kV 配电室、电容器室、维修间、备件库等布置在一层,110kV 配电室、控制室布置在二层。请回答下列问题,并列出解答过程。

31. 该变电所一层 10kV 配电室布置有 40 台 KYN28A-12 型手车式高压开关柜,双列背对背布置。开关柜外形尺寸(深 × 宽 × 高)为 1500mm × 800mm × 2300mm,小车长度为 800mm,开关柜需进行就地检修,室内墙面无局部突出部位,柜后设维护通道。请计算确定 10kV 配电室最小宽度(净距)为下列哪一项?并说明其依据及主要考虑的因素是什么? ( )

(A)9000mm (B)8000mm

(C)7800mm (D)7000mm

解答过程:

32. 该变电所屋内、外配电装置布置如下图所示。变电所 110kV 系统为直接接地系统,变电站所处地海拔1000m以下,母线和连接导线均为裸导体,屋外两台主变压器(每台变压器油量10t)之间净距 $L_7 = 7500\text{mm}$,无防火墙;110kV 配电室中设高度1700mm网状遮拦,图中 $L_1 = 1500\text{mm}$,$L_2 = 1000\text{mm}$,$L_3 = 900\text{mm}$,$L_4 = 3500\text{mm}$,$L_5 = 5000\text{mm}$,$L_6 = 10000\text{mm}$,请分析判断 $L_1 \sim L_7$ 中有几处不满足安全净距要求?并说明理由。 ( )

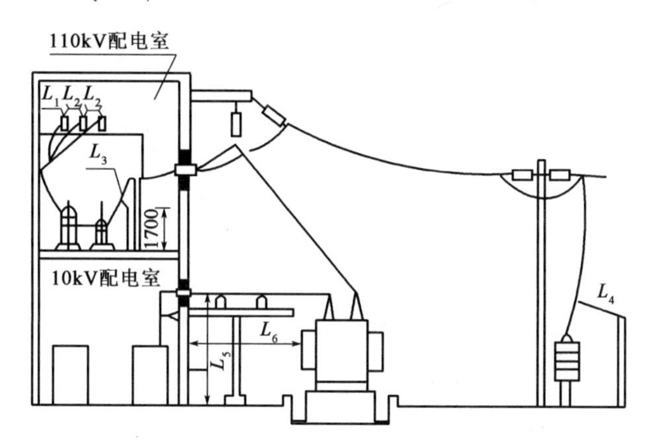

(A)1处　　(B)2处

(C)3处　　(D)4处

解答过程:

33. 在配电装置楼的一层设有一个变压器室,室内装有一台 S9-1000/10,10±0.5%/0.4kV,1000kVA 配电变压器,变压器空载损耗 P_0 为1.7kW,负载损耗 P_k 为10.3kW。变压器室通风采用自然通风,进出风口有效面积之比按1:1考虑,进风口空气密度为1.173kg/m³,局部阻力系数为2.7,出风口空气密度1.11kg/m³,局部阻力系数2.5,因太阳辐射热面增加热量修正系数取1.1,当进风窗与出风窗中心高差为2.5m时,请计算该变压器室通风窗的有效面积 F 为下列哪项数值?(计算时,进风温度为28℃,出风温度为45℃,负载损耗按满载考虑) ( )

(A)1.18m²　　(B)1.04m²

(C)0.90m²　　(D)0.15m²

解答过程:

34. 该变电所至污水处理厂的10kV 交联聚氯乙烯绝缘铝芯电缆(其载流量和电缆参数见下表)长12km,污水处理厂的负荷2MVA,功率因数0.9,电缆的热稳定系数为

77，载流量校正系数为0.8，该变电所10kV母线的短路电流为15kA，短路故障切除时间为0.15s，要求电缆的末端电压降不大于7%，该10kV电缆截面应为下列哪项数值？ （ ）

截面（mm^2）	50	70	95	120
载流量	145	190	215	240
r（Ω/km）	0.64	0.46	0.34	0.253
x（Ω/km）	0.082	0.079	0.076	0.076

（A）$50mm^2$ （B）$70mm^2$

（C）$95mm^2$ （D）$120mm^2$

解答过程：

35. 某35/0.4kV变电所，35kV高压开关柜选用气体绝缘固定式，交流屏选用固定式；低压柜选用抽屉式，单侧操作。干式低压变压器T1和T2带防护外壳，不考虑移出外壳和所内检修，容量为1000kVA。平面布置如下图所示（图中标注单位均为mm），请判断图中有几处不符合规范要求？并说明理由。 （ ）

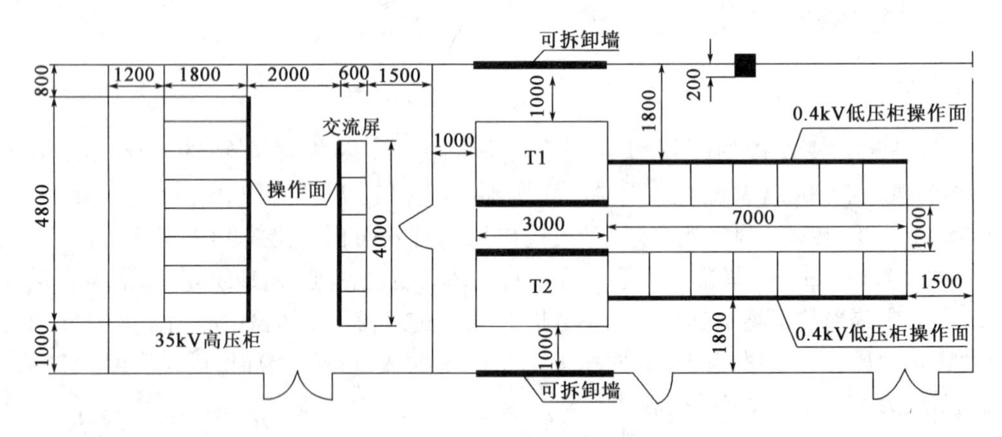

（A）1处 （B）2处

（C）3处 （D）4处

解答过程：

36. 在该建筑安防系统设计时，其视频安防监控系统采用数字信号在 IP 网络中传输，系统选用 1280×720 图形分辨率的摄像机 100 台，请计算 100 台摄像机接入监控中心，同时并发互联的网络带宽至少应为下列哪项数值？（不考虑预留网络带宽余量）
（　　）

(A) 51.2Mbps　　(B) 204.8Mbps
(C) 465.5Mbps　　(D) 1047.3Mbps

解答过程：

37. 在该建筑四层有一多功能厅，长 22.5m，宽 15m，层高 4.8m，在吊顶均匀安装了 6 组扬声器，已知安装高度为 4.5m，安装间距为 7.5m，试计算要满足扬声器声场的均匀覆盖，扬声器的辐射角为下列哪项数值？（　　）

(A) 50°　　(B) 94°
(C) 99°　　(D) 134°

解答过程：

38. 在该建筑物二层有一会议室厅共设置了 4 组扬声器，每组扬声器为 25W，如果驱动扬声器的有效值功率为 25W，按规定留有 6dB 的工作余量，试计算所配置的功率放大器的峰值功率应为多少瓦？（　　）

(A) 130W　　(B) 150W
(C) 158W　　(D) 398W

解答过程：

39. 该建筑中一般办公区域按照开放型办公室进行布线系统设计，已知工作区设备电缆长 6m，电信间内跳线和设备电缆长度为 4m，所采用的电缆是非屏蔽电缆，线规为 26AWG。请计算水平电缆最大长度为下列哪项数值？（　　）

(A) 87m　　(B) 88.5m

(C)90m　　　　(D)92m

解答过程：

40. 该建筑作为一个独立配线区，从用户接入点用户侧配线设备至最远端用户单元信息配线箱采用的光纤，在1310nm波长窗口时，采用的是G625光纤，长度为500m，全程光纤有两处接头，采用热熔接方式。请计算从用户接入点用户侧配线设备至最远端用户单元信息配线箱的光纤链路全程衰减值为下列哪项数值？　（　）

(A)0.44dB　　　　(B)0.66dB

(C)0.76dB　　　　(D)0.98dB

解答过程：

2018年案例分析试题答案(下午卷)

题1～5答案:**CBBBC**

1.《电能质量　公用电网谐波》(GB 14549—1993)表2 附录B 式(B1)。

最小运行方式下,系统电抗标幺值: $X_{*s}=\dfrac{S_b}{S''_s}=\dfrac{100}{100}=1$

变压器电抗标幺值: $X_{*T1}=\dfrac{u_k\%}{100}\cdot\dfrac{S_b}{S_{NT}}=0.055\times\dfrac{100}{2}=2.75$

母线最小短路容量: $S''_k=\dfrac{S_b}{X_{*\Sigma}}=\dfrac{100}{1+2.75}=26.67\text{MVA}$

谐波电流允许值: $I_h=\dfrac{S_{k1}}{S_{k2}}I_{hp}=\dfrac{26.67}{10}\times 62=165.33\text{A}$

2.《电能质量　公用电网谐波》(GB 14549—1993)附录C3 。

M1支路注入该点的7次谐波电流: $I_{7(M1)}=I_h\left(\dfrac{S_i}{S_t}\right)^{\frac{1}{\alpha}}=117\times\left(\dfrac{200/0.9}{2000}\right)^{\frac{1}{1.4}}=24.35\text{A}$

E1支路注入该点的7次谐波电流: $I_{7(E1)}=I_h\left(\dfrac{S_i}{S_t}\right)^{\frac{1}{\alpha}}=117\times\left(\dfrac{300/1}{2000}\right)^{\frac{1}{1.4}}=30.18\text{A}$

3.《电能质量 公用电网谐波》(GB 14549—1993)附录C2。

当相位角不确定时,叠加的谐波电流为:

$$I'_{11}=\sqrt{I_{11\text{-}2}^2+I_{11\text{-}3}^2+K_{11}I_{11\text{-}2}I_{11\text{-}3}}=\sqrt{25^2+25^2+0.18\times 25\times 25}=36.91\text{A}$$

$$I_{11}=\sqrt{I_{11\text{-}1}^2+I'^2_{11}+K_{11}I_{11\text{-}1}I'_{11}}=\sqrt{18^2+36.91^2+0.18\times 18\times 36.91}=42.50\text{A}$$

4.《电能质量　公用电网谐波》(GB 14549—1993)附录C1。

最小运行方式下,系统电抗标幺值: $X_{*s}=\dfrac{S_b}{S''_s}=\dfrac{100}{100}=1$

变压器电抗标幺值: $X_{*T1}=\dfrac{u_k\%}{100}\cdot\dfrac{S_b}{S_{NT}}=0.055\times\dfrac{100}{2}=2.75$

母线最小短路容量: $S''_k=\dfrac{S_b}{X_{*\Sigma}}=\dfrac{100}{1+2.75}=26.67\text{MVA}$

5次谐波电压含有率: $HRU_{5\cdot\min}=\dfrac{\sqrt{3}U_N hI_h}{10S_{k\min}}=\dfrac{\sqrt{3}\times 0.38\times 5\times 240}{10\times 26.67}=2.962\%$

最大运行方式下,系统电抗标幺值: $X_{*s}=\dfrac{S_b}{S''_s}=\dfrac{100}{300}=0.333$

母线最大短路容量: $S''_k=\dfrac{S_b}{X_{*\Sigma}}=\dfrac{100}{0.333+2.75}=32.43\text{MVA}$

5次谐波电压含有率: $HRU_{5\cdot\max}=\dfrac{\sqrt{3}U_N hI_h}{10S_{k\max}}=\dfrac{\sqrt{3}\times 0.38\times 5\times 240}{10\times 32.34}=2.435\%$

5.《电能质量　公用电网谐波》(GB 14549—1993) 附录A、附录C 式(C2)。

$$HRU_3 = \frac{\sqrt{3}U_nhI_3}{10S_k}\times 100\% = \frac{\sqrt{3}\times 0.38\times 3\times 8}{10\times 38}\times 100\% = 0.0416\%$$

$$HRU_5 = \frac{\sqrt{3}U_nhI_5}{10S_k}\times 100\% = \frac{\sqrt{3}\times 0.38\times 5\times 116}{10\times 38}\times 100\% = 1.0046\%$$

$$HRU_7 = \frac{\sqrt{3}U_nhI_7}{10S_k}\times 100\% = \frac{\sqrt{3}\times 0.38\times 7\times 90}{10\times 38}\times 100\% = 1.0912\%$$

$$HRU_9 = \frac{\sqrt{3}U_nhI_9}{10S_k}\times 100\% = \frac{\sqrt{3}\times 0.38\times 9\times 5}{10\times 38}\times 100\% = 0.0779\%$$

$$HRU_{11} = \frac{\sqrt{3}U_nhI_{11}}{10S_k}\times 100\% = \frac{\sqrt{3}\times 0.38\times 11\times 68}{10\times 38}\times 100\% = 1.2956\%$$

$$HRU_{13} = \frac{\sqrt{3}U_nhI_{13}}{10S_k}\times 100\% = \frac{\sqrt{3}\times 0.38\times 13\times 13}{10\times 38}\times 100\% = 1.351\%$$

电压总谐波畸变率：$THD_u = \sqrt{\sum(HRU_i)^2} = 2.39\%$

题6~10答案：**BCBCD**

6.《钢铁企业电力设计手册》(上册)P306,P309 式(6-45)。

转速 N 与频率 f 成正比,故有 $\frac{P_1}{P_2} = \left(\frac{N_2}{N_1}\right)^3 = \left(\frac{f_2}{f_1}\right)^3$，则：

$$P_{高} = \left(\frac{f_{高}}{f_N}\right)^3 P_N = \left(\frac{47}{50}\right)^3\times 1000 = 830.58\text{kW}$$

$$P_{低} = \left(\frac{f_{低}}{f_N}\right)^3 P_N = \left(\frac{30}{50}\right)^3\times 1000 = 216.0\text{kW}$$

年耗电量：$W = \sum\left(\frac{P_i}{\eta_{mi}\eta_{Mi}}\cdot t_i\right) = \left(\frac{830.58}{0.96\times 0.95}\times 0.6 + \frac{216}{0.95\times 0.88}\times 0.4\right)\times 340\times 24$

$= 5302233\text{kWh}$

7. 根据 $S^2 = P^2 + Q^2$ 可知,由题6结论,$P_{高} = 830.58\text{kW}$,故

$$P_\Sigma = \frac{830.58}{0.96\times 0.95} + 210 = 1120.72\text{kW}$$

$$Q_\Sigma = \frac{830.58}{0.96\times 0.95}\times\tan(\cos^{-1}0.92) + 210\times\tan(\cos^{-1}0.76) = 567.55\text{kvar}$$

则 $\cos\varphi_\Sigma = \frac{P_\Sigma}{\sqrt{Q_\Sigma^2 + P_\Sigma^2}} = \frac{1120.72}{\sqrt{567.55^2 + 1120.72^2}} = 0.892$

8. 根据 $S^2 = P^2 + Q^2$ 可知,由题6结论,$P_{低} = 216.0\text{kW}$,故

$$P_\Sigma = \frac{216}{0.88\times 0.95} + 210 = 468.37\text{kW}$$

$$Q_\Sigma = \frac{216.0}{0.88\times 0.95}\times\tan(\cos^{-1}0.91) + 210\times\tan(\cos^{-1}0.76) = 290.3\text{kvar}$$

则 $\cos\varphi_{\Sigma}=\dfrac{P_{\Sigma}}{\sqrt{Q_{\Sigma}^{2}+P_{\Sigma}^{2}}}=\dfrac{468.37}{\sqrt{297.30^{2}+468.37^{2}}}=0.844$

9.《工业与民用供配电设计手册》(第四版) P36 式(1.11-5)。

由题 6 结论,$P_{低}=216.0\text{kW}$,故电动机额定功率:$P_{M}=\dfrac{216}{0.88\times0.95}=258.37\text{kW}$

电动机的补偿容量:

$$Q_{M}=P_{M}(\tan\varphi_{1}-\tan\varphi_{2})=258.37\times[\tan(\cos^{-1}0.91)-\tan(\cos^{-1}0.93)]$$
$$=15.60\text{kvar}$$

其他负荷的补偿容量:

$$Q_{L}=P_{L}(\tan\varphi_{1}-\tan\varphi_{2})=210\times[\tan(\cos^{-1}0.76)-\tan(\cos^{-1}0.93)]=96.59\text{kvar}$$

总补偿容量为:$\sum Q=Q_{M}+Q_{L}=15.6+96.59=112.19\text{kvar}$

10.《钢铁企业电力设计手册》(上册) P306、P309 式(6-45),(下册) P362 式(25-128)。

高速运行时的效率:$\eta_{H}=\dfrac{P_{T}}{P_{B}}=\dfrac{n_{T}}{n_{B}}=\dfrac{1387}{1475}=0.94$,则

$$P_{H}=\frac{1000\times(1387/1475)}{0.94\times0.95}=931.11\text{kW}$$

低速运行时的效率:$\eta_{L}=\dfrac{P_{T}}{P_{B}}=\dfrac{n_{T}}{n_{B}}=\dfrac{885}{1475}=0.6$,则

$$P_{H}=\frac{1000\times(885/1475)}{0.88\times0.6}=409.09\text{kW}$$

$$W=(931.11\times0.6+409.09\times40\%)\times24\times340=5893984\text{kWh}$$

题 11 ~ 15 答案:**ACBCB**

11.《钢铁企业电力设计手册》(下册) P14 式(23-7)、P50 式(23-136)。

额定转矩:$T_{n}=9550\dfrac{P_{n}}{N_{n}}=9550\times\dfrac{550}{2975}=1765.55\text{r/min}$

负荷要求的最小启动转矩:$T_{l\min}=\dfrac{T_{l\max}K_{s}}{K_{u}^{2}}=\dfrac{560\times1.25}{0.85^{2}}=968.86\text{N}\cdot\text{m}$

电动机最小启动转矩:$T_{\min}=0.73\times1765.55=1288.85\text{N}\cdot\text{m}$

$T_{\min}>T_{l\min}$,故满足启动要求。

注:也可参考《电气传动自动化技术手册》(第 3 版) P293 式(2-7)、P288 表 2-5。

12.《钢铁企业电力设计手册》(下册) P20 式(23-53)、P50 式(23-137)。

平均启动转矩:

$$M_{sav}=(0.45\sim0.5)(M_{s}+M_{\max})=(0.45\sim0.5)(0.73+2.5)\times1765.55$$
$$=2566.23\text{N}\cdot\text{m}^{2}$$

允许的最大飞轮力矩:

$$GD_{xm}^2 = GD_0^2\left(1-\frac{M_{lmax}}{M_{sav}K_u^2}\right)-GD_m^2 = 3850\times\left(1-\frac{560}{2566.23\times0.85^2}\right)-445 = 2242.17\text{N}\cdot\text{m}^2$$

$GD_{xm}^2 > GD_{mec}^2 = 2002\text{N}\cdot\text{m}^2$，故满足要求。

13.《钢铁企业电力设计手册》(下册)P57 式(23-175)、式(23-176)。

环境温度改变时的修正系数：

$$X = \sqrt{1-\frac{\Delta\tau}{\tau_N}(\gamma+1)} = \sqrt{1-\frac{55-40}{100}\times\left(\frac{1}{1.176}+1\right)} = 0.85$$

电动机可用功率：$P = XP_N = 0.85\times550 = 467.5\text{kW}$

14.《钢铁企业电力设计手册》(下册)P14 式(23-7)，P51～52 式(23-139)、式(23-144)。

等效转矩：$M_{Mrms} = \sqrt{\dfrac{M_{1dx}^2t_1+M_{2dx}^2t_2+\cdots+M_{ndx}^2t_n}{T_c}}$

$$= \sqrt{\frac{3.9^2\times0.6+1.9^2\times6.5+7.6^2\times3+14^2\times1.8+19^2\times1.7+7.5^2\times2.2+3.5^2\times3.5}{0.6+6.5+3+2+1.8+1.7+2.2+3.5}}$$

$= 8.14\text{N}\cdot\text{m}$

等效电动机功率：$P_{Mrms} = \dfrac{M_{Mrms}n_N}{9550} = \dfrac{8.139\times975\times1000}{9550} = 830.9\text{kW}$

额定转矩：$M_{lmax} = k_1K_u\lambda M_N = 0.9\times0.85^2\times2.5\times12.733 = 20.7\text{kN}\cdot\text{m}$

$M_{lmax} > M_{Mrms}$，故满足要求。

15.《钢铁企业电力设计手册》(下册)P58 例题 23.6.1。

折算到电动机轴上的负荷功率：$P_L = \dfrac{T_LN_L}{9550} = \dfrac{1450\times2975}{9550} = 451.7\text{kW}$

电动机额定功率：$P_n = \dfrac{P_L}{FC} = \dfrac{451.7}{85\%} = 531.4\text{kW}$

题 16～20 答案：**CCDDA**

16.《照明设计手册》(第三版) P7 式(1-9)、P145 式(5-39)、P147 式(5-47)。

室形指数：$RI = \dfrac{LW}{H(L+W)} = \dfrac{24\times9}{(3.2-0.75)\times(24+9)} = 2.67$

内墙面平面反射比：$\rho = \dfrac{\sum_{i=1}^{n}\rho_iA_i}{\sum_{i=1}^{n}A_i} = \dfrac{[2\times(3.2-0.75)\times(24+9)-60]\times0.52+60\times0.35}{2\times(24+9)\times(3.2-0.75)} = 0.457$

采用插入法计算利用系数：

当 $RI = 2.5$ 时，$\dfrac{0.457-0.5}{0.3-0.5} = \dfrac{U_1-0.96}{0.91-0.96}$，故 $U_1 = 0.949$；

当 $RI = 3.0$ 时，$\dfrac{0.457-0.5}{0.3-0.5} = \dfrac{U_2-0.99}{0.94-0.99}$，故 $U_2 = 0.979$；

当 $RI = 2.67$ 时，$\dfrac{U-0.949}{0.979-0.949} = \dfrac{2.67-2.5}{3-2.5}$，故 $U = 0.959\approx0.96$。

灯具数量：$N=\frac{E_{av}A}{\Phi UK}=\frac{300\times24\times9}{120\times40\times0.959\times0.8}=17.59$ 盏，取 18 盏。

根据办公室结构，横向布置 6 套灯具，中心距 $\frac{24}{6+1}=3.45m$；纵向布置 3 套灯具，中心距 3m，均可满足距高比要求。

校验工作面平均照度：$E_{av}=\frac{\Phi NUK}{A}=\frac{18\times120\times40\times0.96\times0.8}{24\times9}=307.2lx$

《建筑照明设计标准》(GB 50034—2013) 第 4.1.7 条：设计照度与照度标准值的偏差不应超过 ±10%，因此校验满足要求。

17.《建筑照明设计标准》(GB 50034—2013) 第 2.0.32 条。

第 2.0.32 条：照度均匀度，规定表面上的最小照度与平均照度之比，符号是 U_0。

照度均匀度：$U_0=\frac{E_{min}}{E_{av}}=\frac{420}{510}=0.824$

照明功率密度：$LPD=\frac{120\times100}{54\times30}=7.4\ W/m^2$

18.《照明设计手册》(第三版) P136 式(5-29)。

$X=\frac{a}{h}=\frac{2}{3.5}=0.57$，$Y=\frac{b}{h}=\frac{2}{3.5}=0.57$

地面中心点垂直照度：

$$E_{hA}=4\times\frac{L}{2}\left[\frac{Y}{\sqrt{1+Y^2}}\arctan\frac{X}{\sqrt{1+Y^2}}+\frac{X}{\sqrt{1+X^2}}\arctan\frac{Y}{\sqrt{1+X^2}}\right]$$

$$=4\times\frac{500}{2}\times\left[\frac{0.57}{\sqrt{1+0.57^2}}\arctan\frac{0.57}{\sqrt{1+0.57^2}}+\frac{0.57}{\sqrt{1+0.57^2}}\arctan\frac{0.57}{\sqrt{1+0.57^2}}\right]$$

$$=456lx$$

19.《照明设计手册》(第三版) P160 式(5-64)。

灯具数量：$N=\frac{E_{min}A}{\Phi_1\eta UU_1K}=\frac{5\times10000}{180\times120\times0.95\times0.5\times0.7\times0.7}=9.95$，取 10 个。

灯具总功率：$P=10\times(180+1)=1810W$

20.《照明设计手册》(第三版) P406 式(18-5)。

路面平均照度：$E_{av}=\frac{\Phi UKN}{SW}=\frac{4000\times0.54\times0.65\times1}{18\times6}=13\ lx$

题 21 ~25 答案：**BCBBB**

21.《建筑物防雷设计规范》(GB 50057—2010) 第 4.3.6 条、附录 A。

建筑物所处地区雷击大地的年平均密度：$N_g=0.1T_d=0.1\times154.5=15.45$ 次/km²/a

与建筑物截收相同雷击次数的等效面积：

$$A_e=[LW+2(L+W)\sqrt{H(200-H)}+\pi H(200-H)]\times10^{-6}$$

$$=[72\times12+2(72+12)\sqrt{20\times(200-20)}+20\pi\times(200-20)]\times10^{-6}$$

$= 0.02225$

建筑物年预计雷击次数：$N = kN_gA_e = 2 \times 15.45 \times 0.02225 = 0.6875 > 0.25$，故为第二类防雷建筑。

防雷引下线的冲击电阻为 25Ω 过大，根据第 4.3.6 条规定，需加打水平或垂直接地体。

垂直接地体长度：$L_r = \frac{1}{2}\left(\frac{\rho - 550}{50} - \sqrt{\frac{A}{\pi}}\right) = \frac{1}{2}\left(\frac{1550 - 550}{50} - \sqrt{\frac{12 \times 72}{3.14}}\right) = 1.71\text{m}$

22.《建筑物防雷设计规范》(GB 50057—2010) 第 4.2.4-9 条式(4.2.4-7)、附录 H 式(H.0.1)。

冲击电流：$I_f = \frac{0.5IR_s}{n(mR_s + R_c)} = \frac{0.5 \times 150 \times 1.4}{4 \times (4 \times 1.9 + 0.2)} = 4.567\text{kA}$

由表 H.0.1-1，$8\sqrt{\rho} = 8\sqrt{400} = 160 < 300$，故 $L_c = 160\text{m}$

线路屏蔽层截面：$S_c \geqslant \frac{I_f\rho_cL_c \times 10^6}{U_w} = \frac{4.567 \times 28.264 \times 10^{-9} \times 160 \times 10^6}{2.5} = 8.26\text{mm}^2$

23.《建筑物防雷设计规范》(GB 50057—2010) 第 4.5.4 条及条文说明。

TN-S 接地系统，采用 5 芯电缆，共设 5 个 SPD 模块，则流经 SPD 每个模块的分流雷电流：$I_{imp} = \frac{k_{c1}k_{c1}I_{th}}{5} = \frac{0.44 \times 0.2 \times 150}{5} = 2.64\text{kA}$

24.《交流电气装置的接地设计规范》(GB/T 50065—2011) 第 5.1.7 条 ~ 第 5.1.9 条、附录 A 及 F。

单根垂直接地体工频接地电阻：

$$R_v = \frac{\rho}{2\pi L}\left(\ln\frac{8l}{d} - 1\right) = \frac{100}{2\pi \times 2.5} \times \left(\ln\frac{8 \times 2.5}{0.05} - 1\right) = 31.78\Omega$$

水平接地体工频接地电阻：

$$R_h = \frac{\rho}{2\pi L}\left(\ln\frac{L^2}{hd} + A\right) = \frac{100}{2\pi \times 10} \times \left(\ln\frac{100}{0.8 \times 0.02} - 0.6\right) = 12.9\Omega$$

单根垂直接地体冲击接地电阻：$R_{vi} = \alpha R_v = 0.65 \times 31.78 = 20.66\Omega$

水平接地体冲击接地电阻：$R_{hi} = \alpha R_h = 0.7 \times 12.9 = 9.03\Omega$

由 $\frac{D}{L} = 2$ 查附录 F 表 F.0.4 可知，冲击利用系数 $\eta_i = 0.7$

架空进线杆塔接地装置冲击接地电阻：

$$R_i = \frac{\frac{R_{vi}}{n} \times R'_{hi}}{\frac{R_{vi}}{n} + R'_{hi}} \times \frac{1}{\eta_i} = \frac{\frac{20.66}{3} \times 9.03}{\frac{20.66}{3} + 9.03} \times \frac{1}{0.7} = 5.59\Omega$$

25.《建筑物防雷设计规范》(GB 50057—2010) 附录 C C.0.3。

由 $2\sqrt{\rho} = 2\sqrt{500} = 44.72 > 2 \times 15 = 30$，故 $L = 2 \times (15 + 15) = 60\text{m}$

$$R = \frac{\rho}{2\pi L}\left(\ln\frac{L^2}{hd} + A_t\right) = \frac{500}{2\pi \times 4 \times 15}\left(\ln\frac{60^2}{0.8 \times 0.02} + 1\right) = 17.67\Omega$$

则引下线的冲击电阻：$R_i = \frac{R}{1.45} = \frac{17.67}{1.45} = 12.19\Omega$

题 26 ~ 30 答案：**CCBBC**

26.《电力工程高压送电线路设计手册》(第二版) P179 表 3-2-3。

无冰时的综合比载：

$$\gamma_6 = \sqrt{\gamma_1^2 + \gamma_4^2} = \sqrt{\frac{3^2 + (964.3 \times 9.8 \times 10^{-3})^2}{277.75}} = 35.69 \times 10^{-3} \text{N/m} \cdot \text{mm}^2$$

27.《电力工程高压送电线路设计手册》(第二版) P602 呼称高公式，《66kV 及以下架空电力线路设计规范》(GB 50061—2010) 表 12.0.16。

导线弧垂：$f_m = \frac{g}{2\sigma_0} l_a l_b = \frac{0.034}{8 \times 68.8} \times 220^2 = 3.0$

忽略杆塔施工基面误差的呼称高：$H = h_1 + s + \lambda = 7 + 3 + 0.75 = 10.75\text{m}$

28.《电力工程高压送电线路设计手册》(第二版) P179 ~ 181 表 3-3-1。

$$f'_x = \frac{4x'}{l}\left(1 - \frac{x'}{l}\right) f_m = \frac{4 \times 80}{220} \times \left(1 - \frac{80}{220}\right) \times 2.6 = 2.41\text{m}$$

29.《电力工程高压送电线路设计手册》(第二版) P103 式(2-6-44)。

绝缘子串风偏角：$\varphi = \tan^{-1}\left(\frac{P_1/2 + PL_H}{G_1/2 + W_1 L_v}\right) = \tan^{-1}\left(\frac{0 + 8 \times 250}{0 + 9 \times 270}\right) = 39.5°$

30.《电力工程高压送电线路设计手册》(第二版) P106。

导线风偏角：$\varphi = \tan^{-1}\left(\frac{\gamma_4}{\gamma_1}\right) = \tan^{-1}\left(\frac{18 \times 10^{-3}}{28 \times 10^{-3}}\right) = 32.7°$

题 31 ~ 35 答案：**BBBDB**

31.《20kV 及以下变电所设计规范》(GB 50053—2013) 第 4.2.7 条及表 4.2.7。

10kV 配电室的最小宽度：$W = 1500 \times 2 + 1000 + (800 + 1200) \times 2 = 8000\text{mm}$

32.《3 ~ 110kV 高压配电装置设计规范》(GB 50060—2008) 表 5.1.1、表 5.1.4。

查表 5.1.1和表 5.1.4 可知：$L_1 = 850\text{mm}$，$L_2 = 900\text{mm}$，$L_3 = 950\text{mm}$，$L_4 = 2900\text{mm}$，$L_5 = 5000\text{mm}$，$L_6 = 10000\text{mm}$，$L_7 = 8000\text{mm}$。

对比可知，仅 $L_3 = 950\text{mm}$ 和 $L_7 = 8000\text{mm}$ 两处题中表述有误。

33.《工业与民用供配电设计手册》(第四版) P130 式(3.2-1)。

变压器室通风窗的有效面积：

$$F_{in} = \frac{k \times P}{4\Delta t}\sqrt{\frac{\zeta_{in} + \zeta_{ex}}{h\gamma_{av}(\gamma_{in} + \gamma_{ex})}}$$

$$= \frac{1.1 \times (1.7 + 10.3)}{4 \times (45 - 28)} \times \sqrt{\frac{2.7 \times 2.5}{2.5 \times 1.1415 \times (1.173 - 1.11)}} = 1.044$$

34.《工业与民用供配电设计手册》(第四版) P374 表 5.6-7、P459 式(6.2-5)，《电力工程电缆设计规范》(GB 50217—2018)附录E。

按载流量选择导体截面,考虑载流量校正系数0.8:

$$I_Z = \frac{S}{0.8 \times \sqrt{3} U\cos\varphi} = \frac{2000}{0.8 \times \sqrt{3} \times 10 \times 0.9} = 160.4\text{A}$$

按热稳定校验导体截面:$S \geqslant \frac{I_k}{K}\sqrt{C} = \frac{15000}{77} \times \sqrt{0.15} = 75.4\ \text{mm}^2$

按电压损失校验导体截面:

$$\Delta u = \frac{\sqrt{3}IL}{10U_n}(R'\cos\varphi + X'\sin\varphi) = \frac{\sqrt{3} \times 128.3 \times 12}{10 \times 10}(0.34 \times 0.9 + 0.076 \times 0.436)$$

$$= 9.04 > 7$$

$$\Delta u = \frac{\sqrt{3}IL}{10U_n}(R'\cos\varphi + X'\sin\varphi) = \frac{\sqrt{3} \times 128.3 \times 12}{10 \times 10}(0.253 \times 0.9 + 0.076 \times 0.436)$$

$$= 6.95 < 7$$

其中 $I_n = \frac{S}{\sqrt{3} U\cos\varphi} = \frac{2000}{0.8 \times \sqrt{3} \times 10 \times 0.9} = 128.3\text{A}$

综上计算,仅导体截面为120mm²时满足要求。

35.《3~110kV高压配电装置设计规范》(GB 50060—2008)第7.1.1条、第7.1.4条、第7.3.3条、表5.4.4。

第7.1.4条:相邻配电装置室之间有门时,应能双向开启。图中不满足,第一处错误。

第7.3.3条:屋内气体绝缘金属封闭开关设备配电装置两侧应设置安装、检修和巡视的通道。主通道宜靠近断路器侧,宽度宜为2000m,巡视通道宽度不应小于1000mm。图中不满足,第二处错误。

注:第7.1.1条:长度大于7m的配电装置室,应设置2个出口,长度大于60m的配电装置室,宜设置3个出口,当配电装置室有楼层时,一个出口可设置在通往屋外楼梯的平台处。图中均满足要求。

根据《低压配电设计规范》(GB 50054—2011)表4.2.5:低压配电柜双排背对背布置时,屏前距离1800mm(不受限制),屏后维护通道1000mm,屏侧通道1500mm。图中均满足要求。

有关配电装置室门的尺寸可满足设备运输要求,但本题中未标注门洞尺寸,无法判断其是否满足规范要求,显然这不是出题人关注的题点。

题36~40答案:**CCDAA**

36.《民用闭路监视电视系统》(GB 50198—2011)第3.3.10条。

网络带宽:$B = \frac{H \times V}{352 \times 288} \times 512 \times 100 = \frac{1024 \times 720}{352 \times 288} \times 512 \times 100 \times 10^{-3} = 465.5\text{Mbps}$

37.《民用建筑电气设计规范》(JGJ 16—2008)第16.6.5条式(16.6.5-3)。

扬声器的辐射角:$L = 2(H - 1.3)\tan\frac{\theta}{2} \Rightarrow \theta = \tan^{-1}\left[\frac{7.5}{2(4.5 - 1.3)}\right] = 99.05°$

38.《民用建筑电气设计规范》(JGJ 16—2008) 第16.6.2-4条、附录G式(G.0.1-2)。
第16.6.1-4条:要求扩声系统应有不少于6dB的工作余量。
峰值余量的分贝数: $\Delta L_W = 10\lg W_{e2} - 10\lg W_{e1} = 10\lg W_{e2} - 10\lg(4 \times 25) = 6\text{dB}$, 则 $W_{e2} = 398\text{W}$

注:由公式 $L_W = 10\lg W_a + 120 \Rightarrow L_W = 10\lg W_e + 120$ 可知,声压每提高10dB,所要求的电功率(或说声功率)就必须增加10倍,一般为了峰值工作,扬声器的功率留出必要的功率余量是十分必要的。

39.《综合布线系统工程设计规范》(GB 50311—2016) 第3.6.3-1条。

$$C = \frac{(102 - H)}{1 + D} \Rightarrow 4 + 6 = \frac{102 - H}{1 + 0.5} \Rightarrow H = 87\text{m}$$

40.《综合布线系统工程设计规范》(GB 50311—2016) 第4.5.1条。
全程衰减值: $\beta = \alpha_f L_{max} + (N + 2)\alpha_j = 0.36 \times 0.5 + (2 + 2) \times 0.06 = 0.42\text{dB}$

2019 年

注册电气工程师(供配电)执业资格考试

专业考试试题及答案

2019 年专业知识试题(上午卷)/934

2019 年专业知识试题答案(上午卷)/946

2019 年专业知识试题(下午卷)/952

2019 年专业知识试题答案(下午卷)/964

2019 年案例分析试题(上午卷)/970

2019 年案例分析试题答案(上午卷)/981

2019 年案例分析试题(下午卷)/988

2019 年案例分析试题答案(下午卷)/1006

2019年专业知识试题(上午卷)

一、单项选择题(共40题,每题1分,每题的备选项中只有1个最符合题意)

1. 关于柴油发电机供电系统短路电流的计算条件,下列正确的是哪项? ( )

(A)励磁方式按并励考虑
(B)短路计算采用标幺制
(C)短路时,设故障点处的阻抗为零
(D)短路电流应按短路点远离发电机的系统短路进行计算

2. 变电站二次回路的工作电压最高不应超过下列哪项数值? ( )

(A)250V　　(B)400V
(C)500V　　(D)750V

3. 关于10kV变电站的二次回路线缆选择,下列说法不正确的是哪项? ( )

(A)二次回路应采用铜芯控制电缆和绝缘导线
(B)控制电缆的绝缘水平宜选用450V/750V
(C)在最大负荷下,操作母线至设备的电压降,不应超过额定电压的10%
(D)当全部保护和自动装置动作时,电流互感器至保护和自动装置屏的电缆压降不应超过额定电压的3%

4. 在变电站的电压互感器二次接线设计中,下列设计原则不正确的是哪项? ( )

(A)对中性点直接接地系统,电压互感器星形接线的二次绕组应采用中性点接地方式
(B)对中性点非直接接地系统,电压互感器星形接线的二次绕组宜采用中性点不接地方式
(C)电压互感器开口三角形绕组的引出端之一应接地
(D)35kV以上贸易结算用计量装置的专用电压互感器二次回路不应装设隔离开关辅助接点

5. 关于35~110kV变电站的站址选择,下列说法错误的是哪项? ( )

(A)应靠近负荷中心
(B)应与城乡或工矿企业规划相协调,并应便于架空和电缆线路的引入和引出
(C)站址标高宜在50年一遇高水位上,当无法避免时,需采用可靠的防洪措施,此时可低于内涝水位

(D)变电站主体建筑应与周边环境相协调

6. 某10kV室内变电所内有一台1250kVA的油浸变压器，采用就地检修方式。设计采用的下列尺寸中，不符合规范要求的是哪项？ ( )

(A)变压器与后壁间800mm
(B)变压器与侧壁间1000mm
(C)变压器与门间800mm
(D)室内高度按吊芯所需的最小高度加700m

7. 某变电站内设置一台单台容量为750kvar的10kV电容器，其内部故障保护采用专业熔断器，该熔断器的熔丝额定电流宜选择下列哪项？ ( )

(A)40A (B)50A
(C)63A (D)80A

8. 某住宅楼有四个单元，地下1层(面积2500m^2)，地上16层，建筑高度50.2m，该住宅楼地下消防泵房内的消防水泵为几级用电负荷？ ( )

(A)一级负荷中特别重要负荷 (B)一级负荷
(C)二级负荷 (D)三级负荷

9. 当采用利用系数法进行负荷计算时，下列为无关参数的是哪项？ ( )

(A)用电设备组平均有功功率 (B)总利用系数
(C)用电设备有效台数 (D)同时系数

10. 采用需用系数法对某一变压器所带负荷进行计算后，其视在功率为1880kVA，功率因数为0.78，欲在变压器低压侧进行集中无功功率补偿，补偿后的功率因数达到0.95，则无功功率补偿量应为下列哪项数值？ ( )

(A)542kvar (B)695kvar
(C)847kvar (D)891kvar

11. 在供配电系统的设计中，关于电压偏差的描述，下列描述不正确的是哪项？
( )

(A)正确选择供电元件和系统结构，可以在一定程度上减少电压偏差
(B)适当提高系统阻抗可缩小电压偏差范围
(C)合理补偿无功功率可缩小电压偏差范围
(D)尽量使三相负荷平衡

12. 关于电能质量，以下指标与电能质量无关的是哪项？ ( )

(A)波形畸变 (B)频率偏差

(C)三相电压不平衡　　　　(D)电网短路容量

13. 高压系统采用中性点不接地系统时,下列描述正确的是哪项?　(　　)

(A)发生单相接地故障时,单相接地电流很大,必然会引起断路器跳闸
(B)发生单相接地故障时,通常不会产生弧光重燃过电压
(C)与中性点直接接地系统相比,不接地系统的过电压水平和输变电设备所需的绝缘水平较低
(D)单相接地故障电流很小,可以带故障运行一段时间

14. 当系统中并联电容器装置的串联电抗器用于抑制5次及以上谐波时,其电抗率取值宜为下列哪项?　(　　)

(A)1%　　　　(B)5%
(C)9%　　　　(D)12%

15. 关于消防负荷分级,下列错误的是哪项?　(　　)

(A)一级负荷:一类高层民用建筑
(B)二级负荷:二类高层民用建筑
(C)二级负荷:室内消防用水量大于300L/s的仓库
(D)二级负荷:粮食仓库

16. 下列哪个场合可选用聚氯乙烯外护层电缆?　(　　)

(A)移动式电气设备　　　　(B)人员密集场所
(C)有低毒阻燃性防火要求的场所　　　　(D)放射线作用场所

17. 校核电缆短路热稳定时,下列说法不符合规定的是哪项?　(　　)

(A)短路计算时,系统接线应采用正常运行方式,且按工程建成后5~10年发展规划
(B)短路点应选取在电缆回路最大短路电流可能发生处
(C)短路电流的作用时间,应取主保护动作时间与断路器开端时间之和
(D)短路电流作用的时间,对于直馈的电动机应取主保护动作时间与断路器开端时间之和

18. 某110kV无人值守变电所直流系统,事故放电时间为2h,配有一组300Ah阀控式铅酸蓄电池组,其与直流柜之间的连接电缆的长期允许载流量的计算电流最少应大于下列哪项数值?(设蓄电池容量换算系数为0.3/h)　(　　)

(A)30A　　　　(B)90A
(C)150A　　　　(D)987.5A

19. 关于爆炸性环境内电压 1000V 以下的钢管配线的技术要求,下列错误的是哪项? ( )

(A)1 区电力线路:铜芯绝缘导线截面面积为 $2.5mm^2$ 及以上
(B)20 区电力线路:铜芯绝缘导线截面面积为 $2.5mm^2$ 及以上
(C)21 区控制线路:铜芯绝缘导线截面面积为 $2.5mm^2$ 及以上
(D)22 区电力线路:铜芯绝缘导线截面面积为 $1.5mm^2$ 及以上

20. 某 220/380V 馈电线路上有一台 20kVA 的三相全控整流设备,三、五、七次谐波含量分别为 9%、40%、30%,馈电线路的相电流为下列哪项数值? ( )

(A)32A　　(B)34A
(C)36A　　(D)38A

21. 下列有关电压型交—直—交变频器主要特点的描述,错误的是哪项? ( )

(A)直流滤波环节采用电抗器
(B)输出电压波形是矩形
(C)输出动态阻抗小
(D)再生制动时需要在电源侧设置反并联逆变器

22. 关于爆炸性气体环境中,非爆炸危险区域的划分,下列错误的是哪项? ( )

(A)没有释放源且不可能有可燃物侵入的区域
(B)可燃物质可能出现的最高浓度不超过爆炸下限值的 15 倍
(C)在生产过程中使用明火的设备附近,或炽热部件的表面温度超过区域内可燃物质引燃温度的设备附近
(D)在生产装置区外,露天或敞开设置的输送可燃物质的架空管道地带(但其阀门处按具体情况确定)

23. 一类、二类、三类防雷类别对应的滚球半径分别为 30m、45m、60m,可拦截的最小雷电电流分别为下列哪组数值? ( )

(A)5kA,10kA,16kA　　(B)3kA,10kA,16kA
(C)50kA,37.5kA,25kA　　(D)200kA,150kA,50kA

24. 当采用独立的架空接闪线保护一类防雷建筑物时,受场地限制,架空接闪线的接地装置距离被保护建筑物的地下入户水管(金属材质)的间隔为 3m,已知该建筑物高 10m,场地土壤电阻率为 300Ω·m,接地装置的冲击电阻不应超过下列哪项数值? ( )

(A)10Ω　　(B)9Ω
(C)7.5Ω　　(D)6.5Ω

25. 一座35/10kV变电站,35kV、10kV侧均采用高电阻接地方式,当变电站地表层土壤电阻率为500Ω·m,衰减系数取0.4,当发生单相接地故障时,系统并不马上切断故障,这时变电站接地网的接触电位差不应超过下列哪项数值? ( )

(A)60V (B)70V
(C)90V (D)130V

26. 按电气设备的电击防护措施分类,低压配电柜属于下列哪类? ( )

(A)0类 (B)Ⅰ类
(C)Ⅱ类 (D)Ⅲ类

27. 容易被触及的裸带电体,其标称电压超过交流方均根值多少时,应设置遮拦或外护物? ( )

(A)50V (B)25V
(C)24V (D)6V

28. 校验跌落式高压熔断器开端能力和灵敏性时,不对称短路分断电流计算时间应取下列哪项数值? ( )

(A)0.5s (B)0.3s
(C)0.1s (D)0.01s

29. 某企业35kV变电所,设计将部分35kV电气设备布置在建筑物2层,当地的抗震设防烈度为多少度以上时,应进行抗震设计? ( )

(A)6 (B)7
(C)8 (D)9

30. 某10kV配电系统采用不接地运行方式,避雷器柜内选用无间隙金属氧化物避雷器,该避雷器的额定电压应不低于下列哪项数值? ( )

(A)6.0kV (B)9.6kV
(C)13.8kV (D)16.67kV

31. 下列不属于气体放电光源的是哪项? ( )

(A)霓虹灯 (B)氙灯
(C)低电压石英杯灯 (D)氖灯

32. 在建筑照明设计中,作业面临近周围照度可低于作业面照度,规范规定作业面临近周围是指作业面外宽度不小于下列哪项数值的区域? ( )

(A)0.5m (B)1.0m

(C)1.5m　　(D)2.0m

33. 28W 的 T5 荧光灯,其中 28W 代表下列哪项含义?　　(　　)

(A)光源耗电量　　(B)灯具耗电量
(C)额定功率　　(D)标称功率

34. 下列哪项不是机动车交通道路照明评价指标?　　(　　)

(A)道路平均亮度　　(B)路面亮度纵向均匀度
(C)环境比　　(D)平均水平照度

35. 为防止或减少光幕反射眩光,不应采取下列哪项措施?　　(　　)

(A)采用地光泽度的表面装饰材料　　(B)限制灯具出光口表面发光亮度
(C)墙面的平均照度不低于 50lx　　(D)顶棚的平均照度不低于 30lx

36. 某接替会议室所设的主席摄像机的 CCD 靶面尺寸为 1 英寸,则其像场宽高尺寸与下列哪组数值最接近?　　(　　)

(A)宽 25.4mm,高 19.1mm　　(B)宽 20.1mm,高 15.0mm
(C)宽 12.7mm,高 9.5mm　　(D)宽 8.8mm,高 6.6mm

37. 有线电视和卫星电视接收系统的接收天线接收 VHF 信号时应采用频道天线,其频带宽度应采用下列哪项数值?　　(　　)

(A)4MHz　　(B)8MHz
(C)10MHz　　(D)16MHz

38. 关于星形会议讨论系统的设计,下列描述错误的是哪项?　　(　　)

(A)传声器可设置静音或开关按钮
(B)传声器宜具有相应指示灯
(C)传声器控制装置应能支持传声器的数量
(D)传声器数量大于 20 只时,应采用星形会议讨论系统

39. 关于特低电压的描述,下列正确的是哪项?　　(　　)

(A)相间电压不超过交流最大值 50V 的电压
(B)相间电压不超过交流最大值 36V 的电压
(C)相间电压或相对地不超过交流方均根值 50V 的电压
(D)相间电压或相对地不超过交流最大值 50V 的电压

40. 交流电力电子开关保护电路,当过电流倍数为 1.2 时,动作时间应为下列哪项数值?　　(　　)

(A)5min (B)10min

(C)15min (D)20min

二、多项选择题(共30题,每题2分。每题的备选项中有2个或2个以上符合题意,错选、少选、多选均不得分)

41. 电力系统可采取下列哪些措施限制短路电流? ( )

(A)在允许的范围内,增大系统的零序阻抗

(B)降低电力系统的电压等级

(C)变压器的运行方式由并列运行改为分列运行

(D)采用限流电抗器

42. 下列电力负荷中,哪些属于一级负荷? ( )

(A)建筑高度64m的写字楼地下室的排污泵、生活水泵

(B)大型商场及超市营业厅的备用照明

(C)甲等剧场的空调机房和锅炉房电力和照明

(D)甲等电影院的照明与放映

43. 在进行负荷计算时,关于设备功率的确定,下列说法正确的有哪些? ( )

(A)不同工作制的用电设备功率应统一换算为连续工作制的功率

(B)不同物理量的设备功率统一换算为有功功率

(C)用电设备组的设备功率应包括专门用于检修的设备功率

(D)在计算范围内,不同时使用的设备功率不叠加

44. 一级负荷中特别重要的负荷,除应由双重电源供电外,尚应增设应急电源,下列哪些电源可以作为应急电源? ( )

(A)独立于正常电源的发电机组

(B)正常电源的专用馈电线路

(C)蓄电池

(D)干电池

45. 无功功率装置的投切方式,下列哪些情况宜装设无功自动补偿装置? ( )

(A)避免过补偿,且在经济上合理时

(B)避免在轻载时电压过高,造成某些用电设备损坏,且在经济上合理时

(C)常年稳定的无功功率

(D)每天投切次数少于三次的高压电动机和高压电容器组

46. 当需要降低波动负荷引起的电网电压波动和电压闪变,可采取下列哪些措施? ( )

(A)与其他负荷共用配电回路时,提高配电线路阻抗

(B)较大功率的波动负荷与对电压波动、闪变敏感的负荷,分别由不同的变压器供电

(C)采用专线供电

(D)采用动态无功补偿装置

47. 变电所中有载调压变压器的使用,下列说法正确的有哪些? ( )

(A)大于35kV的变电所的降压变压器,直接向35kV、10kV、6kV电网送电时,应采用有载调压变压器

(B)35kV降压变电所的主变压器,在电压偏差不能满足要求时,应采用有载调压变压器

(C)6kV变压器不能采用有载调压变压器

(D)用户有对电压要求严格的设备,单独设置调压装置技术经济不合理时10kV配电变压器亦可采用有载调压变压器

48. 选择控制电缆时,下列哪些回路不应合用一根控制电缆? ( )

(A)弱电信号控制回路与强电信号控制回路

(B)同一电流互感器二次绕组的三相导体及其中性导体

(C)交流断路器分相操作的各相弱电控制回路

(D)弱电回路的一对往返回路

49. 某110/35kV变电站中的一回35kV馈出回路应至少对下列哪些电气参数进行测量? ( )

(A)交流电流 (B)交流电压

(C)有功功率 (D)频率

50. 某35/10kV变电站,采用两回电源进线,站内有两台35/10kV主变压器,下列关于本站用电的说法正确的有哪些? ( )

(A)设置两台容量相同、可互为备用的站用变压器

(B)每台变压器容量按全站计算负荷的80%选择

(C)装设一台站用变压器,并从变电站外引入一路可靠的低压备用电源

(D)站用电低压配电采用TN-S系统

51. 110kV变电所中,对户内配电装置室的通风要求,下列选项正确的有哪些? ( )

(A)事故排风每小时换气次数不应少于10次

(B)按通风散热要求,装设事故通风装置

(C)通风机应与火灾探测系统连锁,火灾时应开启事故风机

(D)宜采用自然通风,自然通风不能满足要求时,可设置机械排风

52. 露天或半露天的变电所,不应设置在下列哪些场所? ( )

(A)有腐蚀性气体的场所
(B)附近有棉、粮及其他易燃、易爆物品集中的露天堆旁
(C)耐火等级为四级的建筑物旁
(D)负荷较大的车间和动力站旁

53. 钢铁企业关于按电源容量允许全压起动的笼型异步电动机功率,下列描述正确的有哪些? ( )

(A)小容量发电厂,每1kVA发电机容量为0.1~0.12kW
(B)10/0.4kV变压器,经常启动时,不大于变压器额定容量的20%
(C)高压线路,不超过电动机供电线路上的短路容量的5%
(D)变压器—电动机组,电动机容量不大于变压器容量的80%

54. 下列有关电流型交—直—交变频器主要特点的描述,正确的有哪些? ( )

(A)直流滤波环节采用电容
(B)输出电流波形是矩形
(C)输出动态阻抗大
(D)再生制动方便,主回路不需附加设备

55. 在选择电压互感器时,需要考虑下列哪些技术及条件? ( )

(A)一次和二次回路电压 (B)系统的接地形式
(C)二次回路电流 (D)准确度等级

56. 关于TN系统中配电线路的间接接触防护电器切断故障回路的时间,下列说法正确的有哪些? ( )

(A)配电线路或仅供给固定式电气设备用电的末端线路,不宜大于5s
(B)配电相电压220V手持式电气设备用电的插座回路,不宜大于0.4s
(C)配电相电压380V移动式电气设备用电的末端线路,不宜大于0.2s
(D)配电相电压660V移动式电气设备用电的末端线路,不宜大于0.15s

57. 某大型国际会议厅,需设置同声传译室,以下同声传译室的设置位置符合规范要求的有哪些? ( )

(A)会议厅前部 (B)会议厅后部
(C)会议厅左侧面 (D)会议厅右侧面

58. 下列哪些选项的消防用电应按二级负荷供电? ( )

(A)一类高层民用建筑　　(B)二类高层民用建筑
(C)三类城市交通隧道　　(D)Ⅳ类汽车库和修车库

59. 在380/220V配电系统中,下列关于选择隔离器的说法正确的有哪些?　(　　)

(A)额定电流小于所在回路计算电流
(B)应满足短路条件下的动稳定和热稳定要求
(C)根据隔离器不同的安装位置,选择不同的冲击耐受电压
(D)隔离器严禁作为功能性开关电器

60. 关于电力电缆截面的选择,下列说法错误的有哪些?　(　　)

(A)多芯电缆导体最小截面面积,不宜小于2.5mm^2
(B)敷设于水下的电缆,应按抗拉要求选择截面
(C)最大工作电流作用下的电缆导体温度,不得超过电缆绝缘最高允许值
(D)对于熔断器保护回路可不按满足短路热稳定条件确定电缆导体最小截面

61. 工程中下列哪些选项不符合电缆敷设要求?　(　　)

(A)电力电缆直埋平行敷设于油管正下方1m处
(B)电力电缆直埋平行敷设于排水沟1m处
(C)同一部门使用的控制电缆平行紧靠直埋敷设
(D)35kV电力电缆直埋敷设,不同部门之间电缆间距为0.25m

62. 下列关于直流系统充电装置技术参数描述,不符合要求的有哪些?　(　　)

(A)充电装置纹波系数0.4%
(B)高频开关电源模块交流测功率因数为0.89
(C)双高频开关电源模块并联工作时,根据负荷需要自动投入或退出模块
(D)充电装置稳压精度为1.2%

63. 表征照明质量的要素有下列哪些选项?　(　　)

(A)照明均匀度　　(B)色温
(C)反射比　　(D)光通量

64. 关于照明设计的说法,下列选项不正确的有哪些?　(　　)

(A)进行很短时间的作业场所,其作业面或参考平面的照度标准值可降低一级照度标准值
(B)设计照度与照度标准值的偏差不应超过±10%,但当房间或场所的室形指数值等于或小于1时,可适当增加,但不应超过±20%
(C)当房间或场所的照度标准值提高或降低一级时,其照明功率密度值应按比例提高或折减

(D)设装饰性灯具的场所，可将实际采用的装饰型灯具总功率的50%计入照度计算

65. 关于教室黑板专用照明灯，下列说法正确的有哪些？ ( )

(A)教室内如果仅设一般照明灯具，黑板上的垂直照度很低，均匀度差，因此对黑板应设置专用灯具

(B)黑板照明不应对教师产生直接眩光，也不应对学生产生反射眩光

(C)教室内设置黑板专用灯，确保黑板的混合照明照度达到500lx

(D)为避免产生眩光，教室内的黑板照明灯具不应采用壁装方式

66. 利用系数是计算平均照度的重要指标，下列哪些选项的各因素均与利用系数有关？ ( )

(A)房间形状、光通量、室内墙面材料

(B)灯具光强分布、有效顶棚反射比、灯具安装高度

(C)工作面高度、地面材料、灯具效率

(D)灯具安装方式、墙面开窗面积、房间高度

67. 某厂房车间变电所内设置一台1600kVA变压器，变压器低压侧母线上带有多台大功率电焊机，当电焊机工作时，母线电压下降为正常电压的85%，为了保证母线上其他用电设备的正常工作，需要采取措施将母线电压提升至正常电压的95%。下列措施中错误的有哪些？ ( )

(A)采用有载调压变压器

(B)采用带有±5%分接头的变压器，将分接头调至−5%

(C)采用晶闸管投切的电容器

(D)采用手动投切的电容器

68. 下列关于发电厂和变电站的水平接地网的做法哪些是正确的？ ( )

(A)水平接地网可只利用自然接地极

(B)水平接地网应采用2根以上的导线在不同地点与自然接地极或人工接地极连接

(C)水平接地网应与110kV架空线路的地线直接相连

(D)水平接地网应与66kV架空线路的地线直接相连

69. 关于SPD，下列说法正确的有哪些？ ( )

(A)限压型SPD无电涌时呈现高阻抗特性，当出现电压电涌时突变为低阻抗

(B)限压型SPD具有连续的电压、电流特性

(C)电压保护水平值应大于所测量的限制电压最高值

(D)限压型SPD的有效电压保护水平值大于或等于其电压保护水平值

70. 关于火灾自动报警系统的供电及传输线路,下列说法正确的有哪些? ( )

(A)不同防火分区的火灾自动报警系统供电及报警总线穿管水平敷设时,不应传入同一根管内

(B)消防联动控制器电源容量需满足受控消防设备同时启动所需的容量,当其供电线路电压降超过5%时,应有现场提供其直流24V电源

(C)火灾自动报警系统的供电线路和传输线路设置在室外时,应埋地敷设

(D)不同电压等级的线缆不应传入同一根保护管内

2019年专业知识试题答案(上午卷)

1. **答案:**C

依据:《工业与民用供配电设计手册》(第四版)P266“4.5.1 计算条件”。

2. **答案:**C

依据:《电力装置的继电保护和自动装置设计规范》(GB/T 50062—2008)第15.1.1条。

3. **答案:**D

依据:《电力装置的继电保护和自动装置设计规范》(GB/T 50062—2008)第15.1.3条。

4. **答案:**B

依据:《电力装置的电测量仪表装置设计规范》(GB/T 50063—2017)第8.2.4条、第8.2.6条,《电力装置的继电保护和自动装置设计规范》(GB/T 50062—2008)第15.2.2-5条。

5. **答案:**C

依据:《35~110kV变电站设计规范》(GB 50059—2011)第2.0.1条。

6. **答案:**C

依据:《3~110kV高压配电装置设计规范》(GB 50060—2008)第5.4.5条。

7. **答案:**C

依据:《并联电容器装置设计规范》(GB 50227—2017)第5.4.2条。

电容电流:$I_c = \dfrac{750}{10 \times \sqrt{3}} = 43.3\text{A}$

熔丝额定电流:$I_N = (1.37 \sim 1.5) \times 43.3 = (59.3 \sim 64.95)\text{A}$

8. **答案:**C

依据:《建筑设计防火规范》(GB 50016—2014)第5.1.1条、第10.1.2条。

9. **答案:**D

依据:《工业与民用供配电设计手册》(第四版)P15~P18相关内容,同时系数为采用需要系数法进行负荷计算时所用的参数。

10. **答案:**B

依据:《工业与民用供配电设计手册》(第四版)P36式(1.11-5)及表1.4-7。

$Q = 1880 \times 0.78 \times (0.802 - 0.329) = 693\text{kvar}$

11. **答案:**B

依据:《供配电系统设计规范》(GB 50052—2009)第5.0.9条。

12. **答案**:D

依据:《工业与民用供配电设计手册》(第四版)P457“概述”。

13. **答案**:D

依据:《工业与民用供配电设计手册》(第四版)P60 表 2.3-1。

14. **答案**:B

依据:《并联电容器装置设计规范》(GB 50227—2017)第 5.5.2 条。

15. **答案**:C

依据:《建筑设计防火规范》(GB 50016—2014)第 10.1.1 条、第 10.1.2 条。

16. **答案**:D

依据:《电力工程电缆设计标准》(GB 50217—2018)第 3.4.6 条。

17. **答案**:C

依据:《电力工程电缆设计标准》(GB 50217—2018)第 3.6.8 条。

18. **答案**:B

依据:《电力工程直流系统设计技术规程》(DL/T 5044—2014)附录 A 第 A.3.6 条、附录 C 式(C.2.2)。

$$I_1 = 0.3 \times 300 = 90\text{A}$$

19. **答案**:C

依据:《爆炸危险环境电力装置设计规范》(GB 50058—2014)第 5.4.1-5 条。

20. **答案**:B

依据:《工业与民用供配电设计手册》(第四版)P493 式(6.7-2)、式(6.7-4)。

$$I_1 = \frac{20}{0.38 \times \sqrt{3}} = 30.38\text{A}$$

$$I_2 = 30.38 \times \sqrt{1 + 0.09^2 + 0.4^2 + 0.3^2} = 34\text{A}$$

21. **答案**:A

依据:《钢铁企业电力设计手册》(下册)P311 表 25-12。

22. **答案**:B

依据:《爆炸危险环境电力装置设计规范》(GB 50058—2014)第 3.3.2 条。

23. **答案**:A

依据:《建筑物防雷设计规范》(GB 50057—2010)第 5.2.12 条及条文说明式(22)。

$$h_r = 10 \cdot I^{0.65} \Rightarrow I = \left(\frac{h_r}{10}\right)^{\frac{1}{0.65}}$$

$$I_1 = \left(\frac{30}{10}\right)^{\frac{1}{0.65}} = 5.42\text{kA}, \ I_2 = \left(\frac{45}{10}\right)^{\frac{1}{0.65}} = 10.11\text{kA}, \ I_3 = \left(\frac{60}{10}\right)^{\frac{1}{0.65}} = 15.75\text{kA}$$

24. **答案**:C

依据:《建筑物防雷设计规范》(GB 50057—2010)第4.2.1-5条式(4.2.1-3)。

$$R_i \leqslant \frac{3}{0.4} = 7.5\Omega$$

25. **答案**:A

依据:《交流电气装置的接地设计规范》(GB/T 50065—2011)第4.2.2条。

$U_t = 50 + 0.05 \times 500 \times 0.4 = 60V$

26. **答案**:B

依据:《电击防护 装置和设备的通用部分》(GB 17045—2008)第7.2条 。

27. **答案**:B

依据:《低压配电设计规范》(GB 50054—2011)第5.1.2条。

28. **答案**:D

依据:《导体和电器选择设计技术规定》(DL/T 5222—2005)第5.0.12条。

29. **答案**:B

依据:《电力设施抗震设计规范》(GB 50260—2013)第6.7.1条及条文说明。

30. **答案**:D

依据:《交流电气装置的过电压保护和绝缘配合设计规范》(GB/T 50064—2014)第4.4.3条。

31. **答案**:C

依据:《照明设计手册》(第三版)P22表2-1。

32. **答案**:A

依据:《建筑照明设计标准》(GB 50034—2013)第4.1.4条。

33. **答案**:C

依据:《工业与民用供配电设计手册》(第四版)P5表1.2-1。

34. **答案**:D

依据:《照明设计手册》(第三版)P389相关内容。

评价指标包括路面平均亮度、路面亮度总均匀度、路面亮度纵向均匀度、眩光控制、环境比等。

35. **答案**:D

依据:《建筑照明设计标准》(GB 50034—2013)第4.3.2条。

36. **答案**:C

依据:《工业电视系统工程设计规范》(GB 50115—2009)第4.1.7条表2及条文

说明。

37. **答案**:B

依据:《民用建筑电气设计规范》(JGJ 16—2008)第15.3.2-1条。

38. **答案**:D

依据:《电子会议系统工程设计规》(GB 50799—2012)第4.2.3条。

39. **答案**:C

依据:《低压配电设计规范》(GB 50054—2011)第5.3.2条、第5.3.3条。

40. **答案**:D

依据:《钢铁企业电力设计手册》(下册)P231表24-57。

---

41. **答案**:AD

依据:《工业与民用供配电设计手册》(第四版)P279"限流措施"相关内容。

42. **答案**:AB

依据:《民用建筑电气设计规范》(JGJ 16—2008)附录A。

甲等剧场的空调机房和锅炉房电力和照明、甲等电影院的照明与放映属于二级负荷;大型商场及超市营业厅的备用照明属于一级负荷;建筑高度64m的写字楼属于一类高层建筑,其地下室的排污泵、生活水泵属于一级负荷。

43. **答案**:BD

依据:《工业与民用供配电设计手册》(第四版)P4 ~ P6"1.2.1 单台用电设备的设备功率"和"1.2.2.1 用电设备组的设备功率"。

44. **答案**:ACD

依据:《供配电系统设计规范》(GB 50052—2009)第5.0.4条。

45. **答案**:AB

依据:《供配电系统设计规范》(GB 50052—2009)第6.0.8条。

46. **答案**:BCD

依据:《供配电系统设计规范》(GB 50052—2009)第5.0.11条

47. **答案**:ABD

依据:《供配电系统设计规范》(GB 50052—2009)第5.0.6条、第5.0.7条。

48. **答案**:AC

依据:《电力工程电缆设计标准》(GB 50217—2018)第3.7.4条。

49. **答案**:AC

依据:《电力装置的电测量仪表装置设计规范》(DL/T 50063—2017)附录 C 表 C.0.7。

50. 答案:ACD

依据:《35~110kV 变电站设计规范》(GB 50059—2011)第 3.6.1 条、第 3.6.3 条。

51. 答案:AD

依据:《35~110kV 变电站设计规范》(GB 50059—2011)第 4.5.5 条。

52. 答案:ABC

依据:《20kV 及以下变电所设计规范》(GB 50053—2013)第 2.0.6 条。

53. 答案:ABD

依据:《钢铁企业电力设计手册》(下册)P89 表 24-1。

54. 答案:BCD

依据:《钢铁企业电力设计手册》(下册)P311 表 25-12。

55. 答案:ABD

依据:《导体和电器选择设计技术规定》(DL/T 5222—2005)第 16.0.1 条。

56. 答案:ABC

依据:《低压配电设计规范》(GB 50054—2011)第 5.2.9 条。

57. 答案:BCD

依据:《红外线同声传译系统工程技术规范》(GB 50524—2010)第 3.1.8 条。

58. 答案:BC

依据:《建筑设计防火规范》(GB 50016—2014)第 10.1.1 条、第 10.1.2 条,《汽车库、修车库、停车场设计防火规范》(GB 50067—2014)第 9.0.1 条。

59. 答案:BCD

依据:《低压配电设计规范》(GB 50054—2011)第 3.1.1 条、第 3.1.10 条,《建筑物电气装置 第 5 部分:电气设备的选择和安装 第 53 章:开关设备和控制设备》(GB 16895.4—1997)第 537.2.1.1 条表 53A。

60. 答案:AD

依据:《电力工程电缆设计标准》(GB 50217—2018)第 3.6.1 条、第 3.6.7 条。

61. 答案:AD

依据:《电力工程电缆设计标准》(GB 50217—2018)第 5.3.5 条及表 5.3.5。

62. 答案:BD

依据:《电力工程直流系统设计技术规程》(DL/T 5044—2014)第 6.2.1 条。

63. 答案:ABC

依据:《建筑照明设计标准》(GB 50034—2013)第4.2条~第4.5条。

照明质量要素包括照度均匀度、眩光限制、光源颜色(即色温)、反射比。

64. **答案**:BD

依据:《人民防空地下室设计规范》(GB 50038—2005)第4.1.3条、第6.3.14条~第6.3.16条。

65. **答案**:ABC

依据:《照明设计手册》(第三版)P191“2. 黑板照明”。

66. **答案**:BCD

依据:《照明设计手册》(第三版)P147。

利用系数是灯具光强分布、灯具效率、房间形状、室内表面反射比的函数。

67. **答案**:BD

依据:《供配电系统设计规范》(GB 50052—2009)第5.0.9条、第5.0.11条。

68. **答案**:BC

依据:《交流电气装置的接地设计规范》(GB/T 50065—2011)第4.3.1条。

69. **答案**:BCD

依据:《建筑物防雷设计规范》(GB 50057—2010)第2.0.41条、第2.0.44条、第6.4.6条,《工业与民用供配电设计手册》(第四版)P1312“13.11.1.1-2”。

70. **答案**:BCD

依据:《火灾自动报警系统设计规范》(GB 50116—2013)第11.2.6条。

2019年专业知识试题(下午卷)

一、单项选择题(共40题,每题1分,每题的备选项中只有1个最符合题意)

1. 关于高压断路器的选择校验和短路电流计算的选择,下列表述错误的是哪项?（　　）

(A)校验动稳定时,应计算短路电流峰值
(B)校验动稳定时,应计算分闸瞬间的短路电流交流分量和直流分量
(C)校验关合能力,应计算短路电流峰值
(D)校验开断能力,应计算分闸瞬间的短路电流交流分量和直流分量

2. 用于电能计量装置的电压互感器二次回路电压降应符合下列哪项规定?（　　）

(A)二次回路电压降不应大于额定二次电压的5%
(B)二次回路电压降不应大于额定二次电压的3%
(C)二次回路电压降不应大于额定二次电压的0.5%
(D)二次回路电压降不应大于额定二次电压的0.2%

3. 在某10/0.4kV变电所内设置一台容量为1600kVA的油浸变压器,接线组别为Dyn11,下列变压器保护配置方案满足规范要求的是哪项?（　　）

(A)电流速断+瓦斯+单相接地+温度
(B)电流速断+纵联差动+过电流+单相接地
(C)电流速断+瓦斯+过电流+单相接地
(D)电流速断+过电流+单相接地+温度

4. 下列关于单侧线路重合闸保护的表述中,正确的是哪项?（　　）

(A)自动重合闸装置应采用一次重合闸
(B)只要线路保护动作跳闸,自动重合闸就应该动作
(C)母线保护线路断路器跳闸,自动重合闸就应动作
(D)重合闸动作与否,与断路器状态无关

5. 关于10kV变电站的站址选择,下列不正确的是哪项?（　　）

(A)不应设在有剧烈振动或高温的场所
(B)油浸变压器的变电所,当设在二级耐火等级的建筑物内时,建筑物应采取局部防火措施
(C)应布置在爆炸性环境以外,当为正压室时,可布置在1区、2区内

(D)位于爆炸危险区附加2区的变电所、配电所和控制室的电气和仪表的设备层和地面应高出室外地面0.3m

6. 某110kV户外配电装置,为防止外人随便进入,其围栏高度至少宜为下列哪项数值? ( )

(A)1.5m (B)1.7m
(C)2.0m (D)2.3m

7. 某10kV配电室选择屋内裸导体及其他电器的环境温度,若该处无通风设计温度资料时,可选择下列哪项作为环境温度? ( )

(A)最热月平均最高温度 (B)年最高温度
(C)最高排风温度 (D)最热月平均最高温度加5℃

8. 在民用建筑中,大型金融中心的关键电子计算机系统和防盗报警系统,应分别划分为哪级负荷? ( )

(A)均为一级负荷中特别重要负荷
(B)电子计算机系统为一级负荷当中特别重要负荷,防盗报警系统为一级负荷
(C)电子计算机系统为一级负荷,防盗报警系统为一级负荷当中特别重要负荷
(D)均为一级负荷

9. 关于二级负荷的供电电源的要求,依据规范下列正确的是哪项? ( )

(A)应由双重电源供电
(B)不可单回路供电
(C)必须由两会线路供电,且两回线路不应同时发生故障
(D)某些情况下,可由一回6kV及以上专用架空线路供电

10. 对于一级负荷当中特别重要负荷设置应急电源时,以下应急电源与正常电源之间采取的正确措施是哪项? ( )

(A)应采取防止分列运行的措施
(B)应采取防止并列运行的措施
(C)任何情况下,都禁止并列运行
(D)应各自独立运行,禁止发生任何电气联系

11. 关于无功功率自动补偿的调节方式,下列说法不正确的是哪项? ( )

(A)以节能为主进行补偿时,宜采用无功功率参数调节
(B)当三相负荷平衡时,可采用功率因数参数调节
(C)如供电变压器采用了自动电压调节,则可按电压参数调节
(D)无功功率随时间稳定变化时,宜按时间参数调节

12. 发电机额定电压为6.3kV,额定容量为25MW,当发电机内部发生单相接地故障不要求瞬时切机且采用中性点不接地方式时,发电机单相接地故障电容电流最高允许值为下列哪项数值？大于该数值时,应采用何种接地方式？（　　）

(A)最高允许值为4A,大于该值时,应采用中性点谐振接地方式
(B)最高允许值为4A,大于该值时,应采用中性点直接接地方式
(C)最高允许值为3A,大于该值时,应采用中性点谐振接地方式
(D)最高允许值为3A,大于该值时,应采用中性点直接接地方式

13. 当低压配电系统采用TT接地系统形式时,下列说法正确的是哪项？（　　）

(A)电力系统有一点直接接地,电气装置的外露可导电部分通过保护线与该接地点相连
(B)电力系统与大地间不直接连接,电气装置的外露可导电部分通过接地极与该接地点相连
(C)电力系统有一点直接接地,电气装置的外露可导电部分通过保护线接至与电力系统接地点无关的接地极
(D)电力系统与大地间不直接连接,电气装置的外露可导电部分与大地也不直接连接

14. 某35kV变电站采用双母线接线形式,与单母线接线形式相比,其优点为下列哪项？（　　）

(A)接线简单清晰,操作方便
(B)设备少,投资少
(C)供电可靠性高,运行灵活方便,便于检修和扩建
(D)占地少,便于扩建和采用成套配电装置

15. 计算分裂导线次档距长度和软导线短路摇摆时,应选择下列哪项短路点？（　　）

(A)弧垂最低点　　(B)导线断点
(C)计算导线通过最大短路电流的短路点　　(D)最大受力点

16. 电缆经济电流密度和下列哪项无关？（　　）

(A)相线数目　　(B)电缆电抗
(C)回路类型　　(D)电缆价格

17. 空气中敷设的1kV电缆在环境温度为40℃时载流量为100A,其在25℃时的载流量为下列哪项数值？(电缆导体最高温度为90℃,基准环境温度为40℃)（　　）

(A)100A　　(B)109A
(C)113A　　(D)114A

18. 关于电缆终端的选择,下列做法不正确的是哪项? (　　)

(A)电缆与 GIS 相连时,采用封闭式 GIS 终端
(B)电缆与变压器高压侧通过裸母线相连时,采用封闭式 GIS 终端
(C)电缆与充气式中压配电柜相连时,采用封闭式终端
(D)电缆与低压电动机相连时,采用敞开式终端

19. 下列直流负荷中,属于事故负荷的是哪项? (　　)

(A)正常及事故状态皆运行的直流电动机
(B)高压断路器事故跳闸
(C)只在事故运行时的汽轮发电机直流润滑泵
(D)DC/DC 变换装置

20. 下列直流负荷中,不属于控制负荷的是哪项? (　　)

(A)控制继电器
(B)用于通讯设备的 220V/48V 变换装置
(C)继电保护装置
(D)功率测量仪表

21. 下列实测用电设备端子电压偏差,不满足规范要求的是哪项? (　　)

(A)电动机 +3%　　(B)一般工作场所照明 −5%
(C)道路照明 −7%　　(D)应急照明 +7%

22. 有线电视的卫星电视接收系统设计时,对卫星接收站站址的选择,下列不满足规范要求的是哪项? (　　)

(A)应远离高压线和飞机主航道
(B)应考虑风沙、尘埃及腐蚀性气体等环境污染因素
(C)宜选择在周围无微波站和雷达站等干扰源处,并应避开同频干扰
(D)卫星信号接收方向应保证卫星接收天线接受面 1/3 无遮挡

23. 某办公楼 220/380V 低压配电系统谐波含量主要包括三次、五次、七次,其中三次谐波的含量超过 30%,为了减少三次及以上谐波的谐振影响,下列无功补偿措施正确的是哪项? (　　)

(A)采用电抗率为 6% 的电抗,电容的额定电压为 480V
(B)采用电抗率为 12% 的电抗,电容的额定电压为 525V
(C)采用电抗率为 6% 的电抗,电容的额定电压为 525V
(D)采用电抗率为 12% 的电抗,电容的额定电压为 480V

24. 某山区内建设有一座生产炸药的厂房,电源采用低压架空线路,建设地点的土

壤电阻率为 300Ω · m。下列电源引入方式描述正确的是哪项？ (　　)

(A)架空线路在入户处改为电缆直接埋地敷设，电缆的金属外皮、钢管接到等电位连接带或放闪电感应的接地装置上

(B)架空线路转为铠装电缆埋地引入，埋地敷设的长度不小于 15m

(C)架空线路与建筑物的距离应大于 15m

(D)架空线路应转为铠装电缆埋地引入，铠装电缆与独立防雷接地装置的距离不小于 2m

25. 某室外路灯采用 220/380V、TT 系统供电，设置 RCD 保护，为了避免其误动作，RCD 额定电流为 100mA。假设路灯的 PE 线电阻可忽略不计，安全电源限值按正常环境考虑，则路灯的接地电阻最大不应超过下列哪项数值？ (　　)

(A)500Ω　　(B)250Ω

(C)50Ω　　(D)4Ω

26. 一座 10/0.4kV 变电站低压屏某照明回路，回路计算电流为 23A，保护电器的整定值为 32A，单相接地短路电流为 3kA，保护动作时间为 1s，k 取 143。PE 线的截面面积最小为下列哪项数值？ (　　)

(A)$6mm^2$　　(B)$16mm^2$

(C)$25mm^2$　　(D)$32mm^2$

27. 某建筑使用 16A 插座为某固定用电设备供电，用电设备保护接地端子最大连接导体为 $4mm^2$，当该设备正常运行时，保护导体电流的最大限值为下列哪项数值？

(　　)

(A)30mA　　(B)10mA

(C)5mA　　(D)0.5mA

28. 额定电压为 380V 的隔离电器，在新的、清洁的、干燥的条件下断开触头之间的泄露电流每级不得超过下列哪项数值？ (　　)

(A)0.5mA　　(B)0.2mA

(C)0.1mA　　(D)0.01mA

29. 如果房间的面积为 $48m^2$，周长为 28 m，灯具安装高度距地 2.8m，工作面 0.75m，则室型指数为下列哪项数值？ (　　)

(A)1.22　　(B)1.67

(C)2.99　　(D)4.08

30. 下列哪类光源已不再使用？ (　　)

(A)中显色高压钠灯　　(B)自镇流荧光高压钠灯

(C)白炽灯　　(D)低压钠灯

31.36W 的 T8 荧光灯,配置调光电子镇流器,问在调光电子镇流器光输出时,其能效限定值不应低于下列哪项数值?　　(　　)

(A)79.5%　　(B)84.2%
(C)88.9%　　(D)91.4%

32.道路照明灯具按照配光分为截光、半截光和非截光三种类型,在快速路上不能使用下列哪种灯具?　　(　　)

(A)截光型　　(B)半截光型
(C)非截光型　　(D)截光型和半截光型

33.下列哪个场所的照度标准值参考的平面不是地面?　　(　　)

(A)宴会厅　　(B)展厅
(C)观众休息厅　　(D)售票大厅

34.视频显示系统的工作环境以及设备部件和材料选择,下列符合规范要求的是哪项?　　(　　)

(A)LCD 视频显示系统的室内工作环境温度应为 0~40℃
(B)LCD、PDP 视频显示系统的室外工作环境温度应为 -40~55℃
(C)LED 视频显示系统的室外工作环境温度应为 -40~55℃
(D)系统采用设备和部件的模拟视频输入和输出阻抗以及同轴电缆的特性阻抗均为 100Ω

35.进行公共广播系统功放设备的容量计算时,若广播线路功耗为 2dB,则其线路衰耗补偿系数取值应为下列哪项数值?　　(　　)

(A)1.12　　(B)1.20
(C)1.44　　(D)1.58

36.在光纤到用户通信系统的设计中,用户接入点是光纤到用户单元工程特定的一个逻辑点,对其设置要求的描述,下列错误的是哪项?　　(　　)

(A)每一个光纤配线区应设置一个用户接入点
(B)用户光缆和配线光缆应在用户接入点进行互联
(C)不允许在用户接入点处进行配线
(D)用户接入点处可设置光分路器

37.关于隔离电器的选用,下列错误的是哪项?　　(　　)

(A)插头与插座　　(B)连接片

(C)熔断器　　　　(D)半导体开关电器

38. 继电保护和自动装置的设计应满足下列哪项要求？　　(　　)

(A)可靠性、经济性、灵敏性、速动性
(B)可靠性、选择性、灵敏性、速动性
(C)可靠性、选择性、合理性、速动性
(D)可靠性、选择性、灵敏性、安全性

39. 考虑到电网电压降低及计算偏差，若同步电动机的最大转矩为 M_{max}，则设计可采用的下限最大转矩为多少？　　(　　)

(A) $0.95M_{max}$　　　　(B) $0.9M_{max}$
(C) $0.85M_{max}$　　　　(D) $0.75M_{max}$

40. 关于交—交变频调速器的特点，下列描述不正确的是哪项？　　(　　)

(A)容易启动　　　　(B)启动转矩大
(C)快速性好　　　　(D)不适用于大容量电机

二、多项选择题(共30题，每题2分。每题的备选项中有2个或2个以上符合题意，错选、少选、多选均不得分)

41. 采用现行《三相交流系统短路电流计算》(GB/T 15544)短路电流计算方法，下列说法正确的有哪些？　　(　　)

(A)可不考虑电机的运行数据
(B)在各序网中，线路电容和非旋转负载的并联导纳都可忽略
(C)同步发电机、同步电动机和异步电动机的电势均视为零
(D)计算三绕组变压器的短路阻抗时，应引入阻抗校正系数

42. 下列哪些建筑的消防用电应按二级负荷供电？　　(　　)

(A)省(市)级及以上的广播电视. 电信和财贸金融建筑
(B)室外消防用水量大于 25L/s 的公共建筑
(C)二类高层民用建筑
(D)一类高层建筑的公共走道应急疏散照明

43. 关于负荷计算，下列说法正确的有哪些？　　(　　)

(A)计算负荷为实际负荷经适当的转换后得到的假想的持续性负荷
(B)需要负荷可用于按发热条件选择电器和导体，计算电压偏差、电网损耗
(C)只有平均负荷才能用于计算电能消耗量和无功补偿量
(D)尖峰电流可用于校验电压波动和选择保护电器

44. 对于电网供电电压的限值要求,下列表述正确的有哪些?（　　）

(A)35kV 及以上供电电压正、负偏差绝对值之和不超过标称电压的 10%
(B)20kV 及以下三相供电电压偏差为标称电压的 ±7%
(C)220V 单相供电电压偏差为标称电压的 +5% ~ -10%
(D)对供电点短路容量较小、供电距离较长以及对供电电压偏差有特殊要求的用户

45. 为降低由谐波引起的电网电压正弦波形畸变率,可采取下列哪些措施?（　　）

(A)大功率非线性用电设备变压器,由短路容量较大的电网供电
(B)对大功率静止整流器,采用增加整流变压器二次侧的相数和整流器的整流脉冲数
(C)对大功率静止整流器,按谐波次数设分流滤波器
(D)选用 Y,yn0 接线组别的三相配电变压器

46. 供配电系统采用并联电力电容器作为无功补偿装置时,宜就地平衡补偿,并应符合下列哪些要求?（　　）

(A)低压部分的无功补偿,应由低压电容器补偿
(B)高压部分的无功补偿,宜由高压电容器补偿
(C)容量较大,符合平稳且经常使用的用电设备的无功功率,应在变电所内集中补偿
(D)补偿基本无功功率的电容器组,宜单独就地补偿

47. 关于应急电源,下列说法正确的有哪些?（　　）

(A)应急电源的类型,应根据允许中断供电的时间来选择,与负荷性质及容量的大小无关
(B)允许中断供电时间为 15s 以上的供电,可选择快速自启动的发电机组
(C)允许中断供电时间为毫秒级的供电,可选用蓄电池静止型不间断供电装置
(D)对于需要设置备用电源的负荷,可根据需要接入应急电源供电系统

48. 关于变电站中继电保护和自动装置的控制电缆,下列正确的选项有哪些?
（　　）

(A)控制电缆应选择屏蔽电缆
(B)电缆屏蔽应单端接地
(C)弱电回路和强电回路不应共用同一根电缆
(D)低电平回路和高电平回路不应共用同一根电缆

49. 变电站设计中,下列哪些回路应检测直流系统的绝缘?（　　）

(A)同步发电机的励磁回路　　(B)重要的直流回路

(C)UPS 逆变器输出回路　　(D)高频开关电源充电装置输出回路

50. 某变电站中,设置两台 110kV 单台油量为 4t 的室外油浸主变压器,主变压器本体之间净距为 7m,下列关于变压器之间防火墙的设计不正确的有哪些?（　　）

(A)不设置防火墙
(B)设置高度高于变压器油箱顶端的防火墙
(C)设置高度高于变压器油枕的防火墙
(D)设置长度大于变压器两侧各 1.0m 的防火墙

51. 某 10kV 变电站,高压柜采用成套金属封闭开关设备,下列关于高压柜的说法正确的有哪些?（　　）

(A)需具备防止误分、误合断路器的功能
(B)需具备防止带负荷拉合负荷开关的功能
(C)需具备防止带地线关(合)断路器(隔离开关)的功能
(D)需具备防止误入带电间隔的功能

52. 关于电动机的选择,应优先考虑下列哪些基本要求?（　　）

(A)电动机的类型和额定电压
(B)电动机的体积和重量
(C)电动机的结构形式、冷却方式、绝缘等级
(D)电动机的额定容量

53. 相对于直流电动机,下列哪些是交流电动机的优点?（　　）

(A)电动机的结构简单　　(B)价格便宜
(C)启动、制动性能好　　(D)维护方便

54. 下列属于间接接触电击防护的有哪些选项?（　　）

(A)采用Ⅱ类电气设备　　(B)采用特低电压供电
(C)自动切断电源　　(D)将裸带电体置于伸臂范围之外

55. 在工程设计中应先采取消除或减少爆炸性粉尘混合物产生和积聚的措施,下列说法正确的有哪些?（　　）

(A)工艺设备宜将危险物料密封在防止粉尘泄漏的容器内
(B)宜采用露天或敞开式布置,或采用机械除尘设施
(C)提高自动化水平,可采用必要的安全联锁
(D)可适当降低物料湿度

56. 位于下列哪些场所的油浸变压器室的门应采用甲级防火门?（　　）

(A)无火灾危险的车间内　　(B)容易沉积可燃粉尘的场所
(C)民用建筑内,门通向其他相邻房间　　(D)油浸变压器室下面设置地下室

57. 电力系统装置或设备的下列哪些选项应接地?　　(　　)

(A)电机变压器和高压电器等的底座和外壳
(B)配电、控制和保护用的屏(柜、箱)等的金属框架
(C)电力电缆的金属护套或屏蔽层,穿线的钢管和电缆桥架等
(D)安装在配电屏、控制屏和配电装置上的电测量仪表继电器和其他低压电器等的外壳

58. 在下列哪些场合不宜选用铝合金电缆?　　(　　)

(A)不重要的电机回路　　(B)核电厂常规岛
(C)中压回路　　(D)应急照明回路

59. 关于电缆类型的选择,下列说法正确的有哪些?　　(　　)

(A)电缆导体与绝缘屏蔽层之间额定电压不得低于回路工作线电压
(B)10kV 交联聚乙烯绝缘电缆应选用内、外半导电屏蔽层与绝缘层三层共挤工艺特征的形式
(C)敷设在桥架内的电缆可不需要铠装
(D)海底电缆不宜选用铝铠装

60. 关于交流单芯电缆金属层接地方式的选择,下列说法正确的有哪些?　　(　　)

(A)电缆金属层接地方式的选择与电缆长度无关
(B)电缆金属层接地方式的选择与电缆金属层上的感应电势相关
(C)电缆金属层接地方式的选择与是否采取防止人员接触金属层安全措施相关
(D)电缆金属层接地方式的选择与输送容量相关

61. 关于直流系统保护电器,下列说法不正确的有哪些?　　(　　)

(A)直流熔断器的下级不应使用断路器
(B)充电装置直流侧出口宜按直流进线选用直流断路器
(C)直流馈线断路器宜选用带短延时保护特性的直流断路器
(D)当直流断路器有极性要求时,对充电装置回路应采用反极性接线

62. 关于灯具的选择,下列选项正确的有哪些?　　(　　)

(A)室外场所应选用防护等级不低于 IP54 的灯具
(B)多尘埃的场所,应选用防护等级不低于 IP4X 的灯具
(C)游泳池水下灯具,应选用标称电压不超过 12V 的安全特低电压
(D)灯具安装高度大于 8m 的工业建筑场所,其显色指数 R_a 可低于 80,但必须能

够辨别安全色

63. 在气体放电灯的频闪效应对视觉作业有影响的场所，可采取的措施有哪些？（　　）

(A)采用窄光束的灯具　　(B)采用提高灯具安装高度
(C)相邻灯具分接在不同相序　　(D)采用高频电子镇流器

64. 下列选项中的照度值不符合照度标准值的有哪些？（　　）

(A)0.5lx、15lx、75lx、1500lx
(B)2lx、50lx、1000lx、3000lx
(C)3lx、150lx、400lx、3000lx
(D)30lx、200lx、1500lx、2500lx

65. 关于照明灯具布置、照明配电、照明控制，下列说法正确的有哪些？（　　）

(A)大阅览室的一般照明宜沿外窗平行方向控制或分区控制
(B)在照明分支回路中，不得采用三相低压断路器对三个单相分支回路进行控制和保护
(C)办公室的一般照明宜设计在工作区的两侧，采用荧光灯布置时宜使灯具纵轴与水平视线相垂直
(D)营业厅的一般照明应满足水平照度要求，对布艺、服装以及货架上的商品则应确定垂直面上的照度

66. 某厂房为一类防雷建筑物，长50m，宽30m，高35m，当采用滚球法时，下列关于雷电防护措施的描述正确的有哪些？（　　）

(A)该建筑物装设独立的架空接闪线
(B)该建筑物装设独立的架空接闪网，网格尺寸不大于5m×5m或4m×6m
(C)该建筑物在屋面装设不大于5m×5m或4m×6m的接闪网，还应采取防侧击雷的措施
(D)每一防雷引下线的冲击电阻应小于10Ω

67. 当广播扬声器为无源扬声器，传输距离与传输功率的乘积大于1km·kW时，根据规范要求，额定传输电压可优先选用下列哪些数值？（　　）

(A)100V　　(B)150V
(C)200V　　(D)250V

68. 在综合布线系统设计中，根据规范要求，下列用户数符合一个光纤配线区所辖用户数量要求的有哪些？（　　）

(A)100　　(B)200

(C)250　　(D)300

69. 关于建筑物引下线,下列措施正确的有哪些?　　(　　)

(A)引下线的附近应采取措施防接触电压和跨步电压
(B)防直击雷的专设引下线与建筑物出口的距离不小于5m
(C)外露引下线应套钢管防止机械损伤导致断线
(D)建筑物有不少于10根的柱子内电气上贯通的主筋作为引下线时,不必采取其他的防止接触电压和跨步电压的措施

70. 某三相四线制低压配电系统,变压器中性点直接接地,负荷侧用电设备外露可导电部分与附近的其他用电设备公用接地装置,且与电源侧接地无直接电气连接。该配电系统的接地形式不属于下列哪几种类型?　　(　　)

(A)TN-S　　(B)TN-C
(C)TT　　(D)IT

2019年专业知识试题答案(下午卷)

1. **答案:**B

依据:《导体和电器选择设计技术规定》(DL/T 5222—2005)第9.2.5条、第9.2.6条,《工业与民用供配电设计手册》(第四版)P375式(5.5-74)。

2. **答案:**D

依据:《电力装置的电测量仪表装置设计规范》(DL/T 50063—2017)第8.2.3-2条。

3. **答案:**C

依据:《电力装置的继电保护和自动装置设计规范》(GB/T 50062—2008)第4.0.2条、第4.0.3条。

4. **答案:**A

依据:《电力装置的继电保护和自动装置设计规范》(GB/T 50062—2008)第10.0.3条。

5. **答案:**D

依据:《电力装置的电测量仪表装置设计规范》(DL/T 50063—2017)第2.0.1-5条、第2.0.2条、第5.3.5条。

6. **答案:**A

依据:《3~110kV高压配电装置设计规范》(GB 50060—2008)第5.4.7条。

7. **答案:**D

依据:《3~110kV高压配电装置设计规范》(GB 50060—2008)第3.0.2条之注3。

8. **答案:**A

依据:《民用建筑电气设计规范》(JGJ 16—2008)附录A。

9. **答案:**B

依据:《供配电系统设计规范》(GB 50052—2009)第3.0.2条、第3.0.7条。

10. **答案:**A

依据:《供配电系统设计规范》(GB 50052—2009)第4.0.2条。

11. **答案:**C

依据:《供配电系统设计规范》(GB 50052—2009)第6.0.10-2条。

12. **答案:**A

依据:《交流电气装置的过电压保护和绝缘配合设计规范》(GB/T 50064—2014)第3.1.3-3条及表3.1.3。

13. **答案**:C

依据:《交流电气装置的接地设计规范》(GB/T 50065—2011)第7.1.2条。

14. **答案**:C

依据:《工业与民用供配电设计手册》(第四版)P70"双母线接线形式的优点"。

15. **答案**:C

依据:《导体和电器选择设计技术规定》(DL/T 5222—2005)第5.0.7条。

16. **答案**:B

依据:《电力工程电缆设计标准》(GB 50217—2018)附录B、式(B.0.1-1)~式(B.0.1-6)。

17. **答案**:B

依据:《电力工程电缆设计标准》(GB 50217—2018)附录D第D.0.2条。

18. **答案**:B

依据:《电力工程电缆设计标准》(GB 50217—2018)第4.1.1条。

19. **答案**:C

依据:《电力工程直流系统设计技术规程》(DL/T 5044—2014)第4.1.2-2条。

20. **答案**:B

依据:《电力工程直流系统设计技术规程》(DL/T 5044—2014)第4.1.1-1条。

21. **答案**:D

依据:《工业与民用供配电设计手册》(第四版)P462表6.2-3。

22. **答案**:D

依据:《民用建筑电气设计规范》(JGJ 16—2008)第15.6.5条。

23. **答案**:D

依据:《并联电容器装置设计规范》(GB 50227—2017)第5.5.2条。

电抗率宜选12%,$U=400/(1-12\%)=454.5\text{V}$,取480V。

24. **答案**:D

依据:《建筑物防雷设计规范》(GB 50057—2010)第4.2.3条。

25. **答案**:A

依据:《低压配电设计规范》(GB 50054—2011)第5.2.5条和式(5.2.15)。

26. **答案**:C

依据:《低压配电设计规范》(GB 50054—2011)第3.2.14条。

$$S \geqslant \frac{3000}{143\sqrt{1}} = 21\text{mm}^2$$

27. **答案**:B

依据:《低压配电设计规范》(GB 50054—2011)第3.2.14条及条文说明。

28. **答案**:A

依据:《工业与民用供配电设计手册》(第四版)P996"11.5.5.1-2"。

29. **答案**:B

依据:《照明设计手册》(第三版)P9式(1-9)。

$$RI=\frac{2\times48}{28\times(2.8-0.75)}=1.67$$

30. **答案**:C

依据:《照明设计手册》(第三版)P54表2-53。

31. **答案**:C

依据:《照明设计手册》(第三版)P56表2-56。

32. **答案**:C

依据:《照明设计手册》(第三版)P56表18-16。

33. **答案**:A

依据:《建筑照明设计标准》(GB 50034—2013)第5.3.5条。

34. **答案**:B

依据:《视频显示系统工程技术规范》(GB 50464—2008)第4.1.4条、第4.1.5条。

35. **答案**:D

依据:《民用建筑电气设计规范》(JGJ 16—2008)第16.5.4条。

36. **答案**:C

依据:《综合布线系统工程设计规范》(GB 50311—2016)第4.1.4条。

37. **答案**:D

依据:《低压配电设计规范》(GB 50054—2011)第3.1.7条。

38. **答案**:C

依据:《工业与民用配电设计手册》(第四版)P513"7.1.1 继电保护和自动装置设计的一般要求"。

39. **答案**:C

依据:《钢铁企业电力设计手册》(下册)P20"23.3.3.6"。

40. **答案**:D

依据:《钢铁企业电力设计手册》(下册)P331"25.5.4 交—交变频调速系统特别适合

于大容量的低速传动装置”。

---

41. **答案**:CD

依据:《工业与民用配电设计手册》(第四版)P176“4.1.4 GB/T 15544 短路电流计算方法简介”。

42. **答案**:ABC

依据:《工业与民用配电设计手册》(第四版)P49“表 2.1-3 消防负荷分级”。

43. **答案**:ABD

依据:《工业与民用配电设计手册》(第四版)P1“1.1.1-4 计算负荷”“1.1.2-1 最大负荷和需要负荷”“1.1.2-3 尖峰电流”。

44. **答案**:ABD

依据:《工业与民用配电设计手册》(第四版)P462 表 6.2.4 及注解。

45. **答案**:AC

依据:《供配电系统设计规范》(GB 50052—2009)第 5.0.13 条。

46. **答案**:AB

依据:《供配电系统设计规范》(GB 50052—2009)第 6.0.4 条。

47. **答案**:BC

依据:《供配电系统设计规范》(GB 50052—2009)第 3.0.3 条、第 3.0.5 条。

48. **答案**:ACD

依据:《电力装置的继电保护和自动装置设计规范》(GB/T 50062—2008)第 15.4.4 条。

49. **答案**:AB

依据:《电力装置的电测量仪表装置设计规范》(GB/T 50063—2017)第 3.3.7 条。

50. **答案**:ABD

依据:《3～110kV 高压配电装置设计规范》(GB 50060—2008)第 5.5.4 条。

51. **答案**:ACD

依据:《3～110kV 高压配电装置设计规范》(GB 50060—2008)第 4.3.8 条。

52. **答案**:ACD

依据:《钢铁企业电力设计手册》(下册)P4“23.1.2 对所选电动机的基本要求”。

53. **答案**:ABD

依据:《钢铁企业电力设计手册》(下册)P8“23.2.1 电动机类型的选择”。

54. **答案**:ABC

依据:《低压配电设计规范》(GB 50054—2011)第5.2.1条。

55. **答案**:ABC

依据:《爆炸危险环境电力装置设计规范》(GB 50058—2014)第4.1.4条。

56. **答案**:BCD

依据:《20kV及以下变电所设计规范》(GB 50053—2013)第6.1.2条。

57. **答案**:ABC

依据:《交流电气装置的接地设计规范》(GB/T 50065—2011)第3.1.2条。

58. **答案**:BCD

依据:《电力工程电缆设计标准》(GB 50217—2018)第3.1.1条。

59. **答案**:BCD

依据:《电力工程电缆设计标准》(GB 50217—2018)第3.3.7条、第3.4.4-3C条、第3.4.8条。

60. **答案**:BCD

依据:《电力工程电缆设计标准》(GB 50217—2018)第4.1.11条和附录F.0.1。

61. **答案**:ABC

依据:《电力工程直流系统设计技术规程》(DL/T 5044—2014)第5.1.2条、第5.1.3条。

62. **答案**:AD

依据:《建筑照明设计标准》(GB 50034—2013)第3.3.4-5条、第4.4.2条、第7.1.3条。

63. **答案**:CD

依据:《建筑照明设计标准》(GB 50034—2013)第7.2.8条。

64. **答案**:CD

依据:《建筑照明设计标准》(GB 50034—2013)第4.1.1条。

65. **答案**:ABD

依据:《民用建筑电气设计规范》(JGJ 16—2008)第10.8.2-8条、第10.8.3-2条、第10.8.4-3条、第10.7.7条。

66. **答案**:AB

依据:《建筑物防雷设计规范》(GB 50057—2010)第4.2.1-1条、第4.2.4-7条及条文说明、第4.2.1-8条。

67. **答案**:BCD

依据:《公共广播系统工程技术规范》(GB 50262—2010)第3.5.4条。

68. **答案**:ABC

依据:《综合布线系统工程设计规范》(GB 50311—2016)第4.2.1条。

69. **答案**:AD

依据:《建筑物防雷设计规范》(GB 50057—2010)第4.5.6条、第5.3.7条。

70. **答案**:ABD

依据:《交流电气装置的接地设计规范》(GB/T 50065—2011)第7.1条"低压系统接地的型式"。

2019 年案例分析试题(上午卷)

[案例题是 4 选 1 的方式,各小题前后之间没有联系,共 25 道小题,每题分值为 2 分,上午卷 50 分,下午卷 50 分,试卷满分 100 分。案例题一定要有分析(步骤和过程)、计算(要列出相应的公式)、依据(主要是规程、规范、手册),如果是论述题要列出论点]

题 1 ~ 5:某大型综合体商业项目,包括回迁住宅、公寓、写字楼和五星级酒店等建筑,项目设置有多座 10/0.4kV 变电所。请回答以下问题并列出解答过程。

1. 回迁住宅为一栋 7 层的建筑,3 个单元,每个单元一梯两户,共计 42 户,每户用电负荷按 6kW 计算,采用 380/220V 供电,需要系数见下表。

按单相配电计算时所连接的基本户数	按三相配电计算时所连接的基本户数	需要系数 k_x
1 ~ 3	3 ~ 9	0.9
4 ~ 8	12 ~ 24	0.8
9 ~ 12	27 ~ 36	0.6
13 ~ 24	39 ~ 72	0.45
25 ~ 124	75 ~ 372	0.4

住宅干线配电系统见下图。

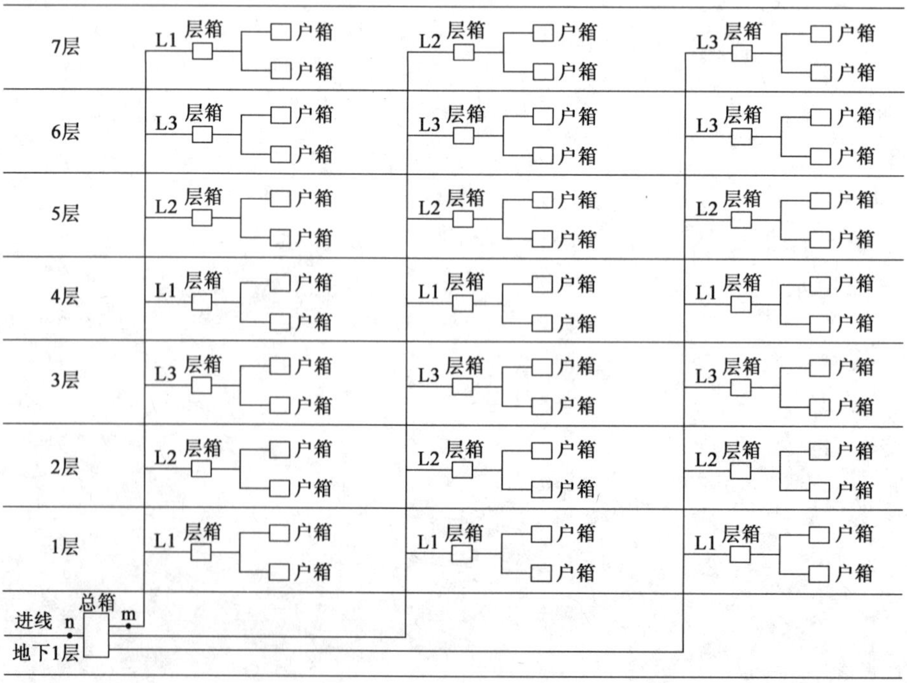

请用需要系数法计算 m 点三相有功计算负荷和 n 点位置的计算电流分别应为下列哪组数值？（功率因数 $\cos\varphi$ 取 0.9） （ ）

(A)67.2kW,170A (B)86.4kW,170A
(C)67.2kW,191A (D)86.4kW,191A

解答过程：

2. 该综合体内的五星级酒店设置独立的 10/0.4kV 变电所，该变电所中的一台变压器所带负荷见下表。

用电设备组别	设备功率 P_e(kW)	需要系数	功率因数	
			$\cos\varphi$	$\tan\varphi$
客房照明	630	0.6	0.9	0.48
排水泵	150	0.5	0.8	0.75
客梯	80	0.8	0.5	1.73
厨房	280	0.5	0.8	0.75
空调机组及送排风	150	0.8	0.8	0.75
洗衣房	160	0.6	0.8	0.75
消防泵房	300	0.9	0.8	0.75
排烟风机	95	0.9	0.8	0.75

计算在正常情况下，当有功同时系数为 0.8 时，此变压器低压侧计算有功功率应为下列哪项数值？ （ ）

(A)573.61kW (B)698.4kW
(C)801.1kW (D)982.8kW

解答过程：

3. 某 10kV 变电所一台变压器计算有功功率为 786kW，无功功率为 550kvar，采用并联电容器进行无功补偿，补偿后的功率因数为 0.95，变压器负载率不大于 70%，忽略变压器损耗，计算无功补偿后的无功功率及最小变压器容量最接近下列哪组数值？

（ ）

(A)260kvar,1000kVA　　(B)290kvar,1000kVA
(C)260kvar,1250kVA　　(D)290kvar,1250kVA

解答过程:

4. 该综合体地下1层有商场及写字楼设置的设备机房,设备容量见下表。

用电设备组别	设备电量参数(380V)	利用系数 k_u	功率因数 $\cos\varphi$
泵组A	15kW×3 两用一备	0.85	0.8
泵组B	55kW×3 两用一备	0.80	0.8
泵组C	75kW×3 两用一备	0.80	0.8
泵组D	37kW×3 两用一备	0.85	0.8

2h最大系数 k_m 见下表。

n_{eq}	0.1	0.15	0.2	0.3	0.4	0.5	0.6	0.7	0.8
4	3.43	2.06	1.82	1.57	1.44	1.33	1.23	1.15	1.07
5	3.23	1.94	1.71	1.50	1.38	1.29	1.21	1.13	1.06
6	3.04	1.82	1.62	1.44	1.33	1.26	1.19	1.12	1.05
7	2.88	1.74	1.55	1.40	1.29	1.23	1.17	1.11	1.04
8	2.72	1.66	1.50	1.36	1.26	1.20	1.15	1.10	1.03

采用利用系数法进行负荷计算,取2h最大系数,计算过程中用电设备有效(换算)台数 n_{eq} 要求精确计算,n_{eq} 按如下原则取整数:介于两个相邻整数之间的 n_{eq} 值,按两个整数对应的 k_m 值较大者确定 n_{eq} 值。则该设备机房的计算功率最接近下列哪项数值?

(　　)

(A)296kW　　(B)311kW
(C)317kW　　(D)364kW

解答过程:

5. 某变电所内有一台干式变压器,规格为10/0.4kV、1600kVA。其空载有功损耗为2.2kW,短路有功损耗为10.2kW,变压器0.4kV侧的计算视在功率为1378kVA,功率因数为0.95。忽略其他损耗,计算该变压器10kV侧的计算有功功率最接近下列哪项

数值？（　　）

(A) 1297kW　　(B) 1319kW

(C) 1305kW　　(D) 1390kW

解答过程：

> 题6～10：某厂区内设一座10kV配电站和多座10/0.4kV变电所。低压配电系统采用TN-S系统，采用单一制电价0.540元/kWh。请回答下列问题。

6. 某低压三相馈线回路采用一根五芯铜芯交联聚乙烯绝缘铠装电缆，各相线基波电流为50A，3次谐波电流为20A。则满足载流量要求的电缆规格最接近下列哪项数值？（电缆载流量按照电流密度1.9A/mm^2选取）（　　）

(A) $(3\times35+2\times16)mm^2$　　(B) $(4\times35+1\times16)mm^2$

(C) $(3\times50+2\times25)mm^2$　　(D) $(4\times50+1\times25)mm^2$

解答过程：

7. 某车间变电所三相380V电机配电回路，实际运行有功功率为160kW，功率因数为0.8，出线采用一根长度为100m、截面面积为185mm^2的四芯电缆。为提高系统功率因数，在变电所母线处设置120kvar的电容进行补偿。求该回路电缆的实际有功损耗最接近下列哪项数值？[设该电缆阻抗为$(0.16+j0.09)\Omega/km$]（　　）

(A) 0.95kW　　(B) 1.47kW

(C) 2.84kW　　(D) 4.43kW

解答过程：

8. 某380V配电回路经常年实测运行负荷为120kVA，实际运行时间为2000h，采用一根四芯铝芯交联聚乙烯绝缘铠装电缆供电。当仅考虑载流量和经济型时，上述配电电缆截面面积最小为下列哪项数值？[电缆载流量按照电流密度1.3A/mm^2考虑，经济

电流密度参照《电力工程电缆设计标准》(GB 50217—2018)附录B]　　(　　)

(A)$95mm^2$　　(B)$150mm^2$

(C)$185mm^2$　　(D)$240mm^2$

解答过程:

9. 以厂区10kV配电站内10kV配电柜为起点,敷设一回电缆至某车间变压器高压侧,实际路径长度为120m,中间无接头,若计算电缆长度时考虑2%的路径地形高差变化和5%的伸缩节及迂回容量,则该电缆的长度最接近下列哪项数值?[计算方法依据《电力工程电缆设计标准》(GB 50217—2018)]　　(　　)

(A)128.4m　　(B)132.4m

(C)133.4m　　(D)138.4m

解答过程:

10. 由上级变电站向10kV用户配电站提供电流,采用一回电缆出线,回路阻抗为0.118Ω/km,电阻为0.09Ω/km,电缆长度为2km。用户配电站实际运行有功功率变化范围为5~10MW,功率因数为0.95。假设上级变电站10kV母线电压偏差范围为±2%,求用户配电站10kV母线电压偏差范围为多少?　　(　　)

(A)-3.29% ~ -0.58%　　(B)-4.58% ~ 0.71%

(C)-4.95% ~ 0.52%　　(D)-5.58% ~ 1.72%

解答过程:

题 11～15：某工厂新建 35/10kV 变电站，其系统接线如图 1 所示，已知参数均列在图上。变压器 T2 高压侧的 CT 接线方式及变比如图 2 所示。请回答下列问题，并列出解答过程。（采用实用短路计算法，计算过程采用标幺制，不计各元件电阻，忽略未知阻抗）

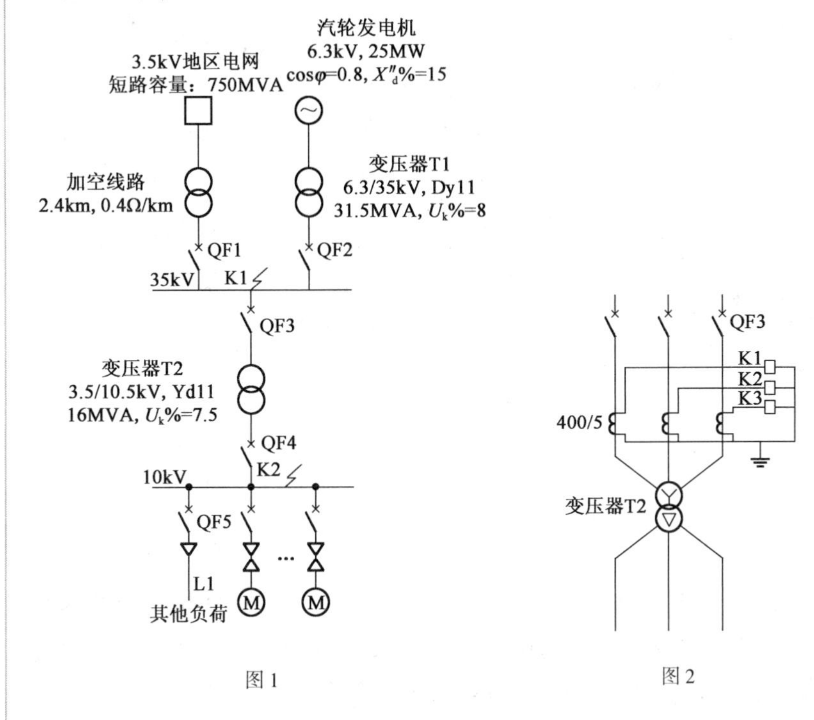

图 1　　　　图 2

11. 假设系统运行过程中，断路器 QF1 闭合，QF2 断开，此时 K1 点发生三相短路，该点的短路电路初始值最接近下列哪项数值？（不考虑电动机反馈电流）　　（　　）

(A) 2.31kA　　(B) 7.69kA

(C) 10.00kA　　(D) 12.42kA

解答过程：

12. 假设 K1 点发生三相短路时，由地区电网提供的短路电流初始值为 12.5kA。参与电路反馈的 10kV 电动机均为异步电动机，其总功率为 2000kW，效率为 0.8，功率因数为 0.8，启动电流倍数为 5。若汽轮发电机退出运行，此时 K2 点发生三相短路，该点的短路电路初始值最接近下列哪项数值？　　（　　）

(A) 0.90kA　　(B) 2.31kA

(C) 6.05kA　　(D) 6.95kA

解答过程：

13. 假定汽轮发电机系统不参与运行，最大运行方式下35kV母线的短路容量为550MVA，最小运行方式下35kV母线的短路容量为500MVA。断路器QF5采用无时限电流速断保护作为10kV馈电线路L1的主保护，L1线路长6km，单位电抗为0.2Ω/km。请计算速断保护装置的一次动作电流最接近下列哪项数值？（可靠系数为1.3，忽略电动机反馈电流）（　　）

(A)3.79kA　　(B)4.11kA

(C)47.34kA　　(D)51.29kA

解答过程：

14. 假定汽轮发电机系统不参与运行，最小运行方式下35kV母线的短路容量为500MVA，若在变压器T2高压侧安装带时限的过电流保护，请计算过流保护装置动作整定电流和灵敏系数最接近下列哪组数值？（过负荷系数取1.5，忽略电动机反馈电流）（　　）

(A)6.24A，2.47　　(B)6.24A，4.94

(C)6.60A，2.34　　(D)6.60A，4.67

解答过程：

15. 假定仅采用汽轮发电机为本站供电，地区电网不参与本站连接，短路电流持续时间为2s，校验断路器QF2热稳定时，其短路电流热效应最接近下列哪项数值？（　　）

(A)$0.53(kA)^2s$　　(B)$4.01(kA)^2s$

(C)$4.27(kA)^2s$　　(D)$4.54(kA)^2s$

解答过程：

题 16 ~ 20：某建筑物防雷等级为一类，单层建筑，长、宽、高分别为 50m、30m、10m，电源线路埋地引入建筑物。

16. 该建筑物采用独立的架空接闪线，引下线的冲击接地电阻为 10Ω，架空接闪线的支柱高为 15m。请问接闪线支柱与建筑物、接闪线与建筑物屋面的最小距离应为下列哪组数值？ （ ）

(A)3m,3.33m (B)3m,4m

(C)4.4m,3.3m (D)4.4m,4m

解答过程：

17. 受场地限制，独立加架空接闪线的支柱与建筑物外立面的距离为 4m，如果场地土壤电阻率为 100Ω · m，架空接闪线接地装置的工频接地电阻为下列哪项数值？ （ ）

(A)1Ω (B)4Ω

(C)9Ω (D)10Ω

解答过程：

18. 如果土壤电阻率为 500Ω · m，采用 ϕ16mm 钢管作为架空接闪线的水平接地极。接地极 12m，埋深为 1m，水平接地极的形状系数为 -0.6，则接地极的冲击电阻最接近下列哪项数值？ （ ）

(A)7.5Ω (B)15Ω

(C)38Ω (D)56Ω

解答过程：

19. 该建筑物采用 TN-S 接地系统，某 220/380V 回路发生单相接地故障时，故障回路阻抗为 40mΩ，该回路保护电器的整定值为 63A，请问该回路的单相接地故障电流为下列哪项数值？ （ ）

(A)0.82kA (B)4.2kA

(C)5.5kA　　　　(D)7.2kA

解答过程：

20. 该建筑物埋地引入3根YJV(3×95+1×50)mm^2的电缆，3根金属水管，1根金属压缩空气管。总进线配电箱设置SPD，SPD的冲击电流I_{imp}最接近下列哪项数值？　　(　　)

(A)2.5kA　　　　(B)4kA

(C)5kA　　　　(D)12.5kA

解答过程：

题21～25：某10kV室内变电所设有变配电室和10kV开关柜室，10kV配电装置采用SF6气体绝缘固定式开关柜，0.4kV配电装置采用抽屉式开关柜，采用10/0.4kV、1250kVA的干式变压器，防护等级为IP2X，与0.4kV配电装置相邻布置，室内墙体无局部突出物，平面布置如图所示，图中尺寸单位均为mm。低压开关柜屏侧通道最小宽度为1m，在建筑平面不受限制的情况下，请回答下列问题并列出解答过程。

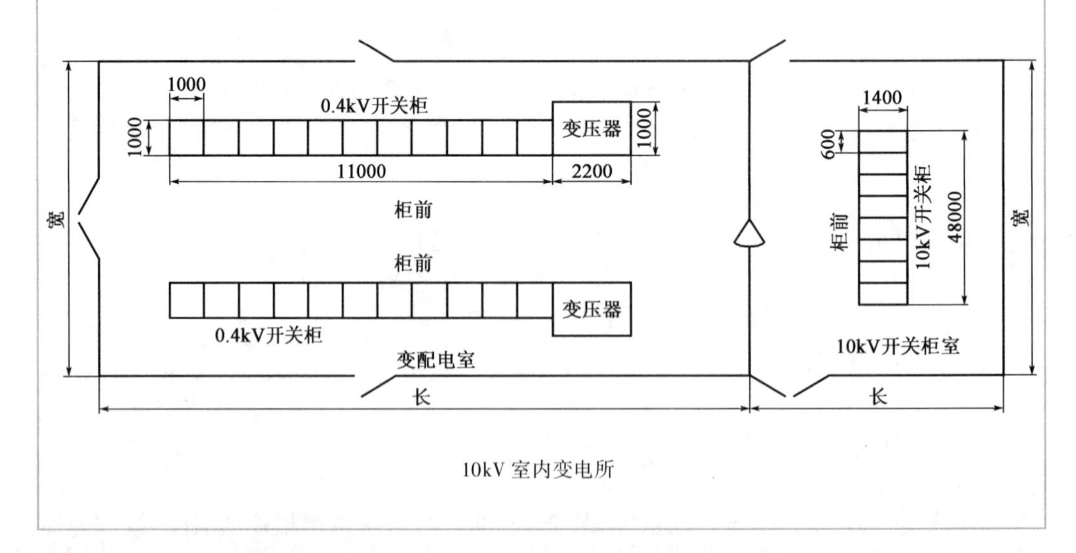

10kV室内变电所

21. 开关柜均采用柜前操作、柜后维护的方式，变配电室与10kV开关柜室宽度保持一致，变压器与0.4kV开关柜操作面平齐布置，整个变电所需要的最小面积应为下列哪项数值？(忽略墙体厚度)　　(　　)

(A)127.18m^2　　(B)129.03m^2

(C)136.51m^2　　(D)137.97m^2

解答过程：

22. 若变配电室中设备外形尺寸及布置方式保持不变，当该房间净长度为17m时，0.4kV开关柜最多可以排列多少面？（　　）

(A)28　　(B)26

(C)24　　(D)22

解答过程：

23. 本变电所低压配电系统如图所示，系统采用TN-S接地型式，各阻抗值（归算到400V侧）如下表所示，忽略其他未知阻抗，配电箱进线处的三相短路电流最接近下列哪项数值？（　　）

序号	元件名称	单位	电阻		电抗	
			R	R_{php}	X	X_{php}
1	变压器 S_T	mΩ	0.93	0.93	7.62	7.62
2	铜芯电缆 $5\times16mm^2$	mΩ/m	1.097	3.291	0.082	0.174

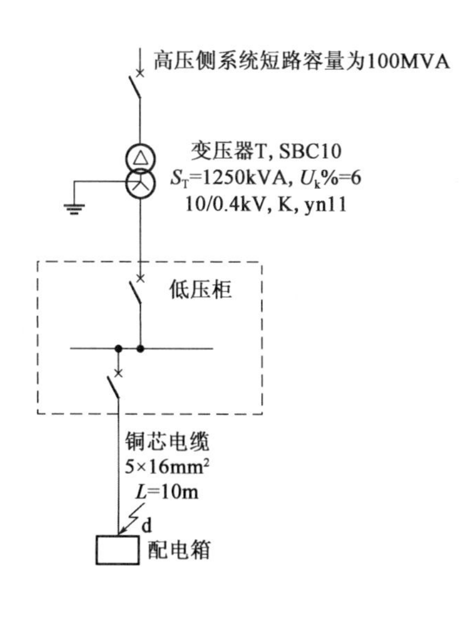

(A)6.18kA　　(B)14.72kA

(C)15.04kA　　(D)15.83kA

解答过程：

24. 某低压配电回路如图所示，其中电动机参数为：额定电压 380V，额定功率 132kW，额定容量 150kVA，启动电流倍数为 7，其配电线路 L 总电抗为 8mΩ。请计算电动机全压起动时，低压母线相对值与下列哪项数值最接近？［依据《工业与民用供配电设计手册》（第四版）计算］　（　　）

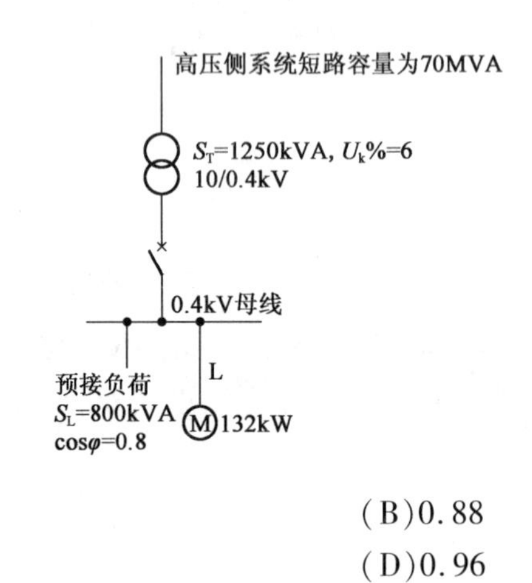

(A)0.85　　(B)0.88

(C)0.91　　(D)0.96

解答过程：

25. 某车间一台电动机，额定功率为 132kW，额定电压为 380V，额定运行时效率为 90%，功率因数为 0.88，采用一根 YJV-0.6/1kV-$(3\times95+1\times50)\text{mm}^2$ 电缆配电，电缆长度为 100m，电缆电阻率取 $0.02\times10^{-6}\Omega\cdot\text{m}$。当电动机额定运行时，电缆的散热量最接近下列哪项数值？　（　　）

(A)3.28×10^{-3}W　　(B)4.05×10^{-3}W

(C)3.28×10^{3}W　　(D)4.05×10^{3}W

解答过程：

2019年案例分析试题答案(上午卷)

题1~5答案:**DBCBB**

1.《工业与民用供配电设计手册》(第四版)P19~P20,P10式(1.4-6)。

1.6.1-(1):单相用电设备应均匀分配三相上,使各相的计算负荷尽量相近,减小不平衡度。

1.6.2-(2):只有相负荷时,等效三相负荷取最大相负荷的3倍。

m点为三相负荷,可设A相带3层,B、C相分别带2层,按最大相3倍计入;回路共有14户,由题表需要系数取$k_{x1}=0.8$,故m点三相有功负荷为:

$P_{c\text{-}m}=3\times3\times(6+6)\times0.8=86.4\text{kW}$

n点带负荷共42户,查表可知需要系数$k_{x2}=0.45$,故其计算电流为:

$$I_c=\frac{S_c}{\sqrt{3}U_n}=\frac{P_c}{\sqrt{3}U_n\cos\varphi}=\frac{6\times42\times0.45}{\sqrt{3}\times0.38\times0.9}=191\ \text{A}$$

2.《工业与民用供配电设计手册》(第四版)P10式(1.4-3)。

计算有功功率:

$P_c=K_p\Sigma K_xP_e=0.8\times(630\times0.6+150\times0.5+80\times0.8+280\times0.5\times150\times0.8\times160\times0.6)=698.4\text{kW}$

3.《工业与民用供配电设计手册》(第四版)P965式(11.2-6)。

补偿后无功功率:$Q=P_c\tan(\cos^{-1}\varphi)=786\times\tan[\cos^{-1}(0.85)]=258\text{kvar}$

考虑补偿后变压器容量:$S=\dfrac{P}{\beta\cos\varphi}=\dfrac{786}{0.7\times0.95}=1182\text{kVA}$

4.《工业与民用供配电设计手册》(第四版)P15~P18式(1.5-1)~式(1.5-6)。

设备总有功功率:$P_e=(15+55+75+37)\times2=364\text{kW}$

设备有功平均功率:$P_{av}=(15\times0.85+55\times0.8+75\times0.8+37\times0.85)\times2=296.4\text{kW}$

总利用系数:$K_{ut}=\dfrac{\Sigma P_{av}}{\Sigma P_e}=\dfrac{296.4}{364}=0.814$

用电设备有效台数:$n_{eq}=\dfrac{(\Sigma P_{ei})^2}{\Sigma P_e^2}=\dfrac{364^2}{(15^2+55^2+75^2+37^2)\times2}=6.5$

用0.814查表,可得$K_m=1.05$,故计算负荷有功功率:

$P_c=K_m\Sigma P_{av}=1.05\times296.4=311\text{kW}$

5.《工业与民用供配电设计手册》(第四版)P1544式(16.3-3)。

有功功率损耗:$\Delta P=P_0+\beta^2P_k=2.2+\left(\dfrac{1378}{1600}\right)^2\times10.2=9.77\text{kW}$

高压侧有功功率:$P_1=S_2\cos\varphi+\Delta P=1378\times0.95+9.77=1318.87\text{kW}$

题6~10答案：**DDCCB**

6.《工业与民用供配电设计手册》(第四版)P811表9.2.2。

当三次谐波电流超过33%时，它所引起的中性导体电流超过基波的相电流。此时应按中性导体电流选择导体截面，计算电流要除以校正系数。

三次谐波电流比例：$\frac{20}{50}=0.4>0.33$，查表9.2-2，校正系数$K_1=0.86$。

中性线电流：$I_N=\frac{I_3\times 3}{0.86}=\frac{20\times 3}{0.86}=69.76A$

相线与中性线截面相同，$S_{ne}=S_{ph}=\frac{I_N}{J}=\frac{69.76}{1.9}=36.71mm^2$

根据《工业与民用供配电设计手册》(第四版)P1399表14.3-1，PE线取相导体截面面积的一半，即$(4\times 50+1\times 25)mm^2$。

7.《工业与民用供配电设计手册》(第四版)P26式(1.10-1)。

三相线路有功功率损耗：

$$\Delta P_L=3I_c^2R\times 10^{-3}=3\times\left(\frac{160\times 10^3}{\sqrt{3}\times 380\times 0.8}\right)\times 0.16\times 100\times 10^{-3}\times 10^{-3}=4.43kW$$

8.《工业与民用供配电设计手册》(第四版)P10式(1.4-6)。

回路计算电流：$I_c=\frac{S}{\sqrt{3}U_n}=\frac{120}{\sqrt{3}\times 0.38}=182.32A$

按载流量选择导体截面面积：$S\geqslant\frac{I_c}{J_1}=\frac{182.32}{1.3}=140mm^2$

按经济电流密度选择导体截面面积：$S\geqslant\frac{I_c}{J_2}=\frac{182.32}{0.9}=202.57mm^2$，其中根据《电力工程电缆设计标准》(GB 50217—2018)附录B可知，$J_2=0.9A/mm^2$

依据《电力工程电缆设计标准》(GB 50217—2018)附录B第B.0.3条，当电缆经济电流截面介于电缆标称截面档次之间时，可视其接近程度，选择较接近一档截面。

9.《电力工程电缆设计标准》(GB 50217—2018)第5.1.17条、第5.1.18条及附录G。

电缆头制作需两个终端2×0.5m，电源侧配电柜附加长度1m，车间变压器高压侧附加长度3m，再考虑其他附加长度，故电缆总长度：

$$L=120\times(1+2\%+5\%)+3+1+0.5+0.5=133.4m$$

10.《工业与民用供配电设计手册》(第四版)P459式(6.2-4)、式(6.2-5)。

线路最小压降：

$$\Delta u_{min}=\frac{Pl}{10U_n^2}(R'+X'\tan\varphi)=\frac{5\times 10^3\times 2}{10\times 10^2}\times(0.09+0.118\times 0.328)=1.287\%$$

线路最大压降：

$$\Delta u_{max}=\frac{Pl}{10U_n^2}(R'+X'\tan\varphi)=\frac{10\times 10^3\times 2}{10\times 10^2}\times(0.09+0.118\times 0.328)=2.574\%$$

末端最小压降：$\sum\Delta u_{max}=2\%-1.287\%=0.713\%$

末端最大压降：$\sum\Delta u_{max}=-2\%-2.574\%=-4.574\%$

题 11～15 答案：**BDBDD**

11.《工业与民用供配电设计手册》(第四版)P281 表(4.6-3)、式(4.6-11)、式(4.6-13)。

设 $S_B=100MVA$，$U_B=1.05\times35=37kV$

系统电抗标幺值：$X_{s*}=\frac{S_B}{S_S}=\frac{100}{750}=0.133$

线路电抗标幺值：$X_{l*}=X_l\frac{S_B}{U_B^2}=2.4\times0.4\times\frac{100}{37^2}=0.07$

短路电流有名值：$I_{k1}=I_B\frac{1}{X_{\Sigma*}}=\frac{100}{\sqrt{3}\times37}\times\frac{1}{0.133+0.07}=7.68kA$

12.《工业与民用供配电设计手册》(第四版)P281 表(4.6-3)、P300 式(4.6-22)。

设 $S_B=100MVA$，$U_B=1.05\times10=10.5kV$

系统电抗标幺值：$X_{s*}=\frac{S_B}{S_S}=\frac{100}{\sqrt{3}\times10.5\times12.5}=0.44$

变压器电抗标幺值：$X_{T*}=\frac{U_k\%}{100}\cdot\frac{S_B}{S_{nT}}=\frac{7.5}{100}\times\frac{100}{16}=0.469$

短路电流有名值：$I_{k2}=I_B\frac{1}{X_{\Sigma*}}=\frac{100}{\sqrt{3}\times10.5}\times\frac{1}{0.44+0.469}=6.05kA$

异步电动机提供的反馈电流周期分量初始值：

$I'_M=K_{stM}I_{stM}\times10^{-3}=5\times\frac{2000\times10^{-3}}{\sqrt{3}\times10\times0.8\times0.8}=0.9kA$

故总的短路电流：$I_k=I_{2k}+I_M=6.05+0.9=6.95kA$

13.《工业与民用供配电设计手册》(第四版)P281 表 4.6-3、P550 表 7.3-2。

设 $S_B=100MVA$，$U_B=1.05\times10=10.5kV$

系统电抗标幺值：$X_{s*}=\frac{S_B}{S_S}=\frac{100}{550}=0.182$

变压器电抗标幺值：$X_{T*}=\frac{U_k\%}{100}\cdot\frac{S_B}{S_{nT}}=\frac{7.5}{100}\times\frac{100}{16}=0.469$

线路电抗标幺值：$X_{l*}=X_l\frac{S_B}{U_B^2}=6\times0.2\times\frac{100}{10.5^2}=1.09$

短路电流有名值：$I_{k2}=I_B\frac{1}{X_{\Sigma*}}=\frac{100}{\sqrt{3}\times10.5}\times\frac{1}{0.182+0.469+1.09}=3.16kA$

过电流保护继电器动作电流为(根据题图,接线系数取 1)：

$I_{op\cdot k}=K_{rel}K_{con}I_{2k}=1.3\times1\times3.16=4.11kA$

14.《工业与民用供配电设计手册》(第四版)P281 表 4.6-3、P520 表 7.2-3。

设 $S_B=100MVA$，$U_B=1.05\times10=10.5kV$

系统电抗标幺值：$X_{s*} = \frac{S_B}{S_S} = \frac{100}{500} = 0.2$

变压器电抗标幺值：$X_{T*} = \frac{U_k\%}{100} \cdot \frac{S_B}{S_{nT}} = \frac{7.5}{100} \times \frac{100}{16} = 0.469$

短路电流有名值：$I_{k2} = I_B \frac{1}{X_{\Sigma *}} = \frac{100}{\sqrt{3} \times 10.5} \times \frac{1}{0.2 + 0.469} = 8.22\text{kA}$

流过高压侧两相短路电流：$I_{2k2,min} = \frac{2I_{22k2,min}}{\sqrt{3}n_T} = \frac{2 \times 0.866 \times 8.22}{\sqrt{3} \times 35/10.5} = 2.47\text{kA}$

过电流保护的动作电流：$I_{op} = \frac{K_{rel}K_{con}K_{ol}}{K_r n_{TA}} I_{1rT} = \frac{1.2 \times 1 \times 1.5}{0.9 \times 80} \cdot \frac{16}{\sqrt{3} \times 35} = 6.6\text{kA}$

保护装置的灵敏系数：$K_{sen} = \frac{I_{2k2,min}}{n_{TA} I_{op}} = \frac{2.47 \times 10^3}{80 \times 6.6} = 4.67$

15.《工业与民用供配电设计手册》(第四版) P281 表 4.6-3，P290 表 4.6-6，P381 表 5.6-2、式(5.6-4) ~ 式(5.6-6)。

发电机额定容量：$S_G = \frac{P_G}{\cos\varphi} = \frac{25}{0.8} = 31.25$，设基准容量 $S_B = 31.25\text{MVA}$

发电机电抗标幺值：$X_{G*} = 0.15$

变压器电抗标幺值：$X_{T*} = \frac{U_k\%}{100} \cdot \frac{S_B}{S_{nT}} = \frac{8}{100} \times \frac{31.25}{31.5} = 0.08$

总电抗标幺值：$X_{c*} = X_{G*} + X_{T*} = 0.15 + 0.08 = 0.23$

根据 P290 表 4.6-6 查得：$t = 0\text{s}$ 时，$I_0^* = \frac{4.938 + 4.526}{2} = 4.732$；$t = 1\text{s}$ 时，$I_1^* = \frac{2.729 + 2.638}{2} = 2.684$；$t = 2\text{s}$ 时，$I_2^* = \frac{2.561 + 2.515}{2} = 2.538$

基准电流：$I_{N\cdot b} = \frac{S_G}{\sqrt{3}U_B} = \frac{31.25}{\sqrt{3} \times 37} = 0.488\text{kA}$，则分支短路电流交流分量有名值为：

$t = 0\text{s}$ 时，$I_0 = I_{N\cdot b}I_0^* = 0.488 \times 4.732 = 2.309\text{kA}$；

$t = 1\text{s}$ 时，$I_1 = I_{N\cdot b}I_1^* = 0.488 \times 2.684 = 1.31\text{kA}$；

$t = 2\text{s}$ 时，$I_2 = I_{N\cdot b}I_2^* = 0.488 \times 2.538 = 1.239\text{kA}$。

短路电流交流分量引起的热效应：

$$Q_z = \frac{(I_k^2 + 10I_{kt/2}^2 + I_{kt}^2)t}{12} = \frac{2.309 + 10 \times 1.31^2 \times 1.239^2}{12} \times 2 = 4.01(\text{kA})^2\text{s}$$

短路电流直流分量引起的热效应：$Q_f = T_{eq}I_k^2 = 0.1 \times 2.309^2 = 0.53(\text{kA})^2\text{s}$

总热效应：$Q_t = Q_z + Q_f = 4.01 + 0.53 = 4.54(\text{kA})^2\text{s}$

题 16 ~ 20 答案：**CCCCB**

16.《建筑物防雷设计规范》(GB 50057—2010) 第 4.2.1-5 条、式(4.2.1-1)、式(4.2.1-4)。

当 $h_x = 10 < 5R_i = 50$ 时，则空气间的间隔距离为：

$S_{a1} \geqslant 0.4(R_i + 0.1h_x) = 0.4 \times (10 + 0.1 \times 10) = 4.4\text{m}$

水平长度：$L = 2S_{a1} + l = 2 \times 4.4 + 50 = 58.8\text{m}$

当$\left(h + \frac{L}{2}\right) = 44.4 < 5R_i = 50$，则空气间的间隔距离为：

$$S_{a2} \geqslant 0.2R_i + 0.03 \times \left(h + \frac{L}{2}\right) = 0.2 \times 10 + 0.03 \times \left(15 + \frac{58.8}{2}\right) = 3.33\text{m}$$

17.《建筑物防雷设计规范》(GB 50057—2010)第4.2.1-5条，式(4.2.1-1)，附录C图C.0.1、式(C.0.1)。

当$h_x = 10 < 5R_i = 50$时，则空气间的间隔距离为：

$S_{a1} \geqslant 0.4(R_i + 0.1h_x) \Rightarrow 4.4 = 0.4 \times (R_i + 0.1 \times 10)$，故$R_i \leqslant 9\Omega$

工频接地电阻：$R_{\sim} = A \times R_i = 1 \times 9 = 9\Omega$

18.《建筑物防雷设计规范》(GB 50057—2010)附录A式(A.0.2)，附录C式(C.0.1)、式(C.0.2)。

接地装置的工频接地电阻：

$$R = \frac{\rho}{2\pi L}\left(\ln\frac{L^2}{hd} + A\right) = \frac{500}{2 \times 3.14 \times 12}\left(\ln\frac{12^2}{1 \times 0.016} - 0.6\right) = 56.4\Omega$$

接地体有效长度：$l_e = 2\sqrt{\rho} \Rightarrow \frac{l}{l_e} = \frac{12}{2\sqrt{500}} = 0.268$，查图C.0.1可知换算系数为1.5

接地装置冲击接地电阻：$R_{\sim} = A \times R_i \Rightarrow R_i = \frac{R_{\sim}}{A} = \frac{56.4}{1.5} = 37.6\Omega$

19.无。

单相接地短路电流：$I_d = \frac{U_{ph}}{R_{php}} = \frac{220}{0.04} \times 10^{-3} = 5.5\text{kA}$

20.《建筑物防雷设计规范》(GB 50057—2010)第4.2.4-9条及式(4.2.4-6)。

电源线路无屏蔽层时的冲击电流值：$I_{imp} = \frac{0.5I}{nm} = \frac{0.5 \times 200}{(3+3+1) \times 4} = 3.6\text{kA}$

题21~25答案：**CCBDD**

21.《20kV及以下变电所设计规范》(GB 50053—2013)、《低压配电设计规范》(GB 50054—2011)。

《20kV及以下变电所设计规范》(GB 50053—2013)第4.2.8条：当配电屏与干式变压器靠近布置时，干式变压器通道的最小宽度应为800mm。

《低压配电设计规范》(GB 50054—2011)第4.2.5条表4.2.5：低压配电柜屏侧通道1.0m，故低压配电室长度$L_1 = 1 + 11 + 2.2 + 0.8 = 15\text{m}$。

《20kV及以下变电所设计规范》(GB 50053—2013)第4.2.7条：10kV开关柜室，固定式柜前1.5m，柜后0.8m，故10kV开关柜室长度$L_2 = 1.5 + 1.4 + 0.8 = 3.7\text{m}$，变配电室总长度$L = L_1 + L_2 = 15 + 3.7 = 18.7\text{m}$。

《低压配电设计规范》(GB 50054—2011)第4.2.5条表4.2.5：低压开关柜为抽屉式双列面对面布置(不受限)，屏前操作通道宽度2.3m，柜后维护通道宽度1m，故低压

配电室宽度 $W = 2\times1+2\times1.5+2.3=7.3\text{m}$，变配电室最小面积 $S=L\times W=18.7\times7.3=136.51\text{m}^2$。

注：《3～110kV高压配电装置设计规范》(GB 50060—2008)第7.3.3条是GIS设备的一些规定，且明确开关柜“两侧”应设置安装、检修和巡视通道，主通道宜靠近断路器侧，故不适用本题。

22.《20kV及以下变电所设计规范》(GB 50053—2013)。

第4.2.8条：当配电屏与干式变压器靠近布置时，干式变压器通道的最小宽度应为800mm。按题意左侧通道宽度为1m，故低压配电柜长度：$L'=17-11-0.8=15.2\text{m}$。

第4.2.6条条文说明：当变压器与低压配电装置靠近布置时，计算配电装置的长度应包括变压器的长度，由于低压屏后设备的维护检修较多，故规定长度超过15m时需增加出口，故用于低压开关柜的长度为：$L=15.2-1-2.2=12\text{m}$，故单排只能排布12面配电柜，面对面布置可以排列24面配电柜。

注：《低压配电设计规范》(GB 50054—2011)第4.2.5条表4.2.5：低压配电柜屏侧通道1.0m。

23.《工业与民用供配电设计手册》(第四版)P304表4.6-11。

高压侧系统阻抗(归算0.4kV侧)：$Z_s=1.6\text{m}\Omega$，$R_s=0.1Z_s=0.1\times1.6=0.16\text{m}\Omega$，$X_s=0.995Z_s=1.59\text{m}\Omega$

变压器阻抗：$R_T=0.93\text{m}\Omega$，$X_T=7.62\text{m}\Omega$

电缆阻抗：$R_1=rl=1.097\times10=10.97\text{m}\Omega$，$X_1=xl=0.082\times10=0.82\text{m}\Omega$

短路回路总电阻：$R_\Sigma=0.16+0.93+10.97=12.06\text{m}\Omega$

短路回路总电抗：$X_\Sigma=1.59+7.62+0.82=10.03\text{m}\Omega$

短路电流：$I'_{k3}=\dfrac{cU_n}{\sqrt{3}\sqrt{R_\Sigma^2+X_\Sigma^2}}=\dfrac{1.05\times380}{\sqrt{3}\times\sqrt{12.06^2+10.03^2}}=14.72\text{kA}$

24.《工业与民用供配电设计手册》(第四版)P482表6.5-4。

母线短路容量：$S_{scB}=\dfrac{1}{\dfrac{1}{S_k}+\dfrac{u_k\%}{100S_{rT}}}=\dfrac{1}{\dfrac{1}{70}+\dfrac{6}{100\times1250\times10^{-3}}}=16.06\text{MVA}$

启动回路计算容量：$S_{st}=\dfrac{1}{\dfrac{1}{S_{stM}}+\dfrac{X_1}{U_{av}^2}}=\dfrac{1}{\dfrac{1}{0.15\times7}+\dfrac{0.008}{0.4^2}}=0.998\text{MVA}$

预接负荷的无功功率：$Q_L=S_L\sqrt{1-\cos^2\varphi_L}=800\times\sqrt{1-0.8^2}=480\text{kvar}=0.48\text{MVA}$

电动机端子电压相对值：$u_{stM}=u_s\dfrac{S_k}{S_k+Q+S_{st}}=1.05\times\dfrac{16.06}{16.06+0.48+7\times0.15}=0.96$

25.《工业与民用供配电设计手册》(第四版)P916式(10.2-1)。

额定电流：$I=\dfrac{P}{\sqrt{3}U_{\mathrm{n}}\eta\cos\varphi}=\dfrac{132}{\sqrt{3}\times0.38\times0.88\times0.9}=253.22\mathrm{A}$

$$P=\frac{nI^2\rho_{\mathrm{t}}}{S}=\frac{3\times253.22^2\times0.02\times10^{-6}}{95\times10^{-6}}=4.05\times10^3\mathrm{W}$$

2019 年案例分析试题(下午卷)

[案例题是4选1的方式,各小题前后之间没有联系,共25道小题,每题分值为2分,上午卷50分,下午卷50分,试卷满分100分。案例题一定要有分析(步骤和过程)、计算(要列出相应的公式)、依据(主要是规程、规范、手册),如果是论述题要列出论点]

题1~5:某多层普通办公楼,其中一间办公室长16m,宽8m,顶棚距地面高度3.2m,工作面高度0.75m,灯具均匀布置于顶棚,请回答下列问题并列出解答过程。

1. 下列每组选项中的3个参数分别表示光源的色温、一般显色指数和统一眩光值,问其中哪组适合该办公室?并说明理由。 (　　)

(A)3000K,70,19　　(B)3000K,70,22

(C)4000K,80,19　　(D)4000K,80,22

解答过程:

2. 若该办公室有吊顶,距地高度2.85m,灯具嵌入式安装,LED每盏28W,光通量2800lm,办公室照度标准300lx,顶棚反射比0.7,墙面平均反射比0.5,地面有效反射比0.2,灯具维护系数0.8,利用系数如下表所示(利用 RI 查表确定利用系数时,可不采取插值法,直接取表中最接近的数值),若要满足照度要求,计算所需灯具最少数量为下列哪项数值? (　　)

顶棚有效反射比(%)	70				50			20
墙面平均反射比(%)	50	50	30	30	50	30	30	30
地面有效反射比(%)	20	10	20	10	20	20	10	10
室型指数 RI	利用系数(%)							
0.6	53	52	46	45	52	45	45	44
0.8	64	62	56	55	62	55	55	54
1.0	71	69	64	62	69	63	62	61
1.3	80	77	73	71	78	72	70	70
1.5	85	82	79	76	82	77	75	74
2.0	92	87	86	83	89	84	82	81
2.5	96	92	92	88	93	90	87	85
3.0	100	95	96	93	97	93	90	89
4.0	104	97	100	95	100	97	93	92
5.0	106	100	103	97	102	100	96	94

(A)16 盏　　(B)18 盏

(C)19 盏　　(D)20 盏

解答过程：

3. 与办公室邻贴的卫生间长 5m，宽 2.8m，顶棚高度 2.8m，灯具嵌入式安装，采用 15W LED 筒灯，每盏光通量 1000lm，利用系数 0.5，维护系数 0.75，通常卫生间照度标准值为 75lx，功率密度限值目标值为 3.0W/m^2，关于灯具数量、照度和功率密度值的要求，下列正确的是哪项？（　　）

(A)安装 2 盏 LED 筒灯，不满足照度标准值和功率密度限值目标值的要求

(B)安装 2 盏 LED 筒灯，满足照度标准值，但不满足功率密度限值目标值的要求

(C)安装 3 盏 LED 筒灯，满足照度标准值，但不满足功率密度限值目标值的要求

(D)安装 3 盏 LED 筒灯，满足照度标准值和功率密度限值目标值的要求

解答过程：

4. 该办公楼内有一带有装饰性照明的普通用途功能房间，房间面积 200m^2，安装灯具的总功率为 2800W，其中装饰性照明灯具 800W，其他照明灯具 2000W，下列关于该房间照度标准值和功率密度限值的要求，正确的是哪项？（　　）

(A)计算功率密度值为 12W/m^2，此场所为带有装饰性照明场所，照度标准应该增加一级，功率密度值也应该按比例提高

(B)计算功率密度值为 12W/m^2，此场所为带有装饰性照明场所，但照度标准和功率密度限值均不应增加

(C)计算功率密度值为 14W/m^2，此场所为带有装饰性照明场所，照度标准应该增加一级，功率密度值也应该按比例提高

(D)计算功率密度值为 14W/m^2，此场所为带有装饰性照明场所，但照度标准和功率密度限值均不应增加

解答过程：

5. 该办公楼有一展厅，长 16m，宽 14m，顶棚高度 3.0m，展厅内表面反射比分别为顶棚 0.7、墙面 0.5、地板面 0.1。外墙玻璃总面积 $40m^2$，反射比 0.35。LED 平面灯具吸顶安装，则该房间墙面平均反射比为下列哪项数值？（　　）

(A)0.43　　(B)0.47
(C)0.52　　(D)0.56

解答过程：

> 题 6 ~ 10：某无人值守的 110kV 变电站，直流系统标称电压为 220V，采用直流控制与动力负荷合并供电。蓄电池采用阀控式密封铅酸蓄电池（贫液），单体 2V，放电终止电压区 1.85V，电池相关参数见《电力工程直流系统设计技术规程》（DL/T 5044—2014）附录部分。

6. 直流系统负荷电流曲线如下图所示，随机（5s）冲击负荷电流为 5A，采用阶梯计算法计算蓄电池 10h 放电率计算容量最接近以下哪项数值？（　　）

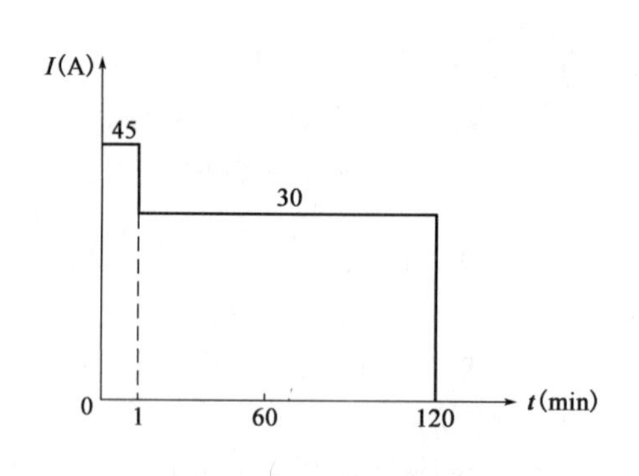

(A)54Ah　　(B)122.6Ah
(C)126.3Ah　　(D)127.9Ah

解答过程：

7. 如下图所示，其中熔断器 F1 额定电流应为下列哪项数值？（配合系数取 2.0）（　　）

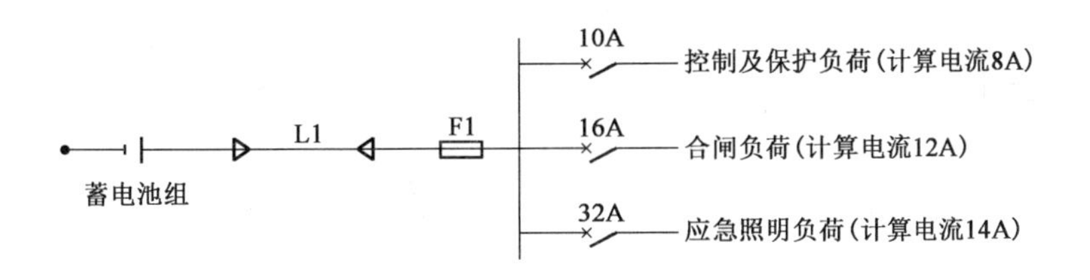

(A)40A　　　　(B)63A

(C)80A　　　　(D)100A

解答过程:

8. 直流系统接线如下图所示,其中蓄电池出口短路电流值为1.2kA,电缆L1长度120m,电阻系数$\rho = 0.0184\Omega \cdot mm^2/m$,断路器S1额定电流为50A,采用标准型C型脱扣器,该断路器的灵敏系数为下列哪项数值?(标准型C型脱扣器瞬时脱扣范围为$7I_n \sim 15I_n$,忽略图中其他未知阻抗)　　(　　)

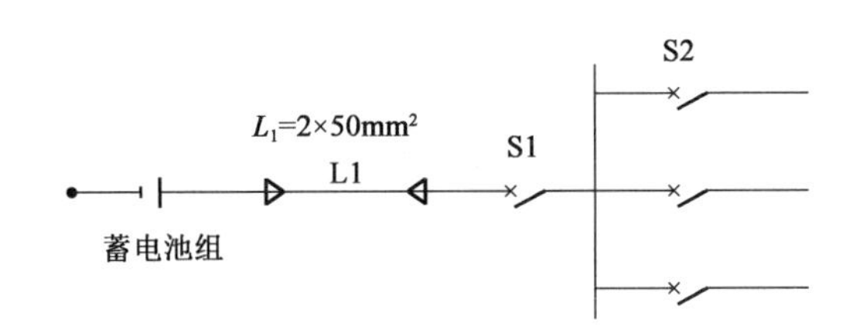

(A)1.08　　　　(B)1.29

(C)2.32　　　　(D)2.77

解答过程:

9. 系统直流负荷统计如下:控制与保护装置容量5kW,断路器跳闸装置容量0.1kW,恢复重合闸装置容量0.3kW,事故照明装置容量6kW,DC/DC变换装置容量5kW。充电装置采用一组单个模块,电流为10A的高频开关电源,充电时蓄电池与直流母线不脱开,蓄电池容量为200Ah。计算充电装置所需模块数量为下列哪项数值?

(　　)

(A)4　　(B)5

(C)7　　(D)11

解答过程：

10. 某 10kV 开关柜，断路器合闸电源由直流配电屏直接配出，配电电缆采用单根铜芯电缆，长度为 300m，合闸线圈电流为 3A，该配电电缆截面面积最小值应为下列哪项数值？（电缆载流量取 $1A/mm^2$，允许电压降取规范允许最大值）　（　　）

(A)$1.5mm^2$　　(B)$2.5mm^2$

(C)$4mm^2$　　(D)$6mm^2$

解答过程：

题 11～15：某厂房内设置一座 10/0.4kV 变电所，10kV 电源引自上级 35/10kV 变电站，该变电站为独立建筑物，建筑物长 48m，宽 24m，土壤电阻率为 $100\Omega \cdot m$。10kV 系统为不接地系统，厂房内 10/0.4kV 变压器中性点接地与保护接地共用一个接地装置，接地电阻 R_b 为 1Ω，厂房内采用等电位连接。请回答下列相关问题，并列出解答过程。（计算接地电阻时，不采用简易算法）

11. 35/10kV 变电站采用独立的人工接地装置，距离建筑物基础 1m 处围绕建筑物设置一圈 40×4mm 扁钢的水平环形接地体埋深 1.0m，水平接地极的形状系数取 1，忽略自然接地体的影响，计算该变电所人工接地装置的工频接地电阻最接近下列哪项数值？　（　　）

(A)0.51Ω　　(B)1.00Ω

(C)1.57Ω　　(D)1.80Ω

解答过程：

12. 距离 35/10kV 变电站基础外 1m 处设有一圈水平环形接地体，接地体采用 40×4mm 扁钢接地体，埋深 1.0m，防雷专用引下线连接到环形接地体，计算该引下线的冲击接地电阻最接近下列哪项数值？（水平接地极的形状系数取 -0.18，忽略自然接地体的影响）　（　　）

(A)1.44Ω　　　　　　(B)4.44Ω

(C)5.16Ω　　　　　　(D)10.05Ω

解答过程:

13. 如果厂房内10kV侧出现单相接地故障,接地故障电流为15A,下图中用电设备的相导体与设备外壳之间的电压 U_1 、设备外壳与所在地面之间的电压 U_f 为下列哪组数值?　　(　　)

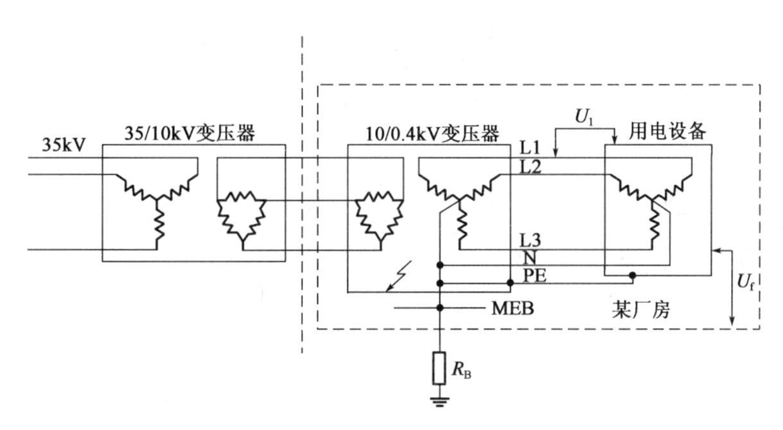

(A) $U_1=235V$, $U_f=15V$　　　　(B) $U_1=220V$, $U_f=15V$

(C) $U_1=235V$, $U_f=0V$　　　　(D) $U_1=220V$, $U_f=0V$

解答过程:

14. 室外用电设备采用TN-S系统供电,若厂房内10kV侧出现单相接地故障,接地故障电流为15A,下图中用电设备的相导体与设备外壳之间的电压 U_1 、设备外壳与地面之间的电压 U_f 为下列哪组数值?　　(　　)

(A) U_1 = 220V , U_f = 0V　　　　(B) U_1 = 220V, U_f = 15V

(C) U_1 = 235V , U_f = 0V　　　　(D) U_1 = 235V, U_f = 15V

解答过程:

15. 室外用电设备采用 TT 系统供电，用电设备就地设置接地极，接地电阻 R_a 为 2Ω，若厂房内 10kV 侧出现单相接地故障，接地故障电流为 15A，下图中用电设备的相导体与设备外壳之间的电压 U_1、设备外壳与地面之间的电压 U_f 为下列哪组数值？

( )

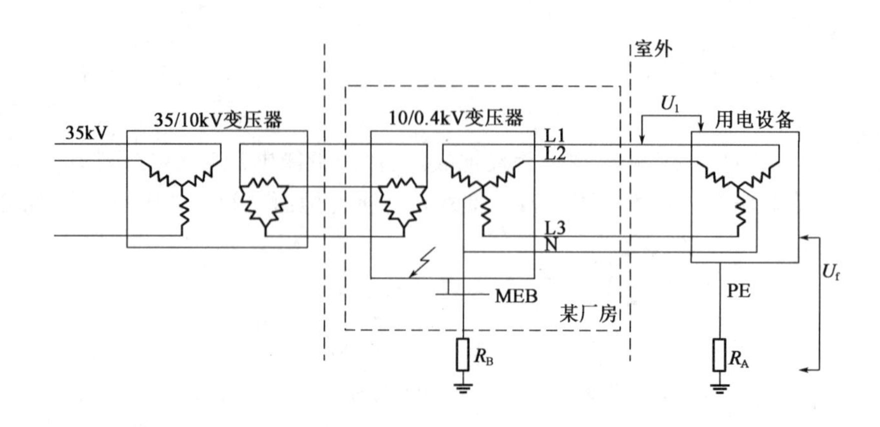

(A) $U_1 = 220V$, $U_f = 0V$

(B) $U_1 = 235V$, $U_f = 0V$

(C) $U_1 = 280V$, $U_f = 0V$

(D) $U_1 = 235V$, $U_f = 15V$

解答过程：

题 16～20：某变电站安装两台 110/10kV、31.5MVA 变压器，110kV 配电装置采用线路变压器组接线，10kV 采用单母线分段接线，分列运行，请回答下列相关问题，并列出解答过程。（忽略未知阻抗）

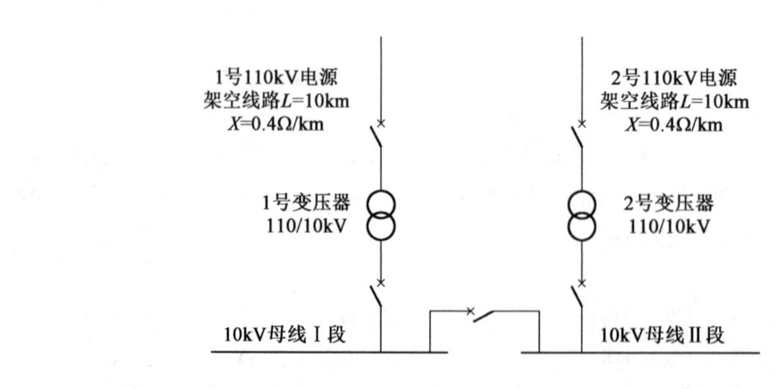

16. 若将该变电站变压器扩容至 50MVA，配变压器选用相同规格，并将 10kV 母线最大三相短路电流限制在 20kA 以下，新装变压器的最小短路阻抗电压应不小于下列哪项数值？（假定电源侧为无限大系统）

( )

(A)9.25%　　(B)10.75%

(C)12.25%　　(D)12.75%

解答过程：

17. 该变电站10kV馈线采用电缆线路，总长度为22km，10kV系统采用消弧线圈接地方式，每段10kV母线配置一台消弧线圈，单台消弧线圈按全站考虑，其容量最接近下列哪项数值？（　　）

(A)180kVA　　(B)200kVA

(C)250kVA　　(D)300kVA

解答过程：

18. 某35/10kV变电站接线如下图所示，变压器出线侧10kV断路器的额定关合电流应不小于下列哪项数值？（忽略未知阻抗）（　　）

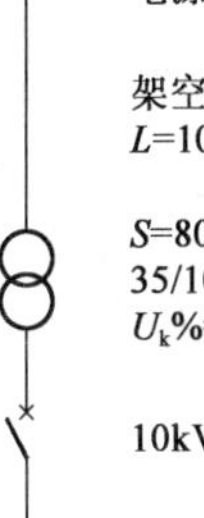

(A)4.5kA　　(B)6.8kA

(C)9.0kA　　(D)11.5kA

解答过程：

19. 某厂房位于海拔1500m处,其应急照明电源由一台专用EPS装置提供,应急照明总容量为5kW,关于EPS额定输出功率应为下列哪项数值? ( )

(A)5.5kW (B)6.0kW

(C)6.5kW (D)7.0kW

解答过程:

20. 一台交流弧焊机,额定电压为单相380V,容量为20kVA,额定负载持续率为60%,采用断路器保护,计算断路器长延时和瞬时过电流脱扣器的最小整定值应为下列哪组数值? ( )

(A)31A,113A (B)42A,117A

(C)42A,151A (D)53A,195A

解答过程:

题21~25:请回答以下关于电动机启动、制动及控制相关问题。

21. 断续周期工作制的某轧钢机输入辊道交流绕线型电动机技术数据为:P_e = 75kW, FC = 40%, U_{2e} = 325V, I_{2e} = 105A,按S4及S6工作制 Z = 310次/h,采用频敏变阻器实现启动控制,计算铜导线频敏变阻器2串2并星形接线使用时的每台铁芯片数、绕组匝数和绕组导体截面面积应为下列哪组数值? ( )

(A)6片,28匝,8mm^2 (B)8片,32匝,12mm^2

(C)8片,40匝,20mm^2 (D)32片,40匝,20mm^2

解答过程:

22. 交流鼠笼型异步电动机参数为:U_e = 380V, P_e = 22kW, $\cos\varphi$ = 0.8, η = 0.85, I_{kZ}/I_{ed} = 45%, FC = 40%,定子相电阻 R_d = 0.19Ω,制动电源(距电动机50m), U_{zd} = DC110V,制动回路采用一根2×10mm^{2}电缆(ρ = 0.018×10^{-6}Ω·m),能耗制动电流按$3I_{kz}$考虑,不计其他电阻,计算制动回路外加电阻R_{zl}应为下列哪项数值?

( )

(A)1.1Ω　　(B)1.19Ω

(C)1.29Ω　　(D)1.38Ω

解答过程:

23.某离心式水泵所配异步交流电动机数据为:额定电压 U_e = 10kV,额定功率400kW,定子绕组级数4,最大转矩/额定转矩 $M_{max}/M_e = 2$,额定转速1475r/min,假设电压降低时电动机的最大转矩(临界转矩)标幺值与电动机在临界转差率时的机械静组转矩标幺值差值为0.15时,是电动机稳定运行的最低端电压,计算该电压值为下列哪项数值? (　　)

(A)7246V　　(B)7756V

(C)8250V　　(D)8500V

解答过程:

24.下图为交流异步电动机星—三角启动原理图,该电动机受PLC(可编程控制器)控制。请分析判断原理图中Ⅰ、Ⅱ、Ⅲ、Ⅳ有几个环节存在错误?并说明理由。 (　　)

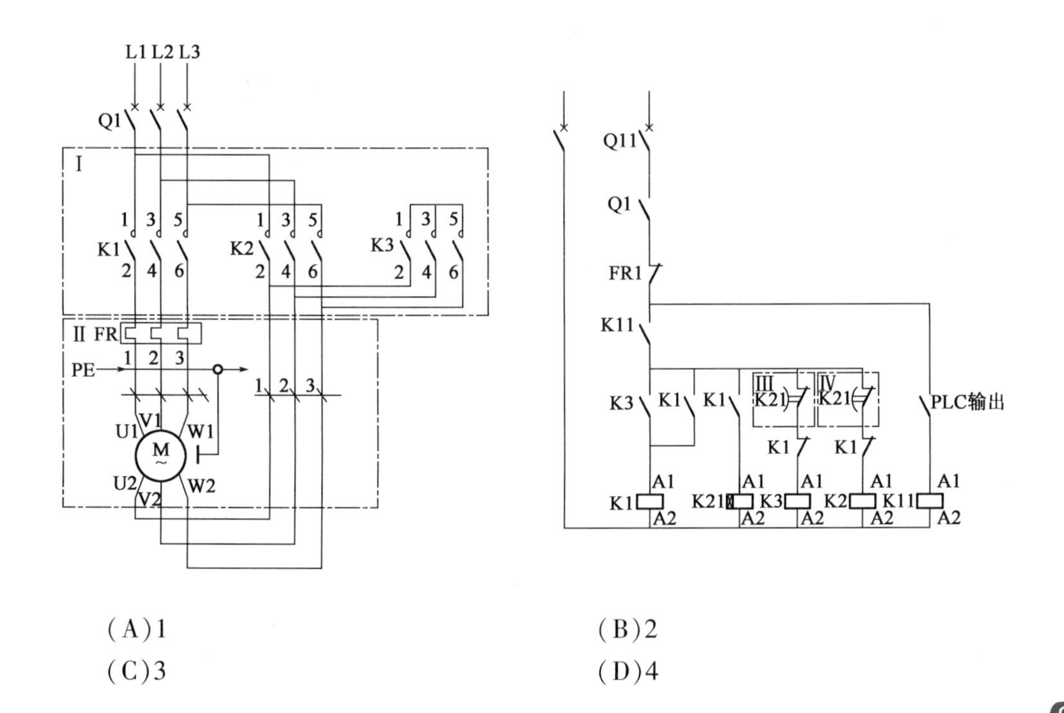

(A)1　　(B)2

(C)3　　(D)4

解答过程：

25. 某交流异步电动机采用自耦变压器降压启动，电动机主回路接线、PLC 系统接线和 PLC 系统控制逻辑梯形图如下图所示，T1 为 PLC 系统内部计时器。梯形图中的 a、b、c 三处正确的编码为下列哪个选项？请说明理由。（ ）

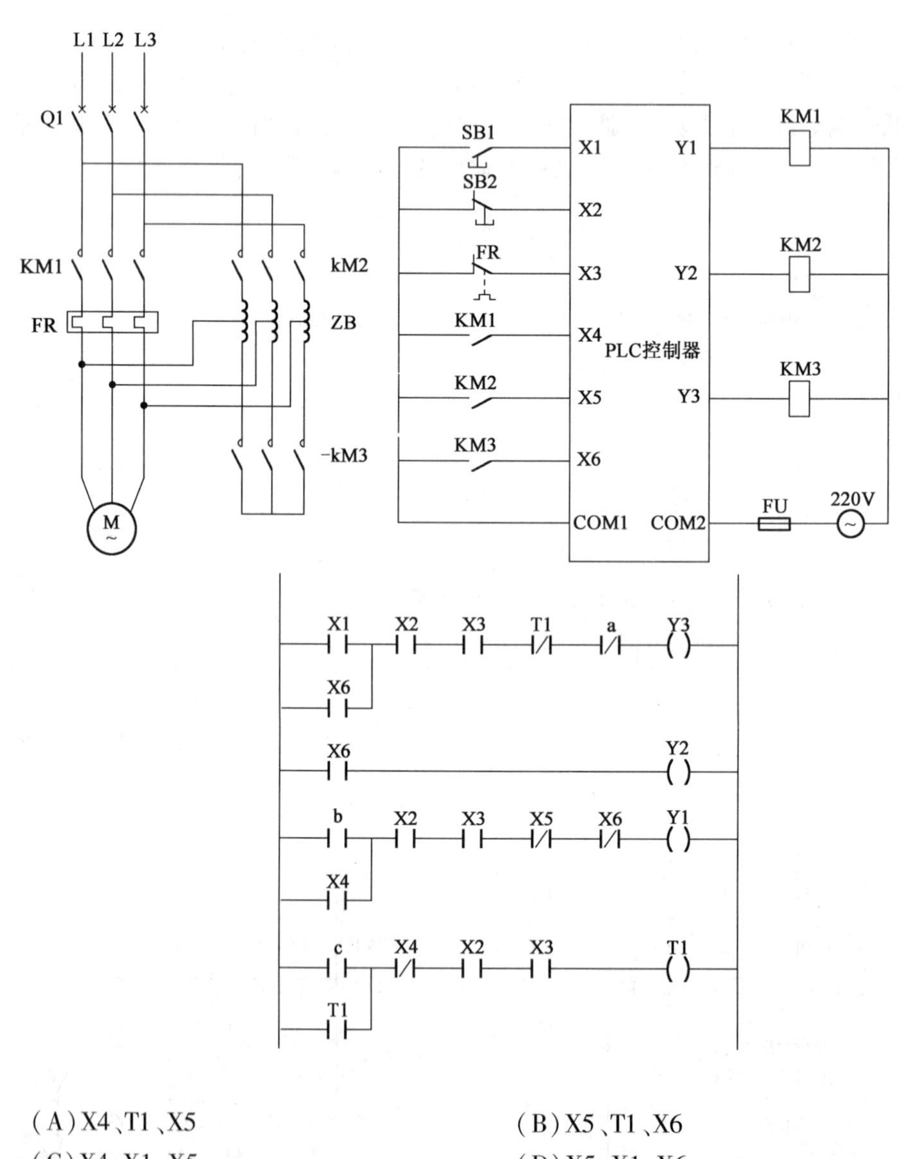

(A) X4、T1、X5　　(B) X5、T1、X6

(C) X4、X1、X5　　(D) X5、X1、X6

解答过程：

题 26 ~ 30：某企业用 110kV 架空线路供电，全程设单避雷线（无耦合线），导线选用 LGJ-150/25，外径 17.1mm，计算截面面积 173.11mm^2，单位质量 601kg/km，破坏强度 29kg/mm^2，按第七典型气象区设计。

26. 假定距离线路 70m 处的地面受雷击，离雷击点最近一档的导线平均高度为 10m，计算导线上的感应电压最大值最接近下列哪项数值？（ ）

(A)196.43kV　　(B)235.71kV

(C)307.14kV　　(D)357.14kV

解答过程：

27. 该线路在陆地上某耐张段导线的平均高度为 12m，为确定杆塔的水平荷载，试计算最大风速且覆冰为 10mm 时导线单位长度上的风荷载最接近下列哪项数值？（ ）

(A)13.03N/m　　(B)14.24N/m

(C)16.04N/m　　(D)17.51N/m

解答过程：

28. 该线路在陆地某处有一跨越档，导线的平均高度为 18m，风压不均匀系数取 0.61，在最大风无冰条件下，该档内导线的综合比载最接近下列哪项数值？（ ）

(A)0.04N/(m·mm^2)　　(B)0.043N/(m·mm^2)

(C)0.05N/(m·mm^2)　　(D)0.052N/(m·mm^2)

解答过程：

29. 下图为该线路某一耐张段内三基直线杆塔的塔头部分示意图（尺寸单位：m），已知该耐张段导线的安全系数为 3，导线的垂直比载取 9.77N/(m·mm^2)，计算直线塔杆 B 的垂直档距为下列哪项数值？（ ）

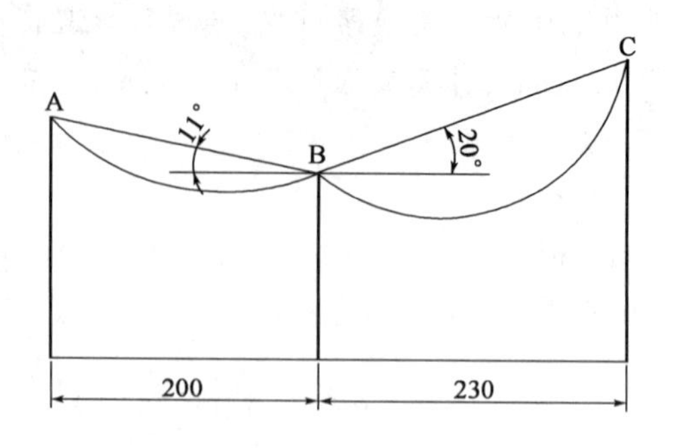

(A)209.59m (B)214.35m

(C)214.45m (D)220.41m

解答过程：

30. 如图所示，A、B、C为某耐张段施工的三基直线塔杆（尺寸单位：m），导线悬挂高度相同，该耐张段的代表档距为150m，各种代表档距下不同温度条件下的百米弧垂见下表（已考虑导线初伸长对弧垂的影响），架线施工时的温度为20℃，确定A-B档和B-C档的架线弧垂为下列哪组数值？ （ ）

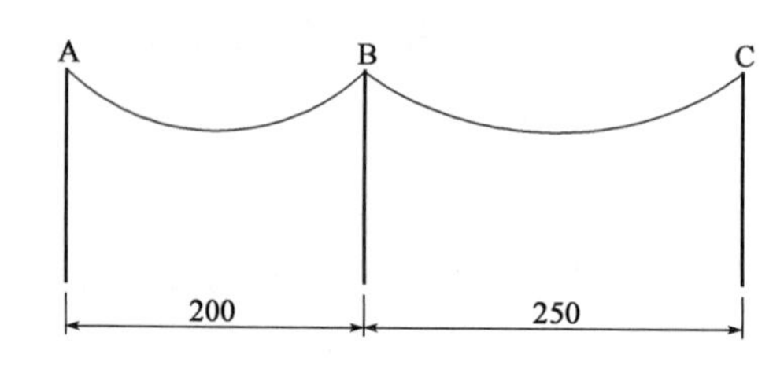

代表档距(m)	100			150			200			250		
温度(℃)	10	20	30	10	20	30	10	20	30	10	20	30
弧垂(m)	0.65	0.72	0.82	0.51	0.56	0.62	0.55	0.61	0.66	0.63	0.67	0.71

(A)0.61m,0.67m (B)2.04m,3.19m

(C)2.04m,3.19m (D)2.88m,4.5m

解答过程：

题31～35：请回答以下问题。

31. 某企业工业场地内有乙类仓库、消防水泵房的建筑群。拟采用如下设计方案：

企业 10kV 电源架空线路经过厂区附近,线路杆高 12m,线路距乙类厂房最近点的水平距离为 15m,如下图所示。消防水泵选用矿物绝缘类不燃性电力电缆沿水泵房两侧墙壁明敷设。低压配电室备用照明在 0.75m 水平面的照度为 100lx。请分析判断该设计方案有几处不符合规范要求,并给出依据。（　　）

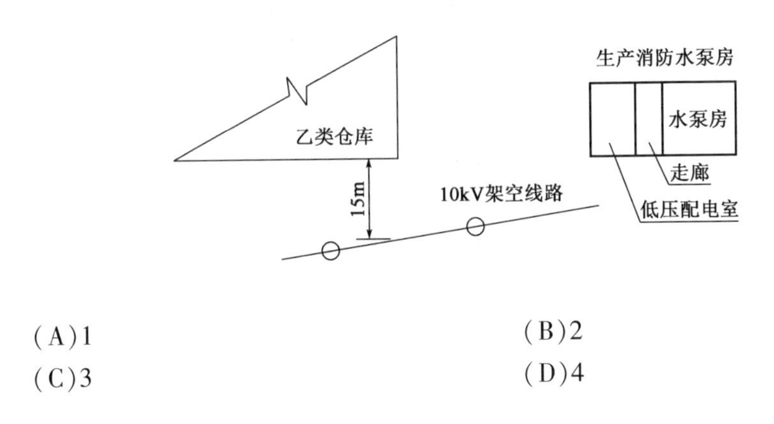

(A)1　　(B)2

(C)3　　(D)4

解答过程:

32. 某 380/220V TN-S 低压配电系统如下图所示,变压器中性点接地电阻为 4Ω,由一级配电箱向 A、B 供电的电缆均为 5 芯,相线、N 线与 PE 线截面相等,PE 线在二级配电箱处均做重复接地,接地电阻均为 4Ω。已知变压器电阻为 0.02Ω,各相线单位长度电阻均为 5.5Ω/km,忽略大地及其他未知导体电阻与电抗影响,当配电箱 B 处发生相线对设备外壳单相接地故障时,计算一级配电箱外壳处的接触电压值最接近下列哪项数值?（　　）

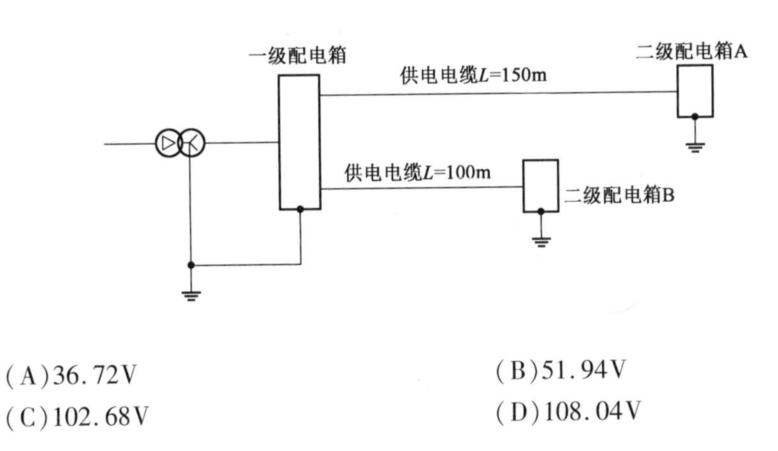

(A)36.72V　　(B)51.94V

(C)102.68V　　(D)108.04V

解答过程:

33. 某660V低压配电系统图如下图所示，变压器中性点接地电阻 R 为60Ω。三相用电设备A、B在设备安装出做保护接地，接地电阻均为10Ω。由配电箱向用电设备A、B供电的电缆均为3芯，截面相等。已知变压器电阻为0.02Ω，各相线单位长度电阻均为5.5Ω/km，忽略其他未知电阻、电抗以及设备和电缆泄露电流的影响。当设备B处发生相线对设备外壳接地故障时，设备B外壳故障电压最接近下列哪项数值？ (　　)

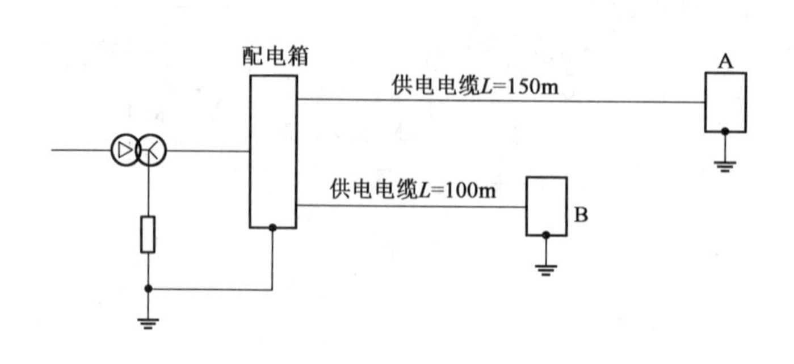

(A)7.1V　　　　(B)31.1V

(C)47.2V　　　　(D)53.8V

解答过程：

34. 某车间10/0.4kV变电所供配电系统示意图见下图，采用TN-S系统给车间内设备供电，设备间设置二级配电箱1个，为动力设备供电，电缆芯线中不含保护导体，保护导体单独敷设，以点划线表示。四芯电缆线路各导体单位长度的阻抗值为0.86mΩ/m，三芯电缆线路各导体单位长度的阻抗值为1.35mΩ/m，保护导体单位长度阻抗值为0.97mΩ/m，总等电位联结箱接地电阻为4Ω，忽略电抗以及其他未知电阻影响。当固定用电设备发生接地故障时，ab间保护导体的最大长度为下列哪项数值？ (　　)

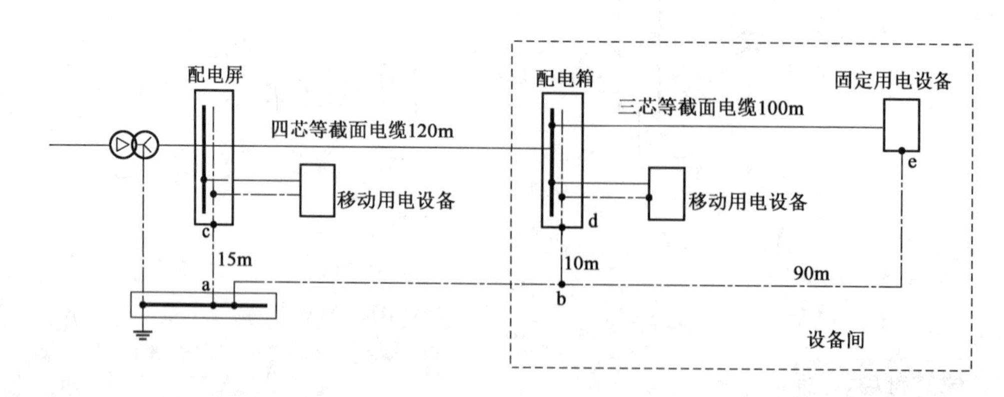

(A)36m　　　　(B)88m

(C)99m　　　　(D)103m

解答过程：

35. 已知交流电路径为手到手的人体总阻抗见下表，偏差系数 $F_D(5\%)=0.8$，$F_D(95\%)=1.4$。当接触电压为400V，人体总阻抗为不超过被测对象5%，电路路径仅为双手到双脚时，接触电流最接近下列哪项数值？（忽略阻抗中的电容分量及皮肤阻抗） （ ）

接触电压(V)	不超过被测对象的95%的人体阻抗值(Ω)
400	1275
500	1150

(A) 1.1A (B) 0.63A

(C) 0.55A (D) 0.32A

解答过程：

题36～40：请回答下列关于消防与安防的问题。

36. 某煤干车间地面面积为3150m²，室内高度为8m，屋顶坡度为17.5°，使用A1型点型感温火灾探测器保护。已知探测器安装间距 $a=4\text{m}$，采用矩形等距布置，则安装间距 b 的极限值最接近下列哪项数值？ （ ）

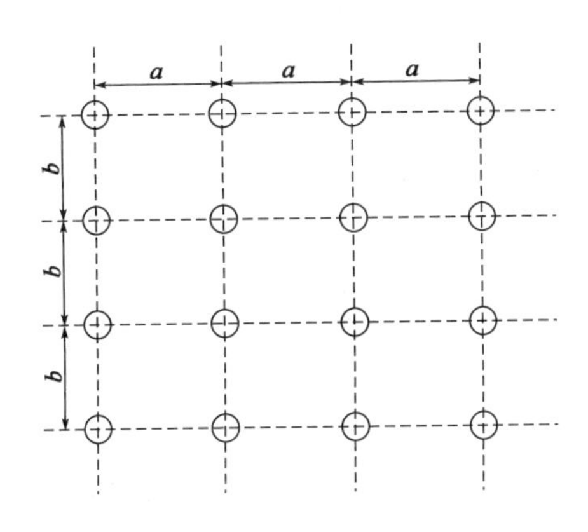

(A) 5.0m (B) 7.5m

(C) 10.2m (D) 10.9m

解答过程：

37. 上题中的煤干车间屋顶有热屏障，车间设有感温火灾探测器，探测器下表面至顶棚或屋顶距离最小值为多少？ （ ）

(A)吸顶安装 (B)250mm

(C)400mm (D)500mm

解答过程：

38. 某省级博物馆地下二层为库区和机电设备用房，机电设备用房由物业管理单位管理，库区由安保人员管理。库区外设置出入口控制的房间为同权限受控区，所有藏品库为同权限受控区，所有珍品库为同权限受控区，库区内需另外授权进入，珍品库的权限高于藏品库。下图配置的双门门禁控制器安装位置有几处错误？请说明理由。 （ ）

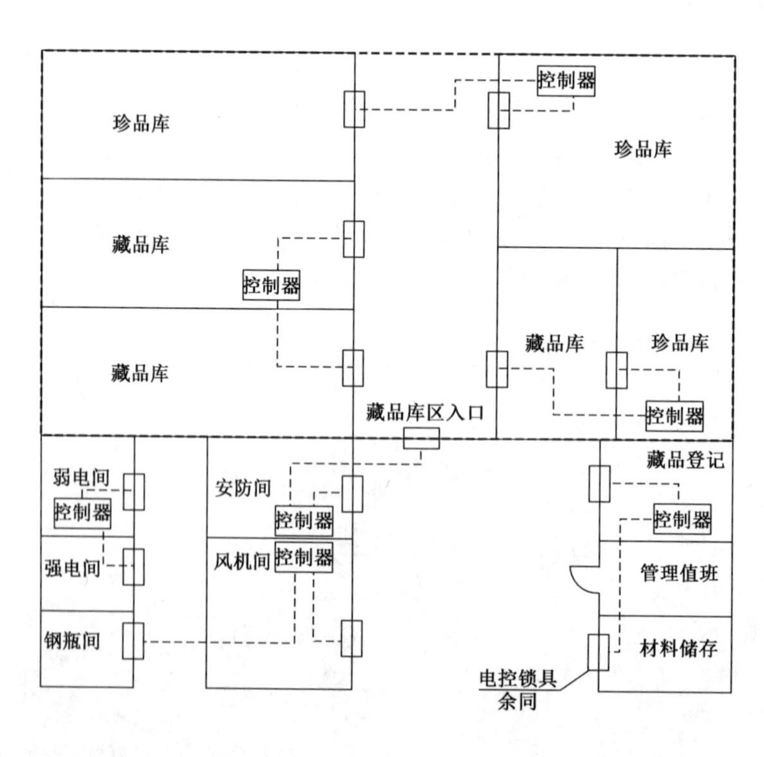

(A)0 (B)1

(C)2 (D)3

解答过程：

39. 上题中所述的博物馆库区选用非编码信号直接驱动电控锁具的联网门禁控制器，上题图中有几处执行部分输入线缆有可能成为被实施攻击的薄弱点，需针对其严格防护？（　　）

(A)2　　(B)3

(C)4　　(D)5

解答过程：

40. 该博物馆建筑消防及安防控制室设在一层，地下二层主要为藏品库房、楼控值班室及安防设备主机房。下列关于安防设计的方案哪项是错误的？请说明理由。（　　）

(A)本设计布线距离不大于80m的IP安防摄像机采用1根六类非屏蔽4对双绞线，布线距离大于或等于80m的IP安防摄像机采用1根4芯单模光纤完成视频信号传输，在安防专用桥架内敷设，接入安防接入层交换机（楼层安防井内）

(B)楼层安防井内设置的接入层接入层交换机采用1根多芯单模光缆在安防竖井的安防专用桥架内敷设，接入安防核心层交换机（安防设备主机房内）

(C)该项目进行视频监控系统集成联网时，可采用数字视频逐级汇聚方式

(D)安防设备主机机房内信号采用1根多芯单模光缆在安防竖井内的安防专用桥架内敷设，与消防及安防控制室内的安防监控设备相连

解答过程：

2019年案例分析试题答案(下午卷)

题1~5答案:**CBDBB**

1.《建筑照明设计规范》(GB 50034—2013)表4.4.1。

第4.4.1条表4.4.1:办公室光源色温为3300~5300K。

第5.3.2条表5.3.2:普通办公室参考平面及其高度为0.75m水平面,显色指数$R_a \geq 80$,眩光$UGR \leq 19$。

2.《照明设计手册》(第三版)P7式(1-9)、P148式(5-48)。

室型指数:$RI = \dfrac{LW}{H(L+W)} = \dfrac{16 \times 8}{(2.85-0.75) \times (16+8)} = 2.5$,查表,利用系数为0.96。

灯具数量:$N = \dfrac{E_{av}A}{\Phi UK} = \dfrac{300 \times 16 \times 8}{2800 \times 0.96 \times 0.8} = 17.86$,故取18盏。

注:设计照度与照度标准值的偏差不应超过10%,若取16盏,则:

$$E_{av} = \frac{N\Phi UK}{A} = \frac{16 \times 2800 \times 0.96 \times 0.8}{16 \times 8} = 268.8 < 270 = 90\% \times 300$$

故不能满足要求。

3.《照明设计手册》(第三版)P7式(1-9)、P148式(5-48)。

室型指数:$RI = \dfrac{LW}{H(L+W)} = \dfrac{2 \times 5 \times 2.8}{2 \times (5+2.8) \times 2.8} = 0.64 < 1$,查表,利用系数为0.96。

第6.3.14条:当房间或场所的室型指数等于或小于1时,其照明功率密度限值应增加,但增加值不超过限值的20%,故功率密度限值为$3 \times 1.2 = 3.6\text{W/m}^2$。

灯具数量:$N = \dfrac{E_{av}A}{\Phi UK} = \dfrac{75 \times 5 \times 2.8}{1000 \times 0.5 \times 0.75} = 2.8$,故取3盏

功率密度:$LPD = \dfrac{15 \times 3}{5 \times 2.8} = 3.2\text{W/m}^2$

4.《建筑照明设计规范》(GB 50034—2013)第6.3.16条。

第6.3.16条:装饰性灯具场所可将实际采用的装饰性灯具总功率的50%计入照明功率密度值的计算。

故功率密度:$LPD = \dfrac{2000 + \dfrac{800}{2}}{200} = 12\text{W/m}^2$

该带有装饰性灯具的办公楼不符合第4.1.2条中有关照度标准值提高一级的任一情况,故照度标准和功率密度值均不应增加。

5.《照明设计手册》(第三版)P147式(5-47)。

墙面反射比：$\rho_{wav}=\dfrac{\rho_w(A_w-A_g)+\rho_g A_g}{A_w}=\dfrac{0.5[(16+14)\times2\times3-40]+0.35\times40}{(16+14)\times2\times3}=0.47$

题 6 ~ 10 答案：**CCACB**

6.《电力工程直流系统设计技术规程》(DL/T 5044—2014)附录 C 式(C.2.3-2)、表 C.3-3。

查得 5s、1min、119min、120min 对应的容量换算系数分别为 $K_{cr}=1.34$，$K_{c1min}=1.24$，$K_{c119min}=0.347$，$K_{c120min}=0.344$。

第一阶段计算容量：$C_{c1}=K_k\dfrac{I_1}{K_c}=1.4\times\dfrac{45}{1.24}=50.81\text{Ah}$

第二阶段计算容量：$C_{c1}=K_k\left(\dfrac{I_1}{K_{c1}}+\dfrac{I_2-I_1}{K_{c2}}\right)=1.4\times\left(\dfrac{45}{0.344}+\dfrac{30-45}{0.347}\right)=122.62\text{Ah}$

随机负荷计算容量：$C_r=\dfrac{5}{1.34}=3.73\text{Ah}$

故总计算容量：$C_c=C_{c2}+C_r=122.62+3.73=126.35\text{Ah}$

7.《电力工程直流系统设计技术规程》(DL/T 5044—2014)附录 A 第 A.3.6 条。

按事故停电时间的蓄电池放电率电流选择：$I_{n1}\geqslant I_1=K_{c-1h}C_{10}=0.344\times150=51.6\text{A}$

按保护动作选择性条件选择：$I_{n2}>K_{c4}I_{nmax}=2\times32=64\text{A}$

综上，熔断器 F1 额定电流：$I_n=80\text{A}$

8.《电力工程直流系统设计技术规程》(DL/T 5044—2014)附录 A 式(A.4.2-4)、附录 G 式(G.1.1-1)。

蓄电池组总电阻：$r=\dfrac{U_n}{I_d}=\dfrac{220}{1200}=0.183\Omega$

电缆电阻：$R=\rho\dfrac{l}{S}=0.0184\times\dfrac{2\times120}{50}=0.088\Omega$

短路电流：$I_{bk}=\dfrac{U_n}{r+R}=\dfrac{220}{0.183+0.088}=810.85\text{A}$

灵敏系数：$K_L=\dfrac{I_{DK}}{I_{DZ}}=\dfrac{810.85}{50\times15}=1.08>1.05$

9.《电力工程直流系统设计技术规程》(DL/T 5044—2014)第 4.1.2 条、第 4.2.6 条和附录 D。

经常负荷电流：$I_{jc}=\dfrac{5\times0.6+5\times0.8}{0.22}=31.8\text{A}$

充电装置额定电流：

$I_r=(1.0\sim1.25)I_{10}+I_{jc}=(1.0\sim1.25)\times\dfrac{200}{10}+31.8=(51.8\sim56.8)\text{A}$

基本模块数量：$n_1=\dfrac{I_r}{I_{me}}=\dfrac{51.8\sim56.8}{10}=5.18\sim5.68$，取 6 个。

附加模块数量：$n_2=1$

总模块数量：$n=n_1+n_2=6+1=7$

10.《电力工程直流电源系统设计技术规程》(DL/T 5044—2014)附录E第E.1.1条式(E.1.1-2)、表E.2-1、表E.2-2。

高速运行时的效率:断路器合闸回路计算电流 I_{ca2} 取合闸线圈合闸电流,$I_{ca2} = 3A$

回路允许压降:$\Delta U_p = 6.5\% U_n = 6.5\% \times 220 = 14.3V$

电缆最小截面面积:$S_{cac} = \dfrac{\rho \cdot 2LI_a}{\Delta U_p} = \dfrac{0.0184 \times 2 \times 300 \times 3}{14.3} = 2.3mm^2$

注:题干中未明确回路长期工作电流 I_{ca1},可忽略。

题11~15答案:**CBDBB**

11.《交流电气装置的接地设计规范》(GB/T 50065—2011)附录A式(A.0.2)。

接地极总长度:$L = 2(48 + 2 + 24 + 2) = 152m$

接地电阻:$R_h = \dfrac{\rho}{2\pi L}\left(\ln\dfrac{L^2}{hd} + A\right) = \dfrac{100}{2\pi \times 152}\left(\ln\dfrac{152^2}{1 \times 0.04/2} + 1\right) = 1.57\Omega$

12.《建筑物防雷设计规范》(GB 50057—2010)附录C式(C.0.2)。

接地体有效长度:$L_e = 2\sqrt{\rho} = 2\sqrt{100} = 20m$

第C.0.3条:当环形接地体周长的一半大于或等于接地体的有效长度时,引下线的冲击接地电阻应为从与引下线的连接点起沿两侧接地体各取有效长度的长度算出的工频接地电阻,换算系数应等于1,故接地极总长度取 $L = 2L_e = 2 \times 20 = 40m$

接地电阻:$R_h = \dfrac{\rho}{2\pi L}\left(\ln\dfrac{L^2}{hd} + A\right) = \dfrac{100}{2\pi \times 40}\left(\ln\dfrac{40^2}{1 \times 0.04/2} - 0.18\right) = 4.43\Omega$

查图C.0.1,换算系数 $A=1$,故冲击电阻 $R_{\sim} = R_h = 4.43\Omega$

13.《低压电气装置 第4-44部分 安全防护电压骚扰和电磁骚扰防护标准》(GB/T 16895.10—2010)第442.2条、图44.A1和表44.A1"TN系统"。

用电设备的相导体与设备外壳之间的电压:$U_1 = U_0 = 220V$

建筑物内电气装置的低压设备的外露可导电部分是用保护导体与总等电位联结相连结时,设备外壳与所在地面之间的电压为零,即 $U_f = 0V$。

14.《低压电气装置 第4-44部分 安全防护电压骚扰和电磁骚扰防护标准》(GB/T 16895.10—2010)第442.2条、图44.A1和表44.A1"TN-S系统"。

用电设备的相导体与设备外壳之间的电压:$U_1 = U_0 = 220V$

厂房外设备无等电位联结相连接时,设备外壳与所在地面之间的电压:

$U_f = I_E R_E = 15V$

15.《低压电气装置 第4-44部分 安全防护电压骚扰和电磁骚扰防护标准》(GB/T 16895.10—2010)第442.2条、图44.A1和表44.A1"TT系统"。

用电设备的相导体与设备外壳之间的电压:$U_1 = U_0 + I_E R_E = 220 + 15 = 235V$

R_a 无电流流过,设备外壳与所在地面之间的电压:$U_f = 0V$。

题16~20答案:**CBDBD**

16.《工业与民用供配电设计手册》(第四版)P281表4.6-3。

线路电抗标幺值：$X_{l*}=xl\frac{S_B}{U_B^2}=10\times0.4\times\frac{100}{115^2}=0.03$

变压器电抗标幺值：$X_{T*}=\frac{U_k\%}{100}\cdot\frac{S_B}{S_{NT}}=\frac{U_k\%}{100}\times\frac{100}{50}=0.02U_k\%$

短路电流有名值：$I_{k1}=\frac{I_B}{X_\Sigma}=\frac{5.5}{0.03+0.02U_k\%}=20\Rightarrow U_k\%=12.25$

17.《工业与民用供配电设计手册》(第四版)P302 式(4.6-35)、P303 表 4.6-10。

单相接地电容电流(考虑变电站电力设备增加的接地电容电流百分比)：

$I_c=0.1U_nL(1+16\%)=0.1\times10\times22\times1.16=25.52\text{A}$

《导体和电器选择设计技术规定》(DL/T 5222—2005)第 18.1.4 条式(18.1.4)。

消弧线圈补偿容量：$Q=1.35I_c\frac{U_n}{\sqrt{3}}=1.35\times25.52\times\frac{10}{\sqrt{3}}=199\text{kVA}$

18.《导体和电器选择设计技术规定》(DL/T 5222—2005)第 9.2.6 条、附录 F 表 F.4.1。

第 9.2.6 条：断路器的额定关合电流，不应小于短路电流的最大冲击值(第一个大半波电流峰值)。

《工业与民用供配电设计手册》(第四版)P281 表 4.6-3。

线路电抗标幺值：$X_{l*}=xl\frac{S_B}{U_B^2}=10\times0.3\times\frac{100}{37^2}=0.22$

变压器电抗标幺值：$X_{T*}=\frac{U_k\%}{100}\cdot\frac{S_B}{S_{NT}}=\frac{8}{100}\times\frac{100}{8}=1$

短路电流有名值：$I_{k1}=\frac{I_B}{X_\Sigma}=\frac{5.5}{1+0.22/2}=4.51\text{kA}$

查表 F.4.1，冲击系数 $k=1.8$，则冲击电流为：$i_p=1.8\sqrt{2}I_k=2.55\times4.51=11.50\text{kA}$。

19.《工业与民用供配电设计手册》(第四版)P103 表 2.6-4、P105“EPS 容量选择”。

灯具数量：$N=\frac{E_{min}A}{\Phi_1\eta UU_1K}=\frac{5\times10000}{180\times120\times0.95\times0.5\times0.7\times0.7}=9.95$，取 10 个。

灯具总功率：$P=10\times(180+1)=1810\text{W}$

EPS 所供负载中同时工作负荷容量的 1.1 倍，查表 2.6-4，变电站海拔为 1500m，其降额系数 $k=0.95$，故修正后的 EPS 的容量：$P_{EPS}\geqslant\frac{1.1P_e}{k}=\frac{1.1\times5}{0.95}=5.8\text{kW}$。

20.《工业与民用供配电设计手册》(第四版)P1160 式(12.4-3)、表 12.4-1。

断路器长延时过电流脱扣器的整定电流：$I_{n1}\geqslant KI_e\sqrt{\varepsilon}=1.3\times\frac{20}{0.38}\times\sqrt{0.6}=53\text{A}$

断路器瞬时过电流脱扣器的整定电流：$I_{n3}\geqslant KI_e=3.7\times\frac{20}{0.38}=194.7\text{A}$

题 21 ~25 答案:**CAABA**

21.《钢铁企业电力设计手册》(下册)P122 式(24-18),P124 式(24-20)、式(24-21)。

电动机系数:$C_e = \frac{\sqrt{3}U_{ze}I_{ze}}{10^3 P_e} = \frac{\sqrt{3} \times 325 \times 105}{10^3 \times 75} = 0.79$

铁芯总片数:$\sum N = K_N C_z P_e = 0.57 \times 0.79 \times 75 = 33.69$,取 32 片,2 串 2 并星形接线,每台片数 $N=8$。

绕组匝数:$W = K_w \frac{U_{ze}}{C}\sqrt{\frac{n}{C_z P_e N}} = 2.62 \times \frac{325}{2} \times \sqrt{\frac{4}{0.79 \times 75 \times 8}} = 39.16$,取 40 匝。

每小时折算起动次数 $Z=310$ 次/h,查表 24-24 可知,$t_q Z \leqslant 1000\text{s/h}$;查表 24-29 可知,电流密度 $j_e = 2.8\text{A/mm}^2$。

导体截面面积:$S = \frac{I_{ze}}{bj_e} = \frac{105}{2 \times 2.8} = 18.75\text{mm}^2$,取 20mm^2。

22.《钢铁企业电力设计手册》(下册)P114 例题。

电动机额定电流:$I_N = \frac{P}{\sqrt{3}U_n \eta \cos\varphi} = \frac{22}{\sqrt{3} \times 0.38 \times 0.8 \times 0.85} = 49.16\text{A}$

制动电流为空载电流 3 倍:$I_{zd} = 3I_{kz} = 3 \times 0.45 I_{ed} = 3 \times 0.45 \times 49.16 = 66.37\text{A}$

制动回路的全部电阻:$R = \frac{U_{zd}}{I_{zd}} = \frac{110}{66.37} = 1.66\Omega$

供电电缆采用截面面积为 10mm^2,长 50m 的铜芯电缆,其电阻为:

$R_1 = \rho \frac{l}{A} = 0.018 \times 10^{-6} \times \frac{2 \times 50}{10 \times 10^{-6}} = 0.18\Omega$

制动回路全部电阻由电动机定子两相绕组电阻、供电电缆电阻及外加电阻组成,则回路外加电阻:$R_{ad} = R - (2R_d + R_1) = 1.66 - (2 \times 0.19 + 0.18) = 1.1\Omega$。

23.《钢铁企业电力设计手册》(下册)P260 式(24-110)、式(24-111)、式(24-115)及例题。

电动机的临界转差率:

$s_{lj} = s_e(M_{*\max} + \sqrt{M_{*\max}^2 - 1}) = \frac{1500 - 1475}{1500} \times (2 + \sqrt{2^2 - 1}) = 0.062$

水泵的静阻转矩:$M_{*j} = 0.15 + 0.85n_*^2 = 0.15 + 0.85 \times (1 - 0.062)^2 = 0.90$

最低电压运行时,电动机产生的最大转矩:

$M'_{*\max} = M_{*\max}\left(\frac{U_{\min}}{U_e}\right)^2 \Rightarrow 0.9 + 0.15 = 2 \times (\frac{U_{\min}}{10})^2$

计算可得:$U_{\min} = 7.246\text{kV} = 7246\text{V}$

24.《钢铁企业电力设计手册》(下册)P99"24.2.2 星形—三角形降压起动"。

星形—三角形降压起动适用于正常运行时绕组为三角形接线,且具有 6 个出线端子的低压笼型电动机。因此起动时,k1 和 k3 吸合,电动机线圈处于星形接法;定时器 k21 动作后,k3 断开,k2 吸合,电动机线圈处于三角形接法,正常运行。对照图 24.3"星形—三角形起动原理图",可知:

Ⅰ:三角形接法有误,应修正为 k2-2 接 W2,k2-4 接 U2,k2-6 接 V2。

Ⅱ:无错误,电机线圈的 6 个抽头。

Ⅲ:图示为延时闭合的动断触点有误,应采用延时断开的动断触点。

Ⅳ:无错误,图示为延时闭合的动合触点,即定时器计时到,控制 -k2 吸合。

25.《钢铁企业电力设计手册》(下册)P99"24.2.5 自耦变压器降压起动"。

自耦降压起动二次控制回路启动过程:按下 SB1 启动,kM3 动作吸合,然后 kM2 动作吸合,利用自耦变压器降压启动,kM1 不动作;时间继电器的计时完成,kM2 和 kM3 释放,kM1 动作吸合,则起动完成。

(1)kM3 与 kM1 不能同时吸合,应采取互锁模式,因此 a 为 kM1 常闭接点,对应 PLC 的硬件 I/O 为 X4。

(2)定时器计时时间到要吸合 kM1(由 PLC 硬件 I/O 的 Y1 输出控制),因此 b 为 T1 常开接点。

(3)定时器的启动计时条件是 kM2 吸合,因此 c 为 kM2 常开接点,对应 PLC 的硬件 I/O 为 X5。

题 26 ~ 30 答案:**CCDAC**

26.《电力工程高压送电线路设计手册》(第二版)P125 ~ P131 式(2-7-13)、式(2-7-14)、式(2-7-46),P134 表 2-7-8、表 2-7-9。

无地线时导线上的感应过电压最大值:$U_i \approx 25\dfrac{I \times h_{av}}{S} = 25 \times \dfrac{100 \times 10}{70} = 357.14\text{kV}$

查表 2-7-8,几何耦合系数 $k_0 = 0.114$;查表 2-7-9,电晕校正系数 $k_1 = 1.25$。

总耦合系数:$k = k_0 k_1 = 0.114 \times 1.25 = 0.14$

有地线时导线上的感应过电压最大值:

$U_{ic} = U_i(1-k) = 357.14 \times (1-0.14) = 307.14\text{kV}$

27.《电力工程高压送电线路设计手册》(第二版)P167 ~ P175 式(3-1-1)、表 3-1-3、表 3-1-4、表 3-1-14、表 3-1-15,P179 表 3-2-3。

第七典型气象区风速为 $v = 30\text{m/s}$,110kV 最大风速对应基准高度为距地面以上 15m,电线风压不均匀系数 $\alpha = 0.75$,电线受风体型系数 $\mu = 1.1$。

距离地面高度 12m 的风速:$v = 30 \times \left(\dfrac{12}{15}\right)^{0.16} = 28.95\text{m/s}$

覆冰时风荷载:

$$g_5 = 0.625v^2(d+2\delta)\alpha\mu_{sc} \times 10^{-3} = 0.625 \times 28.95^2 \times (17.1+20) \times 10^{-3} \times 0.75 \times 1.1$$
$$= 16.04\text{N/m}$$

28.《电力工程高压送电线路设计手册》(第二版)P167 ~ P175 式(3-1-1)、表 3-1-3、表 3-1-4、表 3-1-15,P179 表 3-2-3。

第七典型气象区风速为 $v = 30\text{m/s}$,110kV 最大风速对应基准高度为距地面以上 15m,电线受风体型系数 $\mu = 1.1$。

距离地面高度 18m 的风速:$v = 30 \times \left(\dfrac{18}{15}\right)^{0.16} = 30.89\text{m/s}$

自重力荷载：$g_1 = 9.8p_1 = 9.8 \times 0.61 = 5.89\text{N/m}$

无冰时风荷载：

$$g_4 = 0.625v^2 d\alpha\mu_{sc} \times 10^{-3} = 0.625 \times 30.89^2 \times 17.1 \times 10^{-3} \times 0.61 \times 1.1 = 6.84\text{N/m}$$

无冰时综合比载：$\gamma_6 = \dfrac{g_6}{A} = \dfrac{\sqrt{g_1^2 + g_4^2}}{A} = \dfrac{\sqrt{5.89^2 + 6.84^2}}{173.11} = 0.052\text{N/(m} \cdot \text{mm}^2)$

29.《电力工程高压送电线路设计手册》(第二版)P184 式(3-3-12)。

塔杆 B 的垂直档距：

$$l_v = l_h + \frac{\delta_0}{\gamma_v}\left(\frac{h_1}{l_1} + \frac{h_2}{l_2}\right) = l_h - \frac{\delta_0}{\gamma_v}(\tan\alpha_1 + \tan\alpha_2)$$

$$= \frac{200 + 230}{2} - \frac{29 \times 9.8/3}{9.77}(\tan 11^\circ + \tan 20^\circ) = 209.59\text{m}$$

30.《电力工程高压送电线路设计手册》(第二版)P210 式(3-5-5)。

代表档距 20℃时弧垂：$f_{100} = 0.56\text{m}$

A-B 档的架线弧垂：$f_{AB} = f_{100}\left(\dfrac{l}{100}\right)^2 = 0.56 \times \left(\dfrac{200}{100}\right)^2 = 2.24\text{m}$

B-C 档的架线弧垂：$f_{AB} = f_{100}\left(\dfrac{l}{100}\right)^2 = 0.56 \times \left(\dfrac{250}{100}\right)^2 = 3.50\text{m}$

题 31 ~ 35 答案：**BADCA**

31.《建筑设计防火规范》(GB 50016—2014)。

第 10.2.1 条表 10.2.1：10kV 架空线路与乙类仓库的最近水平距离 $L = 1.5h = 1.5 \times 12 = 18\text{m}$，此为错误 1。

第 10.3.3 条：低压配电室属于发生火灾时仍需正常工作的房间，应设备用照明，其作业面最低照度不应低于正常照明的照度，根据《建筑照明设计标准》(GB 50034—2013)第 5.5.1 条表 5.5.1，配电装置室 0.75m 水平面正常照明的照度为 200lx，此为错误 2。

注：根据第 10.1.10-1 条，当采用矿物绝缘类不燃性电缆时，可直接明敷。

32.《工业与民用供配电设计手册》(第四版)P1455 ~ P1457。

全回路电阻 R 和电流电流 I_d 为：

$$R = 0.02 + 0.55 + 0.55//[4 + 4//(4 + 0.825)] = 1.075\Omega$$

$$I_d = \frac{220}{1.075} = 204.65\text{A}$$

$$U_t = I_t R = \left[204.65 \times \frac{0.55}{0.55 + 4 + 4//(4 + 0.825)} \times \frac{4 + 0.825}{4 + (4 + 0.825)}\right] \times 4 = 36.54\text{V}$$

33.《工业与民用供配电设计手册》(第四版)P1455 ~ P1457。

短路分析：发生故障后，相保回路电流由变压器(0.02Ω)、配电箱 B 的相线 L

(0.1×5.5=0.55Ω)，流经单相接地设备外壳接地电阻(10Ω)，再经变压器接地电阻(60Ω)，返回至变压器中性点，全回路电阻 R 和电流 I_d 为：

$$R = 0.02 + 0.55 + 10 + 60 = 70.57\Omega$$

$$I_d = \frac{660/\sqrt{3}}{70.57} = 54\text{A}$$，故接触电压 $U_t = 5.4 \times 10 = 54\text{V}$

34.《工业与民用供配电设计手册》(第四版)P1455～P1457。

短路分析：发生故障后，相保回路电流由四芯电缆相线 L(0.86×120=103.2Ω)、三芯电缆相线 L(1.35×100=135Ω)，流经保护导体 PE 线(0.97×90+0.97L=0.97L+87.3Ω)，再流经总等电位端子返回至变压器中性点，全回路电阻 R 和电流 I_d 为：

$$R = 0.86 \times 120 + 1.35 \times 100 + 0.97L + 0.97 \times 90 = 0.97L + 325.5\Omega$$

$$I_d = \frac{220}{0.97 + 325.5}$$

根据《低压配电设计规范》(GB 50054—2011)第5.2.11条，设备外壳接触电压 U_{t3} 为：$U_{t3} = I_d R = \dfrac{220}{0.97L + 325.5} \times 0.97L \leqslant 50\text{V} \Rightarrow L \leqslant 98.70\text{m}$

35.《电流对人和家畜的效应 第1部分：通用部分》(GB/T 13870.1—2008)第3.1.10条及附录D。

$$F_D(5\%, U_T) = \frac{Z_T(5\%, U_T)}{Z_T(50\%, U_T)} = 0.8,\ F_D(95\%, U_T) = \frac{Z_T(95\%, U_T)}{Z_T(50\%, U_T)} = 1.4$$

故 $\dfrac{Z_T(5\%, U_T)}{Z_T(95\%, U_T)} = \dfrac{0.8}{1.4} \Rightarrow Z_T(5\%, U_T) = \dfrac{0.8}{1.4} Z_T(95\%, U_T) = \dfrac{0.8}{1.4} \times 1275 = 728.57\Omega$

双手到双脚时，接触电流：$I_t = \dfrac{U_t}{Z_t} = \dfrac{400}{728.57 \times (0.5 + 0.5)/2} = 1.1\text{A}$

题36～40答案：**BABBD**

36.《火灾自动报警系统设计规范》(GB 50116—2013)第6.2.2条、表6.2.2、附录E。

查表可得，保护面积 $A=30\text{m}^2$，保护半径 $R=4.9\text{m}$。

故 $a^2 + b^2 = (2R)^2 \Rightarrow b = \sqrt{4R^2 - a^2} = \sqrt{4 \times 4.9^2 - 4^2} = 8.95\text{m}$

再由附录E图E可知，$b \leqslant 7.5$，取较小者。

37.《火灾自动报警系统设计规范》(GB 50116—2013)第6.2.9条及条文说明。

感温火灾探测器通常受热屏障的影响较小，所以感温探测器总是直接安装在顶棚上。

38.《出入口控制系统工程设计规范》(GB 50396—2007)第6.0.2-2条及条文说明、图7和图8。

控制室可装在同权限区(例如都是藏品库)或装在高权限区(例如藏品库和珍品库装在高权限的珍品库)，不可以装在不同权限区(例如物业管理和藏品库区)。

39.《出入口控制系统工程设计规范》(GB 50396—2007) 第7.0.4条。

第7.0.4条:执行部分的输入电缆在该出入口的对应受控区、同级别受控区或高级别受控区外的部分,应封闭保护。钢瓶间、藏品库区入口、左上角珍品库入口输入电缆在对应的受控区外,故为3处。

40.《安全防范工程技术标准》(GB 50348—2018)第6.5.10-2条。

进行视频监控系统集成联网时,应能通过管理平台实现设备的集中管理和资源共享,可采用数字视频逐级汇聚方式。

选项D的监控联网不是逐级汇聚方式。

附录一　考试大纲

1　安全

1.1　熟悉工程建设标准电气专业强制性条文；

1.2　了解电流对人体的效应；

1.3　掌握安全电压及电击防护的基本要求；

1.4　掌握低压系统接地故障的保护设计和等电位联结的有关要求；

1.5　掌握危险环境电力装置的特殊设计要求；

1.6　了解电气设备防误操作的要求及措施；

1.7　掌握电气工程设计的防火要求及措施；

1.8　了解电力设施抗震设计和措施。

2　环境保护与节能

2.1　熟悉电气设备对环境的影响及防治措施；

2.2　熟悉供配电系统设计的节能措施；

2.3　熟悉提高电能质量的措施；

2.4　掌握节能型电气产品的选用方法。

3　负荷分级及计算

3.1　掌握负荷分级的原则及供电要求；

3.2　掌握负荷计算的方法。

4　110kV 及以下供配电系统

4.1　熟悉供配电系统电压等级选择的原则；

4.2　熟悉供配电系统的接线方式及特点；

4.3　熟悉应急电源和备用电源的选择及接线方式；

4.4　了解电能质量要求及改善电能质量的措施；

4.5　掌握无功补偿设计要求；

4.6　熟悉抑制谐波的措施；

4.7　掌握电压偏差的要求及改善措施。

5　110kV 及以下变配电所所址选择及电气设备布置

5.1　熟悉变配电所所址选择的基本要求；

5.2　熟悉变配电所布置设计；

5.3　掌握电气设备的布置设计；

5.4　了解特殊环境的变配电装置设计。

6　短路电流计算

6.1　掌握短路电流计算方法；

6.2　熟悉短路电流计算结果的应用；

6.3　熟悉影响短路电流的因素及限制短路电流的措施。

7　110kV 及以下电气设备选择

7.1　掌握常用电气设备选择的技术条件和环境条件；

7.2　熟悉高压变配电设备及电气元件的选择；

7.3　熟悉低压配电设备及电器元件的选择。

8　35kV 及以下导体、电缆及架空线路的设计

8.1　掌握导体的选择和设计；

8.2　熟悉电线、电缆选择和设计；

8.3　熟悉电缆敷设的设计；

8.4　掌握电缆防火与阻燃设计要求；

8.5　了解架空线路设计要求。

9　110kV 及以下变配电所控制、测量、继电保护及自动装置

9.1　掌握变配电所控制、测量和信号设计要求；

9.2　掌握电气设备和线路继电保护的配置、整定计算及选型；

9.3　了解变配电所自动装置及综合自动化的设计要求。

10　变配电所操作电源

10.1　熟悉直流操作电源的设计要求；

10.2　熟悉 UPS 电源的设计要求；

10.3　了解交流操作电源的设计要求。

11　防雷及过电压保护

11.1　了解电力系统过电压的种类和过电压水平；

11.2　熟悉交流电气装置过电压保护设计要求及限制措施；

11.3　掌握建筑物防雷的分类及措施；

11.4　掌握建筑物防雷和防雷击电磁脉冲设计的计算方法和设计要求。

12 接地

12.1 掌握电气装置接地的一般规定；

12.2 熟悉电气装置保护接地的范围；

12.3 熟悉电气装置的接地装置设计要求；

12.4 了解各种接地形式的适用范围；

12.5 了解接触电压、跨步电压计算方法。

13 照明

13.1 了解照明方式和照明种类的划分；

13.2 熟悉照度标准及照明质量的要求；

13.3 掌握光源及电气附件的选用和灯具选型的有关规定；

13.4 掌握照明供电及照明控制的有关规定；

13.5 掌握照度计算的基本方法；

13.6 掌握照明工程节能标准及措施。

14 电气传动

14.1 熟悉电气传动系统的组成及分类；

14.2 了解电动机选择的技术要求；

14.3 掌握交、直流电动机的启动方式及启动校验；

14.4 掌握交、直流电动机调速技术；

14.5 掌握交、直流电动机的电气制动方式及计算方法；

14.6 掌握电动机保护配置及计算方法；

14.7 熟悉低压电动机控制电器的选择；

14.8 了解电动机调速系统性能指标；

14.9 熟悉 PLC 的应用。

15 建筑智能化

15.1 掌握火灾自动报警系统及消防联动控制的设计要求；

15.2 掌握建筑设备监控系统的设计要求；

15.3 掌握安全防范系统的设计要求；

15.4 熟悉通信网络及系统的设计要求；

15.5 了解有线电视系统的设计要求；

15.6 了解扩声和音响系统的设计要求；

15.7 了解呼叫系统及公共显示装置的设计要求；

15.8 熟悉建筑物内综合布线设计要求。

附录二　规程规范及设计手册

一、规程规范

1.《建筑设计防火规范》(GB 50016—2014)；

2.《建筑照明设计标准》(GB 50034—2013)；

3.《人民防空地下室设计规范》(GB 50038—2005)；

4.《供配电系统设计规范》(GB 50052—2009)；

5.《20kV 及以下变电所设计规范》(GB 50053—2013)；

6.《低压配电设计规范》(GB 50054—2011)；

7.《通用用电设备配电设计规范》(GB 50055—2011)；

8.《建筑物防雷设计规范》(GB 50057—2010)；

9.《爆炸危险环境电力装置设计规范》(GB 50058—2014)；

10.《35kV ~ 110kV 变电站设计规范》(GB 50059—2011)；

11.《3 ~ 110kV 高压配电装置设计规范》(GB 50060—2008)；

12.《66kV 及以下高压配电装置设计规范》(GB 50060—2008)；

13.《电力装置的继电保护和自动装置设计规范》(GB/T 50062—2008)；

14.《电力装置的电气测量仪表装置设计规范》(GB/T 50063—2017)；

15.《交流电气装置的过电压保护和绝缘配合设计规范》(GB/T 50064—2014)；

16.《交流电气装置的接地设计规范》(GB/T 50065—2011)；

17.《汽车库、修车库、停车场设计防火规范》(GB 50067—2014)；

18.《人民防空工程设计防火规范》(GB 50098—2009)；

19.《住宅建筑电气设计规范》(JGJ 242—2011)；

20.《火灾自动报警系统设计规范》(GB 50116—2013)；

21.《石油化工企业设计防火规范》(GB 50160—2018)；

22.《数据中心设计规范》(GB 50174—2017)；

23.《有线电视系统工程技术规范》(GB 50200—1994)；

24.《电力工程电缆设计规范》(GB 50217—2018)；

25.《并联电容器装置设计规范》(GB 50227—2017)；

26.《火力发电厂与变电站设计防火规范》(GB 50229—2019)；

27.《电力设施抗震设计规范》(GB 50260—2013);

28.《城市电力规划规范》(GB 50293—2014);

29.《综合布线系统工程设计规范》(GB 50311—2016);

30.《智能建筑设计标准》(GB/T 50314—2006);

31.《民用建筑电气设计规范》(JGJ 16—2008);

32.《绝缘配合 第一部分:定义、原则和规则》(GB 311.1—2012);

33.《导体和电器选择设计技术规定》(DL/T 5222—2005);

34.《户外严酷条件下的电气设施 第1部分:范围和定义》(GB 9089.1—2008),《户外严酷条件下的电气设施 第2部分:一般防护要求》(GB 9089.2—2008);

35.《电能质量 供电电压偏差》(GB 12325—2008);

36.《电能质量 电压波动和闪变》(GB 12326—2008);

37.《电能质量 公用电网谐波》(GB/T 14549—1993);

38.《电能质量 三相电压不平衡》(GB/T 15543—2008);

39.《电击防护装置 设备的通用部分》(GB/T 17045—2008);

40.《用电安全导则》(GB/T 13869—2017);

41.《电流对人和家畜的效应 第1部分:通用部分》(GB/T 13870.1—2008);

42.《电流通过人体的效应 第二部分:特殊情况》(GB/T 13870.2—1997);

43.《系统接地的型式及安全技术要求》(GB 14050—2008);

44.《防止静电事故通用导则》(GB 12158—2006);

45.《低压电气装置 第4-41部分:安全防护 电击防护》(GB 16895.21—2012);

46.《建筑物电气装置 第4-42部分:安全防护 热效应保护》(GB 16895.2—2017);

47.《建筑物电气装置 第5-54部分:电气设备的选择和安装—接地配置、保护导体和保护联结导体》(GB 16895.3—2017);

48.《建筑物电气装置 第5部分:电气设备的选择和安装 第53章:开关设备和控制设备》(GB 16895.4—1997);

49.《低压电气装置 第4-43部分:安全防护 过电流保护》(GB 16895.5—2012);

50.《低压电气装置 第5-52部分:电气设备的选择和安装 布线系统》(GB 16895.6—2014);

51.《低压电气装置 第7-706部分:特殊装置或场所的要求活动受限制的可导电场

所》(GB 16895.8—2010);

52.《建筑物电气装置　第7部分:特殊装置或场所的要求　第707节:数据处理设备用电气装置的接地要求》(GB/T 16895.9—2000);

53.《低压电气装置　第4-44部分:安全防护　电压骚扰和电磁骚扰防护》(GB/T 16895.10—2010);

54.《安全防范工程设计规范》(GB 50348—2018);

55.《电力工程直流电源系统设计技术规程》(DL/T 5044—2014);

56.《工业电视系统工程设计规范》(GB 50115—2019);

57.《建筑物电子信息系统防雷设计规范》(GB 50343—2012);

58.《厅堂扩声系统设计规范》(GB 50371—2006);

59.《入侵报警系统工程设计规范》(GB 50394—2007);

60.《视频安防监控系统工程设计》(GB 50395—2007);

61.《出入口控制系统工程设计规范》(GB 50396—2007);

62.《视频显示系统工程技术规范》(GB 50464—2008);

63.《红外线同声传译系统工程技术规范》(GB 50524—2010);

64.《公共广播系统工程技术规范》(GB 50526—2010);

65.《会议电视会场系统工程设计规范》(GB 50635—2010);

66.《电子会议系统工程设计规范》(GB 50799—2012);

67.《110kV～750kV架空输电线路设计规范》(GB 50545—2010);

68.《工程建设标准强制性条文　电力工程部分》(2011版)。

注:以上所有规程、规范以考试年度1月1日以前实施的最新版本为准。

二、设计手册

1.能源部西北电力设计院编《电力工程电气设计手册　电气一次部分》,中国电力出版社,1989年12月;

2.能源部西北电力设计院编《电力工程电气设计手册》(电气二次部分),水利电力出版社,1991年8月;

3.中国航空工业规划设计研究院等编《工业和民用供配电设计手册》(第四版),中国电力出版社,2016年12月;

4.《钢铁企业电力设计手册》编委会编《钢铁企业电力设计手册》,冶金工业出版社,1996年1月;

5. 北京照明学会照明设计专业委员会编《照明设计手册》(第三版),中国电力出版社,2016 年 12 月;

6. 机械电子工业部天津电气传动设计研究所编著《电气传动自动化技术手册》(第三版),机械工业出版社,2011 年 4 月;

7. 东北电力设计院编《电力工程高压送电线路设计手册》(第二版),中国电力出版社,2003 年。

注:设计手册的内容与规程、规范不一致之处,以规程、规范为准。

附录三 注册电气工程师新旧专业名称对照表

专业划分	新专业名称	旧专业名称
本专业	电气工程及其自动化	电力系统及其自动化 高电压与绝缘技术 电气技术(部分) 电机电器及其控制 电气工程及其自动化
相近专业	自动化 电子信息工程 通信工程 计算机科学与技术	工业自动化 自动化 自动控制 液体传动及控制(部分) 飞行器制导与控制(部分) 电子工程 信息工程 应用电子技术 电磁场与微波技术 广播电视工程 无线电技术与信息系统 电子与信息技术 通信工程 计算机通信 计算机及应用
其他工科专业	除本专业和相近专业外的工科专业	

注:表中“新专业名称”指中华人民共和国教育部高等教育司1998年颁布的《普通高等学校本科专业目录和专业介绍》中规定的专业名称;“旧专业名称”指1998年《普通高等学校本科专业目录和专业介绍》颁布前各院校所采用的专业名称。

附录四　考试报名条件

考试分为基础考试和专业考试。参加基础考试合格并按规定完成职业实践年限者,方能报名参加专业考试。

凡中华人民共和国公民,遵守国家法律、法规,恪守职业道德,并具备相应专业教育和职业实践条件者,只要符合下列条件,均可报考注册电气工程师考试。

1. 具备以下条件之一者,可申请参加基础考试:

(1)取得本专业或相近专业大学本科及以上学历或学位。

(2)取得本专业或相近专业大学专科学历,累计从事相应专业设计工作满1年。

(3)取得其他工科专业大学本科及以上学历或学位,累计从事相应专业设计工作满1年。

2. 基础考试合格,并具备以下条件之一者,可申请参加专业考试:

(1)取得本专业博士学位后,累计从事相应专业设计工作满2年;或取得相近专业博士学位后,累计从事相应专业设计工作满3年。

(2)取得本专业硕士学位后,累计从事相应专业设计工作满3年;或取得相近专业硕士学位后,累计从事相应专业设计工作满4年。

(3)取得含本专业在内的双学士学位或本专业研究生班毕业后,累计从事相应专业设计工作满4年;或取得含相近专业在内双学士学位或研究生班毕业后,累计从事相应专业设计工作满5年。

(4)取得通过本专业教育评估的大学本科学历或学位后,累计从事相应专业设计工作满4年;或取得未通过本专业教育评估的大学本科学历或学位后,累计从事相应专业设计工作满5年;或取得相近专业大学本科学历或学位后,累计从事相应专业设计工作满6年。

(5)取得本专业大学专科学历后,累计从事相应专业设计工作满6年;或取得相近专业大学专科学历后,累计从事相应专业设计工作满7年。

(6)取得其他工科专业大学本科及以上学历或学位后,累计从事相应专业设计工作满8年。

3. 截止到2002年12月31日前，符合以下条件之一者，可免基础考试，只需参加专业考试：

（1）取得本专业博士学位后，累计从事相应专业设计工作满5年；或取得相近专业博士学位后，累计从事相应专业设计工作满6年。

（2）取得本专业硕士学位后，累计从事相应专业设计工作满6年；或取得相近专业硕士学位后，累计从事相应专业设计工作满7年。

（3）取得含本专业在内的双学士学位或本专业研究生班毕业后，累计从事相应专业设计工作满7年；或取得含相近专业在内双学士学位或研究生班毕业后，累计从事相应专业设计工作满8年。

（4）取得本专业大学本科学历或学位后，累计从事相应专业设计工作满8年；或取得相近专业大学本科学历或学位后，累计从事相应专业设计工作满9年。

（5）取得本专业大学专科学历后，累计从事相应专业设计工作满9年；或取得相近专业大学专科学历后，累计从事相应专业设计工作满10年。

（6）取得其他工科专业大学本科及以上学历或学位后，累计从事相应专业设计工作满12年。

（7）取得其他工科专业大学专科学历后，累计从事相应专业设计工作满15年。

（8）取得本专业中专学历后，累计从事相应专业设计工作满25年；或取得相近专业中专学历后，累计从事相应专业设计工作满30年。